长白山阔叶红松林生态气候、水文过程与模拟及生理生态研究

郑兴波　王安志　袁凤辉◎编著

中国农业出版社
北　京

前言

气候、水文、生理方面的研究工作一直是长白山阔叶红松林研究的重要内容。气候要素是人类生存和生产活动的重要环境条件，在生态学、地学、资源科学和农学等多学科的研究中都是重要的基础数据源。而水循环是森林生态系统物质传输的主要过程，水文学越来越关注水文与生态过程的相互关系以及生态系统中水的储存与运移过程，微观的个体植物生理水分与生长的关系，乃至区域水文循环过程对植被群落演替与生态过程的关系。森林生态水文过程动力学机制与调控成为当今生态学与水文学交叉研究的中心议题之一。

森林是人类物质生产不可缺少的自然资源和重要的生态安全屏障。长白山地区目前是中国乃至全世界保存较为完整的自然生态系统之一，具有完善的植被垂直地带性分布和山地森林生态系统，是全球变化研究中国东北样带的东部端点，在整个样带的研究中具有重要的地位。阔叶红松林作为典型的温带针阔叶混交林生态系统，其结构与功能对该地区的生态与环境有着重要的影响。

近些年，在全球气候变暖的背景下，森林的响应现在受到越来越多的关注，全球变化对森林生态系统的影响成为生态学研究的前沿和热点问题，国内外科研学者对长白山阔叶红松林对全球气候变化的响应，尤其是长白山阔叶红松林光合作用、呼吸作用、水分运输、逆境生理、生理生态模型研究等方面做了大量的研究工作，取得了一系列的科研成果。本书系统梳理了长白山阔叶红松林气候、水文要素特征、森林水文过程、生理生态过程等相关领域的科研成果。在长白山阔叶红松林全球变化背景下，旨在加深其自身生理过程、水文过程、气候特征变化的全面认识，进一步探讨研究工作存在的问题，为今后相关领域的研究工作提供参考和借鉴。

本书内容共分为3章，主要在长白山阔叶红松林气候生态、水文生态过程和模拟生理生态特性研究3个方面进行了系统地总结和梳理。对长白山阔叶红松林气象要素变化特征，二氧化碳通量、降水特征，降雨截留过程，蒸散特征，流域水文过程，植被冠层尺度生理生态模型研究等方面做了着重介绍。可为开展长白山阔叶红松林生态系统研究的科研人员和学生的借鉴和参考。本书的编写得到了长白山站科研人员的大力支持，在此表示感谢。限于笔者水平有限，书中遗漏之处在所难免，请广大读者给予批评指正。

编　者

目 录
CONTENTS

第一章 >>>

长白山阔叶红松林生态气候研究

第一节　气候要素

一、气候要素的定义

气候要素（climatic element）又称气候统计量，是各种气象要素的多年观测记录按不同方式进行统计所得的结果，是分析和描述气候特征及其变化规律的基本资料。常用的观测记录有平均值、总量、频率、极值、变率、各种天气现象的日数及其初终日、某些气象要素的持续日数等。

气候统计量通常要求有较长年代的观测记录，以使所得的统计结果比较稳定，一般取连续 30 年以上的记录。为了对全球或某个区域的气候做分析比较，必须采用相同年代的资料。为此，世界气象组织建议把 1901—1930 年和 1931—1960 年两段各 30 年的资料作为全球统一的资料统计年代。但在一些气候变化不大的地区，或年际间变化不大的一些气象要素，连续 10 年以上的资料统计结果也具有一定的代表性（顾钧禧，1994）。

二、气候要素的作用

气候要素不仅是人类生存和生产活动的重要环境条件，也是人类物质生产不可缺少的自然资源。在生态学、地学、资源科学和农学等多学科的研究中，气候要素数据都是重要的基础数据源（顾钧禧，1994）。

表征热量的气候要素（顾钧禧，1994）包括几下几点。

（1）温度。常用的有平均温度，最高、最低温度的极值等，此外还有界限温度，温度距平、变率及变幅，积温。

（2）辐射量。温度虽能反映冷暖状况，但从能量资源角度来看，用辐射量作为热量指标，在物理概念和实际价值上更为良好。

（3）冷热源热交换指标。

（4）生理辐射量和光合潜热指标等。

表征水分的气侯要素有：

（1）降水量。是表示干湿状况最简明的指标，可取平均值、极值、某一界限值以及降水距平、变幅、变率等特征量。

（2）蒸发量和最大可能蒸发量指标。

（3）经验干湿指标。

（4）物理干湿指标等。

第二节　长白山阔叶红松林气象要素的变化特征

一、长白山阔叶红松林的温度效应

温度是森林植被生长发育的主要环境条件，直接影响森林生态系统的生产（北京林学院森林气象教研组，1962；王正非等，1982）、呼吸（王森等，2004；刘颖等，2005；Guan et al.，2005；2006；Wu et al.，2006）等生态过程。森林温度效应的研究，对森林生态系统的功能研究具有重要的意义（关德新等，2004）。在20世纪初，德国学者Geiger（1965）就开展了欧洲赤松（*Pinus sylvestris*）林气温日变化研究，Fuchs（1990）曾进行树冠红外辐射温度观测研究，Stathers等（1985）利用气象站资料预测皆伐迹地土壤温度，Otterman等（1992）提出预测森林气温和地温的模型，Paul等（2004）利用统计资料建立了根据森林气温预测森林土壤温度的模型。刘玉洪（1991）、周允华等（1997）、常杰等（1999）、李海涛等（1999）、刘文杰等（2001）观测了森林温度，吴家兵等（2002）对长白山阔叶红松林进行了夏季温度特征研究，但其他季节的特点没有报道。

长白山阔叶红松林作为典型的温带针阔叶混交林生态系统，其结构与功能对该地区的生态与环境有着重要的影响。

（一）森林对空气温度的影响

1. 森林对气温日变化的影响

图1.1给出了一年四季（春、夏、秋、冬）代表月份（4月、7月、10月和翌年1月）林内外月平均的气温日变化（2.5m，1.5m高度）。从图中可见，在4月，0：00开始，林内外气温都逐渐降低（林外低于林内），并在4：00左右都达到最低，最低值分别为1.5℃和0.8℃，之后开始上升，5：30两曲线相交，林内气温上升比林外慢，且低于林外温度，林内外气温在14：30左右都达到最高值，分别为11.3℃和11.6℃，林内气温比林外低0.3℃，说明森林白天具有降温作用。之后林内气温下降速度比林外慢，在16：30两曲线相交，夜间林内气温比林外高，说明森林具有夜间保温作用。可以看出，林内的气温日振幅比林外的要小，林内外分别为9.8℃和10.8℃，林内比林外低1.0℃，其原因主要有两方面：第一，太阳辐射到达林冠，经反射与吸收，到达林下的辐射已明显减

弱，所以，昼间林内辐射差额的正值有减小的效应，而夜间辐射差额的负值亦有减小的效应。林下辐射差额直接影响林内空气温度，因此，森林对林内气温日振幅起减小的作用。第二，林冠层的存在使林内外的湍流或平流热交换有所减弱，白天林内增热的空气不易散逸，夜间林内冷却的空气又不易散走，从而使林内温度升降趋缓。

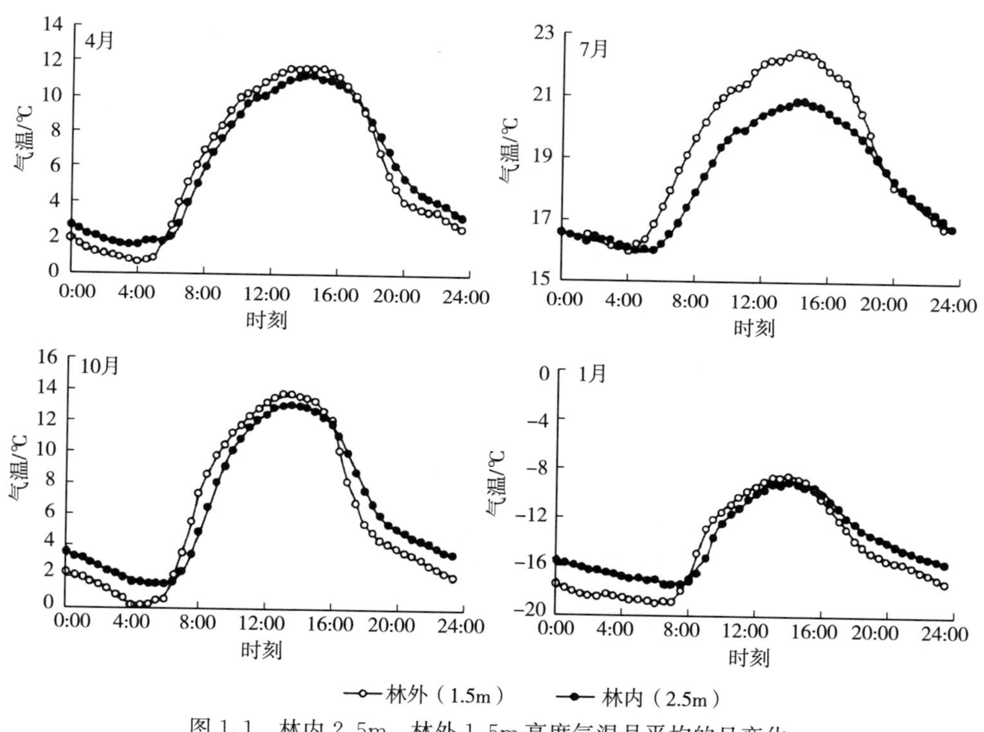

图 1.1 林内 2.5m、林外 1.5m 高度气温月平均的日变化

7 月林内外的温度都有上升，森林对气温日变化的影响与 4 月具有相似的规律，只是影响的幅度有所变化，林内外最低气温分别为 16.1℃和 16.0℃，两者接近，最高气温分别为 20.8℃和 22.4℃，林内气温比林外低 1.6℃，林内外气温日振幅分别为 4.7℃和 6.4℃，林内气温比林外低 1.7℃。

10 月森林内外的温度都低于 7 月，影响的幅度有所变化，林内外最低气温分别为 1.4℃和 0℃，林内气温比林外高 1.4℃，最高气温分别为 13.0℃和 13.6℃，林内比林外气温低 0.6℃，林内外气温日振幅分别为 11.6℃和 13.6℃，林内比林外气温低 2.0℃。1 月森林内外的温度都处于全年最低，森林对气温日变化的影响与上述季节相似，林内外最低气温分别为−17.5℃和−19.0℃，林内气温比林外高 1.5℃，最高气温分别为−9.1℃和−8.6℃，林内气温比林外低 0.5℃，林内外气温日振幅分别为 8.4℃和 10.4℃，林内气温比林外低 2.0℃。

通过以上 4 个月气温日变化的比较看出，10 月的最高温度差异最大，为

0.6℃。1月的最低温度差异最大，为1.5℃。1月的振幅差异最大，为2.0℃。

2. 森林对气温季节变化的影响

图1.2为2004年森林和气象站气温月平均值的年变化比较。由图中可见，林内外月平均气温的差异不大，这主要是因为日平均或月平均的结果使得森林的日间降温作用和夜间保温作用相互抵消，月平均值的差异没有日变化过程明显。

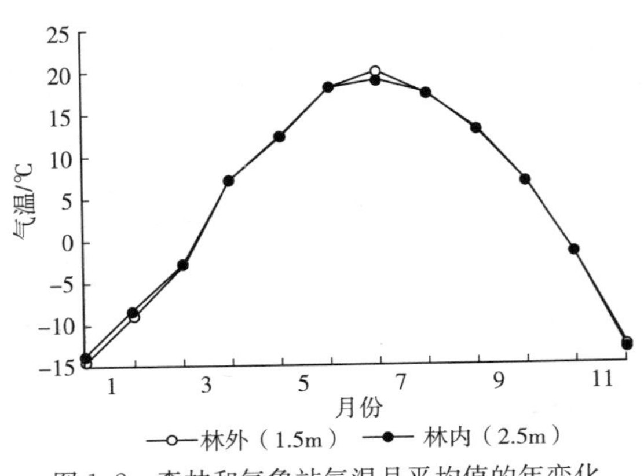

图1.2 森林和气象站气温月平均值的年变化

图1.3为2004年林内与林外日平均气温差，从图中看出，在非生长季（1～4月和10～12月，共213d）多数日期（138d）的林内外气温差高于0℃（林内日平均气温高于林外），但差异不显著（$P>0.05$）；而在生长季（5～9月，共153d）则相反，大部分时间（112d）林内外气温差低于0℃（林内日平均气温低于林外），差异达到极显著水平（$P<0.01$），只有41d林内日平均气温高于林外，主要发生在干燥的晴天，由于夜间气象站强烈的辐射冷却，出现日平均气温低于林内的情况。图中中断部分是因仪器维护缺测（全年共7d）。

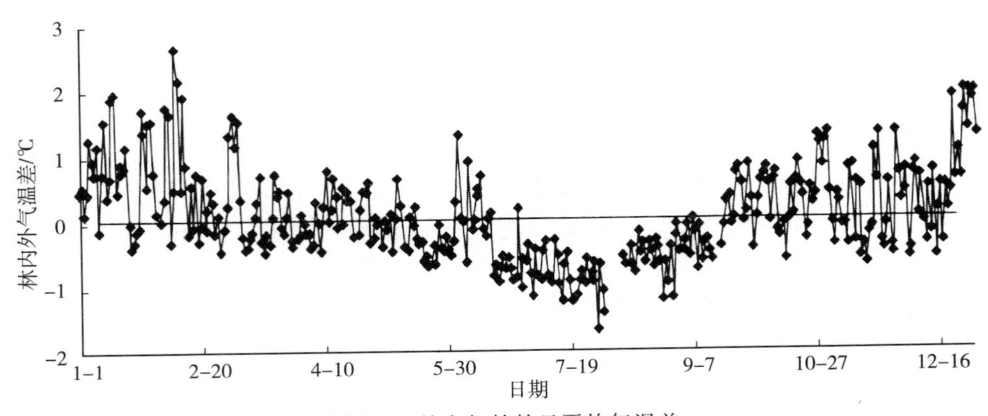

图1.3 林内与林外日平均气温差

3. 林内气温的垂直分布

图 1.4 为阔叶红松林内不同高度空气温度的日变化（8 月平均值），白天，温度分布为 26m＞32m＞60m＞2.5m。日出（约 5：00）后，冠层叶片吸热增温，冠层空气通过空气乱流交换和分子热传导吸收叶片长波辐射，温度也迅速上升，林内空气温度以 26m 为最高。林冠上的大气（32m）通过湍流热交换获得热量，温度次之。远离森林作用面的高层空气（60m），接受下垫面湍流热通量比 32m 处小，温度较低。林下空气因林冠遮蔽，接受的辐射少，温度最低。夜间，下垫面辐射冷却，各层气温均降低，21：00 至次日凌晨 5：00 空气温度垂直分布变为 60m＞32m＞26m＞2.5m。32m 和 60m 空气温度梯度与昼间相反，呈逆温分布。表明夜间下层空气受下垫面辐射冷却影响，降温幅度大于上层空气。据金昌杰等（2000）观测，长白山阔叶红松林林冠层的平均反射率为 14.7%，冠层和树干平均吸收率为 77.4%，到达林下的平均透射辐射率仅为 7.9%，因而林内空气温度的垂直分布主要取决于冠层、冠下树干、地表吸收太阳辐射状况与林内热量的传递方向。昼间，冠层空气最高温度的出现是因为林冠层获得的太阳辐射最多。夜间，林冠层空气温度仍为各层最高，是因为冠层冷却、林木呼吸和枝叶凝结空气中水汽等过程释放热量的结果。

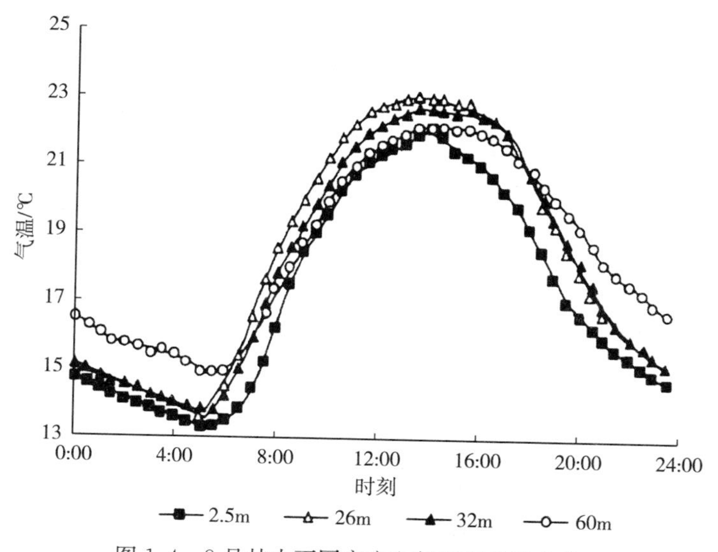

图 1.4　8 月林内不同高度空气温度的日变化

（二）森林对土壤温度的影响

1. 森林对土壤温度日变化的影响

图 1.5 给出了一年四季（春、夏、秋、冬）代表月份（4 月、7 月、10 月和翌年 1 月）林内外 5cm 深度土壤温度月平均的日变化。从图中可见，4 月，林内

土壤温度低于林外。林内外最低土壤温度分别为 0.4 和 2.6℃，出现时间分别在 8：00 和 7：00，两者相差 2.2℃。日间，林下土壤吸收太阳透射辐射与林冠散射，温度上升，林外土壤吸收太阳辐射比林内多，温度上升也比林内快。林内土壤温度最高只有 1.0℃，出现时间约在 18：30，而林外最高气温可达 9.4℃，出现时间约在 16：00，相差 8.4℃。林内外土壤温度的日振幅分别为 1.0℃和 6.8℃。位置越深，温度日振幅越小。林内外土壤温度的差异造成了微生物活动、营养物质流、根呼吸等多方面的差异，也是林下植被与林外迥异的重要原因。

7 月，森林对土壤温度日变化的影响与 4 月有相似的规律，但影响的幅度有所变化，林内外最低土壤温度分别为 16.5℃和 18.3℃，林内比林外低 1.8℃；林内外最高土壤温度分别为 17.2℃和 23.6℃，林内比林外低 6.4℃；林内外土壤温度日振幅分别为 0.7℃和 5.3℃，林内比林外低 4.6℃。

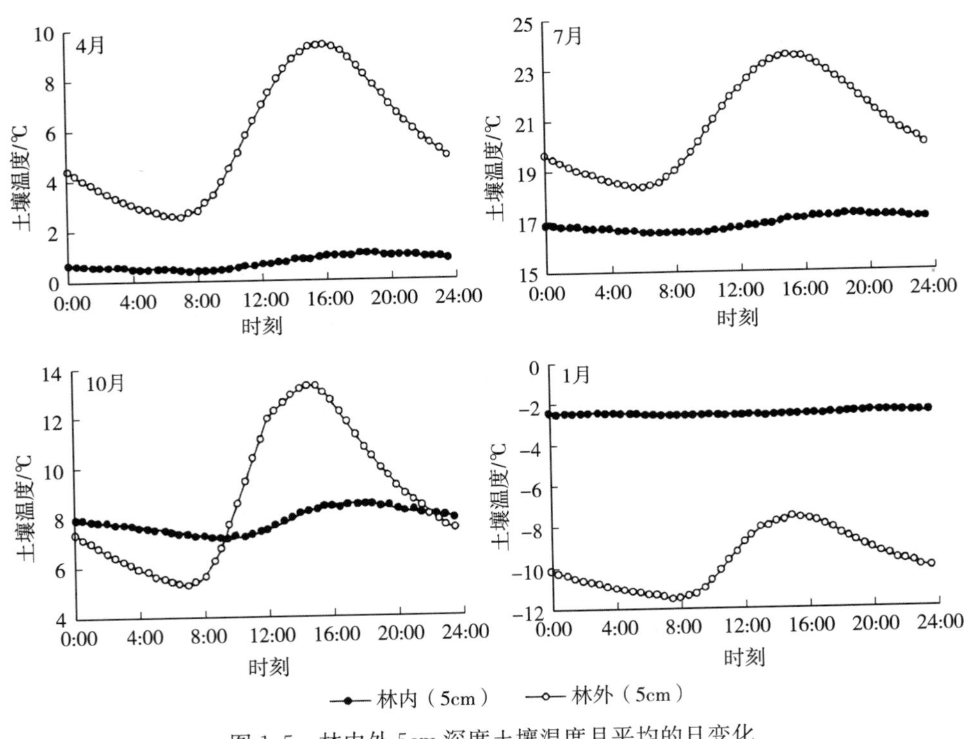

图 1.5　林内外 5cm 深度土壤温度月平均的日变化

10 月的情况与 4 月和 7 月不同，从凌晨到上午 9：30 林内土壤温度比林外高，从 9：30～22：00 林内土壤温度比林外低。此后林内土壤温度又比林外高。林内外土壤温度最低值分别为 7.2℃和 5.3℃，林内比林外高 1.9℃；林内外土壤温度最高值分别为 8.4℃和 13.2℃，林内比林外低 4.8℃；林内外土壤温度日振幅分别为 1.2℃和 7.9℃，林内比林外低 6.7℃。

翌年 1 月的情况与 4 月、7 月、10 月截然不同，林内 5cm 土壤温度均高于林外。林内外土壤温度最低值分别为－2.6℃和－11.4℃，林内比林外高 8.8℃；林内外土壤温度最高值分别为－2.4℃和－7.5℃，林内土壤温度比林外高 5.1℃；林内外土壤温度日振幅分别为 0.2℃和 3.9℃，林内比林外低 3.7℃。林内外土壤温度这种差异除了前述的太阳辐射差异外，积雪深度不同也是重要原因，林外开阔地因风速大，雪被吹走，雪层比林内薄，积雪表面的热量可以传输到土壤表层，所以 5cm 土壤温度有一定的日变化。林内风速小、积雪深，积雪表面的热量很难传输到土壤表层，5cm 土壤温度的日变化也较小。

2. 森林对土壤温度季节变化的影响

图 1.6 为森林和气象站 5cm 土壤温度月平均值的年变化比较。由图中可见，1～8 月林内外土壤温度都逐渐升高。1～3 月间林内土壤温度比林外高，原因如上述的林内外辐射和雪深差异所致，4～10 月间林外土壤温度比林内的高，11 月后相反，其土壤温度年振幅比林外的要小，林内外年振幅分别为 19.8℃和 30.8℃。

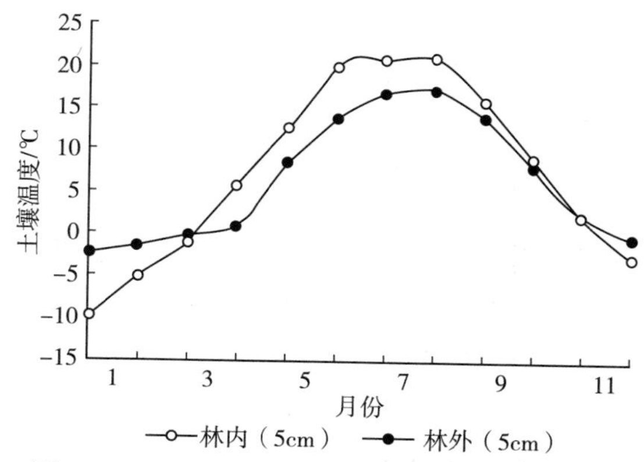

图 1.6　林内外 5cm 土壤温度月平均值的年变化

3. 林内土壤温度的垂直分布

夏季（8 月）林内土壤温度的垂直分布如图 1.7 所示。从图中可见，白天土壤温度分布特征为 0cm＞20cm＞50cm＞100cm，地表温度在 14：30 左右达到高峰值，其余各层土壤温度峰值出现时间依次滞后。夜间，土壤辐射冷却，温度下降，土层越浅下降越明显，冷却最显著时（6：00 左右）土壤温度垂直分布特征为 20cm＞0cm＞50cm＞100cm。20cm 和 50cm 处土壤温度日振幅不明显，至 100cm 处土壤温度日变化基本消失。

林外土壤温度的垂直分布与图 1.7 相似，但温度值不同于林内。林内外 20cm 最低土壤温度分别为 16.6℃和 18.5℃，林内比林外低 1.9℃，最高土壤温度分别为 17.0℃和 22.2℃，林内比林外低 5.2℃。林内外 100cm 最低土壤温度分别为 12.9℃和 14.8℃，林内比林外低 1.9℃，最高土壤温度分别为 12.9℃和 15.5℃，林内比林外低 2.6℃。

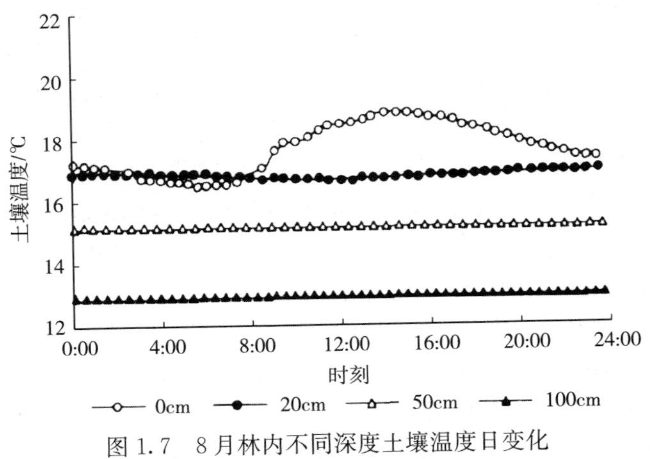

图 1.7　8 月林内不同深度土壤温度日变化

二、长白山阔叶红松林生长季热量平衡变化特征

森林是陆地生态系统的主体，它的能量平衡特征不仅是森林本身生态效应的重要体现，而且对区域甚至全球的气候有重要的影响，所以一直受到人们的重视（王安志等，2001）。我国一些研究者对不同森林进行了热量平衡的观测研究（贺庆棠等，1980；洪启发等，1963；李玉灵等，1998；卢其尧，1864；Ogink-Hendriks，1995；王正非等，1985；吴厚水等，1998；闫俊华，1999），但由于观测技术等因素的限制，以往的研究多为生长旺季短期的观测结果（数日至1～2 月），而生长季时间尺度的研究则很少（Lindroth et al.，1993），难以反映森林热量平衡季节变化。

（一）净辐射与总辐射的关系

净辐射（辐射平衡）是森林生态系统中太阳辐射能量进行转化的总量，用于蒸发散、湍流交换和系统各个组分的温度改变，以及光合作用等，对森林生态系统的生态过程具有重要意义。根据观测资料，净辐射 R_n 与总辐射 R_0 有很好的线性关系，各月的回归方程和相关系数分别为：

5 月：$R_n=0.756R_0-25.028 \quad R^2=0.982$

6 月：$R_n=0.754R_0-18.176 \quad R^2=0.972$

7 月：$R_n=0.728R_0-19.253 \quad R^2=0.976$

8 月：$R_n=0.723R_0-43.618 \quad R^2=0.971$

9 月：$R_n=0.721R_0-55.856 \quad R^2=0.978$

10 月：$R_n=0.647R_0-49.111 \quad R^2=0.980$

式中，回归常数随生长季进程有所改变，是下垫面特征和天气条件综合作用的结果。

（二）热量平衡各分量日变化的季节动态

辐射平衡各分量各月的平均日变化，有如下特点（图 1.8）：①净辐射（R_n）、潜热通量（LE）、感热通量（H）、储热（S）变化都随净辐射变化而形成明显的日变化特征，一般特征是白天为正值，夜间为负值。不论白天的正值还是夜间负值的绝对值，一般都表现为净辐射＞潜热通量＞感热通量＞储热变化。在日出附近，各分量由负值上升为正值，在日落附近，各分量由正值下降为负值，受可照时季节变化等因素的影响，6～10 月各分量正值持续时间逐渐缩短，而负值持续时间则相应变长，如 6 月的正值持续时间大约为 12h，而 10 月下旬则只有约 6h。②在观测期间，白天净辐射 6 月最大，中午平均最大值为 527W/m^2，5 月下旬、7 月和 9 月次之，中午平均最大值为 450～506W/m^2，8 月较小（394W/m^2），10 月上旬最小（223W/m^2），净辐射的这种变化特征主要与太阳高度和天空状况（云量）有关，6 月太阳高度最大，云量较少，总辐射和净辐射最大；5 月下旬和 7 月太阳高度稍小，净辐射次之；8 月不仅太阳高度变小，云量也增多，净辐射较小；9 月云量减少，净辐射有所增加，10 月上旬太阳高度更小，净辐射也很小。夜间净辐射 5～8 月变化不大，负极值一般在－90～－70W/m^2，9 月负值较大，可达－121W/m^2。③5～10 月潜热通量平均最大值分别为 413W/m^2、441W/m^2、401W/m^2、310W/m^2、351W/m^2、146W/m^2。夜间负值 5～8 月间差异不大，负极值一般在－70～－45W/m^2，而 9 月负值较大，可达－81W/m^2。感热通量平均最大值变化于 52～80W/m^2，夜间平均负极值变化于－26～－15W/m^2。储热变化平

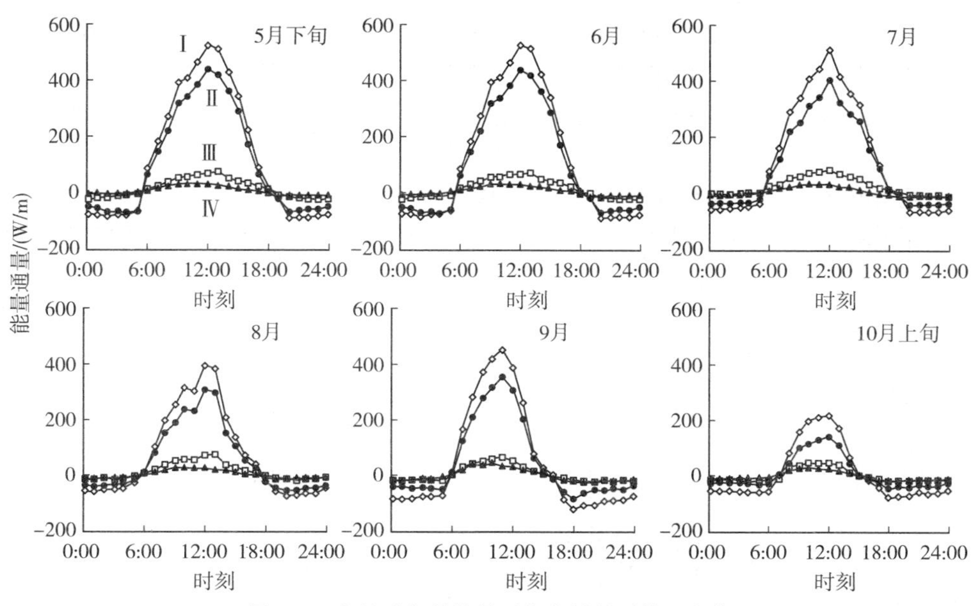

图 1.8 生长季各月热量平衡分量的平均日变化

均最大值变化于 27～44W/m²，夜间平均负极值变化于－26～－10W/m²。

（三）热量平衡各分量平均日总量的月季变化

辐射平衡各分量平均日总量的月季变化特点如图 1.9 所示，潜热通量（*LE*）、感热通量（*H*）、储热（*S*）变化随着净辐射（R_n）增减而增减，净辐射总量在 6 月最大为 11.07MJ/（m² • d），10 月上旬最小为 0.76MJ/（m² • d），潜热通量变化于 0.73～9.18MJ/（m² • d），感热通量变化于 0.11～1.44MJ/（m² • d），储热变化变化于－0.17～0.67MJ/（m² • d），9 月和 10 月上旬的储热量为负值。

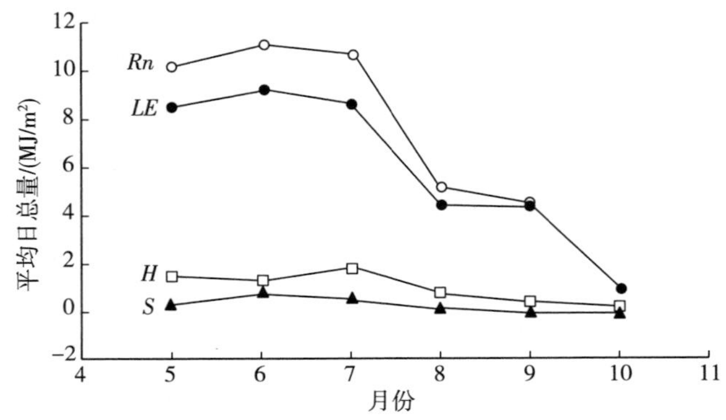

图 1.9　热量平衡各分量平均日总量的月季变化

（四）热量平衡各项比例的季节变化

由于受森林物候和气象条件的影响，辐射平衡各项比例也存在季节变化，如图 1.10 所示，白天潜热通量占净辐射的比例 5～7 月变化不大（0.76 左右），8 月以后逐渐下降，特别是 10 月上旬下降最快（为 0.56），感热通量的比例 5～7 月变化不大（0.18 左右），8～10 月有所增加，10 月上旬为 0.28，储热变化的比例 5～8 月变化不大（0.06 左右），10 月上旬上升到 0.16。这反映了消耗于植被生命活动的能量（主要为蒸腾耗热）比例下降，而消耗于物理

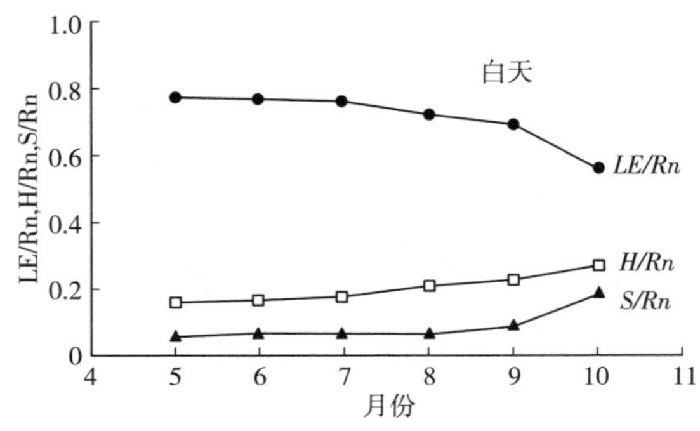

图 1.10　白天热量平衡各分量占净辐射比例的季节变化

环境的能量比例上升。

森林物候对能量分配的影响更明显地反映在阔叶树落叶前后几天，如图1.11所示，9月20日之前的最低气温都高于5℃，20日下降为2.7℃，21日凌晨第一次出现了严霜（即气温低于0℃），日最低气温−1.9℃，22日凌晨气温也较低（−1.1℃），比例较大的阔叶树叶基本停止了生命活动，这样就使下垫面蒸散水分的面积迅速减小，出现了如图所示的24日潜热通量比例突然减小、而感热通量比例突然增大的现象，其突变比气温突变滞后2～3d，可能是由于突然枯死叶片的水分继续蒸发而导致的。

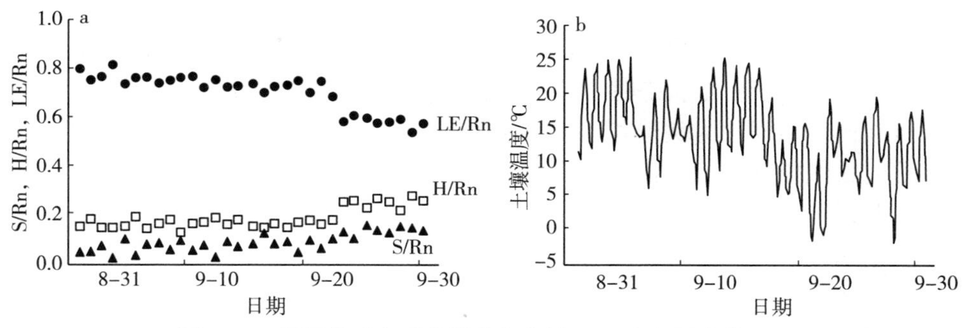

图1.11　严霜前后白天热量平衡分量（a）和气温变化（b）

辐射平衡各项的观测、计算有不同的方法，如净辐射的观测，多采取单表（长短波同感应面）方法（本项研究也采用此方法），近年来国际上有采用4表方法（长短波分表）的趋势，不同的观测仪器和方法得到的结果可能有所差异。潜热通量和感热通量以往多采用间接方法计算（如本项研究采用的BREB方法；其他如空气动力学方法、Penman-Monteith方法等）。直接测定的Lysimeter方法很少在森林中应用（主要原因是树大根深）。近年来发展起来的涡动相关方法逐渐成为主流的直接测定方法，但由于仪器昂贵，在国内森林尚未普遍应用，而在欧洲、美洲已有较多的研究报道（Anthoni et al.，1999；Kellomaki et al.，1999）。不同观测和估算方法的比较，仍然是森林—大气间物质通量、能量通量研究的重要内容。

三、长白山阔叶红松林蒸散特征

森林是生态系统的重要组成部分。森林植被的热量平衡是指森林热量的收支动态，是形成森林小气候的物理基础，也是影响生态系统生产力的重要因素。森林蒸散是森林生态系统中水分损失的主要组成部分，在森林生态系统水分平衡中占有重要的地位，它不仅是系统水分损失的过程，也是热量耗散的一种主要形式。确定森林蒸散量对探求地区乃至全球水分的循环规律，正确地认识陆地生态系统结构与功能和森林的水分功能等方面有着重要意义。

目前，我国东北地区东部中温带湿润气候区内有关森林的辐射、热量平衡及森林蒸散的研究尚少，而长白山阔叶红松林是全球变化中国东北样带东部最为典型的生态系统，并对调节气候、稳定东北地区生态平衡有重要作用。

（一）热量平衡分析

根据理论计算结果，长白山阔叶红松林热量平衡中，以 7 月为例，水分蒸散的热量消耗（潜热 *LE*）是主要的热量支出项，约占净辐射的 71%，森林与大气间的湍流热通量占了净辐射（R_n）的 27%，土壤储热所占比例较小。

1. 湍流热通量（*H*）

作为空气的一种不规则运动，湍流热通量的强弱主要受大气稳定度和风速的制约。当大气处于稳定状态时，特别是温度层结为逆温分布时，湍流热通量方向由大气指向作用面，为负值，这时湍流表现很微弱；当温度层结为超绝热梯度时，这时大气处于不稳定状态，湍流热通量增强，且方向由地面指向大气，为正值。在晴天，森林与大气湍流热通量的最大值出现在正中午前后一段时间，上午、下午大体呈对称分布。白天森林向林冠上大气层输送热量，夜间林冠上大气层向森林输送热量。

2. 土壤热交换通量（*G*）

林地土壤热交换决定于土壤的热量交换，而一天或某个时段的土壤热通量决定于土壤表面太阳辐射收支状况、地中温度梯度及土壤导热率等。因林冠遮挡太阳辐射，林地上下层土壤温度梯度以及温度日变化很小，同时林地的土壤湿度很大，导致林地的热容量增大、土壤导温率下降，所以林地土壤热交换的值很小，其日变化十分平缓（图 1.12）。

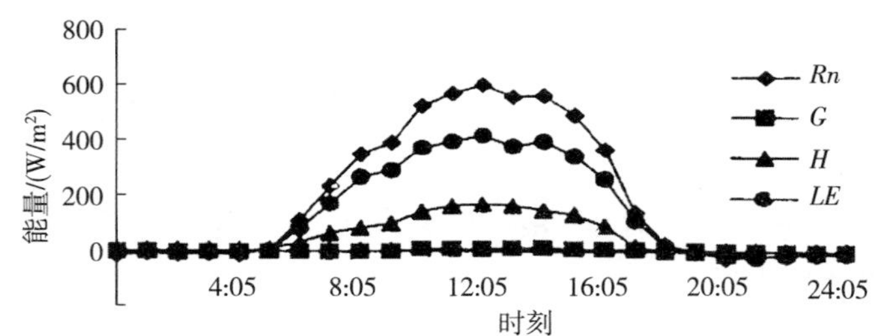

图 1.12　晴天时（1999 年 7 月 21 日）热量平衡各分量的日变化

3. 潜热通量（*LE*）

长白山阔叶红松林的潜热通量是主要的热量支出项。晴天，其日变化（图 1.12）形式与净辐射基本相同，呈较好的单峰型日变化形式，上午蒸发耗热随净辐射的增加而上升，午后随净辐射的减少而下降，20：00 以后出现负值即有凝结现象发生，这主要是由于净辐射和气象因子的日变化而造成的。

（二）长白山阔叶红松林蒸散的计算

变换鲍恩比—能量平衡法（BREB）中用于计算森林潜热通量的公式，可以得到森林蒸散公式：

$$E = \frac{R_n - G}{(1+\beta\frac{P'}{P'_0})L} \tag{1}$$

式中：E 为每小时的蒸散量（mm/h）。对于不能满足鲍恩比—能量平衡法（BREB）的时段，则采用布辛格普适函数法的计算结果。一天中 24h 的蒸散量相加即可求出当天的总蒸散量。

（三）蒸散的气候因子分析

蒸散过程通常受到能量供给条件、水汽输送条件和蒸发介质的供水能力 3 个方面物理因素的影响，其能量供给条件主要源于太阳辐射，水汽输送条件取决于饱和差及风速的大小，而蒸发介质的供水能力则由降水、下垫面性质及植物的栽培系数决定，其中太阳辐射又受日照时数等因子的影响。

需要指出的是，在测定蒸散量过程中，发现蒸散量与降雨量之间虽然有密切的关系，但只简单地把降雨量作为自变量是不完全准确的。为在方程中表达降雨量对蒸散的影响，重新设计了一个新的参数 AWE，近似地表示土壤中可供蒸散的水分。于是拟定 AWE 的计算公式：

$$AWE = \frac{\sum_{I=1}^{30} I \times P(I)}{30 \times (N+1)} \tag{2}$$

式中：I 值为向前递减，即取 $I=30$，前 1 天取 $I=29$，……前 30 天取 $I=1$。P（I）为第 I 日（从 30 日前开始计算）的实际降雨量，如果 P（I）$>$ 30mm，则取 P（I）$=$30mm。降雨日的定义为 P（I）$>$2mm，如果 P（I）$<$ 2mm，则为非降雨日。N 为离开最近 1 次降雨的日数。降雨后第一天 $N=1$，第二天 $N=2$，……如此类推。在计算降雨量时规定一个上限，所以 AWE 值变动在 0～232.5 之间的表示供水水平的一个相对值。

因此，影响森林蒸散的可能因子可以归结为：AWE、日总辐射量（R_{ST}）、风速（V_S）、气温（T）、相对湿度（RH）、云量（n）、日照时数（N）等。但是，由于长白山阔叶红松林的特殊气候环境，并不是上述所有因子都对长白山阔叶红松林的蒸散起重要的影响作用，所以必须研究长白山气候因子和阔叶红松林蒸散的关系。将这些因子与蒸散一起建立多元回归方程，采用逐步回归分析方法，同时剔除对蒸散影响不显著因子，最后得到如下回归方程：

在潮湿条件下（夏季）：$E_d=1.800\ 771+0.119\ 586\ 5R_{ST}+0.576\ 08V_S$

复相关系数 $R=0.844\ 7$

在半干旱条件下（春、秋季）：$E_d=-0.8926064+0.02047AWE+0.339R_{ST}+0.1203V_S$

复相关系数 $R=0.9438$

以上回归方程的显著水平 α 取 0.10，经检验，回归效果显著。E_d 为森林白天蒸散总量（mm），R_{ST} 为气象站测得的日总辐射（J/m^2），V_S 为风速（m/s），而其他气象要素如日平均气温、相对湿度、云量、日照时数等，都未被选入回归方程。

四、长白山地区散射辐射与云的关系

散射辐射是太阳光经大气层气体、尘埃散射等因素形成的太阳辐射中的一个重要部分，与海拔高度、纬度、太阳高度角、大气质量、空气湿度、地面反射率等参数有关（贾友见等，2000；*Kaskaoutis* et al.，2008）。据祝昌汉（1984）统计，中国散射辐射年总量与总辐射总量的比率全年平均为 46%，部分地区则高达 59%。由此可见，散射辐射在中国所占的比例很高（李巧萍和闫冠华，1994）。光能利用率是植物光合作用的重要概念（赵育民等，2007），散射辐射及散射比（散射辐射与总辐射的比例）的大小，对植被光能利用率有重要的影响。此外，云层的吸收和散射作用使光合有效辐射发生变化，从而影响植被生长和发育（杨飞等，2007）。根据 Farquhar 和 Roderick（2003）对 Pinatubo 地区散射辐射和碳循环的研究，1991 年火山爆发之后，散射辐射急剧增加，无云条件下增加的散射辐射使植被总光合生产力增加，从而导致大气 CO_2 浓度降低。Gu 等（2003）的研究也表明，火山爆发后，散射辐射增加，落叶林的光合作用增加。可见，研究散射辐射对探索森林光合生产力和森林的碳汇功能有重要的意义。

近年来国内外学者加强了散射辐射的研究，Jacovides 等（2006）研究了散射比 k_d 与大气透明指数 k_t 之间的关系；Aras 等（2006）评估了土耳其地区散射辐射量；Jacovides 等（2007）对雅典总辐射量和散射辐射的分析发现，从晴天到阴天散射辐射减小。我国科研工作者也做了许多工作，翁笃鸣（1997）计算了中国的总辐射量、直接辐射量、散射辐射的空间分布和中国大气透明度状况；林正云（1994）提出了综合考虑日照百分率和总云量来计算散射辐射的公式；张雪芬等（1999）通过对河南省太阳辐射资料的研究发现，河南省总辐射量和直接辐射量有减少的趋势，散射辐射在北部、南部呈减少趋势，中部呈增多趋势。

长白山地区是中国重要的森林分布区，散射辐射及散射比的变化可能对该地区森林生产力产生重要的影响。

（一）散射辐射及散射比的日变化、年变化与年际变化

图 1.13a 可以看出，散射辐射的日变化特点为日出到中午逐渐增加，中午时

达到最大值，为 102.4W/m²；中午到傍晚逐渐减小，傍晚时达到最小值，为 29.2W/m²。由图 1.13b 可以看出，散射比日变化与散射辐射相反，日出到中午逐渐减小，中午时达到最小值，为 0.32；中午到傍晚逐渐增加，傍晚时达到最大值，为 0.63。

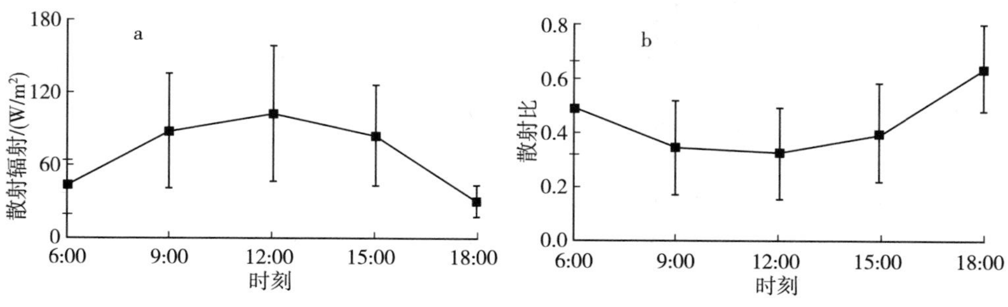

图 1.13 散射辐射（a）及散射比（b）的日变化

从图 1.14 可以看出，散射辐射从 1～7 月逐渐增加，7 月达到最大值，为 116.8W/m²，以后逐渐减小，12 月达到最小值，为 34.3W/m²；散射比的季节变化为 0.42～0.56，7 月达到最大值为 0.56。

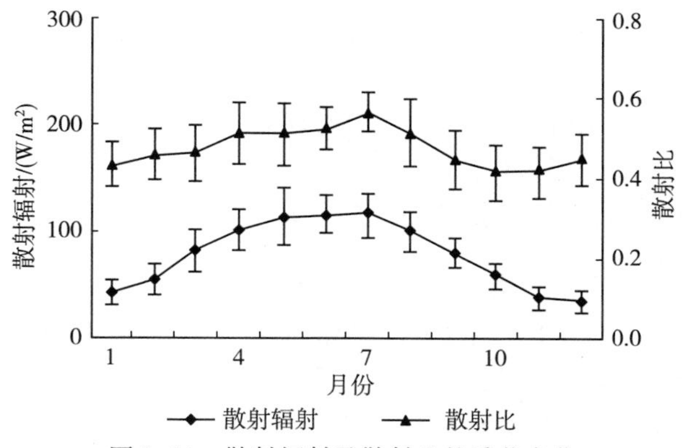

图 1.14 散射辐射及散射比的季节变化

从图 1.15 可以看出，散射辐射的年平均值 1982—2001 年呈减少趋势，1987 年最大值为 101.9W/m²，1997 年最小值为 59.8W/m²，1982—2001 年平均值为 78.4W/m²；散射比的年际变化为 0.38～0.55，1992 年散射比最大值为 0.55，1982 年最小值为 0.38，1982—2001 年平均值为 0.47。

从图 1.15 可以看出，1982 年低云量最小值为 2.7，1987 年最大值为 4.1。

综合图 1.16 及图 1.15 可以看出，1982 年低云量最小，散射比也是最小的；1987 年低云量最大，散射辐射也是最大的；1992 年低云量较大，其值为 3.6，散射比是最大的；1997 年低云量较小，其值为 3.2，散射辐射值是最小的，可见散射辐射及散射比与云量的关系是很密切的。

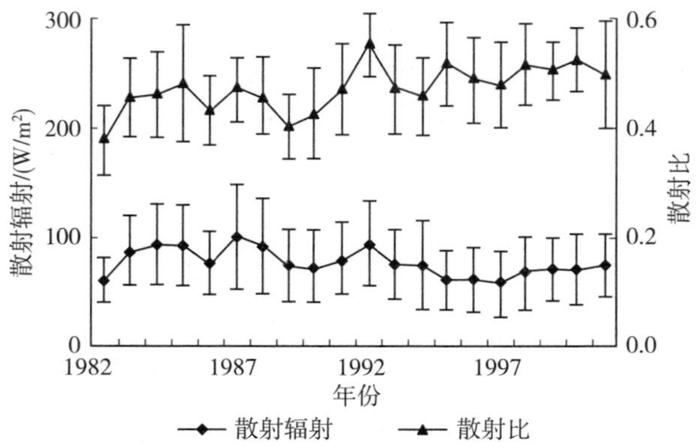

图 1.15　1982—2001 年散射辐射及散射比的年际变化

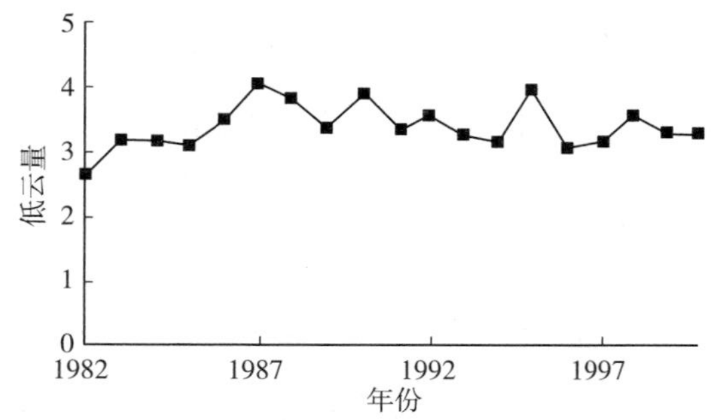

图 1.16　1982—2001 年低云量的年际变化

（二）散射辐射及散射比与云量的关系

1. 散射辐射及散射比的小时观测值与云量的关系

由图 1.17a、c 可以看出，散射辐射随高云量或低云量的增加而增加。云量<1 时，散射辐射与云量关系不明显；云量>1 时，散射辐射递增趋势明显。这是因为云量较多时，对散射辐射的影响较为显著。虽然有学者研究了散射辐射与云量的关系，但由于大气稳定度及空气混浊程度不同，因此散射辐射与云量关系递增起点不同，例如，塔克拉玛干沙漠（何清和徐俊荣，1996）云量>5 时，散射辐射增加迅速，这主要是因为与长白山地区相比，沙漠地区沙尘混浊因子的贡献显著，丰富的沙尘决定了大气混浊度，成为影响散射辐射的主要因子。进一步分析了散射比与高云量或低云量的关系（图 1.17b、d），可以看出，散射比随高云量或低云量的增加也呈增加趋势。云量<1 时，散射比呈轻微的增加（图 1.17b）或减少（图 1.17d）趋势；云量>1 时，散射比增加趋势比较明显。随太阳高度角的增加，散射比逐渐减小。

将图 1.17 的各观测结果进行线性拟合（散射辐射 D 与云量 x 关系为 $D=a_dx+b_d$；散射比 D/Q 与云量 x 关系为 $D/Q=a_fx+b_f$）（表 1.1），散射辐射及散射比与高云量和低云量的相关系数 $R_d{}^2$、R_f^2 为 0.700～0.999；相同云量下，随太阳高度角增加，直线的斜率 a_d 增大，a_f 减小，截距 b_d 增大，b_f 减小；相同太阳高度角区间内，散射辐射及散射比与高云量的关系比与低云量的关系密切，且 a_d、a_f 均在高云量时比在低云量时大，这是因为云顶越高，云越薄，温度就越低，水汽含量也少，凝结量有限，透光性佳，吸收的太阳辐射越小，反射率越高（周伟和李万彪，2007）；随云量的增加散射辐射比散射比增加的更快（$a_d > a_f$）。

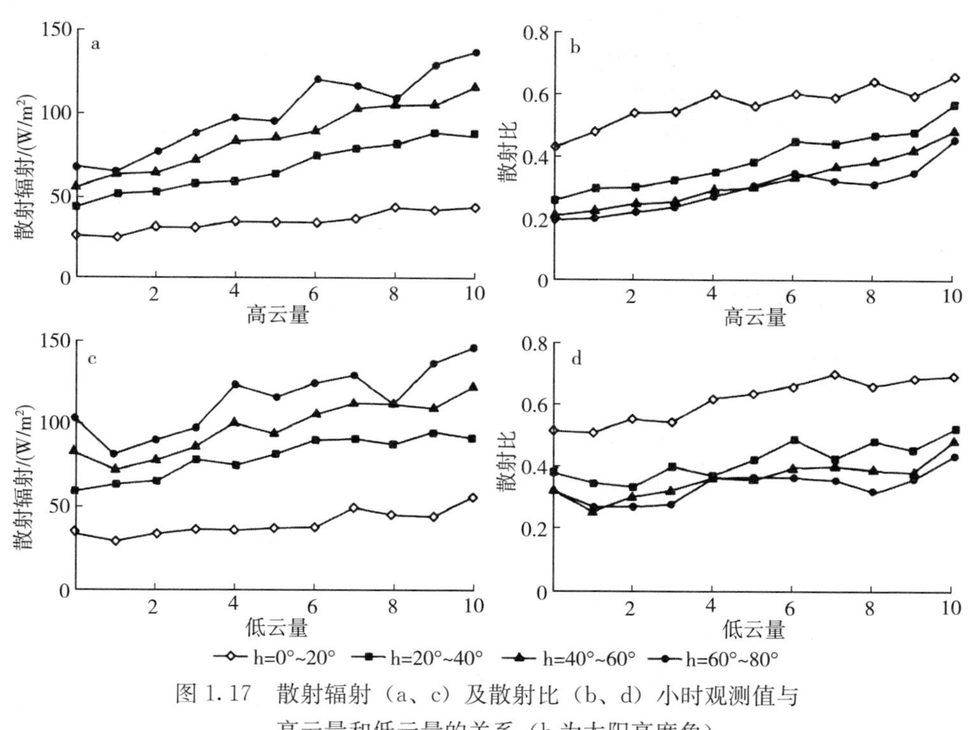

图 1.17　散射辐射（a、c）及散射比（b、d）小时观测值与高云量和低云量的关系（h 为太阳高度角）

表 1.1　不同太阳高度角区间内散射辐射及散射比与高云量和低云量的回归系数和相关系数

云量	太阳高度角（h）	a_d	b_d	$R_d{}^2$	a_f	b_f	R_f^2
高云量	0°～20°	1.796	26.719	0.918	0.018	0.474	0.820
	20°～40°	4.615	44.344	0.969	0.028	0.252	0.960
	40°～60°	5.954	56.067	0.978	0.025	0.192	0.964
	60°～80°	7.112	64.975	0.923	0.022	0.185	0.873
低云量	0°～20°	2.125	29.095	0.774	0.021	0.523	0.888
	20°～40°	3.673	61.770	0.902	0.016	0.348	0.747
	40°～60°	4.699	74.950	0.878	0.016	0.290	0.747
	60°～80°	5.343	88.696	0.736	0.011	0.290	0.519

a、b、R^2 分别为斜率、截距和相关系数，下标 d、f 分别表示散射辐射和散射比。

2. 散射辐射日平均值及散射比与日平均云量的关系

图 1.18 为 1982—2001 年散射辐射日平均值及散射比与日平均总云量和低云量的关系。表明散射辐射及散射比与总云量和低云量均呈线性正相关，各回归系数和相关系数见表 1.2。

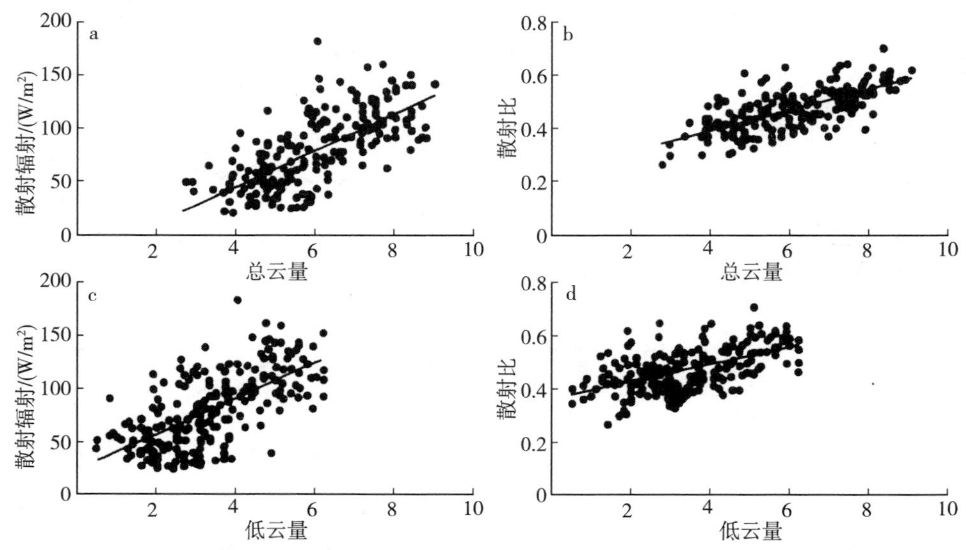

图 1.18　散射辐射日平均值（a、b）及散射比（c、d）与日平均总云量和低云量的关系

从表 1.2 可看出，散射辐射日平均值及散射比与日平均总云量和低云量的相关系数 R_d^2、R_f^2 为 0.3～0.5，散射辐射及散射比与总云量的关系比与低云量的关系密切，相关系数为正值。并且发现 a_d、a_f、b_d、b_f 均在总云量时比在低云量时大，这是因为低云云层比较厚，温度较高，水汽含量多，透光性比较差，吸收的太阳辐射多，反射率低。散射辐射日总量比散射比随日平均云量增加的更快（$a_d > a_f$）。值得注意的是，散射辐射与日平均云量的关系与气候特征有关，例如，林正云（1994）对福州市散射辐射与云量之间关系进行了研究，结果表明：散射辐射与总云量或低云量之间的相关不密切，与总云量的关系有 8 个月呈负相关，另外 4 个月和年的相关系数为正值，与低云量的关系各月之间也不同，1 月的相关系数为 0.486，7 月的相关系数为 0.145，全年的相关系数为−0.283，与本项研究结果有差异，这是因为福州市位于亚热带海洋性季风气候区，春季、初夏常出现连阴雨天气，使散射辐射与云量的关系复杂化。

表 1.2　散射辐射日平均值及散射比与日平均总云量和低云量的回归系数和相关系数

云量	a_d	b_d	R_d^2	a_f	b_f	R_f^2
总云量	17.4	−25.0	0.506	0.040	0.235	0.492
低云量	16.8	21.5	0.432	0.033	0.362	0.299

（三）散射辐射及散射比与云状的关系

云状对散射辐射的影响也很明显，天空有积状云或波状云时，如淡积云、碎积云、层积云、高积云等，对直接辐射和散射辐射值影响较大（阮祥等，2001），从而影响到散射比。表 1.3 为云量 $N=10$ 时，1982—2001 年在不同云状下，散射辐射及散射比的平均值。长白山地区散射辐射与云状关系同以往研究（何清和徐俊荣，1996；翁笃鸣，1997）有相似规律，与碧空散射辐射相比较，散射辐射较小为低云中的对流性积云（积雨云 C_b、积云 C_u），有云条件下散射辐射一般大于碧空散射辐射。但是长白山地区中云中的高积云（A_c）散射辐射最大，高云中的卷云（C_i）次之；新疆（满西异井）高云中的卷云（C_i）散射辐射最大，其次为中云高积云（A_c）、高层云（A_s）与低云中的层积云（S_c），它们的散射辐射相当；在拉萨，中云中的高积云（A_c）散射辐射最大，低云中的层积云（S_c）次之。这种地区之间产生差异的原因与空气中水汽含量、温度、大气运动及稳定程度不同有关，这些因素会影响云的形状从而影响云状与散射辐射之间的关系。

表 1.3　散射辐射及散射比与云状的关系

云状	散射辐射/（W/m^2）	散射比
C_i	101.0	0.50
A_c	108.4	0.57
A_s	92.1	0.53
S_c	94.3	0.46
C_u、C_b	85.4	0.34
无云	46.7	0.23

对不同地区相同季节碧空时散射辐射值进行比较，发现长白山地区散射辐射处于高原和沙漠地区之间，如拉萨观测结果是 34.3W/m^2（翁笃鸣，1997），新疆（满西异井）观测结果是 160.6W/m^2（何清等，1996），这是因为与长白山地区相比，拉萨的海拔高度和大气透明度均较高，新疆大气中沙尘颗粒比较多。此外，根据长白山观测资料分析，发现散射比与云状的关系与散射辐射类似（表 1.3）。

（四）散射辐射及散射比与太阳高度角的关系

在晴空条件下，散射辐射的变化主要由太阳高度角和大气透明度条件所决定的（翁笃鸣，1997）。从图 1.19a 可以看出，长白山地区不同高度云条件下散射辐射随太阳高度角的增加而增大，无云时散射辐射明显比有云时小，二者呈抛物线关系，无云时回归方程为 $D=-1.505\times10^{-2}h^2+1.738h+8.179$（$R^2=$

0.999)。翁笃鸣（1997）对广州市和长沙市逐日散射辐射和总云量的关系进行了研究，得出二者也呈抛物线关系，散射辐射随太阳高度角的增加而增大，达到最高值后逐渐减小，长白山地区没有发现极大值，这可能与地理纬度、海拔高度、大气透明度等因素有关。此外，重点研究了太阳高度角与散射比的关系，这一关系是以往研究中所忽略的。从 1.19b 可以看出，散射比随太阳高度角的增加而减小，呈抛物线关系，无云时散射比明显比有云时小，回归方程为 $D/Q=1.804\times10^{-2}h^2-1.869\times10^{-2}h+0.671$（$R^2=0.943$）。高云、中云、低云时散射辐射及散射比与太阳高度角的关系与无云时相似，分别用二次曲线拟合的回归系数和相关系数（表 1.4）。

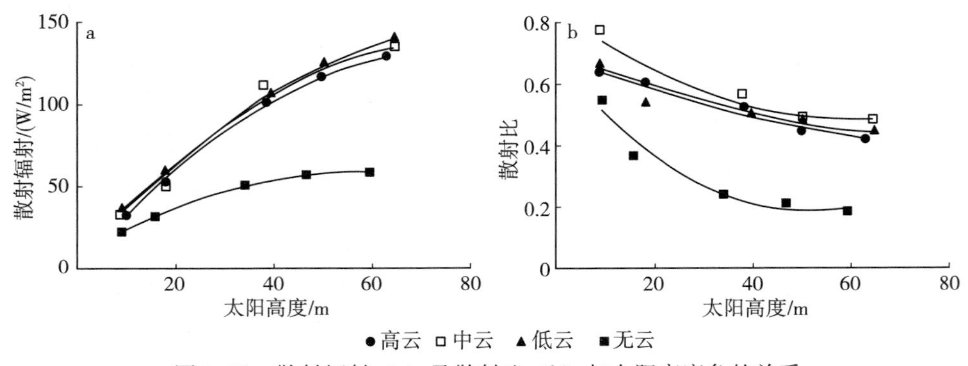

图 1.19　散射辐射（a）及散射比（b）与太阳高度角的关系

表 1.4　不同云状下散射辐射及散射比与太阳高度角的回归系数和相关系数

云状	a_d	b_d	c_d	R_d^2	a_f	b_f	c_f	R_f^2
高云	-2.264×10^{-2}	3.468	-5.605×10^{-2}	0.996	1.252×10^{-3}	-5.096×10^{-3}	0.683	0.979
中云	-2.521×10^{-2}	3.723	-1.989	0.980	1.054×10^{-2}	-1.235×10^{-2}	0.845	0.910
低云	-2.101×10^{-2}	3.443	3.935	0.999	4.922×10^{-3}	-7.102×10^{-3}	0.695	0.907
无云	-1.505×10^{-2}	1.738	8.179	0.999	1.804×10^{-2}	-1.869×10^{-2}	0.671	0.943

大气中 CO_2 浓度及大气颗粒物等一系列的气候变化可能引起散射辐射和散射比的变化（Lucht et al.，2002），对生态系统光合作用和碳收支产生影响，Stanhill 和 Cohen（2001）研究了总辐射减少的可能原因及对农业产生的影响，发现增加人工气溶胶及其他物质尤其是云能改变大气层光学性状，从而改变散射辐射量，对植被生理过程及农业生产都有一定影响；Roderick 等（2001）分析了云和大气颗粒物对光合生产力和植被群落的直接影响，发现阴天与晴天相比，散射辐射增加使植被冠层内遮荫量降低。Alton 等（2007）研究了散射辐射对 3 种森林生态系统光能利用效率、总光合生产力和净生态系统交换的影响，指出寒带针叶林、温带阔叶林和热带阔叶林 3 种植被类型的光能利用效率在散射辐射占主

导地位时增加了6%～33%，总光合生产力和净生态系统交换也有不同程度的增加。虽然森林光合生产与散射辐射关系的研究很有意义，但在中国林区仍缺乏这方面的研究，本项研究只对长白山地区散射辐射与云的关系进行了分析，还需要对云量云状与散射辐射之间的关系及其对森林生态系统的影响做进一步的研究。

第三节　长白山阔叶红松林的气候变化

一、长白山阔叶红松林的气候动态

森林气候资料作为基础资料不但为森林生态学的各项研究提供了基本数据，如应用于森林树木生长的模拟（Kimmins et al.，1990）、水量平衡和霜害研究（Cannell，1984；Cannell et al.，1985）、物候研究（Kramer et al.，1996）以及森林病虫害研究（Russo，1993）等，而且为全球变化对森林生态系统的影响及其响应研究提供了基本依据。长白山目前是我国乃至全世界保存较为完整的自然生态系统之一，具有完善的植被垂直地带性分布和山地森林生态系统（郑景明等，2004）。而长白山阔叶红松林作为典型的温带针阔叶混交林生态系统，其结构与功能对该地区的生态系统健康有着重要的影响，尤其在全球变化已成为全世界科学研究热点的背景下，全球变化对长白山阔叶红松林结构与功能的影响及其对全球变化的响应研究备受人们关注（张新时等，1997），该生态系统是全球变化研究中国东北样带的东部端点（周广胜等，2002），在整个样带的研究中具有重要的地位。目前对长白山阔叶红松林的小气候或短期气候分析较多（关德新等，2002，2004；迟振文等，1981；吴家兵等，2002；张凤山等，1980，1984；高西宁等，2002），但对多年气候动态进行分析的资料却十分少见。同时，一般的气候资料来源于靠近城市的气象站，不能很好地代表当地的森林气候（Xia et al.，1999；Xia et al.，1999）。

（一）光能因子的动态变化

长白山阔叶红松林1982—2003年的年日照时数与年日照百分率的动态变化趋势如图1.20所示。在近22年中，年日照时数的平均值为2 044.1h，其中1989年为年日照时数最长的一年，其值为2 280.1h；而1999年为年日照时数最短的一年，其值为1 760.1h。

该地区年日照时数近22年的变化特点为：1982—1991年10年中，除1983年的年日照时数小于该地区的平均值外，其余各年的年日照时数均大于多年平均值，1991年以后除1996年的年日照时数2 182.4h和1997年的年日照时数2 066.9h高于平均值以外，其余各年均低于多年平均值。由此可见，该地区的年日照时数在近22年里呈现下降趋势。

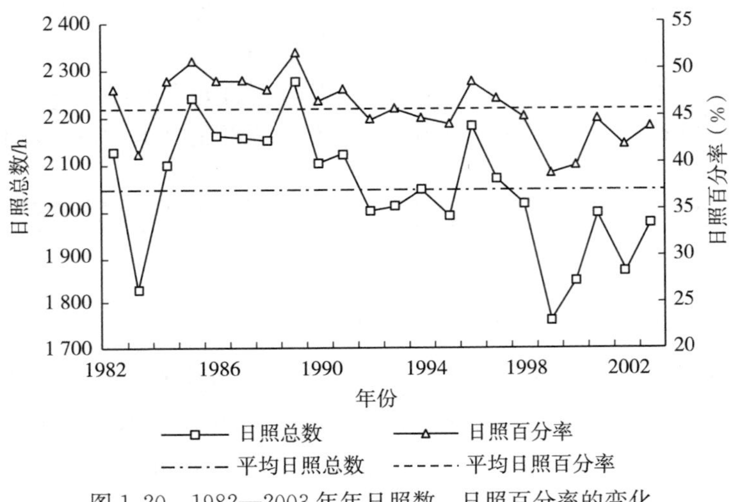

图 1.20　1982—2003 年年日照数、日照百分率的变化

年日照百分率的动态变化趋势与年日照时数正相关：多年平均值为 46%，最大值为 1989 年的 52%，最小值为 1999 年的 39%。1982—1991 年的这段时期中除 1983 年的年日照百分率 41%低于多年平均值以外，其他各年的年日照百分率均大于平均值，而 1992—2003 年年间该值除 1996 年的 49%和 1997 年的 47%大于多年平均值以外，其余各年均低于多年平均值。因此，日照百分率近 22 年来同样呈现下降趋势。

（二）热量因子的动态变化

1. 年平均气温

如图 1.21a 所示，长白山阔叶红松林近 22 年的平均温度为 3.6℃，其中 1998 年为年平均气温最高的一年，其值为 5.0℃，而年平均气温最低的一年为 1984 年，其值为 2.5℃。从图 1.2a 还可以看出，近 22 年年平均气温的变化特点为：20 世纪 80 年代该地区平均温度普遍较低，均低于平均值 3.6℃，但气温自 1984 年达到最低的 2.5℃之后便逐年上升，并在 1990 年上升至平均值以上达到 4.0℃；在 1991—1993 年年间又出现一个相对的低温期，这 3 年的年平均气温均小于平均值，而 1993—1999 年年间气温逐渐回升并在 1998 年达到近 22 年的最大值，此后在 2000 年出现一个气温低值 2.8℃之后年平均气温又逐渐回升。总之，20 世纪 90 年代各年平均气温普遍高于 80 年代，因此长白山阔叶红松林年平均气温在近 22 年里有着缓慢波动升高的趋势。

2. 1 月、7 月月平均气温

根据长白山阔叶红松林地区的气候特点，1 月和 7 月为该地区一年中的最冷月和最热月。这两个月的月平均气温随年际变化如图 1.21b 所示。

近 22 年的 1 月气温平均值为－15.6℃，而该月平均气温最高值－12.5℃出现在 1992 年，最低值－19.2℃出现在 2001 年。年际动态呈现出 3～5 年的波动周期，其中 1983 年、1988—1989 年、1992 年、1994—1996 年、1999 年和 2002 年的 1 月气温平均值大于多年平均值，其余各年均低于平均值。

近 22 年的 7 月气温平均值为 19.7℃，而该月平均气温最高值 22.3℃出现在 1994 年，最低值 18.1℃出现在 1986 年。22 年里 7 月该值的波动比 1 月的平均气温要平缓一些。1982—1984 年、1986—1992 年为两个相对气温低值期，其余各年中除 1985 年、1994 年和 1997 年的 7 月平均气温略高于平均值外，其他年份的 7 月平均气温均与多年平均值接近。

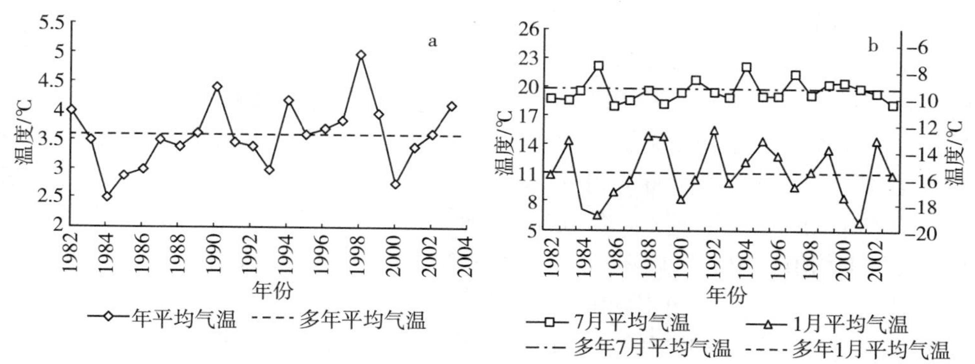

图 1.21　1982—2003 年年平均气温（a）和 1 月、7 月月平均气温（b）的变化

3. 年极端最高、最低气温

从该地区年极端最高、最低气温的年际变化（图 1.22）可以看出，近 22 年的年极端最高、最低气温的平均值分别为 33.3℃、－33.6℃，值得注意的是：一般当年极端最高气温出现高值时，年极端最低气温也相应的出现低值。如年极端最高温在 1987 年升至 39.4℃时，年极端最低温在该年相应的降低至近 22 年的最低值－40.2℃；在 2001 年年极端最高气温达到近 22 年中最高的 43.7℃时，该年的年极端最低气温也降至近 22 年的次低值－40.1℃。

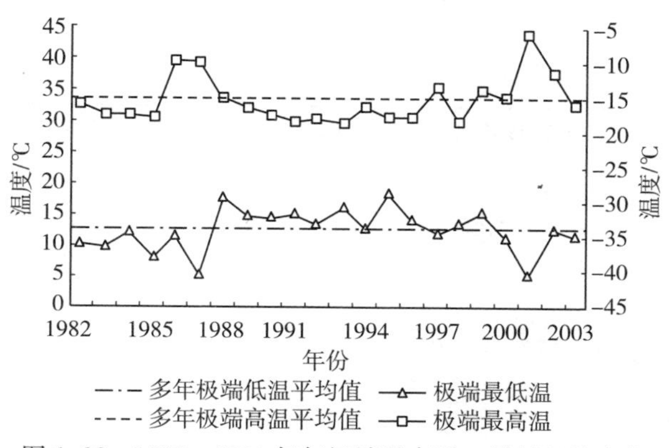

图 1.22　1982—2003 年年极端最高温、最低温的变化

4. 年积温

图 1.23 显示了日平均气温稳定通过 0℃、5℃、10℃的积温$\sum t \geqslant 0$℃、$\sum t \geqslant 5$℃、$\sum t \geqslant 10$℃的年际动态。

从图 1.23 可以看出，1982—2003 年$\sum t \geqslant 0$℃的平均值为 2 755.3℃，近 22 年里的最大值 3 080.4℃出现在 1998 年，最小值 2 534.3℃出现在 1986 年。1982—1993 年除 1982 年、1983 年、1985 年和 1990 年的$\sum t \geqslant 0$℃略高于平均值外，其余各年均低于平均值；而在 1994—2003 年这段时间里除 1995—1997 年以及 2002 年$\sum t \geqslant 0$℃低于平均值外，其余各年均高于平均值。可见$\sum t \geqslant 0$℃在 20 世纪 80 年代处于低值期，90 年代以后有着缓慢升高的趋势。

1982—2003 年$\sum t \geqslant 5$℃的平均值为 2 591.5℃，其间最大值 3 041.8℃出现在 1998 年，而最小值 2 295℃出现在 1995 年。从图 1.23 还可以看出近 22 年中$\sum t \geqslant 5$℃的动态变化：该值在 1982—1993 年年间呈波动下降的趋势，并在 1986 年降至多年平均值以下，而 1993 年以后逐渐上升到平均值以上；1994—2003 年这 10 年中，除 1995 年和 2002 年这两年的$\sum t \geqslant 5$℃低于平均值外，其他各年的值均大于平均值。由此可以得出：1982—2003 年这 22 年中$\sum t \geqslant 5$℃同样在经历了 20 世纪 80 年代和 90 年代初的低值期后，开始呈现出缓慢增长的趋势。

1982—2003 年$\sum t \geqslant 10$℃的平均值为 2 168.6℃，近 22 年里该值的最大值同样出现在 1998 年为 2 578.7℃，最低值出现在 1992 年为 1 712.6℃。近 22 年的具体变化为：从 1982—1991 年，该值的波动频率较小；1992—1999 年该值以2～3 年为周期围绕多年平均值 2 168.6 波动且波动幅度较大，而 1999 年以后的变化又趋于缓和。

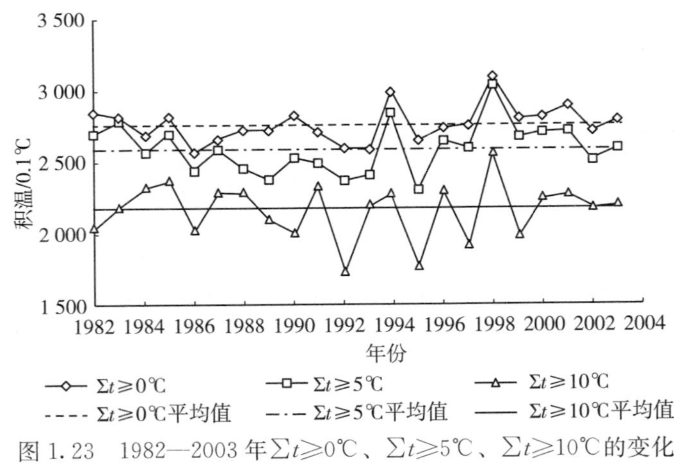

图 1.23 1982—2003 年$\sum t \geqslant 0$℃、$\sum t \geqslant 5$℃、$\sum t \geqslant 10$℃的变化

（三）水分因子的动态变化

1. 年总降水量

图 1.24a 显示了自 1982 年以来的年降水量的变化。22 年中的平均年降水量

为 695.3mm，最大值 983.8mm 出现在 1986 年，最小值 510.4mm 出现在 1999 年。1986—1987 年为降水高峰期；1987 年以后逐渐下降，1988—1992 年进入少雨期；1993 年以后又逐渐上升并在 1995 年再次进入多雨期，1995 年的年降水量达到 953.8mm；1996—2003 年又一次进入少雨期。

2. 年最大雪深

长白山阔叶红松林近 22 年年最大雪深的平均值为 27cm（图 1.24b），最大值 39cm 出现在 1994 年，最小值 13cm 出现在 1982 年。1983—1994 年的 12 年间，除 1984 年、1988 年、1990 年、1991 年和 1993 年这 5 年的年最大雪深低于平均值外，其余各年份均高于多年平均值；1995—2000 年这 6 年的年最大雪深均低于平均值，自 2000 年以后年最大雪深又逐渐回升至平均值以上。

3. 相对湿度

长白山阔叶红松林近 22 年的平均相对湿度为 72%（图 1.24c），1990—1992 年连续 3 年出现相对湿度的最大值 76%，1982—1983 年连续 2 年出现相对湿度的最小值 66%。从图 1.24c 可以看出，该值在 1982 年、1983 年、1988 年、1994 年、1997 年、2001 年和 2002 年出现了小于平均值的情况而其他年份均大于或等于相对湿度的多年平均值。

4. 年总蒸发量

如图 1.24d 所示，长白山阔叶红松林近 22 年的平均年蒸发量为 1 250.9mm，最大值为 1982 年的 1 466.3mm，最小值为 1986 年的 1 021.6mm。1982—1986 年该地区年蒸发量持续下降，从 1982 年的 1 466.3mm 降至 1986 年的1 021.6mm。

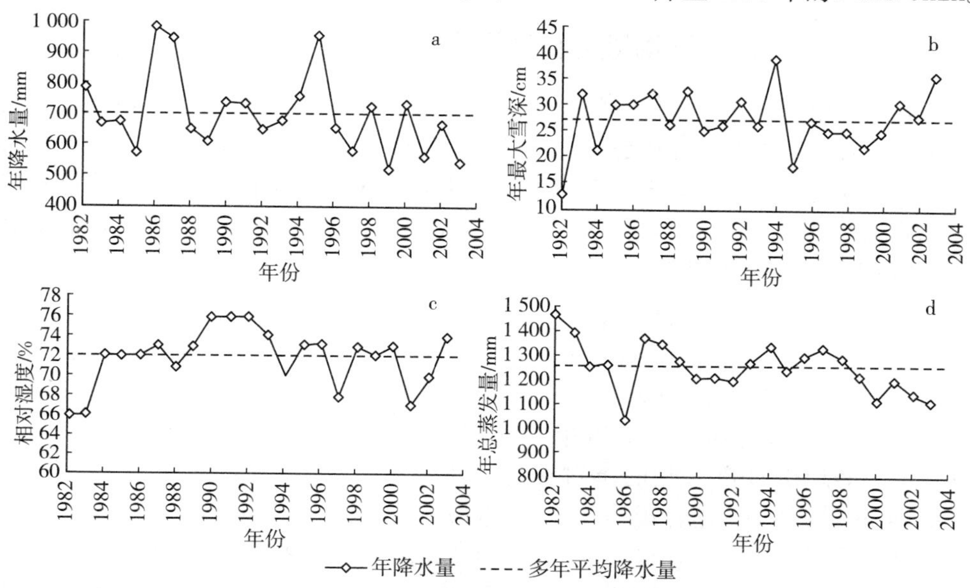

图 1.24　1982—2003 年年降水量（a）、年最大雪深（b）、年平均相对湿度（c）、年总蒸发量（d）的变化

1987 年该值回升到平均值以上，从 1990 年起连续 3 年该值在平均值以下，1992 年以后逐渐回升到平均值以上，1999—2003 年再次下降到平均值以下。

5. 风的动态变化

1982—2003 年这 22 年的年平均风速为 2.2m/s，从图 1.25a 可以看出，最大年平均风速为 2.7m/s，出现在 1986 年，最小年平均风速 1.2m/s 出现在 2002 年。平均风速动态变化的特点为：1982—1991 年为年平均风速的高值期，而 1991 年以后除 1994 年、1996 年和 1997 年的年平均风速大于平均值外，其他各年的年平均风速均低于平均值，并且 1997 年以后年平均风速迅速下降。由此可以得出，长白山阔叶红松林的年平均风速有逐渐下降的趋势。从图 1.25b 可以看出，该地区近 22 年的主要来风方向为西南方向。

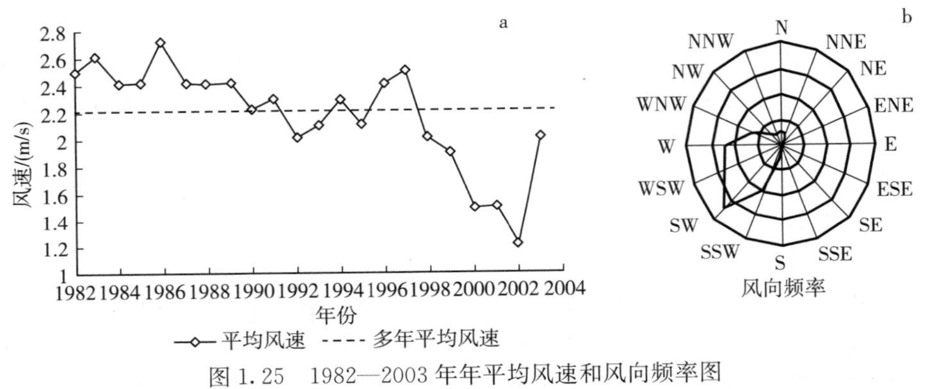

图 1.25 1982—2003 年年平均风速和风向频率图

二、长白山地区平均最高和最低气温变化

联合国政府间气候变化专门委员会（IPCC）第一工作组 4 次评估报告分别给出了近百年全球温度变化趋势，虽然观测资料来源以及计算方法不同，但近百年全球温度升高是不容争辩的事实。4 次报告显示，升高的趋势平均从每百年 0.45℃到 0.74℃，其幅度大致为每百年 0.30～0.92℃（赵宗慈等，2007）。IPCC 报告时段的 4 组涉及中国近百年观测气温变化的数据一致表明，中国近百年的气候变暖趋势是毋庸置疑的，其气候倾向率为每百年 0.19～0.72℃；近 50 年中国的气候变暖更加明显，大约为每百年气温升高 0.64～0.92℃。我国在 1951—1990 年期间气温增加了 0.3℃（丁一汇等，1994）。国外一些研究结果表明，全球陆地表面温度升高过程中多数地区的最低温度比最高温度的升高速度明显，因而表现出日夜增暖的不对称性，使得日较差变小（Karl et al.，1991；Karl et al.，1993）。翟盘茂等（1997）分析了中国近 40 年最高、最低温度的变化特征；马晓波（1999）利用西北地区 4 个台站资料分析了中国西北地区最高、最低气温的非对称变化；杜军（2003）则对西藏高原的最高、最低气温的非对称变化进行了研究；另外还有一些省份的相关报道（谢庄等，1996；覃军等，

1999；杨文峰，2006；郑艳等，2005）。

气候资料作为森林生态学各分支学科研究的基础，可以服务于森林树木生长的模拟（Kimmins et al.，1990）、水量平衡、霜害研究（Cannell，1984；Cannell et al.，1985）、物候研究（Kramer et al.，1996）和森林病虫害研究（Russo et al.，1993）等，且为全球变化对森林生态系统的影响及响应研究提供基本依据。长白山地区目前是中国乃至全世界保存较为完整的自然生态系统之一，具有完善的植被垂直地带性分布和山地森林生态系统（郑景明等，2004）。全球气候变暖背景下，森林生态系统的响应受到越来越多的关注（张新时等，1997）。长白山森林生态系统是全球变化研究中中国东北样带的东部端点（周广胜等，2002），在整个样带的研究中具有重要的地位。目前对长白山地区多年气候动态进行分析的较少，孙凤华等（2005）对东北地区近44年的气候暖干化区域及其可能影响进行了分析，张弥等（2004）曾对中国科学院长白山森林生态系统定位站的气象数据进行过分析，但资料序列偏短，仅有22年，且只是单点资料。而王纪军等（2009）利用长白山及其周边地区13个气象观测站近50年的月气温资料进行分析，揭示该地区的气候变化趋势及其全球以至中国变化的差异，为该样带生态系统的科研提供气候背景资料，为全球气候变化下森林生态系统的响应研究提供参考依据。

（一）长白山地区概况、资料与研究方法

1. 自然概况

长白山位于中国吉林省东南部，地跨安图县、扶松县和长白县；地理位置126°55′～129°E，41°23′～42°36′N；靠近亚洲大陆东部沿海，隔日本海，面向太平洋。长白山是中国东北地区最高山系和欧亚大陆北半部山地生态系统的典型代表，1980年长白山被列入联合国生物保护圈。属于中温带大陆性季风气候，四季分明；气温年、日较差较大；雨热同季，有明显的气候垂直分布。气候总的特点是：冬季漫长凛冽，夏季短暂、温暖多雨，春季风大干燥，秋季凉爽多雾（张凤山等，1980）。

2. 资料

利用吉林省气候中心提供的长白山地区13个气象台站整编气温资料，各站的具体参数指标见表1.5和图1.26。要素包括逐日最高、逐日最低和逐日平均等观测项目。主要研究气温变化趋势时空不均一性，所以仅分析逐月和逐年的平均值。

表1.5　长白山地区气象台站的基本情况

序号	气象台站	海拔高度/m	气象资料起止时间
1	盘石	332.9	1957—2007
2	桦甸	263.9	1956—2007

（续）

序号	气象台站	海拔高度/m	气象资料起止时间
3	辉南	298.2	1960—2007
4	靖宇	550.3	1955—2007
5	东岗	775.4	1957—2007
6	松江	591.6	1958—2007
7	和龙	474.7	1957—2007
8	龙井	242.4	1956—2007
9	珲春	37.8	1957—2007
10	延吉	178.2	1954—2007
11	临江	332.8	1953—2007
12	集安	178.6	1954—2007
13	长白	1 017.7	1957—2007

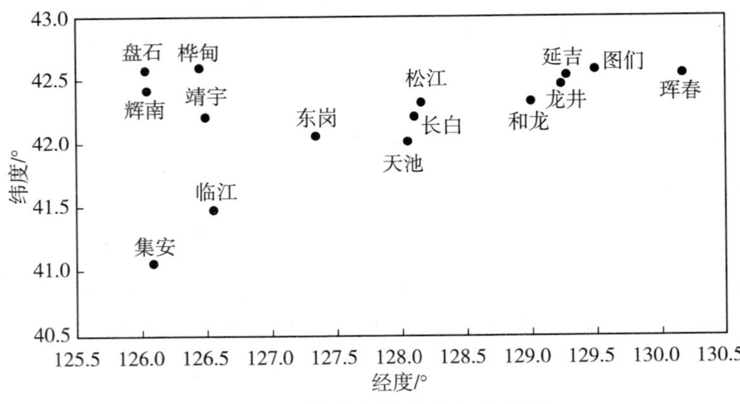

图 1.26　长白山站点分布示意图

3. 研究方法

趋势是指气候要素的大体变化情况，即长时间、大范围的演变过程（黄嘉佑，1995）。趋势具有两种含意，一个是线性的逐渐上升或下降；另一种是间断的不连续的突变趋势（刘春蓁，2007）。趋势性研究可以告诉我们一个序列的变化特征，而统计方法是检验变化趋势的有效工具之一。

（1）线性趋势　目前常用的气候变化线性趋势分析方法有线性回归、累积距平、滑动平均、二次平滑、三次样条函数，以及 Mann-Kendall 秩次相关法和 Spearman 秩次相关法等。本项研究主要应用线性回归法对长白山地区气温的线性趋势进行分析。

假设 x_i（$i=1, 2, \cdots, N$）为一个气候要素的观测序列，N 为序列长度。以

序列 i 为自变量，气候要素为因变量，利用最小二乘法建立一元线性回归方程：

$$x_i = b_{1i} + b_0 \tag{1-1}$$

线性方程斜率 b_1 的 10 倍定义为气候倾向率，表征时间序列的变化趋势。气候倾向率的大小表征变化速度，正负则表征变化方向：$b_1>0$ 表示增加，$b_1<0$ 表示减少。

（2）突变趋势 气候突变有一个普适的定义，即气候从一种稳定态（或稳定持续的变化趋势）跳跃式转变到另一种稳定态（或稳定持续的变化趋势）的现象（符淙斌等，1992），它表现为气候在时空上从一个统计特性到另一个统计特性的急剧变化，并且给出了 4 种突变形式，即均值突变、方差突变、跷跷板突变和转折突变。常用的针对均值突变的检测方法有 6 种，即低通滤波法、滑动 t 检验法、Cramer 法、Yamamoto 法、Mann-Kendall 法（简称 M-K 法）和 Spearman 法。

M-K 法以检测范围宽、定量化程度高而富有生命力。该方法以气候序列平稳为前提，且序列随机独立、概率同分布。具体计算方法参见参考文献（符淙斌等，1992）。王纪军等（2009）结合 M-K 方法和滑动 t 检验法对气温序列进行突变分析，这是为了克服单一方法的局限性。另外，两种方法同时有效时又可以相互印证。

（二）长白山地区平均最高气温的变化趋势

表 1.6 给出了长白山地区逐站以及区域平均的逐月平均最高气温的变化趋势。可以看出，长白山地区的气温变化趋势时空分布不尽一致，整体上表现为增温。2 月份的增温趋势最为显著，气候倾向率为每 10 年 0.40～1.01℃；区域平均气候倾向率为每 10 年 0.75℃。这种气候趋势除松江和珲春两站仅能通过 $\alpha=0.10$ 的显著性检验外，其余 11 个站至少可以通过 $\alpha=0.05$ 的检验，其中辉南、临江、集安和长白 4 站的增温更是达到极为显著的水平。1 月份增温趋势的显著性仅次于 2 月份，有将近 70%的台站能够通过 $\alpha=0.10$ 以上的检验，每 10 年增加 0.35～0.67℃。10 月份区域各站及其平均都没有通过显著性检验，主要表现为波动形式。5 月份的最高气温则以降低为主，但也不显著，仍属自然波动。7 月和 11 月表现为空间的非均一性，部分台站升温，部分台站降温。

表 1.6 长白山地区气象台站逐月平均最高气温 10 年的变化趋势

站名	月份											
	1	2	3	4	5	6	7	8	9	10	11	12
盘石	0.42b	0.80b	0.48b	0.20	−0.03	0.24a	−0.04	0.07	0.27b	0.10	−0.02	−0.02
桦甸	0.42b	0.78b	0.48b	0.16	−0.06	0.23a	−0.09	0.02	0.13	0.00	0.12	0.14
辉南	0.49b	1.01d	0.49b	0.32	0.10	0.32b	0.04	0.12	0.28b	0.18	0.17	0.18
靖宇	0.48b	0.70b	0.50b	0.26	0.05	0.31b	0.04	0.10	0.23b	0.12	0.14	0.15

（续）

站名	月份											
	1	2	3	4	5	6	7	8	9	10	11	12
东岗	0.38a	0.56b	0.33	0.10	−0.13	0.19	−0.08	0.02	0.19a	0.02	−0.04	0.05
松江	0.33	0.45a	0.17	0.04	−0.17	0.25a	−0.03	0.07	0.21a	0.03	0.03	0.03
和龙	0.26	0.65b	0.27	0.05	−0.23a	0.12	−0.02	0.10	0.14	0.11	−0.04	0.03
龙井	0.27	0.47b	0.29	−0.02	−0.27b	0.01	0.00	0.06	0.11	0.01	0.12	0.18
珲春	0.17	0.40a	0.28	0.15	−0.10	0.08	0.09	0.31b	0.29c	0.09	0.09	0.05
延吉	0.35b	0.63b	0.41b	0.08	−0.17	0.13	0.07	0.11	0.07	0.02	0.11	0.26
临江	0.55d	0.71d	0.42b	0.22	0.07	0.27b	0.09	0.06	0.14	0.02	0.05	0.33
集安	0.67d	0.70d	0.48b	0.20	−0.01	0.23b	0.08	0.03	0.16a	0.09	0.07	0.44b
长白	0.57b	0.81d	0.58b	0.29	0.08	0.55d	0.32b	0.37b	0.46b	0.23	0.07	0.23
平均	0.41a	0.75c	0.34	0.15	−0.09	0.23	0.05	0.12	0.29c	0.11	0.11	0.28

注：a、b、c、d 分别表示能够通过置信度为 0.10、0.05、0.01、0.001 的显著性检验

区域年平均最高气温的年际变化及 M-K 检验见图 1.27。历年平均值为 11.4℃；最大值出现在 1998 年，气温为 12.9℃；气温最小值则为 1969 年的 10.0℃。由此可见，极端最高气温具有阶段性变化特征：20 世纪 70 年代中叶以前，以低温为主，仅有 1961 年、1967 年、1968 年例外，其中，后两年非常接近

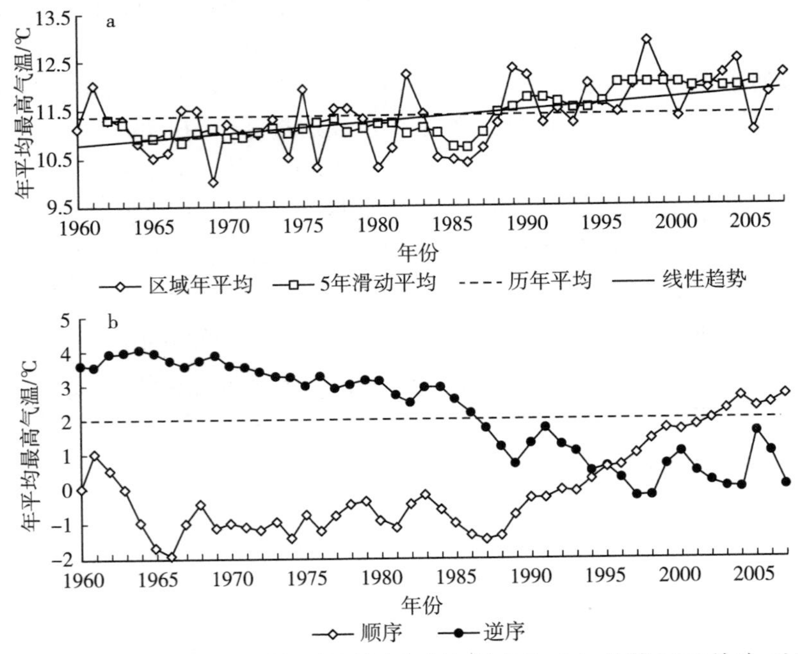

图 1.27　长白山地区区域年平均最高气温年际变化（a）及其 M-K 检验（b）

常年平均值；随后进入波动期，但仍以负距平为主，直到 1989 年；接着进入相对高温阶段，即使个别年份低于常年平均值，但也多在常年平均值附近。年平均最高气温有极显著的上升趋势，速度为每 10 年上升 0.23℃；相关系数达到 0.48，能够通过 α=0.001 显著性检验。

利用 M-K 检验方法可以检测出区域年平均最高气温在 1995 年前后有一次明显的突变，再利用滑动 t 检验方法进行验证。1995 年及以前的平均值为 11.2℃，均方差为 0.59℃；随后的 12 年平均最高气温为 11.9℃，均方差仅为 0.50℃；均方差随着气温的升高不仅没有升高，反而有所下降，表明变化幅度减小。利用公式不难得到 t 值为−4.05，显然在 α=0.01 的显著性水平上，应该拒绝两个序列没有显著差异的假设，也就是说，1995 年前后区域年平均最高气温确实存在一个突变。短短 48 年内，前后两个阶段温差达到 0.7℃，高于全球平均上升幅度。

（三）长白山地区平均最低气温的变化趋势

表 1.7 给出了长白山地区逐站以及区域平均的逐月平均最低气温的变化趋势。长白山地区的最低气温变化趋势时空分布与最高气温明显不同，除和龙的 7 月、8 月，集安的 8 月和龙井的 9 月属于降温外，其余站整体上表现为月增温趋势。2 月份的增温趋势最为显著，气候倾向率每 10 年在 0.49～1.44℃之间；区域平均气候倾向率也超过每 10 年 1.0℃，达到 1.16℃。这种气候趋势除长白和龙井两站仅能通过 α=0.05 的显著性检验外；其余 11 个站均可以通过 α=0.001 的显著性检验。此外，还有 3 月、4 月和 6 月份各站月增温较为显著，趋势从每 10 年 0.14℃到 0.92℃不等。增温最不显著的是 7 月和 8 月，都是仅有 3 个站的趋势能通过显著性检验。

表 1.7　长白山地区气象台站逐月平均最低气温 10 年的变化趋势

站名	月份											
	1	2	3	4	5	6	7	8	9	10	11	12
盘石	0.70b	1.26d	0.72b	0.39c	0.44d	0.54d	0.16a	0.14	0.35b	0.42c	0.32	0.35
桦甸	0.58b	1.41d	0.83c	0.36d	0.40d	0.48d	0.07	0.06	0.12	0.26b	0.44a	0.43
辉南	0.46	1.32d	0.67b	0.46d	0.44d	0.49d	0.07	0.07	0.26b	0.32b	0.31	0.31
靖宇	0.92d	1.44d	0.92d	0.57d	0.56d	0.61d	0.33c	0.34b	0.42d	0.46d	0.63b	0.72b
东岗	0.63b	1.04d	0.56b	0.34b	0.26b	0.45d	0.09	0.08	0.22b	0.24a	0.28	0.26
松江	0.69b	1.15d	0.77d	0.69d	0.71d	0.78d	0.36c	0.31b	0.50d	0.80d	0.83d	0.40a
和龙	0.76d	1.17d	0.47b	0.39d	0.19b	0.25b	−0.05	−0.06	0.15	0.39d	0.40b	0.32a
龙井	0.30	0.60b	0.37b	0.25b	0.07	0.20b	0.03	0.05	−0.01	0.08	0.27	0.27
珲春	0.44b	0.77d	0.51b	0.45d	0.39d	0.35d	0.15	0.22b	0.30b	0.39b	0.38b	0.50b

（续）

站名	月份											
	1	2	3	4	5	6	7	8	9	10	11	12
延吉	0.46b	0.74d	0.47b	0.37d	0.26c	0.32d	0.08	0.10	0.10	0.18a	0.28a	0.45b
临江	0.99d	1.10d	0.42b	0.32c	0.24c	0.29d	0.12	0.10	0.20b	0.17a	0.20	0.62b
集安	1.51d	1.38d	0.48b	0.27b	0.15a	0.14a	0.04	−0.03	0.11	0.15	0.14	0.87c
长白	0.34a	0.49b	0.34a	0.25b	0.15a	0.35d	0.10	0.10	0.19a	0.10	0.03	0.02
平均	0.66c	1.16d	0.55c	0.44d	0.36d	0.44d	0.11	0.11	0.30b	0.41d	0.36a	0.57c

区域年平均最低气温的年际变化及其M-K检验如图1.28所示。常年平均值为−1.2℃；最大值出现在1998年，比常年平均值高1.8℃；最小值则为1969年，为一个分界限，之前以负距平为主，仅有1973年、1975年、1982年和1983年超过常年平均值，也均在−1.0℃以下；之后，除2000年平均最低气温为−1.3℃，在常年平均值以下外，其他年份均表现为高温态势。年平均最低气温有极为显著的上升趋势，速度为每10年0.46℃，比平均最高气温的增长速度高一倍；相关系数达到80.7%，能够通过$\alpha=0.001$的显著性检验。

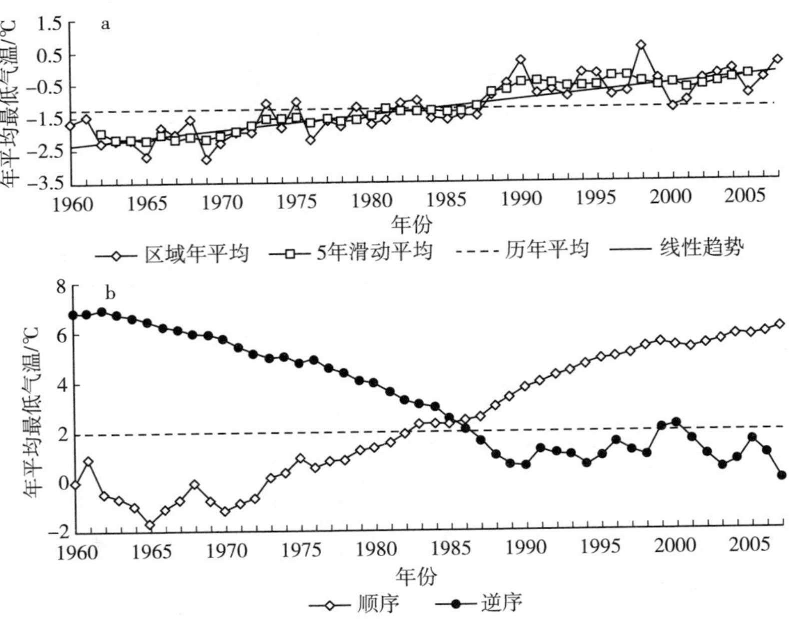

图1.28　长白山地区区域年平均最低气温年际变化（a）及其M-K检验（b）

利用M-K检验方法检测出区域年平均最低气温在1985年前后有一次明显的突变，然后利用滑动t检验方法进行进一步验证。1985年及以前的平均值为−1.8℃，均方差为0.23℃；随后的22年平均最低气温−0.6℃，均方差为0.57℃。利用

公式得到 t 值为−7.68，用 t 分布的数值表进行检验，可知，在 α=0.01 的显著性水平上，应该在 1985 年前后区域年平均最高气温确实存在一个突变。从一个低值区跃迁到一个高值阶段，平均值之间相差 1.2℃。

（四）长白山地区平均气温日较差的变化趋势

表 1.8 给出了长白山地区逐站、区域平均的逐月平均气温日较差的线性趋势及其检验结果。整个区域有 27 个站月的气候倾向率为正值，表征气温日较差有上升的趋势，占整体统计站月的 17.3%；但仅有长白站的 1 月、2 月、7 月、8 月和 9 月的趋势比较显著，依次可以通过 α=0.01、α=0.01、α=0.10、α=0.01 和 α=0.10 的检验；其余 22 个站月只是气候的蠕变，更多地表现为气候变率内的波动。27 个站月以外的其他站月的相关性则都是负相关，表明气温日较差呈现下降趋势。下降最为明显的是 5 月，所有站一致表现为减少，且除长白站以外的所有站的气温日较差趋势均能够通过显著性检验。在通过显著性检验的台站中，气候倾向率每 10 年在−0.90（松江）～−0.31℃（集安）之间。区域平均气温日较差气候倾向率为每 10 年−0.45℃，减少趋势还是极为明显的。次为显著的是 2 月份，除长白站为显著升高外，其余 12 个站均为减少趋势，速度每 10 年从−0.77～0.23℃之间。区域平均日较差趋势同样极为显著，速度为每 10 年−0.42℃。

趋势最不显著且空间差异比较大的是 8 月、9 月，这两个月气候倾向率为正值的分别有 6 个站和 8 个站，只有长白山站的趋势相对显著，分别通过 α=0.01 和 α=0.10 的显著性检验。负相关情况类似，也只有 1 个站（松江）通过检验（α=0.10）。

区域年平均气温日较差的年际变化及其 M-K 检验如图 1.28 所示。历年的平均值为 12.6℃；最大值出现在 1962 年、1967 年和 1970 年，比常年平均值高 1.0℃；最小值则为 1995 年，比常年值低 0.8℃。由图 1.28 可见，极端最高气温阶段性变化特征更为显著：1978 年为一个分界限，以前以正距平为主，只有 1966 年、1973 年、1974 年和 1976 年的气温日较差低于常年平均值，且在 12.3℃以上。接着进入一个相对波动期，时间持续至 1982 年。随后则进入一个持续的低值区，仅有 1989 年、1997 年、2000 年和 2001 年的气温日较差高于常年平均值，且均在 13.0℃以下。年平均气温日较差具有极为显著的下降趋势，速度为每 10 年−0.23℃；相关系数达到 0.616，能够通过 α=0.001 的显著性检验。

结合 M-K 检验和滑动 t 检验方法对区域平均年气温日较差进行突变检验，可以发现气温日较差在 1972 年前后有一次明显的突变。1972 年及以前的平均值为 13.2℃，均方差为 0.36℃；随后的 35 年平均气温日较差为 12.4℃，均方差和前 13 年接近，为 0.39℃。最终计算的 t 值为 6.25，达到 α=0.01 的显著性水平，应该拒绝两个序列没有差异的假设，也就是说，1972 年前后区域年平均气温日较差确实存在一个显著的突变，由一个相对的高值阶段进入一个相对的低值区间。短短的48年内，前后两个阶段的温差就达到0.8℃。

表1.8 长白山地区气象台站逐月平均气温日较差10年的变化趋势

站名	月份											
	1	2	3	4	5	6	7	8	9	10	11	12
盘石	−0.21	−0.42b	−0.18	−0.26b	−0.50d	−0.29a	−0.14	−0.10	−0.07	−0.40b	−0.26a	−0.36b
桦甸	−0.11	−0.62c	−0.34	−0.25a	−0.50d	−0.30b	−0.14	−0.04	0.00	−0.32a	−0.26b	−0.31a
辉南	0.03	−0.31b	−0.18	−0.14	−0.34b	−0.17	−0.03	0.05	0.02	−0.15	−0.13	−0.13
靖宇	−0.42c	−0.70d	−0.40d	−0.35	−0.60d	−0.32b	−0.25a	−0.16	−0.16	−0.44	−0.40c	−0.56d
东岗	−0.18	−0.37d	−0.19c	−0.25a	−0.35b	−0.19	−0.05	−0.01	0.03	−0.26a	−0.25c	−0.20b
松江	−0.40c	−0.67d	−0.66d	−0.71d	−0.90d	−0.56c	−0.35b	−0.24a	−0.29a	−0.87d	−0.71d	−0.40c
和龙	−0.40c	−0.50d	−0.20a	−0.36b	−0.43b	−0.14	0.09	0.13	0.01	−0.33	−0.39d	−0.26b
龙井	−0.04	−0.23	−0.16	−0.32	−0.37b	−0.27a	−0.07	−0.01	0.11	−0.09	−0.19	−0.12
珲春	−0.32b	−0.47	−0.36b	−0.35b	−0.50b	−0.33b	−0.12	−0.01	−0.05	−0.41c	−0.24a	−0.44d
延吉	−0.14	−0.23a	−0.20	−0.39b	−0.62d	−0.30	−0.06	0.02	−0.08	−0.29a	−0.20	−0.20
临江	−0.39d	−0.40c	−0.03	−0.19	−0.34c	−0.09	0.01	0.05	0.02	−0.29a	−0.18	−0.32d
集安	−0.92d	−0.77d	−0.03	−0.17	−0.31b	0.03	0.07	0.10	0.06	−0.22	−0.08	−0.55d
长白	0.22a	0.27a	0.15	0.03	−0.12	0.17	0.27a	0.28c	0.29a	0.08	0.02	0.14
平均	−0.25c	−0.42d	−0.21b	−0.29b	−0.45d	−0.21	−0.06	0.01	−0.01	−0.31b	−0.25c	−0.29c

（五）气温日较差变化趋势的原因分析

通过长白山地区最高、最低温度的变化趋势分析，可以发现，平均温度的增温在夜间明显高于白天，造成了气温日较差的变化；而且最高、最低气温在年际变化上的不同步性，导致了气温日较差在突变点上的不一致性。长白山地区最高、最低气温变化从而导致日较差普遍减小的可能原因值得深入讨论，对于解释平均气温的变化趋势有很重要的意义。日较差的变小与最低气温的明显升高有关，这是温室效应的结果。人为释放的温室气体（如CO_2）浓度的增加当然可能是其中的一个原因，大气水分的增长也可以产生明显的温室效应。单考虑人为释放的温室气体的增加无法解释最高、最低温度变化的不对称性以及最高、最低温度变化的地域性差异（翟盘茂等，1997）。翟盘茂等（1997）根据实际资料研究了日照百分率与大气水分含量和最高、最低温度之间的关系，发现大气水分与日照百分率存在显著的反相关关系，因此本项研究选择日照百分率与最高、最低气温及气温日较差的相关关系进行讨论。

图1.29、图1.30给出了长白山地区13个台站1960—2007年逐月平均日照百分率和气温日较差的散点分布，相关系数均可以通过$\alpha=0.001$的极显著性检验，表征了日照在气温变化中所起的作用。其中最高、最低气温均与日照百分率

呈显著的负相关关系，随着日照百分率的减少，二者都随之增加（只是增加的速度有所区别），从而导致气温日较差有着相反的趋势，即随着日照百分率的减少，日较差呈现减少的趋势。这种相关与以往的研究结果有着明显的不同（翟盘茂等，1997；覃军等，1999），以前的研究结果表明，四季各代表月的平均最高气温与日照百分率均是正相关关系；最低气温与日照百分率的相关和以前的研究结果一致，为负相关关系。这显示了在全球变暖情景下区域表征的不一致性。

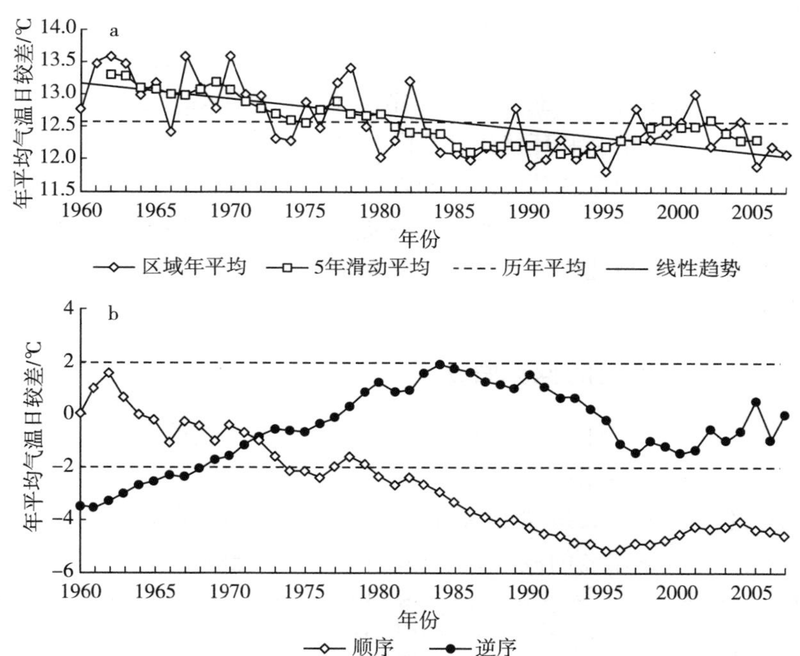

图 1.29　长白山地区区域年平均气温日较差年际变化（a）及其 M-K 检验（b）

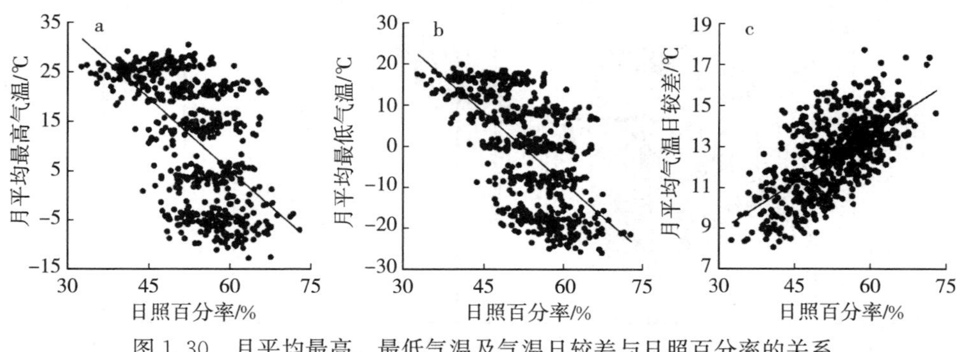

图 1.30　月平均最高、最低气温及气温日较差与日照百分率的关系

三、用气象站资料推算附近森林浅层地温和气温

森林生态系统碳循环研究已成为全球气候变化研究的焦点之一。森林的碳循

环包含着复杂的生理和物理过程，主要包括树木的光合作用与呼吸作用，土壤温度和空气温度对这些过程具有重要影响，例如，土壤呼吸占整个森林生态系统呼吸的40%～80%（Raich et al.，1992），一般认为土壤呼吸强度与浅层土壤温度呈指数关系，所以浅层土壤温度成为该领域研究的一个重要指标（Anthoni et al.，1999；Hollinger et al.，1994；吴家兵等，2003；关德新等，2004；于贵瑞等，2004），而森林冠层气温是决定树木光合作用和其他生理活动的重要环境因子（胡新生等，1996；1997；何维明等，2003）。

我国学者进行了不同森林的温度观测（王正非等，1985；常杰等，1999；吴家兵等，2002；林永标等，2003；孟祥庄，2004；潘刚等，2004），但大多是短期的观测结果，由于财力和环境条件所限，进行森林内长期连续的气象观测还有一定的困难，全国气象系统县级以上的观测站是很普及的，利用这些气象站的资料估算所辖区域的森林土壤温度和空气温度将是气象观测的有效途径之一，特别是利用历史气候资料重建临近区域过去的森林小气候系列，对研究森林碳收支的平衡具有重要意义。

（一）地温与气温的推算方法

以2002年10月1日到2003年9月30日的资料为建模系列，此期间气象站气温、气象站5cm土壤温度及林地5cm土壤温度日平均值的周年动态如图1.31所示，图中还绘出了气象站观测的雪深。3个温度相比较，气象站气温波动最大，气象站5cm土壤温度的波动大于林地同深度的土壤温度。根据林地和气象

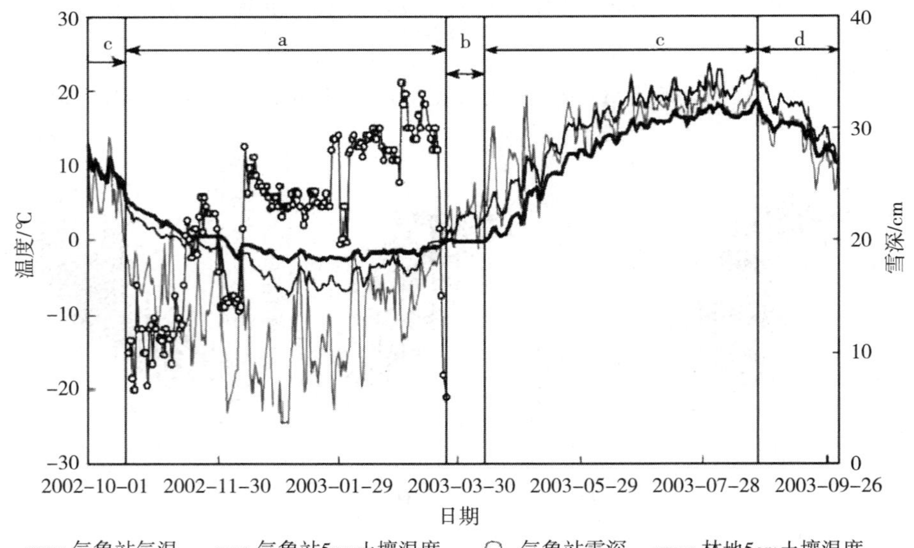

图1.31 气象站气温、5cm土壤温度、雪深和附近林地5cm土壤温度日平均值的年动态

a为覆雪期；b为融化期；c为升温期；d为降温期

站地温的变化特点，并考虑雪覆盖，推算林地温度时划分4个时间段，即覆雪期、融化期、升温期和降温期（图1.31）。覆雪期林地和气象站均有雪覆盖，但由于林地有林冠和枯落物遮蔽，地温高于气象站裸地，在降温剧烈的2002年12月11日相差7℃，在降温比较剧烈的2003年1月7日相差4.6℃。融化期是指气象站积雪融化后林内浅层地温有一段恒温期，保持在0℃附近，持续15～25d，而此时的气象站地温上升很快。升温期是地温上升的阶段，达到年最高值的日期结束。以后为降温期，直到下一个雪覆盖，开始新的年度循环。各时段开始和结束日期详见下文。森林内气温动态不划分时段，而根据观测高度进行分析。

1. 浅层土壤温度日平均值的推算方法

以气象站地温为横坐标，林地同深度土壤温度为纵坐标，根据建模系列得到图1.32所示的两个深度（5cm，20cm）地温日平均值的相关图，上述4个时段的具体划分及其温度推算模型如下。

（1）覆雪期　根据气象站雪深判定其开始和结束日期，对于5cm深度的温度推算，该期的开始日以积雪深度首次超过5cm后第5日开始计，对于20cm深度的温度推算则再延续10d开始计，结束日取为气象站积雪融尽的日期。本期内林地5cm和20cm土壤温度与气象站同深度地温较好地符合如下关系：

$$T_{sf5} = 0.223T_{s5} + 1.8\exp(-0.058n) - 0.503(R^2 = 0.788) \quad (1)$$

$$T_{sf20} = 0.303T_{s20} + 1.8\exp(-0.058n) + 0.536(R^2 = 0.586) \quad (2)$$

其中 T_{sf} 与 T_s 分别表示林地和气象站土壤温度，下标5和下标20表示土壤深度（cm），n 为该期的日序，指数项是为了弥补覆雪期与上一时期（降温期）末之间推算值的突变而增加的订正项。

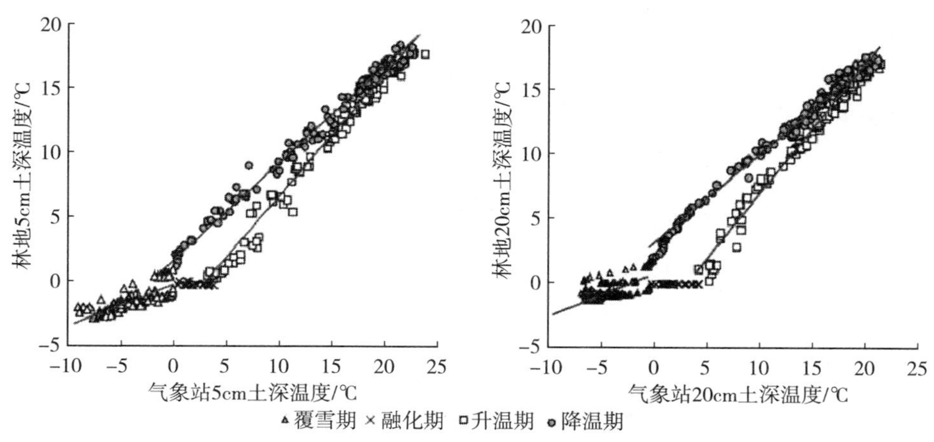

图1.32　林地与气象站日平均土壤温度的关系

（2）融化期　起始日取为气象站积雪首次融尽的日期，持续时间与温度、积雪等气象因子有关，用如下经验方程判定5cm深度融化期结束日：

$$\sum T_s - 0.5\sum H > 10 \tag{3}$$

式中，$\sum T_s$ 为本期起始日开始计算的地温积温，$\sum H$ 为本期内积雪融尽后再次降雪的累计（cm），均以日为时间单位进行计算，满足上式的首日即为该期的结束日。20cm 深度的结束日比 5cm 深度的延后 10d。本期内 T_{sf} 与 T_s 无关，保持恒温：

$$T_{sf5} = (-0.3 \pm 0.2)℃ \quad (R^2 = 0.985) \tag{4}$$

$$T_{sf20} = (-0.2 \pm 0.2)℃ \quad (R^2 = 0.985) \tag{5}$$

（3）升温期　即林地土壤温度与气象站地温同时增温的时期，融化期结束后即开始，结束日取 8 月 15 日。

T_{sf} 与 T_s 符合线性关系：

$$T_{sf5} = 0.975T_{s5} - 3.349 \quad (R^2 = 0.979) \tag{6}$$

$$T_{sf20} = 1.009T_{s20} - 3.473 \quad (R^2 = 0.978) \tag{7}$$

（4）降温期　即林地土壤温度与气象站地温同时降温的时期，8 月 15 日开始，结束日期按如下方法确定，对 5cm 深度一直到积雪深度达到 5cm 为止，20cm 深度则再延续 10d。本期内 T_{sf} 与 T_s 符合线性关系：

$$T_{sf5} = 0.731T_{s5} + 1.943 \quad (R^2 = 0.989) \tag{8}$$

$$T_{sf20} = 0.709T_{s20} + 2.671 \quad (R^2 = 0.990) \tag{9}$$

以上的定量关系即为推算森林土壤温度的经验模型。

2. 空气温度日平均值的推算方法

森林空气温度 T_{af} 与气象站百叶箱空气温度 T_{a0}（高度 1.5m）符合线性关系（与季节无关）：

$$T_{af} = aT_{a0} + b \tag{10}$$

式中，a、b 为经验常数，不同高度的取值如表 1.9 所示，可以看出各高度的 a 值变化不大，在 0.965～0.968 之间，b 值在林冠下随高度增加略有上升（2～8m），冠层内（22～26m）变化不大。

表 1.9　森林气温与气象站气温线性相关方程的回归系数与相关系数

高度/m	a	b	R^2
2	0.967	0.294	0.998
8	0.968	0.548	0.996
22	0.966	0.991	0.992
26	0.968	0.988	0.992

（二）推算结果的检验

利用上述方法对 2003 年 10 月 1 日至 2004 年年底的森林地温和气温进行了

推算，图 1.33 为地温的推算结果与实际观测值的对比。其中图 1.33a、b 为时间动态图，可以看出，降温期和覆雪期的推算结果较好，其中 2004 年年底的 20cm 土壤温度估计偏低些。升温期的推算值误差相对较大，如 2004 年 4 月 18～20 日气象站地温突现短暂的高值，对这样较极端的情况推算模型会给出偏高的估计，而同期林地地温的上升则缓慢，同样，突然的降温事件出现时推算值会偏低。图 1.33c、d 为坐标对比图，横坐标为观测值，纵坐标为模型推算值，直线表示推算值与观测值相等，5cm 和 20cm 土壤温度推算值与观测值的相关系数 R^2 分别为 0.968 和 0.973。

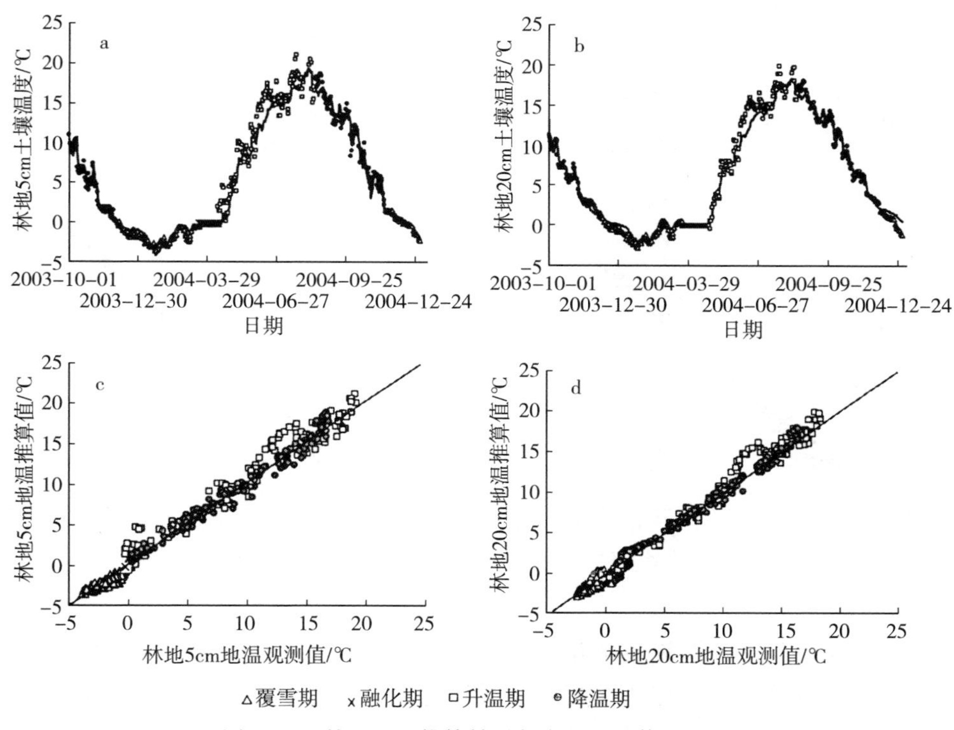

图 1.33　林地地温推算结果与实际观测值的对比

图 1.34 为林内气温的推算结果与实际观测值的对比，a、b、c 和 d 分别为 2.5m、8.0m、22.0m 和 26.0m 高度的坐标对比图，可见其推算效果比地温的要好，4 个高度的推算值与观测值的相关系数 R^2 分别为 0.997、0.995、0.991 和 0.988。

根据长白山红松（*Pinus koraiensis*）针阔叶混交林和附近气象站周年数据的分析发现，森林的气温和浅层地温可以用气象站对应观测数据的线性函数来推算，覆雪期林地浅层地温可用气象站同深度地温的线性函数与覆雪日数的指数函数之和来推算，利用 15 个月的观测数据验证结果表明，此经验方法可以较好地推算出附近森林气温和浅层地温的日平均值，相关系数在 0.96 以上。该方法可用于推算无森林小气候观测的森林浅层土壤温度和气温，对森林碳循环研究和森林生态分析有实用意义。

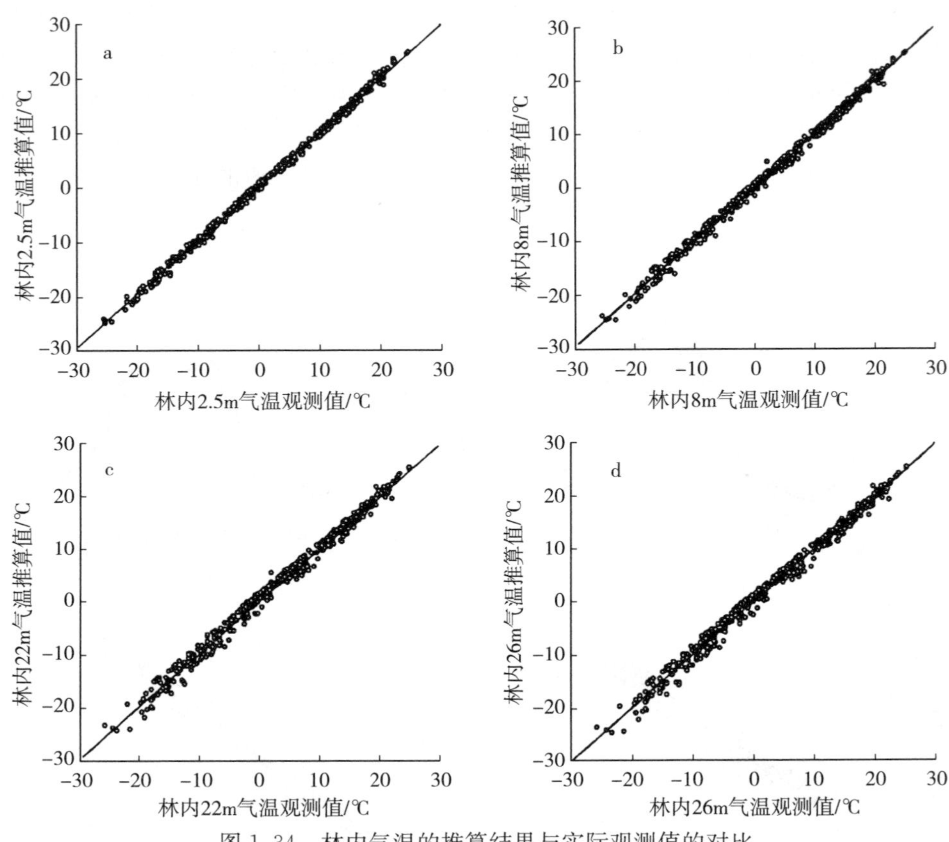

图 1.34　林内气温的推算结果与实际观测值的对比

该推算模式是根据气象站和森林内长期观测系列的经验关系建立的，反映了两个观测点温度季节变化的相关关系，对数日内温度波动的敏感性不高，要提高该敏感性，还需要通过较长时间系列资料的统计分析对模型加以订正。

该推算公式是在长白山森林地区建立的，在其他地区的适用性和精度有待验证。模式的经验系数会随着森林的结构特征、气候和土壤等因素的不同而有变化，要使模式具有普适意义，需要将以下因素的影响纳入推算模式中：

（1）森林冠层叶面积　叶面积越大，透射到林地的太阳辐射越小，林地土壤温度与气象站土壤温度的差异越大，反之，叶面积越小，二者差异则越小。

（2）林地覆盖物　包括草本叶面积、凋落物量、雪深等。草本叶面积与冠层叶面积具有相同的作用。凋落物和雪层既能阻挡太阳辐射能向土壤传输，也能减弱土壤夜间的辐射冷却，具有抑制土壤温度日振幅的作用。

（3）土壤物理性质　包括孔隙度、水分含量等。由于空气是热的不良导体，土壤孔隙度越大，其热传导率越小，升温和降温的速度越慢；由于水的热容量大于土壤颗粒，所以土壤含水量越高，土壤的升温和降温速度也越慢。

（4）气候　通过制约森林植被类型决定森林的结构，如湿润的热带地区以常绿森林为主，叶面积的年变化较小，而温带地区落叶林较多，叶面积的年变化较大。

（5）地形　主要通过影响太阳辐射而影响温度，例如阳坡接受的太阳辐射较阴坡多，气温和土壤温度较阴坡高。

这些影响规律的量化需要大量的观测和实验数据，随着森林小气候观测站的增多，该推算方法的研究将进一步深入，模型也将日臻完善。

四、长白山阔叶红松林夏季温度特征

森林是陆地生态系统的重要组成部分，而森林生态系统的生产、呼吸等生态过程都受温度的制约。对森林温度特征的研究，是揭示森林生态系统功能，评估森林对环境综合效益的基础。在 20 世纪初，德国学者 Geiger 等（1965）就做了赤松林气温日变化研究，随之，后人也做了大量的相关工作，对森林温度特征认识逐步深化（王正非等，1982；张凤山等，1963；杭韵亚，1996；崔启武等，1965）。

长白山阔叶红松林是我国东北地区东部中温带湿润气候区最重要的森林植被类型，是中国东北样带东部最典型的生态系统，它对调节气候，稳定生态平衡有着重要作用。

（一）夏季空气温度特征

1. 林内气温

观测表明，阔叶红松林内空气温度的垂直分布（图 1.35），从图中可见，白天，各层温度分布表现为 22m＞34m＞50m＞2m。日出（约 5：00）后，冠层叶片吸热增温，冠层空气通过空气乱流交换和分子热传导吸收叶片长波辐射，温度也迅速上升，林内空气温度以 22m 为最高。林冠上层大气（34m）通过湍流热交换获得热量，温度次之。远离森林作用面的高空空气（50m），接受下垫面湍流热通量比 34m 处小，温度较低。林下空气（2m）因林冠遮蔽，透射辐射少，温度最低，但在 9：00～12：00 出现了 2m 处气温偏高于 50m 的现象，可能是因为林窗漏光而致。夜间，下垫面辐射冷却，各层气温均降低，21：00 至次日 5：00 空气温度垂直分布变为 22m＞50m＞34m＞2m。34m 与 50m 空气温度梯度与昼间相反，呈逆温分布。表明夜间下层空气受下垫面辐射冷却影响，降温幅度大于上层空气。据金昌杰等（2000）观测，长白山阔叶红松林林冠层的平均反射率为 14.7%，冠层和树干平均吸收率为 77.4%，到达林下的平均透射辐射率仅为 7.9%，因而林内空气温度的垂直分布主要取决于冠层、冠下树干与地表吸收太阳辐射状况与林内热量的传递方向。阔叶红松林林内空气温度无论昼夜，都以林冠层为最高。昼间，冠层空气最高温度的出现是因为林冠层获得的太阳辐射最多。夜间，林冠层空气温度仍为各层最高，这是下列因素综合作用而致：①冠层日间热量蓄存多，夜间释热量也多，补偿了附近空气辐射冷却失热；②林木呼吸作用释放热量；③冠层枝叶凝结空气中水汽，放出潜热。

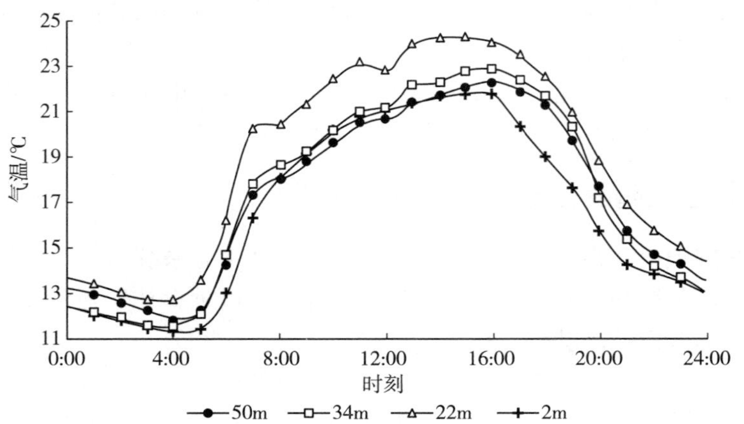

图 1.35　森林不同高度空气温度日变化（2000 年 7 月 26～30 日平均气温）

2. 林内与无林地气温特征

林内外气温的日变化都呈单峰型（类似图 1.35），但林内温度变化较为平缓，林内外气温差与天空状况有很密切的关系，图 1.36 显示了典型的晴天、云天和阴天的林内外气温差（2m 高度）日变化，虽然 3 种天空状况下都具有白天的降温作用和夜间的保温作用，但作用强度差异很大，晴天时强度最大，夜间保温作用达 6.8℃，白天降温作用达到 2.0℃，云天的强度次之，保温和降温作用分别达到 3.0℃和 1.5℃，阴天强度最小，保温和降温作用最大值分别为 0.5℃和 1.1℃。

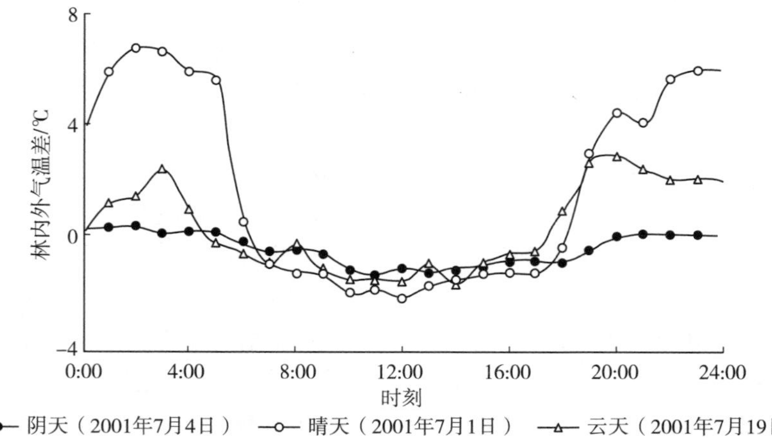

图 1.36　晴天、云天和阴天 3 种天空状况下林内外气温差的日变化

研究表明，阔叶红松林对局地气温的改变，与无林地比较提高了夜间气温，降低了白昼气温，使气温日振幅变小，这主要有两方面的原因：一是太阳辐射到达林冠，经反射与吸收，到达林下的辐射已大大减弱，所以，在昼间林内辐射差额的正值有减小的效应，而在夜间辐射差额的负值亦有减小的效应。林下辐射差额直接影响林内空气温度，因此，森林对林内气温日振幅起减少的作用。二是由于林冠层降低风速和乱流传输，阻隔水平方向和垂直方向的热量与水汽交换，同时反射地面长波辐射，使得林内温度升降幅度趋缓，林内气温状况与林外有较大差异。

（二）夏季土壤温度特征

1. 林内土壤温度

日间，林下土壤吸收太阳透射辐射与林冠散射、反射辐射，温度上升。地表温度在 14：00 左右达到峰值，其余各层土壤温度峰值出现时间依次滞后。土壤温度垂直分布特征为：0cm＞5cm＞15cm＞40cm＞100cm。夜间，土壤辐射冷却，温度下降，深度越浅，下降越明显，冷却最显著时（图 1.37 中 3：00～5：00）土壤温度垂直分布特征为 15cm＞5cm＞40cm＞0cm＞100cm。40cm 处土壤温度日降幅已不明显，至 100cm 处土温日变化基本消失。

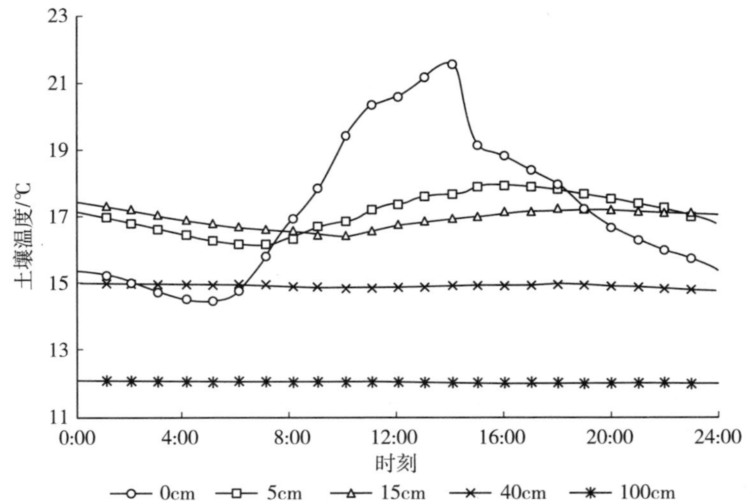

图 1.37 林内不同深度土壤温度日变化（2000 年 7 月 26～30 日平均气温）

2. 林内与无林地土壤温度比较

林内外土壤温度差异与太阳辐射变化密切相关，所以随着天空状况而变化（图 1.38a、图 1.38b）。从图 1.38a、图 1.38b 可以看出，森林在晴天夜间对地表有保温作用，在云天、阴天时这种作用则相当微弱，但 3 种天空状况下森林对白天地表温度都具有降温作用（图 1.38a）。不论何种天空状况，森林对土中温度都具有降低作用（图 1.38b）。在同一深度，温差日振幅表现为：晴天>云天>阴天。另外，温差日振幅随深度增加而减小。

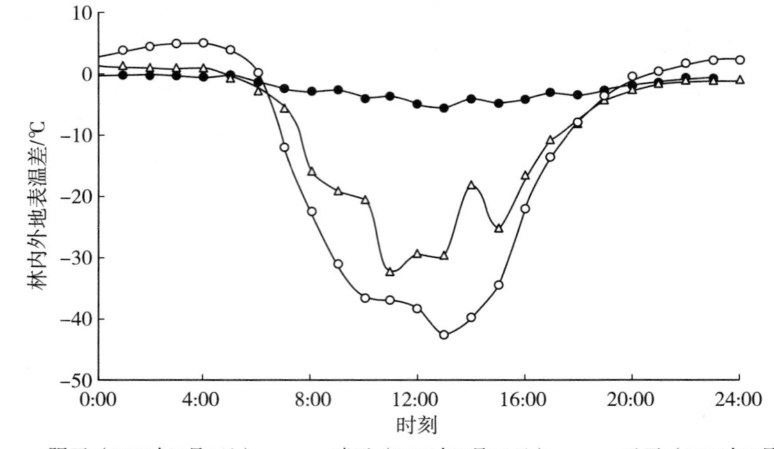

图 1.38a　3 种天空状况下林内外地表温差日变化（晴天，云天，阴天）

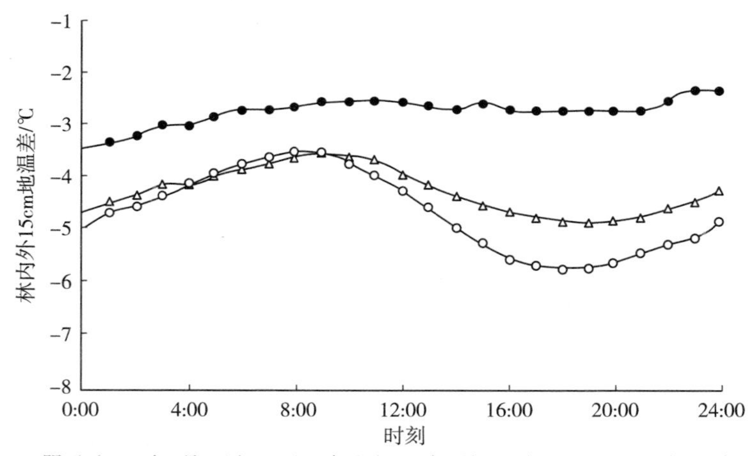

图 1.38b　3 种天空状况下林内外 15cm 地温差的日变化（晴天，云天，阴天）

林内外土壤温度的差异从表 1.10 可以看出，阔叶红松林内各层土壤温度在 7 月均低于林外。林内、外土壤温度在地表差异最大，林内地表温度最高只有 23.8℃，出现时间在 15：00 左右，而林外最高温度可达 47.1℃，出现时间约在 14：00，相差 23.3℃，月平均温度差值约为 3.7℃。同时，土壤层越深，温度日振幅越小，至 100cm 深林内、外日振幅均基本消失，土壤各层温度的日振幅林内较林外小。林内、外土壤的这种温度差异是林下植被与林外迥异的一重要原因，也必然造成林内外根的呼吸、微生物活动、营养物质流等多方面的差异。

表 1.10　林内、外土壤温度对比

土壤深度/cm	最高温度/℃		最低温度/℃		平均温度/℃		最大时辰幅	
	林内	林外	林内	林外	林内	林外	林内	林外
0	23.8	47.1	10.1	9.6	16.7	20.4	11.7	29.1
5	18.9	34.5	11.7	10.7	16.9	18.6	3.9	9.9
15	17.4	22.1	13.7	13.5	16.8	18.9	1.7	3.0
40	15.3	18.6	13.8	16.3	14.9	17.3	0.2	0.3
100	11.9	15.4	11.8	15.1	11.8	15.2	0.1	0.1

注：2000 年 7 月 1～31 日平均。

五、长白山阔叶红松林生长季反射率特征

太阳能是地球上生命活动的根本能源，植物生态系统作为陆地上最重要的生态系统之一，其生长、发育和演替都需要太阳能作为动力进行驱动，所以在光合生理、植被生产力等方面的研究中，太阳辐射是重要的输入参数（李树人等，1997；王玉辉等，2001；2001；文诗韵等，1991）。照射到冠层表面的太阳辐射一部分反射回太空，其余部分进入植物生态系统中进行转化和交换（李胜功等，1994；王安志等，2001），因此反射率是研究植被能量学的最基本的参数，一种常见的方法是用天空辐射表直接观测（Amarakoon et al.，2000；Cohen et al.，1987；贺庆棠等，1980；洪启发等，1963；刘志刚等，1997；卢其尧，1964；任海等 1996；王金叶等，1997；吴厚水等，1998；闫俊华等，2000），随着遥感技术的发展，遥感方法越来越多地应用于森林反射率研究（Franklin et al.，1994；Qin et al.，1994；王锦地等，1997），但都是选择特定日期进行观测，缺乏对生长季反射率动态变化的了解。

（一）反射率的日变化特征

森林的反射率随昼间时间的变化而变化。图 1.39 是根据逐日资料绘制的 7 月反射率日变化，基本反映了生长季内阔叶红松林反射率的日变化特点：①大多数情况下，反射率在日出和日落前后较高，而且不同日期间的差异较大，高值可达 0.5 以上，多数在 0.12～0.23 之间，主要是天空状况等偶然因素的影响。②太阳高度角达到一定值时反射率值则比较稳定，以 7 月为例，在 8：00～17：00，反射率一般稳定在 0.09～0.12 之间。③由于反射率在白天具有早晚两端高、日间大部分时间较平稳的特点，其日变化曲线呈 U 形，这主要是太阳高度角的影响。

以 7 月的资料为例，反射率与太阳高度角之间的关系见图 1.40。由此可见，

反射率随太阳高度角的增大而减小。二者关系可用指数方程表示：

$$Y = 0.1471e^{-0.0059h} \qquad R^2 = 0.3028$$

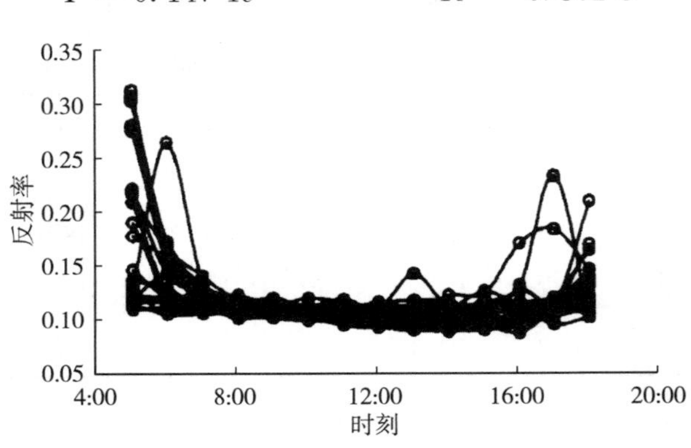

图 1.39　森林反射率的日变化特征

相关系数不高的原因主要是太阳高度角低时反射率数据分散，太阳高度角大于 30°时反射率变化不大。

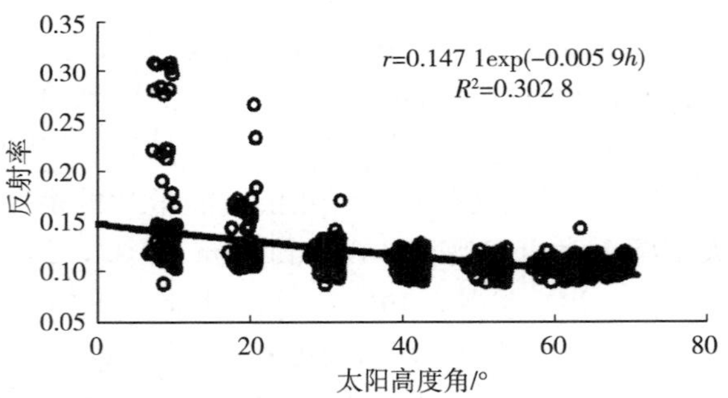

图 1.40　森林反射率与太阳高度角的关系

（二）反射率与天空状况的关系

森林反射率与天空状况密切相关。图 1.41 绘出了典型的晴天、云天和阴天

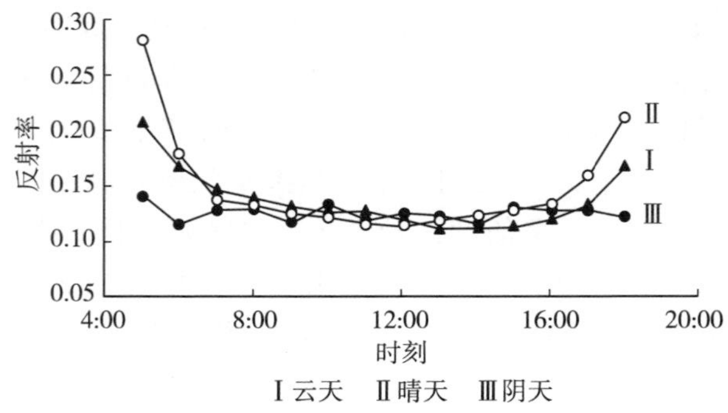

图 1.41　森林反射率与天空状况的关系

的反射率日变化曲线。3 条曲线有一定的差异，晴天时日出后和日落前的反射率比中午前后的值高很多，日变化曲线呈现明显的 U 形。云天的日变化曲线也呈 U 形，但日出后和日落前的反射率值比晴天的低，曲线 U 形显得更平坦些。阴天的日变化曲线则没有明显的规律，只是在某范围内波动。中午前后的反射率值三者没有明显的差异。

（三）反射率的季节变化

这里用反射率日平均值的动态来分析其季节变化规律。为了使季节动态数据平稳，又不影响数据间的比较性，6、7 月用 6：00～18：00 的数据计算日平均值，其余月份用 7：00～17：00 的数据计算，不考虑日出和日落附近的其他数据。这是因为该时间段的太阳高度角很小，太阳总辐射和反射辐射绝对值都很低，计算出的反射率容易出现奇异值。

以日平均值数据绘出的反射率季节变化（图 1.42）可以看出，在观测的时间段内，6 月上旬的反射率值最高（接近 0.13），中旬缺测，6 月下旬稍有下降（在 0.12 左右），7、8、9 月变化不大（在 0.11 左右），10 月上旬则逐渐下降，到 10 月 14 日，反射率降为 0.09。反射率出现上述的变化特点与冠层叶片有密切的关系，6 月上旬的阔叶树冠以新生叶为主，并形成了一定的叶面积，针叶树也有许多新生叶，整个冠层颜色相对较浅，反射率较高。进入生长旺季后，冠层颜色相对较深且较稳定，反射率也很稳定，到了 10 月，阔叶树叶片枯落，反射率也随之下降。

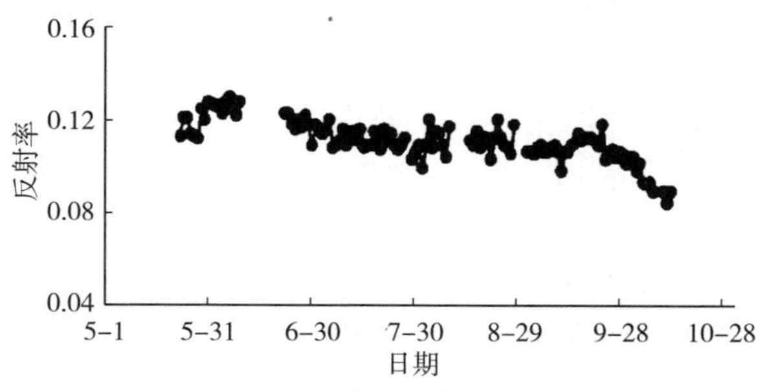

图 1.42　生长季森林反射率的动态变化

总的来看，生长季内阔叶红松林的反射率比较稳定，5～9 月反射率值变化于 0.10～0.13。需要说明的是，由于计算日平均值时没考虑低太阳高度的数据，图 1.42 的数据可能稍低。

六、长白山生态功能区气候变化特征

气候变化作为生态系统变化的主要驱动力之一，是生态学与气象学研究的重点课题（Walther et al.，2002；Seddon et al.，2016）。IPCC 第五次评估报告（IPCC，2013）指出“气候系统的变暖是毋庸置疑的”，1880—2012 年，全球平均地表温度已升高 0.85℃（0.65～1.06℃）。同时，全球降水及水文循环变化（Donat et al.，2016；Held et al.，2006）、辐射亮暗变化（Wild et al.，2009）、近地层风场变化（Wild et al.，2009）等气候变化问题的研究也在逐渐深入。我国自 1900 年以来气温升高超过 0.9℃（8），同时伴随着风速和日照时数的普遍下降（Jiang et al.，2010；Xia et al.，2010），而降水量变化则存在显著的区域分布差异（范泽孟等，2011）。

东北地区是全国升温趋势最快的地区（Li et al.，2010），虽然整体降水在减少，但并未出现显著的趋势变化（任国玉等，2015）。气候系统受地形、下垫面、生态系统类型等诸多因素的制约，使得不同区域气候变化的程度、特征不尽相同（Parmsan et al.，2003）。掌握区域气候变化特征，尤其是重要生态功能区内的气候要素时空变化特点，对当地物候变化（Wang et al.，2015）、物质循环（Wu et al.，2006）、生物多样性（Bai et al.，2008）等研究具有重要意义。

长白山区水源涵养与生物多样性保护重要区（以下简称“长白山生态功能区”）是国家“十二五”规划中，按照生态脆弱性与生态重要性两个指标划定的国家级重点生态功能区（生态环境部，2015）。近年来，多位学者对功能区内及其周边区域不同气候要素变化进行了分析。如王焕毅等（Wang et al.，2010）通过分析 29 个气象站的温度、降水等气候要素，发现 1960—2008 年三江—长白区域气候呈现暖干化。王纪军等（2009）对长白山地区 13 个气象站的气温状况进行分析，发现全区平均气温显著升高，且最低气温升高幅度是最高气温的 2 倍。丹东（杜海波等，2013）、本溪（李志静等，2015）以及长白山自然保护区（张弥等，2005，贾翔等，2017）等地区也先后开展了单站尺度气候变化研究。此外，功能区内生态系统对气候变化的响应研究也一直是国内外学者关注的热点（刘敏等，2016；徐玮泽等，2018；陈妮娜等，2011）。但目前研究均以行政区划作为区域界限，缺乏生态系统层面的考量。多数研究着重讨论气候要素的时间趋势变化，缺乏突变检测、周期变化以及空间分布特征的分析，导致目前学者对于长白山生态功能区内气候变化情况的了解程度还很有限。

（一）研究地区概况与分析方法

1. 研究区概况

长白山生态功能区位于我国东北地区长白山脉区域，纵贯黑、吉、辽 3 个省份，面积为 186 900km^2。区域内地貌类型复杂，丘陵、山地、台地和谷地相间分布，主要植被类型有红松—落叶阔叶混交林、落叶阔叶林、针叶林和岳桦矮曲林等。该区域是松花江、图们江、鸭绿江的发源地和重要水源涵养区，同时是生物多样性保护的重要区域（生态环境部，2015）。

2. 研究数据

利用中国科学院大气物理研究所高学杰团队开发的 CN05.1 格点化逐日观测

数据集以及中国气象数据网地面气候资料日值数据集（V3.0）作为数据源。CN05.1是全国2 400余个地面气象站逐日气象观测数据进行内插得到的0.25°分辨率的全国格网逐日数据集（吴佳等，2013；Xu et al.，2009）。该数据集经过质量控制且进行了地形海拔订正，已广泛运用到区域气候分析与评估中（Xu et al.，2009；Zhou et al.，2016）。本研究中全年平均气温、四季气温、最低最高气温、年降水量、四季降水量、相对湿度、平均风速均采用CN05.1数据集进行分析，分析时间为1961—2016年。

由于CN05.1数据集为插值数据，降水量的插值会使某些没有降水的格点产生微量降水。不适于降水日数分析，同时CN05.1数据集缺少日照数据。所以对于降水日数与日照时数、日照百分率指标，采用中国地面气候资料日值数据集（V3.0）（来自中国气象数据网 http：//data.cma.cn/）。

根据气象数据的物理特性与统计类型，将气候要素分为温度因子、水分因子、光照因子和风因子，分别研究其气候变化特征。其中，温度因子包含年平均气温、四季平均气温、最低气温（全年逐日最低气温的最小值）、最高气温（全年逐日最高气温的最大值）；水分因子包含年降水量、四季降水量、年降水日数、相对湿度；光照因子包含日照时数、日照百分率；风因子为10m高处年平均风速。季节划分为：春季（3～5月）、夏季（6～8月）、秋季（9～11月）、冬季（12月至翌年2月）。

3. 研究方法

（1）趋势分析方法　利用线性倾向估计法（魏风英，2007）分析气候要素时间序列的趋势变化，得到气候倾向率、离差系数及相关系数，并对其进行显著性检验：

$$y = ax + b \tag{1-2}$$

式中，x为时间序列；y为气候要素序列；a即气候倾向率，代表气候要素每年增加或减少的量。

$$C_v = S/M \tag{1-3}$$

式中，C_v为离差系数（也称变差系数）；S和M分别为气候要素时间序列的标准差和平均值，表征序列的离散程度。

（2）突变分析方法　气候突变是气候从一种稳定态跳跃式地转变到另一种稳定态的现象。表现为气候要素统计特性在时间上的不连续性。本项研究中的突变检测采用Mann-Kendall突变法（M-K检验）（符淙斌等，1992）与累积距平法（魏凤英等，2007）相互印证（曾丽红等，2010）的方法。

Mann-Kendall突变检验是对气候要素时间序列X构造秩序列：

$$S_k = \sum_{i=1}^{k} r_i (k = 2,3,\cdots,n) \tag{1-4}$$

其中：
$$r_i=\begin{cases}+1 & (x_i>x_j)\\ 0 & (x_i\leqslant x_j)\end{cases}\quad (j=1,2,\cdots,i) \tag{1-5}$$

定义统计量：

$$UF_k=[S_k-E(S_k)]/\sqrt{Var(S_k)}(k=1,2,\cdots,n) \tag{1-6}$$

式中，$E(S_k)$ 为 S_k 的均值；$\sqrt{Var(S_k)}$ 为 S_k 的方差；UF_k 为标准化后的 S_k 统计量。再构造气候序列 x 的逆序列，重复以上过程，得到统计量 UB_k。给定显著性水平 $\alpha=0.05$ 时，$u0.05=1.96$，若 $|UF_k|>u0.05$，则表明序列存在明显的趋势变化。若 UF 和 UB 统计量曲线出现交点，且交点位于置信区间内，那么交点对应的时刻就是突变开始的时刻。

但实际分析中 M-K 检验的交点可能会出现多个，需要进一步采用累积距平法进行判断。气候要素时间序列 x 在 t 时刻的累积距平如下：

$$\hat{x}=\sum_{i=1}^{t}(x_i-\bar{x})(t=1,2,\cdots,n) \tag{1-7}$$

式中，$\bar{x}$ 为序列 x 的平均值，将 n 个时刻累积距平值全部算出即为累积距平曲线。

（3）周期变化分析方法　小波分析是将气候要素时间序列分解到时间频率域内，得到时间序列的显著波动模式，即周期动态变化，目前小波分析方法已广泛用于气候要素周期变化研究（Torrence et al.，1998）。本项研究采用 Morlet 小波分析法进行气候要素的周期变化研究（吴洪宝等，2010）。首先对气候要素时间序列 $f(t)$ 进行趋势化和距平标准化，再进行小波变换。Morlet 小波的一般形式为：

$$\Psi_o(t)=e^{ict}e^{-t^{2/2}} \tag{1-8}$$

其小波变换系数为：

$$W_f(a,b)=a^{-0.5}\int_R f(t)e^{ic}(\frac{t-b}{a})e^{-0.5}(\frac{t-b}{a})^2\mathrm{d}t \tag{1-9}$$

小波方差为：

$$var(a)=\int_R[W_f(a,b)]^2\mathrm{d}w \tag{1-10}$$

式中，$W_f(a,b)$ 为小波变换系数；a 为伸缩尺度；b 为平移参数；c 为常数。通过小波变换，绘制以 b 为横坐标、a 为纵坐标的小波实部等值线图，图中正负中心分别表示正向或负向的波动。波动的强度可由小波方差得到。$Var(a)/a^2$ 为振动强度参数，小波方差峰值即为较明显周期。

（4）空间分析方法　采用反距离权重法（IDW）（范玉洁等，2014）对气候要素进行空间插值。整个功能区气候要素时间序列采用区域内所有格点（站点）的算数平均值。

（二）气候因子的时间变化

1. 时间趋势变化

由表 1.11 可以看出，对于温度因子，长白山生态功能区内年平均气温气候倾向率为 0.29℃/（10a）。四季平均气温气候倾向率为冬季［0.45℃/（10a）］＞秋季［0.27℃/（10a）］、春季［0.26℃/（10a）］＞夏季［0.20℃/（10a）］，冬季气温升高是导致全年平均气温增加的主要原因。另外，最高气温［0.19℃/（10a）］的变化程度远小于最低气温［0.74℃/（10a）］。

表 1.11　长白山生态功能区气候因子的趋势变化

气候因子	气候要素	多年平均值	气候倾向率	离差系数	相关系数
温度因子	年平均气温	3.66℃	0.29℃/（10a）	0.20	0.66**
	春季平均气温	4.82℃	0.26℃/（10a）	0.23	0.39**
	夏季平均气温	19.16℃	0.26℃/（10a）	0.04	0.46**
	秋季平均气温	4.73℃	0.27℃/（10a）	0.20	0.48**
	冬季平均气温	－14.02℃	0.45℃/（10a）	0.12	0.45**
	年最低气温	－30.81℃	0.74℃/（10a）	0.08	0.48**
	年最高气温	31.20℃	0.19℃/（10a）	0.04	0.27*
水分因子	年降水量	735.73mm	16.06mm/（10a）	0.13	0.27*
	春季降水量	123.75mm	8.84mm/（10a）	0.23	0.51**
	夏季降水量	449.20mm	1.16mm/（10a）	0.16	0.03
	秋季降水量	133.96mm	2.31mm/（10a）	0.27	0.10
	冬季降水量	29.09mm	3.67mm/（10a）	0.39	0.53**
	年降水日数	157.58d	－7.01d/（10a）	0.09	－0.74**
	相对湿度	69.2%	0.5%/（10a）	0.04	0.30*
光照因子	日照时数	6.61h	－0.10h/（10a）	0.04	－0.57**
	日照百分率	56.0%	－0.9%/（10a）	0.04	－0.58**
风因子	年平均风速	2.73m/s	－0.21m/［s·（10a）］	0.13	－0.93**

* $P<0.05$；** $P<0.01$

对于水分因子，年降水量的趋势变化为 16.06mm/10a，虽然其通过了 $\alpha=0.05$ 的显著性检验，四季降水也均表现为不同程度的增加趋势，但气候学意义较差，可视为不具有趋势变化（见讨论）。另一方面，年降水日数发生显著减少（－7.01d/10a），说明单次降水事件的降水强度在改变，小量级降水事件的发生频率在降低。同时，功能区内相对湿度在增加［0.5%/（10a）］。

对于光照因子，功能区内日照时数［－0.1h/（10a）］与日照百分率［－0.9%/（10a）］均显著下降。日照时数和日照百分率都是衡量日照状况和辐射资源的常用指标，但日照时数在不同纬度的可比性较弱，故后文主要讨论日照百分率的变化情况．对于风因子，功能区内平均风速发生显著下降［－0.2m/（s·10a）］，且相关系数高达－0.93。

2. 突变检测

由图1.43可以看出，通过Mann-Kendall法发现，年平均温度的*UF*统计量在1964年后呈现波动上升趋势，且与*UB*统计量相交在1987年，而后继续上升超过了0.05显著性水平线。累积距平法也显示年平均气温时间序列于1987年前后出现拐点。综合两种方法，年平均气温于1987年发生了由低到高的突变。

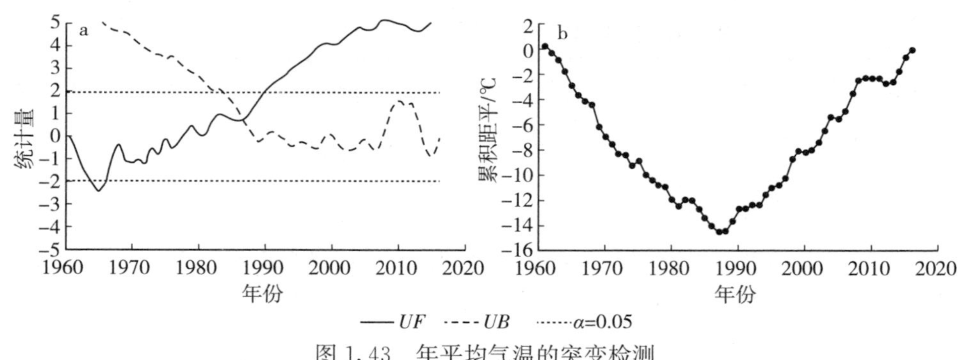

图1.43　年平均气温的突变检测

通过Mann-Kendall法发现，年降水量*UF*与*UB*统计量在2010和2012年附近出现了交点，但其后并没有超过0.05显著性水平线。结合累积距平法发现，累积距平在2012年后持续增加，这可能是突变的表现，但这种突变目前还不显著，需要后续时间序列补充。综合两种方法判定，年降水量时间序列并未发生显著突变（图1.44）。

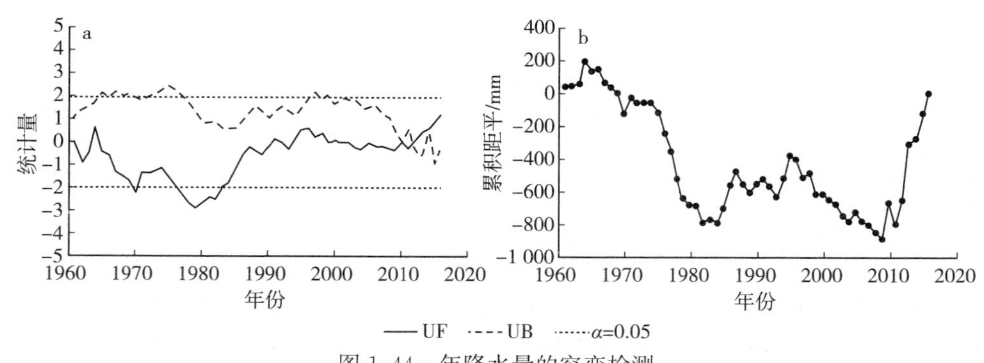

图1.44　年降水量的突变检测

其他气候要素突变检测方法与上述相同。各气候要素突变年份见表1.12。值得注意的是，四季气温突变由冬季开始，其次是春季和秋季，最后发生突变的是夏季气温。虽然春季与冬季降水量都检测到了突变，但其突变年份都较晚（春季2007年，冬季1999年），结合降水时间序列分析，目前确定降水量发生突变为时尚早，需要补充足够的后续时间序列后再进行分析。平均风速虽然呈现显著减少的趋势，但没有明显的突变点。

表 1.12 长白山生态功能区气候要素的时间变化特征

气候要素	趋势变化	突变年份	重要周期	总体总化特征
年平均气温	+**	1987	2年/4年	趋势为主
春季气温	+**	1989	6年	趋势为主
夏季气温	+**	1997	3年	趋势为主
秋季气温	+**	1989	2年/5年	趋势为主
冬季气温	+**	1978	5年	趋势为主
极端最高气温	+*	/	3年/5年	趋势为主
极端最低气温	+**	1979	4年	趋势为主
年降水量	+*	/	26年/3年	周期为主
春季降水量	+**	2007	3年	周期为主
夏季降水量	+	/	26年/4年	周期为主
秋季降水量	+	/	20年/10年/3年	周期为主
冬季降水量	+**	1999	5年	周期为主
降水日数	−**	1992	/	趋势为主
相对湿度	+*	/	3年	周期为主
日照百分率	−**	1983	4年	趋势为主
平均风速	−**	/	4年	趋势为主

3. 周期变化

由图1.45可以看出，研究区年平均气温的小波方差在2年、4年、8年、14年、41年处出现峰值，其中，2年与4年周期通过显著性检验，2年周期在1965—1980年振动较剧烈，4年周期在1990—2010年振动较剧烈。结合图1.43

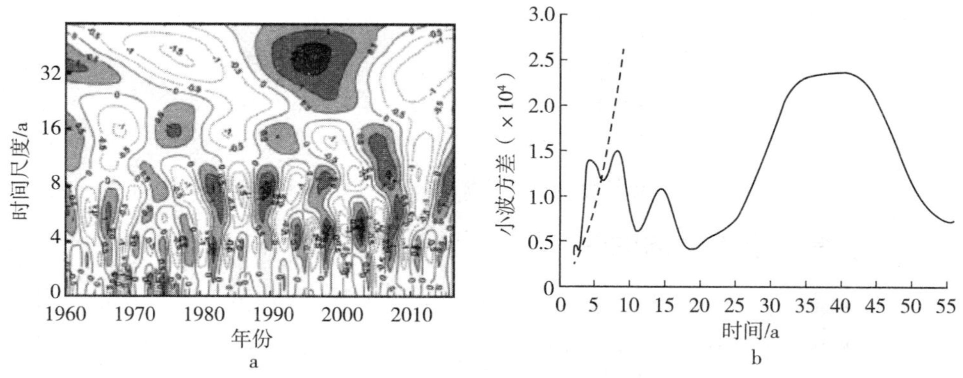

图1.45 年平均气温的Morlet小波分析

可以发现，年平均温度虽然有小幅波动，但仍然以趋势变化为主。

由图 1.46 可以发现，区域内降水量周期有 3 年、10 年、26 年，其中，3 年周期变化显著，在 2005 年后变动尤为剧烈。结合年降水量的累积距平图发现，1961—1983 年间为一个降水大周期，1983—2009 年间为另一个降水大周期，所以 26 年周期虽没有通过显著性检验，但也是降水序列的一个重要周期。

其他气候要素周期变化研究方法与上述相同。各气候要素变化周期见表 1.12。值得注意的是，四季降水量周期变化以夏季最明显，秋季次之。年降水量周期与夏季降水量周期基本吻合。

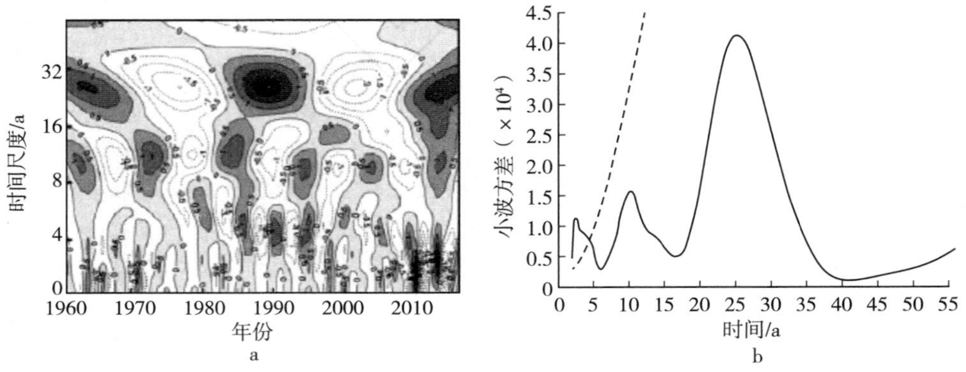

图 1.46　年降水量的 Morlet 小波分析

4. 气候因子时间变化特征

长白山生态功能区内各气候要素时间变化特征见表 1.12。温度因子方面，功能区内温度因子以趋势变化为主。年平均气温显著增加，春、夏季气温在显著增加的同时还伴有一定的周期性，这可能与不同季节影响长白山地区的天气系统变化有关。极端最低气温与极端最高气温的气候变化特征并不相同，最低气温增温趋势显著且与冬季气温变化相同，而最高气温增温趋势较弱。

水分因子方面，功能区内降水量指标以周期变化为主，年降水量表现为长短周期相互叠加。春、夏、秋季周期波动与年降水量周期波动特点相同，冬季降水周期不同于其他 3 季，这可能与冬季主导降雪的天气系统有关。降水日数呈显著减小的趋势。相对湿度在增加的同时叠加周期振荡，但总体变化较弱。

对于光照因子和风因子，功能区内日照百分率极显著减小并伴随周期变化。平均风速极显著减小但无突变点，即平均风速随时间平稳减少。

（三）气候因子空间变化

对呈现明显趋势变化的气候要素进行空间倾向率分析。由图 1.47 可以看出，气温升高最明显的地区是功能区最北端的黑龙江省部分，并向南逐渐递减；另一个升温幅度较大的地区是本溪、抚顺地区，这里是辽东城市集中的地方，人类活动频繁；功能区中南部以及延吉、和龙、汪清等地区升温幅度较小；春季、夏季、秋季平均气温倾向率分布与图 1.47a 基本相同。冬季气温增加最快的是本溪、抚顺、恒仁、集安、通化地区（图 1.47b），并向四周递减；冬季增温幅度最小的地区是和龙、延吉、汪清地区。最低气温的倾向率分布与冬季气温基本相同。对于最高气温（图 1.47c），岫岩至临江一带和功能区北部黑龙江省部分的升温幅度最大，并依次向四周递减，功能区最东端和最西端的小部分地区最高温度的升温幅度较小。对于年降水日数来说（图 1.47d），功能区年降水日数均在减小，临江、二道、敦化一带最明显。除本溪、二道部分地区的日照百分率有少量增加，其他大多数区域日照百分率均在减少，减弱较明显的区域是蛟河至牡丹江一带（图 1.47e）。对于平均风速来说，减弱最明显的地区是长白、东岗、二道、和龙一带和功能区北部黑龙江省部分（图 1.47f）。

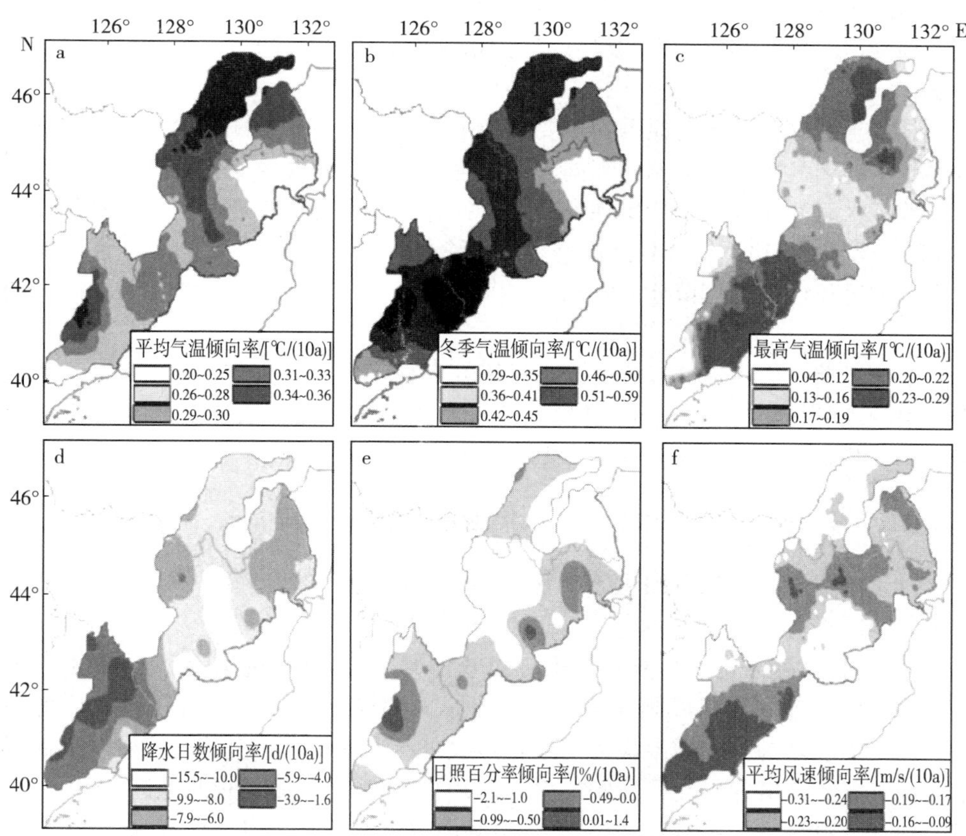

图 1.47　长白山生态功能区气候要素变化趋势的空间分布

（四）长白山生态功能区降水变化特点

通过趋势分析发现，长白山生态功能区的降水量倾向率为 16.06mm/（10a），

并且通过了 $\alpha=0.05$ 的显著性检验（表 1.11）。但在分析过程中发现降水量并不能简单概括为趋势变化。结合已发表的文献，目前长白山地区降水量变化的研究结果并不一致，一些文献认为年降水量呈现减少趋势（Wang et al.，2010；胡乃发等，2010），另一部分则认为降水量趋势变化较小甚至略有增加（贾翔等，2017；王文微等，2017）。本项研究获取了 3 个长白山地区降水量年变化的时间序列（图 1.48），3 个数据集由于插值方法和站点选取的不同，在降水量绝对值上有一定差异，但变化态势基本相同。参照数据集 3 的来源文献（Wang et al.，2010），将分析年份统一设置。1960—2008 年，各降水序列气候倾向率均表现为减少，数据集 1、2、3 的气候倾向率分别为－5.30、－16.04 和－11.87mm/（10a）。若更改起止时间为 1961—2016 年，数据集 1 的趋势倾向率变为增加，为 16.06mm/（10a），数据集 2、3 无后续数据。同一地区的降水时间序列，由于分析样本的长度不同，使得结果发生很大改变，这种现象不能用气候学中的趋势变化来刻画，因为气候要素长期趋势变化不应随着分析时间的微小改变而产生质的变化。

分析出现这种情况的原因，主要是降水的随机性与复杂性所致。降水在不同时间受不同天气系统的影响，不同天气系统又有各自的气候变化特点，多系统叠加导致降水时间序列并不能呈现长期一致的趋势，也有文献观测到了同样的现象（Sun et al.，2001）。综合降水序列的小波分析结果，不能以简单的降水增加或减少来描述长白山地区降水量的气候变化特征，应主要考虑降水量变化的周期波动。

结合近期长白山地区开展的生态学研究发现，目前多数学者重点关注降水减少带来的森林生态系统变化（徐婷婷等，2018；Yi et al.，2015）。对于降水增多，尤其是降水丰与枯交替下的生态系统响应研究还较少。

（五）长白山生态功能区与东北地区气候变化异同

对于温度因子，长白山生态功能区年平均气温倾向率［0.29℃/（10a）］低于东北地区平均状况的倾向率［0.36～0.60℃/（10a）］（吉奇等，2006；董满宇等，2008），突变年份（1987）与东北区域相当（1988）（董满宇等，2008）。四季气温方面，各季节气温倾向率较东北地区（贺伟等，2013）有不同程度的减小，但仍然表现为冬季增温最为明显，其次是春季和秋季，夏季增温较弱。而对于极端气温，区域内最高气温倾向率［0.19℃/（10a）］低于东北地区［0.24℃/（10a）］（贾建英等，2011），但最低气温倾向率［0.74℃/（10a）］却高于东北地区［0.51℃/（10a）］（贾建英等，2011）。总体来说，长白山生态功能区温度因子变化规律与东北地区基本相同，除最低气温外，其他温度指标增幅均小于东北平均状况。

对于水分因子，长白山生态功能区年降水量周期（3 年和 26 年）与东北地区（16 年和 6 年）（贺伟等，2013）有一定差异。降水日数方面，－7.01d/（10a）的气候倾向率高于东北地区平均值［－5.2d/（10a）］（孙凤华等，2007），使得长白山生态功能区的降水变化特征较整个东北地区更加剧烈。

对于光照因子，长白山生态功能区日照时数变化［0.10h/（10a）］基本遵循东北地区整体状况［－0.11h/（10a）］（周晓宇等，2013）。对于风因子，功能区内近地层平均风速的变化［－0.21m/s/(10a)］接近东北平均状况［－0.23～－0.18m/s/(10a)］（肖荣，2012；金巍等，2012）。

七、长白山阔叶红松林显热和潜热通量测算的对比研究

对于近地层大气来说，垂直方向上的水汽、热量、动量和污染物等的输送是受湍流运动支配的，因此，对湍流输送理论与过程的研究一直是边界层气象学研究的重点与难点（赵鸣等，1991）。潜热与显热是湍流输送的两个重要成分，显热通量和潜热通量是下垫面热量平衡方程的重要分量，因此，对显热通量和潜热通量的测算不仅是气象学、边界层气象学和大气物理学研究的重点，而且越来越受到生态学和植物生理学的关注。由于潜热通量可以直接推算下垫面的蒸散量，对水循环过程研究和水资源的合理开发与利用具有重要作用，因此，对显热通量和潜热通量过程的研究也引起水文学家、水利学家等的浓厚兴趣。自从澳大利亚著名微气象学家 Swinbank 在 1951 年提出涡动相关理论以来，随着观测技术的不断完善以及仪器精度的提高和响应时间的缩短，涡动相关法被越来越多地应用于近地面层显热和潜热通量的观测。Baldocchi 等人在 1988 年就应用涡动相关法作为显热通量和潜热通量的观测值，Saugier 等用涡动相关法对森林蒸散量进行研究（Wilson，2001）。空气动力学法对近地面层显热和潜热通量测算是基于 Monin-Obukhov 相似性理论，根据湍流通量与温度、湿度和风速梯度间的相关关系来估算的。早在 1942 年，Thornwait 和 Holzman 就成功地应用该方法对潜热和显热通量进行了估算（Malek，1993）。此后，很多研究者（Stanhill，1969；Oke，1970）对空气动力学法进行了改进，并对该法估算的误差（Thompson et al.，1981）进行了讨论。

长白山阔叶红松林是我国东北东部中温带湿润气候区最主要的森林植被类型，是中国东北样带东部最典型的生态系统（金昌杰等，2000）。以往人们对于该地区显热和潜热通量的研究较少，因此，对阔叶红松林显热和潜热通量进行测算，进而探求长白山阔叶红松林的湍流规律，是十分必要的。

（一）涡动相关基本理论

根据涡动相关理论，计算潜热通量和显热通量的公式可分别表示为（Diawara et al.，1991）：

$$LE = L\overline{w'\rho'_v} \tag{1-11}$$

$$H = \rho C_p \overline{w'T'} \tag{1-12}$$

式中，LE 为潜热通量（W/m^2）；L 为汽化潜热（J/g）；w' 为垂直风速的脉动值（m/s）；$\rho_v{}'$ 为水汽密度的脉动值（g/m^3）；H 为显热通量（W/m^2）；ρ 为空气密度（kg/m^3）；C_p 为空气定压比热［J/（kg·℃）］；T' 为空气温度的脉动值（℃）；上横线表示在一定时间间隔上的平均。

同时，摩擦速度 u^* 可按下式计算（刘辉志等，2002）：

$$u^* = (\overline{u'w'}^2 + \overline{v'w'}^2)^{\frac{1}{4}} \tag{1-13}$$

式中，u^* 为摩擦速度（m/s）；u' 和 v' 分别为主导风向上的风速和横向风速（m/s）。

空气动力学是通过描述近地面层的空气动力学特征来解释其控制各种能量和物质输送的物理过程，从而，根据 Monin-Obukhov 相似理论，可将粗糙下垫面的风速、温度和湿度梯度表示为（刘树华等，1993；关德新等，2001）：

$$\begin{cases} \dfrac{\partial \mu}{\partial z} = \dfrac{\mu^* \Phi_m}{k(z-d)} \\ \dfrac{\partial_T}{\partial z} = \dfrac{T^* \Phi_h}{k(z-d)} \\ \dfrac{\partial q}{\partial xz} = \dfrac{q^* \Phi_w}{k(z-d)} \end{cases} \tag{1-14}$$

而且，显热通量和潜热通量可表示为：

$$\begin{cases} \rho H = \rho C_p \mu^* T^* \\ LE = -\rho L \mu^* q^* \end{cases} \tag{1-15}$$

由于水汽压和比湿之间的关系可表示为：

$$q = \frac{\varepsilon e}{p} \tag{1-16}$$

因此，将式（1-14）、（1-16）代入式（1-15）可得到近地面层显热和潜热通量的计算公式：

$$\begin{cases} H = -\rho C_p \mu^2 \Phi_m \Phi_h{}^{-1} \dfrac{\partial T}{\partial \mu} \\ LE = -\rho C_p \gamma^{-1} \mu^2 \Phi_m \Phi_h{}^{-1} \dfrac{\partial e}{\partial \mu} \end{cases} \tag{1-17}$$

且

$$\gamma = \frac{C_p P}{\varepsilon L} \approx 0.065 \tag{1-18}$$

式中，k 为 von Karman 常数（$k=0.4$）；T^* 和 q^* 分别为特征温度（℃）和特征比湿（%）；Φ_m、Φ_h 和 Φ_w 分别为风速、温度和湿度廓线关系通用函数，均为无量纲量。u 为主导风向上的风速（m/s）；T 为空气温度（℃）；γ 为干湿表常数（kPa/℃）；ε 为水汽和空气分子量之比（$\Sigma=0.622$）；e 为水汽压（kPa）。

在近中性稳定条件下，冠上风速廓线按对数形式变化，可表示为：

$$u=\frac{u^{*}}{k}\ln(\frac{z-d}{z_{0}}) \tag{1-19}$$

式中，d 为零平面位移高度（m）；z_0 为下垫面的粗糙度（m）。

根据 Pruitt（1973）得到的结果，可将 Φ_m，Φ_h 和 Φ_v 表示为梯度理查逊数 R_i（gradient Richarson number）的函数，R_i，φ_m，φ_h 和 φ_v 可表示为：

$$\begin{cases} R_i=\frac{g}{\theta}\cdot\frac{\frac{\partial\theta}{\partial z}}{\left[\frac{\partial u}{\partial z}\right]^2}=\frac{g}{\theta}\cdot\frac{(\theta_2-\theta_1)\cdot(z_2-z_1)}{(u_2-u_1)^2} & (1-20a) \\ R_i=\frac{g}{\theta}\cdot\frac{\frac{\partial\theta}{\partial z}}{\left[\frac{\partial u}{\partial z}\right]^2}=\frac{g}{\theta}\cdot\frac{(\theta_2-\theta_1)\cdot\sqrt{(z_2-d)(z_1-d)}\ln\frac{(z_2-d)}{(z_1-d)}}{(u_2-u_1)^2} & (1-20b) \end{cases}$$

其中，当已知零平面位移高度 d 的情况下应用式（1－20b），反之应用式（1－20a）。

$$\begin{cases} \Phi_m=(1+16R_i)^{\frac{1}{3}} \\ \Phi_h=\Phi_w=0.885(1+34R_i)^{0.4} \end{cases} \quad R_i\geqslant 0 \quad (1-21)$$

$$\begin{cases} \Phi_m=(1+16R_i)^{\frac{1}{3}} \\ \Phi_h=\Phi_w=0.885(1-22R_i)^{-0.4} \end{cases} \quad R_i<0 \quad (1-22)$$

式中，θ 为两个观测高度上绝对温度的平均值（K）；g 为重力加速度；z_1、z_2 和 z 分别为两个观测高度和计算高度（m），且 $z=(z_1+z_2)/2$；θ_1、θ_2 和 u_1、u_2 分别为 2 个观测高度上的绝对温度和风速。

对于开路涡动相关观测系统所获得的数据，首先去掉奇异点，然后进行坐标变换，使得变换后数据的平均垂直和横向风速等于 0。再按 30min 的时间间隔，对 3 个方向的风速、温度和湿度的观测结果进行线性去倾，从而可以得到相应的 3 个方向的风速、温度和湿度的脉动值。最后根据式（1－11）、（1－12）、（1－13）计算潜热通量、显热通量、摩擦速度。通过上述方法共得到 898 组有效数据（共计 449h），其中，9 月 10～21 日的观测数据是连续的。

选择 26m 和 32m 的常规气象梯度观测系统的风速和温度数据，按式（1－20a）计算不同时刻的梯度理查逊数 R_i，再根据计算结果确定出现近中性稳定层结状态（$-0.1\leqslant R_i<0.1$）的时刻（Malek，1993）。最后用这些时刻的常规气象梯度观测系统得到的各层风速和计算得到的 u^* 值，应用最小二乘法按式（1－19）进行曲线回归，从而可得到 d 和 z_0。

再一次应用 26m 和 32m 的常规气象梯度观测系统的风速和温度数据，但根据式（1－20b）计算不同时刻的梯度理查逊数 R_i，将计算结果代入式（1－21）、

(1－22)，从而得到不同时刻对应的 Φ_m，Φ_h 和 Φ_w 的值。最后，利用式（1－17)，即可得到关于潜热和显热通量的空气动力学估算结果。

（二）涡度相关性和空气动力学法对显热和潜热通量的测算对比

因为本项研究不涉及粗糙度 z_0，因此，只对空气动力学零平面位移 d 的计算结果（见图 1.48）进行讨论。对 d 的计算结果中，最大值为 19.98m，最小值为 16.32m，平均值为 17.8m，标准差为 0.78m。可以看出，计算结果较为集中，可以将平均值作为零平面位移 d 的计算结果。因此，d=17.8m。

确定了零平面位移 d 后，就可以得到空气动力学方法对潜热通值和显热通值的计算结果，选取数据连续的时期（9 月 10～21 日）的数据可得到图 1.49 和图 1.50 图中横坐标的时间序列以开始日期的 0：00 为 1，每隔 30min 时间序列数加 1。

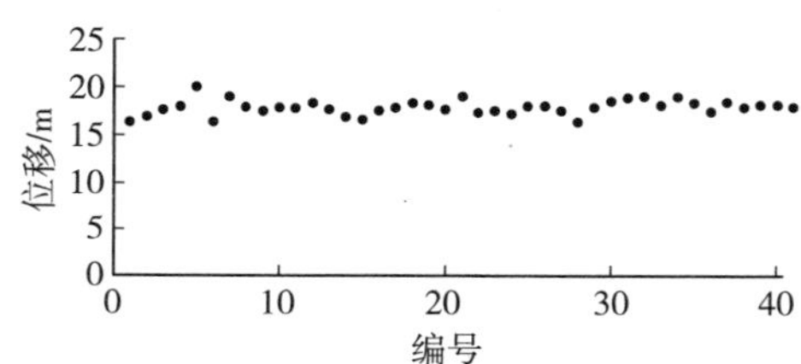

图 1.48　零平面位移 d 的计算结果

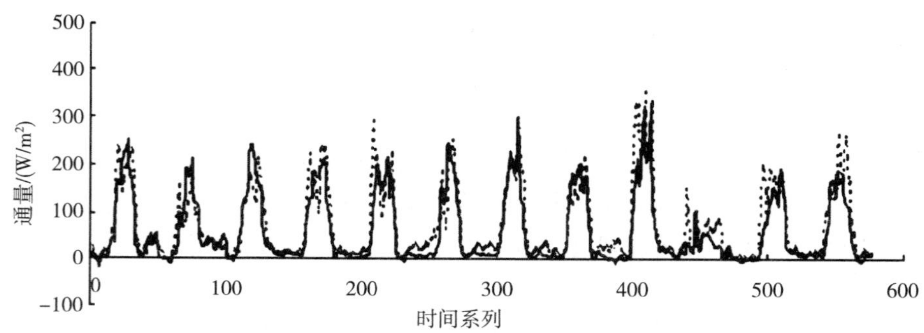

图 1.49　涡动相关法和空气动力学法对潜热通量随时间变化的测算结果

从图 1.49、图 1.50 中可直观地看出，空气动力学法对潜热和显热通量的计算结果与涡动相关法得到的结果相差不大，而且曲线形状也极其相似。从统计学的角度来分析，应用所有的数据可得到图 1.51 和图 1.52。

从图 1.51、图 1.52 线性回归的计算结果上看，空气动力学法对潜热和显热通量的计算结果与涡动相关法得到的结果的线性相关显著，回归直线的斜率较接近 1。从图 1.52 可以看出，在显热通量方向向下时，空气动力学法得到的结果偏高，但这种现象在潜热的计算结果中并不明显。从理论分析和综合研究式（7)、式（11）和式（12），都可以看出显热通量方向向下是发生在逆温的情况下，即空气温度随高度升高而增加，而此时梯度理查逊数 R_i 一般都小于 0。因此，式（12）对 Φ_m，Φ_h 和 Φ_w 的估算应该进行修正。但上述情况多发生在早、晚及夜间，此时，潜热和显热通量都较小，对一天以上垂直方向上的总能量传输影响不大。因此，在能量平衡和水量平衡的计算中，应用涡动相关法和空气动力学法可以得到较为一致的结果。

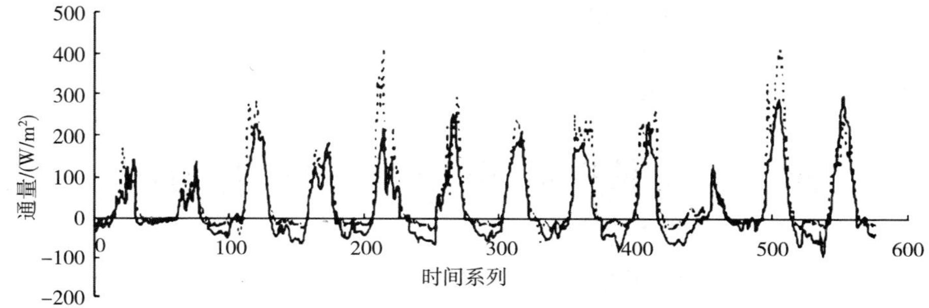

图 1.50 涡动相关法和空气动力学法对显热通量随时间变化的的测算结果

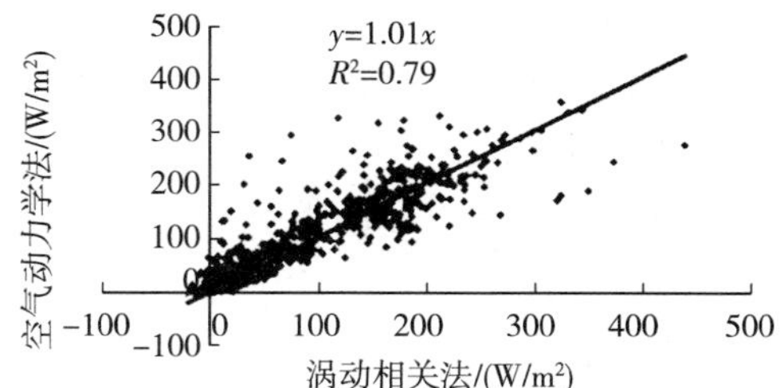

图 1.51 涡动相关法与空气动力学法得到的显热通量之间的关系

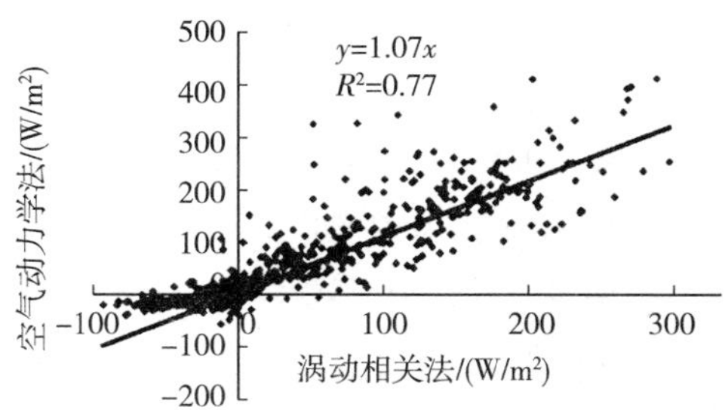

图 1.52 涡动相关法与空气动力学法得到的潜热通量之间的关系

在应用空气动力学法时，选用不同观测高度以及不同高度差的两组数据会对计算结果带来差异。从本项研究得到的观测数据来分析，应用不同观测高度以及不同高度差的两组数据得到的显热通量的差异不大，而对于潜热通量来说，差异是明显的。究其原因，在于高度的增加和观测高度差的减小，两个观测高度上得到的温度、湿度和风速差将减小，这一减小量占温度和风速差相对较小，因此对计算结果的影响不大，但对于湿度差的获得影响是巨大的，因为水汽含量小，仪器精度会直接影响观测结果。在应用空气动力学方法计算潜热过程中，观测高度应尽量靠近冠层，而且两个观测层之间的高度差应足够大。但由于本项研究的仪器高度固定，仪器型号单一，不便于对误差的分析与计算，从而对适宜安装高度和合理安装高度差的研究不够深入。因此，该方面的研究应在日后的研究中加强。本项研究选用 26m 和 32m 高的观测数据，就是考虑了仪器误差的影响确定的。26m 的观测高度正处在平均冠层高度，这对估算结果会有一定的影响，但从计算结果上看，这种影响不大。

第四节　长白山阔叶红松林 CO_2 通量

一、长白山阔叶红松林碳收支特征

在全球气候变化背景下，陆地生态系统碳循环与收支研究一直是科学家关注的热点之一（于贵瑞等，2001）。基于陆地、海洋及大气 CO_2 浓度监测的三维传输模型和生物地球化学循环模型模拟的结果均表明，北半球中高纬度地区的陆地生态系统是一个重要的碳汇（方精云等，2001）。然而，由于实测资料的缺乏，特别是森林生态系统碳收支信息的缺乏，使得对这一地区碳汇强度的定量仍存在很大的争议（徐小锋等，2004）。

森林是陆地生态系统碳的主体，它在生长过程中吸收大量的 CO_2，并可长期贮存（徐德应，1996）。已有的研究表明，我国的森林具有巨大的碳汇潜力（王效科等，2000；康惠宁等，1996）。但是，关于中国森林碳汇强度的准确定量也存在着争议。例如，方精云等（1998）根据中国森林资源清查资料，利用“材积源生物量法”估算后认为，最近 20 年来，中国森林吸收的 CO_2 相当于 0.021Pg/a。Streets 等（2001）根据造林、再造林数据估算后认为，中国森林对大气 CO_2 的净吸收已从 1990 年的 0.098Pg/a 上升到 2000 年的 0.112Pg/a。而 Gong 等（2004）根据土壤碳库资料估算认为，中国森林在 1993—1998 年间的净碳吸收能力为 0.07Pg/a。可见，不同研究之间仍有一定的差异，这些差异源于缺乏标准的测算方法及可靠的数据来源。

基于大气湍流传输理论的涡动相关法可以直接获得森林—大气间物质与能量交换信息。20 世纪 80 年代初，该方法被应用到森林中（Verma et al.，1986），并很快成为国际上森林—大气 CO_2 交换研究的主要方法。近年来，该方法开始引入我国（黄耀，2002），并以其高精度、高时间分辨率等优点，被广泛地应用到森林、农田、草地等生态系统 CO_2、水和热交换研究中。

（一）CO_2 收支特征

森林—大气 CO_2 交换季节变化明显，总体表现为夏季最强，秋、春季次之。全年 CO_2 通量变化范围为－1.5～1mg/（m^2·s）。图 1.53 所示为春季（a）、夏季（b）和秋季（c）中 3 个典型观测时段的 CO_2 通量过程。春季、秋季 CO_2 光合吸收与呼吸释放速率均较夏季弱。以图 1.53c 所示的 10 月 18～20 日观测结果为例，10：00 左右，森林—大气 CO_2 交换才达到收支平衡，森林生态系统转变为净吸收，至 12：00，CO_2 交换速率达到最大，但最大不超过－0.2mg/（m^2·s）；日落前 2h 左右（约 15：00～15：30）再次达到收支平衡，森林转变为大气 CO_2 的源；夜间，CO_2 通量波动范围通常在 0.1～0.4mg/（m^2·s）。从净光合和净呼吸通量的数量大小及持续时间来看。森林在秋季是以土壤、植被的呼吸通量为主。与春季比较，白天碳吸收强度减小，而夜间释放强度却大于春季，这表明秋季是个显著的碳释放过程。虽然空气温度相似，但 5～20cm 深土壤温度秋季高于春季（赵晓松等，2006），这可能是其仍维持较高呼吸速率的原因。

夏季通常在林冠上 *PAR* 达到 100μmol/（m^2·s）时，相当于日出后 30min 左右，CO_2 通量转变为负，即森林转变为 CO_2 的吸收汇，且吸收强度随着太阳辐射的增强而增强。但森林的最大吸收速率却多出现在 11：00～12：00，而不是出现在太阳辐射最强的 12：30～13：30。至日落前 1h 左右，森林再次达到碳收支平衡，并很快转变为 CO_2 的释放源。夜间为持续的呼吸释放过程，呼吸速率一般在 0.2～0.5mg/（m^2·s）范围内，一般在 20：00～22：00 间呼吸速率达到最大值，最大不超过 1.0mg/（m^2·s）。

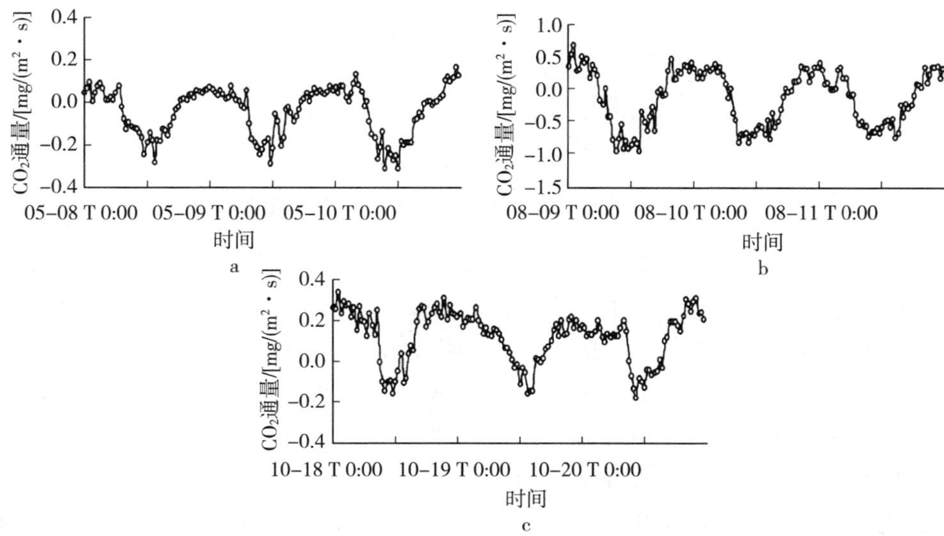

图 1.53　阔叶红松林典型观测日 CO_2 通量过程

实验中发现，当冬季空气温度低于－5℃时，观测结果奇异值开始增加，当温度低于－10℃时，出现了大量的负通量（超过 70%）。由于如此低温条件下森林碳吸收现象从物理学和生物学角度都无法解释，因此初步判断这类观测数据不合理。文中为了估算长期的净碳交换量，根据秋末和早春的数据与土壤温度间的关系对冬季数据做了插补。虽然插补结果存在一定的不确定性，但森林—大气间 CO_2 交换主要集中在其他 3 个季节，当空气温度降至－5℃时，日净碳交换量通常低于 0.2g/m^2，因此对 *NEE* 总量估算影响不会很大。

（二）环境因子对 CO_2 收支的影响

1. 生态系统呼吸释放与温度作用

森林的碳收支过程主要体现在植被的光合吸收与森林各组分的呼吸释放。很多文献报导过树干、土壤及凋落物的呼吸强度主要受温度控制（刘建军等，2003；王淼等，2005）。为此，对空气温度和夜间生态系统呼吸量（NEE_n）以及土壤温度和 NEE_n 之间的相关性也分别进行了分析。根据两者对净碳交换量的解释比例，即决定系数 R^2 及残差平方和判断，5cm 深日平均土壤温度对 NEE_n 有更好的预测作用（见图 1.54）。两者呈指数相关变化，相关系数 R^2 为 0.84。

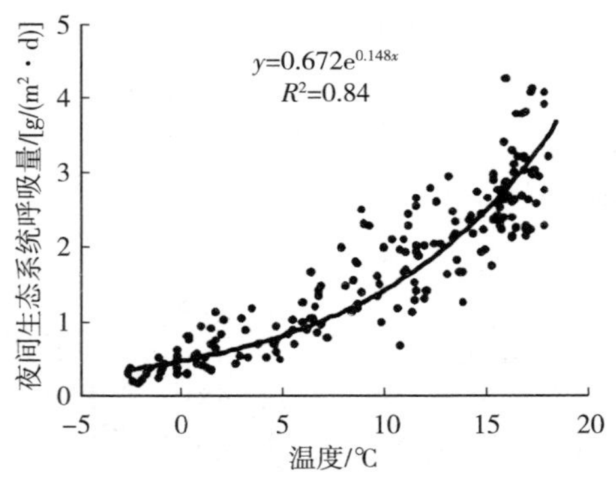

图 1.54　夜间生态系统呼吸与 5cm 深土壤温度间关系

生态系统呼吸释放对温度响应的敏感性可以用 Q_{10} 来表示。它表示温度每增加 10℃，呼吸增加的倍数。根据 Fang 等（2001）建议的指数响应方程，得到该生态系统尺度 Q_{10} 为 3.17。已有的研究表明该阔叶红松林的土壤呼吸 Q_{10} 为 3.64（王淼等，2003），不同径阶红松树干呼吸 Q_{10} 值在 2.56～3.32 之间（王淼等，2005）。本研究的 Q_{10} 在二者之间，比较合理。

2. 生态系统光合吸收与 *PAR* 关系

已有的研究表明，在叶片尺度上，植物叶片光合速率与光照强度多满足直角双曲线关系（陆佩玲等，2001；刘允芬等，2000）。但在群落尺度，相关研究却并不多见。在此，对白天 $PAR>10\mu mol/(m^2 \cdot s)$ 时森林光合吸收速率（F_c）与 PAR 之间关系进行了分析，发现 F_c 对 PAR 的响应曲线可以采用 Michaelis-Menten 模型（Lin et al.，1999）得到很好的表达：

$$F_c = R_d - \frac{a \times PAR \times P_{max}}{a \times PAR + P_{max}}$$

式中，a 为生态系统尺度表观初始光能利用率，即弱光条件下光响应曲线的斜率；P_{max} 为达到光饱和时的净生态系统碳交换速率，两者均是描述光合作用时光响应特征的参数。R_d 为生态系统暗呼吸强度。

图 1.55 所示为全叶期（6～8 月）生态系统 CO_2 净吸收速率 F_c 随光强变化的观测结果及拟合曲线。由图可见，当 PAR 为 0 时，F_c 为系统暗呼吸，即 R_d；当 $PAR<100\mu mol/(m^2 \cdot s)$ 时，光合作用较弱，此时呼吸作用多大于光合作用，森林表现为碳释放；随着 PAR 的增加，光合作用逐渐增强，森林转变为碳吸收；当 PAR 大于一定值时，吸收速率达到最大，然后随着 PAR 的增加反而略有下降。

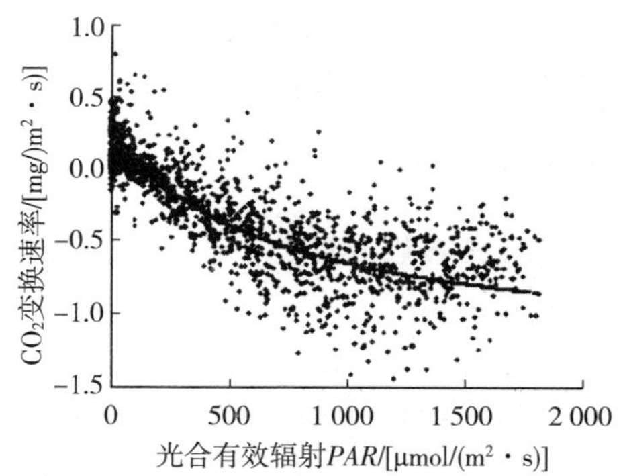

图 1.55　用直角双曲线拟合的冠层光合响应曲线

尽管随着光强的增加光合速率呈先增加后降低的趋势，但由于 CO_2 通量同时还受其他环境因素的影响（如气温、水气压差、土壤湿度等），F_c 对光强的响应有一定的离散度。观测数据拟合结果显示：$R_d=0.27mg/(m^2 \cdot s)$，$P_{max}=1.53mg/(m^2 \cdot s)$，$a=0.0023mg/\mu mol$，相关系数 R^2 为 0.67。R_d 模拟为土壤（包括凋落物层）呼吸与植被呼吸之和。王森等（2004）在该观测站同一时期的研究结果显示，白天土壤 CO_2 平均排放速率约为 $0.22mg/(m^2 \cdot s)$，树干呼吸估计在 $0.02mg/(m^2 \cdot s)$ 左右，两者之和略小于本项研究的模拟结果。考虑到生长季冠层叶片对生态系统呼吸还有一定的贡献，因此可以认为此模型较好地模拟了白天的生态系统呼吸量。P_{max} 的拟合结果为理论渐近值，因此比光合速率实测的最大值要高，这也是该模型有待改进的地方（陆佩玲等，2001）。初始光能利用率 a 的模拟结果略低于 Lin 等（1999）在热带雨林实测的模拟值（$0.0026mg/\mu mol$）；大于西黄松（*Pinus ponderosa*）及黑云杉（*Picea mariana*）等针叶林的模拟值（Law et al.，2000；Goulden et al.，1997）（约为 0.001 8mg/μmol）；但远低于刘允芬等（刘允芬等，2004）在千烟洲亚热带人工针叶林中的研究报道 0.030 4～0.060 3mg/μmol）。这可能是下文给出的长白山阔叶红松林固碳量远小于千烟洲人工林（刘允芬等，2004）的重要原因之一。

通常认为，由于森林冠层叶片交错排列，当上部叶片达到光饱和时，下部叶片仍处于受光不足的状态，因此就植被群落而言，自然光强下一般不能达到光饱和状态。但从图 1.56 中可以看出，在 *PAR* 出现最高值时，冠层水平碳吸收速率却没有相应达到最高值，当 *PAR* 超过 1 500μmol/（m^2 · s）时，交换速率却略有下降。最大光合速率出现在 *PAR* 为 1 000～1 500μmol/（m^2 · s）时。前文也揭示了在晴好天气里，净碳交换速率最大值的出现要提前于光强最大值的出现，且这一现象在系统干旱的 6 月尤为明显。据此推测，可能是因为在长时间持续强光照射下，植被冠层水分蒸散损失来不及补充，导致光合能力下降，而不仅仅是叶片尺度上的光抑制现象（马钦彦等，2003）。对此，张永强等（2002）在小麦（*Triticum Linn.*）冠层也有类似发现，不过作者将之归结为作物在长时间强光照射下水分利用效率的降低。另外，关德新等（2004）在该站的同期研究发现，林冠上方水汽饱和差与 *NEE* 有相关性似乎也证明了本项研究的观点。

（三）净生态系统碳交换量

2003 年日净碳交换量的变化范围在－6.37～2.13g/（m^2 · d）之间，其季节变化如图 1.56 所示。冬季，森林具有微弱但相对恒定的 CO_2 排放，特别是在1～2 月，日排放量多徘徊在 0.4g/m^2 左右；3 月下旬，随积雪融化，土壤解冻，*NEE* 出现一正的峰值，但随后呈显著下降趋势。在融雪阶段这一明显的 CO_2 释放高峰，可能是如文献（Goulden et al.，1997）曾报道过的积雪对 CO_2 的富集作用所致。进入 4 月，随着植被的萌动，特别是林下草本的出现，在晴好天气里，开始有零散的负值出现，至 4 月下旬，森林 CO_2 日交换已以吸收为主。初春，虽然植被光合能力较弱，但由于土壤温度仍然较低，相应的呼吸量小（如图 1.53 所示），因此 *NEE* 很快由正转变为负，即生态系统从释放 CO_2 转变为吸收 CO_2。5 月，由于叶面积指数的迅速增加，群落的光合能力增强，*NEE* 的绝对值也迅速增加，到 6 月达到最大值，然后又逐渐减小。9 月末到 10 月末随着生长季的结束，*NEE* 开始由负转为正，由于土壤及凋落物层仍维持较高呼吸速率的缘故，期间出现一个小的碳释放高峰。11～12 月森林又表现为持续的碳释放过程。全年森林净碳交换量为－191.3g/m^2，这与关德新等（2004）的研究值（－184g/m^2）略有差异，主要是由于后者在计算 CO_2 通量时，忽略了针对开路式涡动相关仪器系统高频响应不足和离散采样等有关频率响应局限的修订。

从图 1.56 中还可以看到，在 7～9 月，各月均有零散的正值出现，即森林向大气释放碳。这种现象与天气条件有关，多出现在日照弱的阴雨天，白天光合有效辐射小，植被光合作用弱，而期间生态系统又保持着较高的温度，使得森林的呼吸释放超过了光合吸收。有趣但具有生物学意义的是，净生态系统碳吸收量、总固碳量（*GPP*）和生态系统呼吸量最大的月份分别出现在晴好少雨的 6 月、叶面积指数最大（5.7m^2/m^2）的 7 月和日平均气温最高的 8 月，而净生态系统碳释放量最大的月份出现在生长季结束的 10 月。这也说明森林碳源、碳汇强度是土壤温湿度、空气温湿度、辐射及植被发育阶段共同作用的结果。

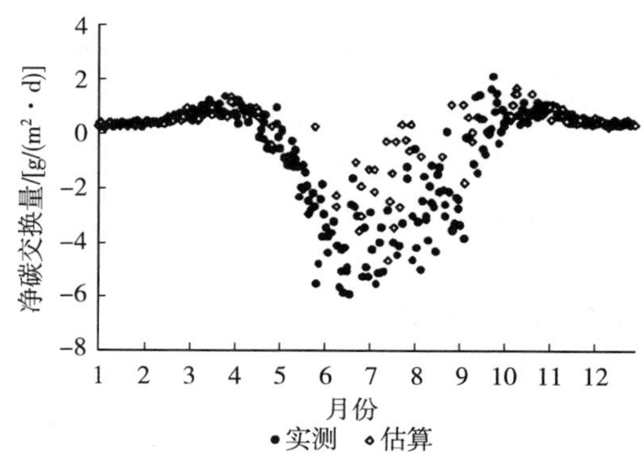

图 1.56 2003 年长白山阔叶红松林 *NEE* 季节变化

Baldocchi 等（2001）对欧洲与北美通量网近 10 年的观测资料分析后发现，对大多数温带森林生态系统，生长季（从日净碳交换量为负开始，至转变为正结束）长度每增加 1d，净碳吸收量就会增加 5.7g/m^2。按照 Baldocchi 等给出的线性拟合方程 $NEE=603-5.72N$，（$R^2=0.82$，N 是以日计算的生长季长度），长白山 2003 年生长季长度为 146d，即预测的年吸收能力为 $-232.1g/m^2$，大于实测值。考虑到森林随着林龄的增加，土壤有机质、粗木质残体呼吸增加，光合能力衰退，相应的固碳能力随之降低，生长季长度对本研究站点的碳汇强度有一定指示意义。

由于温度、生长季长度、降水、光照等环境影响因子的年际变化以及与森林生态系统各组分之间关系的复杂性，森林生态系统净碳交换量的年际间差异较大。例如，加拿大白杨林 5 年的观测结果变化于 $-290\sim-80g/m^2$ 之间（Black et al.，1996），比利时 70 年的针阔叶混交林 5 年观测结果变化于 $-9\sim255g/m^2$ 之间（Carrara et al.，2003），日本的落叶阔叶林 5 年观测结果变化于 $-70\sim150g/m^2$ 之间（Yamamoto et al.，1999）。因此本项研究给出的只是一个初步的研究结果。准确揭示长白山阔叶红松林碳收支特征及其控制因子还有待于后续的长期监测。

二、长白山阔叶红松林 CO_2 浓度特征

森林对 CO_2 的吸收与释放会引起大气中 CO_2 浓度变化（Yang et al.，

1999），同时，林内 CO_2 浓度在时间与空间上的变化又是影响植被光合生产力的一个重要因素（Bazzaz et al.，1991；Osborne et al.，1997）。了解森林 CO_2 浓度特征对研究一个林分的气体交换功能和生产力形成有重要意义。自 20 世纪 50 年代起，国外在这个方面做了大量工作（Brooks et al.，1997；Buchmann et al.，1996；Buchmann et al.，1996；Norasada et al.，1998；Osborne et al.，1997）。国内学者大多致力于森林对 CO_2 浓度升高响应机制的研究，而较少关注 CO_2 浓度本身的变化。杨思河等（1992）在 20 世纪 90 年代初进行过这方面研究，但其观测时间尺度较短（4d），且未做夜间观测；此外，蒋高明等（1997；1998）采用便携式红外气体分析仪对人工林中生长季的 CO_2 浓度进行了观测与分析；陈步峰等（2001）探讨了海南热带山地雨林近冠层的 CO_2 浓度特征；彭长连等（1997）通过气袋采样分析，针对人类活动对亚热带森林 CO_2 浓度变化的影响进行过研究。但上述研究均缺乏日、季、年时间尺度的连续性，且忽略了对大气条件影响 CO_2 浓度的分析，加之森林类型的多样性以及研究手段与技术的差异，有必要对森林 CO_2 浓度特征做进一步研究。

长白山阔叶红松林是中国东北样带东部典型的森林生态系统，它对平衡我国北方地区碳收支有着重要作用。该地区受人类活动影响较小，大气污染程度轻，研究自然状态下 CO_2 浓度特征能够较好地反映森林释放与固定 CO_2 的碳源、碳汇关系，增强对森林—大气 CO_2 交换功能的认识，为森林经营、保护提供科学依据，同时，为森林光合生产力研究提供环境参数。

（一）生长季与非生长季 CO_2 浓度特征

1. 生长季 CO_2 浓度特征

在生长季与非生长季各选择一晴好、微风天气的观测日数据做 CO_2 浓度廓线图（图 1.57），为了图示清晰，等间隔绘出 6 个时间点。

生长季从主要树种开始萌芽的 5 月上旬开始至阔叶树种大部分落叶的 9 月下旬结束。从图 1.57a 可以看出，林内各层 CO_2 浓度在凌晨时分最高。平均 CO_2 浓度最大值出现在凌晨 5：00 左右，正是林内逆温层开始打破的日出前后。但 4：00～8：00，林内各层 CO_2 浓度迅速降低，平均降幅达 30μmol/mol。这一过程验证了 Grace 等（1996）在巴西热带雨林中的研究发现：凌晨，随风速增大，空气扰动增强，林内积聚的 CO_2 有一快速、明显的释放过程。日出后，林内各层 CO_2 浓度均持续降低，如图 1.57a 所示 8：00～12：00～16：00，表明随着光合有效辐射增强，植被光合吸收 CO_2 的能力亦显著增强。通常在 15：00 左右观测到林内 CO_2 平均浓度的最低值，而不是在光合有效辐射最强的午间。日落后，林内各层 CO_2 浓度逐渐升高，近地层与冠层部位 CO_2 浓度变化尤为显著，如图 1.57a 所示，20：00～24：00 至翌日 4：00 表明森林—大气 CO_2 交换主要表现为土壤—大气与冠层—大气的呼吸释放过程。

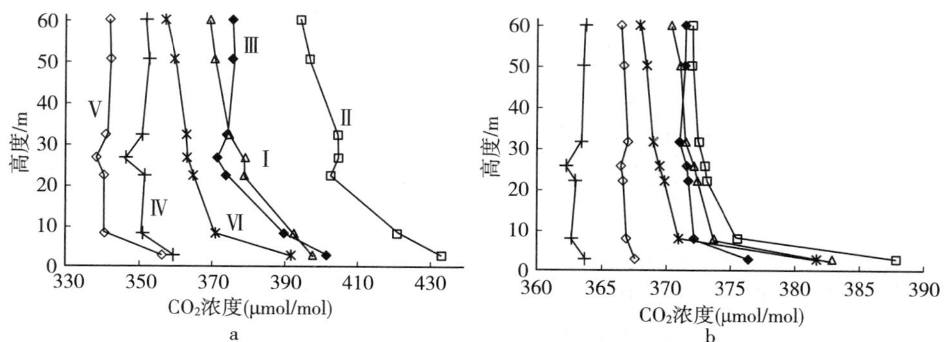

图 1.57　生长季 2003 年 7 月 14 日（a）与非生长季 2003 年 10 月 23 日（b）CO_2 浓度时空变化

从该日观测顶层至地表间大气 CO_2 储存项变化（图 1.58）也可以直观地看出 CO_2 浓度的时间变化过程。夜间，由于土壤及冠层呼吸，林内 CO_2 慢慢积累，至凌晨 5：00 左右，储存项达到最大，但随后有一显著的降低过程。日出后林内 CO_2 储存持续减少，至 15：00 左右达到最低点，随后又表现为 CO_2 的积累过程。日间吸收与夜间释放近乎相等，全天林内大气 CO_2 储存项变化接近于 0。这一动态平衡过程也说明采用微气象学法对时间尺度小于一日的森林—大气 CO_2 净交换量进行研究时，必须考虑大气储存变化，但在计算中、长期 CO_2 净交换量时，该项可忽略不计（Lee，1998）。

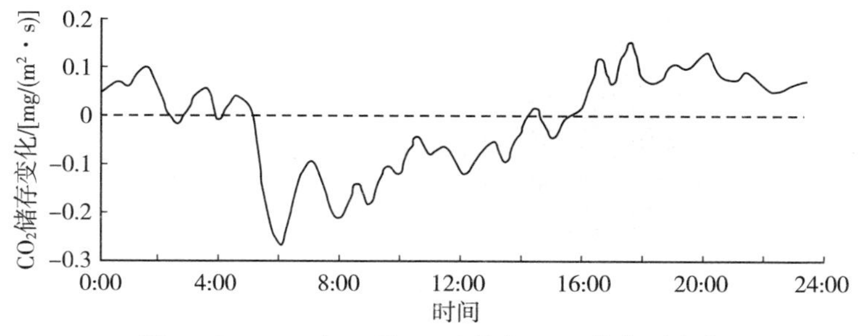

图 1.58　2003 年 7 月 14 日林内 CO_2 储存项变化

7 月 14 日林内 CO_2 浓度最低值为 323μmol/mol，出现在 15：00 的 26m 处，即冠层位置；最高值为 439μmol/mol，出现在凌晨 5：00 的 2.5m 处。CO_2 浓度最大日振幅为 90μmol/mol，出现在冠层位置而非地表。冠层由于日间光合吸收，CO_2 浓度较低，夜间呼吸释放，浓度较高，因此全天 CO_2 浓度振幅最大；近地面层 2.5m 处受下木层植被生理活动的影响，也存在着明显的昼低夜高的日变化，但由于土壤呼吸的决定作用，全天的 CO_2 浓度都相对较高，振幅次之。近地面层始终较高的 CO_2 浓度为林下植被的生长提供了良好的 CO_2 环境（Bazzaz et al.，1991）。日间，由于冠层光合吸收引起 CO_2 浓度降低，林内 CO_2 浓度垂直剖面呈现上层和下层逐渐向中间冠层浓度递减的趋势，但梯度较小，特别是冠层上部50～60m，浓度梯度接近于0。夜间，冠层处CO_2浓度有一小高峰，冠层及其上层大气CO_2浓度梯度与日间相反，冠层往下CO_2浓度梯度与日间相同，均表现为接近地表处最高，这表明林地土壤的呼吸释放在森林—大气CO_2交换中具有重要地位。全天观测顶层至地表CO_2平均浓度梯度以凌晨4：00最大，其次依次为0：00、8：00、20：00、12：00，午后16：00最小。

上述CO_2浓度日变化特征与Skelly（1996）在美国宾夕法尼亚州针叶林中的研究很相似，表明植被生理活动及土壤呼吸的共同作用是林内CO_2浓度时、空变化的重要原因。但研究同时发现林内CO_2浓度，特别是夜间的CO_2浓度变化还受大气条件的影响。当大气稳定，湍流较弱时，由植被吸收或土壤释放的CO_2往往不能及时补充或扩散，产生CO_2损耗或积累，相应出现大的浓度变化；当大气不稳定，湍流较强时，林内空气能够迅速与林上大气产生垂直混合，垂直梯度小，CO_2浓度趋于接近森林大气背景浓度。图1.59为生长季夜间20：00至次日5：00冠层以下CO_2平均浓度变化与反映湍流交换强度的冠层上部摩擦速度（U^*）的关系：由于林内夜间逆温的存在，U^*通常较小，CO_2在林下产生积累，浓度显著高于林内CO_2平均浓度380μmol/mol，随着U^*的增大，林内上下层空气混合增强，林下积累被打破，CO_2浓度变小，并趋于一稳定值。可以认定，大气湍流交换强度也是林内CO_2浓度变化的一重要影响因子（Culf et al.，1997）。

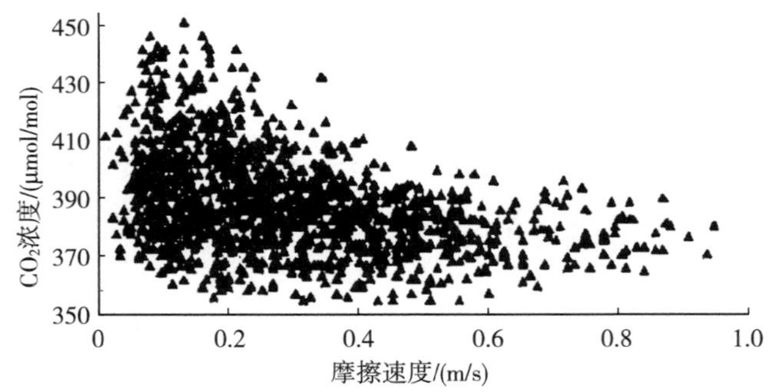

图1.59　夜间林下CO_2浓度与摩擦速度U^*的关系

2. 非生长季CO_2浓度变化

非生长季长白山阔叶红松林阔叶凋落，仅有部分针叶保留，期间森林CO_2浓度变化特征主要表现为土壤呼吸的CO_2释放过程。以图1.57b所示的2003年10月23日观测资料为例，林内CO_2平均浓度变化趋势为：4：00>8：00>24：00>翌日20：00>16：00>12：00，日间林内CO_2浓度不断降低，夜间不断积累，夜间的积累使早晨CO_2浓度处于较高水平。全天CO_2浓度最低值为363μmol/mol，出现在午后13：00的冠层位置，最高值为397μmol/mol，出现在6：00的近地面层。CO_2浓度最大日振幅为30μmol/mol，出现在近地面层

2.5m 处。夜间，CO_2 浓度始终以近地面层为最高，并随高度的增加浓度递减，在冠层部位 CO_2 浓度并没有显著增加迹象，表明在非生长季阔叶落叶及低温条件下冠层的呼吸通量非常小。日间，各层 CO_2 浓度均显著低于夜间。同时，在午间冠层 26m 处，存在明显的相对于冠下 22m 与冠上 32m 的 CO_2 浓度低值，在非生长季的其他观测日甚至冬季午间也观测到了 1～4h 不等的相对低值，表明长白山阔叶红松林在非生长季午间仍有数小时表现为 CO_2 的吸收过程。对此，Dolman 等（2002）在中纬度针叶林中也有相同发现，但冬季森林碳吸收的生理机制仍有待于深入研究。

（二）CO_2 浓度日变化特征

2003 年林内 CO_2 平均浓度约为 377μmol/mol。图 1.60 为观测期间 CO_2 平均浓度变化过程。从图中可以看出，林内 CO_2 平均浓度呈先降低后增加趋势，变动范围为 342～418μmol/mol。总体来说，冬季（12 月至翌年 2 月）CO_2 浓度最高，春季（3～5 月）与秋季（9～11 月）次之，夏季浓度最低（6～8 月）。CO_2 浓度月平均最高值出现在 1 月，为 388μmol/mol，最低值出现在 8 月，为 352μmol/mol。生长季由于森林日间植被光合吸收及夜间依赖于温度的土壤呼吸作用较强，同时由于冠层枝叶的遮挡，林内空气与大气交换很弱，CO_2 浓度日变化幅度较大，平均约为 45μmol/mol；非生长季森林日间与夜间均表现为以土壤呼吸为主的 CO_2 释放过程，同时由于阔叶的凋落，冠层上下湍流交换增强，使得 CO_2 很难在林下产生富集，浓度日变化幅度较小，平均约为 15μmol/mol。在垂直分布上，以近地面层观测到的 CO_2 平均浓度最高，约为 388μmol/mol，其次依次为 8m、22m、32m、26m、50m，60m 处 CO_2 平均浓度最低，为 372μmol/mol。

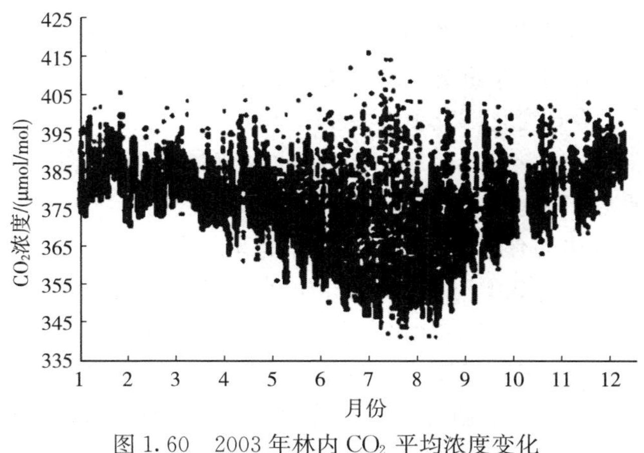

图 1.60　2003 年林内 CO_2 平均浓度变化

图 1.61 显示了长白山阔叶红松林在生长季阶段，即 5～9 月冠层 26m 处

CO_2 浓度月平均的日变化。5 月，长白山阔叶红松林主要树种椴树、蒙古栎、水曲柳等经历了从萌芽、展叶到全叶的全过程，由于生长初期较低的光合能力及冬季较高的 CO_2 本底浓度，CO_2 平均浓度最高，为 381μmol/mol。6 月日间 CO_2 浓度降低，夜间升高，CO_2 平均浓度为 373μmol/mol。7 月 CO_2 平均浓度为 366μmol/mol，仍呈下降趋势，但夜间 CO_2 平均浓度却显著高于邻近的 6 月与 8 月。为此，考察了 6～8 月夜间林内环境因子：6～8 月土壤平均温度分别为 13.7℃、16.4℃、16.8℃，7 月高于 6 月，略低于 8 月。土壤平均湿度分别为 0.27m^3/m^3、0.38m^3/m^3、0.29m^3/m^3，7 月显著高于 6 月与 8 月，因此这一现象是由于 7 月夜间较高的土壤湿度对土壤呼吸的促进所致。8 月 CO_2 平均浓度最低，仅为 352μmol/mol，应归于日间较强的光合吸收。9 月植被落叶，森林 CO_2 平均浓度日间与夜间均呈升高趋势，平均 CO_2 浓度为 371μmol/mol。

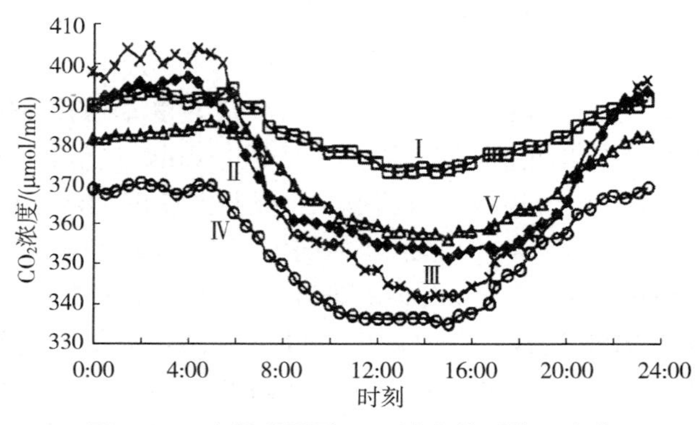

图 1.61 生长季冠层 CO_2 浓度月平均日变化

三、长白山阔叶红松林 CO_2 湍流交换特征

越来越多的证据表明，人类活动导致的以 CO_2 为主的温室气体浓度快速增加是全球气候持续变暖的一个重要原因（柴育成等，2004）。因此，陆地生态系统碳循环与收支一直是全球变化研究领域关注的焦点问题，相关研究在国内外均已广泛开展（黄耀，2002；Yu et al.，2005）。以此为背景，作为不同时空尺度上碳交换研究的技术手段，遥感（反演模型）、微气象法、生物与土壤调查法、箱式法和同位素示踪等方法都有应用报道。而在生态系统尺度，以湍流传输理论为基础的涡度相关技术以其对观测对象扰动小、可直接获得净碳交换信息，以及具有较高精度等优点，成为微气象学家和生态学家普遍认可的一种碳收支研究标准方法，并广为应用。近年来，该技术开始引入我国，并很快地应用到森林、农田和草地等典型生态系统碳交换研究中，目前相关研究台站（基地）已增加到 40 多个，基于涡度相关技术研究的报道大量出现，但这些报道多关注生态系统在季节或年际尺度上的 CO_2 通量变化特征及碳收支的定量化（Guan et al.，2005；周

存宇等，2004），对植被—大气界面处 CO_2 的湍流交换过程信息少有涉及。

涡度相关法作为一种微气象学方法，在具体应用时，除了要求满足下垫面均质、平坦，且风浪区长度足够长的条件外（温学发等，2004），还要求上下层大气混合充分。在大气层结稳定甚至为逆温状态时，测量传感器上下方的气体交换主要通过高频湍涡甚至分子扩散实现。大气中最小的湍涡尺寸不到 1mm，假设垂直风速为 0.5m/s，相应的仪器频响要达到 500Hz 才有可能捕获到这一湍涡脉动信号。而目前涡动相关系统的主体设备—红外气体分析仪和三维超声风速仪的频率响应都达不到这一水平，必然有部分高频信号损失。因此，在湍流活动较弱的夜间，通量主要由高频小涡贡献时，实测的涡度相关数据可能存在系统性低估。认识植被—大气界面，特别是具有高大植被的森林—大气界面处 CO_2 湍流交换特征，对于分析和评价涡度相关实测数据质量，深入理解植被—大气碳交换的过程机制具有重要的参考价值。基于 ChinaFLUX 通量观测平台的长白山森林通量站具有相对平坦、均质的下垫面，为本项研究在尽可能小的环境干扰下认识森林—大气 CO_2 交换特征提供了良好的条件。

（一）垂直风速与 CO_2 浓度脉动特征

在植被冠层近上方的气层中，湍流交换活动活跃，形成大小不同的涡旋。不同涡旋的运动速度和所携带的 CO_2 气体浓度不同。通过涡与涡在垂直方向的交换，完成森林—大气间 CO_2 输送过程。图 1.62 给出了观测期间（生长季午间）40m 高度 CSAT3 超声风速仪、Li7500 红外气体分析仪在 10s 内所捕获的典型垂直风速脉动和 CO_2 浓度脉动时间序列。从图中可以看出，两者均表现为随机的湍流交换过程。以 CO_2 为例，10s 内 CO_2 浓度最大振幅接近于 2mg/m^3，甚至在 1s 内 CO_2 就有 1mg/m^3 的浓度脉动。这说明采用 10Hz 甚至更高响应频率的涡度相关仪器来捕获涡旋高频脉动的必要性（Moore，1996）。另外，由图 1.62 还可以看出，虽然两者脉动均为随机的湍流过程，但由于午间冠层光合吸收作用，向上运动的湍涡（垂直风速测量值为正）携带的 CO_2 浓度明显低于向下运动湍

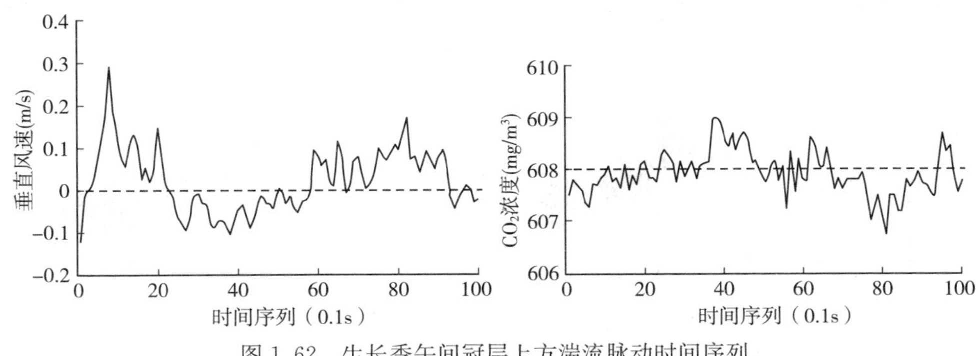

图 1.62 生长季午间冠层上方湍流脉动时间序列

涡中 CO_2 浓度。本项研究中，7 层 CO_2 浓度廓线的实测也显示，生长季，白天，在涡度相关仪器探头以下，特别是在冠层附近，相对于大气本底浓度，存在 CO_2 浓度低值区，这是植被光合吸收的结果；夜间，由于植被与土壤的呼吸释放，向上运动的湍涡携带的 CO_2 浓度往往又高于向下运动中湍涡携带的 CO_2 浓度。这是涡度相关法在森林—大气—假定界面处对 CO_2 交换进行实测的理论基础。

（二）湍流谱特征分析

湍流谱特征是描述脉动量的方差在不同尺度或频率域湍涡上的分布。湍流分量能谱或协谱分析能够揭示不同尺度湍涡对涡度通量相对贡献的大小。为了评价开路式涡度相关仪器系统对高频湍流信号的响应能力，同时获得 CO_2 在冠层上湍流交换的物理结构信息，对实测垂直风速和 CO_2 浓度脉动序列的功率谱和协谱特征进行了分析。利用 Welch 方法计算垂直风速和 CO_2 浓度脉动时间序列的功率谱和协谱。进行谱分析所采用的数据为去倾后的 30min 高频实时数据。功率谱和协谱的平均谱密度都乘自然频率项。其中，功率谱通过变量本身的方差进行标准化，而协谱则是利用两个变量协方差的绝对值进行标准化。

功率谱分析的两个突出的特征就是斜率和谱峰。在近地边界层内小尺度湍流是各向同性的，湍流谱满足莫宁—奥布霍夫相似理论。大气湍流中存在一个惯性副区，在该区能量只是从大的涡旋传递给较小的涡旋，能量既不产生也不消耗，而是遵循对数频谱的−2/3 定律，由低频向高频惯性传递。相应的，湍流变量功率谱在惯性副区内的斜率对于评价涡度相关仪器系统对不同频率湍流信号的响应能力具有重要的意义。由图 1.63 可以看出，用双对数坐标做图时，在近中性条件下，0.01～10Hz 频率范围内 CO_2 气体浓度和三维风速功率谱在惯性子区基本符合−2/3 定律，且两者具有相似的谱能降低速率。这与 Kaimal 等（1972）实验的结果有很好的一致性。它说明 CSAT3 三维超声风速仪和 Li7500 红外线 CO_2/H_2O 气体分析仪对垂直风速分量和 CO_2 浓度脉动信号的响应能力能够满足冠层上方湍流观测要求。另外，当频率大于 2Hz 时，Li7500 气体分析仪实测的 CO_2 气体浓度信号谱呈烟斗状上翘，可能是由于仪器的噪声所引起的。由于高

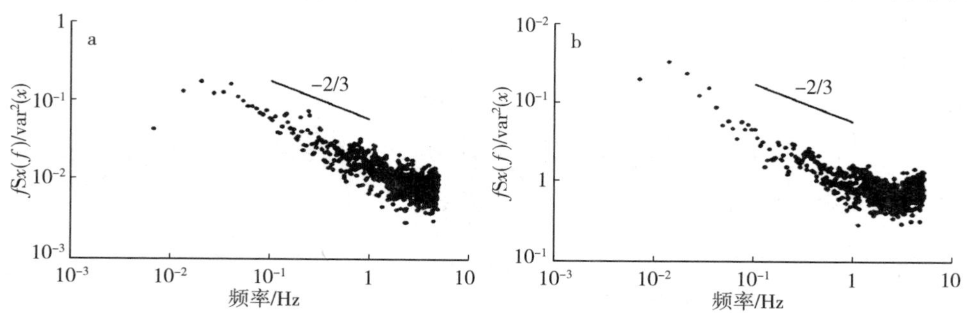

图 1.63 开路式涡度相关系统实测的垂直风速（a）和 CO_2 浓度（b）脉动序列功率谱

频端的曲线下面积很小，对湍流通量测定不会有明显的影响（Wen et al.，2005）。这也证实了长白山通量观测站尾流等环境干扰效应较小。

在图 1.63 上，功率谱的峰值特征也非常明显。CO_2 浓度脉动序列谱峰值频率（f_m）出现在 0.01～0.02Hz 之间，而垂直风速脉动序列谱峰值出现频率约为 0.02Hz 左右。参考刘和平等（刘和平等，1997）报道的长白山阔叶红松林的零平面位移 d（19.5m），根据研究时段的平均风速（约为 2.0m/s），可得到垂直方向风速谱的无因此频率峰值 f_m 约为 0.2，而垂直方向的主导涡旋尺度 L_m 约为 40m（$Lm=(Z-d)/f_m$，式中 Z 为观测高度）。这一结果相对较低，如余锦华等（2001）对农田垂直速度谱的峰值频率研究值为 0.4Hz 左右，马耀明等（1997）对近海面垂直速度谱的峰值频率研究值为 0.6Hz 左右。表明森林 $S_w(f)$ 包含更多的低频涡旋，湍流尺度较其它下垫面类型（如农田、草原和旷野）大得多。另外，由图 1.63 还可以看出，垂直风速功率谱惯性副区频率开始于 0.04Hz 附近，而 CO_2 浓度序列功率谱开始于 0.02Hz 左右。

对于湍流通量来说，协谱密度与协方差密切相关（Kaimal et al.，1994；Stull，1988）。协谱分析可以确定不同频率的垂直风速 w 和 CO_2 浓度 c 对协方差也就是湍流通量的总体贡献。在半对数坐标中，协谱曲线下面积与垂直风速和 CO_2 浓度间的协方差成比例，据此可以确定不同频率对 CO_2 湍流通量总贡献的大小。在图 1.64 上看出，频率大于 2Hz 的小尺度湍流运动对湍流通量贡献很小，湍流通量贡献区主要在 0.01～2Hz 频率范围内。这与前文对垂直风速和 CO_2 浓度功率谱的分析结果基本一致。说明开路式涡度相关仪器系统，即三维超声风速仪和红外线 CO_2/H_2O 气体分析仪传感器响应能力的差异以及物理空间的分离造成的高频通量损失非常小（Aubinet et al.，2000）。这可能与森林具有粗糙的下垫面有关。Lee（1998）的研究也表明，观测较高植被时，冠层上方低频传输的湍涡贡献了更多的 CO_2 通量。

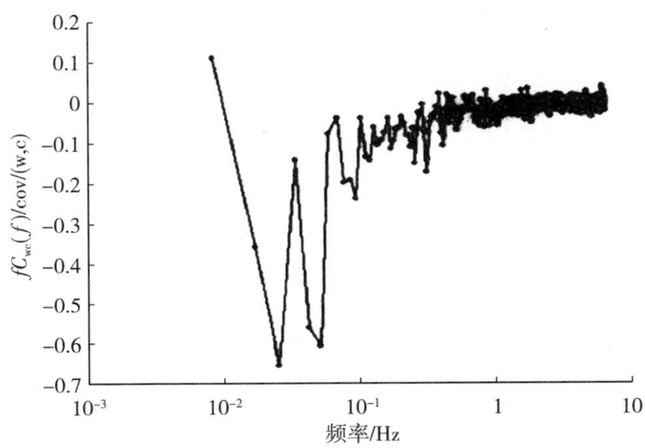

图 1.64　开路式涡度相关系统实测的垂直风速和 CO_2 浓度脉动序列协谱

（三）CO_2 湍流通量特征

森林—大气间 CO_2 通量是生态系统各个组分（土壤、植被和凋落物等组成分量）呼吸释放和光合吸收综合作用的结果。大量的研究显示，晚间生态系统呼吸释放主要受温度和湿度的控制，如 Wu 等（2006）报道生态系统呼吸强度与土壤温度间呈指数正相关。因此，在短时间尺度内，若温、湿度等环境条件变化不大，森林的生物学碳源/汇强度也应该相对恒定。但图 1.65 给出的长白山阔叶红松林实测数据显示，晚间（日落后 1h 至日出前 1h）CO_2 通量存在较大的振幅，CO_2 通量峰值约为 0.78mg/（m^2 • s），而 CO_2 通量最小值不到 0.01mg/（m^2 • s）。其变化过程与表征大气湍流交换强度的摩擦风速 u^* 之间有相似的趋势。在 u^* 较小时，晚间通量观测值也相对较小。如 8 月 18～19 日夜间，在日出以前，u^* 最大不超过 0.2m/s，显著小于临近观测日，而期间 CO_2 通量明显偏小。另外，在 8 月20 日 2：00～4：00，u^* 值较小，大气层结相对稳定，对应的 CO_2 通量也存在一个明显低值区。8 月 17～20 日间土壤观测资料显示，5cm 和 20cm 深土壤湿度基本无变化，晚间 5cm 深温度变幅也不超过 2℃。这说明期间植被和土壤源强变化不会太大，但晚间 CO_2 通量却有数十倍的振幅。

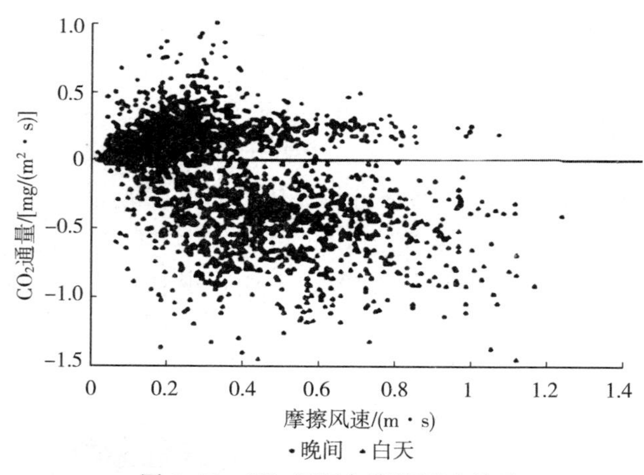

图 1.65 CO_2 通量与摩擦风速关系

由图 1.66 进一步证实，晚间 CO_2 通量随着 u^* 的增大而增大；在 u^* 值小于 0.2m/s 时，涡度相关法实测的 CO_2 通量明显存在低估现象。但在白天，光合吸收速率与 u^* 间并没有明显的规律可寻。值得注意的是，CO_2 通量高值多出现在 u^* 值为 0.2～0.4m/s 时，而在 u^* 继续增加后，F_c 趋于一渐近值 CO_2 通量［约为 0.3mg/（m^2 • s)］，不再增加。结合图 1.66 中 F_c 随 u^* 的变化趋势可以推断出，期间 F_c 高值主要是由于林下积聚的 CO_2 随风速增大，空气扰动增强，出现的一快速释放过程。如 8 月 17 日 21：30～23：30，u^* 一直低于 0.2m/s，虽然至 24：00 时 u^* 增加不多（0.24m/s），但当打破大气层节稳定的临界值［$u^* \approx$ 0.2m/s（Guan et al.，2005）］后，林下积聚的 CO_2 会有一明显的倾泻过程发生（吴家兵等，2005）。因此有时也会出现摩擦速度较低，CO_2 通量突然增加的现象。

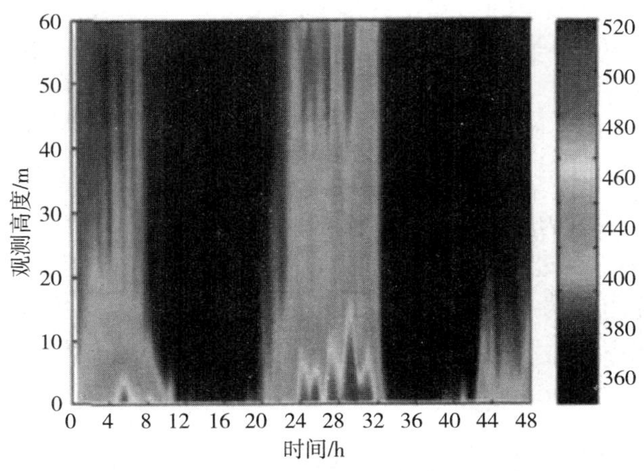

图 1.66　林风 CO_2 浓度演化图

根据质量守衡定律，在森林—大气 CO_2 交换满足垂直向的一维传输模式时（即在水平方向无平流和泻流发生），在冠层上方观测界面处，CO_2 通量过程除了受控于植物的光合作用与呼吸作用，以及土壤微生物的生物学活性外，还与传感器高度以下，特别是冠层以下 CO_2 的蓄积和释放密切相关。而这一过程直接反映在林内 CO_2 浓度的变化上。图 1.66 为 7 层廓线系统实测的 CO_2 浓度在时间和空间上的演化图。从图中可以看出：CO_2 浓度通常在 4：00～5：00 时最高，而此时正是林内逆温层开始打破的日出前后；5：00～6：00，各层 CO_2 浓度均迅速降低，平均降幅可达 30μmol/mol，冠层下方积聚的 CO_2 有倾泻现象；8：00～16：00，CO_2 浓度持续降低。但在垂直方向的浓度梯度相对较小，只在冠层附近有一不太明显的低值区，说明白天 CO_2 浓度廓线具有较好的混合特征；日落后，林内各层 CO_2 浓度逐渐升高，近地层 CO_2 浓度变化尤为显著。表明森林—大气 CO_2 交换主要表现为土壤的呼吸释放过程。

四、长白山红松针阔混交林 CO_2 通量的日变化与季节变化

森林是陆地上面积最大的生态系统，它通过光合作用吸收大量的 CO_2 并将其长期地储存于生态系统中，森林生态系统 CO_2 通量的研究备受关注（方精云等，2001；于贵瑞等，2001；吴家兵等，2003）。长白山红松针阔混交林是东北亚典型的温带植被类型，因具有较大的面积和较高的净初级生产力而成为森林碳循环研究的重要对象，被列入全球变化研究的中国东北样带（周广胜等，2003），

但源库关系、源汇强度等关键数据还不清楚，特别是弄清昼夜循环和季节更替导致的 CO_2 通量日季变化，是分析其碳收支机理的基础，由于观测方法的历史局限，生态系统尺度的相关研究很难见到。以往有关研究主要观测森林生态系统的某个组分的 CO_2 通量，如森林土壤（蒋高明等，1997；刘绍辉等，1998；易志刚等，2003）、植物体或叶片（李意德等，1997；曾小平等，2000）、树干（Wang et al.，2003）等，或采用间接计算（方精云，1999）及大气边界层动力学方法（陈步峰等，2001）进行生态系统尺度的 CO_2 通量计算，但观测时间较短。20 世纪 90 年代后期涡动相关技术发展成熟，开始应用于生态系统尺度的长期 CO_2 通量监测，2001 年全球通量网统计的 140 通量监测站中森林站就有 80 个（Baldocchi et al.，2001），涡动相关技术成了多个生物圈研究计划的基本手段。中国通量网于 2002 年建成，包括 5 个森林监测站，通过这些监测站，基本了解了森林生态系统的 CO_2 通量概况（关德新等，2004；吴家兵等，2004；王秋凤等，2004；刘允芬等，2004；李正泉等，2004），但 CO_2 通量日变化和季节变化规律的研究结果极少。

（一）涡动相关数据的计算与处理

根据三维超声风温仪和开路 CO_2/H_2O 分析仪观测资料，以 30min 为平均长度，采用涡动相关方法实时计算 40m 高度的 CO_2 通量 F_C，计算公式为：

$$F_c = \overline{w'c'} \tag{1-23}$$

式中，w'和 c'表示重点风速和 CO_2 浓度的脉动值，上横线表示协方差，计算过程中还包含了密度订正（Webb et al.，1980）。为了检验探头姿态，采用三维旋转和平面旋转方法进行了坐标订正（Wilczak et al.，2001；吴家兵等，2004），通量结果偏差很小，年总量变化为 0.5%～3.2%，可忽略不计。

探头高度以下的大气 CO_2 储存项 F_S 利用分析仪测定的 CO_2 浓度进行计算（Hollinger et al.，1994；Pilegaard et al.，2001；Knohl et al.，2003），则净交换量（*NEE*）（以下仍称为通量），为 $NEE=F_C+F_S$；通量为负值表示森林吸收大气 CO_2，正值表示向大气释放 CO_2。

为了控制数据质量，从时间系列中剔除方差大于 3 的数据，并根据超声风温仪观测的摩擦速度剔除弱湍流条件（摩擦速度小于 0.2m/s）的数据，临界摩擦速度 0.2m/s 根据夏季（6～8 月）夜间的 CO_2 通量与摩擦速度的经验关系确定（赵晓松等，2006；Guan et al.，2006），这与其他地区森林的研究结果相似（Goulden et al.，1996；Lindroth et al.，1998）。

全年有效的观测数据占 86.9%，降水期间探头探测路径受阻或停电和仪器维护等原因造成的缺测利用以下方法插补：①小于 3h 的短时间缺测，用线性内插方法插补；②大于 3h 的缺测，按 10d 分段的阶段数据规律进行插补，白天和夜间采用不同的方法，白天净生态系统 CO_2 交换量（*NEE*）与光合有效辐射

（PAR）的关系用 Michaelis-Menten 方程拟合（Morén et al.，2000）

$$NEE = R_e - P_{max} \cdot PAR/(K_m + PAR) \quad (1-24)$$

式中，P_{max}为最大光合速率，R_e 为生态系统呼吸，K_m 为 Michaelis-Menten 方程常数，都与生态系统和季节有关（关德新等，2004；Guan et al.，2006）。

夜间 NEE 与土壤温度的关系用指数方程拟合（Lee et al.，1999）：

$$NEE_n = b_1 \exp(b_2 T_S) \quad (1-25)$$

式中，NEE_n 为夜间净生态系统 CO_2 交换量，即生态系统呼吸，T_s 为 5cm 土壤温度，b_1、b_2 是常数，b_1=0.035 6，b_2=0.129 6，R^2=0.465，回归方程达极显著水平（Guan et al.，2006）。

（二）晴天和多云天 CO_2 通量日变化的比较

图 1-67 是生长季夏天典型的多云天（6 月 18 日，图 1.67a）和晴天（6 月 19 日，图 1.67b）生态系统 CO_2 通量 NEE 的日变化情况，图中还绘出了储存项 F_s、光合有效辐射 PAR、空气饱和差（vapor pressure deficit，VPP）的日变化（18 日 3：00～6：00 因降雨 NEE 和 F_s 缺测）。可见：①生长季 NEE 存在明显的日变化，日出后随光照增加生态系统由 CO_2 释放转为吸收，晴天条件下吸收强度迅速增大，在 9：00 左右达到最大（图 1.67b）；多云天吸收强度与 PAR 正相关（图 1.67a）；在日落前由吸收转为释放，夜间保持释放。②F_s 在日出后由正值转为负值，一般在 7：00～8：00 达最小，白天多为负值，即探头高度以下的大气 CO_2 浓度由于植被的光合吸收而逐渐下降，F_s 在午后比 NEE 提早转为正值，夜间保持正值，即探头高度以下的大气 CO_2 浓度由于生态系统的呼吸作用而逐渐上升。③CO_2 的吸收不随 PAR 的增加而一直增加，晴天最大的通量出现在 8：00～10：00，而不出现在 PAR 最大的中午，这主要是由空气饱和差 VPD

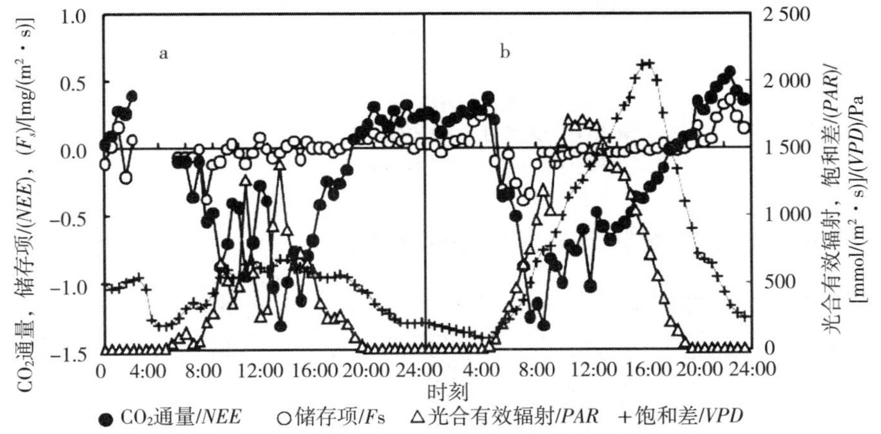

图 1.67 多云天（a）和晴天（b）生态系统 CO_2 通量（NEE）、储存项（F_s）、光合有效辐射（PAR）和饱和差（VPD）的日变化

所制约的，晴天中午高 *VPD* 迫使叶片的光合作用下降（Leuning，1995；Guan et al.，2006），如图 1.67b 19 日上午 8：30 CO_2 吸收强度最大，对应的 *PAR* 不是全天最大值，9：00～14：30 的 *PAR* 均高于此值，但 CO_2 吸收强度却在逐渐下降。*VPD* 较低时对叶片光合作用的限制作用较小，吸收强度与 *PAR* 的正相关关系较明显（图 1.67a）。

（三）CO_2 通量月平均的日变化

图 1.68 为 *NEE* 月平均的日变化，除了寒冷的冬季外，其他季节 CO_2 通量都具有上述的日变化特征，即白天吸收 CO_2、夜间释放 CO_2，但强度随季节变化，大致可分为 3 个水平，6～8 月白天吸收和夜间释放 CO_2 强度均较大，CO_2 月平均最大强度分别达－0.8mg/（m^2·s）和 0.4mg/（m^2·s），5 月和 9 月次之，白天和夜间的 CO_2 平均最大强度达－0.4mg/（m^2·s）和 0.2mg/（m^2·s），其他月份的 CO_2 通量较小，平均值为－0.1～0.1mg/（m^2·s），其中温度最低的 12 月至翌年 2 月的通量最小。

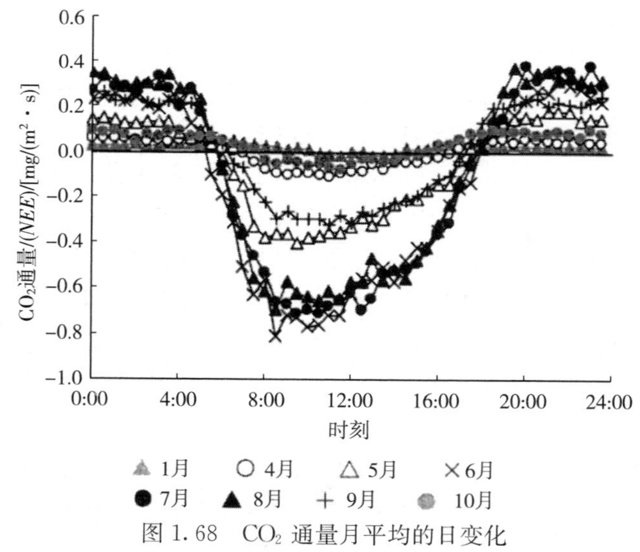

图 1.68　CO_2 通量月平均的日变化

（四）CO_2 日总量和月总量的季节变化

CO_2 通量日总量定义为 24：00 点开始累计的 24h 通量总和，2003 年日总量 NEE_d 动态变化如图 1.69 所示，1～3 月温度很低，植物基本没有光合作用，森林生态系统有微弱的呼吸［CO_2 通量平均值 0.5g/（m^2·d）］。随着温度升高，植物开始萌动，针叶树种白天可以进行光合作用，4 月中旬以后，NEE_d 有负值出现，5 月中旬到 9 月上旬是植被生长旺季，NEE_d 几乎都是负值，其中 6 月上中旬 CO_2 通量较大，可超过－6g/（m^2·d），主要原因是阴雨天少、光照充足。

7、8 月由于阴雨天增多，通量变小，偶尔出现净释放（发生在光照很弱、而温度又相对较高的天气）。9 月叶片逐渐老化，光合吸收迅速下降，10 月以后 NEE_d 保持正值。

按月累计的结果，6 月生态系统的净碳吸收最大，CO_2 通量为－110g/m²，7、8、5 月次之，CO_2 通量分别为－81g/m²、－60g/m² 和－41g/m²，4 月的碳交换近似平衡（－1g/m²），9 月为较小负值（－12g/m²），10、11 月正值相对较大（26g/m² 和 23g/m²），12 月和翌年 1～3 月 CO_2 通量变化于 15～20g/m² 之间。2003 年该生态系统净碳吸收量为－184g/m²（相当于－1.84t/hm²），这与加拿大安大略省南部不足百年林龄落叶混交林 1996 年的观测结果（190g/m²）（Lee et al.，1999）相近。丹麦 80 年林龄的榉木林 2 年的观测结果是 232g/m² 和 144g/m²（Pilegaard et al.，2001），2 年平均值与本项研究的结果接近。

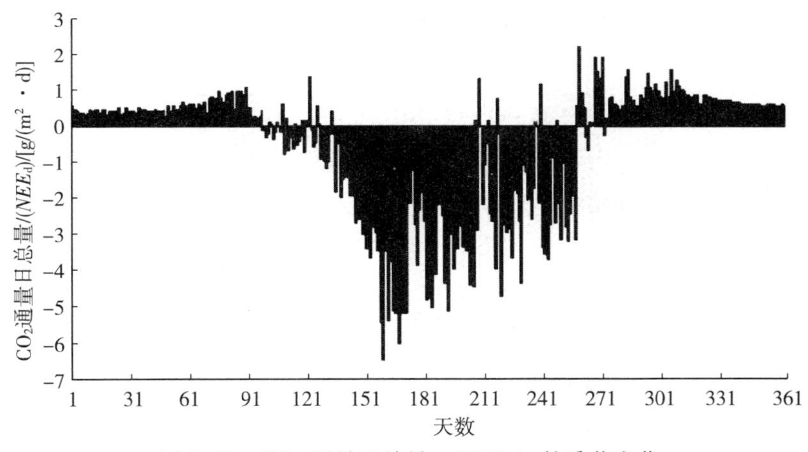

图 1.69 CO_2 通量日总量（NEE_d）的季节变化

（五）CO_2 通量日、季变化主要控制因子

从气候特点看，该生态系统降水较充沛，水分不是影响 CO_2 交换的限制性因子。在年时间尺度上，叶面积变化是影响生态系统光合吸收 CO_2 的重要原因，图 1.70 是月平均叶面积指数（PAI）随月平均气温 T_a 的变化，可用一元三次回归方程拟合：

$$PAI = (0.116T_a^3 + 5.928T_a^2 + 67.095T_a + 1\ 665.2) \times 10^{-3} \quad R^2 = 0.977 \qquad (1-26)$$

对回归方程进行显著性检验，$p<0.001$，达极显著水平，可见二者有密切的相关关系。

由于温度也是生态系统呼吸的主要控制因子（式 1－25），所以生态系统 CO_2 通量季节变化主要受温度的制约，月净交换量 NEE_m 与月平均气温 T_a 的关系如图 1.71 所示，可用一元三次回归方程拟合：

$$NEE_m = (-7.328 \times 10^{-3} T_a{}^3 - 0.164 T_a{}^2 - 381.56 T_a + 22\,008) \times 10^{-3} \quad R^2 = 0.876 \tag{1-27}$$

对回归方程进行显著性检验，$p<0.001$，达极显著水平，可见温度对 *NEE* 季节变化制约作用是显著的。

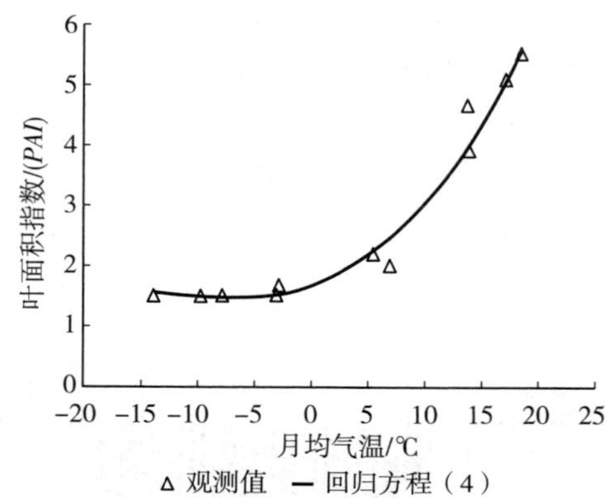

图 1.70　月平均叶面积指数（*PAI*）与月平均气温（T_a）的关系图

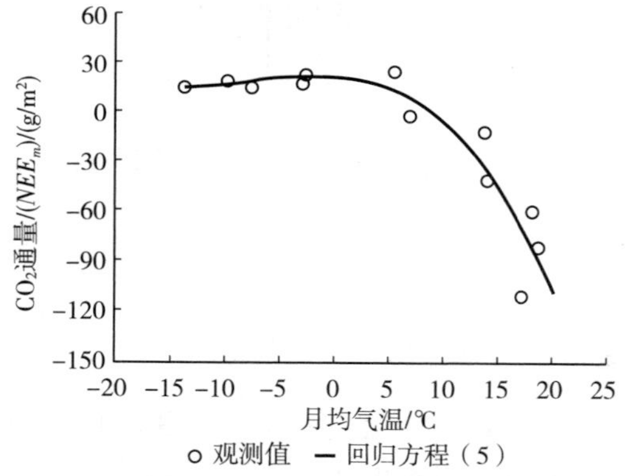

图 1.71　CO_2 月通量（NEE_m）与月平均气温（T_a）的关系

日变化是叠加在季节变化之上的短周期波动，在其他因素（叶面积、温度、水分供应等）相对稳定时，生态系统的呼吸也相对稳定，CO_2 通量日变化主要受光合作用的制约，所以光合有效辐射 *PAR* 是主要影响因子，图 1.72 显示了 7 月白天 *NEE* 随 *PAR* 的变化，可见二者具有密切的关系，通常用式（1-24）表达。由于温度、叶面积等环境因子的季节变化，式（1-24）中的系数也随之变化，研究结果表明（关德新等，2004），该生态系统的 P_{max} 和 R_e 在 7 月最大，6、8 月次之，5、9 月再次，这与温度、叶面积的变化特点是一致的，5～9 月式（1-24）的相关系数为 0.548～0.616（均达达极显著水平）。另外，*VPD* 也是通过

影响 P_{max} 和 R_e 起作用的，这两个系数随 *VPD* 的上升而减小，并与季节有关（关德新等，2004）。赵晓松等（2006）利用相同观测数据（30min 平均值）进行了生长季各月 *NEE* 与环境因子的偏相关分析，结果表明：如果受固定温度和 *VPD* 的影响，*NEE* 与 *PAR* 的偏相关系数在 0.5 以上，其中 4～8 月在 0.6 以上；如果受固定温度和 *PAR* 的影响，*VPD* 与 *NEE* 的 4～6 月偏相关系数约为 0.4，7～9 月为 0.2～0.3，生长季各月温度与 *NEE* 的偏相关系数（0.1～0.4）都比 *PAR* 与 *NEE* 的要小。这些结果表明，CO_2 通量日变化主要受 *PAR* 的制约，*VPD* 也有一定的影响，而受温度的影响较小。

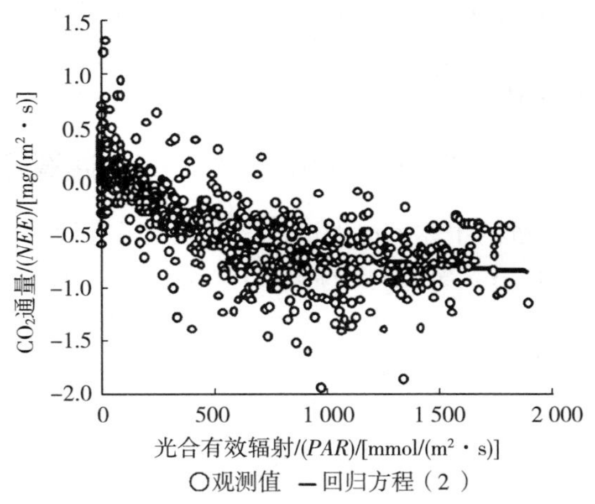

图 1.72　7 月的白天 CO_2 通量（*NEE*）与光合有效辐射（*PAR*）的关系

红松针阔混交林 CO_2 通量随着气象条件的变化呈现明显的日变化和季节变化，在生长季白天为明显的碳汇，夜间为碳源，晴天最大的吸收强度发生在 9：00 左右，而多云天和阴天吸收强度与光照强度同步，夜间森林生态系统的呼吸强度随环境温度的升高而增大。季节变化特点是生长季生态系统表现为明显的碳吸收，6～8 月吸收量较大，植物休眠的冬季生态系统表现为弱的碳释放，生长季与休眠期的过渡阶段碳收支近似平衡。在当地气候条件下，温度是限制叶面积生长的主要环境因子（如回归方程 4），也是影响呼吸的主要环境因素（如式 1－24），所以生态系统 CO_2 通量在年尺度上的季节变化主要受温度的制约（如式 1－27）。而日变化主要受光合有效辐射和饱和差的影响，温度的影响较小。

森林生态系统 CO_2 通量的日变化和季节变化是系统内各个组分复杂的生理过程和物理过程综合作用的结果，是森林碳收支机制分析的重要内容。由于生态系统类型、组分和生理、生态过程的复杂性，不同森林生态系统 CO_2 通量的大小和动态变化也是复杂的，驱动因子也不尽相同，特别是不同气候带的森林生态系统，其制约因子和影响规律可能有较大差别。要弄清森林生态系统碳收支机理，有必要将生态系统尺度的涡动相关观测与系统中各组分 CO_2 通量观测相结合，在同步观测的基础上，针对当地的气候、植被、土壤特点，探讨制约 CO_2 通量的主要因子和影响规律，这也是国际上森林碳循环研究的主要趋势之一。

值得注意的是，各种研究结论都是建立在观测结果之上或需要观测结果来验证的，所以观测技术和方法显得十分重要。各种观测方法都有优势和不足，箱式—浓度分析法可以灵活地选择生态系统的不同组分（叶片、土壤、枝干等），在小尺度上进行观测，且仪器设备价格较低，但必须干扰环境，还存在尺度上推计算中的不确定性，以及自动观测难度大等不足；涡动相关方法能够直接观测生态系统尺度的通量，不干扰环境，时间分辨率和自动观测程度高，但诸如地势不平、弱湍流影响、平流干扰等技术问题的存在，使得该方法还有一定的误差。不同方法之间进行弥补和比较，是该研究领域今后的重要内容之一。

五、非生长季长白山红松针阔叶混交林 CO_2 通量特征

森林是陆地生态系统的主体，在生长过程中吸收了大量的 CO_2，并将其长期储存（徐德应，1996）。Potter 等（1999）研究发现，全球陆地生态系统中 46%的碳储存在森林中，1990—1995 年由森林生长形成的净碳吸收量达 0.9Pg/a。在全球气候变化的背景下，对森林生态系统碳收支特征的研究已成为关注的热点（于贵瑞等，2001）。

目前，针对生长季森林碳交换特征的研究已有很多（关德新等，2004；于贵瑞等，2004）。但在非生长季，由于植被、凋落物及土壤微生物的呼吸作用，森林通常表现为碳释放，特别是冬季持续时间较长的寒带及部分温带森林，它们在非生长季释放出大量的 CO_2，很大程度上决定了全年的碳源和碳汇强度（Falge et al.，2002）。因此，研究非生长季森林与大气间的 CO_2 通量特征，对准确评价森林生态系统的碳收支状况具有重要价值。但观测期间受雪、霜以及低温条件限制，相关研究开展的很少。

20 世纪 80 年代初，涡度相关法开始应用到森林碳交换研究中（Verma et al.，1986）。目前已成为国际上森林—大气物质与能量交换研究的主流方法（Baldocchi et al.，2001）。近年来，该方法引入我国（黄耀，2002），并以其高精度、高时间分辨率等优点被广泛地应用到森林、农田、草地等生态系统碳收支研究中。

（一）CO_2 涡度通量计算

CO_2 涡度通量通过垂直风速 w 与 CO_2 浓度 c 脉动值的协方差 $\overline{w'c'}$ 计算获得，上横线表示单元数据平均。在此，通量平均化时间为 30min，正通量值表示 CO_2 从森林向大气传输，负通量值与之相反。

当红外气体分析仪实测的 CO_2 或 H_2O 脉动量是气体浓度而非混合比时，为

消除下垫面与大气间感热与潜热产生的密度脉动效应，必须对涡度通量 $w'c'$ 做相应的修订，即 WPL 修订。其修正公式为（Web et al.，1980）

$$F_{c-WPL}=\mu\frac{\bar{c}}{\bar{p}_a}\overline{w'\rho_v}+\left[1+\mu\frac{\bar{\rho}_v}{\bar{\rho}_a}\right]\frac{\bar{c}}{T}\overline{w'T_a} \tag{1-28}$$

式中，F_{c-WPL} 为 WPL 修订项［mg/（m^2·s）］；c 为 CO_2 浓度（mg/m^3）；T 为虚温（℃）；μ 为干燥空气和水气分子质量之比；上横线表示单元数据平均；ρ_a 与 ρ_v 分别为干燥空气与水气密度（mg/m^3），T_a 为空气温度（℃）。

当大气层节稳定或湍流混合作用较弱时，土壤与植被呼吸释放的 CO_2 不能达到仪器测定高度，在传感器以下形成积聚。在此采用 Baldocchi 等（1988）提供的简化方法计算探头以下气层储存项：

$$F_{\Delta s}=\frac{\Delta C(Z)}{\Delta t}\Delta Z \tag{1-29}$$

式中，ΔC（Z）为观测高度处的 CO_2 浓度变化（mg/m^3），Δt 为采样周期（min），ΔZ 为观测高度（m）。

受雨、雪或仪器标定、维护等影响，涡度相关数据存在奇异值或缺测。对于奇异值，目前国际通量网各个台站的判别标准与插补方法不一。本文根据相关文献（Falge et al.，2001）及 CO_2 通量特征曲线分析，确定 CO_2 通量域值。剔除间隔奇异值后，采用邻近值线性内插；对于连续奇异值，参考相似气象条件的邻近时段观测值进行插补；若一天中奇异值超过 40%，则舍去该日全部信息，根据 CO_2 日交换量与土壤温度的回归关系计算日总量。

（二）CO_2 浓度变化

当森林与大气间 CO_2 传输满足一维传输模式时，林内 CO_2 浓度的时空变化特征能够对森林碳收支动态提供定性描述。图 1.73 所示的为林内 7 个观测高度 CO_2 浓度的几何平均。总体来说，在秋末（10 月中下旬）与早春（4 月上中旬）

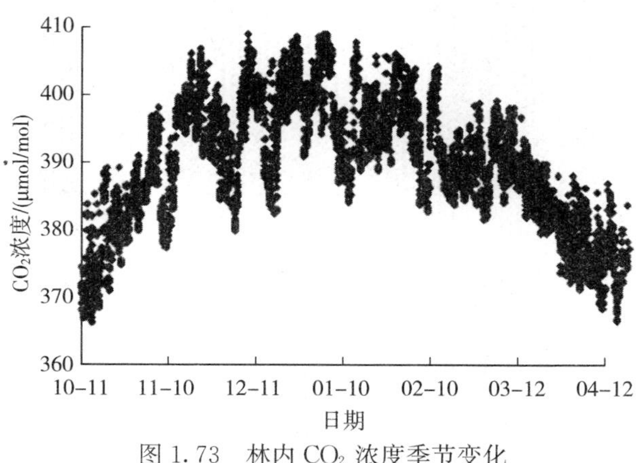

图 1.73　林内 CO_2 浓度季节变化

浓度较低，冬季最高，CO_2 浓度变动范围为 366～411μmol/mol，最高值出现在1月。这一变化特征与下文中讨论的森林—大气 CO_2 通量变化特征稍有差异，估计与观测期间气压变化及大尺度环流有关。CO_2 浓度日振幅以秋末最大，早春次之，冬季最小。平均振幅为 10μmol/mol，高值一般出现在凌晨 6：00～7：00，低值出现在午后 2：00 左右。除了日变化和季节变化，CO_2 浓度还存在约 10 天左右的中尺度天气过程造成的波动，最大振幅可达 30μmol/mol。整个非生长季 CO_2 平均浓度为 389μmol/mol，较全年 CO_2 浓度平均水平高出 12μmol/mol（吴家兵等，2005）。

图 1.74 为 10 月 12～13 日 7 层廓线系统实测的 CO_2 浓度在时间和空间上的演化图。可见：日出后，各层 CO_2 浓度持续降低，如图中 8：00～16：00 所示，在 20～30m 高度处存在一个明显的浓度低值区，CO_2 呈现上层和下层逐渐向中间冠层浓度递减的趋势，表明在冠层位置存在光合吸收现象。但在冠层以上（30～60m），由于湍流交换活跃，浓度变化不大，特别是白天，浓度梯度接近于零。日落后，林内各层 CO_2 浓度逐渐升高，以近地层浓度变化尤为显著，表明期间 CO_2 交换过程主要是土壤—大气的呼吸释放。林内各层 CO_2 浓度最高值通常出现在凌晨，即林内逆温层开始打破的日出前后。近地面层 2.5m 处受下木层植被生理活动和大气条件日变化的影响，也存在着明显的昼低夜高的日变化，但由于土壤呼吸的决定作用，全天的 CO_2 浓度都相对较高。

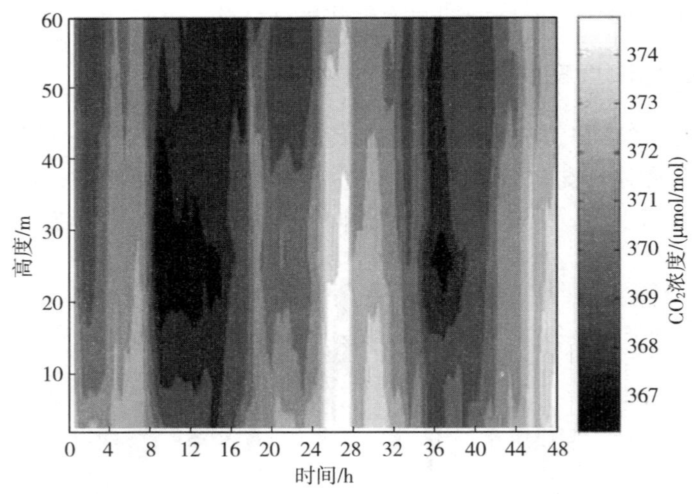

图 1.74　林内 CO_2 浓度时空演化图（10 月 12～13 日）

（三）CO_2 通量变化特征

非生长季森林—大气 CO_2 交换具有明显的季节变化趋势，CO_2 通量变动范围为−0.3～0.5mg/（m^2 · s），秋末最大，早春次之，冬季较小且相对恒定。

秋末，虽然正、负 CO_2 通量均呈逐渐减弱趋势，但森林—大气 CO_2 交换能力依然较强（图 1.75）。森林夜间表现为强释放，日间表现为一定的吸收。在晴朗天气里，上午 10：00 左右，森林大气 CO_2 交换达到平衡，森林生态系统转变为净吸收，CO_2 交换速率最大值约为−0.3mg/（m^2·s），出现在午间 12：00～13：00；日落前 2 小时左右再次达到收支平衡，森林转变为大气 CO_2 的源；夜间，CO_2 通量为 0.1～0.3mg/（m^2·s），20：30～22：00 交换速率最大，峰值为 0.5mg/（m^2·s）。从净光合和净呼吸通量的数量大小及持续时间来看，森林在秋末以土壤、植被的呼吸通量为主。冬季，森林—大气 CO_2 通量较小，且通量变化相对恒定，通常小于 0.1mg/（m^2·s），特别是 1、2 月，CO_2 通量仅为 0.02～0.03mg/（m^2·s），而且此期间无明显的日变化。这可能与覆雪导致土壤温度基本上没有日变化有关；也可能与积雪对土壤呼吸释放出的 CO_2 存在缓释效应有关。4 月上旬，地表积雪融化，5cm 土壤温度徘徊在 0℃左右，但森林却出现一个与温度不相称的高排放速率。至 4 月中旬，开始出现负的通量，并逐渐增强，森林总体表现为由一定强度的碳源向碳汇转变。

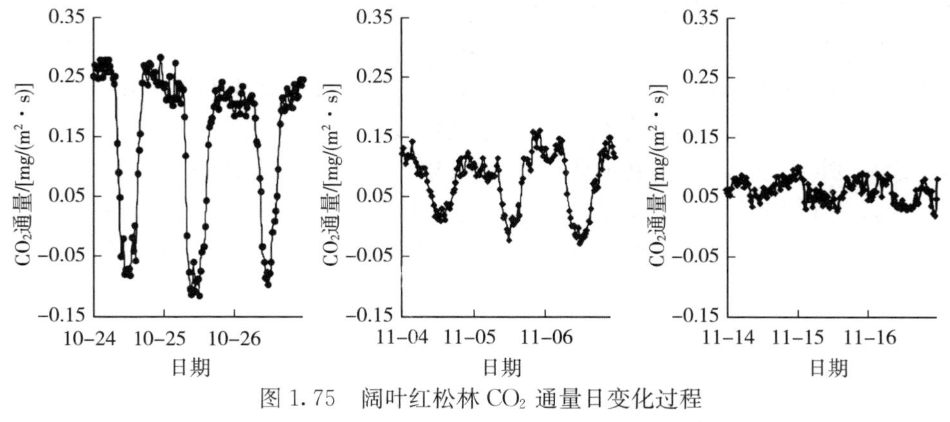

图 1.75　阔叶红松林 CO_2 通量日变化过程

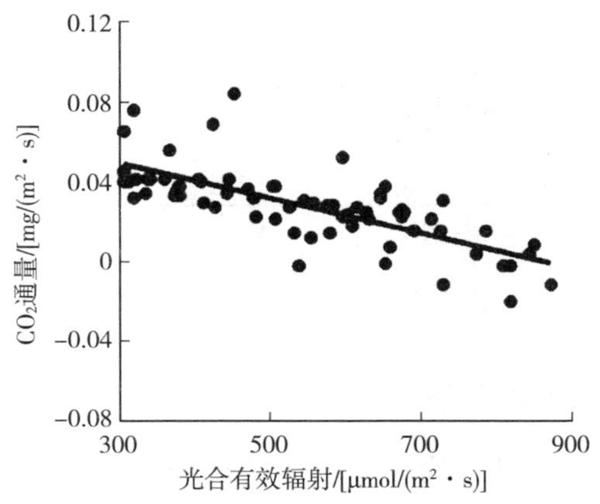

图 1.76　CO_2 通量与光合有效辐射的关系（10 月 20～30 日）

通常将 5℃作为温带森林进行光合作用的生物学最低温度（贺庆堂，1988）。从图 1.75 可以看出，10 月下旬日平均温度已低于 0℃，但仍然出现负通量，对期间日最高气温在 5℃以下的观测数据（10：00～17：00）分析表明：CO_2 通量与光合有效辐射的相关性较显著（图 1.76）。由于林内阔叶树及冠下草本均已落叶，据此推测，常绿的红松在温度低于生物学最低温度以后，仍可能存在微弱的光合吸收作用。由于负值持续时间较短，且绝对值较小，期间森林总体表现为微弱碳源。

（四）温度对非生长季 CO_2 通量的影响

非生长季，森林的主要生理活动由光合吸收转变为呼吸释放。很多文献报道过森林各组分（树干、土壤、凋落物）的呼吸强度主要受温度控制（刘建军等，2003；王淼等，2005）。为此，对空气温度和净生态系统碳交换量（netecosystem carbon exchange，简称 *NEE*）以及土壤温度和 *NEE* 之间的相关性也分别进行了分析。根据空气温度和土壤温度对 *NEE* 变化的解释比例，即相关系数 R^2 判断，5cm 土壤温度对 *NEE* 有更好的预测作用（图 1.77）。在 5cm 土壤温度高于 0℃时，*NEE* 与日平均土壤温度指数相关，相关系数 R^2 为 0.67，达到显著水平（$n=52$，$P<0.05$）。从图 1.77 可以看出，较多的有效数据集中在 0℃附近，且 NEE 波动较大，特别是存在一些在较高温度才会出现的高 *NEE* 值。实测的 CO_2 通量时间序列显示低值主要出现在秋末，高值主要出现在早春融雪阶段。有学者报道在积雪融化时，雪下及土壤中富集的 CO_2 有一快速释放的过程（Goulden et al.，1997），文中 *NEE* 低温高值现象可能正是这个原因所致。

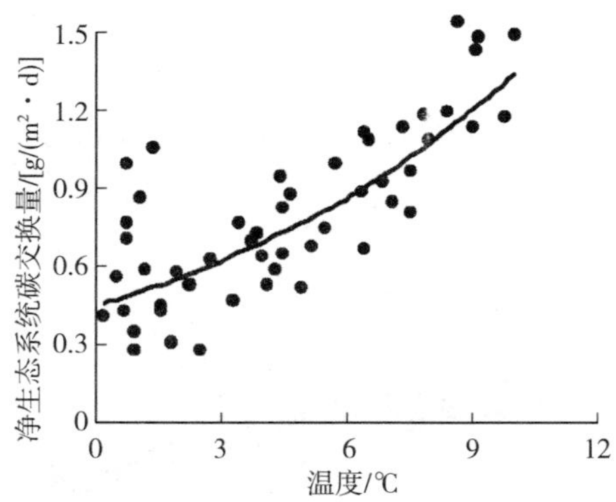

图 1.77　净生态系统碳交换量与 5cm 深土壤温度关系

（五）净生态系统碳交换日总量

非生长季，净生态系统碳交换值较大的过程主要集中在秋末与早春，如图 1.78 所示。秋末，由于只在午间存在数小时的净吸收，全天 *NEE* 表现为正值，

森林向大气排放 CO_2，随着土壤温度降低，*NEE* 随之降低；冬季，森林具有微弱但相对恒定的 CO_2 排放，特别是在 1、2 月，CO_2 日排放量多徘徊在 0.4g/m^2 左右；初春（4 月上旬），覆雪融化，土壤解冻，*NEE* 出现一个正的峰值，但随后显著下降，在融雪阶段出现明显的 CO_2 释放高峰，说明积雪对 CO_2 有一定的富集作用。另外，从其变化曲线可以预测出，在 4 月下旬或 5 月森林会由 CO_2 的释放源转变为吸收汇。观测期间（190d），长白山红松针阔叶混交林净释碳交换量为 127g/m^2，整体表现为一定强度的碳释放。

非生长季，长白山红松针阔叶混交林 CO_2 通量为－0.3～0.5mg/（m^2·s），释放的碳总量为 127g/m^2，整体表现为一定强度的碳释放。CO_2 通量具有明显的季节变化趋势。秋末，正、负 CO_2 通量均呈减弱趋势，*NEE* 降低；冬季，CO_2 排放速率相对恒定，无明显的日变化；初春，正、负 CO_2 通量均显著增大，森林在融雪时候有个 CO_2 排放高峰。当土壤温度高于 0℃时，森林每天释放 CO_2 的速率与 5cm 深土壤温度呈指数相关。

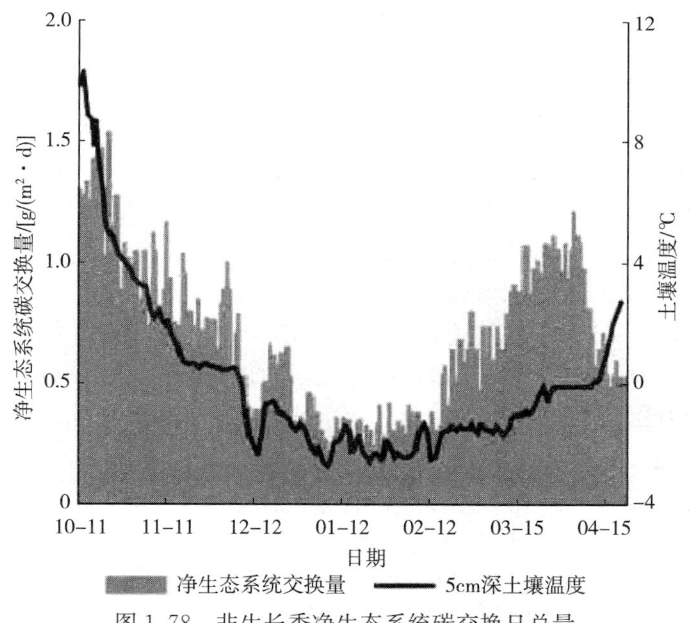

图 1.78　非生长季净生态系统碳交换日总量

在非生长季，部分森林仍有一定的碳吸收能力，甚至在冬季还有碳吸收（Dolman et al.，2002；Miyazawa et al.，2005）。长白山红松针阔叶混交林在温度低于生物学最低温度时仍有数小时表现为一定强度的 CO_2 吸收。初步判断，常绿红松在低温时可能仍维持着一定的光合能力。但由于野外观测的复杂性和涡度相关仪器系统在冬季低温条件下奇异观测值增多的干扰，上述结论仍有待进一步的试验验证，并从机理上探明长白山红松针阔叶混交林非生长季吸收 CO_2 的物理和生理机制。

Li7500 红外气体分析仪和 CSAT3 超声风速仪均可以在－20℃以下的环境温度中工作，但试验中发现，当空气温度低于－5℃时，观测结果奇异值开始增加，当温度低于－10℃时，出现了大量的负通量（超过 70%）。由于夜间森林碳吸收现象从物理学和生物学角度都无法解释，因此目前认定这类观测数据不合理。研究中为了估算长期的净碳交换量，根据秋末和早春的数据与土壤温度间的关系对日总量做了简单插补，虽然存在一定的不确定性，但非生长季森林—大气间 CO_2 交换主要集中在秋末和早春，当空气温度降至－5℃时，日净碳交换量通常小于 0.5g/m^2，对非生长季 *NEE* 总量估算影响不会很大。但这也提出了一个目前困扰着国内多个通量观测站的难题（于贵瑞等，2004），即冬季低温条件下，大量奇异值，特别是负值出现的原因究竟是什么。根据对 CO_2 浓度与三维风速实测时间序列的谱分布检验及平稳性检验初步认为，仪器自身在低温时存在性能局限的可能性不大，密度脉动效应可能是冬季通量观测出现负值的主要原因。

Web 等（1980）针对涡度通量观测时感热与潜热传输会造成密度脉动效应，提出了 WPL 修订理论，并作为一个相对成熟的方案，一直被学术界引用至今。但最近有学者提出，在高风速、强湍流观测条件下，需要对 WPL 修订项做压力产生的密度脉动的补充修订（Massman et al.，2002）。在冬季，风速增加，相应的压力脉动造成的通量损失会增加，有可能造成负值的出现。但对于森林观测站，这一建议却没有引起足够的重视，加之压力脉动观测成本较高，即使在国外，这一补充修订做的也很少。根据公式（1），密度脉动修订量与观测层背景 CO_2 浓度值正相关，而与实际通量大小无关。因此，对于 CO_2 通量相对较小的非生长季森林，修订比例通常较大，个别时段修订量甚至超过实测值本身。在冬季低温、强风的特殊观测环境下，修订方法的少许改进，会大大改善最终结果。由于观测手段的局限性，关于压力脉动项造成的冬季观测负值只是推测，有待于进一步试验验证。

六、长白山阔叶红松林 CO_2 通量与温度的关系

工业革命以来，由于人类活动的影响，大气中 CO_2 等温室气体的浓度持续上升，全球气候将因此而发生巨大的变化。IPCC（Intergovernmental Panel on Climate Change，2001）最近的预测结果表明，在未来 100 年内，全球表面温度将上升 1.4～5.8℃。森林生态系统作为陆地生态系统的主体，覆盖了全球陆地表面的 40%，在陆地生态系统碳循环中发挥着重要的作用（Houghton，1991；Pacala et al.，2001；Schimel et al.，2001；Wisniewski et al.，1992）。模型预测认为，气候变暖，森林的 CO_2 汇水平将会发生变化（Schimel et al.，1994；Grace et al.，2000）。因此，温度对森林生态系统影响的机理性研究至关重要（Canadell et al.，2000；Field，1999；Keeling et al.，1988；Law et al.，2001；Sellers et al.，1996）。近年来，随着通量观测塔的建立和用涡度相关法进行长期

的连续观测的发展，森林 CO_2 交换的研究不断增加（Aubinet et al.，2000；Baldocchi et al.，1997；Black et al.，1996；Goldstein et al.，2000；Goulden et al.，1996；Greco et al.，1996；Monson et al.，2002；Wofsy et al.，1993）。

在叶片和枝条尺度上有关温度对 CO_2 交换影响的研究有很多报道（Smith et al.，1990；Teskey et al.，1995；Day et al.，1991），但在生态系统水平上对净 CO_2 交换的研究还很少（Huxman et al.，2003），特别是我国在这方面的研究尚处于起步阶段（吴家兵等，2003）。长白山阔叶红松林是我国典型的温带植被类型，位于东北样带的东端，属对气候变化反应较敏感的地区（周广胜等，2003），中国通量网于 2002 年 8 月在此安装了先进的涡度相关通量观测系统，并进行了涡度通量数据的订正、环境因子对 CO_2 通量影响等方面的研究（吴家兵等，2004；关德新等，2004；吴家兵等，2004；温学发等，2004），但温度的影响研究还不够深入。

（一）CO_2 通量的计算方法

据涡度相关理论，CO_2 通量的表达式为：

$$F_c = \rho \overline{w'\xi'_c} \tag{1-30}$$

式中，ρ 为干空气密度，w 为垂直风速，ξ_c 为 CO_2 相对于干空气的混合比。根据三维超声风温仪和开路 CO_2/H_2O 分析仪观测的时间系列资料，以 30min 为平均长度，采用涡度相关方法实时计算 40m 高度的 CO_2 通量 F_c，然而，开路 CO_2 分析仪测得的是 CO_2 的浓度 ρ_c 而不是混合比。因此，需要对原始的 CO_2 通量进行的密度脉动订正（Web et al.，1980）。

为了检验探头姿态，采用三维旋转和平面旋转方法进行了坐标订正，通量结果偏差很小，年总量变化在 0.5%～3.2%，可以忽略不计。计算中还要考虑涡度相关系统探头高度以下 CO_2 浓度变化导致的 CO_2 储存，因此净生态系统 CO_2 交换量（*NEE*）公式为：

$$NEE = F_c + F_s \tag{1-31}$$

式中，F_c 为测量的 CO_2 通量，F_s 为 CO_2 储存项。探头高度以下的大气 CO_2 储存项 F_s 利用 CO_2/H_2O 分析仪测定的 CO_2 浓度进行计算（Greco et al.，1996；Hollinger et al.，1994；Pilegaard et al.，2001；Knohl et al.，2003）。

为了准确地反映生态过程，对于天气异常及仪器本身的原因造成的不合理数据，本项研究通过给定阈值予以剔除。根据 *NEE* 数据的范围，本项研究给定阈值 CO_2 浓度生长季为［−2，2］mg/（m^2 · s）。而对于夜间弱湍流条件下造成的通量低估现象，本项研究通过剔除夜间摩擦速度 $u^* < 0.2$m/s 的通量数据来解决。临界摩擦速度 0.2m/s 是根据夏季（6～8 月）夜间的 CO_2 通量（*NEE*）与摩擦速度的经验关系确定的（如图 1.79），图中曲线为数据的四次回归方程，根据曲线可以看出，$u^* > 0.2$m/s 时 *NEE* 基本稳定，由此确定临界 u^* 为 0.2m/s。

这与其他地区森林的研究结果很相似（Black et al.，1996；Goulden et al.，1996；Jarvis et al.，1997；Lindroth et al.，1998）。

在下文分析中，白天净生态系统 CO_2 交换量（NEE）与光合有效辐射（PAR）的关系用 Michaelis-Menten 方程拟合（Greco et al.，1996；宋霞等，2004）：

$$NEE = R_e - \frac{P_{max} PAR}{K_m + PAR} \qquad (1-32)$$

式中，P_{max} 为最大光合速率，R_e 为生态系统呼吸，K_m 为 Michaelis-Menten 方程常数。本研究中 NEE 为负表示生态系统吸收 CO_2，NEE 为正表示释放 CO_2。夜间 NEE 与土壤温度的关系用指数方程拟合（Greco et al.，1996；宋霞等，2004）：

$$NEE_n = b_1 \exp(b_2 T_S) \qquad (1-33)$$

式中，NEE_n 为夜间净生态系统 CO_2 交换量，即生态系统呼吸，T_s 为 5cm 土壤温度，b_1、b_2 为常数。Q_{10} 值通过下式确定：

$$Q_{10} = \exp(10 \cdot b_2) \qquad (1-34)$$

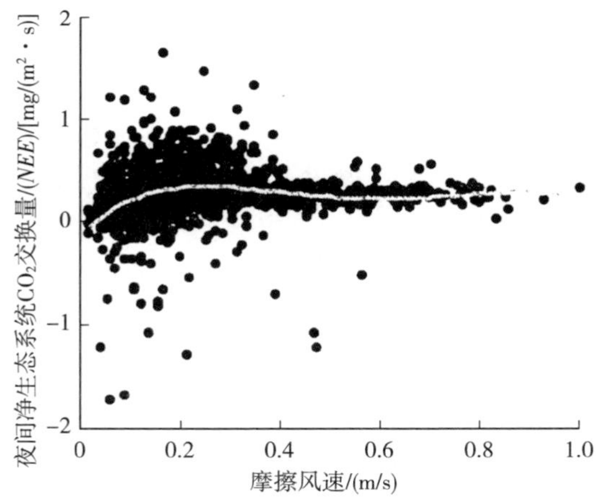

图 1.79　生长季夜间摩擦风速与净生态系统 CO_2 交换量的关系

（二）气象条件变化

通过观测塔测得的气象因子（包括温度，光合有效辐射，饱和水汽压差 VPD 和降水）的变化情况如图 1.80 所示。生长季日平均 26m 气温和 5cm 土壤温度的变化如图 1.80a，均呈现单峰型，土壤温度的变化略滞后于气温的变化。生长季日平均气温和土壤温度的变化范围分别为－2.7～24.0℃和－0.1～18.4℃，而半小时的气温和土壤温度的变化范围分别在－8.9～30.7℃和－0.2～18.9℃。日平均的最高气温和土壤温度分别出现在 6 月和 8 月。日平均的光合有效辐射的范围在 31～647μmol/（m^2·s）之间（图 1.80b），大致呈双峰型趋势，在 6、7、8 月出现较多的相对低值，这是由于雨季阴雨天增多的缘故。*VPD* 变化在 0.01～1.36kPa 范围内（图 1.80c），生长季初期较大，进入雨季，在 7 月达到最低值，然后又开始增加。生长季降雨主要集中在 6、7、8 月（图 1.80d），其中 7 月降雨最多为 179.7mm，占整个雨季降雨的 38.5%。

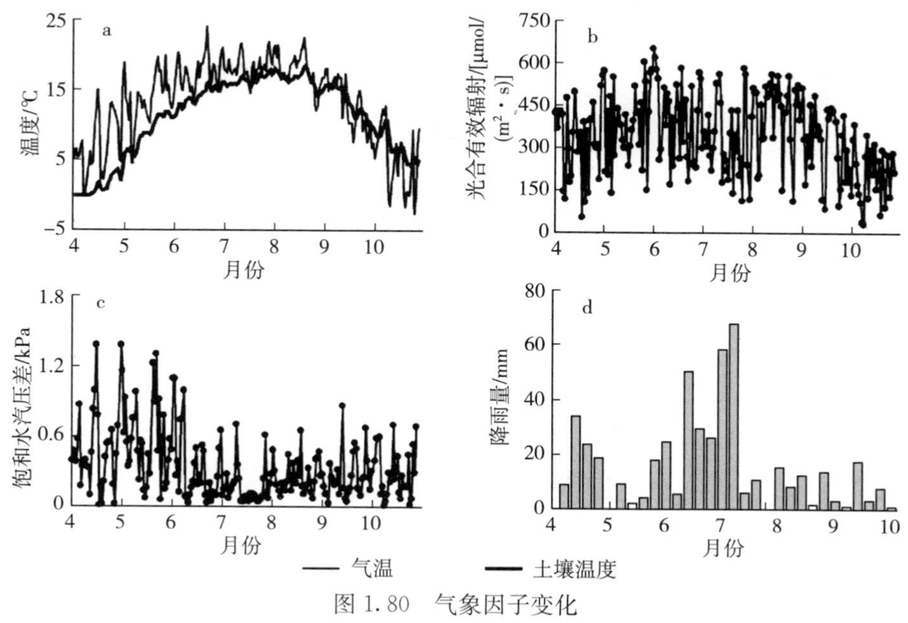

图 1.80　气象因子变化

（三）不同光合有效辐射（*PAR*）水平下白天 *NEE* 随温度的变化

生长季的白天森林群落以光合作用为主，主要受光合有效辐射（*PAR*）和温度的影响。为了分析温度对 *NEE* 的影响，把 *PAR* 划分为 4 个水平，分别是 0～500μmol/（m^2·s），500～1 000μmol/（m^2·s），1 000～1 500μmol/（m^2·s）和＞1 500μmol/（m^2·s），分别分析白天 *NEE* 随气温的变化（如图 1.81 所示）。当 *PAR* 在 0～500μmol/（m^2·s）范围时（图 1.81a），*NEE* 随温度没有明显的变化，围绕 0 值上下波动，只是当温度升高时波动较大，这是由于此时光强较弱，光合作用能力低，光合和呼吸作用水平相当，*NEE*＞0 表示呼吸作用大于光合作用，即生态系统释放 CO_2，反之则为吸收 CO_2。*PAR* 在 500～1 000 μmol/（m^2·s）范围时（图 1.81b），当气温 T_a＜10℃时，*NEE* 的绝对值随温度的升高而缓慢增加；而气温 10℃＞T_a＞20℃时，*NEE* 的绝对值随温度的升高而呈指数上升；气温 T_a＞20℃，*NEE* 随温度又略有下降。*PAR* 在 1 000～1 500μmol/（m^2·s）范围时（图 1.81c），*NEE* 随温度的变化趋势与 *PAR* 在 500～1 000μmol/（m^2·s）范围时一致，但由于 *PAR* 增大，引起光合速率的增强，所以 *NEE* 的值较之增大。当 *PAR*＞1 500μmol/（m^2·s）时（图 1.81d），多为晴天正午，数据主要集中在高温区，由于水分等条件限制，光合能力减弱，*NEE* 比图 1.81c 中小，但仍然存在气温 T_a＞20℃时 *NEE* 下降的趋势。

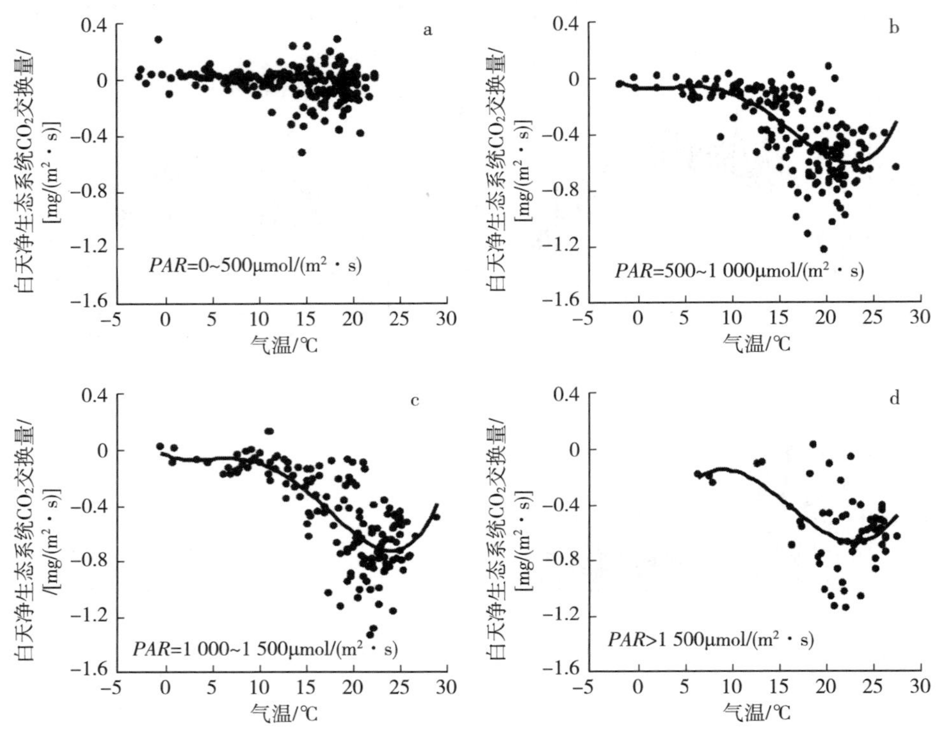

图 1.81 不同光合有效辐射条件下 *NEE* 随温度的变化

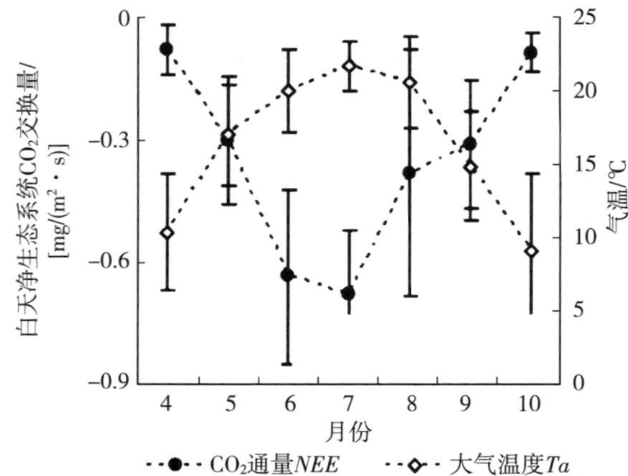

图 1.82 *PAR* 在 500～1 000μmol/（m^2·s）范围内 *NEE* 和气温的季节变化

NEE 随气温的变化也具有明显的季节变化，以 *PAR* 在 500～1 000μmol/（m^2·s）

范围为例说明其变化趋势，图 1.82 为该 *PAR* 水平下月平均 *NEE* 和气温的季节变化，气温随季节呈单峰曲线，同时气温和 *NEE* 具有明显的负相关关系。从图 1.82 可以看出，从 4～7 月，生态系统的 CO_2 吸收量逐渐增加，最大值出现在 7 月，8～10 月又逐渐减小，且 6 月＞8 月，大小排序为 7 月＞6 月＞8 月＞9 月＞5 月＞4 月＞10 月。这主要是 *NEE* 受植物生理活性和叶面积指数影响的结果。

（四）温度对 P_{max} 和 R_e 的影响

NEE 为净生态系统 CO_2 交换量，它是光合作用和呼吸作用之差。为了更好地说明图 1.82 中的现象，把气温划分为 7 个梯度范围，分别是＜0℃，0～5℃，5～10℃，10～15℃，15～20℃，20～25℃，25～30℃。根据方程（3）应用最小二乘法，求算 7 个温度区间的 P_{max} 和 R_e。P_{max} 和 R_e 分别代表生态系统的光合和呼吸作用。结果如图 1.83 所示，P_{max} 随温度的变化曲线呈 *S* 形，总的趋势是随温度的升高而增加，在 10℃以下，P_{max} 随温度的升高增加很慢，而在 10～20℃范围内，P_{max} 随温度的升高迅速上升，大于 20℃时，P_{max} 变化平稳，几乎不再随温度升高而增加。R_e 则随温度的升高而呈指数上升的趋势，拟合曲线为：$R_e = 0.060\,7\exp^{(0.066\,6Ta)}$，$R^2 = 0.96$。结合两条曲线，可以解释图 1.83 中的现象，当温度 $T_a < 20$℃时，光合和呼吸速率同时增加，但光合速率大于呼吸速率，所以 *NEE* 呈增加的趋势；而当温度 $T_a > 20$℃时，光合不再增加而呼吸仍呈指数上升，此时 *NEE* 开始下降。同时可以推断，在低温区升温，生态系统吸收 CO_2 能力增强，而在高温区升温则生态系统 CO_2 能力有下降的趋势。

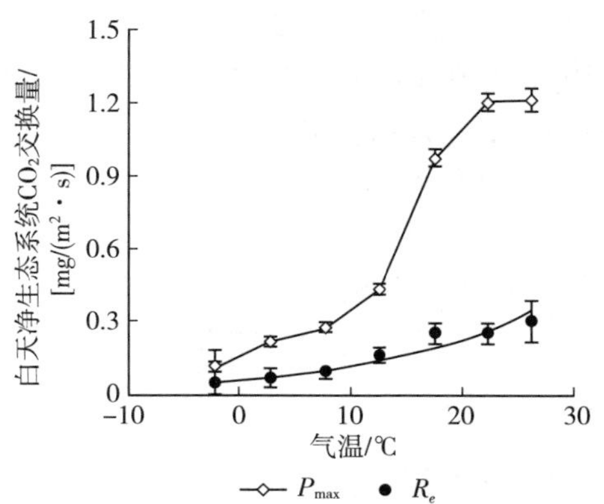

图 1.83　白天 P_{max} 和生态系统呼吸 R_e 随温度的变化

夜间 *NEE* 与 5cm 土壤温度有很好的相关关系，为了与白天的 R_e 与温度的关系进行比较研究，把夜间 *NEE* 按＜0℃，0～5℃，5～10℃，10～15℃，15～20℃的 5cm 土壤温度区间求平均。得到夜间 *NEE* 随温度的关系（如图 1.84）为：$NEE_n = 0.057\,1\exp^{(0.114\,7Ts)}$，$R^2 = 0.98$。呼吸强度大于白天计算值。

生长季，夜间 *NEE* 即生态系统呼吸的 Q_{10} 为 3.15。生态系统呼吸包括土壤呼吸和植物体呼吸，因此生态系统呼吸应该为二者的加权平均。根据王淼（2005）得到阔叶红松林的土壤呼吸 Q_{10} 为 3.64，不同径阶红松树干呼吸 Q_{10} 值在 2.56～3.32 之间。本项研究的 Q_{10} 在二者之间，比较合理。但却远大于亚高山针叶林生态系统呼吸的 Q_{10}（1.53～1.87）（Huxman et al.，2003）。

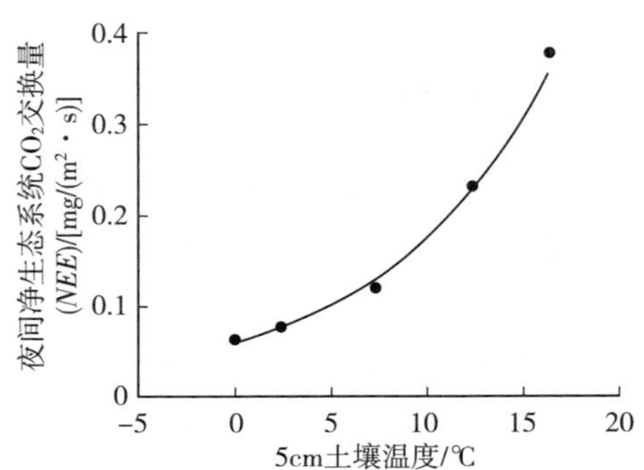

图 1.84　夜间生态系统呼吸和土壤温度的关系

（五）*NEE* 与环境因子的偏相关分析

净生态系统 CO_2 交换量是受温度、光合有效辐射和水汽饱和压差（*VPD*）等多种因子的影响。为了综合评价环境因子对 *NEE* 的影响，对主要因子与 *NEE* 做偏相关分析。结果表明（图 1.85），环境因子对 *NEE* 的影响随着季节变化而变化。如果固定 *PAR* 和 *VPD* 的影响，分析温度与 *NEE* 的关系，其偏相关系数有从生长季初期到中期呈逐渐降低的趋势，到生长季末期又逐渐升高，其中 7 月的值最小。如果固定温度和 *VPD* 的影响，*PAR* 与 *NEE* 偏相关系数则呈从生长季初期到中期逐渐升高，8 月达到最大，然后下降的趋势。如果固定温度和

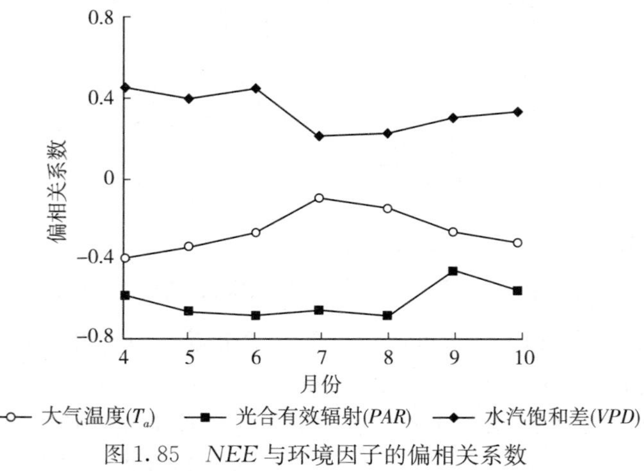

图 1.85　*NEE* 与环境因子的偏相关系数

PAR 的影响，*VPD* 与 *NEE* 的关系波动性较大，主要受生长季降雨的影响，在7、8 月份降雨多时偏相关系数较小。在整个生长季，温度与 *NEE* 的偏相关系数都比 *PAR* 与 *NEE* 的要小，这是由于生长季光合作用强度大于呼吸强度，生态系统表现为净 CO_2 吸收。而温度对 *NEE* 的偏相关系数在生长季表现为两端高中间低的趋势，说明在生长季初期和末期温度升高对 *NEE* 的影响要比生长季中期升温对 *NEE* 的影响大。

总之，在生长季白天，森林生态系统 CO_2 交换主要受光合有效辐射（*PAR*）和温度的影响。分析相同 *PAR* 水平温度对 *NEE* 的影响，如 *PAR* 在 500～1 000μmol/（m^2・s）范围内，当气温 T_a＜10℃时，*NEE* 的绝对值随温度的升高而缓慢增加；气温 10℃＞T_a＞20℃时，*NEE* 的绝对值随温度的升高而呈指数上升；而气温 T_a＞20℃时，*NEE* 随温度又略有下降。在同一 *PAR* 水平下，*NEE* 随温度的季节变化表现为 7 月＞6 月＞8 月＞9 月＞5 月＞4 月＞10 月，这主要是 *NEE* 受植物的生理活性和叶面积指数影响的缘故。

P_{max}随温度的变化曲线呈 S 形，总的趋势是随温度的升高而增加。R_e 则随温度的升高而呈指数上升的趋势，拟合曲线为：R_e＝0.060 7exp（0.066 6T_a），R^2＝0.96。夜间 *NEE* 与 5cm 土壤温度的关系为：NEE_n＝0.057 1exp（0.114 7T_s），R^2＝0.98。呼吸强度大于白天计算值，其原因还需进一步探索。生长季夜间生态系统呼吸的 Q_{10}为 3.15。

通过对主要环境因子与 *NEE* 的偏相关分析发现，环境因子对 *NEE* 的影响随着季节变化而变化。当固定 *PAR* 和 *VPD* 对 *NEE* 的影响，生长季温度与 *NEE* 的偏相关系数呈现两端高中间低的趋势，说明在生长季初期和末期温度升高对 *NEE* 的影响要比生长季中期升温对 *NEE* 的影响大。

七、林冠与大气间 CO_2 交换过程的模拟

估算碳源、碳汇强度及其通量传输过程一直是生物圈与大气圈之间物质交换过程研究的关键问题（Wofsy et al.，1993），同时也是生态学（Baldocchi et al.，1995）和微气象研究（Katul et al.，1997；Katul et al.，2001；Leuning，2000；Siqueira et al.，2000；Warland et al.，2000）的热点。植被冠层中枝叶和其他部分的综合体形成了大气的复杂底层边界，也构成了一个对各种生物和物理过程产生重要影响的独特环境；植被是物质和能量的活性碳源、碳汇，能通过复杂的湍流交换过程改变其周围的微气象条件。实际上，对于标量物质 CO_2 而言，要想在林冠内测量其碳源、碳汇的垂直分布，必须限制在叶片尺度上进行，这是相当困难的。然而，标量的平均浓度廓线很容易得到，因此，可以通过建立标量浓度收支方程，用已知的标量浓度廓线推导出碳源、碳汇分布特征。

早期的研究认为，冠层中标量气体的传输过程服从简单的梯度—扩散原理（K 理论）（Waggoner et al.，1968），

$$F_{(z)} = -\rho K_{(z)} \frac{d\bar{c}}{dz}$$

式中，z 为高度，ρ 为空气密度，c 为标量浓度，$F_{(z)}$ 为待定标量的垂直通量密度，$K_{(z)}$ 为垂直湍流扩散系数。近期研究表明，对于植被冠层内部的湍流传输，湍流产生项和耗散项普遍存在着局地不平衡性，导致反梯度通量的产生，K 理论则无法模拟这一反梯度现象（Corrsin，1974；Deardorff，1978；Finnigan，1985；Raupach，1988；Sreenivasan et al.，1982）。为了克服 K 理论的不足，在过去的 30 年间，此研究领域先后出现了高阶闭合模型（Finnigan et al.，1987；Wilson et al.，1977）、大涡模拟（Shaw et al.，1992）、小波分析（Collineau et al.，1993）和拉格朗日反演扩散模型（Denmead，1995；Raupach，1989a；Raupach，1989b；Raupach et al.，1992）。前 3 种方法都需要高频瞬时标量浓度作为输入量。而由 Raupach（1989）提出的拉格朗日反演扩散模型则可利用平均浓度廓线反演林冠空间内标量的源/汇强度，同时，拉格朗日传输理论能很好地克服 K 理论的局限性，比高阶欧拉闭合模型更适合模拟林冠内的标量传输过程。

自从 1989 年 Raupach（1989a，1989b）提出局地近场理论（*LNF*）后，已有许多研究者利用拉格朗日传输方法，结合林冠内垂直速度标准差分布［σ_w（z）］和拉格朗日时间尺度［T_L（z）］，推导并解出了碳源、碳汇强度和平均浓度梯度之间的关系式（Denmead，1995；Denmead et al.，1993；Leuning，2000；Raupach et al.，1992）。此前，国外主要将模型应用于农田以及低矮植被，而对于林冠与大气之间的标量交换过程的研究较为少见。

（一）拉格朗日模型理论依据

1. CO_2 浓度及其碳源、碳汇强度的关系

林冠内 CO_2 浓度可以看作是所有源释放的 CO_2 的线性叠加。Raupach（1989a，1989b）将此浓度场划分为由邻近源控制的近场部分 C_n（z），和由远距离源控制的远场部分 C_f（z）。近场部分定义为在此区域内流体质点从源出发移动的时间 $T \leqslant T_L$（z）（拉格朗日时间尺度），而远场部分定义为在此区域流体质点移动的所需时间 $T \geqslant T_L$（z）。大气湍流造成 CO_2 从释放源传输到被观测点的过程中，在近场，物质和能量输送主要受控于连续湍涡；在远场，输送主要受控于分子扩散（Shaw et al.，1992）同。因此，在高度 z 处的 CO_2 浓度可表示为：

$$C(z) = C_n(z) + C_f(z) \quad (1-35)$$

式中，C（z）为 CO_2 浓度。假设，z_R 为参考高度，则在 z 和 z_R 之间浓度差可表示为：

$$C(z) - C(z_R) = C_n(z) - C_n(z_R) + C_f(z) - C_f(z_R) \quad (1-36)$$

LNF 理论假设：①林冠在每个高度上都是水平均匀的，净传输通量完全取

决于垂直方向；②通过垂直速度标准差 σ_w（z）和拉格朗日时间尺度 T_L（z），近场输送可以近似表示成高斯（Gaussian）均匀湍流运动；③远场源对浓度场的贡献严格服从分子扩散（Katul et al.，2001）。源强、σ_w（z）和 T_L（z）的垂直分布决定了近场浓度廓线，设初始源高度为 z_0，则近场浓度廓线表示如下：

$$C_n(z)\int_0^{\infty}\frac{S(z_0)}{\sigma_w(z_0)}\{K_n[\frac{z-z_0}{\sigma_w(z_0)T_L(z_0)}]+K_n[\frac{z-z_0}{\sigma_w(z_0)T_L(z_0)}]\}dz \tag{1-37}$$

式中，S（z）为高度 z 处的碳源、碳汇强度；K_n 为近场算子，Raupach（Raupach，1989a）给出了其近似解析形式：

$$K_n(\xi)=-0.398\,94\ln(1-e^{-|\xi|})-0.156\,23e^{-|\xi|} \tag{1-38}$$

基于梯度—扩散关系，可得 C_f（z）$-C_f$（z_R）的表达式为：

$$C_f(z)-C_f(z_R)=\int_z^{z_R}\frac{I}{\sigma_w^2(z')T_L(z')}\left[\int_0^z S(z'')\mathrm{d}z''+F_g\right]\mathrm{d}z' \tag{1-39}$$

式中，F_g 为地面 CO_2 通量密度，z'和 z''都表示高度。于是，由式（1-36）到式（1-39）可以得到 C（z）和 S（z）的关系式。如果将林冠以厚度 Δz_j 分成水平性质均匀的m 层，且源强 S_j 和F_g 已知，则 C（z）和 S（z）间的关系式的离散形式可以表示为：

$$C_i-C_R=\sum_{j=1}^{m}D_{ij}S_j\Delta z_j \tag{1-40a}$$

式中，D_{ij} 为扩散系数矩阵，C_i 为在高度 i 处林冠内/上的 CO_2 浓度，C_R 为参考高度上的 CO_2 浓度。若 F_g 未知，则上述离散形式可以改写为：

$$C_i-C_R=\sum_{j=1}^{m}D_{ij}S_j\Delta z_j+D_{oj}F_g \tag{1-40b}$$

式中，D_{oj} 为 F_g 的系数矩阵。D_{ij} 和 D_{oj} 都可以通过式（1-37）和式（1-39）求解。

2. σ_w（z）和 T_L（z）在中性大气层结中的廓线

为了从已知的 C（z）求解 S（z），必须获得林冠内/上的 σ_w（z）和 T_L（z）。根据 Leuning（2000）的研究，无量纲量 TLu^*/h_c 和σ_w/u^* 在中性大气层结中的廓线如图 1.86 所示。其中，u^* 为摩擦速度，h_c 为平均林冠高度，图中曲线可以近似表示为下式（Leuning，2000；Raupach，1989b）：

$$y=[(ax+b)+d\sqrt{(ax+b)^2-4\theta abx}]/2\theta \tag{1-40}$$

其中，参数 a，b，d 和 θ 详见表 1.13。以下方程式保证了 σ_w/u^* 能在 $0<z/h<0.8$ 内取得平滑廓线，

$$y=0.2e^{1.5x} \tag{1-41}$$

式中，$x=z/h$； $y=\sigma_w/u^*$。

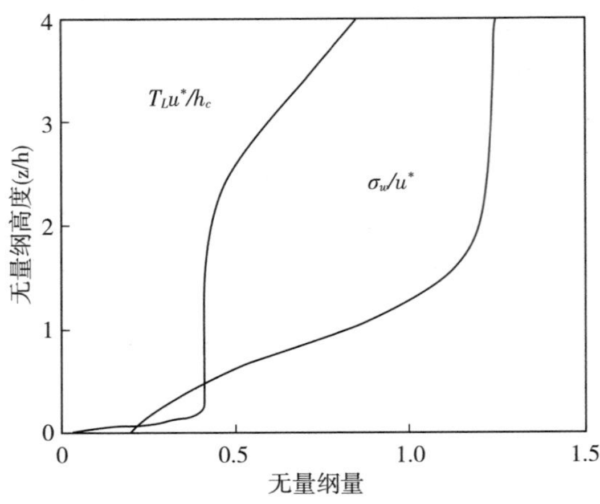

图 1.86　中性大气层结条件下垂直速度标准差和拉格朗日时间尺度廓线

表 1.13　描述 σ_w/u^* 和 T_Lu^*/h_c 无量纲廓线的参数和变量

z/h_c	x	y	θ	a	b	d
≥0.8	z/h_c	σ_w/u^*	0.98	0.850	1.25	−1
≥0.25	$z/h_c-0.8$	T_Lu^*/h_c	0.98	0.256	0.40	+1
<0.25	$4z/h_c$	T_Lu^*/h_c	0.98	0.850	0.41	−1

3. σ_w 和 T_L 的影响因子——大气稳定度订正

虽然上述 σ_w/u^* 和 T_Lu^*/h_c 廓线适合于中性大气层结，但在使用拉格朗日扩散分析时还是会引起碳源、碳汇分布和蒸散的计算误差（Leuning，2000）。Leuning（2000）曾用 Obukhov 长度函数 ζ 作为稳定度参数，利用以温度和风速为变量的稳定度函数来订正稳定度对 σ_w 和 T_L 的影响。显然，显热通量的涡动协方差是 Obukhov 长度计算的必要参数，但是其值在夜间通常非常小，而且林冠上层温度梯度的测量误差也会引起 Obukhov 长度的计算偏差。为了克服这一问题，引入梯度理查孙数 R_i 来代替 ζ，得到 σ_w 和 T_L 的订正函数分别为：

$$\frac{\sigma_w(R_i)}{\sigma_w(0)}=\frac{\varphi_m(R_i)}{1.25} \tag{1-42}$$

$$\frac{T_L(R_i)}{T_L(0)}=\frac{1}{\varphi_h(R_i)}\frac{(1.25)^2}{\varphi_m^2(R_i)} \tag{1-43}$$

其中，由式（1-40）和式（1-41）可以给出中性条件下的 σ_w（0）和 T_L（0），σ_w（R_i）和 T_L（R_i）分别是参数为 R_i 时的垂直速度偏差和拉格朗日时间尺度，R_i 可由林冠上的两个高度之间的位温和风速值得到：

$$R_i(z_g)=z_g\frac{G}{\theta}\frac{(\theta_2-\theta_1)}{(u_2-u_1)^2}\ln\left[\frac{z_2-d}{z_1-d}\right] \tag{1-44}$$

式中，$z_g=\sqrt{(z_2-d)(z_1-d)}$表示几何平均高度，并假设 $z_2>z_1$。稳定度

函数和 R_i 的关系式可以用 Pruitt（1973）提出的下列方程表示：

$$\begin{cases}\varphi_m(R_i)=(1-16R_i)^{-\frac{1}{3}}\\ \varphi_h(R_i)=0.885(1-22R_i)^{-0.4}\end{cases}\quad R_i<0 \qquad (1-45a)$$

$$\begin{cases}\varphi_m(R_i)=(1+16R_i)^{\frac{1}{3}}\\ \varphi_h(R_i)=0.885(1+34R_i)^{0.4}\end{cases}\quad R_i<0 \qquad (1-45b)$$

同样，摩擦速度 u^* 也可以用林冠上两个高度之间的风速值求解：

$$\frac{\partial_u}{\partial_z}=\frac{u^*\varphi_m}{k(z_g-d)} \qquad (1-46)$$

式中，k=0.4 为 vonKarman 常数；d 为零平面位移，近似等于 19.5（刘和平等，1997）。因此，式（1-46）可化为：

$$\frac{\partial_u}{\partial_z}=\frac{u_2-u_1}{z_g[\ln(z_2-d)-\ln(z_1-d)]} \qquad (1-47)$$

若已知源/汇廓线和 F_g，则使用式（1-47）即可得到 E_t.

$$E_t=\sum_{i=1}^{n}S_i\Delta z_i+F_g \qquad (1-48)$$

（二）CO_2 浓度廓线分析

本项研究使用了 2003 年 6 月 17～22 日共 6d 的实测数据和模拟结果，得到 288 组结果。图 1.87a 给出了 2003 年 6 月 18 日 CO_2 浓度廓线的时间演变过程，从中可以看出，从地表到林冠 CO_2 浓度表现出明显的垂直梯度，近地面浓度要高于林冠附近的浓度值。林内 CO_2 补充主要来自大气和地面层。白天林内 CO_2 浓度不断降低，低值为 363.064mg/kg；夜间近地面处 CO_2 浓度逐渐上升并向上扩散，到 2：00 左右达到最大（447.434mg/kg），直至扩散到林冠层。

（三）碳源、碳汇强度分布和通量传输特征

图 1.87b 显示了 2003 年 6 月 18 日碳源、碳汇强度的时间深度演变过程。CO_2 释放带最大值出现在凌晨 1：30 的地面层，为 0.334mg/（kg・s）；CO_2 吸收带最小值出现在 12：30 的林冠层的 90%处，为－0.466mg/（kg・s）。在近地面层，由于土壤呼吸作用强烈，整个时间段都为 CO_2 源，是主要的 CO_2 释放带。林冠层的碳源、碳汇强度变化较为复杂，经历了由源—汇—源的转变过程。白天，由于冠层光合作用强烈，林冠主要以光合作用为主，吸收 CO_2，形成碳汇；夜间，叶片以呼吸作用为主，释放 CO_2，形成林冠层的 CO_2 源。同时观察到，林内（林冠高度 50%处）出现零星的 CO_2 释放带。其成因有以下两个方面：①由于林冠遮蔽的影响，林下低矮植被得不到充分的光照，叶片呼吸要略强于其光合作用；②该处树皮的呼吸作用。

由图 1.87c 可以看出，白天，从 6：00 开始，由于太阳辐射对冠层加热，已有

弱不稳定层结形成；随着太阳辐射对林冠继续加热，冠层附近大气形成明显的不稳定层结，这一阶段 u^* 普遍要大于 1.2，直至 17：00 左右。这种不稳定环境给标量物质的扩散创造了良好的条件，并促进了大气 CO_2 向林冠的输送，形成负通量带；最小值出现在 13：30 的林上（1.2 倍林冠高度）为－2.592mg/（kg・m^2・s)。而林下弱稳定层结（u^*＜0.8）的存在，阻碍了 CO_2 向林冠的输送，所以负通量区域并没有向林下进一步延伸。夜间，地表释放的 CO_2 向上输送，形成正通量带，最大值出现在 3：30 的林冠 60％处，为 2.028mg/（kg・m^2・s)，但由于大气层结处于稳定状态（u^*＜0.7），通量输送受到抑制，最终被限制在林冠 90％处。

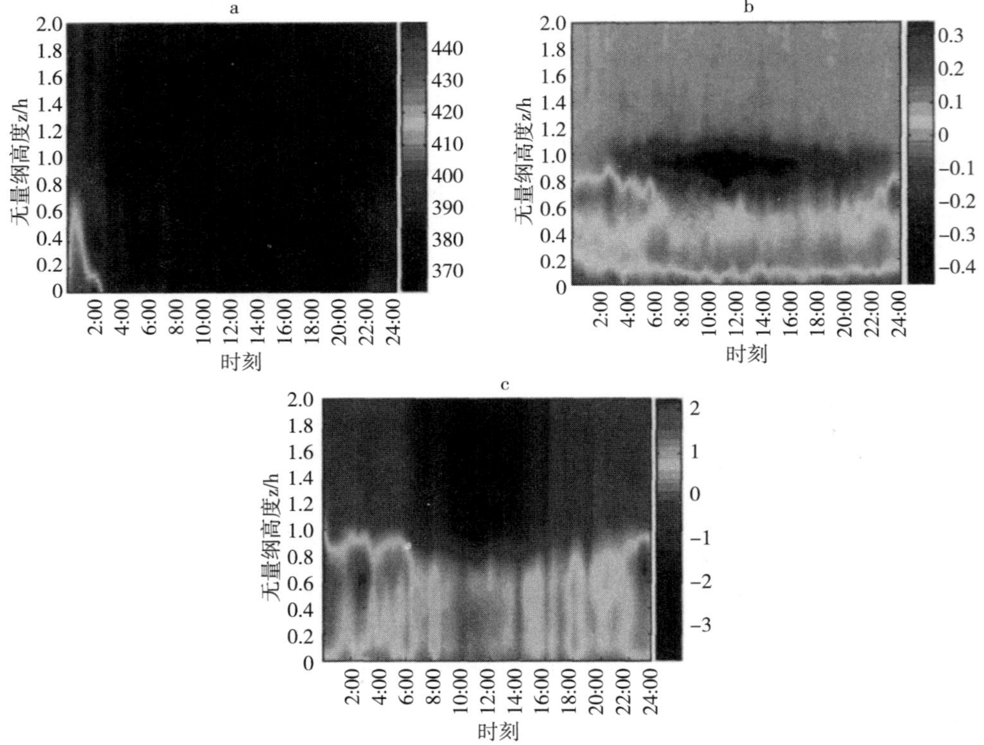

图 1.87 CO_2 浓度廓线（a)、CO_2 源汇强度（b）和 CO_2 通量（c）的时间演变过程（2003.06.18)

（四）模拟值与实测值比较

由图 1.88 可以看出模拟值与实测值的日变化过程。在白天，拉格朗日模型数据与涡动相关数据保持一致，但高出实测值约 15％。在夜间，模拟值比实测值大 2～4 倍，个别数据相差更大。这与 Leuning（2000）的研究结论相一致。拉格朗日模型所得结果与涡动相关实测数据比较。具有较好的相关性（R^2＝

0.089）（图 1.89）。

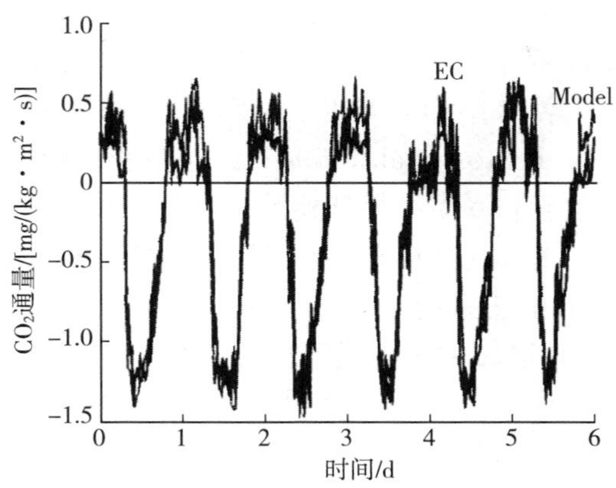

图 1.88　*LNF* 模拟值与实测值的日变化过程比较

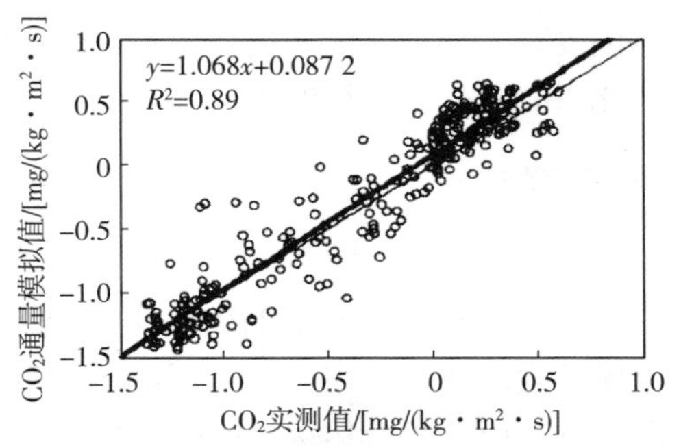

图 1.89　*LNF* 模拟值与实测值比较

夜间模拟值与实测值相差较大的原因可能是，夜间 u^* 出现较低值，大气处于稳定层结，模拟值波动较大；在稳定大气层结状态下，湍流是间歇性的，涡动相关系统也很难精确测量 CO_2 通量值。这也给通量观测网在夜间的测量数据提供了参考依据，如何精确测量夜间通量值将成为今后研究的难点。目前，关于拉格朗日模拟值过高的原因尚不清楚，还需要对模型和观测系统做进一步研究和改进。

第五节　气候变化对长白山阔叶红松林的影响

一、气候变暖对长白山主要树种的潜在影响

CO_2 和其他温室气体增加所引起的气候变暖会在不同尺度下导致森林的变化（Foley et al.，1994；Gates，1990；Mladenoff et al.，1999；Shugart et al.，1992；Sykes et al.，1996）。气候变化直接影响树木的生理过程（Prentice et al.，1992）和土壤水分有效程度（Bonan et al.，1992；Pastor et al.，1992），温度的增加也可通过影响有机质的矿化过程引起许多生态过程的改变（Pastor et al.，1988；Running et al.，1991）。新的气候条件下，气候因素、土壤过程、树木个体的响应等诸因素的结合，可以导致森林演替过程偏离目前的轨道（Guetter et al.，1990；Pastor et al.，1988）。这些变化的速率和幅度通常可以通过森林生态系统模型或 gap 模型得到检验（Shugart，1996；Shugart，1997）。通过模型模拟的方法，气候变量及 gap 模型的诸多驱动因子可被灵活地改变以预测不同气候变化情况下生态系统的反应（Botkin et al.，1972b）。目前，各类 gap 模型已在广泛的地理区域中对各类不同的森林生态系统进行了模拟（Bonan et al.，1992；Botkin et al.，1972b；Dale et al.，1989；Smith et al.，1996；Solomon，1986；Urban et al.，1999）。长白山地区由于特殊的自然条件及历史、社会原因，成为中国乃至全球自然生态系统保存最为完整的地区之一，具有保存尚好的亚洲东部典型的山地森林生态系统（薛达元，1997）。由于这一地区植被类型多样，树种组成复杂，特别是沿海拔梯度形成的水热条件变化明显的样带，从而为研究气候变化对森林生态系统的影响提供了理想场所。

（一）研究区域与研究方法

1. 研究地区概况

长白山位于中国东北地区吉林省东南部的中朝交界处，是东北地区松花江、鸭绿江和图们江三大河流的发源地。面积近 20 万 hm^2 的长白山自然保护区始建于 1960 年，是中国现有 99 个国家级自然保护区中最早一批被批准的一个，也是目前中国面积最大、自然环境和生态系统保存最为完整的森林生态系统保护区之一（薛达元，1997）。

本地区气候属于受季风影响的温带大陆性气候，具有冬季寒冷而漫长，夏季温暖多雨且短暂的特点。由于山体高，所以气候随海拔高度的变化，变化较大。山脚表现出典型的暖温带气候，而山顶却表现出复杂、多变的近极地气候（徐文铎等，1981）。山下（中国科学院长白山气象站，海拔 740m）年均温约 2.8℃，而山顶（天池气象站，海拔 2 623.5m，下同）年均温只有－7.3℃左右，至天池时按气温标准（22℃）根本就没有夏天（迟振文等，1981）。

长白山是中国长江以北降水量最多的地区，雨量充沛且随海拔的上升而逐渐增加。山下部平均年降水为 600～900mm，而山顶天池年降水为 1 340mm，最多年份曾达 1 809mm。降水多集中在夏季，6～9 月降水量占全年降水量的 80%之多，冬季虽然降雪期很长，但降水量并不大，只占不到全年的 10%。山下部积雪日平均为 130～150d，山顶积雪日平均 257d（迟振文等，1981）。因为气温较低，降水较多而蒸发量小，加之森林的作用，所以长白山地区非常湿润，年相对湿度在 70%左右（迟振文等，1981）。

长白山是一个年轻且典型的火山地貌区域，自下而上主要由玄武岩台地、玄武岩高原和火山锥体三大部分组成。水热条件及地质地貌的差异，形成了长白山明显的土壤垂直带谱，从上而下依次为：高山冻原土（2 000m 以上）、山地生草森林土（1 700～2 000m）、山地棕色针叶林土（1 100～1 700m）、山地暗棕色森林土（1 100m 以下）（李文华等，1981；许广山等，1980）。

随海拔高度的变化，植被呈现出明显的山地垂直分布带谱。山下部的阔叶红松林（海拔 1 100m 以下），是世界上已为数不多的大面积原生针阔混交林，与同纬度的欧美地区相比，以其结构复杂、组成独特、生物多样性丰富而著称。以鱼鳞云杉（*Picea jezoensis*）和臭冷杉（*Abies nephrolepis*）为主要建群种的云冷杉林（海拔 1 100～1 700m），是长白山保存最好的森林地段，具有典型的北方山地森林的特点，上部间有岳桦（*Betula ermanii*）混交，下部有红松（*Pinus koraiensis*）等树种伴生，落叶松（*Larixolgensis*）零星点缀其间；亚高山岳桦林（海拔 1 700～2 000m），是一种以岳桦单一乔木树种为主的林线植被，另有落叶松、臭冷杉等零星分布其间，构成了独特的亚高山地带森林景观（王战等，1980；许广山等，1980）。

郝占庆等（2001）分别以上述 3 类分布于不同海拔高度的森林生态系统为研究对象，以来源于遥感图像分类结果的 21 个斑块类型为研究单元，应用 LINKAGES 模型，探讨各类型森林生态系统主要组成树种对气候变暖的响应。

2. LINKAGES 模型

自 1972 年 Botkin 等（1972b）建立了第一个 gap 计算机模型（JABOWA 模型）以来，基于森林循环理论的 gap 模型便成为当代生态学研究很有活力的研究方向之一。1982 年 Aber 和 Melillo 将养分循环和枯落物分解引入 gap 模型，并发表了用于模拟新英格兰州北部硬阔叶林的 FORTNITE 模型（Botkin et al.，1972b）。Paster 和 Post（1992）综合了 FORTNITE 的枯落物分解模型，SUCSIM 的土壤养分模型，及 Solomon 和 Shugart 的 FORENA 林产品及土壤过程模型，建立了 LINKAGES 模型，用于模拟全美东部森林，同时该模型还被用来成功地模拟芬兰的针叶林和阿拉斯加的针叶林。LINKAGES 模型是在 JABOWA/FORET 模型的基础上发展起来的一个综合模型。基于树种组成、生物量、净第一性生产力、土壤有机质、土壤有效氮等独立变量，模型已在许多不同地区得到广泛的验证（He et al.，1999a；Pastor et al.，1992）。LINKAGES 和许多其他模型的不同点在于，它包括了分解、矿化、土壤水分等子模块，将土壤的水分养分循环与树种演替间的相互作用联系起来。这些子模块在近来的一些其他 gap 模型中进一步得到了改进（Bugmann，1996）。

3. 模型参数估计

LINKAGES 的数据输入包括 12 个月的月平均温度、平均降水及其标准差、生长季的天数、土壤有机质（全碳）、土壤全氮和土壤水分状况如萎蔫系数、田间持水量等（Pastor et al.，1988）。本项研究所模拟的研究地区 21 个斑块类型来源于遥感图像的分类结果（Shao et al.，1996），LINKAGES 的各模型参数均按此 21 个斑块类型分别给出，因其中一个斑块类型是长白山天池，因此具体模拟时只模拟了 20 个类型。

由于研究区域缺乏各斑块类型月降水、月温度等详细数据，因此，在现有 4 个气象站点近 20 年观测数据的基础上，根据各斑块间的空间关系及各气象要素与海拔间的回归关系（迟振文等，1981），对各斑块类型的温度和降水数据作出了推测。所估计参数包括各斑块类型月均降水、月均温及其标准差等 48 个数据集。

各斑块类型的土壤参数来源于以往对该区域的土壤分类结果（李文华等，1981；徐文铎等，1981）和其他模型的参数估计结果（延晓冬等，1995）。据此土壤质地等相关数据，对各土类的田间持水量进行估计，各斑块类型生长季的天数引自迟振文等（迟振文等，1981）数据。所有斑块各上述参数均用 Arc/Info TIN（ESRI，1996）软件进行空间录入。

4. 树种参数估计

各树种参数来源于公开出版的《树木志》等论著及其他相关研究结果（延晓冬等，1995）。

5. 模拟方案

为了检验每一树种在各斑块类型中对气候变化的潜在响应，模拟时选择了 2 种温度条件，即目前温度和未来变暖温度。对于目前气候状态，模型使用目前气象参数（表 1.14，表 1.15）；而对未来变暖气候，则按温度增加 5℃、降水无明显变化作为模拟假设（He et al.，1999a；1999b；1999a）。温度的增加假定各月都相同，即各月均增加 5℃。为了检验 2 种气候条件下树种反应的差异，模拟方案分两种，现行气候方案和变暖气候方案。每次运行，在每一个斑块类型上对所有树种分别进行模拟，每次模拟一个树种。每一模拟中假定栽植相同数量的树（200 棵幼树/hm^2）。当每个斑块类型的环境和树种属性参数输入模型后，模型首先重复模拟产生该斑块林地的基本特征状态，当林地的 C 和 N 达到稳态时，继续运行模型 50 年。每个独立运行都重复 20 次。模型总运行次数为 15 个树种×20 个斑块×20 次重复＝6000 次。输出结果包括树种生物量、断面积、立木株数、C 库、N 库、N 矿化、枯立木、枯落物、土壤有机质等。

表 1.14 各类型月平均温度

	斑块类型	1月	2月	3月	4月	5月	6月	7月	8月	9月	10月	11月	12月
1	天池	−23.3	−21.6	−16.7	−7.8	−1	3.9	8.7	8.2	1.7	−5.6	−13.7	−20.6
2	高山冻原	−23	−20.6	−14.7	−5.12	1.77	6.08	10.56	10.4	3.48	−3.67	−12.2	−19.8
3.1	亚高山岳桦林	−21.3	−18.8	−12.5	−2.85	4.1	8.35	12.77	12.55	5.55	−1.6	−10.3	−18.1

（续）

	斑块类型	1月	2月	3月	4月	5月	6月	7月	8月	9月	10月	11月	12月
3.2	亚高山林	−20.8	−18.3	−12	−2.35	4.6	8.85	13.27	13.05	6.05	−1.1	−9.75	−17.6
4.1	云冷杉林	−20.4	−17.9	−11.6	−1.95	5	9.25	13.67	13.45	6.45	−0.7	−9.35	−17.2
4.2	云冷杉林	−19.7	−17.2	−10.9	−1.2	5.75	10	14.42	14.2	7.2	0.05	−8.6	−16.4
4.3	云冷杉林	−18.2	−15.7	−9.4	0.25	7.2	11.45	15.87	15.65	8.65	1.5	−7.15	−15
5.1	阔叶红松林	−17.5	−13.7	−5.7	3.7	10.7	14.3	18.5	17.6	11.1	4.2	−5.3	−14.2
5.2	阔叶红松林	−16.3	−12.9	−4.92	4.48	11.48	15.08	19.28	18.38	11.88	4.98	−4.52	−13.4
5.3	阔叶红松林	−14.5	−12.5	−3.2	7.5	11.2	14.9	19.3	19	11.9	5.4	−8.2	−12.4
6.1	落叶松林	−20.3	−17.8	−11.5	−1.85	5.1	9.35	13.77	13.55	6.55	−0.6	−9.25	−17.1
6.2	落叶松林	−18.4	−15.9	−9.55	0.1	7.05	11.3	15.72	15.5	8.5	1.35	−7.3	−15.1
6.3	落叶松林	−17.6	−13.8	−5.82	3.58	10.58	14.18	18.38	17.48	10.98	4.08	−5.42	−14.3
7	风倒区	−20.1	−17.6	−11.3	−1.65	5.3	9.55	13.97	13.75	6.75	−0.4	−9.05	−16.9
8	高山草甸	−19.9	−17.4	−11.1	−1.47	5.48	9.73	14.15	13.93	6.93	−0.22	−8.87	−16.7
9	疏林地	−20.2	−17.7	−11.4	−1.75	5.2	9.45	13.87	13.65	6.65	−0.5	−9.15	−17
10	弃耕地	−19.4	−16.9	−10.6	−0.9	6.05	10.3	14.72	14.5	7.5	0.35	−8.3	−16.1
11	阔叶林	−13.1	−11.1	−1.8	8.9	12.6	16.3	20.7	20.4	13.3	6.8	−6.8	−11
12	民用地	−13	−11	−1.65	9.05	12.75	16.45	20.85	20.55	13.45	6.95	−6.65	−10.9
13	白桦林	−13.7	−11.7	−2.42	8.28	11.98	15.68	20.08	19.78	12.68	6.18	−7.42	−11.6
14	采伐迹地	−13.6	−11.6	−2.27	8.43	12.13	15.83	20.23	19.93	12.83	6.33	−7.27	−11.5

表 1.15　各类型月平均降水

	斑块类型	1月	2月	3月	4月	5月	6月	7月	8月	9月	10月	11月	12月
1	天池	12.2	13.7	36.4	69.3	110.1	184	344.3	317.7	143.7	49.6	41.4	18.4
2	高山冻原	12.4	14.3	35.8	68.5	107.1	176.2	320.2	2 875	133.3	46.3	40.8	17.3
3.1	亚高山岳桦	11.8	13.2	33.4	52.3	90.4	156.3	283.4	226.1	96.7	43.2	37.2	16.3
3.2	亚高山林	11.6	13.2	33.4	50.2	86.3	150.1	204.1	187.6	74.6	41.6	33.5	13.9
4.1	云冷杉林	11.4	13.3	30.3	46.1	76.3	140.9	167.1	162	69	40.3	31.6	13.6
4.2	云冷杉林	10.7	11.6	27.6	41.9	70.1	137.8	161.3	163.1	70.2	35.8	27.3	12.3
4.3	云冷杉林	9.1	9.7	25.1	37.9	63.8	133.5	157.9	168.7	69.2	34.8	24.8	11.6
5.1	阔叶红松林	9.3	9.2	23.4	39.8	66.1	132	153.4	173.6	70.2	34.1	24.1	11.5
5.2	阔叶红松林	9	10.3	21.4	37.8	64.1	124.3	151.4	172.9	68.2	32.5	23.2	9.8
5.3	阔叶红松林	8.7	11.1	19.8	44.1	67.4	118.8	157.1	158.3	72.2	32	24.9	11.9
6.1	落叶松林	9.3	11.2	28.2	44	74.2	138.8	165	159.9	66.9	38.2	29.5	11.5
6.2	落叶松林	9.1	10	26	40.3	68.5	136.2	159.7	161.5	68.6	34.2	25.7	10.7

（续）

	斑块类型	1月	2月	3月	4月	5月	6月	7月	8月	9月	10月	11月	12月
6.3	落叶松林	8.8	9.4	24.8	37.6	63.5	133.2	157.6	168.4	68.9	34.5	24.5	11.3
7	风倒区	8.5	9.1	24.5	37.3	63.2	132.9	157.3	168.1	68.6	34.2	24.2	11
8	高山草甸	10.8	12.7	29.7	45.5	75.7	140.3	166.5	161.4	68.4	39.7	31	13
9	疏林地	11.1	12.5	32.7	51.6	89.7	155.6	238.6	225.4	96	37.5	32.1	11.3
10	弃耕地	10.8	12.4	32.6	49.4	85.5	149.3	203.3	186.8	73.8	40.8	32.7	13.1
11	阔叶林	7	8	9.2	38.7	67.8	105.7	143.6	148.2	77.6	33.8	21.4	9.8
12	民用地	8.8	9.8	11	40.5	69.6	107.5	145.4	150	79.4	35.6	23.2	11.6
13	白桦林	8.3	10.7	19.4	43.7	67	118.4	156.7	157.9	71.8	31.6	24.5	11.5
14	采伐迹地	8.5	10.9	19.6	43.9	67.2	118.6	156.9	158.1	72	31.8	24.7	11.7

（二）高山岳桦林主要树种对气候变化的响应

模拟结果表明，岳桦作为目前这一植被带的优势种，当气温升高后，生物量随植被的发育有较明显的增长，气温变暖后岳桦在这一森林植被类型中依然扮演着重要角色。落叶松、云杉、冷杉等针叶树，在目前气温条件下只是零星点缀于岳桦林中，并不占重要位置，但在气温上升后，这3个树种的生物量均有较大辐度的增加，只是落叶松增加的辐度更大，表明气温升高后，这些针叶树的分布将上移，部分占据目前岳桦的位置，即目前的云冷杉林带有上移的趋势（图1.90）。

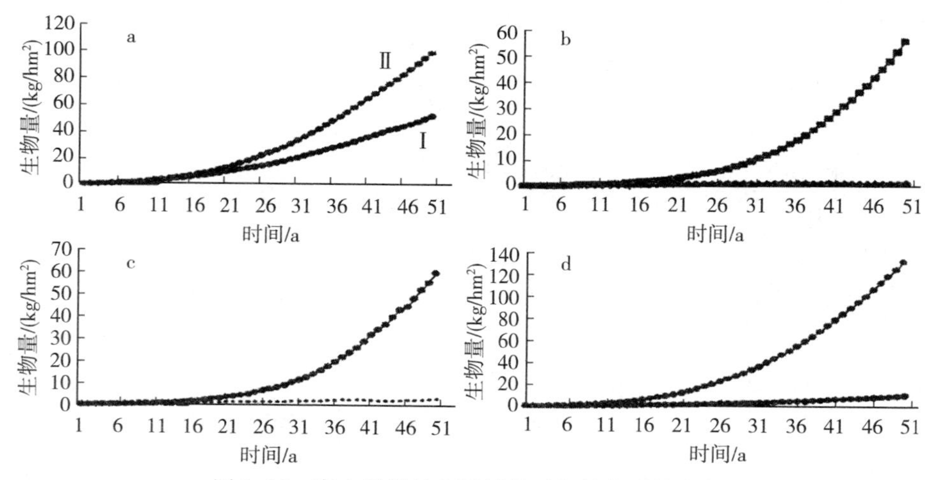

图1.90　高山岳桦林主要树种对气候变暖的响应

（三）云冷杉林主要树种对气候变化的响应

对其主要树种的模拟结果（图1.91）表明，云杉和冷杉在气温变暖后，生物量有较大辐度的增加，落叶松虽有增加的趋势但辐度较小，岳桦作为上部云冷杉林的主要伴生树种，其生物量随气温的升高有明显的增加趋势，增加的辐度明显大于其他针叶树种。

云冷杉林的主要树种云杉、冷杉、落叶松及岳桦等均是适应在高山及寒冷地区生长的针叶树种，对气温变暖相对比较敏感。由于目前气候条件下，其生长区域的温度相对较低，因此温度的增加较大程度地改善了其生长条件，引起这些树种单位面积生长量较大辐度的增加，特别是岳桦，增加辐度最大。模拟结果表明，温度的升高为高海拔树种的生长创造了更为优越的条件，结合上述对岳桦林带主要树种的模拟结果，可以认为，林线的上移将是温度升高后最直接的后果。

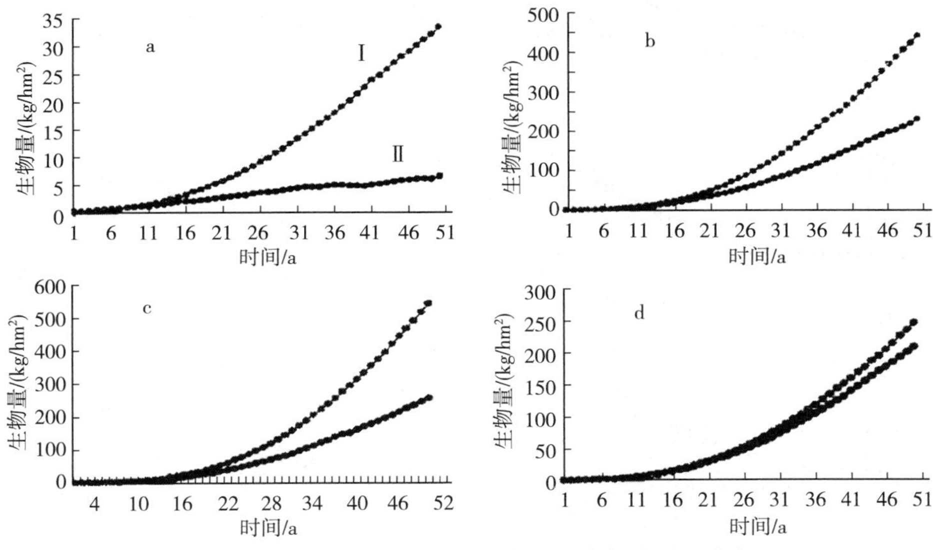

图 1.91　亚高山云冷杉林主要树种对气候变暖的响应

（四）阔叶红松林主要树种对气候变化的响应

模拟结果（图 1.92）表明，阔叶红松林的主要建群种红松在气温升高后，其生物量只有较小的增加，色木随气温的上升其生物量几乎没有增加。阔叶红松林中的其他主要伴生树种蒙古栎、水曲柳、春榆、紫椴等，其生物量随气温上升均有增加，增加的辐度虽不尽相同，但趋势却非常相似，表明这一森林类型在温度升高时仍有较大的生产潜力。阔叶红松林带的 2 个先锋树种白桦和山杨，其变化趋势也相近，但相对而言，山杨的增加速度更快些。落叶松在 40 年之前生物量呈增加趋势，之后则逐渐降低，至 50 年时已趋于零增长；臭冷杉只是在其初时生物量有较低的积累，之后很快停止生长。表明目前这一林带的最高温度已接近这 2 个针叶树种生长的最适温度上限，温度的进一步升高可能会超过目前这些树种的适应阈值，从而对其产生负面影响。

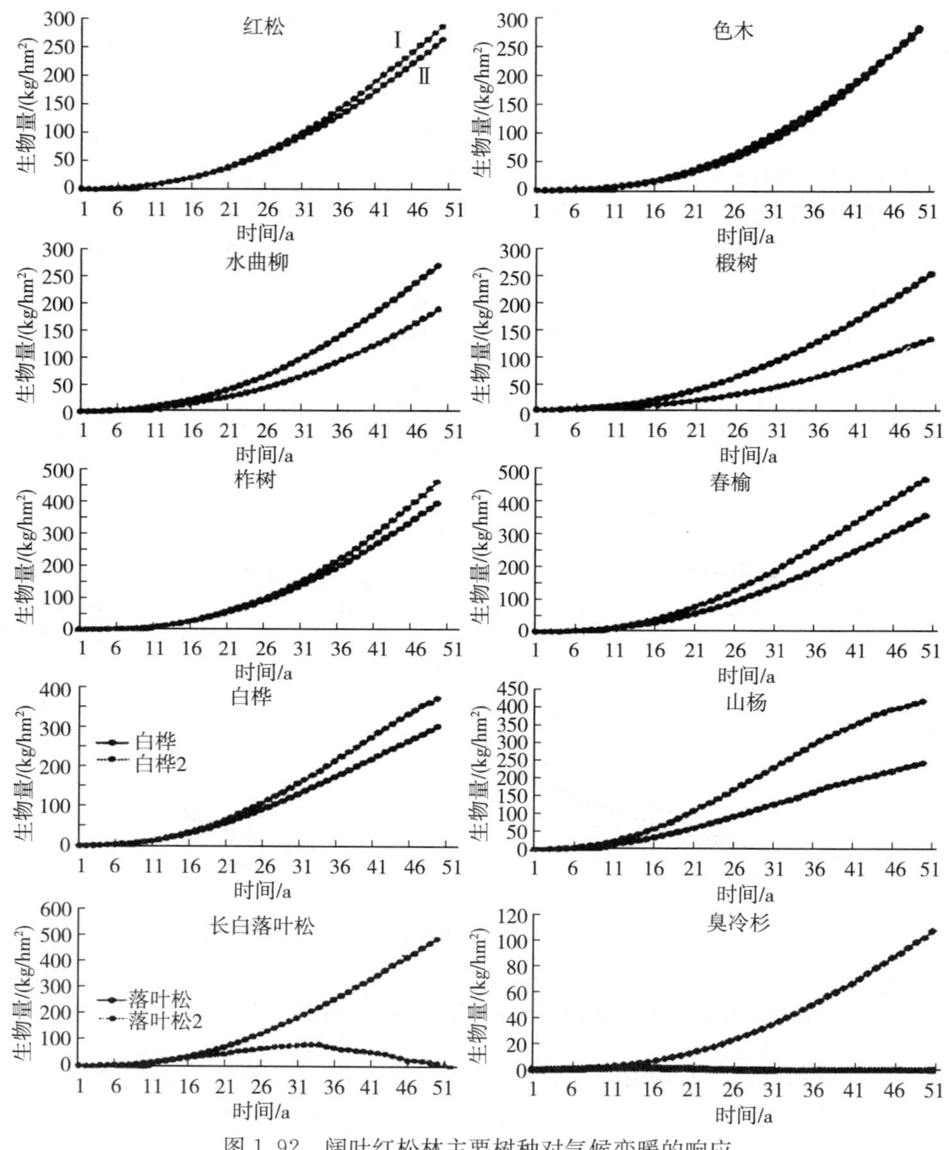

图 1.92 阔叶红松林主要树种对气候变暖的响应

一般来说，气候变暖将导致区域最高温度和最低温度的增加，同时也会使生长季延长，新的气候因子值可能会接近甚至超过目前树种的适应阈值，从而导致这些树种分布最低海拔线上升或树种向高海拔迁移。同时温度的上升，会导致阔叶树种在目前气候条件下最低温度及生长季天数达不到其要求的地区得以生长，因此造成阔叶树种分布范围的上移。对于许多北方阔叶树种来说，温度上升 5℃ 依然在其适应生长的范围之内。温度上升和立地条件间复杂的负反馈影响树种的生物量，在土壤水分状况不是限制因子且氮的可及率较高的条件下生物量将增加；反之则下降。这些结果已在许多研究中得到了证实（He et al.，1999a；He et al.，1999b；Solomon，1986）。

研究提供了应用生态系统模型评价气候变暖对树种影响的框架，但生态系统模型是基于林分或群落水平的生态过程设计的。明确的和非明确的建模假定将影响模型的结果。gap 模型在检验树种和环境间相互作用方面，在过去的 20 多年间研究中被证明是非常有效的。尽管 gap 模型所模拟的是树木个体，但 gap 模型在运行的时间和空间上不同于生理生态模型（Bonan et al.，1990；Friend et al.，1993；Prentice et al.，1992）。树种对环境变化响应的生理机制，如温度、水分等在机理模型中按日尺度测度的因子（Mladenoff et al.，1993），在 gap 模型并不能直接模拟，而常常是按月甚至年尺度进行模拟的。因此，在 gap 模型中整合和简化这些机制是不明确的建模假定。正如其他学者已指出的那样（Bugmann，1996；Fischlin et al.，1995；Loehle et al.，1996），由于树种生长对温度响应的函数在 gap 模型中是抛物线，温度反应曲线决定树种在接近地理分布区南—北中间点温度下出现最大生长量。水分的反应曲线使得树木生长和生长季干旱的天数呈线型或曲线型负相关。当温度接近树种分布的北界（上限）或南界（下限）时，或干旱发生时，模型模拟树木最小生长率，直至导致树木死亡。由于 gap 模型模拟的是树木在竞争条件下的实际生存范围（即真正的生态位），而不是其生理分布范围（基础生态位），因此，应用 gap 模型检验气候变暖对树种的影响时，可能导致树种分布范围出现过大的变化（Loehle et al.，1996）。

二、气候变化对长白山阔叶红松林冠层蒸腾影响的模拟

森林蒸腾是森林蒸散的重要组分，也是森林水量平衡的重要项目（高人等，2001）。研究森林蒸腾量对评价森林水文效益、探求全球水分循环规律以及正确认识陆地生态系统的水文功能都具有重要意义。

由于植被和大气相互作用的复杂性和不确定性，基于大量观测资料建立模型来估算森林蒸腾量已成为必要的手段。近几十年来，生态系统蒸发散估算模型经历了早期的统计模型、基于过程的碳水耦合综合模型以及基于遥感的模型，并得到了飞速发展（王靖等，2008）。其中，基于过程的碳水耦合综合模型因机理明确，将植物的生理特征、冠层结构、土壤特征与气候条件有效结合起来，可以在单叶尺度（于强等，1998）、冠层尺度（Sellers et al.，1992）、生态系统尺度（Leuning et al.，1995）、甚至区域尺度（McMurtrie et al.，1992）模拟碳水通量，受到研究者的青睐。Leuning（1995）用叶面水汽压差取代空气相对湿度对 Ball-Berry 模型进行了修正，并建立了多层模型，该模型将环境因子作为模型的输入变量，成功模拟了植被冠层与大气之间的 H_2O 和显热交换，同时用灵敏性分析可检验模型中相对重要的参数，较真实地反映了植被冠层的生理生态学过程，被广泛地应用到森林和农田中（Diaz-Espejo et al.，2002；Uddling et al.，

2006；Buker et al.，2007）。

IPCC 第四次评估报告（IPCC，2007）指出，气候系统变暖毋庸置疑。我国东北地区是受全球气候变暖影响增温最显著的地区之一，气候变化存在暖干化倾向（孙凤华等，2005），降水事件有向极端化发展的倾向，降水分布变得更不均匀，旱涝灾害发生的频率和强度增加（孙凤华等，2006）。长白山阔叶红松林是我国东北东部中温带湿润气候区最主要的森林植被类型（金昌杰等，2000），研究长白山阔叶红松林对气候变化的响应对探究未来森林水文功能具有指导意义。

近年来，国内外广泛开展了气候变化对植物蒸散影响的研究，相关研究基于假定气候因子的未来情景模式，或引用 IPCC 发布的若干 GCMs 模型所预测的气候情景，通过不同的模型模拟结果揭示气候变化对植物蒸散的影响。如王昊等（2006）利用 IPCC 发布的 4 个 GCMs 模型的 2001—2060 年气候变化情景，使用经验模型分析了扎龙湿地芦苇沼泽蒸散耗水量的变化趋势；米娜等（2010）利用 EALCO 模型研究了玉米农田蒸散过程对气候变化的响应；Davi 等（2006）用 CASTANEA 模型研究了 1960—2100 年欧洲森林生态系统水和 CO_2 通量对气候变化的敏感性。

（一）模型描述及参数确定

本项研究使用的冠层模型以 Leuning 等（1995）的多层模型为基础，增加了光合作用参数的季节变化和树种差异，分别测定生长季不同时期长白山阔叶红松林 5 个主要树种（红松、水曲柳、紫椴、色木槭、蒙古栎）的生理参数。同时，在多层模型中增加冠层的垂直异质性，即考虑各树种在冠层中的不同高度和生物量比例（Shi et al.，2010）。

模型包括 3 部分：冠层的辐射吸收、耦合的单叶气孔导度—能量平衡—光合作用模型、冠层尺度模型。通过模型模拟可以了解植物蒸腾作用与环境因子之间的相互作用及其对环境变化的响应机制，为更大尺度的模型模拟奠定基础。模型模拟的时间步长为 30min，输入数据包括气温（T_a）、水汽压（e_a）、太阳辐射（S_0）、光合有效辐射（PAR）、风速（u_0）、大气压强（P）、大气 CO_2 浓度（C_a），输出数据包括能量通量和水汽通量等。模型的详细描述见文献（Shi et al.，2010）。模型的主要模拟过程如下：①将 2008 年 5 月 1 日至 9 月 30 日采集的每 30min 的 T_a、e_a、S_0、PAR、u_0、P、C_a 输入模型。②进行辐射模型模拟，根据冠层分层及该层相对应的累积叶面积指数（ξ_l），计算该层中受光照叶片和被遮荫叶片吸收的太阳辐射和光合有效辐射。③进行叶面过程（包括光合作用模型、能量平衡方程和气孔导度模型）的模拟。该过程采用数值求解方法进行求解，步骤如下：首先给气孔导度（g_{sc}）赋一个较小的初始值，如 0.1；在该 g_{sc} 值的条件下，进行气孔导度和边界层导度模型的模拟，得到各阻力段的导度值；将得到的导度值代入到能量平衡方程组中，计算叶温（T_1）、潜热通量（L_E）和显热通量（H）；将经计算得出的 T_l 以及给定的一个细胞间隙 CO_2 浓度（C_i）值代入光合作用模型，计算出该时刻的净光合作用速率（A_n），根据给定的 g_{sc} 值以及 A_n 与 C_i 的关系，算出新的 C_i 值，如果此 C_i 值与之前给定的 C_i 值之差小于某一个较小的临界数值（如 0.01），则模型模拟进入气孔导度的求解，否则重复光合作用模型的模拟，直到小于该临界值；将光合作用模型模拟得出的 A_n、叶片表面的 CO_2 浓度（C_s）值代入气孔导度模型，得出新的 g_{sc} 值，如果该值与之前给定 g_{sc} 值之差小于某一个较小的数值（如 0.000 1），则模型进入下一时段的模拟，否则重复上述步骤，直到符合要求。④将叶面过程模拟得到的受光照部分和被遮荫部分的净光合作用速率（A_{sl}、A_{sh}）、潜热通量（LE_{sl}、LE_{sh}）代入到冠层某一层净光合作用的计算公式，得出某一层该时刻的 A_n、LE 值，之后返回步骤②，进行冠层另一层的模拟，最后各层求和，得出该时刻整个冠层的总光合作用速率（A_c）和蒸散速率（LE_c）。

模型参数以及初始状态变量源于中国科学院长白山森林生态系统定位站 1 号标准地阔叶红松林的生理生态观测和相关文献（表 1.16）。

为避免因涡动相关观测系统能量不闭合对模拟结果产生的影响，本研究应用 Twine 等（2000）提出的订正方法对涡动相关系统观测的能量通量进行闭合度订正。该方法假定由涡动相关系统观测的显热和潜热通量之比（β）是正确的，再根据能量平衡方程和可用能量（R_n-S），重新计算出显热和潜热的大小。经过能量平衡闭合度订正过的显热（H）和潜热（LE）通量算式分别为：

$$H=\frac{R_n-S}{1+1/\beta} \quad (1-49)$$

$$LE=\frac{R_n-S}{1+\beta} \quad (1-50)$$

用订正后的水汽通量对模拟的 LE 进行检验（Shi et al.，2010；Shi et al.，2008，23）。冠层 LE 观测数据是冠层上（40m）、下（2.5m）两层涡相关数据之差。因模型中没有考虑冠层截留降雨的蒸发，故删除降雨期间及雨后 8h 的通量数据（确保“干冠层”条件）。

表 1.16　模型参数及其取值

符号	描　述	单位	取值	来源
α_1	与 CO_2 同化作用、CO_2 分压、湿度以及温度相关的参数	—	5	参考文献
C_a	大气中的 CO_2 浓度	μmol/mol	变量	实测数据
e_a	大气中的水汽压	kPa	变量	实测数据
g_{sc0}	光补偿点处 $A_n=0$ 时，气孔对 CO_2 的最小导度	mol/(m² · s)	0.03	参考文献

（续）

符号	描　述	单位	取值	来源
k_d	理论冠层（黑体叶片）中漫射辐射的消光系数	m^2/m^2	0.8	参考文献
k_n	叶片氮含量的分布系数	m^2/m^2	0.5	实测数据
k_u	风速的衰减系数	m^2/m^2	0.5	参考文献
l	叶宽	m	变量	实测数据
P	大气压	kPa	变量	实测数据
Q	光合有效辐射	μmol/（$m^2 \cdot s$）	变量	实测数据
S_0	冠层上方的太阳辐射	W/m^2	变量	实测数据
S_v	熵	J/mol	650	参考文献
T_0	参考温度	K	298.15	参考文献
T_a	气温	K	变量	实测数据
u_0	冠层顶的风速	m/s	变量	实测数据
$V_{c\ mtop}$	冠层顶部 $\xi=0$ 的 $V_{c\ max0}$ 值	μmol/（$m^2 \cdot s$）	变量	实测数据
Vpd_{s0}	气孔响应于 Vpd_s 的经验系数	kPa	1.5	参考文献
θ_c	土壤饱和含水量	—	0.6	实测数据
θ_{sm}	土壤湿度（体积含水量）	—	变量	实测数据
θ_w	土壤萎蔫系数	—	0.08	实测数据
ξ_t	总的叶面积指数	m^2/m^2	变量	实测数据
P_{cd}	冠层对漫射辐射的反射系数	—	0.057（可见光），0.389（近红外）	参考文献
σ	Steffan-Boltzman 常数	W/（$m^2 \cdot K^4$）	5.67×10^{-8}	常数
σ_1	叶片的散射系数	—	0.2（可见光），0.8（近红外）	参考文献

（二）模拟效果的检验

从 30min 数据来看，生长季 *LE* 模拟值与实测值有较好的线性关系。由图 1.93 可以看出，2008 年，研究区生长季 *LE* 模拟值与实测值回归线的斜率为 0.89，截距为 29.88W/m^2，相关系数为 0.623（样本数 4 656 组）。由于生长季初末期和旺盛生长期的植被以及环境特征差别较大，将这两个阶段分开考虑。由不同阶段回归线的斜率、截距、相关系数及样本数可以看出，旺盛生长期的模拟效果好于生长季初末期（表 1.17），其原因可能是多层模型主要考虑的是冠层叶片的生理生态学过程，而生长季初末期叶面积指数（*LAI*）和最大 Rubisco 催化

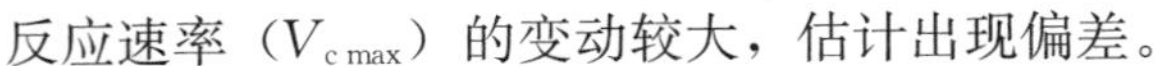

反应速率（$V_{c\,max}$）的变动较大，估计出现偏差。

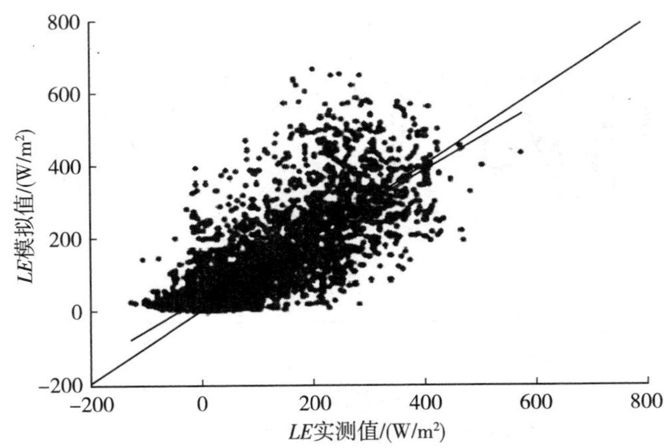

图 1.93　长白山阔叶红松林潜热通量（LE）模拟值与实测值的比较

表 1.17　2008 年生长季初、末期（5 月和 9 月）**以及生长旺盛期**（6～8 月）

长白山阔叶红松林 *LE* 模拟值与实测值的线性回归分析

月份	a	b/（w/m^2）	R^2	n
5，9	0.58	27.35	0.502	1 872
6—8	0.92	38.82	0.635	2 732

从通量的日变化来看，长白山阔叶红松林 LE 实测值与模拟值日变化趋势基本一致（图 1.94）。夜间通量值较低且变化较小，日出后，逐渐升高，12：00 左右达到最大值，以后逐渐降低，直到日落后又趋于稳定。冠层日蒸腾量（E_t）实测值与模拟值的季节变化趋势基本一致，说明模型模拟效果较好，其值在生长季初、末期（5 月和 9 月）较低，旺盛生长期（6～8 月）较高（图 1.95）。整个生长季冠层日蒸腾量实测平均值为 2.28mm，模拟平均值为 2.50mm，高估 9.3%（RMSE=0.65mm/d，n=71）。

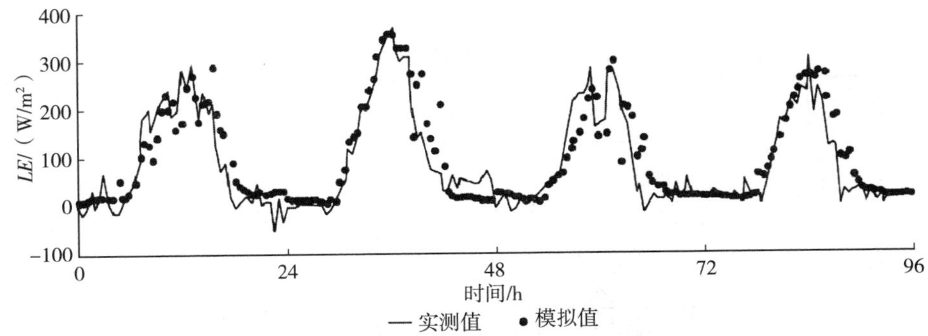

图 1.94　长白山阔叶红松林生长季 LE 模拟值与实测值的日变化

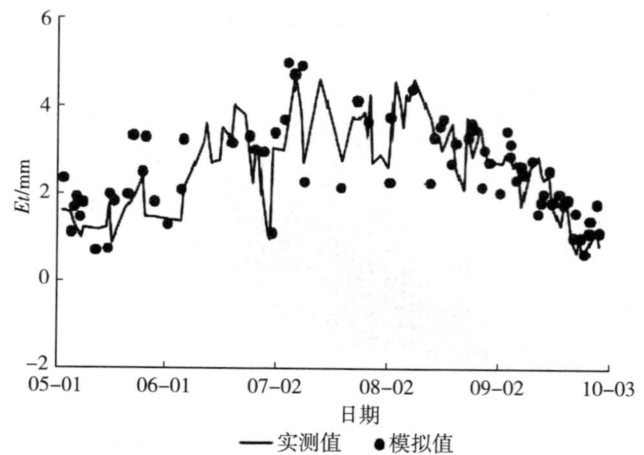

图 1.95　长白山阔叶红松林冠层日蒸腾量（Et）模拟值与实测值的季节变化

不论从冠层蒸腾量实测值与模拟值的 30min 数值、日值还是从日变化、季节变化来看，用多层模型模拟长白山阔叶红松林冠层蒸腾量的模拟效果较好，可用该模型的模拟值进行气候变化对冠层蒸腾量影响的研究。

（三）冠层蒸腾量对单因子气候变化的响应

在气温增加 3.6℃、0～20cm 土壤含水量减少 10%、大气 CO_2 浓度增加 190μmol/mol 3 种单因子气候变化情景下，通过对气候因子变化前后 30min *LE* 模拟值线性分析（表 1.18）可以看出，气温增加，*LE* 增加；0～20cm 土壤含水量减少，*LE* 减少；大气 CO_2 浓度增加 190μmol/mol，*LE* 减少，回归线的相关系数 R^2 均在 0.97 以上。从回归线斜率（a，可反映气候因子变化前后 *LE* 模拟值的变化幅度）来看，30min *LE* 值对 CO_2 浓度增加最敏感，变幅在−14%，对气温增加的响应次之，变幅在+8%，对土壤含水量减少最不敏感，变幅在−7%。通过对气候变化前后 *LE* 日值的线性分析（表 1.18），也可以得出类似结论。*LE* 日值对 CO_2 浓度和气温增加的响应幅度分别为−12%和+9%。*LE* 值对单因子气候变化的响应顺序为 $LE_t > LE_0 > LE_s > LE_c$。

表 1.18　单因子气候变化对长白山阔叶红松林 *LE* 的影响

LE	气候因子变化情景	a	R^2
30min 值/（w/m²）	t	1.08	0.976
	s	0.93	0.998
	c	0.86	0.994
日值/［MJ/（m²·d）］	t	1.09	0.966
	s	0.93	0.999
	c	0.88	0.995

a，R^2 分别为气候因子变化前后 *LE* 模拟值线性回归线的斜率、相关系数（设截距 b=0）。
t：气温增加 3.6℃；s：土壤含水量减少 10%；c：CO_2 浓度增加 190μmol/mol。

单因子气候变化对5～9月 Et 累积过程的影响（图1.96）与对30min LE 的影响类似，表现为，气温增加，Et 累积量增加；CO_2 浓度增加或土壤含水量减少，Et 累积量均减少。5～9月累积蒸散量分别为 Et_0＝407.3mm、Et_t＝439.4mm、Et_c＝359.2mm、Et_s＝80.3mm，气候变化对累积蒸散量的影响率（δ，指气候变化引起的冠层蒸腾变化量占当前冠层蒸腾量的百分比）分别为 δ_t＝＋7.9％、δc＝－11.8％、δ_s＝－6.6％，可见，生长季 Et 累积量对 CO_2 浓度的增加最敏感。

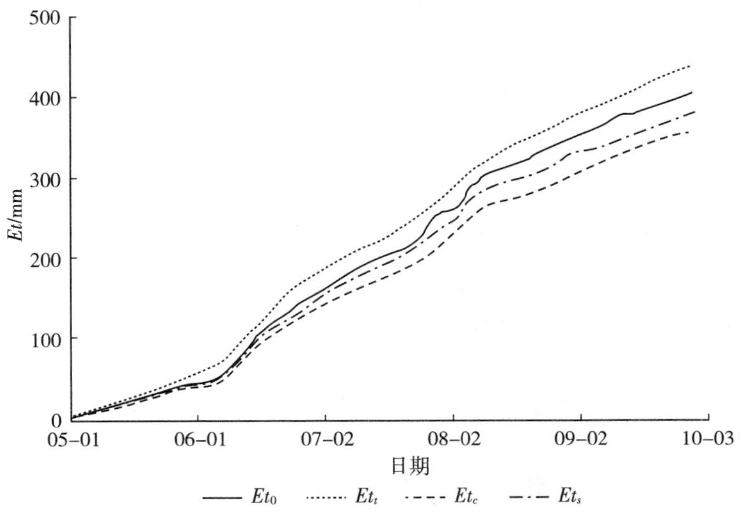

图1.96　单因子气候变化对生长季冠层蒸腾累积过程的影响

不论从30min值、日值还是生长季累积值来看，长白山阔叶红松林冠层蒸腾量对单因子气候变化的响应均表现为气温增加，Et 增加；CO_2 浓度增加，Et 减少；土壤含水量减少，Et 减少。其中，Et 对 CO_2 浓度变化最敏感。

（四）冠层蒸腾量对多因子气候要素联合变化的响应

通过对多因子气候变化前后30min LE 模拟值线性分析（表1.19）可以看出，土壤含水量减少、CO_2 浓度增加，LE 减少；气温和 CO_2 浓度同时增加，LE 减少；气温增加、土壤含水量减少，LE 变化不大；气温增加、土壤含水量减少、CO_2 浓度增加，LE 减少，回归线的相关系数 R^2 均在0.97以上。从气候因子变化前后 LE 模拟值线性回归线的斜率（a）来看，30min LE 对土壤含水量减少、CO_2 浓度增加的响应最敏感，响应幅度为－20％，对气温增加、土壤含水量减少、CO_2 浓度增加的响应次之，响应幅度为－13％，对气温增加、土壤含水量减少的响应不敏感。

多因子气候要素联合变化对 LE 日值的影响与对30min LE 值的影响类似（表1.19）。LE 日值对土壤含水量减少、CO_2 浓度增加的响应幅度为－17％，对

3 种因子综合变化的响应幅度为−10%。*LE* 日值对气候变化的响应顺序为 $LE_{ts}>LE_0>LE_{tc}>LE_{tsc}>LE_{sc}$。

表 1.19　多因子气候变化对 *LE* 的影响

LE	气候因子变化情景	*a*	R^2
30min 值/（w/m²）	*sc*	0.80	0.994
	tc	0.94	0.975
	ts	1.00	0.974
	tsc	0.87	0.978
日值/［MJ/（m²·d）］	*sc*	0.83	0.996
	tc	0.97	0.971
	ts	1.01	0.965
	tsc	0.90	0.971

多因子气候变化对 5～9 月长白山阔叶红松林冠层蒸腾累积过程的影响（图 1.97）与对 30min*LE* 的影响类似。5～9 月累积冠层蒸腾量分别为 Et_0＝407.3mm、Et_{tc}＝389.0mm、Et_{ts}＝408.9mm、Et_{sc}＝337.2mm、Et_{tsc}＝363.6mm。多因子气候变化对冠层累积蒸腾量的影响率（δ）分别为 δ_{sc}＝−17.2%、δ_{tc}＝−4.5%、δ_{ts}＝+0.4%、δ_{tsc}＝−10.7%，可见，生长季 *Et* 累积量对土壤含水量减少、CO_2 浓度增加的响应最敏感，对气温增加、土壤含水量减少的响应不敏感。

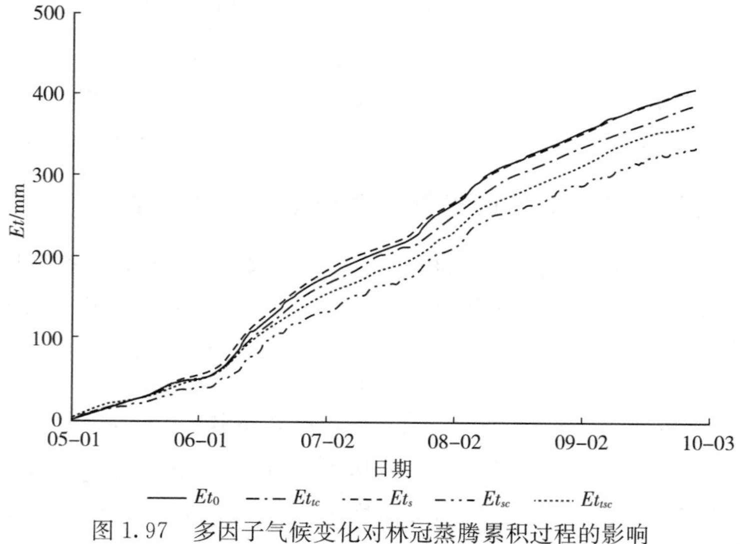

图 1.97　多因子气候变化对林冠蒸腾累积过程的影响

不论从 30min 值、日值还是生长季累积值来看，长白山阔叶红松林冠层蒸腾量对多因子气候变化的响应为：土壤含水量减少、CO_2 浓度增加，*Et* 减少；气温增加、CO_2 浓度增加，*Et* 减少；气温增加、土壤含水量减少，*Et* 变化不大；气温增加、土壤含水量减少、CO_2 浓度增加，*Et* 减少。*Et* 对土壤含水量减少、CO_2 浓度增加的响应最敏感，对气温增加、土壤含水量减少的响应不敏感。综合冠层蒸腾量对单因子和多因子气候变化的响应来看，响应大小依次为：Et_x＞Et_c＞Et_{tsc}＞Et_t＞Et_s＞Et_{tc}＞Et_t。

本研究应用多层模型对长白山阔叶红松林生态系统的冠层蒸腾量进行了模拟，从其 30min 值、日值及日变化、季节变化来看，模型能够较好地模拟冠层蒸腾量。该模型关注植被与环境的垂直结构，将植被冠层中的叶片与空气划分为水平的若干层次，逐层计算各层通量，累加至冠层水平的量。此外，Leuning（1995）还将冠层中受光照的叶片和被遮荫的叶片分开考虑，从而避免了对冠层同化作用的高估（Spitters，1986）。

模型模拟和观测中还存在着较多的误差来源，如模型中参数取值和驱动变量的误差在一定空间与时间尺度上模型物理过程的代表性如何，以及通量观测数据会低估生态系统蒸散量（戚培同等，2008）等。此外，模型 H_2O 通量模拟结果对气孔导度的参数（a_1）、*LAI*、气温（T_a）变化的响应较强（Shi et al.，2010），由于这些参数的确定是模型模拟准确与否的关键，因而，这些参数的误差会对主要输出结果产生影响（王靖等，2004）。尽管如此，使用该模型模拟长白山阔叶红松林冠层蒸腾对气候变化的响应还是切实可行的，通过进一步验证和修正，可将模型推广到区域上应用。

本项研究设置了气温、土壤含水量和大气 CO_2 浓度共同发生变化的气候情景，以代表 2100 年的气候状况，结果表明，2100 年冠层累积蒸腾量为 363.6mm，比气候变化前减少 10.7%。运用基于过程的生理生态模型模拟气候变化对蒸散的影响，国内外已做了切实可行的研究。米娜等（2010）运用基于生理生态过程的 EALCO 模型，设定了 4 种气候变化情景（气温增加 3.4℃，降水减少 20%，CO_2 浓度增加 180μmol/mol，气温和 CO_2 浓度的综合作用）对玉米农田生态系统的蒸散过程进行了模拟，结果表明，2100 年农田生态系统生长季蒸散将减少 11%。Davi 等（2006）用基于生理生态过程的多层模型（CASTANEA 模型）研究了欧洲森林生态系统 1960—2100 年水和 CO_2 通量对气候变化的敏感性，研究中设定的气候变化情景为气温增加 3.1℃（30%）、夏季降水减少 68mm（−27%）、CO_2 浓度增加 300μmol/mol，结果表明森林蒸发散将减少 13.7%。Luo 等（2008）用 4 种模型研究森林、草地等 7 种生态类型对降水减半，或者降水减半、气温升高、CO_2 浓度增加联合变化的响应发现，蒸腾量减少 20%～60%。本项研究中蒸腾量减少值偏小，这是因为本项研究中未考虑土壤蒸发的影响以及气候变化情景的水分变化幅度较小，此外，用不同的模型模拟冠层蒸腾量也会有所差异。

本项研究中，单因子气候变化对长白山阔叶红松林冠层蒸腾量影响的结果表明，温度增加 3.6℃，冠层蒸腾量约增加 8%。以往研究也得出了相似结论，如 Johnson 等（2000）利用 Nutrient Cycling Model（Nu CM 模型）研究气象因素变化对美国 6 种森林类型生物化学循环的影响，发现温度增加 4℃，*Et* 增加 0～12%。

由于降水与土壤湿度的关系较复杂，本项研究没有设置降水变化的情景，而直接假设了土壤湿度变化情景，气候变化条件下降水与土壤湿度的关系问题尚需深入研究。

三、气候变化对森林演替的影响

20 世纪初，Cowles、Clements 等建立了群落演替的理论（余树全，2003），演替的研究成为生态学研究的热点。森林演替是生态系统动态中森林资源再生产的一个重要的自然生态学过程，以木本树木为主的生物种群在时间和空间上不断延续、发展或发生演替，对未来森林群落的结构及其生物学多样性具有深远的影响。因而一直是森林生态系统动态研究中的主要领域之一（韩有志等，2002）。初期的研究多局限于定性的描述，20 世纪 50 年代以后才开始群落演替定量分析（丁圣彦等，1998；丁圣彦等，1999；Houghton et al.，2001）；国内群落演替定量研究始于 20 世纪 80 年代初，近年来，由于深入地研究反映林地生长条件的相互作用与积累效应，即比较真实地重现（仿真）现有林地的结构和演替历史（程根伟等，2002），对于天然林保护工程与植被的恢复重建，具有重要的理论意义，因此其研究引起了密切关注（李兴东等，1993；彭少麟，1994）。在演替过程中，森林更新受物理环境、自然和人为干扰、更新树种的生理生态特性、树种对干扰的反应等因素及其相互作用的影响（韩有志等，2002）。

当前因人类活动所导致的全球变暖已成为超出科学界的重大环境问题，由于陆地生态系统不但是人类赖以生存的物质和环境主体，而且是全球碳循环的重要碳库之一，因此陆地生态系统如何响应和影响全球气候变化成为全球变化研究的核心问题之一（赵茂盛等，2002）。该问题一方面为植被类型的空间分布对气候变化的响应；另一方面，植被类型的空间分布的变化会反馈给气候系统。

（一）干扰对森林演替的影响

对于生物群落来说，总是有各种外力对其产生作用，当作用力超过一定范围，造成群落正常结构或功能发生变化时，就构成了对群落的干扰（臧润国等，1998）。干扰是森林时空异质性的主要原因，是更新格局和生态学过程的主要影响因素，也是森林循环的驱动力，由此引起的生境和资源的空间异质性使森林更新表现出明显的空间格局特征。干扰的主要作用是改变资源的有效性，干扰形成林隙是森林循环的起点。只有将干扰状况与树种特性紧密结合起来，才能比较全面地认识森林的结构动态变化规律。

对于生物群落发生作用的外力或源于自然，或来自人为活动。前者称为自然干扰，后者称为人为干扰（梁建萍等，2002）。影响森林系统的自然干扰中既有生物因素，也有非生物因素。生物因素如动物、微生物、病虫害等；非生物因素如火、暴风雨、侵蚀、淤积、雪崩、台风、洪水、滑坡、地震、火山喷发、冰川活动等。对于干扰特征的描述随干扰类型而异，一般用干扰频率、恢复速率、干扰事件影响的空间范围、时间尺度和形状等来说明干扰的特征。自然干扰发生的频率、强度、空间范围和形状不尽相同，这些特性决定着对森林生态系统的影响程度。过度频繁的干扰，可限制许多树种发生和生长，这是因为树种在很短的干扰间隔内来不及完成生命周期；有的干扰虽然罕见，但对森林的形成和结构亦有决定性的作用。例如，非生物因素林火干扰能使生态系统、群落或种群的结构遭到破坏，导致局部地区光、水、能量、土壤养分等的改变，进而导致微生物环境的变化，直接影响到地表对土壤中各种养分的吸收与利用，使资源、基质的有效性或物理环境发生变化（邓湘雯等，2003）。林火干扰的结果还可以影响到土壤中的生物循环、水分循环、养分循环，进而通过影响很多生物个体的死亡、生长和发育，影响到种群和群落的结构特征，影响到群落的演替规律。高强度火烧对土壤结构破坏严重，使空隙度和分散系数增高；而中低强度火烧对土壤坚实度和空隙状况影响不大，但对土壤的保水保肥能力有显著影响（余树全，2003）。又如生物因素外来物种，通过各种渠道进入以后，自然隔离作用大大减小，对生态、经济和社会产生了一系列的不利影响，业已受到人们的关注，并得到学术界、政府机构的高度重视。外来种入侵是自然生态系统面临的全球性问题之一（Ehrenfeld et al.，2001），它不仅导致生物多样性丧失，而且威胁着全球的生态环境和经济发展（郭传友等，2003）。

人为干扰包括土地利用历史、森林砍伐、林地清理、农药使用、空气污染、人为气候变暖等，人为干扰较自然干扰发生频繁，它可以掩盖、减小或增强自然干扰的作用（梁建萍等，2002）。人类活动所引起的温室效应及由此造成的全球气候变化和对全球生态环境的影响正越来越受到各国政府、科学家和公众的注意，作为全球陆地生态系统一个重要组分的森林对未来气候变化的响应更是人们关注的重点（刘国华等，2001）。现在有证据表明：最近 50 年人类活动对全球气候变化影响特别明显（Houghton et al.，2000；Houghton et al.，2001；赵宗慈等，2003）。气候模式模拟研究表明，考虑人类活动增加温室气体排放，东亚和中国的气候可能将发生明显的变化（Zhang et al.，2000；Zhao et al.，1997；Zhao et al.，2000）。气候变化对陆地生态系统的影响及其反馈是全球变化研究的重要内容，而由土地利用—土地覆盖变化引起的气候变化一直也是其中的研究焦点之一（Daniel et al.，2002）。森林植被的变化对于气候系统的反馈可能加强或减缓气候的变化，对于植被覆盖对气候系统反馈的研究，将帮助我们认识气候变化的机理并提高预测气候变化的能力。林分受到人为火的干扰后，会减少雷电火干扰的可能性。人为的防火措施一方面可延长自然火的发生周期，而另一方面又因长期对森林的封禁，致使林内易燃物大量积累，可诱发强度火干扰的发生。由于几十年来的砍伐和其他人为的土地利用，东北温带森林已经从空间分布上严重偏离了自然的演替（He et al.，2002），客观准确地认识森林演替的动力学机制及其模型势在必行，同时也是科学管理森林生态系统的需要（Zhang et al.，2000）。

森林对于干扰的反应表现在许多方面，这些方面的内在联系十分复杂，因此，很难用森林中某个现象或某几个现象，来说明森林生态系统对干扰的反应；但从森林中各树种及其林木个体的空间格局和生态学过程看，不外乎两种格局：植被结构的重组和形成新的植被。根据干扰对植被系统的影响程度，将干扰分为轻度干扰、中度干扰、严重干扰、剧烈干扰（胡建忠等，2003）。在出现弹性限度之前，小的系统内外环境变化（轻度干扰）会造成植被系统的波动，但波动振幅不大，只在平衡状态中围绕中心位置发生摆动，应力消除后系统能恢复原状，应变为零。此阶段应变与应力成正比关系，属于弹性变形，可以通过植物自组织力得以恢复，这是由于组成森林的各种树种在长期的自然进化过程中，已形成了一些特有的解剖构造和生理机制，可适应较规律的、季节性的干扰，并能忍受一定程度的非规律性干扰。当环境系统受到中度干扰，系统有了较大变化，超过平衡位置而不再处于平衡之中，处于预警状态，此时表现为非演替种的树木个体或小的树种组的更替动态过程。系统应变可以通过植物自组织力逐渐恢复，但耗时较长，如能结合人为辅助手段来加以恢复，效果明显。此阶段属于塑性变化范围，恢复力以植物自组织力为主，人为为辅。植被系统在遭受严重干扰后，应力作用于系统后的应变更大，仅凭植物自组织力恢复的难度很大，耗时很长，系统处于终极预警状态。应力撤除后，需要通过更大力度的人为措施来加以恢复，系统一般会建立新的波动平衡状态，而难以在短期内纯粹复原到初始状态，此阶段仍属塑性变化范围，恢复力在初期恢复阶段以人力为主，植物自组织力为辅；后期阶段仍要重点利用植物自组织力的自我恢复功能。剧烈干扰后会导致系统彻底毁坏，面目全非，应力撤除后为极度干扰立地，应进行植被重建。植被重建也包括自然和人工两方面，不过自然重建的速度极慢，人工植被重建应以仿拟自然林或近自然林为主要手段，前期恢复力主要为人力；后期阶段仍要充分发挥植物的自组织力。

（二）森林演替的难点

美国生态学家 Clement 在 20 世纪初就提出了生态过渡带概念，自 20 世纪 80 年代以来该领域重新成为生态学研究的一个热点，这是因为生态过渡带是一种植被类型逐渐被另一种植被类型取代的张力区，或称由一类生态系统向另一类生态系统空间转换的相变区（周晓峰等，2002）。环境因子和生物类群均处于相对复杂的临界状态，不论对于全球气候变化还是人类干扰均极端敏感，生态过渡带实际上是外界干扰信号的放大器，全球变化重要的预警区。这决定了演替模型对于生态过渡带的研究就显得比较迫切，就对目前模型中的生态限制因子及其阈值的科学确定提出了挑战。在传统的植被分布与气候关系研究中，通过确定气候界限指标划分植被的分布范围，忽视了分布区内因生态环境要素的梯度变化对植被的影响（吴正方等，1996；吴正方，2002）。植被分布区内热量、水分等重要生态气候因子的梯度变化不仅影响植物物种的生存状况和生产力，还会影响其动力演替过程。因此，也就形成了生态环境质量差异和生态气候适宜性差异（吴正方，2003）。在森林植被带中由于分布区内树种生存的基本生态气候要素存在着梯度变化或差异，树种的分布就会形成核心分布区和边缘分布区。核心分布区内生态气候条件最为适宜，树种生产力最高，成为群落的优势种，边缘分布区生态气候条件逐渐变为不适宜，树种生产力也降低，在群落中逐渐变为次要地位，直至消失。所以在森林演替中就不得不考虑空间分布的异质性，而空间的异质性存在于所有尺度的生态学过程，影响着生态学系统的重要功能和过程，这就造成了生态系统属性在空间上的复杂性和变异性（李哈滨等，1988；Li et al.，1995）。

（三）演替过程模型

一般在建立模型时常常把演替理论和观点以不同的形式反映到数学模型中，模拟陆地生态系统植被动态的模式多种多样（Jorgensen，2000），这是由模型构造者的知识背景和多种多样的生态理论形成的（桑卫国等，1999）。大部分用于模拟森林立地和林窗的植被动态（Botkin et al.，1972；Bugmann，1996；Fischlln et al.，1995；Jorgensen，2000；Pastor et al.，1985；Shugart，1984；Urban et al.，1993）和森林生态系统过程（Aber et al.，1992；Aber et al.，1995；Patton et al.，1987；Patton et al.，1988；Running et al.，1988；Running et al.，1991）。从这种方式上说，模型实际上表示了生态系统功能和行为的预先假设，模型的限制条件，反映了对生态系统的认知程度。

1. 马尔科夫模型

马尔科夫模型是一个经验模型，基于植被—气候之间的统计关系，在这种统计关系的基础上对未来生态系统的响应进行预测。以马尔科夫理论为基础的模型都或明确或隐含地认为：植物群落的演替过程是一个线性系统，这种植物群落的演替是一种必然的过程，其基本特征是经足够的时间以后收敛在一个稳定的组成中。也就是说，马尔科夫模型建立在3个假设的基础之上（方精云，2000）：①植被和物种在现在和将来都与气候处于平衡状态；②气候变化以后，植被和气候的关系不会发生改变，演替转移概率具有时间上的不变性；③被选择的气候变量被认为对植被起着关键的作用，是生态限制因子，而其他次要的相互关系不予考虑。具体来说，就是演替的初始状态不管是什么原因造成的，植物群落将按既定的方向发生演替，这种既定的方向就是成熟稳定的植物群落（李兴东等，1993）。这种模型把演替系统用马尔可夫过程来近似地描述。即认为系统在已知现在情况的条件下，系统未来时刻的情况只与现在有关，而与过去的历史无直接关系。

植物群落演替的马尔科夫过程常用更新概率模型来描述。即用表示一些植物在一定时间里将被另一些个体或另外一些种更替的概率表来构造马尔科夫过程的一些平稳转移概率（矩阵）。这种更替概率表（或转移矩阵）一般是通过实验（包括野外调查）的手段得来的。

马尔科夫模型包括单一马尔科夫链模型和时空的马尔科夫链（STMC）模型。前者表现为静止或时间均一的，这种模型仅当系统具有时间不变的转移概率和不变的状态或类别才是可用的，所以对于原生演替是不适宜的。后者则尝试将空间维引入模型，将每一点单独通过马尔科夫链，解释它的位置，形成了每一时间步骤的状态空间图（李双成，2001）。转移概率用复合因子赋予权重，业已证实，空间零阶 STMC 模型在一定条件下具有遍历态分布。模拟显示，较高空间阶的 STMC 模型也具有遍历态分布。

2. 林窗模型（GAP）

由于树木枯死形成的林窗在森林群落中具有重要的生态作用，因为他通过改变林间的日照条件影响着森林的优势木、动态和组成（Audrey，2003）。林窗模型是一种“多物种”和“多龄级”的随机样地模拟器，用于模拟森林内部控制树木定居、生长、替换和死亡的过程，可以用来预测全球变化对森林种类、森林第一性生产力、森林生物量的影响，也可以通过多点模拟间接推断植被边界的变化，还可以找出影响森林对气候变化响应的重要因素（方精云，2000）。林窗研究已成为当前森林生态学关注的热点之一，是森林循环更新的一个重要阶段，也是维持森林生物多样性的一个重要环境。林窗模型首先由 Botkin 及其同事们于 1972 年建立（Botkin et al.，1972），其第一个版本为“JABOWA”，以后 Shugart 等又开发了新的版本，例如“FORET”“FORENA”等。

Solomon（1986）用 FORENA 模拟了美国东部 CO_2 浓度的升高引起的气候变化对森林的影响，在区域尺度上探讨了森林分布、第一性生产力和碳沉降的改变。中国在这方面也做了不少有益的探索：NEW COP 模型是一个新的适于模拟东北森林的种类组成动态的林窗类计算机模拟模型，它通过模拟在每一个林分斑块上的每株树木的更新、生长和死亡的全过程来反映森林群落的中长期生长和演替动态。NEWCOP 模型是一个由气候动力驱动的生态系统模型。故也可以用于评价气候变化对东北森林生长和演替的影响。在东北大兴安岭、小兴安岭和长白山地区对 NEWCOP 模型进行了验证和校准。沿环境梯度对 NEWCOP 模型的数字模拟实验表明：它能准确地再现顶极森林中树种组成及其在东北地区的水平、垂直分布规律；并能准确地再现大兴安岭、小兴安岭和长白山的主要类型森林的生长和演替规律；在一定的场合 NEWCOP 还可反映林分的径级结构；NEWCOP 模型还具有对现有森林的跟踪模拟能力。

LINKAGES 模型是在 JABOWA/FORET 模型的基础上发展起来的一个综合模型，基于树种组成、生物量、净第一性生产力、土壤有机质、土壤有效氮等独立变量，模型在不同地区得到验证（He et al.，1999），该模型包括了分解、矿化、土壤水分等子模块，将土壤的水分养分循环与树种演替间的相互作用联系了起来。郝占庆等（2001）曾用该种模型，选择目前（模型使用目前的气象参数）和未来变暖（各月温度均增加 5℃、降水无明显变化）两种气候条件，对长白山自然保护区内主要树种在各斑块类型中对气候变化的潜在响应进行了模拟。

在森林林窗模型模拟中，各个林窗上森林动态各不相同，具有随机性，但所有林窗平均状态反映出森林群落演替的有序性是林窗模型成立的主要原理，样地面积不同可导致模拟出的森林群落的树种组成和结构不同，只有当样地面积为林窗大小时，模拟结果才最合理（延晓冬，2001）。另外，按照林窗模型的定义，样地多少实际上代表着斑块复合体的大小，如果样地数量太少，作为斑块复合体所反映的就不是当地的森林群落的特征和动态；如果样地数量太大，既增加了计算量，又掩盖了作为反映森林群落的某些本质特征。样地的数量用差异指数来进行确定，用最小的样地个数保证群落组成的相似性增加，群落组成动态的稳定性增加（延晓冬，2000）。

3. 陆地生物圈模型

20 世纪 90 年代以来，基于过程的平衡态陆地生物圈模型- BIOME 系列及其动态发展（LPJ - DGVM）（Sitch et al.，2000）已经成为模拟大尺度（全球至区域）的植被地理分布、净第一性生产力和碳平衡以及预测气候变化对陆地生态系统潜在影响的有效工具。这种模型开始逐渐引入植物功能类型的概念，并以此取代生物群区类型作为变量输入模型。

BIOME1 以影响不同植物的功能型分布的生理限定性为基础，预测植被外貌的全球格局（Prentice et al.，1972）。模型假设不同的植物型生活在一定的环境中，他们中间存在潜在的优势类型，生物群区是这些优势植物类型的归并。BIOME1 可被用来评价气候模型的性能以及过去、现在和未来气候条件下预测植被和格局和潜在碳储量（丁圣彦等，1999；Prentice et al.，1993；Prentice et al.，1995）。Sykes 等（1996）基于 BIOME1 模拟了北欧现状和未来主要树种的潜在分布，以及瞬时的森林动态变化。BIOME6000 计划采用 BIOME1 的分类作为描述古气候模拟结果的基础，并尝试重新定义一些新的分类（倪健，2000）。

BIOME2 通过碳和水通量的生物地球化学计算来获取大尺度的环境对植被结构和物候型自然分布的控制（Haxeltine et al.，1996），模型要求高精度、高质量的气候、土壤和植被数据。BIOME2 增强了对生物群区的预测能力，能够模拟许多定量指标，并尝试比较了遥感数据驱动和预测的植物投影盖度（FPC）

及其季节变化以验证模型。

评价气候变化对自然生态系统影响的诊断模型必须包括生物地理模型和生物地球化学模型，于是在 BIOME1 和 BIOME2 的基础上建立了平衡态陆地生物圈模型 BIOME3。BIOME3 利用每个植物功能型的最适净第一性生产力（*NPP*）作为竞争性指数，以及近似光竞争所驱动的自然干扰和演化之间的动态平衡来模拟植物功能型之间的竞争。BIOME3 模型成功地模拟出了潜在自然植被分布的大尺度格局，与 *NPP* 测量值的比较以及与遥感驱动的绿度值为基础的分段吸收光合有效辐射（*FPAR*）的比较，提供了模型内在逻辑上的进一步检验。该模型正成为气候和 CO_2 浓度对生态系统结构和功能影响整合分析的有效工具。利用 BIOME3 模型和高精度的气候、土壤和植被数据，可以模拟现状气候条件下 10 经纬网格点上中国植被的潜在分布和净第一性生产力，模拟的潜在植被与潜在自然植被图基本吻合（Ni et al.，2000）。利用英国 Hadley 气候中心的耦合海洋—大气 GCM（包括温室气体和气溶胶）的输出结果驱动模型模拟 21 世纪末期气候和 CO_2 浓度变化情况下中国植被的响应，结果表明，该模型可成功地应用于区域尺度的模拟。

为了解决 BIOME3 模型中存在的不能明确模拟氮循环和没有从机理上把火和其他自然干扰嵌入到模型中的缺陷，Prentice 教授的研究组发展了第四个版本，即 BIOME4，这是一个交互式的、平衡耦合的生物地理和生物化学模型，增加了对自然火干扰的考虑，使模型更加完善。

BIOME1 到 BIOME4 的发展均未考虑植被与环境的变化，因而无法模拟植被的瞬时变化与气候的动态影响，全球动态植被模型（DGVM）应运而生。这种模型在同一个模式框架中联合了机理性的陆地植被动态、碳和水循环，模拟的全球植被格局与遥感观测匹配较好。该模型可以比较合理地预测出陆地植被在未来 10 年甚至百年时间的可能变化，较好地模拟过去植被的变化以与孢粉、湖面数据进行比较，因为模式能够考虑到各种全球变化和干扰对陆地生态系统产生的不同影响在时间上的差异，即时滞效应；还能比较准确地预测植物物候变化，特别是叶面积指数的动态；评价模拟地球系统变化的能力，有效地帮助我们评价未来气候变化、土地利用、自然和人为干扰等对潜在自然植被格局和动态的影响（方精云，2000）。

MAPSS 为一基于过程的模拟全球潜在自然植被分布的生物地理模式，依据我国植被和气候的关系对模式中的某些参数和过程进行了调整（赵茂盛等，2002）。将改过后 MAPSS 模拟的当前气候状况下潜在植被类型及叶面积指数的分布与我国植被区划图和多年平均的 NDVI（NOAA/AVHRR）比较，发现结果有了很大的改进。将大气环流模式 HadCM2 对未来气候变化的预测结果应用于改进后的 MAPSS 对我国植被未来的变化进行了模拟，发现模式对植物水分利用率（water-use-efficiency，*WUE*）非常敏感。

4. 非线性动力学模型

正当人类向21世纪迈进之时，以非线性理论研究为中心的自然科学领域中正在发生着一次无比深刻的科学革命（董军等，2001）。20世纪70年代出现在非线性科学领域内的混沌学正在科学的舞台上扮演着越来越重要的角色，正如混沌科学的倡导者之一M. Shlesinger所说，混沌是20世纪物理学上第三次最大的革命，它与相对论及量子力学一样冲破了Newton力学的教规。事实上，相对论消除了关于绝对空间与时间的幻想，量子力学消除了关于可控测量过程的Newton的梦，而混沌学则消除了Laplace关于决定论式可预测性的幻想。以混沌学为主题之一的非线性科学也因此而令人瞩目。它们横跨于众多的学科间，探索大自然中复杂的非线性问题，从不同的角度来揭示复杂自然现象中的规律性。张嘉宾（2002）提出的系统森林学、系统林学，从发展的眼光，系统动态演变的角度，给出了林业研究的新思路，是对传统林学的发展。他在系统林学中提出的动态系统和静态系统概念，事实上是对实际复杂森林学系统的概括。动态系统的数学模型中的状态变量应是空间和时间的函数，空间代表位置，不同的位置具有不同的环境条件，而静态系统的数学模型中的状态变量则只是空间的函数，不随时间而变化，因此静态系统便成为动态系统的一类特殊情形和极限状态，是一类稳定的系统（董军等，2003）。显然可以看出，森林学所涉及到的林业系统、森林生态系统、林产业系统等都是属于动态系统工程的范畴。而森林演替受干扰的影响从来不是线性的，从根本上去探求这个问题，就需从非线性的角度去考虑。

（四）气候变暖对森林演替的影响

20世纪80年代中期出现了全球变化的研究，其中尤其强调了人类活动的重要性，明确指出它对包括气候在内的环境变化的强迫力在10年到百年尺度变化上已和自然界相当或过之。由于人类在社会和经济活动等诸多方面的活动彼此关联，其影响可以散布到地球各子系统（赵茂盛等，2002）。森林对人为活动的反应体现在不同的时空尺度上，人为活动的不同方面通过影响生物的生理、种间相互作用，甚至改变物种的遗传特性，从而影响整个生态系统的种类组成、结构和功能。

土地覆盖和利用的改变对陆地生态系统功能的影响主要体现在生物地球化学循环的变化。无论是土地利用的转变，还是土地覆盖的改变都影响到区域到全球范围内陆地生态系统中碳、氮和其他元素的利用和循环（方精云，2000）。土壤覆盖和利用的改变所释放的CO_2量占化石燃料利用所造成CO_2释放量的30%左右；同样地，土壤覆盖和利用的改变也影响着其他温室气体的释放。另一方面，土地利用也会影响到区域内的气象和水文条件，从而影响到陆地生态系统的功能。

人类活动对气候的影响，主要表现在人类活动对大气成分的扰动上（王明星等，2002）。观测表明，大气 CO_2 浓度从工业革命前的 280μmol/mol 增加到 1999 年的 367μmol/mol；大气甲烷浓度从工业化前的约 0.8μmol/mol 增加到 1998 年的 1.75μmol/mol；大气氧化亚氮浓度从工业化前的约 280μmol/mol 增加到 1998 年的约 330μmol/mol。这些变化有少部分是人为活动引起的（IPCC，2001）。强有力的证据表明 20 世纪的增温明显不同于自然强迫的响应，尤其是后 50 年每 10 年约 0.1℃的增温主要归因于人类的活动（Jorgensen，2000）。而与此同时，许多地区人为的硫排放在快速增长，结果导致大气中气溶胶大幅度增加，气溶胶目前的浓度已明显高于工业革命前的水平。高浓度的气溶胶，一方面直接散射和吸收太阳辐射，从而改变地气系统的能量平衡，直接影响气候；另一方面以云凝结核的形式改变云的光学特性和生命周期，从而间接影响气候。越来越多的研究表明，随着社会经济的飞速发展，人类活动对地球气候系统的影响越来越大（石广玉等，2002）。大气成分浓度的这种变化被认为是气候变化的重要原因。由此引起的气候变化（如气温升高、降水分布改变等）将会对地表植被产生间接和直接的影响（孙睿等，2001）。

由于 CO_2 浓度升高和全球变暖是最为明显和肯定的全球变化，加上在控制植物生长及其生态功能上的重要性，人为活动对陆地生态系统功能影响方面的研究侧重在 CO_2 浓度增加和温度升高对陆地生态系统所产生的影响。概括起来有几方面的影响：①对初级生产力的影响，大多数生态系统水平 CO_2 浓度增加试验表明，陆地生态系统的初级生产力在 CO_2 浓度增加条件下比正常 CO_2 浓度下高得多。②对凋落物分解的影响，绝大部分的温室试验都发现植物叶中的碳、氮比随 CO_2 浓度的提高而提高；但高 CO_2 浓度下凋落物在大多数情况下具有和正常 CO_2 浓度下形成的凋落物相类似的 C/N 值。③对水分有效性的影响，幼树在 CO_2 浓度增加条件下降低了气孔传导率，森林生态系统中的成龄植物没有表现出这种反应。④温度升高对植物生长的影响比原先预计的要小得多，这是因为大多数植物对温度的变化有适应范围。但是温度的升高会加快植物的发育，改变水分平衡，促进凋落物的分解，从而加速温室气体的排放。

人为活动导致的氮沉降已超过了自然固氮的总和，其中相当一部分人为氮输入是以大气氮化物沉积的形式进入陆地生态系统，会改变植物组织的化学组成、凋落物的累积和分解以及土壤氮的矿化。大气降氮会增加初级生产力和生物量，也可能会提高叶片含氮量，从而提高了植物受虫害的可能性（方精云，2000）。

由于不同物种对全球变化的反应有很大的差异，可以预计陆地生态系统的种类组成会随气候变化而发生显著的改变。例如，在冻原或高山寒冷地带，气温的升高已经证实能改变群落的物种组成。哥斯达黎加的热带山区，过去 20 多年来的气温升高已造成 20 多种青蛙和蟾蜍类动物的灭绝以及鸟类和爬行类动物种类的减少。气候变化对生态系统结构的影响体现在多个方面：种类组成的改变会直接导致生态系统结构的变化；通过改变植物的死亡率以及随后的幼苗生长影响陆地生态系统的结构。

通过对中国历史资料的分析，结合已有研究成果，对我国历史上由于森林的大幅度减少所造成的黄河、长江等流域的洪水和西北地区的气候干旱、沙漠化，进行了系统的分析研究。结果表明，4 000 年间由于人口的增长和不合理的人为活动，我国森林覆盖率约由 60%下降到 10%，毁林先是在黄河流域，后来扩展到长江流域等几乎全国所有的林区。黄河、长江上中游地区大规模的森林破坏，导致了中下游地区发生严重而频繁的洪水灾害，而且越到后来就愈加严重（樊宝敏等，2003）。

尽管温室气体的增温效应及幅度大小具有很大的不确定性，存在许多分歧（Shackhy et al.，1998），然而植物对于气候变化的响应研究仍然成为众多学者关注的热点。近 10 年来。国内外学者从模型模拟的角度进行了多层面定量研究（李双成，2001）。

（五）存在的问题和今后发展的方向

目前，有关气候变化对森林生态系统影响的预测所采用的气候指标都是年平均的变化，而很少或者根本没有考虑其季节变化和极端气候事件。但是，未来全球气候变暖却可能会使极端高温和寒冷的频度和强度加大以及气候的季节波动更为明显，而极端高温或低温对很多物种来说可能是致命的。很多科学家认为极端气候事件为人类生存环境带来的危害将更加严重；极端灾害的增加将对森林景观造成严重的威胁。然而，现在模型预测的研究却很难对这些极端气候事件做出评估（刘国华等，2001）。事实上，传统的森林学研究属于静态系统，片面地强调了分解，而在很大程度上忽略了综合的效果。森林复杂巨系统属于动态系统，是从动态发展的、多因素影响的非线性动力学角度来分析、研究问题的。研究森林这一开放的复杂巨系统的最终目标，就是期望能够在尊重森林自身组织作用的前提下，发挥人类的能动作用，努力使其沿着进展演化的方向走向整体最优，为人类更好地服务（董军等，2003）。

在传统的植被分布与气候关系研究中，重点是通过确定气候界限指标划分植被的分布范围，而忽视了分布区内因生态环境要素的梯度变化对植被的影响。植被分布区内热量、水分等重要生态气候因子的梯度变化不仅影响植物物种的生存状况和生产力，还会影响其动力演替过程。

对当前有关气候变化对森林影响模拟预测研究工作进行了一些论述，虽然现有的模型研究还存在一定的缺陷，但是我们并不能因此而放弃对气候变化有关影响的研究。然而，为了更准确地预测未来气候变化对森林生态系统的影响，在提高对未来气候变化格局预测精度和准确度的同时，必须加强对森林的结构和动态、物质和能量的交换过程、生物地球化学循环及其他有关的生态过程进行详尽的研究。因此，要求我们设计一些样地进行长期的观测，尤其是对不同生态系统类型间过渡区各种变化的研究。而样地的设计应力求做到包括多种空间尺度和类型，以保证其时间、空间和气候梯度上的连续性，从而使获取的数据能为模型的设计和尺度的转换提供基本的信息。如 20 世纪 90 年代初期国际地圈——生物圈计划（IGBP）开始实施的全球变化与陆地生态系统（GCTE）项目已开始注重在各种尺度上对各生态过程的研究，它们在全球各个气候带上选取典型样带，以保证数据的代表性。此外，在模型设计中，各个参数的选择要尽可能地反映自然界的真实情况。虽然现在各类模型都存在一定的缺陷，但它们也有各自的优点，如何使它们扬长避短，发挥各自的优势，也是当前亟待解决的问题。因此，各类模型的相互结合、相互渗透也是当前更为准确地预测未来气候变化对森林影响的趋势。

四、土壤温度和水分对长白山不同森林类型土壤呼吸的影响

碳元素是陆地表层生命有机体的关键组成部分，是参与陆地生物地球化学循环最活跃的元素之一。碳循环是生物圈健康发展的重要标志（Gupta et al.，1981）。自工业革命以来，由于化石燃料的燃烧和非持续性土地利用，人类已经极大地改变了地球碳循环过程，从而导致了诸如大气 CO_2 浓度升高和气候变化等一系列严峻的全球性生态环境问题，严重影响到陆地生态系统的组成、结构和功能，给人类自身的生存和可持续发展带来了巨大的挑战。土壤是一个巨大的碳库，土壤碳库的微小变化都可导致大气 CO_2 浓度的显著变化（李文华等，1981；Moore et al.，1993；Moore et al.，1989）。因而准确评估土壤呼吸作用及其对全球变化的响应就显得十分重要。

影响土壤 CO_2 释放过程的环境因子有许多，其中最主要的是土壤温度和含水量（Kucera et al.，1971；Krischbaum，1995；Moore et al.，1989；Wildung et al.，1975）。尽管国内外有关这方面的研究工作也不少，但是关于土壤温度和含水量对土壤呼吸的影响机理众说纷纭。

（一）研究区域概况

研究区域位于吉林省延吉市安图县长白山北坡，长白山国家级自然保护区内。长白山北坡植被具有典型的垂直地带性，自下而上为阔叶红松林、云冷杉林、岳桦林和高山苔原，是欧亚大陆东北部典型的山地自然综合体。本项研究分别选取 3 个地带性植被类型土壤作为研究对象。

阔叶红松林区海拔为 500～1 000m，年均气温 0.9～3.9℃，年均降水量为 700mm，主要树种有红松（*Pnius koraiensis*）、色木（*Acer mono*）、椴树（*Tilia amurensis*）、榆树（*Ulmus mongolica*）、水曲柳（*Fraxinus mandshurica*）和柞树（*Quercus mongolica*）。红松平均胸径为 28.9cm，平均树龄为 160 年。灌木有东北溲疏（*Deutziaa murensis*）、假色槭（*Acer pseudosieboldiarum*）、青楷槭（*A.*

tegmentosum）和毛榛子（*Corylus mandshurica*）等。草本包括苔草（*Carex* spp.）、山茄子（*Brachybotrys paridiformis*）和一些蕨类等。土壤为暗棕色森林土。

云冷杉林地势较高，海拔 1 100～1 700m，在垂直分布带上属高寒带，年均气温为－2.3～0.9℃，年均降水量大多在 800mm，降水量季节分配不均匀，夏季降水占全年降水量 60%以上。该林地主要树种有鱼鳞云杉（*Picea koraiensis*）、红皮云杉（*P. koyamai* var. *koraiensis*）、冷杉（*Abies nephrolepis*）和红松。它们的平均胸径在 10～30cm，平均树龄 160 年，占全部林木蓄积量的 75%，此外还有落叶松和少量阔叶树种，土壤为山地棕色针叶林土。

岳桦林分布在海拔 1 700～2 000m 的地区，是长白山森林上限植物群落。其分布区年平均温度为－3.2～－2.3℃，年降水量 1 000～1 400mm，6～9 月降水量为 600～900mm，土壤为山地生草森林土，主要树种有岳桦（*Betula ermanii*）、长白落叶松（*Larixolgensis* var. *changbaishanensis*）、鱼鳞云杉（*Piceajezoensis* var. *komarovii*）、臭冷杉（*Abiesnephrolepis*）。岳桦平均胸径 17～23.2cm，平均年龄 130 年，占乔木的 96%；灌木有牛皮杜鹃（*Rhododendron chrysanthum*）、花楸（*Sorbus pohuashanensis*）、西伯利亚刺柏（*Juniperus sibirica*）、越橘（*Vaccinium vitisidaea*）。3 种森林类型土壤理化性质见表 1.20。

表 1.20　3 种森林类型土壤理化性质

土壤类型	地下生物量/（kg/hm²）	有机质/%	微生物数量	全 C
阔叶红松林土壤	53 040.0	275.6	2 265.87	159.9
云冷杉林土壤	42 200.0	123.6	380.37	71.7
岳桦林土壤	36 310.0	221.3	1 719.80	128.3

（二）土壤温度和含水量对暗棕色森林土呼吸速率的影响

长白山不同森林类型土壤呼吸速率随土壤温度的变化情况见图 1.98。从图 1.98a 可以看出，阔叶红松林土壤呼吸对土壤温度的反应特别敏感，不论何种土壤含水量，土壤呼吸速率均随温度的增加而增高。3 种土壤的呼吸速率在 0～15℃的反应较弱，而超过 15℃时呼吸速率明显增加，增加速度最快的是含水量为 0.30kg/kg 的土壤，其次为 0.37kg/kg 和 0.43kg/kg，而含水量 0.09kg/kg 和 0.21kg/kg 的土壤呼吸速率变化比较缓慢，反映出土壤微生物和非生物化学氧化作用在高温下比较活跃，其活性临界点在 15～25℃（刘绍辉等，1997；许光辉等，1980）。对于每一温度处理，土壤呼吸速率都有一个最佳湿度值。不同温度处理的阔叶红松林土壤呼吸速率在含水量 0.37kg/kg 时 CO_2 含量达最高值 267.45～2 569mg/（m^2 • h）。这与 Kucera（1971）研究草原土壤呼吸的结果相一致。草原土壤呼吸研究结果表明，土壤在饱和或永久萎蔫含水量时，土壤呼吸作用均停滞，当土壤含水量达到 25%～30%时，土壤呼吸作用开始加强。这说明阔叶红松林土壤呼吸速率不仅受土壤温度的影响，还受土壤水分条件变化的影响，含水量在 20%以下时土壤呼吸作用基本停止（刘绍辉等，1997）。由图 1.98a、1.99a 中还可以看出，呼吸作用受土壤温度、水分以及温度水分交互作用的影响（Behera et al.，1986；方精云等，1998；许光辉等，1980；杨靖春，1989）。

由图 1.99a 可见，阔叶红松林土壤呼吸速率在不同水分条件下呈单峰变化曲线。土壤呼吸作用在温度适宜条件下，随土壤水分的增加而迅速增大，达到最大值后直线下降。不同温度下的土壤呼吸速率差异显著（$P<0.01$），35℃时土壤呼吸速率达最大值［CO_2 含量为 267.45～2 569mg/（m^2·h）］，而 25℃、5℃和 0℃时 CO_2 含量分别为 231.00～1 227.83mg/（m^2·h）、67.00～962.78mg/（m^2·h）、35.45～362.72mg/（m^2·h）和 6.17～17.79mg/（m^2·h），前者较后者分别高 2.1、2.7、7.1 和 144 倍。随着土壤温度的降低，土壤呼吸速率显著降低，当温度达到 5℃和 0℃时，不同土壤含水量间及两者温度间土壤呼吸速率无显著差异。由此可见，不同湿度土壤呼吸作用受低温影响不明显，当温度达到 15℃以上时，不同温度间及同一温度不同湿度间呼吸速率具有显著差异（$P<0.01$）。

（三）土壤温度和含水量对山地棕色针叶林土呼吸速率的影响

由图 1.98b 可见，云冷杉暗针叶林土壤呼吸速率在温度 0～5℃的反应不敏感，特别是在低含水量的土壤中，随土壤温度的增高，土壤呼吸速率呈迅速增高的趋势（0.09kg/kg、0.21kg/kg 和 0.30kg/kg），而高含水量的土壤呼吸速率变化不大。不同水分处理的土壤呼吸速率都有一个转折点，均在 15℃左右。在 15～35℃温度范围内，土壤含水量 0.21kg/kg 的土壤呼吸速率最高［CO_2 含量为 68.85～451.93mg/（m^2·h）］，其他土壤呼吸速率大小依次为 0.30kg/kg、0.09kg/kg、0.37kg/kg 和 0.43kg/kg，最低的是含水量最高的土壤，与 Moore 等（1989）研究结果相似。这是由于暗针叶林土壤含水量达到 0.37kg/kg 时，已接近土壤的最大持水量，随着土壤水分的增加，土壤孔隙度降低，土壤透气性差，影响了土壤微生物的活动，抑制了土壤呼吸作用。当土壤水分条件得到改善时，土壤呼吸速率随含水量的降低而增加。当土壤含水率降到较低时（0.09kg/kg），土壤呼吸与土壤含水量呈正相关。结果表明，在低温度范围内（0～15℃）土壤呼吸速率在不同温度和水分处理间均无显著差异，而高含水量时土壤呼吸作用与土壤温度呈正相关，低含水量时土壤呼吸速率渐趋稳定。

从图 1.99b 还可看出，当土壤温度为 25℃和 35℃时，土壤呼吸速率随含水量的变化呈单峰曲线，两者曲线非常相似。呼吸速率先随土壤水分的增加迅速增高，当超过一定含水量，则开始下降，其峰值对应的土壤含水量均为 0.21kg/kg。在低温（0～5℃）条件下土壤呼吸速率不随土壤湿度的变化而改变，不同土壤水分含量间的呼吸速率差异不显著。当土壤温度升到15℃时，土壤呼吸速率开始出现随土壤含水量增高而增高的趋势。结果表明，在暗针叶林土壤中，35℃时土壤呼吸速率与25℃时的土壤呼吸速率间差异不显著（$P<0.01$），平均土壤呼吸速率分别为[CO_2 含量为29.07～236.57mg/（m^2・h）和36.41～224.56mg/（m^2・h）]，在15℃、5℃和0℃土壤温度下，呼吸速率分别为[CO_2 含量为10.08～79.97mg/（m^2・h）、7.67～45.70mg/（m^2・h）、5.69～14.53mg/（m^2・h）]。由此可见，在5～35℃范围内，暗针叶林土壤呼吸作用低于阔叶红松林土壤。

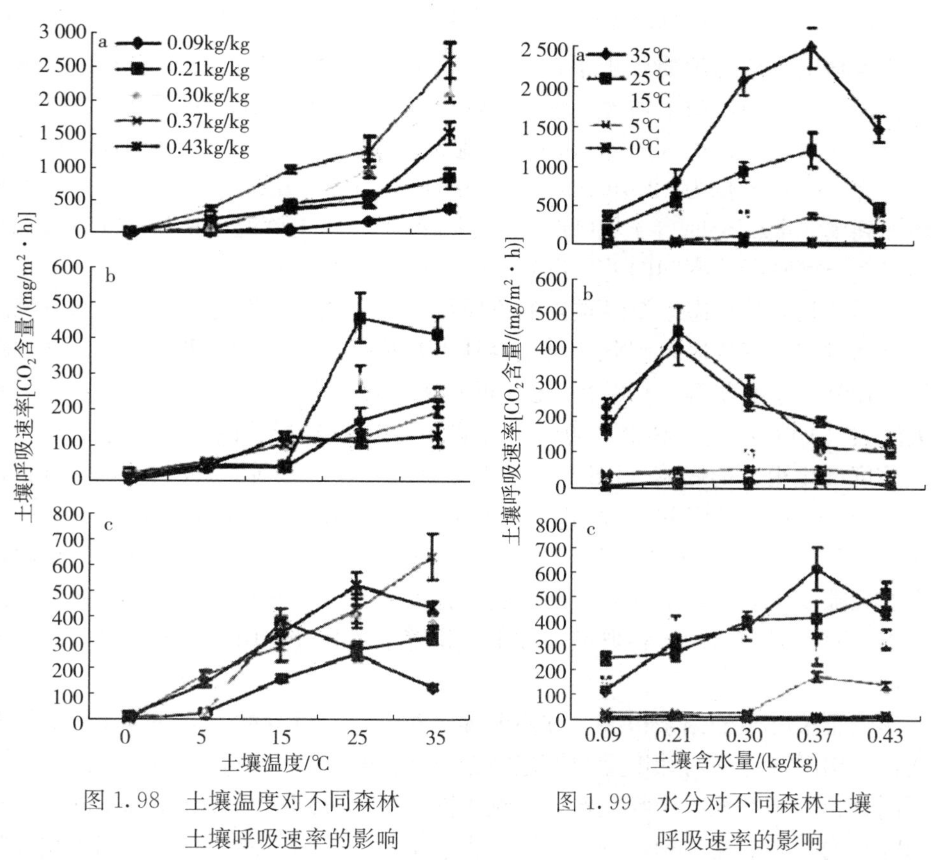

图1.98 土壤温度对不同森林土壤呼吸速率的影响

图1.99 水分对不同森林土壤呼吸速率的影响

（四）土壤温度和含水量对山地生草森林土呼吸速率的影响

由图1.98c可见，当土壤温度为0～15℃时，岳桦林不同水分梯度土壤呼吸速率随土壤温度的增加均呈上升趋势，并增加到一定程度后开始降低，折点在15～25℃之间，低于阔叶红松林和云冷杉暗针叶林的折点，这是由于岳桦林土壤微生物已适应了低温环境的缘故。不同温度土壤水分变化时，低温土壤（0℃和5℃）的呼吸速率明显低于高温土壤的呼吸速率。经平均数差异显著性分析

（t 检验）结果表明，高温土壤（15℃、25℃和 35℃）间呼吸速率差异不显著，但高温与低温（0、5℃）间土壤呼吸速率差异极显著，35℃土壤平均呼吸速率是 0℃、5℃、15℃和 25℃的 41.1、40.7、33.3、8.7 倍。山地棕色针叶林土呼吸速率应低于暗棕色森林土呼吸速率。在不同土壤水分处理中，不同温度的山地生草森林土呼吸速率变化趋势与暗棕色森林土和山地棕色针叶林土不同，除 5℃和 35℃土壤在含水量 0.37kg/kg 处有一峰值外，其他土壤呼吸速率变化不大，表明山地生草森林土呼吸对水分因子变化反应不如对温度因子敏感。这是因为长白山岳桦林分布在高海拔地区，雨量充沛，水分不是构成影响土壤呼吸作用的主导因子，相反，土壤温度是影响森林生态系统土壤呼吸作用的主要因素。另外，山地生草森林土质地为沙质，土壤透气性好于暗棕色森林土和山地棕色针叶林土（程伯荣等，1981），微生物含量较阔叶红松林、云冷杉暗针叶林低，土壤呼吸速率与土壤含水量呈正比（图 1.99c）。山地棕色针叶林土壤温度为 0℃时，呼吸速率平均为［CO_2 含量为 12.78 mg/（m^2 · h)］；当随土壤温度升高到 5℃、含水量增加到 0.30kg/kg 时，土壤呼吸速率明显增加；当土壤温度增加到 15℃以上，不同温度土壤呼吸速率间的差异没有阔叶红松林土壤明显。

碳循环是森林生态系统最重要的物质循环过程之一，而且与森林生态系统的能量流动过程紧密关联，因此一直是森林生态系统结构和功能研究的核心（方精云等，1998；李文华等，1981）。尤其近年来全球变化与生态学的兴起，人们密切关注大气 CO_2 浓度升高带来的巨大影响。土壤 CO_2 释放的微小变化都对大气 CO_2 浓度产生很大的影响（Behera et al.，1986；李文华等，1981；Schlesinger，1997）。影响土壤呼吸过程的最主要环境因子是温度和水分（Moore et al.，1989；Robert et al.，1985；Upadhyaya et al.，1981），另外土壤 CO_2 的释放还受土壤孔隙度、微生物活动和一些生物学过程的影响（Singh et al.，1997）。因此，本项研究对长白山 3 种典型森林生态系统土壤呼吸作用对温度和水分变化的响应进行了分析。

影响土壤呼吸的因素很多，方精云等（2001）分析森林土壤呼吸速率的纬向变化，得出呼吸速率与纬度呈线性递减趋势。但在本研究中，不同土壤温度处理对不同森林生态系统土壤呼吸作用影响不同。增温处理对阔叶红松林不同水分土壤的呼吸均具有显著作用，特别是土壤含水量为中等水平的土壤。利用土壤呼吸 Q_{10} 定律能很好地反映呼吸与温度之间的关系，阔叶红松林、云冷杉暗针叶林和岳桦林土壤呼吸 Q_{10} 平均分别为 3.64、2.19 和 3.91，高于 Singh 等（1981）对草原土壤呼吸速率研究获得的 Q_{10} 值（2～2.5）。在 3 个森林土壤系统中，岳桦林土壤 Q_{10} 值最高，这与 Krischbaum（1971）对土壤呼吸 Q_{10} 研究结果一致。土壤呼吸 Q_{10} 值在低温条件下比高温条件下要高，表明在相似的气候变化下，北半球温度升高对土壤呼吸速率产生的影响比在低纬度气候区影响程度更大（方精云等，2001）。这一结果对预测全球气候变化后土壤碳库的动态变化十分重要。不同水分阔叶红松林和岳桦林土壤对不同温度处理的 Q_{10} 也表现相同的变化趋势。在水分含量不同的条件下，土壤呼吸 Q_{10} 值变化规律也十分相似，Q_{10} 值随温度的增加而减小，但变化幅度相差很大。含水量高的土壤呼吸 Q_{10} 值比含水量低的大，土壤呼吸在含水量很低时会停滞（Kucera et al.，1971）。水分含量超出一定范围时，土壤呼吸速率也有下降的趋势。影响土壤呼吸的主要因子可能是温度，也可能是土壤含水量（De Jong et al.，1874；Gupta et al.，1981；Kucera et al.，1971）。杨靖春等（1989）对草原土壤呼吸研究发现，最大呼吸速率出现在温度适中而降水量最大的月份。岳桦林土壤呼吸作用与之相似，而阔叶红松林和云冷杉暗针叶林下土壤最大呼吸速率出现在水分适中、土壤温度最高的条件下，这表明土壤呼吸作用受多种因素综合影响（Jenkinson et al.，1991；刘绍辉等，1997）。岳桦林山地生草森林土壤透气性好（陈四清等，1999），在相同土壤含水量条件下，易于释放 CO_2。温度和水分对土壤呼吸作用还具有交互作用（图 1.98、1.99）（方精云等，2001；Moore et al.，1989；Wildung et al.，1975；杨靖春，1989）。

另外，由于长白山阔叶红松林、云冷杉林和岳桦林处在不同海拔带上，3 种类型森林分布的海拔相差 600～800m，同期不同类型土壤温度相应差 4～5℃，所以野外所测的同期山地棕色针叶林土呼吸速率应低于暗棕色森林土呼吸速率，山地生草森林土呼吸速率应高与山地棕色针叶林土的呼吸速率。

已有研究表明，土壤释放的 CO_2 量实际上决定于土壤中微生物的数量、生物量及活跃程度（陈四清等，1999；Jenkinson et al.，1991；Moore et al.，1993）。本项研究发现，不同森林生态系统土壤呼吸速率变化很大，与土壤微生物数量、地下生物量和土壤有机质成正比，可以认为土壤呼吸作用除受环境因子影响外，还很大程度上受土壤理化性质、微生物含量、植被生物量等多因素影响。

本项研究的结果，结合全年土壤水分和温度资料，可用来估测全年不同森林生态系统土壤呼吸排放的碳通量，这对研究区域土壤 CO_2 的释放速率，维持生态系统碳平衡及稳定全球气候变化具有重要意义。

五、长白山北坡落叶松年轮年表及其与气候变化的关系

树木径向生长的主要特征之一是树木年轮的形成与变异（兰涛等，1994；吴祥定，1990）。它除了受树木本身的遗传因子控制外，也受到环境因子的制约。气候因子与树木年轮径向生长的密切相关关系已被大量研究所证明（陈拓等，2003；孙凡等，1999；王淼等，1995；吴泽民等，1995）。因此，树木年轮宽度可以反映树木在外界环境影响下的生长情况（Fritts，1976）。尽管早期研究证明，在北半球高纬度和高海拔地区，树木生长主要受大气温度的影响（Briffa et al.，1995；Earle et al.，1994；康兴成等，2000），但一些研究认为，夏季降水

比温度对树木生长的影响更大（Dang 和 Lieffers，1989；Larsen et al.，1995）。造成这种结果的原因可能是把对树木生长影响的气候因子过分简单化了（Bonan et al.，1992；D'Arrigo et al.，1993）。气候变化对不同物种的影响是不同的，温度可能极大地影响某一种物种的生长，却对另一物种影响不大（Brooks et al.，1998），而且气候因子对生长不同环境梯度上的同一树种的影响有极大的差异（邵雪梅等，1997）。

长白山是我国自然生态系统保存最完整的地区之一，特别是长白山的森林生态系统随海拔高度的变化呈现明显的垂直分布带谱，是研究气候变化与树木生长的理想地区。落叶松（*Larix olgensis*）是长白山北坡广泛分布的稳域性乔木种类（王战，1992），生长幅度广，从海拔 500～1 950m 范围内均有分布（王战等，1980）。研究证明，落叶松在过去气候变化研究中有良好的表现（邵雪梅等，1997）。

（一）年表的基本统计特征

分布在海拔 1 200m 和 1 950m 的落叶松年表在 1887—1999 年和 1826—2001 年共同区间基本统计结果（表 1.21）表明，两个取样点年轮序列间的平均相关系数分别为 0.4 和 0.46 左右，说明各单株间年轮的径向生长较为一致，这是受相似环境因子影响的结果。平均敏感度是度量相邻年轮之间年轮宽度的变化情况，所以它主要反映气候的短期变化和高频变化。落叶松年表的平均敏感度除生长的海拔 1 200m 的落叶松标准年表较低外，其余的值都在 0.2～0.3，说明落叶松对本地区环境变化相当敏感，足以用相关函数的方法来研究树木生长与环境因子间的关系。另外，年轮的信噪比，样本的总体代表性和第一主成分所解释的方差量都比较高，进而证实了落叶松适合于年轮气候学研究。

表 1.21　两个海拔点落叶松树轮年表的统计特征及共同区间分析

	海拔/m			
	1 200		1 950	
样本量/株	32/18		40/21	
年表种类	STD	RES	STD	RES
平均敏感度	0.162	0.197	0.231	0.291
标准差	0.218	0.168	0.272	0.244
一阶自相关	0.534	−0.023 1	0.445 2	−0.133
树与树平均相关系数	0.391	0.413	0.459	0.459
信噪比	11.287	11.649	12.242	12.368
样本总体代表性	0.880	0.905	0.892	0.918
第一主成分所占方差量/%	38.99	40.13	52.32	52.69

同时，从表 1.21 可以看出，差值年表（RES）的统计特征要好于标准年表（STD）。高海拔的年表要好于低海拔的年表，而且其 RES 的平均敏感度接近 0.3，从图 1.100 也可以看出，高海拔的落叶松年轮宽度波动幅度更大，说明接近树种分布上限地区比最适宜树种生长的分布区更适合做年轮气候学分析，这与以前的研究一致（邵雪梅等，1997）。

图中，BD、TL 分别为阔叶红松林和暗针叶林交错区、林线内落叶松年表曲线。

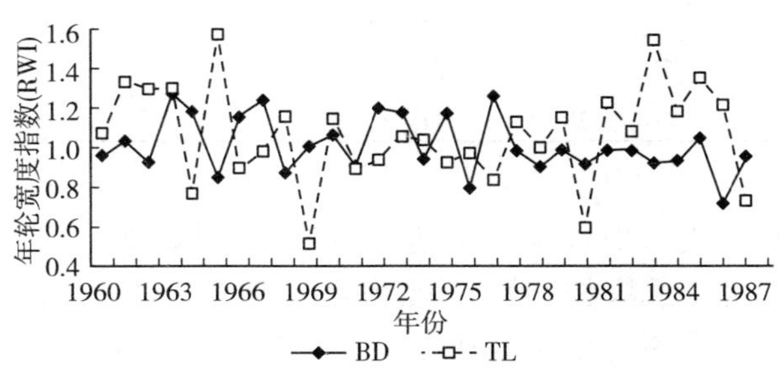

图 1.100　落叶松年轮宽度差值（RES）年表（1960—1988 年）

（二）树木径向生长与环境因子的相关关系

树木生长对气候要素的相关关系分析是树轮气候学的基础。在本项研究中，由于 RES 比 STD 的各种统计特征要好，因此用 RES 代替落叶松径向生长。由于气候生长不仅受当年气象因子的影响，而且受前一年气象因子的影响，因此，采用了上年 6 月到当年 9 月共 16 个月的指标。考虑到温度和降水对树种生长的综合影响，本项研究采用降水量（P）和温度（T）的比值（称之为湿润指数 H）来分析气象因子与树木径向生长的关系。

表 1.22　落叶松年轮宽度与月份气候资料的相关系数

月份	T_m		T_{max}		T_{min}		P_m		H（P_m/T_m）	
	1 200m	1 950m	1 200m	1 950m	1 200m	1 950m	1 200m	1 950m	1 200m	1 950m
6	−0.370*	−0.224	−0.288	−0.222	−0.416*	−0.217	−0.273	0.315	−0.043	0.343
7	0.047	0.112	0.042	0.056	−0.044	0.132	−0.249	0.199	−0.249	0.150
8	−0.211	0.288	−0.295	0.261	−0.217	0.334	0.026	0.143	0.076	0.024
9	−0.363*	0.263	−0.433*	0.208	−0.275	0.319	0.216	−0.032	0.520**	−0.196
10	−0.066	−0.037	−0.092	−0.099	−0.033	0.059	0.002	0.049	0.033	−0.019
11	−0.297	−0.246	−0.387*	−0.251	−0.307	−0.061	0.058	0.014	0.022	0.024
12	−0.125	−0.110	−0.102	−0.117	−0.147	−0.095	−0.005	0.143	0.026	−0.112
1	−0.001	−0.251	−0.018	−0.266	−0.119	−0.244	−0.071	0.114	0.011	−0.036
2	−0.099	−0.078	−0.064	−0.162	0.036	0.093	−0.287	0.258	0.294	−0.225

（续）

月份	T_m		T_{max}		T_{min}		P_m		H（P_m/T_m）	
	1 200m	1 950m	1 200m	1 950m	1 200m	1 950m	1 200m	1 950m	1 200m	1 950m
3	0.287	−0.188	0.262	−0.237	0.412 1*	−0.090	0.037	0.127	−0.098	−0.057
4	0.360*	−0.253	0.363*	−0.241	0.264	−0.212	0.194	−0.152	−0.282	0.238
5	0.429*	0.174	0.410*	0.046	0.470*	0.194	−0.038	−0.006	0.213	−0.124
6	0.077	0.531**	0.032	0.549**	0.058	0.500**	−0.047	0.115	−0.051	−0.170
7	0.260	−0.233	0.216	−0.258	0.227	−0.232	−0.062	0.049	−0.130	0.107
8	0.244	0.244	0.259	0.190	0.210	0.279	−0.023	0.172	−0.087	0.065
9	0.099	−0.191	0.073	−0.190	0.112	−0.099	−0.055	0.446**	−0.075	0.118

* $P<0.05$，** $P<0.01$。

分析结果表明（表 1.22），温度对落叶松生长的影响要大于降水的作用，这与以前在长白山的研究结果基本一致（邵雪梅等，1997）。只有分布在海拔1 950m 的落叶松与当年 9 月的降水量达到了显著水平（$P=0.015$），同时，与上一年 6 月的降水量（$P=0.096$）也在一定程度上影响了落叶松的生长。而生长在低海拔的落叶松与降水的关系并不明显。这与长白山岳桦的研究结果相近，说明生长在高海拔的树种受降水的影响很大。

从表 1.22 可以看出，温度对生长在不同海拔上落叶松的影响模式及程度不同。一般说来，树木生长不仅与当年的温度有关，而且与上一年的温度有关。但生长于海拔 1 950m 的落叶松与上一年各月温度指标的关系并不明显，而生长于海拔 1 200m 的落叶松却不相同。上一年 6 月、9 月的月平均温度（T_m），上一年 9 月、11 月的月平均最高温度（T_{max}）以及上一年 6 月的月平均最低温度（T_{min}）都与树木径向生长显著负相关。6～9 月是分布于海拔 1 200m 的落叶松的生长季，上一年生长季温度增加都会延长树木生长的时间，促进了树木的生长，消耗树木体内存留的营养物质，从而减少了对下一年树木生长所需营养的提供，因而影响了下一年树木的径向生长，这与季节温度的分析结果一致（表 1.23）。当年 3 月的月平均最低温度和当年 4 月、5 月的月平均最大和月平均温度与海拔1 200m 的落叶松生长呈正相关关系，而当年 6 月的月温度指标都促进了高海拔落叶松的生长。这种响应关系是由树木生理过程所决定的。在海拔 1 200m，3～5 月温度的增加，加速了林地积雪的溶化和地温的升高，促进了根系的活动和地上部分的萌动，从而促进了树木的生长，而在海拔 1 950m，由于海拔的差异，6 月温度与海拔 1 200m 的 4 月、5 月温度相近，6 月温度的增加同样加速了高海拔落叶松的生长，从这一点来说，温度对两个海拔的落叶松生长的影响是一致的。需要说明的是，上年 8 月（$P=0.07$）、9 月（$P=0.09$）的月平均最低温度一定程度上影响了高海拔的落叶松生长。8 月、9 月，高海拔的落叶松已停止生长，但温暖的天气可以增加对前一个生长季光合产物的储存（Cullen et al.，2001）。温湿指数

(H) 的作用在本研究中并不明显（表 1.22，表 1.23）。除 9 月的温湿指数对低海拔的落叶松径向生长影响显著外，其余都不明显。长白山北坡降水量大，水分对树木生长影响小，因此，温度的作用尤为突出。从表 1.22 可以看出，上一年 9 月湿润指数对落叶松的影响主要是温度的作用。

表 1.23　落叶松生长与季节变量的相关关系

	P_m		T_m		T_{min}		T_{max}		H (P_m/T_m)	
	1 200m	1 950m	1 200m	1 950m	1 200m	1 950m	1 200m	1 950m	1 200m	1 950m
PG	−0.174	0.302	−0.436**	0.234	−0.420**	0.289	−0.477**	0.145	0.187	−0.000 5
PW	0.035	0.072	−0.254	−0.208	−0.261	−0.066	−0.285	−0.234	0.025	−0.062
CS	−0.095	0.200	0.105	−0.296	0.150	−0.169	0.091	−0.346	0.066	−0.156
BG	0.125	−0.136	0.445**	−0.094	0.386*	−0.056	0.547**	−0.131	−0.293	0.178
CG	−0.076	0.269	0.309	0.154	0.261	0.204	0.260	0.132	−0.233	0.013

PG：上生长季；PW：上年冬季；CS：当年春季；BG：当年生长季前，CG：当年生长季。

季节性气候因子对高海拔和低海拔落叶松径向生长的影响有极大的差异（表 1.23）。上一个生长季平均温度、平均最高温度以及平均最低温度与低海拔落叶松径向生长呈负相关关系，而它们与高海拔落叶松的相关关系并不明显。而生长季前的 4 月、5 月，季节性温度变量与落叶松生长显著正相关。这与月份变量的分析结果一致。而高海拔的落叶松只与当年春季的最高温度有一定的相关性（$P=0.064$）。除高海拔落叶松与上一个生长季（PG）降水有一定的相关性外（$P=0.12$），水分的作用并不明显。

低海拔落叶松与年平均温度呈正相关关系，而高海拔的落叶松则与年平均最低温度呈明显的正相关关系，这一点正好与低海拔的落叶松相反，说明高海拔落叶松径向生长主要受极端温度的影响，尤其是最低温度，这与在其他地区的研究类似（Cullen et al.，2001；吴泽民等，1999）。而低海拔的落叶松无论是最高还是最低温度都与其生长负相关。这可能与落叶松自身的生理特性有关。从当月温度指标和季节温度指标分析来看，年温度的这种变化主要是由冬季的极端温度引起的。在海拔 1 950m，冬季温度极低，因此，暖冬有利于落叶松减少冬芽等的损失，从而可以减少对树木体内同化物的消耗。而在海拔 1 200m，最低温度和最高温度欲高，呼吸作用欲强，消耗养分欲多，径向生长减缓。但总的来说，整体温度的增加，对低海拔落叶松的径向生长是有利的，而与最高、最低温度的负相关可能正好反映了树木光合作用与呼吸作用利用温度条件的差异（Fritts，1974）。

（三）单年分析

从图 1.101 可以看出，海拔 1 950m 的落叶松宽度年表显示在 1969 年出现了窄轮，而在 1965 年年轮宽度较大。与高海拔相比，1 200m 落叶松年轮宽度波动要小得多，而且影响其生长的温度因子也很复杂，因此，本项研究只对高海拔的落叶松进行了单年分析（图 1.102）。从表 1.22 可以看出，影响高海拔落叶松径向生长的主要是当年 6 月的温度和 9 月的降水，从图 1.102 可以看出，1969 年 9 月的降水量是 1960—1988 年中最少的一年，比历史平均降水量减少了 11.74mm，而 1965 年则比平均降水量增加了 10.37mm（图 1.102a）。从图 1.101 可以看出，林线处落叶松宽度在 1969 年最窄，而 1965 年年轮宽度最大。这说明 9 月降水量的异常是产生宽轮（年轮指数为 1.573）和窄轮（0.512）的主要原因之一。而对 1965 年和 1969 年的温度单年分析（图 1.102b）表明，1969 年 6 月的平均温度比历年 6 月均温低 2℃多，而 1965 年比历年 6 月均温高 1.3℃左右，说明 6 月的温度对两个极端年轮的形成有明显的作用。这从另一方面也说明了相关分析的可靠性，表明月平均温度、降雨与年表间的关系是相对稳定的。

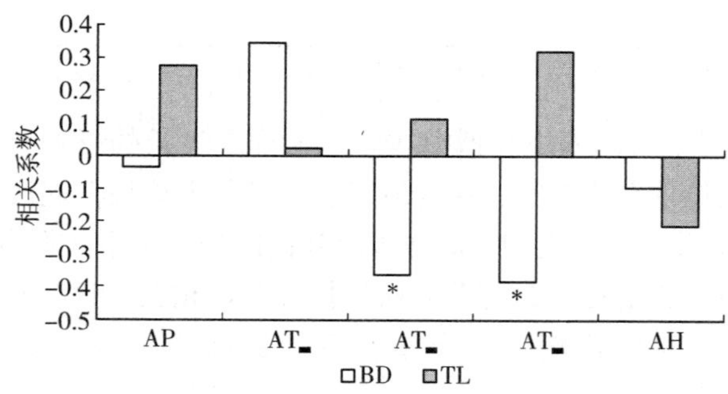

图 1.101　落叶松年表与年际变量的相关性

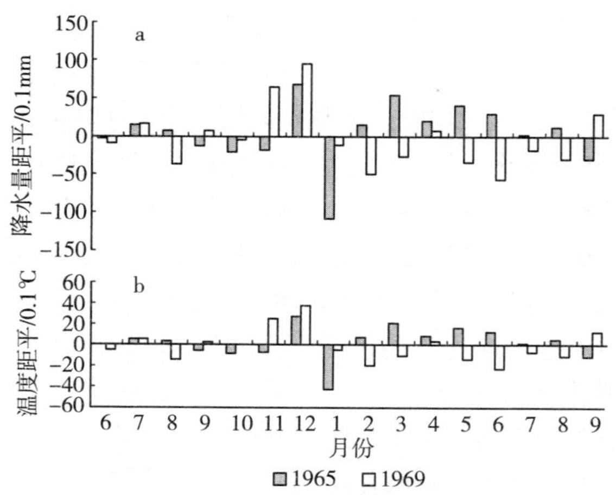

图 1.102　1965 年和 1969 年温度当年分析

（四）年轮指数与环境因子关系的模拟

由于落叶松的生长与环境因子密切相关，通过多元回归模型来描述其年生长指数与环境因子间的关系，采用多元逐步回归方法得到两类群落中落叶松年轮宽度指数（RWI）与单月气候因子的最优回归方程是：

$RWI_{1200}=1.006-0.037\times P_{p6}+0.052\times P_{p9}-0.064\times T_{p6}-0.043\times T_{p9}+0.049\times T_5$（模型 $R^2=0.578$，$N=29$，$P=0.001$；检验 $R^2=0.597$，$N=18$，$P=0.009$）（图 1.103a）

$RWI_{1950}=1.059+0.063\times T_{p8}+0.128\times T_6+0.040\times P_{p6}+0.055\times P_9$（模型 $R^2=0.604$，$N=29$，$P=0.002$；检验 $R^2=0.578$，$N=18$，$P=0.012$）（图 1.103b）

式中，RWI_{1200}、RWI_{1950}分别为海拔 1 200m 及 1 950m 处落叶松年轮宽度指数；T_{p6}、T_{p8}、T_{p9}和 P_{p6}分别表示上一年 6 月、8 月、9 月平均温度和上年 6 月的降水量，T_4、T_5、T_6 和 P_9 为当年 4 月、5 月、6 月平均温度和当年 9 月的降水量。

从回归方程可以看出，与海拔 1 950m 的落叶松轮宽指数相关的气候因子较多，而且每个因子的系数都比较大，说明高海拔落叶松对环境的变化十分敏感，任何一个因子的改变都可能引起落叶松生长的变化。而低海拔落叶松和环境的回归方程可以看出，它受上一年温度的影响较大。经方差分析，3 个方程的模拟值、检验值与实测值都达到了显著相关水平。从图 1.103 也可以看出，模拟值、检验值与实测值十分接近，进一步说明落叶松生长与环境因子间的密切关系。

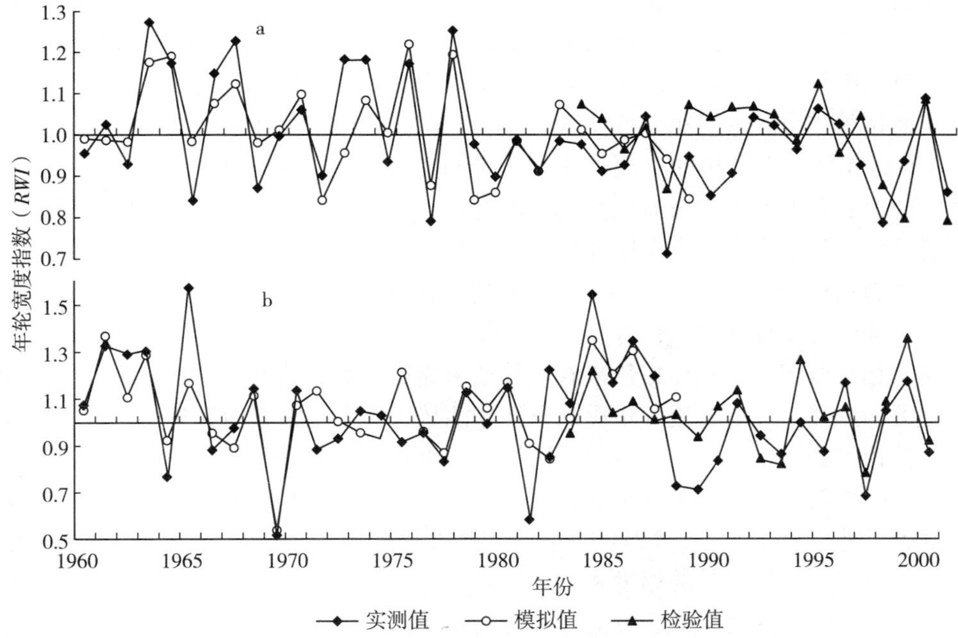

图 1.103　落叶松年轮生长指数的时间序列分析

根据若干个大气环流模型（GCMs）的预测（de Kroon et al.，1991；刘延春等，1997；牛建明，2001），大气中CO_2浓度倍增后，我国大陆气温和降水最可能的变化方案是：年均温增加2℃或4℃，降水增加20%。由于东北地区的气温升幅可能更大，因此本研究采用气温增加4℃，降水增加20%这一方案。并假定温度和降水的增加各月都相同，将增加的温度和降水经转换后代入回归模型，结果表明，低海拔的落叶松生长将下降23.56%，而高海拔的落叶松生长将增加75.45%。

总之，无论是年表的统计特征还是年轮宽度指数序列的高频变化，高海拔的落叶松都比低海拔的落叶松更适合年轮气候学分析。这主要和取样地点树木所处的生长环境有关。一方面高海拔落叶松是岳桦林的伴生树种，林分郁闭度较小，而且二者都为阳性树种。落叶松自幼树到大树一直处于阳光的直射下，较少受到大树的遮盖，而低海拔的落叶松处于郁闭度较大的林层内，从幼树到大树要经过大树的遮荫和因争夺生存空间而发生的竞争。另一方面，落叶松的树高要比岳桦明显高得多，因此，在其到达林冠层后不会因争夺空间而产生激烈竞争，而在低海拔，红松、云杉以及一些阔叶树的树高和落叶松相差不大，因此，即使落叶松到达林冠层后，依然受到其他树种竞争的干扰。这就削弱了落叶松对外界环境条件反应的敏感度，且较大的干扰也影响了气候因子和落叶松生长的相关性分析。

与年度气候变量的关系相比，高海拔的落叶松与季节性气候变量的关系不明显。这可能与季节的划分有关。对低海拔的树种来说，6月、7月、8月、9月为其生长的季节，而对高海拔落叶松来讲，只有7月、8月两个月为其生长季。从单年分析结果看，低海拔落叶松与4月、5月温度显著相关，而高海拔的落叶松与6月温度相关，这种迟滞性差异可能是因季节划分偏差引起的。

通过单年分析（图1.105），对影响高海拔的落叶松径向生长的因子来说，6月的温度是造成窄轮的主要原因，但造成宽轮的原因可能不仅仅是6月的温度，因为6月的距平并没有发生太大的变化。因此，当温度小于某一阈值时，它对落叶松生长的影响是十分明显的，但当其达到或超过某一阈值时，它对落叶松生长的影响可能要通过其他变量来表达，比如光照、风、蒸发、CO_2浓度等（Farquhar，1997；侯爱敏等，2000；刘鸿雁等，2002）。而影响低海拔树种生长的因子相对要复杂，从模拟值来看，其结果要比高海拔的好，这可能也和上述现象有关。这些方面需要进一步深入分析才能从根本上把握其内在规律。

在相关分析中，影响低海拔落叶松径向生长的主要是上年6月、9月以及当年5月的温度，降水的影响都没有达到显著水平，而在回归分析中，除上述3个温度因素外，上年6月、9月的降水也出现在回归方程中；影响高海拔的落叶松生长的主要是当年6月的温度和9月的降水，而在回归分析中，除上述2个因素外，上年8月的温度以及6月的降水也出现在方程中。这一方面说明相关分析的结果是可靠的，另一方面，说明温度和降水对树木生长的影响是相互的。这一点可以从长白山地区的月总降水量和月平均温度之间存在的负相关关系中得到证明（R^2=0.427，P=0.039）。考虑到变量过少可能会加大模型模拟的误差，对判别因子是否进入的逐步回归方程采用的阈值为 $P \leqslant 0.1$，因此，在高海拔的落叶松回归方程中出现了上年 8 月的温度和当年 6 月的降水，从检验的结果看，模型还是比较准确的。

六、温带落叶林的植物物候特征及其对气候变化的响应

物候学是研究自然界的植物和动物与环境条件（气象、水文、土壤条件）的周期变化之间相互关系的科学。物候学和气象学相似，都是观测各个地方、各个区域、春夏秋冬四季变化的科学，都是带有地方性的科学。物候学和气象学不同的是，气象学是观测和记录一个地方的冷暖晴雨、风云变化，而推求其原因和趋向；物候学则是记录一年中植物的生长荣枯，动物的来往繁衍，从而推测气候变化及其对动植物的影响。物候记录不仅反映当时的天气，而且反映了过去一个时期内天气的积累（竺可桢，1980）。

物候学是为农业服务而产生的，但是近年来，大气中 CO_2 浓度增加及全球气候变化备受关注。全球气候变化显著影响植物物候，温度、湿度，或通过与其他因子（如光周期），共同影响植物开始生长的时间（Bernier，1988；Partanen et al.，1998）。气象数据显示，过去的 30 年，全球平均温度每 10 年上升 0.2℃（Hansen et al.，2006），研究发现，1955—2002 年，北半球的第一片叶子展开时间和最后一天霜冻时间每 10 年分别提前 1.2d 和 1.5d（Schwartz et al.，2006）。北温带提前到来的温暖湿润的春天使得春季物候期提前（Goulden et al.，1998；Black et al.，2000；Chen et al.，2006；Bertin，2008；Delbart et al.，2008），并使生长季更长（Beaubien et al.，2000）。总之，植被物候是气候变化对生物圈生长期或短期影响的重要指示因子（Penuelas et al.，2001）。

气候变化已经明显改变了许多物种的营养生长和繁殖物候，尤其是在温带地区。又由于温带森林占陆地植物生态系统的 1/5，碳捕获量占植物生态系统的 1/3，因此研究温带森林物候变化及其对全球变暖的响应，对认识森林物种共存，协同进化以及森林保护和经营等有重要意义。

（一）温带落叶林下木本植物的物候特征

1. 幼树与成树的叶物候特征

落叶林的下层树种或幼树，在林冠郁闭之后可利用的光照是很有限的。一些林下层树种在春天展叶较林冠层的树木早，而在秋天时叶片凋落较林冠层晚，以此获得更多的光照，这种现象称为物候性回避遮荫（Augspurger，2005）。物候性回避遮荫现象已经在很多森林树种中得到证实，并认为这主要是因为次林层比主林层更早达到植物开始生长所需的积温（Augspurger，2005；Augspurger et al.，2003)。通常，树冠郁闭与前一个月的空气温度有关（Menzel，2002；Gordo et al.，2005)。为量化小树与大树的物候差异，并比较林下和林隙中俄州娑罗果（*Aesculus glabra*）小树与糖槭（*Acer saccharum*）的物候差异，Augspurger & Bartlett（2003）对13个冠层乔木的376个个体的叶片进行了长达3年的观察。发现所有物种大树与小树的物候存在差异。冠层树种的芽开放和完成展叶的时间均比次林层树种早；相反，大树和小树的落叶开始时间与结束时间不存在显著差异。8个物种次林层个体的叶片寿命比主林层的平均长7d，次林层俄州娑罗果叶片的寿命比林隙下的短11d，而次林层糖槭叶片的寿命比林隙下长14d。他们认为，树种展叶物候的垂直结构差异可能是由于积温所致。为了证明这一假设，Augspurger（2005）曾选择5个母树产生的小幼苗，分别栽培在林下和仓库顶上，以模拟不同冠层高度的环境。冠层下要比仓库顶（模拟冠层高度）更早达到植物开始生长所需要的积温，因为冠层下的夜间温度要比冠层的高。结果发现，林下幼苗的芽开裂（平均6d)、叶开放（平均8d)、叶衰老（平均23d）以及落叶（平均18d）均显著早于种植在屋顶的幼苗。这项研究结果表明，环境因子控制幼苗的芽开放时间。很多研究发现，温带落叶林下一些乔木和灌木比冠层树种提前展叶可以大量增加光捕获量和碳吸收量（Augspurger，2005；Harrington et al.，1989；Gill et al.，1998；Seiwa，1998；Tomita et al.，2004)，光捕获量和碳吸收量的增加加速了植物的生长速率，提高了存活率（Augspurger，2008)。相应地，在早春阶段通过抢先展叶来避开冠层遮荫，提前储备生长所需的能量，也增强了物种的耐阴能力（主要是夏季耐阴)。Lopez等（2008）研究了大烟山国家公园沿山脊—山坡—山谷梯度的3块林地下18种乔木树种的幼树展叶物候和林下光照的季节动态，中等和湿润林地的林冠郁闭比干燥立地林冠郁闭更早，夏季林下光照更差。展叶早的植物在冠层郁闭之前的生长季拦截的光量子更多，然而，展叶早的植物的花芽在开裂时遭遇冻害的概率也更大。15个树种的展叶物候与夏季耐阴程度、遭遇低温的概率，以及在对湿润生境的选择显著相关。因此，他们认为展叶物候和与之相关的春季固碳可能决定树种的耐阴性和分布。

葛全胜等（2003）认为，影响我国木本植物物候的主要气象因子是气温，降水基本没有影响。木本植物芽膨大、芽开放和展叶的早晚波动主要受春季气温的制约，春季气温升高会导致木本植物展叶提前；由于高纬度地区增暖幅度比中纬度地区大，所以高纬度地区物候的春季提前、秋季黄落叶的推迟，以及绿叶期的延长幅度都比中纬度地区变化大（张福春，1995)。

2. 树木的繁殖物候

植物生殖物候主要探讨植物生殖现象，包括花芽绽放、开花、结实、种子传播等的发生规律，了解植物生殖与各种生物和非生物环境的关系，掌握植物适应和进化途径，从事植物保护和植被管理（刘志明等，2007)。光照影响树木的繁殖格局，温带落叶林树木在春季开花，花期始于树木尚未展叶，气候不稳定期包括霜冻的时候，森林变绿，垂直微气候梯度格局建立的时候。受直射光影响，更早时期开花的树木具有明显的从顶部向四周次第开花的时空格局，树木展叶后开花的树木，则不存在这种开花格局（Tal，2001）。林冠层树种所在的光照环境相对均一，树木开花具有较好的同步性。2004 年对墨西哥 Cerro Altamirano 中心地带的 8 个树种（Cornejo et al.，2007）以及从 2007 年 11 月到 2009 年 10 月对 Michoacan 省温带森林 13 个树种的繁殖物候（Cortes et al.，2001）的观察中都发现，超过 60%的树种具有高度的种内同步性。花期越短的树木，其开花同步性越高（Osada et al.，2003）。木本植物从 4 月 1 日到展叶和开花的过程中，夜间温度比昼间温度重要得多。在落花、坐果和果实成熟时，夜间温度也十分重要。另一方面，昼间温度对木本植物的展叶到开花这一时期的发育有着最积极的作用（利斯，1984）。树木的果实（或种子）的成熟依赖于前期的温度条件，它们的开花迟早和果实（或种子）生长期的积温对果实的成熟期多少起着决定性作用（张福春，1995）。

3. 树木休眠的诱导和打破

伴随着秋冬季的到来，树木逐渐停止积极生长，进入休眠状态，其特征为顶部和轴部生长组织停止细胞分裂。寒冷期是恢复正常生长所必须经历的阶段。休眠的诱导主要是光周期控制，但临界光周期在种间和种内都有变化。在一个种之内，北方起源的树木比南方起源的树木通常更早进入休眠期（在较长的光周期时）。北部纬度的冬季寒冷期远远超过充分打破休眠的最低需要，这意味着某种或另外某些机制在冬末天气暖和时必定还起着防止植物过早开始生长的作用（利斯，1984）。积温可能对木本植物开始生长起着至关重要的作用（Augspurger，2005；Augspurger et al.，2003）。

（二）温带落叶林下草本植物的物候特征

1. 草本植物的展叶物候

温带森林下大多数草本植物是落叶的，人们对草本植物的物候格局进行了大量的研究。Givnish（1983；1987）从生态学和进化角度研究了展叶物候格局的多样性。日本（Kawano，1985；Uemura，1993）对林下草本植物的物候格局进行了详细的研究。依据 Tessier（1995）对温带森林下的草本植物进行的叶形态分类，常绿植物是指那些叶片经常保持绿色，并且叶片寿命通常超过一年的植物；冬绿植物是指那些能够保持一年绿叶，在次年春季新叶片形成时，旧叶片枯落；季节性绿叶植物是指一整年都有绿叶，但是在夏季叶片数量最多，它们的叶片在一年中不断更替；落叶植物是指每年春天长出新的叶片，秋天枯落的植物；春季短命植物是指叶片在树冠郁闭之前长出，在树冠郁闭之后枯落的植物。Kawano（1985）也在日本发现与 Uemura（1993）的研究相似的物候格局，并将物候格局的多样性归因于“森林生境中的生物与非生物优势有明显的周期性，物候格局因植物对森林生境适应能力的差异而不同”。

Givnish（1983；1987）通过严密的分析支持了 Kawano 的观点。Neufeld & Young（2003）综述了林下草本植物的生态生理学研究。Givnish（1987）将植物按照展叶物候划分为 6 类：早春短命植物、早夏植物、晚夏植物、冬绿植物、常绿植物、二态性植物。他还发现，早春短命植物与早夏植物、晚夏植物之间具有明显的叶子密度与宽度的区别，并且具有明显的进化格局和生长型。早春短命植物的出土受到融雪和温度的影响（Fitter et al.，1995），在林冠完全郁闭之前完成开花结果，林分郁闭后结束生长，进入休眠期。这一类植物生长量有限，植株矮小，大约在距离地面 5～15cm 的层片，以基生叶为主，或呈低矮的莲座状；早夏植物在林冠郁闭时开花，林冠郁闭之后结果；晚夏植物在林冠郁闭之后开花、结果；常绿植物和冬绿植物以及二态性植物在冬天的生长延长了它们的光合作用时间（Minoletti et al.，1993；Tissue et al.，1995）。

叶片寿命与功能之间存在着广泛联系（Reich et al.，1997；Ackerly et al.，1997；Westoby et al.，2002；Escudero et al.，2003；Wright et al.，2003）。寿命短的叶片，光合速率和呼吸速率更高，氮含量更高，叶片厚度更小（Westoby et al.，2002）。Kikuzawa & Ackerly（1995）推测叶片的寿命随着构建投资的增加而增长。叶片的寿命顺序依次是：水生植物＜一年生植物＜多年生草本＜落叶乔木，这一事实支持他们的假设。Tessier（2008）对 11 个林下草本的叶片进行了长达 3 年的监测。这些物种包括常绿草本、冬绿草本、季节绿草本、落叶草本及早春短命植物。叶片结构与叶片寿命正相关，说明构件投资与寿命之间存在相关性。

Komiyama（2001）在一个 100 年的落叶阔叶林下发现草本植物形成斑块状，在林冠层，展叶晚的树种和中间展叶的树种聚集分布，而展叶早的树种随机分布，整个林下层植被的分布与林上层展叶晚的树种的空间格局一致。相反，展叶早的树种下的林下层植被较少。因此，这些数据支持他们的假设：春季由于上层树种展叶时间不同，尚未展叶树冠下有充足的光照，这非常有利于林下植被的生长。并且认为那些能够接受较长时间光照的区域，林下植被的生长和存活率更高。

2. 草本植物的繁殖物候

通过对落叶林下草本物候进行广泛的比较，Kawarasakiand（2001）发现在林下草本植物具有在早春和晚夏达到高峰的双峰式的开花格局。Kudo（2008）在日本温带森林下发现同样规律，他们将草本植物按照开花时间划分为 3 类：早春植物、早夏植物、晚夏植物。早春短命植物的营养生长和繁殖在融雪后和冠层郁闭前这一短暂的时期同时完成，开花和植被生长利用前一年储藏的养分，而果实发育利用的养分可能既包括前一年储藏的，又包括当年积累的（Muller，

1978；Routhier et al.，2002）。冠层郁闭之前高光照下的花萼与幼嫩果实，也可通过光合作用固碳（Kudo，1995；Guido et al.，2003；Herrera，2005）。对早春植物来说，不考虑繁育系统多样性，授粉限制现象非常普遍（Kudo et al.，2008；Schemske et al.，1978；Motten，1986），开花季节的低温导致授粉受限，然而，大多数早春植物通过增加开花量来补偿这一限制。春季不稳定的气候条件从两个方面影响早春短命植物：①开花时间与传粉者活动时间不同步；②开花时间与冠层郁闭时间之间的差距。Kudo（2003）发现由熊蜂传粉的早春短命植物对气候变化的响应比苍蝇传粉植物敏感。短命植物的出土和开花与融雪时间有关，而雄蜂是地下越冬昆虫，它们出现的时间与土壤解冻时间有关，而土壤解冻时间除受气温影响外，还与冬季地表雪覆盖的厚度有关。气候变暖使融雪时间提前，短命植物的花期提前，然而熊蜂的出现取决于土壤解冻时间，这很容易导致短命植物开花时间和传粉者活动时间不同步，从而影响它们的结实率。相反，当春季推迟，短命植物的生长季将会缩短，这是因为融雪时间的推迟延迟了林下草本的出土时间，但是林冠层乔木的展叶时间并不受融雪时间的限制，这导致短命植物碳吸收量变少，败育增多（Routhier，2002；Hughes，1992；Mc Kenna et al.，2000）。

大多数早夏植物的花芽分化在前一年完成，然后在光照充足的环境下，随着地上部分的生长逐渐发育，这些植物在冠层逐渐郁闭的过程中开花，在冠层完全郁闭后结果，此时，通过光合作用吸收碳受到一定的限制。随光照季节性变化的光合适应性在很多林下草本植物中报道过（Taylor et al.，1976；Rothstein et al.，2001；Tani et al.，2006）。一些夏季开花植物的最大净光合速率 P_{max}，暗呼吸速率 R_d 和光补偿点 LC 在春季较高，但是这些值在夏季显著降低，说明存在光合调整现象（Kudo et al.，2008）。碳吸收不足会直接影响坐果率，增加败育（Devlin，1988；Niesenbaum，1993）。因此，繁殖过程中光照和碳吸收的时间波动导致早夏植物坐果率低。为了澄清这一预测，碳获取的季节特点值得研究。早夏植物的坐果率主要受光照的限制，授粉者不会或者轻微影响坐果率，光照减弱强烈影响坐果率，以至于授粉者不再是一个重要的影响因素（Niesenbaum，1993）。林缘的早夏植物玉竹（*Polygonatum odoratum*）的结实率要比林下的结实率高，授粉者的限制都很小（Hasegawa et al.，2005）。这说明即使对于自交不亲和的早夏物种，光照也是一个影响坐果率的关键因素。由于提高光照可以促进这一类植物的坐果率，森林结构和林隙动态可能会影响这类植物的结果率和种群动态。早夏植物一般在夏季中期或末期成熟，地上部分也大约在这一时期随之枯败。

晚夏植物的花芽通常在林冠郁闭之后分化，因此，这一类型的生长和繁殖时期完全分离，对生殖器官的养分分配通常受到资源条件的限制（Kawarasaki et al.，2001；Tani et al.，2006），这说明当光照变化较大时，开花与结果之间的平衡受到生殖物候的影响。由于在整个晚夏植物的繁殖阶段，林下光照很弱，开花投资的大小可能取决于满足结果的碳供应（Chiariello et al.，1991）的资源状况，使晚夏植物在光照受限的环境下，结实率较早夏植物高。

繁殖物候、光照的季节变化、光合特征、授粉成功之间的联系决定了林下不同繁殖特性的草本植物的繁殖成功率。例如，结实率与光合能力在生理上存在关联，光合能力取决于冠层动态及其对林下植物光照环境的影响，决定植物的生活史特征。影响冠层动态的环境因子的变化，或传粉者活动的改变对物种生育能力有哪些影响，取决于这些因子与生长生理、生殖生理和光合生理之间的联系。正如 Miller-Rushing & Primack（2008）研究发现的一样，早春开花植物的物候对春季气候的改变最敏感，Inouye（2008）也发现融雪时间影响亚高山草甸植物的开花物候。早春短命植物与传粉者之间的关系最易受气候变化的影响，特别是雄蜂传粉植物，气候变化会导致传粉者的活动时间与开花时间相互错开。温带落叶林中，林下草本植物与冠层乔木、传粉动物的活动期对气候变化的响应不尽相同，这说明研究物候与环境因子之间的关系具有重要的生态意义和进化意义。

总之，在温带森林，木本植物的展叶、开花及结实物候主要受积温、光照的影响，而草本植物的物候通常受融雪时间和冠层动态的影响更大。林冠层由于光照条件相对均一，树木展叶、开花等具有较大的同步性，从林冠层到林下层，由于光照、温度等微环境不同，在长期的进化过程中，分化出了生活史类型明显不同的各种植物，丰富了植物多样性水平。另外，气候变化通过对昆虫等动物行为以及传粉的影响等，间接影响了温带森林植物物候变化。气候变化对植物物候的影响是非线性的，深入开展这方面的研究，以应对气候变化对生物的影响以及生物的适应性响应尤为必要。

（三）针对温带森林开展物候研究的建议

1. 量化物候观测，提高准确性

以往的物候观测都是各地志愿者记录生活区域周边的植物物候，有些时候，观测人员并不一定能准确记录那些物候现象发生的时间，物候调查不规范，不系统。而且，限于表面的观察，没有进行相关环境因子的同步调查，这使得气候数据与物候之间的关系说服力不强。因此，在以后的研究中有必要建立物候观测的标准，明确观测方法、观察因子以及物候观察的时间尺度，观察的范围等因素。

2. 物候观测的同时，监测温度因子在内的各种可能相关环境因子

人们至今仍不清楚气象因子（如温度、降水和太阳辐射）怎样影响着物候。因此，从物候对多个气象因子的响应中区分对单个气候因子的响应也非常重要。例如，了解极端气候情况（如极端温度、严寒冻害以及干旱）的影响及气候变量的显著模型非常重要。落叶林冠层物候，特别是春季冠层物候和秋季落叶物候都会影响地表的物理结构（地表能量平衡和地表粗糙程度）和生物地理结构（养分吸收和释放，光合作用和碳吸收），这些又会共同影响地表周围的温度和湿度，云的动态和降水分布、地热和大气 CO_2 水平（Schwartz，1992），反过来影响生物的物候。因此，在物候调查的同时应该监测降水、湿度、霜冻开始时间、霜冻结束时间、融雪时间、土壤解冻时间等环境因子的变化，深入探究影响物候变化的气候因子。

3. 对尽量多的物种进行定位观察，从植物到动物，从陆地到水域各个生物群系

尺度问题对物候—气候关系的研究非常重要。对于生态群落来说，同一物种在不同发育阶段对气候变化的敏感程度不同，不同物种对气候变化的响应敏感程度也不尽相同。例如，2008 年长白山阔叶红松林下的水曲柳未曾开花，2009 年怀槐未曾开花，2010 年，假色槭和怀槐未曾开花，紫椴和水曲柳的果实大多是瘪粒，白牛槭和拧劲槭开花，但未结实。不同年份，不同物种在不同发育阶段的物候期的变化也不尽相同。因此，应该对尽量多的物种进行定位观测，以加深我们对多物种、多尺度、种内、种间植物对气候变化的物候敏感度的了解，将有助于生态学家区分脆弱生态系统，理解潜在的物候与气候变化的非同步性（Williams et al.，2007）。

4. 结合生物的生理生态特征，研究物候变化的机理

环境因子的变化如何影响生物物候，这个问题的本质就是环境因子的变化如何影响生物的生理、生态过程。Kudo（2008）等对温带森林下草本植物物候与温度、光照、雄蜂之间关系的深入研究就是很好的例子。因此，运用普遍联系的观点，研究物候变化，探讨其机理也是未来物候研究的趋势。

5. 建立能够起到预测作用的模型

为了更好地解决目前气候与将来气候引起的复杂变化，气候模型必须能够说明生物圈与非生物圈之间双向回馈机制（Pitman，2003），这需要建立动态的、全球的植被—气候模型之间的联系（Inouye，2008）。目前，气候模型预先输入物候特征，或将物候特征作为输出结果。在预先输入物候特征的气候模型中，不包括其他环境因子；在将物候特征作为输出结果的气候模型中，物候预测的结果和实际有偏差（Sparks et al.，2009），因为这些模型只是用了有限的植物类型，并且过度简化生态学过程（Kucharik et al.，2006）。因此，对在尽可能大的空间和时间尺度上，获取尽可能多的物种的物候特征，也是建立更准确的物候预测模型的必要工作。

七、温度对长白山阔叶红松林生态系统生产力的影响

近年来，空气中 CO_2 浓度的上升导致了一系列气候变化，尤其是大气温度的增加可能引起 CO_2 和气候变暖之间的正反馈作用，这引起了生态学家的广泛关注（Arkin et al.，2010；Cox et al.，2000）。气候变化能改变树种组成、林分

结构以及生产力等多个方面，对森林生态系统碳平衡产生深远的影响（Pan et al.，2011；刘国华等，2001）。

为了能更准确地预测未来气候变化对森林的影响，了解森林生态系统碳通量对温度的响应机制至关重要。生态系统总初级生产力（Gross primary productivity，*GPP*）是陆地绿色植物通过光合作用所积累的碳，是陆地生态系统最大的碳通量（Maselli et al.，2009；Beer et al.，2010；Piao et al.，2011；Musavi et al.，2017）。净生态系统生产力（Net ecosystem productivity，*NEP*）是 *GPP* 与生态系统呼吸（Ecosystem respiration，*ER*）的差值，是衡量陆地碳通量平衡的重要指标（常顺利等，2005）。*GPP* 与 *ER* 的温度敏感性不完全相同（Ryan et al.，1991）。在叶片尺度的研究发现，短期时间水平上，光合作用随温度上升而增加，当光合速率取到最大值后，光合作用随温度的继续增加反而下降（Weston et al.，2007；Feller et al.，1998；Salvucci et al.，2004；Scafaro et al.，2016）。Niu 等（2011）对中、高纬度地区 20 个生态站的通量数据进行了整合分析，结果表明在生态系统水平植被光合作用与温度的关系也遵循叶片尺度的规律。与光合作用类似，当外界温度较低时，呼吸速率随温度增加呈指数增加，但呼吸作用的最适温度（50～60℃）要远高于光合作用（Hüve et al.，2011；O'Sullivan et al.，2013）。因此，由于光合作用和呼吸作用的温度响应存在差异，当大气温度不断升高，必然会引起生态系统 *NEP* 下降，加剧大气和陆地生态系统间的气候变暖—碳循环的正反馈作用。

然而，也有许多研究发现，*GPP*、*NEP*、*ER* 的温度敏感性并不是一成不变的，当外界生长温度发生变化时，植物能调整相应的生理机制使自身功能仍然保持最佳状态，这种现象被称为“温度适应”（Yamori et al.，2014）。*GPP* 对温度的依赖性很强，许多研究表明，当增加植物生长环境的温度时，光合作用和 *GPP* 的最适温（t_{GPP}）会作出相应的改变，保证植物仍以高效的方式进行光合作用（Niu et al.，2008；Kattge et al.，2010；Gunderson et al.，2010；Sage et al.，2007）。而对于 *ER*，人们发现当外界环境温度升高时，呼吸速率会降低，在新的生长温度下的呼吸速率与之前的类似，即表现为呼吸—温度响应曲线的下移（Falge et al.，2002）。无论是 *GPP* 还是 *ER* 的这种“温度适应”都能导致 *NEP* 对温度响应的改变。*NEP* 取最大值时的温度（t_{NEP}）是生态系统碳平衡能力的潜在评价指标。Yuan（2011）的研究表明夏季平均温度的改变能引起生态系统净碳交换（Net ecosystem exchange，*NEE*＝－*NEP*）最适温的变化。Niu 等（2012）对全球陆地生态系统碳通量的研究表明，年均温与降水能从时间与空间上共同影响 *NEE* 的最适温，并且当外界温度较高时，*GPP* 最适温的变化是引起 t_{NEP} 改变的主要因素。然而，究竟什么因素决定了森林生态系统 t_{GPP}、t_{NEP} 和 *ER* 的最适温（t_{ER}）的变化仍然没有定论，*GPP*、*NEP* 和 *ER* 的最适温在时间尺度上的变化机制仍有待研究。

已有的研究表明，我国森林具有巨大的碳汇能力，并受到气候变化的强烈影响（王叶等，2006；程肖侠等，2008）。长白山位于中国东北地区吉林省东南部，中国与朝鲜边界，是我国乃至全球自然生态系统保存最为完整的地区之一。此地具有保存最为完好的亚洲东部山地森林生态系统，植物资源十分丰富，具有较强碳吸收能力。因此，以长白山为代表的碳通量温度敏感性的研究能够较好地反映气候变化对森林生态系统碳动态造成的影响（Guan et al.，2006；Yu et al.，2010）。在过去的长白山森林生态系统碳动态研究中，生态学者多将焦点放在模型的预测或检验以及评估碳收支多少或碳交换的时空变异，关于碳循环过程温度敏感性的分析还较少（Zhang et al.，2006）。对碳通量温度响应的研究大多停留在植物个体水平或是在环境可控的实验条件下开展，这不利于客观反映自然条件下植物应对气候变化的策略。此外，很少有学者从生态系统水平围绕长白山碳通量的温度适应现象展开过研究，而这对于揭示温带森林生态系统应对气候变暖的响应至关重要。涡度相关技术是测量大气和陆地生态系统之间的 CO_2、水和能量交换的最好的微气象方法之一（Baldocchi，2015；Papale et al.，2006；Chu et al.，2017）。随着 ChinaFLUX 网站的发展，利用涡度观测技术可以得到完整可靠的生态系统通量数据和气象数据，这为本项研究从生态系统水平探寻长白山森林生态系统 *GPP*、*NEP*、*ER* 的温度敏感性提供了强有力的支撑（于贵瑞等，2014）。

（一）*GPP*、*ER*、*NEP* 的温度响应曲线

从图 1.104 可以看出，长白山生态站的年平均空气温度在 2003—2011 年无明显年际变化。在图 1.105 中，当外界温度较低时，*NEP* 随着空气温度的上升逐渐增加，当曲线到达顶点后，*NEP* 不再随温度的上升而继续增加，甚至表现出下降的趋势。因此，*NEP* 存在最适温度（t_{NEP}）。*GPP* 对温度的响应与 *NEP* 的温度响应曲线的趋势一致，其中 2011 年 *GPP* 未达到最大值，因此未出现 GPP 的最适温度（t_{GPP}）。随温度的增加，*ER* 呈现指数上升的规律，并且从图 1.105 可以看出

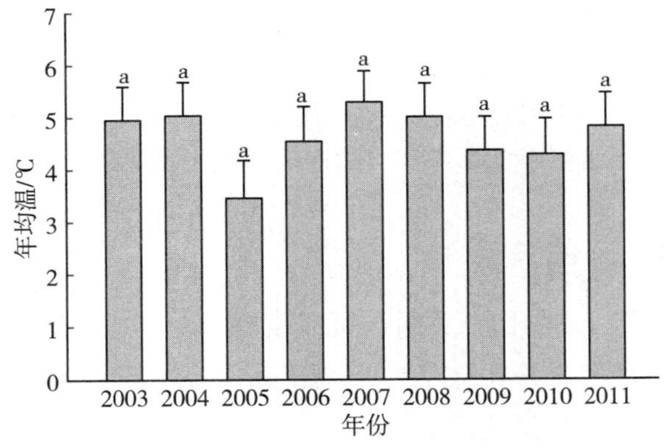

图 1.104　2003—2011 年长白山涡度站年平均空气温度的变化趋势

不同年份 t_{NEP} 和 t_{GPP} 的值不相同（表 1.24）。由于所研究的数据中，ER 只在 2010 年存在最适温，在此温度下可以得到最大呼吸，所以在接下来的分析中，只关注 t_{NEP} 和 t_{GPP} 的变化规律。

表 1.24　2003—2011 年长白山阔叶红松林观测站 t_{NEP} 和 t_{GPP} 的值

因子	年份							
	2003	2004	2005	2006	2007	2008	2009	2010
t_{GPP}	21.83	22.18	22.58	21.42	22.12	21.99	21.79	22.88
t_{NEP}	21.83	21.16	21.39	20.74	21.99	21.31	20.54	22.88

注：t_{GPP} 为 GPP 的最适温；t_{NEP} 为 NEP 的最适温。

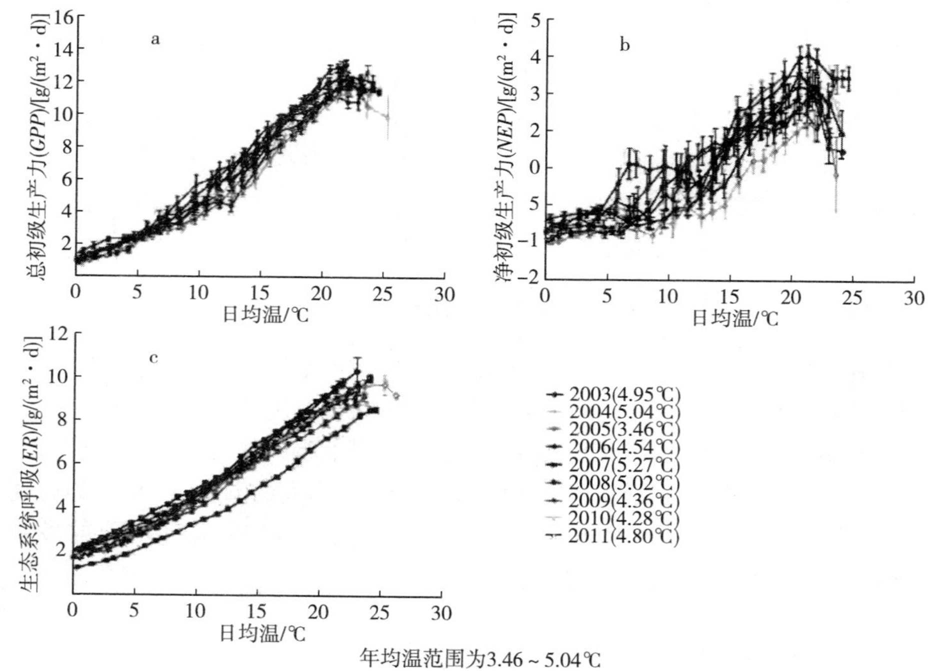

图 1.105　2003—2011 年长白山涡度站总初级生产力（GPP），生态系统呼吸（ER），净生态系统生产力（NEP）在对温度的响应曲线

（二）t_{NEP} 和 t_{GPP} 的关系

通过比较 t_{NEP} 和 t_{GPP} 的回归关系，可以发现 t_{NEP} 和 t_{GPP} 的年际变化具有稳定性，变化范围相对较窄。并且总存在 t_{NEP} 低于 t_{GPP}（6 年）或等于 t_{GPP}（2 年）的现象（表 1.24）。为了检验这两者的关系，以 t_{NEP} 为横坐标，t_{GPP} 为纵坐标对 2003—2010 年的 8 年数据建立一元回归关系，结果显示 t_{GPP} 与 t_{NEP} 存在显著的正

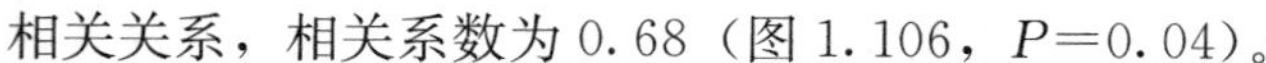
相关关系，相关系数为 0.68（图 1.106，$P=0.04$）。

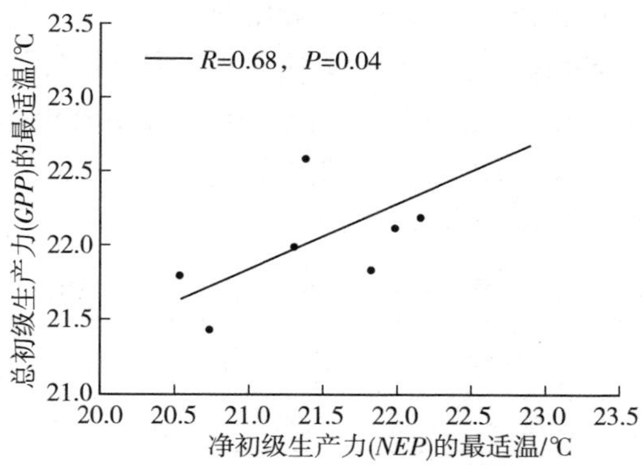

图 1.106　*GPP* 的最适温和 *NEP* 的最适温的关系

（三）t_{NEP} 和 t_{GPP} 与环境因子的关系

图 1.107 表示 t_{NEP} 和 t_{GPP} 与温度变量的关系。为了进一步理解 t_{NEP} 和 t_{GPP} 对温度响应的差异，本项研究分别探究了 t_{NEP} 和 t_{GPP} 对年平均温度、年最高温度、年最低温度、生长季平均温度、夏季平均温度（7—9 月）的响应情况。回归分析结果表明，t_{GPP} 与当年的最高空气温度（$r=0.65$，$P=0.05$）呈显著正相关关系。同样地，t_{NEP} 与当年最高温（$r=0.65$，$P=0.04$）也表现出良好的正相关关系，此外，t_{NEP} 对生长季平均温度（$r=0.62$，$P=0.04$）的响应能力更强，随生长季平均温度的增加显著增大。

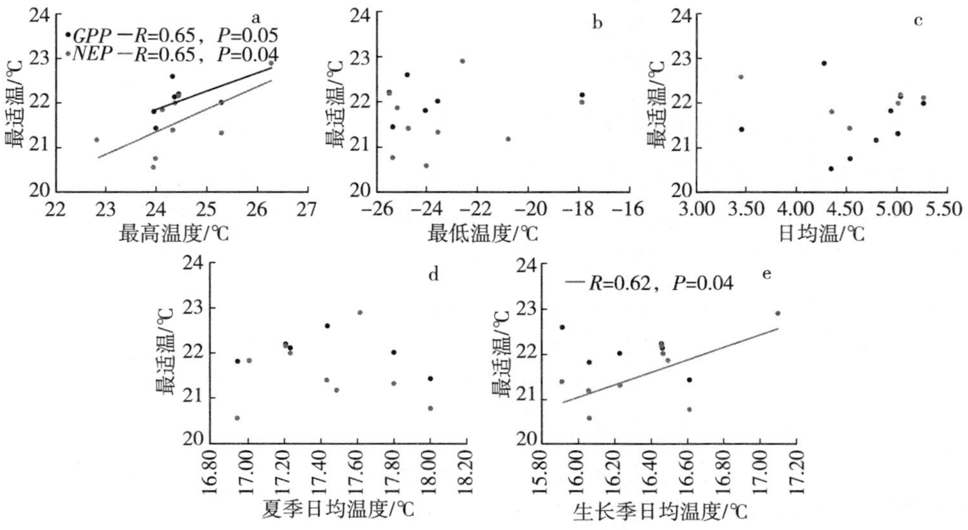

图 1.107　*GPP* 的最适温和 *NEP* 的最适温与年最高温（a），年最低温（b），年均温（c），夏季平均温度（d）和生长季平均温度（e）的关系

本项研究还分别将 t_{GPP} 和 t_{NEP} 与年降水量、光合有效辐射和饱和水汽压差这3个环境因子进行了一元回归分析。但并未发现 t_{GPP} 和 t_{NEP} 与上述任何环境变量存在相关关系。将 t_{GPP} 和 t_{NEP} 与上述环境因子进行多元线性回归分析，仍未发现显著相关关系（表1.25）。考虑到温带大陆性季风气候对长白山红松林降水的影响，进一步分析 t_{GPP} 和 t_{NEP} 与夏季降水的关系，结果显示 t_{GPP} 与7～9月的降水量呈显著的正相关关系（图1.108，$P<0.001$）。

表1.25　t_{NEP} 和 t_{GPP} 与气候变量之间回归分析的决定系数（R^2）和 P 值

因子	年降水量 *MAP*		饱和蒸汽压差 *VPD*		光合有效辐射 *PAR*		年降水量，饱和蒸汽压差，光合有效辐射 *MAP*，*VPD*，*PAR*	
	R^2	P 值	R^2	P 值	R^2	P 值	R^2	P 值
t_{GPP}	0.10	0.45	0.34	0.08	0.29	0.10	0.12	0.39
t_{NEP}	0.23	0.11	0.07	0.50	0.27	0.08	0.07	0.40

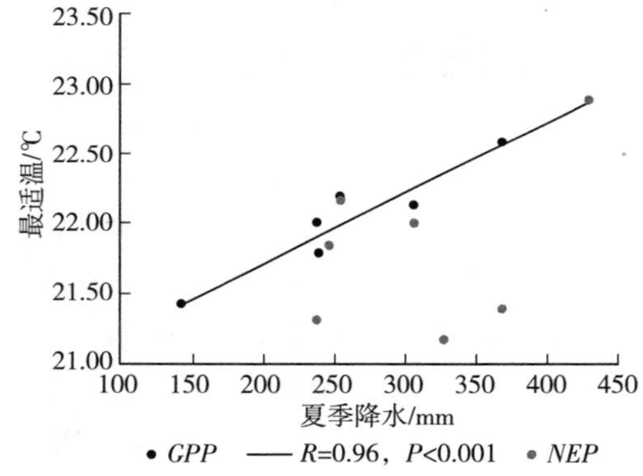

图1.108　*GPP* 的最适温和夏季降水（7～9月）的关系

研究表明，*GPP*、*NEP* 对温度的响应均表现为单峰曲线，这在之前的研究中也被证明过（于贵瑞等，2014；朱先进等，2012）。t_{NEP} 和 t_{GPP} 具有良好的线性相关关系（$r=0.72$，$P=0.03$），表明 t_{GPP} 是引起 t_{NEP} 变化的主要因素。本项研究中，*NEP* 总是与 *GPP* 具有相同的或低于后者的最适温，由于外界环境温度较低时，*GPP* 对温度的敏感性较强，当温度增加到一定程度时，光合作用固定的 CO_2 超过 ER 消耗的有机物，导致较高温度时会出现生态系统的最大净碳量；当空气温度继续增加时，*GPP* 增长速率逐渐变慢，低于同等条件下呼吸的增长速率，此时，*NEP* 随之下降（Kirschbaum，2010；Atkin et al.，2003；Lin et al.，2012）。而 *GPP* 对温度的敏感性与呼吸作用也有较强的相关性，呼吸的温度敏感程度在净碳积累也具有重要指示意义（Valentini et al.，2000；Jarvi et al.，2018）。Jarvi 等（2018）研究发现，温度过高时，可用水减少，呼吸会发生高温驯化，从而减少呼吸作用，这可以减少大气中 CO_2 的增加。从而结合上述研究得出，在气候变暖的年份中，*GPP* 固定的 CO_2 能减少甚至抵消掉呼吸释放的碳，使净初级生产力取得最大值时需要更高的气温，即 t_{NEP} 增加。综上所述，t_{NEP} 的年际变异主要是由气候波动和碳交换组分对环境变化响应的不同步性引起的（Wang et al.，2008）。

在本项研究的环境因子中，温度是引起 t_{NEP} 和 t_{GPP} 差异的主要原因，*GPP* 与 *NEP* 在时间尺度存在温度适应现象。张军辉等（2006）的研究表明，温度是控制长白山阔叶红松林生态系统 *GPP* 季节动态和年际差别的主要因子，当模型中不考虑碳循环过程的温度适应时，会高估大气变暖对碳通量温度敏感性的影响。温度主要是通过改变 *GPP* 的最适温从而引起 *NEP* 最适温的增加，这在植物个体水平和生态系统水平均已经被证实，升温能引起植物光合作用重要生理过程的改变，包括 Rubisco（核酮糖-1，5-二磷酸羧化酶/加氧酶）活性和速率的改变以及电子传递能力热稳定性的增加（Smith et al.，2017；Booth et al.，2012）。此外，气候变暖引起了生长季延长和根生长加快，间接促进植物固定更多的 CO_2，促使 *GPP* 最适温在较温暖的年份增加（Churkina et al.，2010）。例如 Baldocchi 等（2001）对欧洲和北美洲近 10 年通量数据的观测表明，对大多数温带森林生态系统来说，生长季长度增加，净碳吸收量也会增加。当空气温度增加时，无论夜间呼吸速率还是白天呼吸速率的温度敏感性都会降低，引起 t_{GPP} 的温度适应现象（Smith et al.，2016）。以往关于气候变化的研究大多被认为最低温度的增幅比最高温度的大（刘国华等，2001）。关于碳循环的研究大都基于此背景下开展，生态学学者对于冬季最低温度的关注也更多。然而，从图 1.108 可以看出，t_{NEP} 和 t_{GPP} 均与一年中最高温度有很好的正相关关系，且夏季平均温度能解释较多的 t_{NEP} 和 t_{GPP}，但并未发现 t_{NEP} 和 t_{GPP} 与冬季最低温度或年均温度有任何显著相关关系，这说明 t_{NEP} 和 t_{GPP} 的年际变化范围存在稳定性，同时也表明 *GPP* 和 *NEP* 的最适温改变较小的程度就可以适应外界温度的变暖。这种现象说明生态系统碳通量的最适温具有高温驯化作用。

温室效应的产生往往伴随着降水和辐射的改变，这些环境因子也会对陆地生物圈和大气间的碳循环产生影响（Wild et al.，2005；Rambal et al.，2010）。以往的研究结果表明 t_{GPP} 受到温度、降水、光照、气孔导度等多种因素的作用（Ma et al.，2017）。在 Niu 等（2012）的研究中，观测数据超过 10 年的站点中，降水和辐射都对 *NEE* 最适温的年际变异作出贡献。前人关于长白山阔叶红松林的研究表明，温度和辐射是长白山生态系统碳收支季节动态的控制因素（Zhang et al.，2006）。本项研究对长白山生产力年际尺度的分析结果表明，t_{NEP} 和 t_{GPP} 与辐射之间不存在显著相关关系，但 t_{GPP} 受到 7～9 月降水的显著影响（$R=0.96$，$P<0.01$）。长白山生态系统属于温带大陆性气候，降水多集中在夏季，植被在 7～9 月生长旺盛，光合作用较强。前人对长白山红松针阔混交林净初级生产力的研究显示，红松树种与每年 5 月、8 月和 9 月的降水呈显著正相关关系，阔叶树种生产

力与每年7月、9月的降水量呈正相关关系（吴玉莲等，2014）。本项研究的结果与该结论基本一致。这表明夏季降水量可能会减弱生产力对温度响应的敏感程度。准确判断引起当前生态系统变化的决定性环境因子是生态系统研究的重要内容之一。温度和降水作为两个主要的环境因子，在决定陆地生态系统的植被生长和碳平衡方面发挥着重要的作用。因此，深入理解 t_{NEP} 和 t_{GPP} 与温度、降水变化的关系，对于预测阔叶红松林对未来气候变化的响应是十分关键的。

第六节　森林生态气候研究存在的问题及建议

随着气候的变化，森林生态系统的分布、生物生产力、树种组成与结构以及森林土壤性质都发生了显著的变化。但是需要指出的是，目前有关气候变化对森林生态系统影响的研究还存在很多不确定性，其原因主要体现在以下几点。

1. 缺乏对极端气候事件的考虑

当前关于气候变化对森林生态系统影响的研究所采用的气候指标大都是年平均变化，而很少考虑其季节变化和极端气候事件。但是，未来气候变化却可能使极端气候事件的频度和强度加大，而极端气候事件对很多物种来说可能是致命的。另外，气候变化可能使极端灾害的发生频率和强度增加，例如，夏季的高温和干旱条件为火灾的发生提供了有利条件；海温的升高增加了飓风和热带风暴发生的可能性。这些极端气候事件将为人类生存环境带来更加严重的危害。极端灾害的增加将对森林景观造成严重的威胁。火灾和虫灾的频繁发生将对温带森林景观的演替和发展造成严重的干扰和破坏；而对于热带雨林来说破坏力巨大的飓风和热带风暴，它们对雨林生态系统结构的改变往往起着决定性作用。然而，现有模型预测的研究却很难对这些极端气候事件作出评估（刘国华等，2001）。

2. 忽略了不同物种之间的相互作用

自然界不同物种都是互相影响互相依存的，每个物种有其独自的生态位。但是物种的生态位并非一成不变。由于每个物种对气候变化的反应不同，当一个物种暴露在新的气候条件下，往往可能改变其原有的竞争组合，而与其他物种形成新的竞争关系。因此，随着气候的变化，实际生态位也将随着不同物种竞争组合的变化而发生变化。而生态系统的演替和发展正是这种不同物种间相互竞争作用的结果。由此可见，物种间的竞争在生态过程中起着重要的作用。但是现有大部分气候变化模拟的预测却认为：只要某地条件没有限制，那么相关的树木就可以在该地分布。这些预测往往缺乏对物种竞争的了解。因此，它们很难真实地反映未来树木和森林的分布状况（刘国华等，2001）。

3. 没有考虑气候变化对森林生态系统的影响及生态系统对气候变化的响应

森林与气候之间通过陆地表面与大气间的物质和能量的相互交换而互为影

响。气候变化对森林的影响是多方面的，包括对森林生态系统的分布、生产力、森林的物种组成和结构以及森林的生物地球化学循环等，而森林的这些变化可能对气候产生一定的反馈作用。首先，森林树种结构和分布的变化将改变地表原有的反射率和全球的物质（包括水、碳和氮等）循环模式。所有这些将对气候的变化产生一定的影响，从而进一步影响到森林的结构和功能。其次，森林碳循环的改变，可能使森林成为大气中 CO_2 的源或汇，造成大气中 CO_2 浓度的升高或降低，从而进一步加强或削弱全球变暖趋势，所以森林与气候间的相互作用是非常复杂的。而现在有关的模型预测研究中为了避免这种复杂的关系，往往很少考虑到气候变化所引起的森林变化对气候的反馈作用（刘国华等，2001）。

4. 缺乏森林生态系统过程对气候变化响应机制更深入的认识

植被生态系统的净碳通量是单位时间通过光合吸收的总碳量与通过呼吸失去的碳量之差。温度对光合和呼吸的即时、短期和直接的影响已被相对深入了解，并被目前大部分所谓的经验预测模型所采用。但越来越多的实验表明，不同植物、功能群或同一植物在不同生源环境下对温度升高表现出不同的适应模式。在生态系统水平光合和呼吸两个组分均涉及一系列化学、生理和物理过程，并通过系统的物流、能流和信息流耦合在一起。这些过程对温度升高的适应能够有不同的速率和敏感性。由于生态系统组分过程各自的特点以及过程之间复杂的相互作用和反馈，导致整个生态系统对气候变暖响应的时空变异和在估计碳平衡上的不确定性。

5. 模型及数据的不完善

因为模型是自然的近似，目前描述生态系统的模型大都是生态过程简单的近似，再加上自然的多变性，其模拟出的结果在一定程度上就不能很准确地表达生态系统的真实变化过程。所以模型模拟的结果不可能完全与实际状况相符，总会有一定的误差存在。同时，由于进行气象数据的差值过程中，没有考虑到台站的空间分布不均及海拔高度对数据的影响等问题，所以对当前的模拟结果也会产生一定的影响。此外，生态系统本身还存在一些不确定性，不同群落、树种对温度变化的反馈是有很大差异的，目前还很难对这些差异定量地加以区别。关于 CO_2 浓度升高对全球气候变暖的影响占多大比重还不能确定。因此，森林生态系统对气候变化响应的研究还存在一定的不确定性。

本项研究论述了气候变化对森林生态系统的分布、生产力、树种组成以及森林土壤的影响及其一些相关的模式研究与进展。虽然现有的模型研究还存在一定的缺陷与不确定性，但是并不能因此而放弃相关的研究。为了更准确地预测气候变化对森林生态系统的影响，在提高未来气候变化预测的精度和准确度的同时，必须加强对森林的详尽研究，尤其是对森林物质和能量交换过程和生物地球化学循环及其他相关生态过程的研究。这要求进行一些长期的观测，尤其是对不同生态系统类型间过渡区各种变化的研究，而样地的设计应尽可能全面地考虑各种存在的问题，从而使获取的数据为研究工作提供可靠的信息。其次，随着社会的快速发展，科学技术的不断进步，如何将各项新的研究技术和手段应用于气候变化对森林生态系统影响的研究，也将是未来研究的重要内容。此外，虽然现在的模型都存在一定的缺陷，但它们也有各自的优点，如何使它们扬长避短，发挥各自的优势，也是当前亟待解决的问题。因此，各种模型的相互结合、相互渗透也是当前更为准确地预测全球气候变化对中国森林生态系统影响的趋势（刘国华等，2001）。

综上所述，气候变化对森林生态系统的影响是多方面的，要正确评价气候变化对森林生态系统的影响，就必须对森林与气候和其他环境因子及森林间的相互作用进行全面和充分的了解。虽然存在很多困难，但是随着科研水平的发展，气候变化对森林生态系统影响机制的研究也将会更上一层楼。

参考文献

《中国森林》编辑委员会，1999. 中国森林［M］（第 2 卷）. 北京：中国林业出版社.

北京林学院森林气象教研组，1962. 林业气象学［M］. 北京：农业出版社.

柴育成，周广胜，周莉，等，2004. 全球碳项目 1［J］. 北京：中国气象出版社.

常杰，潘晓东，葛滢，等，1999. 青冈常绿阔叶林内的小气候特征［J］. 生态学报，19（1）：68－75.

常顺利，杨洪晓，葛剑平，2005. 净生态系统生产力研究进展与问题［J］. 北京师范大学学报（自然科学版），41（5）：517－521.

陈步峰，林明献，李意德，等，2001. 海南岛尖峰岭热带山地雨林近冠层 CO_2 梯度及通量研究［J］. 生态学报，21（12）：2166－2172.

陈妮娜，关德新，金昌杰，等，2009. 长白山地区散射辐射与云的关系［J］. 生态学杂志，28（8）：1600－1606.

陈妮娜，袁凤辉，王安志，等，2011. 长白山阔叶红松林气候变化对冠层蒸腾作用的模拟研究［J］. 应用生态学报，22（2）：309－316.

陈四清，崔骁勇，周广胜，等，1999. 内蒙古锡林河流域大针茅草原土壤呼吸与凋落物分解 CO_2 释放速率研究［J］. 植物学报，41（6）：645－650.

陈拓，秦大河，刘晓宏，等，2003. 新疆阿勒泰地区近 440 年大气 $\delta^{13}C$ 的动态变化［J］. 应用生态学报，14（9）：1469－1472.

程伯荣，许广山，丁桂芳，等，1981. 长白山北坡自然保护区主要土壤类群及其性质［J］. 森林生态系统研究，2：196－206.

程根伟，罗辑，2002. 贡嘎山亚高山森林演替特征及演替特征［J］. 生态学报，22（7）：1049－1056.

程肖侠，延晓冬，2008. 气候变化对中国东北主要森林类型的影响［J］. 生态学报，28（2）：534－543.

迟振文，张风山，李晓晏，等，1981. 长白山森林生态系统水热条件的初步研究［J］. 森林生态系统研究（2）：167 - 178.
崔启武，张延龄，等，1964. 小兴安岭带岭林区三个林型的温湿特征［J］．中国科学院林业土壤研究所集刊（第 1 集）．北京：科学出版社．
邓湘雯，文定元，邓声文，2003. 森林火灾与景观格局关系初探［J］．火灾科学，12（4）：238 - 244.
刁一伟，王安志，金昌杰，等，2006. 林冠与大气间二氧化碳交换过程的模拟［J］．应用生态学报，17（12）：2261 - 2265.
丁圣彦，宋永昌，1998. 常绿阔叶林人工林过程中马尾松的衰退原因［J］．植物学报，40（8）：755 - 760.
丁圣彦，宋永昌，1999. 浙江天通国家森林公园常绿阔叶林早期演替阶段的收缩特征研究［J］. 植物生态学报，23（2）：97 - 107.
丁一汇，戴晓苏，1994. 中国近百年来的温度变化［J］．气象，20（12）：19 - 26.
董军，窦邃，2001. 混沌动力学在林业工程中的应用研究［J］．林业科学，37（3）：100 - 106.
董军，姚顺忠，张嘉宾，等，2003. 森林复杂大系统的自组织动力特性分析［J］．森林工程，19（3）：9 - 10.
董军，张嘉宾，姚顺忠，等，2003. 现代森林工程系统复杂动力学行为研究［J］．林业资源管理，2：37 - 41.
董满宇，吴正方，2008. 东北地区近 50 年气温变化的时空特征分析［J］．资源科学，30（7）：1093 - 1099.
杜海波，吴正方，张娜，等，2013. 近六十年大同地区极端气温和降水事件特征［J］．地理科学，33（4）：473 - 480.
杜军，2003. 西藏高原最高、最低气温的非对称变化［J］．应用气象学报，14（4）：437 - 444.
杜颖，关德新，殷红，等，2007. 长白山阔叶红松林的温度效应［J］．生态学杂志，26（6）：787 - 792.
樊宝敏，董源，张钧成，等，2003. 森林破坏对我国旱涝灾害的影响：论森林的水文气候效应［J］．林业科学，39（3）：136 - 142.
范玉洁，余新晓，张红霞，等，2014. 基尔金插值法与逆距离加权张力法降水数据分析的比较-以丽江流域为例［J］．水文，34（6）：61 - 66.
范泽孟，岳天祥，陈传法，等，2011. 中国气温和降水的空间变化趋势［J］．地球信息科学学报，13（4）：526 - 533.
方精云，1999. 森林群落呼吸量的研究方法及其应用的探讨［J］．植物学报，41（1）：88 - 94.
方精云，朴世龙，赵淑清，2001. CO_2 失汇与北半球中高纬度陆地生态系统的碳汇［J］．植物生态学报，25（5）：594 - 602.
方精云，魏梦华，1998. 北极陆地生态系统碳循环与全球变暖的关系［J］．环境科学学报，18：113 - 121.
方精云编，2000. “全球生态学：气候变化与生态系统”［M］．北京：中国高等教育出版社．
符淙斌，王强，1992. 气候突变的定义和检测方法［J］．大气科学，16（4）：482 - 493.
高人，周广柱，2001. 辽东山区不同主要森林植被类型的蒸腾作用［J］．辽宁农业科学，（6）：5 - 8.

高素华，1985. 海南岛橡胶林热量平衡的初步研究［J］. 热带作物科技（3）：57－63.

高西宁，陶向新，关德新，2002. 长白山阔叶红松林热量平衡和蒸散研究［J］. 沈阳农业大学学报，33（5）：331－334.

葛全胜，郑景云，张学霞，等，2003. 过去40年中国气候与物候的变化研究［J］. 自然科学进展，13（10）：1048－1053.

顾钧禧，1994. 大气科学辞典［M］. 北京：气象出版社.

关德新，金明淑，徐浩，2002. 长白山阔叶红松林生长季反射率特征［J］. 应用生态学报，13（12）：1544－1546.

关德新，金明淑，徐浩，2004. 长白山阔叶红松林冠层透射率的定点观测研究［J］. 林业科学，40（1）：31－35.

关德新，吴家兵，金昌杰，等，2006. 长白山红松针阔混交林 CO_2 通量的日变化与季节变化［J］. 林业科学，42（10）：123－128.

关德新，吴家兵，金昌杰，等，2006. 用气象站资料推算附近森林浅层地温和气温［J］. 林业科学，42（11）：132－137.

关德新，吴家兵，王安志，等，2004. 长白山阔叶红松林生长季热量平衡变化特征［J］. 应用生态学报，15（10）：1828－1832.

关德新，吴家兵，于贵瑞，等，2004. 气象条件对长白山红松针阔叶混交林 CO_2 通量的影响［J］. 中国科学：D辑，34（增刊Ⅱ）：103－108.

关德新，朱廷曜，韩士杰，2001. 单株树的阻力系数模式. 林业科学，37（6）：11－14.

郭传友，王中生，方炎明，2003. 外来物种入侵与生态安全［J］. 南京林业大学学报·自然科学版，27（2）：73－78.

韩有志，王政权，2002. 空间异质性与森林更新［J］. 应用生态学报，13（5）：615－619.

杭韵亚，1996. 午潮山长绿阔叶林小气候特征的初步研究［J］. 中国森林生态系统结构与功能规律研究. 北京：中国林业出版社.

郝占庆，代力民，贺红士，等，2001. 气候变暖对长白山主要树种的潜在影响［J］. 应用生态学报，12（5）：653－658.

郝占庆，于德永，杨晓明，等，2002. 长白山北坡植物群落 α 多样性及其随海拔梯度的变化［J］. 应用生态学报，13（7）：785－789.

何清，徐俊荣，1996. 塔克拉玛干沙漠散射辐射观测研究［J］. 干旱区地理，19（4）：38－44.

何维明，董鸣，2003. 升高气温对旱柳光合和生长的影响［J］. 林业科学，39（1）：160－164.

贺庆棠，1988. 气象学（修订版）［M］. 北京：中国林业出版社.

贺庆棠，刘祚昌，1980. 森林热平衡［J］. 林业科学，16（1）：24－33.

贺伟，布仁仓，熊在平，等，2013. 1961—2005年东北地区气温和降水特征［J］. 生态学报，33（2）：519－531.

洪启发，王仪洲，吴淑贞，1963. 马尾松幼林小气候［J］. 林业科学，8（4）：275－289.

侯爱敏，彭少麟，周国逸，2000. 研究植被动态的新工具［J］. 生态科学，19（3）：46－49.

胡建忠，朱金兆，周心澄，2003. 植被系统干扰效应分析及恢复对策［J］. 中国水土保持科学，1（1）：70－73.

胡乃发，王安志，关德新，等，2010. 长白山地区1959—2006年降水序列的多时间尺度分析

[J]．应用生态学报，21（3）：549－556.
胡新生，刘建伟，1997. 四个杨树无性系在不同温度和相对湿度条件下净光合速率的比较研究［J］．林业科学，33（2）：107－116.
胡新生，王世绩，1996. 温度和湿度对杨树无性系光合机构 CO_2 瞬间响应分析［J］．林业科学研究，9（4）：368－375.
黄嘉佑，1995. 第三讲：气候状态变化趋势与突变分析［J］．气象，21（7）：54－57.
黄耀，2002. 中国陆地和近海生态系统碳收支研究［J］．中国科学院院刊，17（2）：104－107.
吉奇，宋冀凤，刘辉，2006. 中国东北地区 1951—2000 年气温和降水特征［J］．气象与环境学报，22（5）：1－5.
贾建英，郭建平，2011. 近 46 年来东北地区气候变化特征［J］．干旱区资源与环境，25（10）：109－115.
贾翔，金慧，赵莹，等，2017. 1958 年至 2015 年长白山气候变化特征［J］．北华大学学报：自然科学版，18（6）：727－731.
贾友见，聂林如，黄仕华，2000. 计算水平地面散射辐射量的模型［J］．昆明理工大学学报，25（5）：40－42.
蒋高明，韩兴国，周广胜，1997. 北京山区典型温带落叶林大气 CO_2 变化、草层光合作用及土壤 CO_2 演变［J］．植物学报，39（7）：653－660.
蒋高明，黄银晓，1997. 北京山区辽东栎林土壤释放 CO_2 的模拟实验研究［J］．生态学报，17（5）：476－482.
蒋高明，黄银晓，韩兴国．夏季和秋季城市和山区森林大气 CO_2 的变化［J］．环境科学学报，1998，18（1）：108－111.
金昌杰，关德新，朱廷曜，2000. 长白山阔叶林太阳辐射光谱特征［J］．应用生态学报，11（1）：19－21.
金巍，任国玉，曲岩，等，2012. 1971—2010 年东北地区地面平均风速变化［J］．干旱区研究，29（4）：648－653.
康惠宁，马钦彦，袁嘉祖，1996. 中国森林 C 汇功能基本估计［J］．应用生态学报，7（3）：230－234.
康兴成，张其花，Lisa J，等，2000. 2000 年来青海独兰地区气候的重建与变化［J］．地球科学进展，15（2）：215－221.
兰涛，夏冰，何善安，1994. 马尾松生长与气候因子关系的年轮分析［J］．应用生态学报，5（4）：422－424.
李哈滨，王政权，王庆成，1988. 空间异质性量化的理论与方法［J］．应用生态学报，9（6）：651－657.
李海涛，陈灵芝，1999. 暖温带山地森林的小气候研究［J］．植物生态学报，23（2）：139－147.
李金中，裴铁，李晓晏，等，199. 森林流域土壤饱和渗透系数与有效孔隙度模型的研究［J］．应用生态学报，9（6）：597－602.
李巧萍，闫冠华，1994. 散射辐射的气候学计算方法探讨［J］．山西气象（3）：32－36.
李胜功，Yoshinobu H，何宗颖，1994. 内蒙古纳曼草原的热量收支［J］．应用生态学报，5（2）：214－217.

李树人，赵勇，阎志平，1997. 落叶松冠层的光生态场［J］. 应用生态学报，8（2）：123-126.
李双成，2001. 模拟植物对气候变化响应的新方法［J］. 地理科学进展，20（3）：217-226.
李文华，邓坤枚，李飞，1981. 长白山主要生态系统生物量及初级生产力研究［J］. 森林生态系统研究，（2）：34-50.
李兴东，宋永昌，1993. 浙东阔叶林次生演替的马尔可夫过程模型［J］. 植物生态与地植物学学报，17（4）：345-351.
李雪峰，韩士杰，李玉文，2005. 东北地区主要森林生态系统凋落量的比较［J］. 应用生态学报，16（5）：783-788.
李意德，吴仲民，曾庆波，等，1997. 尖峰岭热带山地雨林群落呼吸量初步测定［J］. 林业科学研究，10（4）：348-355.
李玉灵，王林和，张国盛，等，1998. 毛乌素沙地樟子松人工林热量平衡研究［J］. 内蒙古林学院学报，20（4）：31-35.
李正泉，于贵瑞，温学发，等，2004. 中国通量观测网络（ChinaFLUX）能量平衡闭合状态的评价［J］. 中国科学：D辑，34（增刊Ⅱ）：46-56.
李志静，孙丽，卢娜，等，2015. 本溪地区1961—2012年日照时数变化［J］. 现代农业科技，（15）：241-242.
利斯（颜邦倜，陈鼎常，倪权，等译），1984. 物候学与季节性模式的建立［J］. 北京：科学出版社.
梁建萍，王爱民，梁胜发，2002. 干扰与森林更新［J］. 林业科学研究，15（4）：490-498.
林永标，申卫军，彭少麟，2003. 南亚热带鹤山三种人工林小气候效应对比［J］. 生态学报，23（8）：1657-1666.
林正云，1994. 福建省散射辐射的计算方法及其分布特征［J］. 气象，20（4）：10-14.
林正云，1994. 我国散射辐射的气候计算方法及其分布特征［J］. 气象，20（11）：16-20.
刘春蓁，2007. 气候变化对江河流量变化趋势影响研究进展［J］. 地球科学进展，22（8）：777-783.
刘国华，傅伯杰，2001. 全球气候变化对森林生态系统的影响［J］. 自然资源学报，16（1）：71-78.
刘和平，刘树华，朱廷曜，等，1997. 长白山森林空气动力学参数的确定［J］. 北京大学学报 自然科学版，33：522-528.
刘鸿雁，谷红涛，唐志尧，等，2002. 温带东部高寒林分树种光合作用及其与环境因子的关系［J］. 山地学报，20（1）：32-36.
刘辉志，洪钟祥，2002. 北京城市下垫面边界层湍流统计特征［J］. 大气科学，26（2）：241-247.
刘建军，王得详，雷瑞德，等，2003. 秦岭天然油松、锐齿栎林地土壤呼吸与 CO_2 释放［J］. 林业科学，39（2）：8-13.
刘敏，毛子军，厉悦，等，2016. 不同林分红松林径向生长对气候因子的响应［J］. 应用生态学报，27（5）：1341-1352.
刘绍辉，方精云，1997. 全球尺度下土壤呼吸和土壤温度变化的影响因素［J］. 生态学报，17（5）：469-476.
刘绍辉，方精云，1998. 北京山地温带森林的土壤呼吸［J］. 植物生态学报，22（2）：119-126.

刘树华，陈荷生，1993. 近地面层湍流通量间接计算方法的比较［J］. 见：中国科学院沙坡头沙漠试验研究站年报 1991—1992［C］. 兰州：甘肃科学技术出版社，139-146.
刘文杰，张克映，张光明，等，2001. 西双版纳热带雨林干季林冠层雾露形成的小气候特征研究［J］. 生态学报，21（3）：486-491.
刘雅各，袁凤辉，王安志，等，2019. 长白山生态功能区气候变化特征［J］. 应用生态学报，30（5）：1-10.
刘延春，于振良，李世学，等，1997. 气候变化对东北地区森林影响的初步研究［J］. 吉林林学院学报，13（2）：63-6924.
刘颖，韩士杰，胡艳玲，等，2005. 土壤温度和湿度对长白松林土壤呼吸速率的影响［J］. 应用生态学报，16（9）：1581-1585.
刘玉洪，1991. 云南哀牢山中山湿性常绿阔叶林土壤温度的分布特征［J］. 林业科学，27（6）：639-643.
刘允芬，宋霞，孙晓敏，等，2004. 千烟洲人工针叶林 CO_2 通量季节变化及其环境因子的影响［J］. 中国科学：D辑，34（增刊Ⅱ）：109-117.
刘允芬，张宪洲，周允华，2000. 西藏高原田间冬小麦的表观光合量子效率［J］. 生态学报，20（1）：35-38.
刘志刚，潘向丽，1997. 落叶松人工林叶期辐射特性研究［J］. 生态学报，17（5）：519-524.
刘志明，蒋德明，2007. 植物生殖物候研究进展［J］. 生态学报，27（3）：1233-1241.
卢其尧，1964. 热带地区森林内外能量平衡与小气候的比较［J］. 林业科学，9（1）：45-53.
陆佩玲，于强，罗毅，等，2001. 冬小麦光合作用的光响应曲线的拟合［J］. 中国农业气象，22（2）：12-14.
马钦彦，王治中，韩海荣，等，2003. 山西太岳山核桃楸光合特性的研究［J］. 北京林业大学学报，25（1）：14-18.
马晓波，1999. 中国西北地区最高、最低气温的非对称变化. 气象学报，57（5）：611-613.
马耀明，王介民，刘巍，等，1997. 南沙群岛上空大气湍流结构和大气下层转移的特征研究. 大气科学，21（3）：357-366.
孟祥庄，2004. 柞木林内不同高度小气候因子时空分布规律的研究. 防护林科技，4：14-16.
米娜，张玉书，陈鹏狮，等，2010. 玉米作物蒸散及其对气候变化响应的模拟研究. 生态学报，30（3）：698-709.
倪健，2000. BIOME6000：古生物建模与重建的研究进展［J］. 应用生态学报，11（3）：465-471.
倪健，2002. 生物群落模型的主要原理及应用［J］. 植物生态学报，26（4）：481-488.
牛建明，2001. 气候变化对内蒙古草原分布和生产的影响预测［J］. 草地学报，9（4）：277-282.
潘刚，辛学兵，王景升，2004. 西藏色季拉山急尖长苞冷杉林小气候特征的初步研究［J］. 西藏科技，4：48-51.
彭长连，林植芳，林桂珠，等，1997. 人类活动对亚热带森林大气浓度和两种木本植物碳水化合物含量的影响［J］. 应用生态学报，8（3）：225-230.
彭少麟，1994. 植物群落演替研究［J］. 生态科学，2：117-119.

戚培同，古松，唐艳鸿，等，2008. 高寒草甸蒸散量三种测量方法的比较［J］. 生态学报，28（1）：202-211.

任国玉，任玉玉，战云健，等，2015. 中国主要土地前兆变化的时空格局Ⅱ［J］. 近期趋势. 水科学进展，26（4）：451-465.

任海，彭少麟，1996. 鼎湖山季风常绿阔叶林冠状结构与辐射土壤特征［J］. 生态学报，16（2）：174-179.

阮祥，张小红，李荣，2001. 从云天变化分析辐射记录是否正常［J］. 河南气象，(3)：46.

桑卫国，马克平，陈灵芝，等，1999. 森林动力学模型综述［J］. 植物学通报，16（3）：193-200.

邵雪梅，吴祥定，1997. 利用树轮资料重建东北长白山气候变化［J］. 第四纪研究，1：76-85.

申双和，周英，1991. 国外森林蒸散的测定、计算和模拟［J］. 中国农业气象，12（1）：51-43.

石广玉，王喜红，张立盛，等，2002. 人类活动对气候的影响 II. 对东亚和中国气候变化的影响［J］. 气候与环境研究，7（2）：255-266.

石旭霞，侯继华，王冰雪，等，2018. 长白山阔叶红松林生态系统生产力与温度的关系［J］. 北京林业大学学报，40（11）：49-57.

宋霞，刘允芬，徐小锋，等，2004. 红壤丘陵区人工林冬春时段碳、水、热通量的观测与分析［J］. 资源科学，26（3）：97-104.

孙凡，钟章成，1999. 云山高登树轮生长与气候因素的关系［J］. 应用生态学报，10（2）：151-154.

孙凤华，任国玉，赵春雨，等，2005. 东北地区气温异常变化及下垫面类型分析［J］. 地理科学，25（2）：167-171.

孙凤华，杨素英，陈鹏狮，2005. 东北地区近 44 年的气候暖干化趋势分析及其可能影响［J］. 生态学杂志，24（7）：751-755.

孙睿，朱启疆，2001. 气候变化对我国陆地净初级生产力的影响［J］. 遥感学报，5（1）：58-61.

孙雪峰，陈灵芝，1995. 暖温带落叶阔叶林辐射能量环境初步研究［J］. 生态学报，15（3）：278-286.

覃军，陈正洪，1999. 湖北省最高气温和最低气温的非对性变化［J］. 华中师范大学学报（自然科学版），33（2）：286-290.

王安志，刘建梅，关德新，等，2003. 长白山阔叶红松林显热和潜热通量测算的对比研究［J］. 林业科学，39（6）：21-25.

王安志，裴铁璠，2001. 森林蒸散量测量计算研究进展及展望［J］. 应用生态学报，12（6）：933-937.

王昊，许士国，孙砺石，2006. 扎龙湿地芦苇沼泽蒸散预测［J］. 生态学报，26（5）：1352-1358.

王纪军，裴铁璠，王安志，等，2009. 中国北半球长白山近 50 年来平均最高气温和最低气温的变化［J］. 北京林业大学学报，31（2）：50-57.

王纪军，裴铁瑶，2004. 气候变化对森林演替的影响［J］. 应用生态学报，15（10）：1722-1730.

王金叶，张虎，1997. 祁连山云杉辐射平衡研究［J］. 气象，11（1）：32-35.

王锦地，李小文，项月琴，1997. 冠层反射率分布［J］. 中国科学 E，27（5）：430-436.

王靖，于强，李湘阁，等，2004. 利用光合—蒸散耦合模型模拟冬小麦水分和热通量的日变化［J］. 应用生态学报，15（11）：2077－2082.
王靖，于强，潘学标，等，2008. 水、热和 CO_2 通量模拟模型综述［J］. 生态学报，28（6）：2843－2853.
王淼，白淑菊，陶大立，等，1995. 气温升高对长白山森林年轮生长的影响［J］. 应用生态学报，6（2）：128－132.
王淼，韩士杰，王跃思，2004. 影响阔叶红松林土壤 CO_2 排放的主要因素［J］. 生态学杂志，23（5）：24－29.
王淼，姬兰柱，李秋荣，等，2003. 土壤温度和水分对长白山不同森林类型土壤呼吸的影响［J］. 应用生态学报，14（8）：1234－1238.
王淼，姬兰柱，李秋荣，等，2005. 长白山地区红松树干呼吸的研究［J］. 应用生态学报，16（1）：7－13.
王明星，杨昕，2002. 人类活动对气候变化影响的研究 I. 温室气体和气溶胶［J］. 气候与环境研究，7（2）：247－254.
王秋凤，牛栋，于贵瑞，等，2004. 长白山森林生态系统 CO_2 和水热通量的模拟研究［J］. 中国科学：D 辑，34（增刊Ⅱ）：131－140.
王文微，韩京龙，2017. 吉林省延边地区降水变化规律［J］. 东北水利水电，35（6）：28－30.
王效科，冯宗炜，2000. 中国森林生态系统中植物固定大气碳的潜力［J］. 生态学杂志，19（4）：72－74.
王叶，延晓冬，2006. 全球气候变化对中国森林生态系统的影响［J］. 大气科学，30（5）：1009－1018.
王玉辉，何兴元，周广胜，2001. 中国羊草气孔导度的特征及定量模拟［J］. 应用生态学报，12（4）：517－522.
王玉辉，周广胜，蒋延玲，2001. 兴安落叶松林 NPP 模拟与生态系统服务评价［J］. 应用生态学报，12（5）：648－652.
王战，1992. 中国落叶松林［M］. 北京：中国林业出版社. 1－20.
王战，徐振邦，谭征详，等，1980. 长白山北坡主要森林类型及其群落结构特征［J］. 森林生态系统研究，(1)：25－42.
王正非，朱廷曜，等，1982. 森林气象学［M］. 北京：中国林业出版社.
王正非，朱廷曜，朱劲伟，等，1985. 森林气象学［M］. 北京：中国林业出版社.
魏凤英，2007. 当前气候的静态诊断与预报技术［M］. 北京：气象出版社.
温学发，于贵瑞，孙晓敏，2004. 基于涡度相关技术估算植被/大气间净 CO_2 交换量中的不确定性［J］. 地球科学进展，19（4）：658－663.
文诗韵，杨思河，尹忠馥，1991. 柞蚕饲用橡树的冠层结构、光分布及叶生物量［J］. 应用生态学报，2（4）：286－289.
翁笃鸣，1997. 中国辐射气候［M］. 北京：气象出版社.
吴刚，梁秀英，张旭东，等，1999. 长白山红松阔叶林主要树种高度生态位的研究［J］. 应用生态学报，9（3）：262－264.
吴洪宝，吴蕾，2010. 用于诊断和预测气候变异性的方法［M］. 北京：气象出版社.
吴厚水，刘惠萍，黄大基，1998. 鼎湖山三种群落的能量通量和能量效率［J］. 生态学报，

18 (1): 82 - 89.
吴佳，高学杰，2013. 中国地区农业日用观测数据集及其与其他数据集的比较 [J]. 地球物理学报，56 (4): 1102 - 1111.
吴家兵，关德新，施婷婷，等，2006. 非生长季长白山红松针阔叶混交林 CO_2 通量特征 [J]. 林业科学，42 (9): 1 - 6.
吴家兵，关德新，孙晓敏，等，2004. 长白山阔叶红松林 CO_2 交换的涡度通量修订 [J]. 中国科学 D (增刊)，95 - 102.
吴家兵，关德新，孙晓敏，等，2007. 长白山阔叶红松林二氧化碳湍流交换特征 [J]. 应用生态学报，18 (5): 951 - 956.
吴家兵，关德新，张弥，等，2007. 长白山阔叶红松林碳收支特征 [J]. 北京林业大学学报，29 (1): 1 - 6.
吴家兵，关德新，赵晓松，等，2004. 时间系列修订对森林 CO_2 通量的影响 [J]. 应用生态学报，15 (10): 1833 - 1836.
吴家兵，关德新，赵晓松，等，2005. 长白山阔叶红松林 CO_2 浓度特征 [J]. 应用生态学报，16 (1): 49 - 53.
吴家兵，张玉书，关德新，2003. 森林生态系统 CO_2 通量研究方法与进展 [J]. 东北林业大学学报，31 (6): 49 - 51.
吴祥定，1990. 树木年轮与气候变化 [M]. 北京：气象出版社，44 - 65.
吴玉莲，王襄平，李巧燕，等，2014. 长白山阔叶红松林净初级生产力对气候变化的响应：基于 BIOME-BGC 模型的分析 [J]. 北京大学学报 (自然科学版)，50 (3): 577 - 586.
吴泽民，黄成林，马青山，1999. 台旺松树轮生长与气候因素的关系 [J]. 应用生态学报，10 (2): 147 - 150.
吴正方，2002. 东北地区植被过渡带生态气候研究 [J]. 地理科学，22 (2): 219 - 225.
吴正方，2003. 东北阔叶红松林的生态气候适宜性与气候变化影响研究 [J]. 应用生态学报，14 (5): 771 - 775.
吴正方，邓慧平，1996. 红松落叶混交林对全球气候变化的动态响应 [J]. 地理学报，51 (增刊): 81 - 91.
夏富才，潘春芳，赵秀海，2012. 温带落叶林的植物物候特征及其对气候变化的响应 [J]. 生态环境学报，21 (5): 793 - 799.
肖荣，2012. 近 50 年来东北地区近地风速时空变化特征研究 [D]. 长春：东北师范大学.
肖文发，1992. 油松林的生态平衡 [J]. 生态学报，12 (1): 16 - 24.
谢庄，曹鸿兴，1996. 北京最高和最低气温的非对称变化 [J]. 气象学报，54 (4): 501 - 507.
徐德应，1989. 海南岛尖峰岭热带森林蒸散 [J]. 林业科学研究，2 (1): 34 - 41.
徐德应，1996. 中国大规模造林减少大气碳积累的潜力及其成本效益分析 [J]. 林业科学，32 (6): 491 - 499.
徐婷婷，郑俊强，韩士杰，等，2018. 长白山阔叶红松林土壤氮素转化对长期施氮和降水变化的响应 [J]. 应用生态学报，29 (9): 2797 - 2807.
徐文铎，林长青，1981. 长白山热指数与植被垂直分布关系的初步研究 [J]. 森林生态系统研究 (2): 88 - 95.

徐小锋，宋长春，2004. 全球碳循环研究中“碳失汇”研究进展［J］. 中国科学院研究生院学报，21（2）：145-152.

许光辉，郑洪元，张德生，1980. 长白山自然保护区不同森林类型土壤微生物的分布［J］. 森林生态系统研究，1：153-160.

许广山，丁桂芳，张玉华，等，1980. 长白山北坡主要森林土壤腐殖质及其特征的初步研究［J］. 森林生态系统研究（1）：215-220.

薛达元，1997. 生物多样性的经济评价—以东北长白山生物圈保护区为例［M］. 北京：环境科学出版社.

延晓东，赵士洞，于振良，2000. 东北森林生长演替模型及其在全球变化研究中的应用［J］. 植物生态学报，24（1）：1-8.

延晓冬，2001. 预制间隙模型的几个基本问题-Ⅰ. 模拟面积的影响［J］. 应用生态学，12（1）：17-22.

延晓冬，于振良，2000. 林隙模型几个基本问题的研究Ⅱ. 模拟样地数的影响［J］. 生态学杂志，19（5）：1-6.

延晓冬，赵士洞，1995. 长白山森林生长演替的计算机模型［J］. 生态学报，14（B）：12-21.

闫俊华，1999. 森林水文学研究进展（综述）［J］. 热带亚热带植物学报，7（4）：347-356.

闫俊华，周国逸，2000. 鼎湖山季风常绿阔叶林小气候分析［J］. 武汉植物研究，18（5）：397-404.

杨飞，张柏，李凤秀，等，2007. 大豆和玉米冠层光合有效辐射各分量日变化［J］. 生态学杂志，26（8）：1153-1158.

杨思河，林继惠，文诗韵，等，1992. 长白山天然林 CO_2 环境初步研究［J］. 生态学杂志，11（5）：56-58.

杨文峰，2006. 陕西省近 40 年最高最低温度变化［J］. 气象科技，34（1）：68-72.

易志刚，蚁伟民，周国逸，等，2003. 鼎湖山三种主要植被类型土壤碳释放研究［J］. 生态学报，23（8）：1673-1678.

于大炮，王顺忠，唐立娜，等，2005. 长白山北坡落叶松年轮年表及其与气候变化的关系［J]. 应用生态学报，16（1）：14-20.

于贵瑞，牛栋，王秋凤，2001.《联合国气候变化框架公约》谈判中的焦点问题［J］. 资源科学，23（6）：10-16.

于贵瑞，温学发，李庆康，等，2004. 中国亚热带和温带典型森林生态系统呼吸的季节模式及环境响应特征［J］. 中国科学：D辑，34（增刊Ⅱ）：84-94.

于贵瑞，张雷明，孙晓敏，2014. 中国陆地生态系统通量观测研究网络（China FLUX）的主要进展及发展展望［J］. 地理科学进展，33（7）：903-917.

于贵瑞，张雷明，孙晓敏，等，2004. 亚洲区域陆地生态系统碳通量观测研究进展［J］. 中国科学：D辑，34（增刊Ⅱ）：15-29.

于强，任保华，王天铎，等，1998. C_3 植物叶片光合合成日变化的模拟［J］. 大气科学，22（6）：867-880.

余锦华，刘晶淼，任健，2001. 长江三角洲地表附近的湍流特征［J］. 南京气象学院学报，24（4）：536-544.

余树全，2003. 浙江省春安县二次森林演替量化研究［J］. 林业科学，39（1）：17－22.

臧润国，徐化成，1998. 森林林隙干扰研究进展［J］. 林业科学，34（1）：90－98.

曾丽红，宋开山，张柏，等，2010. 1960—2008 年吉林省降水时空变化［J］. 中国农业气象，31（3）：344－352.

曾小平，彭少麟，赵平，2000. 广东南亚热带马占相思林呼吸量的测定［J］. 植物生态学报，24（4）：420－424.

翟盘茂，任福民，1997. 中国近四十年最高最低温度变化［J］. 气象学报，55（4）：418－429.

张凤山，迟振文，李晓晏，1980. 长白山地区气候分析及其初步评价［J］. 中国科学院长白山森林生态系统定位站. 森林生态系统研究. 1：193－204.

张凤山，李晓晏，1984. 长白山北坡主要森林类型生长季的温湿特征［J］. 森林生态系统研究（第 4 卷）［M］. 北京：中国林业出版社，243－251.

张福春，1995. 气候变化对中国木本植物物候的可能影响［J］. 地理学报，50（5）：402－410.

张嘉宾，2002. 系统林业［M］. 昆明：云南教育出版社.

张雷明，曹沛雨，朱亚平，等，2015. 长白山阔叶红松林生态系统光能利用率的动态变化及其主控因子［J］. 植物生态学报，39（12）：1156－1165.

张弥，关德新，韩士杰，等，2004. 长白山阔叶红松林近 22 年的气候动态［J］. 生态学杂志，24（9）：1007－1012.

张敏，胡海清，马鸿伟，2002. 森林火灾对土壤结构的影响［J］. 自然灾害学报，11（2）：138－143.

张新时，周广胜，高琼，等，1997. 中国全球变化与陆地生态系统关系研究［J］. 地学前缘，4（2）：137－144.

张雪芬，陈东，付祥健，等，1999. 河南省近 40 年太阳辐射变化规律及其成因探讨［J］. 气象，25（3）：21－25.

张永强，沈彦俊，刘昌明，等，2002. 华北平原典型农田水、热与 CO_2 通量的测定［J］. 地理学报，57（3）：333－342.

赵大昌，1980. 长白山地区植被地带分布［J］. 森林生态系统研究，1：65－70.

赵茂盛，延晓冬，等，2002. 气候变化下中国植被的模拟［J］. 地理学报，57（1）：28－38.

赵鸣，苗曼倩，王彦昌，1991. 边界层气象学教程［M］. 北京：气象出版社.

赵晓松，关德新，吴家兵，等，2006. 长白山阔叶红松林 CO_2 通量与温度的关系［J］. 生态学报，26（4）：1088－1095.

赵育民，牛树奎，王军邦，等，2007. 植被光能利用率研究进展［J］. 生态学杂志，26（9）：1471－1477.

赵宗慈，丁一汇，徐影，等，2003. 西北地区人类活动对 20 世纪和 21 世纪气候变化的检测与预测［J］. 气候与环境研究，8（1）：26－34.

赵宗慈，王绍武，罗勇，2007. IPCC 成立以来对温度升高的评估与预估［J］. 气候变化研究进展，3（3）：183－184.

郑景明，姜凤岐，曾德慧，等，2004. 长白山阔叶红松林的生态价位［J］. 生态学报，24（1）：48－54.

郑艳，张永领，吴胜安，2005. 海口市气温变化及最高最低气温的非对称性变化［J］. 气象，

31（7）：28－31.
中央气象局，1980. 湿度查询台［M］. 北京：气象出版社.
周存宇，周国逸，张德强，等，2004. 鼎湖山不同森林土壤 CO_2 排放及其影响因素［J］. 中国科学 D 辑，34（增刊 2）：175－182.
周广胜，王玉辉，蒋延玲，2002. 全球变化与中国东北样带（NECT）［J］. 地学前缘，9（1）：198－216.
周广胜，王玉辉，许振柱，等，2003. 东北样带碳循环研究进展［J］. 自然科学进展，13（9）：917－922.
周伟，李万彪，2003. 利用 GMS－5 红外资料进行云的分类识别［J］. 北京大学学报（自然科学版），39（1）：83－90.
周晓峰，王晓春，韩士杰，等，2002. 全球气候变化对长白山白桦苔原生态系统动态的影响［J］. 地学前缘，9（1）：227－231.
周晓宇，张新宜，崔妍，等，2013. 东北地区 1961—2009 年日照时数特征［J］. 气象与环境学报，29（25）：112－120.
周允华，居会良，张晓杰，等，1997. 农果复合系统光热资源有效利用树冠遮荫对地表温度的影响［J］. 中国农业气象，18（2）：6－9.
朱先进，于贵瑞，王秋凤，等，2012. 仪器的加热效应校正对生态系统碳水通量估算的影响［J］. 生态学杂志，31（2）：487－493.
竺可桢，1980. 物候学［M］. 北京：科学出版社.
祝昌汉，1984. 我国散射辐射的计算方法及其分布［J］. 太阳能学报，5（3）：242－249.
Aber JD，Federerc A，1992. A generalized，lumped parameter modle of photosynthesis evaporation and net primary production in temperate and boreal forest ecosystems［J］. Oecologia，92：463－474.
Aber JD，Ouinger SV，Eederer CA，et al.，1995. Predicting the effects of climate change on water yield and forest production in the northeastern US［J］. Climate Res，5：207－222.
Ackerly DD，and Reich PB，1999. Convergence and correlations among leaf size and function in seed plants：a comparative test using independent contrasts［J］. American Journal of Botany，86（9）：1272－1281.
Alton PB，NorthPR，Los SO，2007. The impact of diffuses unlighton canopy light use efficiency，gross photosynthetic product and net ecosystem exchange in three forest biomes［J］. Global Change Biology，13：776－787.
Amarakoon D，Chen A，Mclean P，2000. Estimating daytime latent heat flux and evapotranspiration in Jamaica［J］. Agric For Meteorol，102：113－124.
Anthoni PM，Law BE，Unsworth MH，1999. Carbon and water vapor exchange of an open-canopied ponderosa pine ecosystem［J］. Agricultural and Forest Meteorology，95（3）：151－168.
Aras AH，OzgurBalli BO，ArifHepbasli HA，2006. Estimating the horizontal diffuse solarradiation over the Central Anatolia Region of Turkey［J］. Energy Conversion and Management，47：2240－2249.
Arkin PA，Smith TM，Sapiano MRP，et al.，2010. The observed sensitivity of the global

hydrological cycle to changes in surface temperature [J]. Environmental Research Letters, 5 (3): 533 - 534.

Atkin OK, Tjoelker MG, 2003. Thermal acclimation and the dynamic response of plant respiration to temperature [J]. Trends in Plant Science, 8 (7): 343 - 351.

Aubinet M, Grelle A, Ibrom A, et al., 2000. Estimates of the annual net carbon and water exchanges of European forests: the EUROFLUX methodology [J]. Adv Ecol Res., 30: 113 - 174.

Audrey R, 2003. Simulat ion of the effect of topography and tree falls on stand dynamics and stand structure of tropical forests [J]. Ecol Mod. 167: 287 - 303.

Augspurger CK, 2008. Early spring leaf out enhances growth and survival of saplings in a temperate deciduous forest [J]. Oecologia, 156 (2): 281 - 286.

Augspurger CK, Bartlett EA, 2003. Differences in leaf phenology between juvenile and adult trees in a temperate deciduous forest [J]. Tree Physiology, 23 (8): 517 - 525.

Augspurger JMCA, 2005. Light gains and physiological capacity of understorey woody plants during phenological avoidance of canopy shade [J]. Functional Ecology, 194: 537 - 546.

Bai F, Sang WG, Li GQ, et al., 2008. Long term protection effects of national reserve to forest vegetation in 4 decades: Biodiversity change analysis of major forest types In Changbai Mountain Nature Reserve, China [J]. Science in China Series C Life Sciences, 51: 948 - 958.

Baldocchi D, 2015. Measuring fluxes of trace gases and energy between ecosystems and the atmosphere-the state and future of the eddy covariance method [J]. Global Change Biology, 20 (12): 3600 - 3609.

Baldocchi D, Falge E, Gu LH, et al., 2001. FLUXNET: a new tool to study the temporal and spatial variability of ecosystem-scale carbon dioxide, water vapor, and energy flux densities [J]. Bulletin of American Meteorological Society, 82 (11): 2415 - 2434.

Baldocchi D, Hicks BB, MeyersTP, 1988. Measuring biosphere-atmosphere exchanges of biologically related gases with micrometeorological methods [J]. Ecology, 69: 1331 - 1340.

Baldocchi DD, HarleyPC, 1995. Scaling carbon-dioxide and watervapor exchange from leaf to canopy in a deciduous forest. 2. Model testing and application [J]. Plant Cell Environ, 18: 1157 - 1173.

Baldocchi DD, Vogel CA, Hall B, 1997. Seasonal variation of carbon dioxide exchange rates above and below a boreal jack pine forest [J]. Agric For Meteorol. 83: 147 - 170.

Bazzaz FA, Bassow SL, Berntson SL, et al., 1996. Elevated CO_2 and terrestrial vegetation: implications for and beyond the global carbon budget [J]. In: Walker B and Steffen W eds. Global Change and Terrestrial Ecosystems [M]. Cambridge: Cambridge University Press. 43 - 76.

Bazzaz FA, Williams WE, 1991. Atmospheric CO_2 concentrations within a mixed forest: Implications for seedling growth [J]. Ecology, 72 (1): 12 - 16.

Beaubien EG, Freeland HJ, 2000. Spring phenology trends in Alberta, Canada: links to ocean temperature [J]. International Journal of Biometeorology. 44 (2): 53 - 59.

Beer C, Reichstein M, Tomelleri E, et al., 2010. Terrestrial gross carbon dioxide uptake:

global distribution and covariation with climate [J] . Science, 329: 834 - 838.

Behera N, Pati DP, 1986. Carbon budget of protected tropical grassland with reference to primary production and total soil respiration [J] . Rev Ecol Biol Soil, 23: 167 - 181.

Bernier G, 1988. The control of floral evocation and morphogenesis. Annual Review of Plant Physiology and Plant Molecular Biology, 39: 175 - 219.

Bertin RI, 2008. Plant phenology and distribution in relation to recent climate change [J]. Journal of the Torrey Botanical Society, 135 (1): 126 - 146.

Black TA, Chen WJ, Barr AG, et al., 2000. Increased carbon sequestration by a boreal deciduous forest in years with a warm spring [J] . Geophysical Research Letters. 27 (9): 1271 - 1274.

Black TA, Hartog G, Neumannhh, et al., 1996. Annual cycles of watervapor and carbon dioxide fluxes in and above a boreal aspen forest [J] . Global Change Biology, 2 (3): 219 - 229.

Blasing TJ, Stahle AM, Duvick DN. Response functions revisited [J] . Tree-Ring Bull, 1984, 44: 1 - 15.

Bocock KL, Jeffers JNR, Lindley DK, 1977. Estimation woodl and soil temperature from air temperature and other climatic variables [J] . Agriculture Meteorology, 18 (5): 351 - 372.

Bonan GB, Shugart HH and Urban DL, 1990. The sensitivity of some high-latitude boreal forests to climatic parameters [J] . Climatic Change, 16: 9 - 29.

Bonan GB, Sirois L, 1992. Air temperature, tree growth, and the northern and southern range limits to Picea mariana [J] . J Veg Sci, 3: 495 - 506.

Booth BBB, Jones CD, Collins M, et al., 2012. High sensitivity of future global warming to land carbon cycle processes [J] . Environmental Research Letters, 7 (2): 24002.

Botkin BD, Janak JF and Wallis JR, 1972b. Some ecological consequences of a computer model of forest growth [J] . J Ecol, 60: 849 - 872.

Botkin DB, Janak JF, Wallis JR, 1972. Rational limitations and assumptions in a northeastern forest growth simulator [J] . IBM J Res Dev., 16: 101 - 106.

Briffa KR, Schweingruber PD, Shlyatov SG, et al., 1995. Unusual twentieth-century summer warmth in a 1000-year temperature record from Siberia [J] . Nature, 376: 156 - 159.

Brooks JR, Flanagan LB, Ehleringer JR, 1998. Responses of boreal conifers to climate fluctuations: Indications from tree-ring widths and carbon isotope analyses [J] . Can J For Res, 28: 524 - 533.

Brooks JR, Flanagan LB, Varney GT, et al., 1997. Vertical gradients in photosynthetic gas exchange characteristics and refixation of respired CO_2 within boreal forest canopies [J] . Tree Physiol, 17: 1 - 12.

Buchmann N, 2000. Biotic and abiotic factors controlling soil respiration rates in Picea abies stands [J] . Soil Biol Biochem, 32: 1625 - 1635.

Buchmann N, Guehl JM, Barigah TS, et al., 1997. Interseasonal comparison of CO_2 concentrations, isotopic composition, and carbon dynamics in an Amazonian rainforest [J]. Oecologia, 110 (1): 120 - 131.

Buchmann N, Kao WY, Ehleringer JR. Carbon dioxide concentrations within forest canopies-

Variation with time, stand structure, and vegetation type [J] . Global Change Biol, 1996, 2 (5): 421 - 431.

Bugmann H, 1996. A simplified forest model to study species composition along climate gradients [J] . Ecology. 77: 2055 - 2074.

Buker P, Emberson LD, Ashmore MR, et al. , 2007. Comparison of different stomatal conductance algorithms for ozone flux modelling [J] . Environmental Pollution, 146: 726 - 735.

Canadell JG, Mooney HA, Baldocchi DD, et al. , 2000. Carbon metabolism of the terrestrial biosphere: a multi-technique approach for improved understanding [J] . Ecosystems, 3: 115 - 130.

Cannellm GR, 1984. Spring frost damage on young picea stitchensis 1: Occurrence of damaging frosts in Scotland compared with western North America [J] . Forestry, 57: 159 - 175.

Cannellm GR, Sheppard LJ, Smith RI, et al. , 1985. Autumn frost damage on young *picea stichensis* 2: Shoot frost hardening, and the probability of frost damage in Scotland [J]. Forestry, 58: 145 - 166.

Carrara A, Kowalski AS, Neirynck J, et al. , 2003. Net ecosystem CO_2 exchange of mixed forest in Belgium over 5 years [J] . Agr For Meteorol, 119 (3 - 4): 209 - 227.

Chen JM, Chen BZ, Higuchi K, et al. , 2006. Boreal ecosystems sequestered more carbon in warmer years [J] . Geophysical Research Letters. 33 (10): 2429 - 2433.

Chiariello NR, Gulmon SL, 1991. Stress effects on plant reproduction. in Mooney HA, Winner WE, Pell EJ, editors. Response of plants to multiple stresses [M] . Academic Press, London, UK, 161 - 188.

Chu HS, Baldocchi DD, John R, et al. , 2017. Fluxes all of the time: a primer on the temporal representativeness of FLUXNET [J] . Journal of Geophysical Research Biogeosciences, 122 (2): 289 - 307.

Churkina G, Schimel D, Braswell BH, et al. , 2010. Spatial analysis of growing season length control over net ecosystem exchange [J] . Global Change Biology, 11 (10): 1777 - 1787.

Cohen S, Fuchs M, 1987. The distribution of leaf area, radiation, photosynthesis and transpiration in a Shamouti orange hedgerow orchard, 1. Leaf area radiation [J] . Agric For Meteorol, 40: 123 - 144.

Collineau S, Brunet Y, 1993. Detection of coherentmotions in a forest canopy I [J] . Wavelet analysis. Boundary-Layer Meteorol, 65: 357 - 359.

Cornejo TG, Ibarra MG, 2007. Plant reproductive phenology in a temperate forest of the Monarch Butterfly Biosphere Reserve, Mexico [J] . Intercienica, 32 (7): 445 - 452.

Corrsin S, 1974. Limitations of gradient transportmodels in random walks and in turbulence [J]. Adv Geophys, 18A: 25 - 60.

Cortes FJ, Cornejo TG, Ibarra MG, 2011. Reproductive phenology of tree species in a noetropical forest [J] . Interciencia, 36 (8): 608 - 613.

Cox PM, Betts R, Jones CD, et al. , 2000. Acceleration of global warming due to carbon-cycle feedbacks in a coupled climate model [J] . Nature, 408: 184 - 187.

Culf AD, Fisch G, Malhi Y, et al., 1997. The influence of the atmospheric boundary layer on carbon dioxide concentrations over a tropical forest [J]. Agric For Meteorol, 85: 149-158.

Cullen LE, Palmer, JG, Duncan, RP, et al., 2001. Climate change and tree-ring relationships of Nothofagus menziesii tree-line forests [J]. Can J For Res, 31: 1981-1991.

Dale VH and Franklin JF, 1989. Potential effects of climate change on stand development in the Pacific Northwest [J]. Can J For Res, 19: 1581-1590.

Dang QL and Lieffers VJ, 1989. Climate and annual ring growth of black spruces in some Alberta peatlands [J]. Can J Bot, 67: 1885-1889.

Daniel M, Manifred Z, 2002. Land use dynamics in the central highlands of Viemam: A spatial model combining village survey data with satellite imagery in terpretation [J]. Agric Econ, 27: 333-354.

Davi H, Dufrêne E, Francois C, et al., 2006. Sensitivity of water and carbon fluxes to climate changes from 1960 to 2100 in European forest ecosystems [J]. Agricultural and Forest Meteorology, 141: 35-56.

Day TA, Heckathorn SA, DeLucia EH, 1991. Limitations of photosynthesis in Pinus taeda L. (loblolly pine) at low temperatures [J]. Plant Physiol., 96: 1246-1254.

De Jong E, Schappert HJV, Macdonald KB, 1974. Carbon dioxide evolution from virgin and cultivated soil as affected by management practices and climate [J]. Can J Soil Sci, 54: 299-307.

De Kroon H, Schieving F, 1991. Resource allocation patterns as a function of clonal morphology: Ageneral model applied to a foraging clonal plant [J]. Ecology, 79: 519-530.

Deardorff JW, 1978. Closure of second and third moment rate equations for diffusion in homogeneous turbulence [J]. Phys Fluids, 21: 525-530.

Delbart N, Picard G, Le Toans, et al., 2008. Spring phenology in boreal Eurasia over a nearly century time scale [J]. Global Change Biology, 14 (3): 603-614.

Denmead OT, 1995. Novel meteorological methods for measuring trace gas fluxes [J]. Philos Trans R Soc, 351: 383-396.

Denmead OT, RaupachMR, 1993. Methods for measuring atmospheric gas transport in agricultural and forest systems [J]. In: Harper LA, Mosier AR, Duxbury JM, eds. Agricultural Ecosystem Effects on Trace Gases and Global Climate Change [M]. Madison, Wisconsin: American Society of Agronomy, 19-43.

Devlin B, 1988. The effects of stress on reproductive characters of Lobelia cardinalis [J]. Ecology, 69 (6): 1716-1720.

Diawara A, Loustau D, Berbigier P, 1991. Comparison of two methods for estimating the evaporation of a Pinus pinaster (Ait.) stand: sap flow and energy balance with sensible heat flux measurements by an eddy covariance method [J]. Agric For Meteorol, 54: 49-66.

Diaz-Espejo, Hafidi B, Fernandez JE, et al., 2002. Transpiration and photosynthesis of the olive tree: A model approach [M]. Proceedings of the Fourth International Symposium on Olive Growing, Valenzano, Italy, 457-460.

Dolman AJ, Moors EJ, Elbers JA, 2002. The carbon uptake of a mid-latitude pine forest growing on sandy soil [J] . Agricultural and Forest Meteorology, 111: 187 - 202.

Donat MG, Lowry AL, Alexander LV, et al. , 2016. More extreme precipitation in the world's dry and wet regions [J] . Nature Climate Change, 6: 508 - 513.

D'Arrigo RD, Jacoby GC, 1993. Secular trends in high northern latitude temperature reconstructions based on tree rings [J] . Climate Change, 25: 163 - 177.

Earle CJ, Brubaker LB, Lozhkin AV, et al. , 1994. Summer temperature since 1600 for the upper Kolyma region northeastern Russia, reconstructed from tree rings [J] . Arct Alp Res, 26: 60 - 65.

Ehrenfeld JG, Neal S, 2001. Invasive species and the soil: effects on organisms and ecosystem process [J] . *Ecol Appl.*, 11 (5): 1259 - 1260.

Elberling B, 2003. Seasonal trends of soil CO_2 dynamics in a soil subject to freezing [J] . J Hydrol, 276: 159 - 175.

Escudero A, Mediavilla S, 2003. Decline in photosynthetic nitrogen use efficiency with leaf age and nitrogen resorption as determinants of leaf life span [J] . Journal of Ecology. 91 (5): 880 - 889.

Esmaiel M, Gail EB, 1993. Comparison of Bowen ratio-energy balance and the water balance methods for the measurement of evapo-transpiration [J] . J Hydrol, 146: 209 - 220.

Falge E, Baldocchi D, Tenhunen J, et al. , 2002. Seasonality of ecosystem respiration and gross primary production as derived from FLUXNET measurements [J] . Agricultural and Forest Meteorology, 113: 53 - 74.

Falge E, Baldocchia D, Olsonb R, et al. , 2001. Gap filling strategies for defensible annual sums of net ecosystem exchange [J] . Agricultural and Forest Meteorology, 107: 43 - 69.

Falge E, Tenhunen J, Baldocchi D, et al. , 2002. Phase and amplitude of ecosystem carbon release and uptake potentials as derived from FLUXNET measurements [J] . Agricultural & Forest Meteorology, 113 (1): 75 - 95.

Fang C, Moncrieff JB, 2001. The dependence of soil CO_2 efflux on temperature. Soil Biol Biochem, 33 (2): 155 - 165.

Fang JY, Chen AP, Peng CH, et al. , 2001. Changes in forest biomass carbon storage in China between 1949 and 1998 [J] . Science, 292 (5525): 2320 - 2322.

Farquhar GD, 1997. Carbon dioxide and vegetation [J] . Science, 278 (5342): 1411.

Farquhar GD, Caemmerer S, Berry JA, 1980. A biochemical model of photosynthetic CO_2 assimilation in leaves of C_3 species [J] . Planta, 149: 78 - 90.

Farquhar GD, Roderick ML, 2003. Pinatubo, diffuse light, and the carbon cycle [J]. Atmospheric Science, 299: 1997 - 1998.

Feller U, Craftsbrandner SJ, Salvucci ME, 1998. Moderately high temperatures inhibit ribulose - 1, 5 - bisphosphate carboxylase/oxygenase (rubisco) activase-mediated activation of rubisco [J]. Plant Physiology, 116 (2): 539 - 546.

Field CB, 1999. Diverse controls on carbon storage under elevated CO_2: toward a synthesis [J]. In: Luo Y, Mooney HA (eds) Carbon dioxide and environmental stress [M]. Academic Press, New York, 373 - 392.

Finnigan JJ, 1985. Turbulent transport in plant canopies [J]. In: Hutchinson BA, Hicks BB, eds. The Forest-Atmosphere Interactions [M]. Norwell, MA: D. Reide. l: 443 - 480.

Finnigan JJ, Raupach MR, 1987. Transfer processes in plant canopies in relation to stomatal characteristics [J]. In: Zeiger E, Farquhar GD, Cowan IR, eds. Stomatal Function [M]. Stanford: Stanford University Press. 385 - 429.

Fischlin A, Bugmann H and Gyalistras D, 1995. Sensitivity of a forest ecosystem model to climate parameterization schemes [J]. Environ Pollut, 87: 267 - 282.

Fitter AH, Fitter RSR, Harris ITB, et al., 1995. Relationships between first flowering date and temperature in the flora of a locality in central England [J]. Functional Ecology, 9 (1): 55 - 60.

Foley JA, Kutzbach JE, Coe MT and Levis S, 1994. Feedbacks between climate and boreal forests during the Holocene epoch [J]. Nature, 371: 52 - 54.

Franklin J, Duncan J, Huete AR, et al., 1994. Radiative transfer in shrub savanna sitesin Niger: Preliminary resuluts from HAPEX-Sahel 1. Modelling surface reflectance using a geometric optical approach [J]. Agric For Meteorol, 69 (3 - 4): 223 - 245.

Friend AL and Shugart HH, 1993. A physiology-based gap model of forest dynamics [J]. Ecology, 74: 792 - 797.

Fritts HC, 1974. Relationships of ring-widths in arid-site conifers to variations in monthly temperature and precipitation [J]. Ecol Monographs, 44 (4): 411 - 440.

Fritts HC, 1976. Tree Ring and Climate [M]. London: Academic Press. 261 - 268.

Fuchs M, 1990. Canopy thermal infrared observations. Remote Sensing Review, 5: 323 - 333.

Gates DM, 1990. Climate change and forests [J]. Tree Physiol, 7: 1 - 5.

Gill DS, Amthor JS, Bormann FH, 1998. Leaf phenology, photosynthesis, and the persistence of saplings and shrubs in a mature northern hardwood forest [J]. Tree Physiology, 18 (5): 281 - 289.

Givnish TJ, 1983. Biomechanical constraints on crown geometry in forest herbs. In Givnish TJ, editor, On the Economy of Plant Form and Function [M]. New York: Cambridge University Press, 525 - 583.

Givnish TJ, 1987. Comparative studies of leaf form: assessing the relative roles of selective pressures and phylogenetic constraints [J]. New Phytologist, 106 (1): 131 - 60.

Goldstein AH, Hultman NE, Fracheboud JM, et al., 2000. Effects of climate variability on the carbon dioxide, water and sensible heat fluxes above a ponderosa pine plantation in the Sierra Nevada (CA) [J]. Agric For Meteorol., 101: 113 - 129.

Gong P, Chen J, Xu M, 2004. A preliminary study on the carbon dynamics of China's forest ecosystems in the past 20 years//Shiyomi M. Global environmental change in the ocean and on land [M]. Tokyo: Terra Scientific Publishing Company, 401 - 410.

Gordo O, Sanz JJ, 2005. Phenology and climate change: a long-term study in a Mediterranean locality [J]. Oecologia, 146 (3): 484 - 495.

Goudriaan J, van Laar HH, 1994. Modelling Potential Crop Growth Processes [M]. Dordrecht, The Netherlands: Kluwer Academic Publishers.

Goulden ML, Munger JW, Fan SM, et al., 1996. Exchange of carbon dioxide by a deciduous forest: response to inter annual climate variability [J]. Science, 271: 1576-1578.

Goulden ML, Munger JW, Fan SM, et al., 1996. Measurements of carbon sequestration by long-term eddy covariance: Methods and a critical evaluation of accuracy [J]. Global Change Biol., 2: 169-182.

Goulden ML, Wofsy SC, Harden JW, et al., 1998. Sensitivity of boreal forest carbon balance to soil thaw [J]. Science, 279 (5348): 214-217.

Gouldenm L, Daube BC, Fan SM, et al., 1997. Physiological responses of a black spruce forest to weather [J]. Journal of Geophysical Research, 102 (D24): 28987-28996.

Grace J, Malhi Y, Lloyd J, et al., 1996. The use of eddy covariance to infer the net carbon dioxide uptake of a Brazilian rain forest [J]. Global Change Biol, 2: 209-217.

Grace S, Rayment M, 2000. Respiration in the balance [J]. Nature, 404: 819-820.

Greco S, Baldocchi DD, 1996. Seasonal variations of CO_2 and water vapor exchange rates over a temperate deciduous forest [J]. Global Change Biol., 2: 183-197.

Guan DX, Wu JB, Yu GR, et al., 2005. Meteorological control on CO_2 flux above broad-leaved Korean pine mixed forest in Changbai Mountains [J]. Science in China Series D, 48 (supp. 1): 116-122.

Guan DX, Wu JB, Zhao XS et al., 2006. CO_2 fluxes over an old, temperate mixed forest in Northeastern China [J]. Agricultural and Forest Meteorology, 137 (3-4): 138-149.

Guetter PJ and Kutzbach JE, 1990. A modified Koppen classification applied to model simulations of glacial and interglacial climates [J]. Climate Change, 16: 193-215.

Guido A, Hardy P, 2003. Non-foliar photosynthesis: a strategy of additional carbon acquisition [J]. Flora, 198 (2): 81-97.

GuL, Baldocchi DD, Wofsy SC, et al., 2003. Response of a deciduous forest to the Mount Pinatubo eruption: Enhanced photosynthesis [J]. Science, 299: 2034-2038.

Gunderson CA, O'Hara KH, Campion CM, et al., 2010. Thermal plasticity of photosynthesis: the role of acclimation in forest responses to a warming climate [J]. Global Change Biology, 16 (8): 2272-2286.

Gupta SR, Singh JS, 1981. Soil respiration in tropical grassland. Soil Biol Biochem, 13: 261-268.

Hansen J, Sato M, Ruedy R, et al., 2006. Global temperature chang [J] e. Proceedings of the National Academy of Sciences of the United States of America, 103 (39): 14288-14293.

Harley PC, Thomas RB, Reynolds JE, et al., 1992. Modelling photosynthesis of cotton grown in elevated CO_2 [J]. Plant, Cell and Environment, 15: 271-282.

Harrington RA, Brown BJ, Reich PB, 1989. Ecophysiology of exotic and native shrubs in southern Wisconsin (USA). I. Relationship of leaf characteristics, resource availability, and phenology to seasonal patterns of carbon gain [J]. Oecologia, 80 (3): 356-367.

Hasegawa T, Kudo G, 2005. Comparisons of growth schedule, reproductive property and allocation pattern among three rhizomatous Polygonatum species with reference to their habitat types [J] . Plant Species Biology，20 (1)：23 - 32.

Haxeltine A，Prentice IC，1996. BIOME3：An equilibrium terrestrial biosphere model based on ecophyfiobcal constraints，resource availability，and competition among plant functional types [J] . Global Biogeochem Cycles. 10：693 - 709.

Haxeltine A，Prentice IC，Creswell ID，1996. A coupled carbon and water flux model to predict vegetation structure [J] . J Veg Sci，7：651 - 666.

He HS and Mladenoff DJ，1999a. Spatially explicit and stochastic simulation of forest landscape fire and succession [J] . Ecology，80：80 - 99.

He HS and Mladenoff DJ，1999b. The effects of seed dispersal on the simulation of long-term forest landscape change [J] . Ecosystems，2：308 - 319.

He HS，Mladenoff DJ and Crow TR，1999a. Linking an ecosystem model and a landscape model to study forest species response to climate warming [J] . Ecol Modell，112：213 - 233.

He HS，Mladenoff DJ and Crow TR，1999b. Object-oriented design of LANDIS，a spatially explicit and stochastic forest landscape model [J] . Ecol Modell，119：1 - 19.

He HS，Mlsdenoff DJ，Crow TR，1999. Linking an ecosystem model and a landscape model to study forest species response to climate warming [J] . *Ecol Model*. 112：213 - 233.

He SH，Hao ZQ，Larsen DR，et al.，2002. A simulation study of landscape scale forest succession in Northeastern China [J] . *Ecol Model*，156：153 - 166.

Heal OW，Struwe S and Kjoller A，1996. Diversity of soil biota and ecosystem function [J]. In：Walker Band Steffen Weds. Global Change and Terrestrial Ecosystems [M] . Cambridge：Cambridge University Press. 385 - 402.

Held IM，Soden BJ，2006. Robust responses of the hydrological cycle to global warming [J]. Journal of Climate，19：5686 - 5699.

Herrera CM，2005. Post-floral perianth functionality：contribution of persistent sepals to seed development in *Helleborus foetidus* (*Ranunculaceae*) [J] . American Journal of Botany，92 (9)：1486 - 1491.

Hollinger DY，Kelliher FM，Byers JN，et al.，1994. Carbon dioxide exchange between an undisturbed old-growth temperate forest and the atmosphere [J] . Ecology，5 (1)：143 - 150.

Homes RL，1983. Computer-assisted quality control in tree-ring dating and measurement [J]. Tree-Ring Bull，43：69 - 78.

Houghton JT，1991. The role of forests in affecting the greenhouse gas composition of the atmosphere [J] . In：Wyman RL ed. Global climate change and life on earth [M] . Chapman & Hall，New York，USA，43 - 56.

Houghton JT，Drag Y，Griggs DJ，et al.，2000. The IPCC Special Report on Emission Scenarios (SRES) [M] . Cambridge：Cambridge University Press，120.

Houghton JT，Drag Y. et al.，2001. Climate Change 2000 [M] . The Scientific Basis. Cambridge：Cambridge University Press. 770pp.

Hughes JW，1992. Effect of removal of co-occurring species on distribution and abundance of

Erythronium americanum (*Liliaceae*), a spring ephemeral [J]. American Journal of Botany, 79 (12): 1329 - 1336.

Hughes MK, Brown PM, 1991. Drought frequency in central California since 101 BC recorded in Giant Sequoia tree rings [J]. Climate Dynamics, 6: 161 - 167.

Huxman TE, Turnipseed AA, Sparks JP, et al., 2003. Temperature as a control over ecosystem CO_2 fluxes in a high-elevation, subalpine forest [J]. Oecologia, 134: 537 - 546.

Hüve K, Bichele I, Rasulov B, et al., 2011. When it is too hot for photosynthesis: heat-induced instability of photosynthesis in relation to respiratory burst, cell permeability changes and H_2O_2 formation [J]. Plant Cell & Environment, 34 (1): 113 - 126.

Inouye DW, 2008. Effects of climate change on phenology, frost damage, and floral abundance of montane wildflowers [J]. Ecology, 89 (2): 353 - 362.

IPCC, 2001. Climate change Scientific Bases [M]. Cambrige: Cambrige Univerty Press.

IPCC, 2007. Climate Change 2007 [M]: The Physical Science Basis: Summary for Policymakers EB/OL] (2007 - 02 - 02) [2010 - 11 - 14]. http://www. IPCC. Ch.

IPCC, 2013. The Physical Science Basis. Contribution of working group I to the fifth assessment report of the intergovernmental panel on climate change [M]. Cambridge: Cambridge University Press.

Jacovides CP, Tymvios FS, Assimakopoulos VD, et al., 2006. Comparative study of various correlations in estimating hourly diffuse fraction of global solar radiation [J]. Renewable Energy, 31: 2492 - 2504.

Jacovides CP, Tymvios FS, Assimakopoulos VD, et al., 2007. The dependence of global and diffuse PAR radiation components on sky conditions at Athens, Greece [J]. Agricultural and Forest Meteorology, 143: 277 - 287.

Jarvi MP, Burton AJ, 2018. Adenylate control contributes to thermal acclimation of sugar maple fine-root respiration in experimentally warmed soil [J]. Plant Cell & Environment, 41 (3): 504 - 516.

Jarvis PG, Massheder JM, Hale SE, et al., 1997. Seasonal variation of carbon dioxide, water vapor, and energy exchanges of a boreal black spruce forest [J]. J. Geophys. Res., 102: 28953 - 28966.

Jd tsch F, Milton SJ, Dean WRJ, et al., 1998. Modeling the impact of small-scale heterogeneities on tree-grass coexistence in semi-arid savannas [J]. *J Ecol*. 86: 780 - 793.

Jeltsch F, Milton SJ, Dean WRL. et al., 1996. Tree spacing and coexistence in semi-add savannas. *J Ecol*, 84 (4): 583 - 595.

Jenkinson DS, Adams DE, Wild A, 1991. Model estimates of CO_2 emission from soil in response to global warming [J]. Nature, 351: 304 - 306.

Jiang Y, Luo Y, Zhao ZC, et al., 2010. Changes in wind speed over China during 1956—2004 [J]. Climatology, 99: 421 - 430.

Johnson DW, Susfalk RB, Gholz HL, et al., 2000. Simulated effects of temperature and precipitation change in several forest ecosystems [J]. Journal of Hydrology, 235: 183 - 204.

Jorgensen SR，2000. Twenty-five years of ecological modelling by ecelogical modelling [J]. *Ecol Model*. 126：95－99.

Kaimal JC，Finnigan JJ，1994. Atmospheric Boundary Layer Flows：Their Structure and Measurement [M] . New York：Oxford University Press.

Kaimal JC，Wyngaard JC，Izumi Y，et al. ，1972. Spectral characteristics of surface layer turbulence [J] . Quarterly Journal of the Meteorological Society，98：563－589.

Karl TR，Jones P D，Knight RW，et al. ，1993. A new perspective on recent global warming asymmetric trends of daily maximum and minimum temperature [J] . Bull Amer Meteor Soc，74（6）：1007－1023.

Karl TR，Kukla G，1991. Global warming evidence for asymmetric diurnal temperature change [J] . Geophys Res Lett，18：2253－2256.

Kaskaoutis DG，Kambezidis HD，2008. The diffuse to global spectral irradiance ratio as a cloud-screening echnique for radiometric data [J] . Journal of Atmospheric and Solar Terres Trial Physics，70：1597－1606.

Kattge J，Knorr W，2010. Temperature acclimation in a biochemical model of photosynthesis：a reanalysis of data from 36 species. Plant Cell & Environment，30（9）；1176－1190.

Katul GG，Hsieh CI，KuhnG，et al. ，1997. Turbulent eddy motion at the forest-atmosphere interface [J] . J Geophys Res，102：13409－13421.

Katul GG，Leuning R，Kim J，et al. ，2001. Estimating momentum and CO_2 source/sink distribution within a rice canopy using higher order closure models [J] . Boundary-Layer Meteorol，98：103－105.

Kawano S，1985. Life history characteristics of temperate woodland plants in Japan [M] . In White J，editor，The Population Structure of Vegetation. 515－549.

Kawarasaki S，Hori Y，2001. Flowering phenology of understory herbaceous species in a cool temperate deciduous forest in Ogawa forest reserve，central Japan [J] . Journal of Plant Research，114（1）：19－23.

Keeling CD，Whorf TP，1998. Atmospheric CO_2 records from sites in the SIO air sampling network. In：Trends：a compendium of data on global change carbon dioxide [M] . Information Analysis Center，Oak Ridge National Laboratory，Oak Ridge，Tenn.

Kellomaki S，Wang KY，1999. Short-term environmental controls of heat and watervapour fluxes above a boreal coniferous forest：Model computations compared with measurements by eddy correlation [J] . Ecol Model，124：145－173.

Kendall MG，1970. Rank Correlation Methods [J] . London：Griffin. 125－130.

Kikuzawa K，Ackerly D，1999. Significance of leaf longevity in plants [J] . Plant Species Biology，14（1）：39－45.

Kimmins JP，Comeaup G，Kurz W，1990. Modeling the interactions between moisture and nutrients in the control of forest growth [J] . Forest Ecology and Management，30（1－4）：361－379.

Kirschbaum MUF，2010. Modelling forest growth and carbon storage in response to increasing

CO_2 and temperature [J] . Tellus, 51 (5): 871 - 888.

Knohl A, Schulze A, Kolle O, et al. , 2003. Large carbon uptake by an unmanaged 250 - year-old deciduous forest in Central Germany [J] . Agricultural and Forest Meteorology, 95: 115 - 168.

Kohler MA, 1949. On the use of double-mass analysis for testing the consistency of meteorological records and for making required adjustments [J] . Bull Amer Meteorol Soc, 82: 96 - 97.

Komiyama AKST, 2001. Differential overstory leaf flushing contributes to the formation of a patchy understory [J] . Journal of Forest Research, 6 (3): 163 - 171.

Kramer K, Friend A, Leinoen I, 1996. Modeling comparison to evaluate the importance of phenology and spring damage for the effects of climate change on growth of mixed temperate zone deciduous forests [J] . Climate Research, 7: 31 - 41.

Krischbaum NUF, 1995. The temperature of soil organic matter decomposition and the effect of global warming on soil organic storage [J] . Soil Boil Biochem, 27: 735 - 760.

Kucera C, Kirlcham D, 1971. Soil respiration studies in tallgrass prairie in Missouri [J]. Ecology, 52: 912 - 915.

Kucharik CJ, Barford CC, EI Maayar M, et al. , 2006. A multiyear evaluation of a dynamic global vegetation model at three America Flux forest sites: vegetation structure phenology soil temperature and CO_2 and H_2O vapor exchange [J] . Ecological Model, 196 (1): 1 - 31.

Kudo G, 1995. Ecological significance of flower heliotropism in the spring ephemeral Adonis ramosa (*Ranunculaceae*) [J] . Oikos, 72 (1): 14 - 20.

Kudo G, Ida TY, Tani T, 2008. Linkages between phenology, pollination, photosynthesis, and reproduction in deciduous forest understory plants [J] . Ecology, 89 (2): 321 - 331.

Larsen CPS, MacDonald CM, 1995. Relations between tree-ring widths, climate, and annual area burned in the boreal forest of Alberta [J] . Can J For Res, 25: 1746 - 1755.

Law BE, Godstein AH, Anthoni PM, et al. , 2001. Carbon dioxide and watervapor exchange by young and old ponderosa pine ecosystems during a dry summer [J] . Tree Physiol. , 21: 299 - 308.

Law BE, Wang RH, Anthom PM, 2000. Measurements of gross and net ecosystem productivity and watervapour exchange of a Pinus ponderosa ecosystem and an evaluation of two generalized models [J] . Global Change Biology, 6 (2): 155 - 168.

Lee X, Fuentes JD, Staebler RM, et al. , 1999. Long-term observation of the atmospheric exchange of CO_2 with a temperate deciduous forest in southern Ontario, Canada [J] . Journal of Geophysical Research, 104: 15975 - 15984.

Lee XH, 1998. On micrometeorological observations of surface air exchange over tall vegetation [J] . Agricultural and Forest Meteorology, 91: 39 - 49.

Leuning R, 1995. A critical appraisal of a combined stomatal photosynthesis model for C_3 plants [J] . Plant, Cell and Environment, 18: 339 - 357.

Leuning R, 2000. Estimation of scalar source /sink distributions in plant canopies using Lagrangian dispersion analysis: Corrections for atmospheric stability and comparison with a multilayer canopy model [J] . Boundary-Layer Meteorol, 96: 293 - 314.

Leuning R, Kelliher FM, De Pury DGG, et al., 1995. Leaf nitrogen, photosynthesis. conductance and transpiration: Scaling from leaves to canopies [J]. Plant, Cell and Environment, 18: 1183 - 1200.

Li H, Reynolds JF, 1995. On definition and quantification of heterogeneity [J]. Oikos, 73 (2): 280 - 284.

Li QX, Dong WJ, Li W, et al., 2010. Assessment of the uncertainties in temperature change in China during the last century [J]. Chinese Science Bulletin, 55: 1974 - 1982.

Lieth H, 1984. Phenology and seasonality modeling [M]. Beijing: Science Press.

Lin GH, Adams J, Farndworth B, 1999. Ecosystem carbon exchange in two terrestrial ecosystem mesocosms under changing atmospheric CO_2 concentrations [J]. Oecologia, 119 (1): 97 - 108.

Lin YS, Medlyn BE, Ellsworth DS, 2012. Temperature responses of leaf net photosynthesis: the role of component processes [J]. Tree Physiology, 32 (2): 219 - 231.

Lindroth A, Iritz Z, 1993. Surface energy budget dynamics of short rotation willow forest [J]. Theor Appl Climatol, 47: 175 - 185.

Lindroth AA, Grelle A, Moren AS, 1998. Long-term measurements of boreal forest carbon balance reveal large temperature sensitivity [J]. Global Change Biol., 4: 443 - 450.

Loehle C and LeBlanc D, 1996. Model-based assessments of climate change effects on forests: a critical review [J]. Ecol Model, 90: 1 - 31.

Lopez OR, Farris-Lopez K, Montgomery RA, et al., 2008. Leaf phenology in relation to canopy closure in southern appalachian tree [J]. American Journal of Botany, 95 (11): 1395 - 1407.

Lucht W, PrenticeI C, Myneni RB, et al., 2002. Climatic control of the high-latitude vegetation greening trend and Pinatubo effect [J]. Science, 296: 1687.

Luo YQ, Gerten D, Maire GL, et al., 2008. Modeled interactive effects of precipitation, temperature, and CO_2 on ecosystem carbon and water dynamics in different climatic zones [J]. Global Change Biology, 14: 1986 - 1999.

Ma S, Osuna JL, Verfaillie J, et al., 2017. Photosynthetic responses to temperature across leaf canopy ecosystem scales: a 15 - year study in a Californian oak-grass savanna [J]. Photosynthesis Research, 132 (11): 1 - 15.

Malek E, 1993. Comparison of the Bowen Ratio-Energy Balance and Stability Corrected Aerodynamic Methods for measurement of Evapotranspiration. Theor. Appl. Climatol, 48: 167 - 178.

Maselli F, Papale D, Puletti N, et al., 2009. Combining remote sensing and ancillary data to monitor the gross productivity of water-limited forest ecosystems [J]. Remote Sensing of Environment, 113 (3): 657 - 667.

Massman WJ, Lee XH, 2002, Eddy covariance flux corrections and uncertainties in long-term studies of carbon and energy exchanges. Agricultural and Forest Meteorology, 113: 121 - 144.

Mc Kenna MF, Houle G, 2000. Why are annual plants rarely spring ephemerals [J]? New Phytologist, 148 (2): 295 - 302.

Mc Murtrie RE, Leuning R, Thompson WA, et al., 1992. A model of canopy photosynthesis and water use incorporating a mechanistic formulation of leaf CO_2 exchange [J]. Forest and Ecology Management, 52: 261-278.

McVicar TR, Roderick ML, Donohue RJ, et al., 2012. Global review and synthesis of trends in observed terrestrial near-surface wind speeds: Implications for evaporation [J]. Journal of Hydrology, 416: 182-205.

Menzel A, 2002. Phenology: its importance to the global change community [J]. Climatic Change, 54 (4): 379-385.

Miller-Rushing AJ, Primack RB, 2008. Global warming and flowering times in Thoreau's Concord: a community perspective [J]. Ecology, 89 (2): 332-341.

Minoletti ML, Boerner REJ, 1993. Seasonal photosynthesis, nitrogen and phosphorus dynamics, and resorption in the wintergreen fern Polystichum acrositchoides (Mich) [J]. Bulletin of the Torrey Botanical Club, 120 (1): 397-404.

Miyazawa Y, Kikuzawa K, 2005. Winter photosynthesis by saplings of evergreen broad-leaved trees in a deciduous temperate forest [J]. NewPhytologist, 165 (3): 857-866.

Mladenoff DJ and He HS, 1999. Design and behavior of LANDIS, an object-oriented model of forest landscape disturbance and succession. In: Mladenoff DJ and Baker WL eds. Advances in Spatial Modeling of Forest Landscape Change: Approaches and Applications [M]. Cambridge: Cambridge University Press.

Mladenoff DJ and Stearns F, 1993. Eastern hemlock regeneration and deer browsing in the Northern Great Lakes region-A reexamination and model simulation [J]. Conserv Biol, 7: 889-900.

Monson RK, Turnipseed AA, Sparks J P, et al., 2002. Carbon sequestration in a high elevation subalpine forest [J]. Global Change Biol., 8: 459-478.

Moore CJ, 1986. Frequency response corrections for eddy correlation systems [J]. Bound Layer Meteor, 37: 17-35.

Moore TR, Dalva M, 1993. The influence of temperature and water table position on carbon dioxide and methane emissions from laboratory columns of peat land soils [J]. J Soil Sci, 44: 651-664.

Moore TR, Knowles R, 1989. The influence of water table levels on methane and carbon dioxide emissions from peat land soils [J]. Can J Soil Sci, 69: 33-38.

Morén AS, Lindroth A, 2000. CO_2 exchange at the floor of a boreal forest [J]. Agricultural and Forest Meteorology, 101: 1-14.

Motten AF, 1986. Pollination ecology of the spring wildflower community of a temperate deciduous forest [J]. Ecological Monographs, 56 (1): 21-42.

Muller RN, 1978. The phenology, growth, and ecosystem dynamics of *Erythronium americanum* in the northern hardwood forests [J]. Ecological Monographs, 48 (1): 1-20.

Musavi T, Migliavacca M, Reichstein M, et al., 2017. Stand age and species richness dampen inter annual variation of ecosystem-level photosynthetic capacity [J]. Nature Ecology & Evolution, 1 (2): 48.

Neufeld HS and Young DR，2003. Ecophysiology of the herbaceous layer in temperate deciduous forests，p38－90. In FS. Gilliam and MR Roberts [eds]，The herbaceous layer in forests of eastern North America [M]. Oxford University Press，New York，NY.

Ni J，Sykes MT，Prentice IC，et al.，2000. Modelling the vegetation of China using the process-based equilibrium terrestrial biosphere model BIOME3 [J]. *Global Ecol Biogeogr*，9：463－479.

Niesenbaum RA，1993. Light or pollen：seasonal limitations on female reproductive success in the understory shrub Lindera benzoin [J]. Journal of Ecology，81（2）：315－323.

Niu SL，Li ZX，Xia JY，et al.，2008. Climatic warming changes plant photosynthesis and its temperature dependence in a temperate steppe of northern China [J]. Environmental & Experimental Botany，63（1）：91－101.

Niu SL，Luo YQ，Fei SF，et al.，2011. Seasonal hysteresis of net ecosystem exchange in response to temperature change：patterns and causes [J]. Global Change Biology，17（10）：3102－3114.

Niu SL，Luo YQ，Fei SF，et al.，2012. Thermal optimality of net ecosystem exchange of carbon dioxide and underlying mechanisms [J]. New Phytologist，194（3）：775－783.

Norasada M，Tange T，Suzuki M，et al.，1998. Temporal and spatial variations in CO_2 concentration within a Japanese Cedar forest on a slope land [J]. Bull Tokyo Univ For，99：199－207.

Ogink-Hendriks MJ，1995. Modelling surface conductance and transpiration of an oak forest in the Netherlands. Agric For Meteorol，74：99－118.

Oke TR，1970. Turbulent transport near the ground in stable condition. J Appl Meteor，9：778－786.

Osada N，Sugiura S，Kawamura K，et al.，2003. Community-level flowering phenology and fruit set：Comparative study of 25 woody species in a secondary forest in Japan [J]. Ecological research，18（6）：711－723.

Osborne CP，Drake BG，Long SP，et al.，1997. Does long-term elevation of CO_2 concentration increase photosynthesis in forest floor vegetation [J]? Plant Physiol，114（1）：337－344.

Otterman J，Brakke TW，Susskind J，1992. A model for inferring canopy and underlying soil temperatures from multi-directional measurements [J]. Boundary-Layer Meteorology，61（1－2）：81－97.

O'Sullivan OS，Weerasinghe KW，Evans JR，et al.，2013. High-resolution temperature responses of leaf respiration in snow gum（*Eucalyptus pauciflora*）reveal high-temperature limits to respiratory function [J]. Plant Cell & Environment，36（7）：1268－1284.

Prentice IC，Cramer W，Harrison SP，et al.，1992. Global biome model：Predicting global vegetation patterns from plant physiology and dominance，soil propertied and climate [J]. J Bogeogr，19：117－134.

Pacala SW，Hurtt GC，Baker D，et al.，2001. Consistent land-and atmosphere based US carbon sink estimates [J]. Science，292：2316－2320.

Palagin E G，1976. On the prediction of soil temperatures from meteorological data during the winter period [J]. Boundary-layer Meteorology，10：331－336.

Pan YD, Birdsey RA, Fang JY, et al., 2011. A large and persistent carbon sink in the world's forests [J]. Science, 333: 988.

Papale D, Reichstein M, Aubinet M, et al., 2006. Towards a standardized processing of net ecosystem exchange measured with eddy covariance technique: algorithms and uncertainty estimation [J]. Biogeosciences, 3 (4): 571-583.

Parmesan C, Yohe G, 2003. A globally coherent fingerprint of climate change impacts across natural systems [J]. Nature, 421: 37-42.

Partanen J, Koski V, Hänninen H, 1998. Effects of photoperiod and temperature on the timing of bud burst in Norway spruce (Picea abies) [J]. Tree Physiol, 18 (12): 811-816.

Parton WJ, Schimel DS, Cole CV, et al., 1987. Analysis of factors controlling soil organic matter levels in Great Plains grassland [J]. Soil Sci Soc Am J, 51: 1137-1179.

Pastor J and Mladenoff DJ, 1992. The southern boreal-northern hard-wood forest border. In: Shugart RL and Bonan GB eds. A systems Analysis of the Global Boreal Forest [M]. Cambridge: Cambridge University Press. 216-240.

Pastor J and Post WM, 1988. Response of northern forests to CO_2 - induced climate change [J]. Nature, 333: 55-58.

Pastor J, Post WM, 1985. Development of a Linked Forest Productivity Soil Process Model [J]. Oak Ridge National Laborator y, Oak Ridge, TN, USA.

Patton WJ, Schimel DS, Cole CV, et al., 1987. Analysis of factors controlling soil organic matter levels in great plains grasslands [J]. *Am J Soil Sci Soc*, 51: 1173-1179.

Patton WJ, Stewart WB, Cole CV, 1988. Dynamics of C, N, P and S in grassland soils: a model [J]. *Biogeochemistry*. 5: 109-131.

Paul KI, Polglase PJ, Smethurst PJ, et al., 2004. Soil temperature under forests: A simple model for predicting soil temperature under a range of forest types [J]. Agricultural and Forest Meteorology, 121: 167-182.

Penuelas J, Filella I, 2001. Phenology: responses to a warming world [J]. Science, 294 (5543): 793-795.

Piao SL, Wang XH, Ciais P, et al., 2011. Changes in satellite-derived vegetation growth trend in temperate and boreal Eurasia from 1982 to 2006 [J]. Global Change Biology, 17 (10): 3228-3239.

Pilegaard K, Hummelsh JP, Jensen NO, et al., 2001. Two years of continuous CO_2 eddy flux measurements over a Danish beech forest [J]. Agricultural and Forest Meteorology, 107: 29-41.

Pitman AJ, 2003. The evolution of and revolution in land surface schemes designed for climate models [J]. International Journal of Climatology, 23 (5): 479-510.

Potter CS, KloosterS A, 1999. Detecting a terrestrial biosphere sink for carbon dioxide: Inter annual ecosystem modeling for the mid-1980s [J]. Climatic Change, 42: 489-503.

Prentice IC, Gramer W, Harrison SP, et al., 1992. A global biome model based on plant physiology and dominance, soil properties and climate [J]. J Biogeogr, 19: 117-134.

Prentice IC，Sykes MT，Lautensehlager M，et al.，1993. Modelling global vegetation patterns and terrestrial carbon storage at the last glacial maximum [J]. Global Ecol Biogeogr Letters，3：67-76.

Prentice IC，Sykes MT，1995. Vegetation geography and global carbon storage changes [J]. In：Woodwell GM & Mackenzie FT eds. Blotic Feedbacks in the Global Climatic System：Will the Warming Speed the Warming [M]? New York：Oxford University Press.

Pruitt WO，1973. Momentum and mass transfers in the surface boundary layer [J]. Quart J Roy Meteor Soc，96：715-721.

Qin W，David LBJ，1993. An analytical and computationally efficient reflectance model for leaf canopies [J]. Agric For Meteorol，66：31-64.

Rainch JW，Schlesinger WH，1992. The global carbon dioxide flux in soil respiration and its relationship to vegetation and climate [J]. Tellus，44：81-99.

Rambal S，Ourcival JM，Joffre R，et al.，2010. Drought controls over conductance and assimilation of a Mediterranean evergreen ecosystem：scaling from leaf to canopy [J]. Global Change Biology，9 (12)：1813-1824.

Raupach MR，1988. Canopy transport processes. In：Steffen WL，Denmead OT，eds. Flow and Transport in the Natural Environment [M]. Berlin：Springer-Verlag. 95-127.

Raupach MR，1989a. A practical Lagrangian method for relating scalar concentrations to source distributions in vegetation canopies [J]. Quart J Roy Meteorol Soc，115：609-632.

Raupach MR，1989b. Applying Lagrangian fluid mechanics to infer scalar source distributions from concentration profiles in plant canopies [J]. Agric For Meteorol，47：85-108.

Raupach MR，Denmead OT，Dunin FX，1992. Challenges in linking atmospheric CO_2 concentrations to fluxes at local and regional scales [J]. Aust J Bot，40：697-716.

Reich PB，Walters MB，Ellsworth DS，1997. From tropics to tundra：global convergence in plant functioning [J]. Proceedings of the National Academy of Sciences of the United States of America，94 (25)：13730-13734.

Robert ES，Keith VC，1985. Relationships between CO_2 evolution from soil，substrate temperature，and substrate moisture in four mature forest types in interior Alaska [J]. Can J For Res，15：97-106.

Roderick ML，Farquhar GD，Berry SL，et al.，2001. On the direct effect of clouds and atmospheric particles on the productivity and structure of vegetation [J]. Oecologia，129：21-30.

Rothstein DE and Zak DR，2001. Photosynthetic adaptation and acclimation to exploit seasonal periods of direct irradiance in three temperate，deciduous-forest herbs [J]. Functional Ecology，15 (6)：722-731.

Routhier MC，Lapointe L，2002. Impact of tree leaf phenology on growth rates and reproduction in the spring flowering species *Trillium erectum* (*Liliaceae*) [J]. American Journal of Botany，89 (3)：500-505.

Running SW and Nemani RR，1991. Regional hydrologic and carbon balance responses of forest resulting from potential climate change [J]. Climate Change，19：349-368.

Running SW, Coughlan JC, 1988. A general model of forest ecosystems processes for regional applications I. Hydrologic balance, canopy gas exchange and primary production processes [J]. Ecol Model, 42: 125-154.

Running SW, Cower ST, 1991. FOREST-BGC, a general model of forest ecosystem processes for regional appllications lI. Dynamic carbon allocation and nitrogen budgets [J]. Tree Physiol, 9: 147-160.

Russo JM, Liebhold AM, Kelley JG, 1993. Mesoscale weather data as input to a gypsy moth (*Lepidoptera*: *Lymantriidae*) phenology model [J]. Journal of Economic Entomology, 86: 838-844.

Ryan MG, 1991. Effects of climate change on plant respiration [J]. Ecological Applications, 1 (2): 157-167.

Sage RF, Kubien DS, 2007. The temperature response of C_3 and C_4 photosynthesis [J]. Plant Cell & Environment, 30 (9): 1086-1106.

Salvucci ME, Craftsbrandner SJ, 2004. Relationship between the heat tolerance of photosynthesis and the thermal stability of rubisco activase in plants from contrasting thermal environments [J]. Plant Physiology, 134 (4): 1460-1470.

Scafaro AP, Xiang S, Long BM, et al., 2016. Strong thermal acclimation of photosynthesis in tropical and temperate wet-forest tree species: the importance of altered rubisco content [J]. Global Change Biology, 23 (7): 2783-2800.

Schemske DW, Willson MF, Melampy MN, et al., 1978. Flowering ecology of some spring woodland herbs [J]. Ecology, 59 (2): 351-366.

Schimel DS, Brawell BH, Holland EA, et al., 1994. Climatic, edaphic, and biotic controls over storage and turnover of carbon in soils [J]. Global Biogeochem Cycles, 8: 279-293.

Schimel DS, House J I, Hibbard K A, et al., 2001. Recent patterns and mechanisms of carbon exchange by terrestrial ecosystems. Nature, 414: 169-172.

Schlesinger DW, 1999. Carbon sequestration in soil. Science, 284: 2095.

Schlesinger WH, 1997. Biogeochemistry: An analysis of global change [M]. San Diego, California: Academic Press.

Schwartz MD, 1992. Phenology and springtime surface-layer change [J]. Monthly Weather Review, 120 (11): 2570-2578.

Schwartz MD, Ahas R, Aasa A, 2006. Onset of spring starting earlier across the northern hemisphere [J]. Global Change Biology, 12 (2): 343-351.

Seddon AWR, Macias-Fauria M, Long PR, et al., 2016. Sensitivity of global terrestrial ecosystems to climate variability. Nature, 531: 229.

Seiwa K, 1998. Advantages of early germination for growth and survival of seedlings of Acer mono under different overstorey phenologies in deciduous broad-leaved forests [J]. Journal of Ecology, 86 (2): 219-228.

Sellers PJ, Berry JA, Collatz GJ, et al., 1992. Canopy reflectance, photosynthesis and transpiration. Ⅲ.: A reanalysis using improved leaf models and a new canopy integration scheme

[J] . Remote Sensing Environment，42：187－216.

Sellers PJ，Dickinson RE，Randall DA，et al.，1996. Comparison of radiative and physiological effects of doubled atmospheric CO_2 on climate [J] . Science，271：1402－1406.

Shackhy S，et al.，1998. Uncertainty，complexity and concepts of good science in climate change modeling：are GCMs the best tools [J]? Climatic Change，38：159－205.

Shao G，Zhao G，Shugart HH，et al.，1996. Forest cover types derived from Landsat Thematic Mapper imagery for the Changbai Mountain area of China [J] . Can J For Res，26：206－216.

Sharratt BS，1997. Thermal conductivity and water retention of a black spruce forest floor [J]. Soil Sci，162：576－582.

Shaw RH，Schumann U，1992. Large-eddy simulation of turbulent flow above and within a forest. Boundary-Layer Meteorol，61：47－64.

Shi TT，Guan DX，Wang AZ，et al.，2010. Modeling canopy CO_2 and H_2O exchange of a temperate mixed forest [J] . Journal of Geophysical Research Atmospheres，115：2009JD0I2832.

Shi TT，Guan DX，Wu JB，et al.，2008. Comparison of methods for estimating evapotranspiration rate of dry forest canopy：Eddy covariance，Bowen ratio energy balance，and Penman-Monteith equation [J] . Journal of Geophysical Research，113，D19116，doi：10.1029 /2008JD010174.

Shugart HH，1984. A Theory of Forest Dynamics. New York：spring-valley Sitch S，Prentice IC，Smith B，et al.，2000. LPJ：A coupled model of vegetation dynamics and the terrestrial carbon cycle. In：Sitch S ed. The Role of Vegetation Dynamics in the Control of Atmospheric CO_2 Content [M] . PhD. Thesis. University of Lund Sweden.

Shugart HH，1996. The importance of structure in understanding global change. In：Walker B and Steffen W eds. Global Change and Terrestrial Ecosystems [M] . Cambridge：Cambridge Univ Press. 117－126.

Shugart HH，1997. Terrestrial Ecosystems in Changing Environments Cambridge Studies in Ecology [M] . Cambridge：Cambridge University Press. 343－380.

Shugart HH，Smith TM and Post WM，1992. The potential for application of individual-based simulation models for assessing the effects of global change [J] . Annu Rev Ecol Sys，23：15－38.

Singh JS，Gupa SR，1997. Plant decomposition and soil respiration in terrestrial ecosystems [J]. Bot Rev，43：449－528.

Siqueira M，Lai CT，KatulG，2000. Estimating scalar sources，sinks，and fluxes in a forest canopy using Lagrangian，Eulerian，and Hybrid inverse models [J] . J Geophys Res，105：29475－29488.

Skelly JM，Fredericksen TS，Savage JE，et al.，1996. Vertical gradients of ozone and carbon dioxide within a deciduous forest in central Pennsylvania [J] . Environ Pollu，94 (2)：235－240.

Smith NG，Dukes JS，2017. Short-term acclimation to warmer temperatures accelerates leaf carbon exchange processes across plant types [J] . Global Change Biology，23 (11)：4840－4853.

Smith NG，Malyshev SL，Shevliakova E，et al.，2016. Foliar temperature acclimation reduces simulated carbon sensitivity to climate [J] . Nature Climate Change，6 (2)：219－225.

Smith TM and Shugart HH, 1996. The application of patch models in global change research. In: Walker B and Steffen W eds. Global Change and Terrestrial Ecosystems [M]. Cambridge: Cambridge University Press, 127 - 148.

Smith WK, Knapp AK, 1990. Ecophysiology of high elevation forests. In: Osmond CB, Pitelka LF, Hidy GM eds. Plant biology of the basin and range [M] . Springer, Berlin Heidelberg New York, 87 - 142.

Solomn AM, 1986. Transient response of forest to CO_2 induced climate change: Simulation Modeling experiments in eastern North America [J] . Oecologia. 68: 567 - 579.

Solomn AM, 1986. Transient response of terrestrial C storage to climate change: Modelling C dynamics at varying temp oral and spatial scales [J] . Water Air Soil Pollu, 64: 307 - 326.

Sparks TH, Jaroszewicz B, Krawczyk M, et al. , 2009. Advancing phenology in Europe's last lowland primeval forest: non-linear temperature response [J] . Climate research, 39 (3): 221 - 226.

Spearpoint MJ, Quintiere JG, 2001. Predicting the piloted ignition of wood in the cone calorimeter using an integral model-effect of species, grain orientation and heat flux [J] . Fire Safety J, 36: 391 - 415.

Spitters CJJ, 1986. Separating the diffuse and direct component of global radiation and its implications for modeling canopy photosynthesis. Ⅱ: Calculation of canopy photosynthesis. Agricultural and Forest Meteorology, 38: 231 - 242.

Sreenivasan KR, Tavoularis S, Corrsin S, 1982. A test of gradient transport and its generalization. In: Bradbury LJS, eds. Turbulent Shear Flow III [J] . New York: Springer. 96 - 112.

Stanhill G, 1969. A simple instrument for the field measurement of turbulent diffusion flux [J]. J Appl Meteor, 8: 509 - 513.

Stanhill G, Cohen S, 2001. Global dimming: A review of the evidence for a wide spread and significant reduction in global radiation with discussion of its probable causes and possible agricultural consequences [J] . Agricultural and Forest Meteorology, 107: 255 - 278.

Stathers RJ, Black TA, Novak MD, 1985. Modelling soil temperature in forest clear cuts using climate station data [J] . Agricultural and Forest Meteorology, 36 (2): 145 - 152.

Stokes MA, Smiley TL, 1968. An Introduction to Tree-Ring Dating [M] . Chicago: The University of Chicago Press. 10 - 15.

Streets DG, Jiang KJ, Hu XL, et al. , 2001. Recent reductions in China's greenhouse gas emissions [J] . Science, 294 (5548): 1835 - 1836.

Stull RB, 1988. An Introduction To Boundary Layer Meteorology [M] . Dordrecht: Kluwer Academic.

Sun FB, Roderick ML, Lim WH, et al. , 2011. Hydroclimatic projections for the Murray-Darling Basin based on an ensemble derived from Intergovernmental Panel on Climate Change AR4 climate models [J] . Water Resources Research, 47: 373 - 384.

Sykes MT and Prentice IC, 1996. Climate change, tree species distributions and forest dynamics: A case study in the mixed conifer/hard-woods zone of northern Europe [J] . Climatic

Change，34：161－177.

Sykes MT，1996. The biogeographic consequences of forecast changes in the global environment：individual species potential range changes [J] . NATO ASI Series，147：427－440.

Sykes MT Prentice IC，1996. Climate change，tree species distributions and forest dynamics：A case study in the mixed conifer/northern hardwoods zone of northern Europe [J] . Climatic Change，34：161－171.

Syrkes MT，Prentice IC，Cramer W，1996. A bioclimatic model for the potential distributions of north European tree species under present and future climates [J] . J Biogeogr，23：203－233.

Tal O，2011. Flowering phenological pattern in crowns of four temperate deciduous tree species and its reproductive implications [J] . Plant biology，13 (SI1)：62－70.

Tani T，Kudo G，2006. Seasonal pattern of leaf production and its effects on assimilation in giant summer green herbs in deciduous forests in northern Japan [J] . Canadian Journal of Botany，84 (1)：87－98.

Taylor RJ，Pearcy RW，1976. Seasonal patterns of the CO_2 exchange characteristics of understory plants from a deciduous forest [J] . Canadian Journal of Botany，54 (2)：1094－1103.

Teskey RO，Sheriff DW，Hollinger DY，et al.，1995. External and internal factors regulating photosynthesis [J] . In：Smith WK，Hinkley TM eds，Resource physiology of conifers [M] . Academic Press，San Diego，Calif.，105－140.

Tessier J，2008. Leaf habit，phenology，and longevity of 11 forest understory plant species in Algonquin State Forest，northwest Connecticut [J] . USA Botany. 86 (5)：457－465.

Thompson OE，Pinker RT，1981. An error analysis of the Thornthwaite-Holzman equation for estimating sensible and latentheat fluxs over crop and forest canopies [J] . J Appl Meteor，20：250－254.

Tissue DT，Skillman JB，McDonald EP，et al.，1995. Photosynthesis and carbon allocation in *Tipularia discolo* (*Orchidaceae*)，a wintergreen understory herb [J] . American Journal of Botany，82 (10)：1249－1256.

Tomita M，Seiwa K，2004. Influence of canopy tree phenology on understorey populations of Fagus crenata [J] . Journal of Vegetation Science，15 (3)：379－388.

Torrence C，Compo GP，1998. A practical guide to wavelet analysis [J] . Bulletin of the American Meteorological Society，79：61－78.

Twine TE，Kustas WP，Norman JM，et al.，2000. Correcting eddy-covariance flux underestimates over a grassland [J] . Agricultural and Forest Meteorology，103：279－300.

Uddling J，Pleije H，2006. Changes in stomatal conductance and net photosynthesis during phenological development in spring wheat：Implications for gas exchange modeling [J]. International Journal of Biometeorology，51：37－48.

Uemura S，1993. Patterns of leaf phenology in forest understory [J] . Canadian Journal of Botany，72 (4)：409－414.

Upadhyaya SD，Siddiqui SA，Singh VP，1981. Seasonal variation in soil respiration of certain tropical grassland communities [J] . Trop Ecol，22：157－161.

Upadhyaya SD, Singh VP, 1981. Microbial turnover of organic matter in tropical grassland soil [J]. Pedobiologia, 21: 100 - 109.

Urban DL, Acevedo MF and Garman SL, 1999. Scaling fine-scale processes to large scale patterns using models derived from models: meta-models [J]. In: Mladenoff DJ and Baker WL eds. Advancesin Spatial Modeling of Forest Landscape Change: Approaches and Applications [M]. Cambridge: Cambridge University Press.

Urban DL, Harmon ME, Halpen CB, 1993. Potential response of Pacific North Westen forest to cimate change, effects of stand age and initial composition [J]. Climate Change, 23: 247 - 256.

Valentini R, Matteucci G, Dolman AJ, et al., 2000. Respiration as the main determinant of carbon balance in European forests [J]. Nature, 404: 861.

Verma SB, Baldocchi DD, Anderson E, et al., 1986. Eddy fluxes of CO_2 water vapor, and sensible heat over a deciduous forest. Bound-Layer Meteor, 36: 71 - 91.

Waggoner PE, Reifsnyder WE, 1968. Simulation of the temperature, humidity and evaporation profiles in a leaf canopy [J]. J Appl Meteorol, 7: 400 - 409.

Walther GR, Post E, Convey P, et al., 2002. Ecological responses to recent climate change [J]. Nature, 416: 389 - 395.

Wang HY, Liu JJ, Song CY, 2010. Feature analysis of weatherchanges in recent 50 years in the Area of Sanjiang Changbai [J]. Meteorological and Environmental Research, 1: 43 - 46.

Wang JJ, 2009. Climate Change During Recent 50 Years and Its Procection in Changbai Mountains Region [M]. PhD Thesis. Beijing: Graduate University of Chinese Academy of Sciences.

Wang WJ, Yang FJ, Zu YG, 2003. Stem respiration of a larch plantation in northeast China [J]. Acta Botanica Sinica, 45 (12): 1387 - 1397.

Wang XC, Wang CK, Yu GR, 2008. Spatio-temporal patterns of forest carbon dioxide exchange based on global eddy covariance measurements [J]. Science in China Series D: Earch Sciences, 51 (8): 1129 - 1143.

Wang YY, Hou GL, Zhao JJ, et al., 2015. Study on the trend of vegetation phenological change and its response to climate change in Changbai Mountains [J]. Fresenius Environmental Bulletin, 24: 2193 - 2202.

Warland JS, Thurtell GW, 2000. A Lagrangian solution to the relationship between a distributed source and concentration profile [J]. Boundary-Layer Meteorol, 96: 453 - 471.

Web EK, Pearman GI, Leuning R, 1980. Correction of flux measurements for density effects due to heat and water vapour transfer [J]. The Quarterly Journal of the Royal Meteorological Society, 106: 85 - 100.

Wen XF, Yu GR, Sun XM, et al., 2005. Turbulence flux measurement above the overstory of a subtropical pinus plantation over the hilly region [J]. Sciencein China Series D, 48 (supp. 1): 63 - 73.

Westoby M, Falster DS, Moles AT, et al., 2002. Plant ecological strategies: some leading dimensions of variation between species [J]. Annual Review of Ecology and Systematics. 33

（1）：125－159.

Weston DJ，Bauerle WL，2007. Inhibition and acclimation of C（3）photosynthesis to moderate heat：a perspective from thermally contrasting genotypes of Acer rubrum（red maple）[J]. Tree Physiology，27（8）：1083－1092.

Wilczak JM，Oncley SP，Stage SA，2001. Sonicane mometer tilt correction algorithms [J]. Boundary-Layer Meteorology，99（1）：127－150.

Wild M，Gilgen H，Roesch A，et al.，2005. From dimming to brightening：decadal changes in solar radiation at earth's surface. Science，308：847－850.

Wild M，Truessel B，Ohmura A，et al.，2009. Global dimming and brightening：An update beyond 2000 [J]. Journal of Geophysical Research-Atmospheres，114：1－14.

Wildung RE，Garland TR，Buschbom RL，1975. The interdependent effects of soil temperature and water content on soil respiration rate and plant root decomposition in arid grassland soils [J]. Soil Biol Biochem，7：373－378.

Williams JW，Jackson ST，Kutzbach JE，2007. Projected distributions of novel and disappearing climates by 2100 AD [J]. Proceedings of the National Academy of Sciences of the United States of America，104（14）：5738－5742.

Wilson JD，Shaw RH，1977. A high reorder closure model for canopy flow [J]. J Appl Meteorol，16：1197－1205.

Wilson KB，Hanson PJ，Mulholland PJ et al.，2001. A comparison of methods for determining forest evapotranspiration and its components：sap-flow，soil water eddy covariance and catchment water balance [J]. Agric For Meteorol，106：153－168.

Wisniewski J，Lugo AE，1992. Natural sinks of CO_2 [M]. Kluwer Academic，Dordrecht Wofsy SC，Daube.

Wofsy SC，Goulden ML，Munger JW，et al.，1993. Net exchange of CO_2 in a mid-latitude forest [J]. Science，260：1314－1317.

Wright IJ，Westoby M，2003. Nutrient concentration，resorption and lifespan：leaf traits of Australian sclerophyll species [J]. Functional Ecology. 17（1）：10－19.

Wu JB，Guan DX，Sun XM，et al.，2005. Eddy flux corrections for CO_2 exchange in broad-leaved Korean pine mixed forest of Changbai Mountains [J]. Science in China：Ser D，48（Supp. 1）：106－115.

Wu JB，Guan DX，Wang M，et al.，2006. Year-round soil and ecosystem respiration in a temperate broad-leaved Korean pine forest [J]. Forest Ecology and Management，223（1－3）：35－44.

Xia XG，2010. Spatiotemporal changes in sunshine duration and cloud amount as well as their relationship in China during 1954—2005 [J]. Journal of Geophysical Research-Atmospheres，115：1－13.

Xia Y，Fabian P，Stohl A，et al.，1999. Forest climatology：Estimation of missing values for Bavaria，Germany [J]. Agric. For. Meteor.，96：131－144.

Xia Y，Fabian P，Winterhalter M，1999. Forest climatology：Estimation and use of daily climatological data for Bavaria, Germany [J] . Agric. For. Meteor. , 106: 87 - 103.

Xu Y, Gao X, Shen Y, et al. , 2009. A daily temperature data-set over China and its application in Validating a RCM simulation [J] . Advances in Atmospheric Sciences, 26: 763 - 772.

Yamamoto S, Murayama S, Saigusa N, et al. , 1999. Seasonal and inter-annual variation of CO_2 flux between a temperate forest and the atmosphere in Japan [J] . Tellus: Ser B, 51 (2): 402 - 413.

Yamori W, Hikosaka K, Way DA, 2014. Temperature response of photosynthesis in C_3, C_4, and CAM plants: temperature acclimation and temperature adaptation [J] . Photosynthesis Research, 119 (1 - 2): 101 - 117.

Yang PC, Black TA, Neumann HH, et al. , 1999. Spatial and temporal variability of CO_2 concentration and flux in a boreal aspen forest [J] . J Geop Res, 104 (22): 27653 - 27661.

Yi XM, Zhang Y, Wang XW, et al. , 2015. Effects of water deficiton growth of two tree species seedlings in Changbai Mountains of Northeast China [J] . Polish Journal of Environmental Studies, 24: 787 - 791.

Yu GR, Zhang LM, Sun XM, et al. , 2005. Advances in carbon flux observation and research in Asia [J] . Science in China Series D, 48 (supp. 1): 11 - 16.

Yu GR, Zhang LM, Sun XM, et al. , 2010. Environmental controls over carbon exchange of three forest ecosystems in eastern China [J] . Global Change Biology, 14 (11): 2555 - 2571.

Yuan WP, Luo YQ, Liang S, et al. , 2011. Thermal adaptation of net ecosystem exchange [J]. Biogeosciences Discussions, 8 (6): 1109 - 1136.

Zhang JH, Yu GR, Han SJ, et al. , 2006. Seasonal and annual variation of CO_2, flux above a broad-leaved Korean pine mixed forest [J] . Science in China Series D: Earth Sciences, 49 (Suppl. 2): 63 - 73.

Zhang LM, Yu GR, Sun XM, et al. , 2006. Seasonal variation of carbon exchange of typical forest ecosystems along the eastern forest transect in China [J] . Science in China Series D: Earth Sciences, 49 (Suppl. 2): 47 - 62.

Zhang P, Shao G, LeMaster DC, et al. , 2000. China's forest policy for the 21st century [J]. Science, 288: 2135 - 2136.

Zhang XH, Shi GY, Liu H, 2000. LAP Global Ocean-Atmosphere-Land System Model [M]. Beijing/New York: Science Press, 252.

Zhao ZC, Li XD, 1997. Impacts of global warming on climate change over East Asia as simulated by 15 GCMs [J] . World Resources Rev, 10: 17 - 21.

Zhao ZC, Luo Y, Gao XJ, 2000. GCM studies on anthropoganic climate change in China [J]. Acta Meteorol Sin, 14: 247 - 256.

Zhou BT, Xu Y, Wu J, et al. , 2016. Changes in temperature and precipitation extreme indices over China: Analysis of a high resolution grid data set [J] . International Journal of Climatology, 36: 1051 - 1066.

第二章 >>>

长白山阔叶红松林水文生态过程与模拟研究

第一节 长白山阔叶红松林降水特征研究

一、长白山地区降水序列的多时间尺度分析

长白山是中国东北地区主要河流——松花江、图们江、鸭绿江的源头（靳英华等，2003），也是亚洲东部典型的山地森林生态系统（郝占庆等，2001）。其山体构造及山体走向与海岸一致，阻挡了冬季盛行的西北气流和夏季盛行的东南、西南气流，成为气候上的自然屏障，分割着气温和降水，使山地两侧的自然景观截然不同。加上山体高大、地形和地势复杂，不仅影响着东亚地区的大气环流和天气系统，而且使长白山地区的气候具有一般山地气候的共同特点，在气候区划中可自成一种特殊的气候类型（王纪军，2009）。因此，长白山地区降水变化的多时间尺度分析，对研究中国东北地区乃至整个东亚地区的气候变化规律具有重要意义。

多时间尺度分析可以展现降水序列在不同时间尺度上的丰枯变化和周期特征，其分析方法主要有经验模态分解法（EMD）（Norden et al.，1998；李兴燕等，2008；黄伟等，2008；刘奎建等，2008）和小波分析法（wavelet analysis），其中小波分析法比较常用。小波分析是基于 Fourier 分析（冉启文，2001；Charles et al.，1997）的时间—尺度（频率）分析方法，其核心是多分辨率分析，可将信号在时频两域同时展开，对不同频率随时间的变化以及不同频率之间的关系进行分析（缪驰远等，2007；许月卿等，2004），且小波分析对信号的瞬态变化和奇异点非常敏感（李军等，2006）。所以，近年来小波分析法在国内外被广泛应用于径流（蒋晓辉等，2003；郑昱等，1997；衡彤等，2002；Coulibaly et al.，2004；Jury et al.，2000）、气温（Sallie et al.，1997；李永华等，2003；黄雪松等，2007；王勇等，2006）和降水等时间序列的多时间尺度分析和预测。以往对降水序列（Sinclair et al.，2005；Kailas et al.，2000；王慧等，2002；张允等，2008；郭成香等，2002）的研究中，利用小波分析方法对植被生长季和降雪季节降水的分析较少，对长白山地区降水特征的多时间尺度分析更是

少见报道。

（一）小波分析方法

本项研究选择植被生长季（5～9 月）和降雪季（11 月至翌年 4 月）各站月降水量和全年降水量的平均值进行分析，对天池站缺测资料用同时段多年平均值进行插补。为消除月际变化的影响，分别对生长季和降雪季序列进行距平比率计算，对距平比率序列进行连续小波变换。距平比率的计算公式如下：

$$R_{j,i} = \frac{x_{j,i} - \bar{x}_i}{\bar{x}_i} \tag{2-1}$$

式中，$x_{j,i}$为第 j 年第 i 月的降水量（mm）；x_i 为第 i 月降水量的多年平均值（mm）；$R_{j,i}$为第 j 年第 i 月的降水量距平比率。

小波是函数空间 L^2（R）中满足下述条件的一个函数或信号：

$$C_\psi = R^* \int \frac{|\psi(x)|^2}{|x|} \mathrm{d}x < \infty \tag{2-2}$$

式中，R^* 为非零实数体；ψ（x）为小波母函数。小波母函数依赖于任意的实数对（a，b）（其中，参数 a 必须为非零实数）所产生的函数形式（杨福生，2000）：

$$\psi_{(a,b)}(x) = \frac{1}{\sqrt{|a|}} \psi\left[\frac{x-b}{a}\right] \tag{2-3}$$

对于任意的函数或信号 f（x）的连续小波变换为：

$$W_{f(a,b)} = {}_R\int f(x) \bar{\psi}_{(a,b)}(x) dx = \frac{1}{\sqrt{|A|}} {}_R\int f(x) \bar{\psi}\left[\frac{x-b}{a}\right] dx \tag{2-4}$$

式中，a 为尺度因子；b 为平移因子；$W_{f(a,b)}$ 为小波系数。

连续小波变换的重构（逆变换）公式为：

$$f(x) = \frac{1}{C_\psi} \int_{-\infty}^{\infty} \int_{-\infty}^{\infty} \frac{1}{|a|^2} W_{f(a,b)} \psi\left[\frac{x-b}{a}\right] \mathrm{d}a\mathrm{d}b \tag{2-5}$$

定义函数 Φ（t）L^2（R）为尺度函数，其在 L^2（R）空间张成的闭子空间为 V_0，则任意函数 f（t）V_0 可分解成高频部分（d_1）与低频部分（a_1）。低频部分进一步分解可得到任意分辨率下的高频部分与低频部分，算法（刘建梅等，2005）如下：

$$a_{j+1,k} = \sum_m h_0(m-2k) a_{j,m} \tag{2-6}$$

$$d_{j+1,k} = \sum_m h_1(m-2k) d_{j,m} \tag{2-7}$$

式中，j 为分解尺度（分辨率）；k、m 为平移系数；$a_{j+1,k}$为尺度系数（低频成分）；$d_{j+1,k}$为小波系数（高频成分）；h_0（n）、h_1（n）分别为低通和高通滤波器。

分解得到的低频和高频成分可以反映降水时间序列的趋势、周期等特征，利用小波系数的重构公式还可以预测降水序列，其重构公式为：

$$a_{j-1},m = \sum_{k} a_{j,k} h_0(m-2k) + \sum_{k} d_{j,k} h_1(m-2k) \qquad (2-8)$$

本项研究利用 Matlab 小波分析工具箱中的 morlet 小波（高志等，2004）为小波母函数，对长白山地区降水时间序列进行连续小波变换。Morlet 小波是具有解析表达式的小波，虽然不具备正交性，但能满足连续小波变换的可允许条件，且具有良好的时、频局部性，其解析形式如下：

$$\psi(x) = Ce^{-x^2/2}\cos(5^x) \qquad (2-9)$$

在一定的时间尺度下，小波方差表示时间序列在该尺度中周期波动的强弱（能量大小），小波方差随尺度的变化过程能反映时间序列中所包含的各种时间尺度（周期）及其强弱（能量大小）随尺度的变化特征。通过小波方差可以判断一个时间序列中起主要作用的周期。小波方差的算式如下：

$$W_{p(a)} = \int_{-\infty}^{\infty} |W_f(a,b)|^2 db \qquad (2-10)$$

小波分析具有非常强大的多尺度分辨功能，能识别出时间序列中各种高低不同的频率成分。不同尺度下的低频成分表示该时间序列在该尺度下的变化趋势。事实上，趋势可以看作是周期长度比实测序列长得多的周期成分。因此，通过小波变换，可得到降水序列的低频系数，由低频系数的变化过程可识别出该尺度下的趋势变化（王文圣等，2005）。

利用小波分析识别趋势成分的步骤为：①选择适当的小波函数，利用 Mallat 快速算法（Mallat et al.，1989）对降水序列进行小波分解，得到不同尺度下的低频系数；②对生长季、降雪季和年降水量的低频系数进行单支重构，得到不同分解尺度下的低频序列；③对不同尺度下的低频序列进行分析，选取趋势明显的低频序列，判断其趋势性质。以上步骤中，小波函数的选取是小波分析实际应用中的一个难点，也是小波分析研究的一个热点问题。目前，一方面通过经验或不断的试验，对结果进行对照分析来选择小波函数；另一方面主要是参照研究目标的分布形态，尽量选择与待分析序列形态相似的小波函数（刘建梅等，2005）。

（二）长白山地区降水时间序列的小波分析

为消除年内月际的影响，分别对研究区生长季和降雪季降水距平比率序列做 5 点和 6 点滑动平均。由图 2.1 可以看出，1959—2006 年，研究区生长季降水量存在明显的波动变化和显著的丰枯交替现象，其中，有 25 年呈正距平，降水偏多；有 23 年呈负距平，降水偏少。研究期间，长白山地区降雪季降水量存在明显的高峰期和低谷期，其中，有 19 年呈正距平，降水偏多；有 29 年呈负距平，降水偏少。1959—2006 年，长白山地区年均降水量 787.87mm，年降水量的最大值为 1 091.64mm，出现在 1986 年，最小值为 527.28mm，出现在 2001 年，其中，降水量大于年均降水量的年份为 23 年，小于年均降水量的年份为 25 年。

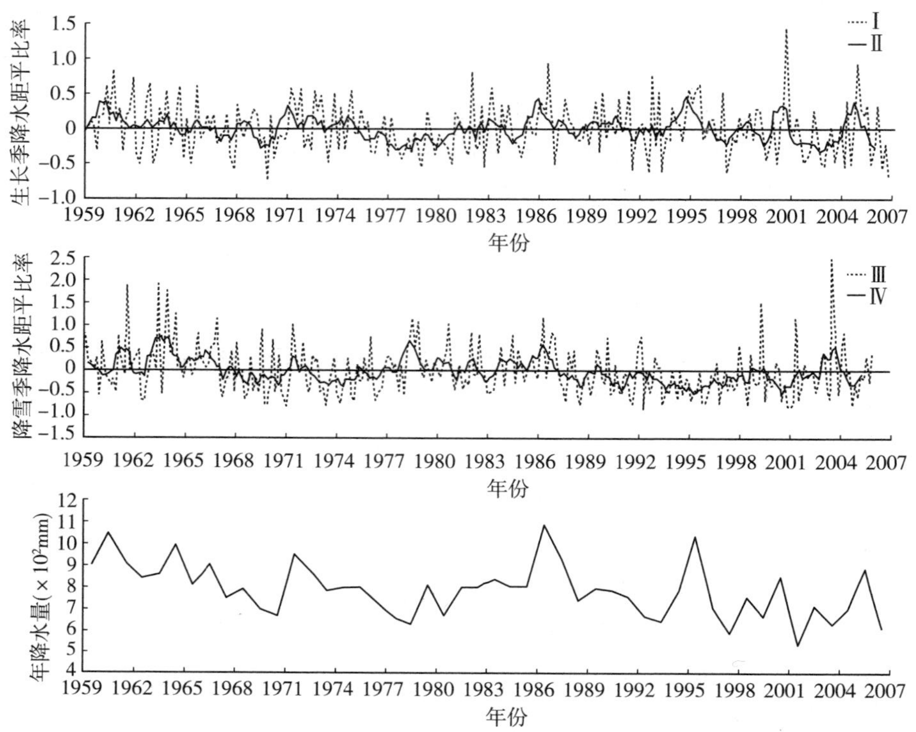

图 2.1　研究区降水时间序列

对研究期间长白山地区生长季降水距平比率序列、降雪季降水距平比率序列和年降水量序列用 morlet 小波分析分别做连续小波变换，得到小波变换系数。图 2.2 为小波变换系数实部时频结构图，小波变换系数实部在平面等值线上的正、负值在时间域上分别表现为降水量的丰、枯变化（缪驰远等，2007），等值线中心对应的尺度为降水序列变化的主周期。

1959—2006 年，长白山地区植被生长季的降水量存在多个不同尺度的周期变化，形成了各种尺度正负相间的振荡中心，存在明显的年际变化和年代变化。由图 2.2a 可以看出，研究期间，长白山地区 5～9 月降水量的变化周期存在 3 种尺度，即大（24～30 年）、中（10～13 年）和小（3～6 年）尺度。对于大尺度而言，长白山地区植被生长季降水量存在 2 个准振荡周期，第 61～125 个月（对应年为 1967—1980 年）和第 185 个月（对应年为 1991 年）以后均处于枯水期，而 1955—1965 年和 1982—1990 年均表现为丰水年。对于中尺度而言，第 1～25 个月（1955—1959 年）、第 61～85 个月（1967—1971 年）、第 121～145 个月（1979—1983 年）和第 176～210 个月（1990—1996 年）处于丰水期，其他月均处于枯水期。大、中尺度的周期变化均表现出全域性。将小尺度的小波系数实部时频图放大，发现 3～6 年尺度的周期变化不具有全域性，第 110 个月以前的降

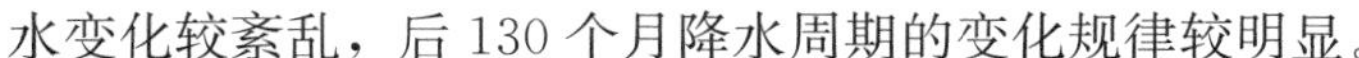
水变化较紊乱，后 130 个月降水周期的变化规律较明显。

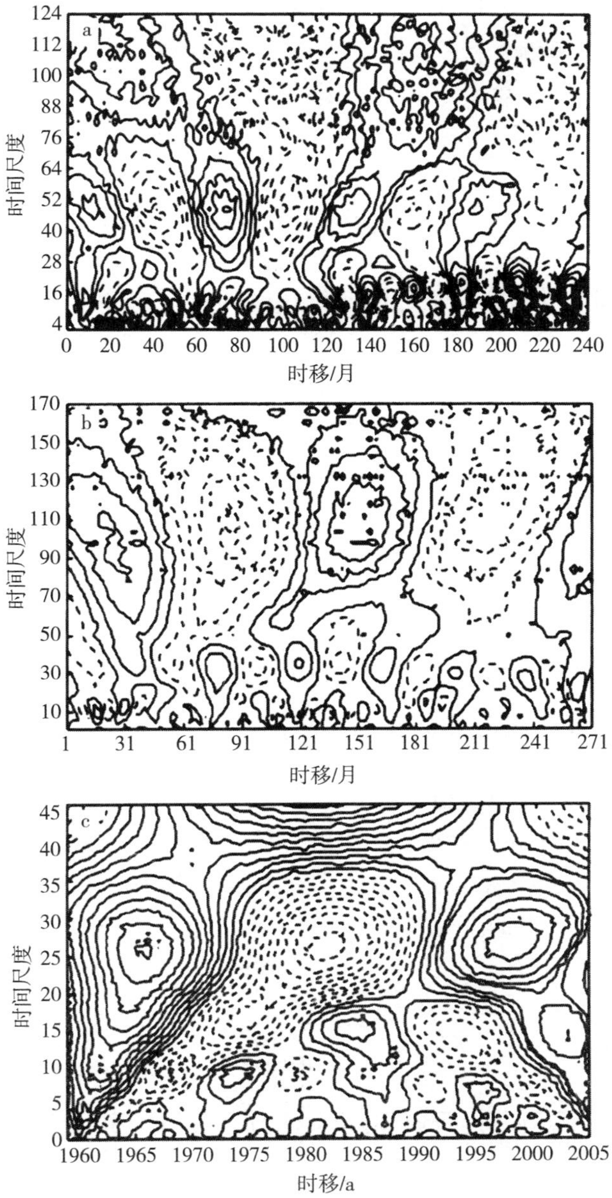

图 2.2　小波系数实部时频图

长白山地区降雪季节从 10 月中旬开始，但这一时期的降雪会即时融化，不会对翌年春季的河流补给产生影响，因此，本项研究选择 11 月至翌年 4 月作为该区的降雪季。由图 2.2b 可以看出，研究期间，长白山地区降雪季降水量的变化周期也存在 3 种尺度，即 17～20 年、5～7 年和 1～2 年的变化周期。对于16～18年的较大尺度而言，61～120个月（1969—1978年）和187～240个月（1990—1998年）处于枯水期，而1～60个月（1959—1968年）、121～186个月（1979—1989年）和241个月以后（2000—2006年）为丰水期。对于5～7年的较小尺度而言，7～24个月（1960—1962年）、49～66个月（1967—1969年）、91～108个月（1974—1976年）、127～150个月（1980—1983年）、175～192个月（1987—1990年）、211～228个月（1994—1996年）、247～258个月（2000—2001年）和271～282个月（2004—2006年）处于枯水期，而1～6个月（1959年）、25～48个月（1963—1966年）、67～90个月（1970—1973年）、109～126个月（1977—1979年）、151～174个月（1984—1986年）、193～210个月（1991—1993年）、229～246个月（1997—1999年）和259～270个月（2002—2003年）为丰水期。1～2年尺度的周期较短，规律性不强。

1959—2006年间，长白山地区年降水量的周期变化存在大尺度（25～30年）、中尺度（16～20年）、小尺度（8～10年）这3种尺度（图2.2c）。对于大尺度而言，1974—1990年为枯水期，而1959—1974和1989—2006年为丰水期；对于中尺度而言，1971—1979和1991—1998年为枯水期；而1959—1970年、1980—1990年和1999—2006年为丰水期。对于小尺度而言，1966—1969年、1978—1982年、1990—1992年和1999—2001年为枯水期，而1959—1965年、1970—1977年、1983—1989年和2002—2006年为丰水期。

（三）长白山地区降水时间序列的小波方差分析

研究期间，长白山地区植物生长季降水距平比率序列在18、48、118个月（换算成年分别为4、10、24年）的小波方差峰值明显，说明4、10、24年是该序列的特征周期（图2.3a），这3个周期的振荡变化决定了长白山地区生长季降水量在整个研究时域上的变化特征；10、34、108个月（换算成年分别为第2、

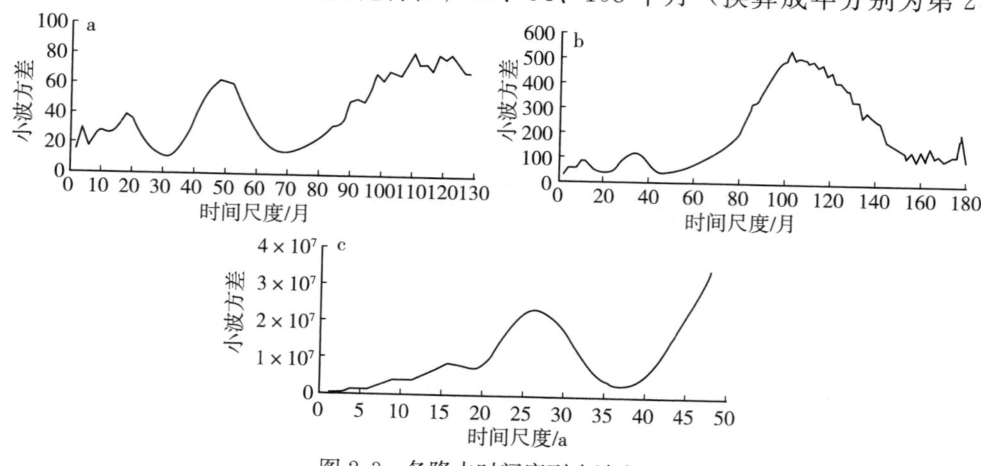

图2.3　各降水时间序列小波方差

6、18 年）的降雪季降水距平比率序列的小波方差极值明显（图 2.3b），表明 2、6、18 年是长白山地区降雪季降水距平比率序列的特征周期，以 18 年的周期特征最明显；在 9、16、26 年，研究区年降水量序列存在明显的小波方差极值（图 2.3c），说明 9、16、26 年为该时间序列特征周期，其中 26 年的周期特征最明显。

图 2.4 清晰地表示了各降水序列在其特征周期尺度下的丰枯变化，印证了对小波系数实部时频图的分析结果。

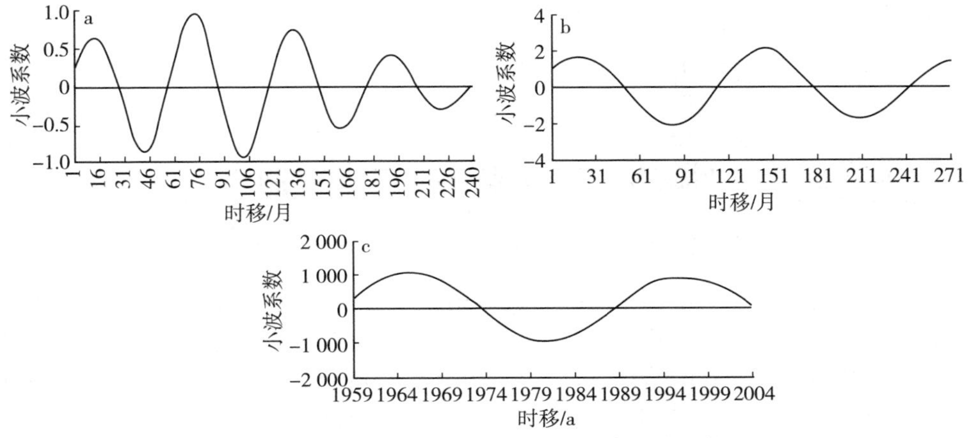

图 2.4　各降水时间序列特征尺度的小波系数

（四）基于小波分析的长白山地区降水序列趋势成分识别

本项研究中降水距平比率序列是一个随时间变化波动剧烈的过程，重构低频序列的波峰和波谷分别对应降水过程的丰水期和枯水期。经过多次试验对比，选用对降水距平比率序列分解重构效果较好的 Daubechies 小波系（2004）中的 db5 小波分别对长白山地区植被生长季和降雪季降水量距平比率序列和全年降水量序列进行 4 级、5 级和 3 级快速小波分解，对相应的低频序列进行单支重构，得到重构后的低频序列 GA4、SA5 和 YA3。由图 2.5 可以看出，通过小波分解和低频重构，原始序列中周期成分和随机成分被剔除，趋势成分被显现出来。

对于研究区植物生长季的降水量距平比率序列，选取第 4 级分解尺度下的低频重构序列 GA4 进行趋势分析。结果表明：1～50 个月（对应年份为 1959—1968 年）降水存在显著减少的趋势；51～100 个月（1969—1978 年）降水呈先增后减的趋势，增加和减少的速度都很迅速，形成一个波峰，转折点在 71 个月（1973 年）；101～140 个月（1979—1986 年）出现逆转，降水开始增加，增加速度较缓，但增幅较大，转折点在 101 个月（1979 年）；141～215 个月（1987—2001 年），降水呈局部波动、整体稳定的趋势，其中，141～160 个月（1987—1990 年）减少，161～175 个月（1991—1993 年）增加，176～190 个月（1994—1996 年）减少，191～215 个月（1997—2001 年）趋于稳定，转折点为 1987 年、

1991 年和 1994 年；216～240 个月（2002—2006 年）出现降水急剧减少趋势。

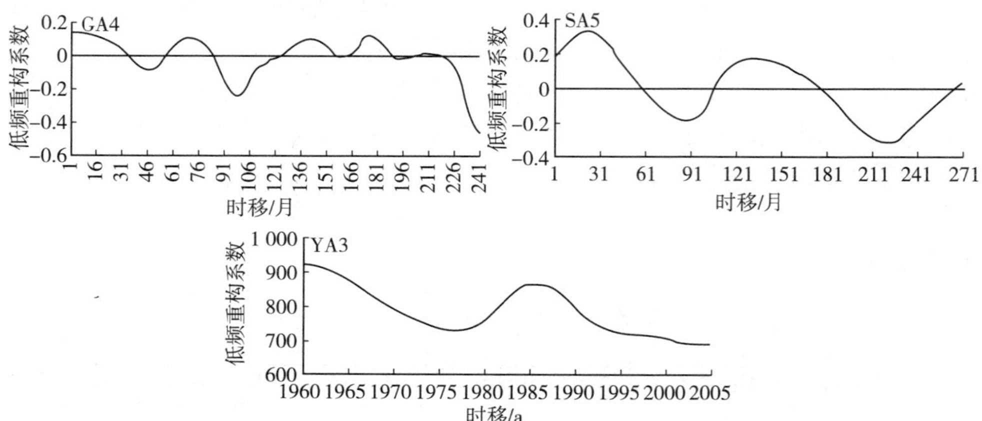

图 2.5　各降水序列相应分解尺度的低频重构序列

对于降雪季降水距平比率序列，选取第五级分解尺度下的低频重构序列 SA5 进行趋势分析。结果表明：1～24 个月（1959—1962 年）降雪季降水量呈现出较小的上升趋势，25～90 个月（1963—1973 年）降水量呈急剧减少趋势，转折点在 1962 年；91～132 个月（1974—1980 年）降水量有所回升，转折点在 1974 年；以 1981 年为转折点，133～222 个月（1981—1995 年）降水量开始呈减少趋势；223～282 个月（1996—2006 年）降水量出现平稳增加的趋势，转折点在 1996 年。对于全年降水量序列，本项研究选取第三级分解尺度下的低频重构序列 YA3 进行趋势分析。结果表明：1959—1986 年研究区降水量呈先增后减的趋势，转折点在 1977 年；1987—2006 年降水量呈持续减少的趋势，其中，1987—1994 年降水量的减少趋势显著，1995—2006 年的减少趋势变缓。整体上研究期间长白山地区年降水量呈减少趋势。

本项研究中，长白山地区降水量变化规律和趋势与中国气象局东北区域气象中心 2006 年发布的《东北气候变化公报》（东北区域气象中心，2006）中的内容基本一致，但又存在微小的差异，这可能与长白山地区特殊的地貌类型和植被特征有关。降水周期变化是气候变化的一部分，其驱动因子可能包括内部反馈机制和外部强迫因子两种，内部反馈机制包括 ENSO、PDO 和北大西洋涛动等气候系统内部组成成分之间的相互作用，外部强迫因子包括太阳活动、火山喷发和人类活动等，这些因子对降水周期的影响较复杂，为更深入地了解降水周期变化的产生机制，应增加对内部反馈机制和外部强迫因子的相互作用及其对降水周期影响的研究。

水是植被生命活动的根本需要，也是植被赖以生存的环境条件，植物体本身可利用的水分大部分来自大气降水，降水量的多寡对植物的生长状况影响很大。对区域降水量变化规律的分析，可作为区域植被生长的环境影响要素和变化规律研究的依据。融雪水是东北地区河流春季的主要补给源，降雪季降水量的多少直接影响河流春汛的流量，应增加降雪季与河流春汛机理的研究。

目前，小波分析方法主要应用于水文气象时间序列研究，在生态学领域的应用集中于景观结构变化等空间生态学方面（Dale et al.，1998），如 Bradshaw 等（1992）将小波分析方法应用于林窗结构的多尺度分析，Brosofske 等（1999）采用小波分析研究了美国荒地松林的多尺度景观结构，Harper 等（2001）用 Haar 小波分析了湖岸林中边缘效应，但目前该方法在生态学其他领域的应用较少。今后有必要增加小波分析方法在森林生态学和气候生态学等领域的应用研究（张寒松等，2007）。

二、长白山地区生长季降水不均匀性特征

降水量在生长期内的分配是不均匀的，不同地区及同一个地区的不同年份，降水量分配的不均匀程度也不相同，主要表现在降水集中在一个时段。降水量直接影响着径流的变化，而径流的变化也直接影响着水利工程的规模和水资源的合理配置（冯国章，1994；冯国章等，1995；施嘉炀，1995），同时对森林有一定的影响。降水的变化通常包含“量”和“结构”的变化（施嘉炀，1995）。

降水量在年内分配特征的标度有多种方法，常规采用各月、季等占年降水量的百分比和距平百分率等来表示，这些指标不能反映降水出现的先后顺序，相同的降水量出现的时序不一致，但是反映在指标上是同一个概念。本项研究采用降水集中度、集中期的概念，建立降水集中时段指标，不仅反映降水量的大小，还反映降水出现的顺序（王纪军等，2007）。张录军等（2003）和 Zhang 等（2003）利用汤奇成（1982）研究河川月径流集中度和集中期的思路，分析了长江流域汛期降水集中度和集中期。Xie 等（2005）分析了中国不同强度降水事件的集中度和集中期。汤奇成等（1982）、冯国章等（1995，2000）分别研究了水文时间序列不均匀系数。王纪军等（2007）研究了降水的不均匀性系数、降水集中度和调节系数在河南省的适用性。

长白山地区目前是中国乃至全世界保存较为完整的自然生态系统之一，具有完善的植被垂直地带性分布和山地森林生态系统（郑景明等，2004）。全球气候变暖背景下，森林的响应现在受到越来越多的关注（张新时等，1997）。长白山森林生态系统是全球变化研究中国东北样带的东部端点（周广胜等，2002），在整个样带的研究中具有重要的地位。生长季降水及其不均匀性特征会直接影响该区域的森林生态系统健康与稳定。

（一）资料来源与向量分析原理

长白山地区北起三江平原南侧，南延至辽东半岛与千山相接，包括完达山、老爷岭、张广才岭、吉林哈达岭等平行的断块山地，其大部分区域位于吉林省境内，地理位置在 125°10′E～131°18′E、40°52′N～44°30′N（丁海国等，2010）。本项研究资料采用吉林省气候中心提供的该地区 13 个台站 1960—2007 年 48 年

的逐日降水量（表 2.1）。

表 2.1　长白山地区气象台站

序号	区站号	站名	经度	纬度	海拔高度（m）
1	54263	盘石	125°59′E	42°57′N	332.9
2	54273	桦甸	126°42′E	42°57′N	263.9
3	54274	辉南	126°04′E	42°39′N	298.2
4	54276	靖宇	126°49′E	42°21′N	550.3
5	54284	东岗	127°34′E	42°06′N	775.4
6	54285	松江	128°17′E	42°33′N	591.6
7	54286	和龙	128°58′E	42°32′N	474.7
8	54290	龙井	129°24′E	42°47′N	242.4
9	54291	珲春	130°17′E	42°54′N	37.8
10	54292	延吉	129°31′E	42°54′N	178.2
11	54374	临江	126°57′E	41°43′N	332.8
12	54377	集安	126°10′E	41°06′N	178.6
13	54386	长白	128°18′E	41°21′N	1 017.7

利用向量分析的原理，定义单站降水量时间分配特征参数，一个时段降水量的数值看作向量的长度，而对应的时段则当作向量的方向，由此计算降水不均匀性指标（王纪军等，2007）。

设 $r_{ki,j}$（$i=1, 2, 3, \cdots N$；$j=1, 2, 3, \cdots M$；$k=1, 2, 3, \cdots L$）为研究时段内第 i 年第 k 站第 j 日的降水量；N 为研究时间序列的长度，此处就是年数，$N=48$；M 为研究时段的长度，这里就是天数，长白山地区生长季为 5～9 月（张伟等，2007），因此这里 $M=153$；L 为测站数，$L=13$。

第 k 站第 i 年的降水集中度 D_i^k 表示该站该年降水量在研究时段内的集中程度（王纪军等，2007；白爱娟和刘晓东，2010），计算方法见式（2-11）：

$$D_i^k = \frac{\sqrt{(R_{xi}^k)^2 + (R_{yi}^k)^2}}{R_i^k} \tag{2-11}$$

式中，

$$R_{xi}^k = \sum_{j=1}^{M} r_{ij}^k \times \cos\theta_j$$

$$R_{yi}^k = \sum_{j=1}^{M} r_{ij}^k \times \sin\theta_j \bar{R}_i^k = \frac{1}{M}\sum_{j=1}^{M} r_{ij}^k \tag{2-12}$$

θ_j 为第 j 天对应的方向，做法为每日平均分配：

$$\theta_j = j \times \frac{2\pi}{153} \tag{2-13}$$

R_{xi}^k、R_{yi}^k 分别为第 k 站第 i 年生长期内逐日降水量在笛卡尔坐标系中 x、y 轴上的投影之和；$\bar{R}_i^k$ 则为该站该年日平均降水量。

降水集中度指标介于 0～1，$D_i^k=0$ 时，表明降水非常均匀；而 $D_i^k=1$ 时则表明降水集中于一个时间点上，即降水非常不均匀。

第 k 站第 i 年的降水集中期 PO_i^k 则反映了降水集中的一个时刻，计算方法如式（2-14）所示：

$$PO_i^k = \arctan(R_{yi}^k R_{xi}^k) \tag{2-14}$$

根据降水集中期的计算结果，定义降水集中时段指标 PE_{io}^k。

图 2.6 给出了降水集中时段计算的示意图：降水集中期 P_i^k 计算出来后，对其取整，得到 $I_i^k=NT$（P_i^k），从该天开始，分别向两端对称计算累计降水量 RS_i^k：

$$RS_i^k = \sum_{j=I_i^k-C_i^k}^{I_i^k+C_i^k} R_{i,j}^k \tag{2-15}$$

当 RS_i^k 达到 5 月 1 日至 9 月 30 日合计降水量的 50%时，$RE_{i,j}^k=2C_j^k+1$ 即是该站该年的降水集中时段。当已经算到 5 月 1 日 RS_i^k 仍没有达到合计降水量的 50%时，接着只向后累加；反之，到达 9 月 30 日 RS_i^k 仍没有达到合计降水量的 50%时，则接着仅向前累加。如果累计降水量第一次不小于该站当年 5 月1 日至 9 月 30 日总降水量的 50%时，累计的天数就定义为降水集中时段。

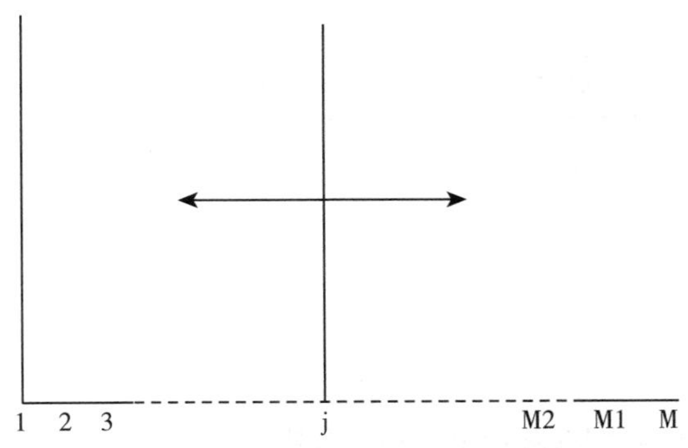

图 2.6　降水集中时段计算示意图

（二）生长季平均降水量季节内变化

图 2.7 给出了长白山地区 13 个台站各站平均的 5～9 月逐日合计降水量的年内变化特征，第 j 天累计降水量 RT^j（$j=1$，2，…，M）的计算见式（2-16）：

$$RT^j = \frac{1}{L}\sum_{k=1}^{L}\sum_{i=1}^{N} R_{i,j}^k \tag{2-16}$$

长白山地区生长季节逐日合计降水量平均为 175.6mm，日际变化较大，均方差为 81.0mm，最大值出现在 7 月 30 日，降水量为 438.3mm；最小降水量为 9 月 30 日的 44.7mm。生长季内降水量的日际变化可以用二次多项式进行拟合，且拟合能达到相当高的优度，拟合值与实际值相关系数高达78.6%，均能通过可信度为α=0.001极显著水平检验。研究表明，对称点在7月19日，而实际降水最大值出现在7月30日，以下分别对7月19日、30日以前及以后的降水量变化情况分别进行分析（表2.2）。从检验的结果看，不管是以7月19日为界还是以7月30日为界，在α=0.001可信度下，前后2段的平均值均具有显著性的差异。而从t_0来看，更应该认为从7月30日开始发生了突变，这是因为7月30日前后2段的t_0是7月19日前后2段t_0值的2倍左右。可以肯定在7月30日降水发生显著突变。

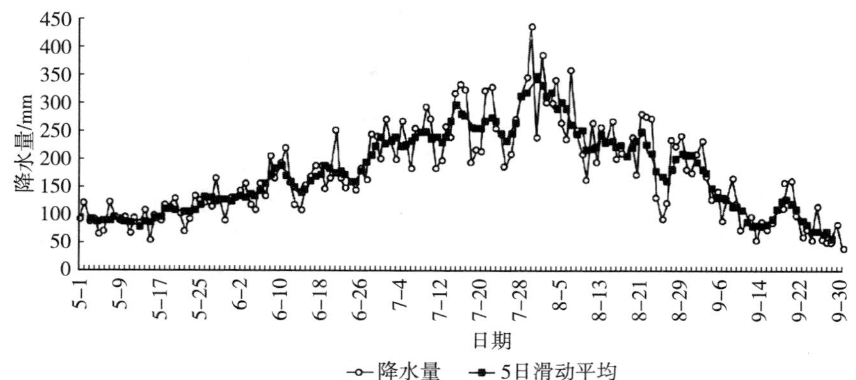

图2.7 生长季（5～9月）13个站点平均降水量（mm）动态变化

表2.2 日降水量年内季节变化分析

日期（月-日）	对称点前		对称点后		0^t
	平均	均方差	平均	均方差	
7-19	23.45	3.71	21.87	4.81	14.18
7-30	23.96	3.79	20.84	4.43	28.23

（三）生长季平均降水强度季节内变化

为了完全表征降水特性，还应统计具有各种降水量的日数；平均降水强度就是降水量与降水日数的比值。图2.8给出了长白山地区13个台站平均的5～9月逐日平均降水强度的年内变化特征，第j天平均降水强度RI^j（j=1，2，…，M）的计算见式（2-17）：

$$RI^j = \frac{\sum_{k=1}^{L}\sum_{i=1}^{N} R_{i,j,k}}{\sum_{k=1}^{I}\sum_{i=1}^{N} R_{i,j,k}}$$

其中，$R_{i,j,k}^d = \begin{cases} 1, & R_{i,j,k} \geqslant 0.1\text{mm} \\ 0, & R_{i,j,k} < 0.1\text{mm} \end{cases}$ （2-17）

式（2-17）中，如果不用各站合计，可以得到逐站逐日的降水强度，通过平均可以得到长白山地区降水强度的平均值，强度平均和平均强度具有很高的相关性，逐日之间的相关系数高达 99.9%，因此这里仅对平均降水强度序列进行分析。

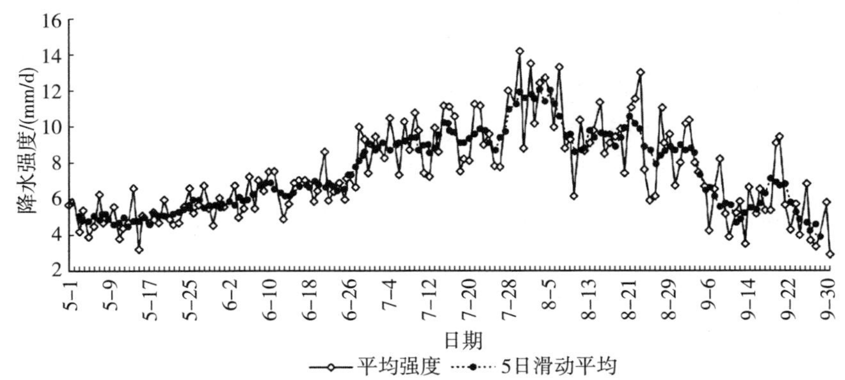

图 2.8　生长季（5 月 1 日至 9 月 30 日）平均降水强度动态变化

逐日降水强度平均为 7.5mm/d，日际变化较大，均方差达到 2.5mm/d。降水强度最大值为 14.2mm/d。降水强度的生长期内变化同样可以用二次多项式做很好的拟合，拟合优度为 52%，能够通过信度为 $\alpha=0.001$ 极显著水平的检验。

平均降水强度具有明显的阶段性特征，以 6 月 27 日和 9 月 3 日为分界点将生长季分为 3 段。6 月 27 日以前降水强度除 6 月 21 日（8.6mm/d）外均在 8.0mm/d 以下，平均降水强度为 5.8mm/d，且日际变化不大，均方差为 1.08mm/d。平均强度最大值为 7.7mm/d，出现在 6 月 10 日，另外超过 7.0mm/d 的还有 5d。6.0～7.0mm/d 的有 12d，均出现在 6 月第二候以后，占该阶段的 23.5%；5.0～6.0mm/d 强度的降水出现了 16，占统计时段的 31.4%；4.0～5.0mm/d 强度的出现 14d。有 3d 的降水强度不足 4.0mm/d。

6 月 27 日以后进入相对高值阶段，一直持续到 9 月 3 日，平均降水强度为 9.6mm/d，日际变化不大，均方差 1.8mm/d。强度高于 10.0mm/d 的有 26d，占本阶段的 38.2%；低于 8.0mm/d 的有 13d，占 19.1%。

最后又下降进入一个低强度时段，平均降水强度多在 8.0mm/d 以下，27 年间仅有 3d（9 月 19 日，9.1mm/d；9 月 20 日，9.5mm/d；9 月 8 日，8.2mm/d）的降水强度在 8.0mm/d 以上，阶段平均强度为 5.6mm/d。日际变化较前两个阶段大，均方差为 1.7mm/d。

（四）生长季平均降水集中度

长白山地区生长季平均降水集中度的年际变化见图 2.9。历年降水集中度平均为 0.31，最小值出现在 1997 年，集中度为 0.12，数值不足 0.20 的还有 1968

年、1973年、1974年、1988年和1992年5年，表明这些年降水相对比较均匀；最大值则为2002年的0.52，降水集中度超过0.5的还有2003年，表明这两年降水相对比较集中，即降水年内分布不均匀。

降水集中度年际、年代际变化特征明显。历年降水集中度的均方差为0.092，变差系数达到29.7%。1961—1968年降水集中度都为正距平；接着进入一个负距平为主的时期，直到1984年结束，17年间仅有1972年、1975年、1977—1979年5年为正距平，不足阶段长度的1/3；随后进入一个正负相间的两年振荡状态，一直维持到1992年；而从1995年开始到2004年又是一个相对不均匀时段，除1997年和1999年以外集中度多在平均值以上。

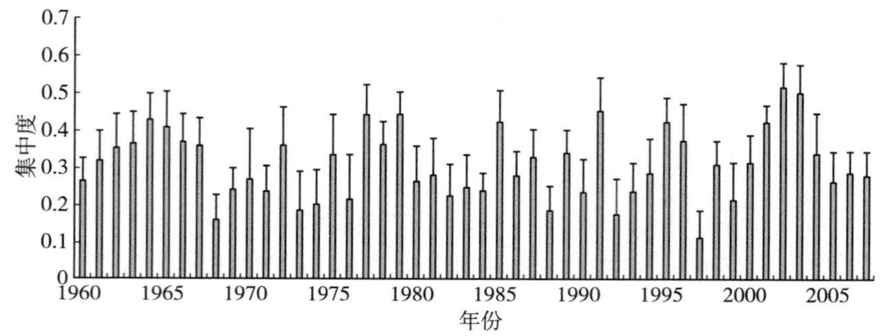

图2.9 生长季（5～9月）平均降水集中度年际变化特征

从站间差异看，13个站降水集中度的均方差除1984年（0.048）和2001年（0.045）以外多在0.05以上，超过0.10的有7年，最大值为1970年的0.13；从均方差的数值上看，会有年际变化不大的错觉，但分析一下变差系数就会得出相反的结论。变差系数平均为28.6%，20%以下的共有12年，正好为整个序列的1/4；超过30%的有19年，占整个序列的39.6%，其中在40%以上的就有8年。

（五）生长季平均降水集中期

长白山地区生长季平均降水集中期的年际变化见图2.10。历年降水集中期平均为84.6d（7月24日），最小值出现在1981年，集中期为65.4d（7月4日）；最大值则为1997年的106.3d（8月14日），8月中旬出现的还有2007年（103.7d；8月11日），降水集中期在8月出现的共有11年，不足统计年份的1/4。

长白山地区平均降水集中期的年际、年代际变化比较明显，历年的均方差为9.7d，变差系数为11.5%。1966年以前的7年全部维持正距平，表明降水集中期多在7月24日以后出现；接着进入一个准两年振荡的波动状态，一直到1976年；随后以负距平为主持续到1984年，即多在7月24日之前进入降水集中期，期间仅有1982年（99.4d；8月7日）为正距平；另外，2001—2006年维持负距平，即降水集中期在7月24日之前开始出现。20世纪80年代中期到20世纪末主要表现为波动。

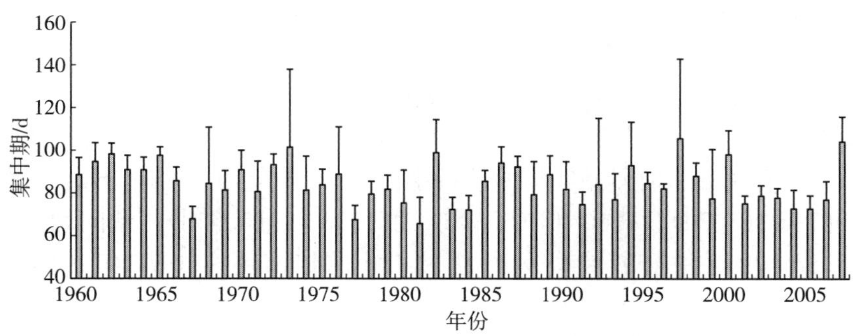

图 2.10　生长季（5 月 1 日至 9 月 30 日）平均降水集中期年际变化

从站间差异看，降水集中期具有明显的空间非均一性，历年平均的站间均方差平均为 10.9d，最小值为 1996 年的 2.9d，最大值是 36.6d，出现在 1997 年。从变差系数看，历年平均为 12.8%，年际变化较大，均方差为 0.09，最大值为 1992 年的 36.1；最小值为 1996 年的 3.5%。

（六）生长季平均降水集中时段

降水集中时段是从另外一个角度反映降水时间分布上的不均匀性，如果集中时段越短，表明降水越集中，时间分布越不均匀。

降水集中时段历年平均为 50.0d（图 2.11），表明长白山地区降水量生长季节内分布极不均匀，不足 1/3 的天数集中着 50%以上的降水。降水集中时段最大值为 70.8d，即不到统计时段（153d）的 46.3%集中着整个统计时段 50%以上的降水。降水最为不均匀的是 2003 年，33.6d 集中着整个生长季节 1/2 以上的降水量；低于 40d 依次还有 1991 年（34.7d）、2002 年（35.6d）、2001 年（38.7d）和 2004 年（39.3d）。

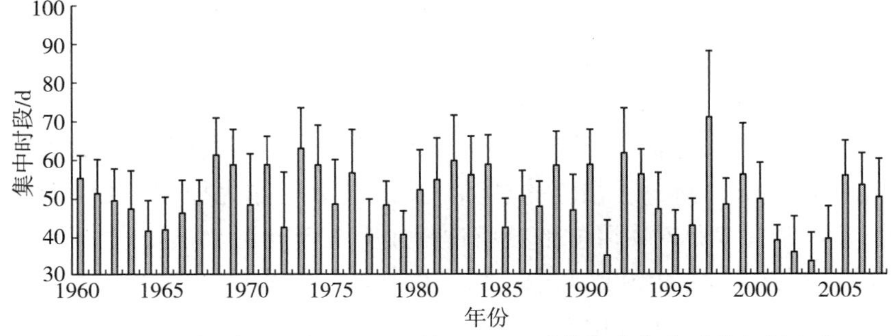

图 2.11　生长季（5 月 1 日至 9 月 30 日）平均降水集中时段年际变化

降水集中时段具有明显的年际、年代际变化特征，历年均方差为 8.2d，变差系数为 16.4%。20 世纪 60 年代初（1962 年）到中后期（1967 年）持续维持负距平，表明不足50d集中着50%以上的生长季降水；接着直到1984年则以正距平为主，17年仅有1970年（42.1d）、1975年（47.9d）、1977—1979年（40.5d、48.1d、40.2d）5年为负距平；随后直到1992年保持正负相间的两年振荡；21世纪第一个10年的前期又持续为负距平。

从站间差异看，降水集中时段具有空间的明显非均一性，历年平均的站间均方差9.0d。降水集中时段站间均方差最小值为2001年的4.2d，不足6d的依次还有1967年（5.3d）、1960年（5.89d）和1993年（5.95d）；站间均方差最大值是16.8d，出现在1997年，另外超过13d的依次还有1972年（14.6d）和1970年（13.0d）。

降水集中时段的年际变化较大，均方差为0.05d，而从变差系数看，历年平均为18.3%，最大值为34.8%，出现在1972年，超过25%的还依次有1970年（27.0%）、2002年（26.6%）和1991年（26.3%）；最小值为1993年的10.5%，低于12%的还依次有1960年（10.7%）、1967、2001年（10.9%）。

第二节　长白山阔叶红松林降雨截留过程

一、阔叶树截留降雨试验与模型——以色木槭（*Acer mono*）为例

林冠分配降雨过程，是森林水文学研究的热点之一（Pike et al.，2003）。其中，林冠截留量可达降雨总量的10%～30%，有些地方达到50%（Liu，1997；Calder，1990）。Horton（1919）提出了以雨间蒸发和截留容量为参数估算截留损失的模型。随后，许多学者改进了该方法（Calder，1986；Gash，1979；Gash et al.，1995；Massman，1983；Robin，2003；Whitehead et al.，1991），但多定位观测，定量分析一次或多次降雨的截留、穿透和树干径流（裴铁璠等，1993），定位观测对这些过程随雨强、植被特征变化的深入研究较少（Asdak et al.，1998）。在实验室进行林冠分配降雨试验，可控制降雨强度、改变植被叶面积指数（*LAI*），精确测量穿透降雨和树干径流，为构建截留模型提供了保证（王安志等，2005；Wang et al.，2005）。

目前，对坡面、流域、区域乃至全球尺度上水分循环过程的模拟中，经常采用净雨量（穿透降雨和树干径流的总和）或林冠截留作为模型参数（Ramrez et al.，2000），掌握森林对次降雨的截留过程成为关键问题。王安志等（2005）在实验室通过改变降雨强度和叶面积指数，得到了红皮云杉（*Picea koraiensis*）截留次降雨过程的半经验半理论模型（Wang et al.，2005）。红皮云杉作为针叶树种，其降雨截留过程与阔叶树种有所不同，基于完善其模型，王安志等（2007）在实验室以色木槭为代表，对阔叶树种截留量及其动态过程进行研究，探讨其与雨强和叶面积指数之间的定量关系并建立模型，为准确描述林冠截留过程，构建

并改进流域分布式暴雨—径流模型提供了理论依据。

（一）研究方法

试验在中国科学院长白山站森林水文模拟实验室（Pei et al.，1988）进行。选取一棵色木槭，树高 4.8m，树冠投影面积 4.82m²，将其从野外移栽到实验室模型槽中，使其正常生长。在树高 50cm 处按树冠投影形状制作木质承雨盘，承雨盘设有出流口，用 V 形槽测流仪自动测量出口断面的流量过程，采样频率为 0.5 Hz。在计算机控制下进行人工降雨，通过人工枝剪改变叶面积指数，同时用 LAI-2000 冠层分析仪（Plant Canopy Analyzer）测量叶面积指数。试验过程中，关闭所有门窗，以减少蒸发损失。试验结束后，敞开门窗，通过实验室南北两侧的 6 个通风风扇吹 4h，使树冠截留水分完全蒸发，再进行下一次试验。

为了研究雨强对林冠截留的影响，在固定的叶面积指数 3.39 下进行了 7 场不同雨强的试验（A、B、C、D、E、F、G），雨强分别为 2.09、1.87、1.76、1.47、1.17、0.75 和 0.56mm/min；在固定的雨强 1.17mm/min 下又做了 6 个叶面积指数试验（H、I、J、K、L 和 M），叶面积指数分别为 3.14、1.90、1.42、0.78、0.47 和 0.18。为了验证模型，接着做了 3 场试验（N、O、P），雨强分别为 0.78、1.61 和 1.23mm/min；对应的叶面积指数分别为 1.90、1.42 和 0.78。最后，为了确定系统的水量损失及承雨系统汇流造成的时间延迟，对去掉树木覆盖的承雨系统进行了 3 个雨强的降雨试验（Q、R、S），雨强分别为 0.77、1.29 和 2.31mm/min。

（二）模型的提出

影响林冠截留过程的主要因素有植被特征、降雨特征、气象因子等（刘家冈等，2000）。气象因子主要影响着附加截留，即在降雨过程中截留水分蒸发损失的水量。由于对实验室的通风进行了控制，将蒸发损失降到了最低，因此可以忽略附加截留过程；对于植被特征来说，以往主要考虑叶面积指数；降雨特征是指雨强和雨量，本试验选取雨强为变量。

假定垂直向下为 z 轴方向，林冠顶部为坐标原点，树高为 h，如图 2.12 所示。到达冠层顶部的雨强，用 $R(t)$（mm/min）表示。经过林冠和树干截留损失的雨强为 $\Delta P(t)$（mm/min），以穿透降雨与树干径流形式到达地表的雨强（净雨）为 $I(t)$（mm/min），则根据水量平衡方程可得到：

$$\int_o^T R(t)dt = \int_o^{T_1} \Delta P(t)dt + \int_o^{T+\tau} I(t)dt \qquad (2-18)$$

式中，T 为降雨历时；T_1 为有效降雨历时（林冠截留历时），一般来说，$T_1 \leqslant T$；τ 为净雨的时间延迟；R、ΔP 和 I 是时间的函数。

假设坐标原点以下任意位置 z 处的平面 a 的总叶面积是 z 的函数（图

2.12)，用 S_a（z）表示总叶面积（mm^2），而单位叶面积对应的最大截留量为 k（mm），则平面 a 处所能截留的最大雨量 G_a（mm^3）可表示为：

$$G_a = S_a(z) \cdot K \tag{2-19}$$

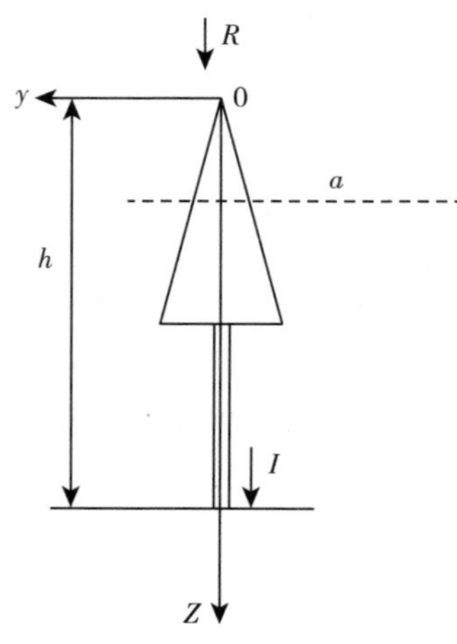

图 2.12　计算简图

对于给定的雨强 R 来说，它影响着树木枝叶的振幅大小，从而对单位叶面积对应的最大截留量产生影响，因此对于 k 来说，它是雨强的函数。对于雨强为 R 的常强降雨来说，当 Δz 取很小时，可以忽略在林冠中雨强随高度变化，从而将单位叶面积对应的最大截留量表示为 k（R）（mm）。如果整株树木所有枝叶都达到最大截留量，此时所截留的水量 G（mm^3）可表示为：

$$G = \int_0^h S_a(z)k(R)dz/S = k(R)\int_0^h S_a(z)dz/S = k(R) \cdot LAI \tag{2-20}$$

式中，LAI 为叶面积指数；S 为林冠的垂直投影面积（mm^2）。根据式（2-18），G 还可以表示为：

$$G = \int_0^{T_1} \Delta p dt \tag{2-21}$$

式（2-20）给出了截留总量的计算模型，在 k（R）确定后，可通过叶面积指数来计算 G。但实际的截留过程是时间的函数，即 ΔP 是时间的函数，可表示为：ΔP（t）（mm/min），t 的取值范围为 [0，T_1]。

考虑平面 a 处枝叶截留水分的速率 ΔP_a（t）和雨强、叶面积与该处枝叶的湿润程度有关（刘家冈，1987；Liu，1988），得到：

$$\Delta Pa(t) = a \cdot R \cdot S_a(z)/S \tag{2-22}$$

式中，α 为随冠层湿润程度变化的截留系数，是无量纲数，取值范围为 [0，1]。由于降雨从林冠顶到地面的历时与整个降雨过程相比量值较小，因此假设林冠各层接受降雨无时滞，且各高度的截留速率相等，则整个林冠截留速率为：

$$\Delta P(t) = a \cdot R \cdot LAI \tag{2-23}$$

引入表征林冠湿润程度的无量纲数 β（林冠截留水量与其最大截留量的比），即：

$$\beta = P(t)/G = \int_0^t \Delta P(y)\mathrm{d}y/[k(R) \cdot LAI] \tag{2-24}$$

式中，$P(t)$ 为截留量随时间变化函数（mm）；t 的取值范围为 $[0, T_1]$；β 的取值范围为 $[0, 1]$。则 α 可以表示为 β 的函数，即 $\alpha = f(\beta)$，从而可将式（2-23）改写为：

$$\Delta P(t) = f(\beta) \cdot R \cdot LAI \tag{2-25}$$

而 $P(t)$ 就可表示为：

$$P(t) = \int_0^t \Delta P(t)\mathrm{d}t = R \cdot LAI \int_0^t f(\beta)\mathrm{d}t \tag{2-26}$$

根据式（2-24）（2-25）可知，对于常雨强降雨来说，林冠的截留量与叶面积指数成正比，只要确定函数 $f(\beta)$ 和 $k(R)$，就可以通过计算得到林冠的截留雨强。

（三）参数的确定

1. 数据处理

试验过程中，实际测量了出口断面的流量过程线。但是，承雨盘本身要吸附一定数量的水，且盘中汇流需要一定时间，出口断面出流滞后，而不能将实测的流量过程直接作为净雨过程。为了得到净雨过程，首先要对承雨系统造成的水量损失及时间延迟进行计算。用 L 表示单位面积承雨系统的水量损失，h 代表承雨系统内的平均水深，Q 是实测出口断面流量。假设大部分水量损失发生在出口断面出现水流以前，对于常雨强降雨，可根据式（2-18）将截留量随时间的变化表示为：

$$\begin{cases} P(T_s) = R \cdot T_s - L \cdot S & t = T_s \\ P(t) = R \cdot t - h - L - \int_{T_s}^t Q\mathrm{d}t/S & T_s < t \leqslant T \end{cases} \tag{2-27}$$

式中，T_s 为出口断面出现水流的时间，可实测得到；流量 Q 也可以实测得到；h 和 L 可根据无覆盖承雨系统降雨试验来推求，此时可将式（2-27）改写为：

$$\begin{cases} L = R \cdot T_s/S & t \leqslant T_s \\ h = R \cdot t - L - \int_{T_s}^t Q\mathrm{d}t/S & T_s < t \leqslant T \end{cases} \tag{2-28}$$

根据试验 Q、R、S 的结果（图 2.13），得到 3 场降雨对应的水量损失分别为：0.361mm、0.389mm 和 0.385mm，将 3 者的平均值作为承雨系统的水量损失，则 $L = 0.378\text{mm}$。以往的研究结果表明，Q 与 h 之间存在一定的函数关系，根据试验结果，利用式（2-28）得到了二者之间的对应关系，如图 2.14 中的散点。

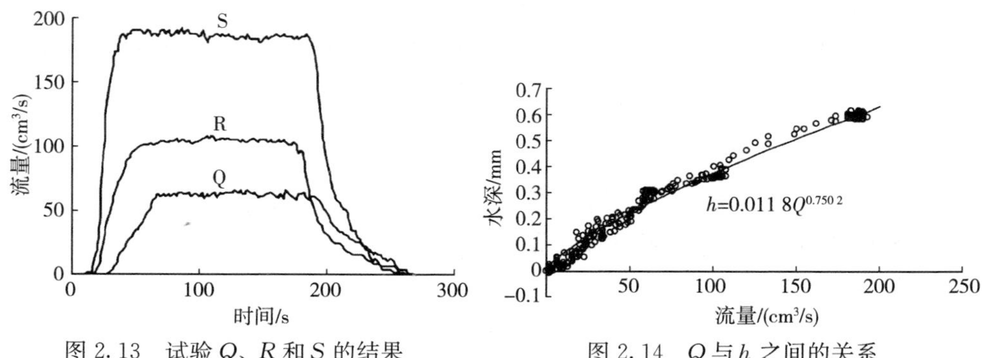

图 2.13　试验 Q、R 和 S 的结果　　　　图 2.14　Q 与 h 之间的关系

从图中的散点分布来看，h 与 Q 的关系近似为幂函数关系，因此，根据最小二乘法，按幂函数拟合，得到 h 与 Q 的关系式为：

$$h = 0.011\,8Q^{0.750\,2} \tag{2-29}$$

该函数表示的曲线见图 2.14 中的实线。

得到式（2－29）后，可以将实测得到流量过程线、历次降雨的雨强和历时代入式（2－27），得到各次降雨试验对应的截留量在 $t \geqslant T_s$ 时的变化过程（图 2.15）。

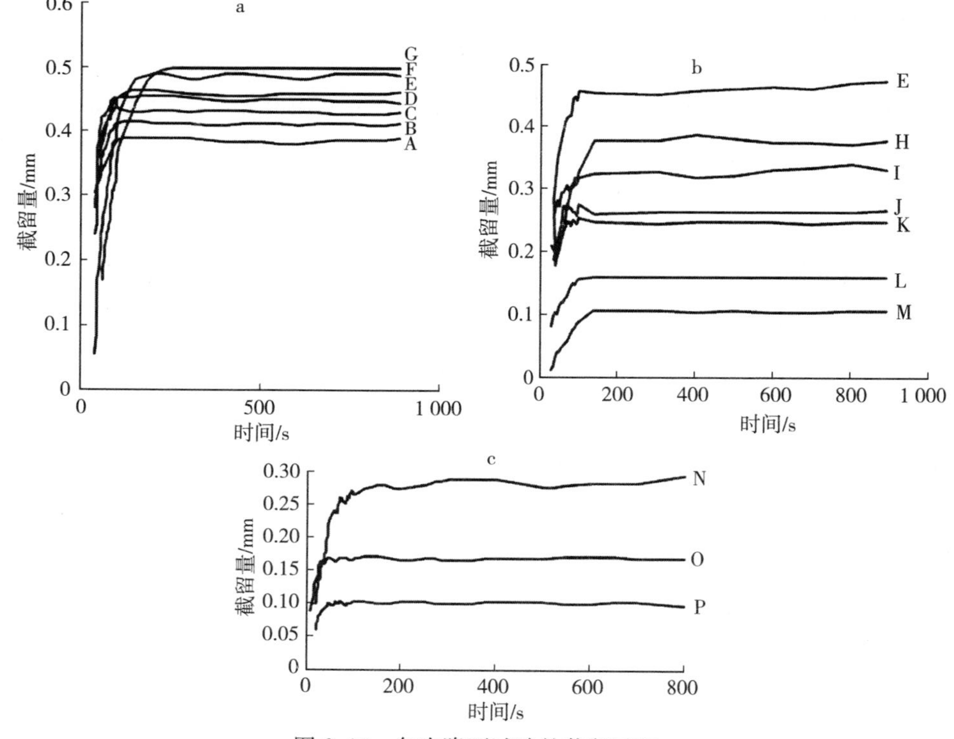

图 2.15　各次降雨试验的截留过程

2. k（R）的确定

从图 2.15a、b 中可以看出，各条曲线代表的截留过程都达到了最大截留量，对应每次降雨的截留过程会得到一个 G。根据式（2-29）得到一组 k（R）值，将 k（R）与相应的雨强 R 绘制成图 2.16。据图 2.16 可得到 k（R）与 R 之间的经验关系为：

$$k(R) = -0.0092R^2 - 0.0032R + 0.1473 \qquad (2-30)$$

该方程代表的曲线见图 2.16 中的实线，得到的相关指数为 0.992 9。

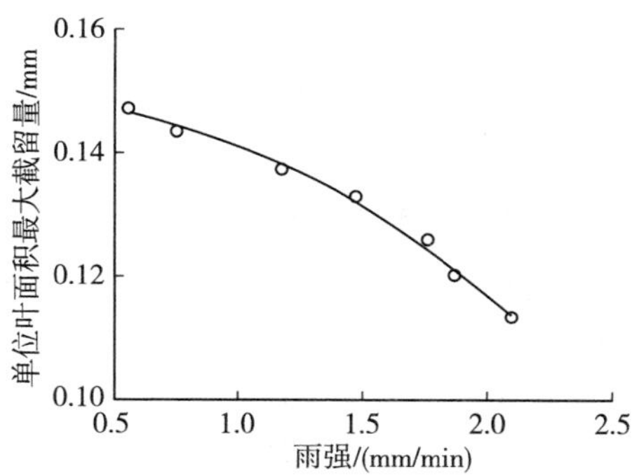

图 2.16　单位叶面积最大截留量 k（R）与雨强 R 之间的关系

3. f（β）的确定

根据图 2.15 a、b 中的历次截留过程，可分别得到 G 和 P（t），可获得各采样时刻对应的 β 值。根据式（2-25）可以得到不同 β 值对应的 f（β）（图 2.17）。当 $\beta=1$ 时，f（β）$=0$。因此，按幂函数拟合，得到经验关系为：

$$f(\beta) = 0.3359(1-\beta)^{1.7218} \qquad (2-31)$$

该方程所代表的曲线在图 2.17 中用实线表示。

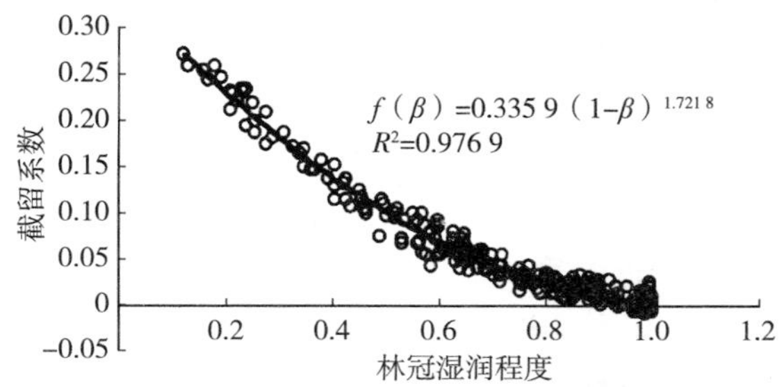

图 2.17　截留系数 f（β）与林冠湿润程度 β 之间的关系

（四）模型验证

从上述的推导可以看出，林冠截留过程可用式（2-24）、（2-25）、（2-26）、（2-30）和（2-31）来完整描述，可得：

$$dp(t)/dt = R \cdot LAI \cdot f \mid p(t)/G \mid \quad (2-32)$$

根据式（2-31），该微分方程很难甚至无法获得解析解，但容易获得数值解。根据试验N、O、P的雨强和叶面积指数，利用本项研究模型可以得到3条林冠截留过程曲线（图2.18）。将图2.18曲线与图2.15（c）曲线比较发现，前者与后者线形相近。3场降雨模拟结果的精度分别为90.5%、92.8%和94.7%。可见，所建模型可以用来模拟林冠截留过程。

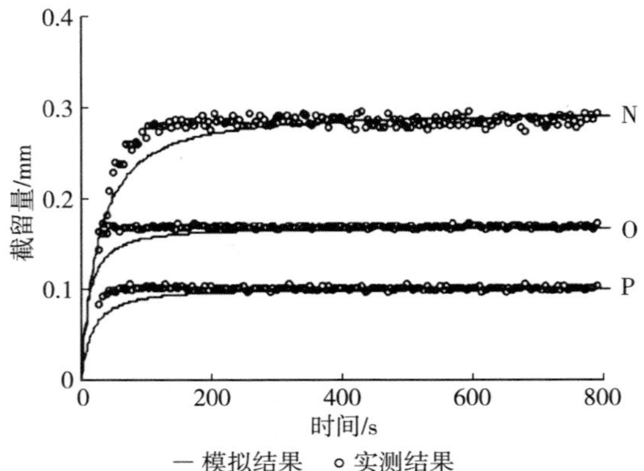

图2.18　降雨试验N、O和P截留过程的模拟结果

（五）结果与讨论

通过实验室模拟试验，分别得到了不同雨强和叶面积指数组合下的色木槭截留降雨过程。依据试验资料，通过引入枝叶湿润度β，建立了以雨强和叶面积指数为自变量的描述林冠截留降雨过程的微分方程$d_p(t)\ d_t = R \cdot LAI \cdot f(\beta)$；确定了雨强与单位叶面积最大截留量之间的定量关系，即：单位叶面积最大截留量随雨强的增加而递减，可以表示$k(R) = -0.0092R^2 - 0.0032R + 0.1473$；湿润度为$\beta$的枝叶截留系数的经验关系表示为$\beta$的幂函数形式：

$$f(\beta) = 0.359(1-\beta)^{1.7218}，其中\ \beta = P(t)/k(R) \cdot LAI$$

经过对3场降雨的模拟，表明林冠截留模型可以有效模拟截留过程，模拟得到的过程线与实测结果相近，平均模拟精度为92.7%。

将本结果与Wang等（2005）的结果进行对比（图2.19），表明阔叶树种（以色木槭为例）单位叶面积的截留容量比针叶树种［以云杉为例，见式（2-33)］单位叶面积的截留容量小40%～50%。针叶树种的截留系数$f(\beta)$随β的增加呈幂函数递减，见式（2-34）。而阔叶树的$f(\beta)$也随β的增加按幂函数形式递减，只是函数的系数不同。阔叶树的截留系数要比针叶树大30%～40%。

$$k(R) = -0.0096R^2 - 0.0287R + 0.2786 \quad (2-33)$$

$$f(\beta) = 0.2(1-\beta)^{1.942} \quad (2-34)$$

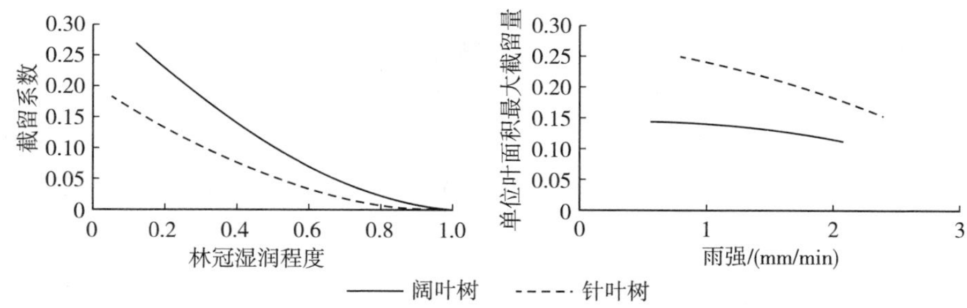

图 2.19　阔叶树与针叶树的截留系数 $f(\beta)$ 与单位叶面积截留容量 $k(R)$ 比较

实验室试验得到的降雨—截留过程与野外情况存在一定差异，但只要将本模型适当修正，就可以用来模拟实际的阔叶林截留过程。需要改进的地方为：①试验结果是在常雨强下得到的，应该扩充到变雨强情况；②由于试验过程中几乎没有蒸发，因此，模型在野外应用中应考虑附加截留量的分项；③森林存在林窗，引入郁闭度 ξ 来完善截留模型。

林地的叶面积指数是总的叶面积与林地面积的比，与上述模型的定义不同，因此将式（2-32）改写为 $dp(t)/dt=\xi^{-1}\cdot R\cdot LAI\cdot f(\beta)$；式中的截留量代表树冠投影面积上的水深，应扩展为整个林地，因此应再乘上郁闭度 ξ，得到 $dp(t)/dt=R\cdot LAI\cdot f(\beta)$；考虑到附加截留量，将常雨强扩展为变雨强，得到 $dp(t)/dt=R\cdot LAI\cdot f(\beta)+dE(t)/dt$。式中：$\xi$ 为郁闭度；$E(t)$ 为附加截留量，可根据蒸散模型估计。

对于 β 来说需要将试验定义的 LAI 变为林地叶面积指数，同时考虑附加蒸散量不会改变枝叶的湿润程度，因此将 β 表示为 $\beta=\xi\cdot[P(t)-E(t)]/k[R(t)]LAI$，从而可将一个林分的截留过程表述为：

$$\begin{cases} dp(t)=dt=\xi^{-1}\cdot k[R(t)]\cdot LAI\cdot f(\beta)+dE(t)/dt \\ \beta=\xi\cdot[P(t)-E(t)]/k[R(t)]/LAI \end{cases}$$

该式为阔叶森林截留模型，通过引入式（2-30）、（2-31）就可以根据降雨特征和植被特征得到林分的降雨—截留过程。

二、云杉截留降雨试验与模型

对于森林流域，降雨要经过林冠截留，以穿透降雨、树干径流形式到达地面，即林下降雨。林冠分配降雨过程，影响着森林流域产、汇流过程，是森林水文学研究的热点之一（Pike et al.，2003）。多年来国内外许多专家、学者对此做了大量研究（张光灿等，2000），研究成果比较丰富，但具有一定理论基础和实用价值的模型出现只有30～40年的历史（张光灿等，2000）。以往的研究多以定位观测为主要手段，定量分析1次降雨或几次降雨的截留、穿透和树干径流（裴铁璠等，1993）。由于定位观测对应固定的林分组成，而且面对的是自然降雨过程，从而使得对这些过程随雨强、植被特征变化的深入研究较少（Asdak et al.，1998）。而在实验室进行林冠分配降雨试验，可以人为准确地控制降雨强度、改变植被叶面指数（*LAI*）以及准确测量穿透降雨和树干径流，从而为模型的确定提供了技术支撑。

目前，在水文模型对坡面、流域、区域乃至全球尺度上水分循环过程模拟中，经常采用净雨量（穿透降雨和树干径流的总和）或林冠截留作为模型参数（Ramrez et al.，2000）。

（一）模型的提出

根据以往研究，影响林冠截留过程的主要因素包括：植被特征、降雨特征、气象因子等（刘家冈等，2000）。其中，气象因子主要影响着附加截留，即在降雨过程中截留水分蒸发损失的水量。由于试验过程中对实验室的通风进行了控制，将蒸发损失降到了最低，因此忽略附加截留过程，则需要考虑的因素只剩下植被特征和降雨特征。对于植被特征来说，以往主要考虑的是叶面积指数，本研究主要针对的是单株树木，所采用的叶面积指数定义为：叶面积与树木投影面积的比值。至于降雨特征，用降雨强度作为模型参数。

假定垂直向下为 z 轴方向，林冠顶部为坐标原点，树高为 h，如图 2.20 所示。到达冠层顶部的雨强，用 R（t）（mm/min）表示。经过林冠和树干截留损失的雨强为 ΔP（t）（mm/min），以穿透降雨与树干径流形式到达地表的雨强（净雨）为 I（t）（mm/min），则根据水量平衡方程可得到：

$$\int_0^T R(t)dt = \int_0^{T_1} \Delta P(t)dt + \int_0^{T+\tau} I(t)dt \qquad (2-35)$$

式中，T 为降雨历时；T_1 为有效降雨历时（林冠截留历时），一般来说，$T_1 \leqslant T$；τ 为净雨的时间延迟；R、ΔP 和 I 是时间的函数。

假设在林冠以下任意位置 z 处的平面 a（图 2.20），其总叶面积是 z 的函数，

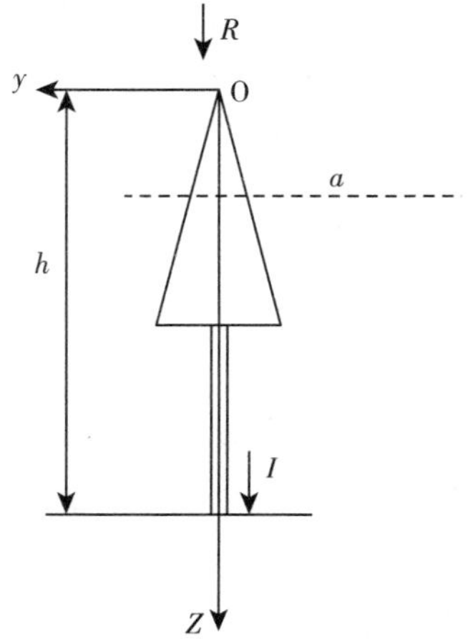

图 2.20　总面积计算简图

用 S_a（z）表示（mm^2），而单位叶面积对应的最大截留量为 k（mm），则平面 a 处所能截留的最大雨量 G_a（mm^3）可表示为：

$$G_a = S_a(z)k \tag{2-36}$$

对于给定的雨强 R 来说，它影响着树木枝叶的振幅大小，从而对单位叶面积对应的最大截留量产生影响，因此对于 k 来说，它是雨强的函数。对于雨强 R 的常雨强降雨来说，当 Δz 取很小时，可以忽略在林冠中雨强随高度变化，从而将单位叶面积对应的最大截留量表示为 k（R）。如果整株树木所有枝叶都达到最大截留量，此时所截留的水量 G 可表示为：

$$G = \frac{\int_0^h S_a(z)k(R)dz}{S} = \frac{k(R)\int_0^h S_a(z)dz}{S} = k(R)LAI \tag{2-37}$$

式中，LAI 为叶面积指数，S 为林冠的垂直投影面积。同时，根据式（2-35），G 还可以表示为：

$$G = \int_0^{T_1} \Delta P dt \tag{2-38}$$

式（2-37）给出了截留总量的计算模型，在 k（R）确定后，可通过叶面积指数来计算 G。但实际的截留过程是时间的函数，即 ΔP 是时间的函数，可表示为：ΔP（t），t 的取值范围为［0，T_1］。

考虑平面 a 处枝叶截留水分的速率 ΔP_a（t）和雨强、叶面积与该处枝叶的湿润程度有关（刘家冈，1987；Liu，1988），得到：

$$\Delta P_a(t) = \frac{\alpha R S_a(z)}{S} \tag{2-39}$$

式中，α 为随冠层湿润程度变化的截留系数，是无量纲数，取值范围为［0，1］。由于降雨从林冠顶到地面的历时与整个降雨过程相比量值较小，因此假设林冠各层接受降雨无时滞，且各高度的截留速率相等，则整个林冠截留速率为：

$$\Delta P(t) = \alpha RLAI \tag{2-40}$$

引入表征林冠湿润程度的无量纲数 β（林冠截留水量与其最大截留量的比），即：

$$\beta = \frac{P(t)}{G} = \frac{\int_0^t \Delta P(y)dy}{k(R)LAI} \tag{2-41}$$

式中，P（t）为截留量随时间变化函数（mm），t 的取值范围为［0，T_1］，β 的取值范围为［0，1］。则 α 可以表示为 β 的函数，即 $\alpha = f$（β），从而可将式（2-40）改写为：

$$\Delta P(t) = f(\beta)RLAI \tag{2-42}$$

而 P（t）就可表示为：

$$P(t) = \int_0^t \Delta P(t)dt = RLAI\int_0^t f(\beta)dt \tag{2-43}$$

根据式（2-41）（2-42）看出，对于常雨强降雨来说，林冠的截留量与叶面积指数成正比，且只要确定函数 $f(\beta)$ 和 $k(R)$，林冠的截留过程就可以通过计算得到。

（二）参数的确定

1. 数据处理

实验过程中，实际测量了出口断面的流量过程线。但是，承雨盘本身要吸附一定数量的水，且盘中汇流需要一定时间，因此对出口断面出流产生一定的滞后，从而不能将实测的流量过程直接作为净雨过程。为了得到降雨对应的净雨过程，首先要对承雨系统的水量损失及承雨系统对汇流过程造成的时间延迟进行计算。用 L 表示承雨系统的单位面积上的水量损失，h 代表承雨系统内的平均水深，Q 是实测出口断面流量。其中，L 主要用来湿润承雨盘的平均水深。假设大部分水量损失发生在出口断面出现水流以前，从而对于常雨强降雨，根据式（2-35）将截留量随时间的变化表示为：

$$\begin{cases} P(T_s) = RT_s - LS & t = T_s \\ P(t) = Rt - h - L - \dfrac{\int_{T_s}^{t} Qdt}{S} & T_s < t \leqslant T \end{cases} \tag{2-44}$$

式中，T_s 为出口断面出现水流的时间，可实测得到；流量 Q 也可以实测得到；h 和 L 可根据无覆盖承雨系统降雨实验来推求，此时可将式（2-44）改写为：

$$\begin{cases} L = \dfrac{RT_s}{S} & t \leqslant T_s \\ h = Rt - L - \dfrac{\int_{T_s}^{t} Qdt}{S} & T_s < t \leqslant T \end{cases} \tag{2-45}$$

从而，根据实验 U、V 和 W 的结果（图 2.21），得到 3 场降雨对应的水量损失分别为：0.591mm、0.587mm 和 0.594mm，将三者的平均值作为承雨系统的水量

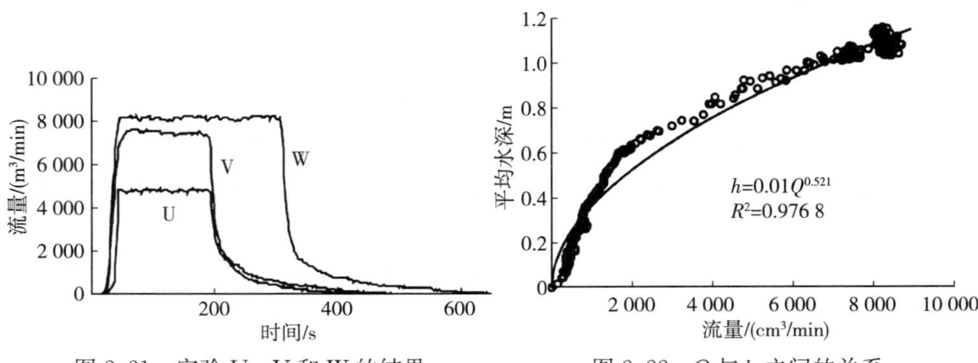

图 2.21 实验 U、V 和 W 的结果

图 2.22 Q 与 h 之间的关系

损失，则 $L=0.590$mm。以往的研究表明，Q 与 h 之间存在一定的函数关系，根据实验结果利用式（2-45）得到了二者之间的对应关系，如图 2.22 中的散点。

从图中的散点分布来看，h 与 Q 的关系近似为幂函数关系，因此，根据最小二乘法，按幂函数拟合，得到 Q 与 h 的关系式为：

$$h = 0.01Q^{0.521} \tag{2-46}$$

其中，该函数表示的曲线见图 2.22 中的实线。

在得到式（2-46）后，就可以将实测得到流量过程线、历次降雨的雨强和历时代入式（2-44），得到各次降雨实验对应的截留量在 $t \geq T_s$ 时的变化过程（图 2.23）。

2. k（R）的确定

从图 2.23 的（a）（b）中可以看出，各条曲线代表的截留过程都达到了最

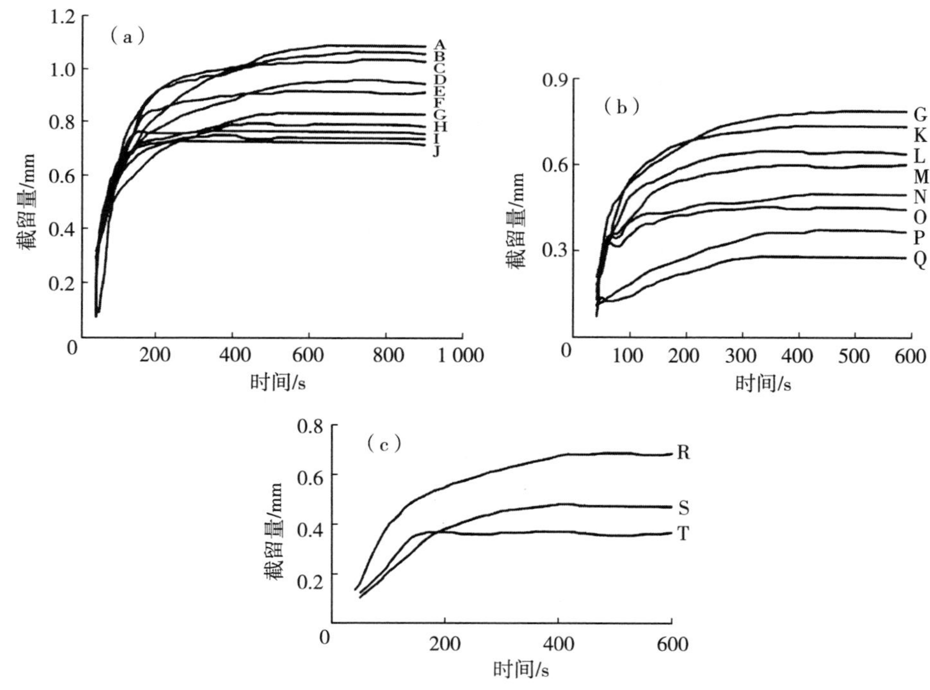

图 2.23 计算得到的各次降雨实验的截留过程

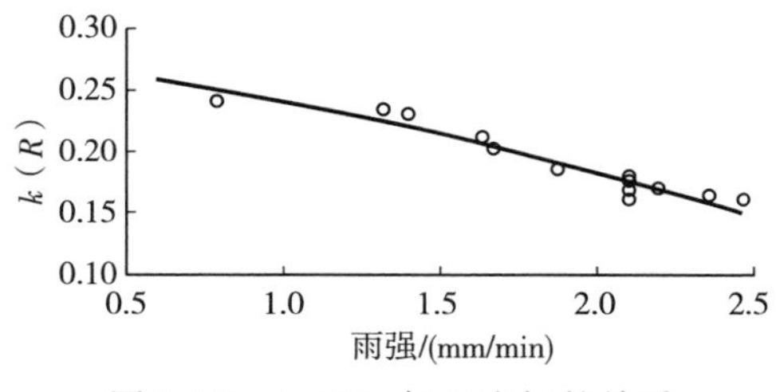

图 2.24 k（R）与 R 之间的关系

大截留量。从而对应每次降雨一截留过程就会得到一个 G。因此，根据式（2-37）得到一组 k（R）值，将 k（R）与相应的雨强 R 绘制成图（见图 2.24 中的散点）。

从而，可得到 k（R）与 R 之间的经验关系为：

$$k(R) = -0.0096R^2 - 0.0287R + 0.2786 \qquad (2-47)$$

该方程代表的曲线见图 2.24 中的实线，得到的相关指数为 0.9049。

3. f（β）的确定

对于图 2.23（a）（b）中的历次截留过程来说，可分别得到 G 和 P（t），从而可获得各采样时刻对应的 β 值。同时，根据式（2-42）就可以得到不同 β 值对应的 f（β），见图 2.25。

考虑当 $\beta=1$ 时，f（β）$=0$。因此，按幂函数拟合，得到经验关系为：

$$f(\beta) = 0.2(1-\beta)^{1.942} \qquad (2-48)$$

该方程所代表的曲线在图 2.25 中用实线表示。

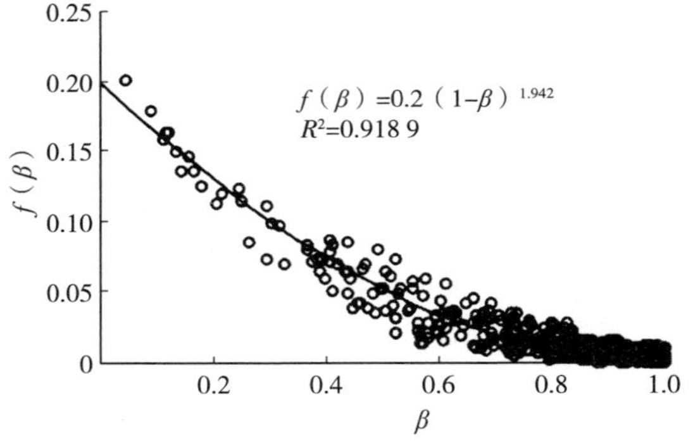

图 2.25　f（β）与 β 之间的关系

（三）模型验证

从上述的推导可以看出，林冠截留过程可用式（2-41）（2-43）（2-47）和（2-48）来完整描述，可得：

$$\frac{dp(t)}{dt} = RLAIf\left[\frac{p(t)}{G}\right] \qquad (2-49)$$

从式（2-48）可见，该微分方程很难甚至无法获得解析解，但可以很容易获得数值解。根据实验 R、S、T 的雨强和叶面积指数资料，利用本模型可以得到 3 条林冠截留过程曲线（图 2.26）。

将图 2.26 中的曲线与图 2.23（c）中的曲线进行比较发现，前者的线形与后者相近。3 场降雨得到模拟结果的精度分别为 92.5%、91.3%、90.7%。可见，所建模型可以用来模拟林冠截留过程。

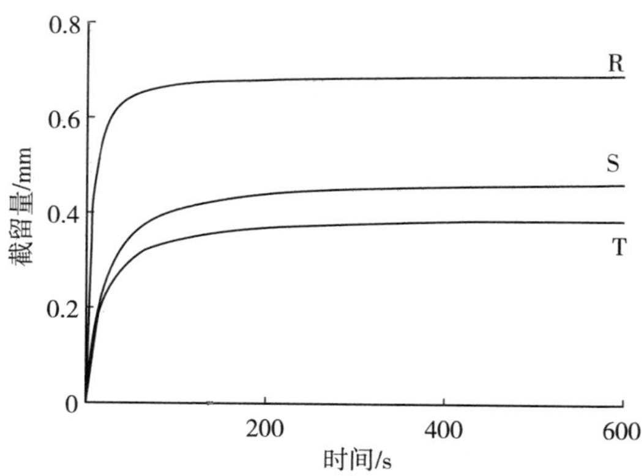

图 2.26 降雨实验 R、S 和 T 截留过程的模拟结果

（四）模型模拟结果

通过实验室模拟实验，分别得到了不同雨强和不同叶面积指数组合下的云杉截留降雨过程。依据实验资料，通过引入枝叶湿润度 β，建立了以雨强和叶面积指数为自变量的描述林冠截留降雨过程的微分方程，即：

$$\frac{dp(t)}{dt} = RLAIf(\beta) \tag{2-50}$$

同时，确定了雨强与单位叶面积最大截留量之间的定量关系，即单位叶面积最大截留量随雨强的增加而递减，可以用雨强的多项式形式表示为：

$$k(R) = -0.0096R^2 - 0.0287R + 0.2786 \tag{2-51}$$

以及湿润度 β 影响下的枝叶截留系数的经验关系，表示为 β 的幂函数形式：

$$f(\beta) = 0.2(1-\beta)^{1.942} \tag{2-52}$$

其中，β 可以表示为：

$$\beta = \frac{p(t)}{k(R)LAI} \tag{2-53}$$

经过对 3 场降雨的模拟，表明建立起来的林冠截留模型可以有效模拟截留过程，模拟得到的过程线与实测结果相近，平均模拟精度为 91.5%。

实验室试验得到的降雨—截留过程与野外情况存在一定差异，但只要将本模型适当修正，还是可以用来模拟实际的截留过程。实际应用过程需要改进的地方为：①实验结果是在常雨强下得到的，应该扩充到变雨强情况；②由于实验过程中几乎没有蒸发，因此，模型在野外应用中应考虑附加截留量的分项；③森林存在林窗，引入郁闭度 ξ 来完善截留模型。

首先，林地的叶面积指数是总的叶面积与林地面积的比值，与上述模型的定义不同，因此将式（2-50）改写为：

$$\frac{dp(t)}{dt} = \zeta^{-1}RLAIf(\beta) \tag{2-54}$$

应扩展为整个林地，因此应再乘上郁闭度 ξ，得到：

$$\frac{dp(t)}{dt} = RLAIf(\beta) \tag{2-55}$$

最后考虑附加截留量，并将常雨强扩展为变雨强，得到：

$$\frac{\mathrm{d}p(t)}{dt} = RLAIf(\beta) + \frac{dE(t)}{dt} \tag{2-56}$$

上述式（2-54）～（2-56）中，ξ 为郁闭度；E（t）附加截留量，可根据蒸散模型估计。其他符号同前。

对于 β 来说需要将实验定义的 LAI 变为林地叶面积指数，同时考虑附加蒸散量不会改变枝叶的湿润程度，因此将 β 表示为：

$$\beta = \frac{\zeta[p(t) - E(t)]}{k[R(t)]LAI} \tag{2-57}$$

从而可将一个林分的截留过程表述为：

$$\begin{cases} \dfrac{dp(t)}{dt} = \zeta^{-1}R(t)LAIf(\beta) + \dfrac{dE(t)}{dt} \\ \beta = \dfrac{\zeta[p(t) - E(t)]}{k[R(t)]LAI} \end{cases} \tag{2-58}$$

式（2-58）即为森林截留模型，通过引入式（2-47）（2-48）就可以根据降雨特征和植被特征推求林分的降雨—截留过程。

三、林冠分配降雨过程的模拟实验分析

降雨通过林冠被分配为林冠截留、穿透降雨和树干径流（以下简称干流）。截留、穿透、干流是森林水量平衡的组成部分，历来为森林水文学的重要研究内容。以往，国内外研究较多（向师友等，1987；崔启武等，1980；Jaekson，1975；Liu，1988；Willam et al.，1967）模型数不胜数，有经验模型、半经验半理论模型，但几乎全是反映一次降雨或几次降雨的截留、穿透、干流量的多少，关于 3 个量随着降雨的动态响应过程及其规律未见报道。裴铁璠等（1993）通过森林水文模拟实验系统研究降雨通过林冠的截留、穿透及干流过程，提出了动态响应模型，不但给出了瞬时总量，还给出了瞬时强度，在计算机上逼真地模拟了穿透和干流过程，为深入研究林冠分配降雨规律及其有关问题独辟了新蹊径。

（一）实验条件

实验在中国科学院长白山站森林水文模拟实验室（Pei et al.，1987）进行，选择 2 株实验用树，一株为针叶树红松，一株为阔叶树栎树。红松 16 年生，树高 3.3m，树冠投影面积 2.06m^2，叶面积指数 6.123；栎树 10 年生，树高 4.5m，树冠投影面积 2.99m^2，叶面积指数 3.656。将树从野外移栽到实验室模型槽中，使其正常生长。在计算机控制下进行人工降雨，同时测定降雨、穿透降雨和树干径流过

程。降雨为常雨强 1.5mm/min，历时 15min，降雨量为 22.5mm，雨滴下落到林冠顶高度 4～5m。因降雨时间短，室内空气湿度大、无风，忽略蒸发损失（Waring et al.，1981）。降雨测量采用电磁流量计，测量穿透降雨用盘承接后汇入 V 形槽测流仪自动测量（方向，1982），接水盘大小及形状与树冠在地面上的投影面积及形状相同；树干径流量很小，V 形槽测流仪测极小流量精度低，为了保证测量精度采用接水称重与 V 形槽测流仪相对照方法进行测量。

（二）动态过程模型的提出

实验发现，穿透降雨、树干径流动态过程线与电感电容电阻串联电路暂态过程线极为相似。由此启发，用此电路暂态方程拟合穿透降雨与树干径流过程，电感电容电阻电路暂态过程为：

$$LCd^2U(t)/dt^2+RCdU(t)/dt+U(t)=V(t) \tag{2-59}$$

式中，U（t）为电容两端电压，V（t）为输入电压，将式（2-59）改写为：

$$ad^2U(t)/dt^2+bdU(t)/dt+cU(t)=V(t) \tag{2-60}$$

由式（2-60）引伸出穿透降雨、树干径流动态过程方程为：

$$a_1d^2X_1(t)/dt^2+b_1dX_1(t)/dt+c_1X_1(t)=u(t) \tag{2-61}$$

$$a_2d^2X_2(t)/dt^2+b_2dX_2(t)/dt+c_2X_2(t)=u(t-\tau) \tag{2-62}$$

式中，X_1（t）、X_2（t）分别为穿透降雨强度、树干径流流量；u 为降雨强度；τ 为干流出流时滞；a_1、b_1、c_1、a_2、b_2、c_2 均为常数。现以通式：

$$ad^2X(t)/dt^2+bdX(t)/dt+cX(t)=u(t-\tau) \tag{2-63}$$

替换式（2-61）和（2-62）。初始条件 X_1（t）$=X$（t）$=0$　$t\in[0,\tau]$ $\lambda=b/2\sqrt{ac}=1$ 时，式（2-61）（2-62）具有收敛解：

$$X(t)=\begin{cases}u/c+(u/c)[-R(t-\tau)-1]e^{-R(t-\tau)} & t\in(\tau,\tau+T)\\(u/c)e^{-D(t-\tau)} & t\in(\tau+T,\infty)\end{cases} \tag{2-64}$$

其中，$R=b/2aD=[b+(b^2-4ac)^{1/2}]/2a$ 实验过程中，某一瞬间林冠截留强度可用该时刻雨强减去同时刻的穿透降雨强度及考虑时滞的树干径流流量，即：

$$I=u-X_1(t)-X_2(t-\tau) \tag{2-65}$$

式中，I 为截留强度，X_1（t）、X_2（$t-\tau$）分别为穿透降雨强度、树干径流流量；u 为雨强。将式（2-64）代入式（2-65），得：

$$I=\begin{cases}u-u/c_1-u/c_2+(u/c_1)[R_1(t)+1]e^{-R_1(t)}\\+(u/c_2)[R_2(t-\tau)+1]e^{-R_2(t-\tau)} & t\in(\tau,\tau+T)\\u-(u/c_1)e^{-D_1(t)}-(u/c_2)e^{-D_2(t-\tau)} & t\in(\tau+T,\infty)\end{cases} \tag{2-66}$$

此处，$t\approx0$。式（2-65）为截留动态响应方程，式（2-66）为其解析式（出流时滞下面专题讨论）。

（三）参数的确定

在试验模型中需要确定 R、D、C、r 4 个特征参数。实验结果表明 $C \approx H/Q_m$，H 为降雨强度，Q_m 为峰值流量。常雨强条件下，C 值可用雨强与峰值流量 Q_m 的比值来确定。r 可以根据实验结果从流量过程中查出。参数 R、D 用最优化方法中的梯度法确定。根据穿透降雨（树干径流）实验结果，选取目标函数：

$$F(R,D) = \sum_{t=t_1}^{t_m} [Q(t) - Q^*(t)]^2$$

其中，$Q(t)$ 为模拟结果，Q^* 为实验结果，且有 $Q(t) = f(R、D、T)$ 在计算机上使目标函数达到最小值，这时的参数 R、D 的值就是所要求的参数值。对于变雨强情况，可根据参数 R、D、C 与其影响因子降雨强度、叶面积指数、干燥度（若干流还有枝干夹角）之间的回归模型求出。R、D 分别反映穿透降雨动态过程的升、退水速度，其值升高，则升、退水速度加快。

（四）结果与分析

1. 出流时滞的测量与分析

树冠可看作多孔介质，当光线照到林冠上，通常大部分光线经过曲折路径，一部分光消失在林冠里，一部分光到达林地，也有少部分光线直接照射到林地上。降雨落到林冠，与光线所走的路径相同，一部分被林冠枝叶阻截即截留，一部分通过曲折路径落到林地，一部分直接穿过枝叶间空隙到达林地，穿过林冠落到林地这部分降雨称穿透降雨，还有一部分降雨沿着叶枝干流向林地即树干径流。降雨时，仔细观察可发现，降雨与穿透降雨、林冠截留同时发生，唯树干径流要滞后大气降雨一段时间也就是雨滴沿叶、枝、干流向林地的时间，即干流时滞。干流时滞大小依赖于降雨和树木特征，雨强大，叶面积指数小，枝干夹角 45°，树皮光滑，湿润时滞就小，反之亦然。在森林水文模拟实验室里，通过正交实验测量了干流时滞。据以往干流实验、枝叶湿润度与上述几个因子相比，对干流影响较小，故只选择了 4 个因子即雨强、叶面积指数、枝干夹角及树皮粗糙率，前 3 个因子取 3 个水平，后一个因子取两个水平，选用 $L9(3^4)$ 正交表进行实验（表 2.3）。

表 2.3　干流时滞正交试验设计与实验结果

试验号	雨强/(mm/min)	枝干夹角/°	叶面积指数		树皮粗糙率/%		实验结果/min	
			松树	栎树	松树	栎树	松树	栎树
1	0.82	52.5	7.796	4.386	3	0	2.50	0.90
2	2.62	82.5	7.796	4.386	41	36	1.50	0.62
3	1.72	52.5	7.796	4.386	41	36	1.78	0.63
4	1.72	82.5	6.205	3.491	3	0	2.22	0.50

（续）

试验号	雨强/(mm/min)	枝干夹角/°	叶面积指数		树皮粗糙率/%		实验结果/min	
			松树	栎树	松树	栎树	松树	栎树
5	0.82	67.5	6.205	3.491	41	36	4.00	1.80
6	2.62	52.5	6.205	3.491	41	36	1.12	0.73
7	0.82	82.5	3.140	2.081	41	36	5.60	2.83
8	1.72	52.5	3.140	2.081	41	36	1.92	0.98
9	2.62	67.5	3.140	2.081	3	0	1.65	0.60

树皮粗糙率定义为沿树干方向均匀取 3 个圆周，将每个圆沿圆周方向树皮裂开的弦长之和与该圆周长之比为该圆处的粗糙率。取其 3 个圆周的平均粗糙率作为度量树皮的粗糙程度，粗糙率用百分数表示。

在某一雨强下，某株树的干流时滞可根据上述结果进行估计。若针叶树用松树实验数据，阔叶树用栎树实验数据。依据时滞数据代入式（6）（8）分别计算干流流量和瞬时截留强度。

2. 实验模拟与野外观测结果比较

根据降雨过程，实际测得的降雨强度、穿透降雨强度、干流流量及其用余项法计算的林冠截留强度，绘制了次降雨经过林冠的分配过程曲线（图 2.27）。穿透降雨与降雨几乎同时发生，只不过刚开始穿透降雨强度小，难以测出。从图 2.27 可见，降雨后第一分钟穿透雨强。0.048mm/min，随着降雨，穿透降雨强度急剧上升，到第五分钟达到了峰值。干流出流滞后降雨 2min，其滞后时间正是雨水沿叶枝干的流动时间，出流后 3min 达到峰值流量，雨停即刻退水，5min 后干流结束。干流的峰值流量相当于雨强的 8%。降雨开始，截留强度很大，随

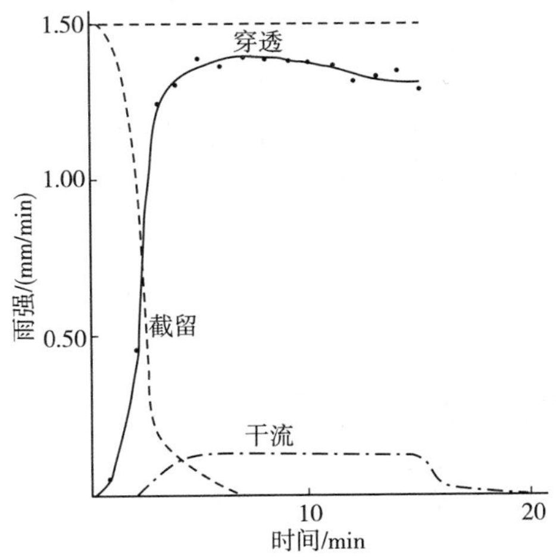

图 2.27　次降雨的穿透、干流和截留过程（松树）

着降雨进行，截留强度急剧下降，当降雨 7min 时，截留强度降至 0，即林冠达到饱和，不再截留。

此外，根据次降雨过程中的实测数据，发现降雨量与穿透雨量、干流量、截留量的关系，降雨量与穿透率、干流率、截留率的关系同中野秀章（1975）的野外观测结果一致（图 2.28）。

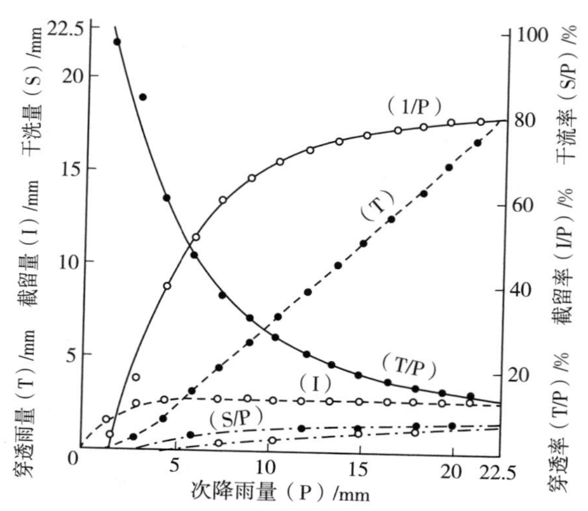

图 2.28 次降雨降雨量与穿透雨量、穿透率、干流量、干流率、截留量、截留率的关系（松树）

3. 实验与模拟结果的对比

在实验室中，模拟次降雨的林冠截留、穿透降雨与树干径流。将实验测得穿透降雨强度、穿透雨量、树干径流流量、树干径流量（总量）、林冠截留降雨强度（计算）、截留量（计算）与动态响应模型计算的相应量进行对比（表 2.4、表 2.5）。

上述结果是在常雨强条件下得到的。而天然条件下的一次降雨过程中，其强度是随时间变化的，为了研究一次变雨强降雨的林冠截留、穿透与树干径流特征，进行了变雨强实验，并将常雨强下的动态响应模型经过变换推广到变雨强，比较测量与模型模拟，其结果令人满意。

从表 2.4、表 2.5 可见，红松和栎树穿透总量、截留总量、干流总量的实测值与模拟值分别比较，红松截留的相对误差最大（2.04%），而栎树的干流总量相对误差最大（1.09%）。

表 2.4 松树的林冠截留、穿透降雨、树干径流的实验与模拟结果对比

降雨时间/min	雨强/(mm/min)	雨量/mm	穿透降雨				树干径流				林冠截留			
			强度/(mm/min)		雨量/mm		流量/(mm/min)		干流量/mm		强度/(mm/min)		截留量/mm	
			实测	模拟	实测	模拟	实测	模拟	实测	模拟	实测	模拟	实测	模拟
1	1.5	1.5	0.048 0	0	0.048 0	0	0	0	0	0	1.452 0	1.5	1.452 0	1.5

（续）

降雨时间/min	雨强/(mm/min)	雨量/mm	穿透降雨 强度/(mm/min)		穿透降雨 雨量/mm		树干径流 流量/(mm/min)		树干径流 干流量/mm		林冠截留 强度/(mm/min)		林冠截留 截留量/mm	
			实测	模拟	实测	模拟	实测	模拟	实测	模拟	实测	模拟	实测	模拟
2	1.5	3.0	0.459 6	0.686 8	0.507 6	0.686 8	0	0	0	0	1.040 4	0.813 2	2.492 9	2.313 2
3	1.5	4.5	1.246 6	1.156 3	1.754 2	1.843 1	0.046 3	0.054 4	0.046 3	0.055 4	0.207 1	0.288 3	2.699 5	2.601 5
4	1.5	6.0	1.304 9	1.304 9	3.060 1	3.148 0	0.111 6	0.100 3	0.157 9	0.155 8	0.082 5	0.094 8	2.782 0	2.696 2
5	1.5	7.5	1.384 9	1.343 5	4.445 0	4.491 5	0.125 3	0.117 6	0.283 2	0.273 4	−0.010 2	0.038 9	2.782 0	2.731 5
6	1.5	9.0	1.355 3	1.352 7	5.800 3	5.844 2	0.125 3	0.123 1	0.408 5	0.396 5	0.019 4	0.024 2	2.791 2	2.759 3
7	1.5	10.5	1.381 9	1.354 7	7.182 2	7.198 9	0.125 3	0.124 7	0.533 8	0.521 2	−0.007 2	0.020 6	2.791 2	2.779 9
8	1.5	12.0	1.379 0	1.355 2	8.561 2	8.554 1	0.125 3	0.125 1	0.659 1	0.646 4	−0.004 3	0.019 7	2.791 2	2.799 5
9	1.5	13.5	1.380 8	1.355 3	9.942 0	9.909 4	0.125 3	0.125 3	0.784 4	0.771 6	−0.006 1	0.019 4	2.791 2	2.819 0
10	1.5	15.0	1.376 0	1.355 3	11.318 0	11.264 7	0.125 3	0.125 3	0.909 7	0.896 9	−0.001 3	0.019 4	2.791 2	2.388 4
11	1.5	16.5	1.361 2	1.355 3	12.679 2	12.620 0	0.125 3	0.125 3	1.035 0	1.022 2	0.013 5	0.019 4	2.791 2	2.587 8
12	1.5	18.0	1.316 7	1.355 3	13.995 9	13.975 3	0.125 3	0.125 3	1.160 3	1.147 5	0.058 0	0.019 4	2.843 8	2.877 2
13	1.5	19.5	1.331 6	1.355 3	15.327 5	15.330 6	0.125 3	0.125 3	1.285 6	1.272 8	0.043 1	0.019 4	2.886 9	2.896 6
14	1.5	21.0	1.349 1	1.355 3	16.670 9	16.685 9	0.125 3	0.125 3	1.410 9	1.398 1	0.025 3	0.019 4	2.918 2	2.916 0
15	1.5	22.5	1.293 0	1.355 3	17.041 2	18.041 2	0.125 3	0.125 3	1.586 2	1.523 4	0.081 7	0.019 4	2.999 9	2.935 4
16							0.028 5	0.022 7	1.564 7	1.546 1				
17							0.020 3	0.020 1	1.585 0	1.566 2				
18							0.012 4	0.017 8	1.597 4	1.584 0				
20							0.006 9	0.015 7	1.611 2	1.599 8				
24							0.003 5	0.013 9	1.625 2	1.613 7				
28							0.001 9	0.012 3	1.632 8	1.626 0				
34							0.000 9	0.010 9	1.636 4	1.637 0				
38							0.000 3	0.009 7	1.637 6	1.646 6				

表 2.5　椴树的林冠截留、穿透降雨、树干径流的实验与模拟结果对比

降雨时间/min	雨强/(mm/min)	雨量/mm	穿透降雨 强度/(mm/min)		穿透降雨 雨量/mm		树干径流 流量/(mm/min)		树干径流 干流量/mm		林冠截留 强度/(mm/min)		林冠截留 截留量/mm	
			实测	模拟	实测	模拟	实测	模拟	实测	模拟	实测	模拟	实测	模拟
1	1.5	1.5	0.061 8	0	0.061 8	0	0	0	0	0	1.438 2	1.5	1.438 2	1.5
2	1.5	3.0	0.772 1	0.873 0	0.833 6	0.873 0	0	0	0	0	0.727 9	0.627 0	2.166 1	2.127 0
3	1.5	4.5	1.320 0	1.262 9	1.153 9	2.135 9	0.045 0	0.052 4	0.045 0	0.052 4	0.135 0	0.184 7	2.301 1	2.311 7
4	1.5	6.0	1.407 4	1.338 6	3.561 3	3.474 6	0.067 4	0.067 7	0.112 4	0.120 1	0.025 2	0.093 7	2.326 3	2.405 3
5	1.5	7.5	1.400 3	1.350 6	4.961 6	4.825 1	0.069 7	0.069 5	0.182 1	0.189 6	0.030 0	0.079 9	2.356 3	2.485 3

（续）

降雨时间/min	雨强/(mm/min)	雨量/mm	穿透降雨				树干径流				林冠截留			
			强度/（mm/min）		雨量/mm		流量/（mm/min）		干流量/mm		强度/（mm/min）		截留量/mm	
			实测	模拟	实测	模拟	实测	模拟	实测	模拟	实测	模拟	实测	模拟
6	1.5	9.0	1.366 7	1.352 3	6.328 3	6.177 5	0.069 7	0.069 7	0.251 8	0.259 2	0.063 6	0.078 0	2.411 9	2.563 3
7	1.5	10.5	1.361 4	1.352 6	4.689 7	7.530 0	0.069 7	0.069 7	0.321 5	0.328 9	0.068 9	0.077 7	2.488 8	2.641 1
8	1.5	12.0	1.370 3	1.352 6	9.060 0	8.882 6	0.069 7	0.069 7	0.391 2	0.398 6	0.060 0	0.077 7	2.548 8	2.718 8
9	1.5	13.5	1.318 9	1.352 6	10.378 9	10.235 2	0.069 7	0.069 7	0.460 9	0.468 3	0.112 0	0.077 7	2.660 2	2.856 5
10	1.5	15.0	1.341 9	1.352 6	11.720 8	11.587 8	0.069 7	0.069 7	0.530 6	0.538 0	0.088 4	0.077 7	2.748 6	2.874 2
11	1.5	16.5	1.327 8	1.352 6	13.048 6	12.940 4	0.069 7	0.069 7	0.600 3	0.607 7	0.102 5	0.077 7	2.541 1	2.951 9
12	1. 5	18.0	1.341 9	1.352 6	14.390 5	14.293 0	0.069 7	0.069 7	0.670 0	0.677 4	0.088 4	0.077 7	2.939 5	2.029 6
13	1.5	19.5	1.352 6	1.352 6	15.743 1	15.645 6	0.069 7	0.069 7	0.739 7	0.747 1	0.077 7	0.077 7	3.017 2	3.107 3
14	1.5	21.0	1.311 9	1.352 6	17.055 0	16.998 2	0.069 7	0.069 7	0.809 4	0.816 8	0.118 4	0.077 7	3.135 6	3.115 3
15	1.5	22.5	1.306 6	1.352 6	18.361 6	18.350 8	0.069 7	0.069 7	0.879 1	0.886 5	0.123 7	0.077 7	3.259 3	3.262 7
16							0.021 1	0.007 4	0.900 2	0.874 0				
17							0.006 4	0.006 3	0.906 6	0.900 3				
18							0.005 2	0.005 4	0.911 8	0.905 7				
20							0.003 3	0.004 6	0.918 4	0.910 3				
24							0.001 6	0.003 9	0.924 8	0.914 2				
28							0.000 8	0.003 3	0.928 0	0.917 5				
34							0.000 3	0.002 8	0.929 2	0.920 4				
38							0.000 2	0.002 4	0.930 0	0.922 8				

4. 野外观测与模型模拟结果对比

为了把实验室的模拟结果应用于实际，并对动态响应模型进行检验，以穿透降雨为例，比较其野外观测资料及模型模拟结果见表 2.6。

表 2.6 野外观测与棋型模拟结果对比（1991 年）

序号	降雨日期（月—日）	降雨历时	降雨量/mm	穿透降雨观测值/mm		穿透降雨模拟值/mm		误差/%	
				红松	栎树	红松	栎树	红松	栎树
1	7—13	14：00～17：00	2.9	2.71	2.35	2.70	2.36	0.37	0.43
2	7—14	21：40～6：40	19.1	14.35	14.89	15.12	16.01	5.37	7.52
3	7—15	0：00～5：10	9.7	7.90	8.19	9.34	8.15	18.23	0.49
4	7—16	1：50～7：20	7.0	6.60	6.07	6.42	5.60	2.73	7.74
5	7—19	8：00～13：00	4.4	3.70	3.35	3.86	3.09	4.32	8.74
6	7—21	0：50～3：00	18.1	14.70	13.61	15.45	13.60	5.10	0.07

野外观测点红松、栎树的叶面积指数分别为 4.27 和 4.81，树龄 40 年和 25 年，树高 5.65m 和 5.70m。实验在森林水文模拟实验室中进行，未考虑实验期间的蒸发。从表 2.6 可见，除红松在第三次降雨过程中的模拟结果与观测结果差异较大外，模型模拟与野外观测结果相吻合。

第三节　长白山阔叶红松林蒸散特征

一、森林蒸散模型参数的确定

蒸散涉及水量平衡和热量平衡方程，而且又联系到大气近地面层中湍流交换的特征规律，学术上饶有意义（朱岗昆，2000）。而森林蒸散又是蒸散问题中涉及领域最多、最为复杂的科学问题，因此备受关注。目前，森林蒸散的研究方法很多，却没有相对标准的方法（王安志等，2001）。近 10 年来，应用较多的森林蒸散模型都构建在能量平衡方程基础上，引入植被大气耦合的概念（Vegetation atmosphere coupling concept）来推算森林蒸散量（Jean et al.，1992）。然而，建立在上述理论基础上的模型，所需参数多、模型结构复杂，应用极不方便。在蒸散研究中，波文比法（EBBR）是应用较多、相对简便的方法，目前也较多地应用于森林蒸散研究。但是，该方法在森林下垫面的适用性还存在一定的争议（Alves et al.，1998）。同时，基于空气动力学基础上的方法在估算森林蒸散的模型中也占有很大的比重。在该类模型中为了推求蒸散量，需要对两个高度上的风速、温度和湿度进行观测，根据 Monin-Obukhov 相似性理论来计算，但需要对大气层结稳定度进行修订。

上述方法都需要对两个高度上的空气湿度差进行观测，而对于森林来说，冠层上的湿度梯度变化不显著，这对森林蒸散量估算精度影响较大。从长白山阔叶红松林的梯度观测资料来看，对空气湿度的观测难度较大，且观测系统的稳定性差，很难保证长期的连续观测。因此，建立不需要湿度差观测的森林蒸散模型是保证蒸散量估算数据连续的直接途径，也可以在一定的范围内提高森林蒸散量的估算精度。

（一）模型的基本理论

在能量平衡方程中，蒸散量是作为余项求得的。该方法将林冠顶至地表下一定深度（一般为 5～8cm）的范围视为黑箱（图 2.29）。计算公式为：

$$\lambda E_t = R_n - H - S - P - G \tag{2-67}$$

式中，λE_t、H 分别为潜热通量和显热通量（W/m^2）；λ 为汽化潜热（kJ/kg），$\lambda=2\ 500.78-2.360\ 11$；$T$ 为空气温度（℃）；E_t 为蒸散量（mm/s）；R_n 为净辐射通量（W/m^2）；P 为用于光合作用的热通量（一般小于 R_n 的 3%，可忽略不

计（马雪华，1993）；S 为黑箱的储热变化，包括空气、植被和土壤的储热变化，一般来说，该项所占比重不足净辐射的 5%，也可以忽略（Esmaiel et al.，1993）；G 为土壤向下的热通量（W/m^2）。因此，忽略 P 和 S 后，森林蒸散量可表示为：

$$E_t = (R_n - H - G)/\lambda \tag{2-68}$$

对于式（2－68）的各分项来说，净辐射 R_n 和土壤热通量 G 可采用实测值。因此，只要确定显热通量 H 就可以计算得到潜热通量，进而可以得到森林蒸散量。

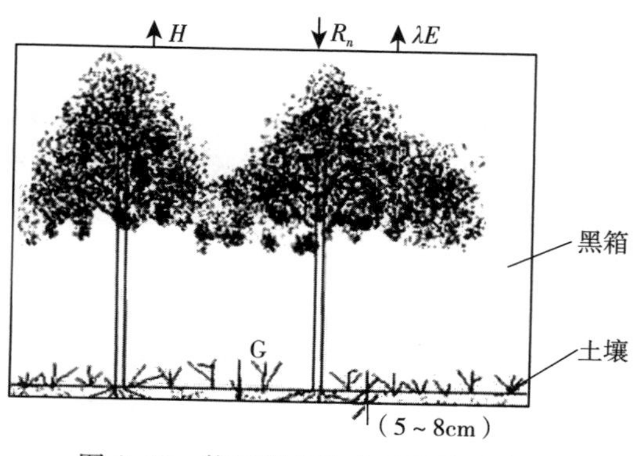

图 2.29　能量平衡法中的黑箱示意图

根据 Monin-Obukhov 相似理论，可将粗糙下垫面的风速和温度梯度表示为（刘树华等，1993）：

$$\begin{cases} \dfrac{\partial u}{\partial z} = \dfrac{u^* \varphi_m}{k(z-d)} \\ \dfrac{\partial u}{\partial z} = \dfrac{T^* \varphi_h}{k(z-d)} \end{cases} \tag{2-69}$$

而且，感热通量可表示为：

$$H = -\rho C_p u^* T^* \tag{2-70}$$

将式（2－69）代入式（2－70）可得：

$$H = -\rho C_p k^2 (z-d) \frac{\partial u}{\partial z} \cdot \frac{\partial T}{\partial z} \cdot (\varphi_m \cdot \varphi_h)^{-1} \tag{2-71}$$

ρ 为空气密度（kg/m^3）；k 为 von Karman 常数（0.4）；u 为主导风向上的风速（m/s）；u^* 和 T^* 分别为摩擦速度和特征温度；φ_m 和 φ_h 分别为风速和温度廓线稳定度订正函数；d 为零平面位移高度（m），反映下垫面特征，是模型待定参数；C_p 为空气定压比热；z 为参考高度（m）。通常来说，φ_m 和 φ_h 都是梯度理查逊数 R_i（gradient Richarson number）的函数，是模型待定参数。

R_i 可按下式计算（刘树华等，1993）：

$$R_i = \frac{g}{\theta} \cdot \frac{\frac{\partial \theta}{\partial z}}{(\frac{\partial u}{\partial z})^2} = \frac{g}{\theta} \cdot \frac{(\theta_2 - \theta_1) \cdot \sqrt{(z_2 - d)(z_1 - d)} \ln(\frac{z_2 - d}{z_1 - d})}{(u_2 - u_1)^2} \tag{2-72}$$

式中，θ 为两个观测高度上绝对温度的平均值（K）；g 为重力加速度；z_1、z_2 分别为两个观测高度，且有如下关系 $z=(z_1+z_2)/2$；θ_1、θ_2 和 u_1、u_2 分别为两个观测高度上的绝对温度和风速。

计算过程中，风速和温度对垂直高度的偏导数可用两个观测高度上的观测结果来表示（Dyer et al.，1970）：

$$\begin{cases} \frac{\partial u}{\partial z} = \frac{u_2 - u_1}{\sqrt{(z_2 - d)(z_1 - d)} \cdot [\ln(z_2 - d) - \ln(z_1 - d)]} \\ \frac{\partial T}{\partial z} = \frac{T_2 - T_1}{\sqrt{(z_2 - d)(z_1 - d)} \cdot [\ln(z_2 - d) - \ln(z_1 - d)]} \end{cases} \tag{2-73}$$

式中，T_1、T_2 分别为两个观测高度上的温度（℃）。

由式（2-68）、式（2-71）可以看出，欲计算蒸散量，有 3 个待定参数：d、φ_m 和 φ_h，在确定这些参数时，需要计算 u^* 和 T^*，计算公式可表示为（Dyer et al.，1970）：

$$u^* = (\overline{u'w'}^2 + \overline{v'w'}^2)^{1/4} \tag{2-74}$$

$$T^* = \overline{w'T'}/u^* \tag{2-75}$$

式中，u'、v' 和 w' 分别为主导风向上的风速、横向风速和垂直风速的脉动值；T' 为空气温度的脉动值；上横线表示在一定时间间隔上的平均。

在近中性稳定条件下，冠上风速廓线按对数形式变化，可表示为：

$$u = (u^*/k)\ln(\frac{z-d}{z_0}) \tag{2-76}$$

式中，z_0 为下垫面的粗糙度。

（二）零平面位移高度 *d* 的确定

为判断大气层结状态，在零平面位移高度 d 未知的情况下，将式（2-72）改写为：

$$R_i = \frac{g}{\theta} \cdot \frac{(\theta_2 - \theta_1) \cdot (z_2 - z_1)}{(u_2 - u_1)^2} \tag{2-77}$$

选择 32m 和 50m 的常规气象梯度观测系统的风速和温度数据，按式（2-77）计算不同时刻的梯度理查逊数 R_i，根据计算结果确定出现近中性稳定层结状态（$-0.03 \leqslant R_i < 0.03$）的时刻。选取相应时刻下 22m、26m、32m、50m 和 62m 高度上的风速观测结果和 u^* 相应的计算结果，总计 41 组数据，按式（2-76）进行曲线拟合，从而确定了空气动力学零平面位移 d 和下垫面粗糙度 z_0 的

取值。由于本项研究的模型不涉及粗糙度 z_0，因此，只对空气动力学零平面位移 d 的计算结果进行讨论。

在 41 个 d 的计算结果中（图 2.30），最大值为 19.98m，最小值为 16.32m，平均值为 17.8m，标准差为 0.78m。从以上数据可以看出，计算结果较为集中，可以将平均值作为零平面位移（d）的计算结果。因此，d=17.8m。

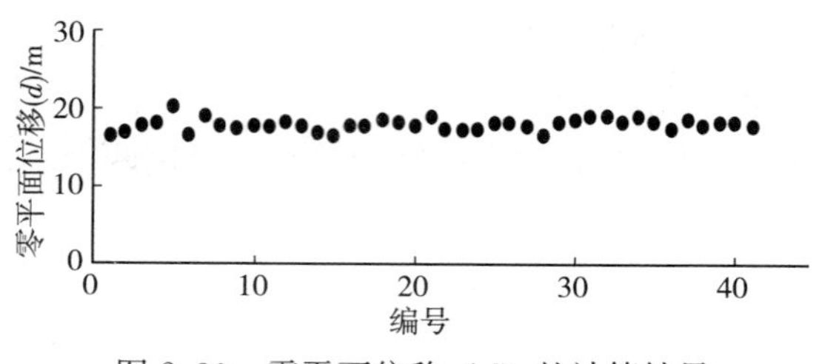

图 2.30　零平面位移（d）的计算结果

（三）φ_m 和 φ_h 的确定

20 世纪 70 年代以来，国内外研究者（Webb，1970；Dyer，1974；Yaglom，1977；Dyer，1982；Oke，1987；Monteith et al.，1990）（刘树华等，1993；Malek，1993）对确定 φ_m 和 φ_h 做了很多努力，但至今仍没有统一的表达式。究其原因，是与所选择的场地很难满足相似理论的苛刻条件以及行星边界层内外耦合作用有关。因此，针对不同研究场地，确定适宜的 φ_m 和 φ_h 的函数表达式是十分必要的。本项研究选用了常规气象梯度观测系统在 32m 和 50m 处获得的风速和温度观测结果以及计算得到的 u^* 和 T^*，代入式（2－72）、式（2－73），从而得到了 R_i、φ_m 和 φ_h（图 2.31）。由图 2.31 可以直观地看出，φ_m 和 φ_h 随 R_i 变化的形式。综合分析前人构建的 φ_m 和 φ_h 的表达式，都是按 $R_i \leqslant 0$ 和 $R_i > 0$ 两种情况分别建立，因此，分别对 φ_m 和 φ_h 在 $R_i \leqslant 0$ 和 $R_i > 0$ 两个区间上，利用最小二乘法进行曲线拟合，结果可得到式（2－78）、式（2－79）。将拟合结果绘制成图。Pruitt（1973）提出的拟合方程（刘树华等，1993）是目前应用较多的，因此，将该方程得到的结果与本项研究的结果进行比较（图 2.31）。

$$\begin{cases} \varphi_m = 1.505 + \dfrac{R_i}{0.034 + 0.288R_i} \\ \varphi_h = 1.505 + \dfrac{R_i}{0.038 + 0.1R_i} \end{cases} \quad R_i > 0 \qquad (2-78)$$

$$\begin{cases} \varphi_m = (1 - 1.6R_i)^{-0.6} \\ \varphi_h = 1.195(1 - 20R_i)^{-0.18} \end{cases} \quad R_i \leqslant 0 \qquad (2-79)$$

森林地区的零平面位移高度与林分的平均高度有关，一般认为二者的比值为 0.6～0.7。Monteith 给出的比值为 0.63，为广泛接受的结果。本项研究得到的零平面位移高度（d）是平均冠层高度（26m）的 0.68，略大于 0.63。本项研究所应用的数据仅为森林生长季末的数据，而 d 随树木生长和叶面指数增加而产生的变化无法得到体现，仍需进一步观测研究。

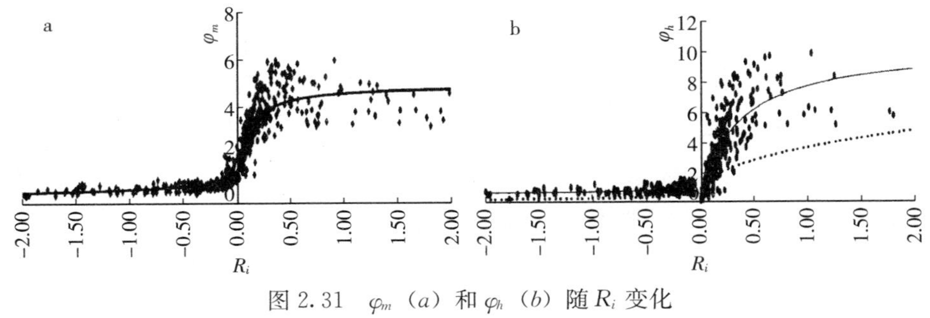

图 2.31　φ_m（a）和 φ_h（b）随 R_i 变化

由图 2.31 可以看出，本项研究计算得到 φ_m 和 φ_h 明显偏离 Pruitt 拟合曲线，绝大多数数据点在 Pruitt 拟合曲线上方。本项研究确定的拟合方程的曲线位于 Pruitt 拟合曲线上方，通过 φ_m 和 φ_h 数据的中心，因此，本项研究确定的 φ_m 和 φ_h 的表达式比 Pruitt 的结果更符合实际情况。但本项研究所得到的 φ_m 和 φ_h 的模拟结果明显大于 Pruitt 拟合方程的结果，且存在较大差异，产生这种差异原因尚需进一步研究。

总之，通过本项研究确定了反映研究地下垫面情况的模型参数 d，φ_m 和 φ_h，为研究场地森林蒸散量的估算提供了理论基础和方法。但模型仍需进一步的改进和验证，例如，增加净辐射通量和土壤热通量的估算模型以减少对实测资料的依赖，积累观测数据来验证 φ_m 和 φ_h 的计算公式，对模型误差进行分析等。

二、长白山阔叶红松林蒸散量的测算

森林蒸散量对探求全球水分循环规律、正确认识陆地生态系统的结构与功能和森林的水文功能具有重要意义（Cooper et al.，2000）。它作为全球水分循环的重要分量和影响全球气候变化的主要因素（Amarakoon et al.，2000；Ogink-Hendriks，1995），一直备受人们关注。到目前为止，各国学者对蒸散问题进行了广泛的研究（闫俊华，1999）。其中有关自由水面的蒸发研究较为深入，有的研究成果已成功地推广应用于常年饱和的土壤表面。但是，对于自然表面的蒸散尤其是森林下垫面的蒸散，由于问题的复杂以及实验观测的困难，迄今少有进展（朱岗昆，2000）。目前，森林蒸散的测定与估算仍是一个焦点问题。

长白山阔叶红松林是我国东北东部中温带湿润气候区最主要的森林植被类型，是中国东北地区东部最典型的生态系统（金昌杰等，2000），对于调节径流与气候、维系区域陆地生态平衡有着重要意义，以往人们对于该地区的森林蒸散研究较少。

（一）蒸散量测算方法

研究地建有 62m 高的气象观测塔，塔上安装有 MAOS-Ⅰ型小气候自动观测系统。该系统能以小时为间隔，进行小气候数据的自动采集。本项研究需要应用 MAOS-Ⅰ系统的观测结果包括两个不同高度（31.7m 和 49.6m）上的空气温度与湿度，净辐射量以及土壤热通量，相应用到的主要部件名称及精度见表 2.7。

表 2.7　MAOS-Ⅰ系统主要组件

仪器名称	型　号	测量范围	精　度
干湿表温湿传感器	HTF-2	−10～50℃	≤±0.2℃
净辐射传感器	TBB-1	0～700W/m^2	≤±10%
土壤热通量传感器	HF-1	−40～150W/m^2	≤±10%

1. 水量平衡法

蒸散耗水量是将蒸散量作为水量平衡方程的余项来求得的，公式为（王安志等，2001）：

$$E_t = P - R - \Delta M - S \tag{2-80}$$

式中，E_t 为蒸散耗水量（mm）；P 为降雨量（mm）；R 为地表径流、地下径流和潜水三者的流出与流入的水量差之和（mm）；ΔM 为系统内的储水变化量，包括植被、空气和土壤中的储水量变化量（mm）；S 为深层渗漏损失水量（mm）。

研究地的表层土壤包括腐殖质层（厚度约 20cm）与淋溶层（厚度 15～20cm），其中腐殖质层含有丰富的腐殖质，具有良好的渗透性（饱和渗透系数高达 10^{-4}～10^{-3}cm/s），淋溶层的渗透性较弱（饱和渗透系数为 10^{-6}cm/s（李金中等，1998）。表层土壤上面覆盖有 2cm 左右的枯枝落叶，具有良好的保水性。由于表层土壤及枯枝落叶层具有良好的渗透性与保水性，加之研究地的地势平缓，一般来说，夏季降雨不会产生地表径流以及潜水的流入、流出。另外，由于研究地的植被根系主要分布于深度小于 40cm 的土壤中，植被蒸腾消耗的主要是表层土壤中的水分，而且表层土壤以下是淀积层（厚度在 40cm 以上），其饱和渗透系数为 10^{-7}cm/s，是天然的准不透水层（李金中等，1998）。因此，深层渗漏损失水量近似为零，地下水的流入、流出对研究范围内的土壤水分的影响不大，可忽略不计。以往的试验还表明，在整个生长季内，系统内的储水变化量 ΔM 项中的植被、空气的储水量变化不大，可近似为零。对于生长季 7～9 月来说，式（2-80）可改写为：

$$E_t = P - \Delta M_s \tag{2-81}$$

式中，ΔM_s 为土壤中的储水量变化量（mm）。

式中的 P 采用距试验地 1.1 km 远的气象站的观测数据。ΔM_s 通过对土壤含水量的监测来获得。对土壤含水量的监测采用烘干法，每 10d 取样一次，并在每次降雨后的第二天加测一次。每次取样分 3 个样点，呈正三角形分布，三角形边长不小于 2m。在每一个样点上，分别按 0、5cm、10cm、15cm、20cm、30cm、40cm、50cm、60cm、80cm 和 100cm 的深度用土钻取样。

土壤含水量有多种表示方法，烘干法直接获得的是土壤重量含水率。通常来说，土壤重量含水率被定义为土壤中所含水分的重量与相应固相物质重量的比值，而本试验采用的定义是土壤中所含水分的重量占总土重的百分比。为了将试验获得的土壤含水率结果（%）转换为水层深度（mm），首先将土壤重量含水率转换为土壤体积含水率（定义为土壤中所含水分的体积占土体体积的百分比），然后对土壤体积含水率随深度变化曲线进行积分。算式如式（2-82）（2-83）：

$$\theta_v = \gamma_s/\gamma_w \times \theta_w/(100-\theta_w) \times 100\% \qquad (2-82)$$

式中，θ_v、θ_w 分别为土壤体积含水率（%）与土壤重量含水率（%），γ_s、γ_w 分别为土壤干容重（g/cm^3）与水的密度（g/cm^3）。其中，γ_s 是通过实验确定的，结果见图 2.32。

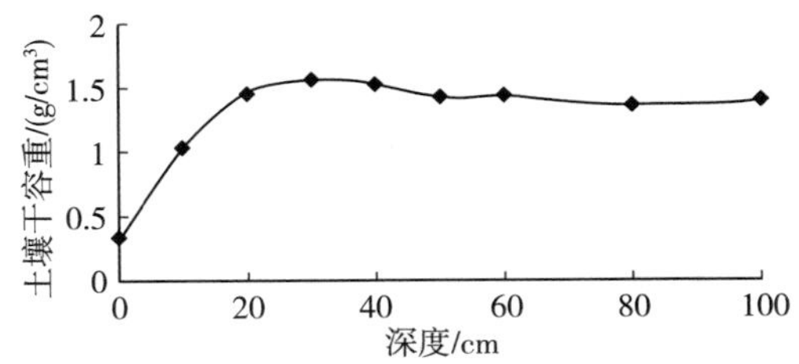

图 2.32　土壤干容重随深度变化曲线

将土壤体积含水量进行积分后得到的水层深度 H（mm）：

$$H = \int_0^{100} \theta_v \cdot dz = \sum_1^{11} (\theta_{vi} + \theta_{vi+1}) \cdot (z_{i+1} - z_i)/2 \qquad (2-83)$$

式中，θ_{vi} 为不同深度的土壤体积含水量；z_i 为取样深度（mm）。

由图 2.32 可见，表土层（0～40cm）平均的土壤干容重为 1.18 g/cm^3，淋溶层（40～80cm）的为 1.43 g/cm^3，80cm 深度以下的母质层的为 1.38 g/cm^3。计算得到的平均土壤含水量随深度变化的曲线见图 2.33。由图 2.33 可见，含水量在 15cm 以内随深度几乎呈直线下降，20cm 以下变化缓慢，15～20cm 是过渡段。质量含水量最低点在 30cm 处，而体积含水量最低点却在 20cm 处。

2. BREB 法

BREB 法是基于能量平衡方程的估算方法，要求观测净辐射量、土壤热通量以及两个高度上的空气温度与湿度。MAOS-Ⅰ系统可完成上述观测。另外，试验场地地势平缓，有足够的风浪区长度即观测高度与上风方向的均匀下垫面长度

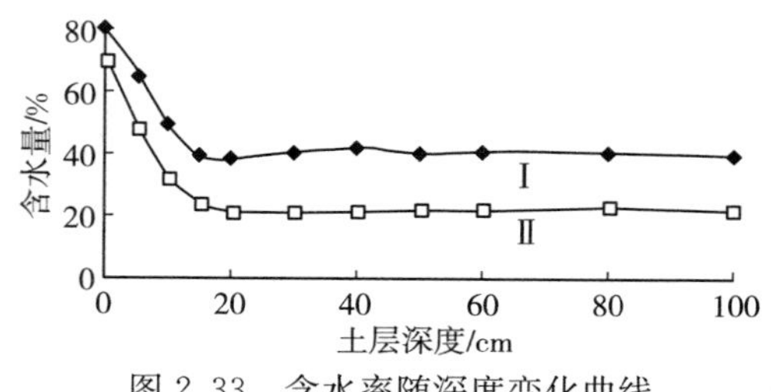

图 2.33 含水率随深度变化曲线

的比小于 1/100（Alves et al.，1998；Vogt et al.，1990），即满足 BREB 法对下垫面的要求。

森林下垫面能量平衡方程为（Esmaiel et al.，1993）：

$$R_n = LE_t + Q + G \tag{2-84}$$

式中，R_n 为净辐射通量（W/m^2）；LE_t 为潜热通量（W/m^2），Q 为显热通量（W/m^2）；G 为土壤热通量（W/m^2）。

波文比 β 表示为（Esmaiel et al.，1993）：

$$\beta = Q/\ LE_t = \gamma \cdot (\Delta t/\Delta e) \tag{2-85}$$

$$LE_t = (R_n - G)/(1+\beta) \tag{2-86}$$

$$Q = \beta \cdot (R_n - G)/(1+\beta) \tag{2-87}$$

式中，Δt 为两个高度的温度差（℃），Δe 为两个高度的水汽压差（kPa），γ 为干湿表常数（kPa/℃），可由下式计算：

$$\gamma = C_p P / L_v \varepsilon \tag{2-88}$$

式中，C_p 为干空气的定压比热［1.013 kJ/（kg・℃）］，$\varepsilon = 0.622$ 为常数，P、L_v 分别为气压（kPa）与水的汽化潜热（kJ/kg），可分别由下列公式计算（Ortega-Farias et al.，1995）：

$$P = 101.3 - 0.010\ 55E \tag{2-89}$$

$$L_v = 2\ 500.78 - 2.360\ 1\ T_a \tag{2-90}$$

式中，E 为海拔高度（m），T_a 为空气温度（℃）。

（二）水量平衡法测算结果

根据气象站的降雨观测数据，绘出 7 月 2 日至 9 月 30 日的降雨累积曲线。同时绘出应用水量平衡法和 BREB 法得到的蒸散量的累积曲线（图 2.34）。由图 2.34 可见，该时间段内的蒸散量（288.18mm）略小于降雨量（301.9mm）。该时间段的日平均降雨量为 3.32mm，日平均蒸散量为 3.17mm。按月平均的日蒸散量，其中 7 月的日平均蒸散量为最大，8 月次之，9 月最小（表 2.8）。同时，降雨量也具有同样的变化规律，表明在水量平衡法中，蒸散量与降雨量密切相关。

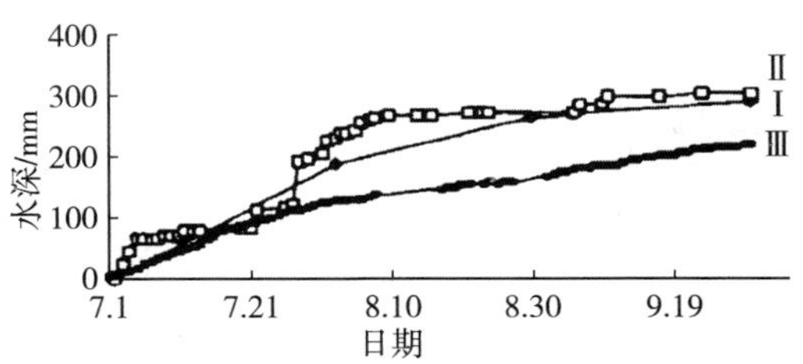

图 2.34　降雨量与蒸散量累积

表 2.8　各月的日平均降雨量与蒸散量（mm/d）

月份	Et^{*}	Et^{**}	P
7	6.01	2.58	0.87
8	3.99	1.31	1.67
9	6.61	2.15	1.01

* 水量平衡法；** 波文比法。

（三）BREB 法测算结果

在 BREB 法的应用过程中，首先用式（2-82）～（2-88），分别计算各日的蒸散量，然后对各日的蒸散量进行累加，即可得到各月的蒸散量及整个观测段的总蒸散量，从而可获得各月的日平均蒸散量及整个生长季的日平均蒸散量。MAOS-Ⅰ系统在 8 月的观测数据不连续，9～15 日、22 日和 28～31 日共缺测 11d。为了得到连续的蒸散量累积曲线，将 8 月中有观测记录各天的蒸散量计算结果进行平均，作为全月的日平均蒸散量，并用这个数据代替缺测各日的蒸散量。从而得到各月日平均蒸散量（见表 2.8）、蒸散量累计（见图 2.34）和各月平均蒸散速率和 R_n-G 项日变化过程曲线（图 2.35）。通过 BREB 法得到的整个生长季的总蒸散量为 214.94mm，日平均为 2.36mm。由图 2.35 还可看出，7 月、8 月的平均蒸散速率的最大值出现在 13：00，而 9 月的则在 12：00。R_n-G 项也表现出相同的变化。而且 9 月平均蒸散速率日变化曲线和 R_n-G 项的日变化曲线的线形比 7 月、8 月两月的狭长；而 8 月的又比 7 月、9 月两月的短小。分析降雨和日照射数据可看出产生上述现象的原因：①进入 9 月，日照时间变短，但正午的日照射强度与 7 月的相似，因此 9 月的平均蒸散速率日变化曲线和 R_n-G 项的日变化曲线狭长，且明显前移一个时段。②8 月的降雨小于 7 月，但不集中，阴天天数较多，使得净辐射量明显减少。在进行逐日蒸散量计算过程中，可得到每一日的蒸散量、蒸散速率日变化过程曲线以及热量平衡方程各分项的日变化过程曲线。任意选取 7 月 16 日的计算结果为例，其蒸散量为 5.46mm（图 2.36，图 2.37）。从图中可以看出，蒸散速率的日变化曲线与 R_n-G 曲线的线形相似，有多个极值点，表明辐射项对蒸散速率影响较大。

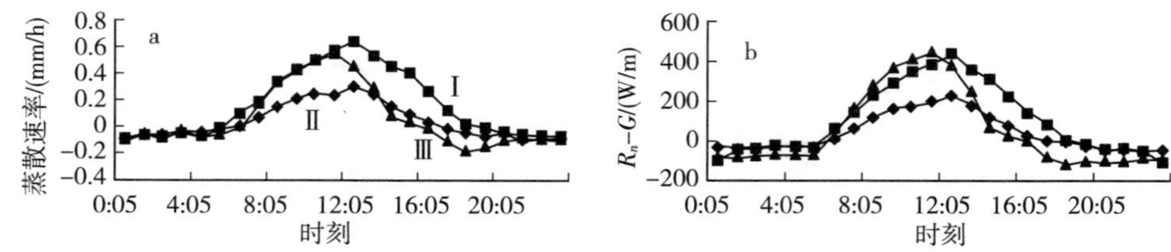

图 2.35　各月平均蒸散速率（a）、净辐射与土壤热通量差（b）日变化曲线

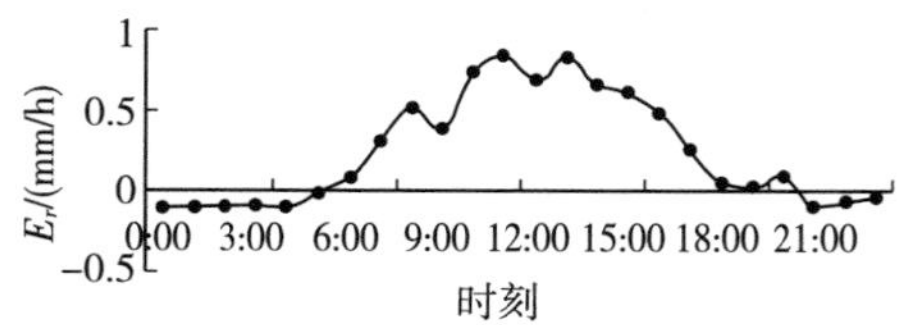

图 2.36　蒸散速率日变化过程曲线（BREB 法，7 月 16 日）

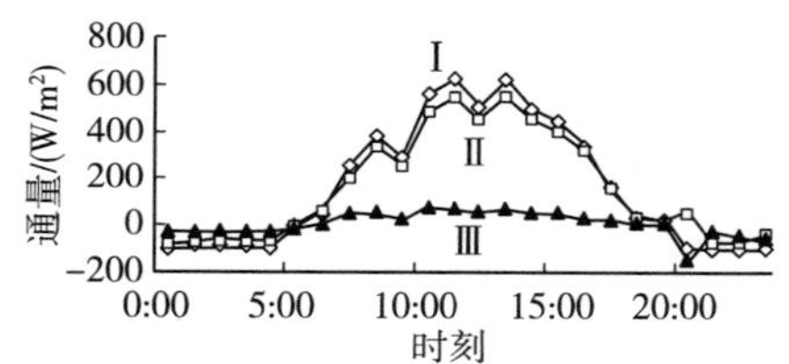

图 2.37　热量平衡的日变化过程曲线（7 月 16 日）

（四）两种方法结果比较

由图 2.34 和表 2.8 可见，水量平衡法与 BREB 法在 9 月 30 日的累积结果分别为 288.18 和 214.94mm，前者大后者 73.24mm，且两者皆小于该时段的降雨量（301.9mm）。通过 BREB 法得到 9 月的日平均蒸散量大于水量平衡法得到的结果，而在其他两月 BREB 法的结果则较小。产生这种现象的原因在于森林对水源的涵养作用。由于本项研究应用的水量平衡法基本假设的限制，导致人为地认为降雨一部分用于蒸散，另一部分储存在土壤中，而实际情况却是除上述水分去向外，还有一部分储存在植被、树下枯枝落叶中，待降雨少时用于蒸散或是补充土壤水分。在 7 月、8 月降雨较多，降雨与土壤含水量变化之差并没有全部用于蒸散，而有一部分储存在植被与枯枝落叶层中，作为 9 月的水源。因此，对 7 月、8 月的蒸散量的估算会偏大，而对 9 月的较小。对于整个生长季来说，由于假设条件能够得到满足，因此对蒸散量的测定是准确的。

以往的研究表明，在土壤含水量较小的情况下，空气中温度梯度差将远大于湿度梯度差，这时应用 BREB 法计算的 β 值较大，通过 BREB 法估算的蒸散量的误差增大。而且当 β 在 −1 附近取值时，通过 BREB 法估算的蒸散量的误差也会很大（Perez et al.，1999）。但通过土壤水分的监测结果以及 BREB 法的计算结果来看，研究场地的表层土壤在研究期间始终接近饱和，β 值的计算结果连续，且基本在合理的范围内。而 β 在 -1 附近取值的情况多发生在早、晚及夜间，这些时候的蒸散速率小，即使将此时的蒸散量舍去，影响也不大。而且计算过程中还对 β 在 -1 附近取值情况下的计算结果进行了插值处理。

对于水量平衡法来说，研究是在假定植被与枯枝落叶层含水量变化不大的前提下进行的，因此只对土壤含水量进行了观测，从而使该方法只能在一月以上的时间尺度上对蒸散量进行测定。而对于整个生长季来说，其对蒸散量的测定精度主要受降雨观测精度与土壤含水量测定精度的影响。

用上述两种方法在该地区进行森林蒸散量的测定都具有一定的合理性，但要看到两者所得结果间还存在着一定的误差。因此，对于水量平衡法来说，通过增加对植被与枯枝落叶层含水量变化的观测来减小该方法适用的时间尺度是今后研究的重点。而对于 BREB 法则需要其他更为精确的实测方法来检验其计算精度。

三、用拉格朗日反演模型模拟长白山森林蒸散

蒸散是连接全球能量循环和水循环的主要纽带，准确计算林冠蒸散的源、汇及其垂直通量一直是研究生物圈—大气圈物质能量交换过程的一个关键性问题（Smith et al.，1990）。同时，它也是流域水量平衡的重要组成部分，精确测量和模拟蒸散量是水文学、森林气象学学科发展的需求，同时也为森林流域水资源、森林生态系统管理及其开发利用提供科学依据（Hameed et al.，1993）。在过去的 20 多年间，科学家们使用林冠内（上）的湍流混合属性，建立了许多模型来模拟林冠微气象要素与大气之间复杂的交换过程（Lai et al.，2000）。比较典型的是利用湍流扩散理论，通过实测的水汽源（水汽汇）强度模拟标量浓度场（如水汽）。在实际应用中，通常需要水汽源（水汽汇）强度分布的实测值，然而这种分布在远大于叶面尺度的空间上又是很难观测的（Katul et al.，1999）。基于上述原因，Raupach（1989a；1989b）建议利用气体平均浓度廓线反推其水汽源（水汽汇）强度的方法，并指出通量—梯度闭合模型在描述冠层内标量传输过程中存在局限性，而拉格朗日传输理论能很好地克服这种局限性，比高阶欧拉闭合模型更适合模拟林冠内的标量传输过程（Lai et al.，2000；Corrsin，1974；Deardorff，1978；Sreenivasan et al.，1982；Wilson，1988）。

自从 1989 年 Raupach（1989a；1989b）提出 Localized Near Field（LNF）理论后，已有许多研究者利用拉格朗日传输方法，结合林冠内垂直速度标准差分布［σw（z）］和拉格朗日积分时间尺度［TL（z）］，推导并解出了源/汇强度和平均浓度梯度之间的关系式（Raupach et al.，1992；Denmead et al.，1993；

Denmead，1995；Katul et al.，2001；Leuning et al.，2000；Leuning et al.，2000）。这些模型模拟的湍流通量结果与实测值比较，已经相当精确。但是，以上所有模拟研究都需要依赖涡动相关技术来测量摩擦速度和大气稳定度参数，这就限制了 LNF 理论的广泛应用。

（一）拉格朗日反演模型理论依据

1. 水汽浓度及其水汽源（水汽汇）强度之间的关系

林冠内水汽浓度场可以看作是所有源释放的水汽的线性叠加。Raupach（1989a；1989b）将此浓度场划分为由邻近源控制的近场部分（near-field）$C_n(z)$ 和由远距离源控制的远场部分（far-field）$C_f(z)$。近场部分定义为在此区域内流体质点从源出发移动的时间 $T<T_L(z)$（拉格朗日时间尺度），而远场部分定义为在此区域流体质点移动的所需时间 $T>T_L(z)$。

大气湍流造成水汽从释放源传输到被观测点的过程中，在近场，物质和能量输送主要受控于连续湍涡；在远场，输送主要受控于分子扩散（Leuning，2000）。因此，在高度 z 处的水汽浓度可以表示为：

$$C(z)=C_n(z)+C_f(z) \tag{2-91}$$

式中，$C(z)$ 为水汽浓度。假设 z_R 为参考高度，则在 z 和 z_R 之间的浓度差可以表示为：

$$C(z)-C(z_R)=C_n(z)-C_n(z_R)+C_f(z)-C_f(z_R) \tag{2-92}$$

LNF 理论假设：①林冠在每个高度上都是水平均匀的，净传输通量完全取决于垂直方向；②通过垂直速度标准差 $\sigma_w(z)$ 和拉格朗日时间尺度 $T_L(z)$，近场输送可以近似表示成高斯（Gaussian）均匀湍流运动；③远场源对浓度场的贡献严格服从分子扩散（Katul et al.，2001）。源强、$\sigma_w(z)$ 和 $T_L(z)$ 的垂直分布决定了近场浓度廓线。设初始源高度为 z_0，则近场浓度廓线表示为：

$$C_n(z)=\int_0^{\infty}\frac{S(z_0)}{\sigma_w(z_0)}\left[k_n\frac{z-z_0}{\sigma_w(z_0)T_L(z_o)}+k_n\frac{z+z_0}{\sigma_w(z_0)T_L(z_o)}\right]dz_0 \tag{2-93}$$

式中，$S(z)$ 为高度 z 处的水汽源（水汽汇）强度；k_n 为近场算子（near-field kernel），Raupach（1989a）给出了其近似解析形式为：

$$k_n(\zeta)=-0.398\,94\ln(1-e^{-|\zeta|})-0.156\,23e^{-|\zeta|} \tag{2-94}$$

基于梯度—扩散关系，可得 $C_f(z)-C_f(z_R)$ 的表达式为：

$$C_f(z)-C_f(z_R)=\int_z^{z_R}\frac{1}{\sigma_w^2(z')T_L(z')}\left[\int_0^{z'}S(z'')dz''+F_g\right]dz' \tag{2-95}$$

式中，F_g 为地面水汽通量密度，z' 和 z'' 都表示高度。由式（2-92）～（2-95）便可以得到 $C(z)$ 和 $S(z)$ 之间的关系式。如果将林冠以厚度 Δz_j 分成水

平性质均匀的 m 层，且源强 S_j 和 F_g 已知，则 C（z）和 S（z）之间的关系式的离散形式可以表示为：

$$C_i - C_R = \sum_{j=1}^{m} D_{ij} S_j \Delta Z_j \tag{2-96a}$$

式中，D_{ij} 为扩散系数矩阵，C_i 为在高度 i 处林冠内（上）的水汽浓度，C_R 为参考高度上的水汽浓度。若 F_g 未知，则上述离散形式可以改写为：

$$C_i - C_R = \sum_{j=1}^{m} D_{ij} S_j \Delta Z_j + D_{0ij} F_g \tag{2-96b}$$

式中，D_{0ij} 为 F_g 的系数矩阵。D_{ij} 和 D_{0ij} 都可以通过式（2-93）和（2-95）求解。

2. σ_w（z）和 T_L（z）在中性大气层结中的廓线

为了从已知的 C（z）求解 S（z），必须获得林冠内（上）的 σ_w（z）和 T_L（z）。根据 Leuning（2000）的研究，无量纲量 $T_L u^* / h_c$ 和 σ_w / u^* 在中性大气层结中的廓线如图 2.38 所示，其中 u^* 为摩擦速度，h_c 为平均林冠高度。图中曲线可以近似表示为（Raupach，1989b；Leuning，2000；Raupach，1987）：

$$y = [(ax+b) + d\sqrt{(ax+b)^2 - 4\theta_{abx}}]/(2\theta) \tag{2-97}$$

式中，参数 a、b、d 和 θ 详见表 2.9。以下方程保证了 σ_w / u^* 能在 $0 < z/h_c < 0.8$ 内取得平滑廓线：

$$y = 0.2e^{1.5x} \tag{2-98}$$

式中，$x = z/h_c$；$y = \sigma_w / u^*$ 。

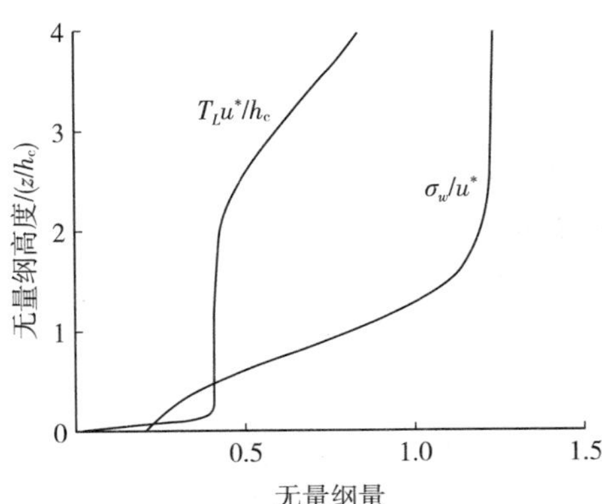

图 2.38　中性大气层结条件下垂直速度标准差和拉格朗日时间尺度廓线

表 2.9　描述 σ_w / u^* 和 $T_L u^* / h_c$ 无量纲廓线的参数和变量

z/h_c	x	y	θ	a	b	d
≥0.8	z/h_c	σ_w/u^*	0.98	0.850	1.25	−1
≤0.25	$z/h_c - 0.8$	$T_L u^*/h_c$	0.98	0.256	0.40	+1
<0.25	$4z/h_c$	$T_L u^*/h_c$	0.98	0.850	0.41	−1

3. σ_w 和 T_L 的影响因子—大气稳定度订正

虽然上述 σ_w/u^* 和 T_Lu^*/h_c 廓线适合于中性大气层结，然而在使用拉格朗日扩散分析时还是会引起水汽源、水汽汇分布和蒸散的计算误差，尤其是在大气为中性层结时（Leuning et al.，2000；Leuning，2000）。Leuning（2000）曾用 Obukhov 长度函数 ζ 作为稳定度参数，利用以温度和风速为变量的稳定度函数来订正稳定度对 σ_w 和 T_L 的影响。显然，显热通量的涡动协方差是 Obukhov 长度计算的必要参数，但是其值在夜间通常非常小，而且林冠上层温度梯度的测量误差也往往会引起 Obukhov 长度的计算偏差。为了克服这一问题，在这里引入梯度理查孙数 R_i 来代替 ζ，得到 σ_w 和 T_L 的订正函数分别为：

$$\frac{\sigma_w(R_i)}{\sigma_w(0)} = \frac{\phi_m(R_i)}{1.25} \tag{2-99}$$

$$\frac{T_L(R_i)}{T_L(0)} = \frac{1}{\phi_h(R_i)}\frac{(1.25)^2}{\phi_m^2(R_i)} \tag{2-100}$$

其中，由式（2-97）和式（2-98）可以给出中性条件下的 σ_w（0）和 T_L（0）；σ_w（R_i）和 T_L（R_i）分别是参数为 R_i 时的垂直速度偏差、拉格朗日时间尺度。R_i 可由在林冠上的两个高度之间的位温和风速值得到，公式如下：

$$R_i(z_g) = z_g\frac{g}{\theta}\frac{(\theta_2-\theta_1)}{(u_2-u_1)}\ln\left[\frac{z_2-d}{z_1-d}\right] \tag{2-101}$$

式中，$z_g=\sqrt{(z_2-d)(z_1-d)}$ 表示几何平均高度，并假设 $z_2>z_1$。稳定度函数和 R_i 之间的关系式可以用 Pruitt（刘和平等，1997）所提出的下列方程表示：

$$\{\phi_m(R_i) = (1-16R_i)^{-\frac{1}{3}} \tag{2-102a}$$

$$\begin{cases}\phi_m(R_i) = (1+16R_i)^{\frac{1}{3}} & R_i<0 \\ \phi_h(R_i) = 0.885(1+34R_i)^{0.4} & R_i\geq 0\end{cases} \tag{2-102b}$$

同样，摩擦速度 u^* 也可以用林冠上两个高度之间的风速值求解：

$$\frac{\partial_u}{\partial_c} = \frac{u^*\phi_m}{k(z_g-d)} \tag{2-103}$$

式中，k（=0.4）为 von Karman 常数；d 为零平面位移高度，近似等于 19.5（刘和平等，1997）。因此，方程（2-103）可化为：

$$\frac{\partial_u}{\partial_z} = \frac{u_2-u_1}{z_g[\ln(z_2-d)-\ln(z_1-d)]} \tag{2-104}$$

若已知源/汇廓线和 F_g，则使用方程（2-105）即可得到 E_t：

$$E_t = \sum_{i=1}^{n} S_i\Delta z_i + F_g \tag{2-105}$$

水汽浓度计算方法如下：

$$C = 289\frac{e}{t+273.15} \tag{2-106}$$

式中，C 为水汽浓度（g/cm^3），t 和 e 为所测得的气温（℃）和水汽压（kPa）。所有传感器的标定工作由 Campbell Scientific 公司完成，传感器的采样频率为 2 Hz。数据采集器（CR23X，Campbell Scientific，USA）实时采集数据，进行半小时平均。

（二）水汽源强分布特征

本试验共有 153d 实测数据和模拟结果，得到 7 344 个水汽廓线。图 2.39 显示了林冠水汽源强分布廓线（以 2003 年 5 月 1 日的结果为例）。白天林冠水汽源强明显大于夜间；林冠高度的 80%以上蒸散强度在下午达到最强为［0.018 g/（m^3·s)］；当高度超过冠顶向上，源强减弱。在冠层高度 40%～75%处，绝对湿度出现递减趋势，同时源强出现负值，最小约为 0.003 g/（m^3·s)。目前对这一现象的原因尚不清楚。夜间林冠水汽源强比较微弱，在地表几乎没有蒸散发生；冠层顶在夜间 20：00 由于受到地面长波辐射和大气逆温层影响，热量在冠层顶积累，温度升高，促使冠层顶蒸散加强。冠层高度 70%处源强变化强烈，而且出现负值，原因尚不清楚，有待进一步研究。

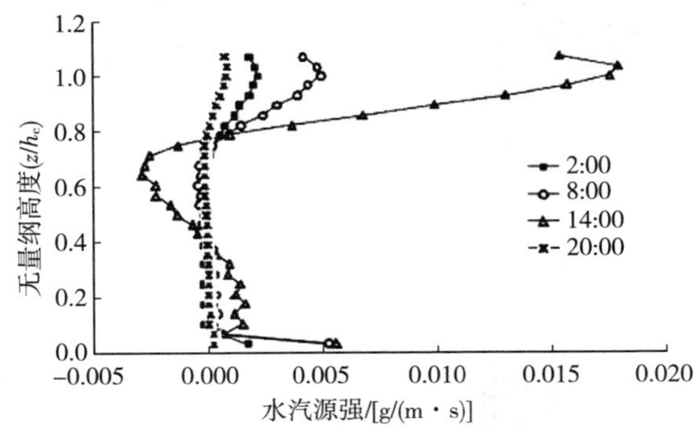

图 2.39　2003 年 5 月 1 日 2：00、8：00、14：00 和 20：00 时的水汽源强廓线

图 2.40 显示了水汽源（水汽汇）强度的时间深度演变。整个林冠可明显分为 3 层：上层为水汽源，从午夜开始到中午时分逐渐增加，然后再逐渐递减到午夜时分，强度变化较小；中间层为水汽汇，呈现先递减后增加趋势；林冠下层依然为水汽源，与上层变化趋势一致，但强度波动较大。上层水汽源强约占林冠总水汽源强的 90%以上，白天（8：00～20：00）水汽源强要明显大于夜间（20：00 至翌日 8：00）。

通过对林冠水汽源/汇强度分层结构的分析，可以看出，林冠中上部枝叶茂盛，并受太阳辐射影响，蒸散强度远大于地表；整个林冠的蒸散主要来自于林冠中上部的贡献。

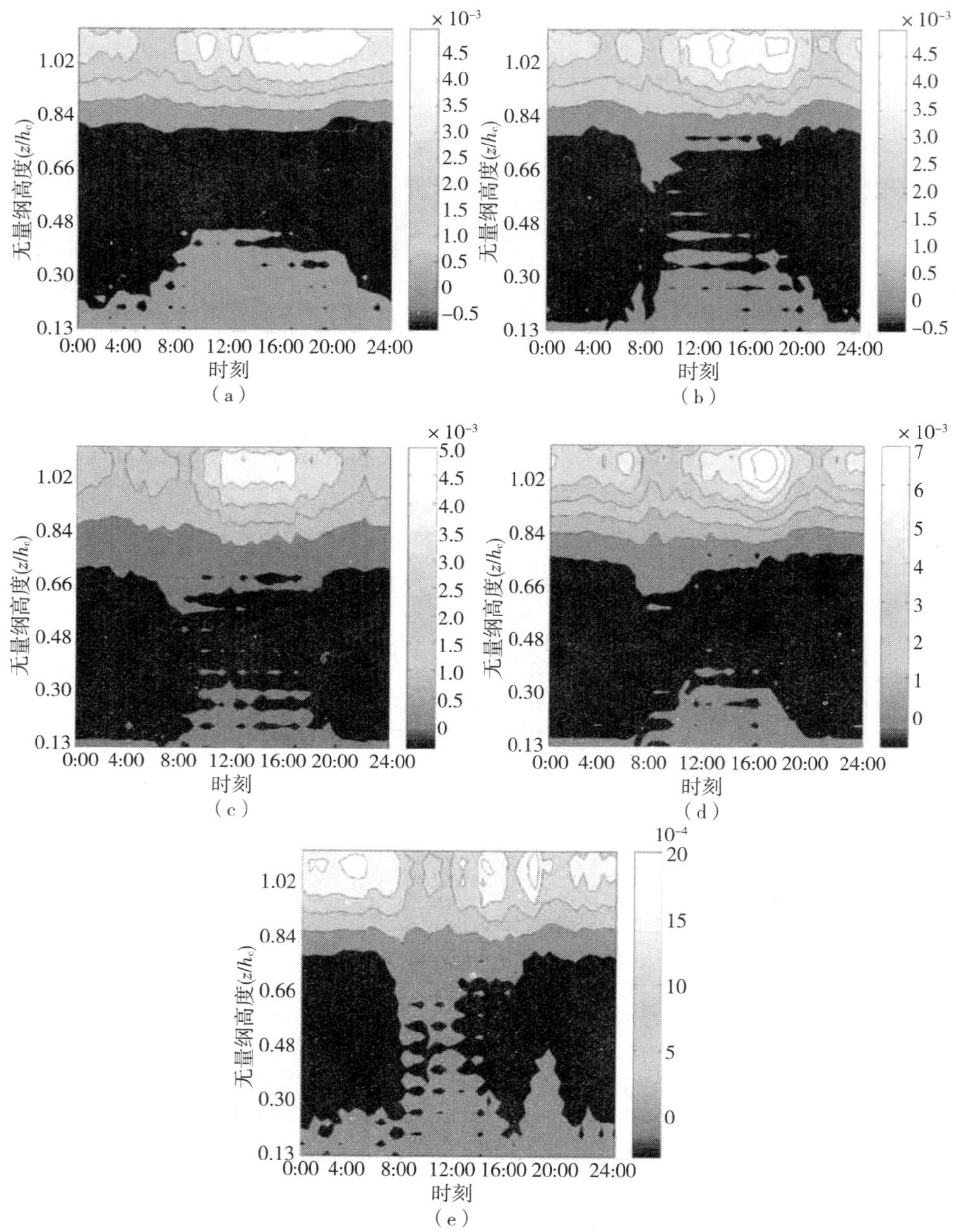

图 2.40 平均水汽源强的时间深度演变（5～9 月）

（三）水汽通量的日变化和季节变化

图 2.41 显示了 2003 年 5 月 1 日水汽各层通量 IL 模拟值的日变化。如图所示，在白天地表附近，由于受到地表蒸发影响，水汽通量值略高于林冠中间的

值；夜间，水汽发生凝结，地表附近和林冠中间都出现负通量；从冠层高度的80%开始一直到冠层以上，水汽通量随高度增加逐渐增加；白天水汽通量远大于夜间，占日水汽累积总通量的70%以上。以上结果符合EC实测值。

图2.42显示了2003年5月1日至9月7日白天水汽总通量的季节变化。6～8月的水汽白天总通量高于5月和9月的值，整个观测期内的最高值达到0.978 g/（m^2·s)。5月和9月，叶面积指数较小，而且长白山温度变化强烈，其中5月7日和9月1日最低温度分别为－3.9℃和0.37℃，水汽白天总通量出现极低值分别为0.314 g/（m^2·s）和0.325 g/（m^2·s）。这也说明林冠水汽通量的变化主要受气温和叶面积指数影响。

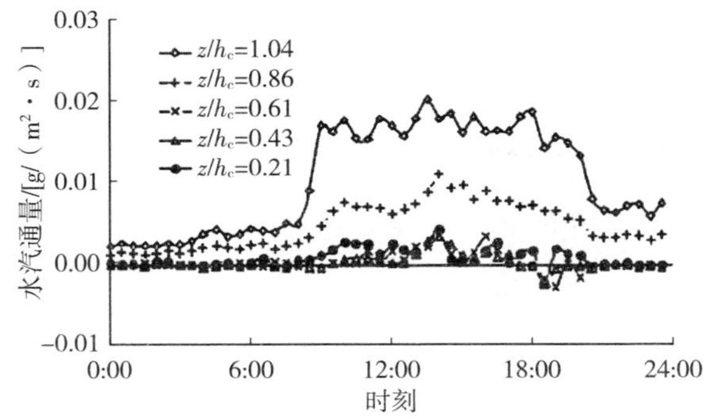

图2.41　2003年5月1日水汽各层通量日变化（IL模拟值）

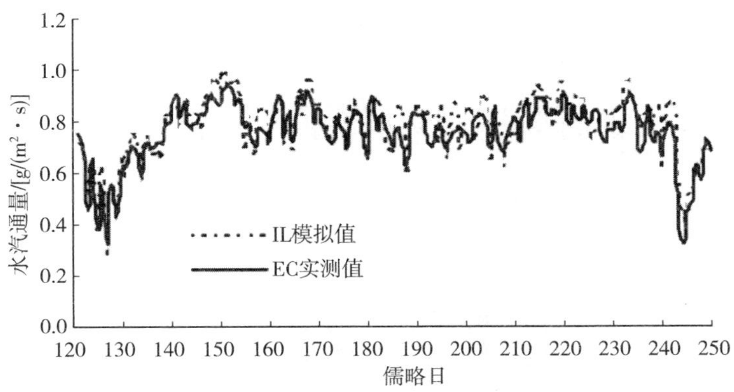

图2.42　2003年5月1日至9月7日白天水汽总通量的季节变化（$u^* > 0.12$）

（四）模型精度分析

观测期内白天水汽总量的模拟值为204.88mm，观测值为194.26mm。表明IL模型在模拟白天水汽通量时能保持长期的稳定性和较高的精度。但是，全天水汽总量模拟值298.91mm高于观测值240.33mm。

如图2.43所示，与涡动相关实测数据（EC）比较，IL模拟值高于EC实测值大约 15%～25%。当 u^* >0.12 时，模拟值与实测值比较吻合，当 u^* <0.12 时，模拟值比实测值大 2～4 倍，与 Leuning（2000）的研究结果一致。白天水汽总通量的模拟精度达到 81%（图 2.44）；夜间 u^* 出现较低值，模拟值波动较大，比实测值高出 2～4 倍。目前对于 IL 模拟值略高的原因还不是很清楚。模型对夜间林冠水汽源强的模拟能力较差，还需进一步研究和改进。

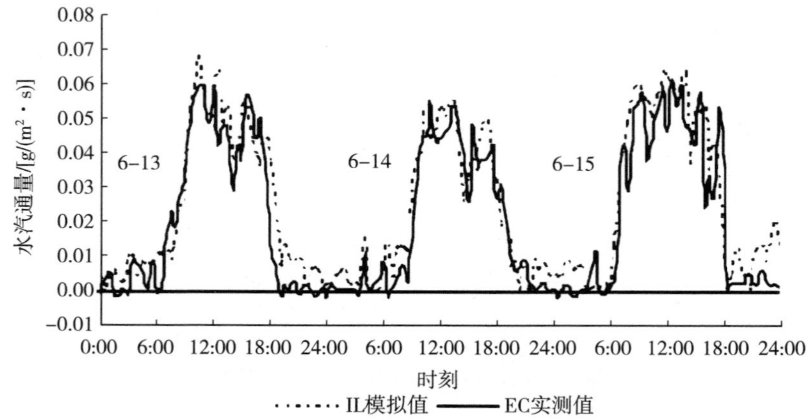

图 2.43　IL 模拟值与 EC 实测值之间的通量日变化比较（模拟日期为 2003 年 6 月 13—15 日）

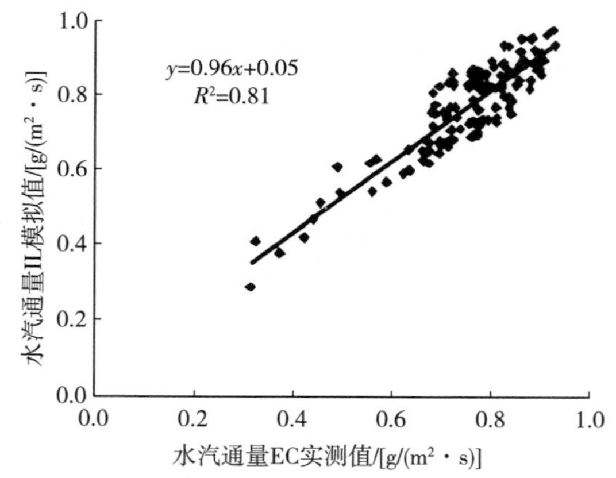

图 2.44　IL 模拟值与 EC 实测值之间的相关性（白天数据）

IL 模型的模拟结果与涡动相关实测数据比较，模拟值高出 EC 实测值约 15%～25%。模型对夜间林冠水汽源强的模拟能力较差，还需进一步研究和改进。

水汽通量具有明显的日变化和季节变化。林冠白天水汽通量远大于夜间，占日水汽总通量的 70%以上；6～8 月的水汽白天总通量高于 5 月和 9 月的值。模型能够很好地反映水汽源/汇强度及其通量随高度的变化过程。在长白山林冠蒸散研究中，与以往的空气动力学模型（王安志等，2003）相比，IL 模型不仅简化了模型而且提高了模拟精度。

IL 模型为林冠—大气界面水汽交换提供了一个稳定、精确和相对简单的计算方法。在预报林冠水汽源/汇强度、辐射吸收、能量平衡和 CO_2 交换等方面，它也是验证和简化多层林冠模型的有力工具。模型对于地表附近垂直速度和拉格朗日时间尺度的计算并不是很精确。热力层结对林冠内湍流特征的影响将是今后研究的重点，也是解决模型计算误差的关键。

四、用涡动相关技术观测长白山阔叶红松林蒸散特征

蒸散是森林热量平衡与水量平衡的一个重要分量（王安志等，2001），是森林生态系统中水分损失的主要途径，在森林生态系统水分平衡中占有重要的地位。它不仅是系统的水分损失过程，也是热量耗散的一种形式（闫俊华等，2001）。在森林水分循环中，蒸散作为最重要的水分输出机制，是决定森林水文效应的关键因素，其他的水分要素及其分布特征（如土壤水分、地面径流、地下渗透等）都受蒸散的影响（程根伟等，2003），所以研究森林蒸散量对探求全球水分循环规律、正确认识陆地生态系统的水文功能具有重要意义（王安志和裴铁璠，2002）。目前，测定蒸散的方法主要有波文比—能量平衡法（王安志和裴铁璠，2002；关德新等 2004）、水量平衡法（王安志和裴铁璠，2002）、风调室法（王安志等，2001）、空气动力学法、蒸渗仪法（龚道枝等，2004；王健等，2002）、涡动相关法（Berbigier et al.，2001；Anthonia et al.，1999；Heijmans et al.，2004；Meroni et al.，2002；王旭等，2005；刘允芬等，2003）、彭曼联合法（王健等，2002）、经验公式法、土壤—植物—大气传输模型法（Janssona et al.，1999）、遥感分析法（Ogunjemiyo，2003）等。但是，与农田、草地和裸地相比，森林是具有多层次的植物系统，且外形高大、表面粗糙，这就限制了许多测定方法的应用。近些年随着电子技术的进步和普及，涡动相关法逐渐成为向常规化发展的直接测量蒸散的方法，已成为世界通量网（FluxNET）CO_2 和水汽通量测定的主流方法，它具有不干扰生态系统、时间分辨率高等优点。国外利用此技术进行蒸散的连续观测已有多年（Berbigier et al.，2001；Anthonia et al.，1999；Heijmans et al.，2004；Meroni et al.，2002），我国于 2002 年建立中国通量网，在 4 个不同的森林中建立了涡动相关观测站。长白山阔叶红松林是我国东北地区东部中温带湿润气候区最重要的森林植被类型（金昌杰等，2000）。施婷婷等（2006）利用长白山阔叶红松林通量观测塔上的 2003 年全年观测资料，分析了该生态系统蒸散特征，为森林水热平衡研究提供依据。

（一）涡动相关技术理论依据

本项研究采用涡动相关技术进行能量通量观测，通过直接测定大气中湍流运动所产生的位温脉动、水汽比湿脉动和风速脉动求算显热（H）和潜热（LE）通量，计算公式为：

$$H = \rho C_p \overline{w'T'} \tag{2-107}$$

$$LE = \rho\lambda \overline{w'q'} \tag{2-108}$$

式中，ρ 为空气密度，C_p 为空气的定压比热，w'为垂直湍流速度脉动，T'为气温脉动，λ 为水的汽化潜热，q'为比湿脉动，上横线表示协方差。计算过程中还包含了密度订正，为了检验探头姿态，采用三维旋转和平面旋转方法进行了坐标订正（关德新等，2004）。

实时数据谱分析表明 OPEC 观测系统的 ρ_{CO_2}、w、u、ν 的功率谱与－2/3 斜线非常一致，而 WC 与 WT 协谱则与－4/3 斜线非常一致，由此可见该观测系统的观测数据质量比较高，观测结果可靠（宋霞等，2004）。

OPEC 系统的传感器容易受外界环境的影响（宋霞等，2004），由于降雨或露水等异常天气会导致森林蒸散的测量值异常，因而首先要对采集的数据进行阈值判断。根据当地气候特征，各项观测值的合理取值范围为：当净辐射为正时，森林蒸散 LE（－100，R_n），显热 H（－100，R_n）；当净辐射为负或零时，LE（R_n，200），H（R_n，200）；净辐射 R_n（－200，1000），土壤热通量 G（－100，100），气温 T_a（－35，35）。

分析涡动相关系统能量闭合状况，需要估算森林储热量 S。S 包括 3 个分量：

$$S = S_a + S_v + S_g \tag{2-109}$$

式中，S_a 为观测高度下的气层储热量变化，S_v 为植被体储热量变化，S_g 为土壤热通量。由于土壤热通量板安装在林内土壤 5cm 深处，S_g 又分为土壤热通量G 和表层 5cm 厚度的土壤储热变化 S_s。其中，G 由土壤热通量板直接测量，S_a、S_v 和 S_s 采用文献（关德新等，2004；Oliphant et al.，2004）方法估算。

由于仪器故障、系统校正、天气等因素，造成长期通量观测数据有部分丢失或出现异常值。目前，对短期缺失数据插补有以下几种方法：平均日变化法、多元回归法、能量平衡法（Berbigier et al.，2001）。对于低于 3h 的 30min 数据，本试验依据相邻数据进行线性插补（Berbigier et al.，2001）；对大于 1d 的缺测数据，采用非线性多元回归法进行蒸散日总量的插补，但只用于日总量和月总量的计算。

（二）能量闭合分析

能量闭合状况是检验涡动相关观测值可靠性的重要指标，即根据能量平衡原理分析辐射通量与涡动通量之间的闭合程度。从全年资料中筛选出数据完整的 265d，对涡动相关法测得的能量通量（$LE+H$）与可供能量（R_n-G-S）进行闭合度分析（如图 2.45），日总量和 30min 平均值的回归方程分别为（图 2.45a、b）：

$$LE + H = 0.104 + 0.865(R_n - G - S) \quad R^2 = 0.932 \tag{2-110}$$

$$LE + H = 14.6 + 0.687(R_n - G - S) \quad R^2 = 0.892 \tag{2-111}$$

日总量闭合度（即回归线的斜率）为 86.5%，见式（2－110），略小于 1，表明闭合度较好。30min 平均值闭合度为 68.7%，见式（2－111）。可以发现，当可供能量（R_n-G-S）为负时（尤其是夜间），能量通量（$LE+H$）出现低估现象，这主要是夜间湍流微弱造成的，OPEC 系统对潜热的测量比实际偏低，由于夜间能量通量为负，其实际值可能比测量值更低（绝对值高）。如果剔除可供能量为负的数据再进行能量闭合分析，回归方程为（图 2.45c）：

$$LE+H=-13.6+0.767(R_n-G-S) \qquad R^2=0.812 \qquad (2-112)$$

闭合度为 76.7%，见式（2-112）。该观测结果与国内外其他森林站相比（Berbigier et al.，2001；Anthonia et al.，1999；Heijmans et al.，2004；Meroni et al.，2002；王旭等，2005；刘允芬等，2003；Wilson et al.，2002），能量闭合度居于中上水平。

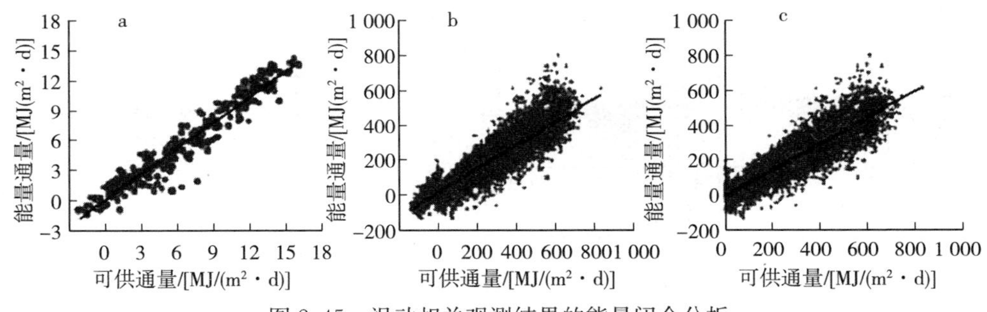

图 2.45　涡动相关观测结果的能量闭合分析

a. 日总量　b. 30min 数据　c. 30min 数据（R_n-G-S）>0

（三）森林蒸散的日变化与季节变化

1. 典型天气的日变化

图 2.46 是生长季阴天（a）和晴天（b）蒸散的日变化图，图 2.47 是非生长

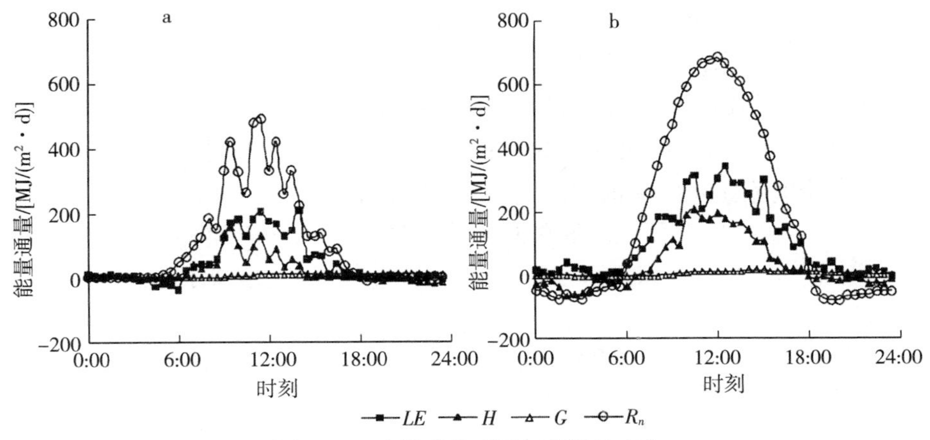

图 2.46　生长季典型天气蒸散日变化

a. 阴天（7 月 27 日）　b. 晴天（7 月 13 日）

季阴天（a）和晴天（b）蒸散日变化图，为说明其能量平衡关系。图中还绘出了 R_n、H、G 等。LE 的日变化特征表现为：夜间较低且变化较小，在日出后，逐渐升高，中午时达到最大值，然后开始降低直到日落后又趋于稳定。无论是生长季还是非生长季，晴天和阴天的 LE 日变化趋势相同，在温度、叶面积等环境因子相似的情况下，晴天 LE 和热量平衡其他各项均高于阴天，表明 LE 受净辐射的影响较大。

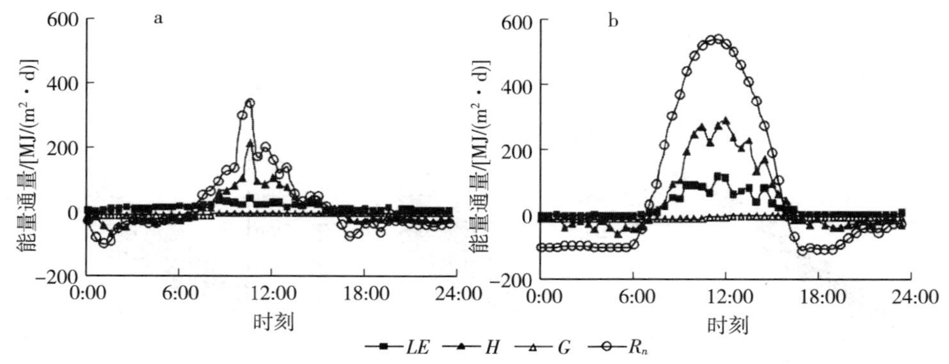

图 2.47　非生长季典型天气蒸散日变化

a. 阴天（10 月 15 日）　b. 晴天（10 月 14 日）

2. 月平均的日变化

筛选全天数据完整的观测系列（总有效日为 265d，占全年天数的 72.6%），绘出月平均的蒸散量日变化（图 2.48a）。为了说明与气象条件的关系，还绘出对应的 R_n、T_a 及饱和水汽压差（VPD）月平均的日变化图（图 2.48b、c、d）。其中冬季 1 月、2 月、3 月、11 月、12 月的数据很接近，取这 5 个月的平均值代表冬季。由图 2.48a 可见，各月的 LE 日变化趋势基本一致，傍晚日落至早晨日出，LE 较低且变化较小，日出时开始升高，12：00 左右达到最大值，以后逐渐减小。R_n、T_a 和 VPD 也表现出相似的日变化趋势，但 T_a 和 VPD 的峰值要迟后 2～3h 出现。各月之间比较来看，R_n、T_a、VPD 高的月份 LE 值也高，说明 LE 与这 3 个要素是正相关的。图 2.48 还可看出，暖季 LE 开始升高的时间（7 月为 6：00 左右）早于寒季（冬季为 7：30 左右），且降低至稳定的时间（7 月为 18：00 左右）也迟于寒季（冬季为 16：30 左右），这反映了昼长的季节变化对 LE 的影响。

LE 月平均最高值出现在 7～8 月，可达到 305.2 WJ/（m^2·d），其次是 6 月、9 月、5 月、4 月、10 月，分别为 240.9WJ/（m^2·d）、155.1WJ/（m^2·d）、152.6WJ/（m^2·d）、94.9WJ/（m^2·d）、61.8WJ/（m^2·d），最小者在冬季，为 24.1WJ/（m^2·d）。这与 R_n、T_a、VPD 的月际变化趋势基本一致。

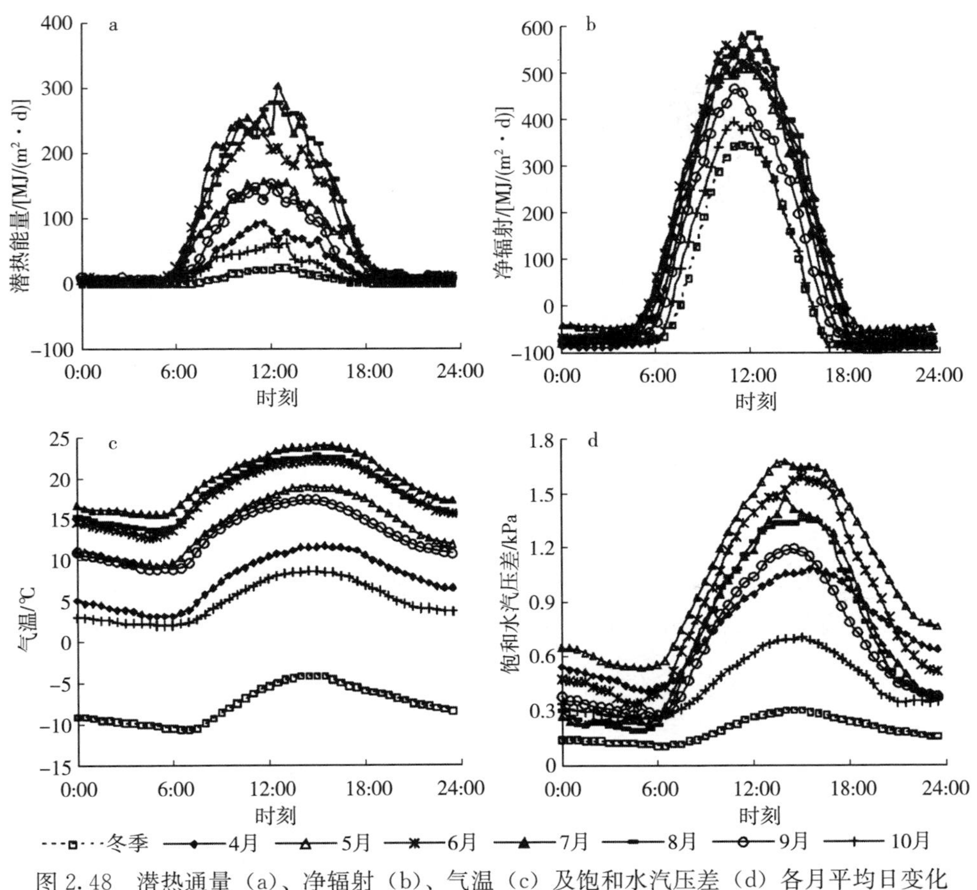

图 2.48　潜热通量（a）、净辐射（b）、气温（c）及饱和水汽压差（d）各月平均日变化

（四）蒸散与环境因子的关系

1. 潜热通量 LE 与净辐射 R_n 的关系

潜热通量 LE 日总量与净辐射 R_n 之间表现为二次曲线经验关系（图 2.49a）：

$$LE = 0.357 + 0.131\, R_n + 0.0275\, R_n^2 \qquad R^2 = 0.732 \qquad (2-113)$$

LE 的 30min 平均值与 R_n 之间也为二次曲线关系，生长季（5～9 月）和非生长季（10 月至翌年 4 月）的回归方程分别为（图 2.49b、c）：

$$LE = 4.93 + 0.0477\, R_n + 9.47 \times 10^{-5} R_n{}^2 \qquad R^2 = 0.765 \qquad (2-114)$$

$$LE = 32.0 + 0.356\, R_n - 2.90 \times 10^{-5} R_n{}^2 \qquad R^2 = 0.508 \qquad (2-115)$$

生长季 LE 在 R_n 中所占比例明显高于非生长季，由于降水量占全年的 67.2%，森林雨水充沛，温度较高，叶面积指数大，森林蒸散 LE 是能量消耗的主要因素，非生长季阔叶树叶片都已凋落，剩下少数针叶树种，叶面积指数很小，而且温度较低，LE 所占比例相应的大幅度下降，而显热 H 在 R_n 中所占比例相对升高。

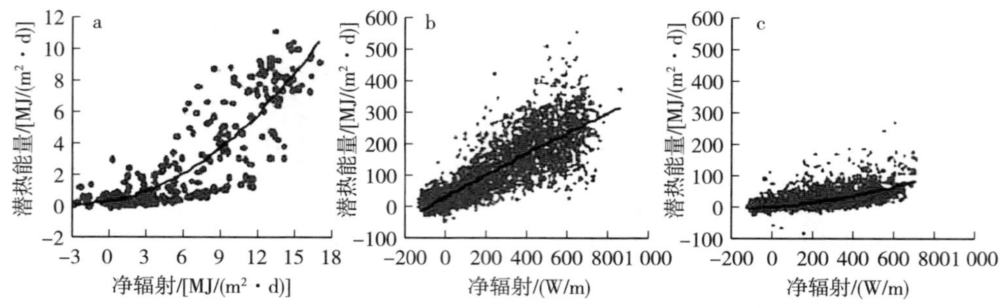

图 2.49 潜热通量和净辐射的关系

a. 日总量 b. 5～9 月的 30min 平均值 c. 10 月至翌年 4 月的 30min 平均值

2. 潜热能量 LE 与温度 T_a 的关系

潜热通量 LE 日总量和日平均绝对温度 T_a 呈指数关系（图 2.50）：

$$LE = 0.096 + 1.06 \times 10^{-12} e^{0.101 T_a} \qquad R^2 = 0.847 \qquad (2-116)$$

暖季温度高，雨水充沛，叶面积指数大，森林蒸散也相应的较高；而随着寒季来临，温度降低，大多数树叶凋落，叶面积指数减小，森林蒸散也随之大幅度减小。

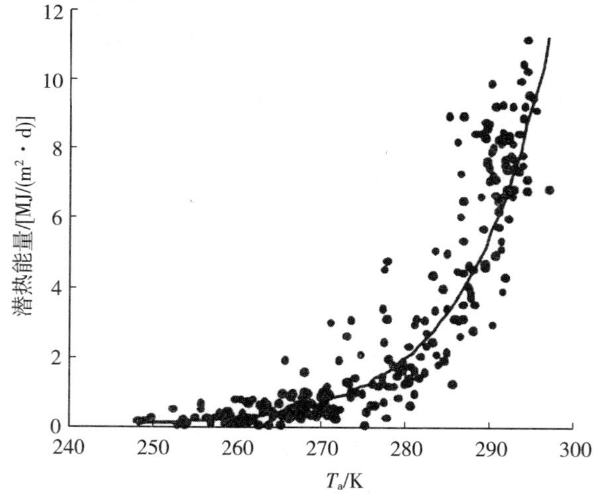

图 2.50 潜热通量与气温的关系

3. LE 与 R_n、T_a 的关系

在 2003 年全年资料中，筛选全天数据完整、可靠的观测系列（共 265d），计算森林蒸散日总量 LE、净辐射日总量 R_n、日平均绝对温度 T_a。根据这些数据进行非线性回归分析，发现 LE 与 R_n、T_a 的关系为：

$$LE = -0.041 + 0.0199 R_n + 0.0128 R_n^2 + 7.52 \times 10^{-13} e^{0.101 T_a} \qquad R^2 = 0.888 \qquad (2-117)$$

此关系式用于 *LE* 日总量缺值和异常值的插补。

（五）*LE* 日总量和月总量

LE 日总量缺测和异常值用前述经验关系式（2-117）进行插补。蒸散日总量和月总量的季节变化见图 2.51a、b。1～8 月 *LE* 逐渐升高，8 月达到最大值，8～10 月 *LE* 迅速下降。*LE* 的这种变化特征与长白山环境因子的年变化规律有很大关系，1～3 月，虽然叶面积变化不大，但随着 R_n、T_a 升高，*LE* 也逐渐增大，4 月植被开始萌动，5 月进入生长季，植被的生命活动旺盛，*LE* 有较大的增长，8 月各项环境因子均达到植被生长的适宜条件，*LE* 也达到最高值，9 月秋季来临，R_n 减小，气温急剧下降（图 2.48c），树叶在短期内迅速枯黄、凋落，叶面积下降幅度很大，*LE* 表现出快速降低的现象。全年 *LE* 最大日总量为 11.14 MJ/m^2（8 月 3 日），而冬季日总量只有 0.5MJ/m^2 左右；*LE* 最大月总量为 226.63MJ/m^2（8 月），最小月总量为 7.53 MJ/m^2（1 月）。全年蒸散总量为 1 126.99 MJ/m^2，相当于 450.8mm 降水量，占该年实测总降水量（538.4mm）的 83.7%。

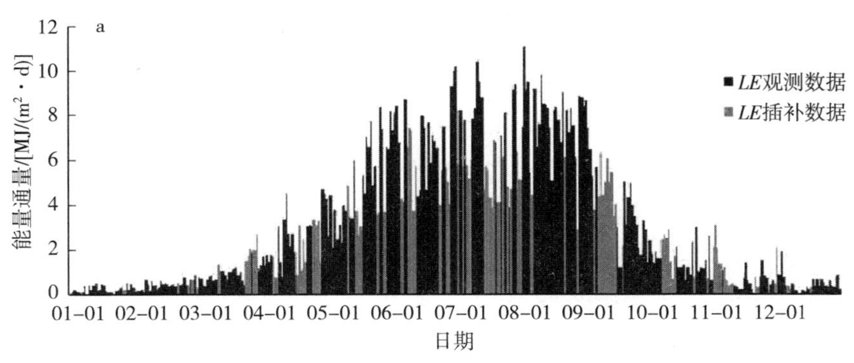

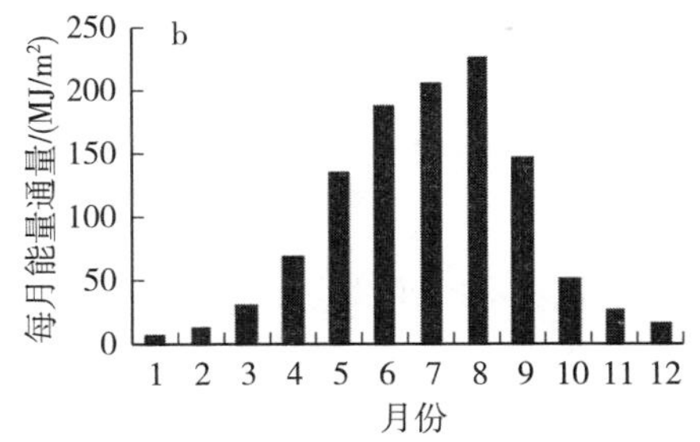

图 2.51　森林蒸散的季节变化

a. *LE* 日总量/（MJ/m^2）　b. *LE* 月总量/（MJ/m^2）

涡动相关法是国际公认的测量通量的主流方法，但由于大气中物理过程、地形、探头姿态等因素的干扰，其测量结果还存在不确定性。例如，暴露于空气中的仪器探头因气温的周期变化可能造成仪器校准的不稳定性；光学表面可能被雨水或灰尘污染，导致仪器性能的下降；超声风速仪倾斜或地形倾斜，造成垂直风速脉动测量误差；涡动相关仪器对高频信号的频率响应不足；通量观测站很少有足够大的平坦、均质源区等。本研究的观测场地基本满足平坦、均质的下垫面条件，并对涡动相关法的超声风速仪倾斜、频率响应局限和垂直平流损失项进行了修订（Wu et al.，2005）。不过其他修订，如水平平流修订、气压脉动修订，由于观测技术和方法的局限，仍然是国际上通量研究的难题（Massman et al.，2002）。因此，虽然涡动相关方法相对于其他森林蒸散研究方法具有更多优点，但它并不是绝对标准的方法，特别是在观测环境复杂的森林中应用时，其精度有待于进一步检验。

第四节　长白山阔叶红松林树干径流

一、树干径流模型

降雨通过林冠，再分配为林冠截留、穿透降雨和树干径流（以下简称干流）。年干流总量通常不超过年降水量的5%（Lee，1980），它在森林水量平衡中居次要地位。然而，这部分降水流经叶枝干，将树体上的N、P、K、Ca、Mg及其他一些营养元素淋洗至林地，参与林地养分循环，对树木生长，维持森林生态系统平衡具有一定意义（赵惠勋，1986；Lee，1980），以往，关于干流研究较少，通常做些描述（Delfs，1967），现有模型大多为根据野外观测资料拟合的经验公式（董树仁等，1987；魏晓华和周晓峰，1989；中野秀章，1975），少有半经验半理论模型（郭景唐和刘自光，1988）尚未见到从干流机理构造的理论模型。有些学者试图根据野外观测数据找到干流量与胸径的关系，其结果很不理想（George，1978；Majid et al.，1979；Weihe，1984）。近年来，裴铁璠等（1990）在中国科学院长白山站森林水文模拟实验室（Pei et al.，1988），通过模拟试验，研究干流过程构造了模型。

（一）实验条件

以长白山北坡阔叶红松林为研究对象，选取2棵实验用树，一棵为红松，一棵为栎树。红松16年生，树高3.3m，树冠投影面积2.3m^2，叶面积指数为5.1，栎树10年生，树高4.5m，树冠投影面积为5.2m^2，叶面积指数为4.3。将树移植到实验室的下垫面模型里，使其正常生长，把干流收集器装在底枝毗邻的树干部位，进行人工降雨。天然降雨是千变万化的，为简单起见，采用同一雨强不同雨量，不同雨强同一雨量的方法，常雨强1 mm/min，历时8min，降雨量8mm，收集器承接的干流通过胶管导入V形槽测流仪。由于干流流量很小，难于准确地自动监测，采用人工接水称重与自动监测相结合的方法进行测量。根据野外观察，对影响干流诸多因素，选取了降雨量、降雨强度、树枝干夹角、叶面积指数及雨前枝叶湿润度等 5 个因子，进行了单因子实验。为了便于比较针阔叶树干流过程特征，红松和栎树干流实验是同时进行的。

（二）干流过程分析

干流来源于两部分，一部分降雨落到倾斜的叶片上，向下流到叶柄，沿叶柄流到小枝，再流到大枝经树干流室林地，一部分雨滴落到枝上，也经主干流到林地。干流除了顺叶柄流动暂短的瞬间，主要是雨水在枝干表面的向下流动过程。实验结果表明，干流过程及其总量主要依赖于降雨量、枝干夹角及叶面积指数。与枝叶湿润度、雨强关系不密切（赵惠勋，1986）。通常，降雨量超过 5mm，枝叶湿润度只影响出流时间，不影响干流过程。雨强大时，雨滴打到叶及小枝上，因抖动大，减少截持量，导致干流量减少。反之，增多截持量，增加干流。前者源多汇少，后者源少汇多，因而没有明显差异。

（三）枝干干流的基本方程

为了构造干流模型成为可能，同时又抓住其实质，把枝干假设成为一种理想状态，表面是光滑的，雨水沿枝干流动呈均匀分布，模型中的各个参数均要按实测数据计算出它们的对应等效值。利用等效值的方法来弥合理想过程与实际过程的差异。由于枝干长度远远大于树木直径，因此，可以将枝干流按一维问题处理。枝干流的第一个方程是流体力学中连续性方程，即：

$$\frac{\partial H(x,t)}{\partial t}=B(x,t)-\frac{\partial F(x,t)}{\partial x} \qquad (2-118)$$

式中，x 是一维枝干上的位置坐标，t 是时间，H 是枝干表面的水深（即单位表面积上的水量），F 是沿枝干表面的流量，它沿枝干向下流动，B 是枝干单位表面积上的净流入量，即从别的枝叶或直接从降雨获得的雨水流量，减去滴出的水量。其中 H、F 和 B 都是 x 和 t 的函数。

枝干流的第二个方程是一个经验方程，它表达流量 F 与水深 H 之间的关系。由于树皮与水之间的分子引力所造成的吸附作用以及树皮粗糙形成的存水作用，使得水深 H 大于某个闭值 H_0，才有水流 F 出现，而且 H 越大，F 也越大。一个能反映上述特征的最简单的方程是：

$$F(x,t)=f\,(H(x,t)) \qquad (2-119)$$

其中

$$f(H(x,t))=\begin{cases}0 & (H\leqslant H_0)\\ K((H-H_0)\sin A)^{r} & (H>H_0)\end{cases} \qquad (2-120)$$

式中，A 为枝干与水平面倾角，K 为流动系统，y 是参数。

（四）主干干流方程

因为主干多数垂直生长，除在大风情况以外，由降雨直接落到主干上的水量可以忽略。此外，进入主干的水流一般也不再滴出，故对主干而言，在式（2-118）（2-119）（2-120）的基础上，再加上：

$$B(x,t)=\begin{cases}B_{0i}(t)(x_i=x_1,x_2,x_3\cdots\cdots)\\0\quad（其他\ x）\end{cases}\tag{2-121}$$

其中 x_i 是侧枝在主干上生长位置的坐标（图 2.52），B_{0i}（t）表示第 i 个侧枝对主干的水流贡献。

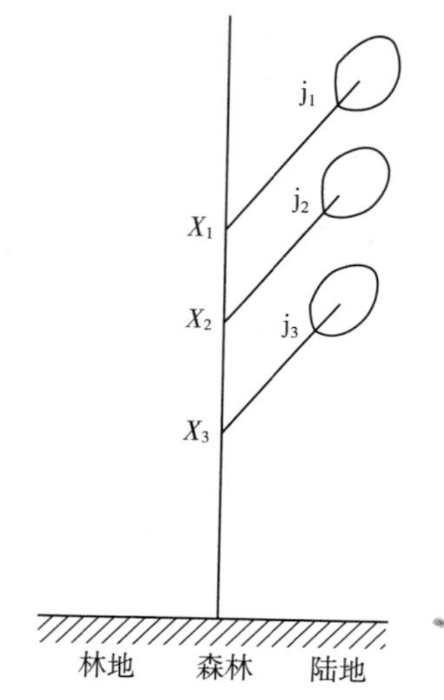

圈 2.52　侧枝在主干上的生长位置

（五）侧枝干流方程

从侧枝的角度看，式（2-121）中的 B_{0i}（t）即是侧枝 j_i 基部的水流量 F_i（l_i，t），l_i 是侧枝 j_i 基部与主干相连处的坐标值。此外，侧枝从叶丛中获得的水量可近似写为：

$$B_{1i}(t)=\gamma IQ\tag{2-122}$$

其中，Q 是叶面积指数，I 是雨强，γ 是比例系数，假如把整个树看成为一个流域，可用截留模型来计算（Liu，1988）。

最后，侧枝直接截获雨水量可写为：

$$B_{2i}(j_i,t)=2PV_iI\sin\beta_i\cos\beta_i\tag{2-123}$$

见图 2.53（a）。式中，V_i 是位于 x_i 处的枝的体积，β_i 是 x_i 枝与主干交角，P 是比例系数。显然，当 $\beta_i=0$ 时，侧枝不截获降雨，$\beta=$（$\pi/2$）时，侧枝截获降雨最多，但是一部分被林冠吸附，另一部分滴落林下，而不形成干流。当 $\beta_i=\pi/4$ 时侧枝对干流贡献最大，如图 2.53（b）所示。

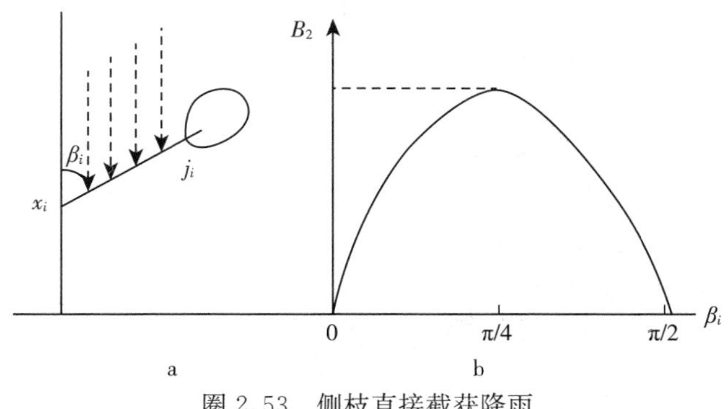

圈 2.53　侧枝直接截获降雨

（六）方程求解

为了简化干流模型的构造及便于数值计算，并且与实验结果有比较好的符合，假定：

①用一个主干来代表所有枝干的表面流动过程，即枝干上的所有流动过程集中到主干上来；②枝叶的集水量全部注入到主干的顶部；③一个等效侧枝位于树干顶部，与主干交角为 β，树干单位表面净流入水量 B 与雨强 I、枝干夹角 β、叶面积指数 Q 的关系为：

$$B=2PIQ\sin\beta\cos\beta \tag{2-124}$$

那么，干流方程组为：

$$\frac{\partial H(x,t)}{\partial t}=B(x,t)-\frac{\partial F(x,t)}{\partial x}$$

$$\begin{cases}F(x,t)=f(H(x,t))\\ f(H(x,t))=\begin{cases}0 & (H\leqslant H_0)\\ K(H-H_0)\sin A)^r & (H>H_0)\end{cases}\\ B=2PIQ\sin\beta\cos\beta\end{cases}$$

式中，$K=0.1$，$H_0=0.5$，$P=0.65$（上机调试确定），根据实验测试先求出 B，然后对于由式（2-118）（2-119）（2-120）（2-124）组成的方程组，采用“辗转迭代法”来计算。先用式（2-120），由某一时刻 H，计算出同一时刻 F；再用式（2-118），由该时刻 F 计算下一时刻的 H；然后再回到式（2-120），计算 F；如此反复，直至求出全部解。

在编制计算机程序之前，要对 H（x）和 F（x）做详细定义，并写成差商形式。将树干长度 L 分为 N 段（$x=0$，1，2，…，$N-1$）。H（x）代表其中第二段树干上水深；F（x）代表第（$x-1$）段与 x 段之间的干流流量。F（0）代表树干顶端上面的干流流量是 0，$F(N)$ 是树干最下段与干流收集器相连那一段上的干流流量。影响 $F(x)$ 的水深梯度 H/x 写成差商形式，即 $D(x)=[H(x)-H(x-1)]/GG$，$GG=L/N$ 即 ΔX。$F(x)$ 可写为：

$$F(x)=K[H(x-1)-H_0)^* \sin A]^{\gamma} \qquad (2-125)$$

考虑到 $F(x)$ 应该是 $\sin A$ 的奇函数，对 $(H(x-1)-H_0)\sin A$ 的台劳展开式中去掉偶数项，而挑选 1，3，5……次项中的某些奇数次项，选取原则是看与数据是否符合，根据上机调试，选 $\gamma=5$，则式（2-125）应为：

$$F(x)=K[(H(x-1)-H_0)^* \sin A]^5 \qquad (2-126)$$

把 $F(x)$ 写成差商形式：

$$C(x)=[F(x+1)-F(x)]/GG \qquad (2-127)$$

于是式（2-118）写成：

$$H(x)=H(x)+S[B-C(x)] \qquad (2-128)$$

式中，S 是时间步长，左边 $H(x)$ 表示下一个时刻的水深。并做了标度变换，流量单位为 m^3/h。

（七）干流实验及其模拟结果

以红松为例，将长白山站森林水文模拟实验室试验干流过程与本项研究的模型模拟结果进行比较。

1. 枝角实验干流过程与模拟

不同枝干夹角实验干流过程及其模拟结果见图 2.54，图 2.55 和表 2.10。

从图 2.54、图 2.55 及表 2.10 看出，实验干流过程与本项研究的模型模拟的干流过程特征，趋势相同。出流滞后降雨时间、汇流历时、峰值流量相当接近；75°时峰值流量偏大，不同枝干夹角模拟干流总量均偏小，但数量仍然相当。

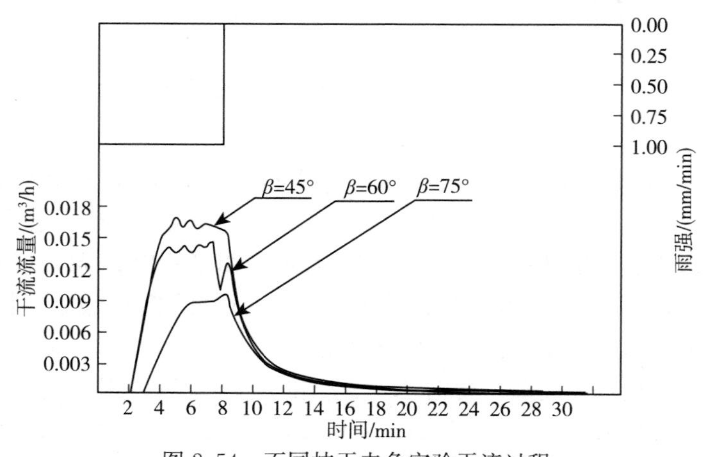

图 2.54　不同枝干夹角实验干流过程

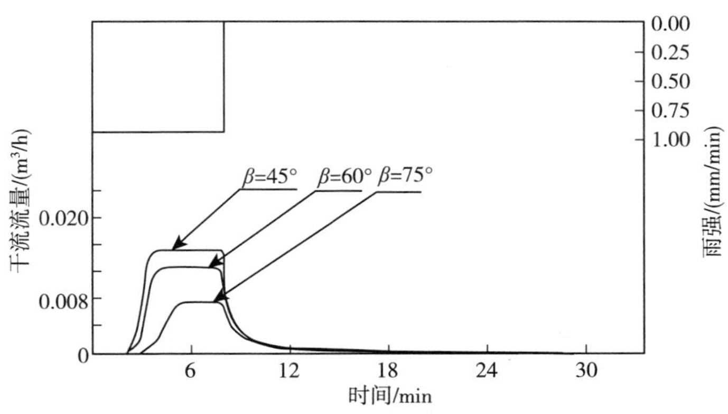

图 2.55　不同枝干夹角干流过程模拟

表 2.10　不同枝干夹角实验与模拟干流过程比较

项目		枝干夹角		
		45°	60°	75°
		特征值		
出流滞后时间/s	实验值	132	132	150
	模拟值	120	131	112
汇流历时/s	实验值	120	120	180
	模拟值	115	129	166
峰值流量/（m^3/h）	实验值	0.016	0.014	0.005
	模拟值	0.015	0.013	0.008
干流总量/m^3	实验值	0.002 1	0.001 8	0.001
	模拟值	0.001 6	0.001 2	0.000 7

2. 叶面积指数实验干流过程与模拟

不同叶面积指数实验与模拟干流过程分别见图 2.56，图 2.57 和表 2.11。

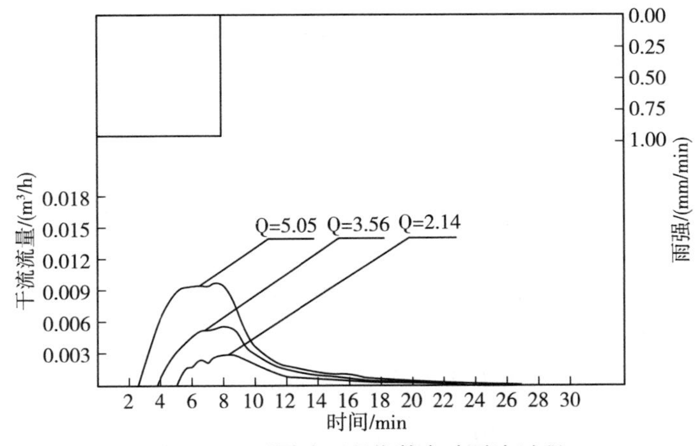

图 2.56　不同叶面积指数实验干流过程

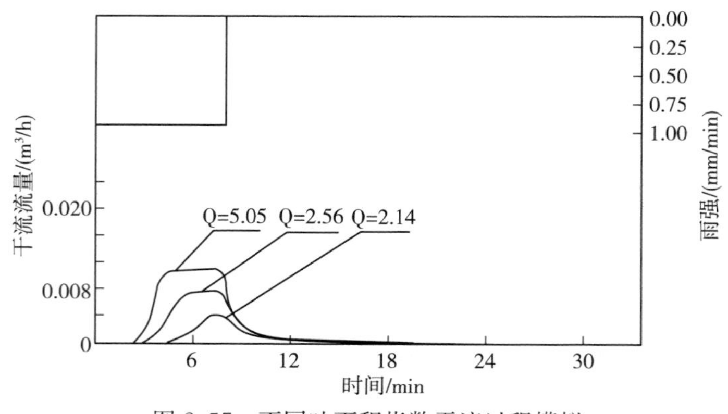

图 2.57 不同叶面积指数干流过程模拟

从图 2.56、图 2.57 和表 2.11 可见，实验干流过程与本试验模型模拟过程特征，趋势相同。出流滞后降雨时间、汇流历时、峰值流量、干流总量均符合较好。

表 2.11 不同叶面积指数实验与模拟干流过程比较

项目		叶面积指数		
		5.05	3.56	2.14
		特征值		
出流滞后时间/s	实验值	160	228	312
	模拟值	148	185	249
汇流历时/s	实验值	138	180	204
	模拟值	143	185	217
峰值流量/（m^3/h）	实验值	0.010	0.006	0.003
	模拟值	0.011	0.007	0.004
干流总量/m^3	实验值	0.001 2	0.000 7	0.000 4
	模拟值	0.001 2	0.000 0	0.000 3

（八）结论与讨论

以长白山北坡阔叶红松林为对象，在实验室里，通过模拟实验研究了红松、栎树干流过程。得出如下几点。

①降雨通过林冠产生的树干径流过程遵从流体力学连续性方程；②雨水流经树干，由于树皮与水分子间的吸力，在树干表面吸附一层水，其深度为 H_0。当水深超过 H_0，则产生向下流动。否则，全部为树干所吸附；③树干单位表面上的净流入量 B 与雨强、叶面积指数及枝干夹角有关，依据实验结果假设 $B=2PIQ\mathrm{sni}\beta\cos\beta$。应用这一假设连同流体力学连续性方程组 $\frac{\partial H}{\partial t}=B-\frac{\partial F}{\partial x}$ 及水深

流动方程 $F=K\left[(H-H_0)\sin A\right]^5$，组成树干径流方程组，它揭示了树干径流的规律，通过实验与模拟结果对比分析得到证明；④已知某种树标准木的叶面积指数，平均枝干夹角及雨前枝叶湿润度，对某一次降雨可推断其干流过程及总量，结合森林调查可估算林分干流过程与干流总量。

干流实验是在实验室中完成的，由于降雨历时仅 8min，不考虑蒸发，即蒸发系数为 0，若降雨历时长，根据经验可取蒸发系数为大于 0 的不同值，蒸发系数在程序 280 句中给出。实验用树为幼树，同野外成龄林树皮差异较大，尽管如此，模拟实验结果仍不失其一般性。实验测得干流量、干流率与降雨量的关系（赵惠勋，1986）同日本森林水文学家中野秀章著的森林水文学中根据野外观测资料得到的干流量、干流率与降雨量的关系完全一致。树干单位面积上的净流入水量 B 依赖于雨强 I、叶面积指数 Q 及枝干夹角 β。然而，这 3 个因子以怎样形式综合影响 B，我们不完全清楚，有待进一步探索。通常，一次降雨超过 5mm 时，枝叶湿润度除影响出流滞后时间外，不影响干流过程其他特征。本试验模型中没有湿润度项，但在程序中作为 H_0 的系数 J 给出（裴铁璠等，1990）。实验中用的的湿润度指标，以林冠吸水饱和后吹风时间计，定量不够严格，有待改进。在不同枝干夹角的干流模拟中，干流总量均比实验值低，可能与参数未调到最佳位置有关。不同叶面积指数干流模拟中，退水稍快于实验干流过程，主要与 5 次方项有关。

二、长白山阔叶红松林 3 种树种树干液流特征及其与环境因子的关系

蒸腾作用是植物生命活动中重要的生理过程，一方面促进植物对水分和营养元素的吸收和运输，另一方面又通过气孔的反馈间接影响植物的光合作用。因此，深入理解植物的蒸腾过程及其环境响应是植物生理生态学的重要内容。

目前，研究树木个体蒸腾耗水的普遍方法是树干液流测定法。该方法基于树干液流速率等于冠层蒸腾速率的理论假设（Fredrik & Anders，2002），具有测定灵敏度高、对林木干扰少、可野外长期连续监测等优点。主要包括热脉冲法（heat pulse velocity，HPV）（Cermak et al.，2004）、热平衡法（heat balance，HB）（Steve et al.，2003）和热扩散法（thermal dissipation probe，TDP）（Granier，1985）等。其中，Granier 于 20 世纪 80 年代提出的 TDP 法，由于其测定结果较准确、安装简便且仪器成本低廉而被国内外学者广泛使用。例如，Granier（1987）采用此方法对道格拉斯冷杉（*Pseudotsuga menziesii*）的液流进行了测定；随后，Kstner 等（1996）、Do 和 Rocheteau（2002）分别采用此方法观测研究了欧洲赤松（*Pinus sylvestris*）和非洲旋扭相思树（*Acacia tortilis*）的树干液流。国内学者采用此方法进行树木蒸腾的测定始于 20 世纪 90 年代，对杨树（*Populus deltoides*）（刘奉觉等，1993）、油松（*Pinus tabuliformis*）（马履一和王华田，2002）、侧柏（*Platycladus orientalis*）（王华田等，2002；胡兴波等，

2010)、红松（*Pinus koraiensis*）（孙慧珍等，2005；孙龙等，2007）、樟子松（*Pinus sylvestris* var. *mongolica*）（张劲松等，2006）、刺槐（*Robinia pseudoacacia*）（于占辉等，2009；吴芳等，2010）和白榆（*Ulmuspumila*）（胡兴波等，2010）等都有相关研究报道。

长白山阔叶红松林是我国东北地区典型的森林生态系统，主要树种包括红松、紫椴（*Tilia amurensis*）、色木槭（*Acer mono*）、蒙古栎（*Quercus mongolica*）和水曲柳（*Fraxinus mandshurica*）等，认识这些树种的蒸腾耗水特征具有重要意义。而目前采用 TDP 法对长白山地区主要树种蒸腾过程的研究尚未见报道。于萌萌等（2014）采用 TDP 法对长白山阔叶红松林 3 个建群树种（紫椴、色木槭和红松）的生长季液流速率进行测定，并结合环境因子的同步监测，探讨各树种树干液流速率的动态特征，分析树干液流速率与环境因子的关系，旨在为揭示生态系统尺度的蒸腾耗水研究提供参考。

（一）树干液流测定方法

2009 年 6～9 月选取同一生境条件下，生长状况良好的紫椴、色木槭和红松各 3 株（表 2.12），使用 Granier 热扩散系统（TDP10，北京鑫源时杰科技发展有限公司，北京）进行树干液流的观测。为避免由于方位及阳光直射引起的误差，液流传感器安装于树干西侧 1.3m 胸径处，外面覆裹保温铝膜。数据使用数据采集器（SQ2020，Grant Instruments Ltd，Cambridge，UK）自动记录，每 30min 进行平均值计算并储存。液流速率（cm/s）依据 Granier 等（1996）的经验公式进行计算：

$$J_s = 0.0119 \times \left(\frac{dT_{max} - dT}{dT}\right)^{1.231}$$

式中，J_s 为液流速率（cm/s），dT_{max} 为测定期间的探针最高温差（℃），dT 是瞬时探针温差（℃）。

表 2.12　研究样树的基本特征

树种	平均树高（m）	平均胸径（cm）
紫椴	26.0	55.8
色木槭	24.5	43.5
红松	25.0	38.9

饱和水汽压差（*VPD*，kPa）计算公式如下（Campbell & Norman，1998）：

$$E = 0.611 \times \exp\left(\frac{17.502 \times T}{T + 240.97}\right)$$

$$VPD = E - \frac{E \times R_h}{100}$$

式中：E 为饱和水汽压（kPa）；T 为空气温度；R_h 为空气相对湿度。

（二）树干液流的日动态

图 2.58 为紫椴、色木槭和红松在生长季典型晴天（7 月 27 日）和典型阴天（7 月 25 日）的液流速率日动态。3 个树种的液流速率在晴阴天下都呈现明显的单峰型态。相同天气条件下各树种液流的启动时间和到达峰值时间基本一致，但停止时间存在差异。主要表现在：晴天时，3 个树种树干液流的启动时间较早（6：00～7：00），11：00 左右达到峰值，并持续维持较高值至 14：00，之后开始逐渐下降，色木槭和红松在 19：00 左右降至最低，而紫椴直到 21：00 才达到最低值；阴天时，液流启动时间较晚，3 个树种均在 9：00 左右开始启动，而后迅速上升，在 13：00 前后达到峰值，而后随 PAR 的下降而降低，色木槭和红松的液流速率在 19：00 降到最小值，而紫椴在 20：00 左右达到最低值。尽管晴天时 3 个树种的液流速率都明显大于阴天时的液流速率，但天气差异引起的液流变化幅度在不同树种间有所不同，表现为：紫椴在晴天和阴天的日平均液流速率分别为 3.261×10^{-3} cm/s 和 1.834×10^{-3} cm/s，前者比后者高出 77.8%；色木槭在晴天和阴天的日平均液流速率分别为 2.397×10^{-3} cm/s 和 1.259×10^{-3} cm/s，前者比后者高出 90.3%；红松在晴天和阴天的日平均液流速率分别为 1.585×10^{-3} cm/s 和 0.982×10^{-3} cm/s，前者比后者高出 61.4%。

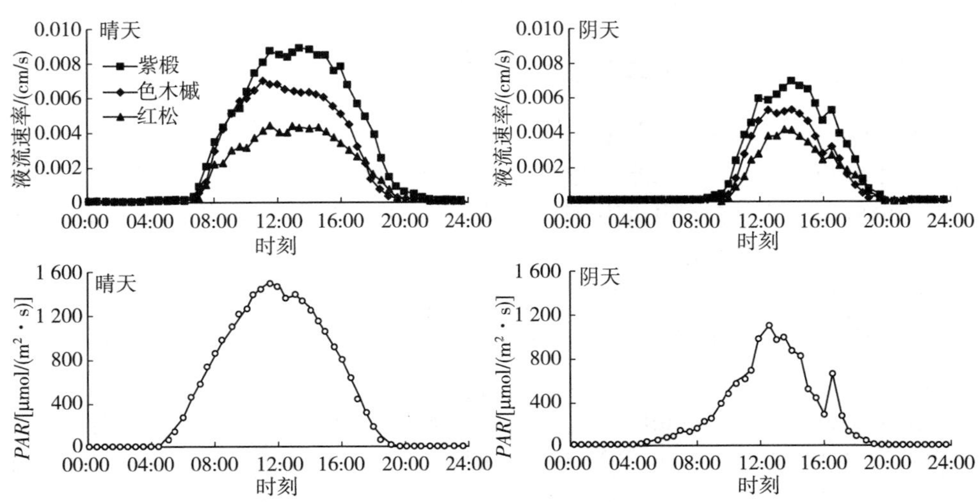

图 2.58 典型晴天和阴天紫椴、色木槭和红松液流速率与 PAR 的日动态

（三）树干液流速率在生长季的月动态

6～9 月，紫椴、色木槭和红松日均液流速率（每月所有数据点的平均值），均呈现先增加后减少的月动态特征（图 2.59）。由于 6 月各树种处于展叶末期，

叶片气孔导度和蒸腾面积较小，日均液流速率在此时也较小，紫椴、色木槭和红松的日均液流速率分别为 1.934×10^{-3} cm/s、1.449×10^{-3} cm/s 和 0.798×10^{-3} cm/s；随着生长季的推进，叶片生理功能逐渐加强，冠层叶面积也逐渐增加，各树种的日均液流速率也逐渐增大，最大值出现在 8 月，分别为 2.606×10^{-3} cm/s、1.97×10^{-3} cm/s 和 1.283×10^{-3} cm/s。9 月，随着气温的下降，叶片开始变色、凋落，叶片蒸腾能力逐渐下降，各树种的日均液流速率也降低。另外，不同树种间的日均液流速率差异性显著：紫椴的日均液流速率在各月中均为最高，其次是色木槭，而红松的日均液流速率在各月中都表现为最低。

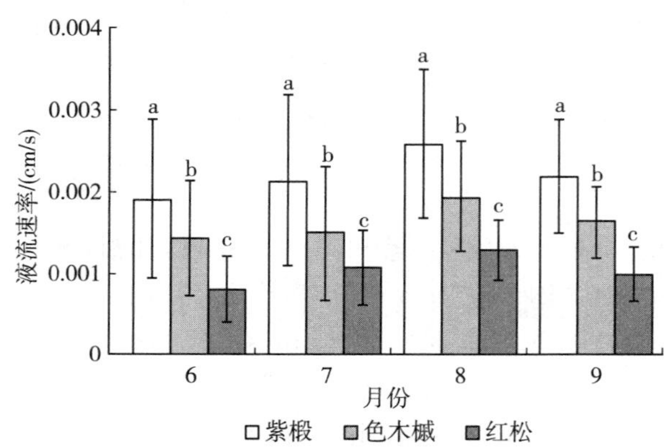

图 2.59 生长季紫椴、色木槭和红松日均液流速率的月动态（6～9 月）

（四）树干液流与环境因子的关系

1. 不同 *VPD* 水平下液流速率与 *PAR* 的关系

为了分析不同 *VPD* 水平下紫椴、色木槭和红松液流速率与 *PAR* 的关系，选取土壤湿度不亏缺时（土壤湿度＞田间持水量的 60%）各树种的 30min 液流数据，并将 *VPD* 分为 *a*（＜0.5 kPa）、*b*（0.5～1.0 kPa）和 *c*（＞1.0 kPa）3 个水平，以此区分 *PAR*、*VPD* 对液流速率的交互影响。以 6 月为例，从图 2.60 中可以看出，不同 *VPD* 水平下 3 个树种的液流速率与 *PAR* 的关系表现不同：

当 *PAR* 在 0～800μmol/（m^2·s）时，紫椴的液流速率随 *PAR* 的升高而迅速增长，当 *PAR*＞800μmol/（m^2·s）时，*VPD*＜0.5 kPa 水平的液流速率随 *PAR* 的升高继续保持增长状态，而 *VPD*＞0.5 kPa 水平的液流速率则缓慢增长或保持平稳。红松的液流速率随 *PAR* 增长的趋势与紫椴类似，不同的是 *PAR* 阈值比紫椴小，当 *PAR*＞600μmol/（m^2·s）时，*VPD*＜0.5 kPa 水平的液流速率随 *PAR* 的升高继续保持增长状态，*VPD*＞0.5kPa 水平的液流速率则缓慢增长或保持平稳。色木槭在 *PAR*＞800μmol/（m^2·s），*VPD* 在 0.5～1.0kPa 水平时，液流速率保持平稳，在 *PAR*＞1 200μmol/（m^2·s），*VPD*＞1.0 k Pa

水平时，液流速率缓慢增长。

当 *VPD*＜0.5kPa 时，紫椴、色木槭和红松液流速率随 *PAR* 增长的幅度不同，紫椴的增长幅度最大，色木槭与红松的增长幅度相近。当 *VPD* 在 0.5～1.0 kPa 水平时，3 个树种的液流速率与 *PAR* 总体呈现指数函数关系，表现为液流速率在低 *PAR* 时，随 *PAR* 的升高迅速增大，而当 *PAR* 达到一定值后，液流速率缓慢增长或保持平稳。从图 2.60 可见，紫椴、色木槭和红松液流速率随 *PAR* 升高而上升的变化趋势相似，不同的是红松的 *PAR* 阈值最小。当 *VPD*＞1.0 kPa 时，3 个树种液流速率与 *PAR* 的关系与 *VPD* 在 0.5～1.0 kPa 水平时类似，都是随着 *PAR* 的升高，液流速率的增长速率由快变慢，呈指数关系。不同的是，*VPD*＞1.0 kPa 时 3 个树种的液流速率随 *PAR* 上升的幅度大于 *VPD* 在 0.5～1.0 kPa 水平的上升幅度。

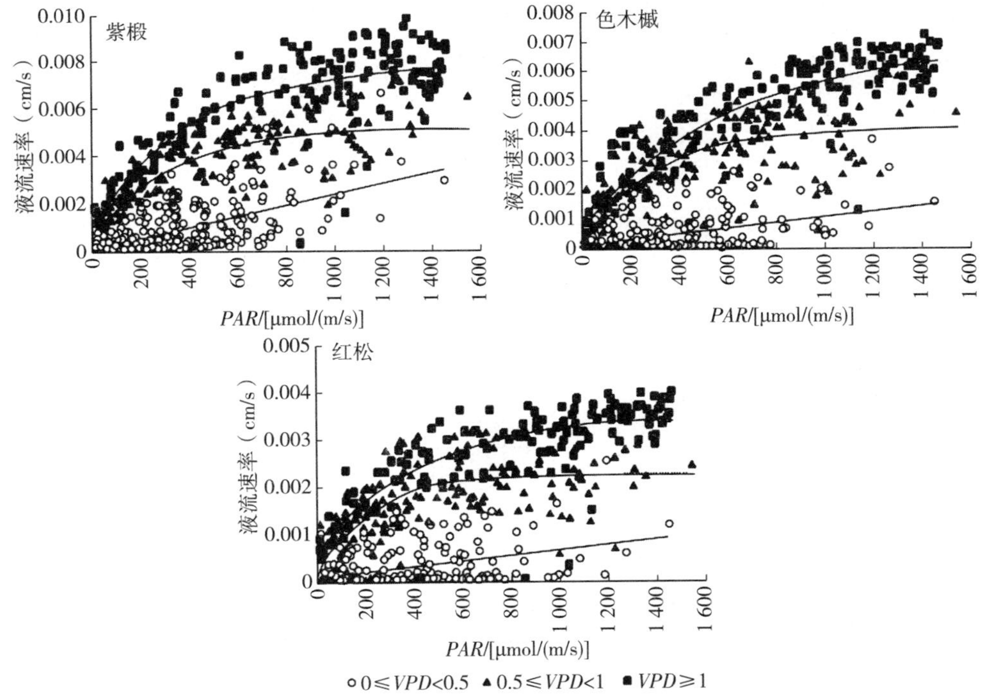

图 2.60　不同 *VPD* 水平下紫椴、色木槭和红松液流速率与 *PAR* 的关系（6 月）

2. 液流速率与环境因子的相关分析

树干液流速率不仅受辐射、*VPD* 和土壤湿度（S_w）的影响，还与风速（W_s）、空气温度（*T*）等环境因子有关。通过相关分析发现，不同树种液流速率与各环境因子的相关性在各月间存在差异（表 2.13）。总体来说，6～9 月各树种的液流速率均与 *PAR*、*VPD*、*T*、W_s 呈显著正相关（$P<0.01$），与 R_h、S_w 则呈显著负相关（$P<0.01$），与土壤温度（T_s）的相关性较弱，只有部分树种部

分月份与 T_s 呈显著正相关。尽管各树种的液流速率与 S_w、T_s 有显著相关性，但是各树种的平均相关系数都小于 0.2，说明与其他环境因子相比，S_w 和 T_s 不是影响液流速率的重要因子。而 PAR、T、VPD 等是影响液流速率的重要环境因子，且与树干液流速率的相关关系总体表现为 $PAR>VPD>R_h>T>W_s$。这几个重要影响因子对紫椴、色木槭和红松液流速率的影响在各月间也存在差异，表现在：紫椴 6 月、8 月重要影响因子为 $PAR>VPD>R_h>T$，7 月为 $VPD>R_h>PAR>T$，9 月为 $VPD>PAR>R_h>T$；色木槭除了 6 月表现为 $PAR>R_h>VPD>T$，其他月份均为 $PAR>VPD>R_h>T$；而红松 4 个月的重要影响因子各不相同，分别表现为 $VPD>PAR>R_h>T$，$PAR>R_h>VPD>T$，$VPD>R_h>PAR>T$，$VPD>PAR>T>R_h$。由此得出，影响 3 个树种液流速率的主要环境因子为 PAR 和 VPD。

表 2.13　紫椴、色木槭和红松的液流速率与环境因子的相关分析

树种	月份	T	R_h	W_s	PAR	T_s	S_w	VPD
紫椴	6	0.722*	−0.822*	0.433*	0.847*	0.202*	−0.158*	0.838*
	7	0.858*	−0.892*	0.258*	0.869*	0.090*	−0.310*	0.893*
	8	0.673*	−0.795*	0.095*	0.887*	−0.035	−0.110*	0.863*
	9	0.795*	−0.758*	0.161*	0.848*	0.075*	−0.094*	0.865*
色木槭	6	0.681*	−0.794*	0.449*	0.826*	0.176*	−0.170*	0.792*
	7	0.784*	−0.813*	0.243*	0.893*	0.134*	−0.309*	0.815*
	8	0.636*	−0.732*	0.115*	0.935*	−0.015	−0.089*	0.791*
	9	0.710*	−0.718*	0.223*	0.907*	0.017	−0.096*	0.784*
红松	6	0.708*	−0.798*	0.475*	0.806*	0.260*	−0.079*	0.814*
	7	0.814*	−0.856*	0.262*	0.859*	0.084*	−0.292*	0.843*
	8	0.640*	−0.779*	0.121*	0.894*	−0.047	−0.084*	0.828*
	9	0.743*	−0.699*	0.206*	0.853*	0.099*	−0.107*	0.801*

* $P<0.01$ 差异显著，空气温度 T、空气相对湿度 R_h、风速 W_s、光合有效辐射 PAR、土壤温度 T_s、土壤湿度 S_w 和饱和水汽压差 VPD。

为了进一步评价各环境因子对树干液流的综合影响，进行了多元线性逐步回归分析，相关回归方程见表 2.14。结果表明，不同树种在不同月份引入回归模型的环境因子是不同的。6～9 月 PAR、VPD 皆引入紫椴的回归模型，即紫椴每月的液流速率均受 PAR、VPD 影响；6～9 月 PAR、VPD、W_s、R_h 皆引入色木槭的回归模型，即色木槭每月的液流速率均受 PAR、VPD、W_s、R_h 的影响；同样，6～9 月，PAR、R_h 皆引入红松的回归模型，即红松每月的液流速率均受 PAR、R_h 的影响。3 个树种在 6～9 月的决定系数均在 0.834～0.928。

表 2.14　紫椴、色木槭和红松的液流速率与环境因子的回归模型

树种	月份	回归模型	R^2
紫椴	6	$1\,000J_s=1.249+0.003PAR+2.389VPD-0.253T_s+0.09W_s+0.047T+1.718S_w$	0.895
	7	$1\,000J_s=0.41+0.003PAR+3.684VPD-0.112T_s+0.204W_s+1.665S_w$	0.928
	8	$1\,000J_s=1.427+0.003PAR+3.508VPD-0.451T_s+0.09W_s+0.112T+0.041R_h$	0.928
	9	$1\,000J_s=-8.338+0.003PAR+4.508VPD+0.086W_s+0.072T+16.505S_w+0.051R_h$	0.909
色木槭	6	$1\,000J_s=1.915+0.002PAR+1.276VPD+0.13W_s-0.183T_s+0.04T_s-0.009R_h$	0.834
	7	$1\,000J_s=0.441+0.004PAR+1.742VPD+0.13W_s+0.203T_s-0.119T-0.024R_h$	0.884
	8	$1\,000J_s=-0.7+0.004PAR+1.308VPD+0.05W_s-0.114T_s+0.07T+0.017R_h-1.877S_w$	0.925
	9	$1\,000J_s=-2.829+0.003PAR+1.001VPD+0.151W_s+0.083T+0.009R_h+5.047S_w$	0.890
红松	6	$1\,000J_s=-0.152+0.001PAR+0.872VPD+0.072W_s-0.036T_s-0.005R_h+2.798S_w$	0.833
	7	$1\,000J_s=5.179+0.002PAR+0.075W_s-0.029T-0.056R_h+1.087S_w$	0.876
	8	$1\,000J_s=1.243+0.002PAR+1.083VPD-0.162T_s+0.005R_h+0.05T$	0.897
	9	$1\,000J_s=-4.652+0.002PAR+2.115VPD+0.106W_s+0.098T_s+0.028R_h+2.794S_w$	0.857

液流速率 J_s、空气温度 T、空气相对湿度 R_h、风速 W_s、光合有效辐射 PAR、土壤温度 T_s、土壤湿度 S_w 和饱和水汽压差 VPD。

典型天气条件下紫椴、色木槭和红松液流速率的日动态表明，3 个树种液流速率在午间达到峰值后均有短暂的液流减少现象，这是植物特有的“午休”现象（张小由等，2003）。一般情况下，植物的蒸腾耗水都在白天进行，夜间由于植物叶片气孔的关闭，蒸腾作用亦停止。但 3 个树种的日动态表明，它们在夜间仍有微弱的液流存在，其他地区的许多树种也有类似现象（聂立水等，2003；Daley & Phillips，2006；郭宝妮等，2012）。这是因为：一方面，白天树冠蒸腾作用强烈，树体失水过多，树体水分供耗平衡失调，水容降低，在根

压动力下，根系在夜间吸收水分回补白天的水分亏缺（Granier et al.，1994；李海涛和陈灵芝，1998）；另一方面，有些树种的气孔在夜间仍然保持开放的状态，Daley 和 Phillips（2006）研究桦树发现，夜间在环境因子的驱动下，气孔将继续保持开放状态，液流会随 *VPD* 的升高而增大。马钦彦等（2005）研究油松时也发现其夜间存在液流，且夜间液流量能达到白天液流量的 5%～15%。

相同天气下紫椴、色木槭和红松启动时间和到达峰值时间基本一致，但是液流停止时间不同，这可能是因为不同树种间树体储水能力的差异。3 个树种日均液流速率大小也有差异，表现为紫椴的液流速率均是最大，色木槭次之，红松最小。这主要是由于：一方面，不同树种木质部解剖结构的差异。红松是针叶树，其输水单元为管胞，紫椴、色木槭为阔叶树，其输水单元是导管，3 个树种的输水单元半径大小依次为紫椴＞色木槭＞红松（成俊卿，1985；张大维等，2007），根据 Hagen Poiseuille 定律，液流速率与输水单元半径的 4 次方呈正比（Tyree et al.，1994），所以红松液流速率最小。又因针叶树种叶片角质层厚，叶肉细胞明显褶皱，气孔导度最大值及平均值明显低于阔叶树（孙慧珍，2005），因此红松树干液流速率低于其他两种阔叶树种。另一方面，由于植物本身的生理生化特性（同化方式及气孔行为等）不同，使得不同植物在水分消耗能力上有所差异（Gong et al.，2011），最终导致水分利用效率的差异。展小云等（2012）研究发现，水分利用效率表现为阔叶树种高于针叶树种，因此紫椴、色木槭的耗水量大于红松的耗水量。以上原因也引起 3 个树种对 *PAR* 和 *VPD* 变化的响应程度的差异，*PAR* 对 3 个树种的影响程度表现为：色木槭＞紫椴＞红松；*VPD* 对 3 个树种的影响程度表现为红松＞紫椴＞色木槭。

长白山阔叶红松林 3 个树种液流速率季节变化日均值在 6 月最小，8 月最大。孙龙等（2007）在研究东北帽儿山红松时，发现其液流速率则在 6 月最大。这可能是因为，研究期间黑龙江地区 7 月、8 月降雨比较频繁（孙龙等，2007），而长白山地区降雨大部分集中于 6 月、7 月。虽然降雨频繁，土壤水分充足，但太阳辐射弱，温度低，蒸腾拉力不够，导致帽儿山地区 7 月、8 月和长白山地区 6 月、7 月液流速率不高，因而造成同一树种在两个研究区不同月份的最大蒸腾耗水特征。

对于长白山阔叶红松林 3 个树种来说，*PAR* 和 *VPD* 是其主要环境影响因子，该地区降水充沛，土壤水分等不是主要的环境限制因子。高西宁等（2002）通过对长白山阔叶红松林研究也认为，太阳辐射是影响蒸散发的主要因素。树干液流速率受多种环境因子的影响，但因立地条件和气候差异，不同地区影响液流速率的主要因子不尽相同（高照全，2004）。马履一（2002）等对北京西山地区油松液流的研究发现，T、R_h 和 S_w 是决定油松边材液流速率的关键因子。孙慧珍等（2005）研究紫椴、红松等液流时发现，液流速率由 *PAR* 和 *VPD* 主导。

孙迪等（2010）研究辽西地区杨树液流变化时发现，辐射、T、R_h 是杨树液流速率的主要影响因子。

本项研究观测并分析了生长季 3 个树种的液流速率与环境因子的关系，但是尚存在一些不足。例如，没有监测生长季各树种初期的液流活动，只监测 6～9 月这 4 个月树种的液流，于占辉等（2009）研究刺槐树干液流动态时发现，其展叶期（4 月 26 日至 5 月 31 日）同样存在液流且受环境因子的影响；另外，实验研究时间尺度不长，无法探讨水分的长期胁迫对树干液流的影响，王文杰等（2012）对不同时间尺度上兴安落叶松树干液流密度与环境因子的关系的研究表明，土壤水分在短期内对树干液流的影响较小，长期则对液流速率的影响显著。此外，本试验只探讨了散孔材（紫椴、色木槭）和针叶材（红松）树种的液流动态，尚需对长白山阔叶红松林建群种中的环孔材（蒙古栎、水曲柳）进行探讨研究。

第五节 长白山阔叶红松林土壤水分动态

一、长白山主要类型森林土壤大孔隙数量与垂直分布规律

大孔隙的存在对加速土壤水分下渗具有重要意义（Ankeny et al.，1990；Beven et al.，1992；Germann et al.，1981；Luxmoore et al.，1990）。大孔隙使土壤水及污染物质绕过土壤基质，以大孔隙流的形式快速通过土壤，或者补给深层地下水，或者对其造成污染，同时，它也影响植物根系对水分的利用率（Beven et al.，1992）。大孔隙的存在说明土壤异质性是不可忽视的，这样达西定律就不再适用于大孔隙比较多的土壤（White，1985）。以往土壤水分运动模型由于忽略了大孔隙的客观存在，从而低估了土壤的渗透能力，导致实验结果与实际情况有偏差。因此，在进行土壤水分运动模拟时，考虑土壤大孔隙是十分必要的。

测量土壤大孔隙的方法有很多种，如染色示踪（Bouma et al.，1984；Morris et al.，2004），土壤切片（Bouma et al.，1984），穿透曲线（Radulovich et al.，1989；石辉等，2005），张力入渗仪测量（Wilson et al.，1988），X 射线 CT 扫描摄像（Perret et al.，2000）以及雷达探测技术（Bouldin et al.，1997）等，其中利用张力入渗仪测量土壤大孔隙是一种省时、省力的方法，单凭一个人就可以在野外完成测量实验。国内外专家利用此方法对大孔隙数量与分布规律做了大量研究。Clothier 和 While（1981）最早介绍了如何使用圆盘式渗透仪测量在确定张力条件下土壤孔隙水的入渗速度；Wilson 等（1988）利用张力入渗仪测出某一张力下的水力传导度 K（h），通过公式计算出大孔隙的水力传导度，将其代入模型，得出不同孔径范围大孔隙的数量与大孔隙占土壤体积百分比，从

而对森林流域大孔隙分布进行估计。Lamandé 等（2003）利用张力入渗仪测量土壤不同水势下的水分传导率，并通过设定的张力值估计非饱和渗透系数与张力之间的关系曲线。Bodhinayake 等（2004）实验检验了张力入渗仪和双环入渗仪在倾斜土壤表面上测量土壤水力特性的可行性，结果说明张力入渗仪和双环入渗仪可在坡度高达 20%的坡面上进行准确测量，并且利用张力入渗仪可直接测量出土壤有效大孔隙数目及有效大孔隙度。

长白山原始森林在东北地区的森林生态系统中始终处于重要地位，在减缓自然灾害、维护生态安全和社会经济可持续发展中发挥着不可替代的作用。前人对该区森林的土壤、水文、动物和植物等方面做过大量研究，但对土壤大孔隙的研究还很少。考虑大孔隙存在的土壤水分运动研究是森林涵养水源和保持水土研究的重要组成部分，是认识森林水文功能的一个重要环节。

（一）研究方法

利用张力入渗仪（SW080B，法国）依次对 4 种类型森林土壤进行分层测量。

1. 土壤表面的处理

用小铲子移除直径 40cm、厚 2～3cm 的土壤表面。轻轻地将一直径 20cm 的金属圆环放到将要测量的土壤表面上，再用接触材料（石英砂）填充圆环，用直尺抹平石英砂。将金属圆环外的石英砂清理后拿掉金属圆环，轻轻地将入渗盘放到石英砂上，确保入渗盘与石英砂充分接触。调整入渗仪的高度，使其底部与入渗盘底面处于同一高度（这样才能保证气体收集管中的张力与土壤表面张力相同）。

2. 设定张力值

通过气体收集管将张力值分别调整到－15cm、－6cm、－3cm 和 0cm，待水分下渗速度稳定后，记录每一个张力值下的稳定入渗率。

3. 土壤分层

暗棕色森林土，棕色针叶林土和山地生草森林土均取 7 层，分别距土壤表面 0cm、10cm、20cm、30cm、40cm、50cm 和 80cm。山地薹原土取 4 层，分别距土壤表面 0cm、10cm、20cm、30cm，每一层的测量重复前 2 个步骤。

根据 Poiseuille 公式，单位面积有效大孔隙的最大数目 N（个/m^2）可用下式得到（Watson et al.，1986；Wilson et al.，1988）：

$$N = \mu K_m / \pi \rho g r^4$$

大孔隙占土壤体积的百分比 θ_m（m^3/m^3）为：

$$\theta_m = N\pi r^2$$

式中：μ 为水的黏滞系数［g/（cm·s）］；大孔隙张力传导度 K_m（cm/min）被认为是积水（零张力）条件下的 K（0）与张力为 h 条件下的 K（h）之间的

差值。h 的取值视对大孔隙的定义而定。此张力范围代表半径$>$0.15/h 的大孔隙。r 根据毛管上升公式 $r=-2\sigma\cos\alpha/\rho_{gh}\approx-0.15/h$ 进行计算。这里，σ 是水的表面张力（g/s^2），α 是水与孔隙壁的接触角（假定为 0），ρ 是水的密度（g/cm），g 是重力加速度（cm/s^2），h 是张力入渗仪中的压力水头（cm）。不同压力水头 h 对应不同孔隙大小 r。在土壤表面施加不同压力水头 h，水就会克服相应孔隙中的表面张力而排出，利用张力入渗仪可测出入渗速度，即入渗通量 i（h）（cm/min），这里的压力水头被看作是张力入渗仪的张力。由于张力入渗仪的测量是在近似稳定流条件下进行的，因此，假定水力梯度为 1，可得到不同张力下的水力传导度：k（h）$=i$（h）。

利用上述 2 个公式分别对－15cm、－6cm、－3cm 和 0cm 张力值进行计算，从而得出孔隙半径分别在≥0.5cm、0.25～0.5cm 和 0.1～0.25mm 范围的大孔隙数量和大孔隙占土壤体积的百分比。

（二）暗棕色森林土大孔隙数量及其垂直分布

大孔隙普遍存在于森林土壤中，即使在孔隙度非常小的暗棕色森林土中也不乏大孔隙的分布。由图 2.61a 可以看出，半径≥0.5mm 大孔隙的数量级比半径 0.25～0.5mm 大孔隙的数量级少 1 个，而比 0.1～0.25mm 大孔隙的数量级少 2～3 个。说明中等半径大小的大孔隙（半径在 0.1～0.5mm）数量占大多数，而较大半径的大孔隙数量较少。3 种半径范围的大孔隙在土壤中的分布规律基本相同，都是随土壤深度的加深而逐渐减少。从表层到 40cm 这一段土层中，大孔隙数量随深度增加而减少的速度较快；到 40cm 深度，大孔隙数量已经很少；

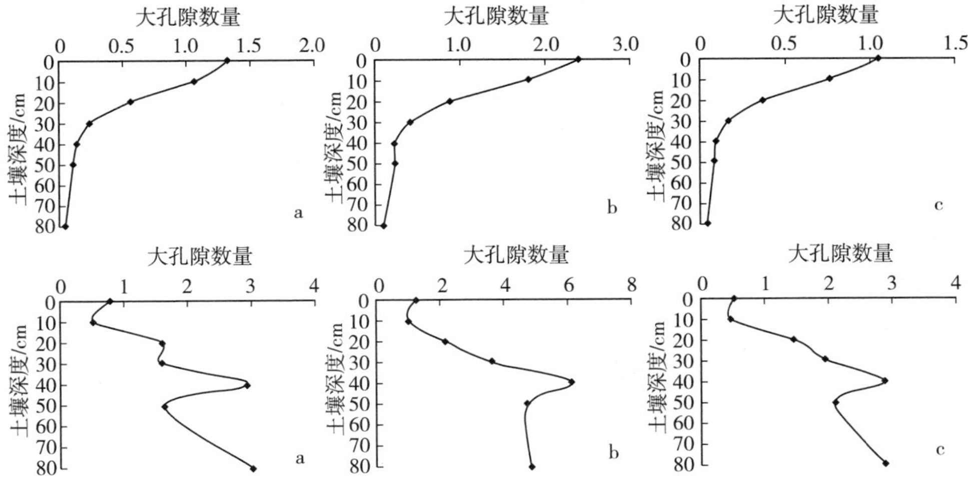

图 2.61　暗棕色森林土（a）和棕色针叶林土（b）中孔隙半径分别为 a≥0.5mm（10^3/m^2）、b 为 0.25～0.5mm（10^4/m^2）和 c 为 0.1～0.25mm（10^6/m^2）的大孔隙数量及其分布

40cm 以下的土层中，大孔隙数量的减少越来越缓慢。这与研究区暗棕色森林土的土层结构相一致，即表层土壤为壤土，植物根系多分布于该层，孔隙度比较大，向下依次为白浆土和黄黏土，很少有植物根系的分布，且土壤较黏重（Bouma，1981；李金中等，1998），孔隙度非常小。

（三）棕色针叶林土大孔隙数量及其垂直分布

棕色针叶林土与暗棕色森林土相比，地上植物、土壤动物和土壤质地均不相同，因此这 2 种土壤中的大孔隙数量及其分布规律相差很大。

棕色针叶林土各半径范围大孔隙的数量级与山地暗棕色森林土相同（图 2.61b）。棕色针叶林土 10cm 以上土层中大孔隙数量少于暗棕色森林土，在 10cm 以下土层中，棕色针叶林土的大孔隙数量却多于暗棕色森林土；在分布规律上，大孔隙数量在这 2 种土壤中随土壤深度的变化完全不同，在棕色针叶林土中，大孔隙数量随土壤深度的增加呈增加趋势。棕色针叶林土中，从表层到 40cm 土层的大孔隙数量随土层加深而增加的速度较快，40cm 土层的大孔隙数量达到一个峰值；从 40cm 到 50cm 土层，大孔隙数量减少的幅度很大，50cm 土层又达到一个低谷；在 50cm 以上土层，大孔隙数量又恢复增加趋势，但增加速度比较缓慢。这种变化主要取决于棕色针叶林土的土壤垂直剖面结构：即 0～3cm 为藓类枯枝落叶层；3～8cm 为暗棕灰色沙壤土，屑粒状结构、多孔隙；8～16cm 为浅灰色砾质沙壤土；16～40cm 为砾质沙土，表层至 40cm 土层的沙砾逐渐变大，且数量逐渐增多；40～52cm 为灰棕色砾质沙土，较紧实，孔隙度比上层小；52cm 以下土层为灰色火山灰沙，砾质沙土，有时夹有浮石，孔隙度较上层有所加大（Bouma，1981）。因此，在 40cm 土层出现大孔隙数量的峰值、50cm 土层出现低谷。

（四）山地生草森林土大孔隙数量及其垂直分布

山地生草森林土各半径范围大孔隙的数量级与前 2 种类型土壤相同。表层土壤中的大孔隙数量少于暗棕色森林土而多于棕色针叶林土，下层土壤的大孔隙数量则多于暗棕色森林土、少于棕色针叶林土；在分布规律上，大孔隙数量随土层深度的变化不大，虽然在各土层中数量大小有些波动，但波动范围较小，数量都在 1.0×10^3～1.5×10^3 条/m^2 之间（图 2.62A）。除图 2.62A-a 和 2.62A-b 在 20cm 土层的大孔隙数量较多以外，3 种半径范围的大孔隙数量及其分布规律基本相同。这与山地生草森林土从表层到 80cm 土层之间都是沙壤土有关，土壤疏松，孔隙度变化不大（Bouma，1981）。

（五）山地苔原土大孔隙数量及其垂直分布

山地苔原土位于火山锥体上中部。受火山喷发的影响，分布有许多大块石砾，土层较薄，故本研究只对其地表至 30cm 深的土层进行测量（图 2.62b）。山地苔原土中各半径范围大孔隙的数量级与前 3 种类型土壤均相同。山地苔原土表层土壤的大孔隙数量与棕色针叶林土相差不多、少于暗棕色森林土和山地生草森林土，下层土壤中大孔隙数量多于其他 3 类土壤。山地苔原土中大孔隙数量随土层深度的增加呈逐渐增加的趋势，这种分布规律与山地暗棕色森林土恰好相反，而与山地针叶林土比较相似。从表层到 10cm 土层，山地苔原土中大孔隙数量增加得比较缓慢；10～20cm 土层，出现一些较大的浮石，大孔隙数量随土层深度增加很快，基本上呈线性增加的趋势；20～30cm 土层，大孔隙数量又呈现出缓慢增加趋势。

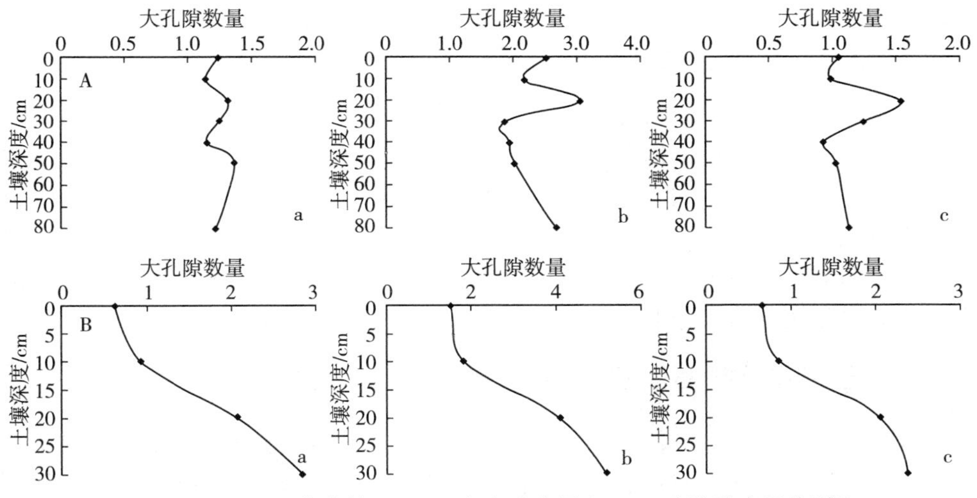

图 2.62　山地生草森林土（A）和山地苔原土（B）中孔隙半径分别为 a≥0.5mm（$10^3/m^2$）、b 为 0.25～0.5mm（$10^4/m^2$）和 c 为 0.1～0.25mm（$10^6/m^2$）的大孔隙数量及其分布

（六）大孔隙对土壤水传导的影响

大孔隙虽然仅占土壤的很小部分，却对土壤水分传导作出了巨大的贡献（Bouldin et al.，1997）。这里以暗棕色森林土和棕色针叶林土为例说明大孔隙对土壤渗水能力的影响。

由表 2.15 可以看出，在暗棕色森林土的表层土壤中，大孔隙的体积仅占土壤体积的 0.105%，而通过大孔隙渗透的水量占饱和渗水量的 32.20%。随着土壤深度的加大，大孔隙在土壤中的比例越来越小（与大孔隙分布规律相一致），但仍起着不可忽视的作用。在 80cm 土层，大孔隙已经很少，只占土壤体积的 0.004%，却可传导 5.98%的饱和渗水量，原因是由于这一土层为暗棕色黄黏土，其渗透系数非常小，水分优先通过大孔隙下渗。

表 2.15　暗棕色森林土和棕色针叶林土中大孔隙导水性能

土壤深度/cm	大孔隙占土壤体积百分比/%		大孔隙渗水量占饱和渗水量的比例/%	
	暗棕色森林土	棕色针叶林土	暗棕色森林土	棕色针叶林土
0	0.105	0.069	32.20	24.44
10	0.082	0.039	17.73	22.47
20	0.043	0.121	11.19	27.24
30	0.017	0.129	5.89	63.01
40	0.010	0.221	4.01	97.21
50	0.008	0.125	5.38	94.39
80	0.004	0.252	5.98	92.04

与暗棕色森林土不同的是，越到土壤下层，棕色针叶林土中大孔隙所占的体积越大，其传导的水量也越多（与大孔隙分布规律相一致）。到 40cm 土层以下，大孔隙体积占土壤体积的 0.125%～0.252%，通过如此少的大孔隙传导的水量却占土壤饱和渗水量的 92.04%～97.21%，也就是说，大孔隙几乎传导了全部的饱和渗水量，其他孔隙只传导了 2.79%～7.96%的饱和渗水量。这些数字足以说明大孔隙在土壤水分下渗过程中起到了不可忽视的作用。

二、长白山北坡阔叶红松林和暗针叶林的土壤水分物理性质

森林土壤水分指重力、分子吸力和毛管力保持在林地土壤中的水分。它是森林植物养分运转的载体和溶剂、通气性的调节剂以及土壤中有毒物质的稀释剂，也是土壤径流的供源（马雪华，1993；田大伦和陈书军，2005）。了解土壤的水分物理性质是认识上述作用的前提和基础。由于土壤水分物理性质不仅决定土壤中水、气、热和生物状况，而且影响土壤中植物营养元素的有效性和供应能力，因此常被作为评价土壤质量的重要指标（Arshad et al.，1996；Boix-Fayos et al.，2001；Karlen 和 Stott，1994；Li 和 Shao，2006）。土壤的水分物理性质主要包括土壤容重、土壤的各种孔隙度、透水性和各种持水量等（马雪华，1993）。

长白山北坡阔叶红松林和暗针叶林是我国东北地区东部中温带湿润气候区最主要的森林植被类型，是我国东北地区东部典型的森林生态系统（高西宁等，2002；王安志和裴铁璠，2002；吴家兵等，2002），对于调解局地径流与气候、维系区域陆地生态平衡有着重要意义。

（一）不同森林类型的土壤容重和孔隙度

由表 2.16 可以看出，长白山北坡阔叶红松林和暗针叶林的土壤容重和孔隙度随土壤深度增加的变化趋势相同：即随着深度增加，土壤容重逐渐增加，土壤

总孔隙度和非毛管孔隙度逐渐减小，土壤毛管孔隙度有增加的趋势。

土壤容重大小可以反映出土壤透水性、通气性以及土壤的疏松程度，并可以算出土壤的孔隙度（马雪华，1993）。森林土壤由于受到森林凋落物、树根及依存于森林植被下特殊生物群的影响，有机质和腐殖质一般都集中在土壤表层，随着土层的加深，其含量逐渐减少，因此，随着土层深度的增加土壤容重逐渐增加。由表 2.16 可以看出，阔叶红松林的土壤容重除了表层较小以外，10cm 以下均大于 1.2 g/cm^3。这与该区土壤从 10cm 以下依次为紧实的白浆土和黄土层的实际土壤结构相一致。暗针叶林在 0～100cm 剖面的土壤容重为 0.72～1.09g/cm^3，变化不是很大，整个土壤剖面的结构比较均匀。

表 2.16　两种森林类型的土壤容重与孔隙度特征

森林类型	土层深度/cm	容重/（g/cm^2）	总孔隙度/%	毛管孔隙度/%	非毛管孔隙度/%	毛管/非毛管孔隙度比值/%
A	0～10	0.42	75.32	45.62	29.70	1.54
	10～20	1.22	57.64	49.11	8.53	5.75
	20～30	1.60	48.43	44.02	4.41	9.97
	30～40	1.64	44.65	41.40	3.25	12.73
	40～50	1.57	48.26	44.88	3.38	13.28
	50～60	1.55	48.53	46.30	2.23	20.77
	60～70	1.55	49.39	46.93	2.50	19.08
	70～80	1.53	48.70	45.67	3.03	15.08
	80～90	1.50	51.94	48.29	3.64	13.25
	90～100	1.53	50.23	48.88	1.35	36.15
	0～100	1.41	52.31	46.11	6.20	14.76
B	0～10	0.72	58.45	37.49	20.96	1.79
	10～20	0.88	52.14	36.81	15.33	2.40
	20～30	0.89	48.40	35.88	12.52	2.87
	30～40	0.95	48.10	38.12	9.98	3.82
	40～50	1.01	50.55	42.63	7.91	5.39
	50～60	1.04	48.67	42.84	5.84	7.34
	60～70	1.08	48.86	42.53	6.33	6.72
	70～80	1.08	49.66	41.72	7.94	5.25
	80～90	1.09	50.55	42.00	8.55	4.91
	90～100	1.09	51.11	43.15	7.96	5.42
	0～100	0.98	50.65	40.32	10.33	4.59

A：阔叶红松林　B：暗针叶林　下同。

土壤孔隙的组成直接影响到土壤通气透水性和根系穿插的难易程度，并对土壤中水、肥、气、热和微生物活性等发挥着不同的调节作用，是表征土壤结构的重要指标之一。一般认为，土壤中大小孔隙同时存在，若总孔隙度在50%左右，毛管与非毛管孔隙度的比值在1.5～4.1时，透水性、通气性和持水能力比较协调（北京林业大学，1982；田大伦和陈书军，2005；杨澄等，1998）。若非毛管孔隙度在6%～10%时，林木生长一般；在10%～15%时，林木生长中等；大于15%时，林木生长良好（叶仲节和柴锡周，1980）。由表2.16可以看出，阔叶红松林除了0～10cm土层土壤的透水性、通气性和持水能力比较协调以外，其余各层土壤均以毛管孔隙为主，土壤粘重、紧实，通透性较差，给人以“密闭”的感觉。暗针叶林0～100cm整个土层土壤的透水性、通气性和持水能力都比较协调。

（二）不同森林类型的土壤持水量

由表2.17可以看出，长白山北坡阔叶红松林和暗针叶林的各种持水量差别明显。毛管、饱和含水量的比值是衡量土壤水分供应状况的重要指标（杨澄等，1998）。无论是从各个层次还是整个土壤剖面的平均值来看，阔叶红松林都大于暗针叶林，且差别较大，说明阔叶红松林的供水能力比暗针叶林差，而前者的保水能力比后者强。

表2.17 两种森林类型的土壤水分物理特征

森林类型	土层深度/cm	饱和含水量/%	毛管持水量/%	田间持水量/%	贮水能力/(t/hm²)	毛管饱和含水量比值/%
A	0～10	75.32	45.62	40.11	296.98	60.57
	10～20	57.64	49.11	46.96	85.34	85.19
	20～30	48.43	44.02	42.34	44.14	90.89
	30～40	44.65	41.40	39.83	32.51	92.72
	40～50	48.26	44.88	42.95	33.80	93.00
	50～60	48.53	46.30	43.99	22.29	95.41
	60～70	49.39	46.93	45.94	24.59	95.02
	70～80	48.70	45.67	43.93	30.28	93.78
	80～90	51.94	48.29	47.45	36.44	92.98
	90～100	50.23	48.88	47.78	13.52	97.31
	0～100	52.31	46.11	44.13	619.89	89.69
B	0～10	58.45	37.49	35.01	209.55	64.15
	10～20	52.14	36.81	34.25	153.26	70.60
	20～30	48.40	35.88	33.46	125.20	74.13
	30～40	48.10	38.12	35.40	99.77	79.26

（续）

森林类型	土层深度/cm	饱和含水量/%	毛管持水量/%	田间持水量/%	贮水能力/(t/hm^2)	毛管饱和含水量比值/%
B	40～50	50.55	42.63	39.80	79.14	84.34
	50～60	48.67	42.84	40.17	58.36	88.01
	60～70	48.86	42.53	39.77	63.29	87.05
	70～80	49.66	41.72	39.39	79.43	84.01
	80～90	50.55	42.00	39.23	85.47	83.09
	90～100	51.11	43.15	40.16	79.58	84.43
	0～100	50.65	40.32	37.66	1 033.05	79.91

森林土壤的储水能力主要取决于土壤的非毛管孔隙度，并以此作为评价水资源涵养效能和调节水分循环的一个重要指标。林地土壤的储水能力可以通过下式计算得出：

$$S = 10\ 000\ hp$$

式中，S 为土壤的储水能力（t/hm^2），h 为土层厚度（m），p 为非毛管孔隙度（%）。

计算结果表明，阔叶红松林地土壤 1m 深土层储水能力为 526.27 t/hm^2，暗针叶林为 1 033.05 t/hm^2，两种林型相差较大，说明暗针叶林较优。但森林土壤的这种由非毛管孔隙来体现的储水，只是土壤水分达到饱和时的瞬时水量，受重力作用的影响，会不断向土壤深层渗透，因而，这种储水能力实际上是暂时的（田大伦和陈书军，2005）。

（三）不同森林类型的土壤水分特征曲线

土壤水分特征曲线又称土壤持水曲线（Jary，1991；雷志栋等，1998），是研究土壤水分特征的重要曲线。由于不同植被改良土壤的作用不同，使得在同一生态环境下形成的土壤具有不同的理化性质，因而它们的蓄水性能也不同，反映为不同的土壤水分特征曲线。实测的阔叶红松林和暗针叶林各层次的土壤水分特征曲线也充分说明了这一点。

土壤水分特征曲线的经验模型，一般可分为 4 类：幂函数、指数关系、双曲线余弦函数和误差函数（Lei et al.，1997；Van genuchten et al.，1992；杨弘和裴铁璠，2005）。研究表明，幂函数是描述土壤水分持水特征最普遍的模型（Lei et al.，1997；Van genuchten et al.，1992），因此，本项研究采用幂函数形式的土壤水分特征曲线，其表达式如下：

$$\theta = ah^b$$

式中，θ 为土壤含水量，h 为土壤基质势，a、b 为经验系数。用实测的土壤含水量与相应的基质势数据拟合的参数及数学模型见表 2.18。

表 2.18　两种森林类型土壤水分特征曲线的数学模型

森林类型	土层深度/cm	系数 a	系数 b	模型	相关系数
A	0～11	0.745 6	−0.137 5	$\theta=0.745\ 6h^{-0.137\ 5}$	0.973 2
	11～32	0.725 9	−0.106 8	$\theta=0.725\ 9h^{-0.106\ 8}$	0.928 9
	32～100	0.909 9	−0.149 8	$\theta=0.909\ 9h^{-0.149\ 8}$	0.819 8
B	0～15	9.347 5	−0.847 7	$\theta=9.347\ 5h^{-0.847\ 7}$	0.914 4
	15～100	5.357	−0.646 8	$\theta=5.357h^{-0.646\ 8}$	0.984 0

由表 2.18 和图 2.63 可以看出，不同质地土壤的水分特征曲线差别较明显。图 2.63 是在低吸力下用张力计法实测的阔叶红松林和暗针叶林各层土壤的水分特征曲线（脱湿过程）。一般来说，土壤中的黏粒含量越多，在同一吸力条件下土壤的含水量越高，或在同一含水量条件下其吸力值越高（雷志栋等，1988）。本试验结果与此相一致。这是由于在黏质土壤中，孔隙度高，细孔隙多，且黏粒表面能大，能吸持较多的水分；而在沙土中，孔隙度低，虽然孔隙较粗，但数量少，且沙粒表面能小，水分已排走，保持的水分较少。

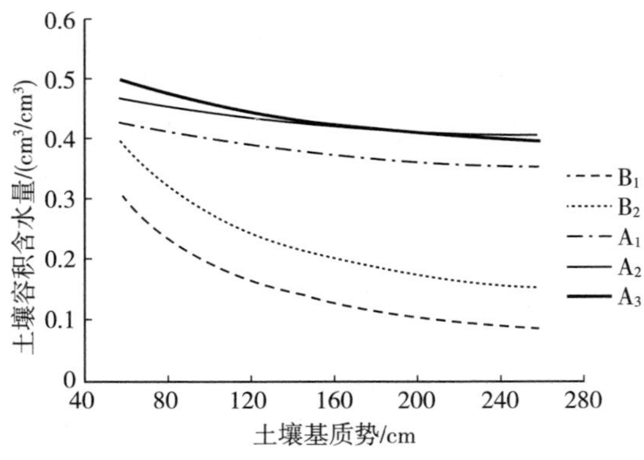

图 2.63　两种森林类型的土壤水分特征曲线

三、长白山阔叶红松林不同深度土壤水分特征曲线

土壤水分特征曲线是反映土壤水势与土壤含水量之间关系的基本土壤水力参数，是研究土壤水分入渗、蒸发、土壤侵蚀及溶质运移过程的关键（李卫东等，1999；邵明安等，2006），可间接地反映土壤孔隙的分布（雷志栋等，1988）。通过土壤水分特征曲线能了解土壤的持水性、土壤水分有效性，可应用数学物理方法对土壤水分运动进行定量分析（李永涛等，2006）。了解土壤水分特征曲线，对于研究土壤水分的储存、保持、运动、供应、土壤—植物—大气连续体（SPAC）中的水分动态、土壤水分与林木吸水之间关系的机理与状况都具有重

要意义（王孟本等，1999）。由于土壤水势与土壤含水量之间关系的影响因素较多，如土壤质地、结构和容重等，因此，目前尚不能从理论上推求土壤水势与含水量之间的关系，一般常用经验公式表示，迄今常用的经验模型有 Gardner 模型（Gardner et al.，1970）、Brooks-Corey 模型（Brooks et al.，1964）、Mualem 模型（Mualem et al.，1976）、Van genuchten 模型（Van genuehten，1980）、Campbell 模型（Campell，1974）和 Dual-porosity 模型（Kosugi，1996）等。

长白山阔叶红松林是我国东北地区东部中温带湿润气候区最主要的森林植被类型，是该地区最典型的森林生态系统（高西宁等，2002；王安志等，2002；吴家兵等，2002），对于调解局地径流与气候、维系区域生态平衡具有重要意义。只有明确其土壤水分运动规律，才能为流域水分循环的计算提供依据，为合理、有效地利用土壤水资源以保证林草植被生理用水和流域水资源调控机理研究提供理论指导。要了解土壤水分运动，土壤水分特征曲线的测定研究是必不可少的。以往的土壤水分特征曲线研究都集中在人工林土壤和农业土壤（张晓明等，2006；郭凤台等，2006；朱首军，1999），对天然林土壤水分特征曲线的研究较少，杨弘等（2007）利用张力计法研究了长白山土壤水分特征曲线，但由于观测方法的限制，其测定的水势范围有限。

（一）长白山阔叶红松林土壤水分特征曲线的拟合

受森林凋落物、树根以及依存于森林植被下的特殊生物群的影响，长白山森林浅层土壤具有较疏松、多孔隙、呈团粒结构、透水性强等特性。试验地土壤层次分化现象较明显：0～11cm 为壤土层，结构疏松，土壤颜色向下过渡明显，根系分布很多；11～32cm 为白浆土层，根系分布较多，但向下明显减少；32～100cm 为黄土层，核块状结构，基本没有根系分布（程伯容等，1981）。各层土壤容重和孔隙度（杨弘等，2007）等情况见表 2.19。

表 2.19　研究区土壤容重与孔隙度特征

土壤深度/cm	容重/（g/cm^3）	总孔隙度/%	毛管孔隙度/%	非毛管孔隙度/%	毛管孔隙度/非毛管孔隙度/%
0～10	0.42	75.32	45.62	29.70	1.54
20～30	1.60	48.43	44.02	4.41	9.97
50～60	1.55	48.53	46.30	2.23	20.77

由图 2.64 可以看出，不论是吸湿过程还是脱湿过程，随着土壤含水量的增加，研究区 3 个土层的土壤水势均呈“快速下降—缓慢下降—基本平稳”的变化趋势。在低水势范围内，土壤能保持或释放出的水量取决于土壤结构较粗的孔隙分布，主要是毛管起作用；在中高水势范围，主要由土壤质地决定，即土壤颗粒表面的吸附作用。吸湿过程的土壤水分特征曲线位于脱湿过程曲线的下面，存在

滞后现象。将研究区土壤水分特征曲线脱湿过程和吸湿过程的拟合方程做差值比较，在土壤水势 0～80MPa 范围内，每隔 0.5 MPa 计算出 1 个土壤含水量差值，并求其系列的平均值，作为滞后效应的指标，结果表明：壤土的差值范围在 0.023 4～0.050 2，平均值为 0.028 0，白浆土的差值范围在 0.010 4～0.033 4，平均值为 0.013 4，黄土的差值范围在 0.016 9～0.078 8，平均值为 0.024 5，说明滞后时效依次为：壤土＞黄土＞白浆土。

为定量研究土壤水分特征曲线，前人提出了许多模拟方程（Gardner et al.，1970；Brooks et al.，1964；Mualem et al.，1976；Van genuehten，1980；Campell，1974；Kosugi，1996），其中，Gardner et al.，(1970) 的幂函数方程具有待定参数较少的优点，在实际应用中较方便。为此，本项研究采用此经验方程：

$$\theta = AS^{-B}$$

式中，θ 为土壤含水量（g/g）；S 为土壤水势（MPa）；A、B 均为系数。

对图 2.64 数据进行拟合分析，得到研究区不同深度土壤水分特征曲线的表达式（表 2.20）。

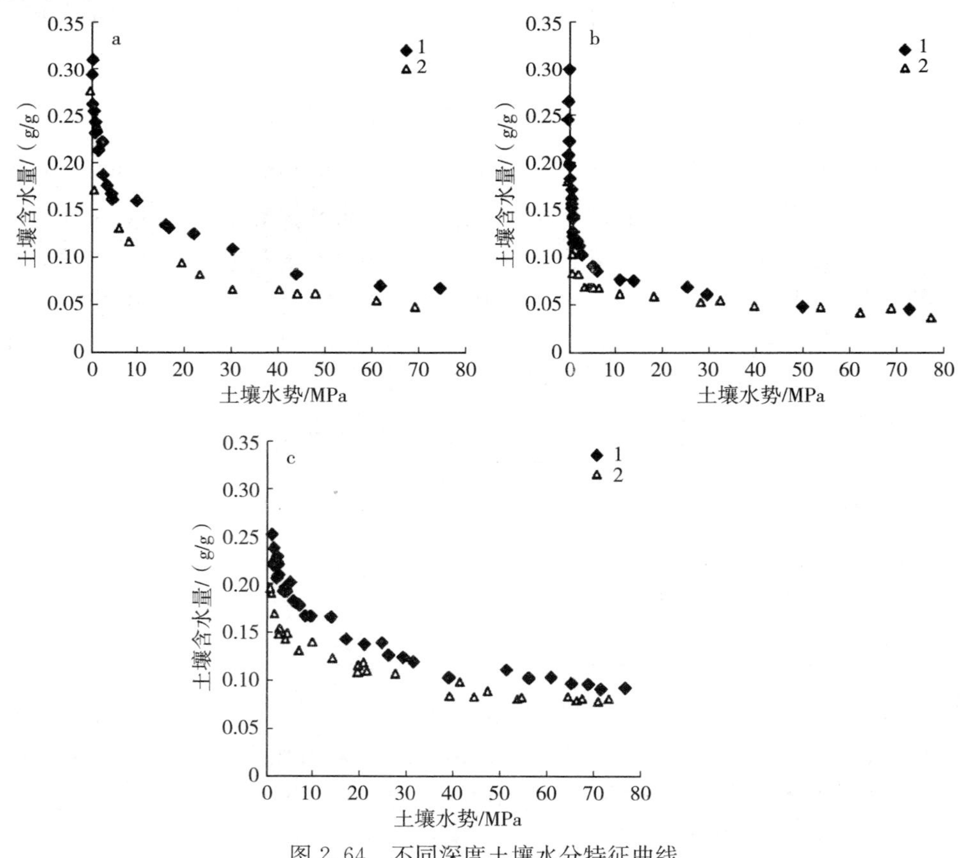

图 2.64　不同深度土壤水分特征曲线

由表 2.20 可以看出，研究区不同土层土壤水分特征曲线拟合方程的相关系数均较高，在 0.893 3～0.945 9，说明上述模型较好地描述了采样点不同层次土壤水分特征的关系。脱湿过程中，0～10cm、20～30cm 和 50～60cm 土层土壤水分特征曲线模拟方程的系数 A（该系数决定了持水能力的大小）依次为 0.234 7、0.126 6 和 0.239 4，说明该区不同土层土壤持水能力大小依次为：黄土层＞壤土层＞白浆土层。系数 A 和 B 的大小，主要受土壤质地（主要是小于 0.01mm 物理性黏粒量）、有机质结构的影响。

表 2.20　不同土层深度土壤含水量（y）与土壤水势（x）的关系

土层/cm	过　程	回归方程	y
0～10	脱湿 Desorption	$y=0.2347x^{-0.2518}$	0.940 0
	吸湿 Absorption	$y=0.1884x^{-0.2831}$	0.893 3
20～30	脱湿 Desorption	$y=0.1266x^{-0.2220}$	0.923 9
	吸湿 Absorption	$y=0.0981x^{-0.2197}$	0.945 9
50～60	脱湿 Desorption	$y=0.2394x^{-0.1951}$	0.939 1
	吸湿 Absorption	$y=0.1743x^{-0.1640}$	0.922 1

（二）长白山阔叶红松林不同深度土壤水分特征曲线的比较

由于土壤物理性质以及植被根系分布的差异，不同土层的土壤水分特征曲线有所不同（张强等，2004）。由图 2.65 可以看出，试验区 3 个土层中，黄土层的持水能力最强，其土壤含水量随水势降低的速度最慢；白浆土层的持水能力最弱，其土壤含水量随水势降低的速度最快；壤土介于二者之间，但更接近黄土，说明其与黄土的物理性质较相似。在同一吸力条件下，试验区各土层所保持土壤水分的量有所不同，黄土保持土壤水分的量最大，白浆土保持土壤水分的量最少。

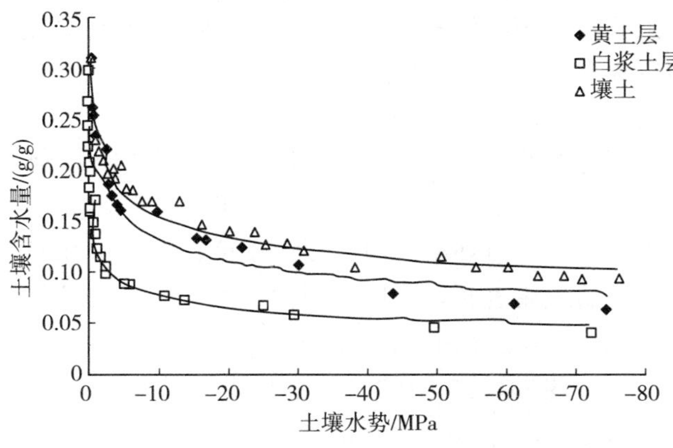

图 2.65　不同深度土壤水分特征曲线（脱湿过程）

受降水以及降水再分配、根系数量、根系分布深度、土壤孔隙度和气候条件等的影响，土壤含水量在不同深度的差异性明显（杨弘等，2006）。李小刚（1994）认为，影响土壤水分特征曲线的因素主要是质地、结构和容重：质地对土壤水分特征曲线的影响最明显，颗粒越细，曲线斜率越大；容重和结构的影响主要体现在土壤含水量接近饱和段，团聚体含量越多，容重越小，曲线在该段越平缓，否则，曲线越陡。窦建德等（2006）对宁夏六盘山北侧5种典型植被的土壤持水性能研究发现，同一植被类型土壤表层的供水性能好于下层。杨弘等（2007）研究认为，长白山北坡阔叶红松林不同层次的土壤持水能力依次为黄土＞白浆土＞壤土，其中白浆土和黄土的持水能力较接近。本项研究结果表明，试验区不同土层土壤持水能力大小为：黄土＞壤土＞白浆土。两者结果产生差异的原因在于测量方法和测量土壤含水量范围均不同，本试验采用露点水势仪（WP4）测量的水势为0～80MPa，而杨弘等（2007）采用张力计法测定的土壤水势范围较小，仅为0～0.028MPa。另外，本项研究中土样为非原状土，势必对测定结果产生一定影响，这种影响的评价有待于进一步研究。

土壤水分特征曲线分为脱湿过程曲线和吸湿过程曲线。吴文强等（2002）对北京西山地区人工林土壤水分特征曲线的研究发现，脱湿过程曲线呈横着的J形，利用Gardner公式进行拟合的效果良好，与本项研究结果一致。由于脱湿过程曲线与吸湿过程曲线不重合，为非单值函数关系（虎胆·吐马尔拜，1996）。本项研究针对脱湿过程和吸湿过程分别进行测量，探讨了脱湿曲线和吸湿曲线的差异，结果表明，不管是脱湿曲线还是吸湿曲线，都呈很好的幂函数曲线，在脱湿过程初期，土壤含水量变化较大，为10%～30%，而土壤水势变化范围却很小，在脱湿过程后期，土壤含水量小于10%时，土壤水势的变化范围很大；吸湿过程曲线的变化与脱湿过程相似，但位于脱湿曲线下方。总体而言，研究区不同土层土壤持水能力大小依次为：黄土＞壤土＞白浆土，土壤含水量随土壤水势降低而递减的快慢依次为：壤土＞白浆土＞黄土。

对于同一种土壤，脱湿过程和吸湿过程测得的土壤水分特征曲线是不同的，这种现象称为滞后现象。滞后现象的成因非常复杂，不仅受测定样品温度的影响，还依赖于测定时土壤水分含量的变化速率。李永涛等（2006）利用砂性漏斗法测定土壤水分特征曲线时，在某一特定土壤水吸力情况下，吸湿过程的土壤水分含量低于脱湿过程，这与本项研究结果相似，说明本项研究区土壤水分特征曲线也存在滞后现象。产生滞后现象的原因在于土壤孔隙的粗细度不同。土壤水分数量和能量关系的滞后现象表明，土壤水吸力是由大气—水界面状况以及表面薄层的特性所决定的，而不是由孔隙中的水分含量直接决定的（Jury et al.，2004）。本项研究定量阐明了长白山阔叶红松林土壤的滞后现象，滞后时效依次为：壤土＞黄土＞白浆土。

四、长白山阔叶红松林土壤水分动态研究

森林是陆地生态系统的重要组成部分，而森林的分布及其生长过程都不同程度地受到森林土壤水分的影响（Canton et al.，2004；Crave et al.，1997；Grayson et al.，1998；马雪华，1993）。对森林土壤水分动态特征的试验是揭示森林生态系统功能，评价森林环境综合效益的基础。由于森林土壤水分具有极大的时空异质性和复杂性，故各主要森林类型土壤水分动态变化具有明显差异（张学权，2003）。目前我国相关的研究主要集中在秦淮以北的半干旱和干旱地区以及水土流失严重的黄土高原区（党坤良，1995；何福红等，2002；姜娜等，2005；刘春利等，2005；刘发民等，2002；尹光彩等，2003；曾杰等，1996），而对于长白山阔叶红松林的土壤水分动态研究较少。长白山阔叶红松林是我国东北地区东部中温带湿润气候区最主要的森林植被类型和最典型的森林生态系统（高西宁等，2002；王安志等，2002；吴家兵等，2002），对于调解地面径流与气候、维系区域陆地生态平衡有着重要意义。

（一）土壤水分的时间动态特征

土壤水分对气候因子的响应较为敏感，特别是降水和蒸散对森林土壤水分的影响更具有决定性的作用（Andrew et al.，2004；朱首军等，2000）。天然降水是本试区土壤水分的唯一来源，由于降水集中在 6～8 月，因此土壤水分的年内变化十分明显。在降水分配与土壤水分蒸发过程影响下，不同水文年水分循环的深度与强度有一定的差异，但从总体来看，长白山阔叶红松林土壤水分每年的变化规律都基本一致，呈现出明显的季节性变化，在一年中通常区分出若干水分时期。将用 TDR 测量的 2003 年 0～50cm 土壤含水量的平均值与月降水量、月蒸散量的数据绘制成图 2.66（图中的蒸散量为折算后的陆面蒸发量）。依据图 2.66

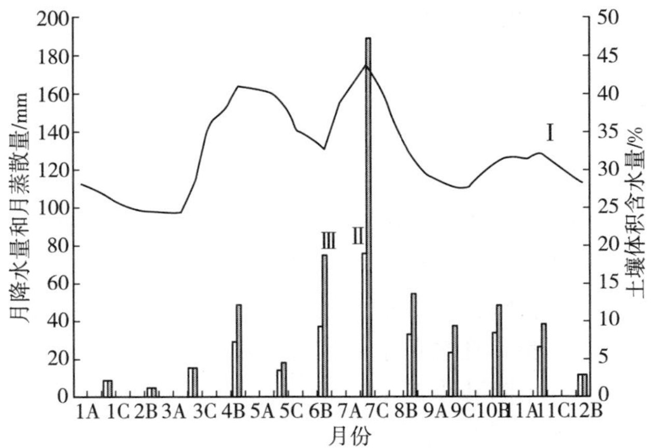

图 2.66　2003 年土壤含水量（Ⅰ）、月降水量（Ⅱ）和月蒸散量（Ⅲ）季节动态变化

中土壤体积含水量的变化过程并结合月降水量和月蒸发量，可将长白山阔叶红松林的土壤水分按其特点和时间顺序划分为5个时期：春季聚水阶段、旱季耗水阶段、雨季蓄墒阶段、秋季失墒阶段和冬春土壤水分相对稳定阶段。

1. 春季聚水阶段

从3月中旬到4月末，土壤体积含水量为24.09%～40.94%，呈上升趋势。这是因为该阶段气温回升至0℃以上，积雪开始融化并慢慢入渗到土壤中，并且阔叶红松林中的落叶树种正处于萌动或生长初始阶段（高西宁等，2002），叶面积小，蒸腾耗水少，加之土壤温度较低，并且林内的风速要比林外小得多，使得林地蒸发也较小，所以林地的蒸散值较小，林地土壤水分的供给要大于消耗，因此林地土壤含水量逐渐增加。

2. 旱季耗水阶段

从5月初到6月下旬，土壤体积含水量为32.76%～40.75%。这是因为气温回升比较快，林草生长日趋旺盛，林木蒸腾和土壤蒸发较大，需要大量的土壤水分补给。但由于处在春季干旱时期，降水补给较少，其植物的生理用水主要依靠前期入渗的冻融雪水，林地土壤水分入不敷出，因而土壤含水量逐渐降低，处于失水状态，故称该时期为土壤的耗水阶段。森林生长季节的土壤最低含水量一般出现在这一阶段，而最低含水量出现的早晚及持续时间的长短是影响林木安全解眠复苏的主要因素。如果这一时期的土壤含水量损耗到无法满足林木正常生命活动的需要时，将会造成植物的生理干旱（党坤良，1995），严重的会影响林木的生长，甚至导致林木因为缺水而枯死。

3. 雨季蓄墒阶段

从6月下旬到7月底，土壤体积含水量为32.76%～43.9%，呈上升趋势。这一阶段气温迅速升高，降水量和冻土融水量达到最大，虽然土壤蒸发和林木蒸腾都很强烈，且日平均蒸散量在7月份时达到了全年的最大值（高西宁等，2002；王安志等，2002），但是土壤水分总的特点是收入大于支出而且有所聚集，故称此时期为土壤水分的蓄墒阶段。渗入到土壤中的水分，依靠重力势和基质势向深层运动，储存于土壤之中，到7月底，长白山阔叶红松林的土壤含水量达到了一年中的最高值。

4. 秋季失墒阶段

从8月初到9月底，土壤体积含水量为27.63%～40.26%，呈消退趋势。此时虽然有一部分降水，但气温较高，仍然适宜植物生长，林木根系从土壤吸取水分维持着较为旺盛的蒸腾，且林地土壤水分的蒸发也较为强烈，所以渗入土壤中的水分供不应求，不能弥补林草生长和蒸腾以及林地蒸发而损耗掉的水分，因而该时期土壤中的水分不断减少。

5. 冬春土壤水分相对稳定阶段

从10月至翌年3月中旬，土壤体积含水量的变化范围为24.09%～32.24%。

进入10月，气温逐渐降低，林草逐渐停止生长，大气降水也较少。此期间林地土壤水分消耗主要以林地蒸发为主，但由于林地有枯枝落叶层覆盖，削弱了林地土壤水分损耗，随着气温进一步降低，土壤开始冻结，土壤中的水分以冻结的形式存在，并有积雪覆盖，进一步阻止了水分的运动，从而减少了土壤水分的消耗。这一时期的土壤含水量呈相对稳定趋势。

（二）土壤水分的垂直变化特征

1. 土壤水分垂直变化层次划分

土壤水分的活跃程度由于受降水以及降水再分配、根系数量、根系分布深度、土壤孔隙度和气候条件等的影响，土壤含水量在垂直空间上表现出一定的动态特征。本项研究利用烘干法获得的数据对土壤剖面水分垂直变化进行分层时，采用基于标准差和变异系数两个指标的定量方法（龚学臣等，1998；贾志清等，1997），然后用聚类分析方法（袁志发等，2003），按照3层对标准差和变异系数进行划分，最后判定各测试土层的变化类型，从上至下依次为速变层、活跃层和次活跃层。当然，土壤水分垂直变化层次划分的结果，与水文年、观测时间范围和植被利用类型等都有一定关系。

由表2.21和图2.67可以看出，长白山阔叶红松林土壤水分的垂直分布趋势为：①年降水量不同，土壤水分剖面层次不一样。平水年活跃层较深，速变层较浅；而枯水年速变层较深，活跃层较浅；②不同剖面层次特点不同。

表2.21　不同降水水平年的土壤水分垂直分层结果

年　份	编号	深度/cm	样本数	土壤质量含水率/%					变异系数/%	层次
				最大值	最小值	平均值	中值	标准差		
1991（平水年）	1	0～10	13	83.85	35.54	48.33	46.46	11.96	24.75	速变层
	2	10～20	13	34.25	20.27	26.26	25.14	4.31	16.42	活跃层
	3	20～30	13	30.55	20.82	25.81	25.37	2.58	10.66	
	4	30～40	13	28.23	21.37	25.35	25.53	1.78	7.04	次活跃层
	5	40～60	13	27.80	22.53	26.22	26.59	1.31	4.99	
	6	60～80	13	29.35	24.21	27.18	27.30	1.19	4.36	
	7	80～100	13	30.33	24.49	27.34	27.10	1.38	5.04	
2003（枯水年）	1	0～10	27	98.23	20.04	63.30	59.73	20.87	32.97	速变层
	2	10～20	27	70.66	20.31	30.77	28.9	9.63	31.29	
	3	20～30	27	44.65	19.97	25.94	25.05	4.48	17.26	活跃层
	4	30～40	27	32.92	21.51	25.95	25.68	2.26	8.73	次活跃层
	5	40～50	27	29.90	21.12	25.78	26.01	1.92	7.45	
	6	50～60	27	29.72	22.55	26.12	26.55	1.89	7.24	

（续）

年　份	编号	深度/cm	样本数	土壤质量含水率/%					变异系数/%	层次
				最大值	最小值	平均值	中值	标准差		
	7	60～70	27	29.77	22.19	26.51	26.44	1.83	6.91	
	8	70～80	27	32.02	23.69	26.12	25.98	1.84	7.05	
	9	80～90	27	29.02	22.64	25.81	25.81	1.72	6.67	
	10	90～100	27	28.48	21.77	25.09	25.32	1.47	5.87	

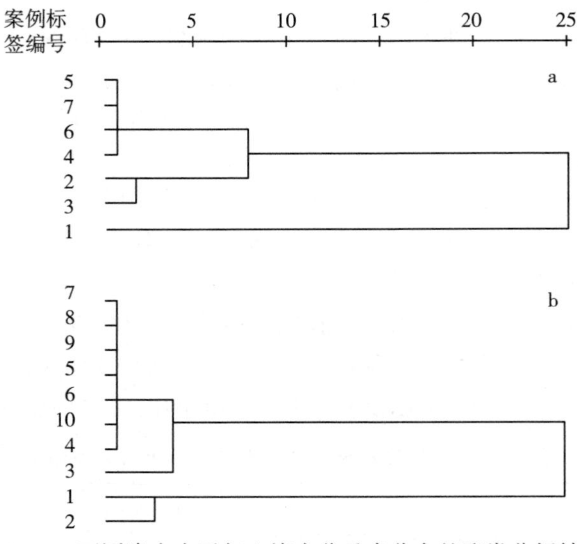

图 2.67　不同降水水平年土壤水分垂直分布的聚类分析结果

（1）速变层

由于受气候条件，特别是受降水和蒸发的影响很大，该层土壤水分调墒能力较差，干湿变化十分剧烈。该层土壤含水量在降雨时增加快，雨后降低也快，土壤含水量的变异系数最大。

（2）活跃层

受森林小气候和根系吸水耗水的双重作用（牛云等，2002），长白山阔叶红松林植物根系主要分布在该层，因此在植物生长季节内该层土壤水分运动比较活跃。降水通过土壤入渗的水分大都贮存在这一层内，当根系的吸收和树体蒸腾而使土壤水分降低时，可以通过水势梯度使深层水分向该层运动，以保证植物的正常生长需要。由于该层是植物主要吸收利用层，如及时采取一定保墒措施，可以趋利避害。

（3）次活跃层

地表以下 30～100cm 为土壤水分次活跃层。由于这层进入了大气和土壤同时作用的水分层次，大部分情况下水分运行速度受到限制，土壤水分变化幅度明显减小。这一层在林木强烈蒸腾期和缺水期可以向土壤水分活跃层供水，丰水年雨季可起蓄水作用，对林木根系吸收具有一定调节作用。

2. 各层次土壤含水率与其间降水量相关性

采用多元统计分析中的相关分析法（袁志发等，2003）对不同降水水平年的各层土壤含水率及与其间降水量之间的相关性进行分析（表 2.22），结果表明，无论是平水年还是枯水年，长白山阔叶红松林各层次土壤含水率与其间降水量的相关系数均呈表层＞中层＞深层，说明表层土壤含水率与其间降水量的关系最为密切。由于表层土壤首先接受到林内穿透雨和枯落物截留后的剩余雨水，降水量的多少直接影响着表层土壤水分的多少；随着土层的加深，中层和深层的土壤含水率与其间降水量的相关关系依次降低，并且其间降水量对中层和深层土壤含水率的影响具有滞后性。该结果与本试区的土壤结构和质地对土壤水分运动的影响相一致，表层土壤为枯枝落叶和腐殖质层，具有良好的渗透性（李金中等，1998），降水能很快地到达中层土壤，因此中层土壤含水率与其间降水量的相关系数比深层土壤高。中层土壤为白浆化暗棕色黏土，其渗透性较小（李金中等，1998），使到达中层土壤的降水不能很快地进入深层。另外，由于长白山阔叶红松林的根系主要集中在表层和中层，对于降水也有一定的调蓄作用，因此，深层土壤含水率与其间降水量的相关系数比较低。

由表 2.22 可以看出，平水年和枯水年各层次间土壤含水率的相关性趋势为：①表层土壤含水率与中层土壤含水率的关系密切，与深层土壤含水率的相关性次之。这说明中层土壤水主要源自于表层渗流，而降水产生的表层渗流一般不能直接到达深层土壤。②中层土壤水与表层土壤水的相互转化要比中层土壤水与深层土壤水的相互转化更为活跃。由于中层土壤的渗透系数较小，并且本试区的植物根系主要分布在表层和中层，深层土壤只能接受少量的由上层土壤经过中层土壤下渗的部分雨水，加之其受林地蒸散的影响也较小，因此中层土壤含水率与深层土壤含水率的相关系数要比中层土壤含水率与表层土壤含水率的相关系数小。③深层含水率与中层含水率的相关性要比与表层土壤含水率的相关性更为紧密，说明深层土壤水主要来自中层土壤水的二次渗流，其消耗也要经过中层土壤水。

表 2.22　不同降水水平年各层土壤含水率及与降水量之间相关关系

年　份	降水量	土壤含水率		
		0～10cm	10～30cm	30～100cm
1991（平水年）	1	0.894	0.730	0.372
	0.894	1	0.671	0.324
	0.730	0.671	1	0.484
	0.372	0.324	0.484	1

（续）

年　份	降水量	土壤含水率		
		0～10cm	10～30cm	30～100cm
2003（枯水年）	1	0.742	0.633	0.368
	0.742	1	0.819	0.347
	0.633	0.819	1	0.415
	0.386	0.347	0.415	1

五、枯落物覆盖对阔叶红松林土壤蒸发的影响

土壤水分蒸发是构成陆地水分平衡的一个重要组成部分，与土壤水分的消长动态变化紧密相关，是一个相当复杂的物理过程（中野秀章，1983），也是水循环过程的重要环节（孟春雷和石建辉，2007）。土壤的直接蒸发量约占降雨量的60%，在作物生长期，蒸发到大气中50%的水直接来自土壤蒸发（李开元等，1991）。因此，对土壤蒸发的观测研究不仅对水文科学具有重要意义，同时对水资源评价、利用及人类活动对环境影响评价，都具有重要理论和实践意义（吴传余等，2001）。

土壤蒸发作为土壤水分耗散的主要过程之一，不仅受土壤因子（土壤含水量、土壤结构、土壤组成等）和气象因子（辐射、温度、湿度、空气流速等）的影响，也与土壤表层的覆盖物息息相关（Hillel，1975）。地表覆盖改变了根区土壤小气候环境，在农、林业生产中受到普遍重视（隋红建和曾德超，1990；王丽学等，2002）。Mahrer等（1984）对地面局部覆盖条带状覆盖条件下土壤水热运动进行了理论分析并建立了二维数学模型。李成华和马成林（1996）对3种地面覆盖材料的光谱透射率及其对土壤温度的影响进行了试验，研究表明土壤温度的变化取决于覆盖薄膜的透光率，透明聚乙烯薄膜对土壤温度的影响最为明显。邵爱军和彭建萍（1997）、虎胆·吐马尔白（1998）、毛学森和曾江海（2000）对不同覆盖条件下土壤水热分布的变化进行了研究，建立了秸秆条带状覆盖条件下土壤水分运动的数学模型，并将一种新型覆盖材料—水泥硬壳（可减少土壤蒸发75%～81%，有利于根系生长，增加生物量）应用在农田节水增产上。王渭玲等（2001）研究了几种不同覆盖措施的土壤水分分布特征，并指出在农田覆盖物中，秸秆的保墒效果最好。

除上述研究，不同材料覆盖下土壤蒸发的研究也取得了一定的成果，其中绝大多数是针对农田关于秸秆的试验（李新举等，1999；高秀萍等，2001；陈素英等，2002）。在农田中，秸秆覆盖能减少到达土壤表面的辐射和风速，故能减少土壤蒸发（Narender et al.，2001；Wang et al.，2001）。据王会肖和刘昌明（1997）的试验，秸秆覆盖对农田土壤蒸发的抑制率高达50%。朱自玺等

(2000) 从能量平衡角度解释了覆盖的保墒机理，即土壤覆盖后显热通量增大，潜热通量减小，亦即用于土壤蒸发的能量减小，从而减少了土壤蒸发，并提高农田水分利用率（王改玲等，2003；孟毅等，2005）。国外学者的研究也得出类似的结论（Ji & Paul，2001）。Bond 和 Willis（1969）研究了覆盖物对土壤蒸发的影响，结果表明，在土壤蒸发前期，覆盖物对土壤蒸发的影响最大，能持续 2 周，此后对土壤蒸发的抑制作用逐渐减小。在林业中，研究成果相对较少。少量研究指出：枯枝落叶层抑制土壤蒸发的效应随枯枝落叶层厚度的增加而增大，也受土壤水分的影响，当土壤水分低于 1/2 田间持水量时，枯枝落叶层抑制土壤蒸发的作用很弱，当土壤水分在 1/2 田间持水量以上时，土壤水分越高，枯枝落叶层越厚，枯枝落叶层抑制土壤蒸发的作用越大（赵鸿雁等，1992）。

目前，对于土壤蒸发的研究较为系统，但对于覆盖条件下土壤蒸发的研究成果尚少，其中多数研究还仅针对覆盖物下的农田土壤，而枯落物覆盖下的森林土壤蒸发的研究鲜有提及。但枯落物作为森林生态系统中广泛存在的物质，也是能量物质循环的重要组成部分，对森林土壤蒸发的影响不能忽视。

（一）不同干重枯落物覆盖下的土壤蒸发

1. 处理组 A、B、C 日蒸发量的比较

A、B、C 3 组处理的枯落物干重分别为 75g、45g 和 15g，3 组处理在相同的环境条件下，蒸发量与蒸发速率有显著不同。不同处理下的土壤蒸发的日变化过程尽管有着相同的趋势，但是变化的幅度有所不同。据多组数据（图 2.68）分析，可以得出：枯落物越多，抑制作用越大，土壤蒸发越少。对于本项研究，3 种处理蒸发量大小关系为 C>B>A（对 3 组数据进行显著性检验可得，组间差异显著：$P_{AB}=0.014<0.05$，$P_{AC}=0.00<0.01$，$P_{BC}=0.006<0.01$）。

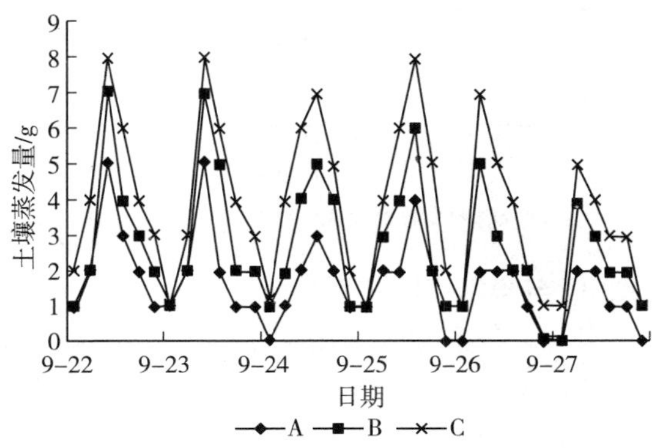

图 2.68　不同干重枯落物覆盖下的土壤蒸发日变化

随着覆盖物的增加，土壤起到的遮挡作用就越大，水汽从土壤表层穿过枯落物孔隙散发到空气中的能力就越差。枯落物覆盖的增加在减小水汽逸散的孔隙的

同时，也阻隔了辐射，起到了保温的作用，温度增幅减小，蒸发速率较慢。每个处理的蒸发速率及日蒸发量的平均值如表 2.23 所示。

表 2.23　A、B、C 3 组处理均值

枯落物覆盖量/g	最小蒸发速率/［g/（m^2·h)］	最大蒸发速率/［g/（m^2·h)］	日蒸发量/g
75（A）	5	64	10
45（B）	11	90	15
15（C）	19	109	24

结合 A、B、C 3 组处理的枯落物干重与表 2.23 数据分析发明：当枯落物覆盖量较少时，枯落物的增加对蒸发的抑制作用明显，但枯落物干重增加的速率大于蒸发量减小的速率，因此，在枯落物逐渐增加的情况下，当枯落物覆盖度达到一定多的数值时，枯落物将不再是土壤蒸发的限制因子。自然界由于枯落物不断分解，不会积累到无限多的状态，因此，枯落物覆盖对土壤蒸发有着至关重要的影响。

为了得到二者间的关系，增加了覆盖量为 42g、30g 和 18g 以及无覆盖的辅助试验。数据整理得出，枯落物覆盖量与土壤蒸发量之间的经验关系（含水率为 41%，饱和持水率），如图 2.69 所示，得到枯落物干重与蒸发量的经验关系（结合实验日裸土蒸发实验，日蒸发量 $y \leqslant 60$，故此公式成立的 x 取值范围是 $x \geqslant 0.18$）。

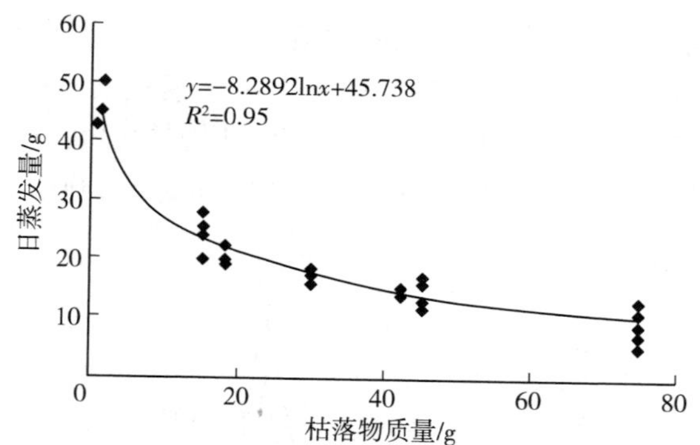

图 2.69　枯落物覆盖量与土壤蒸发量的经验关系

2. 处理组 A、B、C 与含水率的关系

在初始含水率为 41%，气温较为平稳的情况下，含水率由 41%下降到 38%过程中，A、B、C 3 组处理下土壤日蒸发量与含水率的关系，如图 2.70 所示。3 条趋势线的方程分别为：

$$
\begin{aligned}
\text{A}: y &= 2.3842x - 84.303 \\
\text{B}: y &= 1.4316x - 41.356 \\
\text{C}: y &= 1.2955x - 27.056
\end{aligned}
\quad (2-129)
$$

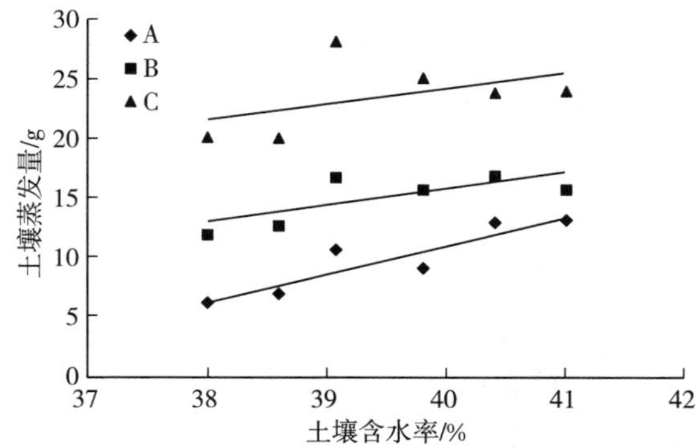

图 2.70 A、B、C 3 组处理下土壤日蒸发量与含水率的关系

由图 2.70 及其趋势线方程可知，不同覆盖量下的土壤日蒸发量均随土壤的含水率降低而下降，而不同处理组的土壤蒸发量随含水率下降的速率不同。根据图 2.70 各趋势线的斜率 $k_A>k_B>k_C$，可以得出：随土壤含水率的降低，土壤蒸发量减少，含水率每下降 1%，A、B、C 处理的土壤蒸发量依次减少 2.38g、1.43g 和 1.30g，即：随含水率的降低，枯落物覆盖越多的处理，蒸发量减少的越明显。也就是说，含水率降低时，覆盖物越多，对土壤的保湿作用越好。

（二）不同分解程度枯落物覆盖下的土壤蒸发

枯落物对土壤蒸发产生抑制作用，其大小不仅与枯落物质量有关，还与各个层分类型相关。在含水率下降的过程中，不同分解程度枯落物覆盖下的土壤蒸发量的变化速率不同。

1. 处理组 D、E、F 日蒸发量的比较

D、E、F 3 组处理为同样干重的枯落物，以不同层比作为研究核心，目的是验证土壤蒸发量对不同分解层的响应程度。在相同的环境条件下，不同处理下的土壤蒸发的日变化过程尽管有着相同的趋势，但是变化的幅度有所不同。由土壤蒸发日变化过程（图 2.71）可得：在枯落物干重相同的条件下，由于每种类型所占比例不同，导致土壤蒸发量的不同，3 种处理蒸发量大小关系为 F>E>D（对 3 组数据进行显著性检验可得，组间差异存在但不显著：$P_{DE}=0.079$，$P_{DF}=0.053$，$P_{EF}=0.006$）。

不同的分解层，起到的遮挡作用不同，水汽通过不同分解层能力也不同。枯落物不同的分解层，物质外形、质地有差异，覆盖在土壤表面时，对孔隙的覆盖能力，阻隔辐射的能力以及保温能力都有所不同。由表 2.24 可知，枯落物对土壤蒸发起抑制作用，但枯落物中不同层分对土壤蒸发的抑制能力不同，未分解层的抑制作用最强，半分解层次之，分解层最弱。原因是半分解层和分解层的质地已接近土壤，少量的物质起不到覆盖土壤的作用，其空隙成为水汽交换的良好通

道，所以其对土壤蒸发的抑制作用并不明显。而未分解层是以枯落的尚未分解的树叶为主，相同干重的未分解物质对土壤表层的遮盖作用显著于其他成分。未分解层对辐射的阻挡，对水汽传输孔隙的阻碍，都是使得土壤蒸发减弱的原因。

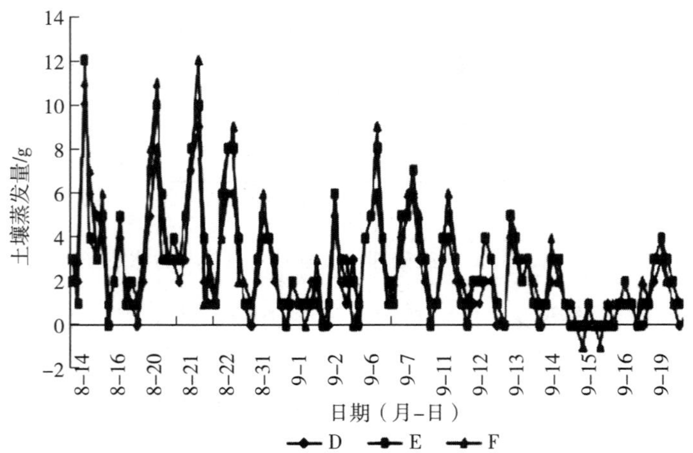

图 2.71　不同分解程度枯落物覆盖下的土壤蒸发日变化

表 2.24　D、E、F 3 组处理均值

处理	最小蒸发速率/［g/（m^2·h）］	最大蒸发速率/［g/（m^2·h）］	日蒸发量/g
D	16	108	13
E	24	132	17
F	28	141	18

枯落物层比，按未分解层∶半分解层∶分解层，D20∶10∶10，E10∶20∶10，F10∶10∶20。

2. 处理组 D、E、F 与含水率的关系

含水率作为影响土壤蒸发的重要因子，与其他影响因子在土壤蒸发过程中的作用相比，其影响是相对显著的。由图 2.72 可见，土壤蒸发量是随着含水率的下降而下降的（图中之所以会出现波动，是因为不同日的天气条件所影响），而不同处理组 D、E、F 的土壤蒸发量随土壤含水率变化是有差异的（图 2.73）。

趋势线斜率 $k_D > k_E > k_F$，由此可得：不同处理组中，蒸发量随含水率减少而减少，而减少的速率随 D、E、F 处理的顺序依次减小。即未分解层比重多的处理在含水率下降的情况下，其土壤蒸发量减小的速率相对快，半分解层多的处理次之，分解层多的处理减少的速率最慢。这个结论也符合了枯落物覆盖的保湿原理。

森林是陆地生态系统的主体，其水文功能对调节陆面水分循环过程有着显著的作用。森林通过自身结构及对下垫面土壤的改变，影响着降雨分配过程，也改变了水分消耗途径，从而对水分循环过程产生了深刻影响。正确认识森林水文功

能，势必需要阐释其对降雨分配与水分耗散过程的影响。

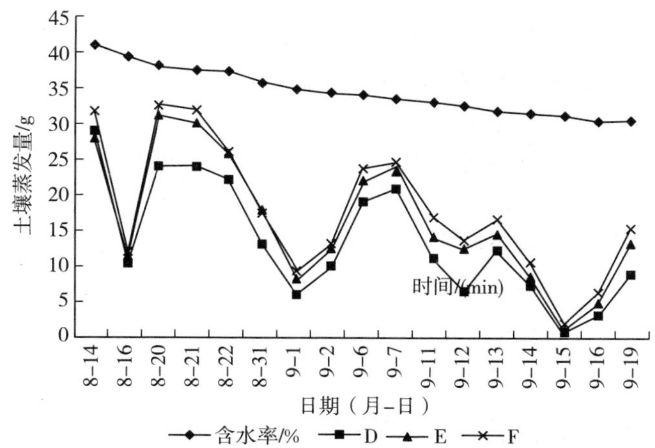

图 2.72　D、E、F 3 组处理组土壤日蒸发量与含水率的变化趋势

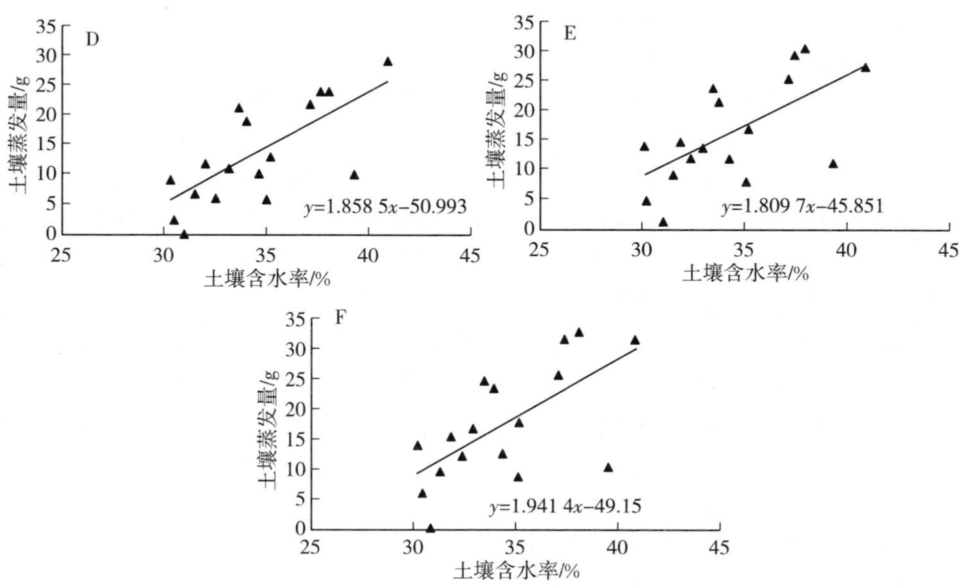

图 2.73　D、E、F 3 组处理组土壤蒸发量随土壤含水率变化

林下土壤蒸发是森林主要的水分耗散过程之一，其量值受到森林结构影响下的微气象条件、土壤含水量和枯落物厚度与含水量的影响，与植被蒸腾过程在消耗土壤水分过程中形成互补相关关系。因此，林下土壤蒸发在受到森林结构影响的同时，反映着森林对降雨的分配作用，并与植被间存在水分的竞争关系，正确阐释林下土壤蒸发过程机制对理解森林的水文功能具有深远意义。

在以往森林土壤蒸发影响机制研究中，对森林结构影响林下气象因子进而改变森林土壤蒸发过程考虑较多，同时也考虑了土壤含水量对土壤蒸发的影响，但对直接与土壤接触的枯落物层的影响却很少考虑。赵鸿雁等（1992）研究指出：枯枝落叶层的厚度对土壤蒸发有直接影响，即枯枝落叶覆盖越厚，蒸发抑制越明显，但同时也受到土壤水分和气象因子的影响，土壤蒸发日变化量与气温近似呈正相关关系，与湿度呈负相关关系，这与本项研究的结论一致。本项研究在其实验的基础上将枯落物进行细化分类，比较了不同分解层及不同质量枯落物抑制能力差异，并给出了土壤蒸发量、枯落物质量及土壤含水率的关系。相对农业上对覆盖条件下土壤蒸发的研究，未来森林枯落物对土壤蒸发影响的研究还需进一步细化，如：枯落物对土壤蒸发抑制率的确定；遮荫条件下与日光直射下的蒸腾差异；枯落物在降雨后自身水分的变化情况；以及环境因子（温、湿度）变化对枯落物覆盖下土壤蒸发的影响等。

六、森林流域坡面流与壤中流耦合模型的构建与应用

对森林流域坡地壤中流的转换机制和水文过程进行研究，不仅可以丰富森林水文学的理论，而且可以为森林流域的水文分析与计算、水源涵养林的建设与经营、洪涝灾害的预报与预测、水资源的合理开发与利用等提供科学依据（李金中等，1999）。根据壤中流产生的主要机理，现有的壤中流模型有 3 种：Richards 模型（刁一伟等，2004），动力波模型（Beven et al.，1982）和储水泄流模型（Sloan et al.，1984），但这些模型都简化了坡面流与壤中流的相互影响。实际上，在壤中流与坡面流产生过程中，二者通过降雨入渗过程与回归流进行水分交换，产生相互间的耦合作用。因此，必须综合考虑坡面流与壤中流的耦合作用，才能更为真实地模拟坡地的壤中流过程。

20 世纪 60 年代以来，Woolhiser 等（1967）为了提高坡面流模拟精度，采用圣维南（SaintVenant）方程组作为坡面流的控制方程，并考虑了地表界面上的入渗率，建立了坡面流和土壤水分变化的耦合模型。此后，Wallach 等（1997）提出独立求解地表水的模型；Morita 等（2002）在同一个时间步长内交替求解了地表水和地下水；Szilagyi（2007）研究证实了降雨和径流的耦合过程是非线性的；张书函等（1998）提出了天然降雨条件下坡地水量转化的动力学模型；张培文等（2003）提出了一种二维多孔介质渗流与一维简化地表径流耦合分析的数学模型；汤有光等（2004）提出了一种适用于陡坡的且考虑地表径流和地下水耦合作用的降雨入渗分析方法。但以往这些研究都只考虑到坡面浅层土壤含水量的变化，对壤中流的研究则不够深入。

（一）坡面流与壤中流耦合模型的构建

1. 壤中流模型

本项研究的壤中流模型采用 Richards 模型［式（2－130）］，因为它能模拟

土壤各个位置受坡面流影响时的水分变化动态。

$$\frac{\partial}{\partial x}[K_x(\varphi)\frac{\partial h}{\partial x}]+\frac{\partial}{\partial y}[K_y(\varphi)\frac{\partial h}{\partial y}]+$$
$$\frac{\partial}{\partial z}[K_z(\varphi)\frac{\partial h}{\partial z}]+Q=\frac{\partial h}{\partial x}[\Theta S_s+C(\varphi)] \qquad (2-130)$$

式中，K 为水力传导度（m/s）；h 为总水势（m）（$h=\psi+z$）；ψ 为基质势（m）；z 为重力势（m）；Q 为任意流入流出项（m^3）；Θ 为饱和度；S_s 为贮水率/m；C（ψ）为比持水量/m。只要已知土壤水分特性曲线（ψ-θ）和水力传导度与土壤含水量的关系曲线（K-θ），并给定适当的初始条件和边界条件，就可以求解式（2－130），得到各时刻的土壤水势 h，继而推导出通过该位置的流。

目前 ψ-θ 和 K-θ 的经验函数很多，本项研究采用了通用性较好的 Van genuchten-Mualem 函数（不考虑滞后现象）。通过有效饱和度 Θ_e（土壤含水量与饱和含水量的比值）将水力传导度 K、比持水量 C 与基质势 ψ 联系起来。

有效饱和度 Θ_e 关于基质势 ψ 的函数（Van genuchten，1980）：

$$\Theta_e(\varphi)=\frac{\Theta-\Theta_r}{1-\Theta_r}=\begin{cases}\frac{1}{[1+(|\alpha\varphi|^{n_v})]^m} & \varphi<0\\ 1 & \varphi\geqslant 0\end{cases} \qquad (2-131)$$

比持水量 C 关于有效饱和度 Θ_e 的函数：

$$C(\Theta_e)=\frac{\partial\theta}{\partial\varphi}=-\frac{n_c m_\alpha(1-\Theta_r)}{1-m}\Theta_e^{1/m}(1-\Theta_e^{1/m})^m \qquad (2-132)$$

水力传导度 K 关于有效饱和度 Θ_e 的函数（Mualem，1876）：

$$K=\Theta_e^{1/2}[1-(1-\Theta_e^{1/m})^m]^2K_s \qquad (2-133)$$

式中，Θ_r 为土壤残留饱和度（土壤残留含水量 θ_r 与饱和含水量 θ_s 的比值）；α、n_v、m 为模型参数（$m=1-1/n_v$）；n_e 为有效孔隙度；K_s 为饱和水力传导度（m/s）。

2. 坡面流模型

Saint-Venant 方程或其简化形式（即扩散动力波近似）能够较好地解释整个坡面流过程（沈冰等，1994）。其基本形式如下：

$$\frac{\partial h}{\partial t}+c\frac{\partial h}{\partial x_i}=I-W \qquad (2-134)$$

式中，I 为降雨强度（m/s）；W 为入渗率（m/s）；c 为波速（m/s）；h 为坡面流断面水深（m）。

浅层坡面流一般为层流（Chin，1999），故满足：

$$c=\frac{8\rho g\,\mathrm{d}\varphi h}{\mu k_d\varphi x_i} \qquad (2-135)$$

式中，ρ 为水密度（g/m^3）；g 为重力加速度（m/s^2）；d 为断面平均水深（m）；$\frac{\partial h}{\partial x}$为水力梯度；$\mu$ 为动态黏滞度；k_d 为阻力参数。令 $K_{0f}\frac{8\rho gd}{\mu k_d}$，并将式

（2－135）代入式（2－134）即得本试验所用二维坡面流模型：

$$K_{0f}(d)\frac{\partial h}{\partial x}+K_{0f}(d)\frac{\partial h}{\partial y}+I-W=\frac{\partial h}{\partial t} \qquad (2-136)$$

3. 坡面流与壤中流耦合模型

坡面流和壤中流通过地表界面产生联系，即通过入渗和回归流过程发生耦合。

以往的入渗模型分为 3 类，①物理模型：基于物质守恒定律和 Darcy 定律；②半经验模型：这类模型基于系统方法，一般应用于地表水文学，介于经验模型和物理模型之间；③经验模型：基于对实验室或者野外实验数据的统计和分析。从物理模型、半经验模型到经验模型，据饱和入渗理论（黄锡荃，1993）导出入渗的动力方程：

$$f_p=K_s\frac{h+I-\varphi-(p-p_0)}{I} \qquad (2-137)$$

式中，f_p 为入渗容量（m/s）；K_s 为饱和水力传导度（m/s）；h 为入渗土柱表面的地表水深（m）；l 为入渗土柱的长度（m）；ψ 为湿润锋面处的基质势（m）；p 为由于水分进入土壤压缩孔隙中空气产生的对入渗土柱底部的反压力（m）；p_0 为积水层表面的大气压力（m）。本项研究暂时未考虑空气压力，则 f_p 简化为：

$$f_p=K_s[1+\frac{h-\varphi}{I}] \qquad (2-138)$$

先根据 h、ψ 和 l 求出 f_p，再比较雨强 I 和入渗容量 f_p 的大小，小者便是入渗率 W。

对回归流的模拟，需要判断回归流产生与否。在每一时段求解出水头后，比较土壤表层水头是否超过表层高度，若超过，则有回归流产生，应将土壤表层水头与表层高度之差对应的水量返回坡面流。

由式（2－130）、式（2－136）和联系它们的入渗率 W［对表层土壤，式（2－130）中的 Q 就是 W］，以及可能出现的回归流构成了一个耦合模型，它全面地描述了坡面流和壤中流的耦合过程，求解此模型便可得到坡面流量、壤中流量、坡面水深和土壤水势等。

4. 模型的求解

（1）计算流程

模型的计算流程图，如图 2.74 所示。首先把整个模拟期划分为若干时间段，在初始时间段输入初始条件：土壤参数、雨强、坡面流出口位置、壤中流出口位置、地表水深、土壤水头等，然后逐步进行坡面流和壤中流耦合模型的构建，并用数值解法迭代求解，最后输出该时段结束时的解，并把它作为下一个时段的初始条件。重复以上过程循环求解，直到计算完模拟期为止。

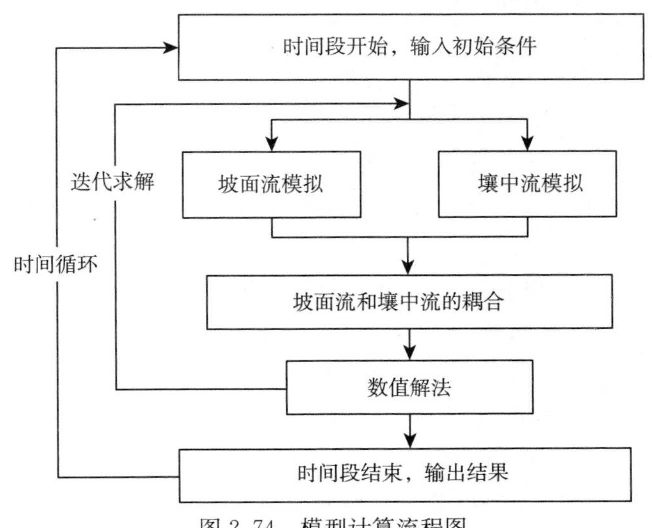

图 2.74　模型计算流程图

（2）初始条件

坡面模型槽内的土壤从上到下分别为黑土、白浆土和黄土。由于白浆土和黄土的渗透系数很小，所以本项研究把黑土和白浆土的交界面作为不透水边界，只模拟和观测了黑土层的水分运动。黑土实测的土壤参数分别为 $\alpha=0.0113$/cm、$n_v=1.6873$、$K_s=0.09$mm/min、$S_s=0$、$\theta_r=0.2294$、$n_v=0.4634$、田间持水量为 39.3%。以上参数的观测和处理方法见文献（杨弘等 2007)。黑土层厚度为 33cm，模拟时将其沿坡面方向和竖直方向划分三维网格，行间隔为 2.8cm，列间隔为 5cm，层间隔为 3～8cm，共划分 100 行×100 列×7 层，各网格土壤性质相同。令坡面流和壤中流出口位置为条件定水头边界（只允许出流），土壤含水量初始条件为土壤田间持水量，坡面流阻力参数 $K_d=50$，每个时间段长定为 1 s。

（3）数值解法

由于式（2－130）是一个高度的非线性方程，除了某些特殊情况以外，不能求得它的解析解，所以需要进行离散化处理，并使用高速大容量电子计算机以求出精度很高的数值解来代替解析解。由于求解坡面流方程不能采用有限元法，本项研究数值解法采用了 MODFLOW 的有限差分法（Harbaugh et al.，2000）对坡面流和壤中流方程进行统一求解。

根据有限差分法将坡面模型槽的土壤区域划分为三维网格，每个有效网格是一个计算单元。根据水量平衡原理，每个计算单元中式（2－130）左端等于：

$$q_{i,j-1/2,k}+q_{i,j-1/2,k}+q_{i,j-1/2,k}+q_{i,j-1/2,k}+q_{i,j-1/2,k}+q_{i,j-1/2,k}+QS_{i,j,k} \tag{2-139}$$

式中，i、j、k 分别为计算单元位于三维网格的第 i 行、第 j 列、第 k 层；q_i，$j-1/2$，k 为通过计算单元（i，j，k）与计算单元（i，$j-1$，k）之间界面的流量（m³/s）；$QS_{i,j,k}$为外部源汇与计算单元（i，j，k）的流入/流出量（m³/s）。

根据达西定律，$q_{i,j-1/2}=R_{i,j-1/2,k}\ (h_{i,j-1,k}-h_{h,j,k})$

式（2－139）为：

$$R_{i,j-1/2,k}(h_{i,j-1,k}-h_{i,j,k})+R_{i,j+1/2,k}(h_{i,j+1,k}-h_{i,j,k})+ C_{i-1/2,j,k}(h_{i-1,j,k}-h_{i,j,k})+C_{i+1/2,j,k}(h_{i+1,j,k}-h_{i,j,k})+ V_{i,j,k-1/2}(h_{i,j,k-1}-h_{i,j,k})+V_{i,j,k+1/2}(h_{i,j,k+1}-h_{i,j,k})+QS_{i,j,k} \tag{2-140}$$

式中，$h_{i,j,k}$为计算单元（i，j，k）处的土壤水势（m）；$R_{i,j-1/2,k}$、$C_{i-1/2,,j,k}$、$V_{i,j,k-1/2}$等为水力传导系数（m²/s），$R_{i,j-1/2}$，$k=K_{i,j-1/2}$，$k\Delta c_i\Delta vk/\Delta rj-1/2$，其余类似，其中，$K_{i,j-1/2}$，$k$为计算单元（$i$，$j$，$k$）与（$i$，$j-1$，$k$）之间的平均水力传导度（m/s），$\Delta c_i\Delta vk$为横断面面积（m²），$\Delta rj-1/2$为计算单元（$i$，$j$，$k$）与（$i$，$j-1$，$k$）之间的距离（m）。

而式（2－130）右端等于（Celia et al.，1990）：

$$C\frac{\partial y}{\partial x}+\Theta S_s\frac{\partial y}{\partial x}=\frac{\theta^{n,m-1}+C^{n,m-1}(H^{n,m}-H^{n,m-1})-\theta^{n-1}}{\Delta t}+\Theta^{n-1/2}S_s\frac{H^{n,m}-H^{n-1}}{\Delta t} \tag{2-141}$$

式中，n为时间段数；m为迭代次数；$H_{n,m}$为第n个时间段、第m次迭代时$h_{i,j,k}$的值；$\Delta t=t_n-t_{n-1}$。

对土壤中所有有效计算单元都写出类似式（2－140）和式（2－141）的差分方程，则可得出以所有有效计算单元的土壤水势为未知量的差分方程组。

对于坡面流，在每个坡面的表层土壤单元建立一个对应的坡面流单元，对所有坡面流单元根据坡面流模型［式（2－136）］用有限差分法可得一组以坡面水深为未知量的差分方程组，与上述以土壤水势为未知量的差分方程组联立，代入入渗率，对每个时间段用迭代法求解，便可得到每个时间段结束时坡面流单元的坡面水深、土壤单元的土壤水势以及坡面流量和壤中流量。

（二）从时间角度分析耦合模型的模拟效果

从图2.75可以看出，实测壤中流与模拟壤中流的过程线形态比较一致，峰现、峰退时间的模拟值与实测值基本吻合。壤中流的时间特征如下。

1. 壤中流出流滞后于坡面流

其原因是由于本实验所用雨强大于土壤的饱和入渗率，产流方式为超渗产流，所以坡面流很快产生并较快增大至峰值，而随着降雨历时的延长，当入渗水流遇到相对不透水层的阻挡时，壤中流才开始出现并缓慢地达到峰值。这反映了壤中流受土壤水分变化的影响。只有当土壤水分含量超过田间持水量，壤中流才可能发生，所以在地表产流后，还需经过一段时间，才有壤中流产生。本模型中耦合模拟部分的入渗模型较好地模拟了超渗产流过程。

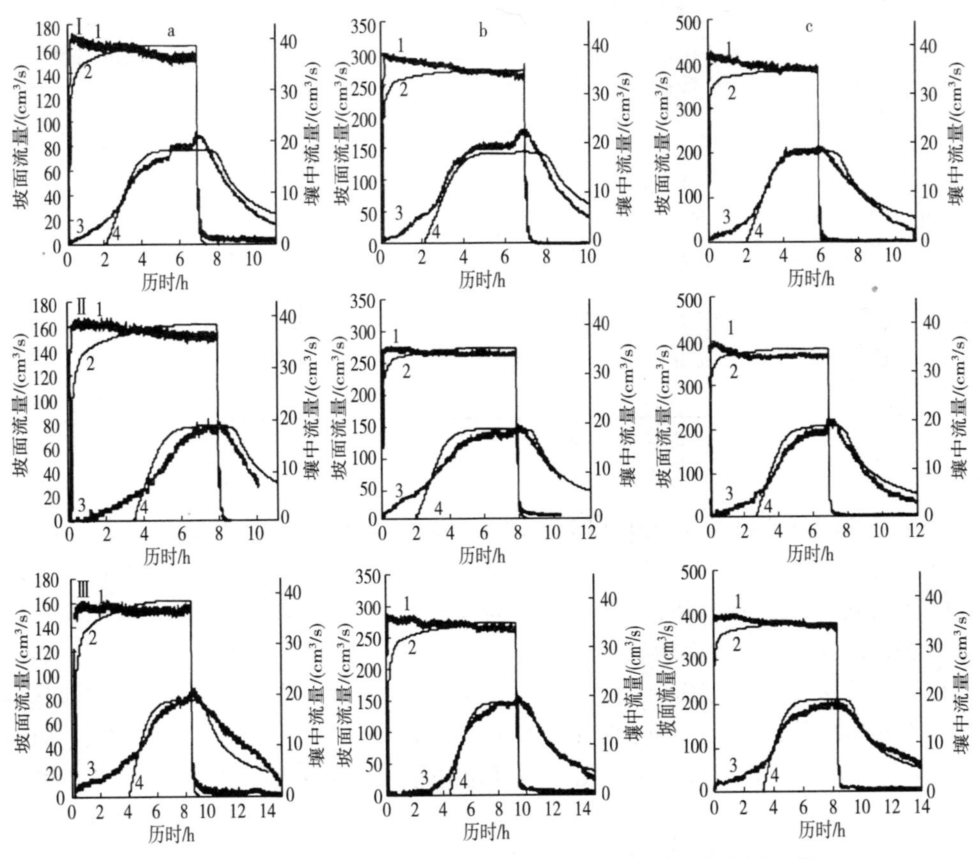

图 2.75　坡度为 5°（Ⅰ）、7°（Ⅱ）、9°（Ⅲ）时的出流过程线

2. 壤中流出流量的变化比较缓慢

产流历时较长，其流量过程线较坡面流更为平缓，并存在一定的对称性。其原因是土壤的吸、脱湿过程较为缓慢。

3. 雨强越大，壤中流的峰现时间越早

当处于超渗产流方式时，入渗容量是地表水深的单调递增函数，即雨强越大，地表水深越大，则入渗容量越大，导致峰现时间提前。

（三）从流量角度分析耦合模型的模拟效果

由表 2.25 可以看出，壤中流总量和峰值流量的模拟值与实测值的相对误差较小，基本不到 10%，流量过程线也基本与实测线吻合，说明本模型对壤中流流量的模拟精度比较理想。同样实验条件下，李金中等（1999）所用贮水泄流模型模拟的壤中流峰值流量比实际偏小。本模型之所以不存在这个缺点，是由于在考虑到存在坡面流时，地表水深使得壤中流的峰值流量增大。

表 2.25 壤中流总量及峰值流量、坡面流总量及峰值流量的模拟值和实测值的相对误差

处理	壤中流总量	壤中流峰值	坡面流总量	坡面流峰值
Ⅰa	3.38	5.69	1.43	19.58
Ⅰb	8.41	21.34	3.83	8.84
Ⅰc	3.17	4.90	5.91	10.08
Ⅱa	8.30	6.96	2.51	4.02
Ⅱb	2.40	13.68	0.83	2.11
Ⅱc	8.48	6.47	0.10	4.15
Ⅲa	17.36	10.80	4.09	0.91
Ⅲb	0.49	7.02	4.82	5.69
Ⅲc	3.53	0.26	3.67	5.76

a. 雨强 0.72 mm/min b. 雨强 1.20mm/min c. 雨强 1.68mm/min Ⅰ. 坡度 5° Ⅱ. 坡度 7° Ⅲ. 坡度 9°。

壤中流的峰值流量在坡度 5°时为 18～19cm³/s，坡度 7°时为 17～19cm³/s，坡度 9°时为 17～18cm³/s（图 2.75），没有明显差异，可见雨强和坡度对峰值流量的影响不明显。其原因可能是：①从本项研究的入渗模型可知，雨强大时地表水越深，水力梯度就越大，壤中流流量也应该越大。然而实际上坡面产流过程中地表水深相对土壤深度的比例很小，且又受到土壤异质性干扰，造成雨强对壤中流流量的影响不明显。②壤中流虽然是垂直入渗导致水分在相对不透水层上累积所致，但坡度也是壤中流产生的重要条件。从本项研究中采用的坡面流模型可知，一方面坡度增大，坡面流速增大，垂直入渗量变小，另一方面坡度增大为侧向流提供的重力势能差增大，二者的作用相抵消，因此坡度对壤中流流量的影响也不明显。

本项研究采用饱和入渗理论、Saint-Venant 方程的简化形式和 Richards 方程构建了坡地的坡面流—壤中流耦合模型，并应用于实验室模拟试验。对比实际过程与模拟结果表明，该模型不论对峰现、峰退时间还是峰值流量和出流总量的模拟精度都较高，较好地描述了坡面流—壤中流的耦合产流机制。

本项研究对壤中流的模拟均与实测值基本相符。但是模拟的出流时间稍晚。其原因可能是饱和入渗理论的活塞式假设认为土壤中存在明显的湿润锋面，而实际在湿润与未湿润的土壤之间存在一个过渡区，另外，由于目前的实验设备对土壤参数异质性的观测存在较大困难，所以模型假设土壤是均一的，而本模型坡面槽中的土壤质地不可能是均一的，其土壤特性尤其是初始含水量存在不一致，加之本试验中的土壤是一种大孔隙较多的土壤（李伟莉等，2007），土壤水流中的优先流比例可能较大。

本项研究对坡面流的模拟效果也较理想，其径流历时、总量和峰值流量均接近实测值，但模拟的出流过程（出流量逐渐增大至稳定流量）与实际坡面流过程（出流量很快达到峰值流量后逐渐减小至稳定流量）存在不一致。这可能是由于坡面覆盖的枯枝落叶逐渐吸水，以及模型槽土壤孔隙中的受压空气逐渐释放，使得土壤导水度增加，而本试验则忽略了此因素，应当在以后的研究中进一步改进。

本项研究只应用于室内模拟试验，未考虑到冠层截留、蒸散和地下水交换等水文过程对壤中流过程的影响。今后需继续改进各水文过程的机理模型并考虑野外条件下的模拟。

第六节　长白山阔叶红松林冬季积雪对水文过程的影响

一、长白山阔叶红松林冬季雪面蒸发特征

积雪具有独特的辐射和热力学特征，强烈影响地表的能量平衡（Groisman et al.，1994；Mc Kay，1978）、大气环流和区域水量平衡（Barnett et al.，2005；朱玉祥等，2007），是区域乃至全球气候的主要影响因素之一（Barnett et al.，1988；李栋梁等，2011），包括雪面蒸发在内的陆地表层积雪动态变化及其影响研究已成为当今气候学、水文学和生态学研究的热点（丁永建等，2009；马丽娟等，2010）。目前，全球季节性积雪覆盖约34%的地球表面，积雪时间长达26周（李栋梁等，2011），相较于生长季，尽管冬季雪面蒸发速率较小，但由于覆盖面广且积雪时间较长，故蒸发总量较大。因此，研究雪面蒸发对于正确理解区域水文过程和水量收支平衡、合理开发利用水资源、应对全球变化与水资源安全具有重要意义。

我国稳定积雪区达 $420\times10^4km^2$，其中，包括内蒙古在内的东北地区多达 $120\times10^4km^2$（李培基等，1983），是我国季节积雪水资源的主要蕴藏区之一。目前，我国关于积雪蒸发研究主要集中在天山和青藏高原等西部地区（杨大庆等，1992；周宝佳等，2009），对东北区域的积雪蒸发至今没有研究报道。长白山区常年积雪，作为中国北部积雪季节最长的地区之一，长白山区年均积雪日数达170d以上（李培基等，1983），是东北积雪区的典型代表，研究长白山区的积雪蒸发特征，有助于理解东北区域的能量与水量平衡特征，可为应对气候变化和水资源短缺提供理论依据。

（一）储热量的计算方法

储热量变化（ΔQ）公式如下：

$$\Delta Q = S_a + S_v + S_s + S_g + G \tag{2-142}$$

式中：S_a 为观测高度下的气层储热量变化；S_v 为植被储热量变化；S_s 为积雪储热量变化；S_g 为表层土壤（5cm以上）储热量的变化；G 为深层土壤（5cm以下）储热量的变化。G 由安装在林内土壤5cm深处的土壤热通量板直接测量，S_a、S_v、S_s 和 S_g 参照文献（Oliphant et al.，2004；关德新等，2004；Chen et al.，2011）方法计算。

根据气象站积雪观测及通量塔下方的地表温度观测数据，将整个积雪期划分为稳定积雪期和融雪期两个阶段。

稳定积雪期指积雪稳定、无显著融雪现象的时期，初始日定义为气象站有连续积雪观测的初日，结束日定义为林内0cm地面温度上升到－0.2℃并趋于稳定的初日。本项研究包括2002年11月1日至2003年3月22日、2003年11月27日至2004年3月11日、2004年11月26日至2005年3月20日、2005年11月29日至2005年12月31日的积雪期。

融雪期指春季来临前有显著融雪现象的时期，定义为从林内地表温度稳定在－0.2℃开始到林内积雪融尽。本项研究包括2003年3月23日至4月9日、2004年3月11日至4月10日、2005年3月20日至4月4日的融雪期。

（二）能量平衡闭合

能量平衡闭合度是评价涡动相关系统湍流通量观测数据质量的重要指标。本项研究采用能量平衡比率（EBR）计算整个冬季（10月1日至翌年4月30日）和积雪期的能量平衡闭合度：

$$EBR = \frac{\sum LE + H_s}{\sum R_n - G - \Delta Q} \qquad (2-143)$$

式中，LE为潜热通量；H_s为感热通量；R_n为净辐射。

研究区整个冬季EBR为83.7%，积雪期EBR为79.9%，达到国际平均闭合度（79%）水平（Wilson et al.，2002）。整个冬季和积雪期，潜热通量在净辐射中的比率分别达到26.8%和21.4%。

（三）积雪期的气象条件

净辐射、气温、饱和差和风速在稳定积雪期与融雪期的平均日变化趋势相同，呈单峰曲线形式（图2.76）。

数值夜间较低，日出后开始升高，中午前后达到峰值，之后开始下降，夜间重新趋于较低的稳定状态。不同的是净辐射在12：00左右达到峰值，而温度、水汽压和风速的峰值都滞后于净辐射1～2h。融雪期和稳定积雪期的平均净辐射分别为106.16J/（m^2·s）和24.71J/（m^2·s）。融雪期的气温、饱和差、风速平均值和净辐射均大于稳定积雪期的相应值（表2.26）。

表2.26 稳定积雪期和融雪期不同气象要素日平均值

时期	净辐射/［J/（m^2·s)］	气温/℃	饱和差/kPa	风速/（m/s）
稳定积雪期	24.71	－11.94	0.15	2.83
融雪期	106.16	0.46	0.43	3.45

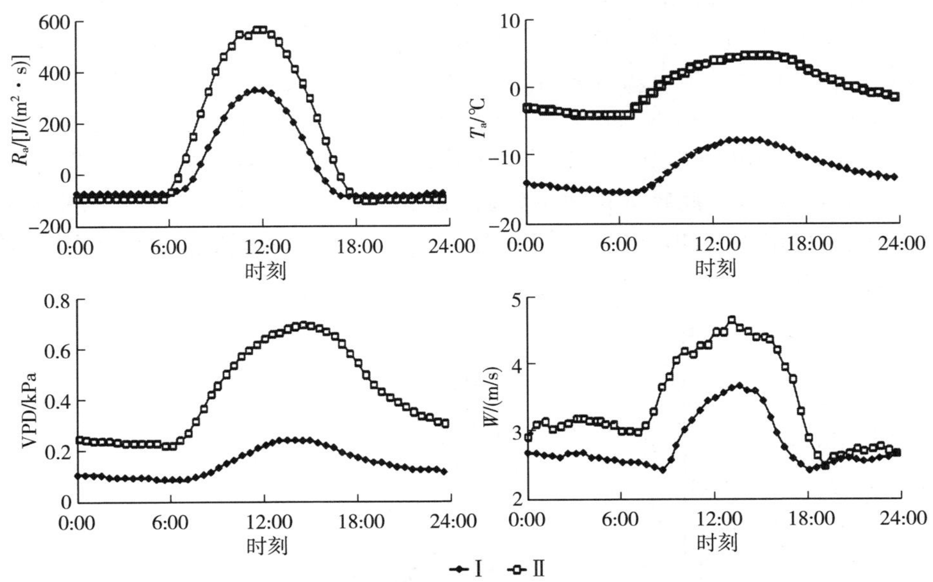

图 2.76　稳定积雪期和融雪期不同气象要素的平均日变化

（四）雪面蒸发日变化及阶段动态

1. 潜热日变化

试验区积雪期潜热的日变化特征表现为：夜间较低（接近 0）且变化较小，日出后逐渐升高，中午（11：30～12：00）达到最大，然后降低直到日落后又趋于稳定（图 2.77）。积雪期雪面能量平衡中，感热所占的比例明显高于潜热，与生长季情况（关德新等，2004）相反，这主要是因为冬季积雪期植被处于休眠状态，植物蒸腾消耗潜热较小。

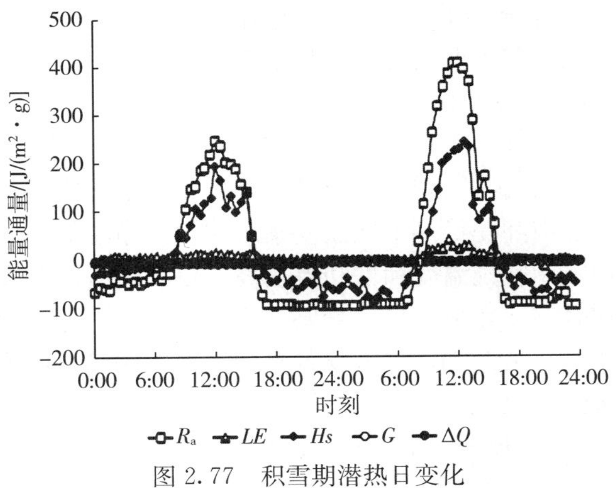

图 2.77　积雪期潜热日变化

2. 不同阶段雪面蒸发平均日变化

稳定积雪期和融雪期的蒸发速率平均日变化趋势相同，呈单峰曲线形式：夜间较低且较稳定，日出以后开始升高，12：00 达到峰值，蒸发速率的峰值分别为 5.85×10^{-6} mm/s 和 16.98×10^{-6} mm/s，然后开始下降，夜间趋近于 0（图 2.78）。这与净辐射、气温、饱和差和风速的平均日变化趋势相同，只是气温和饱和差峰值的出现时间较蒸发速率延迟 2h 左右。两期蒸发速率大小相差较大，融雪期大于稳定积雪期，这与两期辐射、气温、饱和差和风速的差异相同，辐射、气温、饱和差和风速较大的阶段，蒸发速率也相对较大。

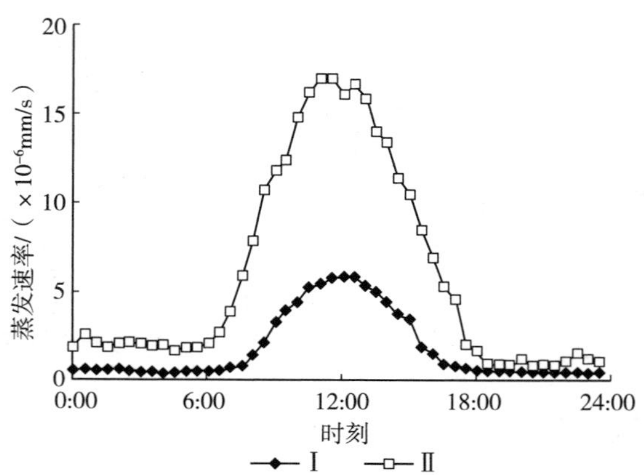

图 2.78　稳定积雪期和融雪期蒸发的平均日变化

（五）雪面蒸发与气象因子的关系

研究雪面蒸发与气象因子的关系，有助于正确判断影响雪面蒸发的主要因子，更好地理解雪面蒸发的物理过程以及气象因子的影响规律。

1. 雪面蒸发与净辐射的关系

30min 平均蒸发速率（$E_{1/2h}$）与净辐射（R_n）之间呈线性相关关系（图 2.79a），融雪期和稳定积雪期的拟合方程分别为：

$$E_{1/2h} = 0.021\,8R_n + 2.366\,6 \qquad R^2 = 0.688\,4 \quad (2-144)$$

$$E_{1/2h} = 0.011\,9R_n + 0.832\,9 \qquad R^2 = 0.591\,1 \quad (2-145)$$

相同净辐射条件下，融雪期蒸发速率明显大于稳定积雪期，这是由于蒸发受净辐射、空气温度和饱和差等多个气象要素影响，在净辐射相同的情况下，与稳定积雪期相比，融雪期空气温度和饱和差较高，更利于雪面蒸发耗热。

稳定积雪期和融雪期净辐射日总量差别明显，重合部分较少，将整个积雪期数据拟合为一个曲线，结果发现，蒸发日总量（E_d）和 R_n 之间符合二次曲线关系（图 2.79b），拟合方程为：

$$E_d = 0.002\,1R_n{}^2 + 0.020\,3R_n + 0.046\,3 \qquad R^2 = 0.791\,5 \quad (2-146)$$

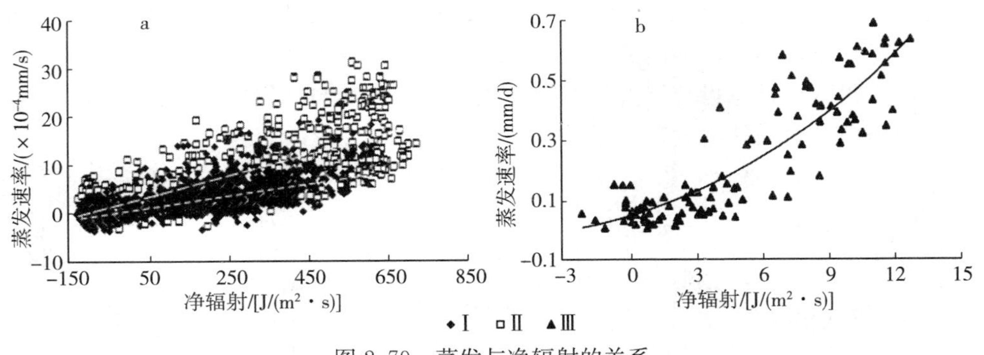

图 2.79 蒸发与净辐射的关系

2. 雪面蒸发与气温的关系

30min 平均蒸发速率（$E_{1/2h}$）与气温（T_a）之间呈二次曲线关系（图 2.80a），稳定积雪期和融雪期拟合方程分别为：

$$E_{1/2h}=0.034\,6T_a^2+0.601T_a+2.572\,2 \quad R^2=0.507\,5 \tag{2-147}$$

$$E_{1/2h}=0.008\,8T_a^2+0.420\,3T_a+4.944\,5 \quad R^2=0.263\,4 \tag{2-148}$$

融雪期 T_a 明显高于稳定积雪期。在相同空气温度条件下，融雪期蒸发速率明显大于稳定积雪期，这是由于蒸发受净辐射、空气温度和饱和差等多个气象要素影响，在空气温度相同情况下，与稳定积雪期相比，融雪期净辐射和饱和差相对较高，促进雪面蒸发。

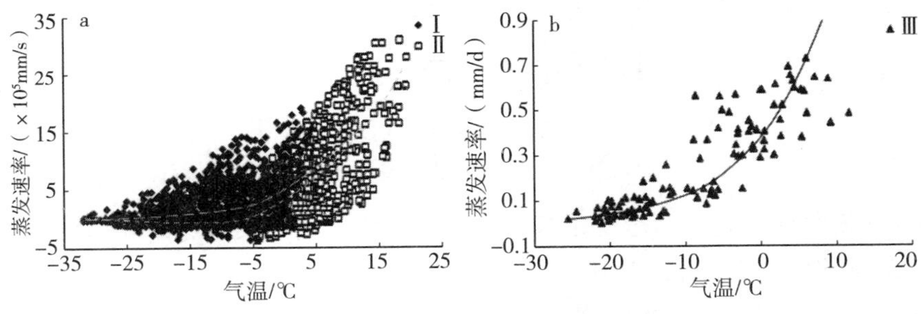

图 2.80 蒸发与空气温度的关系

稳定积雪期和融雪期气温差别明显，重合部分较少，将整个积雪期数据拟合为一个曲线，发现蒸发日总量（E_d）与气温（T_a）之间近似指数关系（图 2.80b），拟合方程为：

$$E_d=0.367\,8\exp^{(0.105\,7T_a)} \quad R^2=0.763\,4 \tag{2-149}$$

（六）蒸发日总量及动态

2002—2005 年，研究区蒸发日总量最大值为 0.73mm/d（2003 年 4 月 6 日），最小值为 0.004mm/d（2002 年 12 月 4 日）。一个完整的积雪期内，蒸发日总量基本呈下降—稳定—上升的动态变化特征，与净辐射和气温的变化特征相同（图 2.81），说明蒸发日总量与净辐射和气温密切相关，这与前面得到的结论相同。在波动程度方面，蒸发日总量和净辐射的波动较小，气温的波动程度明显大于蒸发日总量和净辐射，说明蒸发日总量与气温的相关性相对较低，而与净辐射相关性较高，这证实了利用净辐射插补蒸发日总量的合理性。

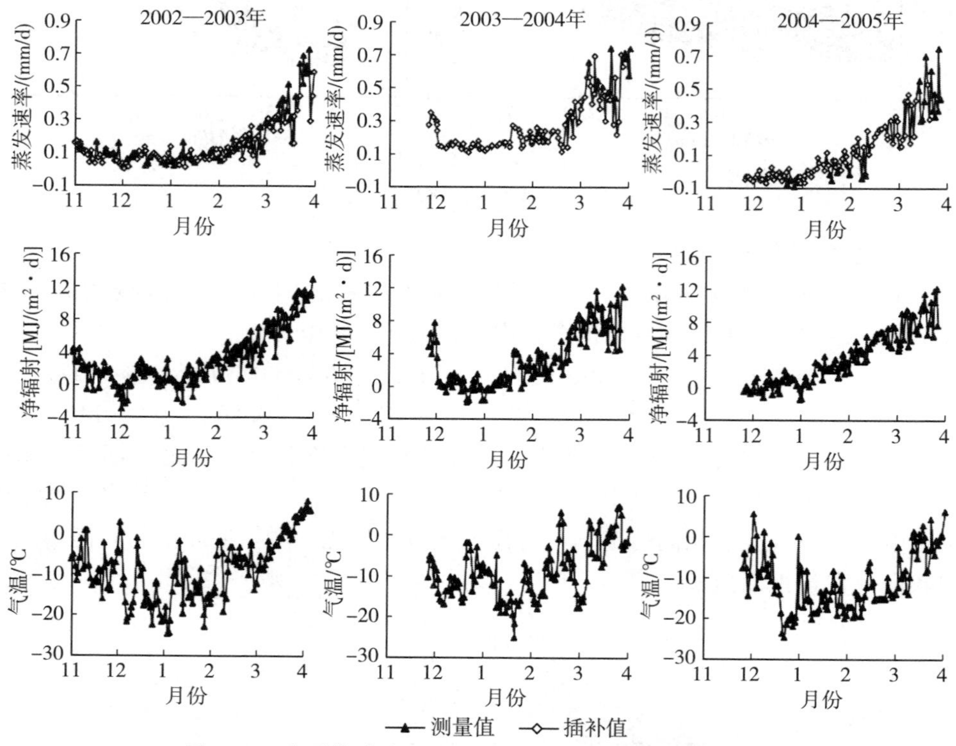

图 2.81　积雪期蒸发日总量及气象因子的动态变化特征

根据蒸发日总量的动态变化特征，试验区积雪期蒸发日总量动态变化过程可划分为下降期、稳定期和上升期 3 个阶段。2002—2003 年，下降期、稳定期和上升期的蒸发日总量平均值分别为 0.103mm/d、0.067mm/d 和 0.276mm/d（上升期＞下降期＞稳定期），与 3 个时期净辐射和空气温度平均值的变化相同。2003—2004 年，3 个时期的蒸发日总量、净辐射和空气温度平均值变化特征与上年相同，但其下降期明显短于上年，这是由于 2003 年下半年降雪天气出现时间晚于上年。2004—2005 年，这个现象更明显，蒸发日总量变化没有下降期而只有稳定期和上升期（表 2.27）。

2002—2003 年、2003—2004 年和 2004—2005 年积雪期蒸发总量分别为 27.6mm、25.5mm 和 22.9mm，平均蒸发日总量分别为 0.17mm、0.19mm 和 0.17mm，年降雪总量分别为 72.8mm、131.1mm 和 76.6mm，蒸发总量分别占降水量的 37.9%、19.5%和 30.0%。

表 2.27　积雪期雪面蒸发日总量及气象因子变化

时间	下降期			稳定期			上升期		
	蒸发/(mm/d)	净辐射 [MJ/(m^2·d)]	气温/℃	蒸发/(mm/d)	净辐射 [MJ/(m^2·d)]	气温/℃	蒸发/(mm/d)	净辐射 [MJ/(m^2·d)]	气温/℃
2002—2003	0.103	1.88	−8.61	0.067	0.62	−13.90	0.276	4.94	−6.51
2003—2004	0.202	5.56	−8.15	0.080	0.46	−12.64	0.354	5.10	−6.08
2004—2005	—	—	—	0.049	0.34	−11.92	0.177	5.44	−10.86

注：2002—2003 年的下降期、稳定期和上升期分别为 2002 年 11 月 1～27 日、2002 年 11 月 28 日至 2003 年 2 月 25 日、2003 年 1 月 30 日至 4 月 9 日。

2003—2004 年的下降期、稳定期和上升期分别为 2003 年 11 月 27 日至 12 月 2 日、2003 年 12 月 3 日至 2004 年 2 月 25 日、2004 年 2 月 26 日至 4 月 10 日。

2004—2005 年的稳定期和上升期分别为 2004 年 11 月 26 日至 2005 年 1 月 9 日、2004 年 1 月 10 日至 2005 年 4 月 4 日。

地表积雪蒸发过程的早期研究主要是通过直接观测积雪特征（如雪深、密度等）对蒸发过程进行推算（Kaser，1982；周宏飞，2009），但直接观测存在费时费力、采样频率低和数据量少等缺点，涡度相关技术的出现极大地解决了这些问题。作为国际公认的碳水通量研究的主流方法，涡度相关法具有响应速度快、采样频率高、连续性好和直接测量精度高等优势（Baldocchi et al.，2001），不仅可以保证积雪蒸发速率的高精度连续长期测量，还具有测量空间大（几百米到几千米）等优点（Lundberg et al.，2001），在积雪蒸发研究问题上已被广泛采用（Mc Kay et al.，1978；Nakai et al.，1999；Knowles et al.，2012）。但是，由于大气中物理过程、地形、探头姿态以及极端寒冷天气等对仪器的影响，涡度相关数据存在数据缺失和数据失真等问题（李思恩等，2008）。因此，冬季积雪蒸发的涡度相关数据分析工作还需要进一步加强。

对于森林下垫面来说，一部分降雪被林冠截留，剩余部分直接落到林地，其积雪蒸发过程包括林下地表雪蒸发和林冠截留雪蒸发两个子过程（Rutter et al.，2009）。对不同森林类型，研究者对林下和林冠两个子过程关注度有所差别。对针叶林，特别是北方森林，一般几乎都关注林冠截留雪蒸发（Varhola et al.，2010；Lundberg et al.，1998）；对阔叶林，虽然研究者对树干截留雪蒸发表示关注（Suzuki et al.，2008），但大多都只强调林下地表积雪蒸发过程。目前，同时考虑林下地表和林冠截留雪蒸发的研究尚属罕见，尤其对针阔混交林积雪蒸发相关研究尚不多见（刘海亮等，2011）。将森林下垫面看做一个整体，研究不同林分组成对森林生态系统雪面蒸发的影响以及森林与其他植被生态系统雪面蒸发比较研究都值得进一步探讨。

对于积雪蒸发速率和蒸发量已有很多报道。Kattelmann 和 Elder（1991）通过内达华山脉高山盆地 1985—1987 年两个积雪期的研究发现，雪面蒸发分别占同期降雪量的18%和33%，差异在于后一时期处于干旱期，积雪量只有正常年份的1/3。加拿大和美国学者在北极圈西部复杂地形区和内达华高山地区观测到蒸发速率很高的数值，分别为2.35mm/d（Hood et al.，1999）和2.17mm/d（Marks et al.，1992）。在加拿大西部的观测发现，冬季雪面蒸发总量占同期降雪量的15%～40%（Woo et al.，2000），占年均降雪量的12%～33%（Pomeroy et al.，1997）。Suzuki等（2002）在西伯利亚东部观测发现雪面蒸发量占同期10月至翌年4月）总降雪量的25.6%。Zhang等（2008）分析欧亚蒙古冰冻圈19年的山区气象站和24年平原气象站的数据发现，平原地区和山地地区的年均积雪蒸发量分别为11.7mm和15.7mm，分别占降雪量的20.3%和21.6%。

由于涡度相关数据本身存在数据缺失和数据失真等问题，就冬季雪面蒸发研究方法还需结合常规观测和动气动力学等方法做深入探讨。同时，不同区域雪面蒸发研究结果差别较大，这是因为影响雪面蒸发的因素有很多，时空、地形地貌、植被类型和植被结构等差异都会造成雪面蒸发速率和蒸发量的不同。因此，研究雪面蒸发速率、蒸发量的大小和动态变化需要结合不同类型的研究区域做进一步研究。

二、积雪对长白山阔叶红松林土壤温度的影响

气候变暖作为全球变化的主要表现之一（IPCC，1991；IPCC，1997；IPCC，2001），已经成为不争的事实。大气层中温室气体（主要是CO_2）的累积已导致全球平均温度逐渐升高。全球变暖将引起冬季降雪时空分布格局的改变（Frei et al.，1999；Brown et al.，1995；Fallot，1997；Hughes et al.，1996），在我国青藏高原（李培基，1988；1996；1999）、新疆（李培基，2001）、祁连山（肖清华等，2008）、天山西部（高卫东等，2005）及青海（雷俊等，2008等地近50年来的积雪深度监测结果也表明，积雪年际变化的长期趋势与全球气温变化有显著的相关性。积雪面积、深度和日数是表征积雪的重要参数（王宁练等，2001），这些参数通过对其他环境因子的影响，进而对生物群落产生作用，某些植物群落可能因无法适应气候变化而做适应性转移，甚至惨遭灭绝的厄运，最终将导致生态系统格局发生改变（Molenaar，1987；Bowman，1992）。

积雪对土壤温度的影响是其环境功能的重要指标，然而由于冬季野外观测困难（Pilon et al.，1994；Goulden et al.，1998；Groffman et al.，2001；Zhang et al.，2008），国际上积雪对土壤水热环境变化影响研究多采用数学模型进行模拟（Boone et al.，2006；Yin et al.，1993；Levine et al.，1997；Ling et al.，2004），实测较少，目前我国在这方面的研究更不多见。

长白山阔叶红松林作为典型的温带针阔叶混交林生态系统，是全球变化研究

中中国东北样带的东部端点（周广胜等，2002），在整个样带的研究中具有重要地位，其结构和功能对该地区的生态系统健康有着重要影响，在全球变化已成为全世界科学研究热点的背景下，全球变化对长白山阔叶红松林结构和功能的影响及其对全球变化的响应研究备受关注（张新时等，1997）。在气候逐渐变化的条件下，降雪数量、起始时间及积雪的持续时长可能发生较大改变，必将对土壤水热环境产生影响，进而影响植被的生长和发育。

（一）长白山阔叶红松林雪深的年变化

由表 2.28 可以看出，2004—2007 年，研究从 11 月下旬开始降雪，翌年 3 月中下旬积雪融化，覆雪时间基本保持 4 个月；1 月平均气温达到全年最低值，最大降雪量和最大积雪深度发生在 2 月下旬至 3 月中旬。长白山站 2004—2007 年雪深均值约 20cm。2004—2005 和 2006—2007 年最大雪深分别达 42cm 和 45cm，远高于 1982—2003 年最大雪深的平均值（27cm）（张弥等，2005），2005—2006 年最大雪深与多年平均水平相当。2004—2005 和 2005—2006 年冬季平均气温基本相等，2006—2007 年略高。

表 2.28　2004—2007 年研究区覆雪特征与气温

年份	覆盖时间（月—日）	覆雪日数	平均气温/℃	平均雪深/cm	最大雪深/cm	雪深方差
2004—2005	11—26 至 03—22	116	−9.6	21.3	42.0	8.8
2005—2006	11—29 至 03—29	121	−9.8	19.9	29.0	4.8
2006—2007	11—15 至 04—03	140	−7.6	17.0	45.0	8.0

（二）长白山阔叶红松林积雪对土壤温度的影响

由图 2.82 可以看出，2004—2005 年，与有雪处理相比，降雪前（11 月 1～26 日）无雪处理相同深度的土壤温度基本一致，0、5cm、20cm、50cm 和 100cm 土壤深处，两者温差（有雪处理与无雪处理之差）平均值分别为－1.4℃、－0.4℃、0.1℃、0.5℃、0.4℃。11 月 26 日降雪后，气温迅速下降，有雪和无雪处理的土壤温度均随气温下降而降低，由于积雪深度较小对土壤温度影响作用较弱，降雪后一周左右两者差异并不大，但之后有雪处理各土层的土壤温度均高于无雪处理，说明积雪对土壤有较好的保温作用，在 0 和 5cm 土壤深处，两者差值分别为 6.7℃和 6.4℃，随土壤深度增加，差值逐渐减小，100cm 土深的平均温差仅 1.3℃（表 2.29），说明降雪对较浅层土壤（0cm、5cm 和 20cm）的保温作用较明显，对深层土壤的保温作用不显著。

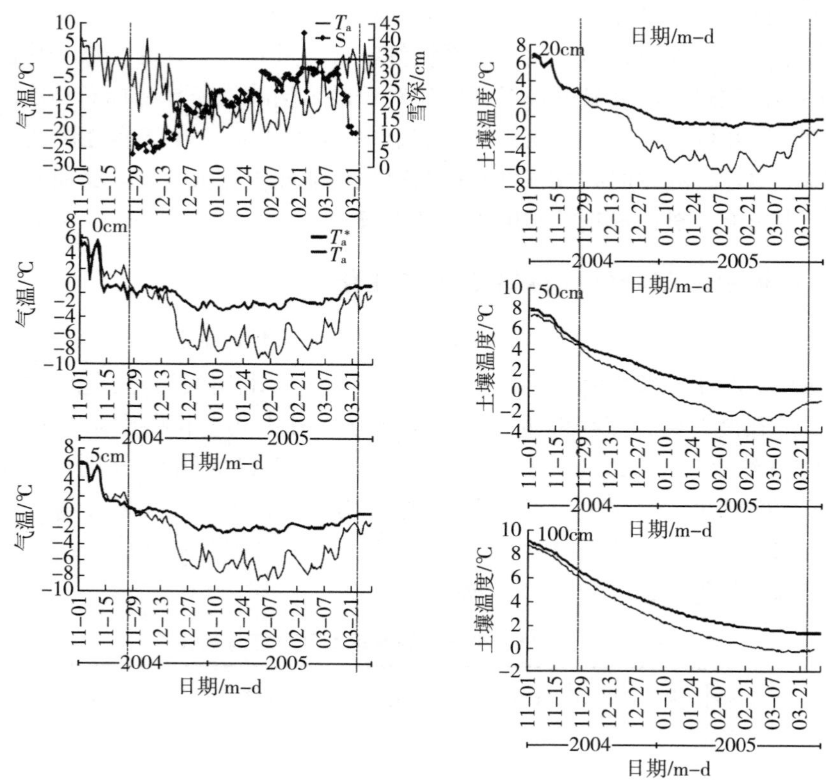

图 2.82　有雪和无雪条件下不同深度土壤温度和气温的动态

表 2.29　有雪和无雪条件下各深度土壤最大温差和平均温差

土壤深度/cm	最大土壤温差/℃	平均土壤温差/℃
0	6.7	3.4
5	6.4	3.3
20	5.3	2.9
50	3.1	1.9
100	1.8	1.3

从时间动态看，不论有无积雪，试验地土壤温度随气温变化的波动幅度随土壤深度的增加而减小，0 和 5cm 深度土壤温度的波动幅度较明显，20cm 土壤温度的波动不明显，到 50cm 和 100cm 深度时，土壤温度曲线平滑，波动消失。由表 2.30 可以看出，有雪覆盖的表层土壤温度随气温的日变幅明显小于无雪条件，说明地表积雪对土壤温度变化有很好的缓冲作用。这是由于积雪具有较高的绝热能力，较大程度地阻隔了土壤热量的散失，因此对土壤温度的变化有很好的保温作用和缓冲作用，并且积雪融水下渗到土壤中再次冻结的过程会释放大量热量，

引起表层土壤的增温，另外，由于积雪直接影响浅层土壤的热量交换，所以积雪对浅层土壤的保温作用更明显。在环境温度较低且变化幅度较大的冬季，可以采用堆雪的方法以防止土壤的低温、保护植物根系免遭冻害。

表 2.30 有雪和无雪条件下各层土壤温度变化的平均日较差

土壤深度（cm）	有雪（℃）	无雪（℃）	差值（℃）
0	0.32	1.23	0.91
5	0.14	0.80	0.66
20	0.05	0.30	0.25
50	0.04	0.14	0.10
100	0.04	0.13	0.09

（三）长白山阔叶红松林雪深对土壤温度的影响

雪深 0～10cm 时，有雪和无雪条件下土壤温度差值很小，0、5cm、20cm、50cm 和 100cm 土壤深处的差值分别为 0.52℃、0.70℃、0.78℃、0.83℃ 和 0.67℃，说明积雪厚度在 10cm 以下时，保温作用不明显；随着积雪厚度的增加，有雪和无雪条件下土壤温度差值逐渐增大，雪深 10～45cm 条件下有雪与无雪土壤温度差值极显著大于雪深 0～10cm，说明当雪深超过 10cm 时积雪对土壤的保温作用大幅度增加（表 2.31）。与 0～10cm 雪深相比，雪深 10～20cm 时保温作用的增加尤为显著，0、5cm 和 20cm 土壤深处有雪与无雪土壤温度的平均差值分别达 3.5℃、3.51℃和 2.74℃，雪深 20～25cm 时，有雪与无雪土壤温度的平均差值仍然增大，但增幅明显减小，当积雪深度超过 30cm 时，其增幅明显变小（<0.5℃），且各深度的土壤温差均值无显著差异，据此可以认为，当积雪深度达 30cm 时，雪对土壤特别是浅层土壤（0 和 5cm）的保温作用不再随雪深的增加而增大。

表 2.31 不同雪深条件下有雪和无雪土壤温度差的平均值

雪深/cm	土壤深度/cm				
	0	5	20	50	100
0～10	0.52a	0.70a	0.78a	0.83a	0.67a
10～20	3.56b	3.51b	2.74b	1.52b	1.14b
20～25	4.03b	3.92bc	3.42c	2.00c	1.33c
25～30	4.58b	4.50c	4.12d	2.61d	1.55d
30～45	4.61b	4.54c	4.17d	2.79d	1.64d

2005—2006 年和 2006—2007 年冬季，有雪和无雪覆盖的土壤温差表现出相

似的变化趋势，但在相同土壤深度、相同雪深条件下，年际间温差值出现很大差别。如在 0cm 土壤深度、雪深 10～20cm 条件下，2005—2006 年和 2006—2007 年有雪与无雪土壤温差分别为 2.8℃和 0.9℃，这种差别产生的主要原因在于年际雪深的时间分布和持续时间不同，2005—2006 年冬季较深积雪（16～20cm）的相对持续时间（87.5%）比 2006—2007 年（26.2%）大得多。

（四）长白山阔叶红松林融雪对土壤温度的影响

从试验地融雪期间（2005 年 3～4 月）气温和浅层（0～5cm）土壤平均温度的动态变化（图 2.83）可以看出，积雪融化末期和融化后林内地温有一段恒温期，此时段内气温在－10～5℃波动，但土壤温度并不随气温的变化而波动，并恒定在 0℃附近，如果以－0.2～0.2℃为土壤恒温期的温度指标，持续时间为 15d，如果以－0.5～0.5℃为指标，则持续时间为 21d，之后土壤温度才开始逐渐升高，并随气温的变化发生较明显波动。恒温期的存在是由于雪融冷水向土壤渗入，且由于融水下渗造成土壤含水量增加，引起土壤热容量增大，导致土壤升温较慢。冬季降雪量及其时间分布以及太阳辐射、气温等因素决定了融雪期的长短及土壤升温期的时间，影响植物生长和发育的有效积温，进而对植物群落乃至整个生态系统产生影响（Mellander et al.，2004；Strand et al.，2002）。

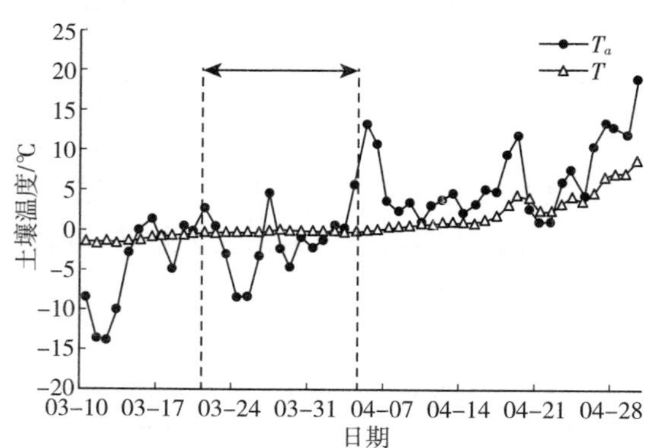

图 2.83　融雪期间气温和浅层（0～5cm）土壤日均温度的动态

积雪具有较高的绝热能力，很大程度上阻隔了土壤热量的散失，因此对土壤温度的变化有很好的缓冲和保温作用。本项研究结果表明，有雪和无雪处理的土壤最大温差可达 6.7℃，Pilon 等（1994）野外试验的最大温差达 10℃以上，这可能与试验地的积雪时长、气候和土壤等因素有关（Goulden et al.，1998；Groffman et al.，2001）。雪对土壤温度的保温作用在一定范围内随雪深的增加而增大，当雪深从 0～10cm 增至 10～20cm 时，保温作用的增大表现得尤为显著，Pomeroy 等（1997）研究结果显示，15cm 深积雪对加拿大西北部地区松林土壤保温作用的增加最明显。在本项研究中，当积雪深度超过 30cm 时，有雪和无雪处理土壤温度差的增幅小于 0.5℃，可以认为，此时雪对土壤的保温作用不再随积雪深度的增加而增大。在阿尔卑斯山地区和天山中山雪岭云杉森林内的观测也得出相似的规律（Cline，1995；马虹等，1995）。

本项研究中积雪融化末期和融化后林内地温保持在 0℃附近将持续 15～25d，基本在 4 月初开始缓慢升温，气候特征、降雪量及其时间分布决定了融雪期的长短及土壤升温期的时间。同一地区，由于地形条件不同，造成升温期存在差异，一般来说，山地阳坡的升温期比阴坡来得早一些（王力等，2009）。本试验地点在地势平缓的长白山北坡，坡度在 2°左右，在长白山地区具有较好的代表性。

本项研究采用人工遮雪方法研究积雪对土壤温度的影响。小面积遮雪对表层土壤温度变化的影响较明显，而遮雪棚外侧积雪会对棚内深层土壤温度也会产生影响，从而低估积雪对深层土壤的保温作用，遮雪面积与温度影响深度的关系还有待进一步研究。

Koivusalo 等（2002）在对芬兰南部地区针叶林与森林空地逐日积累及融化量的对比研究中发现，一方面，林冠层对雪有一定的截留作用，使森林空地积雪净积累量略高于林内；另一方面，森林空地更强烈的积雪融化又使其积雪量比林内减小速度快，即尽管森林空地的净降雪积累量高于林内，但同时更强烈的融化过程在一定程度上削减和抵消了这种作用，因此在森林空地与林内的净积雪量和年均最大积雪量差异不大，这与 Troendle 等（1983；1987）的研究结果相似。由于林内雪深观测较困难，故本项研究地附近气象观测场的雪深数据表征林内积雪状况。

第七节　长白山阔叶红松林森林流域水文过程研究

一、森林流域生态水文过程动力学机制与模拟

生态水文学是 20 世纪 90 年代兴起的一门新兴边缘学科。在许多应用领域，生态水文学源于对森林水资源利用的研究（Sopper et al.，1967）。IHP-V 计划 2（International Hydrological Programme，Fifth Phase）提出，今后的重点将是陆面生态水文过程的研究——生态与水文过程的耦合作用（Janaue，2000）。

自 20 世纪 80 年代初以来，水文学家越来越多地关注水文与生态过程的相互关系（王根绪，2001）。生态水文关系在所有生态系统中都很重要。这种联系不仅在湿地生态系统而且对森林和干旱区生态系统也具有重要作用。以往水文与植被相互作用的研究主要是针对森林产水量、蒸散和降水截留（Divie et al.，1997；Divie et al.，1997），近年来，许多国家开始关注森林对暴雨径流过程和土壤侵蚀的影响，有力地促进了森林生态水文学的发展（Swank et al.，1994）。由于水循环是森林生态系统物质传输的主要过程，因此水文学的应用在一个生态

系统中至关重要（Wayne，1994）。生态学家也普遍重视生态系统中水的储存与运移过程，从微观的个体植物生理水分与生长的关系研究，乃至区域水文循环过程对植被群落演替与生态过程的关系研究。森林与水的关系不仅受森林系统本身的影响，还受到降雨特征、土壤、地质地形等因素影响，因此增加了定量描述森林流域径流形成机制和水文响应模式的难度（Stednick，1996）。森林生态水文过程动力学机制与调控是当今生态学与水文学交叉研究的中心议题之一（Bonel，1998；McCulloch et al.，1993；裴铁璠，2001）。

（一）降雨截留

植物冠层截留过程是影响流域水量平衡的重要因素。一般情况下，森林降雨截留占降雨总量的10%～30%（BIake，1975）。然而，由于截留随植被种类、森林密度和结构以及气象条件而变化，在某些地区截留量能占降雨总量的50%（Calde，1990）。根据降雨和林冠的特征，林冠截留降雨预报模型可分为：经验模型（Horton；Merriam；Leonard；Czarnowski and Olszewski；Massman）、半经验模型（Calder）和物理模型（Rutter；Rutter & Morton；Gash；Massman；Mulder；Liu）（Liu，1988；Liu，1992；Liu，1997；McCulloch et al.，1993；Rutter et al.，1971）。1919年，Horton通过分析截留数据集，发现截留损失存在以下关系：

$$I = C_m + et \tag{2-150}$$

式中，I为次降雨截留量，e为湿润树体表面蒸发强度，t为降雨历时。由于植被蓄水容量C_m在小雨强过程中不能被蓄满。所以需要对方程进行改进（Liu，1997）。Rutter等（1977；1975；1971）建立了基于林冠水量收支的物理模型。模型中林冠排水量可以由一个林冠蓄水容量的经验公式来表示。根据连续性方程，得到

$$\frac{dC}{dt} = (1-p)R - E - k(e^{bx} - 1) \tag{2-151}$$

式中，C为林冠蓄水容量，P为穿透降雨系数，R为降雨强度。E为饱和冠层的蒸发率，k和b为林冠排水经验参数。在此模型基础上。Massman（1983）将林冠排水函数改写为含有降雨强度的显函数形式，刘家冈（1990）建立了一个基于森林截留物理过程的多层截留过程模型。

Gash建立的降雨截留模型，实际上是Rutter模型的解析形式：

$$I = n(1-p-p_1)P_G + (E/R)\sum_{i=1}^{n}(P_i - P_G) + (1-p-p_t)\sum_{i=1}^{m}P_i + qS_t + \sum_{i=1}^{m+n-q}P_i \tag{2-152}$$

其中，$P_G=(-RC_m/E)\ln(1-E/R(1-p-p_1))$ (2-153)

式中，I 为次降雨截留量，m 为不能使林冠饱和的降雨次数，n 为能使林冠饱和的降雨次数（每次降雨间隔时间为林冠干燥所需的时间），p 为穿透降雨系数，p_t 为转移到树干径流的降雨量占总降雨量的比例，E 为林冠平均蒸发率，R 为平均降雨强度。P 为次降雨量，P_G 为能使林冠饱和所必须的降雨量，S_t 为树干持水能力，q 为能使树干吸附达到饱和（产生干流）的降雨次数。

林冠截留研究中的一个重点是附加截留（蒸散）（Wang，2001；2002；2003）。通常应用微气象法、能量平衡法和多层林冠模型 Rutter 等（1977；1975；1971）根据 Penman-Monteith 方程，并结合影响蒸散率的气象因子。成功地模拟了降雨截留的整个过程。据报道，Rutter 模型能够很好地估算长期截留总量（Flagel et al.，1999），Rutter 模型的突出特点是用蒸发理论来处理附加截留问题。即在测定气象要素的基础上，用基于能量平衡推导出的 Penman-Monteith 理论公式估算降雨期间的蒸发量。克服了用经验公式求算附加截留的弊端，但气象要素的测定和计算比较繁琐，给实际应用带来不便。具有类似特点的模型还有以水量平衡和林冠排水速率为基础的 Massman 模型（Massman，1983）。即基于叶片，利用能量平衡方程求解截留降雨蒸发的微气象学系统模型。Kaimal 和 Finnigan（1994）提出用热平衡方法（使用波文比）估计蒸散：

$$R_n = H + \lambda E + G + J + B + A \tag{2-154}$$

式中，R_n 为净辐射，H 为显热通量，λE 为潜热通量，λ 为蒸发潜热，G 为地表热通量，J 为热贮量的变化量，B 为 CO_2 吸收的热量，A 为热平流。

在最近的研究中，Kondo 等（1992）提出了利用多层林冠模型研究降雨截留过程中的林冠蒸散时间变异性和林冠中的微气象学属性。Seth（2001）把蒸散分为 3 部分：林冠蒸腾 E_c、林下土壤蒸发 E_u 和林冠截留蒸发 E_i。利用改进的 Penman-Monteith 方程（2-155）计算 E_c，由方程（2-156）计算 E_u，林冠截留蒸发 E_i 也由方程（2-155）求解（其中，假设 $g_a/g_c=0$）：

$$E_c = \frac{(1-p_c)(\Delta R_n + \rho C_p\{e_s(T)-e\}g_a f)}{\lambda[\Delta + \gamma(1+g_a/g_c)]} \tag{2-155}$$

$$E_u = \frac{p_c \Delta R_n}{\lambda(\Delta+\gamma)} \tag{2-156}$$

$$g_a = \frac{k^2 u(z)}{f\ln^2[(z-d)/z_0]} \tag{2-157}$$

$$g_c = 1/(1/Lg_s + 1/Lg_{b1}) \tag{2-158}$$

式中，p_c 为林窗份额（=1－闭郁度），R_n 为净辐射通量，ρ 为 25℃下的空气密度，C_p 为空气定压比热容（1.010），e_s（T）为温度为 T 时的饱和水汽压，e 为自由大气水汽压，g_a 为空气动力学传导率，g_c 为林冠传导率，λ 为水在 25℃下蒸发潜热，f 为传导率单位转换系数（0.024 5），γ 为在 25℃下的干球温度，饱和水汽压随温度的增长率 Δ 只与气温有关，L 为叶面积指数，K 为 von Karman 常数（0.41），g_{b1} 为叶边界传导率，g_s 为气孔传导率，z 为气象仪器高度，

z_0 为粗糙度，u 为风速，d 为位移长度。

森林下垫面具有林地和林冠（叶面和树体表面）两个蒸发面。其中，林冠蒸发首先消耗掉枝叶蓄水量，然后越过表层由根系从浅土层中吸取水分，经根、茎、枝、叶柄、叶脉的输水导管送至叶面气孔而散逸到大气中，这时蒸腾不仅取决于外界蒸发环境，还与树木的生理特性有关。因此需要考虑植被与土壤、大气的耦合作用，即将植被、土壤和大气作为一个系统来研究。自从 1966 年 Philip（1966）首次较完整地提出土壤—植被—大气（SPAC）系统的概念后，到 20 世纪 70 年代，国外广泛开展了关于 SPAC 水文过程的研究，建立了许多 SPAC 水文模型。如 TROIKA 模型，考虑了土壤水分的单根输送、单叶片的水热传输以及根系吸水的植被阻力和土壤阻力；Feddes 等（1974）的模型考虑了非稳定、非线性宏观源汇项。蒸散采用综合算法，棵间土壤蒸发通过辐射计算。蒸腾采用根密度随深度变化的指数分布函数计算；Reicosky 等（1976）研究了根系吸水时的土壤阻力和植被阻力的相对重要性等。此后，随着人们对 SPAC 水分传输过程认识的不断加深，开始注重从整体上研究。Hansen（1979）提出的 HEJMDAL 模型。考虑了光合作用、呼吸和作物的生长，只要输入基本的土壤参数、植被参数和气象参数，即可得到蒸散、土壤和作物的水分状况以及植被的生长状况。Zur 和 Jones（1981）对叶水势和土壤基质以及不同土壤、不同天气条件下的植被水分关系进行了大量研究。提出了植被水分关系、光合作用和扩张生长的模型。Camillo（1983）在进行蒸散和土壤水分研究中。对土壤与大气边界层模型进行了研究。模型中包括能量平衡和水量平衡，可自动改变时间步长。

以上分析表明，目前的降雨截留模型尚不能完全解释小尺度空间变异性的问题。由于降雨截留的物理过程具有时空上的高度集中性，所以经验模型（如 Helvey 和 Patric 模型）和统计模型（如 Merriam 模型）不可能解决这一问题。通过现有的动力学分析，物理模型对月截留量和年截留量的模拟更为精确（Gash et al.，1978；Helve et al.，1965；Pearce et al.，1981；Reicosky et al.，1976）。这类物理模型在设计之初就可以成功地模拟植被变化对一个流域长期水量平衡的影响。但是它们还没有空间模拟能力，因此不能直接应用于现代分布式模型（如 SHE 模型）的栅格模块中。现有的针对小尺度的林冠模型只考虑了在垂直面上的微气象变量（Liu，1988；Seller et al.，1981），无法提供影响穿透降雨变化的主要因素，即林冠表面在水平方向上的二维空间变异。Calder（1996）指出，林冠截留模型应考虑依赖雨滴体积的随机浸润作用，同时还应注意到雨滴大小的浸润作用，这和雨滴动能有关。这一因素将影响到林冠对降雨的最大吸附量。Zenga（2000）研究表明，点截留主要受控于 3 个时间尺度：次降雨间隔时间、平均暴雨历时和饱和林冠蒸发时间（取决于林冠持水量、饱和林冠蒸发率以及降雨强度）；降雨的时变性对林冠截留的有着重要影响。

在未来的林冠截留模型研究进程中，除次降雨事件的截留量与截留过程模型外，一个新的发展趋势就是在综合分析各种模型结果的基础上，把各种形式结果转化为标准形式，或通过对林冠截留量与所在地的环境变量做相关性分析，建立林冠截留量与降雨量的优化模型以及截留量与纬度、经度和海拔等因子相关的多元地理空间模型，用于林冠截留区域计算和评价，研究林冠截留量地理变化规律。

（二）产流过程

1. 下渗

下渗是地表和土壤表层水文学的基本组成部分，也是水科学关注的焦点。目前科学家们已开发出许多模型用以计算下渗过程动力学机制。下渗模型分为 3 类（Mishra et al.，1999）。①物理模型：基于物质守恒定律和 Darcy 定律，各种复杂的模型的构建通常依赖维数、水流动力学机制、水力传导度—毛细管水头（含水量）持水关系以及初始条件和边界条件。例如，Green 和 Ampt 模型、Philip 模型、Mein 和 Larson 模型、Simth 模型、Simth 和 Parlange 模型等。②半经验模型：使用连续方程（通常为空间集总方程）的简单形式和下渗率。累积下渗量关系（或通量一浓度关系），这种模型基于系统方法。一般应用于地表水文学，介于经验模型和物理模型之间。Horton 模型、Holtan 模型、Overton 模型、Huggins 和 Moke 模型、Grigorjev 和 Irtz 模型等都属于这类模型（Grigorje et al.，1991）。③经验模型：基于对实验室或者野外实验数据的统计和分析。这类模型有 SCS-CN 模型、Kostiakov 模型和 Collis-George 模型等。

Green-Ampt 模型可表示为：

$$f = A[1 + \frac{B(H_c + H)}{F}] \tag{2-159}$$

式中，f 为下渗率，参数 A、B 取决于土壤特性，H_c 为湿润锋处的毛管势，H 为表面水压力头，F 为累积下渗率。Green 和 Ampt（1911）发表此模型时，是依据下面的假设：①土壤是由无数小毛细管组成的毛细管束，其在平面上的排列、方向和形状都是不规则的；②土壤是均质的，深层土壤的初始含水量是一致的；③具有阻塞表面。Horton 模型可表示为：

$$f = f_c + (f_0 - f_c)e^{-kt} \tag{2-160}$$

式中，f_c 为 f 的稳渗率，f_0 为 $t=0$ 时刻的 f 值，k 为渗透衰减因子。方程（11）基于以下假设：①降雨期间的下渗减少量与下渗率成正比；②有效降雨强度必须大于 f_c（Linsley et al.，1971）。模型中的各参数在实际应用中通常需要经验拟合。Surendra（2003）提到，Ampt 模型不能有效模拟土壤水长时间运动的特征，而 Horton 模型不能模拟土壤水短时运动，因此提出全时段模拟方程：

$$f = f_c + 0.5i_0[1 - \tanh(t/t_c)^2]/\tanh(t/t_c)^{0.5} \tag{2-161}$$

式中，$i_0 = s\ (t_c)^{1/2}$ 和 t_c 为时间参数，其中 i_0 的变化范围是 1.5～6.6cm，t_c 为 750～13 000s。

Philip 模型可表示为：

$$f = st^{-1/2} + C \tag{2-162}$$

式中，s 和 C 分别为依赖于土壤扩散率和持水特性的参数。参数 s 指吸收率。随时间的增长，f 近似于恒定并且大致等于饱和水力传导度 K_s，但是这种相等关系并不存在（Nachabe et al.，1997；Philip，1966）。而且，参数 C 的变化范围在 K_s 的 50%～75%。根据 K_s，吸收率参数可以表示为有效毛管驱动力，在饱和土壤含水量与初始土壤含水量条件下有所不同。但在实际情况下，参数估计通常采用经验方法或者优化方法。非线性 Smith-Parlange 模型：

$$f = K_s \times e^{(FKs/c)} / (e^{FKs/c} - 1) \tag{2-163}$$

式中，K_s 为饱和水力传导率，F 为累积下渗量。C 是与土壤孔隙度相关的参数，随初始土壤含水量呈线性变化，并依赖于降雨强度。

Skaggs（1969）在评估下渗模型时提到：Green-Ampt 和 Philip 模型的模拟精度太低；Holtan 和 Horton 模型在模拟稳渗率时的精度相当高。Singh（1992）的研究表明，对于坡面下渗模拟。Philip 模型要优于 Horton 模型。Surendra（2003）指出，野外观测得到的下渗数据通常代表了土壤的异质性，存在大孔隙或二级孔隙，但是大部分模型在设计之初没有考虑到土壤的这些局部特征；对于模拟下渗过程中存在的非线性现象。非线性 Smith-Parlange 模型比一般的线性模型更合适。

2. 壤中流

Fltigel（1999）将壤中流定义为降雨下渗到坡面的部分，穿过土壤直至到达渗透性较差的土层，以饱和和非饱和状态在该土层上沿下坡方向流动，最终将直接渗出或者通过地下蓄水层进入河流。Kirwald 曾经明确指出壤中流在流域径流中的重要性、特别是在森林流域坡地内。由于表层土壤透水性较强，降雨能较快地渗入土壤中形成土壤水。加上山坡具有一定的倾角，有利于土壤水分沿坡面向下流动形成壤中流中的侧向流。因此，森林流域坡地壤中流不仅可以形成流域水文过程线的退水曲线或基流，在某些情况下甚至可以形成洪峰，是流域暴雨径流的主要来源（Wilson et al.，1990）。

根据壤中流产生的主要机理，壤中流模型一般可分为 Richards 模型、动力波模型和蓄水泄流模型。

Richards 模型依据土壤水运动的连续性原理和达西定律相结合，得到如下基本形式方程：

$$\nabla (K_s K_r \nabla h) = c(\partial \psi (/ \partial t) - Q \tag{2-164}$$

式中，∇ 为哈密顿算子，K_s 为饱和渗透系数，K_r 为相对渗透系数（$K_r = K(\theta) / K_s$），h 为总水头（$= \psi + z$），ψ 为压力水头，z 为重力水头，c 为比持水量（$= \partial \theta / \partial \psi$），$\theta$ 为体积含水量，t 为时间，$K(\theta)$ 为含水量为 θ 时的渗透系数，Q 为任意流出流入项。

动力波模型由 Beven（1982）提出。并做了以下假设：不透水或准不透水边界上饱和区域内流线平行于基岩。且水力梯度等于基岩坡度，模型形式为：

$$\begin{cases} q = K_s H_x \sin\alpha \\ c\dfrac{\partial H}{\partial t} = -K_s \sin\dfrac{\partial H_x}{\partial t} + i \end{cases} \tag{2-165}$$

式中，q 为单宽泄流量，H_x 为不透水边界上饱和区域的厚度，i 为单位面积内从非饱和区域向饱和区域的输水速度。c 为比持水量（$=\partial\theta/(\delta\partial h)$）。该模型在以后的研究中（Hurley et al.，1985；Smith et al.，1983）又被扩展成为包括非饱和区域的饱和—非饱和流模型，并且模型中的 K_s 已作为随深度变化的物理量（Beven et al.，1982），采用 Beyen 经验公式：

$$Ks = K_0 e^{-fz} \tag{2-166}$$

式中，K_0 为土壤表面饱和渗透系数，f 为经验常数，z 为深度。

蓄水泄流模型由 Sloan（1984）提出，基本原理是从宏观方面，利用整个山坡的水量平衡原理对壤中流进行研究，并假设这一理想山坡具有一不透水边界。Stagnitti（1992）将这一模型推广应用于流域范围，对整个流域的水文反应进行研究。根据对饱和土壤水面及坡度的不同假设，该模型又可分为动力蓄水模型和 Boussinesq 蓄水模型。Sloan 和 Moore（1984）于 1984 年将上述模型应用于森林流域，并将预测结果与实测结果进行对比。结果表明，简单的蓄水泄流模型不仅与 Richards 模型具有相同的预报精度，而且更能够充分模拟由降雨产生的壤中流过程。蓄水—泄流模型应用简便，更适于快速洪水预报。然而，该模型还存在着一些不足：①饱和导水率和有效孔隙度在壤中流模型中是两个重要的参数，在以往的蓄水—泄流模型中，将二者视为常数，没有考虑随深度变化。②由于饱和导水率随深度递减，在某一降雨强度下，可能会在不透水层以上的某一位置先形成一个饱和层，且在山坡出口断面形成泄流。但在已有的模型中均未考虑这一泄流（裴铁璠等，1998）。

李金中等（1999）提出了一个森林流域坡地壤中流模型。通过回归分析提出了森林土壤的饱和导水率与有效孔隙度随深度呈对数递减，数学表达式为：

$$K_s(z) = K_0 - f_1 \ln(1+z) \tag{2-167}$$

$$\omega(z) = \omega_0 - f_2 \ln(1+z) \tag{2-168}$$

式中，K_0，K_s（z）分别为土壤表面饱和导水率和深度为 z 处的饱和导水率；ω_0，ω（z）分别为土壤表面有效孔隙度和深度为 z 处的有效孔隙度；z 为土壤深度；f_1、f_2 分别为饱和导水率和有效孔隙度随深度的衰减系数，是与土壤性质有关的常数。此模型与 Beven 所提出的指数递减模型相比，在森林流域模拟中。更接近于实际情况，而且能够适应土壤动物活动和根系分布对土壤孔隙度的影响。以水量平衡方程和动力学假设为基础，将饱和导水率与有效孔隙度随深度呈对数递减模型代入蓄水—泄流模型，改进了蓄水—泄流模型。该模型可用来模拟降雨条件下的壤中流过程，且与以往的模型相比有较高的精度。它充分考虑了饱和导水率与有效孔隙度随深度呈对数递减的规律，以及在这一规律下饱和区域开始形成的各种情况：既可能从土壤表面开始饱和，也可以从土壤底部不透水层开始饱和，也可能在土壤中间的某一深度处形成饱和区域，这完全取决于土壤性质和雨强。另外，该模型还考虑了湿润与排水过程中非饱和区域对壤中流的影响。因此，该模型能较为真实地模拟森林流域坡地壤中流过程。

综上所述，Richards 模型从微观的角度对壤中流问题进行了研究。其研究的结果主要是得到各内节点及二类边界节点的水头值，但是不能直接求出渗流区域第一类边界（已知水头边界）上的侧向流入量与水力梯度。要想求得坡地出口断面处壤中流泄流量，必须进行进一步的计算。动力波模型主要适用于农业土壤方面，它对于壤中流的适应范围的标准是：$\lambda<0.75$，而对 $\lambda>0.75$ 的情况，应用该模型有局限性，而蓄水泄流模型则相反。它是从宏观的水量平衡角度出发对壤中流的过程进行研究，其求解的结果可直接得到坡地出口断面处的壤中流泄流量，但对非饱和区域内各点含水量的计算可能不如 Richards 模型精确。从求解的过程来看，以 Richards 模型最为复杂，用有限元或有限差分方法进行求解很难得到解析解，蓄水泄流模型最为简单。

3. 地表径流

在森林流域的水量、水质的预报和模拟研究中，地表径流演算是很重要的一项。地表径流包括地表薄层流、不规则粗糙表面流和细沟流。地表径流和细沟流之间差异没有精确的定义，这种划分是为了实际操作的需要（Wolhiser et al.，1967）。因此，坡面在地表径流过程演算中作为基本单元。如应用在基于 GIS（地理信息系统）的分布式模型中时，将要分成更加小的单元，如栅格单元（Boll et al.，1998）。

地表径流过程的模拟研究及其算法已经比较成熟（Mishra et al.，1999；Morris，1980；Viville et al.，1993；Wilson et al.，1990），其中大部分模型需要求解 Saint-Venant 方程或其简化形式（即扩散动力波近似），这些方程能很好地用数学方程解释地表径流的整个过程。Woolhser 和 Liggett（1967）提出，对于较大动力波数（>20），地表径流的动力波近似值具有足够的精度。此后，动力波理论在地表径流模拟研究中的应用变得相当普遍（Singh，1966a），其基本形式为：

$$\frac{\partial h}{\partial t}+c\frac{\partial h}{\partial x}=i(x,t)-f(x,t) \qquad (2-169)$$

其中，$c=(\partial q/\partial h)_{x-\mathrm{constant}}=nah^{n-1}=nu \qquad u=q/h \qquad (2-170)$

式中，$i(z,t)$ 为降雨强度，$f(x,t)$ 为下渗率，q 为单位宽度的出流量，u 为平均速度，c 为波速。实际上，动力波理论能够相当精确地模拟地表径流过程（Singh，1966a；Wolhiser，1996）。

动力波理论在地表径流的应用和方程的求解方面，研究方法日趋成熟，部分研究成果已经应用于分布式模型 Brutsaert（1968）利用特征值方法并结合普通扰动摩擦关系，描述了均匀侧向入流的 Saint-Venant 方程精确解析解。Kibler 和 woolhiser（1970）建议应将坡面离散成为片断，在其中可以应用动力波方程描述不稳定流过程，被称为动力波梯级、woolhiser（1990）提出了恒定入流率条件下的动力波近似的解析解。Parlmage（1981）考虑了超渗降雨的动力波近似解析解，不过此方法很少在实际中应用。Wang（1998）曾针对上述的动力波近似方法指出了以下的局限性：①超渗降雨不随时间变化；②上边界条件必须为零。Govindaraju 在加权残差方法的基础上，提出了地表径流方程的半解析解。其中试验函数是关于匀质问题的空间函数，并于 1990 年提出此方法的近似解析解。Wang（2002）认为，可以把坡面看作是一个由许多子平面（如多边形或栅格）组成的系统。这些子平面在整个坡面系统地表径流演算中按序列或平行排列求解过程：对于第一级子平面，设上边界条件和超渗降雨输入随时间变化；蓄—泄方程由 Chezy 或 Manning 公式计算；通过同时解连续性方程和蓄—泄方程，得到入流和出流的非线性转换函数；最后得到地表径流过程的解析解。此方法适合在分布式山坡地表径流物理模型中的应用。

4. 地下径流

暴雨径流的形成也可能是由于地下径流引起的，当渗流面接近土壤表面时。壤中流可能转化为回流过程，通过这一方式地下径流量将贡献给地表径流。某些流域（比如山坡）可能存在较大的水力学梯度，在这种条件下，流域对降雨的响应主要表现为地下径流的形式（包括饱和流和非饱和流），这种响应特征取决于在暴雨过程中土壤深度和非饱和区的水力学条件。1982 年 Beven（1982）从地下径流的动力学机制出发，发现在预报地下水位廓线和地下径流过程线方面，动力波近似可以很好地说明 Dupuit-Forchhmier 理论；并且在对饱和及非饱和区域做了实际模拟，模拟结果与实测数据十分接近。1984 年 Sloan 和 Moore（1984）利用动力波近似在模拟森林坡面流域的地下径流的研究中，也得到相似的结果。

（三）流域汇流

概念性流域汇流模型和地貌瞬时单位线理论是研究流域汇流的两条不同途径。流域汇流计算有两种方法：一种是单位线法，是黑箱子性质；另一种是等流时线法，是概化推理性质。地貌瞬时单位线被解释为降落在流域上的净雨雨滴在流域上传播时间的概率密度函数，假设降落在流域上不同部位的雨滴按不同的路径汇集到流域出口，路径由水质点在河网中的运动规律决定，雨滴在任一路径上的传播时间等于该路径上各状态的传播时间之和。在任一路径的传播时间概率密度函数等于组成该路径上各级状态的传播时间的概率密度函数的卷积。按各路径概率叠加这些路径传播时间的概率密度函数即得该流域瞬时单位线。路径概率是指雨滴在所有路径中经某一特定路径汇集到流域出口的概率，任一状态传播时间和概率密度函数可以取任何形式，Wood 和 Hebron 等（1986）建议采用指数型分布，其分布参数与该级河道长度的 1/3 次方成正比，比例系数由流域平均滞时确定貌瞬时单位线理论把流域与河网结构和流速的空间分布联系起来，从而提供了一个直接利用流域出口断面流速资料就可以确定流域瞬时单位线的新途径。

由于流域水文过程中的空间变异性和复杂性，使得水文研究人员至今还不能采用数学物理方程来描述径流形成过程中的各个子过程，在产流、汇流等环节上仍然主要借助于概念性水文模型、水量平衡方程或经验公式。在一些比较著名的模型，如美国的斯坦福模型和萨克门托模型、日本的水箱模型以及中国的新安江和陕北模型等，常采用简单的下渗经验公式、经验流域蓄水曲线或水箱侧孔、低孔出流等来模拟产流过程；采用单位线、线性或非线性水库及渠道来模拟汇流过程、由于仅涉及水文现象的表面而不涉及水文本质或物理机制。概念性流域水文模型在结构上与实际水文空间分散性和不均匀性输入是不匹配的，流域降水是分散地、不均匀地降落在流域地面上，各点产生的径流流至同一出口断面。它具有分散性输入和集中性输出的特点，只有采用数学物理偏微分方程才能全面描述水文过程的这一特点。在实际应用中考虑这一问题时，几乎都采用划分单元面积的方法，在该单元面积上采用集中输入和集中输出的流域水文模型，最后将各单元线性叠加成出口断面的流量。这种处理方法是不合理的，如各单元雨量的空间变化、参数不同、产流机制有别、汇流过程不满足线性叠加原理等问题都未考虑。因此，采用数学物理偏微分方程结构，反映水文变量与参数空间变化的分布式流域水动力学模型进行水文产汇流研究是十分必要的（Brutsaert，1968；Hurley et al.，1985）。

（四）林地枯落物层对水文过程的影响

枯落物层作为森林系统中独特的结构层次，不仅对森林土壤发育和改良有重要意义，而且结构疏松，具有良好的透水性和持水能力。在降水过程中起着缓冲器的作用。一方面，枯落物层能削弱雨滴对土壤的直接溅击；另一方面吸收一部分降水，减少到达土壤表面的降水量，同时由于枯落物层的机械拦截作用，可以大大减少地表径流的产生，起到保持水土和涵养水源的作用。

森林枯枝落叶层吸持水量动态变化在森林水文循环中的意义在于其对林冠下大气和土壤之间水分和能量传输的影响（Putuhena et al.，1996；Reicosky et al.，1976），林地土壤水分入渗和水分蓄存对森林流域径流形成机制具有十分重要的意义。一般而言，森林土壤具有比其他土地利用类型高的入渗率，对林地入渗过程的模拟以 Plip 模型为主。林地蓄水作为森林水源涵养作用的一个重要评价指标，目前国内一般使用林地土壤非毛管空隙饱和含水量来计算。

森林具有比其他植被更大的蒸散量，准确测定或计算林地蒸散的时空变化对于评价森林水文循环影响机理和流域水文模型开发、制定合理的森林经营管理方案具有十分重要的意义。然而，由于影响森林生态系统蒸散因素众多且具有极大的时间变异性和空间异质性，将较小尺度的林间试验结果外推到较大的坡面或流域尺度势必应影响其准确性。

（五）非对称采伐对径流的影响

森林采伐增加流域年产水量，针叶林、硬木落叶林、灌木林、草本植物对流域产水量的影响呈递减趋势（Bosch et al.，1982）。此外，不同研究区域森林影响年径流量变化的幅度差别很大，采伐方式、气候条件、土壤地质条件、地形条件等都可能引起森林水文功能的差异，在其他因素相同条件下，森林采伐后降雨径流响应在很大程度上依赖于森林植被恢复的过程（McDonnell et al.，2001）。较长时间的水文反应则与植被恢复的树种组成和气候变化有关（Viville et al.，1993）。由于处于流域内不同位置的森林对径流来源具有不同的影响，因此，森林采伐的自然空间位置也可导致不同的水文响应（Stednick，1996）。

陈军锋等（2000）提出，将一个森林流域假设为河道两侧呈 V 形坡面，然后对河道两侧坡面上森林进行非对称采伐。使降雨通过森林与采伐迹地两个等距离坡面的径流不同时到达河道及其某一断面，即通常所说的“坦化效应”，这样就可以通过人为调节由降雨产生的径流过程。降低水位削减洪峰流量，对森林流域防治洪涝灾害具有理论和实际意义。同时，还建立了由理论模型和经验模型组成的混合模型：

$$\partial H/\partial t = B - \partial F/\partial X \qquad (2-171)$$

式中，H 为坡面水深，F 为地表径流，B 为雨强，x 为一维空间变量，t 为降雨时间。

水深 H 和径流 F 是两个函数，若想求出其中任何一个，必须在两者之间找出一个关系式。含水量的空间不均匀性会产生径流，径流与水梯度有关，此外，地面倾斜造成重力水（$H-H_0$）沿斜坡的重力分量也会引起地表径流。因此可得到另一个一维方程（Kaimal et al.，1994）：

$$F = f[\partial H/\partial X, (H-H_0)\times \sin A] \qquad (2-172)$$

式中，H_0 为地表枯落物层的饱和持水量，A 为地面倾角。

该模型实际模拟结果表明，流域的坡度越大，径流到峰值流量时间越短；峰值流量值越大，非对称采伐比对称采伐对峰值流量的削减也要越大。在实际的应用中，该模型也适用于变雨强过程，实际皆伐坡面并不如实验中的理想，土壤物理性质会由于森林采伐作业而遭破坏；采伐后枯枝落叶不再积累；而且根据研究有林地土壤含水量比一般皆伐迹地低 10%～20%。在实验条件允许时，应把这些因素考虑进去再建立模型。在完整的森林流域中，河道两侧坡面要比实验坡面大得多，且未必都是对称的，坡度也不一样，因此建模变得非常复杂，如何以非对称采伐为基础去模拟野外较大流域需要深入探索尺度转换的问题（陈军锋等，2000）。

（六）发展方向

1. 参数化问题

土壤表面特定水文过程可能影响到山坡对暴雨的产流响应，但仍然缺乏对这一过程的参数化。气孔传导控制着森林的蒸腾损失，但到目前为止，对于气孔生理特性的认识并不是很清楚。因此，参数化气孔生理特性，并将其最终耦合到水文模型中将是非常有意义的研究内容。

2. 加强耦合机制的研究

生态过程与水文过程耦合机制，尤其是森林流域土壤入渗、坡面产汇流动力学机制，仍需进一步研究。对于生态与水文耦合过程边界条件的确定，一直没有合理的解决方案，因此还需要加强边界条件的确定性研究。降雨、土壤水分运动和植被的动态耦合作用，将是今后生态水文动力过程研究的重点。

3. 生态水文过程与调控

基于动力学机制研究，人为调控森林生态系统，诸如最优化森林结构与布局设计、非对称采伐调节径流等（裴铁璠，2003）。

4. 研建流域分布式水文模型

为了克服下垫面特征时空异质性和水流通量空间变异性对水文过程的影响（刘建梅等，2003），应在主要流域研建分布式水文模型并模拟其水文过程。

二、森林流域非饱和土壤水与饱和土壤水转化研究

人类的起源和进化时时刻刻离不开森林，而土壤又是森林至关重要的立地条件和物质储备库。土壤水是植物吸水的最主要来源，又是土壤中许多物理、化学和生物学过程的载体和参与者。同时，土壤水也是自然界水循环的一个重要环节，处于不断的运动和变化中，直接影响到森林的生长和土壤中各种物质的转化过程。因此，只有明确森林流域土壤水分运动规律，才能为流域水分循环的计算提供依据，更好地发挥森林涵养水源和保持水土的生态效应，为流域水资源调控机理研究提供理论指导。

土壤水很少处于静止状态，液态水可在土壤饱和状态下流动，也可在非饱和状态下流动。在饱和条件下，土壤水分运动的驱动力以重力为主，入渗的水分主要以土内径流的形式补给河川，土壤—植物—大气连续体中的水分循环是连续的，田间测定相对简单，研究也较为广泛。人们对饱和土壤水分运动问题的研究有较长的历史，其科学理论的形成始于130多年前法国工程师Darcy所进行的饱和砂层的渗透实验，即后来众多研究者普遍认可的饱和土壤水运动的达西定律。

在非饱和条件下，水分的运移受多重因素的影响，水分运动参数田间变异较大，测定技术复杂，耗时和过高的费用，限制了田间水分运动数值模拟研究，因此，很多研究者采用比较容易获得的土壤水分特征曲线建立模型，求解土壤非饱和导水率，或者测定某些参数如扩散率来推求土壤非饱和导水率。经过 20 世纪 30—50 年代的发展和逐步完善，对非饱和土壤水分运动的研究发生了由经验到理论、从定性到定量的深刻变化（雷志栋等，1998），许多学者也从各自的角度对其进行了不同的研究，取得了不少的成果。

森林土壤水分动态方面的研究国内起步较晚。虽然在最近的十几年中做了大量工作，不同的气候带、树种、土壤类型均有报道（刘广全，1991）。但由于森林土壤水分存在的介质具有横向、纵向的连通性，其运动受重力、土壤基质吸力和地上植被的影响，其来源—降雨通常是随机的，土壤水分的运动研究一直进展很慢。因此，森林土壤水分动态是一个复杂的问题，它受诸多因素的影响，很难得出一致的结论。目前，森林流域非饱和土壤水与饱和土壤水分运动的研究主要是根据能量的概念，利用力学和热力学的原理，确定饱和与非饱和条件下土壤水分运动参数。迄今，有关森林流域土壤非饱和水与饱和水之间相互转化研究的文献极其有限，而绝大多数也只是考虑了非饱和水向饱和水转化、饱和水向非饱和水转化的单一过程。森林流域土壤中水分的运动方式主要有入渗、毛管水上升、潜水补给与蒸发以及壤中流等，而水分的入渗、再分配，以及浅层地下水的补给与蒸发过程都包含饱和土壤水与非饱和土壤水的运动。

（一）森林流域饱和土壤水向非饱和土壤水转化过程

森林流域饱和土壤水向非饱和土壤水转化主要有 3 个过程：①表层土壤达到饱和以及在土壤表层和潜水面之间出现饱和层时，向下层非饱和土壤水分的入渗过程；②地下水向上层非饱和土壤水的转化，即潜水蒸发过程；③饱和带的土壤水向上层非饱和带土壤水转化的毛管水上升过程。

1. 土壤水分的入渗

土壤水分的入渗是指降雨落到地面上的水从土壤表面渗入土壤形成土壤水的过程，是降水、地表水、土壤水和地下水相互转化过程的一个重要环节。

由于水的下渗既可能在非饱和的岩土孔隙中运行，也可能在饱和条件下运行，因此可相应地区分为非饱和下渗理论和饱和下渗理论（黄锡荃，1993）。非饱和下渗理论以 Philiip（1957）推导出的近似计算公式为代表，积水入渗理论模式首先是由 Oreen 和 Ampt（1911）于 1911 年提出的。土壤入渗理论是在经典的 Richards 方程基础上发展起来的。从 20 世纪初至今，以此为理论依据相继产生了许多理论的、半经验半理论的和经验的下渗模型，用以描述一定条件下的土壤入渗过程。目前该方面的研究逐步深入，其中比较著名的理论模型有：Green-Ampt（Oreen 和 Ampt，1911）提出的干土积水入渗模型、Philip（Philip，

1957）的二项式入渗模型等。半经验半理论模型有：Horton（Horton，1983）提出的入渗模型、Smith 和 Parlange（1978）提出的降雨入渗模型等。经验模型主要有 Kostiakov（1932）提出的入渗模型和 Holtan（1961）入渗模型。

Gren-Ampt 入渗模型：

$$f = A[1 + B(H_c + H)/F]$$

式中，f 为下渗率，参数 A、B 取决于土壤特性，H_c 为湿润锋处的毛管势，H 为土壤表面压力水头，F 为累积下渗量。

Philip 入渗模型：

$$f = st^{-1/2} + C$$

式中，s 和 C 是取决于土壤扩散率和土壤持水曲线的参数，参数 s 为土壤水吸力，参数 C 为稳定入渗率，t 为时间。

Horton 模型：

$$f = f_c + (f_0 - f_c)e^{-kt}$$

式中，f_c 为稳渗率，f_0 为 $t=0$ 时刻的入渗率，k 为渗透衰减因子。

Kostiakov 模型：

$$f = \alpha t^{\beta}$$

式中，α 和 β 是取决于土壤及入渗初始条件的经验常数，由试验或实测资料拟合得出，本身并无物理意义。

刘昌明（1988）、孙菽芬（1988）、余新晓（1990）等在土壤入渗的不同方面进行了研究，取得了不少的研究成果。

研究林地土壤水分入渗规律是探讨森林流域产流机制的基础和前提（张志强等，2000）。对于森林土壤入渗的研究，国内外学者从各自的研究角度进行了一些探讨，所运用的研究方法、理论依据和测试手段各有所长，以中野秀章等为代表，肯定了森林在土壤入渗方面的有效作用，但对于目前下渗机理及其和森林的关系知之甚少。森林土壤入渗的重要性吸引了众多学者进行研究，分析了土壤矿物和质地（Wakindiki et al.，2002；杨文治等，2002）、大孔隙度和前期含水量（杨文治等，2002）、森林植被类型（潘紫文等，2002）对土壤入渗性能的影响，建立许多模型及经验公式对土壤入渗过程进行定量描述（雷志栋等，1998），但由于土壤入渗性能的复杂性，这些定量描述模型迄今还没有统一和普遍适用。

目前，土壤水分入渗研究主要集中在 Green-Ampt 模型的修正以及 Phillip 和 Parlange 入渗方程的求解两方面（马履一，1997）。经过修正的 Green-Ampt 模型能适用于非均质土壤或初始含水量不均一的情况，但是仍然难以确定湿润锋处的土壤水势。Bardossy 等（1993）、Smith（1993）、Chu（1994）、郝振纯（1994）等从不同角度对此进行了研究，取得了一定的成果，但都主要局限在单点入渗问题，没有将降雨入渗与地表产流以及土壤水分的动态变化过程结合起来。

2. 潜水蒸发

潜水蒸发是地下水资源及农田、森林水分状况调节的重要指标之一，受气象条件、地下水埋深、土壤质地及植被覆盖等因素的影响。通常，潜水蒸发受外界蒸发力和土壤输水能力两者之中较小者的控制，即在外界蒸发力小于土壤输水能力时，潜水蒸发量的大小取决于外界蒸发力和表土含水率；当外界蒸发力大于土壤输水能力时，潜水蒸发量将受土壤输水能力的限制，不再随外界蒸发力的增加而增加。

国内外学者对土壤潜水蒸发特性进行了大量研究，提出了许多具有不同特点和用途的潜水蒸发模型。目前所用的潜水蒸发经验公式很多，大体上可以分为3类（唐海行等，1989）。

第一类，以阿维里扬诺夫的公式（雷志栋等，1998）为代表：

$$E = E_0(1 - H/H_{max})$$

式中，E 为潜水蒸发强度（mm/d），E_0 为潜水埋深为0时的潜水蒸发强度（mm/d），H 为计算日的地下水埋深（m），H_{max}为潜水蒸发为0时的地下水埋深（m），即极限埋深，为经验常数，与土质及地下水埋深有关，这类公式认为潜水蒸发系数与潜水埋深呈单一相关关系，与蒸发能力无关，使用起来有很大的局限性。

第二类，以沈立昌所建议的公式（唐海行等，1989）为代表：

$$E = k_u E_0^a (H + 1)^b$$

式中，k_u 为与土质有关的潜水蒸发经验系数，a、b 为与土质和地下水埋深有关的经验常数。这类公式一般来说拟合实测资料比较好，但其结构形式上有不足之处。当埋深为0时，潜水蒸发系数不仅由于土质不同变化很大（0.95～1.60），而且还与蒸发能力有关。实际上当埋深为0时，潜水蒸发系数不应与蒸发能力有关，应趋于一个较固定的值，接近1.0。

第三类，雷志栋等（1998）提出的既考虑土壤输水特性又考虑表土蒸发的经验公式：

$$E = E_{max}(1 - e^{-\eta E0/E\max})$$

式中，E_{max}为潜水埋深为 H 时的潜水极限蒸发强度（mm/d），η 为与土质和潜水埋深有关的经验常数，该公式能较好地拟合野外实测资料。通过野外资料分析，公式中的 η 值建议取为0.85，在潜水埋深大于1.0m比较合适；但当潜水埋深小于1.0m时，特别是当潜水接近地表时（即 E_{max} 趋于无穷的极限条件下），会得出不合理的结果。

潜水蒸发系数 $C_{年}$ 是水资源评价中常用的一个参数。$C_{年}$ 是多年平均潜水蒸发量 E 与同期多年平均水面蒸发量 E_0 的比值，即：

$$E = C_{年} E_0$$

根据 $C_{年}$ 值，可以计算无实测资料时期的潜水蒸发量（朱秀珍等，2002）。

3. 毛管水上升

饱和土壤水面以上，水在表面张力作用下沿土壤毛管孔隙上升一定高度形成毛管带。毛管带中的水充满土壤毛细孔隙，水含量为土壤最大田间持水量（陈振铎，1990）。水上升的作用力为水表面张力，根据流体力学可表示为：

$$F = L\gamma_c\cos\theta$$

式中，F 为表面张力，L 为水层顶面与颗粒的接触线长度，γ_c 为水张力系数，常温下为 7.28×10^{-2} N/m，θ 为水与土颗粒接触角，接近 0°（陈振铎，1990）。

毛管水上升的高度即毛管带厚度，取决于表面张力、重力和土壤的物理性质。当毛管水上升达平衡时，毛管水重力等于表面张力，即毛细管皆为圆柱形，$h_c=2\gamma_c\cos\theta/(r\rho g)$。式中，$h_c$ 为毛管水上升高度即毛管带厚度，r 为孔隙半径，ρ 为水密度，g 为重力加速度（徐世大等，1990）。根据该方程所预示，在黏土中水分上升的高度比在沙土中高（虽然上升得慢些）。但是土壤中的孔隙并不是半径均一或固定的毛管，因此孔隙不同，毛管上升高度也不同。实际上，土壤中的孔隙远非圆柱形，也无法知道孔隙半径 r，故上式需根据具体情况进行修改后才能用于实际。邓孺孺（1997）采用微观统计学方法推导出的毛管带平均厚度计算公式与经验值有较好的吻合。

毛管水上升的高度和上升量取决于土壤的物理特性，毛管上升的速率一般随时间的进展而减少，随着土壤被湿润到更大的高度，以及水分运动临近平衡时，毛管上升速度也将减少（Hillel，1971）。

原先是干燥的土壤被上升毛管流所湿润的进程在实际中是不常出现的。在初始的阶段，这一过程与入渗过程相似，只是它是朝相反的方向进行。在过程的后期阶段，通量并不像下渗过程那样接近一个稳定数值，而是趋向于 0，其原因是重力梯度的方向与基模吸力梯度的方向相反；当后者（其数值起先是大的，但随时间推移而减小）接近前者的数值后。总的水力梯度趋近于 0（Hillel，1971）。

（二）森林流域非饱和土壤水向饱和土壤水转化过程

森林流域非饱和土壤水向饱和土壤水转化主要有两个过程：一是潜水面以上土壤层中的壤中流；二是潜水入渗补给过程。

1. 壤中流

壤中流是指降雨下渗到坡面的部分，穿过土壤直至到达渗透性较差的土层，以饱和和非饱和状态在该土层上沿下坡方向流动，最终将直接渗出或者通过地下蓄水层进入河流，壤中流在流域径流产生过程中具有相当重要的作用。特别是在森林流域内，表层土壤透水性较强，降雨能较快地渗入土壤中形成土壤水，并沿坡面向下流动形成壤中流。因此，森林流域坡地壤中流不仅可以形成流域水文过程线的退水曲线或基流，在某些情况下甚至可以形成洪峰，是流域暴雨径流的主要来源。

关于壤中流产生的主要机理已有许多研究，并利用不同的假设发表了许多关于壤中流产生的机理模型。根据壤中流的形成机理，壤中流模型一般可以分为3类（裴铁璠等，1998）：Richards模型、Beven（1982）的动力波模型、Sloan等（1984）的贮水—泄流模型。

Richards模型：

$$\nabla \cdot (K_s K_r \nabla h) = c\,\partial \psi / \partial t - Q$$

式中，∇为哈密顿算子，K_s为饱和渗透系数，K_r为相对渗透系数（$K_r = K(\theta)/K_s$），h为总水头（$h = \psi + z$），ψ为压力水头，z为重力水头，c为比水容量，θ为体积含水量，t为时间，$K(\theta)$为含水量为θ时的渗透系数，Q为任意流出流入项。

$$\begin{cases} q = K_s H_x \sin\alpha \\ c\,\dfrac{\partial H_x}{\partial t} = -K_s \sin\alpha\,\dfrac{\partial H_x}{\partial t} + i \end{cases}$$

式中，q为单宽泄流量，H_x为不透水边界上饱和区域的厚度，i为单位面积内从非饱和区域向饱和区域的输水速度，c为比水容量。该模型在以后的研究中（Hurley et al.，1985；Smith et al.，1983）又被扩展成为包括非饱和区域的饱和—非饱和流模型，并且模型中的K_s已作为随深度变化的物理量（Beven et al.，1982），采用Beven经验公式：

$$K_s = K_0 e^{-fz}$$

式中，K_0为土壤表面饱和导水率，f为经验常数，z为深度。

贮水—泄流模型的基本原理是从宏观方面进行研究，利用整个山坡的水量平衡原理对壤中流进行研究，并假设这一理想山坡具有一不透水边界。Stagnitti（1992）将这一模型推广应用于流域范围，研究了整个流域的水文反应。另外，根据对饱和土壤水面及坡度的不同假设，该模型又可分为动力贮水模型和Boussinesq贮水模型。

这3类模型各具优缺点。Sloan和Moore（1984）在预测森林陡坡壤中流过程时对这3种模型进行了比较，结果表明，Richards模型尽管在求解土壤含水量时精度稍高，但由于其求解过程与结果非常复杂，以致难以对暴雨产生的洪水进行快速预报与预测动力波模型仅适用<0.75（$\lambda = 4i\cos\alpha / K_s \sin^2\alpha$）的情况，其应用有较大的局限性 而贮水—泄流模型求解过程简单，精度较高，便于推广应用于整个流域的水文反应与水文计算，但是该模型也有需改进之处。以往对动力贮水泄流模型的研究中，大部分都假设K_s是不随深度变化的物理量，1996年Roubinson和Sivapalan（1996）采用Beven（1982）提出的渗透系数公式对该模型进行了改进，但在森林土壤中是否合适还有待研究。1999年，李金中等（1998）提出了森林土壤的饱和导水率与有效孔隙度随深度增加呈对数递减。此

模型与 Beven 所提出的指数递减模型相比，在森林流域模拟中更接近于实际情况，而且能够适应土壤动物活动和根系分布对土壤孔隙度的影响。

2. 潜水入渗补给

潜水入渗补给是指降落到地表的降雨，经过土壤包气带而到达地下水的部分水量。降雨入渗补给过程中，按照单次降雨入渗锋面到达的位置，可将入渗补给分为两类：入渗湿润锋面补给型，入渗锋面明显到达潜水面或明显进入毛细管强烈上升带；非入渗湿润锋面补给型，入渗锋面未到达毛细管强烈上升带以前就明显消失，但又有入渗补给量产生。用简单水量平衡模型估计地下水补给量已得到广泛应用（Finch，1998）。与土壤水分蒸发模型联结的这些模型，不论是直接的或者是作为整个流域中一部分的水量平衡模型，都能从已有数据推算出的地下水直接供给量中进行时间序列的估算，并且通过简单的步骤就可以从中给出真正的补给量。计算直接补给和蒸发量的简单日水量平衡方程式为：

$$P_i = E_{ai} + I_i + R_i + B_i + \Delta S_i$$

式中，P_i 为降雨量（mm），E_{ai} 为蒸发量（mm），I_i 为冠层截留量（mm），R_i 为径流量（mm），B_i 为土壤水分的侧流量（mm），ΔS_i 为土壤水分的变化量（mm）。一旦土壤含水量超过土壤的田间含水量和 B 时，ΔS_i 就为正值，而 ΔS_i 的正值总量即潜水补给量；ΔS_i 为负值时的绝对值即潜水的蒸发量。

潜水补给的总量及过程在很大程度上决定着地下水系统的承受力，因此很多学者正致力于地下水入渗补给量的研究（Jinquan et al.，1997）。Caro 和 Eagleson（1981）用一个动力水平衡模型确定在干旱地区年补给量及其不确定性。Wellings（1984）用零通量面法在英国测定了入渗补给。基于地下水位对于单次降雨事件的反应。Rennolls 等（1980）在潜水埋深较浅条件下用回归模型估计了地下水入渗补给。Gee 等（1994）在干旱、半干旱地区用蒸渗仪法研究了入渗补给问题。Phillips（1994）用环境示踪剂研究了潜水的入渗补给。Wu 等（1996）用蒸渗试验和数字模拟方法研究不同地下水埋深情况下降雨—补给的关系，但对于入渗补给过程的研究却很少。Besbes 和 de Marsily（1984）用一个参数转移函数确定补给过程的数量；Morel-Seytoux（1987）用一个近似解析表达式通过一次入渗事件确定补给过程，但都假设从潜水面到土壤水没有水分的向上迁移，这可能只是在地下水位很深的区域才会发生，他们把入渗定义为在某一深度的水通量，且在此深度以下不再发生蒸散，而所定义的入渗通量和土壤表层通量之间会有很严重的滞后发生。

（三）饱和与非饱和土壤水分运动过程中的主要水分运动参数

研究土壤水分运动问题，求解不同边界条件下的土壤饱和与非饱和流问题，必须首先解决土壤水分运动参数，主要包括导水率 $K(\theta)$、扩散率 $D(\theta)$ 和比水容量 $C(\theta)$，而且三者之间有一定的函数关系：$K(\theta) = D(\theta) \cdot C(\theta)$，所以实际上只有两个独立参数，同时，$C(\theta)=-d\theta/ds$，只要确定了土壤水分特征曲线，$C(\theta)$ 就容易获得。一般情况下，人们主要测定土壤水分特征曲线和导水率，从而计算扩散率。

1. 土壤水分特征曲线

土壤水分特征曲线反映了土壤水吸力与土壤含水量之间的关系，是研究土壤水分的保持和运动所用到的反映土壤水分基本特性曲线。由于土壤基质势与含水量关系影响因素较多，且关系复杂，目前尚不能从理论上推求吸力与含水量之间的关系。一般常用经验公式表示（雷志栋等，1998）。

目前，解析形式的水分特征曲线经验公式已得到广泛应用（Leij et al.，1997；van Genuchte et al.，1992）。按照其数学形式，描述水分特征曲线的经验公式可分为 4 类（Leij et al.，1997）：指数型、幂函数型、多项式型和误差函数型。目前最常用的经验公式有 Brooks-Corey 模型（1964）、van Genuchten 模型（1980）、Campbell 模（Mualem，1976）、Mualem 模型（Mualem，1976）等，其中 Brooks-Corey 模型和 van Genuchten 模型得到广泛应用。

Brooks-Corey 模型（Brooks 和 Corey，1964）：

$$(\theta-\theta_r)/(\theta_s-\theta_r)=(h_d/h)^{\lambda}$$

式中，θ 为体积含水量（cm^3/cm^3），θ_r 为滞留含水量（cm^3/cm^3），θ_s 为饱和含水量（cm^3/cm^3），h 为土壤吸力（cm），h_d 为土壤进气吸力（ctn），λ 为拟合参数。

van Genuchten 模型（van Genuchten，1980）：

$$(\theta-\theta_r)/(\theta_s-\theta_r)=\{1/[1+(\alpha h)^n]\}^m$$

式中，m，n 和 α 为拟合参数，且 $m=1-1/n$。

由上述模型可知，当土壤处于饱和状态时，Brooks-Corey 模型中的土壤吸力 h 等于进气吸力，而 Van genuehten 模型中的土壤吸力 h 等于零。从这种意义上讲，Brooks-Corey 模型更符合脱湿曲线，而 Van genuehten 模型则更符合吸湿曲线．但由于两种模型在实际应用中各具特点。如 Brooks-Corey 模型形式简单，便于推求描述土壤水分运动模型和确定土壤水分运动参数的简单方法。而 Van genuehten 模型适用土壤质地范围比较宽，同时可以使饱和土壤吸力为 0，符合吸湿过程中土壤吸力变化特点。因此，两模型在实际应用中没有严格区别脱湿和吸湿过程。同时这两个模型也可以进行简单转化，如果省略 Van genuehten 模型等式右边分母项中的 1，Van genuehten 模型就可变为 Brooks-Corey 模型。

Van genuehten 提出的经验公式不仅能够表征整个压力水头范围内的水分特征数据，还可方便地利用统计孔径分布模型来估计水力传导度，因此在土壤水研究中比较流行（雷志栋等，1999）。此外，还有大量的水分特征曲线经验公式（Leij et al.，1997），但对其系统评价目前并不多见。

经验公式的主要缺陷在于物理意义不够明确，由于不同的经验公式适用的范围不同，且经验公式中一般包括 2 个或更多的参数，成本较高且费时和繁杂，实验结果常存在明显的不确定性，土壤在水平向和垂直向的空间变异性也限制了直接测定方法在实际工作中的应用。因此许多学者正致力于利用易于测定的土壤物理特性来推求土壤水分特征曲线的间接方法。如 Arya-Paris（1999）利用土壤颗粒组成来估算土壤水分特征曲线，这是近年来发展的利用土壤物理特性确定土壤水分特征曲线的新方法。

按照其基本原理和构建方法，水分特征曲线的间接方法可大致分为 3 类（刘建立等，2004）：土壤转换函数方法（PTF，pedotransfer functions）（Wosten et al.，2001）、物理—经验方法（Physico-empirical method）（Arya et al.，1981）、分形几何方法（Fractal method）（Mandelbrot，1983）。作为直接实验的一种替代方法，间接方法简便易行，特别适于较大范围的模型研究。但是在其发展和应用中仍然存在一些需要解决和改进的地方（刘建立等，2004）。

2. 土壤导水率

2.1　土壤饱和导水率

土壤饱和导水率是当土壤孔隙全部被水充满、土壤中水呈层流状态、水力梯度等于 1 时的渗透速度，是土壤导水率的最大值。饱和导水率对于了解林区降雨产生径流及土壤侵蚀具有实际意义，也能与导水率模型联结（Brooks et al.，1964；Mualem，1976）而推导出非饱和导水率模型，对于探求饱和区域与非饱和区域内土壤水的运动规律有着重要意义。

过去国内外关于饱和导水率的研究比较多，也建立了不少数学模型（Indelman，1995；裴铁璠等，1981），但大多数是用于土壤整体平均导水率的估算。大部分是将它作为常数处理，实际上是在整个土层内的平均，避开了森林土壤的异质性和土壤结构，所以把饱和导水率视为常数的假设与实际差别较大，只有在稳定流条件下才有意义（Bresler et al.，1983；Dagan et al.，1983）。Beven（1982）根据野外研究结果指出，饱和导水率随深度增加呈指数递减，公式为：

$$K_s(z) = K_0 \mathrm{e}^{-fz}$$

式中，K_s（z）为深度 z 处的饱和导水率，K_0 为土壤表面饱和导水率，f 为经验常数，z 为深度。

对于大面积森林流域土壤饱和导水率随深度变化的关系，李金中等（1998）的测定结果表明，森林流域内饱和导水率随深度增加呈对数递减，公式为：

$$K_s(z) = K_0 - f\ln\alpha z$$

式中，α 为常数，其量纲与深度 z 的量纲互为倒数；f 为常数。其量纲与 K_s（z）、K_0 相同；K_0、K_s（z）分别为土壤表面和深度 z 处的饱和导水率。

由于森林土壤的饱和导水率不但与土壤质地、容重、空气含量、降雨强度有关，还依赖于森林植被类型，因此，森林流域土壤饱和导水率模型的确立有待于进一步研究。

2.2　土壤非饱和导水率

非饱和导水率是土壤含水量或土壤基质势的非线性函数（秦耀东，2003）。目前还不能根据土壤的特性对非饱和导水率做定量描述。只能用实验的方法进行测定，但也有不少学者根据实验提出一些经验公式（秦耀东，2003）。土壤非饱和导水率的直接测定方法一般分为稳态法和瞬态法。由于直接测定方法耗时、昂贵、繁琐且测定范围较窄。可获得的实验数据不能代表土壤水力特征完整关系，而且逆问题求解法也存在同样的限制以及参数不唯一性。因此，从较容易获得的土壤水分特征曲线入手，使用模型来计算土壤的非饱和导水率已经成为一种趋势。土壤导水率模型的建立不仅可以减少具体测定的时间、费用，而且为土壤水分运动定量化研究提供了方便。

描述土壤非饱和导水率模型一般分为经验模型和理论模型（吕殿青等，2004）。其中比较有代表性的主要有 Burdine 模型（Burdine，1953）和 Mualem 模型（Mualem，1976）。Brooks 和 Corey（1964）以 Burdine 模型为基础，建立了预测非饱和导水率的简单解析式。Mualem（1976）对 Brooks 和 Corey 模型进行扩展，推导出一项测导水率的新的积分模型。只要为土壤水分特征曲线找到合适的表达式，代入 Mualem 模型，就可以获得简单的解析式。Genuchten（1980）用一个相对简单的水分特征曲线方程代入 Mualem 和 Burdine 模型中，获得了满意的结果，但其计算也比较复杂。邵明安（1998）提出了推求 Van genuchten-Mualem 导水率模式中参数的积分方法，只要记录土壤水平入渗量和时间的关系，并在入渗结束时量测湿润锋长度，再用此土柱测定土壤的饱和导水率，则可完成参数的推求，简便、省时、花费少。此积分方法在理论上首次获得了 van Genuchten-Mualem 导水率模式中参数的解析表达式，且实验验证具有较高的测定准确性，因此具有广泛的应用前景。Shao 和 Honon（1996）基于土壤水分再分布过程建立了推求非饱和土壤水分运动参数的方法，不仅允许进水边界土壤含水量以及初始土壤含水量可以变化，且测定简单，是一种比较适用的方法。

到目前为止，许多学者在土壤水力参数模型的建立及确定方法方面开展了大量工作，建立了土壤水分特征曲线和土壤导水率的经验、理论模型，提出了一系列土壤水力参数直接测定法和间接推求法，但这两种方法各有局限性。为此，邵明安等（2000；2000）提出了一种推求土壤水分运动参数的简单入渗法，为定量描述土壤水分运动奠定了基础。近 20 年来虽对其测定方法做过许多探讨，但至今还未有十分成熟又统一的方法，这将对土壤水分研究与进展产生一定的影响。

（四）研究展望

以大气水、地表水、土壤水和地下水相互转化过程和机制为基础，研究森林流域饱和土壤水与非饱和土壤水相互转化规律。应进一步加强野外长期定位试验研究，系统研究各气候带、各种植被类型下降雨入渗产流机制、降雨入渗的补偿深度，并结合根系吸水分析非饱和土壤水与饱和土壤水相互转化的规律，为确定合理的植被类型以及种植密度提供理论依据。

土壤水分运动参数的准确程度直接决定着土壤水分运动与转化数值模拟的精度。目前研究者们正试图利用间接方法来推求土壤水分运动参数，将土壤导水特性和一些较易测定的土壤物理特性联系起来，但在田间如何测定、推求土壤水分运动参数，依然是当前研究的难点和热点。

准确地描述及预测非饱和土壤水与饱和土壤水之间的转化规律，非饱和土壤水与饱和土壤水相互转化问题是农田水利、水文地质和环境保护的重要问题之一，是自然界水循环中的重要环节。今后应注重土壤水分运动与转化过程的深入研究，并结合生态、气象等资料及原理，加强多学科的综合研究。

第八节　土壤水分对长白山主要树种生长的影响

一、土壤水分变化对长白山主要树种蒙古栎幼树生长的影响

全球气候变化、生物多样性和可持续发展等全球性环境问题为人瞩目，被称为世界三大环境热点，其中温室效应及全球气候变化及对陆地生态系统的影响关系到人类社会经济活动、资源和生存环境等重大问题，成为各国政府、科学工作者所关注的焦点问题，根据大气环流模型（GCM）预测，在今后 50～100 年内，全球温度可能升高 1.5～4.5℃（IPCC，1994）。这必将影响生态系统和人类社会经济，以及区域水资源的变化（Fu，1994）。许多研究表明，高纬度地区气候变化比低纬度地区要大得多（Grabherr et al.，1994；IPCC，1994；Korner，1992），这就意味着，分布在高纬度地区的陆地生态系统将受气候变化影响最大，有关高纬度地区的植物对潜在气候变化响应的研究就自然成为全球变化研究的最活跃的方向（Chapin et al.，1994），吸引了众多生态学家的兴趣（Grabherr et al.，1994；王淼等，1995；王淼等，2000；韦采妙等，1997；延晓冬等，2000）。王淼等（1995；2000）在长白山地区利用海拔高度不同造成的温差模拟全球气候变暖以及 CO_2 倍增对植物群落结构和生物量的可能响应研究，得出年平均温度增加 1℃，将使阔叶红松林的材积生长每年增加 0.6～3.1m^3/hm^2，以及云冷杉成分可能减少而阔叶树比例可能增加的结论。年轮研究表明，长白山海拔 700m 以上地区，年轮宽度与降水变化无关，即降雨量不会成为树木生长的限制因子（王淼等，1995）。正是由于这种原因，很少有人研究长白山温带森林树种对水分胁迫的反应，但在长白山广大低海拔地区，增温可能导致干旱化趋势的发展，特别是近 10 年来该地区气温逐年升高，降雨逐年减少。尽管迄今已对长白山主要森林生态系统做了多方面的研究（王淼等，1995；王淼等，2000；徐振邦等，1985），但都集中在 CO_2 倍增对不同树

木个体同化过程的直接影响研究，而对气候变暖引起的土壤水分亏缺对树木个体的间接影响报道的少，尤其是水分变化是如何影响树种生态反应及气体交换和资源利用率的研究尚属空白。

在我国北方，蒙古栎具有相对耐贫瘠、耐干旱、萌生能力强等特性，广泛分布在低海拔阳坡地段，形成典型的蒙古栎林，无疑对我国北方森林群落的演替与发展具有重要意义（王传宽等，1994）。但蒙古栎对水分胁迫的响应对策，特别是天然更新的种群对水分因子变化的生理生态特征研究报道很少。我们在以前的文章中报道过水分胁迫对蒙古栎叶片生理生态特征的影响和生物量再分配及光合特性的改变，但对蒙古栎长期适应干旱胁迫的实验尚未见报道。因此，需要更多的模拟实验才能得到更深入的认识。

（一）不同土壤水分含量对蒙古栎幼树特征的影响

从表 2.32、表 2.33 可见，不同土壤水分含量显著影响了蒙古栎幼树冠幅及树高等形态参数，随着土壤水分含量的降低，蒙古栎幼树具有明显的窄小型树冠和矮化的趋势。幼树叶片数目、侧枝角、单叶面积、树高和树冠均与土壤水分含量的变化成正比，叶片干重、地径和叶密度与土壤水分含量变化成反比。蒙古栎幼树不同形态特征参数对水分含量变化的反应程度各不相同，经 Duncan 多重比较，发现 3 个不同处理的幼树叶片数目间存在极显著差异（$P<0.001$），CK 组（600mm 施水量）的单叶面积和侧枝角与 MW 组（450mm 施水量）相比较具有显著性差异（$P<0.05$），但 MW 组与 LW 组（270mm 施水量）之间差异不显著（表 2.32、表 2.33）。蒙古栎幼树 CK 组地径与 MW 组和 LW 组之间存在极显著差异，MW 组与 LW 组间不具有显著差异。CK 组叶密度与处理组之间存在非常显著差异，但 MW 组和 LW 组之间差异不显著。不同处理组间单叶片干重之间不存在显著差异。

表 2.32　水分胁迫对蒙古栎幼树特征影响的 F-值

特　征	DF	MS	F
单叶干重	（2，33）	0.006	0.788ns
叶干重	（2，15）	48.73	11.33***
叶面积	（2，33）	132.01	4.782*
叶的数量	（2，15）	683.21	19.45***
叶密度	（2，32）	951.64	7.50**
侧枝角	（2，36）	8.13	7.11**
树高	（2，15）	148.16	9.08***
地径	（2，15）	0.0075	21.25***

（续）

特　征	DF	MS	F
冠幅	（2，15）	183.68	10.39***
根长	（2，24）	917.12	16.73***
总生物量	（2，15）	916.16	29.41***
根生物量	（2，15）	145.42	31.32***
枝条生物量	（2，15）	279.70	23.38***
地上生物量与地下生物量比	（2，15）	0.136	11.406***

表 2.33　蒙古栎幼树特征方差分析的 Duncan 多重比较

处理	叶干重/g	叶面积/cm^2	叶密度	侧枝角/°	树高/cm	地径/cm	冠幅/cm
CK	0.235[a]	44.98[a]	1.10[b]	60.80[a]	79.79[a]	1.63[a]	46.20[a]
MW	0.207[a]	34.47[b]	2.10[a]	62.69[a]	58.22[b]	1.42[b]	31.27[b]
LW	0.196[a]	31.06[b]	2.66[a]	46.42[b]	51.01[bc]	1.31[bc]	26.97[b]

（二）不同土壤水分含量对蒙古栎幼树生物量分配比率的影响

不同土壤水分含量对蒙古栎幼树叶、分枝、主枝、主根、细根和总生物量有显著影响，t 检验表明，不同土壤水分含量处理对蒙古栎幼树生物量分配的影响不同，经进一步 Duncan 多重比较表明（表 2.34），在对蒙古栎幼树总生物量影响中，3 个处理组之间存在显著差异，随土壤含水量的降低，幼树总生物量显著降低，而对总、主根和细根生物量的影响则有所不同，同时蒙古栎幼树叶、枝、根和总生物量干重均为 CK＞MW＞LW 组（表 2.34），3 个不同土壤含水量处理组的总地下生物量之间存在显著差异，特别是 LW 组地下生物量与 CK 组和 MW 组之间都存在极显著差异（$P<0.01$）；总地上生物量、茎生物量和叶生物量对土壤水分含量变化的响应相似，均随土壤含水量的减少而降低，Duncan 多重比较进一步揭示 CK 组与 MW 组和 LW 组之间均具有极显著差异，MW 组和 LW 组之间不存在显著差异（表 2.34）。

表 2.34　水分胁迫对蒙古栎幼树生物量的影响

处理	总生物量/g	总地下生物量/g	主根生物量/g	细根生物量/g	总地上生物量/g	叶生物量/g	枝生物量/g	地下与地上比
cK	187.54[a]	82.83[a]	47.19[a]	35.64[a]	104.71[a]	29.78[a]	74.93[a]	0.87[b]
MW	102.29[b]	65.82[b]	45.45[ab]	20.36[b]	36.47[b]	14.83[b]	21.64[b]	1.85[a]
LW	55.35[c]	28.94[c]	18.16[c]	10.78[c]	26.41[bc]	11.89[bc]	14.52[bc]	1.15[b]

（三）不同土壤水分含量对蒙古栎幼树生物量分配的影响

不同土壤水分含量对蒙古栎幼树根冠生物量比有显著影响，经 Duncan 多重比较表明，CK 组与 MW 组和 LW 组与 MW 组之间根冠生物量比均存在显著差异，而 CK 组与 LW 组间根冠生物量比差异不显著。根冠生物量比表现为随土壤含水量降低而增加的变化趋势（表 2.34）；同时蒙古栎幼树的根冠生物量比为 MW 组>LW 组>CK 组。虽然蒙古栎幼树地上地下生物量均随土壤水分含量的降低而降低，但对各处理组幼树叶、根和茎分配比率影响是不同的。不同处理组蒙古栎幼树细根和枝条所占比率不随土壤水分变化而变化，幼树的主根和叶片所占比率随土壤水分变化而明显改变，其中 MW 组树木主根所占比率最高，其次是 LW 组和 CK 组；叶片所占比率最高的是 LW 组，CK 组和 MW 组叶片变化不明显。

（四）不同土壤含水量对蒙古栎幼树光合生理特征的影响

t 检验表明水分变化对蒙古栎幼树叶片气体交换特征具有显著影响（表 2.35），经过 Duncan 多重比较表明，不同水分胁迫处理叶片净光合速率（P_n）、气孔导度（G_s）、蒸腾速率（E）、水分利用率（WUE）、表观 CO_2 利用率（CO_2UE_{app}）和单叶碳利用率（$CUEL$）均有显著性差异，P_n、CO_2UE_{app}、$CUEL$ 和 $CUEPI$ 均随土壤水分含量的降低而减少，而叶片呼吸速率 R、G_s、E 表现出 MW 组>CK 组>LW 组，从而 MW 组叶片 WUE 最小。当 LW 组土壤水分含量进一步降低，蒙古栎叶片 WUE 达到最大，反映出蒙古栎树种的耐旱性。

表 2.35　水分胁迫对蒙古栎幼树气孔导度和蒸腾的影响

处理	净光合速率/[μmol/(m² · s)]	暗呼吸速率/[μmol/(m² · s)]	气孔导度/[μmol/(m² · s)]	蒸腾速率/[mmol/(m² · s)]	水分利用率/[mol/(m² · s)]	CO_2 利用率/[mol/(m² · s)]	单叶碳利用率	植株碳利用率
CK	5.144^a	1.227^b	0.071^b	1.644^b	1.691^b	0.693^a	5.831^a	4.243^a
MW	3.178^b	1.998^a	0.104^a	2.063^a	1.267^c	0.012^b	1.665^b	1.216^b
LW	2.355^c	1.802^a	0.053^c	1.165^c	2.353^a	0.009^c	1.224^{bc}	1.078^c

叶片是植物的重要组成部分，是植物进行光合作用最重要的场所。叶片数量变化及叶片的生长非常容易受到环境因子变化的影响（Jones，1985），并且很多植物在受到干旱胁迫时，最敏感的过程就是叶片的生长（Hsiao，1973；王淼等，2002），同时植物光合同化场所叶面积的减小，截取到的太阳辐射量降低，这都会成为 CO_2 同化作用的一个限制因子（Loomis et al.，1971）。在本项研究中，蒙古栎的叶片数、叶面积和单位叶面积干重对土壤水分含量变化具有非常敏感的响应。在低土壤含水量条件下，蒙古栎叶片生长受到水分胁迫的影响，叶面

积和叶片数显著减少，幼树树冠变窄，分枝角减小，降低叶片受光角度，避免植物叶片过多地消耗植物水分，并影响到植株的C同化作用，降低了植株生物量的积累（见表2.34）。土壤水分含量的降低使蒙古栎叶片旱生结构特征更明显（见表2.33）。它的变化有利于叶片水分蒸腾的降低，减少树木对土壤水分吸收的需要，这也是许多植物适应干旱环境生长的一种生态策略（Dickmann et al.，1992；Seiler et al.，1988；王传宽等，1994）。

蒙古栎幼树对不同强度土壤水分胁迫的响应具有明显差异，以及它们的生长和光合特征特性之间也存在显著的差异。但不同强度水分处理的幼树总是通过一定生理活动来协调适应水分胁迫。首先在不同处理植株光合速率的差异中可以看出，对于不同干旱处理的蒙古栎幼树净光合速率、气孔导度和蒸腾速率均存在显著差异。植物体受到水分胁迫，根系得不到充足的水分，影响光合功能，减少了CO_2交换，也伴随着光合作用的抑制（表2.35）（André et al.，1978）。这与前人的研究结果一致（孙存华，1999）。

光合作用与蒸腾作用之间的关系表示为光合作用的水分利用效率（*WUE*），不同土壤水分含量处理的蒙古栎幼树叶片水分利用率间存在明显的差异，LW组的叶片水分利用率比CK和LW组的水分利用率分别高39.1%和85.7%。蒙古栎幼树的水分利用率随水分胁迫的加重而增高。LW组的土壤水分含量明显降低了叶片气孔导度，抑制了净光合速率和蒸腾速率，从而提高了LW组的水分利用率，这在许多试验中有过报道。这是因为在一定水分范围内，气孔导度降低时，叶片内部扩散阻力对CO_2吸收的限制程度比蒸腾的限制程度小，提高了植物叶片的水分利用率。在试验的中等水分含量（MW）处理中，蒙古栎幼树叶片气孔导度最大，蒸腾速率也高，而其净光合速率明显低于CK组幼树，以致幼树水分利用率表现出在3个不同水分处理中最低，这与许多试验中的报道不同（Dickmann et al.，1992；Seiler et al.，1988；Smith，1992）。Kanemasu（1969）的试验表明，水分胁迫引起的光合速率下降与气孔关闭间关系不大。张喜英等（2000）研究农作物对土壤水分变化也发现植物只有在土壤水分含量低于一定水平时，气孔导度和蒸腾速率的变化才与光合速率表现一致，也反映出在土壤水分变化时，植物生长比气孔反应敏感性更高（Gowing et al.，1990）。另一方面，植物轻度缺水状态下，蒙古栎气孔运动和蒸腾速率还受根系吸收土壤水分的影响，MW组蒙古栎幼树具有高的根冠比，根吸收水分与地上失水面积比远高于其他两组处理，这可能是土壤水分轻度降低时蒙古栎幼树叶片气孔导度和蒸腾速率升高的原因。

表观CO_2利用率是叶片净光合速率与胞间CO_2浓度的比值，它表示叶片光合速率对植物胞间进行同化的CO_2浓度效率。在水分胁迫处理实验中，各处理组蒙古栎幼树叶片CO_2利用率之间存在显著差异（表2.35），蒙古栎幼树叶片表观CO_2利用率存在CK组>MW组>LW组。当叶片外部参考CO_2浓度不变时，各处理组幼树叶片净光合速率的提高，吸收大量胞间内的 CO_2，造成以上的结果。

考虑水分胁迫对植物生长的影响时，首先受到关注的是植物各部分之间干物质的产生和分配，即积累性的 CO_2 同化和同化产物的分配（Lange et al.，1976）。植物碳利用率和叶片碳利用率表示植物碳的收支情况，反映总光合产物的分配格局。在本研究中，3 种处理间植物碳利用率和叶片碳利用率变化趋势一致，即 CK 组＞MW 组＞LW 组（表 2.35），表明 CK 组没有被呼吸消耗了的同化碳（即 CO_2 收支的余量）用于植物干物质积累的量高于 MW 组和 LW 组，光合产物积累量从高到低的顺序为 CK 组＞MW 组＞LW 组。不同处理幼树生物量的实验结果格局证实了这一点（表 2.34），CK 组幼树总生物量分别高于 MW 组和 LW 组的苗木。

水分胁迫对蒙古栎幼树总生物量具有显著影响。在受到水分胁迫时，蒙古栎幼树叶、枝、根和总生物量的积累均受到抑制，并随着土壤水分含量的提高逐步解除苗木干旱胁迫。植物在有效的热力学状态中，如果有效水分太少，则干旱引起植物胁迫。缺水导致植物体细胞体积变小，影响植物的生长，同时引起植物体内代谢的改变，信息信号运送到树木的不同部位并引起特有的形态发生特性形成。蒙古栎幼树不同器官的生物量对不同强度水分胁迫反应不同，干旱胁迫对蒙古栎幼树地上、地下生物量均具有显著抑制作用（表 2.34）。在正常水分条件下，植物地上部分与地下部分生长比例基本相似（Huston et al.，1987），但在胁迫逆境条件下，植物生物量分配的改变，有助于树木适应环境的变化（Barker et al.，1996；Hollinger，1989；Hutchison et al.，1986；肖春汪等，2002）。Huston（1987）和 Tilman（1988）等学者研究认为，植物地下部分与地上部分生物量比率大小反映植物对环境因子需求和竞争能力，地下部分与地上部分生物量之比＞1，表明对光具有较强的需求和竞争能力，反之＜1，反映对养分的需求和竞争能力强。蒙古栎幼树的地下和地上生物资源投资分配在不同水分条件下存在很大差异。蒙古栎幼树资源分配对水分变化非常敏感，随着土壤水分含量的减少，它们的地下生物量增大，这反映出蒙古栎在资源投资分配上对水分变化具有很好的适应性。因为在水分充足条件下，CK 组蒙古栎幼树根冠生物量比＜1，蒙古栎幼树将光合产物相对多地分配到地上叶和枝的生长，以便提高幼树光合能力，满足植物本身消耗和生长的需要（Huston et al.，1987）。而在水分缺少时，MW 组和 LW 组蒙古栎幼树根冠生物量比＞1，幼树更多的资源分配到根生长，这样才能从土壤中获得更多的水分和营养物质，提高竞争生长能力。这种自相矛盾的行为可能是因为根的渗透调节能力胜过地上部分（Hsiao，1973）。另外，随着土壤含水量降低（LW 组），土壤水势下降，土壤板结，造成土壤机械强度增大，根生长阻力相应增大（Taylor et al.，1963），抑制幼树根的生长，LW 组幼树根冠比又表现出低于 MW 组的现象。

二、水分胁迫对长白山阔叶红松林主要树种生长及生物量分配的影响

水分胁迫是影响植物生长和发育的重要环境因子，也是限制植物在自然界分布和影响植物生产力的一个重要因素。世界上约有2/3的陆地生态系统处于水分胁迫与半水分胁迫状态，甚至有一些处于非常湿润的植物群落，如热带雨林，在一天之内也可能受到不同程度（如轻度甚至中度）的水分胁迫，而且往往每隔数年遭到一次严重的水分胁迫。

目前已有许多研究探索了在各个空间和时间尺度的生态系统对未来全球变暖所导致干旱化的响应问题。Woodward等（1995）和Prentice（1990）研究未来气候变化对整个生物圈的影响，其中，干旱对森林的影响无论从区域、景观还是全球尺度来看都是最重要的研究内容之一。长白山阔叶红松林作为中国北方高纬度典型森林生态系统，其对气候变化的响应非常敏感。随着未来全球变暖导致的干旱化，这里的森林生态系统分布格局和生产力必将受到很大影响。因此，通过人为控制土壤含水量来探讨该地区的主要树种对水分胁迫的响应和适应机制，这不仅为研究经典的气候—植被相互作用问题奠定一定的理论基础（Shugart，1990），还将有助于理解陆地生态系统对未来干旱化的响应及反馈机制。

生物量是植物获取能量能力的主要体现，对植物的发育和结构的形成具有十分重要的影响（宇万太等，2001）。在生长发育中，植物总要不断调整其生长和生物量的分配策略来适应环境变化。在土壤水分胁迫条件下，植物通过调整生物量分配将逆境伤害降低到最小来适应环境胁迫。

（一）水分胁迫对不同树种生长的影响

树木生长对土壤水分亏缺最为敏感，轻度的水分胁迫就会明显地抑制生长。由表2.36可见，土壤水分亏缺对红松、水曲柳、胡桃楸和椴树的生长均有一定程度的影响。随着胁迫程度加剧，各个树种的株高、地径也随之减小。中度水分胁迫（土壤含水量分别为田间持水量的65%～85%，MW）和重度水分胁迫（土壤含水量分别为田间持水量的45%～65%，LW）下4个树种的株高、地径和对照组（土壤含水量分别为田间持水量的85%～100%，CK）相比均有显著性差异（表2.36），但中度胁迫组和重度胁迫组之间无显著性差异，这表明了4个供试树种的株高和地径对水分亏缺程度的变化不是很敏感。

即使是轻度的水分胁迫，若持续时间很长，就会明显地抑制生长，常使单株叶面积比供水良好的树木减少很多倍（王万理，1987）。4个供试树种的单叶面积在土壤水分亏缺下的变化趋势基本相似，均因水分胁迫而下降，但下降幅度差异较大。在中度水分胁迫下，红松的单叶面积、单叶干重和叶片总数略有下降，

表 2.36　水分胁迫对不同树种生长的影响

树种	处理	株高/cm	地径/cm	单叶面积/cm^2	单叶干重/g	叶数	茎干重/g	根干重/g	根长/cm
红松	对照	73.34^{a}	1.33^{a}	17.53^{a}	0.08^{a}	472.33^{a}	8.84^{a}	14.09^{a}	31.11^{a}
	MW	60.03^{b}	1.20^{b}	14.07^{ab}	0.08^{ab}	503.00^{ab}	8.46^{b}	24.42^{b}	42.70^{b}
	LW	45.87^{bc}	1.18^{bc}	12.34^{bc}	0.06^{bc}	465.67^{bc}	4.00^{c}	12.15^{c}	37.09^{c}
水曲柳	对照	99.04^{a}	1.29^{a}	25.27^{a}	0.08^{a}	197.20^{ab}	19.94^{a}	49.85^{a}	61.20^{a}
	MW	78.20^{b}	1.20^{b}	19.71^{b}	0.07^{b}	182.20^{bc}	17.67^{b}	51.16^{b}	61.89^{b}
	LW	61.34^{bc}	1.14^{bc}	22.08^{bc}	0.13^{bc}	192.60^{ac}	7.40^{bc}	44.18^{bc}	49.22^{bc}
胡桃楸	对照	127.8^{a}	2.08^{a}	49.51^{a}	0.21^{a}	146.33^{ab}	29.72^{a}	118.87^{a}	73.67^{a}
	MW	78.53^{b}	1.14^{b}	38.18^{b}	0.13^{b}	148.00^{bc}	19.40^{b}	53.87^{b}	19.00^{b}
	LW	60.30^{bc}	1.10^{bc}	34.69^{bc}	0.12^{bc}	143.33^{ab}	17.54^{bc}	61.48^{ab}	10.83^{ab}
椴树	对照	112.77^{a}	2.03^{a}	51.45^{a}	0.28^{a}	132.67^{ab}	44.61^{a}	85.07^{a}	63.00^{a}
	MW	106.33^{b}	1.89^{b}	50.84^{b}	0.20^{b}	143.33^{bc}	27.60^{b}	51.07^{b}	48.90^{b}
	LW	74.27^{bc}	1.77^{bc}	41.12^{bc}	0.20^{bc}	122.33^{ac}	23.88^{bc}	43.26^{bc}	34.33^{bc}

注：* 显著差异采用 t 检验，不同字母者表示在 $\alpha=0.05$ 的水平上差异显著，MW 为中度水分胁迫，LW 为重度水分胁迫。

但与对照组相比差异不显著。在重度水分胁迫下和对照组相比则有显著差异，这表明土壤中度水分亏缺并不影响红松叶片的生长。土壤中度水分亏缺使水曲柳、胡桃楸和椴树的单叶面积和单叶干重显著下降，经 t 检验，3 个树种在中度和重度水分胁迫下的单叶面积、单叶干重与对照组相比均有显著差异，可见分胁迫严重影响了水曲柳、胡桃楸、椴树的叶片光合能力，使其干物质积累受阻，虽然叶片面积和叶片总数的降低能够减少蒸腾面积，是适应干旱的一种方式，但只能是一种生存的方式（韩蕊莲等，1991）。从表 2.36 可知，除红松的叶片总数在对照组和重度水分胁迫之间有显著差异外，其余 3 个树种均无显著性差异。这是由于在生长季末取样时，水曲柳、胡桃楸和椴树已有部分的叶片已经衰老脱落，测定的叶片总数比实际值要小。而红松的针叶抗寒性相对较强，脱落较少，因此叶片总数和实际值差异不大，只有红松的叶片总数和对照组相比有显著差异。在土壤水分胁迫下，根系吸收不到足够的水分，树木茎的生长也受到了影响。在土壤中度水分亏缺下，红松、水曲柳、胡桃楸和椴树的茎干重分别下降了 4.30%、11.38%、34.72%和 38.13%，平均降低幅度为 29.51%。在重度水分亏缺下，4 个供试树种的茎干重分别下降了 54.75%、12.74%、40.98%和 46.47%，平均降低幅度为 38.80%。

由表 2.36 可见，在土壤水分亏缺下的红松、水曲柳、胡桃楸和椴树与对照组相比，根干重和根长都存在显著差异。植物根系是土壤水分的直接吸收利用者，当受到水分胁迫时，植物根系首先感应并发出信号，使整个植株对水分胁迫作出反应，同时根系的形态结构和生物量也发生相应变化（朱维琴等，2002）。与对照组相比，在中度水分胁迫下，红松的根干重和根长分别增加了71.19%和12.78%，在重度水分胁迫下，根干重和根长分别增加了37.25%和19.22%，且两者之间存在显著差异。红松的根干重和根长的增加反映出红松对于水分亏缺具有很好的适应性。水曲柳在中度水分胁迫下根干重和根长分别比对照组增加了2.43%和1.13%，但在重度水分胁迫下却比对照组分别减少了2.56%和19.58%，而且它的根干重、根长仅在中度水分胁迫下和对照组有显著差异，在重度水分胁迫下和对照组之间无显著差异，这可能由于重度水分亏缺对水曲柳的影响太严重，光合作用所固定的碳过少妨碍了根的延伸和生长。与对照组相比，在土壤水分胁迫条件下胡桃楸和水曲柳的根长、根干重都呈减少趋势，由此可见，这两个树种均不适宜在水分亏缺的土壤中生长。

（二）长期水分胁迫不同树种对生物量分配的影响

1. 对不同树种地上生物量的影响

从图2.84可见，4个树种中除水曲柳的地上生物量在重度水分胁迫下比中度胁迫下略增加外，其余3个树种的地上生物量均随着水分胁迫的加剧而表现出下降的趋势。与对照组相比，地上生物量降低幅度最大的树种是椴树，平均为41.78%，最小的树种是红松，平均为19.22%。在土壤水分亏缺时，树木根系的水分和养分吸收受到影响，使各个器官的生长发育都受到限制。首先受到抑制的是细胞增大，光合面积减小，其次是细胞增殖，进而造成了植物生物量的减少（王淼等，2001）。在土壤水分胁迫条件下，树木通过减小茎、叶干重，使地上部分生物量减小从而避免有限水分在地上部分的消耗，以适应在水分胁迫环境下生存。

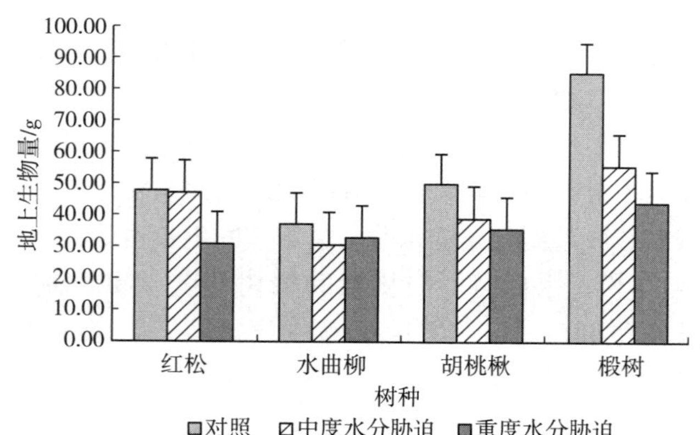

图2.84　水分胁迫对不同树种地上生物量影响

2. 对不同树种地下生物量的影响

根干重是分析根系生长最常用的指标之一，它可以反映根系生长和环境的关系（魏虹等，2002）。从图 2.85 可知，红松和水曲柳在中度水分胁迫下的地下生物量分别比对照组提高了 71.19%和 2.43%，表明，红松和水曲柳通过增加强大的根系来度过土壤干旱，对土壤中度水分亏缺表现出了一定的适应性。与对照组相比，在中等水分胁迫下胡桃楸和椴树的地下生物量都呈减小趋势，表明这两个树种对中度水分亏缺的适应性较差，与前面的研究结果相一致。在遭受土壤重度水分亏缺时，4 个供试树种的地下生物量与对照组相比都表现出下降趋势，这是由于在重度水分胁迫条件下，树木各个器官的生长都停止，干物质积累急剧减小，地下生物量也随之显著下降。

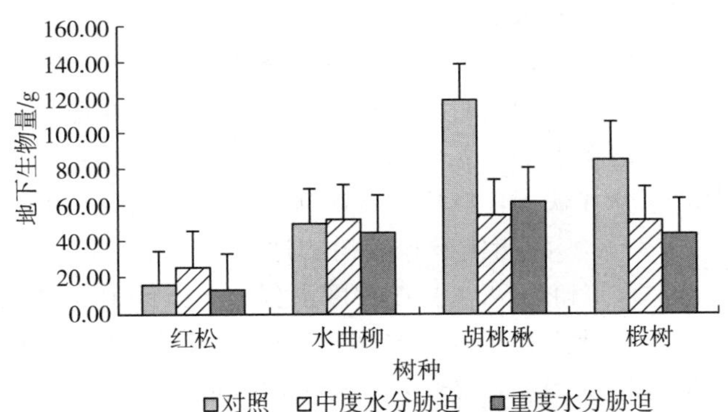

图 2.85　水分胁迫对不同树种地下生物量影响

3. 对不同树种总生物量的影响

与对照组相比，在土壤水分胁迫条件下的树木生长受到严重抑制，植株的总生物量明显小于对照组（图 2.86）。对 4 个供试树种在不同土壤水分胁迫条件下的生物量分析表明，不同树种对土壤水分胁迫的反应是不同的。除红松树种的总生物量比对照组提高了 15.46%外，其余 3 个树种的总生物量对土壤水分亏缺的反应趋势一致，即随着土壤水分亏缺程度的加剧，这 3 个树种的总生物量也随之

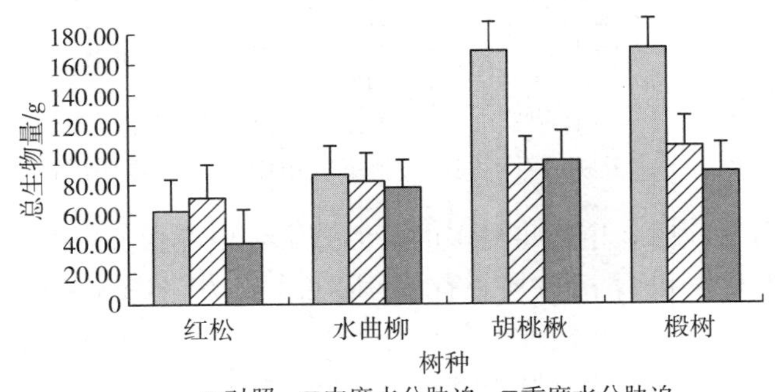

图 2.86　水分胁迫对不同树种总生物量的影响

减小。在土壤中度水分亏缺时，水曲柳、胡桃楸和椴树的总生物量分别比对照组下降了 5.91%、81.86%和 37.51%，平均下降了 41.76%。与对照组相比，在重度水分亏缺时，4 个供试树种的生物量均表现出下降趋势，降低幅度为 11.01%～48.84%，平均下降了 34.21%。降低幅度顺序为椴树＞胡桃楸＞红松＞水曲柳。这与孙存华的研究结果一致（孙存华，1999）。

在土壤水分胁迫条件下由于气孔关闭切断了外界的 CO_2 向叶绿体的供应以及叶肉细胞光合活性的下降导致了树木光合作用降低（Cline et al.，1976；Schlet et al.，1982；Young et al.，1980），光合产物的产生受阻，使树木的干物质积累也随之急剧减少。因此，在土壤水分重度亏缺时，红松、水曲柳、胡桃楸和椴树的总生物量均表现出下降趋势。

4. 对不同树种生物量分配的影响

生物量的分配比例在一定程度上能反映树木在受到水分胁迫时的生存对策，树木在地上部分生物量降低的同时，较多地提高根比重，即地下生物量，这有利于缓解树木在水分胁迫下水分、养分的供求矛盾（孙书存等，2000）。由图 2.87 可知，在土壤中度水分亏缺下，红松和水曲柳的地下（地上）生物量比对照组提高了 79.31%和 23.91%。而胡桃楸和椴树的地下生物量地上生物量分别却比对照组分别降低了 42.32%和 7.92%。在重度水分胁迫条件下，供试树种中只有红松的地下（地上）生物量比对照组提高了 27.5%，水曲柳、胡桃楸和椴树都呈下降趋势，降低幅度为 1.98%～26.97%，平均降低幅度为 17.86%。土壤重度水分亏缺对 3 个树种地下生物量/地上生物量影响顺序为胡桃楸＞水曲柳＞椴树。

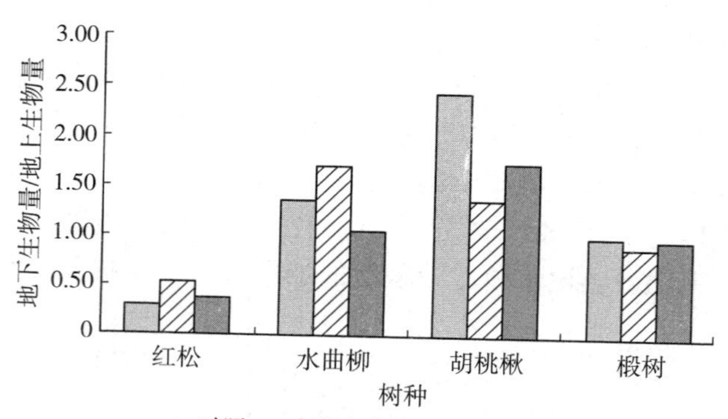

图 2.87　水分胁迫对不同树种地下生物量/地上生物量的影响

在土壤水分亏缺时，植物将更多的资源分配到根部生长，以适应在水分胁迫下吸收更多的水分和营养物质，提高其竞争能力（Givnish，1980；Hsiao，1993；Pearson，1966）。在两种水分胁迫条件下，红松的地下（地上）生物量值都呈增加趋势，这表明在水分胁迫条件下，红松将更多的生物量投资于地下，而减少了其地上部分的消耗，这有助于满足树木本身对养分、水分的强烈需求，生物量分配的这种改变可能是红松在水分亏缺时的重要生存对策之一。由于红松在中度水分胁迫下的地下（地上）生物量值比重度水分胁迫下的高，表明红松更适宜在中度水分亏缺的土壤中生长而对重度水分亏缺的适应性相对较差。水曲柳仅在土壤中度水分亏缺时的地下（地上）生物量比对照组增加，在重度水分胁迫下的比值比对照组降低，由此可见，水曲柳只对中度水分胁迫有一定的适应性。胡桃楸和椴树这两个树种在水分亏缺时地下（地上）生物量值均比对照组低。

第九节　森林水文研究存在的不足与建议

现代森林水文学以流域、小集水区和生态系统作为研究对象，并利用计算机、地理信息系统及卫星气象资料等各种先进的研究手段，对涉及的领域进行研究并取得了一定的成果。但有些领域一直缺乏普遍性规律和统一性理论，因而长期存在着争议和分歧。如森林对降水、年径流量的增减问题等。对森林的蒸散、林冠对降水的截留和重新分配等研究虽然提出了较为理想的计算方法和数学模型，但大多是建立在假设和观测统计的基础之上，尚未得到统一的理论认识。而这些问题既是森林水文生态功能评价的重要依据，又是流域治理、可持续发展等战略性研究的一个不可忽视的重要方面。森林水文学者对其进行深入研究并寻求新的增长点和前沿领域已不容怠慢。

1. 森林格局、水文学过程和尺度藕合研究

森林格局与水文学过程的关系是森林水文学研究的核心问题之一，水文学过程影响了森林格局，森林格局作用于水文学过程。若要正确理解森林格局与水文学过程的关系，就必须认识到其依赖于尺度的特点。无论是时空的尺度，还是结构和功能方面的尺度，森林格局、水文学过程都与其密切相关。因此寻求森林格局时应注意对水文学过程的理解，研究水文学过程时不应忽略森林格局的影响，而在研究二者关系时，则应考虑尺度效应。根据此观点，森林水文学者必须把研究结果与相应的尺度联系起来，否则这些结果将增加更多的争议和分歧观点。例如森林对降雨量的影响，在某一时间尺度或空间尺度，森林增加降水的干扰可被系统吸收，森林减少降水的干扰却非常显著，因而观测的结果是森林有减少降水之作用；而在另一时间或空间尺度，森林减少降水的干扰可被系统吸收，森林增加降水的干扰却非常显著，则观测结果是森林有增加降水之作用。可见，因尺度不同，而得出完全相反的结论。

2. 地域性研究

森林水文学的研究离不开森林与气候两个方面，而一定地域就有其特定的森林与气候特征。同时，就会有其特定的森林水文学过程。可见，森林水文学自产生以来就打下了地域性的烙印。因此，无论研究森林水文的单个环节，还是进行森林水文学整个过程的模拟时，模型中应有反映地域性的参数，否则所建的模型不仅不具有通用性，同时也因地域特征的变化而失真。计算森林蒸散时，由于地域性对热量和水分供应的限制，加之地域性森林植被、土壤及小气候等因素的影响，使之计算起来非常复杂。可以认为森林蒸散是反映地域性的综合森林水文特征。

3. 系统水分的输入与输出结构研究

森林对水文学过程的作用最终反映在系统水分输入与输出的结构上。系统水分的输入主要包括降水与地下水。降水的输入不仅给系统带来丰富的水资源，同时也给系统带来较为良好的养分条件，而地下水的输入会导致地下水位下降，地下水资源也就相应地受到威胁。因此，森林对系统水分输入方式的影响是森林水文生态效益进行评价的重要依据之一。被澳大利亚学者称之为"水泵"的按树林，尽管有良好的社会和经济效益，但因其消耗过多地下水资源而受到国内外众多学者的关注。系统水分的输出主要包括径流（地表径流和地下径流）和蒸散（蒸发和蒸腾）。防洪排涝效益要求系统尽量减少地表径流量，降低降雨期间的液态水输出，以达到减轻下游洪峰的目的，而随着水资源问题的出现，系统的产水量大小日益受到重视，产水量从定义上应该是从某一系统流出所有液态水量，除了地下径流、壤中流以外，当然也包括地表径流。由此可以看出，产水量与防洪排涝效益之间有矛盾性的一面；但是，由于构成系统产水量的主体是地下径流和壤中流，而地表径流的减少为地下径流和壤中流的增多创造了潜在可能性，因此，它们之间又是统一的。同时，产水量与森林蒸散紧密联系，研究系统水分输出结构有可能统一森林对径流量影响的分歧。

参考文献

白爱娟，刘晓东，2010. 华东地区近50年降水量的变化特征及其与旱涝灾害的关系分析［J］. 热带气象学报，26（2）：194－200.

北京林业大学，1982. 土壤科学［M］. 北京：中国林业出版社.

畅文治，邵明安，2002. 黄土高原土壤水分研究［M］. 北京：科学出版社.

陈高，代力民，周莉，2004. 受干扰长白山阔叶红松林林分组成及冠层结构特征［J］. 生态学杂志，23（5）：116－120.

陈军锋，裴铁瑶，陶向新，等，2000. 双坡不对称切割对暴雨径流过程的影响［J］. 应用生态学报，11（2）：210－214.

陈素英，张喜英，胡春胜，等，2002. 秸秆覆盖对夏玉米生长过程及水分利用的影响［J］. 干旱地区农业研究，20（4）：55－66.

陈振铎，1990. 土壤水分的理论与应用［M］. 台北：台湾编写与翻译研究所.

成俊卿，1985. 木材学［M］. 北京：中国林业出版社.

程伯容，许广山，丁桂芳，等，1981. 长白山北坡自然保护区主要土壤类群及其性质［J］.

森林生态系统研究，2：196－206.

程根伟，余晓新，赵玉涛，等，2003. 贡嘎山亚高山森林带蒸散特征模拟研究［J］. 北京林业大学学报，25（1）：23－27.

迟振文，张凤山，李晓晏，1981. 长白山北坡森林生态系统水热状况初探［J］. 森林生态系统研究，2：167－177.

崔启武，边履刚，王维华，等，1980. 林冠对降水的截留作用［J］. 林业科学.（2）：141－146.

党坤良，1995. 庆岭山霍地同森林区域不同森林土壤水分动态研究［J］. 西北林学院学报，10（1）：1－8.

邓孺孺，1997. 垂直土壤水分分布平衡状态分析［J］. 中山大学学报·自然科学版.36（2）：100－104.

刁一伟，裴铁璠，2004. 森林流域生态水文过程动力学机制与模拟研究进展［J］. 应用生态学报，15（12）：2369－2376.

刁一伟，王安志，金昌杰，等，2005. 用拉格朗日反演模型模拟长白山森林蒸散［J］. 北京林业大学学报，27（6）：29－35.

丁海国，郑吉和，王晓晶，2010. 吉林省长白山地区土地利用/土地覆盖遥感动态监测分析［J］. 防护林科技，（3）：30－32，70.

丁永建，秦大河，2009. 低温圈变化与全球变暖：中国的影响与挑战［J］. 中国基础科学，10（3）：4－10.

董树仁，郭景唐，满荣洲，1987. 华北油松人工林的透流、干流和林冠截留［J］. 北京林业大学学报，9（1）：58－68.

冯国章，李瑛，李佩成，2000. 河川径流年内分配不均匀性的量化研究［J］. 西北农业大学学报，28（3）：50－53.

冯国章，王双银，1995. 河流枯水流量特征研究［J］. 自然资源学报，10（2）：127－135.

高卫东，魏文寿，张丽旭，2005. 新疆西天山 1967—2000 年气候变化与季节积雪变化［J］. 冰川冻土，27（1）：68－73.

高西宁，陶向新，关德新，2002. 长白山阔叶红松林热量平衡和蒸散的研究［J］. 沈阳农业大学学报，33（5）：331－334.

高秀萍，张勇强，童兆平，等，2001. 覆盖秸秆对梨树几项水分生理指标的影响［J］. 山西农业科学，29（2）：59－61.

高照全，邹养军，王小伟，等，2004. 植物水分运转影响因子的研究进展［J］. 干旱地区农业研究，22（2）：200－204.

高志，余啸海，2004. Matlab 小波工具箱的原理及应用［M］. 北京：国防工业出版社.

龚道枝，康绍忠，张建华，等，2004. 苹果树蒸发蒸腾量的测定和计算［J］. 沈阳农业大学学报，35（5 6）：429－431.

关德新，吴家兵，金昌杰，等，2006. 长白山红松针阔混交林 CO_2 通量的日变化与季节变化［J］. 林业科学，42（10）：123－128.

关德新，吴家兵，王安志，等，2004. 长白山阔叶红松林生长季热量平衡变化特征［J］. 应用生态学报，15（10）：1828－1832.

关德新，吴家兵，于贵瑞，等，2004. 气象条件对长白山阔叶红松林 CO_2 通量的影响［J］.

中国科学：D辑地球科学，34（增刊Ⅱ）：103-108.
郭宝妮，张建军，王震，等，2012. 晋西黄土区刺槐和油松树干液流比较［J］. 中国水土保持科学，10（4）：73-79.
郭成香，何慧，黄莉，2002. 南宁市近百年来降水的波形分析［J］. 广西气象，23（1）：31-33.
郭凤台，迟艺侠，程冬娟，等，2006. 不同条件下土壤水分曲线的研究［J］. 南水北调与水利科技，4（2）：47-48.
郭景唐，刘自光，1988. 华北油松人工林树枝特征函致对干流量影响的研究［J］. 北京林业大学学报，10（4）：11-26.
韩蕊莲，梁宗锁，邹厚远，1991. 四个树种在干旱下的生理适应性研究［J］. 西北林学院学报，6（4）：23-27.
郝占庆，代力民，贺红士，2001. 东北长白山主要树种对气候变暖的潜在响应［J］. 应用生态学报，12（5）：653-658.
郝振纯，1994. 黄土地区入渗模型研究［J］. 水科学进展，5（3）：186-192.
何福红，黄明斌，党延辉，2002. 冲沟王洞沟流域土壤水分分布特征［J］. 水土保持通报，22（4）：6-9.
衡彤，王文圣，李拉丁，2002. 基于小波变换的组合随机模型及其在径流时间序列随机建模中的应用［J］. 水电能源科学，20（1）：15-17.
胡乃发，王安志，关德新，等，2010. 1959—2006 年长白山地区降水序列的多时间尺度分析［J］. 应用生态学报，21（3）：549-556.
胡兴波，韩磊，张东，等，2010. 黄土半干旱区白榆和侧柏夜间液流动态分析［J］. 中国水土保持科学，8（4）：51-56.
虎胆·吐马尔拜，1996. 非饱和土壤水分运动参数分析［J］. 新疆大学学报，13（3）：80-85.
虎胆·吐马尔拜，1998. 秸秆条带状覆盖条件下土壤水分运动实验研究及数值计算［J］. 水利学报，17（8）：72-76.
黄伟，杨志刚，丁志宏，2008. 基于 EMD 的官厅水库自然年径流量变化的多时间尺度分析［J］. 水资源与水工程学报，19（1）：49-52.
黄锡荃，1993. 水文学［M］. 北京：高等教育出版社.
贾志清，宋桂萍，李清河，等，1997. 宁南山区典型流域土壤水分动态变化规律研究［J］. 北京林业大学学报，19（3）：15-20.
姜娜，邵明安，雷廷武，等，2005. 黄土高原六道沟小流域坡面土壤入渗特性的空间变异研究［J］. 水土保持学报，19（1）：14-17.
蒋晓辉，刘昌明，黄强，2003. 黄河中上游径流变化的多时空及成因分析［J］. 自然资源学报，18（2）：142-147.
金昌杰，关德新，朱廷曜，2000. 长白山阔叶红松林太阳辐射的光谱特征［J］. 应用生态学报，11（1）：19-21.
靳英华，吴正方，2003. 长白山森林植被生态气候研究［J］. 山地学报，21（1）：68-72.
雷俊，方之芳，2008. 青海地区常规气象观测积雪变化趋势比较研究［J］. 高原气象，27（1）：58-67.
雷志栋，胡和平，杨诗秀，1999. 土壤水分研究综述［J］. 水科学进展，10（3）：312-318.

雷志栋，杨诗秀，谢森传，1988. 土壤水分动态［M］. 北京：清华大学出版社.
李成华，马成林，1996. 地面覆盖材料的光谱透射率及其对土壤温度的影响［J］. 农业工程学报，12（4）：165-168.
李栋梁，王春学，2011. 积雪及其对中国气候影响的研究进展［J］. 大气科学学报，34（5）：627-636.
李海涛，陈灵芝，1998. 应用热脉冲技术对棘皮桦和五角枫树干液流的研究［J］. 北京林业大学学报，20（1）：1-6.
李辉东，关德新，王安志，等，2013. 长白山阔叶红松林冬季雪面蒸发特征［J］. 应用生态学报，24（4）：1039-1046.
李金中，裴铁璠，李晓晏，等，1998. 森林集水区土壤饱和入渗系数和有效孔隙度模型［J］. 应用生态学报，9（6）：597-602.
李金中，裴铁瑶，牛丽华，等，1999. 森林集水区坡面流场模拟与模型研究［J］. 林业科学，35（4）：2-8.
李军，俞建宁，徐铁峰，2006. 基于小波变换的故障诊断信号非平稳性分析［J］. 系统工程与电子技术，28（7）：1109-1111.
李开元，李玉山，邵明安，1991. 土壤的保墒性能与土壤水分有效性综述［J］. 西北水土保持研究所集刊，（1）：94-104.
李培基，1988. 上个世纪的冰层波动［J］. 冰川冻土，10（2）：105-116.
李培基，1996. 西藏积雪对全球变暖的响应［J］. 地理学报，51（3）：260-265.
李培基，1999. 西北地区积雪水资源的变化［J］. 中国科学·D辑，29（增刊.1）：63-69.
李培基，2001. 新疆积雪对气候变化的响应［J］. 气象学报，59（4）：491-501.
李培基，米德生，1983. 中国积雪分布［J］. 冰川冻土，5（4）：9-18.
李思恩，康绍忠，朱治林，等，2008. 基于涡协方差技术的地表蒸散量测量研究进展［J］. 中国农业科学，41（9）：2720-2726.
李卫东，李保国，石元春，1999. 区域农田土壤结构剖面的随机模拟模型［J］. 土壤学报，36（3）：289-301.
李伟莉，金昌杰，王安志，等，2007. 长白山主要类型森林土壤大孔隙数量与垂直分布规律［J］. 应用生态学报，18（10）：2179-2184.
李小刚，1994. 影响土壤水分特征曲线的因素［J］. 甘肃农业大学学报，29（3）：273-278.
李新举，张志国，李永昌，1999. 秸秆覆盖对盐渍土水分状况影响的模拟研究［J］. 土壤通报，30（4）：176-177.
李兴燕，丁志宏，2008. 汾河涨落特征的EMD多时间尺度分析方法［J］. 水电能源科学，26（1）：30-32.
李永华，刘德，向波，2003. 重庆市最高气温和高温日数变化的小波分析［J］. 气象科学，23（3）：325-331.
李永涛，王文科，梁煦枫，等，2006. 用砂漏法测量水特性曲线［J］. 地下水，28（5）：53-54.
林茂森，关德新，金昌杰，等，2012. 枯落物覆盖对阔叶红松林土壤蒸发的影响［J］. 生态学杂志，31（10）：2501-2506.
刘春利，邵明安，张兴昌，等，2005. 神木水蚀风蚀交错带退耕坡地土壤水分空间变异性研究［J］．水土保持学报，19（1）：132－135.

刘发民，张应华，仵彦卿，等，2002. 黑河流域沙漠梭梭灌木下土壤水分状况［J］．干旱区研究，19（1）：27－31.

刘奉觉，Edwards WRN，郑世锴，等，1993. 杨树树干液流时空动态研究［J］．林业科学研究，6（4）：368－372.

刘广全，1991. 森林土壤水分变化、吸附特性及水分平衡研究进展［J］．陕西林业科技，（4）：70－72.

刘海亮，蔡体久，闫丽，等，2011. 不同类型红松原始林对降雪融雪过程的影响［J］．水土保持学报，24（6）：24－27.

刘和平，刘树华，朱廷曜，等，1997. 森林冠层空气动力学参数的确定［J］．北京大学学报（自然科学版），33（4）：522－528.

刘家冈，1987. 林冠对降雨的截留过程［J］．北京林业大学学报，9（2）：140－144.

刘家冈，1990. 红松阔叶林凋落物层延迟地表径流一维模型［J］．应用生态学报，1（2）：107－113.

刘家冈，万国良，张学培，等，2000. 林冠对降雨截留的半理论模型［J］．林业科学，36（2）：2－5.

刘建立，徐绍辉，刘慧，2004. 利用土壤数据估算土壤持水特性的研究进展［J］．水利学报，（2）：68－76.

刘建梅，裴铁璠，2003. 水文标度研究进展［J］．应用生态学报，14（12）：2305－2310.

刘建梅，王安志，裴铁璠，等，2005. 基于小波分析的扎古瑙河水流趋势及周期变化［J］．北京林业大学学报，27（4）：49－55.

刘奎建，孙晋炜，2008. 基于 EMD 的密云水库年径流多时间尺度分析［J］．北京水务，（1）：4－6.

刘树华，陈荷生，1993. 近表层湍流通量间接计算方法的比较［J］．刘家琼编，中国科学院兰州沙漠研究所沙坡涛沙漠实验研究站年度报告［M］．1991—1992. 兰州：甘肃科技出版社，139－154.

刘颖，韩士杰，林鹿，2009. 长白山四种森林类型凋落物动态特征［J］．生态学杂志，28（1）：7－11.

刘允芬，宋霞，刘琪，等，2003. 亚热带红壤丘陵区非均匀地表能量通量的初步研究［J］．江西科学，21（3）：183－188.

吕殿青，邵明安，2004. 非饱和土水力参数的模型及确定方法［J］．应用生态学报，15（1）：163－166.

马虹，胡汝骥，1995. 积雪对冻土热态的影响［J］．干旱区地理，18（4）：23－27.

马丽娟，秦大河，卞林根，等，2010. 青藏高原积雪脆弱性评价［J］．气候变化研究进展，6（5）：325－331.

马履一，1997. 我国土壤水分参数的研究［J］．世界林业研究，（5）：26－31.

马履一，王华田，2002. 油松边材液流时空变化及其影响因子研究［J］．北京林业大学学报，24（3）：23－27.

马钦彦，马剑芳，康峰峰，等，2005. 山西太岳山油松林木边材心材导水功能研究［J］．北京林业大学学报，(增刊2)：156-159.
马雪华，1993. 森林水文［M］. 北京：中国林业出版社，141-164.
毛学森，曾江海，2000. 硬覆盖对土壤水热传输及作物生长发育影响的试验研究［J］. 生态学杂志，19（2）：68-71.
么枕生，丁裕国，1990. 气候统计学［M］. 北京：气象出版社.
孟春雷，石建辉，2007. 土壤蒸发研究及对旱灾防治的意义［J］. 防灾科技学院学报，(1)：83-84.
孟毅，蔡焕杰，王健，等，2005. 麦秆覆盖对夏玉米的生长及水分利用的影响［J］. 西北农林科技大学学报（自然科学版），33（6）：131-135.
缪驰远，汪亚锋，郑袁志，2007. 嫩江、哈尔滨夏季降水特征的小波分析［J］. 生态与农村环境学报，23（4）：29-32.
聂立水，李吉跃，翟洪波，2002. 油松、栓皮栎树干液流速率比较［J］. 生态学报，38（5）：31-37.
牛云，张宏斌，刘贤德，等，2002. 祁连山主要植被土壤水分时空动态特征［J］. 山地学报，20（6）：723-726.
潘紫文，刘强，佟得海，2002. 黑龙江省东部山区主要森林类型土壤透水率研究［J］. 东北林业大学学报，30（5）：24-26.
裴铁璠，范世香，韩绍文，等，1993. 林冠分配降雨过程的模拟实验分析［J］. 应用生态学报，4（3）：250-255.
裴铁璠，李金中，1998. 内流模型研究的现状及存在的问题［J］. 应用生态学报，9（5）：543-548.
裴铁璠，刘家冈，韩绍文，等，1990. 树干径流模型［J］. 应用生态学报，1（4）：294-300.
裴铁璠，孙纪政，卢风勇，等，1981. 森林土壤入渗系数的数学模型［J］. 森林生态系统Ⅱ：187-195.
秦耀东，2003. 土壤物理学［M］. 北京：高等教育出版社.
冉启文，2001. 小波变换和分数傅立叶变换的理论和应用［M］. 哈尔滨：哈尔滨理工大学出版社.
邵爱军，彭建萍，1997. 覆盖条件下田间土壤水分运动的数值模拟［J］. 武汉水利电力大学学报，30（3）：15-19.
邵明安，王全九，Robert H，2000. 估算非饱和土水力特性的简易入渗法Ⅱ. 试验结果［J］. 土壤学报，37（2）：217-224.
邵明安，王全九，Robert H，2000. 估算非饱和土水力特性的一种简易入渗方法Ⅰ. 理论分析［J］. 土壤学报，37（1）：1-8.
邵明安，王全九，黄明斌，2006. 土壤物理［M］. 北京：高等教育出版社.
沈冰，李怀恩，沈晋，1994. 降雨有效糙度的实验研究：地面径流过程. 水利学报，(10)：61-68.
施嘉炀，1995. 水资源综合利用［M］. 北京：中国水利电力出版社.
施婷婷，关德新，吴家兵，等，2006. 用涡动相关技术观测长白山阔叶红松林蒸散特征［J］. 北京林业大学学报，28（6）：1-8.
石辉，陈凤琴，刘世荣，2005. 岷江上游森林土壤大孔隙特征及其对出水的影响［J］. 生态学报，25（3）：507－512.

宋霞，于贵瑞，刘允芬，等，2004. 开路与闭路涡度相关系统通量观测比较研究［J］. 中国科学：D辑地球科学，34（增刊Ⅱ）：67－76.

隋红建，曾德超，1990. 地面覆盖应用与研究的现状及发展方向［J］. 农业工程学报，6（4）：26－34.

孙存华，1999. 模拟干旱诱导对藜属植物抗旱性的影响［J］. 应用生态学报，10（1）：16－18.

孙迪，关德新，袁凤辉，等，2010. 辽西农林复合系统中杨树水分耗散规律［J］. 北京林业大学学报，32（4）：114－120.

孙迪，夏静芳，关德新，等，2010. 长白山阔叶红松林不同深度土壤水分特征曲线［J］. 应用生态学报，21（6）：1405－1409.

孙慧珍，孙龙，王传宽，等，2005. 东北东部山区主要树种树干液流研究［J］. 林业科学，41（3）：36－42.

孙龙，王传宽，杨国亭，等，2007. 应用热扩散技术对红松人工林树干液流通量的研究［J］. 林业科学，43（11）：8－14.

孙书存，陈灵芝，2000. 辽东栎幼苗对干旱和去叶的生态反应的初步研究［J］. 生态学报，20（5）：893－897.

孙菽芬，1988. 降雨条件下土壤入渗规律研究［J］. 土壤学报，25（2）：33－40.

汤奇成，李秀云，1982. 径流年内分配不均匀系数的计算和讨论［J］. 自然资源，（3）：59－65.

汤有光，郭轶锋，吴宏伟，等，2004. 考虑地表径流与地下渗流耦合的斜坡降雨入渗研究［J］. 岩土力学，25（9）：1347－1352.

唐海行，苏逸深，张和平，1989. 潜水蒸散率的试验研究及其经验公式的改进［J］. 水利学报，（10）：37－44.

田大伦，陈书军，2005. 樟树人工林土壤水文物理特性分析［J］. 中南林学院学报，25（2）：1－6.

万洪涛，万庆，周成虎，2000. 水文模型的发展［J］. 地球信息科学，（4）：46－50.

王安志，刁一伟，裴铁璠，等，2007. 阔叶树截留降雨试验与模型——以色木槭为例［J］. 林业科学，43（1）：15－20.

王安志，刘建梅，关德新，等，2003. 长白山阔叶红松林显热和潜热通量测算的对比研究［J］. 林业科学，39（6）：21－25.

王安志，刘建梅，裴铁璠，等，2005. 云杉截留降雨实验与模型［J］. 北京林业大学学报，27（2）：30－35.

王安志，裴铁璠，2001. 森林蒸散测算方法研究进展与展望. 应用生态学报，12（6）：933－937.

王安志，裴铁璠，2002. 长白山阔叶红松林蒸散量的测算［J］. 应用生态学报，13（12）：1547－1550.

王安志，裴铁璠，2003. 森林蒸散模式参数的确定［J］. 应用生态学报，14（12）：2153－2156.

王传宽，周晓峰，赵惠勋，1994. 蒙古橡树林生态系统——中国森林生态系统的长期研究［M］. 哈尔滨：东北林业大学出版社，801－812.

王改玲，郝明德，李仲谨，2003. 不同覆盖物和蒸发抑制剂对土壤蒸发影响的研究初报［J］. 水土保持研究，10（1）：133－136.

王根绪，钱鞠，程国栋，2001. 生态水文学的现状与展望［J］. 地球科学进展（3）：6－11.

王华田，马履一，孙鹏森，2002. 油松、侧柏深秋边材木质部液流变化规律的研究［J］. 林业科学，38（5）：31－37.

王会肖，刘昌明，1997. 农田蒸散、土壤蒸发与水分有效利用［J］. 地理学报，52（5）：447－454.

王慧，王谦谦，2002. 淮河流域降水异常与大气环流特征［J］. 气象科学，22（2）：149－158.

王纪军，2009. 长白山地区近 50 年气候变化及其预测［D］. 沈阳：中国科学院应用生态学研究所.

王纪军，关德新，金昌杰，等，2011. 长白山地区生长季降水不均匀性特征［J］. 生态学杂志，30（1）：131－137.

王健，蔡焕杰，刘红英，2002. 利用 Penman-Monteith 法和蒸发皿法计算农田蒸散量的研究［J］. 干旱地区农业研究，20（4）：67－71.

王力，卫三平，吴发启，2009. 黄土丘陵沟壑区土壤热与植被生长响应——以杨沟流域为例［J］. 生态学报，29（12）：6578－6588.

王丽学，李宝筏，刘洪禄，2002. 农田覆盖技术及相关理论的发展现状与展望［J］. 中国农村水利水电，1（4）：33－35.

王孟本，柴宝峰，李洪建，等，1999. 黄土地区人工林土壤持水能力与土壤有效水的关系［J］. 林业科学，35（2）：7－14.

王淼，白淑菊，陶大立，等，1995. 气温升高对长白山森林年轮生长的影响［J］. 应用生态学报，6（2）：128－132.

王淼，代力民，韩士杰，等，2000. CO_2 浓度升高对长白山松阔叶林优势树种生长的影响［J］. 应用生态学报，11（5）：675－679.

王淼，代力民，姬兰柱，2002. 长白山松阔叶林土壤水分状况对优势树种某些生态生理指标的影响［J］. 生态学杂志，21（1）：1－525.

王淼，李秋荣，代力民，等，2001. 长白山阔叶红松林主要树种对干旱胁迫的生态反应及生物量分配的初步研究［J］. 应用生态学报，12（4）：496－500.

王淼，李秋荣，郝占庆，等，2004. 土壤水分变化对长白山主要树种蒙古栎幼树生长的影响［J］. 应用生态学报，15（10）：1765－1770.

王宁练，姚檀栋，2001. 20 世纪全球变暖的证据——地球科学的进步［J］. 地球科学进展，16（1）：98－105.

王万理，1987. 植物对水分的胁迫反应. 植物生理学专题讲座［M］. 北京：科学出版社，357－369.

王渭玲，徐福利，李学俊，等，2001. 渭北旱塬不同覆盖措施的土壤水分分布特征［J］. 西北农业学报，10（3）：56－58.

王文杰，孙 伟，丘岭，等，2012. 不同时间尺度下兴安落叶松树干液流密度与环境因子的关系［J］. 林业科学，48（1）：77－85.

王文圣，丁晶，李跃清，2005. 水文小波分析［M］. 北京：化学工业出版社.

王夏晖，王益权，Kuznetsov MS，2000. 黄土高原几种主要土壤物理性质的研究［J］. 水土保持学报，14（4）：99－103.

王旭，尹光彩，周国逸，等，2005. 鼎湖山针阔混交林旱季能量平衡研究［J］. 热带亚热带植物学报，l3（3）：205-210.
王勇，丁圆圆，刘峰贵，2006. 西宁近48年气温变化的多时空分析［J］. 国土与自然资源研究，（1）：46-48.
王战，徐振邦，李昕，等，1980. 长白山北坡主要森林类型及其群落结构特点［J］. 森林生态系统研究，（1）：25-42.
韦采妙，孔国辉，林植芳，1997. CO_2 浓度升高对亚热带树苗叶片水分状况的影响［J］. 应用生态学报，8（1）：12-16.
魏虹，林魁，李凤民，等，2002. 有限灌溉对半干旱区春小麦根系发育的影响［J］. 植物生态学报，24（1）：106-110.
魏晓华，周晓峰，1989. 3种阔叶次生林的茎流研究［J］. 生态学报，9（4）：526-52.
吴传余，蔡正中，王树萱，2001. 皖西丘陵区土壤蒸发规律研究［J］. 安徽水利科技，（增刊）：11-12.
吴芳，陈云明，于占辉，2010. 黄土高原半干旱去刺槐生长盛期树干液流动态［J］. 植物生态学报，34（4）：469-476.
吴刚，梁秀英，张旭东，等，1999. 长白山红松阔叶林部分树种的高度生态位［J］. 应用生态学报，10（3）：262-264.
吴家兵，关德新，代力民，等，2002. 长白山阔叶红松林夏季温度特征［J］. 生态学杂志，21（5）：14-17.
吴文强，李吉跃，张志明，等，2002. 北京西山人工林土壤水分特征研究［J］. 北京林业大学学报，24（4）：51-55.
向师友，邢晋文，等，1987. 华北油松人工林的透流、干流和林冠裁留［J］. 北京林业大学学报，（l）：58-67.
肖春汪，周广胜，马风云，2002. 毛乌素沙地供水变化对优势植物形态和生长的影响［J］. 植物生态学报，26（1）：69-76.
肖冬梅，王淼，姬兰柱，2004. 水分胁迫对长白山阔叶红松林主要树种生长及生物量分配的影响［J］. 生态学杂志，23（5）：93-97.
肖清华，张旺生，张伟，等，2008. 祁连山更新世以来不同冰期雪线和气候变化研究［J］. 干旱区研究，25（3）：426-432.
徐世大，朱绍荣，雷万清，1990. 实用水文学［M］. 台北：华东股份有限公司.
徐振邦，李昕，戴洪才，1985. 长白山阔叶红松林生物量及生产研究［J］. 森林生态系统研究，5：33-34.
许月卿，李双成，蔡运龙，2004. 基于小波分析的河北平原降水变化研究［J］. 中国科学D辑：地球科学，34（12）：1176-1183.
延晓冬，赵士洞，于振良，2000. 中国东北森林生长演替模型及其在全球变化研究中的应用［J］. 植物生态学报，24（1）：1-8.
闫俊华，1999. 森林水文研究的进展（综述）［J］. 热带亚热带植物学报，7（4）：347-356.
闫俊华，周国逸，黄忠良，2000，鼎湖山亚热带季风常绿阔叶林蒸散研究［J］. 林业科学，37（1）：37-45.

杨澄，刘建军，杨武，1998. 乔山森林土壤水物理性质［J］. 陕西林业科技，(1)：24-27.
杨大庆，张寅生，1992. 乌鲁木齐河流域山区雪面升华测量结果［J］. 冰川冻土，14 (2)：122-128.
杨福生，2000. 小波变换及其在工程分析中的应用［M］. 北京：科学出版社.
杨弘，李忠，裴铁璠，等，2007. 长白山北坡阔叶红松林和暗针叶林的土壤水分物理性质［J］. 应用生态学报，18 (2)：272-276.
杨弘，裴铁璠，2005. 森林流域非饱和土壤水与饱和土壤水转化研究进展［J］. 应用生态学报，16 (9)：1773-1779.
杨弘，裴铁璠，关德新，等，2006. 长白山阔叶红松林土壤水分动态研究［J］. 应用生态学报，17 (4)：587-591.
叶仲节，柴锡周，1980. 浙江林业［M］. 杭州：浙江科技出版社.
尹光彩，周国逸，唐旭利，等，2003. 鼎湖山三种不同演替阶段森林类型土壤蓄水量［J］. 吉首大学学报·自然科学版，24 (3)：62-68.
于静洁，刘昌明，1988. 输水曲线拟合与单产、产水量变化（实验与计算分析［J］. 北京：科学出版社.
于萌萌，张新建，袁凤辉，等，2014. 长白山阔叶红松林三种树种树干液流特征及其与环境因子的关系［J］. 生态学杂志，33 (7)：1707-1714.
于小舟，袁凤辉，王安志，等，2010. 积雪对长白山阔叶红松林土壤温度的影响［J］. 应用生态学报，21 (12)：3015-3020.
于占辉，陈云明，杜盛，2009. 黄土高原半干旱区人工林刺槐展叶期树干液流动态分析［J］. 林业科学，45 (4)：53-59.
余新晓，陈丽华，1990. 模拟降雨条件下的入渗研究［J］. 水土保持学报，3 (4)：15-22.
宇万太，于永强，2001. 植物地下生物量研究进展［J］. 应用生态学报，12 (6)：927-932.
袁志发，周静芋，2003. 多元统计分析［M］. 北京：科学出版社.
原作强，李步杭，白雪娇，等，2010. 长白山阔叶红松林凋落物组成及其季节动态［J］. 应用生态学报，21 (9)：2171-2178.
曾杰，郭景唐，于占成，1996. 太岳林区油松人工林土壤水分动态研究［J］. 北京林业大学学报，18 (2)：31-36.
展小云，于贵瑞，盛文萍，等，2012. 中国东部南北样带森林优势植物叶片的水分利用效率和氮素利用效率［J］. 应用生态学报，23 (3)：587-594.
张大维，邢怡，党安志，2007. 黑龙江槭树属植物导管分子解剖学研究［J］. 植物研究，27 (4)：408-411.
张凤山，迟振文，李晓晏，1980. 长白山地区气候分析与初步评价［J］. 森林生态系统研究，Ⅰ：193-204.
张凤山，李晓晏，1984. 长白山北坡主要森林类型生长季的一些热水特征［J］. 森林生态系统研究，Ⅳ：243-251.
张光灿，刘霞，赵玫，2000. 林冠截留降雨模型研究进展及其述评［J］. 南京林业大学学报，24 (1)：64-68.
张寒松，韩士杰，李玉文，等，2007. 用树轮宽度资料重建长白山地区240年来降水的时间变化［J］. 生态学杂志，26（12）：1924－1929.
张劲松，孟平，孙惠民，等，2006. 毛乌素沙地樟子松蒸腾变化规律及其与微气象因子的关系［J］. 林业科学研究，19（1）：45－50.
张录军，钱永甫，2004. 长江流域汛期降水集中程度和洪涝关系研究［J］. 地球物理学报，47（4）：622－630.
张弥，关德新，韩士杰，等，2005. 长白山阔叶红松林近22年气候动态［J］. 生态学杂志，24（9）：1007－1012.
张培文，刘德富，宋玉普，2003. 多孔介质浅层水流数学模型［J］. 长江科学院院报，20（3）：13－16.
张强，孙向阳，黄利江，等，2004. 茂武基土土壤水分特性曲线及过滤能力研究［J］. 林业科学研究，17（Suppl.）：9－14.
张书函，康绍忠，蔡焕杰，等，1998. 自然降雨作用下边坡水转化的动力学模型［J］. 水利学报，（4）：55－62.
张伟，闫敏华，陈泮勤，等，2007. 吉林省农作物生长季降水资源的时空分布特征［J］. 中国农业气象，28（4）：359－363.
张喜英，裴冬，由懋正，2000. 冬小麦、玉米、高粱和谷子四种作物叶片水势、光合作用和气孔导度对土壤水分变化的响应［J］. 植物生态学报，24（3）：280－283.
张小由，龚家栋，周茂先，等，2003. 应用热脉冲技术对胡杨和柽柳树干液流的研究［J］. 冰川冻土，25（5）：585－590.
张晓明，余新晓，张学培，等，2006. 晋西黄土地区主要造林树种单株耗水量研究［J］. 林业科学，42（9）：17－22.
张新时，周广胜，高琼，等，1997. 中国全球变化与陆地生态系统研究［J］. 地学前缘，4（2）：137－144.
张学权，2003. 森林水分研究综述［J］. 西昌农业高等专科学校学报. 17（1）：81－84.
张允，赵景波，2008. 西安市近55年降水的多时间尺度分析［J］. 中国农业气象，29（4）：406－410.
张志强，王礼先，余新晓，2000. 渗透林坡上陆路水流的有效系数［J］. 林业科学，36（5）：22－27.
赵鸿雁，吴钦孝，刘向东，等，1992. 森林枯枝落叶层抑制土壤蒸发的研究［J］. 西北林学院学报，2（7）：14－20.
赵惠勋，1986. 树干径流及生态意义［J］. 东北林业大学学报，14（林学增刊）：9－14.
赵晓松，关德新，吴家兵，等，2005. 长白山阔叶红松林通量观测的 footprint 及源区分布［J］. 北京林业大学学报，27（3）：17－23.
郑金萍，郭忠玲，徐程扬，等，2011. 长白山北坡主要森林群落凋落物现存量月动态［J］. 生态学报，31（15）：4299－4307.
郑景明，姜凤岐，曾德慧，等，2004. 长白山阔叶红松林的生态价位［J］. 生态学报，24（1）：48－54.
郑侃，金昌杰，王安志，等，2008. 森林流域坡面流与壤中流耦合模型的构建与应用［J］. 应用生态学报，19（5）：936－941.

郑昱，张闻胜，1999. 小波变换在水文序列周期检测中的应用［J］. 水文，(6)：22－25.

中野秀章著（李云森译），1975. 森林水文学［M］. 北京：中国林业出版社.

周宝佳，周宏飞，代琼，2009. 准噶尔盆地沙漠和绿洲积雪蒸发的试验研究［J］. 冰川冻土，31（5）：843－849.

周广胜，王玉辉，蒋延玲，2002. 全球变化与中国东北样带（NECT）［J］. 地学前缘，9（1）：198－216.

周宏飞，2009. 中国古尔班通古特沙漠积雪蒸发与凝结的试验研究［D］. 石河子：石河子大学.

朱岗昆，2000. 自然表面蒸发的理论与应用［M］. 北京：气象出版社.

朱首军，1999. 渭北旱塬地土壤水分特征曲线的测定与分析［J］. 西北林学院学报，14（4）：23－26.

朱首军，丁艳芳，薛泰谦，2000. 农林复合系统土壤水分时空稳定性研究［J］. 水土保持研究，(7)：46－48.

朱维琴，吴良欢，陶勤南，2002. 作物根系对干旱胁迫逆境的适应性研究进展［J］. 土壤与环境，11（4）：430－433.

朱秀珍，崔远来，李远华，等，2002. 豫东平原潜水蒸散率试验研究［J］. 中国农村水利水电，(3)：1－2.

朱玉祥，丁一汇，2007. 青藏高原积雪对气候和气候的影响：进展与问题［J］. 气象科技，35（1）：1－8.

朱自玺，赵国强，邓天宏，等，2000. 覆盖麦田的小气候特征［J］. 应用气象学报，11（6）：112－118.

Alves PA, Pereira LS, 1998. Aerodynamic and surface resistances of complete cover crops: how good is the "big leaf" [J]. Tranc ASAE, 41 (2): 345－351.

Amarakoon D, Chen A, Mclean P, 2000. Estimating daytime latent heat flux and evapotranspiration in Jamaica [J]. Agric For Meteorol., 102: 113－124.

Andrew WW, SenLin Z, Rodger BG, et al., 2004. Spatial correlation of soil moisture in small catchments and its relationship to dominant spatial hydrological process [J]. J Hydrol, 286: 113－134.

André M, Massimino D, Daguenet A, 1978. Daily patterns under the life cycle of a maize crop I. Photosynthesis, transpiration, respiration [J]. Phsiol Plant, 43: 397－403.

Ankeny MD, Kaspar TC, Horton R, 1990. Characterization of tillage and traffic effects on unconfined infiltration measurements [J]. Soil Science Society of America Journal, 54: 837－840.

Anthonia PM, Lawb BE, Unsworth MH, 1999. Carbon and water vapor exchange of an open-canopied ponderosa pine ecosystem [J]. Agricultural and Forest Meteorology, 95 (3): 151－168.

Arshad MA, Lowery B, Grossman B, 1996. Physical tests for monitoring soil quality [J]. Soil Science Society of America Journal, 49: 123－141.

Arya LM, Leii FJ, van Genuchten MTH, et al., 1999. Scaling parameter to predict the soil water characteristic from particle-Size distribution data [J]. *Soil Sci Soc Am J*, 63: 510－519.

Arya LM, Paris JF, 1981. A physicoempirical model to predict the soil moisture characteristic from particle-size, distribution and bulk, density data [J] . *Soil & Soc Am J*, 45: 1023 - 1030.

Asdak C, Jarvis PG, Gardinger PV, 1998. Modelling rainfall interception in unlogged and logged forest areas of central Kalimantan, Indonesia [J] . Hydrology and Earth System Sciences, 2 (2 - 3): 211 - 220.

Baldocchi D, Falge E, Gu L, et al. , 2001. FLUXNET: A new tool to study the temporal and spatial variability of ecosystem-scale carbon dioxide, water vapor, and energy flux densities [J]. Bulletin of the American Meteorological Society, 82: 2415 - 2434.

Bardossy A, Disse M, 1993. Fuzzy rule-based models for inmtration [J] . Water Resour Res, 29 (2): 373 - 382.

Barker MG & Booth WE, 1996. Vertical profiles in a Brunei rain forest Ⅱ. Leaf characteristics of Dryobalanops lanceolata [J] . J Trop For Sci, 9: 52 - 66.

Barnett TP, Adam JC, Lettenmaier DP, 2005. Potential impacts of a warming climate on water availability in snow-dominated regions [J] . Nature, 438: 303 - 309.

Barnett TP, Dumenil L, Schlese U, et al. , 1988. The effect of eurasian snow cover on global climate [J] . Science, 239: 504 - 507.

BDu J, Brooks ES, Campbell CR, et al. , 1998. Progress toward development of a GIS based water quality management tool for small rural watersheds: Modification and application of a distributed model. Presented at the American Society of Agricultural Engineers, Annual International Meeting in Orhndo [J] . Florida. 12 - 16.

Berbigier P, Bonnefond JM, Mellmann P, 2001. CO_2 and watervapour fluxes for two years above Euro flux forest site [J] . Agricultural and Forest Meteorology, 108 (3): 183 - 197.

Besbes M, de Marsily G, 1984. From infiltration to recharge: Use of a parametric transfer function [J] . J Hydrol. 74: 271 - 293.

Beven K, 1982. On subsurface stormflow: Prediction with simpie kinematic theory for saturated and unsaturated flows [J] . Water Resour Res, 18 (6): 1627 - 1633.

Beven K. Gerltnn PF, 1982. Macropores and water flow in soils [J] . Water Resour Res. 18: 1311 - 1325.

BIake GJ, 1975. The interception process. In: Chapman TG. Dunin FX. Eds. Prediction in Cachment Hydrology [M] . Netley: Australia A. cademy of Sciences. 59 - 81.

Bodhinayake W, Si BC, Noborio K, 2004. Determination of hydraulic properties in sloping landscapes from tension and double-ring infiltrometers [J] . Vadose Zone Journal, 3: 964 - 970.

Boix-Fayos C, Calvo-Cases A, Imeson AC, et al. , 2001. Influence of soil properties on the aggregation of some Mediterranean soils and the use of aggregate size and stability as land degradation indicators [J] . Catena, 44: 47 - 67.

Bond JJ, Willis WO, 1969. Soil water evaporation: Surface residue rate and placement effects [J] . Soil Science Society of America Journal, 33: 445 - 448.

Bonell M, 1998. Selected challenges in runoff generation research in forests from the hilslope to headwater drainage basin scale [J] . J Ameri water Resource, 34 (4): 765 - 785.

Boone A, Mognard N, Decharme B, et al. , 2006. The impact of simulated soil temperatures on the estimation of snow depth over Siberia from SSM/I compared to a multi-model climatology [J] . Remote Sensing of Environment, 101: 482 - 494.

Bosch JM, Hewhtt JD, 1982. A review of catchment experiments to determine the effect of vegetation changes on water yield and evapotransporation. J Hydol. 55: 3 - 23.

Bouldin JD, Freeland RS, Yoder RE, et al. , 1997. Nonintrusive mapping of preferential water flow paths in west Tennessee using ground penetrating radar [M] . Nashville: Proceedings of the Seventh TN Water Resources Symposium: 24 - 29.

Bouma J, 1981. Soil morphology and preferential flow along macropores [J] . Agricultural Water Management, 3: 235 - 250.

Bouma J, Wösten JHM, 1984. Characterizing ponded infiltration in a dry cracked clay soil [J]. Journal of Hydrology, 69: 297 - 304.

Bowman WD, 1992. Inputs and storage of nitrogen in winter snowpack in an alpine ecosystem [J] . Arctic and Alpine Research, 24: 211 - 215.

Bradshaw GA, Thomas SA, 1992. Characterizing canopy gap structure in forest using wavelet analysis [J] . Journal of Ecology, 80: 205 - 215.

Brewer E, Dagan G, 1983. Unsaturated flow in spatially variable field 2. Application of water models to various [J] . Water Resour Res, 19 (2): 421 - 428.

Brooks RH, Corey AT, 1964. Hydraulic properties of porous media [J] . Hydrology, 3: 27 - 40.

Brosofske KD, Chen J, Crow TR, et al. , 1999. Vegetation responses to landscape structure at multiple scales across a Norhern Wisconsin, USA, pine barrens landscape [J] . Plant Ecology, 143: 203 - 218.

Brown RD, Hughes MG, Robinson DA, 1995. Characterizing the long-term variability of snow cover extent over the interior of North America [J] . Annuals of Glaciology, 21: 45 - 50.

Brutsaert W, 1968. The initial phase of the rising hydrograph of turbulent fresorface flow with unsteady hteral inflow [J] . Water Resour R. , 4 (6): 1189 - 1192.

Burdine NT, 1953. Relative permeability calculations from pore distribution data [J] . Trans AIME, 198: 71 - 77.

Calder IR, 1996. Dependence of rainfall interception on drop size 1. Development of the two-layer stochastic model [J] . J Hydrol, 185: 363 - 378.

Calder LR, 1986. A stochastic model of rainfall interception [J] . Journal of Hydrology, 89: 65 - 71.

Camillo PJ, Gurney RJ, SchmuggeTJ, 1983. A soil and atmospheric boundary-layer model for evapotranspiration and soil, moisture studies [J] . Water Resource R. , 19 (2): 371 - 380.

Campbell GS, Norman JM, 1998. An Introduction to Environment Biophysics. New York: Springer Science Business Media, Inc. Cermak J, Kucera J, Nadezhdina N, 2004. Sap flow measurements with some thermodynamic methods, flow integration within trees and scaling up from sample trees to entire forest stands [J] . Trees, 18: 529 - 546.

Campe UGS, 1974. A simple method for determining unsaturated hydraulic conductivity from moisture retention data [J] . Soil Sci. 117: 311 - 314.

Canton Y, Sole-Benet A, Domingo F, 2004. Temporal and spatial patterns of soil moisture in semiarid badlands of SESpain [J] . J Hydrol, 285: 199 - 214.

Caro R, Eagleson PS, 1981. Estimating aquifer recharge due to rainfall [J] . J Hydrol, 53: 185 - 211.

Celia MA, Bouloutas ET, Zarba RL, 1990. A general mass-conservative numerical solution for the unsaturated flow equation [J] . Water Resources Research, 26: 1483 - 1496.

Chapin FS, Jefferies RL, Reynolds JF, et al., 1992. Arctic plant physiological ecology in an ecosystem context. In: Arctic Ecosystems in a Changing Climate: An Ecophysiolosical Perspective [M] . San Diego: Academic Press. 441 - 452.

Charles KC（程正兴翻译），1997. 小波简介 [M] . 西安：西安交通大学出版社 .

Chen NN, Guan DX, Jin CJ, et al., 2011. Influences of snow event on energy balance over temperate meadow in dormant season based on eddy covariance measurements [J] . Journal of Hydrology, 399: 100 - 107.

Chin DA, 1999. Water Resources Engineering [M] . New Jersey, USA: Prentice Hall.

Chu ST, 1994. Green-Ampt analysis of wetting patterns for surface emitters [J] . JIrrig Drain Eng ASCE, 119 (3): 443 - 456.

Cline D, 1995. Snow surface energy exchanges and snowmelt at a continental alpine site [J]. International Association for Hydrological Sciences, 228: 157 - 166.

Cline RG, Campell GS, 1976. Seasonal and diurnal water relations of selected forest species [J]. Ecology, 57: 367 - 373.

Clothier BE, White I, 1981. Measurement of sorptivity and soil water diffusivity in the filed. Soil Science Society of America Journal, 1981, opores. Ⅰ. An experimental approach [J] . Journal of Soil Science, 32: 1 - 13.

Cooper DI, Eichinger WE, Kao J, et al., 2000. Spatial and temporal properties of water vapor and latent energy flux over a riparian canopy [J] . Agric For Meteorol, 105: 161 - 183

CORRSIN S, 1974. Limitations of gradient transport models in random walks and in turbulence [J] . Adv Geophys, 18A: 25 - 60.

Coulibaly P, Burn DH, 2004. Wavelet analysis of variability in annual Canadian streamflows [J] . Water Resources Research, 40: W 03105.

Crave A, Gascuel-Odux C, 1997. The influence of topography on the time and space distribution of soil surface water content [J] . Hydrol Process, 11: 203 - 210.

Dagan G, Bresler E, 1983. Unsaturated flow in spatially variable field 1. Derivation of models infiltration and redistribution [J] . Water Resour Res, 19 (2): 413 - 420.

Dale MP, Causton DR, 1992. The ecophysiology of Veronica chamaedary, V. Montana and V. officinalis. The interaction of irradiance and water regime [J] . J. Ecol., 80: 493 - 504.

Dale MRT, Mah M, 1998. The use of wavelets for spatial pattern analysis in ecology [J]. Journal of Vegetation Science, 9: 805 - 814.

Daley MJ, Phillips NG, 2006. Interspecific variation in nighttime transpiration and stomatal conductance in a mixed New England deciduous forest [J] . Tree Physiology, 26: 411 - 419.

Daubechies I.（李建平，杨万年翻译），2004. 十个勒图雷森小波［M］. 北京：国防工业出版社.

Deardorff JW，1978. Closure of second and third moment rate equations for diffusion in homogeneous turbulence［J］. Phys Fluids，21：525－530.

Delfs J，1967. Interception and stemflow in stands of Noway spruce and beech in West Germany. In：W. E. Sopper and H. W. Lull（eds），International Symposium on Forest Hydrology［M］. Pergman Press，Oxford，179－185.

Denmead OT，1995. Novel meteorological methods for measuring trace gas fluxes［J］. Philos Trans R Soc，351（Ser. A）：383－396.

Denmead OT，Raupach MR，1993. Methods for measuring atmospheric gas transport in agricultural and forest systems Harperla，Moslera R，Duxbury JM，et al.，Agricultural ecosystem effects on trace gases and global climate change：55［M］. Madison，Wisconsin：American Society of Agronomy Special Publication，19－43.

Dickmann DI，Liu Z，Nguyen P，et al.，1992. Photosynthesis，water relations and growth of two hybrid populus genotypes during a severe drought［J］. Can J For Res，22（8）：1094－1106.

Divie IA，Durocher MG，1997. A model to consider the spatial variability of rainfall partitioning within deciduous canopy 2. Model parameterization and testing［J］. Hydrol Proc. 11：1525－1540.

Divie TJA，Durocher MG，1997. A model to consider the spatial variality of rainfall partitioning within deciduous canopy 1［J］. Model description Hydrol. 11：1509－1523.

Do F，Rocheteau A，2002. Influence of natural temperature gradients on measurements of xylem sap flow with thermal dissipation probes. 1. Field observations and possible remedies［J］. Tree Physiology，22：641－648.

Dyer AJ，Hick BB，1970. Flux-profile relationships in the constant flux layer［J］. Quart J Roy Meteor Soc，96：715－721.

Esmaiel M，Gail EB，1993. Comparison of Bowenratio-energy balance and the water balance methods for the measurement of evapotranspiration［J］. J Hydrol，146：209－220.

Fallot JM，Barry RG，Hoogstrate D，1997. Variations in mean cold season temperature，precipitation and snow depths during the last 100 years in the former Soviet Union（FSU）［J］. Hydrological Science，42：301－327.

Feddes RA，Brealer E，Neulllarl SP，1974. Field test of a modified numerical model for water uptake by root system［J］. Water Resour R，10（6）：1199－1206.

Finch JW，1998. Estimating direct groundwater recharge using a simple water balance model-sensitivity to land surface parameters［J］. J Hydro1，211：112－125.

Flagel WA，Smith RE，1999. Integrated process studies and modeling simulations of hillslope hydrology and interflow dynamics using the HILLS mode1［J］. Environ Model Softvare. 14：153－160.

Fredrik L，Anders L，2002. Transpiration response to soil moisture in pine and spruce trees in Sweden［J］. Agricultural and Forest Meteorology，112：67－85.

Frei A, Robinson DA, 1999. Northern Hemisphere snow extent: Regional variability 1972 - 1994 [J] . International Journal of Climatology, 19: 1535 - 1560.

Fu CB, 1994. An aridity trend in China in association with global warming. In: Zepp RG ed. Climate-Biosphere Interaction: Biogenic Emission and Environment Effects of Climate Change [M] . New York: John Wiley and Sons, Inc. 1 - 17.

Gardner WR, Hillel D, Benyamini Y, 1970. Post irrigation movement of soil water. I. Redistribution [J] . Water Resources Research, 6: 851 - 861.

Gash JHC, 1979. An analytical model of rainfall interception by forests [J] . Quarterly Journal of the Royal Meteorological Society, 105: 43 - 55.

Gash JHC, Lloyd CR, Lachaud G, 1995. Estimating sparse forest rainfall interception with an analytical model [J] . Journal of Hydrology, 170: 79 - 86.

Gash JHC, Morton AJ, 1978. An application of the Rutter model to estimation of the interception loss from the ford forest [J] . JHydrol, 38: 49 - 58.

Gee GW, Wicrenga PJ, Andraski BJ, et al., 1994. Variations in water balance and recharge potential at three western desert sites [J] . Soil & Sci Am J. 58: 63 - 72.

George M, 1978. Interception, Stemflow and throughfall in an Eucalyptus hybrid plantation [J]. Indian Forestor, 104 (11): 719 - 726.

Givnish TJ, 1980. Adaptation to sun and shade: a whole-plant perspective [J]. Ann. Rev. Ecol. Syst., 11: 233 - 260.

Gong XY, Chen Q, Lin S, et al., 2011. Tradeoffs between nitrogen and water use efficiency in dominant species of the semiarid stepper of Inner Mongolia [J] . Plant and Soil, 340: 227 - 238.

Goulden ML, Wofsy SC, Harden JW, et al., 1998. Sensitivity of boreal forest carbon balance to soil thaw [J] . Science, 279: 214 - 217.

Govindaru RS, Jones SE, Kawas ML, 1988. On the diffusion wave modelling for overland flow 1. Solution for steep lopes [J] . Water ReSour R, 24 (5): 734 - 744.

Gowing DJ, Davies WJ, Johes HG, 1990. A positive root-sourced signal as an "indicator" of soil drying in apple, Malus× dornestica Borkh [J] . J Plant Physiol, 11: 341 - 350.

Grabherr G, Gottfried M, Pauli H, 1994. Climate effect on mountain plants [J] . Nature, 369: 448 - 450.

Granier A, 1985. A new method for measure sap flow [J] . Annals of Forest Science, 42: 193 - 200.

Granier A, 1987. Evaluation of transpiration in a Douglas-fir stand by means of sap flow measurement [J] . Tree Physiology, 3: 309 - 320.

Granier A, Anfodillo T, Sabatti M, et al., 1994. Axial and radial water flow in the trunks of oak trees: A quantitative and qualitative analysis [J] . Tree Physiology, 14: 1383 - 1396.

Granier A, Huc R, Barigah ST, 1996. Transpiration of natural forest and its dependence on climatic factors [J] . Agricultural and Forest Meteorology, 78: 18 - 29.

Grayson RB, Western AW, 1998. Towards areal estimation of soil water content from point measurements: Time and space stability of mean response [J] . J Hydrol, 207: 68 - 82.

Grigorjev VY, 1ritz L, 1991. Dynamic simulation model of veical infiltration of water in soil [J]. J Hydrol, 36 (2): 171-179.

Grime JP, Campbell BD, Mackey JML, et al., 1991. Root plasticity, nitrogen capture and competitive ability. In: Atkinson A, ed. Plant Root Growth: an Ecological Perspective [M]. Oxford: Blakwell Scientific Press, 381-397.

Groffman PM, Driscoll CT, Fahey TJ, et al., 2001. Colder soils in a warmer world: A snow manipulation study in a northern hardwood forest ecosystem [J]. Biogeochemistry, 56: 135-150.

Groisman PY, Karl TR, Knight RW, 1994. Observed impact of sown cover on the heat balance and the rise of continental spring temperatures [J]. Science, 263: 198-200.

Hameed T, Mario MA, 1993. Transfer function modeling of evaportranspiration modeling ASCE [M]. Proc Conj on Mgmt of Irrig and Drain Systems: Integrated Perspectives. NewYork: ASCE, 40-47.

Hansen EA, 1979. Water and mineral nutrient transfer between root systems of juvenile populus [J]. Dickson RE For Sci, 25 (2): 247-252.

Harbaugh AW, Banta ER, Hill MC, et al., 2007. MODFLOW 2000, the U. S. Geological Survey Modular Ground water Model User Guide to Modularization Concepts and the Ground Water Flow Process [C] [EB/OL]. (2000-07-20). http://water. usgs. gov/nrp/gwsoft ware/modflow 2000/modflow 2000. html.

Harper KA, Macdonald SE, 2001. Structure and composition of riparian boreal forest: New methods for analyzing edge influence [J]. Ecology, 82: 649-659.

Heijmans MMPD, Arpwj, Chapines, 2004. Carbon dioxide and watervapour exchange from understory species in boreal forest [J]. Agricultural and Forest Meteorology, 123 (3/4): 135-147.

Helvey JD, Patric JM, 1965. Canopy and litter interception of rainfall by hardwoods of eastern United States [J]. Water Resour Res, 1: 193-206.

Hilkl D, 1971. Soil and Water Physical Principles and Processes [M]. New York: Academic Press.

Hillel D, 1975. Simulation of evaporation from bare soil under steady and diurnally fluctuating evaporativity [J]. Soil Science Society of America Journal, 120: 230-237.

Hollinger DY, 1989. Canopy organization and foliage photosynthetic capacity in a broad-leaved evergreen montane forest [J]. Funct Ecol, 3: 53-62.

Holton HN, 1961. A concept of infiltration estimates in watershed engineering [M]. ARS 41-51. U. S. Department of Agricultural Service Washington. DC.

Hood E, Williams M, Cline D, 1999. Sublimation from a seasonal snowpack at a continental, mid-latitude alpine site [J]. Hydrological Processes, 13: 1781-1797.

Horton RE, 1919. Rainfall interception [J]. Monthly Weather Review, 47: 603-623.

Horton RI, 1983. The interpretation and application of runoff plot experiments with reference to soil erosion problems [J]. Soil Sci Soc Am Proc, 3: 340-349.

Hsiao TC, 1973. Plant responses to water stress [J]. Ann Rev Plant Physiol, 24: 519-570.

Hsiao TC, 1993. Effect of drought and elevated CO_2 on plant water use efficiency and productivity. In:

Jackson MB, eds. Interaction Stresses on Plants in A Changing Climate [M]. NATO ASI Series 1: Global Environmental Change Volume 16. Berlin: Springer-Verlag, 43 - 465.

Hughes MG, Robinson DA, 1996. Historical snow cover variability in the Great Plains Region of the USA: 1910 through to 1993 [J] . International Journal of Climatology, 16: 1005 - 1018.

Hurley DG, Pantelis G, 1985. Unsaturated and saturated flow through a thin porous layer on a hillslope [J] . WaterRes, 21 (6): 821 - 824.

Huston MA, Smith TM, 1987. Plant succession: Life history and competition [J] . Amer Naturalist, 130 (2): 168 - 198.

Hutchison BA, Matt DR, McMillen RT, et al. , 1986. The architecture of a deciduous forest canopy in eastern Tennessee, U. S. A [J] . J Ecol, 74: 635 - 646.

Hydraulic and Electric Engineering Bureau of Liaoning Province, 1988. The Water Resources of Liao River Catchment [M] . Shenyang: Hydraulic and Engineering Bureau of Liaoning Province.

Indelman P, 1995. Flow in heterogeneous media displaying a linear trend in the log conductivity [J] . Water Resour Res, 21 (5): 1257 - 1265.

IPCC, 1991. Climate Change 1991: The Science of Climate Change [M] . Cambridge: Cambridge University Press.

IPCC, 1994. Climate Change 1994: Radioactive Forcing of Climate Change Inter governmental Panel on Climate Change [M] . London: Cambridge University Press.

IPCC, 1997. Climate Change 1997: The Science of Climate Change [M] . Cambridge: Cambridge University Press.

IPCC, 2001. Climate Change 2001: The Science of Climate Change [M] . Cambridge: Cambridge University Press.

Jaekson IJ, 1975. Relationship between rainfall parameter and interception by tropical plant forest [J] . J. Hydrol. , 24: 215 - 238.

Janauer GA, 2000. Ecohydro1ogy: Fusing concepts and scales [J] . Ecol eng, 16: 9 - 16.

Janssona PE, Cienciala AE, Grelleb A, et al. , 1999. Simulated evapotranspiration from the *Norunda* forest stand during the growing season of a dry year [J] . Agricultural and Forest Meteorology, 98 99: 621 - 628.

Jary WA, 1991. Soil Physics. 5th Ed. New York: John Wiley, Karlen DL, Stott DE, 1994. A framework for evaluating physical and chemical indicators of soil quality [J] . Soil Science Society of America Journal, 35: 53 - 72.

Jastrow JD, Miller RM, 1993. Neighbor influences on root morphology and mycorrhizal fungus colonization in tallgrass prairie plants [J] . Ecology, 72 (2): 561 - 569.

Jean PP, Patrick M, Peter B, et al. , 1992. An application of the vegetation-atmosphere coupling concept to the HAPEX-MOBILHY eperiment [J] . Agric For Meteorol, 61: 253 - 279.

Ji SN, Paul W, 2001. Soil water accumulation under different precipitation, potential evaporation, and straw mulch conditions [J] . Soil Science Society of America Journal, 65: 442 - 448.

Jinquan W, Renduo Z, Jinzhong Y, 1997. Estimating infiltration recharge using a response function model [J] . J Hydrol, 198: 124 - 139.

Jones M, 1985. Modular demography and form in silver birch. In: White J ed. Studied on Plant Demography [M]: A Festschrift for John L. Harper. London: Academic Press. 223 - 237.

Jury MR, Melice JL, 2000. Analysis of Durban rainfall and Nile River flow 1871 - 1999 [J]. Theoretical and Applied Climatology, 67: 161 - 169.

Jury W, Horton R, 2004. Soil Physics [M] . 6th ed. New York: John Wiley&Sonsinc.

Kailas SV, Narasimha R, 2000. Quasicycles in monsoon rainfall by wavelet analysis [J]. Current Science, 78: 592 - 595.

Kaimal JC, Finnigan JJ, 1994. Atmospheric Boundary Layer Flows: Their Structure and Measurement [M] . New York: Oxford University Press. 289.

Kanemasu ET, Thurtell GW, 1969. The design, calibration and field use of a stomatal diffusion porometer [J] . Plant Physiol, 44: 881 - 885.

Kaser G, 1982. Measurement of evaporation from snow [J] . Theoretical and Applied Climatology, 30: 333 - 340.

Kattelmann R, Elder K, 1991. Hydrologic characteristics and water balance of an alpine basin in the Sierra Nevada [J] . Water Resources Research, 27: 1553 - 1562.

Katul GG, Albertson JD, 1999. Modeling CO_2 source, sink and fluxes within a forest canopy. J Geophys Res, 104: 6081 - 6091.

Katul GG, Leunng R, Kim J, et al., 2001. Estimating momentum and CO_2 source sink distribution within a rice canopy using higher order closure models [J] . Boundary Layer Meteorol, 98 (1): 103 - 105.

Kibler DF, Wolhiser DA, 1970. The Kinematic Cascade as A Hydrologic Model [M]. Hydrology Paper 39. Colorado: Colorado State University.

Knowles JF, Blanken PD, Williams MW, et al., 2012. Energy and surface moisture seasonally limit evaporation and sublimation from snow-free alpine tundra [J] . Agricultural and Forest Meteorology, 157: 106 - 115.

Koivusalo H, Kokkonen T, 2002. Snow processes in a forest clearing and in a coniferous forest [J] . Journal of Hydrology, 262: 145 - 164.

Kondo J, Watanabe T, Kuwagata T, 1992. Studies on the bulk transfer coefficients over a vegetated surface with a multilayer energy budget model [J] . J Atmos Sci. 49: 2183 - 2199.

Korner CH, 1992. Shifting dominance within a montane vegetation community: Results of a climate warming experiment [J] . Science, 27: 876 - 880.

Kostiakov AN, 1932. On the dynamics of the coefficients of water percolation in soils [J] . In Sixth Commision, International Society of Soil Science. Part A: 15 - 21.

Kosugi K, 1996. Lognormal distribution model for unsaturated soil hydraulic properties [J]. Water Resources Research, 32: 2697 - 2703.

Kstner B, Biron P, Siegwolf R, et al., 1996. Estimates of water vapour flux and canopy conductance of Scots pine at the tree level utilizing different xylem sap flow method [J]. Theoretical and Applied Climatology, 53: 105 - 113.

Lai CT, Gabriel K, David E, et al., 2000. Modeling vegetation atmosphere CO_2 exchange by a coupled Eulerian Lagrangian approach [J]. Boundary Layer Meteorol, 95: 91-122.

Lee R, 1980. Forest Hydrology [M]. Columbia University Press, New York, 124-125.

Leij FJ, Russell WB, Leseh SM, 1997. Closed-form expresions for water retention and conductivity data [J]. Ground Water, 35 (5): 848-858.

Leuning R, 2000. Estimation of scalar source sink distributions in plant canopies using Lagrangian dispersion analysis: corrections for atmospheric stability and comparison with a multilayer canopy model [J]. Boundary Layer Meteorol, 96: 293-314.

Leuning R, Denmead OT, Miyata A, et al., 2000. Source sink distributions of heat, water-vapour, carbon dioxide and methane in a rice canopy estimated using Lagrangian dispersion analysis [J]. Agricultural and Forest Meteorology, 104: 233-249.

Levine ER, Knox RG, 1997. Modeling soil temperature and snow dynamics in northern forests [J]. Journal of Geophysical Research, 102: 29407-29416.

Li YY, Shao MA, 2006. Change of soil physical properties under long-term natural vegetation restoration in the Loess Plateau of China [J]. Journal of Arid Environments, 64: 77-96.

Lindroth A, Iritz Z, 1993. Surface energy budget dynamics of short-rotation willow forest [J]. Theor Appl Climatol, 47: 175-185.

Ling F, Zhang T, 1975. A numerical model for surface energy balance and thermal regime of the active layer and permafrost containing unfrozen water. Cold Regions Science Linsley RK, Kohler MA, Paulhus JLH. Hydrology for Engineers [M]. 2nd edition. New York: McGraw Hil1, 482.

Liu HP, Liu SH, Zhu TY, et al., 1997. Determination of aerodynamic parameters of Changbai Mountain forest [J]. Acta Scientiarum Naturalium Universitatis Pekinensis, 33 (4): 522-528.

Liu JG, 1988. A theoretical model of the process of rainfall interception in forest canopy [J]. Ecological Modelling, 42: 111-123.

Liu S, 1992. Predictive models of forest canopy interception [J]. Sci Silvate Sin. 28: 445-449.

Liu SG, 1997. A new model for the prediction of rainfall interception in forest canopies [J]. Ecological Modelling, 99: 151-159.

Lundberg A, Calder I, Harding R, 1998. Evaporation of intercepted snow: Measurement and modelling [J]. Journal of Hydrology, 206: 151-163.

Lundberg A, Halldin S, 2001. Snow measurement techniques for land-surface-atmosphere exchange studies in boreal landscapes [J]. Theoretical and Applied Climatology, 70: 215-230.

Luxmoore RJ, Jardine PM, W ilson GV, et al., 1990. Physical and chemical controls of preferred path flow through a forested hillslope [J]. Geoderma, 46: 139-154.

Mahrer Y, Naot O, Rawitz E, et al., 1984. Temperature and moisture regimes in soil mulched with transparent polyethylene [J]. Soil Science Society of America Journal, 48: 362-367.

Majid NM, Hamzab MB and Ahmad S, 1979. Rainfall interception, throughfall and stemflow in a secondary forest [J]. Pertanika, 2 (2): 152-154.

Malek E, 1993. Comparison of the bowen-ratio energy balance and stability-corrected aerodynamic

methods for measurement of evapotranspiration [J] . Theor Appl Climatol, 48: 167 - 178.
Mallat SG, 1989. A theory for multi resolution signal decomposition: The wavelet representation [J] . IEEE Transactions Pattern Analysis and Machine Intelligence, 117: 674 - 693.
Mandelbrot BB, 1983. The Fractal Geometry of Nature [J] . San Francisco: W H Freeman
Marks D, Dozier J, 1992. Climate and energy exchange at the snow surface in the alpine region of the Sierra Nevada [J] . Water Resources Research, 28: 3043 - 3054.
Masman WJ, 1980. Water storage on forest foliage-A general model [J] . Water Resour R, 16: 210 - 216.
Massma WJ, Lee XH, 2002. Eddy covariance flux corrections and uncertainties in long-term studies of carbon and energy exchanges [J] . Agricultural and Forest Meteorology, 113 (1 - 4): 121 - 144.
Massman WJ, 1983. The derivation and validation of a new model for the interception of rainfall by forests [J] . Agricultural and Forest Meteorology, 28: 261 - 286.
Mc Kay DC, Thurtell GW, 1978. Measurements of the energy fluxes involved in the energy budget of a snow cover [J] . Journal of Applied Meteorology, 7: 339 - 349.
McCulloch JG, Robinson M, 1993. History of the forest hydrology [J] . J Hydrol, 150: 189 - 216.
Mellander PE, Bishop K, Lundmark T, 2004. The influence of soil temperature on transpiration: A plot scale manipulation in a young Scots pine stand [J] . Forest Ecology and Management, 195: 15 - 28.
Meroni M, Mollicone D, Belelli L, et al. , 2002. Carbon and water exchanges of regenerating forests in central Siberia [J] . Forest Ecology and Management, 169 (1 - 2): 115 - 122.
Molenaar JG, 1987. An ecohydrological approach to floral and vegetational patterns in arctic landscape ecology [J] . Arctic and Alpine Research, 19: 414 - 424.
MorebSeytoux H, 1984. From exces inmtration to aquifer recharge: A derivation based on the theory of flow of water in unsaturated soils [J] . Water Resour Res, 20: 1230 - 1240.
Morita M, Ben CY, 2002. Modeling of conjunctive two-dimensional surface three-dimensional subsurface flows [J] . Journal of Hydraulic Engineering, 128: 184 - 201.
Morris C, Mooney SJ, 2004. A high-resolution system for the quantification of preferential flow in undisturbed soil using observations of tracers [J] . Geoderma, 118: 133 - 143.
Mualem Y, 1976. A new model for predicting the hydraulic conductivity of unsaturated porous media [J] . Water Resources Research, 12: 593 - 622.
Nakai Y, Sakamoto T, Terajima T, et al. , 1999. Energy balance above a boreal coniferous forest: A difference in turbulent fluxes between snow-covered and snow-free canopies [J]. Hydrological Processes, 13: 515 - 529.
Narender K, Sankhyan N, Pritam K, et al. , 2001. Effect of phosphorus, mulch and farm yard manure on soil moisture and productivity of maize in mid hills of Himachal Pradesh [J]. Research on Crops, 2: 116 - 119.
Norden EH, Shen Z, Long SR, 1998. The empirical mode decomposition and the Hilbert spec-

trum for non-linearand non-stationary timeseries analysis [J]. Proceedings of the Royal Society A: Mathematical, Physical and Engineering Sciences, 454: 899 - 955.

Ogink-Hendriks MJ, 1995. Modelling surface conductance and transpiration of an oak forest in the Netherlands [J]. Agric For Meteorol, 74: 99 - 118.

Ogunjemiyo SO, Kaharabatas K, Schuepp PH, et al., 2003. Methods of estimating CO_2, latent heat and sensible heat fluxes from estimates of land cover fractions in the flux footprint [J]. Agricultural and Forest Meteorology, 117 (3 - 4): 125 - 144.

Oliphant AJ, Grimmond CSB, Zutter HN, et al., 2004. Heat storage and energy balance fluxes for a temperate deciduous forest [J]. Agricultural and Forest Meteorology, 126: 185 - 201.

Ortega-Farias OS, Cuenca RH, et al., 1995. Hourly grass evapotranspiration in modified maritime environment [J]. J Irrig Drain Engin, 121 (6): 369 - 373.

Pearson RW, 1966. Soil environment and root development. In: Peirre WH, eds. Peirre WH, Plant Environment and Efficient water Use [M]. Madison: Amer. Soc. Agron. Soil Sci. Amer, 95 - 126.

Pei TF, Chi ZhW, FanSh X, et al., 1988. An experimental system of forest hydrology modeling laboratory [J]. Institute of Terrestrial Ecology Symposium, 20: 178 - 186.

Perez PJ, Castellvi F, Ibañez M, et al., 1999. Assessment of reliability of Bowen-ratio method for partitioning fluxes [J]. Agric For Meteorol, 97: 141 - 150.

Perret J, Prasher SO, KantzasA, et al., 2000. Preferential solute flow in intact soil columns measured by SPECT scanning [J]. Soil Science Society of America Journal, 64: 469 - 477.

Philip JR, 1957. Theory of infiltration [J]. Soil Sci, 83 (5): 345 - 357.

Phillips FM, 1994. Environmental tracers for water movement in desert soils of the American southwest [J]. Soil Sci Soc Am J. 58: 15 - 24.

Pike RG, Scherer R, 2003. Overview of the potential effects of forest management on low flows in snowmelt-dominated hydrologic regimes [J]. BC Journal of Ecosystems and Management, 3 (1): 1 - 17.

Pilon CE, Còté B, Fyles JW, 1994. Effect of snow removal on leaf water potential, soil moisture, leaf and soil nutrient status and leaf peroxidase activity of sugar maple [J]. Plant and Soil, 162: 81 - 88.

Pomeroy JW, Li L, 1997. Development of the prairie blowing snow model for application in climatological and hydrological models [J]. The 65th Annual Western Snow Conference, Banffb, Canada, 186 - 197.

Pomeroy JW, Marsh P, Gray DM, 1997. Application of a distributed blowing snow model to the Arctic [J]. Hydrological Processes, 11: 1451 - 1464.

Prentice KC, 1990. Bioclimatic distribution of vegetation for GCM studies [J]. J. Geophysics Rese., 95: 811 - 830.

Pruittwo, 1973. Momentum and mass transfers in the surface boundary layer [J]. Q J R Meteorl Soc, 96: 715 - 721.

Putuhena WM, Cordery I, 1966. Estimation of interception capacity of the forest floor [J]. J

Hydrol, 180: 283 - 299.

Radulovich R, Solorzano E, Sollins P, 1989. Soil macropore size distribution from water breakthrough curves [J]. Soil Science Society of America Journal, 53: 556 - 559.

Ramrez JA, Senarath SUS, 2000. A statistical-dynamical parameterization of interception and land surface-atmosphere interactions [J]. Journal of Climate, 13: 4050 - 4063.

Raupach MR, 1987. A Lagrangian analysis of scalar transfer in vegetation canopies [J]. Q J R Meteorol Soc, 113: 107 - 120.

Raupach MR, 1989a. A practical Lagrangian method for relation scalar concentration to source distribution in vegetation canopies [J]. Q J R Meteorol Soc, 115: 609 - 632.

Raupach MR, 1989b. Applying Lagrangian fluid mechanics to infer scalar source distributions from concentration profiles in plant canopies [J]. Agric For Meteorol, 47: 85 - 108.

Raupach MR, Denmead OT, Dunin FX, 1992. Challenges in linking atmospheric CO_2 concentrations to fluxes at local and regional scales [J]. Aust J Bot, 40: 697 - 716.

Reicosky DC, Ritchie JT, 1976. Relative importance of Soil resistance and plant resistance in root water absorption [J]. Soil Sci Soc Amet J, 40 (2): 293 - 297.

RennoHs K, Camel R, Tee V, 1980. A descriptive model of the relationship between rainfall and soil watertable [J]. J Hydrol, 47: 103 - 114.

Robin LH, 2003. Interception loss as a function of rainfall and forest types: Stochastic modeling for tropical canopies revisited [J]. Journal of Hydrology, 280: 1 - 12.

Robinson JS, Sivapalan M, 1996. Instantaneous response functions of overland flow and subsurface storm-flow for catchment models [J]. Hydrol Proc, 10: 845 - 862.

Rutter AJ, Kershaw KA, Ruobins PC, et al., 1971. A predictive model of rainfall interception in forests I. Derivation of the model from observations in plantation of Corsican pine [J]. Agric Meteorol, 9: 368 - 384.

Rutter AJ, Morton AJ, 1977. A preelictive model of rainfall interception in forests II. Sensitivity of the model to stand parameters and meteorological variables [J]. J Appl Ecol, 14: 567 - 588.

Rutter AJ, Robins PC, 1975. A predictive model of rainfall interception in forests II. Generalization of the model and comparison with observations in some coniferous and hardwood stands [J]. J Appl Ecol, 12: 367 - 380.

Rutter N, Essery R, Pomeroy J, et al., 2009. Evaluation of forest snow processes models (Snow MIP2) [J]. Journal of Geophysical Research: Atmospheres, 114: 1991 - 2002.

Sallie B, Peter F, Dmitry S, 1997. Timescales and trends in the Central England temperature data (1659—1990): A wavelet analysis [J]. Geophysical Research Letters, 24: 1351 - 1354.

Schlet PJ, Morshall PE, 1982. Growth and water relation of balek locust and pine seedling exposed to control water stress [J]. Can. J. For. Res., 13: 334 - 335.

Seiler JR, Johnson JD, 1988. Physiological morphological responses of three half-sib families of loblolly pine to water-stress conditioning [J]. For Sci, 34 (2): 487 - 495.

Sellers PJ, Lockwood JG, 1981. A computer simulation of the effects of differing crop types on the water balance of small catchments over 1origtime periods [J]. OAR Meteorol Soc, 107:

395 - 414.

Seth B, 2001. Evapor transpiration modeled from stands of three broad-leaved tropical trees in CostaRica [J]. HydrolProc, 15: 2779 - 2796.

Shao MA, 1998. Integral method for estimating soil hydraulic properties [J]. Soil Sc Soc AM J, 62 (3): 585 - 592.

Shao MA, Horton R, 1996. Soil water diffusivity determination by general similarity [J]. Soil Sci, 161 (11): 727 - 734.

Shi TT, Guan DX, Wu JB, et al., 2008. Comparison of methods for estimating evapotranspiration rate of dry forest canopy: Eddy covariance, Bowen-ratio energy balance, and Penman-Monteith equation [J]. Journal of Geophysical Research, 113: D19116.

Shugart HH, 1990. Using ecosystem models to assess potential consequences of global climatic change [J]. Trends Ecol. Evolu., 5: 303 - 307.

Sinclair S, Pegram GGS, 2005. Empirical mode decomposition in 2 - D space and time: A tool for space-time rainfall analysis and now casting [J]. Hydrology and Earth System Sciences, 9: 127 - 137.

Singh P, Narda NK, Singh A, 1992. Evaluation of Morton and Philip infiltration functions for determining optimum slope of graded check borders [J]. J Agric Eng ISAE, 29 (1 - 4): 1 - 9.

Singh VP, 1996a. Kinematic Wave Modelling in Water Resources [M]: Sudace Water Hydrology, New York, Wiley. 1399.

Skaggs RW, Huggins LE, Monke EJ, et al., 1969. Experimental evaluation of infiltration equations [J]. Tmns ASAE, 12 (6): 822 - 828.

Sloan PG, Moore ID, 1984. Modeling subsurface stormflow on steeply sloping forested watersheds [J]. Water Resour Res, 20: 1815 - 1822.

Smith J, 1992. Root growth and water use efficiency of Douglar-fir (Pseudotsuga menziesi (Mirb.) Franco) and Lodgepole pine (*Pinus* contorta Dougl.) seedlings [J]. Tree Physiol, 11 (4): 401 - 410.

Smith RCG, Choudhury BJ, 1990. Relationship of multispectral satellite data to land surface evaporation from the Australian continent [J]. Int J Remote Sensing, (11): 2069 - 2088.

Smith RE, 1993. Modeling infiltration for multistorm runoff events [J]. Water Resour R, 29 (1): 133 - 144.

Smith RE, Hebbert RHB, 1983. Mathematical simulation of interdependent surface and subsurface [J]. Hydrol Proc Water Resour Res, 19: 987 - 1001.

Smith RE, Parlange JY, 1978. A parameter-efficient hydrologic infiltration model [J]. Water Resour Res, 14 (3): 533 - 538.

Sopper WE, Lul HW, 1967. International Symposium on Forest Hydrology [J]. Oxford UK: Pergamon Press.

Sreenivasan KR, Tavoularis S, Corrsin S, 1982. A test of gradient transport and its generalization Bradbury LJS, Durst F, Launder BE, et al., Turbulent shear flow Ⅲ [M]. New York: Springer Verlag, 96 - 112.

Stagnitti F, 1992. A mathematical model of hillslope and watershed discharge [J] . Water Resour Res, 28 (8): 2111 - 2122.

Stednick JD, 1996. Monitoring the effects of timber harvest on annual water yield [J] . J Hydrol. 176: 79 - 95.

Steve G, Brent C, Bryan J, 2003. Theory and practical application of heat pulse to measure sap flow [J] . Agronomy Journal, 95: 1371 - 1379.

Strand M, Lundmark T, Soderbergh I, et al. , 2002. Impact of seasonal air and soil temperatures on photosynthesis in Scots pine trees [J] . Tree Physiology, 22: 839 - 847.

Surendra KM, et al. , 2003. Comparison of infiltration models [J] . Hydrol Pro, 17: 2629 - 2652.

Suzuki K, Nakai Y, 2008. Canopy snow influence on water and energy balances in a coniferous forest plantation in northern Japan [J] . Journal of Hydrology, 352: 126 - 138.

Suzuki K, Ohata T, Kubota J, 2002. Winter hydrological processes in the Mogot experimental watershed, in the southern mountainous taiga, eastern Siberia [M] . Proceedings of the 6th Water Resources Symposium, Tokyo, 525 - 530.

Swank WT, Johnson CE, 1994. Small catchment research in the evaluation and development of forest management practices [J] . In: Moldan B, Cerny J, eds. Biogeochemistry of Small Catchments: A Tol for Environmental Research [M] . Chichester: John Wiley and Sons. Ltd. 383 - 408.

Szilagyi J, 2007. Analysis of the nonlinearity in the hill slope runoff response to precipitation through numerical modeling [J] . Journal of Hydrology, 337: 391 - 401.

Taylor HM, Gardner HR, 1963. Penetration of cotton seedling tap-root as influenced by bulk density, moisture content, and strength of soil [J] . Soil Sci, 96: 153 - 156.

Tilman D, 1988. Plant Strategies and the Structure and Dynamics of Plant Communities [M]. Princeton: Princeton University Press, 52 - 97.

Troendle CA, 1983. The potential for water yield augmentation from forest management in the Rocky Mountain region [J] . Water Resource, 19: 359 - 373.

Troendle CA, King RM, 1987. The effect of partial and clearcutting on streamflow at Dead house Creek [J] . Journal of Hydrology, 90: 145 - 157.

Tyree MT, Davis SD, Cochard H, 1994. Biophysical perspectives of xylem evolution: Is there a tradeoff of hydraulic efficiency for vulnerability to dysfunction [J]? IAWA Journal, 15: 335 - 360.

van Genuchten MTH, Leij FJ, 1992. Indirect Methods for Estimating the Hydraulic Properties of Unsaturated Soils [M] . Galifornia: University of California Press.

VanGenuchten MTH, 1980. A closed-form equation for predicting the hydraulic conductivity of unsaturated soils [J] . Soil Science Society of America Journal, 44: 892 - 898.

Varhola A, Coops NC, Weiler M, et al. , 2010. Forest canopy effects on snow accumulation and ablation: An integra-tive review of empirical results [J] . Journal of Hydrology, 392: 219 - 233.

Viville D, et al. , 1993. Interception on flmountainous dechning spruce stand in the Strengbach catchment (Voges, France) [J] . J Hydol, 144: 273 - 282.

Vogt R, Jaeger L, 1990. Evaporation from a pine forest-using the aerodynamic method and Bowen-Ratio method [J] . Agric For Meteo-rol, 50: 39 - 54.

Wakindiki IIC, HDr MB, 2002. Soil mineralogy and texture effects on crust micromorphology, infiltration, and erosion [J] . Soil Sci Soc Am J, 66 (4): 897 - 905.

Wallach R, Grigorin G, Rivlin J, 1997. The errorsin surface runoff prediction by neglecting the relationship between infiltration rate and over land flow depth [J] . Journal of Hydrology, 200: 243 - 259.

Wang Anzhi, Li Jinzhong, Liu Jianmei, et al., 2005. A semi-theoretical model of canopy rainfall interception for *Pinus koraiensis* Nakai [J] . Ecological Modelling, 184: 355 - 361.

Wang AZ, Liu JM, Guan DX, et al., 2003. Comparison of the measurement and estimate of sensible and latent fluxes over broadleaved Korean pine forest in Changbai Mountain [J]. Scientia Silvae Sinicae, 39 (6): 21 - 25.

Wang GT, Chen S, Jan Boll, et al., 2002. Modelling overland flow based on Saint-Venant equations for fldiscredited hiuslope system [J] . Hydrol Proc. 16: 2409 - 2421.

Wang HX, Zhang L, Liu WRD, 2001. Improving water use efficiency of irrigated crops in the North China Plain: Measurements and modeling [J] . Agricultural Water Management, 48: 151 - 167.

Wang M, Hjelrnfelt AT, 1998. Dem based overland flow routing mode1. J Hydrol Eng, 3 (1): 1 - 8.

Waring RH, et al., 1981. Water relations and hydrologic cycles. In: P. E. Reicle dynamic Properties of Forest Ecosystem [J] . International Programme, 23: 205 - 265.

Watson KW, Luxmoore RJ, 1986. Estimating macroporosity in a forest watershed by use of a tension infiltrometer [J] . Soil Science Society of America Journal, 50: 578 - 582.

Wayne S, 1994. Opportunities for forest hydrology applications to ecosystem management [M]. Proceedings of the International Symposium on Forest Hydrology. Tokyo.

Wcod EF, Hebson CS, 1986. On hydrologic similarity 1. Derivation of the dimensionless flood frequence curve [J] . Water Res//r R. 22 (11): 1549 - 1554.

Webb EK, Pearman GI, Leuning R, 1980. Correction of flux measurements for density effects due to heat and water vapor transfer [J] . J R Met Soc, 106: 85 - 100.

Weihe J, 1984. Wetting and interception in beech and spruce stands. The distribution of rain beneath spruce caonpies [J] . Allgemine Forest and Jagdzeitung, 155 (10/11): 242 - 252.

Wellings SR, 1984. Recharge of the Chalk aquifer at a site in Hampshire. England 1. Water balance and unsaturated flow [J] . J Hydrol, 69: 259 - 273.

Wen K, Li Q, 1991. A review of some aspects about flow concentration computations [J]. Adv ter Sci, 2 (1): 58 - 65.

White RE, 1985. Transport of chloride and non-diffusible solutes in soils [J] . Irrigation Science, 6: 3 - 10.

Whitehead D, Kelliher FM, 1991. Modeling the water balance of a small *Pinus* radiata catchment [J] . Tree Physiology, 9: 17 - 33.

Willam ES, et al. , 1967. Forest Hydrology [M] . Pergamen Press, Oxford, 131 - 136.

Wilson GV, et al. , 1990. Hydrology of forested hillslope during storm events [J] . Creterma, 46: 119 - 138.

Wilson GV, Luxmoore RJ, 1988. Infiltration macroporosity distribution on two watersheds [J]. Soil Science Society of America Journal, 52: 329 - 335.

Wilson JD, 1988. A second order closure model for flow through vegetation [J] . Boundary Layer Meteorol, 42: 371 - 392.

Wilson K, Goldstein A, Falge E, et al. , 2002. Energy balance closure at FLUXNET sites [J]. Agricultural and Forest Meteorology, 113: 223 - 243.

Wolhiser DA, 1975. Simulation of unsteady overland flow. In: Mahmood K, Yevjevich V, eds. Unsteady Flow in Open Channels II. Water Resources Publication [J] . Colorado: Fort Co Uins, Co, 485 - 508.

Wolhiser DA, 1996. Search for physically based runoff model: A hydrologic El Dorado [J] . J Hydr Eng, 122 (3): 122 - 129.

Wolhiser DA, Liggett JA, 1967. Unsteady one-dimensional flow over flplane: The rising hydrograph [J] . Water Resour Res, 3 (3): 753 - 771.

Woo M, Marsh P, Pomeroy JW, 2000. Snow, frozen soils and permafrost hydrology in Canada, 1995 - 1998 [J] . Hydrological Processes, 14: 1591 - 1611.

Woodward FL, Emanuel WR, 1995. A global land primary productivity and phytogeography model [J] . Global Biogeochem. Cycles. , 9 (4): 471 - 490.

Woolhiser DA, Liggett JA, 1967. Unsteady on a dimensional flow over aplane the rising hydrology [J] . Water Resources Research, 3: 753 - 771.

Wosten JHM, Pachepsky YA, Rawls WJ, 2001. Pedotransfer runetions: Bridging the gap between available basic soil data and missing soil hydraulic characteristics [J] . JHydrol, 251: 123 - 150.

Wu J, Zhang R, Yang J, 1996. Analysis of rainfall - recharge relationships [J] . J Hydrol. 177: 143 - 160.

Wu JB, Guan DX, Sun XM, et al. , 2005. Eddy flux corrections for CO_2 exchange in broadleaved Korean pine mixed forest of Changbai Mountains [J] . Science in China: SerD Earth Sciences, 35 (Supp. Ⅰ): 106 - 115.

Wurr DCE. Hand DW, Edmondson RN, et al. , 1998. Cliamte change: a response surface study of the effects of CO_2 and temperature on the growth of beet root, carrots and onions [J]. J. Agric. Sci. , 131: 125 - 133.

Xie ZQ, Du Y, Jiang AJ, et al. , 2005. Climatic trends of different intensity heavy precipitation events concentration in China [J] . Journal of Geographical Sciences, 15 (4): 459 - 466.

Yin X, Arp PA, 1993. Predicting forest soil temperatures from monthly air temperature and precipitation records [J] . Canadian Journal of Forest Research, 23: 2521 - 2536.

Young DR, Smith WK, 1980. Influence of sun light on photosynthesis water relations and leaf structure in the understudy species Arnica cordiforlia [J] . Ecology, 61: 1380 - 1390.

Zenga N, Shuttleworth JW, Gash JHC, 2000. Influence of temporal variability of rainfall on interception loss I [J] . Point analysis, J Hy, drol. 228: 228 - 241.

Zhang LJ, Qian YF, 2003. Annual distribution features of the yearly precipitation in China and their inter annual variations [J] . Acta Meteorologica Sinica, 17 (2): 146 - 163.

Zhang Y, Ishikawa M, Ohata T, et al., 2008. Sublimation from thin snow cover at the edge of the Eurasian cryosphere in Mongolia [J] . Hydrological Processes, 22: 3564 - 3575.

Zhang YS, Wang SS, Alan GB, et al., 2008. Impact of snow cover on soil temperature and its simulation in a boreal aspen forest [J] . Cold Regions Science and Technology, 52: 355 - 370.

Zur B, Jones JW, 1981. A model for the water relations, photosynthesis, and expansive growth of crops [J] . WR Reso, 17 (2): 311 - 320.

第三章 > > >

长白山阔叶红松林生理生态特性研究

第一节　长白山阔叶红松林光合作用

一、长白山阔叶红松林林下光合有效辐射的基本特征

在森林生态系统中，太阳辐射是森林气候形成的基础，也是影响森林生态系统生产力的重要因素（王正非等，1985）。但并非所有波段的太阳辐射都能被森林植被光合作用利用，可利用的仅是波长在 400～700 nm 范围内的太阳辐射，称作光合有效辐射（*PAR*）（张运林等，2002）。对于林下环境来说，*PAR* 作为主要的生态因子，一方面直接影响林下植被的更新、生长和分布（Lieffers et al.，1999；Vierling et al.，2000）；另一方面，与林上的 *PAR* 一起制约着林地的边界气候（Kalthoff et al.，1999；Kossmann et al.，2002）、水汽（Famiglietti et al.，1995）和二氧化碳（Vesala et al.，2000）等主要生命物质交换，并作为净初级生产量模型、气候模型、水文模型、生物地球化学模型等生态模型的关键变量而被重视（Thomas et al.，2006）。

国内外许多学者对不同林分太阳辐射的传输和分布进行了研究，且多集中在对冠层和林内太阳总辐射、直接辐射、散射辐射及其反射率（量）、透射率（量）的探讨（王正非等，1985；关德新等，2002；关德新等，2004；孙雪峰等，1995；张彦东等，1993；张一平等，2005）及对其与冠层几何学相互关系的研究（窦军霞等，2005；张一平等，1999）。由于林冠上方的 *PAR* 受局地差异影响很小，易观测，其变化仅受天文因子和气象因子的控制，也可用相应的公式求得（张一平等，2005；金昌杰等，2000），因而研究较多（Vierling et al.，2000；Thomas et al.，2006；窦军霞等，2005；Gendron et al.，2001）。林冠下方 *PAR* 的时空差异较大，研究比较困难，国内尚未见类似报道，国外有学者进行了单点观测讨论（Johnson et al.，2006；Nicotra et al.，1999），主要探讨了不同生态系统的光环境差异，但林地代表性较差；还有学者设计了不同的多通道感光系统对林下 *PAR* 进行观测（Vierling et al.，2000；Vesala et al.，2000；Gendron et al.，2001；Kelly et al.，1992），多是使用磷

砷化镓光电二极管（GaAsP）进行集合点状观测，观测精度和视角有限，并且多是短期观测，最长的为 5 个月（Gendron et al.，2001），较少考虑气候情况或冠层叶面积季节变化带来的林下 *PAR* 特征差异；也有学者通过鱼眼镜头拍照技术间接表达林下 *PAR* 的时空特征（Nicotra et al.，1999；Comeau et al.，1998），推算的 *PAR* 值与直接观测的 *PAR* 值有较高的相关性，在一定程度上能反映冠层结构和林窗大小对林下 *PAR* 的影响，但该方法仅在天空散射辐射大于直射辐射或密闭冠层（closed-canopy）的情况下有较高精度（Comeau et al.，1998），存在一定的局限性。综上所述，由于影响林下太阳辐射能的因素众多，因此，多点和长期定位观测是克服短期和局地观测造成误差的最准确、有效的方法（Fons et al.，1998；于贵瑞等，2006）。

（一）长白山红松针阔叶混交林光合有效辐射的年时空特征

1. 林冠上光合有效辐射的季节变化

图 3.1 为冠层上方 *PAR* 在 2003 年、2004 年和 2005 年日总量的年变化曲线，其中 2003 年和 2005 年的 3 月初由于设备维修数据未测。*PAR* 的年变化既与太阳高度等天文因素有关，也受云量等天气特征影响。受太阳高度角的影响，大气上界的光合有效辐射应表现为夏高冬低的单峰趋势，但受长白山地区气候的季节变化影响，实际观测数据呈双峰甚至多峰趋势，日总量平均最高值 43.03mol/（m^2·d）。部分时间由于持续降水和云雾对光合有效辐射吸收较多，出现相对低值和波动（张运林等，2002；翁笃鸣等，1995）。与相同年份的 *PAR*

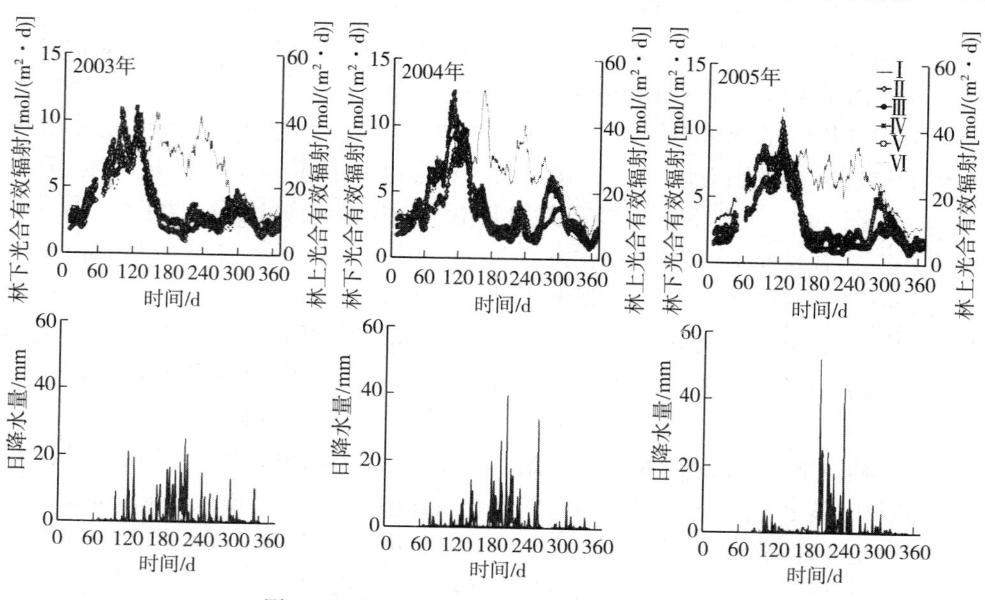

图 3.1 光合有效辐射和日降水量的年变化

动态相比，降水持续时间和数量可以很好地解释 *PAR* 变化曲线上的低值。以2003 年 *PAR* 日总量年变化曲线为例，在 92d、110d、140d、160～232d、260d、290d 和 332d 分别出现了明显的低值，而这些时间正是降水阶段，尤其是 160～232d 阶段的持续降雨造成了该年 *PAR* 日总量年变化曲线呈双峰趋势。

2. 林冠下光合有效辐射的年时空特征

由表 3.1 可以看出，相同年度内各点的变异系数差异最大值仅为 0.11，说明林下 5 个观测点日日光合有效辐射在年动态趋势上没有大的差异。在非生长季（10 月至翌年 4 月），其与冠层上方总光合有效辐射的变化趋势较一致；在生长季，各观测点日日光合有效辐射数值较小且趋于稳定（图 3.1）。这种变化主要是由于随着生长季（5 月）的到来，冠层叶面积逐渐增加，大部分日光合有效辐射被叶片吸收，使到达林下的日光合有效辐射逐渐减少；在生长旺盛季节（6—9 月底），由于冠层基本郁闭，叶面积比较稳定，*PAR* 值也趋于稳定；10 月后，伴随着阔叶树木叶片的凋落，林下 *PAR* 值又趋于增加。

表 3.1　林下不同观测地点日光合有效辐射年平均值（A）和年变异系数（B）

年份	1号		2号		3号		4号		5号	
	A	B	A	B	A	B	A	B	A	B
2003	3.24	0.57	3.45	0.56	4.06	0.57	4.17	0.58	4.10	0.58
2004	3.15	0.56	3.23	0.67	3.91	0.61	4.21	0.63	4.13	0.58
2005	3.18	0.70	2.70	0.70	3.84	0.68	3.68	0.65	3.83	0.64

由图 3.2 可以看出，非生长季期间，林下的 *PAR* 值受林冠几何学和天文因子影响较均一，各点之间的变异系数均集中在 0.15 附近；在生长季，虽然冠层吸收了大部分 *PAR*（平均 90%），导致林下 *PAR* 值大幅度降低，但在晴天状况下光斑对林下 *PAR* 的贡献仍在 80%以上（Gendron et al.，2001）。而此时林冠的间隙、枝叶的摆动和太阳高度角的变化是影响林下光斑动态的主要因素，这些因素使各观测点 *PAR* 值的差异较大，变异系数平均在 0.22 以上，最高值出现在 8 月，达 0.30。对各观测点的年均日 *PAR* 进行比较发现，3 号、4 号和 5 号观测点高于 1 号和 2 号观测点（表 3.1），相差 0.5～1.14mol/（m^2·d），且在71～151d 和 271～321d 阶段尤为明显（图 3.1）。这主要是由于各观测点上方冠层厚度、冠层树木组成和透光空隙等差异引起的，而这些影响在阔叶树种开始抽叶和落叶阶段表现得尤为明显。

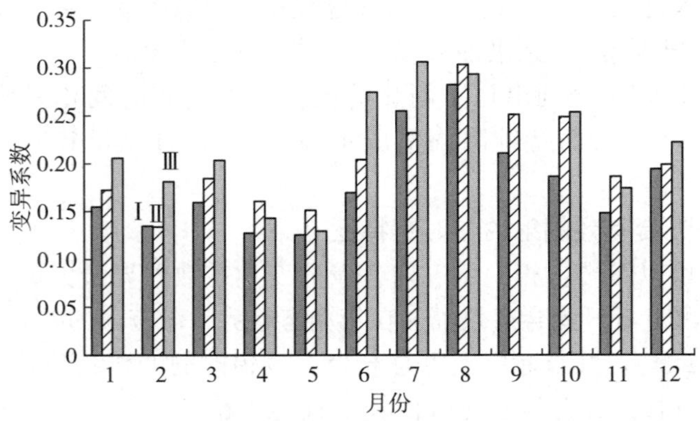

图 3.2　林下光合有效辐射空间变异系数的年际变化

（二）长白山红松针阔叶混交林光合有效辐射的日时空特征

1. 林冠上光合有效辐射的日变化

图 3.3 显示了冠层上方 *PAR* 在典型晴天的日动态特征，各年之间没有明显差异，都呈现出规则的单峰趋势。这是由于在晴天，太阳高度角是影响冠层上方 *PAR* 的首要因子，*PAR* 随着太阳高度角的增加而增大，最高值出现在11：00—13：00，其值为 1 556.0～1 693.0μmol/（m^2·s）。

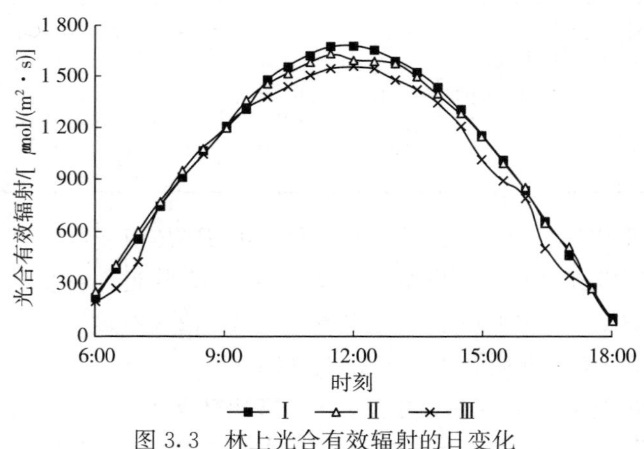

图 3.3　林上光合有效辐射的日变化

2. 林冠下光合有效辐射的日变化

由图 3.4 可以看出，一天中林下不同观测点的 *PAR* 值波动差异较大。1 号观测点在 7：30、11：00 和 12：00 左右有小的峰值，在 8：00～9：30 和 12：30～14：30时间段有较大的峰值，一天中的极大值出现在 13：00 或14：00，范围在 423.4～576.2μmol/（m^2·s）。2 号观测点在 8：00～8：30 有峰值出现，而较大的峰值出现在 9：30～11：30 和 13：00～15：00，为 210.5～360.7μmol/（m^2·s）。3 号观测点日变化幅度较小，在 7：30～9：30 与12：00～15：30之间有较小的峰值，为 138.0～166.3μmol/（m²·s）。4 号观测点变化趋势与 3 号点相近，但是出现的极值比 3 号点稍大，相差 20μmol/（m²·s）。5 号观测点的峰值集中在 127.8～252.1μmol/（m²·s），出现在 10：00～12：00。这些观测点的 *PAR* 峰值出现时刻和大小差异的直接原因是林下光斑的动态变化。而太阳高

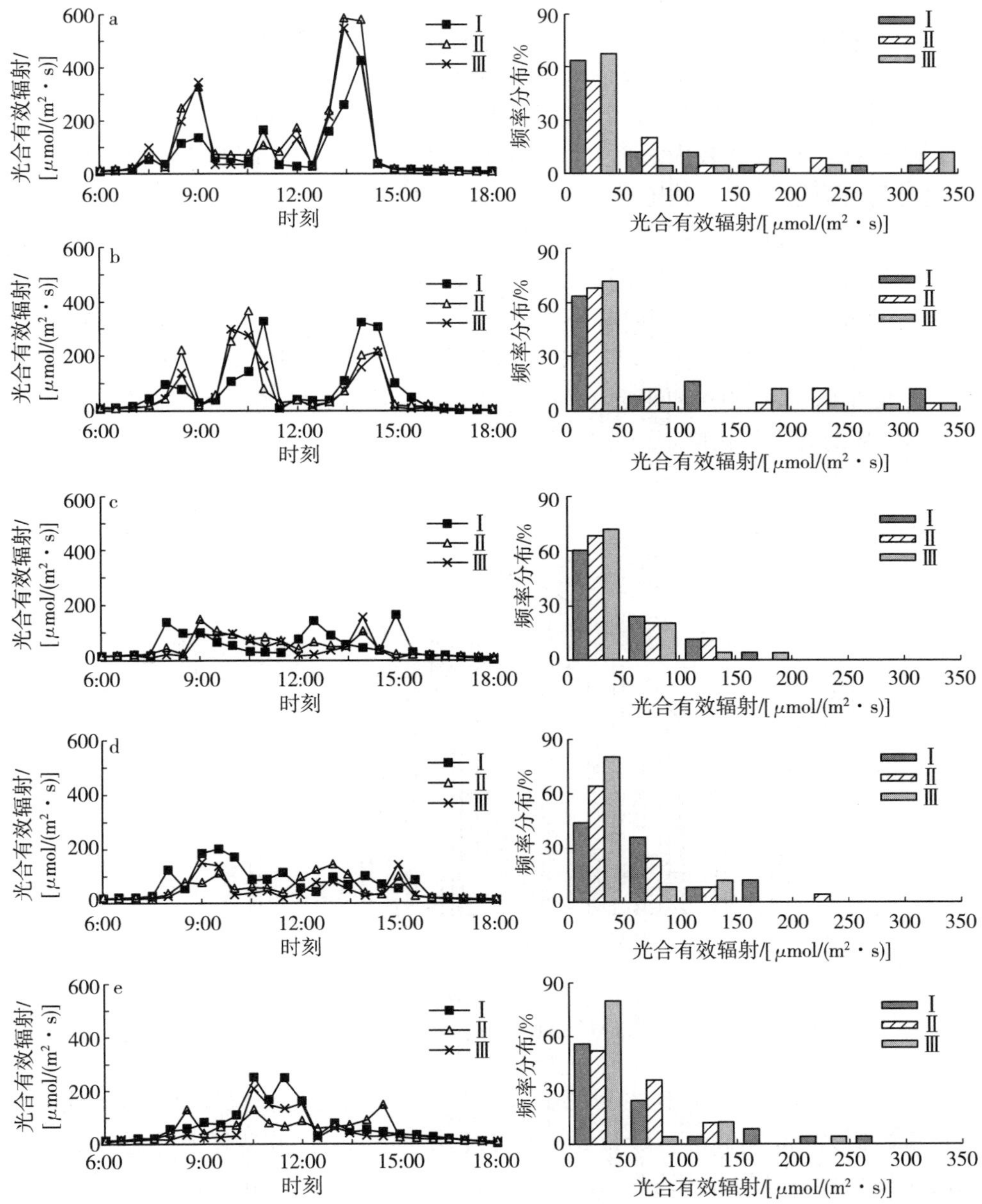

图 3.4　典型晴天下林下光合有效辐射的日动态特征和频率分布

度角、冠层结构、枝叶的摇动形态等因素又主导光斑的形成及其变化。从一天中各观测点林下不同 *PAR* 值出现的频率来看，1～50μmol/（m^2·s）的 *PAR* 值占50%以上，50～100μmol/（m^2·s）范围的 *PAR* 值占到 10%～40%，再次是100～150μmol/（m^2·s）。150μmol/（m^2·s）以上的 *PAR* 值在 3 号、4 号和 5 号观测点中出现较少，而在 1 号和 2 号观测点中仍有一定比例，甚至 300μmol/（m^2·s）以上的 *PAR* 值在这两个观测点也有 4%的出现机率。这说明 1 号和 2 号观测点在生长盛季出现光斑的频率较高。

由图 3.5 可以看出，5 个观测点间空间变异系数在 9：00～10：00 和 13：00～14：00 期间较大，而在 11：00～12：00、8：00 前和 15：00 后较小。这主要是由冠层厚度、林隙分布和太阳高度角的相互关系决定的（Gendron et al.，2001）。Gendron 等（2001）曾指出，在许多温带森林中，林下 *PAR* 在太阳高度角为 50°～70°之间变化较大。对于长白山红松针阔叶混交林来说，一天中太阳高度角在 38°～48°区间时林下 *PAR* 空间变异较大。图 3.4 中，1 号和 2 号观测点的平均 *PAR* 值高于 3 号、4 号和 5 号观测点，与各点 *PAR* 年动态结论相悖，主要是由于在这些时间段内光斑刚好落在 1 号与 2 号观测点。这也证明了对各点 *PAR* 动态进行长期定位观测的必要性。

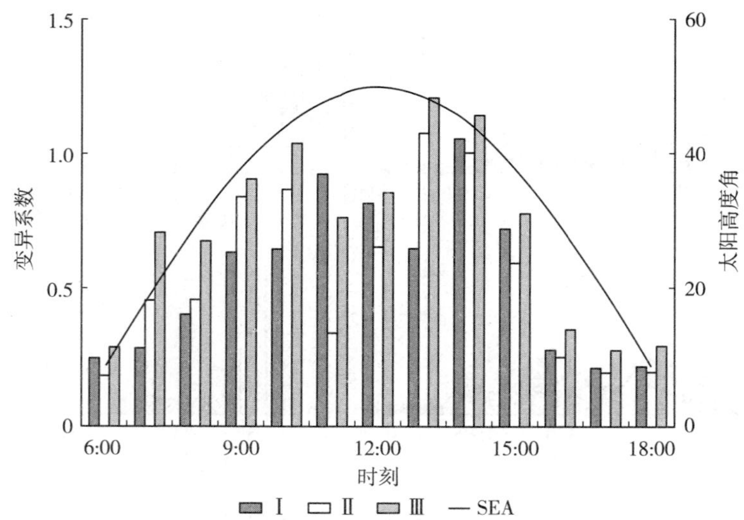

图 3.5　太阳高度角（SEA）和林下光合有效辐射空间变异系数的日变化

由于季节性的降雨，树木冠层上方的日 *PAR* 年变化呈双峰甚至多峰趋势，平均最高值为 43.03mol/（m^2·d）。冠层上方的 *PAR* 在典型晴天状况下呈现规则的单峰趋势，最高值出现在 11：00～13：00。林下日 *PAR* 的年变化表现为非生长季与冠层上方变化趋势一致，而在生长季，其数值较小且趋于稳定。典型晴天状况下林下 *PAR* 的日变幅较大。在空间变化上，非生长季林下 *PAR* 变异系数较一致，集中在0.15附近；而在生长季，变异系数平均在0.22以上，尤其在8月最高可达0.30。典型晴天状况下，太阳高度角在38°～48°之间（9：00～10：00和13：00～14：00）时，林下*PAR*空间变化较大。

林下光合有效辐射不仅受太阳轨迹、风、云、雨等天文或气象因素的影响，还随林窗大小、冠层高度、冠层叶面积和冠层光特性等林冠特性的变化而改变（Caldwell et al.，1994），因而这方面的研究一直十分困难。国外学者曾对林下*PAR*进行观测研究（Vierling et al.，2000；Nicotra et al.，1999，但大多是单点观测。而在针阔叶混交林中，林下*PAR*有很大的空间差异，单点观测很难真实反映林下*PAR*的特征（Thomas et al.，2006）。本项研究基于长期多点定位观测能够较全面描述林下光环境特性的假设，对长白山红松针阔叶混交林林下光合有效辐射进行了尝试性探讨。首先选择5个杆状探头进行同步观测（Thomas et al.，2006），探头上面均匀分布10个感应器，即50个感应器同时工作，且每个探头的观测结果均为1m范围内空间光合有效辐射的平均值，有效地降低了空间差异引起的人为观测误差。另外，长期定位观测可以消除短期枝叶摆动、片云等因素的影响，进一步反映较长时间内气候状况和冠层叶面积变化的影响，较准确地阐述了长白山红松针阔叶混交林林下光合有效辐射特征，并指出各观测点的异质性是由于天气状况、太阳高度角的影响，以及各点上方冠层厚度、冠层树木组成和透光空隙的差异引起的。

近年来，国内外学者对散射的*PAR*和直接的*PAR*对光合作用的影响和对冠层叶面积估算差异进行了关注。有学者认为，由于多云天气下散射的*PAR*要比晴天下的*PAR*大，所以植物在多云天气下能更好地吸收CO_2（Johnson et al.，2006；Min，2005）；也有学者认为，用多云天气下的*PAR*值来估算冠层叶面积更真实（Hyer et al.，2004）。本项研究仅选择了生长盛季的晴天分析林冠下*PAR*的日时空特征，未对不同天气状况下林下的*PAR*值进行对比，有关不同天气下*PAR*的对比分析，以及散射和直射的区分研究尚待深入。另外，林冠内的光合有效辐射不仅受水汽、云雾和气温等气象要素的影响，还受林木物候学特性、叶片光学生理特性和林冠空间结构特性等因素的制约。本项研究由于观测仪器数量等条件所限，未对冠层结构等进行详尽分析。

二、长白山阔叶红松林主要树种光合作用的光响应曲线

绿色植物通过光合作用将太阳能转变成为化学能并储藏在合成的有机物中，这一过程是地球生态系统一切生命活动的物质基础和能量来源（潘瑞炽，2001；周广胜等，2003）。而光、温、水、热等环境因子又时刻影响着光合作用的进行。在诸多环境因子当中，光是进行光合作用的前提条件，植物光合作用的光响应曲线描述的正是光量子通量密度与植物净光合作用速率之间的关系（潘瑞炽，2001）。通过光响应曲线可得出各种生理参数（包括初始量子效率α、最大净光合作用速率

P_{max}、光补偿点 L_{cp} 以及暗呼吸 R_d）（Cox et al.，1998；Larocque，2002；Leuning et al.，1995；刘建栋等，2003）。而这些参数是各种尺度的植物生理生态学过程研究的基础（Wang et al.，1998；徐玲玲等，2004；于强等，1998），也是研究植物光合作用等生理生态过程对全球变化响应的依据（Gardiner et al.，2001；Herrick et al.，1999；Koike et al.，1996；Lewis et al.，2000）。

目前，国内外多采用直角双曲线与非直角双曲线两种方法对植被的光响应曲线进行拟合，并得出相应的生理参数刘建栋等，2003；陆佩玲等，2001；Luo et al.，2000）。长白山阔叶红松林是东北亚典型的温带森林生态系统。关于其主要建群树种红松（*Pinus koraiensis*）、紫椴（*Tiliaa murensis*）、蒙古栎（*Quercus-mongolica*）、水曲柳（*Fraxinus mandshurica*）幼树光合作用的研究较多（王战等，1980；文诗韵等，1991；吴楚等，2004；徐程扬等，2001；Zhou et al.，2004；周玉梅等，2002），而用两种曲线拟合方法对 4 个树种成年植株光响应曲线的研究较少。

（一）光响应曲线的拟合

将测定的光响应曲线分别用直角双曲线与非直角双曲线方法进行拟合。

直角双曲线的表达式为（Lewis et al.，1999；陆佩玲等，2001）：

$$P_n=\frac{\alpha IP_{max}}{\alpha I+P_{max}}-R_d \tag{3-1}$$

式中，P_n 为净光合速率［μmol/（$m^2\cdot s$)］，I 为光量子通量密度［μmol/（$m^2\cdot s$)］，α 为初始量子效率，P_{max} 为光饱和时的最大净光合作用速率［μmol/（$m^2\cdot s$)］，R_d 为暗呼吸［μmol/（$m^2\cdot s$)］。其中 α 与 P_{max} 是描述光合作用光响应特征的参数，α 是光响应曲线的初始斜率，表示植物在光合作用对光的利用效率（Coombs et al.，1986；Luo et al.，2000），而 P_{max} 是叶片光合能力的一个量度（Coombs et al.，1986）。

非直角双曲线表达式为（Herrick et al.，1999；陆佩玲等，2001）：

$$\theta P^2-P(\alpha I+P_{max})+\alpha IP_{max}=0 \tag{3-2}$$

式中，P 为总光合作用速率［μmol/（$m^2\cdot s$)］，θ 为非直角双曲线的凸度。当 $\theta=0$ 时，式（3-2）即为式（3-1），即直角双曲线是非直角双曲线的一个特殊形式。当 $\theta\neq0$ 时，由于 $P_n=P-R_d$，式（3-2）转化为：

$$P_n=\frac{\alpha I+P_{max}-\sqrt{(\alpha I+P_{max})^2-4\theta\alpha IP_{max}}}{2\theta}-R_d \tag{3-3}$$

利用 SPSS 统计软件，将式（3-1）与式（3-3）通过迭代法分别对每一组光响应曲线进行拟合，得出相应的 α、P_{max}、R_d 以及 L_{cp}［光补偿点，即光合作用过程中吸收的 CO_2 和光呼吸过程中释放的 CO_2 等量时的光照强度，在光响应曲线中 $P_n=0$ 时的 I 值，单位：μmol/（$m^2\cdot s$)］，最后对每种树的各个参数值求平均值。

（二）不同树种光响应参数比较

由表 3.1 可以看出，两种方法得到的各树种的 α、R_d 大小顺序相同，α 值是水曲柳＞紫椴＞蒙古栎＞红松，R_d 是水曲柳＞蒙古栎＞紫椴＞红松。但是两种方法得到 P_{max}、L_{cp} 有差异，直角双曲线得出的 P_{max} 顺序为紫椴＞红松＞蒙古栎＞水曲柳，L_{cp} 为蒙古栎＞红松＞水曲柳＞紫椴；非直角双曲线得出的 P_{max} 顺序为紫椴＞蒙古栎＞红松＞水曲柳，L_{cp} 为蒙古栎＞水曲柳＞紫椴＞红松。表明在该实验条件下，水曲柳的光合作用对光的响应更敏感，而紫椴的光合能力较强，红松的暗呼吸较弱。

表 3.1　用直角双曲线与非直角双曲线拟合的 4 个树种叶片光响应曲线参数值

树种	α		P_{max}		L_{cp}		R_d		θ
	Ⅰ	Ⅱ	Ⅰ	Ⅱ	Ⅰ	Ⅱ	Ⅰ	Ⅱ	
红松	0.030	0.015	17.995	12.465	20.498	3.442	0.689	0.140	0.9
紫椴	0.114	0.060	19.306	16.713	13.321	11.317	1.388	0.661	0.9
蒙古栎	0.091	0.048	17.491	14.928	22.219	23.816	1.834	1.108	0.9
水曲柳	0.136	0.077	13.826	10.932	15.606	18.015	1.847	1.398	0.9

Ⅰ. 直角双曲线　Ⅱ. 非直角双曲线

（三）两种曲线拟合结果比较

由图 3.6 可以看出，无论哪一种树种，由两种方法拟合结果的差异均相同，即在光较弱时，直角双曲线的初始斜率大于非直角双曲线，首先，这是由于直角双曲线不考虑曲线的弯曲程度，因此必须让初始斜率大才能使曲线的拟合符合实测点（陆佩玲等，2001）。其次，由于非直角双曲线考虑了曲线的凸度，曲线的拐点比直角双曲线的更明显，即光极限更为明显，曲线在强光下趋于平缓，使光饱和的特征更为突出，而直角双曲线在强光下仍呈上升趋势。

在表 3.1 中，4 种树由直角双曲线拟合得出的 α、P_{max} 以及 R_d 的值均大于非直角双曲线的拟合结果，但由两种方法得出的 L_{cp} 值则随树种不同而有所变化。由直角双曲线拟合得出的红松与紫椴的 L_{cp} 值分别为 20.498μmol/(m^2 · s) 和 13.321μmol/(m^2 · s)，大于非直角双曲线拟合的结果为 3.442μmol/(m^2 · s) 和 11.317μmol/(m^2 · s)；而蒙古栎与水曲柳则相反，由直角双曲线拟合的 L_{cp} 值分别为 22.219μmol/(m^2 · s) 和 15.506μmol/(m^2 · s)，小于非直角双曲线拟合结果为 23.816μmol/(m^2 · s) 和 18.015μmol/(m^2 · s)。

由非直角双曲线拟合得出的光合作用生理参数值比直角双曲线的拟合结果更符合生理意义。植物最大初始量子效率理论上在 0.08～0.125 之间，且在强光下光响应曲线趋于平缓（Long et al.，1994；陆佩玲等，2001），阳生植物光补偿点在 9～18μmol/（m^2·s）（潘瑞炽，2001）。本项研究用非直角双曲线拟合的结果与上述结论接近，且反映了喜光植物的特点，但是，该方法参数较多，拟合时比较复杂；直角双曲线的方法较为简单，被许多研究所采用。因此，在选择植物光合作用的光响应曲线拟合方法上，应根据实验要求与实际情况，并注意两种方法的差异。

由两种方法得出的 4 个树种的 α 结果可以看出，阔叶树种的 α 大于针叶树种，与其他研究结果相类似：在植物生长旺盛期（7 月）测定的杉木的 α 小于栓皮栎和胶皮枫香树（Herrick et al.，1999；谢会成等，2004；张小全等，2001），也小于华东椴（马志波等，2004）。

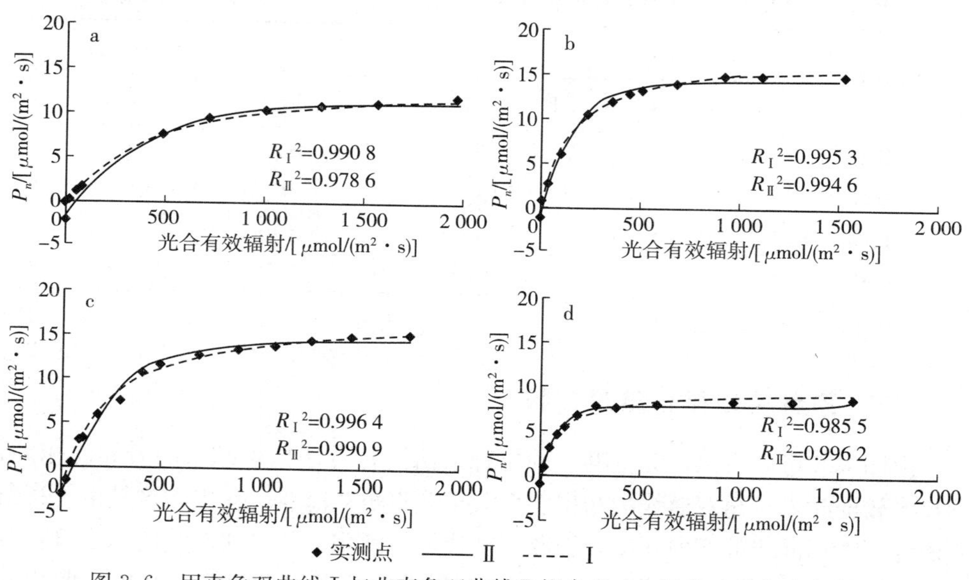

图 3.6 用直角双曲线Ⅰ与非直角双曲线Ⅱ拟合的 4 个树种叶片光响应曲线

a. 红松 b. 紫椴 c. 蒙古栎 d. 水曲柳

本项研究结果是在长白山树木生长旺盛期（7 月）测定的。该时段土壤水分充足，20cm 和 50cm 处的土壤质量含水量分别为 32%和 31%；测定时叶温控制在 25℃左右，空气相对湿度在 60%，大气中 CO_2 浓度为 400μmol/mol 左右。而在树木的其它生长期或不同的环境状况下，得出的结果会有所不同。例如，同属壳斗科的栓皮栎与蒙古栎的 α 与 P_{max} 及同属椴树科的华东椴与紫椴的 P_{max} 存在差别（马志波等，2004；谢会成等，2004）。这是由于地理因素、环境因子和树木本身的生理特性以及分析方法不同等综合作用造成的。

三、长白山地区蒙古栎光合特性

绿色植物光合生产是生态系统能量流动和物质循环的基础，也是生物固碳的最主要方式。地球上的植物通过光合作用每年约同化碳 2×10^{11} t，其中60%是陆生植物同化吸收的结果（李合生，2001），因此，以光合作用为基础研究植被生产力形成过程及其对未来气候变化的响应，一直是植物生理学陆地碳循环研究领域的热点（于强等，1999）。目前，国外对基于单叶尺度的树木光合作用研究已有很多，并涉及到不同功能型、树种和叶子发展形态的个别比较（Ogren et al.，1996；David et al.，2001）。国内植被光合作用研究多集中在作物、草本或树木幼苗等易观测对象上（许红梅等，2004；刘允芬等，2000；林金科等，2000；孟平等，2005；陆钊华等，2003；梁春等，1997），对高大乔木的研究相对较少（马钦彦等，2003；马志波等，2004；张小全等，2001）。

蒙古栎是中国北方一种较常见的树种，广泛分布于东北地区、内蒙古和华北地区（高志涛等，2005）。该树种是温带针阔混交林区域地带性植被松林的重要伴生树种之一，同时也是火烧、皆伐迹地次生落叶林的建群种（于顺利等，2000）。因此，对蒙古栎生理生态特性的研究备受关注。研究人员对其萌芽特性（李克志，1958）、叶绿素含量及莹光特性（张杰等，2005）、蒸腾强度（石福臣等，1993）以及水分胁迫的生理响应（王淼等，1998）等方面均已进行了详细的研究。然而，针对蒙古栎光合作用特性方面的研究，却只在幼苗上做过（文诗韵等，1991），对成龄树的研究报道尚未见到，这使得我们对于该树种光合特性的认识方面仍有所欠缺。在植物群落演替过程中，各树种的光合能力大小对环境的适应性起着关键作用。蒙古栎成树和幼树光合特性的研究对认识蒙古栎林的演替机制及其在针阔混交林中的地位有重要意义。

近年来，Li-6400便携式光合作用测定仪以其重复性好、数据稳定、实测参数多且精度高等优点，被广泛地应用到了植被光合作用的研究中。

（一）非直角双曲线方程描述

采用非直角双曲线方程描述单一叶片光合速率和光强关系：

$$\theta P^2 - P\ (\alpha \times PAP + P_{max}) + \alpha \times P \times_{max} PAR = 0 \qquad (3-4)$$

式中，P 为叶片光合速率，单位为 μmol/（m^2·s）；α 为单叶尺度表观初始量子效率，即弱光条件下光响应曲线的斜率；P_{max} 为达到光饱和时的叶片 CO_2 交换速率，单位为 μmol/（m^2·s），两者均是描述叶片光响应特征的参数。PAR 为入射到叶片上的光合有效辐射密度，单位为 μmol/（m^2·s），θ 为拟合曲线的凸度（$0\leqslant\theta\leqslant 1$）。当 $\theta=0$ 时，式（3-4）简化为直角双曲线方程。当 $\theta\neq 0$ 时，由于：

$$P_n = P - R_d \qquad (3-5)$$

R_d 为叶片暗呼吸强度，单位为 μmol/（m^2·s）；P_n 为叶片净光合速率，单位为 μmol/（m^2·s），其解为：

$$P_n = \frac{\alpha \times PAR + P_{max} - \sqrt{(\alpha \times PAR + P_{max})^2 - 4\theta(\alpha \times P_{max} \times PAR)}}{2\theta} - R_d \quad (3-6)$$

光强—光合响应曲线采用最小二乘法进行拟合。P_n 为 0 时的光强为光补偿点 L_{cp}，P_n 最大时的光强为光饱和点 L_{sp}。通过非直角双曲线方程同时还可以求出 CO_2 - P_n 曲线初始斜率，即羧化效率 CE 以及 CO_2 补偿点 C_{cp} 和饱和点 C_{sp}。

（二）单叶光强—光合响应特征

光强—光合响应曲线的不同阶段，影响叶片光合速率的主要因素不同。图 3.7 为生长旺季 7 月蒙古栎幼树与成树的光响应实测平均（9 组数据）及拟合曲线。可以看出，非直角双曲线很好地反映了叶片的光响应过程。当光强为 0 时，叶片呼吸释放出 CO_2，其中幼树的暗呼吸速率 R_d 要高于成树。随着光强的升高，成树首先达到 CO_2 的收支平衡，其光补偿点 L_{cp} 要低于幼树。在弱光阶段，蒙古栎成树与幼树的净光合速率 P_n 都随着 PAR 的变化近乎呈直线增加，表明此时光强是控制光合作用的主要因子。当超过一定光强［900μmol/(m² · s)］后，P_n 增加开始变慢，但此时成树与幼树叶片 P_n 均已达到各自最大净光合速率 P_{max} 的 80%以上。在光强超过 1 300μmol/(m² · s）后，蒙古栎的净光合速率仍有略微增加趋势，因此其 L_{sp} 应该高于 1 300μmol/(m² · s)。从图 3.7 中还可以看出，强光对蒙古栎没有明显的光抑制现象，该树种表现为典型的喜光性特点，但光强从 1 300μmol/(m² · s）增加到 2 000μmol/(m² · s)，幼树与成树的 P_n 增加值却均不超过 5%，这说明蒙古栎对强光的利用效率要低于弱光。

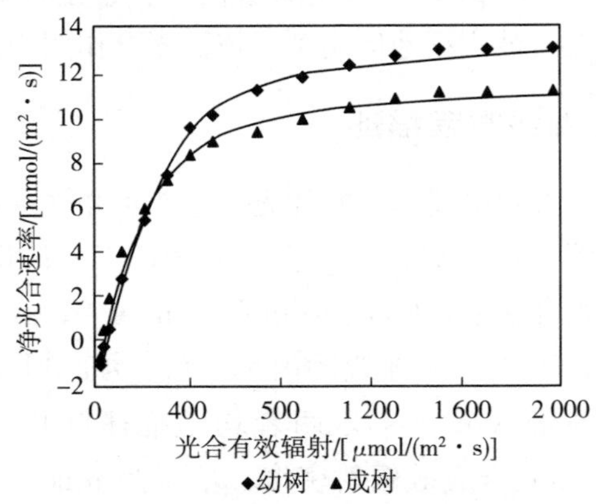

图 3.7　蒙古栎与幼树光强—光合响应特征

（三）光合作用日变化

外界的光强、温度、水分、CO_2 浓度等都在时时不断变化着，因此，光合作用也呈现明显的日变化。图 3.8 所示为 2005 年 7 月 9 日幼树光合速率及主要环境变量的日变化过程。从中可以看出，饱和水汽压差 *VPD*（图 3.8a）和光合有效辐射 *PAR*（图 3.8b）在日间都近似呈单峰型日变化，而蒙古栎光合作用却明显呈双峰型日变化（图 3.8c）。大的峰值出现在 11：00 左右，小的峰值出现在 15：00 左右，且在光强相同的情况下，下午的光合速率要低于上午。在午间 13：00—14：00 光合速率明显下降，呈现光合“午休”（midday depression）现象。这一现象在很多植物上都有过报道，究其原因，也有多种可能。例如，经过上午的长时间光合，叶片中的光合产物大量积累，发生反馈抑制；或在干热的中午，植物叶片蒸腾失水大于吸水，引起气孔导度降低甚至叶片萎蔫，使叶片对 CO_2 吸收能力降低；另外，午间高温、强光、CO_2 浓度降低产生光抑制，光呼吸增强，这些都会导致光合速率下降，引起植物产生光合“午休”（李合生，2001）。从图 3.8c 中可以看出，P_n 最大值出现的时间要略微提前于 *PAR* 峰值的出现时间，且其值不超过 12μmol/(m^2 · s)，小于同等光强下光响应实验的实测值（见图 3.7），而光合“午休”现象出现的时间与空气饱和水汽压差 *VPD* 峰值出现的时间同步。据此可以推测，光抑制和水分胁迫应该是蒙古栎幼树出现光合“午休”现象的两个重要原因（王淼等，2002）。

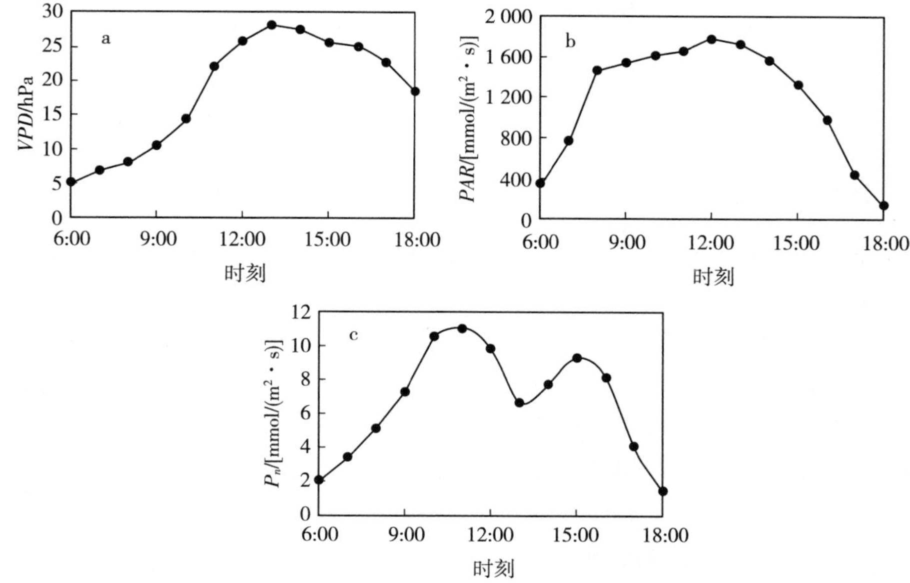

图 3.8　幼树光合速率及环境变量的日变化过程

a. 饱合水汽压差　b. 光合有效辐射　c. 净光合速率 P_n

（四）CO_2—光合响应

CO_2—光合响应曲线与光强—光合响应曲线有相似的变化趋势，如图 3.9 所示。在 CO_2 浓度为 0 时，叶片只有呼吸作用。随着 CO_2 浓度的增高，光合速率近似呈线性增加，并很快达到 CO_2 收支平衡，此时样品室内的 CO_2 浓度即为 CO_2 补偿点。在低 CO_2 浓度条件下，CO_2 是光合作用的限制因子，直线的斜率，即羧化效率 *CE*，受羧化酶活性和量的限制。当 CO_2 浓度继续升高，光合速率增加变慢。CO_2 浓度超过 600μmol/mol 时，P_n 基本不变，CO_2 不再是光合作用的限制因子，光合速率趋于最大值。从图 3.9 中还可以看出，当样品室 CO_2 浓度达到 400μmol/mol，超出正常大气 CO_2 浓度时，P_n 仍有明显的升高趋势，这说明大气 CO_2 浓度增加具有促进蒙古栎叶片光合固定的短时效应。

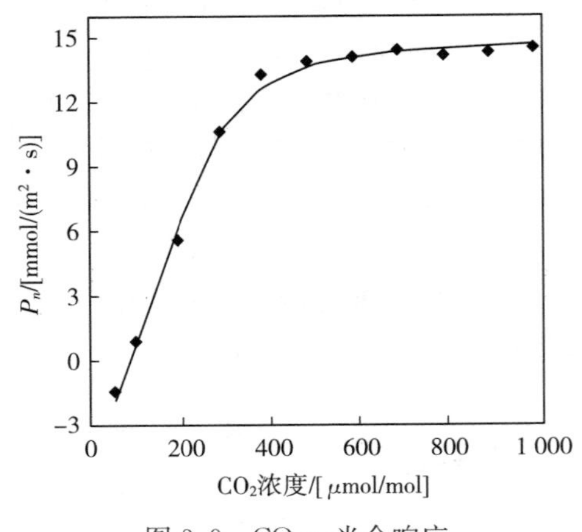

图 3.9　CO_2—光合响应

（五）光合特征参数

对叶片 *PAR* 和 P_n 实测平均值采用非直角双曲线方程进行拟合，可以得到 α、P_{max}、R_d 和 L_{cp} 等光合特征参数（表 3.2）。可以看出，幼树的表观初始量子效率 α，最大光饱和速率 P_{max} 和暗呼吸速率 R_d 均高于成树相应值，表明幼树叶片的同化代谢能力要高于成树。不过两者叶片 R_d 值均不超过最大饱和速率的 10%，说明蒙古栎叶片在理想环境条件下的光合同化要大大高于呼吸消耗，这可能是该树种生长相对较快的原因之一。幼树的表观量子效率 α 与光补偿点 L_{cp} 也都高于成树，这与其高 P_{max} 和 R_d 的研究结论相一致。另外，从图 3.7 的光响应曲线中可以看出，光强在达到 1 500μmol/(m² · s) 时，仍没有明显的光饱和点出现，即没有光抑制产生。在此采用 P_n 达到最大光合速率的 95% 时对应的 *PAR* 作为判别标准，成树与幼树的光饱和点均接近于 1600μmol/(m² · s)，幼树略高于成树。表 3.2 同时给出了蒙古栎幼树 CO_2—光合曲线的拟合参数，可以看出，CO_2 饱和点接近于大气 CO_2 浓度倍增水平，说明 CO_2 富集对蒙古栎光合作用的短期促进效果明显。另外，CO_2 加富研究中 P'_{max} 为 15.4μmol/(m² · s)，略高于光强—光合响应实验中获得的 P_{max}，表明蒙古栎还有一定的光合潜力，在光强—光合响应实验中，增加 CO_2 浓度可增加其净光合速率。

表 3.2　蒙古栎光合特征参数

蒙古栎	光强—光合响应						CO_2—光合响应				
	α	P_{max}/μmol/(m²·s)	R_d/μmol/(m²·s)	L_{cp}/μmol/(m²·s)	L_{sp}/μmol/(m²·s)	R^2	CE	P_{max}/μmol/(m²·s)	C_{cp}/μmol/(m²·s)	C_{sp}/μmol/(mol)	R^2
幼树	0.049	13.7	1.13	29	1 581	0.99	0.067	15.4	73	625	0.99
成树	0.045	11.6	0.74	21	1 564	0.97	/	/	/	/	/

P_{max}、α 和 CE 等光合特征参数无法通过仪器实测，只有根据观测数据，利用经验方程拟合出来。近几年的文献中，直角双曲线和非直角双曲线方程都有作为光强—光合响应拟合的应用报道。前者因为相对简单，较为常用。但它未考虑光响应曲线在弱光与强光过渡时实测点分布的凸度，因此得到的参数生理学指标与实际状况有些差异，特别是 P_{max} 理论渐近值经常高于实测值许多。对此，陆佩玲等（2001）利用冬小麦光强—光合响应实验也给予了证明。非直角双曲线引入了曲线凸度 θ，比较符合植物的光响应过程，且方程参数具有生物学意义，因此，近年来应用较多。本研究表明，非直角双曲线方程不仅很好地模拟出了单叶光合特征参数，而且在 CO_2—光合响应曲线拟合中也有较好的表现。通过拟合，光强解释了叶片 97%以上的光合速率变化，光响应参数 R_d，P_{max}，α 等都在合理范围内，特别是 P_{max} 与实测光合速率最大值很接近。

表观初始量子效率 α 和光补偿点 L_{cp} 是植物利用弱光能力的一项重要指标。α 值大，表明植物吸收与转换光能的色素蛋白复合体可能较多，利用弱光的能力强。研究显示，蒙古栎成树的 α 值约为 0.045，略低于幼树的 α 值 0.049，但两者均位于 C_3 植物 α 值的上限 0.03～0.05（Goulden et al.，1997）。另外，蒙古栎成树与幼树的 L_{cp} 都不超过 40μmol/(m² · s)，其中成树 L_{cp} 值仅为 21μmol/(m² · s)，这低于多数落叶阔叶树种的研究报道值。如徐程扬等（2001）对紫椴 L_{cp} 的研究值达到了 100μmol/(m² · s)，谢会成等（2004）对栓皮栎的研究值也超过了 40μmol/(m² · s)。较高的 α 和较低的 L_{cp} 表明蒙古栎对弱光的利用能力相对较强，这可能与该地区生长季多云雨天气的长期适应有关。柯世省等（2004）研究发现，东南石栎的 L_{cp} 值在雨季仅为 10μmol/(m² · s) 左右，这也为上述猜测提供了佐证。

光饱和点 L_{sp} 揭示了植物对强光的喜好程度。研究显示，在人工光源下，蒙古栎在光强达到 1 700μmol/(m² · s) 时，仍无明显的饱和迹象，表现为典型的喜光性，对蒙古栎幼苗的研究也是如此。但研究同时显示，虽然 PAR 不超过 1 500μmol/(m² · s)，蒙古栎幼苗 P_n 日变化过程线仍呈双峰型，有明显的“午休”现象。这说明“午休”不应仅是强光抑制所致，还可能是因为在自然条件下，由于长时间强光照射，植被出现水分亏缺，导致叶片净光合能力降低，而光强—光合响应测定均在上午进行，且叶室设定的环境条件，特别是湿度条件要优于自然状况，这增加了叶片的光饱和点。有研究发现，森林生态系统净碳吸收量最大的观测日经常出现在多云和雨后初晴的天气（Goulden et al.，1997），也证明了这点。与同为喜光树种的国槐比较（刘桂林等，2003），除了 L_{sp} 较为相似外，P_{max}、L_{cp}、C_{cp}、C_{sp} 均低于后者。

已有的研究表明（Chazdon，1992），森林的先锋树种同晚期树种相比，有更高的光合速率和光饱和点。本试验的结论也证实了这一点。喜光性和高的光饱合点，结合耐贫瘠、耐干旱、萌生能力强等生物学特性（王淼等，2002），使得蒙古栎在演替初期相对于其他树种更易生存和发展，这应是其成为北方温带次生落叶林建群种的一个重要原因。

四、长白山红松针阔叶混交林林冠层叶面积指数模拟分析

叶面积指数是标志植物生态系统状态的重要指标，既反映了植物群落的生命活力，也是表征其诸多环境效应的主要参数，所以它的定量观测一直是森林生态学和相关领域研究的重要内容，在森林植物更新（周永斌等，2003）、生态系统碳通量（Saigusa et al.，2005；Walcroft et al.，2005）、生产力（Ohtsuka et al.，2005）、辐射平衡（Anisimov et al.，1997）、能量平衡（Schmid et al.，2000；Silberstein et al.，2003）、水量平衡（Ashby，1999；Granier et al.，2000）、地—气系统模型（Sellers et al.，1997）、植被遥感（李开丽等，2005）等方面有广泛的应用。其观测方法可以分为两大类：一是通过抽样直接测定叶片的面积，进而推算到群落尺度（Bartelink，1998；Cohen et al.，1995；朱春全等，2001）。它适用于植物种类单一、生长均匀、取样方便的群落，如人工种植管理的农作物和苗圃等，因其工作量大，操作过程繁琐，不适用于植物种类多、几何结构空间异质性大的自然群落，特别是个体高大的森林群落就更难进行。对于这样的群落叶面积，多采用第二种方法——光学测定方法，即利用冠层下的光强与无遮蔽对照点的光强之比计算群落叶面积，或用成像方法间接计算（陈高等，2004；Eriksson et al.，2005；颜文洪等，2004），几乎所有的群落叶面积观测仪都是采用此原理设计的。但在野外实际观测中，由于天气、人力等诸多条件的限制，很难进行连续观测，相关研究多为短期观测结果（Chen et al.，1997）。随着电子技术的进步和普及应用，野外环境要素的观测越来越向自动化方向发展，利用冠层上下光强的观测结果估算自然群落叶面积的连续动态成为可能。

（一）冠层叶面积经验公式

设林冠上下的光合有效辐射分别为 Q_0 和 Q，则根据 Beer 定律（Monteith，1976）

$$Q/Q_0 = \exp^{(-KL)} \tag{3-7}$$

式中，K 为林冠消光系数，L 为冠层叶面积指数（含干枝的面积），则：

$$L = -\ln(Q/Q_0)/K \tag{3-8}$$

K 与植物种类、冠层叶的倾角等有关，变化在 0.3～1.5（Monteith，1976），由于本项研究对象是针阔叶混交林，冠层叶结构复杂，尚无准确的参考值，这里利用观测结果经验地确定，首先建立 Q 和 Q_0 日总量之比的 5 日滑动平均值系列，将便携式叶面积仪观测的叶面积指数 L 和该日 Q/Q_0 的滑动平均值代入式（3-8）求 K。通过分析发现，K 随 L 增大而减小，二者符合幂函数关系（图 3.10）：

$$K = aL^b \tag{3-9}$$

得到系数 $a=1.063$，$b=-0.448$，相关系数 $R^2=0.862$，由式（3-9）代入式（3-2）得：

$$L = [-\ln(Q/Q_0)/a]^{1/(1+b)} \tag{3-10}$$

即为估算该群落冠层叶面积指数的半经验公式。

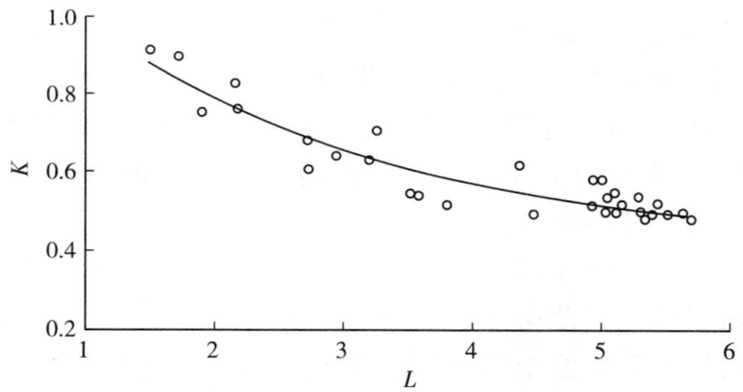

图 3.10　消光系数（K）与叶面积指数（L）的关系

（二）叶面积指数估算值与实测值的比较

由图 3.11 可以看出，日估算值能够较好地描述叶面积指数的季节变化，但存在一定波动，采用 10 日滑动平均后可以有效地消除波动，并与实际观测值较好地吻合，2003 年和 2004 年估算值 L_e 和实测值 L_m 的关系分别为 $L_e=1.016L_m$ 和 $L_e=0.991L_m$，相关系数 R^2 分别为 0.954 和 0.952。二者两年的最大差值分别为 0.55、−0.51，分别出现在春季和秋季，平均差值分别为 0.13、0.12。日估算值波动的主要原因是由于叶面积分布不均匀（存在大小不同的林隙）造成的，另外，光合有效辐射中直射光和散射光的比例变化也有一定的影响。

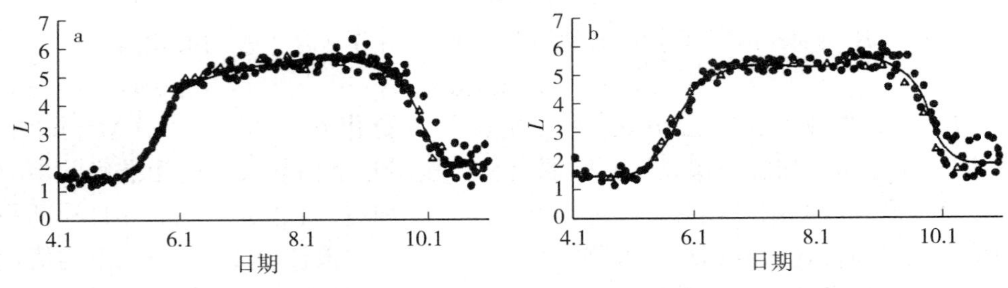

图 3.11　叶面积指数估算值与实测值比较

(三) 生长季叶面积指数的季节动态和年际比较

图 3.12 显示了 2003—2005 年 3 年间叶面积指数估算值（10 日滑动平均）的季节动态，大致分为 3 个阶段，从 5 月上旬到 6 月中旬为迅速生长期，叶面积指数上升很快；6 月中旬到 9 月初为相对稳定期，叶面积指数只有缓慢的升降，8 月下旬达到最大值；9 月上旬到 10 月上旬为下降期，叶面积指数逐渐减小，特别是 9 月下旬下降最快。10 月中旬基本下降到相对稳定值，但比春季的 4 月稍高，可能是残留在林冠的少量枯黄叶片影响的结果。

2005 年的叶面积指数与前两年有一定的差别：①叶面积起始生长日期不同，以叶面积指数 2.0 为起始生长日的临界指标，2003—2005 年的起始生长日分别为 5 月 12 日、5 月 9 日、5 月 24 日，2003 年和 2004 年较接近，而 2005 年延迟较多（相对前两年分别延迟了 12d 和 15d)，分析日平均气温发现，2003 年和 2004 年稳定通过 0℃的日期均为 3 月 22 日，而 2005 年为 4 月 2 日，相对前两年延迟了 11d，可见春季温度的回升早晚是制约该森林叶面积起始生长日的主要原因。②虽然 2005 年叶面积起始生长较迟，但 8～9 月叶面积指数高于前两年，下降日期也比前两年延迟，考察 3 年生长季的水热条件，2005 年 5 月、6 月温度低于或等于前两年，但降雨量大，7 月、8 月的温度和降雨则显著高于前两年（只

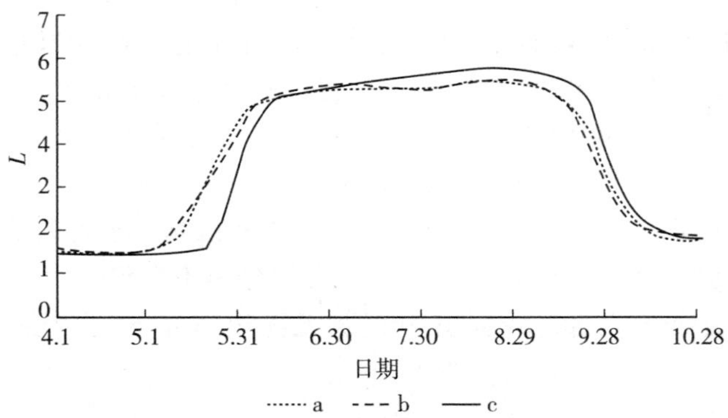

图 3.12　2003—2005 年叶面积指数估算值（10 日滑动平均）的季节动态

有 7 月降雨稍低于 2004 年对应值），所以初步断定，2005 年生长季充沛的降雨和后期的较高温度是叶面积指数高于前两年的重要原因。另外，春季树木展叶延迟，也是导致落叶期向后推迟的原因之一。

（四）叶面积指数季节变化的积温模式

以大于等于 0℃的积温（$\sum T \geqslant 0℃$）为横坐标绘出 3 年叶面积指数的 10 日滑动平均估算值（图 3.13），发现叶面积指数与积温的相关关系优于与时间的关系（图 3.12），叶面积指数随积温的变化也存在上升期、稳定期和下降期，根据图 3.13 确定 3 个阶段的积温范围分别为 0～800（℃・d）、800～2 400（℃・d）和>2 400（℃・d），并分别建立叶面积指数与积温的回归模型，上升期和下降期用 Logistic 模型，稳定期用线性模型。

上升期：$$L = \frac{4.1}{1 + \exp(4.631 - 9.321 \times 10^{-3} \sum T)} + 1.2$$
$$(R^2 = 0.911)$$

稳定期：$$L = 0.42 \times 10^3 \sum T + 4.84 (R^2 = 0.946)$$

下降期：$$L = \frac{4.4}{1 + \exp(-25.242 + 9.873 \times 10^{-3} \sum T} + 1.2$$
$$(R^2 = 0.886)$$

式中，常数 1.2 是干枝面积指数，根据叶面积指数的观测值和森林调查结果估计得出（模型曲线见图 3.13），模拟值与估算值吻合较好。二者最小和最大差值分别为−0.56、0.61，出现在秋季，平均差值为 0.15。

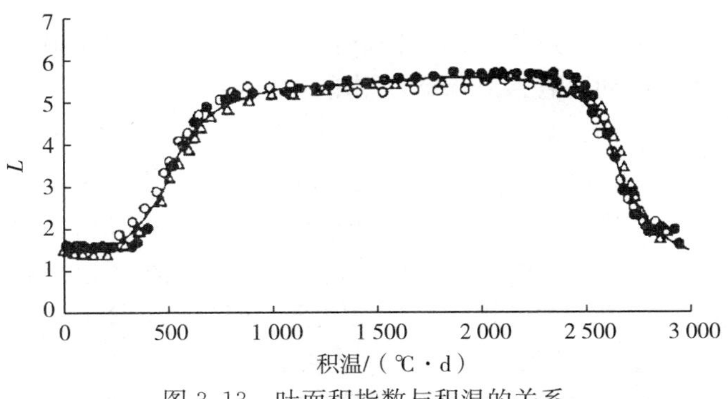

图 3.13　叶面积指数与积温的关系

冠层光分布理论是测定叶面积的基础，目前对该理论已有了很深入的研究（Jonckheere et al.，2004；张小全等，1999），但在实际应用中存在一定的局限性，如冠层结构（叶片倾角、空间分布等）与理论假设有一定的差异，不同类型群落之间有很大差别，相关理论参数的取值也不尽相同（Monteith，1976），所以许多研究者采用不同方法进行对比研究（Broadhead et al.，2003；任海等，

1997；王希群等，2005；Whitford et al.，1995）。本项研究针对长白山红松针阔叶混交林，提出了一个利用冠层上下光强的连续自动观测结果进行叶面积指数的动态估算的半经验方法，避免了复杂的冠层结构参数的假定和计算。结果表明，该方法是可行的，虽然由于林隙的影响造成林冠下光强观测结果的波动（关德新等，2004；Knyazikhin et al.，1997），但可以通过选择适当的传感器、增加探头数量以及采用不同时间尺度的总量或平均方法有效地削弱这种波动（Hyer et al.，2004）。在林冠下探头安装时要根据群落林隙的特点（吴刚，1997）选择有代表性位置，并长期保持不变，以便进行年际间叶面积动态的比较。应用此方法时还要注意仪器的测光波长范围，林冠对不同波长光的透过率有较大的差异（金昌杰等，2000），所以式（2）中的 K 值应随观测波长的变化而变化。此方法物理机制明确，在目前自动化观测技术较为普及的状况下相对容易实现，只要保证以上技术条件，就可以方便、快捷、准确地计算叶面积指数。

利用该方法对长白山红松针阔叶混交林连续 3 年的叶面积指数估算结果表明，该森林冠层的消光系数随叶面积指数的增大而减小，气温稳定通过 0℃的日期对展叶期的早晚有很大影响，生长季叶面积指数的涨落动态与大于 0℃的积温存在较好的相关关系，可用 Logistic 曲线和线性方程分阶段表达，但此经验公式是基于 3 年观测资料建立的统计关系，叶面积指数还受其他环境因素的影响（如降水、光照等），因此，叶面积指数与积温的这种经验关系及其误差还需要长期的实际观测数据进行检验。本项研究希望为越来越多的森林自动气象站提供估算冠层叶面积指数动态的一种方法，为森林生态研究和管理提供有效的工具。

五、蒙古栎叶片光合作用随叶龄的变化及其与叶片功能性状的关系

叶片作为植物光合作用发生的主要器官，是生态系统中初级生产者的能量转换器，其叶性状特征动态直接影响着植物的生理生态功能（张林等，2004）。叶龄是反映叶片连续生命进程（展叶、成熟和凋落等生长发育过程）的重要指标（Kikuzawa et al.，2011），研究者很早就发现光合能力随叶龄增加发生变化的现象（Warren et al.，2001；Warren，2006；Han et al.，2008）。目前对于森林净初级生产力估算多强调环境要素对光合作用的影响，极少考虑反映叶片生长进程指标的叶龄对光合生产能力的影响，导致光合生理参数估算方法的不确定性，这在很大程度上制约着净初级生产力估算结果的准确性。例如，Beek 等（2010）指出，叶龄对光合生产能力的影响会导致针叶林净初级生产力估算存在 15%的误差。叶片光合能力随叶龄的变化主要是叶片内部因素改变的结果。影响叶片光合能力的叶片内部因素有叶片结构性指标如叶面积、比叶重等，以及叶片功能性指标如叶绿素含量等。以往学者对光合作用及其与叶片功能性状指标关系的研究中，对叶龄多以“年”“月”进行度量来分析叶片功能性状指标以及光合指标的变化，尽管可以得到各项指标的整体变化趋势和其年、季间的变化过程，但是会

忽略许多具体细致的变化过程，导致光合作用随叶龄变化的生理生化调节机制研究不够深入。且国内对于植被光合作用的研究多集中在作物、草本或树木幼苗等易观测对象上（梁春等，1997；林金科等，2000；刘允芬等，2000；许红梅等，2004；孟平等，2005），对高大乔木研究则相对较少（张小全等，2001；马钦彦等，2003；马志波等，2004）。

蒙古栎是我国北方森林的主要落叶阔叶树种，广泛分布于东北地区和内蒙古、华北地区、西北地区，具有耐干旱、耐贫瘠、耐寒等特性，对森林群落的演替和发展具有重要作用。

（一）光合参数的测定及光合曲线的拟合

1. 光合参数的测定

每棵树选择 3 片健康的相同叶龄的叶片在整个生长季（4～11 月）进行光合参数的跟踪测定。选择晴天或多云天气，在 08：00～11：00 用便携式光合作用分析仪 LI－6400（Li-Cor Inc.，USA）测定光响应曲线和 CO_2 响应曲线，每 5～7d 观测一次，生长季初期和后期酌情加密观测。

测定光响应曲线时，叶室温度设置为（25±2)℃，相对湿度控制在 70%±5%，CO_2 浓度控制在（385±5）μmol/mol，利用 LI－6400 的人工光源，并手动设置光强［0、50、100、200、300、400、500、800、1 000、1 200、1 400、1 600、1 800μmol/(m^2·s)］，每个光强下适应 5～30min 后测定。

测定 CO_2 响应曲线时，温度和湿度与光响应曲线一致，光强控制在饱和光强 1 300μmol/(m^2·s)，利用 LI－6400 的 CO_2 混合器，手动设置 CO_2 浓度（400、300、200、100、50、400、600、800、1 000、1 300、1 600、1 800μmol/mol)，每个浓度设定值在样品室和参比室达到平衡后，适应 5～30min 后测定。

2. 光合曲线的拟合

将测定的光响应曲线用非直角双曲线进行拟合，拟合公式如下：

$$P_n=\frac{\alpha\times I+P_{max}-\sqrt{(\alpha\times I+P_{max})^2-4\theta\times\alpha\times I\times P_{max}}}{2\theta}-R_4 \tag{3-11}$$

式中，P_n 为净光合速率［μmol/(m^2·s)］，I 为光量子通量密度［μmol/(m^2·s)］，α 为初始量子效率，θ 为非直角双曲线的凸度，P_{max} 为光饱和时的最大净光合作用速率［μmol/(m^2·s)］，R_d 为暗呼吸［μmol/(m^2·s)］。利用 SPSS 统计软件将方程（3－11）通过迭代法分别对每一组光响应曲线进行拟合，得出相应的 α、P_{max}，最后对各个参数求平均值。

由于 $A-Ci$ 曲线可以分为光合作用随细胞间隙 CO_2 浓度增加而迅速上升的初始线性响应阶段和 CO_2 饱和阶段，因此可以用两个不同的方程表达。$A-Ci$ 曲线的起始阶段［即在光强为 1 200μmol/(m^2·s)，细胞间隙 CO_2 浓度小于

200μmol/mol] 光合作用受羧化反应限制，可用下面的方程表达此阶段的曲线：

$$P_n=\frac{V_{cmax}\times C_i}{C_i+K_c\ (1+O_i/K_o)}\cdot\ (1-\frac{0.5\times O_i}{\tau\times C_i})\ -R_d \qquad (3-12)$$

式中，C_i 为细胞间隙的 CO_2 浓度（μmol/mol），V_{cmax} 为最大的 Rubisco 催化反应速率 [μmol/(m^2 · s)]，O_i 为细胞间隙的 O_2 浓度，其值为 198mmol/mol，K_c 与 K_o 分别为 CO_2 和 O_2 的米氏系数，τ 为动力学参数，K_c、K_o 和 τ 都是温度的函数，本研究中 $A-Ci$ 曲线是在 25℃条件下测定的，因此 25℃下 K_c、K_o 和 τ 的值分别为 302μmol/mol、256mmol/mol、2 600mmol/mol。

由于 $A-C_i$ 曲线与光响应曲线相似，因此也可以用非直角双曲线的方法对整条 $A-C_i$ 曲线进行拟合，得出 CO_2 饱和时的最大净光合作用速率，即 RuBP 最大再生速率（也为最大电子传递速率）J_{max}。该非直角双曲线为：

$$P_n=\frac{V_c\times C_i+J_{max}-\sqrt{(V_c\times C_i+J_{max})^2-4\theta\times V_c\times C_i\times J_{max}}}{2\theta}-R_d \qquad (3-13)$$

式中，V_c 为羧化效率 [μmol/(m^2 · s)]，J_{max}为 CO_2 饱和时的最大净光合作用速率 [μmol/(m^2 · s)]，也为最大电子传递速率，用 SPSS 统计软件分别对式（3-12）与式（3-13）通过迭代法对每一组 $A-C_i$ 曲线初始部分以及整个 $A-C_i$ 曲线进行拟合，得出相应的 V_{cmax}以及 J_{max}，最后对各个参数求平均值。

3. 叶片功能性状指标的测定

测定光合参数的同时，采集相同位置、生长状况相似的同叶龄叶片，每棵树重复 3 次，在室内分别进行如下功能性状指标的测定。

比叶重（*LMA*）的测定：取 5～10 片叶片，在其表面钻取半径为 1cm 的圆片数个，计算叶面积。然后在 70℃下烘干至恒量，称干质量。比叶重（mg/cm^2）＝叶片干质量/叶面积；叶面积测定：对叶片进行拍照，通过 Image J 软件求得叶片面积；叶绿素测定：用知道确切面积的模板或打孔器切取 1cm^2 左右叶片（注意避开比较粗大的叶脉），切成长约 5mm、宽约 1mm 的细丝。将叶片细丝投入含 5mL 乙醇与丙酮按比例 1∶1 混合液的刻度试管中，封管口后于暗中提取至细丝完全变为白色为止。然后将管内溶液轻轻倒入比色杯中，按照 Arnon（1949）方法用光波长分辨率较高的分光光度计（本项研究用 UV-120 型分光光度计，日本 Shimadzu 公司制造）分别于 663nm 和 645nm 处读光密度，按 Arnon（1949）的公式计算提取液的叶绿素浓度。

（二）日度量下蒙古栎叶片光合参数的季节动态

1. 最大光合速率 P_{max} 值的季节变化

利用非直角双曲线对蒙古栎光合作用的光响应曲线进行拟合，效果较好，各组数据拟合曲线的相关系数均在 0.95 以上。由图 3.14 可知，在蒙古栎整个生长

期内 P_{max}最低值出现在第八天叶龄（4 月 25 日），为 3.36μmol/(m² · s)，最高值出现在 109d 叶龄（8 月 6 日），为 18.76μmol/(m² · s)。在叶片生长季初期 5～8d 之间（4 月 22～25 日）由于气温下降，P_{max}值下降了 0.65μmol/(m² · s)，之后 P_{max}值随叶龄增大而逐渐增大，在叶片完全展开时约 40d（5 月 27 日）时达到第一个峰值（14.27μmol/(m² · s)），之后出现一个下降趋势，39～68d（5 月 26 日至 6 月 24 日）之间 P_{max}值下降了 2.67μmol/(m² · s)。随着叶片进入生长中期，P_{max}值又逐渐升高，在叶龄达到 81d（7 月 7 日）时，到达第二个峰值，值为 16.15μmol/(m² · s)，在 81～94d 之间（7 月 7～20 日）出现一个较大程度的下降，下降值达 4.98μmol/(m² · s)。之后 P_{max}值不断上升，在 109d（8 月 6 日）时到达整个生长季最高值 18.76μmol/(m² · s)。之后随着叶片进入生长后期 P_{max}值逐渐降低，直到叶片凋零。值得注意的是，在生长季后期，由于叶片衰老以及环境温度骤降，P_{max}值迅速下降，在 163～173d（9 月 30 日至 10 月 10 日）10 日内 P_{max}值下降了 5.93μmol/(m² · s)。

本项研究还发现，在叶片爆芽后 3 日内叶片净光合速率为负值（图 3.15），表明叶片刚刚展叶时叶片呼吸作用速率大于光合作用速率。

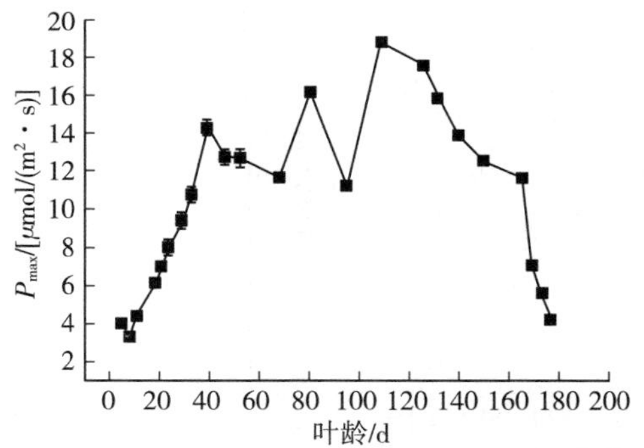

图 3.14 蒙古栎叶片 P_{max}值随叶龄的动态变化

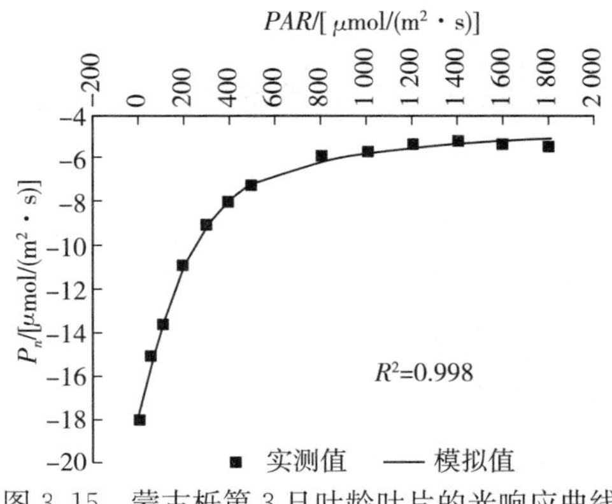

图 3.15 蒙古栎第 3 日叶龄叶片的光响应曲线

2. V_{cmax}、J_{max}值的季节变化

V_{cmax}、J_{max}值的季节变化如图 3.16 所示，生长季初期随叶片生长、叶龄增大两者均逐渐升高，后期随叶片衰老而降低。生长季初期，V_{cmax}、J_{max}值并不是持续增长，22～26d（5 月 9～13 日）之间有小幅度的下降，V_{cmax}值下降了 4.64μmol/（m^2·s），J_{max}值下降了 3.16μmol/(m^2·s)。之后继续上升，直到叶片完全展开约 40d（5 月 27 日）时，V_{cmax}值升高到了 59.14μmol/(m^2·s)，表明此时叶片中 Rubisco 酶的活性较强，J_{max}达到第一个高峰值，为 27.52μmol/(m^2·s)。之后两者均出现下降趋势，在 40～47d（5 月 27 日至 6 月 3 日）之间V_{cmax}值降低了 10.17μmol/(m^2·s)，J_{max}值降低了 7.17μmol/(m^2·s)，这与光响应曲线参数 P_{max}的研究结果相一致。之后两者均缓慢上升，进入生长季中期，J_{max}值呈现平稳趋势，变化不大，V_{cmax}出现缓慢下降的趋势，从 81～134d（7 月 7 日至 8 月 29 日）下降了 10.93μmol/(m^2·s)，之后两值缓慢回升，在 143d（9 月 7 日）时，V_{cmax}值恢复到了 50.90μmol/(m^2·s)，J_{max}值为 31.93μmol/(m^2·s)。进入生长季后期，随叶龄增大两者逐渐减小，直至叶片凋零，在 178d（10 月 12 日）时均达到最低值，V_{cmax}值为 5.20μmol/(m^2·s)，J_{max}值为 3.34μmol/(m^2·s)。

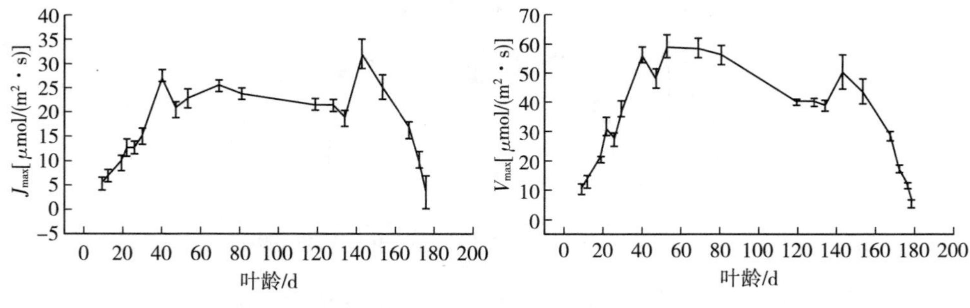

图 3.16　蒙古栎叶片 V_{cmax}、J_{max}值随叶龄动态变化

（三）不同叶龄蒙古栎叶片功能性状的季节动态

1. 结构性指标

生长季节内蒙古栎叶面积变化如图 3.17 所示。从爆芽当日到 31d（4 月 22 日至 5 月 16 日）叶面积迅速增大，实验中 3 棵树的叶面积分别从 1.79cm^2、3.40cm^2、3.49cm^2 增加到 55.29cm^2、80.09cm^2、107.94cm^2。之后叶面积比较稳定，几乎没有变化。直到进入生长后期，从 156d（10 月 1 日）开始随着叶片迅速变黄变红，开始干枯，叶面积有略微下降。

比叶重观测结果表明，在 5～18d 内从 130 g/m^2下降到 90 g/m^2（图 3.18）。此后比叶重增加较快，从 18～79d（5 月 4 日至 7 月 7 日）增加了 140 g/m^2，说

明此时叶片的各种组织结构在快速形成，功能在不断完善。叶龄 80～100d 之间（7 月 7 日至 8 月 1 日）时，比叶重为整个生长季的最高值（230g/m²），此时树木生长旺盛，有机物合成和积累迅速，所以比叶重值较高。100～130d（8 月 1～29日）比叶重有一定的下降，下降了 40 g/m²，随后的 30d（叶龄 132～163d，8 月 29 日至 9 月 30 日），比叶重在 190～200 g/m²之间波动。之后随叶龄增大叶片衰老失水，同时叶片养分发生转移，比叶重逐渐下降。但是，生长季后期的比叶重（152 g/m²）比刚展叶时的值（133 g/m²）高，说明在生长季初期蒙古栎刚刚展叶，有机物质含量较低。

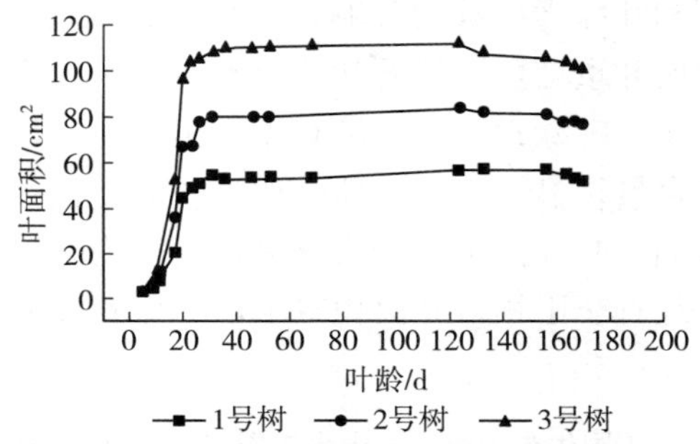

图 3.17　蒙古栎叶片叶面积随叶龄动态变化

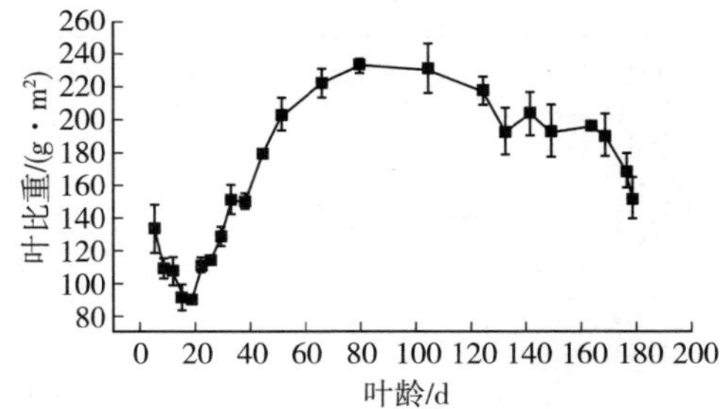

图 3.18　蒙古栎叶片比叶重（*LMA*）随叶龄动态变化

2. 叶绿素

蒙古栎在生长初期和后期叶绿素含量较低，5～39d（4 月 22 日至 5 月 26 日）内，叶绿素总含量呈快速上升趋势（图 3.19），增加了 2.769mg/dm²。39～

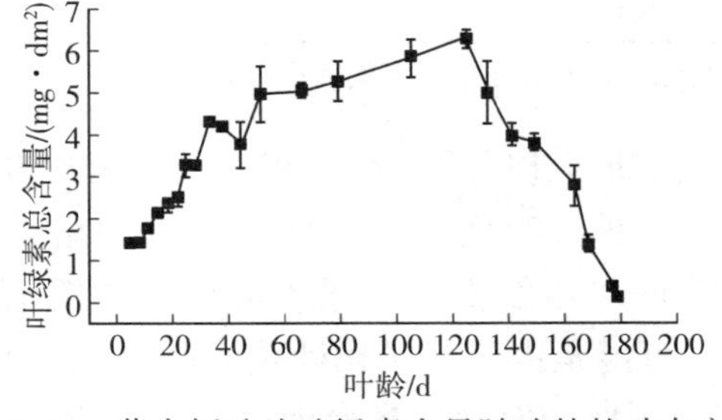

图 3.19　蒙古栎叶片叶绿素含量随叶龄的动态变化

46d（5 月 26 日至 6 月 2 日）内含量下降了 0.446mg/dm^2。之后随叶龄增大逐渐增大，并在 126d（8 月 21 日）叶龄时达到最高值，叶绿素总含量为 6.247mg/dm^2，之后随叶龄增大、叶片衰老，叶绿素含量逐渐降低。

（四）蒙古栎光合参数与叶片功能性状的关系

蒙古栎叶片光合参数（P_{max}、V_{cmax}和 J_{max}）与功能性状（比叶重、叶面积、叶绿素含量）的关系在不同生长阶段表现不同（表 3.3）。

P_{max}在生长初期与比叶重、叶面积、叶绿素含量均具有显著正相关性，P_{max}的变化主要受叶面积和叶绿素含量的影响，叶片生长初期叶片叶面积迅速增大，叶绿素含量增加同时比叶重增大，从而叶片净光合速率也逐渐增大。P_{max}在生长中期与比叶重、叶面积、叶绿素含量均没有显著相关性。P_{max}在生长后期与比叶重、叶面积、叶绿素含量呈显著正相关性，P_{max}的变化主要受比叶重以及叶面积的影响，叶片生长后期，叶片由于衰老失水和叶片养分发生转移，比叶重下降，同时后期叶片变黄变红直至干枯，叶面积减小，叶绿素含量下降，从而导致光合速率迅速下降。

表 3.3　不同生长阶段叶片光合参数与功能性状的相关性

	生长时期	比叶重	叶面积	叶绿素含量
前期（4—6 月）	P_{max}	0.675*	0.941**	0.955**
	V_{cmax}	0.872**	0.867**	0.816**
	J_{max}	0.822**	0.876**	0.818**
中期（7—8 月）	P_{max}	−0.159	0.213	0.588
	V_{cmax}	0.571	−0.615	0.483
	J_{max}	0.630	−0.307	0.324
后期（9—11 月）	P_{max}	0.834**	0.946**	0.889*
	V_{cmax}	0.844**	0.959**	0.894*
	J_{max}	0.834**	0.946**	0.889*

* 在 0.05 水平上显著相关，** 在 0.01 水平上显著相关。

V_{cmax}、J_{max}在生长初期与比叶重、叶面积、叶绿素含量均呈极显著正相关，V_{cmax}、J_{max}随着叶片比叶重、叶面积、叶绿素含量的增大而逐渐增大。V_{cmax}、J_{max}在生长中期与比叶重、叶面积、叶绿素含量均没有显著的相关性，这与 P_{max}的研究结果一致，可能是由于此时比叶重、叶面积与叶绿素含量在叶片生长中期含量较为稳定，因此，对叶片光合能力的变化影响较小，叶片光合能力的变化可能更多受气象因素（如降雨、土壤湿度）的影响。V_{cmax}、J_{max}在生长后期与比叶重、叶面积、叶绿素含量均呈显著正相关，随着叶片衰老，植物生理活性减弱，比叶重下降，叶面积减小，叶绿素含量减少，叶片对低浓度CO_2的利用能力较弱且CO_2饱和时的最大电子传递速率也较低，因此V_{cmax}、J_{max}下降。

（五）蒙古栎光合参数与气象因子的关系

64～171d（6月20日至10月5日）降水量及土壤含水率季节动态如图3.20。65～74d（6月21～30日）期间有连续降水，降水量为45.3mm，土壤含水率也从25.91%上升到30.93%，树木得到了较为充足的水分供应，有利于叶片光合作用的提高，此时，P_{max}增大了4.55μmol/(m^2 · s)（见图3.14），V_{cmax}增大了2.71μmol/(m^2 · s)（见图3.16）。81～94d（7月7～20日）期间降雨较少，只在爆芽86～87天两日内有10.9mm降雨，土壤含水率在此期间持续下降，从30.35%下降到18.37%，此时光合速率也有明显的下降，P_{max}下降了3.98μmol/(m^2 · s)，V_{cmax}下降了4.44μmol/(m^2 · s)，J_{max}下降了1.32μmol/（m^2 · s）。从95～107d（7月21日至8月2日）内，出现集中持续降水，降雨量累计达334.9mm，土壤含水率也从18.37%上升到29.87%，此时P_{max}、V_{cmax}、J_{max}也逐渐回升（图3.20）。

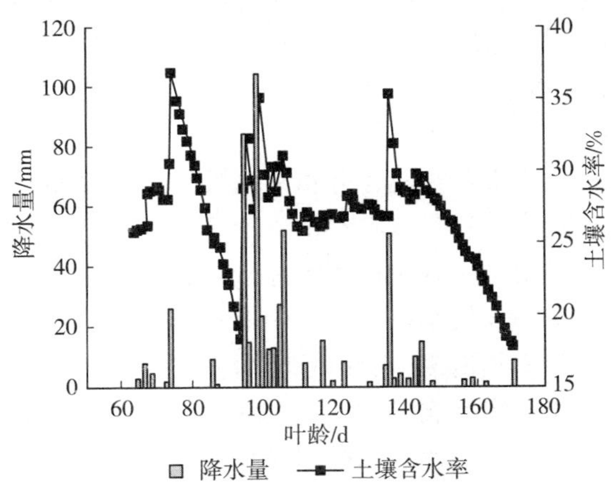

图3.20 降水量及地下10cm处的土壤含水率随蒙古栎叶龄进程的变化

以往的研究大都对落叶树种叶龄以“月”进行度量，可能会忽略一些光合作用参数的具体变化过程，所以本研究通过对叶龄以“日”进行度量，较细致地分析了光合作用随叶龄变化的过程。研究发现，在叶片生长初期，蒙古栎叶片净光合速率为负值，表明此时叶片呼吸作用速率大于光合作用速率。这是由于此时叶绿素含量很低，光合作用受到限制，而此时叶片的生长可能依靠树木原有的营养。同时还发现，在叶片生长前期，P_{max}随叶龄增大并不是持续增长，在叶龄39～68d会有一个明显的下降，此时，叶片已经完全展开，叶面积已经处于稳定值，比叶重增大，说明此时叶片开始倾向于增加厚度，降低了细胞内CO_2扩散速率（Mediavilla et al.，2003b；Niinemets et al.，2004；Onoda et al.，2004），同时叶绿素的含量也有所下降，从而导致了叶片光合速率下降。

大量研究表明，落叶树种叶片叶龄对光合作用有重要影响，叶片P_{max}随着叶片的展开逐渐增大，在叶片完全展开时达到最大值，之后随着叶片衰老呈下降趋势（吴家兵等，2006；Thomas et al.，2010；Peri et al.，2011），这与本项研究结果一致。这是由于随着叶片的生长，组织发育逐渐成熟，色素含量增加，酶活性提高，光合能力逐渐增强，当光合能力到达顶峰后，随叶片逐渐衰老，部分色素分解，以及资源向嫩叶的重新分配来优化光合产物，因而光合速率下降（Thomas et al.，2010）。范晶（2002）、吴家兵等（2006）研究发现，蒙古栎叶片光合能力的季节变化表现为单峰曲线，最大值出现在7月末，光合能力高峰期出现在6月末至9月中旬。本项研究还发现，蒙古栎P_{max}的季节变化表现为双峰曲线，在6月和8月较高，5月和9月较低，在7月却出现下降的趋势，V_{cmax}与J_{max}在蒙古栎生长前期表现出相同的趋势，但在生长中期从7月中旬至8月中旬有明显的下降趋势。调查发现，7月中旬至8月中旬研究地降雨量少，土壤较为干旱，土壤湿度从30.35%下降到18.37%，说明干旱是制约该阶段蒙古栎光合作用的重要因素。这是因为，植物体受到水分胁迫，根系得不到充足的水分，会影响叶片光合能力，减少CO_2气体的交换，因此光合作用受到抑制（王淼等，2004）。有研究证实，当土壤湿度下降15%时，光合作用速率减小35.1%（郭建平等，2005）。

本项研究表明，蒙古栎叶片的比叶重在生长季的初期和后期数值较低，而在生长季中期数值相对较高，这与Mott等（1991）及薛立等（2010）对落叶树种的研究结果一致。这是由于5月份树木叶片刚刚展开，有机物合成积累量小，所以比叶重在树木生长季初期较小；生长季中期树木生长旺盛，是一年中生长最快的季节，有机物合成和积累迅速，所以总叶面积在快速增加的同时，比叶重也在升高；生长季末期，树木叶片衰老失水，同时养分发生转移，因此比叶重下降。但是，本研究还发现，由于叶片展叶初期叶面积迅速增大，有机物质积累的速度小于叶片展叶速度，叶片较薄，导致比叶重下降。蒙古栎叶面积在生长初期迅速增大，直到叶片完全展开叶面积达到稳定，之后随叶片衰老有所下降。这与李保会等（2007）对七叶树（*Aesculus chinensis*）以及胡昊（2006）对于泡桐（*Paulownia* spp.）的研究结果一致。

许多基于对叶龄以“月”进行度量的研究指出，比叶重与光合参数呈显著正相关（梁春等，1997；吕建林等，1998），而有的研究认为，并非所有树种的比叶重与光合参数都呈显著正相关，存在显著正相关关系的树种，光合参数也不是随着比叶重的增大而无限升高，而是存在着一个临界值，超过这个值后光合参数值反而降低（范晶等，2003；康博文等，2005）。也有光合参数随比叶重增加而减小（Mediavilla et al.，2003a；Niinemets et al.，2004；程建峰等，2012）以及两者没有显著相关性的报道（余海云，2013）。而通过对蒙古栎不同"日"叶龄叶片光合作用与比叶重的跟踪研究表明，叶片比叶重与光合参数的相关关系在叶片的不同生长阶段表现不同：叶片爆芽阶段，光合参数与比叶重呈负相关，这是由于爆芽阶段叶片比叶重较大，随着叶片展开，叶面积增大，叶片有机质的积累速度小于展叶速度，比叶重逐渐减小，叶片捕获光的能力增大，此时，光合速率逐渐增大；叶片展叶阶段，光合参数与比叶重呈显著正相关，此时，叶片逐渐完全展开，叶片有机物质积累逐渐增多从而比叶重逐渐增大，光合速率也逐渐升高；叶片完全展开后至生长季中期，光合速率与比叶重呈负相关，由于叶面积几乎不再发生变化，随着叶龄的增加，叶片比叶重越大，细胞壁越厚，就会导致细胞内 CO_2 扩散速率降低（Niinemets et al.，2004），从而导致叶片的光合速率降低；生长季中期，由于叶片叶面积几乎不再发生变化，比叶重也已达到稳定，因此，比叶重不再成为叶片光合能力的主要影响因子，比叶重与光合参数之间没有显著相关性；生长季后期，光合参数与比叶重呈极显著正相关，光合速率随比叶重的减小而逐渐下降。因此，探讨光合能力与比叶重的关系，有必要根据叶片生长过程分阶段研究。

叶绿素含量是表征叶片光合能力的重要指标。叶片的叶绿素含量与叶片的光合能力呈正相关（刘贞琦，1984；Evans，1989；曾建敏，2006）。本项研究表明，生长季前期，叶绿素含量与光合参数均呈极显著正相关，两者表现出相同的变化趋势，这与以往研究结果一致。而在叶片生长中期，叶片叶绿素含量较为稳定，变化幅度不大，因此叶片光合速率更易受外界环境因素（如干旱）的影响。

六、不同 CO_2 浓度下长白山 3 种树木幼苗的光合特性

目前，空气中 CO_2 浓度每年以 2μmol/mol 的速度上升（Keeling et al.，1990；King et al.，1992），这对植物的光合作用乃至产量都将产生深远的影响，国外关于 CO_2 浓度升高对植物的影响已做了大量研究。Cui（1993）和 Alvaro（1994）等认为，当 CO_2 浓度加倍后，生长在开顶箱中的 *CAM* 植物在最初的几周净光合速率高于正常 CO_2 下生长的植株，而且在不同处理时期光合速率增加的程度不同，高浓度 CO_2 对许多 C_4 植物的光合速率仅有较小的增加作用（Lawlor et al.，1991）。大多数研究都是以 C_3 植物为对象，高浓度 CO_2 条件下，C_3 植物的光合作用随处理时间的不同，存在光合上调、光合下调等反应。近年来，随着对全球变化研究的日益深入，国内也相当重视 CO_2 浓度升高对植物影响的问题，周玉梅等（2002）以长白山典型 C_3 物种红松、长白赤松及水曲柳为

实验对象，模拟研究了大所 CO_2 浓度在 700μmol/mol、500μmol/mol 条件下植物的光合特性，为探讨未来大气 CO_2 浓度升高后长白山物种的生态响应及发展趋势问题提供一定的参考依据，并为 C_3 植物对高浓度 CO_2 光合响应的研究提供补充证据。

（一）净光合速率与光强之间的关系

根据净光合速率与光强之间的关系，采用 Bassman（1991）等的经验方程，应用 SPSS 软件进行拟合，可得出最大净光合速率（P_{max}）以及幼苗对弱光的利用效率，即表观量子效率（φCO_2）：

$$P_n = P_{max}\ [1 - C_0 e^{(-\varphi_{CO_2}^{PPFD/P}{}_{max})}]$$

其中，P_n 表示净光合速率，$PPFD$ 表示光量子流密度，C_0 为一度量弱光下净光合速率趋于零的指标。实际测量过程中，红松、长白赤松和水曲柳幼苗的净光合速率对光强的响应曲线拟合效果较好（限于篇幅，文中未列出曲线图），显著性水平在 95%以上，所以可根据以下一组方程，求出幼苗在特定条件下的光补偿点（L_{CP}）及光饱和点（L_{SP}）（张小全等，2000），假定 P_n 达到最大净光合速率的 99%时，$PPFD$ 为光饱和点。2000 年 7 月 1 日，测定了 3 个树种的幼苗光合作用对光强的响应，此时记录的是第 3 个生长季未进行 CO_2 处理时，前两个生长季高浓度 CO_2 处理的累积效果，测定条件为大气 CO_2 浓度。7 月 3 日开始施放高浓度 CO_2，测定了 3 个树种幼苗在接受 CO_2 浓度为 500 和700μmol/mol 第一周、第二周及第八周的光合作用，测定浓度均是其生长浓度。

$$L_{CP} = P_{max}\ln\ (C_0)\ /\varphi\ CO_2$$

$$L_{SP} = P_{max}\ln\ (100C_0)\ /\ \varphi\ CO_2$$

（二）3 种树木幼苗的最大净光合速率 P_{max}

从表 3.4 可见，第三个生长季施放高浓度 CO_2 之前（表中 0 周时），在大气 CO_2 浓度下测定了 3 个树种幼苗在不同光强下的光合作用，前两个生长季接受 CO_2 浓度为 500 和 700μmol/mol 的 3 种树木幼苗，P_{max} 高于大气 CO_2 条件下生长的对照组幼苗。根据两个生长季高浓度 CO_2 的累积效果分析，CO_2 浓度为 700μmol/mol 对红松和水曲柳的 P_{max} 促进效果较明显，CO_2 浓度为 500μmol/mol 对长白赤松 P_{max} 促进效果明显，大气 CO_2 条件下生长的对照开顶箱和裸地植株，最大净光合速率略有差别。

施放 CO_2 第一周，接受 CO_2 浓度为 500 和 700μmol/mol 的红松幼苗，P_{max} 高于大气 CO_2 条件下生长的两对照组幼苗，CO_2 浓度为 700μmol/mol 的 P_{max} 高于 CO_2 浓度为 500μmol/mol 的 P_{max}。处理 2 周后，CO_2 浓度为 500μmol/mol 对红松幼苗净光合速率的促进效果明显，P_{max} 绝对值及增长率均高于 CO_2 浓度为

700μmol/mol 下的 P_{max}，CO_2 浓度为 700μmol/mol 的促进效果虽然小于 CO_2 浓度为 500μmol/mol，但仍比大气 CO_2 浓度作用明显。

表 3.4　不同 CO_2 处理时期不同树种幼苗的最大净光合速率

处理/	红松				长白赤松				水曲柳			
(μmol/mol)	0	1	2	8/周	0	1	2	8/周	0	1	2	8/周
700	5.3	6.5	7.9	11.4	10.9	14.3	13.2	25.5	7.4	4.1	14.0	20.5
500	4.9	5.9	11.1	12.1	11.7	10.8	7.2	13.0	6.0	2.3	12.7	21.0
对照	3.6	4.5	7.0	10.0	9.9	9.4	8.9	14.3	4.0	1.3	11.3	8.9
裸地	4.8	4.2	7.5	9.6	8.1	12.1	9.4	10.4	3.4	1.8	9.6	10.4

CO_2 处理期间，CO_2 浓度为 700μmol/mol 使长白赤松 P_{max} 的绝对值增长幅度最大，在 CO_2 处理的第二周至第八周 P_{max} 增长了 93%。CO_2 浓度为 500μmol/mol 下生长的幼苗，在 CO_2 处理的第一周、第二周及第八周，P_{max} 低于对照开顶箱或裸地植株，所以，在 CO_2 浓度为 500μmol/mol 时，第三个生长季并没有促进长白赤松的净光合速率。

施放 CO_2 第一周时，环境温度较高，高温对红松、长白赤松的净光合速率影响较小，水曲柳的 P_{max} 明显降低，接受 CO_2 浓度为 500 和 700μmol/mol 的水曲柳幼苗，P_{max} 仍高于对照组植株。从整个 CO_2 处理期间 P_{max} 的增长情况分析，CO_2 浓度为 500μmol/mol 使 P_{max} 增长的百分率最大，CO_2 处理的第一周和第二周，P_{max} 绝对值略低于 CO_2 浓度为 700μmol/mol 下生长的幼苗，但在第 8 周时，比 CO_2 浓度为 700μmol/mol 下的 P_{max} 高。CO_2 浓度为 500 和 700μmol/mol 下生长的幼苗，P_{max} 绝对值较接近，明显高于大气 CO_2 条件下生长的对照幼苗，尤其在 CO_2 处理第 8 周。

（三）树木幼苗的光补偿点 L_{CP}、光饱和点 L_{SP} 和表观量子效率 φCO_2

由表 3.5 可见，第三个生长季未施放高浓度 CO_2 时，经过前两个生长季 CO_2 浓度为 700μmol/mol 处理的红松幼苗 L_{CP} 较低，L_{SP} 和 φCO_2 较高；CO_2 浓度为 500μmol/mol 下的 L_{SP} 最高。CO_2 浓度为 500μmol/mol 增强了红松幼苗对强光的利用能力，CO_2 浓度为 700μmol/mol 增强了对弱光的利用能力。第三个生长季 CO_2 处理期间，CO_2 浓度为 700μmol/mol 下生长的红松幼苗，L_{CP} 最高，φCO_2 值与 CO_2 处理前相比呈下降趋势，基本稳定在 0.02 左右，说明 CO_2 浓度为 700μmol/mol 使 3 年生红松幼苗对弱光的利用能力降低。CO_2 浓度为 500μmol/mol 下生长的红松幼苗，在接受 CO_2 处理的第二周，光补偿点明显降低，L_{SP} 和 φCO_2 明显增大，说明此时 CO_2 浓度为 500μmol/mol 使红松幼苗对弱光和强光的利用能力增强。第三个生长季，CO_2 浓度为 700 和 500μmol/mol 下生长的红松幼苗，L_{SP} 仍高于两对照组植株。

表 3.5 不同 CO_2 处理时期不同树种幼苗光—光合反应曲线的光合参数

树种	处理/(μmol/mol)	光饱和/[μmol/(m²·s)]				光补偿点/[μmol/(m²·s)]				表现量子效率			
		0	1	2	8 周	0	1	2	8 周	0	1	2	8 周
红松	700	800	950	700	1 000	42	100	120	90	0.030	0.018	0.023	0.021
	500	918	800	1 000	1 000	58	104	36	57	0.019	0.019	0.040	0.029
	对照	600	600	600	800	53	51	75	41	0.025	0.031	0.024	0.012
	裸地	650	600	700	700	46	73	95	30	0.018	0.025	0.021	0.042
长白赤松	700	1 000	1 400	1 000	1 300	64	60	109	81	0.023	0.029	0.029	0.049
	500	1 100	900	1 000	1 200	55	53	100	60	0.022	0.029	0.026	0.020
	对照	1 600	850	1 100	1 200	45	58	100	78	0.023	0.039	0.024	0.025
	裸地	1 300	1 200	600	900	11	35	100	103	0.030	0.021	0.032	0.023
水曲柳	700	400	900	120	1 000	80	41	14	17	0.020	0.012	0.045	0.048
	500	500	600	600	1 200	60	47	31	16	0.022	0.009	0.042	0.058
	对照	650	900	700	900	30	80	47	9	0.033	0.007	0.030	0.034
	裸地	350	500	600	500	60	45	37	30	0.020	0.009	0.047	0.050

已经接受前两个生长季 CO_2 浓度为 700 和 500μmol/mol 处理的长白赤松幼苗，在第三个生长季未进行高浓度 CO_2 处理时，L_{SP} 和 L_{CP} 分别低于和高于正常 CO_2 下生长的幼苗。CO_2 处理的第 1 周，CO_2 浓度为 700μmol/mol 下生长的长白赤松幼苗 L_{SP} 明显增加，L_{CP}、φCO_2 基本不变，CO_2 浓度为 500μmol/mol 对长白赤松的 L_{SP} 和 φCO_2 影响不大。整个生长季，对照开顶箱和裸地幼苗的 L_{SP}、L_{CP} 变化较大，这主要与幼苗的生长发育阶段及不同时期的测定环境有关。4 种不同条件下生长的长白赤松幼苗，其光合作用是同步测定的，可排除生长及环境因子造成的差别，所以，高浓度与大气 CO_2 浓度下光响应参数的差异，可认为是开顶箱本身的环境及 CO_2 浓度所致。前两个生长季高浓度 CO_2 处理，使水曲柳幼苗 L_{SP} 和 L_{CP} 分别低于和高于对照开顶箱内植株，与裸地幼苗相比，CO_2 浓度为 700 和 500μmol/mol 下生长的幼苗 L_{SP}、L_{CP} 及 φCO_2 略高。接受 CO_2 处理的第 2 周、第 8 周，CO_2 浓度为 700μmol/mol 下的幼苗，相对于对照组植株，L_{SP} 和 φCO_2 升高，L_{CP} 降低。CO_2 浓度为 500μmol/mol 下 L_{CP}、L_{SP}、φCO_2 的变化动态与 CO_2 浓度为 700μmol/mol 下的相似。

L_{SP}、L_{CP} 和 φCO_2 是光合作用过程中，代表植物对强光、弱光利用能力的主要参数，最大净光合速率是衡量植物光合能力的一个重要指标。L_{SP} 与 L_{CP} 随植物生长、本身的生理活性及环境因子的变化而变化，直接反映植株对光的适应及利用情况，与净光合速率密切相关。

前两个生长季 CO_2 浓度为 700 和 500μmol/mol 处理，红松光饱和点升高，长白赤松和水曲柳的光饱和点降低，说明高浓度 CO_2 使阴性树种红松对强光的利用能力增强，而使阳性树种长白赤松、水曲柳对强光的利用能力降低，但 3 个树种幼苗的光合能力都有不同程度的提高。前两个生长季高浓度 CO_2 处理，红松、长白赤松、水曲柳幼苗并未出现“光合适应”现象，一些研究也证明了植物在高浓度 CO_2 条件下并不发生光合“适应或驯化”（Bunce，1992；韦彩妙等，1996；Ziska et al.，1991）。第 3 个生长季，只有 CO_2 浓度为 500μmol/mol 下生长的长白赤松发生“光合适应”，但 CO_2 浓度为 700μmol/mol 下的长白赤松 P_{max} 增长明显。对红松、水曲柳幼苗来说，CO_2 浓度为 500μmol/mol 时对 P_{max} 绝对值促进最明显，CO_2 浓度为 700μmol/mol 相对于 CO_2 浓度为 500μmol/mol 作用稍弱，但仍高于对照组植株，不同树种对 CO_2 浓度响应不同，而且这种响应的高低随处理时间的延长而变化。一些研究认为，植物发生光合下调，是由于淀粉在叶片中积累，产生库抑制，这些实验材料多数是盆栽或生长在温室内（Azcon-Bieto，1983；Jarvis，1989；Radin et al.，1987）。在野外实地条件下连续 3 个生长季 CO_2 处理，只有 CO_2 浓度为 500μmol/mol 下生长的长白赤松发生光合适应，如是淀粉积累造成库限制，那么 CO_2 浓度为 700μmol/mol 下的光合作用所受限制应更明显，所以更可能的原因是叶片已逐渐适应了 CO_2 浓度为 500μmol/mol。因此，有理由推测，长白赤松也有可能对持续 CO_2 浓度为 700μmol/mol

处理产生适应，红松、水曲柳是否会对 CO_2 浓度为 500、700μmol/mol 产生光合适应，还有待继续研究。

整个生长季，3 个树种对照组植株的 P_{max} 也有不同程度的增长，其变化趋势与高浓度 CO_2 下的 P_{max} 基本相同，只是 P_{max} 及增长幅度不同。由于实验材料种植在自然条件下，长白山气候多变，使得不同测定时期的环境因子变化较大，尤其是温度。在 CO_2 处理的第 1 周，气温高达 38～39℃，使水曲柳的 P_{max} 明显降低，而在 CO_2 处理的第 8 周，气温较温和，基本维持在 27～28℃，所以 3 个树种的 P_{max} 都很高。3 个树种幼苗的光合作用均是同步测定，可以排除温、湿度等环境因子的差异，P_{max} 和光合参数的差异可以认为是 CO_2 浓度所造成的。

第三个生长季，CO_2 浓度为 700μmol/mol 使 3 个树种 L_{SP} 升高，P_{max} 是光饱和时的净光合速率，所以，CO_2 浓度为 700μmol/mol 下的 P_{max} 也相应较高。

L_{SP}、L_{CP} 和 φCO_2 3 个参数均可通过前述经验方程得出，但 L_{SP} 与实际测得曲线所读出的数值之间还有一定偏差，公式所计算出的结果是没有考虑温度在内的理想值，而实际测量过程中，随光照增强，温度是逐渐升高的，当温度超过一定限度，即使 *PAR* 升高，也会产生酶失活、气孔关闭等负效应，所以实际条件下的 L_{SP} 要略低于由公式推导的 L_{SP}。

七、CO_2 浓度升高条件下长白赤松幼苗种植密度对净光合速率的影响

自 19 世纪 70 年代工业革命以来，由于人类活动的影响，大气 CO_2 浓度不断升高，已由工业革命前的 280μmol/mol 增至目前的 350μmol/mol。据预测，到 2050 年大气 CO_2 浓度将比工业革命前增加 1 倍，到 21 世纪末，CO_2 浓度将增加到 700μmol/mol 左右（Genthon et al.，1987；Tegart et al.，1988；Woodward，1993）。大气 CO_2 浓度升高引起的温室效应对生物过程的影响，无疑是研究全球变化对陆地生态系统影响的基本问题。目前，这方面的研究已成为国内外学者普遍关注的一个热点（Garbutt et al.，1990；Gary et al.，1982；Goudrian et al.，1987；Hugo et al.，1994；刘世荣等，1998；王祝华等，1994）。

生态系统中的生物因子不是孤立存在的，每个有机体既处于无机环境之中，同时也被其他有机体所包围。同一环境的有机体间，在利用环境的能量和物质过程中存在着复杂的相互关系，互相影响的强度、方法和形式是由多个因子所控制。生物之间的互相影响、互相作用关系很复杂，其重要程度在森林内不亚于林木与无机环境间的互相关系。种群的密度制约是一个内稳过程，当种群达到一定大小时，某些与密度相关的因素就会发生作用，竞争能力非常相似的植物个体间（如在天然更新的茂密的实生苗种群内部）因其构造、功能和习性都相同，竞争最为激烈。

有意识地控制林内生物间的相互关系，在林业生产实践和理论上都非常重要。合理的林业生产措施应是在弄清林内生物间相互关系的基础上，消除对目的

树种的不良影响，为其生长更新创造良好的条件，维持森林的动态平衡，确保森林的各种效益。合理调整与控制生物间的关系是营林措施的重要内容。在造林、迹地更新、林冠下补播补植过程中，为确定合理的幼苗密度要考虑到幼苗间及其与其它生物的关系。只有准确地处理与调节好生物间的复杂关系，制定合理措施，才能在营林活动中取得最高成效。然而目前许多生物间的相互关系，特别是在未来大气 CO_2 浓度升高的条件下生物间的关系，尚未了解清楚。因此，通过环境模拟深入研究与认识环境变化引起的生物间关系的复杂变化，合理地调节并加以利用，是未来提高森林经营技术水平的重要内容。以往的研究大多侧重于农作物（Kendall et al.，1985；Rogers et al.，1984；于国华等，1997；郑志明等，1998）或森林植物个体（冯玉龙等，1998；蒋高明等，2000；Richard et al.，1994；王琛瑞等，2000；王琛瑞等，1999；王淼等，2000；张小全等，2000），种群水平上的研究很少见。长白赤松产于吉林长白山北坡海拔 800～1600m，在吉林二道白河林区及以上林中组成小片纯林，数量不多；在海拔 1600m 则与红松、长白鱼鳞云杉等混生成林，具有很高的生态与经济价值。

（一）长白赤松幼苗不同种植密度的净光合速率

根据实验数据，分别做不同环境 CO_2 浓度开顶箱（OTC）及不同栽植密度做光合有效辐射（*PAR*）对净光合速率（*NPR*）的散点图及其拟合曲线（图 3.21），曲线方程及其相关系数如表 3.6 所示。

在图 3.21a 中，长白赤松幼苗在对照箱（CO_2 浓度约为 350μmol/mol）密植（400 株/m^2）与稀植（100 株/m^2）情况下，相同 *PAR* 对应不同的 *NPR*，稀植幼苗比密植幼苗 *NPR* 高，*NPR* 最高值对应的 *PAR* 值也较高。说明当营养面积和营养空间不足时，植物间为利用环境的能量和食物资源发生竞争关系，特别是苗床内的幼苗竞争能力非常相似，使得它们对光线、水分、CO_2 和土壤营养物质的竞争非常激烈。CO_2 是光合作用的原料，对植物来说，目前大气 CO_2 浓度 350μmol/mol 仍然是植物的一个限制因子。稀植相对增加了单株植物的营养面积及营养空间，获得较充足的 CO_2 供应，缓解了幼苗间的竞争。因此，在同样的光照、水分及土壤等环境条件下，稀植幼苗与密植幼苗个体相比有着更高的 *NPR*。

当环境 CO_2 浓度控制为 500μmol/mol 时（图 3.21b），在相同有效光合辐射条件下，稀植幼苗 *NPR* 提高不明显，密植幼苗 *NPR* 明显提高，光合作用水平接近稀植幼苗，*NPR* 最高值对应的 *PAR* 值有明显提高，但密植仍然是一个限制因素，因为环境 CO_2 浓度继续提高达到 700μmol/mol 时（图 3.21c），密植幼苗 *NPR* 继续提高，与稀植幼苗在各种 *PAR* 条件下 *NPR* 非常接近。图 3.21 还可看到，当环境 CO_2 浓度为 700μmol/mol 时，两种栽植密度长白赤松幼苗 *NPR* 最高值对应的 *PAR* 均有大幅度提高，说明 CO_2 浓度的升高提高了幼苗利用强光的能力，另外由于密度造成的不同个体光合作用水平的差异随环境 CO_2 浓度的升高而逐渐缩小，CO_2 浓度升高缓解了长白赤松幼苗间争夺营养空间的竞争关系。

表 3.6 不同 CO_2 浓度条件下两种种植密度长白赤松幼苗 *NPR* 对 *PAR* 的模式方程及相关系数

CO_2 浓度/［μmol/mol］	种植密度/m²	方程	R^2
350	100	$y=-6E-0.6x^2+0.0161x-0.0351$	0.900 5
	400	$y=-6E-0.6x^2+0.0144x+0.3637$	0.812 3
500	100	$y=-7E-0.6x^2+0.0169x+0.1157$	0.859 0
	400	$y=-6E-0.6x^2+0.0140x+0.9727$	0.784 7
700	100	$y=-5E-0.6x^2+0.0165x+1.2631$	0.820 9
	400	$y=-6E-0.6x^2+0.0186x+0.6944$	0.849 6

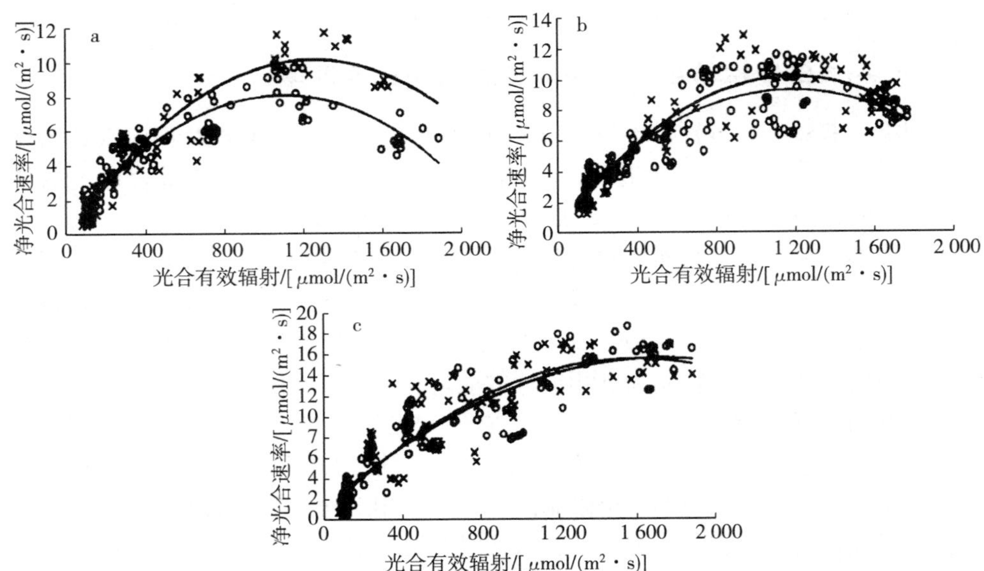

图 3.21 不同 CO_2 浓度下两种种植密度长白赤幼苗 *NPR* 与 *PAR* 关系

（二）开顶箱模拟与实际情况的差异

随着环境 CO_2 浓度的不断升高，长白赤松幼苗间对环境营养空间的竞争关系将大大缓解，即在同样立地条件下，单位面积可容纳更多株数的幼苗。因此，未来在长白赤松造林过程中可适当提高单位面积栽植株数，人工促进天然更新过程中减少疏苗，以充分利用林地，提高林分生产力。

利用 OTC 技术对实验地种植的长白赤松幼苗进行实验观测，研究 CO_2 浓度升高条件下密度对幼苗 *NPR* 的影响也有其不足。因为在天然长白赤松林内，由于上层林木稀疏，林下植物生长茂盛，下木尤其发达，种类也多，一般可记载 20 余种，盖度 90%～100%，胡枝子占优势，其他频度较大的有长白忍冬、蓬悬钩子及库页悬钩子等（王战等，1980）。本项研究是在没有其他植物种类影响的理想条件下进行的，与实际的情况还有一定差距，为此，深入了解环境 CO_2 浓度提高对长白赤松的影响，充分考虑长白赤松与林下植物种间竞争在环境 CO_2 浓度升高条件下的变化，应当作为进一步研究的重点。

八、长白山阔叶红松林冠层透射率的定点观测研究

太阳辐射是森林生态系统中一切生命活动的根本能源。照射到森林下垫面的太阳能一部分被反射回大气，一部分被林冠层截获，其余部分透射到林地，称为透射辐射。透射辐射占总辐射的比例虽然不是很大，但它对森林生态系统生态过程的作用是不可忽略的，它既是地被植物光合作用的能源，也是制约地被植物物种的重要因素之一，同时还制约林地水汽、CO_2 等主要生命物质交换，影响森林土壤的物理性质，从而影响整个森林生态系统的生态过程。所以研究森林透射率具有重要的意义。

有关植被冠层透射的研究很多，一些研究者建立了透射的物理模型（Anderson，1966；崔启武等，1981；Mariscal et al.，2000），模型一般都以冠层叶面积水平分布均匀为假设前提，但实际森林、特别是天然林中，树龄各异，树种多样，很难满足这一假设，所以许多研究者对森林透射的实际观测中，都采用多点观测或游动观测（洪启发等，1963；贺庆棠等，1980；Baldocchi et al.，1986；李俊清等，1990；刘家冈等，1995；孙雪峰等，1995；任海等，1996；潘向东，1997；Chen et al.，1997；常杰等，1999；马钦彦等，2000；Fidji et al.，2001），这种观测方法需要较多人力、物力，难以进行长期连续监测，所以鲜有生长季连续观测报道。

（一）定点透射辐射的基本特征

太阳辐射经过林冠后，到达林地的透射辐射有明显的削弱，总的来说，透射辐射与林上太阳总辐射成正比。透射辐射与林冠层叶面积有关，叶面积越大，透射辐射越小，因为叶面积随季节变化，所以透射辐射也随之变化，季节的影响还体现在太阳高度角和日出日落时间的改变。晴天条件下太阳总辐射随太阳高度角增大而增加，其日变化过程呈单峰曲线。但定点透射辐射由于受林窗和冠层透光孔隙分布不均匀的影响，在不同时刻其数值不一定与林上总辐射成正比。图 3.22 绘出了 7 月 6 日、9 月 25 日两个晴日林上总辐射和定点透射辐射的日变化，可以看出总辐射呈明显的单峰曲线，由于日照时间变短，9 月 25 日总辐射曲线的时间跨度比 7 月 6 日的窄，透射辐射曲线也有相同特点。但定点透射辐射不像

总辐射那样呈单峰曲线，有波动峰值存在，这主要是林窗漏光引起的。

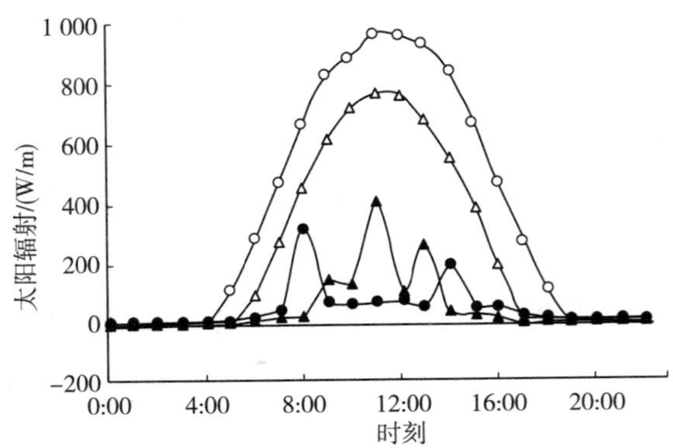

图 3.22　太阳总辐射与林地定点透射辐射的日变化

（二）天空状况对定点透射率的影响

为了消除太阳视运动轨迹的差异对定点透射率的影响，选择了连续 3d 但天空状况不同（7 月 3、4、5 日，分别为少云、阴天、晴天）的实例进行比较分析。图 3.23 是该 3 日的定点透射率日变化情况，可以看出，阴天的定点透射率比较平稳，少云天则波动增加，而晴天时波动最剧烈。由于连续 3 日内太阳视运动轨迹的变化很微小，由此引起的林冠透射光差异可以忽略，可以认为该 3 日定点透射率的差异是天空状况不同而造成的。

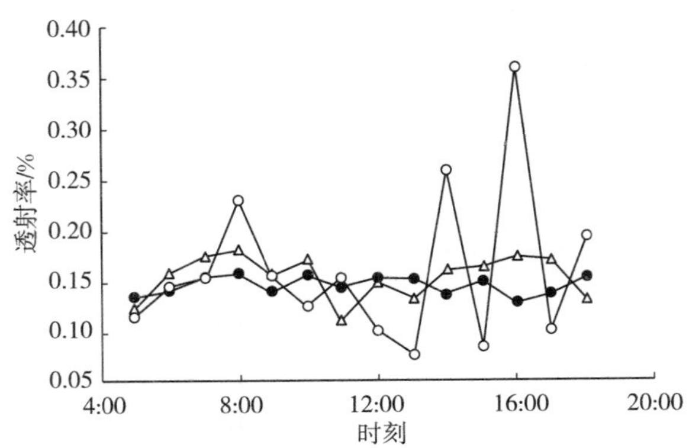

图 3.23　不同天空状况下定点透射率的日变化

不同天空状况下直接辐射与散射辐射的比例不同，阴天时总辐射以天空散射辐射为主，接近于各向同性的天空辐射，林下固定观测点接收的是林冠沿天空各方向削弱后的辐射总和，林窗、林冠孔隙的分布影响很小，所以定点透射率的日变化比较平稳。少云天时总辐射中太阳直射光（直接辐射）的比例增大，林窗、林冠孔隙分布对定点透射率的影响程度也增大，当太阳面、林窗视面和林下辐射在一条直线上时，透射辐射将明显增加，定点透射率也随之增大，因此少云天定点透射率的波动增加。晴天时总辐射以太阳直射光为主，林窗、林冠孔隙的分布对定点透射率的影响最大，所以晴天的定点透射率波动最剧烈。

该3日定点透射率的日平均值分别为0.156、0.145、0.161，即晴天＞少云＞阴天，其差异不大。不过这是比较典型的情况，实际上天空状况是千变万化的，一日内晴、阴、云天可能交替出现，并与林窗和林冠透光孔隙发生时间和空间的交互作用，所以天空状况对定点透射率日平均值会有一定的影响。

（三）定点观测与游走测定的比较

为了了解定点观测的准确性，选择晴天的2002年7月6日和7日进行了透射率的游走测定，采用ST－85型照度计，每2小时测定1次，每次读数在420～480个。定点测定与游走测定的透射率的比较见表3.7（表中定点测定值为两个整点值的平均），可以看出，游走测定结果比较均匀，没有定点观测那样的明显波动，这是因为游走测定采样点多的缘故。从日平均值看，游走测定透射率比定点测定的稍低，两日游走测定值分别为0.151和0.153，定点测定则为0.159和0.160，但其差异不大，相对误差在4%～5%，与观测误差接近，所以定点透射率的日平均值能较好地代表林冠的透射率特征。

表3.7　定点测定与游走测定的透射率的比较

月—日		时刻							
		5：00—6：00	7：00—8：00	9：00—10：00	11：00—12：00	13：00—14：00	14：00—16：00	17：00—18：00	平均
07—06	定点测定F	0.146	0.182	0.152	0.139	0.178	0.166	0.151	0.159
	游走测定W	0.148	0.149	0.153	0.152	0.152	0.154	0.149	0.151
07—07	定点测定F	0.142	0.186	0.156	0.137	0.181	0.168	0.152	0.160
	游走测定W	0.147	0.150	0.153	0.158	0.151	0.153	0.148	0.153

（四）定点透射率的季节变化

由于林冠叶面积系数、太阳视运动轨迹的时空特征和天气条件（主要是天空状况）随季节而变化，所以定点透射率也随季节进程而发生改变，以下分别描述定点透射率日变化和日平均值在观测期间的动态变化。

1. 定点透射率日变化曲线的季节变化

图3.24绘出了5～10月各月定点透射率日变化曲线，其季节变化有如下特点：由于白昼时间随季节变化，透射辐射的日间时间长度也随之变化，以观测点

北京时整点资料分析，5～10 月透射辐射的日间时间长度分别为 10～11、12～13、13、11～13、10、9h。

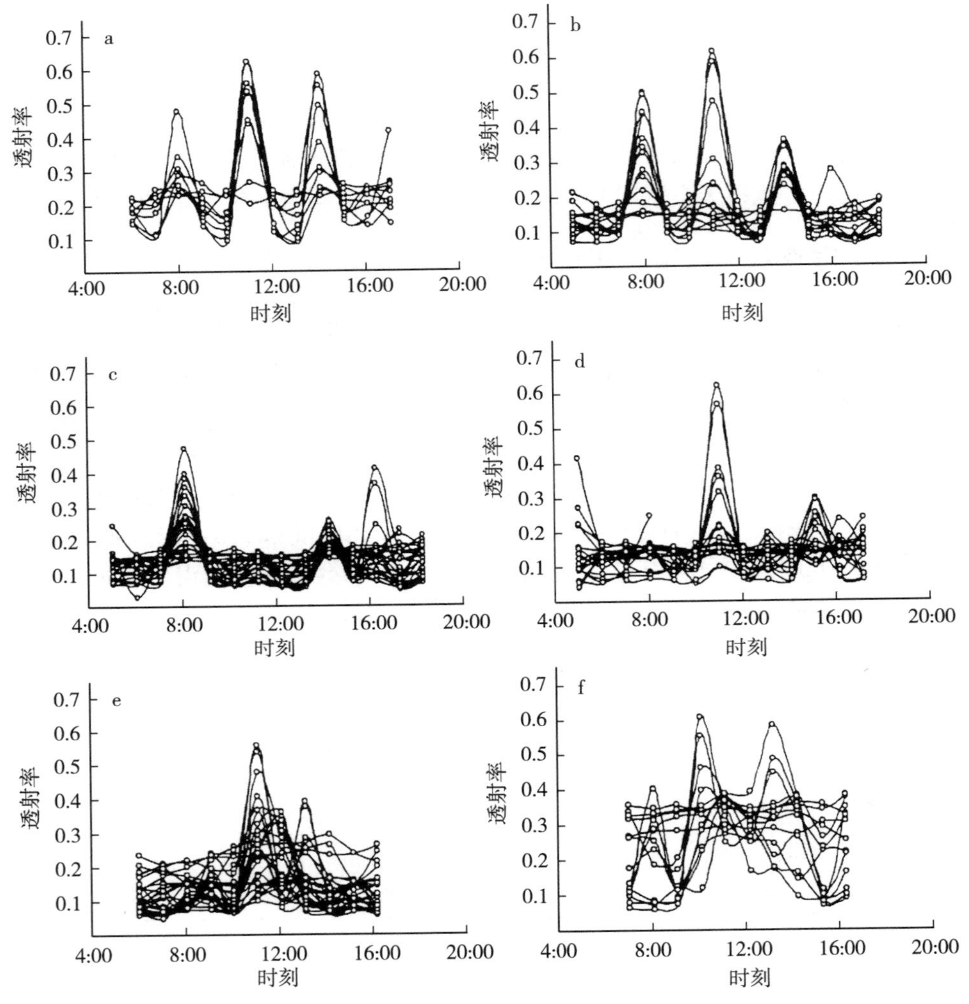

图 3.24　林冠定点透射率日变化的月际变化

各月的定点透射率日变化曲线都出现明显的峰值，但峰值的大小和出现时间随季节而变化，例如 5、6 月在 8：00、11：00、14：00 有较大的峰值。8：00 峰值 7 月继续存在，8 月以后消失。11：00 峰值 7 月消失，8、9 月恢复，10 月又消失。8 月在 15：00 出现小的峰值，10 月在 10：00、13：00 也出现峰值。这些现象是由林窗和透光孔隙及太阳视运动轨迹的时空变化共同作用的结果。

2. 定点透射率日平均值的季节变化

图 3.25 是观测期间定点透射率日平均值的动态变化，可以看出 5 月下旬和

6月间定点透射率逐渐下降，7、8月至9月中旬波动于0.10～0.16之间，没有明显的变化趋势，9月下旬至10月中旬逐渐增高。定点透射率的这种变化反映了林冠叶面积的季节变化，即生长季初期叶面积逐渐增大，生长旺季则较稳定，生长末期阔叶树叶片逐渐凋落、叶面积逐渐减小，定点透射率则与叶面积的趋势变化相反。经回归分析，定点透射率日平均值 T_r 的季节动态变化符合多项式：$T_r = 9 \times 10^{-9} x^4 - 3 \times 10^{-6} x^3 + 2 \times 10^4 x^2 - 0.010\ 3x + 0.297\ 8$，$R^2 = 0.898\ 7$。式中，$x$ 为5月20日开始的日序，即5月20日 $x=1$，5月21日 $x=2$，5月22日 $x=3$，……依次类推，多项式曲线绘于图3.25中，可见它与观测结果较好地吻合。

图3.25中定点透射率多项式动态曲线可以认为是林冠叶面积季节变化的反映，是透射率季节变化的总趋势，观测结果显现为叠加在此趋势上的波动系列值，这种波动是诸如天空状况等不稳定因素影响的结果。很显然，在生长季时间尺度内，林冠叶面积对定点透射率影响要明显大于天空状况等不稳定因素的影响。

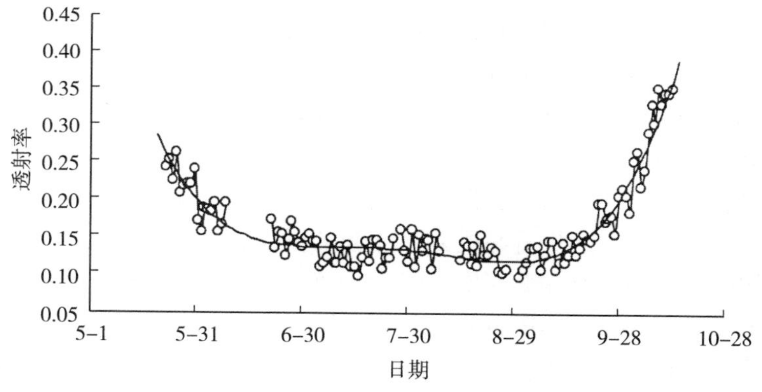

图3.25　定点透射率日平均值的季节动态变化

九、氮和土壤微生物对水曲柳幼苗光合作用的影响

人类活动所导致的氮沉降在全球范围内不断增加（Matson et al.，1999；Gallowy et al.，2002），然而过量的氮沉降显著影响陆地生态系统的诸多方面（Hasselquist et al.，2014；BassiriRad et al.，2015）。传统研究认为，随着土壤氮含量的增加，所有植物的生物量都会随之增加（Vitousek et al.，1991；LeBauer et al.，2008）。但最近越来越多的研究表明，在森林生态系统中，植物对氮富集的响应有所不同，有些植物在氮沉降下会生长得更好，有些则不会。例如，在一项关于全球74种热带树种氮添加响应的Meta分析中表明，一些树种对氮添加没有反应，而有一些树种的生物量会增加至少20倍（Lawrence et al.，

2013)。也有研究表明，一定浓度的氮沉降可以提高植株的净光合速率，但当氮浓度超过一定阈值之后，植物的净光合速率就会受到抑制（毛晋花等，2017)。例如，Wang 等（2014）通过对油松（*Pinus tabuliformis*）幼苗进行模拟氮沉降试验发现，在中氮处理水平（11.2 g·m^2/a）时，油松幼苗的光合速率达到最大，但在高氮处理水平（22.4 g·m^2/a）时，油松幼苗的净光合速率表现出明显下降趋势，表明氮沉降对植株净光合速率的提高只限定在一定浓度范围内。

土壤微生物作为生态系统分解者，在物质循环和能量流动中起着重要作用，是土壤生态系统中最活跃的组成部分，推动着生态系统的能量流动和物质循环。土壤微生物不仅能驱动正的“植物多样性—群落生产力”关系格局，而且对植物生长和群落多样性也起着举足轻重的作用，具体表现以下 7 个方面：固定氮素、释放难溶矿质中的营养元素、提高植物的抗逆性、降解污染物、促进腐殖酸的形成、产生植物激素、提高物理屏障（张世缘，2017)。并不是所有土壤微生物对植物都是有利的作用，植物病原菌在自然界中广泛存在，对植物个体生长和繁殖都产生影响，立枯病是病原菌作用于植物幼苗的最常见病害，对植物的侵染能够造成幼苗死亡（黎劼，2013)。

随着植物对氮沉降响应机制研究的不断深入，土壤微生物的作用受到越来越多的关注。有研究表明，氮沉降会降低外生菌根丰度（Treseder，2010；Kjöller et al.，2012)，而菌根真菌能够在人为氮沉积下减轻其他资源（如水、磷）对植物生长的限制（Corkidi et al.，2002)，从而使植物对氮富集的生长响应增加。但也有研究表明，植物病原菌会随着氮富集而增加（Wiedemann et al.，2010)，说明植物在氮富集状态下更容易受到病原菌的侵染。真菌群落之间的相互作用非常复杂，如菌根真菌可减少病原体的定植，而病原体的定植可增强菌根的定植（Newsham et al.，1995；Maherali et al.，2007；Zampieri et al.，2017)。植物对氮沉降的响应是土壤中各种真菌群落共同作用的结果，而非单独的菌根真菌、根际菌或病原菌的侵染所致。

以往的大多数研究主要集中于加氮和环境因子（如光照、温度、水分等）的耦合作用对植物的影响（Zampieri et al.，2017；霍常富等，2007；彭扬，2017)，而加氮和灭菌的耦合作用对植物影响的研究较少，且在长白山地区尚未开展过类似的试验。王国杰等（2019）以吉林长白山地区典型树种—室外控制试验方法，分析了氮、土壤真菌及其相互作用对水曲柳幼苗生物量分配、生长和生理特性的影响，探讨了土壤微生物是否影响植物对氮的响应以及氮沉降背景下土壤微生物与植物的互作，对深入研究植物生长、养分循环等具有重要意义。

（一）不同处理对水曲柳幼苗生物量分配的影响

氮、土壤微生物及其交互作用对植物不同器官生物量分配的影响各不相同（表 3.8，图 3.26)。加氮或灭菌处理均显著提高了水曲柳幼苗的根干质量、茎干质量、总干质量和地上干质量，但对根冠比的影响却不显著。加氮和灭菌交互作用对水曲柳幼苗根干质量、茎干质量、叶干质量、总干质量和地上干质量的影响不显著。

与对照（F）相比，加氮处理（FN）使水曲柳幼苗的根干质量显著提高16%，茎干质量显著提高23%，总干质量显著提高14%，地上干质量显著提高13%；灭菌处理（FS）使水曲柳幼苗根干质量显著提高10%，茎干质量显著提高18%，总干质量显著提高12%，地上干质量显著提高13%；灭菌加氮处理（FSN）使水曲柳幼苗根干质量显著提高23%，茎干质量显著提高38%，总干质量显著提高23%，地上干质量显著提高24%。与FN相比，FSN使水曲柳幼苗的茎干质量、总干质量、地上干质量分别显著提高12%、8%、10%。与FS相比，FSN使水曲柳幼苗的根干质量、茎干质量、总干质量、地上干质量分别显著提高11%、17%、10%、9%（图3.26）。

表3.8 不同处理对水曲柳幼苗生物量的影响

指标	加氮	灭菌	加氮×灭菌
根干质量	<0.001	<0.001	0.467
茎干质量	<0.001	<0.001	0.719
叶干质量	0.119	0.011	0.764
总干质量	<0.001	<0.001	0.429
地上干质量	<0.001	<0.001	0.639
根冠比	0.116	0.087	0.930

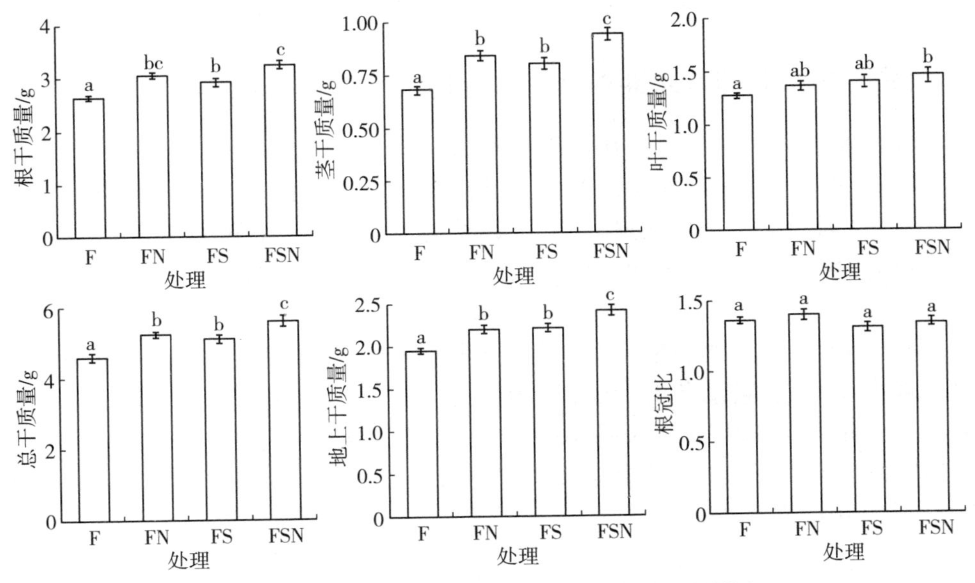

图3.26 不同处理对水曲柳幼苗生物量分配的影响

（二）不同处理对水曲柳幼苗生长的影响

氮、土壤微生物及其相互作用对水曲柳幼苗生长的影响结果表明，加氮处理对水曲柳幼苗高度的影响不显著，对其基径的影响显著；灭菌处理只对其基径的生长起显著作用，对其高度没有显著影响；加氮和灭菌处理的交互作用只对基径起显著作用。与 F 相比，FN、FS、FSN 使水曲柳幼苗的基径分别显著提高 9%、9%、14%；与 FS 相比，FSN 使水曲柳幼苗基径显著提高 4%（表 3.9，图 3.27）。

表 3.9　不同处理对水曲柳幼苗生长的影响

指标	加氮	灭菌	加氮×灭菌
高度	0.672	0.480	0.782
基径	<0.001	<0.001	0.029

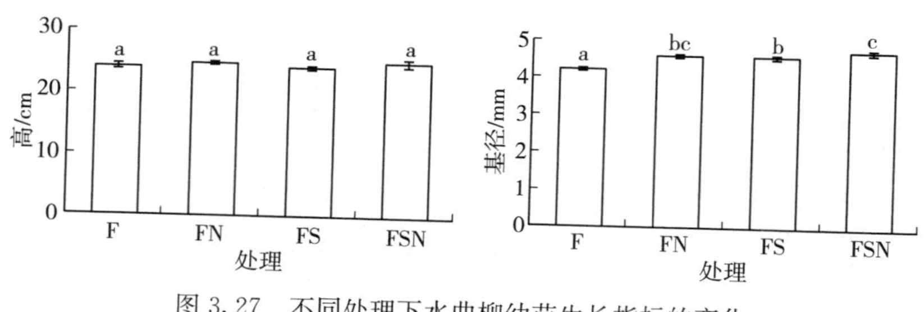

图 3.27　不同处理下水曲柳幼苗生长指标的变化

（三）不同处理对水曲柳幼苗叶片性状和含水率的影响

氮、土壤微生物及其相互作用对水曲柳幼苗叶片性状和含水率的影响结果表明，加氮处理对水曲柳幼苗的叶面积和比叶面积的作用都不显著，但对叶片含水率起到了显著促进作用；灭菌处理对叶面积、比叶面积和叶片含水率都没有显著影响；加氮和灭菌的交互作用对水曲柳幼苗的叶片含水率影响不显著。

不同处理对水曲柳幼苗叶片性状和含水率的影响结果表明，无论是否进行土壤灭菌处理，水曲柳幼苗的叶面积、比叶面积都不受土壤中氮素含量增加的影响，但水曲柳幼苗叶片含水率有不同响应。与 F 相比，对于叶片含水率，FN 会使其显著增加 9%，FSN 使其显著增加 5%；与 FS 相比，FSN 使其显著增加 5%（表 3.10，图 3.28）。

表 3.10　不同处理对水曲柳幼苗叶片性状和含水率的影响

指标	加氮	灭菌	加氮×灭菌
叶面积/cm^2	0.221	0.361	0.689
比叶面积/（cm^2/g）	0.607	0.517	0.367
叶片含水率/%	<0.001	0.959	0.587

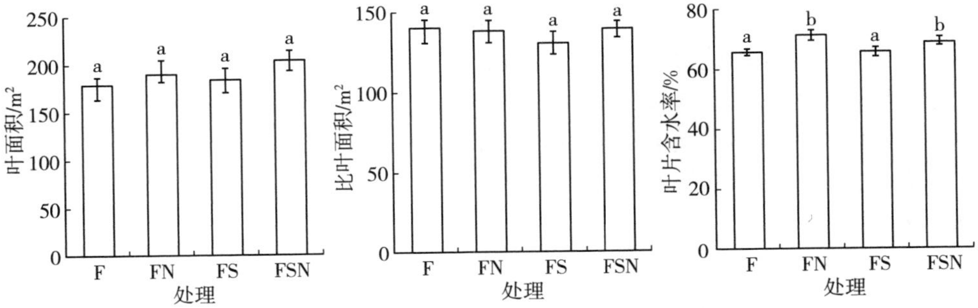

图 3.28　不同处理下水曲柳幼苗叶片性状和含水率的变化

（四）不同处理对水曲柳幼苗光合参数的影响

加氮处理、灭菌处理及其交互作用均对水曲柳幼苗叶绿素含量产生显著影响（表 3.11）。加氮处理、灭菌处理对水曲柳幼苗净光合速率（P_n）、气孔导度（g_s）、蒸腾速率（T_r）的作用显著；灭菌处理与加氮处理的交互作用对 4 个光合作用参数的作用都不显著。

表 3.11　不同处理对水曲柳幼苗光合参数的影响

指标	加氮	灭菌	加氮×灭菌
叶绿素/（mg/m^2）	<0.001	<0.001	0.003
净光合速率/［μmol/（m^2·s）］	<0.001	<0.001	0.123
胞间 CO_2 浓度/（μmol/mol）	0.032	0.009	0.493
气孔导度/［μmol/（m^2·s）］	<0.001	0.002	0.389
蒸腾速率/［μmol/（m^2·s）］	<0.001	0.007	0.164

由图 3.29 可以看出，对于水曲柳幼苗的叶绿素含量、P_n、g_s、T_r，无论是不灭菌处理还是灭菌处理，土壤中氮素的增加都会使其显著提高；而对于水曲柳幼苗的 C_i，土壤氮素的增加使其下降，但这种作用还 未达到显著水平。相比 F，FN 使叶绿素含量、P_n、g_s、T_r 分别显著提高 75%、318%、231%、227%，FS

分别显著提高 34%、213%、120%、115%，FSN 分别显著提高 81%、672%、312%、273%，FSN 使胞间 CO_2 浓度显著降低 22%。与 FN 相比，FSN 使叶片的 P_n 显著提高 85%；与 FS 相比，FSN 使叶绿素含量、P_n、g_s、T_r 分别显著提高 35%、147%、87%、74%。

氮元素是植物生长发育的必需元素，决定了植物生长和生物量的分配，而土壤氮则是植物吸收氮的主要来源。许多研究发现，氮添加能够提高土壤可利用氮含量（Loiseau et al.，1999），增加植物氮含量（郭淑青等，2014），促进同化作用进而提高生物量（潘庆民等，2005），促进植物生长。本项研究结果表明：与对照相比，氮素添加能够促进水曲柳的地上生物量、地下生物量、总生物量、基径等各项生长参数，这与霍常富（2007）对水曲柳幼苗的研究结果一致。可能是由于氮素添加为植物根系提供了一定的营养物质，促进了蛋白质、糖类等有机物的合成，有利于植物根系的生长，并增加了植物叶片中的氮含量，进而促进了植物生长（王超，2012）。

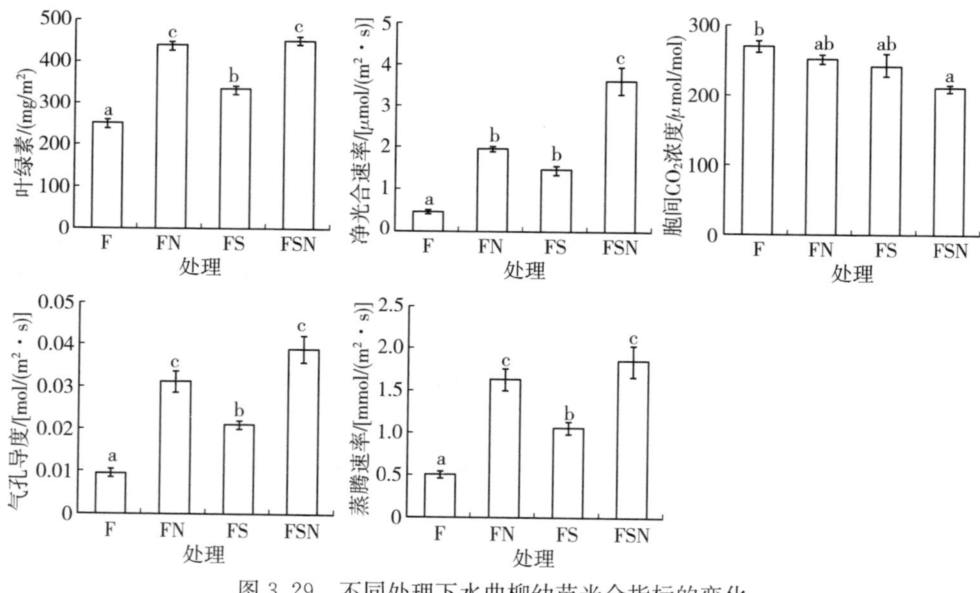

图 3.29　不同处理下水曲柳幼苗光合指标的变化

叶绿素是植物进行光合作用的重要色素，位于类囊体膜，其含量的多少可以直接衡量植物光合作用的能力（武维华，2012）。植物中叶绿素含量的增加能使叶片更好地利用光能（潘庆民等，2004），已有很多研究表明，对土壤施加一定浓度的氮肥能够提高植物叶片的叶绿素含量（肖胜生等，2010；万宏伟等，2008）。此外，氮素是植物体内叶绿素、氨基酸和蛋白质的重要组成部分，同时也是作物生长发育和进行光合作用的主要营养物质，因此适量的氮素添加有利于植物体内叶绿素的合成。本项研究结果表明，氮素添加能够促进水曲柳叶片中的叶绿素含量，这与孙海龙（2005）对水曲柳苗木、宋沼鹏等（2017）对油松（*Pinua tauliformis*）的研究结果一致，该研究表明，不同氮素供给对水曲柳苗木的光合作用影响不同，较高的氮素供给浓度能够促进叶片的光合作用。表明在土壤中施加氮肥有利于植物叶片中叶绿素的合成。

光合作用是绿色植物生命能量的来源，通常植物的净光合速率也是衡量植物生产力的指标之一。施氮影响植株体内叶绿素合成和光合酶类活性，对调节光合作用和蒸腾作用有着重要影响（Amy et al.，2006；郑睿等，2013；李波等，2016；杨安中等，2016；孙宁等，2011；尹丽等，2011）。研究表明，增加施氮量，植株氮素积累量和叶绿素含量增加，叶片光合速率提高，有利于光合产物形成，从而提高干物质积累量（李波等，2016；杨安中等，2016）。研究发现，施氮有利于提高水曲柳的净光合速率、气孔导度和蒸腾速率等光合指标，这与水稻等植物在适宜施氮量条件下能提高叶片光合作用的研究结果一致（孙海龙，2005；徐国伟等，2017；Makino，2011；李廷亮等，2013；武文明等，2012；谷岩等，2013；杨亮等，2007）。表明适量的氮素添加能够促进植物叶片的光合速率。

土壤微生物作为生态系统分解者，在物质循环和能量流动中起着重要作用，是土壤生态系统中最活跃的组成部分，推动着生态系统的能量流动和物质循环，对植物生长有着重要影响。有研究表明，灭菌处理对植物的影响与植物谱系有关，有些植物会因灭菌处理提高生长，有些植物则对灭菌处理的响应不显著（Wooliver et al.，2018）。本项研究中，在灭菌处理后，水曲柳幼苗的生物量、生长、叶绿素含量和光合作用都显著提高，说明土壤微生物能够显著影响植物生长，有研究也表明，土壤微生物能够通过影响植物与植物之间的相互作用（Bever，2003），从而调节不同植物的生长。一方面，植物能够通过与菌根真菌形成共生关系来增加自身对养分的获取能力（Fitter，1977）；另一方面，病原菌侵染植物，能够从植物组织夺取碳源和其他养分，或者降低植物根系的吸收能力，从而直接抑制植物生长（Antoninka et al.，2009）。而菌根真菌与病原菌之间存在着复杂的相互作用，一方面菌根真菌能够减少病原体的定植，另一方面病原体的定植能够增强菌根的定植（Newsham et al.，1995；Maherali et al.，2007；Zampieri et al.，2017）。所以，灭菌处理可能是改变了土壤微生物中包括菌根真菌和病原菌在内的不同功能分类群的组成，从而改变了它们对植物生长的共同作用。

研究全球变化是如何通过改变土壤微生物群落来影响植物生产力，一直以来是生态学领域研究的主要内容之一。在以往模拟氮沉降和土壤微生物处理对植物影响的研究中，土壤微生物调控植物对氮素响应的作用结果不一致，土壤微生物的存在会改变植物对氮素的响应，增加或者减少这种响应强度（Antoninka et al.，2009；Avolio et al.，2014）。本研究中，在灭菌条件下，植物生物量、基径、叶绿素含量以及光合作用对氮的响应都会比不灭菌条件下提高更多，表明氮对植物的影响会因灭菌处理而变大。以往研究表明，当生态系统处于氮限制状态时，对这种氮限制的放松会使生态系统的生产力大量增加（Farrer et al.，2016）。本研究表明，灭菌处理会缓解氮资源对植物的限制，使植物在同一氮环境下比不灭菌条件下生长的更好。

人们越来越认识到，植物与微生物的相互作用可能与植物成分的迁移和氮的富集有关，因为氮改变了土壤微生物群落，并且可以改变植物与微生物之间相互关系的平衡（Dean et al.，2014；Egerton-Warburton et al.，2014）。有研究表明，氮沉降会使菌根真菌减轻其他资源（如水分、磷）对植物生长的限制（Corkidi et al.，2002），从而使植物对氮富集的生长响应增加。但也有研究表明，植物病原菌会随着氮富集而增加（Wiedermann et al.，2010），说明植物在氮富集状态下更容易受到病原菌的侵染。本研究结果表明，在加氮和灭菌的相互作用下，水曲柳幼苗的生物量、生长、叶绿素含量和光合作用都极显著提高，土壤微生物在一定程度上调控了植物对氮的响应。

十、冠层尺度的生态系统光合—蒸腾耦合模型研究

基于野外观测数据，科学研究者从各自不同的学科角度建立了一系列碳水耦合循环模型。这些模型多是以 Jarvis 的气孔导度与环境变量之间的阶乘响应模型（Jarvis，1976），Farquar 等的光合模型（Farquhar et al.，1980）和 Ball 等的光合与气孔导度关系模型（Ball et al.，1987）为基础，并在植物单叶（Leuning，1990；Leuning，1995；Tenhunen et al.，1990；Collatz et al.，1991；Collatz et al.，1992）、冠层（Hatton et al.，1992）、景观（Mc Murtrie et al.，1992）、区域（Zhan et al.，2003）和全球（Sellers et al.，1997；Sellers et al.，1992；Sellers et al.，1996；Sellers et al.，1996；Woodward et al.，1994；Denning et al.，1996）尺度上得到了广泛的应用。尽管这些模型对于理解光合与蒸腾的耦合机制方面提供了大量的信息，但这些模型过于复杂，在实际应用中需要大量的辅助试验以确定经验常数。为了使模型简化，Yu 等（2001）通过引入 CO_2 的内部导度，从另外一个角度建立了一个简单适用的基于气孔行为的气孔导度—光合—蒸腾耦合模型（Synthetic Model of Photo-synthesis-Transpiration based on Stomatal Behavior，SMPT－SB），并在叶片尺度上验证了其适用性（Yu et al.，2001；Yu et al.，2003）。SMPT－SB 模型所需要的参数很少，便于应用，但该模型在冠层尺度上的应用性问题一直无人讨论过。随着中国通量观测网络（China FLUX）的建成和涡度相关观测资料的积累（于贵瑞等，2004），为 SMPT－SB 模型在冠层尺度上的扩展提供了可靠的参数确定和模型验证数据。

（一）模型描述

SMPT－SB 模型从叶片到冠层的尺度扩展方法是把植物冠层想象为一片大的叶子，即“大叶模型”的假设。一般认为，当冠层的叶面积指数 L≥3 时，大叶模型的假设是基本成立的。在这个假设下，系统水分的丧失主要来自于植物的蒸腾，而蒸发可以忽略不计。所以本项研究所指的冠层尺度上的蒸腾速率在大叶模型假设下近似等于蒸散速率，与涡度相关测定的水汽通量具有同一概念。冠层光合速率为生态系统的总光合速率，定义为单位面积单位时间内系统的 CO_2 同化量，等同于用涡度相关测定的 CO_2 通量与总生态系统呼吸之和。

CO_2 从大气进入植物体内，进而被同化为光合产物，要受到空气动力学阻力、边界层阻力、气孔阻力和细胞内部阻力的影响。而植物体内的水分通过蒸腾作用进入大气，则要受到气孔阻力、边界层阻力和空气动力学阻力的影响。在叶片水平上，植物的光合和蒸腾作用是通过气孔行为共同控制的。图 3.30 为冠层水平上 CO_2 与水汽进出气孔及其所受到的阻力示意图。

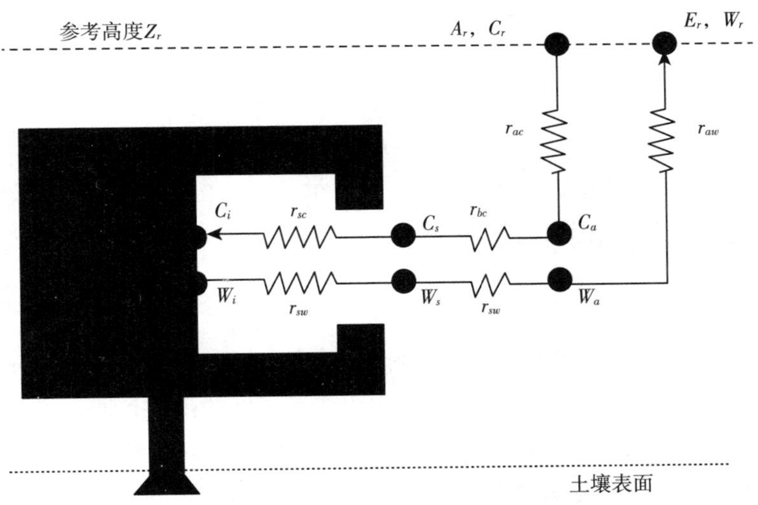

图 3.30　冠层水平上 CO_2 与水汽的耦合框架图

类比于电学上的欧姆定律，冠层上水汽的蒸腾速率 E_c［mol/（m^2·s)］可以表述为：

$$E_c=\frac{W_i-W_r}{r_a+r_{bw}+r_{sw}} \tag{3-14}$$

式中 W_i 为冠层气腔内的水汽的摩尔分量（mol/mol），W_r 为参考高度大气中的水汽的摩尔分量（mol/mol）。r_a 为空气动力学阻抗（m^2·s/mol），r_{bw}，g_{bw} 为边界层对水汽的阻抗（m^2·s/mol），r_{sw}，g_{sw} 为气孔对水汽的阻抗（m^2·s/mol）。

冠层上 CO_2 的光合速率 A_c [μmol/ (m² · s)] 表述为：

$$A_c=\frac{C_r-C_i}{r_a+r_{bc}+r_{sc}} \tag{3-15}$$

其中 C_i 为胞内 CO_2 的摩尔分量（μmol/mol），C_r 为参考高度大气中 CO_2 的摩尔分量（μmol/mol），r_{bc}，g_{bc} 为边界层对 CO_2 的阻抗（m² · s/mol），r_{sc}，g_{sc} 为气孔对 CO_2 的阻抗（m² · s/mol）。

如果忽略水汽进出气孔对光合的影响，冠层上的光合速率可以表示为：

$$A_c=\frac{C_r-\Gamma_*}{r_a+r_{bc}+r_{sc}+r_{ic}} \tag{3-16}$$

式中，Γ_* 为无暗呼吸时的 CO_2 补偿点（μmol/mol）；r_{ic} 为大叶模型假设下的冠层内部导度。

气孔导度是控制 CO_2 固定和水分散失的重要因子，其数值大小受环境条件（外在的）和叶片气孔的生理条件（内在的）共同制约。在单叶尺度上为单叶气孔导度 $g_{s,leaf}$，在冠层尺度上为冠层气孔导度 g_{sw}，或简称为冠层导度 g_c。单叶水平上的气体交换试验建立了一系列的简单的气孔导度与环境变量关系经验模型，例如，Ball 等提出了下列的线性响应模式（Ball et al.，1987）：

$$g_{s,leaf}=a_1A_{leaf}Rh_{s,leaf}/C_{s,leaf} \tag{3-17}$$

式中，$g_{s,leaf}$，A_{leaf}，$Rh_{s,leaf}$，$C_{s,leaf}$ 为叶片水平上的单叶气孔导度、光合速率、叶表面相对湿度和 CO_2 浓度，a_1 为常数。Leuning 的研究表明，将叶表面的相对湿度用一个通用的水汽响应函数代替更合适，同时为避免在 CO_2 补偿点下出现气孔导度为负值的情况，Ball 模型可修正如下（Leuning，1990；Leuning，1995）：

$$g_{s,leaf}=g_0+a_1A_{leaf}Rh_{s,leaf}/(C_{s,leaf}-\Gamma_*) \tag{3-18}$$

式中 g_0 为剩余气孔导度。单叶气孔导度向冠层导度的尺度转换时，通常是将冠层内的光透过和吸收看成是冠层叶面积或者高度的函数，通过气孔导度—光合机理模型对冠层进行积分求解（Sellers et al.，1996）。虽然这种自下而上途径模拟的结果与实验观测数据吻合的比较好，但需要确定大量与物种有关的参数，并且需要复杂的迭代运算才能求解，在一些条件下，求得的数值解很不稳定（Baldocchi，1994）。另外一种途径是忽略单叶的行为，将整个冠层看作为一个整体，仅模拟冠层对外部环境条件的响应。Mc Naughton 和 Jarvis 的研究表明，忽略冠层内复杂的反馈机制，冠层对外部环境条件的响应要比单叶稳定得多（Mc Naughton et al.，1991）。因此，应用详尽的气孔响应模型通过对冠层进行积分的方法估算冠层尺度通量的途径并不一定能提高模型模拟的精度。在大叶模型假设下，借用 Ball（1987）和 Leuning 修正的气孔行为模型（Leuning，1990；Leuning，1995），同时假设冠层尺度下的气孔导度—光合响应机制与叶片尺度的机制相同，则冠层尺度下的气孔行为模型可以表示为（Anderson et al.，2000）：

$$g_{sw}=g_0+a_1A_c f(D_s)/(C_r-\Gamma_*), \quad (3-19)$$

式中，$f(D_s)$ 为水汽对气孔行为响应的函数，a_1 为常数，Γ 为有暗呼吸时的 CO_2 补偿点。同时假设 $g_{sw}=1.56g_{sc}$，$g_{bw}=1.37g_{bc}$。将式（3-19）和式（3-16）联立，可以得到冠层尺度上估算光合速率的模型为：

$$A_c=\frac{(C_r-\Gamma_*)-1.56(C_r-\Gamma)/[a_1f(D_s)]}{r_a+1.37r_{bw}+r_{ic}} \quad (3-20)$$

根据 Yu 等（2001）的研究，Γ_* 和 Γ 之间的差异不大，由于二者的差异造成的光合估算的差异也会很小，因此式（3-20）可以简化为：

$$A_c=\frac{(C_r-\Gamma_*)\{1-1.56/[a_1f(D_s)]\}}{r_a+1.37r_{bw}+r_{ic}} \quad (3-21)$$

将式（3-19）代入到式（3-14）中，得到估算冠层蒸腾速率的模型为：

$$E_c=\frac{(W_i-W_r)}{r_a+r_{bw}+1/[g_0+a_1A_cf(D_s)/(C_r-\Gamma_*)]} \quad (3-22)$$

（二）模型校正

本项研究选取数据的时间段为 2003 年夏季（6～8 月），这段时间的平均温度为 19.2℃，降水量为 313.8mm，占全年总降水量的 63.3%。图 3.31 为 2003 年 6～8 月日总降水量和日平均气温的季节变化图，与历史同期平均值比较，2003 年长白山温带阔叶红松林的气候特征为偏暖偏干年份。在分析时，随机地将数据分为两组，一组用于生态系统呼吸方程和模型参数的确定，另一组用来对模型的模拟能力进行验证。

涡度相关是通过测量物理量的脉动进而来算通量的，因为此方法求算通量的假设少而被认为是最准确的直接测定下垫面与大气之间 CO_2，水热通量的方法。

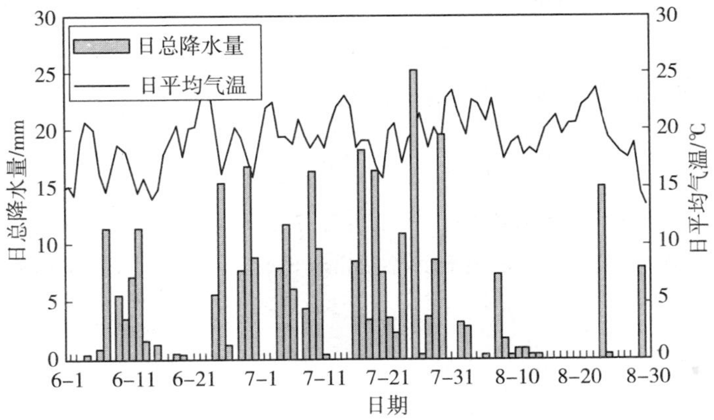

图 3.31　2003 年 6～8 月长白山日总降水量和日平均温度变化

如果不考虑由于冠层储存的影响，则涡度相关系统测定的结果即为净生态系统交换量 NEE。由于开路涡度相关系统测得的结果受天气条件特别是降水的影响很大，为保证模型能够真正反映 CO_2 与水汽随环境因素的变化规律，对用于参数确定和模型检验的数据进行了严格的筛选，筛选的标准为：①光合有效辐射 $PAR>10\mu mol/(m^2 \cdot s)$；②观测前后两小时内没有降水；③无异常值。

同时对涡度相关数据进行了三维坐标旋转和 WPL 校正处理。坐标旋转和 WPL 校正的结果表明，坐标旋转虽然对日总量的影响不大，但对 CO_2 和潜热通量的日变化的影响很大；同时 WPL 校正对 CO_2 通量的影响也很大，但对潜热通量的影响很小。

当考虑冠层储存的影响时，生态系统的 CO_2 和水汽的净交换量可修正如下：

$$F_t=\overline{w'_{r}\rho'_{lr}}+\int_0^{2r}\frac{\partial\bar{\rho}l}{\partial t}dz \tag{3-23}$$

式中，F_i（$i=c$ 表示 CO_2，$i=w$ 表示水汽）为地气系统间 CO_2 或水汽的净交换量；w'_r 和 ρ'_{ir} 分别为垂直风速与 CO_2 或水汽的比浓度脉动；$\partial\rho_i/\partial t$ 为参考高度 Z_r 下 CO_2 或水汽比浓度随时间的变化率。

（三）模型参数的确定

在确定模型参数前，必须首先确定总生态系统呼吸速率，才能得到冠层的光合速率。而在式（3-21）、式（3-22）中，需要确定如下的参数，r_{ic}，r_a，r_{bw}，水汽响应函数 $f(D_s)$ 的形式，参数 a_1 和剩余导度 g_0。

1. 总生态系统呼吸模型的建立

在夜间，不存在太阳辐射，此时涡度相关系统测得的 CO_2 通量 F_c，可以看成是总生态系统的呼吸 R_{eco}。在无水分胁迫情况下，总生态系统呼吸是温度的指数函数（Lloyd et al.，1994）：

$$R_{eco}=ae^{bTa} \tag{3-24}$$

图 3.32 为总生态系统呼吸 R_{eco} 与气温 T_a 的相关图，可以得到总生态系统呼吸模型为：

$$R_{eco}=0.025\,4\,e^{0.170\,1\,Ta} \tag{3-25}$$

式（3-25）的 $R^2=0.5009$，F 检验值为 77.3，达到 0.01 的极显著标准。因此，冠层尺度上生态系统的光合速率和蒸腾速率可以表示成：

$$A_c=F_c+R_{eco} \tag{3-26}$$

$$E_c=F_w \tag{3-27}$$

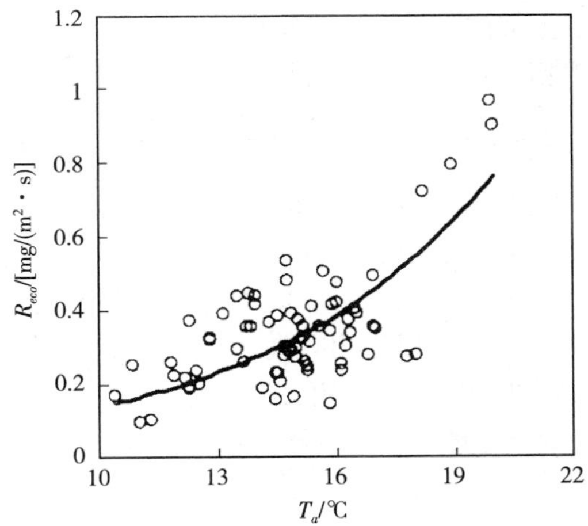

图 3.32　总生态系统呼吸 R_{eco} 随气温 T_a 的变化曲线

2. 模型参数的确定

（1）内部导度 g_{ic} 的参数化

式（3-15）可以改写成下面的形式：

$$A_c = (C_i + \Gamma_*) / r_{ic} = g_{ic} (C_i - \Gamma_*) \quad (3-28)$$

研究表明，胞内 CO_2 浓度 C_i 与外界 CO_2 浓度 C_a 之比在特定的植被类型内近似为一常数，这就是 C_i/C_a 的保守性。对于 C_3 植物来说，这个比值在 0.65～0.8 之间，对于 C_4 植物，其大小为 0.4 左右。长白山针阔混交林建群树种皆为 C_3 树种，胞内 CO_2 浓度 C_i 与外界 CO_2 浓度 C_a 的关系采用下面的经验式（Jones et al.，1992）：

$$C_i = 0.7C_a, \quad (3-29)$$

无暗呼吸时的 CO_2 补偿点 Γ_*，对于森林而言，可用二次多项式进行估计（Brooks et al.，1985）：

$$\Gamma_* = 42.7 + 1.68 (T_c - 25) + 0.012 (T_c - 25)^2, \quad (3-30)$$

其中 T_c（℃）为冠层表面温度。因此，冠层气孔内部导度为：

$$g_{ic} = A_c / (C_i - \Gamma_*), \quad (3-31)$$

根据 Yu 等（2001）的研究结果，在单叶尺度上，内部导度是光量子通量密度的函数，二者之间存在着很强的线性关系。因此，在冠层尺度上，冠层的内部导度为单叶内部导度在冠层内对光量子通量密度的积分，可以表示为：

$$g_{ic} = \int_{Q_b}^{Q_t} (a + bQ_p) dQ_p = \left(aQ_p + \frac{1}{2}bQ_p^2\right) \Big|_{Q_b}^{Q_t} \quad (3-32)$$

根据 Beer-Lambert 定律，冠层下层的光量子通量密度 Q_b 可以表示成（Mackay et al.，2003）：

$$Q_b = Q_t e^{-\varepsilon L} \qquad (3-33)$$

式中，Q_t 为冠层上部的光量子通量密度；ε 为消光系数，本试验取为 0.55；L 为叶面积指数。因此，式（3-32）可以写成：

$$g_{ic} = aQ_t\ (1-e^{-\varepsilon L})\ + \frac{1}{2}bQ_t^2\ (1-e^{-2\varepsilon L}) \qquad (3-34)$$

在 2003 年的 6～8 月，长白山的叶面积指数变化不大，在 4.62～5.71 之间，由此可以断定叶面积指数的变化对冠层内部导度的影响不大，而影响冠层内部导度最大的因素为光量子通量密度。图 3.33 为冠层内部导度与冠层上光量子通量密度的关系图。从图 3.33 中可以看出，在冠层尺度上，冠层内部导度与光量子通量密度之间的关系近似为二次曲线的关系，与式（3-34）的形式一致，区别于单叶内部导度与光量子通量密度为线性关系（Yu et al.，2001）的形式。

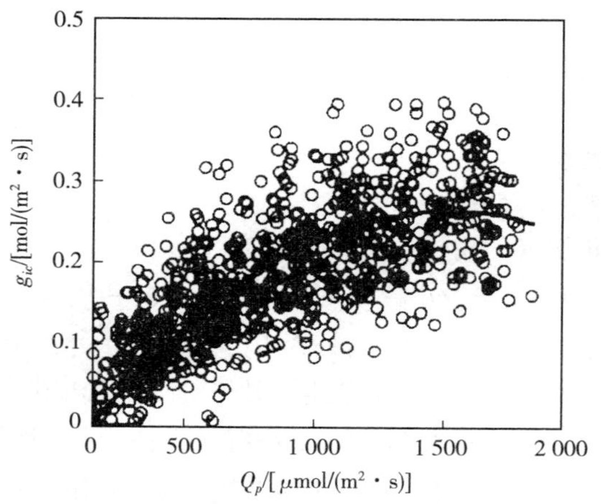

图 3.33　冠层内部导度 g_{ic} 与光量子通量密度 Q_p 的关系

结合式（3-34）的形式，可以得到冠层内部导度的一般估算式如下：

$$g_{ic} = 3.70\times10^{-4}Q_p\ (1-e^{-\varepsilon L})\ -1.14\times10^{-7}Q_p^2\ (1-e^{-2\varepsilon L})\ (R^2=0.53,\ n=0.835) \qquad (3-35)$$

（2）空气动力学阻抗 r_a 的计算

空气动力学阻抗 r_a 由冠层植被特性与冠层内和冠层上的气流决定。在封闭冠层条件下，中性层结下的冠层空气动力学阻抗采用下面的对数风速廓线形式（Monteith et al.，1990）

$$r_a = 2.24\times10^{-2}\frac{1}{k^2 u_r}\ [\ln\ (\frac{Z_r - d}{Z_0})]^2 \qquad (3-36)$$

式中，u_r 为参考高度 Z_r 处的风速；k 为 Von Karmen 常数，$k=0.4$；d 和 Z_0 为零平面位移高度和地表粗糙度。对于森林群落而言，$d=0.78\ h$，$Z_0=0.075\ h$，h 为冠层高度。

当考虑大气层结的影响时，r_a 可修正如下（于贵瑞，2001）：

$$r_a = 2.24 \times 10^{-2} \frac{1}{k^2 u_r} \left[\ln \frac{Z_r - d}{Z_0} + \Phi_m\right]^2 \tag{3-37}$$

$$\Phi_m = \begin{cases} (1-5R_i)^{-1} & \text{稳定} \\ 1 & \text{中性} \\ (1-16R_i)^{-1/4} & \text{不稳定} \end{cases} \tag{3-38}$$

式中，R_i 为梯度 Richardson 数。

(3) 边界层阻抗 r_{bw} 的参数化

对于叶两面都有气孔分布的植物，冠层边界层阻抗可以表示成（于贵瑞，2001）：

$$r_{bw} = 2.24 \times 10^{-2} \frac{100\alpha}{2L} \frac{(W/u_h)^{1/2}}{1-\exp^{(-\alpha/2)}} \tag{3-39}$$

式中，α 为冠层内风速的衰减系数（$\alpha=3$）；L 为叶面积指数；W 为叶宽幅（m），本研究取为 5cm；h_u 为冠层高度 h 处的风速（m/s）；2.24×10^{-2} 为 r_a 和 r_{bw} 由单位 s/m 向 $m^2 \cdot s/mol$ 转化的系数。

(4) 气孔导度对水汽的响应

在冠层水平上，冠层导度 g_c 可以认为就是冠层的总气孔导度 g_{sw}，由 Penman-Monteith 方程，可以得到计算冠层导度的公式如下：

$$1/g_{sw} = 1/g_c = \frac{\Delta(R_n - G)r_a + \rho VPD_r}{\gamma\lambda E_c} - r_a \tag{3-40}$$

式中，Δ 为饱和水汽压—温度曲线的斜率，ρ 为空气密度，VPD_r 为参考高度的饱差，λ 为潜热蒸发当量，γ 为干湿球常数，R_n 为净辐射，G 为土壤热通量。冠层水平上，当气孔导度对水汽的响应函数取为相对湿度的时候，Ball 模型的线性化趋势最为明显（图 3.34）。因此，气孔导度对水汽的响应函数取为下面的形式：

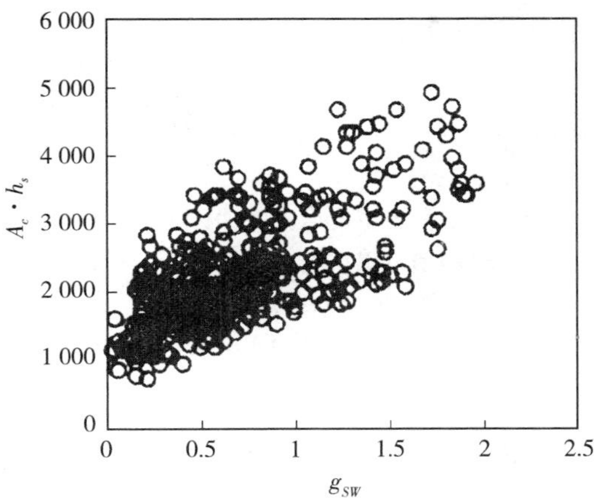

图 3.34　Ball 模型在冠层上的表现

$$f_1\ (D_s)\ =h_s \qquad (3-41)$$

h_s 为冠层表面的相对湿度（%）。

将参数化的式（3－35），式（3－37），式（3－39），式（3－40）代入式（3－21），式（3－22）中，这样只剩下 a_1 和 g_0 未确定，只要知道实测的 A_c 和 E_c，这样两个方程中的两个未知数 a_1 和 g_0 即以确定。分析得到 a_1 值为 0.089 8，95%的置信区间为［0.038 3，0.141］；g_0 为 0.326 3，5% 的置信区间为［0.095 1，0.557 4］。

（四）模拟结果检验与讨论

1. 模型检验

将未参加模型建立的同时期的数据代入式（3－21），式（3－22）中，得到冠层尺度上光合速率和蒸腾速率的模拟值，图 3.35 为模拟值与观测值的对比图。图 3.35（a）中模拟的冠层光合速率（A_c，模拟）与涡度相关的测定值（A_c）吻合的比较好，二者的直线回归的斜率为 0.797 7，$R^2=0.889\ 2$（$n=752$），冠层 CO_2 平均绝对误差为 3.78μmol/（m^2·s）。图 3.35b 中为模拟的冠层蒸腾速率（E_c，模拟）和涡度相关（E_c）的对比图，相比于光合速率，模拟精度有所下降，二者的直线回归的斜率为 0.731 4，$R^2=0.435\ 5$（$n=752$），冠层 H_2O 平均绝对误差为 1.60mmol/（m^2·s）。光合速率和蒸腾速率模拟值与观测值具有相同的日变化规律（图 3.36）。

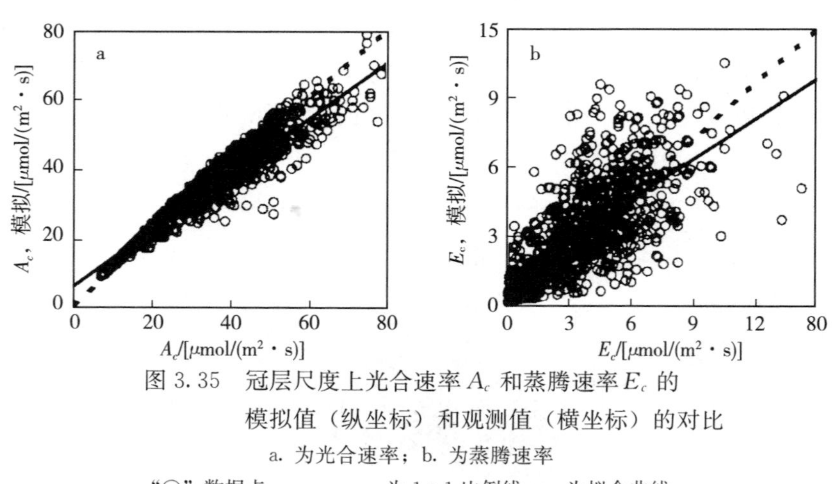

图 3.35 冠层尺度上光合速率 A_c 和蒸腾速率 E_c 的模拟值（纵坐标）和观测值（横坐标）的对比

a. 为光合速率；b. 为蒸腾速率

“○”数据点；－－－－为 1∶1 比例线；—为拟合曲线

2. 讨论

虽然 2003 年长白山属于偏暖偏旱的年份，但并没有出现水分胁迫的现象。2003 年 6～8 月长白山出现了 4 个土壤水分低值期（用 5cm 土壤体积含水量 $S_w<0.22$ V/V 作为判断指标），见图 3.37 中的阴影部分。虽然这些时期模型所

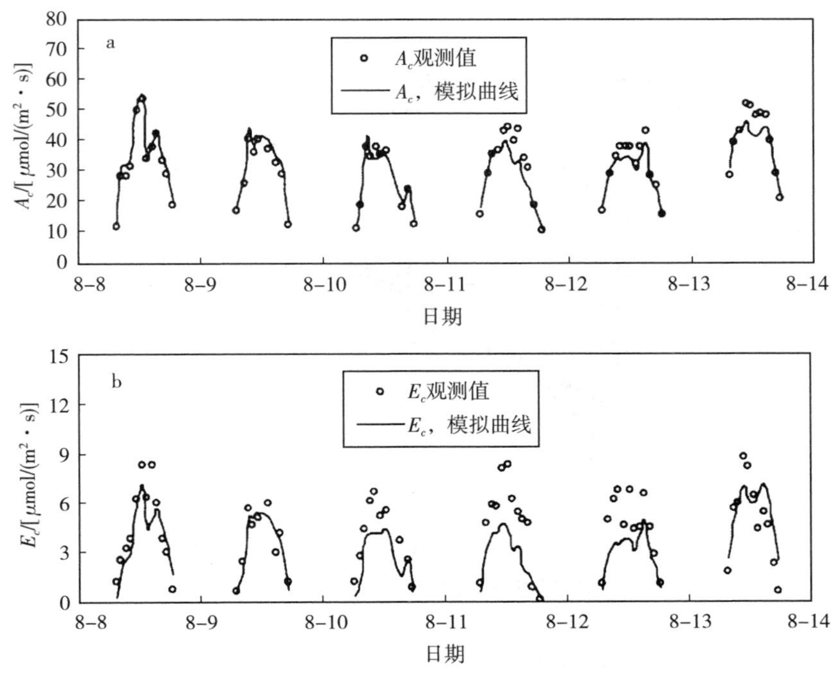

图 3.36　8 月 8～13 日光合速率和蒸腾速率的日变化

a 为光合速率；b 为蒸腾速率

能解释的冠层光合速率从 88.92％下降到 84.42％（图 3.38），但下降的幅度并不大。这方面的原因有两个：①6～8 月长白山的叶面积比较大，都在 4.5 以上（图 3.37），大叶模型的假设是成立的；②长白山是中国长江以北降水最多的地区之一，虽然 2003 年 6～8 月降水偏少，气温偏高，但此时期深层（30cm）的土壤水分变化不大，并没有出现低于 0.25 V/V 的情况。由于深层土壤中有大量的水分储备，在干旱时期深层土壤水分可以源源不断地向浅层土壤传输，能够保证树木生长发育对水分的需求。因此，在长白山的夏季，水分因素对光合速率的影响并不重要。

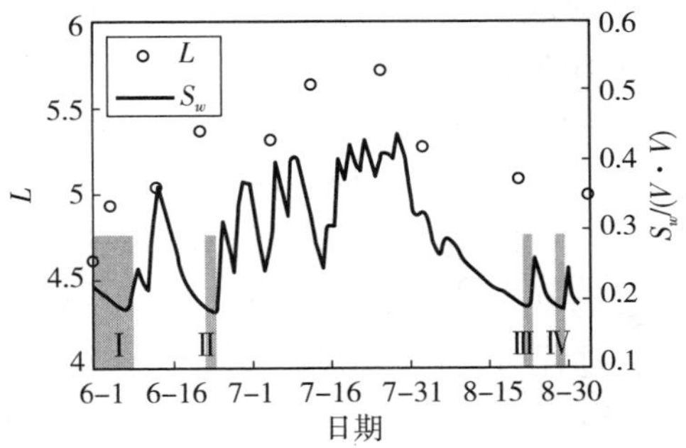

图 3.37　2003 年夏季叶面积指数 L 和 5cm 土壤湿度 SW 变化

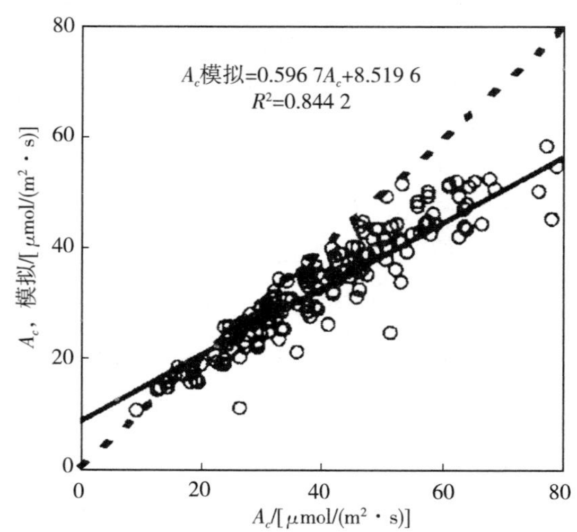

图 3.38 S_w<0.22（V/V）时的冠层光合速率的模拟值（纵坐标）和观测值（横坐标）的比较

本项研究在大叶模型的假设下忽略了土壤即冠层和冠层的蒸发，而在涡度相关通量（蒸腾速率）中实际上包括了这一部分。有研究结果表明，冠层蒸腾占总蒸散量的比率与叶面积指数之间呈很强的指数关系（Tomomichi et al.，2004），虽然 2003 年长白山冠层的蒸腾占到生态系统总蒸散量的 60%以上（王秋凤等，2004），但来自土壤和冠层的蒸发仍然占了一定的比重。长白山位于我国东北地区东部，其东面近邻北太平洋，西面为辽阔的东北平原，受特定地理条件和地形的影响，长白山夏季降水较多，且多为受地形影响的地形雨，下雨之后很快就会出现晴朗的天气，叶表面上截留的水分受到太阳照射很快蒸发掉，此时涡度相关测定的水汽通量会大大高于冠层的蒸腾速率。降水前土壤水分为相对的低值期，此时来自土壤的蒸发一般很小，而雨前一般云量较多，太阳辐射较弱，温度较低，植物的光合和蒸腾作用也较弱，因此，雨前的水汽通量一般较小。但在降水前，由于受地形影响的雨前天气一般风速较低，冠层内风速分布已不服从对数规律，特别是当有高大植被存在时，冠层上有微风，而冠层内某一高度以下基本为 0，会造成空气动力学和边界层阻抗模拟精度下降，因此，此时的模拟效果一般不会很好。而长时期无雨，由于受雨后模拟偏低的影响，应该会出现模拟偏高的趋势。而在上述 3 种情况外的其他时间，则应该出现比较正常的现象，此时虽然冠层和土壤的蒸发仍然存在，但在高叶面积指数下，完全可以忽略。

图 3.39 中不同降水过程对蒸腾速率模拟效果的影响表明上述的猜测是正确的。图 3.39d 中模型所能解释的蒸腾速率已由图 3.35b 中的 43.55%上升到 55.57%，之所以出现在正常天气条件下模拟值与观测值仍比较离散的现象，

是因为在模型中实际上已包含了不同降水过程的所有信息，特别是降水前和降水后的信息造成的。综上所述，蒸腾速率模拟效果偏差主要是由于模型中没有考虑来自冠层和土壤的蒸发和不同降水过程蒸腾占蒸发散的比率不同造成的。

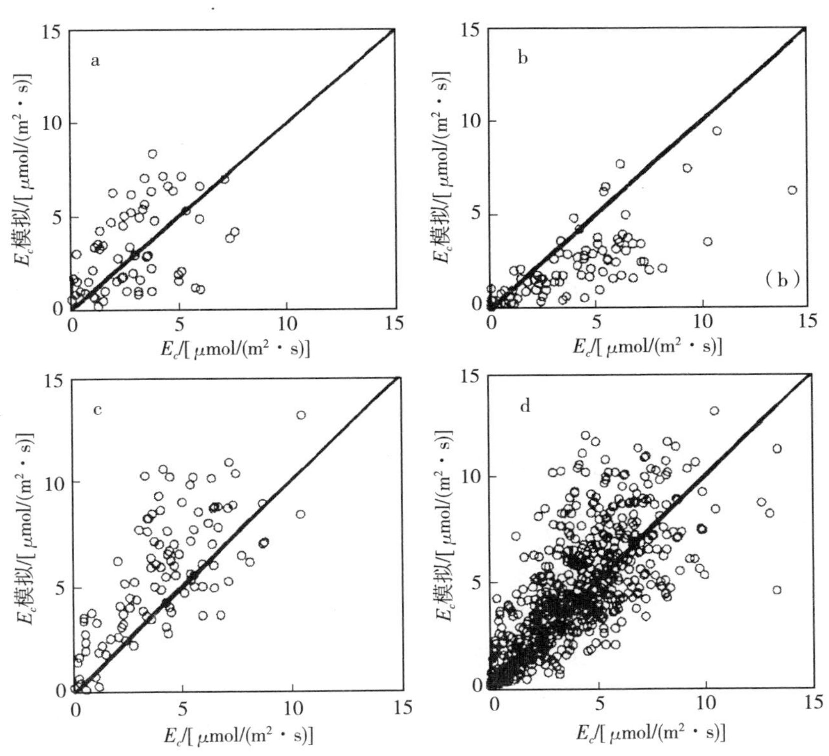

"○"为数据点，实线为 1∶1 比例线

图 3.39 降水过程对蒸腾速率模拟效果的影响

横坐标 E_c 为蒸腾速率的观测值，纵坐标 E_c,模拟，为蒸腾速率的模拟值。a，b，c，d 分别为降水前，降水后，长时间无雨和正常天气条件下的模拟效果。降水前限定在降水发生前 5h，降水后发生在降水停止后 5h，长时间无雨在本文是指 8 月 12～21 日连续 10d 无雨的时期，正常天气指除 a，b，c 外的其他时间。

不同月份的光合速率和蒸腾速率的模拟效果并没有显著的差别（表 3.12）。光合速率模拟值和观测值线性关系的斜率为 0.785 2～0.865 9，R^2 为 0.893 5～0.937 0，平均相对误差介于 9.94%～10.79%。蒸腾速率模拟值和观测值线性关系的斜率为 0.602 4～0.781 4，R^2 为 0.303 4～0.533 9，平均相对误差介于 41.18%～46.32%。这是由长白山地区 6～8 月为夏季，此时也处于叶面积指数最高的时期，大叶模型的假设在这段时期的适用性相同引起的必然结果。

表 3.12　光合速率和蒸腾速率的模拟值和观测值的线性关系方程[a)]

模型	月份	α	b	R^2	平均相对误差/%	n
光合	6 月	0.865 9	4.024	0.902 9	9.94	206
	7 月	0.785 2	7.264 3	0.893 5	9.85	258
	8 月	0.821 4	4.844 9	0.937 0	10.79	289
蒸腾	6 月	0.620 4	1.283 6	0.303 4	46.32	206
	7 月	0.781 4	1.333 2	0.533 9	44.45	258
	8 月	0.684 4	1.296	0.352 5	41.18	289

a）方程的形式为 A_c，模拟$=aA_c+b$；E_c，模拟$=aEc+b$. 其中 A_c，模拟和 E_c，模拟为光合速率和蒸腾速率的模拟值。平均相对误差$=100\times\sum$（Y_c，模拟$-Y_c/Y_c$）ln（$Y=A$ 表示光合，$Y=E$ 表示蒸腾）。

第二节　长白山阔叶红松林呼吸作用

一、长白山阔叶红松林生态系统的呼吸速率

森林是陆地生态系统的主体，它在生长过程中吸收大量的 CO_2，并具有长期的碳保存能力。全球陆地生态系统中 80%的碳贮存在森林中（Sedjo，1993），同时，树木代谢呼吸能消耗自身光合固定碳的 50%以上（Amthor，1989）。因此，森林在全球碳循环过程中是非常重要的碳库（Baldocchi et al.，1997；Black et al.，1996；Ciais et al.，1995；Conway et al.，1994）。森林生态系统碳交换量决定于光合作用和呼吸作用之间的平衡；森林生态系统通过光合作用从大气中吸收 CO_2，再通过呼吸作用释放 CO_2 回到大气中。净生态系统交换（*NEE*）比光合作用和呼吸作用的量小得多（Law et al.，2001）。由于森林植被是个巨大非均匀系统，每个个体及其不同器官以不同的速率进行着呼吸作用，并且依森林本身的生物学特征和环境因子等产生呼吸强度的空间异质性。因而，森林对全球的碳平衡也具有相当的不确定性（Houghton et al.，1999）。植物需要通过呼吸作用消耗光合作用所固定的产物，提供生命活动所需的能量，因此，呼吸作用是森林生态系统碳平衡的关键生理过程（Ryan，1990）。大气 CO_2 浓度的变化主要取决于参与碳循环的各个碳库之间交换通量的波动。森林植被碳库与森林土壤碳库之间的碳交换主要通过叶、茎、根、果实等器官的凋落和腐烂进行。森林土壤碳库和大气碳库之间碳交换通过土壤微生物的呼吸、土壤有机质分解等过程实现。森林土壤是森林生态系统中最大的碳库（Schlesinger，1982；Sedjo，1993）。土壤碳库的微小变化都可改变森林生态系统的 CO_2 平衡。因而准确评估土壤 CO_2 通量及森林生态系统各不同组分呼吸对森林生态系统呼吸的贡献显得十分重要。

目前，国际上普遍应用微气象法中的涡度相关技术直接测定森林净生态系统

交换量。涡度相关技术具有响应速度快、不破坏植物群落和能连续测定地—气系统 CO_2 净交换量等优点，但该技术要求有足够大的下垫植被面和适宜的湍流交换。然而，能满足上述条件的森林生态系统几乎没有。受地理和气候条件的限制，在夜间缺少一定强度的大气湍流和地形引起的大气流动（Bolstad et al.，2004；Chen et al.，1987），导致夜间生态系统 CO_2 通量的偏差。箱式法能测定森林生态系统不同组分的呼吸通量（土壤，枝条和叶片），补充和比较涡度相关法获得的 *NEE*（Goulden et al.，1996）。

长白山阔叶红松林是我国北方典型的温带植被类型，位于东北样带的东端，属对气候变化反应较敏感的地区。目前，利用涡度相关法研究长白山阔叶红松林生态系统呼吸的报道不多（关德新等，2004），利用箱式法研究阔叶红松林生态系统不同组分呼吸及其对整个生态系统呼吸的贡献研究也较少。

（一）阔叶红松林生态系统大气和土壤温度

由图 3.40 可以看出，虽然土壤温度变化略延后大气温度的变化，但是大气和土壤温度的季节变化趋势是一致的。这是由于土壤具有高的热比容和低的传导性决定的，2003 年大气年平均温度为 6.2℃。大气月平均温度最低的月份为 2 月，月平均温度最高的月份是 7 月。

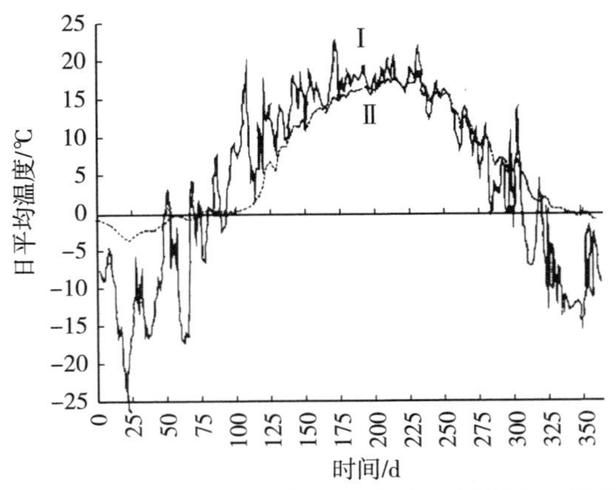

图 3.40　阔叶红松林生态系统内大气和土壤温度的季节变化

（二）阔叶红松林生态系统土壤呼吸

土壤 CO_2 排放通量与土壤（5cm）温度的指数关系（图 3.41），模拟出 2003 年土壤表面 CO_2 排放通量情况（图 3.42）。土壤表面 CO_2 排放通量包括土壤异养呼吸、根系呼吸和凋落物呼吸。根系呼吸占土壤呼吸的 36.9%（Liu et al.，2005）。研究表明，阔叶红松林土壤 CO_2 排放通量具有明显的季节变化趋势（图 3.42）。土壤 CO_2 排放通量呈单峰曲线，通量值变化在 0.6～7.2μmol/（m^2 ·

s)。在全年中，土壤 CO_2 在 1、2 月排放通量最低，变化幅度不大。夏季土壤呼吸峰值出现在第 210～252d 之间，随后迅速下降，到 11 月上旬以后变化趋于平稳。其原因主要是长白山地区冬季林地温度变化不大。在冬季，地表下 5cm 处土壤温度很难降至 0℃以下（图 3.40），而林地内气温变化非常剧烈（王森等，2005）。在早春雪融化后，土壤温度迅速升高，土壤 CO_2 释放速率也明显变化（王森等，2004）。

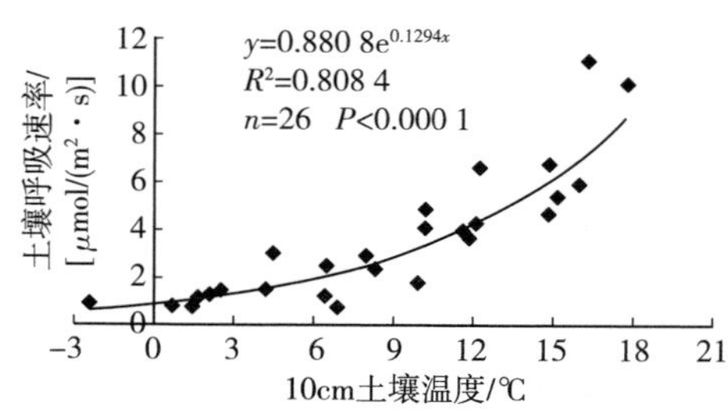

图 3.41 阔叶红松林生态系统土壤呼吸速率与土壤温度的关系

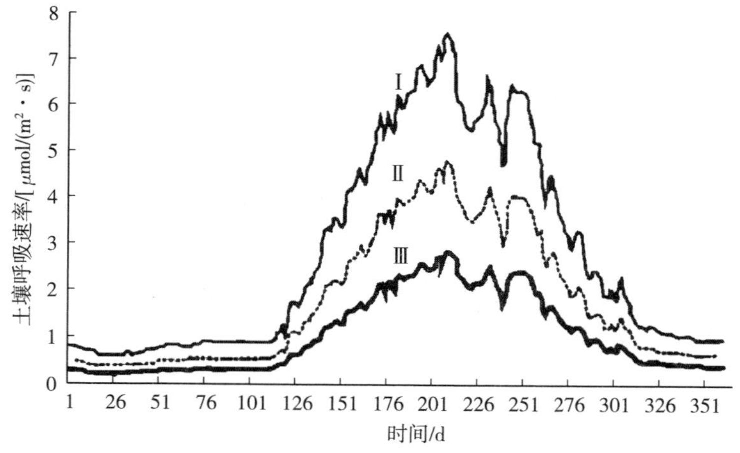

图 3.42 阔叶红松林生态系统土壤和根系呼吸速率的变化

（三）阔叶红松林生态系统树干呼吸

利用红松针阔叶混交林主要树种树干呼吸与温度间的关系（图 3.43），换算出单位林地不同树种树干和枝条的呼吸速率。由图 3.44 可以看出，2003 年乔木树干和枝条呼吸速率与灌木枝条呼吸速率呈明显的季节变化规律，乔木树干和枝条呼吸速率的变化范围在 0.15～1.4μmol/（m^2·s），灌木枝条全年呼吸速率变化范围在 0.02～0.22μmol/（m^2·s）。树木树干呼吸全年变化趋势是对称的，呼吸速率最低值出现在 1、2 月，最高值出现在 7、8 月。树干呼吸速率从 4 月初开始迅速增大，到 7 月初达到最大值，且直到 9 月初一直维持在较高的呼吸水平上，9 月中旬后迅速下降。树干呼吸与林地土壤呼吸变化趋势基本一致，这是因为树干和土壤呼吸主要受气温变化驱使。

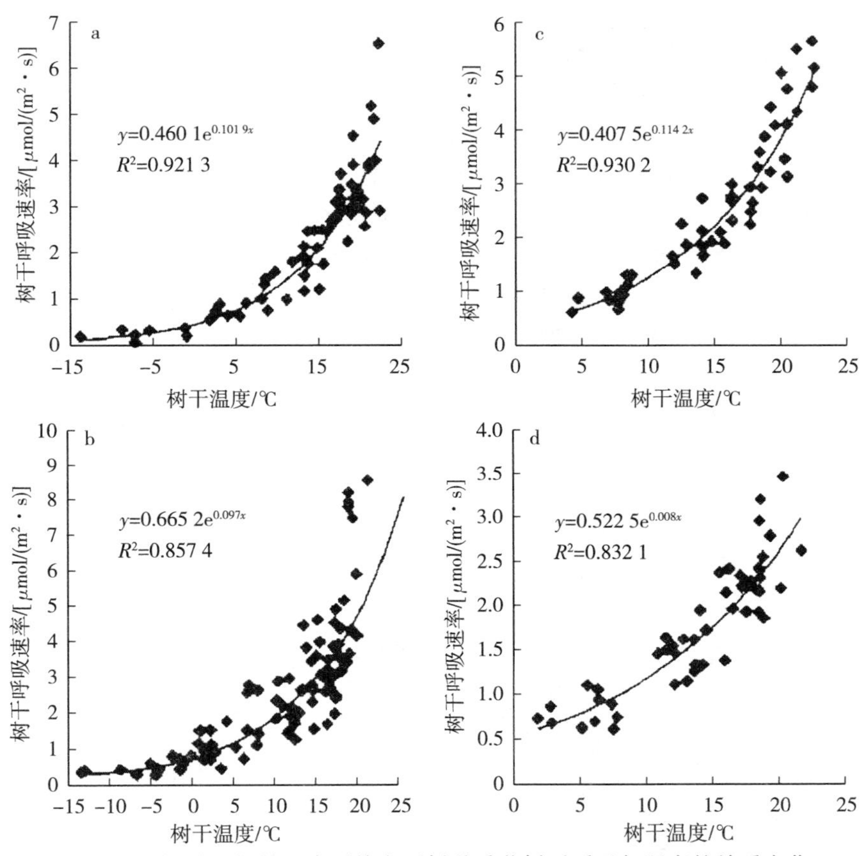

图 3.43　阔叶红松林生态系统主要树种季节树干呼吸与温度的关系变化

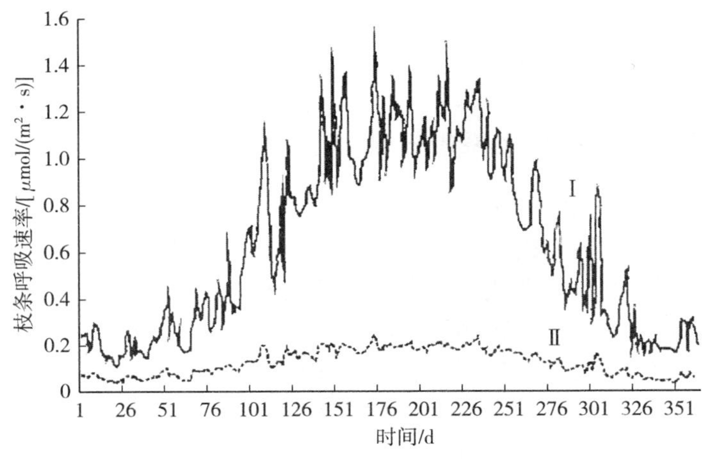

图 3.44　乔灌木枝干单位林地呼吸速率

（四）阔叶红松林生态系统叶呼吸

由图 3.45 可以看出，2003 年在生长季内，植物叶片呼吸速率是以林内气温所驱动的（Lavigne，1987；Xu et al.，2000）加上植物生长过程中叶面积指数在不断变化，所以植物叶片呼吸速率曲线呈对称钟形。乔木叶片呼吸速率从 3 月初的 0.5μmol/（m^2·s）迅速上升到 6 月末的 1.9μmol/（m^2·s），随后逐步下降，到 10 月底降至 0.2μmol（m^2·s）；在生长季中（5～9 月），阔叶红松林生态系统叶呼吸速率平均为 1.6μmol/（m^2·s）；在冬季，生态系统叶呼吸速率平均为 0.69μmol/（m^2·s）。灌木和草本叶片呼吸速率生长季内变化趋势与乔木相似（图 3.45）。灌木和草本植物叶片呼吸速率从春天展叶开始就迅速提高，7 月初达到峰值［0.25 和 0.14μmol/（m^2·s)］。阔叶红松林生态系统全部植物叶片呼吸速率峰值是在 7 月初［2.0μmol/（m^2·s)］。乔木、灌木和草本叶片呼吸速率分别占阔叶红松林生态系统植物呼吸的 89.82%、5.57%和 4.61%。

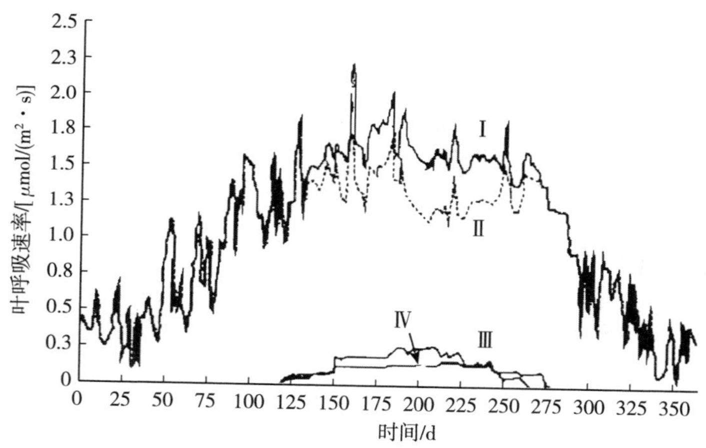

图 3.45 阔叶红松林生态系统叶片呼吸速率季节变化（2003）

（五）阔叶红松林生态系统呼吸

阔叶红松林生态系统 CO_2 通量是由阔叶红松林土壤呼吸、树干呼吸、灌木枝条和植物叶呼吸共同组成。由图 3.46 可以看出，2003 年，生态系统 CO_2 通量季节变化趋势呈对称单峰曲线。生态系统呼吸速率峰值出现在 7 月下旬到 8 月初。全年生态系统呼吸速率变化范围为 0.9～10.3μmol/（m^2·s）。

由图 3.47 可以看出，2003 年全年范围内生态系统木质部分（枝＋干＋根）、叶和生态系统异养呼吸分别占总生态系统呼吸的 39.6%、23%和 37.4%。阔叶红松林生态系统木质部呼吸所占比率最大，为 33%～52%。生态系统异养呼吸比率从 1 月的 39%开始逐渐降低，到 4 月中旬达到 20%，然后再升高，峰值在 7

月初。生态系统植物叶呼吸比率呈双峰曲线，两个峰值分别在早春和初秋两季，植物叶呼吸比率变化范围也比木质部和异养呼吸比率变化幅度明显。土壤呼吸是森林生态系统中最主要的 CO_2 排放源，约占阔叶红松林生态系统 CO_2 排放的63%，植物叶和枝干分别占 21%和 16%。

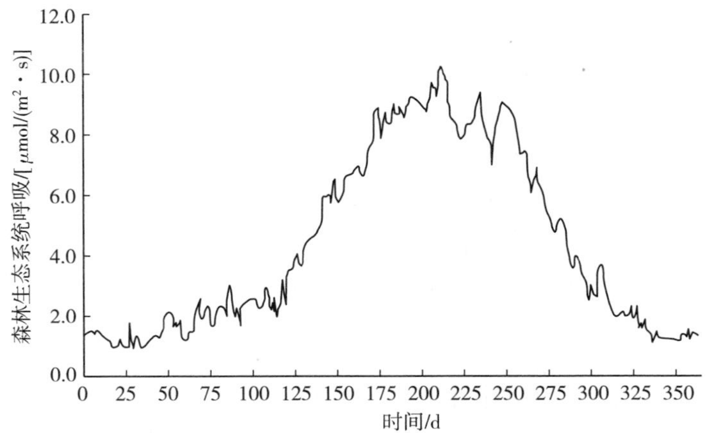

图 3.46　阔叶红松林生态系统呼吸季节变化趋势

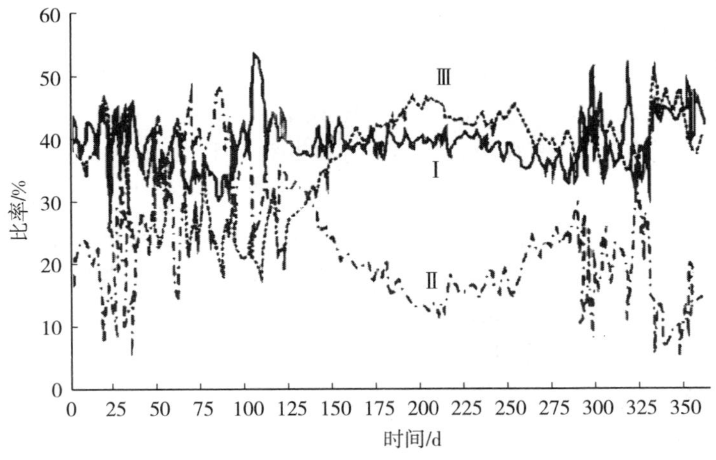

图 3.47　阔叶红松林生态系统不同组分呼吸比率季节变化

（六）阔叶红松林生态系统呼吸的估算

大气和土壤温度与阔叶红松林生态系统呼吸具有显著的相关性。大气温度和土壤温度能分别反映生态系统呼吸的 87%和 95%。分别对生态系统呼吸与大气温度和土壤温度进行指数拟合：

$$ER=2.6021e^{0.0589Ta} \quad (R^2=0.87,\ n=179,\ P<0.0001) \tag{3-42}$$

$$ER=1.7862e^{0.101Ts} \quad (R^2=0.95,\ n=179,\ P<0.0001) \tag{3-43}$$

式中，ER 为生态系统每天平均呼吸速率 [μmol/（m^2 · s)]，T_a 和 T_s 分别为阔叶红松林生态系统内地上 1.5m 处气温和地下 10cm 处土壤温度。

长白山阔叶红松林生态系统年平均呼吸速率为（4.37±2.98）μmol/（m^2 · s)。在其生长季中，生态系统呼吸速率平均为 7.5μmol/（m^2 · s)，明显高于北美洲地区森林生态系统呼吸速率。Anthoni 等（1999）报道，1996 年和 1997 年北美地区阔叶混交林生态系统呼吸速率分别为 3.4 和 4.2μmol/（m^2 · s)。Law 等（1999；2001）研究结果显示，北美洲地区森林生态系统呼吸速率生长季中平均为 3.6μmol/（m^2 · s)，全年平均为 2.4μmol/（m^2 · s)。本项研究结果表明，较高的森林生态系统呼吸速率是由于长白山阔叶红松林森林为原始阔叶红松林，主要优势树种平均树龄为 300 年，每年有大量有机质进入土壤中（倒木和枯枝落叶）。而土壤呼吸（包括根系呼吸）是森林生态系统呼吸的主要成分，对土壤水分、温度和土壤有机质含量变化敏感（Davidson et al.，2002；Fang et al.，2001；王淼等，2004）。长白山阔叶红松林年平均土壤呼吸速率为 2.75μmol/（m^2 · s)，生长季中达 4.96μmol/（m^2 · s)。

基于箱式法研究的阔叶红松林（乔木、灌木、草本和土壤）各组分 CO_2 速率具有明显的时间和空间上的差异，本研究结果显示，土壤呼吸是森林生态系统中最主要的 CO_2 排放源，约占阔叶红松林森林生态系统 CO_2 排放的 63%，植物叶片和枝干分别占 21%和 16%，与 Xu 等（2001）和 Bolstad 等（2004）的研究结果基本一致，而低于 Law 等（2001）对温带北美黄松（*Pinus ponderosa*）针叶林的研究结果（76%）。这是因为长白山阔叶红松林为成熟原始林，森林具有较高的材积（478m^3/hm^2）。Lavigne（1987）报道，针阔混交林土壤呼吸速率占整个森林生态系统 CO_2 排放量的 48%～71%、叶呼吸占 25%～43%、枝干呼吸占 5%～15%，与北美硬阔混交林的研究结果相近（土壤呼吸占 68%、叶呼吸占 27%、枝干呼吸占 5%）（Goulden et al.，1996）。这说明森林生态系统需要消耗大量光合作用固定的有机碳来完成和维持生长发育（Chen et al.，1987）。

二、长白山红松针阔叶混交林主要树种树干呼吸速率

森林是陆地生态系统的主体，占全球陆地表面的 40%（Waring et al.，1998）。全球陆地生态系统中 46%的碳贮存于森林中（Wofsy et al.，1993），森林是全球碳循环过程中重要的碳库（Conway et al.，1994）。然而，森林对全球的碳平衡的影响有相当的不确定性（Houghton et al.，1999）。森林生态系统的净交换量取决于光合作用的碳获取和呼吸作用的碳释放之间的平衡，而这两种通

量又取决于树种本身的生物学特性和环境条件，因此，准确地测定森林生态系统不同组分的碳通量对于了解森林生态系统的净交换量具有重要意义。树干呼吸持续发生在树木的木质部活组织中，并向大气连续释放CO_2，甚至在冬季树木休眠情况下也不间断（Nelson et al.，1996），其中北方针叶林木质组织呼吸占地上部分总自养呼吸的25%（Lavigne et al.，1997），温带落叶森林群落可高达50%（Edwards et al.，1981）。因此，树干呼吸是生态系统碳循环研究中的重要内容（Law et al.，1999）。树干呼吸作用是一个复杂的生物学过程，不仅受温度、湿度、大气CO_2（Lavigne et al.，1997）以及土壤养分（Barnes et al.，1978）等环境因素的影响，而且与树木年龄、径阶和树种等遗传特征有关。这使得树干呼吸作用一方面具有明显的规律性，另一方面又表现出很大的变异。目前，国外对树干呼吸及群落水平的树干呼吸研究很多，但涉及不同树种和不同年龄树种的个体比较研究相对较少（严玉平等，2006）。国内在此领域的研究刚刚开始，对温带森林树种的树干呼吸研究还不多见（王淼等，2005）。

长白山红松针阔叶混交林是东北亚典型的温带森林生态系统。目前对其主要建群树种红松、紫椴、蒙古栎和水曲柳树干呼吸的研究很少。

（一）不同树种树干呼吸日变化及与温度的关系

由图3.48可以看出，各树种的树干呼吸速率呈S形变化，最高值出现在14：00～20：00，最低值出现在4：00～6：00。相关分析表明，不同树种树干呼吸与树干温度的相关性好于与气温的相关性（表3.13）。树干呼吸速率的变化趋势与树干温度变化一致，气温变化幅度大于树干温度，树干温度较气温变化滞后2h左右。各树种8月的树干呼吸速率高于9月，而9月11日紫椴树干呼吸速率日变幅达1倍以上，此时的日温差达17.4℃。

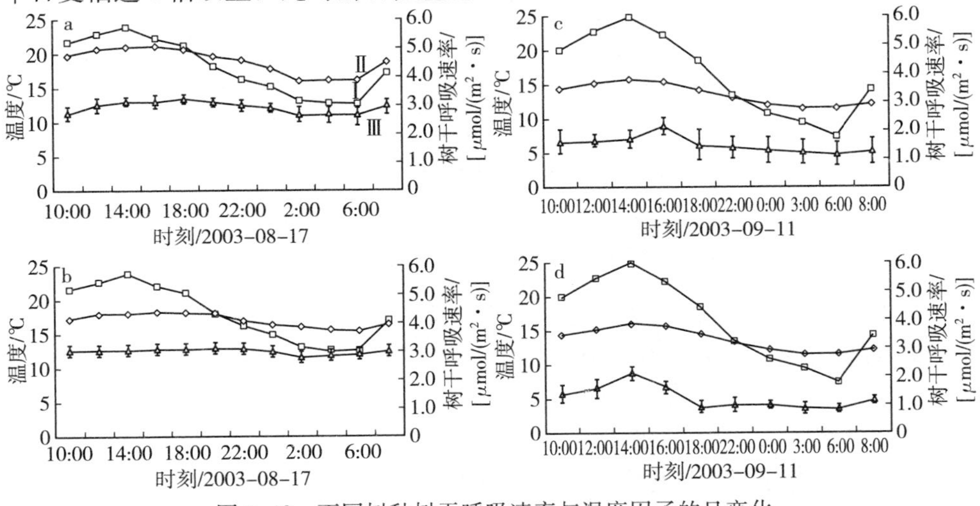

图3.48　不同树种树干呼吸速率与温度因子的日变化

表 3.13 不同树种日树干呼吸速率与树干温度间的关系

树种	模型	R^2	n	Q_{10}
红松	$y=1.6176e^{0.031T}$	0.69	56	1.36
蒙古栎	$y=2.0223e^{0.0223T}$	0.50	60	1.26
水曲柳	$y=0.4241e^{0.0926T}$	0.72	58	2.52
紫椴	$y=0.1579e^{0.1483T}$	0.70	58	4.40

（二）不同树种树干温度与气温的关系

由图 3.49 可以看出，各树种树干温度与气温间均呈线性关系（$P<0.01$）。其中气温与红松树干温度的相关系数最高（$R^2=0.7979$），其他树种树干温度与气温也有较好的相关关系（$R^2>0.65$）。各树种模拟线性方程斜率之间无显著差异（$P>0.05$），表明不同树种间树干对气温变化的敏感性不显著，但红松树种拟合方程的截距明显高于 3 个阔叶树种。经计算，当气温降到 0℃时，红松树干温度高于其他树种 1.5℃左右，说明红松储存的热量高于 3 个阔叶树种。

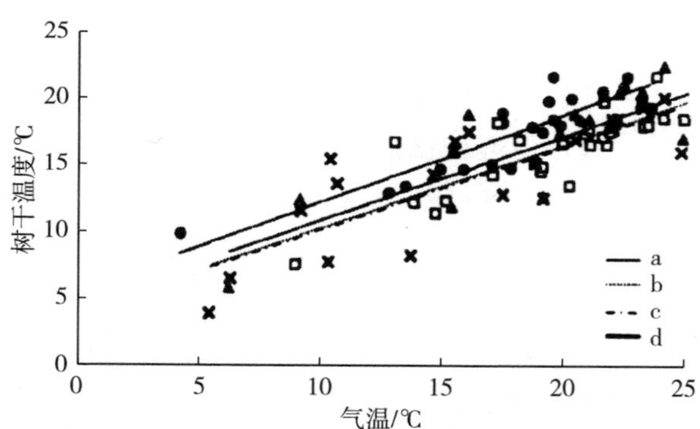

图 3.49 不同树种树干温度与林内气温的关系

（三）不同树种树干呼吸与树干温度的关系

对 4 个树种树干温度与树干呼吸的回归模拟发现，树干呼吸与树干温度之间存在很好的相关性（图 3.50）。在相同环境条件下，4 个树种树干温度能反映树干呼吸变化的 83%～94%，表明不同树种单位树干面积的呼吸通量存在差异。不同树种树干呼吸对温度变化的响应也不相同，树干呼吸的 Q_{10} 值在 2.24～2.91。其中水曲柳树干呼吸 Q_{10} 值最大，紫椴最小（表 3.14）。

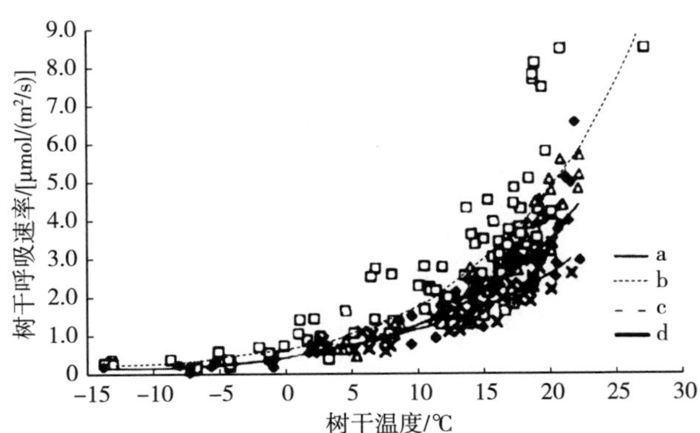

图 3.50　不同树种树干呼吸与树干温度的关系

表 3.14　不同树种树干呼吸速率与树干温度模型

树种	模型	R^2	n	Q_{10}
红松	$y=0.4142e^{0.0958T}$	0.94	76	2.09
蒙古栎	$y=0.6652e^{0.097T}$	0.86	91	2.12
水曲柳	$y=0.4075e^{0.1142T}$	0.93	59	2.41
紫椴	$y=0.5225e^{0.08082}$	0.83	58	2.24

（四）不同树种树干呼吸的季节变化

由图 3.51 可以看出，不同树种树干呼吸存在明显的季节变化，全年树干呼吸呈单峰曲线。树干呼吸从春季开始升高，峰值出现在 7 月，8 月以后开始急剧下降，10 月最低。红松、蒙古栎、水曲柳、紫椴的树干呼吸速率由 10 月到翌年 7 月分别增加了 74%、77%、75%、62%，其中水曲柳和蒙古栎的树干呼吸速率季节变化明显。6～9 月不同树种树干呼吸平均速率存在显著差异（$P<0.05$）。

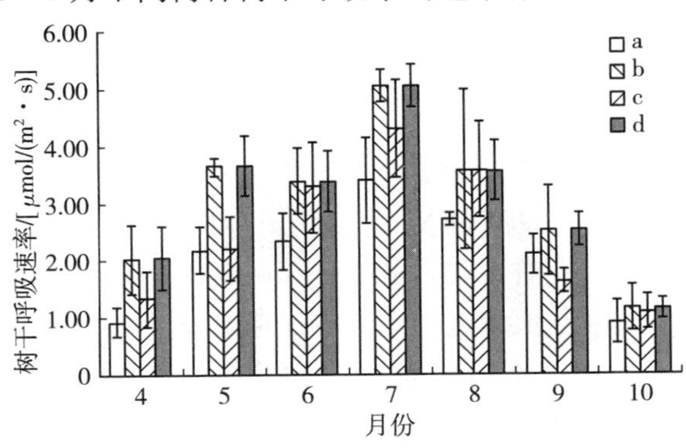

图 3.51　不同树种树干呼吸速率的月变化

树干温度（尤其是夜间温度）是影响树干形成层细胞伸长和增大的主要因素（Catesson，1987），不同树种温度对形成层组织的活动影响不同。研究结果表明，在生长季中，长白山红松针阔叶混交林主要树种红松、蒙古栎、水曲柳和紫椴的树干呼吸速率具有明显的季节变化，在7月达到最大，而后随温度的降低而下降，与Nelson等（1996）和Xu等（2000）的研究报道一致。温度是影响树干呼吸过程最主要的环境因子（Xu et al.，2000），在图3.48和图3.49看到，4种树种树干呼吸速率的季节变化与树干温度和气温变化一致，这种特征不仅表现在季节变化上，还表现在其日进程上，如9月的树干呼吸速率日变化比8月大，与Zha等（2004）的结果相一致，这是因为长白山地区9月的早晚温差大于8月。Panshin等（1999）研究表明，生长季树木树干呼吸速率平均在3.4～4.2 μmol/（m^2 • s）。本项研究中，5～9月红松、蒙古栎、水曲柳和紫椴树干呼吸平均速率分别为2.55、3.64、3.00和2.04μmol/（m^2 • s），均低于报道的结果，这主要是由于试验树木年龄远大于文献报道的树木。在长白山老龄红松针阔叶混交林，蒙古栎和水曲柳树干呼吸速率明显高于红松和紫椴，由于蒙古栎和水曲柳树干属散孔材树种，其树干比环孔材松柏类树种树干边材组织里导管与管胞细胞的比例高，散孔边材组织细胞代谢活动高于管胞组织（Panshin et al.，1980）。

研究表明，4个树种树干呼吸速率出现峰值的时间不一致。红松、蒙古栎、水曲柳和紫椴的呼吸速率峰值分别在18：00、20：00、16：00和14：00，而4个树种树干呼吸速率的低谷均在4：00左右，表明此时是各树种一天中树干呼吸强度最小之时（Panshin et al.，1980），这与Negisi等（1981）对针叶树树干呼吸的研究结果相一致。在清晨，树干呼吸活动的主要影响因子是树干温度；而在下午，树干呼吸活动可能还受树皮及形成层组织水分含量变化的影响。树干含水量变化具有昼夜日变化的规律（严玉平等，2006），日出后逐渐减少，至傍晚开始回升，天亮时恢复至原来的水平。其原因是白天蒸腾强烈，树皮和形成层的水分被木质部吸去一部分；傍晚时树皮含水量下降限制了树干呼吸；而到夜间，通过根系的吸水和树干中的贮水，水分回流到形成层和树皮，这种树干昼夜水分恢复快慢影响了树干呼吸的日变化。因此表现出树干呼吸速率与短期树干温度变化之间的关系没有树干呼吸速率与季节温度间的相关性好（见表3.13）。季节温度能够给于树干呼吸季节变化的80%以上的解释（见表3.14）。

Q_{10}值指温度每升高10℃，呼吸速率的变化比率，是反映呼吸速率对温度变化敏感性的重要指标。在本项研究中，不同树种树干呼吸Q_{10}值在2.24～2.91，树干呼吸平均Q_{10}值为2左右，与文献（Ryan et al.，1995）的研究结果基本一致。不同树种树干呼吸Q_{10}值依次为水曲柳、蒙古栎、红松和紫椴，反映出水曲柳树干呼吸对温度变化较其他树种敏感；而紫椴叶片高强度的代谢水平降低了树干对温度变化的效应（Atkin et al.，2000）。

Q_{10}模型在树干呼吸上的应用也有局限性。树干形成层的生理活动和树干含水量会随着树干呼吸季节的变化而发生变化，因此，年均 Q_{10} 不再是树干呼吸温度效应的一个量度，而是对温度、树干边材比例及活性、树干含水量等影响因子的反应，由于树干含水量和树干边材活动与树干温度变化不完全吻合，通常春季树干呼吸 Q_{10} 值比夏季高，使树干呼吸的估量产生一定误差（王文杰等，2005）。另外，随着温度的持续升高和升温时间的延长，树干呼吸对温度升高反应的敏感程度下降。目前生态系统模型多采用统一的 Q_{10} 值，而其对未来树干呼吸与未来气候变化幅度的预测可能存在偏差（Tjoelker et al.，2001）。由于温带红松针阔叶混交林树种丰富，长白山红松针阔叶混交林 4 个主要组成树种树干呼吸的观测结果还不能直接应用在群落水平上，无法估算树干呼吸在整个生态系统呼吸中的贡献率。因而要准确估算群落水平上树干呼吸，还需要有大量的监测数据，而且目前对树干呼吸使用的原位测定方法还没有统一的标准，在进行结果比较时要充分考虑这些因素（王文杰等，2005）。

三、长白山地区红松树干呼吸的研究

工业革命以来，人口增加和经济发展导致了大气 CO_2 等温室气体浓度的不断增加，地球气候系统发生了剧烈的变化（Keeling et al.，1995）。目前全球 CO_2 浓度以平均每年 1.2～1.8mol/L 的速度增长，大气 CO_2 浓度的变化主要取决于参与碳循环的各个碳库间碳交换通量的波动。研究全球生态系统碳收支评价和机理及其对全球变化的影响与反馈作用，已经成为全球关注的重大科学问题。森林是陆地生态系统的主体，它在生长过程中吸收大量的 CO_2，并有长期的保存能力，全球陆地生态系统中的碳 40%贮存在森林中（Waring et al.，1998）。同时树木的代谢呼吸能消耗自身光合固定碳的 50%以上（Amthor，1989）。因此，树干代谢呼吸是生态系统碳循环研究中非常重要的内容（Law et al.，1999；Ryan et al.，1996；Williams et al.，1992）。以往树木代谢活动的研究重点在树木叶片呼吸方面，并将其作为树木整体代谢的指标。代谢呼吸活动持续发生在一株树木的所有木质部活组织，尽管树干代谢呼吸具有重要意义，但很少有人进行该领域的研究（Birgit et al.，2003），其主要原因就是因为树干呼吸测定技术较难解决（Xu et al.，2000）。

树干 CO_2 排放主要包括树木生长呼吸和树木维持自身正常活动的呼吸活动（McCree，1970）。因此，树干呼吸是一个复杂的生物学过程，受到多种因素的作用，这使得树干呼吸一方面具有明显的规律性，另一方面又表现出不规则的变化。树干呼吸不仅受温度（Maier et al.，1998）、湿度（Maier et al.，2000）、大气 CO_2（Bunce，1992；Ryan et al.，1996）和土壤养分（Amthor，2000；Barnes et al.，1978）等环境条件的影响，而且受有关生物过程如树木年龄、径阶、树种等因素的影响。

（一）树干呼吸与树干温度的关系

树干呼吸的日变化曲线如图 3.52。由图 3.52 可以看出，树干呼吸速率日变化呈 S 形，呼吸速率最高值出现在 16：00～20：00，呼吸速率最低值出现在 20：00～6：00。树干呼吸速率与树干温度的相关性好于与气温的相关性（r^2＝0.689 3 和 r^2＝0.454 5）（图 3.53）。树干呼吸速率变化趋势与树干温度变化一致，气温变化幅度大于树干温度，树干温度受气温的影响滞后 2h 左右，并主要与一天内温度的变化有关。

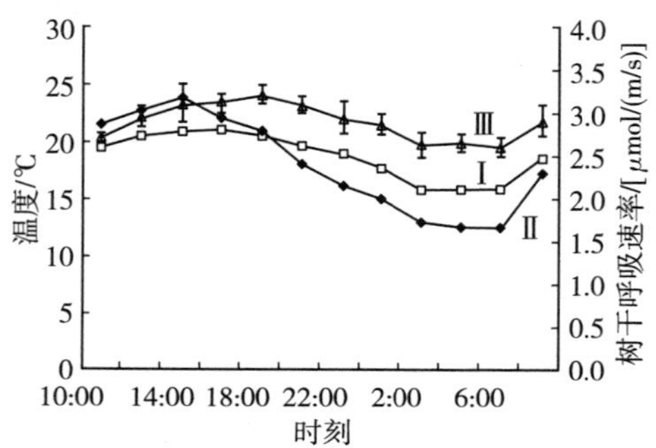

图 3.52　红松树干呼吸与温度因子的昼夜变化

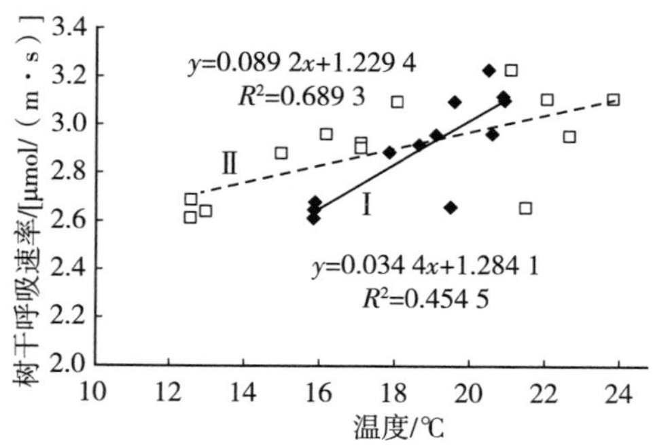

图 3.53　树干呼吸与树干温度和林内气温的关系

在研究过程中，发现树干表面湿度与树干呼吸之间也具有一定的相关性（图 3.54a），但不同径阶树木之间差异较大，中等径阶的树木表面湿度与呼吸速率间的相关性好于大径阶和小径阶。这可能是由于过大和过小径阶树干表面径流不均匀造成的。同样，中等径阶树干呼吸与树干温度之间的相关性好于过大和过小径阶的树木（图 4.54b）。不同大小径阶树干呼吸速率之间也存在显著差异（$P<0.01$），经过 Duncan 多重检验，大径阶和中等径阶树干呼吸之间差异不显著。在树木生长季中 3 个不同径阶树干呼吸速率分别平均为 4.14、3.76 和 1.47μmol/（m^2・s）。

在相同的径阶树木中，南面树干呼吸速率大于北面（图 3.55），同时表现出树木径阶越大，南北面树干呼吸速率差异越大，形成上述现象的主要原因是树木本身造成的，在林地中径阶越大的树干南面获得的阳光照射时间比北面获得的时间越长，树干南北面温差越大（图 3.56）。并且小径阶树木生长在林冠下，南面树干暴露在阳光下的机会减小，主要是受气温的影响。而在生长季中林冠下气温一天中变化没有落叶非生长季气温变化明显（图 3.57）。例如在 5 月 6 日林内气温变化范围为 3.18～25.4℃，在树木生长季中 8 月 17 日气温变化范围为12.54～23.84℃，因而林冠下小径阶树干存在南北面温度差异不显著的现象。

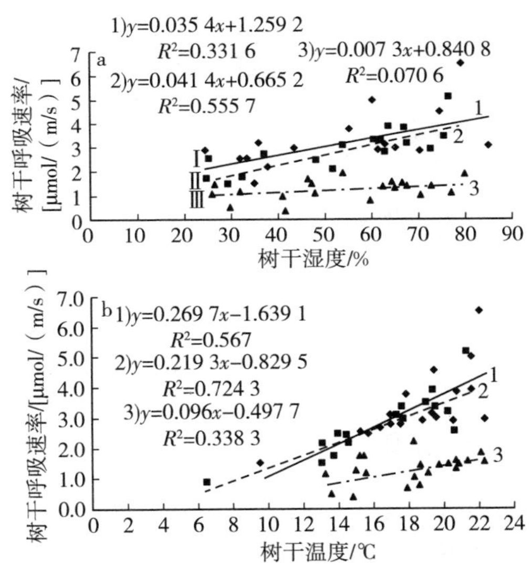

图 3.54　树干呼吸与树干温度和湿度间的关系

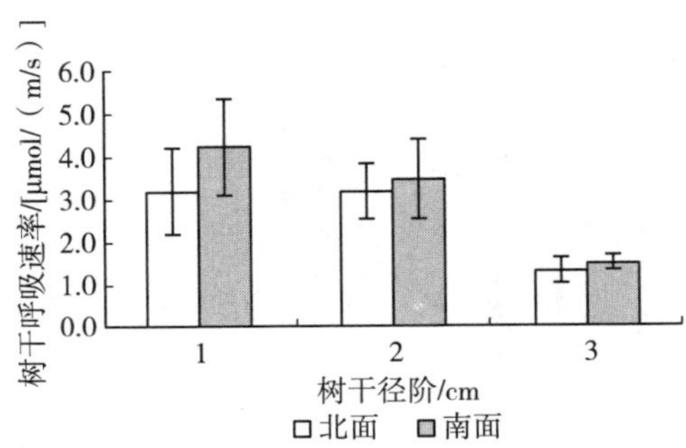

图 3.55　不同径阶树干南北面平均呼吸速率

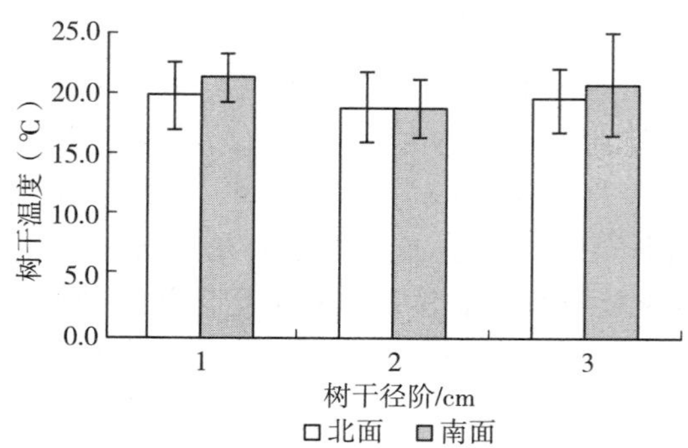

图 3.56　不同径阶树干南北面树干平均温度

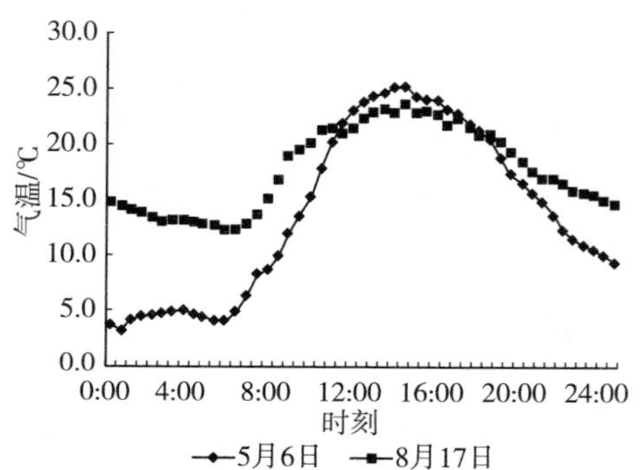

图 3.57　在 5 月和 8 月林内温度昼夜温度变化

（二）树干呼吸的季节变化

树干呼吸具有明显的时间变化，从图 3.58 可看出，在长白山 6 月树木新叶长出前，红松树干呼吸速率变化趋于平稳，随后呈直线上升的态势，8 月初出现一个峰值，CO_2 排放速率达 4.54μmol/（m^2 · s），然后较快地下降，到 10 月中旬降至 0.97μmol/（m^2 · s），树干呼吸速率变化与树干温度变化趋势非常一致。

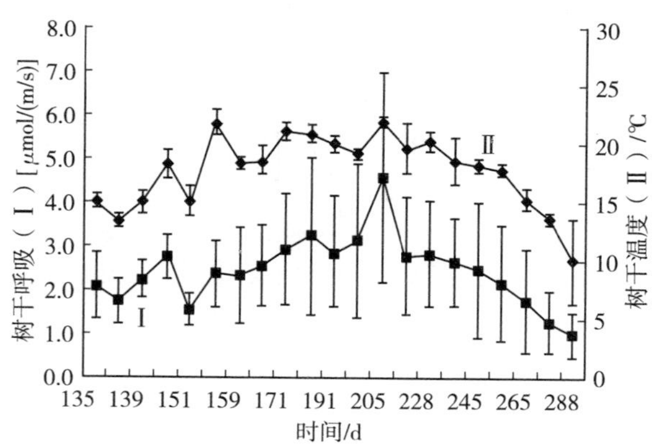

图 3.58　树干呼吸（Ⅰ）与树干温度（Ⅱ）的季节变化（2003）

（三）不同径阶红松树干生长及维持呼吸

利用最小二乘法在计算机上进行模型拟合，得到红松不同径阶树干温度与树干呼吸模型参数，并得到不同径阶树木生长季 Q_{10} 值。3 个不同径阶 Q_{10} 值变化范围为 2.56～3.32（$r^2=0.349\sim0.751$），这一结果与 Ryan 等（Ryan，1990；Ryan et al.，1995）研究针叶树种结果基本一致。按径阶大小红松树干呼吸 Q_{10} 值分别为 3.32、2.56 和 2.82。从表 3.15 可知，红松不同径阶树木树干呼吸总速率 R_t 之间存在显著差异（$P<0.01$），用 Duncan 进一步分析表明，大径阶和中等径阶的树木 R_t 间不存在显著差异，而与小径阶树干 R_t 间存在显著差异，不同径阶树干树干维持呼吸速率 R_m 和树干生长呼吸速率 R_g 同样存在上述规律。在生长季中，不同径阶红松树干 R_m/R_t 值不同，按树干径阶大小顺序排列 R_m/R_t 值分别为 66.76、73.29%和 50.84%。Duncan 进一步统计分析表明，不同径阶之间 R_m/R_t 存在显著差异，但大中两者 R_m/R_t 值间无差异显著性。而与小径阶树干 R_m/R_t 值间存在显著差异，就是说，大中径阶红松树干用于维持生命活动所用呼吸速率比例高于小径阶年龄小的红松，小径阶红松生长呼吸速率占整个树干呼吸速率最高，可以认为是由于树木年龄小，树木生长代谢旺盛，用在树干生长细胞方面的呼吸能量高于维持树干活组织生命活动所需能量。Ryan（1990）研究表明，不同年龄云杉 R_m/R_t 在 40%～60%之间（Ryan et al.，1995），与本项研究结果基本一致。

表 3.15　不同径阶树干呼吸特征值的比较*

DBH/cm	Q_{10}	R_m/［μmol/（m² · s）］	R_g/［μmol/（m² · s）］	R_t/［μmol/（m² · s）］
65	3.32	1.912[ab]	1.239[a]	3.158[a]
45	2.56	2.01[a]	0.853[b]	2.860[ab]
25	2.82	0.556[c]	0.680[c]	1.235[c]

* R_m 是利用 Q_{10} 公式计算获得。

（四）不同径阶红松生长及维持树干呼吸速率的季节变化

由图 3.58 可见，红松不同径阶树干呼吸具有明显的空间变化趋势，根据林内温度与不同径阶树干温度的回归关系（图 3.59），获得不同时期树干呼吸的动态变化规律，树干呼吸包括生长呼吸和维持呼吸两部分（McCree，1970）。生长呼吸是植物合成干物质所释放的 CO_2，而维持呼吸是植物维持生命所需的代谢活动释放的 CO_2，包括蛋白质转化，离子代谢活动和适应环境变化所响应的生理活动代谢（Penning de vries，1975）。从图 3.60 可见，不同径阶红松 R_m 从早春 3 月开始到夏末 8 月一直呈下降趋势，从 9 月开始逐月升高到冬季树木进入休眠期。同时还表现出随树木径阶的增大 R_g 所占总呼吸量的比重增大。R_g 表现出从3月一直增加到8月的单峰曲线变化趋势（图3.61），表明红松树干生长从早春3月份就开始活动，一直到8月末停止。

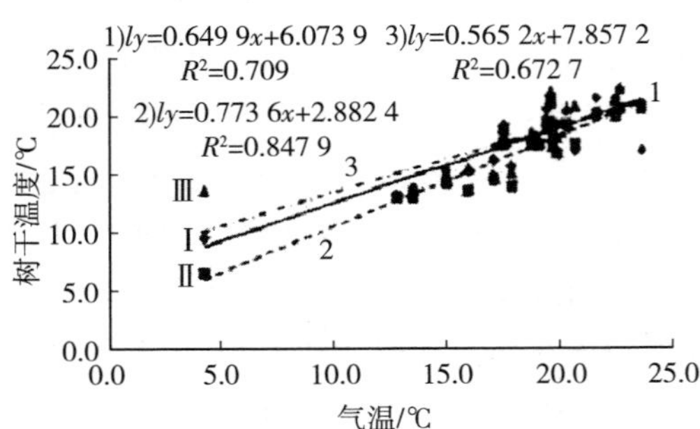

图3.59　不同径阶红松树干温度与气温的关系

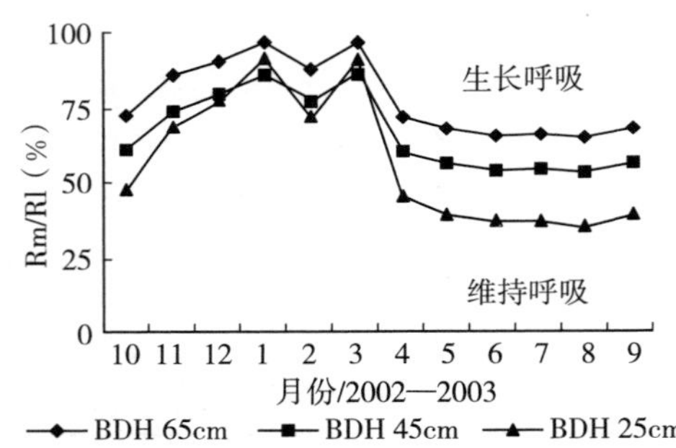

图3.60　不同径阶红松生长、维持呼吸对树干总呼吸贡献的季节变化

在树干呼吸中，树干维持呼吸是个具有显著的生态特征的呼吸，因为树干维持呼吸与温度之间有非常好的指数回归关系（Ryan，1990），生长呼吸是植物固定干物质所消耗的呼吸能力，因此，环境因子变化不会明显影响树干生长呼吸的变化。

研究发现，不同径阶红松树干呼吸与树干温度之间具有显著相关性（图3.53），大径阶的老树树干呼吸与温度的指数相关性比小径阶幼树要好，幼树树木生长速率高于老龄树，幼树生长树干呼吸占总树干呼吸速率比重大，生长呼吸作用对树干温度作用的变化不敏感，而与树干相对生长速率存在函数关系（Chung et al.，1977；Ryan，1990），本试验结果支持这一观点。同时，在试验中，不同径阶红松树干呼吸 Q_{10} 值变化范围在2.58～3.32之间，所得结果与以前的研究基本一致（1.3～3.3）（Ryan，1990；Ryan et al.，1995），树干平均 Q_{10} 值为2左右（Amthor，1984；Azcón-Bieto，1983），小径阶红松树干呼吸 Q_{10} 值与大径阶红松的树干 Q_{10} 比较，小径阶红松 Q_{10} 值最小。这反映出树龄小的红松针叶通过高强度的代谢水平降低了树干对温度变化的效应（Atkin et al.，

2000；Criddle et al.，1994；Kajimoto，1990；Stockfors et al.，1998)。

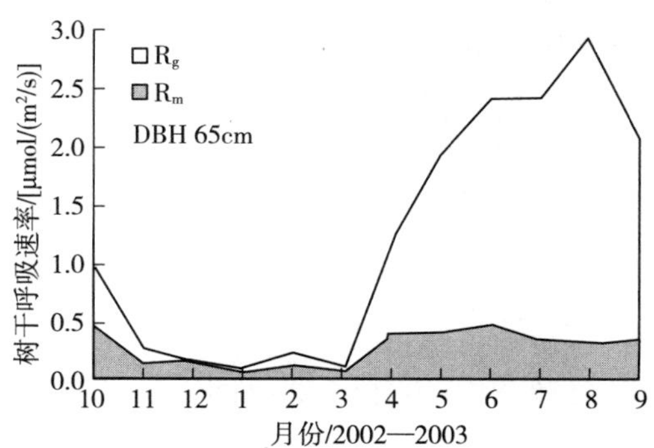

图 3.61 大径阶红松树干生长、维持呼吸季节变化

许多文献研究表明，生长季树干呼吸速率平均 3.4～4.2μmol/（m^2·s）（Anthoni et al.，1999），树干呼吸年平均速率为 2.4μmol/（m^2·s）（Law et al.，1999），在本项研究中不同径阶红松树干呼吸年平均速率为 2.42μmol/（m^2·s）（测定时间为 5～10 月），因此红松树干呼吸年平均速率实际数值应高于本实验数据。不同径阶红松树干呼吸速率表现出明显一致的季节变化趋势，红松树干呼吸速率从树液流动前 3 月开始增加一直到最高峰 8 月，然后开始降低进入冬季休眠状态。这表明树干呼吸速率不仅与气温增高有关，还与树干木质部形成层生理活动能力变化有密切关系，树木形成层活动具有明显的季节性变化（Catesson，1980）。不同树种形成层从休眠到活动的时间和活动形式具有较大的差异。大多数松柏属树木形成层活动是在芽和幼叶的展开前开始活动到秋天落叶前停止活动（Savide et al.，1981；Wareing，1958），许多树木树干呼吸速率的季节变化都呈现出类似的反应（Nelson et al.，1996）。

基于 LI-6400-09 土壤呼吸技术在树干呼吸上的应用，准确估算森林树干表面 CO_2 排放速率需要同步观测不同树种和径阶树干不同方向和部位呼吸速率的季节动态，且参数和分量的测定都必须设置足够多的重复，以减少树干表面 CO_2 排放估算的误差。树干呼吸及其温度的确定是准确估算树干呼吸作用的重要前提。LI-6400-09 土壤呼吸技术估算树干呼吸速率还需要注意 2 个关键环节：①过小径阶（<5cm）树干呼吸速率的获得；②树干高位位置的树干呼吸获得。相对而言，不同部位树干呼吸比较容易确定，而过小径阶树干呼吸研究难度较大，目前这方面的研究尚缺乏有效的原位测定方法（Xu et al.，2000）。离体试验过程中，不可避免造成树干的机械损伤，树木受伤后通常会引起呼吸作用加快。现阶段有学者通过改变 LI-6400-09 土壤呼吸气室接口口径的方法进行小径阶（<5cm）树干呼吸测定。就树木呼吸而言，自 20 世纪 80 年代以来，发现了许多研究方法和技术（Nelson et al.，1996）。然而，不同的研究结果差异较

大，树干呼吸占树木呼吸消耗光合固定碳的 30%～70%（Amthor，1994）。这种不确定性主要来源于研究方法的缺陷（Xu et al.，2000），加上树干呼吸受许多环境因子和自身遗传、发育状况的影响，这就增加了研究的难度（Xu et al.，2000）。不过有研究表明，真正的呼吸材料是原生质或者说蛋白质，树木相对生长速率快的时期也是呼吸速率高的时期。树干呼吸与树木氮含量（*N*）和相对生长速率（*RGR*）之间存在函数关系（Birgit et al.，2003；Chris，2001；Lavigne et al.，1997）。这种关系适应性还需进一步探讨和研究，我国对森林生态系统树干呼吸研究相当薄弱，这方面工作亟待加强。

四、长白山地区红松和紫椴倒木呼吸研究

在全球气候变化背景下，森林生态系统碳收支研究一直是学术界关注的焦点问题（于贵瑞等，2001）。但由于土壤、植被及粗木质残体（Coarse woody debris，CWD）等各组成碳库对温、湿度等环境因子的响应差异，使我们对森林碳循环的驱动机制认识及过程模拟仍有所欠缺。基于此，有必要对系统内各组成碳库进行独立的观测。事实上，近年来土壤和植被的碳交换研究均已广泛开展，而针对 CWD 这一具有长期、持续 CO_2 释放效应的碳库，目前研究的却很少，特别是在国内，极少见到相关报道。

CWD 的主要存在形式是直径大于 2.5 或 10cm 的倒木（陈华等，2001；侯平等，2001；Wu et al.，2001）。随着碳循环研究的兴起，美国和欧洲国家等纷纷开始了倒木呼吸的研究（Bond-Lamberty et al.，2003）。国内针对倒木的研究仍主要集中在其组成、分布和功能上（李凌浩等，1998；代力民等，2000；唐旭利等，2003；高甲荣等，2003；余新晓等，2004），对其在分解过程中 CO_2 释放效应尚未引起足够的重视，这为森林碳循环的相关研究设置了障碍。例如，在编制国家林业温室气体清单时，针对倒木对森林碳收支的贡献计算仍依赖于传统的资源清查方法。可是，在有限样方上基于多年尺度的生物调查资料往往精度较差，加之该方法将倒木分解时淋溶和粉碎作用造成的物质损失量归于呼吸消耗，势必会造成森林碳释放的显著高估，因此数据的可信度不高。

长白山阔叶红松林位于中国东北样带东部，是温带典型的地带性植被类型。林中倒木储量高达 16.25 t/hm^2，并仍以每年 0.66 t/hm^2 的速度输入（代力民等，2000）。相对于每年大约 1.8 t/hm^2 的净碳吸收量（关德新等，2004），除了植物活体和土壤以外，倒木显然是决定该森林生态系统碳源（汇）强度的另外一个重要碳库。特别是在全球变暖的气候背景下，倒木的持续释放效应对绝对量相对较小的森林净生态系统碳交换量来说，显得尤为重要。因此定量评价倒木的 CO_2 释放强度并揭示其控制因子，对森林碳收支及其动态模拟具有重要意义。

（一）倒木分级

在阔叶红松林 1 号标准样地内设置了 3 个 100m×100m 的样方，对样方内胸

径＞10cm 的粗木质残体进行每木检尺，测定每 1 株倒木的长度、大小头直径、胸径、树种、腐烂状况（木材颜色、纹理、树皮附着状况、硬度等），并据此依照倒木 3 级（即轻—中—重度腐烂，依次标示为 a、b、c 级）腐烂分级标准进行分类。

（二）倒木呼吸影响因子分析

1. 腐烂等级与树种

图 3.62 给出了不同腐烂等级倒木呼吸速率与温度的关系。从中可以看出，腐烂程度越高，倒木的呼吸速率就越高，对椴木和红松倒木腐烂等级的单因子方差分析结果表明（表 3.16），不同腐烂等级间倒木呼吸速率差异显著（$P<0.05$），其中红松达到了极显著水平（$F0.001=27.0$），从图 3.62 中也可以看出其重度腐烂倒木的平均碳排放速率较轻度腐烂倒木高出了 0.5～1.0 倍。这与倒木腐烂后，呼吸作用面增大，微生物活动活跃的分解过程相一致（侯平等，2001）。

统计结果同时显示，椴木和红松倒木间呼吸速率具有一定的差异，特别是对于轻—中度腐烂倒木，椴木的呼吸速率要较红松高出 20%～30%；对于重度腐烂倒木，两者的呼吸速率较为接近。这说明红松倒木的平均呼吸速率要低于椴木。倒木分解时，90%以上的密度丢失是由于呼吸消耗（Harmon et al.，1999）。因此，倒木呼吸速率的大小一定程度上反映了其分解速率。代力民等（1999）对该阔叶红松林倒木分解的研究表明，红松在 100 年内可分解掉其干重的 72%；椴木在 100 年内可分解掉其干重的 91%，红松的分解速率较慢。这与本项研究结果相一致。Marra 等（1996）应用碱石灰测定技术，对花旗松（*Pseudotsuga menziessi*）和铁杉（*Tsuga chinensis*）倒木呼吸的研究也发现，树种间和不同腐烂等级间倒木的呼吸速率均有很大差异，但可能由于碱石灰对箱体内环境 CO_2 浓度扰动过大，实验并没有发现有意义的规律。

表 3.16　腐烂等级单因子方差分析

树种	差异源	SS	df	MS	F	$F_{0.05}$
红松	组间	2.32	2	1.16	35.4	5.1
	组内	0.20	6	0.03		
	总计	2.52	8			
椴木	组间	0.52	2	0.26	12.7	5.1
	组内	0.12	6	0.02		
	总计	0.64	8			

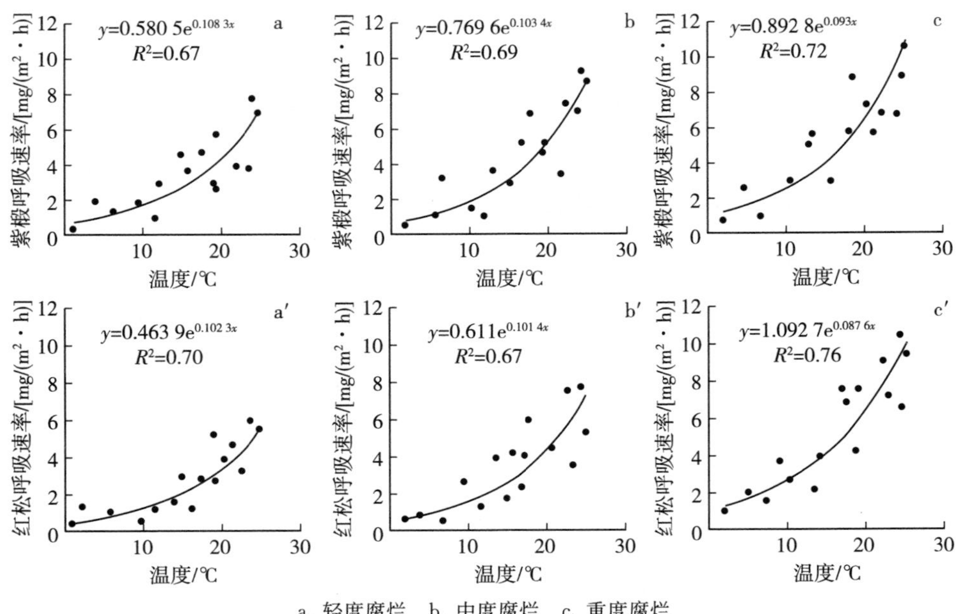

a. 轻度腐烂　b. 中度腐烂　c. 重度腐烂

图 3.62　不同腐烂等级倒木呼吸速率与温度间的关系

2. 温度

长白山阔叶红松林已有的研究表明，活体树干、土壤及凋落物的呼吸强度主要受温度控制（王淼等，2005；王淼等，2003）。为此，对倒木呼吸强度和温度之间的关系也进行了分析。图 3.62 中的实线为两者的拟合曲线，可以看出，尽管倒木呼吸的环境影响因子比较复杂，呼吸对温度的响应有一定的离散度，但温度对呼吸变化仍然有很好的预测作用，呼吸速率随温度的升高呈指数增加。这与树干和土壤的研究结果相似（王淼等，2005；王淼等，2003）。根据决定系数 R^2 判断（0.67～0.76），不同腐烂等级间温度对呼吸的影响并没有明显的变化规律可寻。

生态系统呼吸释放对温度响应的敏感性可以用 Q_{10} 来表示。根据 Fang 等（2001）建议的一阶指数响应方程：$Q_{10}=(R_2/R_1)^{10(t_2-t_1)}$，式中，$R_2$ 和 R_1 分别为温度在 t_2 和 t_1 时的呼吸速率，得到在 5～25℃区间内倒木 Q_{10} 值介于 2.41～2.95 之间（表 3.17），其中腐烂等级越高，Q_{10} 值越小，说明倒木腐烂可能降低了呼吸对温度的敏感性。已有的研究表明，该阔叶红松林的土壤呼吸 Q_{10} 为 3.64（王淼等，2005），不同径阶红松树干呼吸 Q_{10} 值在 2.56～3.32 之间（王淼等，2003）。本项研究的 Q_{10} 明显低于土壤，但与红松树干 Q_{10} 值较为接近，特别是轻度腐烂的红松倒木 Q_{10} 值为 2.79，与活体树干 Q_{10} 值的平均值非常近似。另外，研究同时发现，Q_{10} 值随着选取区间的升高而降低，例如，轻度腐烂的椴木在 5～15℃区间内 Q_{10} 的计算值为 3.24，而在 15～25℃区间内 Q_{10} 值减少为 2.45。

对此，Wang 等（2002）对云杉（*Picea asperata*）倒木的研究也有类似发现。这说明进行不同研究区域 Q_{10} 的比较时，要明确 Q_{10} 计算所选用的温度区间。

表 3.17 倒木生物量与呼吸量

树种	腐烂等级	密度/(t/m³)	贮量/(t/hm²)	平均呼吸速率/[mg/(kg·h)]	Q_{10}	呼吸量/[g/m²·h]
红松	a	0.44	2.87	1.13	2.79	2.73±0.60
	b	0.32	2.43	1.66	2.74	3.38±0.61
	c	0.23	1.06	2.37	2.41	2.23±0.33
椴树	a	0.70	1.75	1.74	2.95	2.52±0.58
	b	0.56	1.47	2.12	2.81	2.55±0.45
	c	0.34	0.83	2.32	2.55	1.48±0.22
其他树种	a	0.66	3.09	—	—	4.74±1.09
	b	0.54	2.53	—	—	4.66±0.83
	c	0.32	1.31	—	—	2.58±0.38
合计或平均		0.48	17.34	1.89	2.71	26.90±5.1

3. 倒木含水量

野外倒木含水量的测定显示，倒木的持水能力随着腐烂程度的增加而增加，其中，c 级腐烂倒木的最高含水量接近于 2（质量含水量，kg/kg 干物质），而 a 级倒木由于自身密度较大，最高含水量不到 1。在实验中同时发现，由于倒木具有较强的持水能力，加之长白山地区雨热同季，即使在林下土壤相对干燥的 9～

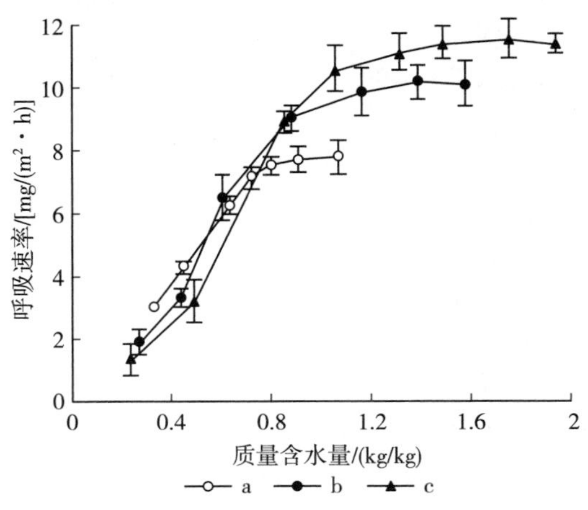

图 3.63 倒木（紫椴）呼吸与其含水量的关系

10 月，倒木依然具有较高的含水量。这也是本试验要借助于实验室控水，实现完整水分梯度的一个重要原因。图 3.63 给出了椴木控水实验结果，从中可以看出，不管腐烂状况如何，较低的含水量均抑制了呼吸的进行。在倒木较为干燥时，其呼吸速率随含水量的增加近似呈线性快速增加；但在含水量超过一定范围后，呼吸增加变得缓慢，甚至有下降的变化趋势。这与土壤呼吸的研究结论较为相似（王淼等，2005）。估计是倒木含水量增加后，孔隙度降低，相应透气性差，影响了倒木中微生物的生物学活性。

（三）倒木呼吸的季节动态

根据倒木温度与林内气温的一次回归方程，结合图 3.62 中建立的呼吸经验方程，对阔叶红松林倒木总呼吸进行了估算。由于倒木含水量的连续动态监测实现困难，加之温度对不同腐烂等级倒木呼吸变化的平均解释比例超过了 67%，估算并未考虑含水量这个要素。图 3.64 给出了呼吸的季节动态。可以看出，全年倒木的呼吸排放呈单峰型。冬季表现为缓慢且相对恒定的释放过程，平均碳释放速率约为 0.74mg/（m^2·h）。生长季开始后，随温度的升高，碳排放速率快速增加。整个生长季（5～9 月）的碳排放总量占到了全年的 80%。呼吸释放高峰出现在 7～8 月，两月的排放总量占到了全年的 30%，期间最大排放速率为 13.6mg/（m^2·h），日最高排放量为 0.22 g/m^2。

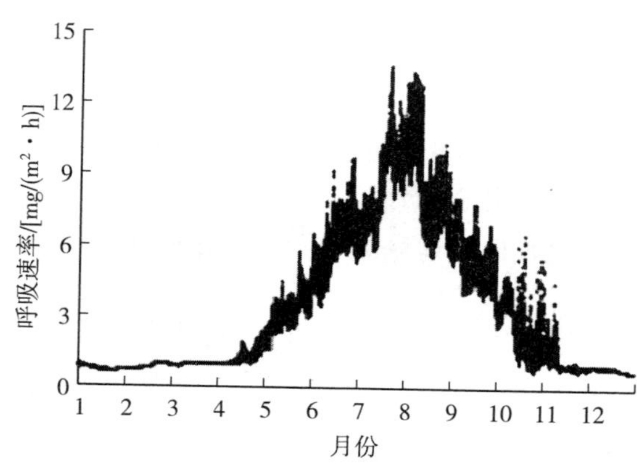

图 3.64 倒木总呼吸的季节动态

（四）倒木生物量与呼吸量

群落中倒木的储量调查及呼吸量测定的统计结果如表 3.17 所示。总体来说，在 3 级分类系统中，a 级倒木的储量最高，c 级储量最少；倒木树种分布中，用前人的调查结果［16.25 t/hm^2（Fang et al.，2001)］，说明倒木的多年输入量要高于输出量，存在蓄积现象。呼吸作用中，b 级倒木由于呼吸速率和贮量均较高，呼吸量最大，c级倒木虽然呼吸代谢速率较高，但由于储量较少，因此其呼吸量最低。群落中倒木总的呼吸量为（26.9±5.1）g/（m^2·a）。与同期涡度相关法的研究结果比较，倒木呼吸释放对林地 CO_2 排放总量［1 017 g/（m^2·a）］（于贵瑞等，2004）的贡献比例相对较小，不到3%，但它却占到了森林年净碳交换量［（184 g/（m^2·a）］（关德新等，2004）的15%左右。因此，倒木呼吸研究对准确评价绝对量相对较小的森林净生态系统碳交换量来说，意义显著。

若倒木的平均碳含量以45%计，参考阔叶红松林的多年平均输入量［0.66 t/hm^2（Fang et al.，2001）］，倒木作为一独立的碳库，其年平均碳输入量约为30 g/（m^2·a）。考虑到倒木分解时的淋溶和粉碎作用造成的密度损失［10%左右（Harmon et al.，1999）］，阔叶红松林倒木碳库年际收支近乎平衡。这与前文倒木储量在增加的调查结果相矛盾，这可能是因为目前倒木储量基数，即现存量已经增加，且倒木的实际年输入量要高于数年前的调查结果。同时，这也说明过去采用的根据多年的调查资料来进行倒木碳库收支评价的方法存在很大的不确定性。

倒木作为一个独立的碳库，其在分解过程中释放的 CO_2 是森林碳平衡的一个重要分量。长白山阔叶红松林内倒木作为碳的排放源，每年呼吸释放的碳量为（26.9±5.1）g/（m^2·a）。而Bond-Lamberty等（2003）对加拿大北部的云杉林研究显示，CWD的年呼吸量可达192 g/（m^2·a）；Marra等（1996）对美国西部铁杉的研究发现CWD呼吸速率约为2.3 g/（m^2·d）；Knohl等（2002）对俄罗斯北方森林的研究表明，CWD呼吸贡献占到了整个生态系统 CO_2 释放量的40%，这均高于本项研究的研究结果。究其原因，一是本项研究仅考虑了直径＞10cm的倒木，一定程度上会大大增加林内的倒木储量，例如由于火烧，加拿大北部云杉林的CWD储量最高达到了177 t/hm^2。而这些干扰因素在长白山国家级自然保护区内少有发生。长白山阔叶红松林是平均林龄超过200年的成熟原始林，其倒木的现存量及年输入量仍呈增长趋势（代力民等，2000），因此，在进行森林碳收支研究时，倒木呼吸贡献不容忽视。

起初，倒木呼吸多采用碱吸收法测定（Marra et al.，1996；Progar et al.，2000）。不过，有研究表明（Bekku et al.，1997），由于碱液吸收后产生的 CO_2 负压效应，该方法会产生明显高估。因此，近年来研究人员多采用静态箱＋红外气体分析仪或气相色谱技术来测定（Wu et al.，2005；Wang et al.，2002；Chambers et al.，2001）。但这一方法同样需要破坏性采样，原位观测实现困难。由于倒木分解所依赖的微生物群落对环境因子的响应比较敏感，如何无扰动的准确测量其分解时的 CO_2 释放仍是个难题。因此，关于倒木呼吸的研究相对于复杂的森林生态系统类型来说，仍比较少。本项研究只是针对倒木呼吸和其主要影响因子间关系的初步分析。相关研究，如倒木的着地状况、氮代谢、苔藓的着生状况、径级变化等对倒木呼吸的影响，以及其他木质残体的分解代谢过程，仍有待于进一步开展。

第三节　长白山阔叶红松林水分养分运输研究

一、长白山阔叶树种木质部环孔和散孔结构特征的分化导致其水力学性状的显著差异

按照茎干木质部的管孔特征，阔叶树种可被划分为散孔材和环孔材两个功能类群。散孔材树种导管在一个年轮里分布均匀，导管数目较多、孔径较小、导管较短；而环孔材树种在一个年轮里能够明显地区分出早材和晚材，早材导管孔径比晚材导管孔径大，且导管数目较少、长度较长（Hultine et al.，2008）。木质部作为维管植物的水分运输组织，其结构与水分传输的效率和安全性之间有着紧密的联系（Loepfe et al.，2007；Choat et al.，2008；Scholz et al.，2013）。因为环孔材和散孔材树种木质部结构的较大差异，两者的水力功能特征可能表现出较明显的差异（Sperry et al.，1992；Sperry et al.，1994；Niu et al.，2017）。关于环孔材和散孔材树种的纹孔结构特征的对比研究还比较缺乏，并且两个功能类群在木质部解剖结构特征方面的差异，是否与其在茎段和整个枝条（含叶片）水力导度方面的差异密切相关还有待研究。

对于环孔材和散孔材树种而言，在面对干旱和冻融循环这两大能够诱导气穴化产生的环境胁迫时，二者在水力结构上进化出了不同的适应性策略（Hacke et al.，2001）。在越冬过程中，环孔材树种较大的导管更容易产生冻融循环诱导的气穴化，使枝条木质部丧失大部分的导水功能，导致其主要依赖当年新生的具有较大导管的早材来维持生长季的水分传输（Cochard et al.，1990；Hacke et al.，1996；Kitin et al.，2016）。而没有明显的早晚材区别的散孔材树种，它们较小的导管抵抗冻融循环诱导产生气穴化的能力较强（Hammel et al.，1967；Davis et al.，1999；Jiménez-Castillo et al.，2013）。冻融循环诱导产生的气穴化主要和导管直径大小相关（Cobb et al.，2007），而干旱诱导产生的气穴化主要和纹孔结构相关（Hacke et al.，2006；Jansen et al.，2009）。纹孔膜孔隙的大小和纹孔膜厚度是影响气穴化抵抗力大小的重要指标（Wheeler et al.，2005；Choat et al.，2006）。纹孔膜上大的孔隙更容易使气泡穿过纹孔进入导管，并使气穴化在相邻导管间扩散（Sperry et al.，1998）。厚的纹孔膜因为更难被拉伸，所以更能够抵抗干旱诱导产生的气穴化（Lens et al.，2011；Li et al.，2016）。环孔材和散孔材树种在木质部组织水平上的结构特征差异能否在纹孔水平上也有所体现，仍有待进一步研究（Taneda et al.，2008；Brodribb et al.，2005）。

由于受研究技术方法的限制，有关树木水分传导特征的研究大多集中在茎段或叶片水平上，对整株或整个枝条的水力学特性的研究相对较少（李俊辉等，2012；艾绍水等，2015）。近年来有研究表明，为全面地反映树木的水力结构，应该从整枝乃至整株水平考虑水分传导问题，而不应仅仅关注单一器官的导水率（Wang et al.，2016），并且整个枝条的导水率相较于茎段导水率和叶片导水率而言更能够揭示导水效率与光合特征、形态特征间的协同关系（Song et al.，2017）。因此，研究整个枝条的水力学特性对于了解植物整体水分关系有十分重要的意义（Choat et al.，2011）。

殷笑寒和郝广友（2018）选取 3 个环孔材树种和 4 个散孔材树种进行对比研究，并提出以下科学假设：①因导管较大，环孔材树种相较于散孔材树种可能会有更高的茎段导水效率，但是可能更容易发生气穴化；②与茎段导水率差异一致，环孔材树种的整枝导水率也应显著高于散孔材；③决定导水率和气穴化抵抗力之间的木质部结构基础有所不同，导水率应和导管的孔径特征具有较强相关性，而气穴化抵抗力应和纹孔水平的结构特征相关性更密切。为验证这些假设，测量了 7 个物种的脆弱性曲线、整枝水平上的导水率，以及与水分传导相关的木质部解剖特征。

（一）树木水分传导特征的研究方法

为验证不同管孔类型树种之间水力结构的差异，有针对性地在长白山东北亚植物园内选取了 7 种乔木树种，分别为裂叶榆（*Ulmus laciniate*）、春榆（*Ulmus davidiana* var. *japonica*）、蒙古栎（*Quercus mongolica*）、紫椴（*Tilia amurensis*）、糠椴（*Tilia mandshurica*）、山杨（*Populus davidiana*）、大青杨（*Populus ussuriensis*）。其中，裂叶榆、春榆、蒙古栎为环孔材树种；紫椴、糠椴、山杨、大青杨为散孔材树种。在之前的研究中发现，复叶树种在水力结构上较之单叶树种有较大的特殊性。另外，一些温带树种会在根或茎的木质部内产生正的压力用以修复气穴化，对树木的水力结构产生了很大的影响。因此，为避免在比较中引入这些混淆因素，本研究仅选取不能产生木质部正压的单叶乔木树种。使用同质园中生长的树木，减少了由环境差异造成的功能性状差异，确保物种间的差异主要反映由遗传因素决定的内在差异。

1. 最大导管长度测定

每个物种选择 6 根长度超过 1m 的枝条，用来测定最大导管长度。首先，用气的 10mmol/L KCl 溶液在 0.1 MPa 的压力下对枝条冲洗 30min，去除已经产生的气穴化。将枝条的形态学上端切口与氮气罐连接，并将枝条形态学下端切口插入水中。随后，开始对枝条施加 0.1 MPa 的恒定压力，加压后气体运动方向与植物蒸腾时枝条木质部内液流方向相反。加压的同时观察枝条形态学下端切口是否有气泡产生。然后以 1cm 为梯度，将枝条在水下不断的剪除缩短枝条长度。

直至发现有气泡从枝条末端冒出，此时枝条长度即为最大导管长度（L_{max}）。

2. 整枝导水率（K_{shoot}）、叶片导水率（R_{stem}）、茎段导水率（K_{ieaf}）的测定与计算

每个树种截取 6 枝来自不同个体的向阳枝条，长度在 50～100cm。取下后迅速插入水中并在水下从基部切除 10cm 左右的茎段，之后给叶片喷水套上黑塑料袋，防止枝条水分继续散失。使用高压流速计（HPFM Gen3；Dynamx Corp.，Elkhark，Indiana，USA）测定导水率，具体的实验操作如下：将枝条在水下从基部切除 5cm 并将剩余部分枝条自基部环剥下 3cm 左右长的树皮，之后将枝条立即浸没在纯净水中；在纯净水中完成枝条与 HPFM 的连接；连接后将 HPFM 设置为准稳态测定模式，在 0.5 MPa 稳定压力下将去气的纯净水通过 HPFM 灌注到枝条内，直到达到稳定流速（大约需要 10min）获得整枝导水率；之后，摘除所有叶片测量茎段导水率（此时流速能够很快达到稳定）。叶片导水率通过下面公式计算获得：

$$K_{leaf}=1/\left(\frac{1}{K_{shoot}}-\frac{1}{K_{stem}}\right)$$

最后，将获得的导水率用枝条上总的叶片面积标准化，得到标准化后的整枝导水率、茎段导水率、叶片导水率，用于之后的统计分析。

3. 木质部栓塞脆弱性测定

于清晨，每个树种在树冠向阳面选取超过 1m 的健康枝条，取下后，立刻插入水中并对叶片喷水，套上黑塑料袋。每个物种选取 6 个枝条，每个枝条取自不同个体。然后，在水下将枝条截取成长度为 50cm 左右的茎段，水平浸没在水中，在带有冰袋的保温箱中保存带回实验室。在实验室内，测定前，放置在冰箱中 4℃下保存。测定时用枝剪在水下截取样本中部 27.4cm 长的一个茎段，直径在 8～10mm。然后用去气的 10mmol/L KCl 溶液在 0.1 MPa 压力下对枝条冲洗 30min，以去除已经产生的气穴化。将枝条放入离心机里（CTK150R，湘仪离心机仪器有限公司，长沙，中国），在 1 000 r/min（0.09 MPa）下稳定 15min。之后，将茎段从离心机内取出，放置在水中静置 5min 以上，之后测定茎段的导水率。要求测定时使用去气的 10mmol/L KCl 溶液。茎段导水率［K_h，kg·m/(s·MPa)］的计算公式如下：

$$K_h = J_v/\left(\frac{\Delta P}{\Delta L}\right)$$

式中，J_v 为通过茎段的水流速度；ΔP 为茎段两端的压强差，由 50cm 高的水柱提供（约为 0.05 MPa）；ΔL 为茎段长度（27.4cm）。将在该转速下测得的导水率视为最大导水率［K_{max}，kg·m/(s·MPa)］。之后，通过控制离心速度逐渐提高木质部水柱的张力（每间隔 0.5 MPa 作为 1 个处理）。在每个压力梯度下，枝条需在转速稳定后旋转 3min。每次离心处理取出后，连接到导水率测定装置，

需等到通过枝条的流速稳定后再测量茎段导水率。之后，

由公式：$PLC=100\times(K_{max}-K_h)/K_{max}$

计算不同压力下导水率丧失百分比（PLC），获得脆弱性曲线（VC）。脆弱性曲线用 S 形的威布尔（Weibull）方程拟合：

$$PLC=100\times[1-\exp^{(-Tc/b)}]$$

式中，T 为枝条内部张力；b 和 c 为参数。

通过拟合后的脆弱性曲线得到导水率丧失 50%时的压力（P_{50}）。

4. 光学解剖

每个物种选择 6 个植株，每个植株上选择一段直径在 8～10mm 的新鲜枝条。将选取好的新鲜枝条每枝截取出 2cm 左右长的小段，剥去树皮，用于光学解剖测定，剩余的茎段用于扫描电子显微镜测定，然后用滑动切片机［Model 2010－17，上海医疗器械（集团）有限公司，中国］横切出 20μm 厚的完整切片。随后，用 0.1%的亚甲基蓝溶液将切片染色，静置 1min 后，吸取浮色盖上盖玻片制成临时标本。用光学显微镜（Leica ICC50，Wetzlar，Germany）在 40×放大倍数下观察横切面上当年生导管的切面，并拍照获取图片。用 Image-J（US NationalInstitutes of Health，Bethesda，MD，USA）对获取的图像进行图像分析。每个植株随机选择 3 张图片计算导管密度（VD）。根据每个导管的横切面积与直径的关系计算导管直径（D）：$D=\sqrt{4A/\pi}$

式中，A 为所测量的导管的横切面积。根据每一个导管的直径计算得到导管水力直径（D_h）：$D_h=\sum D^5/\sum D^4$

5. 电子显微镜扫描

将每根枝条的剩余茎段剥去树皮裁成 1.5cm 左右长的小段。用切片机将枝条纵切成厚度为 25μm 的光滑完整切片。切片过程中注意避开张力木（如枝条弯曲的部分）。将切片依次在 30%、50%、70%、90%、95%乙醇溶液中逐级脱水。样本在每个浓度下浸没 10min。之后，将样本浸没在无水乙醇中，12h 后，将样本取出静置 8h 使样品完全干燥。将干燥样品用导电胶带（Leit-C，Neubauer Chemikalien，Münster，Germany）固定在样品架上。然后在 10 mA 电流下对干燥样品进行喷金（Quorum SC7620，Quorum Technologies Ltd，EastSussex，UK），2min 后喷金完成。用环境扫描电子显微镜（QuantaTM250，FEI Company，Hillsboro，Ore-gon，USA）对已喷金样品进行观测，并获取图片。观测时，加速电压为 20 kV，放大倍数为 10 000 倍。用图像处理软件 Image-J 对图片进行分析处理。每个物种选择至少 30 张图片计算纹孔密度（N_p）。选择至少 100 个纹孔个体计算纹孔面积（A_p）、纹孔开口面积（A_{ap}）、纹孔开口比例（F_a）和纹孔开口形状（AP_f，短轴比长轴）。

（二）环孔材与散孔材树种的水力学特征

从图 3.65 可以看出，在枝条水平上，环孔材树种（*RP*）的整枝导水率（K_{shoot}）显著高于散孔材树种（*DP*）；环孔材树种的茎段导水率（K_{stem}）高于散孔材树种，*P* 值接近显著水平；环孔材树种和散孔材树种之间的叶片导水率（K_{leaf}）的差异并不显著。每个树种的脆弱性曲线均为 S 形，环孔材树种的 P50（−1.19～−1.86 MPa）显著高于散孔材（−1.83～−2.54 MPa），表明环孔材树种的气穴化抵抗力显著弱于散孔材树种（图 3.66）。

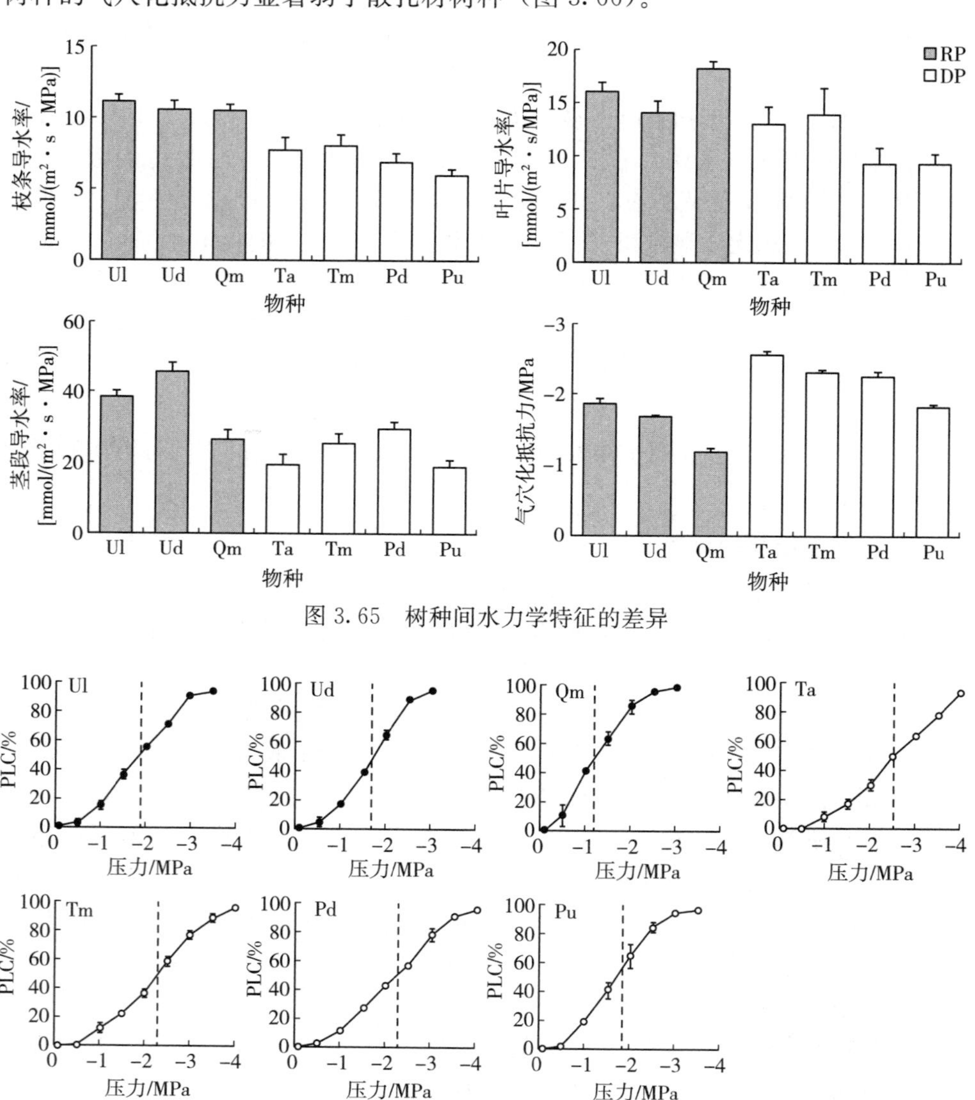

图 3.65　树种间水力学特征的差异

图 3.66　物种的脆弱性曲线

（三）环孔材和散孔材树种的解剖结构特征

环孔材树种和散孔材树种的最大导管长度、导管水力直径、纹孔开口比例和纹孔开口面积存在着显著差异（图 3.67，图 3.68）。在导管结构特征上，环孔材树种的最大导管长度（86.3～96.7cm）显著大于散孔材树种（11.63～19.23cm），同时环孔材树种的导管水力直径（45.4～63.9μm）显著大于散孔材树种（24.3～28.9μm）。在纹孔结构特征上，测得的几种环孔材的纹孔开口比例为 0.09～0.12，散孔材的纹孔开口比例为 0.06～0.07，环孔材的纹孔开口比例显著大于散孔材。环孔材的纹孔开口面积为 2.62～2.97μm^2，4 种散孔材的纹孔开口面积为 1.18～2.49μm^2，环孔材的纹孔开口面积显著大于散孔材。导管解剖特征和纹孔解剖特征之间存在很好的相关性（图 3.69）。最大导管长度、导管水力直径和纹孔开口比例、纹孔开口大小之间都存在显著的正相关关系。

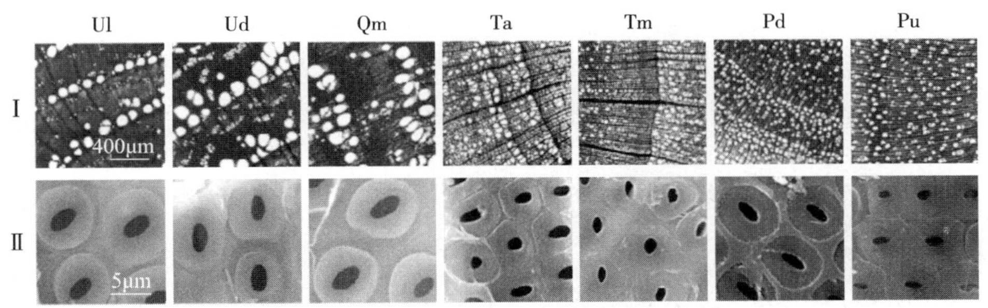

图 3.67　物种木质部光学（Ⅰ）和扫描电镜（Ⅱ）解剖图像

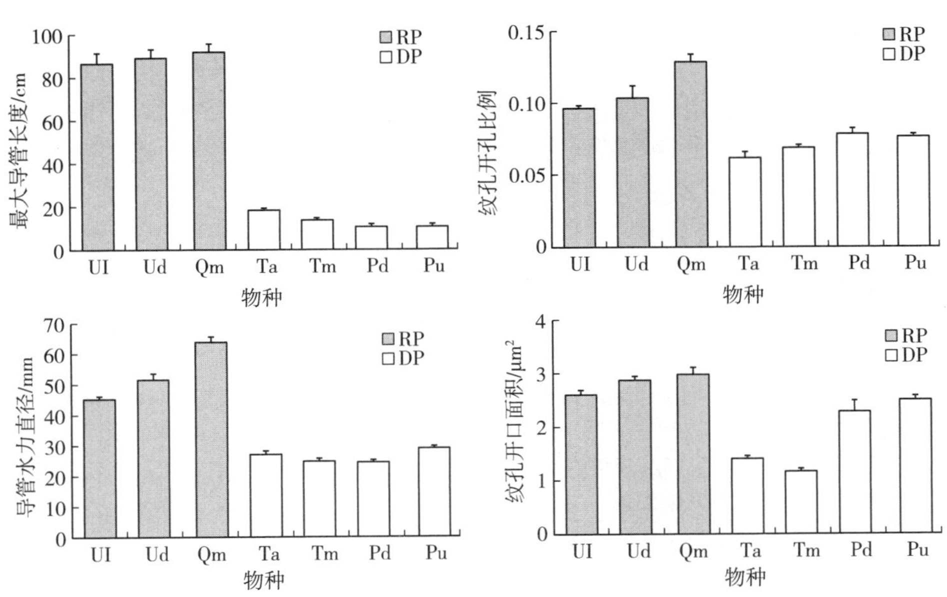

图 3.68　树种解剖学特征的差异

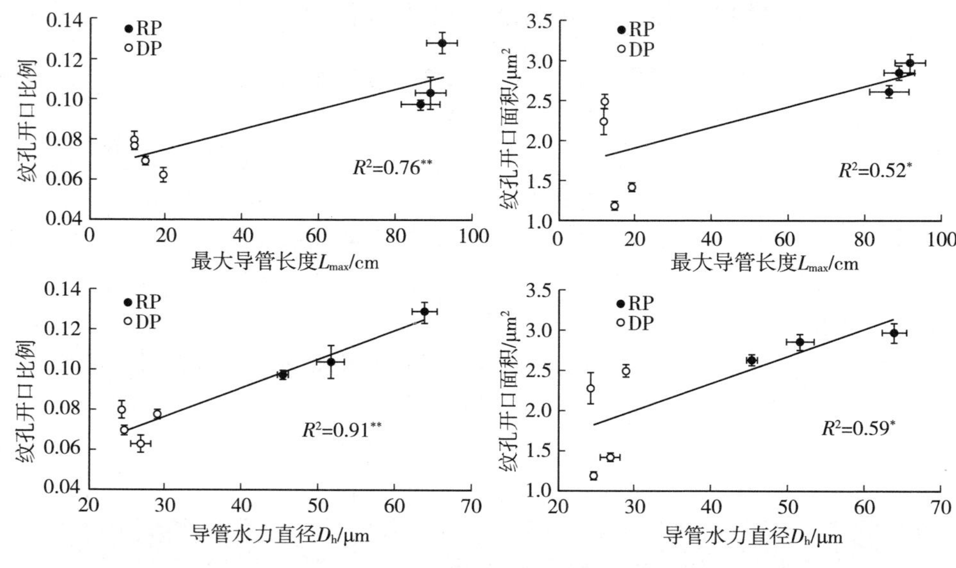

图 3.69　组织水平与纹孔水平解剖结构的协同关系

（四）木质部解剖结构与水力特征的关系

整枝导水率和最大导管长度、导管水力直径存在着显著的正相关关系（图3.70，图3.71），最大导管长度越长、导管水力直径越大，其整枝导水率越大。P_{50}和最大导管长度、导管水力直径存在着显著的正相关关系，最大导管长度越长、导管水力直径越大，相应的P_{50}越大，气穴化抵抗力越弱。同时，P_{50}也和纹孔开口比例、纹孔开口面积存在着显著的正相关关系，纹孔开口比例越大、纹孔开口面积越大，相应的P_{50}越大，气穴化抵抗力越弱、越容易发生栓塞。P_{50}和导管密度、纹孔密度存在着显著的负相关关系，导管密度、纹孔密度越大则P_{50}越小，越难以发生栓塞。

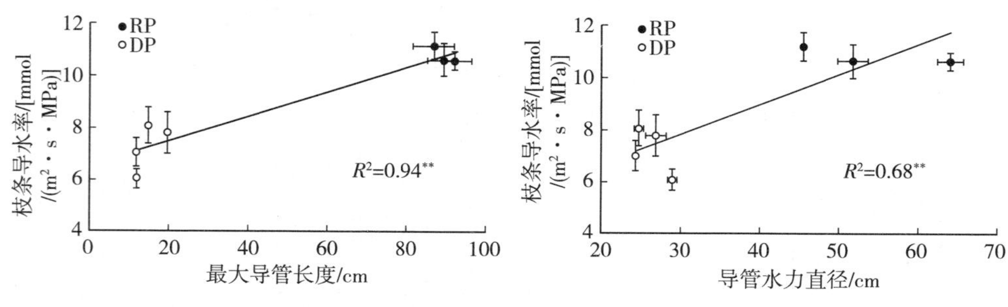

图 3.70　解剖性状与整枝导水率的回归关系

本项研究表明，环孔材树种水分传输效率高于散孔材树种，但气穴化抵抗力弱于散孔材树种。这与 Sperry 等（1994）通过对 7 种环孔材、散孔材和针叶树种的比较得出的结果相符。环孔材树种进化出“摒弃式”适应性策略，即越冬过程中发生栓塞的导管来年不再重复利用，而主要依靠当年生导管来维持生长季的水分运输（Hack et al.，2001）。因其春材中的导管直径、长度都显著大于散孔材树种，按照 Hagen-Poiseuille 方程，导水率与导管直径的 4 次方呈正比（Zwieniecki et al.，2001），并且导管长度越长，水流通过导管末端壁的次数就越少，末端壁对水流的阻力也就越小（Christman et al.，2009）。因此，这些管腔特征使得环孔材树种具有较大的潜在导水能力，使其有可能仅依靠较少的当年生导管即达到较高的导水率。除了管腔以外，纹孔对于木质部水分运输的阻力也占相当大的比例（Christman et al.，2012），要实现较大的导水效率，纹孔水平上的特征也需要与较大管腔、较长导管等相互协同。与我们的科学假设一致，环孔材树种导管壁具有较大的纹孔开口比例、纹孔开口面积等利于提高水分传导效率的特征。此外，本项研究还表明，整个枝条水平上的导水率在两个功能类群间差异最为显著，即环孔材树种的整枝导水率显著高于散孔材。这进一步表明，除了枝条木质部结构特征和纹孔水平上的特征相互协同以外，树木在整个枝条水平

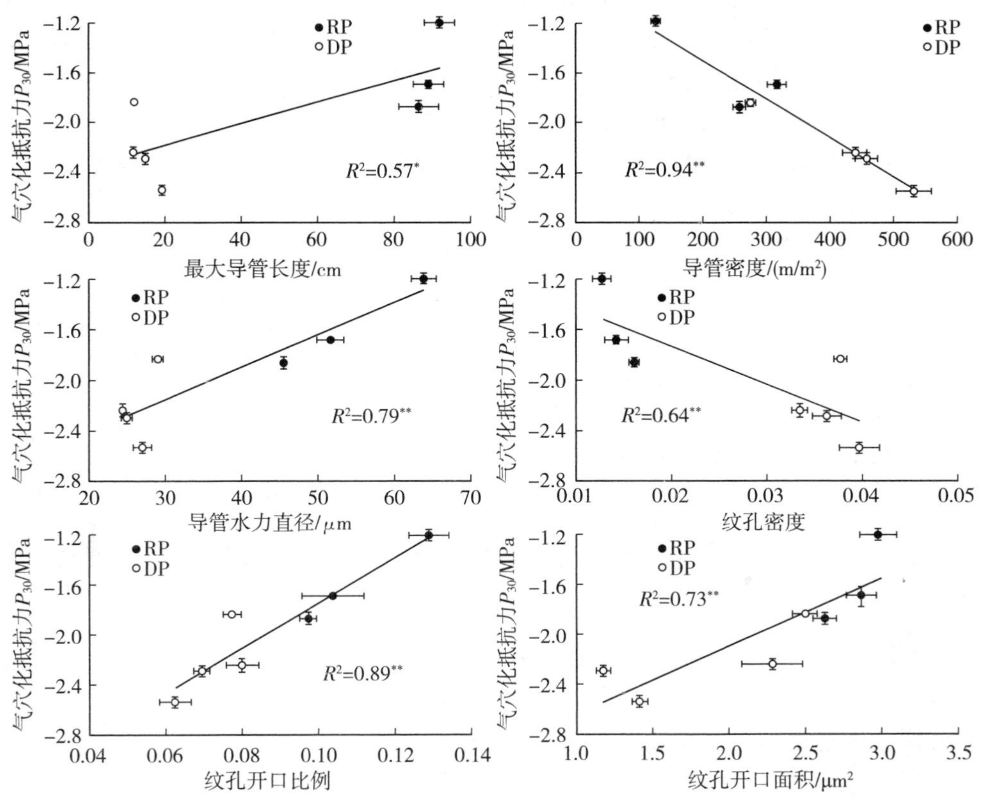

图 3.71　解剖性状与气穴化抵抗力的回归关系

上的水力构建也是与之相互协同的（Steppe et al.，2007）。环孔材树木在纹孔、木材管腔特征和整枝水力构建上相互配合，最终使得其相对于散孔材树种具在整枝水平上更高的导水率。

按照“气种假说”（Sperry et al.，1988；Tyree et al.，1994；Cochard et al.，1992），栓塞形成主要决定于导管之间纹孔膜上的微孔，微孔直径越大，气泡越容易从已产生气穴化的导管通过纹孔扩散至相邻导管形成栓塞（Choat et al.，2005；Lewis et al.，1995）。本项研究发现，大的纹孔开口面积以及纹孔开口比例会使木质部更容易发生气穴化（图 3.71），这与之前的研究结果相似（Hacke et al.，2006；Lens et al.，2011）。因为当导管有更大的纹孔开口面积和纹孔开口比例时，会增大纹孔膜上出现大孔隙的机率（Wheeler et al.，2005）。有研究表明，更小的纹孔有更大的纹孔膜厚度和更小的孔隙，相反纹孔面积越大纹孔膜厚度越小且孔隙越大（Choat et al.，2008；Sperry et al.，2004）。环孔材树种相较于散孔材树种拥有更大的纹孔开口面积和纹孔开口比例，那么相应的在抵抗干旱诱导产生的气穴化时环孔材树种会更脆弱。气穴化抵抗力和最大导管长度、导管水力直径之间也存在着正相关关系，虽然按照“气种假说”导管直径和干旱诱导产生的气穴化没有直接关联（Wheeler et al.，2005；Steppe et al.，2007），但因为木质部组织水平上的解剖特征和纹孔水平上的解剖特征存在一定的协同关系，即长度长、直径大的导管，其导管壁纹孔有更大的开口面积和开口比例（见图 3.69），间接导致了气穴化抵抗力和管腔特征间显著的相关关系。

本项研究表明：①不同管孔类型树种之间水力功能特征存在显著差异，环孔材树种的导管管腔直径更大，导管更长，茎段、叶片的导水率都相对较高（边缘显著），两功能类群的导水率差异在整枝水平上最为显著；②跨所有测定物种间分析时，木质部组织水平上的解剖结构特征与纹孔水平上的解剖结构特征存在着显著的协同关系，主要表现在导管长度、直径越大，其导管壁上的纹孔开口面积、开口比例越大；③导水率和气穴化抵抗力之间的结构需求总体上呈对立关系，即导管长度、直径、纹孔开口面积、纹孔开口比例等与导水率呈正相关，但与气穴化抵抗力呈负相关，反映了木质部构建时导水效率和安全性间的权衡关系。

二、长白山阔叶红松林 3 种树种树干液流特征及其与环境因子的关系

蒸腾作用是植物生命活动中重要的生理过程，一方面促进植物对水分和营养元素的吸收和运输，另一方面又通过气孔的反馈间接影响植物的光合作用。因此，深入理解植物的蒸腾过程及其环境响应是植物生理生态学的重要内容。

目前，研究树木个体蒸腾耗水的普遍方法是树干液流测定法。该方法基于树干液流速率等于冠层蒸腾速率的理论假设（Fredrik & Anders，2002），具有测

定灵敏度高、对林木干扰少、可以野外长期连续监测等优点。主要包括热脉冲法（heat pulse velocity，HPV）（Cermak et al.，2004）、热平衡法（heat balance，HB）（Steve et al.，2003）和热扩散法（thermal dissipation probe，TDP）（Granier，1985）等。其中，Granier于20世纪80年代提出的TDP，由于其测定结果较准确、安装简便且仪器成本低廉而被国内外学者广泛使用。例如，Granier（1987）采用此方法对道格拉斯冷杉（*Pseudotsuga menziesii*）的液流进行了测定；随后，Kstner等（1996）、Do和Rocheteau（2002）分别采用此方法观测研究了欧洲赤松（*Pinus sylvestris*）和非洲旋扭相思树（*Acacia tortilis*）的树干液流。国内学者采用此方法进行树木蒸腾的测定始于20世纪90年代，对杨树（*Populus deltoides*）（刘奉觉等，1993）、油松（*Pinus tabuliformis*）（马履一和王华田，2002）、侧柏（*Platycladus orientalis*）（王华田等，2002；胡兴波等，2010）、红松（*Pinus koraiensis*）（孙慧珍等，2005；孙龙等，2007）、樟子松（*Pinus sylvestris* var. *mongolica*）（张劲松等，2006）、刺槐（*Rob-inia pseudoacacia*）（于占辉等，2009；吴芳等，2010）和白榆（*Ulmus pumila.*）（胡兴波等，2010）等都有相关研究报道。

长白山阔叶红松林是我国东北地区典型的森林生态系统，主要树种有红松、紫椴、色木槭、蒙古栎和水曲柳等，认识这些树种的蒸腾耗水特征具有重要意义。

（一）液流测定方法

2009年6～9月，选取同一环境条件下生长状况良好的紫椴、色木槭和红松各3株（表3.18），使用Granier热扩散系统（TDP10，北京鑫源时杰科技发展有限公司，北京）进行树干液流的观测。为避免由于方位及阳光直射引起的误差，液流传感器安装于树干西侧1.3m胸径处，外面覆裹保温铝膜。数据使用数据采集器（SQ2020，Grant Instruments Ltd，Cambridge，UK）自动记录，每30min进行平均值计算并储存。液流速率（cm/s）依据Granier等（1996）的经验公式进行计算：

$$J_s = 0.0119 \times \left(\frac{dT_{max} - dT}{dT}\right)^{1.231}$$

式中，J_s为液流速率（cm/s），dT_{max}为测定期间的探针最高温差（℃），dT是瞬时探针温差（℃）。

表3.18　研究样树的基本特征

树种	平均树高（m）	平均胸径（cm）
紫椴	26.0	55.8
色木槭	24.5	43.5
红松	25.0	38.9

饱和水汽压差（*VPD*，kPa）计算公式如下（Campbell & Norman，1998）：

$$E=0.611\times\exp\left(\frac{17.502\times T}{T+240.97}\right)$$

$$VPD=E-\frac{E\times R_h}{100}$$

式中，E 为饱和水汽压（kPa）；T 为空气温度；R_h 为空气相对湿度。

研究期间（2009 年 6～9 月）总降雨量为 498mm，高于相同时段的多年平均值（1982—2008 年每年的 6～9 月平均总降雨量为 446.2mm，Shi et al.，2008），可以认为土壤水分供应充足。

（二）树干液流的日动态

图 3.72 为紫椴、色木槭和红松在生长季典型晴天（7 月 27 日）和典型阴天（7 月 25 日）的液流速率日动态。3 个树种的液流速率在晴阴天下都呈现明显的单峰型态。相同天气条件下各树种液流的启动时间和到达峰值时间基本一致，但停止时间存在差异。主要表现在：晴天时，3 个树种树干液流的启动时间较早（6：00～7：00），11：00 左右达到峰值，并持续维持较高值至 14：00，之后开始逐渐下降，色木槭和红松在 19：00 左右降至最低，而紫椴直到 21：00 才达到最低值；阴天时，液流启动时间较晚，3 个树种均在 9：00 左右开始启动，而后迅速上升，在 13：00 前后达到峰值，而后随 *PAR* 的下降而降低，色木槭和红松的液流速率在 19：00 降到最小值，而紫椴在 20：00 左右达到最低值。

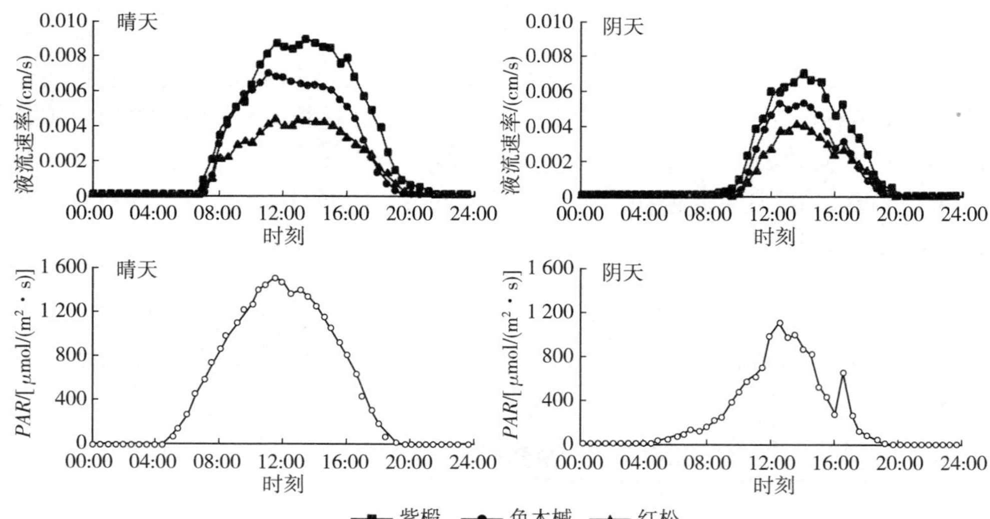

图 3.72　典型晴天和阴天紫椴、色木槭、红松液流速率与 *PAR* 的日动态

尽管晴天时 3 个树种的液流速率都明显大于阴天时的液流速率，但天气差异引起的液流变化幅度在不同树种间有所不同，表现为：紫椴在晴天和阴天的日平

均液流速率分别为 3.261×10^{-3}和 1.834×10^{-3}cm/s，前者比后者高出 77.8%；色木槭在晴天和阴天的日平均液流速率分别为 2.397×10^{-3}和 1.259×10^{-3}cm/s，前者比后者高出 90.3%；红松在晴天和阴天的日平均液流速率分别为 1.585×10^{-3}和 0.982×10^{-3}cm/s，前者比后者高出 61.4%。

（三）树干液流速率在生长季的月动态

6～9 月，紫椴、色木槭和红松日均液流速率（每月所有数据点的平均值），均呈现先增加后减少的月动态特征（图 3.73）。由于 6 月各树种处于展叶末期，叶片气孔导度和蒸腾面积较小，日均液流速率在此时也较小，紫椴、色木槭和红松的日均液流速率分别为 1.934×10^{-3}、1.449×10^{-3}和 0.798×10^{-3}cm/s；随着生长季的推进，叶片生理功能逐渐加强，冠层叶面积也逐渐增加，各树种的日均液流速率也逐渐增大，最大值出现在 8 月，分别为 2.606×10^{-3}、1.97×10^{-3}和 1.283×10^{-3}cm/s。9 月，随着气温的下降，叶片开始变色、凋落，叶片蒸腾能力逐渐下降，各树种的日均液流速率也降低。另外，不同树种间的日均液流速率差异性显著。紫椴的日均液流速率在各月中均为最高，其次是色木槭，而红松的日均液流速率在各月中都表现为最低。

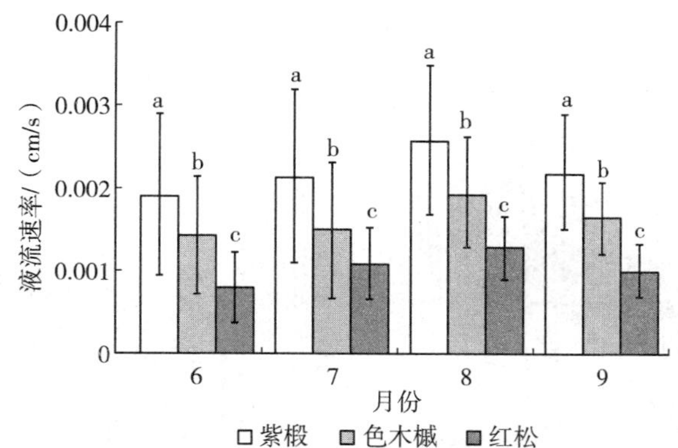

图 3.73　生长季紫椴、色木槭和红松日均液流速率的月动态（6～9 月）

（四）树干液流与环境因子的关系

1. 不同 *VPD* 水平下液流速率与 *PAR* 的关系

为了分析不同 *VPD* 水平下紫椴、色木槭和红松液流速率与 *PAR* 的关系，选取土壤湿度不亏缺时（土壤湿度＞田间持水量的 60%）各树种的 30min 液流数据，并将 *VPD* 分为 *a*（＜0.5 kPa）、*b*（0.5～1.0 kPa）和 *c*（＞1.0 kPa）3 个水平，以此区分 *PAR*、*VPD* 对液流速率的交互影响。以 6 月为例，从图 3.74 中可以看出，不同 *VPD* 水平下 3 个树种的液流速率与 *PAR* 的关系表现不同：当 *PAR* 在 0～800μmol/（m^2·s）时，紫椴的液流速率随 *PAR* 的升高而迅速增长，当 PAR>800μmol/（m²·s）时，VPD<0.5 kPa 水平的液流速率随 PAR 的升高继续保持增长状态，而 VPD>0.5 kPa 水平的液流速率则缓慢增长或保持平稳。红松的液流速率随 PAR 增长的趋势与紫椴类似，不同的是 PAR 阈值比紫椴小，当 PAR>600μmol/（m²·s）时，VPD<0.5 kPa 水平的液流速率随 PAR 的升高继续保持增长状态，VPD>0.5 kPa 水平的液流速率则缓慢增长或保持平稳。色木槭在 PAR>800μmol/（m²·s），VPD 在 0.5～1.0 kPa 水平时，液流速率保持平稳，在 PAR>1200μmol/（m²·s），VPD>1.0 kPa 水平时，液流速率缓慢增长。

当 VPD<0.5 kPa 时，紫椴、色木槭和红松液流速率随 PAR 增长的幅度不同，紫椴的增长幅度最大，色木槭与红松的增长幅度相近。当 VPD 在 0.5～1.0 kPa 水平时，3 个树种的液流速率与 PAR 总体呈现指数函数关系，表现为液流速率在低 PAR 时，随 PAR 的升高迅速增大，而当 PAR 达到一定值后，液流速率缓慢增长或保持平稳。从图 3.74 可见，紫椴、色木槭和红松液流速率随 PAR 升高而上升的变化趋势相似，不同的是红松的 PAR 阈值最小。当 VPD>1.0 kPa 时，3 个树种液流速率与 PAR 的关系与 VPD 在 0.5～1.0 kPa 水平时类似，都是随着 PAR 的升高，液流速率的增长速率由快变慢，呈指数关系。不同的是，VPD>1.0 kPa 时 3 个树种的液流速率随 PAR 上升的幅度大于 VPD 在 0.5～1.0 kPa 水平的上升幅度。

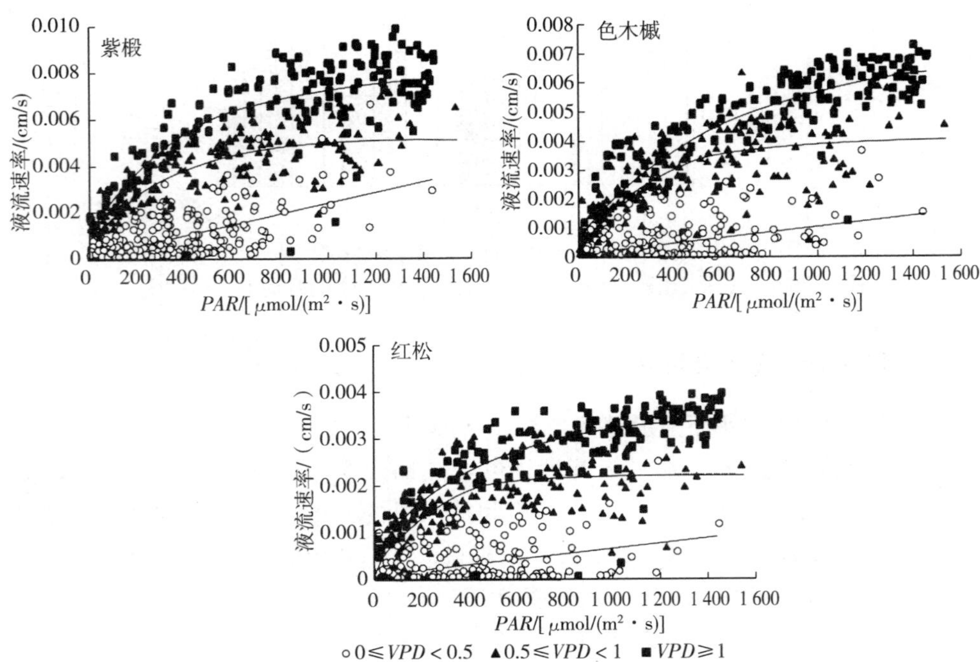

图 3.74　不同 VPD 水平下紫椴、色木槭和红松液流速率与 PAR 的关系（6 月）

2. 液流速率与环境因子的相关分析

树干液流速率不仅受辐射、*VPD* 和土壤湿度（S_w）的影响，还与风速（W_s）、空气温度（T）等环境因子有关。通过相关分析发现，不同树种液流速率与各环境因子的相关性在各月间存在差异（表 3.19）。总体来说，6～9 月各树种的液流速率均与 *PAR*、*VPD*、T、W_s 呈显著正相关（$P<0.01$），与 R_h、S_w 则呈显著负相关（$P<0.01$），与土壤温度（T_s）的相关性较弱，只有部分树种部分月份与 Ts 呈显著正相关。尽管各树种的液流速率与 S_w、T_s 有显著相关性，但是各树种的平均相关系数都小于 0.2，说明与其他环境因子相比，S_w 和 T_s 不是影响液流速率的重要因子。而 *PAR*、T、*VPD* 等是影响液流速率的重要环境因子，且与树干液流速率的相关关系总体表现为 $PAR>VPD>R_h>T>W_s$。这几个重要影响因子对紫椴、色木槭和红松液流速率的影响在各月间也存在差异，表现在：紫椴 6、8 月重要影响因子为 $PAR>VPD>R_h>T$，7 月为 $VPD>R_h>PAR>T$，9 月为 $VPD>PAR>R_h>T$；色木槭除了 6 月表现为 $PAR>R_h>VPD>T$，其他月份均为 $PAR>VPD>R_h>T$；而红松 4 个月的重要影响因子各不相同，分别表现为 $VPD>PAR>R_h>T$，$PAR>R_h>VPD>T$，$VPD>R_h>PAR>T$，$VPD>PAR>T>R_h$。由此得出，影响 3 个树种液流速率的主要环境因子为 *PAR* 和 *VPD*。

表 3.19　紫椴、色木槭和红松的液流速率与环境因子的相关分析

树种	月份	T	R_h	W_s	PAR	T_s	S_w	VPD
紫椴	6	0.722*	−0.822*	0.433*	0.847*	0.202*	−0.158*	0.838*
	7	0.858*	−0.892*	0.258*	0.869*	0.090*	−0.310*	0.893*
	8	0.673*	−0.795*	0.095*	0.887*	−0.035	−0.110*	0.863*
	9	0.795*	−0.758*	0.161*	0.848*	0.075*	−0.094*	0.865*
色木槭	6	0.681*	−0.794*	0.449*	0.826*	0.176*	−0.170*	0.792*
	7	0.784*	−0.813*	0.243*	0.893*	0.134*	−0.309*	0.815*
	8	0.636*	−0.732*	0.115*	0.935*	−0.015	−0.089*	0.791*
	9	0.710*	−0.718*	0.223*	0.907*	0.017	−0.096*	0.784*
红松	6	0.708*	−0.798*	0.475*	0.806*	0.260*	−0.079*	0.814*
	7	0.814*	−0.856*	0.262*	0.859*	0.084*	−0.292*	0.843*
	8	0.640*	−0.779*	0.121*	0.894*	−0.047	−0.084*	0.828*
	9	0.743*	−0.699*	0.206*	0.853*	0.099*	−0.107*	0.801*

*　$P<0.01$ 差异显著，空气温度 T、空气相对湿度 R_h、风速 W_s、光合有效辐射 *PAR*、土壤温度 T、土壤湿度 S_w 和饱和水汽压差 *VPD*。

为了进一步评价各环境因子对树干液流的综合影响，进行了多元线性逐步回归分析，相关回归方程见表 3.20。结果表明，不同树种在不同月份引入回归模型的环境因子是不同的。6～9 月 PAR、VPD 皆引入紫椴的回归模型，即紫椴每月的液流速率均受 PAR、VPD 影响；6～9 月 PAR、VPD、W_s、R_h 皆引入色木槭的回归模型，即色木槭每月的液流速率均受 PAR、VPD、W_s、R_h 的影响；同样，6～9 月，PAR、R_h 皆引入红松的回归模型，即红松每月的液流速率均受 PAR、R_h 的影响。3 个树种在 6～9 月的决定系数均在 0.834～0.928。

表 3.20　紫椴、色木槭和红松的液流速率与环境因子的回归模型

树种	月份	回归模型	R^2
紫椴	6	$1\,000J_S = 1.249 + 0.003PAR + 2.389VPD - 0.253T_a + 0.09W_a + 0.047T + 1.718S_w$	0.895
	7	$1\,000J_a = 0.41 + 0.003PAR + 3.684VPD - 0.112T_a + 0.204W_s + 1.665S_w$	0.928
	8	$1\,000J_S = 1.427 + 0.003PAR + 3.508VPD - 0.451T_a + 0.09W_s + 0.112T + 0.041R_h$	0.928
	9	$1\,000J_s = -8.338 + 0.003PAR + 4.508VPD + 0.086W_s + 0.072T + 16.505S_w + 0.051R_h$	0.909
色木槭	6	$1\,000J_s = 1.915 + 0.002PAR + 1.276VPD + 0.13W_s - 0.183T_s + 0.04T_a - 0.009R_h$	0.834
	7	$1\,000J_s = 0.441 + 0.004PAR + 1.742VPD + 0.13W_s + 0.203T_s - 0.119T - 0.024R_h$	0.884
	8	$1\,000J_s = -0.7 + 0.004PAR + 1.308VPD + 0.05W_s - 0.114T_s + 0.07T + 0.017R_h - 1.877S_w$	0.925
	9	$1\,000J_s = -2.829 + 0.003PAR + 1.001VPD + 0.151W_s + 0.083T + 0.009R_h + 5.047S_w$	0.890
红松	6	$1\,000J_s = -0.152 + 0.001PAR + 0.812VPD + 0.072W_s - 0.036T_s - 0.005R_h + 2.798S_w$	0.833
	7	$1\,000J_s = 5.179 + 0.002PAR + 0.075W_s - 0.029T - 0.056R_h + 1.087S_w$	0.876
	8	$1\,000J_s = 1.243 + 0.002PAR + 1.083VPD - 0.162T_s + 0.005R_h + 0.05T$	0.897
	9	$1\,000J_s = -4.652 + 0.002PAR + 2.115VPD + 0.106W_s + 0.098T_s + 0.028R_h + 2.794S_w$	0.857

液流速度 J_s、空气温度 T、空气相对湿度 R_h、风速 W、光合有效辐射 PAR、土壤温度 T_s、土壤湿度 S_w 和饱和水汽压差 VPD。

典型天气条件下紫椴、色木槭和红松液流速率的日动态表明，3个树种液流速率在午间达到峰值后均有短暂的液流减少现象，这是植物特有的“午休”现象（张小由等，2003）。一般情况下，植物的蒸腾耗水都在白天进行，夜间由于植物叶片气孔的关闭，蒸腾作用亦停止。但3个树种的日动态表明，它们在夜间仍有微弱的液流存在，其他地区的许多树种也有类似现象（聂立水等，2003；Daley & Philips，2006；郭宝妮等，2012）。这是因为：一方面，白天树冠蒸腾作用强烈，树体失水过多，树体水分供耗平衡失调，水容降低，在根压动力下，根系在夜间吸收水分回补白天的水分亏缺（Granier et al.，1994；李海涛和陈灵芝，1998）；另一方面，有些树种的气孔在夜间仍然保持开放的状态，Daley和Phillips（2006）研究桦树发现，夜间在环境因子的驱动下，气孔将继续保持开放状态，液流会随*VPD*的升高而增大。马钦彦等（2005）研究油松时也发现其夜间存在液流，且夜间液流量能达到白天液流量的5%～15%。

相同天气下紫椴、色木槭和红松启动时间和到达峰值时间基本一致，但是液流停止时间不同，这可能是因为不同树种间树体储水能力的差异。3个树种日均液流速率大小也有差异，表现为紫椴的日均液流速率最大，色木槭次之，红松最小。这主要是由于：

一方面不同树种木质部解剖结构的差异。红松是针叶树，其输水单元为管胞，紫椴、色木槭为阔叶树，其输水单元是导管，3个树种的输水单元半径大小依次为紫椴>色木槭>红松（成俊卿，1985；张大维等，2007），根据Hagen Poiseuille定律，液流速率与输水单元半径的4次方呈正比（Tyree et al.，1994），所以红松液流速率最小。又因针叶树种叶片角质层厚，叶肉细胞明显褶皱，气孔导度最大值及平均值明显低于阔叶树（孙慧珍，2005），因此红松树干液流速率低于其他两种阔叶树种。

另一方面，由于植物本身的生理生化特性（同化方式及气孔行为等）不同，使得不同植物在水分消耗能力上有所差异（Gong et al.，2011），最终导致水分利用效率的差异。展小云等（2012）研究发现，水分利用效率表现为阔叶树种高于针叶树种，因此紫椴、色木槭的耗水量大于红松的耗水量。以上原因也引起3个树种对*PAR*和*VPD*变化的响应程度的差异，*PAR*对3个树种的影响程度表现为：色木槭>紫椴>红松；*VPD*对3个树种的影响程度表现为红松>紫椴>色木槭。

长白山阔叶红松林3个树种液流速率季节变化日均值在6月最小，8月最大。孙龙等（2007）在研究东北地区帽儿山红松时，发现其液流速率则在6月最大。这可能是因为，研究期间，黑龙江地区7、8月降雨比较频繁（孙龙等，2007），而长白山地区降雨大部分集中于6、7月。虽然降雨频繁，土壤水分充足，但太阳辐射弱，温度低，蒸腾拉力不够，导致帽儿山地区7、8月和长白山地区6、7月液流速率不高，因而造成同一树种在两个研究区不同月份的最大蒸腾耗水特征不同。

对于长白山阔叶红松林 3 个树种来说，*PAR* 和 *VPD* 是其主要环境影响因子，该地区降水充沛，土壤水分等不是主要的环境限制因子。高西宁等（2002）通过对长白山阔叶红松林的研究也认为，太阳辐射是影响蒸散发的主要因素。树干液流速率受多种环境因子的影响，但因立地条件和气候差异，不同地区影响液流速率的主要因子不尽相同（高照全，2004）。马履一（2002）等对北京西山地区油松液流的研究发现，T、R_h 和 S_w 是决定油松边材液流速率的关键因子。孙慧珍等（2005）研究紫椴、红松等液流时发现，液流速率由 *PAR* 和 *VPD* 主导。孙迪等（2010）研究辽西地区杨树液流变化时发现，辐射、T、R_h 是杨树液流速率的主要影响因子。

本项研究观测并分析了生长季 3 个树种的液流速率与环境因子的关系，但是尚存在一些不足。例如，没有监测生长季各树种初期的液流活动，只监测 6—9 月这 4 个月树种的液流，于占辉等（2009）研究刺槐树干液流动态时发现，其展叶期（4 月 26 日至 5 月 31 日）同样存在液流且受环境因子的影响；另外，研究时间尺度不长，无法探讨水分的长期胁迫对树干液流的影响。王文杰等（2012）对不同时间尺度上大兴安岭落叶松树干液流密度与环境因子的关系的研究表明，土壤水分在短期内对树干液流的影响较小，长期则对液流速率的影响显著。此外，本项研究只探讨了散孔材（紫椴、色木槭）和针叶材（红松）树种的液流动态，尚需对长白山阔叶红松林建群种中的环孔材（蒙古栎、水曲柳）进行探讨研究。

三、维管植物木质部水分传输过程的影响因素

植物体中水分约占细胞体积的 70%～90%（冀瑞萍，1994），是植物进行物质循环及能量流动的载体。近年来由于降水格局变化、温度升高等气候变化导致干旱频发，这将严重影响水分在植物体内的传输过程，影响植物生长，因此植物体内的水分运移过程与运输机理备受关注。维管植物作为森林生态系统的主要组成部分，其水分传输主要包括根系吸水、木质部水分传输和叶片蒸腾等关键过程。其具体的水流途径是：水分经过土壤、根—土界面到达植物根系，由根、茎木质部导管或管胞向上运输，最后达到叶片耗散出去（康绍忠等，1992；Yang et al.，1994；刘昌明，1997）。

在整个水分传输的过程中，水流要克服土壤—植物—大气连续体（SPAC）的各部分阻力，包括土壤阻力、土根接触阻力、根系吸收阻力、根内木质部传导阻力、地上部分的植物内部传导阻力和水汽扩散阻力。其中，根系吸收阻力和地上部分中气孔扩散阻力占据了植物水分运输过程总阻力的大部分（Cow-an et al.，1968；邵明安等，1986；张硕新等，2000；李吉跃等，2002）。因此，在过去的几十年中，大部分学者重点关注了根系吸收阻力和气孔扩散阻力的研究，而

对水分在木质部中的传导阻力的研究较少（Sperry，2003；Martínezvilalta et al.，2014）。近年来，越来越多的研究发现，木质部水分传输单元（导管或管胞）的孔道结构对水分传输效率有重要影响，对维管植物水分传输过程中的阻力调节有不容忽视的作用（Choa et al.，2006；Hacke et al.，2006；Lens et al.，2011；Hacke，2014）。木质部中的导管、管胞、穿孔板、纹孔等结构构成了相互交错的管道系统，为 SPAC 的水分传输提供了低阻力通道，在一定程度上保证了木质部水分安全高效的运输。因此，探明木质部结构及影响木质部水分传输的因素，对植物水分运输机理和过程具有重要意义，也为 SPAC 的水分运输提供科学依据。本研究以木质部网络结构为基础，分析其水分传输的过程，并讨论木质部内部水分传输阻力的影响因素。

（一）木质部输水过程

1. 木质部网络结构

木质部广泛存在于维管植物的根、茎、叶中，由导管（管胞）、木纤维和薄壁细胞组成。木质部管道分子是进行水分运输的主要通道，而不同种类的植物具有不同的管道结构。多数裸子植物和蕨类植物木质部没有导管，它们通过木质部管胞进行水分运输；而多数被子植物通过导管进行输水。木质部内部结构复杂，不是简单的导管或管胞的叠加，而是由无数个导管或管胞以及内部的纹孔和穿孔板相互连通，构成木质部的三维拓扑结构。在被子和蕨类植物中，导管内的穿孔板结构并不是统一的，有的穿孔板只有一个穿孔，而有的穿孔板有多个穿孔。在裸子植物中，相邻管胞之间的纹孔往往是成对存在的，每个管胞有几十至数百个具缘纹孔对，它们将管胞内腔连接起来。导管或管胞以及内部连接结构构成了维管植物木质部的主要物质流通体系，水分的管道分子运输主要包含穿孔板的轴向运输和 2 个管道分子之间的纹孔径向运输。

木质部的网络拓扑结构使木质部具有系统的属性和网络连通性，进而影响整个维管植物的水分传输特性（Loepfe et al.，2007）。木质部的水力导度与其网络连通性密切相关，因为网络连通性决定了所有的水力路径及管道实际可运输水分的部分。此外，这些管道在木质部网络的空间排列可影响木质部的功能特性，因此木质部不能被解释为简单管道的总和，而是通过网络结构来进行水分运输。为了更好地研究木质部网络结构构成的复杂微流体系统，Park 等（2014）运用一种可视化的方法，观察拟南芥（*Arabidopsis thaliana*）木质部导管独特的 3D 网络结构，并利用同步辐射计算机断层扫描技术结合亲水性的纳米黄金粒子作为示踪剂追踪流，去分析这些导管的功能活动，展示了整个木质部网络是动态变化的，形成明显的集群功能，进行长距离的水分轴向和径向运输。Loepfe 等（2007）建立了木质部的 3D 网络结构模型（图 3.75）：管道由均匀的三维网格构成，相邻的圆柱代表导管或管胞分子，假设每个圆柱成为管道末端的概率相同，每个管道的直径随机分配来决定各自的水流阻力，圆柱的连接处为纹孔膜，纹孔膜的阻力也包含在整个管道的阻力中，整个木质部构成一个连通的网络体系。

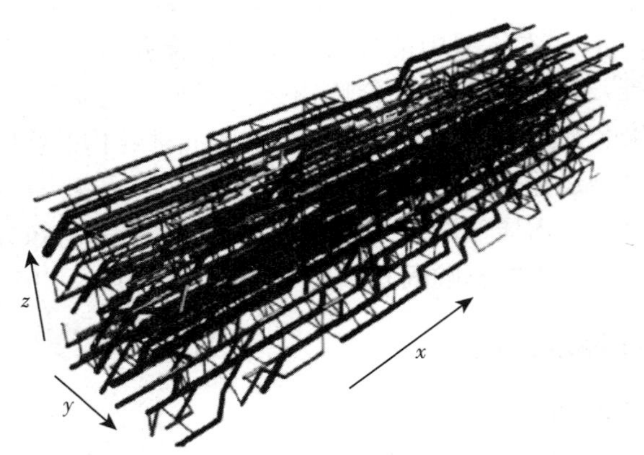

图 3.75　木质部 3D 网络结构

明确木质部内部微观精细结构，并建立网络连通体系，可以为木质部内部水分流动过程的研究奠定基础。

2. 驱动力

木质部连通了根系、茎干和枝叶等部位，水分通过木质部向上运输的动力主要基于压力（张力）流假设，即蒸腾拉力、根压（Tibbetts et al.，2000；Koch et al.，2004；Knoblauch et al.，2016）。蒸腾拉力是水分从叶肉细胞表面蒸发，在叶肉细胞壁形成半月板（液体与细胞壁粘附而形成的凹或凸液面），由此在植物顶端产生负压或者表面张力，进而将水分从根部或土壤中拉出来。根压是由于根细胞溶质浓度高，使根细胞水势低于土壤水势，进而导致根系吸收土壤水分。内聚力作为蒸腾拉力的维持机制，是一种分子间的吸引理论，解释了水分沿木质部向上流动时对重力的反作用力过程。当两个极性的水分子相互接近时，一个带负电的氧离子和另一个带正电的氢离子形成氢键后协同内部分子间力形成的表面张力。水分通过叶片蒸腾散失时，水分子之间被内聚力和表面张力拉拽，而水分子与细胞壁分子的吸附力大大超过水分子间的吸附力，使得细胞壁处形成一道较长的水膜，而水分子间的张力会使这道水膜面积变小，从而提升液面使水分上升，形成内聚力—张力假说（cohesion-tension（C－T），Dixon et al.，1894）。

Dixon 和 Joly 提出 C－T 理论后，关于木质部运输机制的研究中，多数植物学家支持 C－T 理论，如 Tyree M、Sperry J、Holbrook M 和 Steudle E，认为 C－T理论已相对成熟，符合物理学原理，也经过试验的证实（Tyree，1997），并普遍运用 C－T 理论来解释植物体内长距离的水分运输现象。该理论认为，叶面的蒸腾所产生的低水势（张力）提供一个吸力，通过木质部的连续水柱将张力逐渐传递至根部，致使根表面有足够低的水势可从土壤中吸收水分，并将水提升到树冠部分。因此，C－T 理论有 3 个关键假设：①木质部存在一个巨大的负压（张力），可达几十到几百兆帕；②沿树高呈现张力梯度；③存在连续水柱。

但是，关于 C－T 理论也有很多质疑。C－T 理论认为，木质部中存在一个巨大的负压，这就需要木质部中存在很高的张力，从根系吸水表面到叶片蒸发表面存在连续水柱，而木质部壁的疏水性和木质部汁液的组成不可能形成兆帕级的稳定木质部负压（Canny，1995）。例如，高达 100m 的红杉将水分从根运输到顶部至少需要 2～3 MPa 的压力，而木质部压力探针（XPP）测得木质部导管中压力可达 0.6～0.7 MPa（Balling et al.，1990；Wei et al.，1999），这个压力理论上不足以将水提升到树木的顶部，因此巨大的张力是否存在还需要进一步更加直接的试验证据。Preston（1952）做了一个“双割”实验证明木质部中水分传输并不一定需要连续的水柱。另外，当发生干旱或冻融时，维管植物的木质部导管（管胞）会产生气泡或发生气穴化甚至栓塞，破坏了木质部连续的输水水柱，间断了水分的长距离运输。基于此，很多学者认为，蒸腾拉力不是上升流唯一重要的驱动力。

一些学者也提出了水分运输的其他假说。Canny（1995）认为，水分的运输可能有活细胞的参与，提出了“补偿压学说”，认为导管和管胞周围的活细胞（如木射线以及韧皮部薄壁细胞）的膨压对水分也起作用。Zimmermann 等（2004）是对 C－T 理论提出质疑的代表人物，他们承认蒸腾拉力起重要作用，但其他因素也扮演着重要角色。于是他们提出了水门假说，即水分在维管植物中的提升就像船只逆水而上时过水坝一样，经一序列的水门一级一级地往上提，如果按照水门假说那样，存在纵向排列的活塞似的装置来调节导管（管胞）中的张力及水流，这种调节可能通过依次开启或关闭导管（管胞）上的纹孔来实现（Wegner et al.，1998），而且 Tyree 等（1997）也发现导管和管胞壁上的纹孔（具缘纹孔）通过变形开闭可以调节压力和水流，对外部张力起到缓冲作用。但是水门假说目前没有得到任何解剖学的证据，而且这也引起了随后的植物生理学家在 New Phytologist 上发表的联名信（Angeles et al.，2004），多数学者仍然支持 C－T 理论。Johnson（2013）以全新的视角提出电势动力（electrical forces）假说。该假说认为，在地球自然垂直电场状态下，可把维管植物看作大地和空气电路间的一个元素。在地球电磁场的作用下，植物木质部液流的正负离子分离形成电位差，从而驱动木质部水分的运移。无论是水门假说、电势动力假说还是其他假说，如果否定了 C－T 理论，那么近几十年的维管植物水分运输机制及理论都需重新诠释。因此，木质部内部流体的驱动机制究竟如何？以及水分在根、茎、叶中传输时的影响因素有哪些？对于这些问题，需要关注木质部内部，并尝试从微观结构的方向作出解释。

（二）木质部水分传输的影响因素

1. 管道结构直接影响水分传输

植物体木质部内部微观结构复杂，能够影响植物的水流阻力，进而影响水力导度，主要表现为输水单元的不同和输水单元连接结构的不同。

第一，输水单元的不同影响水分传输。木质部导管（管胞）分子的直径、长度、有效截面积等均能影响水分传输。不同类型植物的输水单元的结构有差异。被子植物、裸子植物与蕨类植物的管胞相比，木质部管腔直径相对更窄，管胞分子长度相对更短，因此小管腔直径增加了管道壁产生的摩擦阻力，同时小的管胞长度增大了两个管胞之间水分跨运的摩擦阻力，因此，被子植物、裸子植物的水力导度低于蕨类植物（Pittermann et al.，2011）。而被子植物与裸子植物相比，在相同的液流截面积下，被子植物的木质部管道分子直径大于裸子植物，因此被子植物具有更大的水力导度（Lusk et al.，2007）。Hacke（2009）对22种旱生被子植物的研究发现，大部分物种木质部的水力导度与导管直径、导管长度呈正相关。另外，除了管道结构的影响，导管/管胞的径向抗压强度也能影响木质部水分传输。水力效率由木质部“最脆弱”的那部分决定，增强径向抗压强度可防止管道内壁爆裂，有利于水力传输，但是管道径向过度加固可能降低弹性模量，而对水力效率产生负面影响（Rosner et al.，2011）。

第二，输水单元连接结构的不同影响水分传输。木质部输水单元连接结构主要指纹孔与穿孔板。对于纹孔来说，纹孔的直径、孔隙度，以及纹孔膜、纹孔塞等结构影响水分传输。裸子植物中的具缘纹孔形态变化显著，进而影响水力导度，Domec等（2007）研究发现，与西部雪松（*Tsuga heterophylla*）相比，花旗松（*Pseudostuga menziesii*）的具缘纹孔直径更大，纹孔塞更厚，且有更大的塞缘面积，说明其纹孔导度更大。在低压力梯度下，增加具缘纹孔的导度能够增加水力传输导度，但是如果压力持续增加，水力导度会降低。维管植物纹孔的各部分结构不同对于水流阻力的影响没有统一规律。例如，在被子植物的纹孔总阻力中，纹孔膜阻力占纹孔阻力的主要部分，而不是纹孔孔径阻力（Schulte et al.，1989；Sperry et al.，2004；Hacke et al.，2006）。但是，在裸子植物中，纹孔孔径部分的阻力占总阻力的2/3以上（Lancashire et al.，2002；Hacke et al.，2004；Domec et al.，2007）。所以，纹孔阻力的差异同时引起水力导度的变化。对于穿孔板来说，一般单穿孔板的阻力小于复穿孔板，且与穿孔板的倾斜角度、厚度及数目等有关。Schulte（1989，1993）研究了水流通过5种双子叶植物单穿孔板和复合穿孔板时的水力传导率，发现通过单穿孔板的水力导度大于复合穿孔板。董星光等（2015）研究了杜梨（*Pyrus betuleafolia*）、山梨（*Pyrus ussuriensis*）和豆梨（*Pyrus calleryana*）的穿孔板水分传输，发现杜梨、山梨复穿孔板比例、两端端壁倾斜比例高于豆梨，木质部比导率测定结果显示，豆梨显著高于山梨和杜梨。在相同穿孔数目下，穿孔板角度和厚度的增加，增大了压力梯度，进而增大了水流阻力。另外，李国秀等（2014）以茶藨子属（*Ribes*）7个亚属为研究对象，发现穿孔板的穿孔数目增多会增加水分运输的阻力。

2. 环境因素间接影响水分传输

外界环境因素一是通过影响植物输水驱动力的大小，二是影响管道结构的变化，间接地影响木质部的水分传输。

第一，水分胁迫。水分胁迫是对维管植物的首要威胁。一方面，水分胁迫影响植物体内的水势差。例如：Hacke 等（2000）在干旱的实验条件下测定了6种灌木2个生长季的水势变化，发现水势梯度降低。王丁（2011）等研究了干旱胁迫条件下6种喀斯特主要造林树种苗木叶片水势的变化，发现随着胁迫强度的增加，6种树种不同生长期叶片水势均表现出下降趋势，且不同干旱胁迫强度之间差异显著（$P<0.002$）。吉晶（2007）发现，土壤干旱和水分胁迫时果树叶水势下降，并且随着土壤干旱程度的加剧和干旱时间的延长而加剧变化。另一方面，干旱胁迫下导管（管胞）数目、直径增加（Barij et al.，2011；Alameda et al.，2012），但水力导度减小（LoGullo et al.，2000；Stiller，2009；Gebauer et al.，2011；Jupa et al.，2016）。此结论与非胁迫条件下相反，是因为干旱胁迫使得水力导度降低，从而植物通过增加导管（管胞）数目、直径来提高其水力导度，但是与没有胁迫的条件相比，水力导度还是降低了。Chamorro 等（2010）发现，在水分胁迫条件下，为维持恒定的导水率，油橄榄（*Olea europaea*）的多数管胞直径缩小，同时管胞上的纹孔面积也减小。另外，水分条件对维管植物管道结构的影响在不同部位是不同的。Jupa 等（2016）研究发现，干旱增加了蛇麻（*Humulus lupulus*）底端茎中木质部的有效输导面积、管胞内腔面积及管胞直径，减小了其平均管胞直径，也减小了蛇麻顶端茎中木质部的管胞内腔面积，增加了其有效输导面积、平均管胞直径以及具缘纹孔密度和纹孔膜直径，这种解剖结构的变化使管胞运输阻力增加7%，同时也可看出水分胁迫对植物不同部位解剖结构的影响也是不同的。

第二，氮沉降。一方面，氮添加影响土壤氮素及植物体细胞质浓度进而影响植物水势。随着氮沉降量的增加土壤氮素年矿化量和氨化量也随之增加（徐星凯等，2012），土壤有效氮对植物叶水势参数的影响具有长期的效应（Wolfe et al.，1989a），氮素亏损会提高衰老叶片叶水势临界值，增加脱落酸含量（Wolfe et al.，1989b）。Domec 等（2009）测定了施氮条件下火炬松（*Pinus taeda*）黎明前和正午的叶片水势，发现叶片水势降低。Pivovaroff（2016）等研究了4种灌木在干季和湿季下施氮后的植物水势变化，也得出了相似的结论，发现植物水势降低。但是，Barker（2006）测定了矮橡林（*Larrea tridentata*）生长季5～9月枝条的水势，发现水势先降低后升高。另一方面，氮沉降通过影响解剖结构来影响水分传输。王文娜等（2016）发现土壤有效氮的升高增加了维管植物木质部直径、横截面积，以及导管/管胞直径、数量和壁厚度。Harvey 等（1999）发现在高氮（7.14 Mm N－NH_4NO_3）条件下平均导管直径为 45.2μm，而在低氮（0.71 Mm N－NH_4NO_3）条件下为 36.6μm。Krasowski（1999）发现，木质部直径和可利用表面积等随着施氮量的增加而明显增大，管胞直径由 15.2μm 增大到 20μm，管胞截面面积、管胞内腔和细胞壁表面积也都增加。对不同树种进行施氮处理，发现水力导度增加（Pivovaroff et al.，2016；Ranathunge et al.，2016）。Wang 等（2016）对水曲柳（*Fraxinus mandshurica*）进行 6 个梯度的施氮处理发现，平均导管直径先增大后减小，而水力导度先减小后增大。除了施氮量，不同的施氮形态对导管结构也有不同的影响。Kraus 等（2002）研究灌木矮生栒子（*Cotoneaster dammeri*）发现，同时施加硝、氨态氮比单施硝态氮更能增加次生木质部导管直径和导管数量。因此，氮沉降及不同形态的氮素也能通过影响木质部管道结构来间接地影响其水分传输过程。

第三，光照。一方面，光照条件的变化能影响植物的水势状况。光照强度能够直接影响气孔的开启程度，从而影响蒸腾速率，进而影响植物体内水势变化（杨文斌等，1996）。Costa 等（2015）研究了不同光照强度下李叶豆（*Hymenaea stigonocarpa*）幼苗的水势变化，发现随着光强的增大水势逐渐降低。Gonzalez-Salvatierra 等（2013）测定了凤梨（romeliakaratas）在遮荫和正常光照条件下黎明前和正午的叶片水势，发现遮光下，黎明前的水势有升高的趋势，而正午的水势有降低的趋势。另一方面光照条件也能影响木质部管道结构。Hacke（2014）研究了在光照和遮荫条件下的变化，发现光照增强不仅增加了导管的直径和长度，且增加了纹孔孔径。Lipp（1997）研究了林冠下光环境对杜鹃（Rhododendronsimsii）茎部的水力特性的影响，结果表明，强光增加了导管的孔径和体积。另外，Schultz（1993）发现，在低光下葡萄树（*Vitis vinifera*）叶柄木质部导管数量减少，但是增加了导管直径，增加幅度不大，与正常光照条件下生长的叶片相比，水力导度降低。

第四，CO_2 浓度。CO_2 浓度对木质部水分传输的影响目前争议较大。Gimeno 等（2016）在大气 CO_2 浓度和升高 CO_2 浓度的条件下测定了成熟林地黎明前和正午的水势，发现无显著影响。但是，Domec 等（2009）研究了火炬松生长季在提高 CO_2 条件下叶片水势的变化，发现从 5～9 月叶水势持续下降。Wullschleger 等（2002）测定了树状欧石楠（*Erica arborea*）、香桃木（*Myrtus communis*）和杜松（*Juniperus communis*）枝条一年中的水势，也得出了类似的结论，发现这 3 种植物枝水势持续降低。此外，CO_2 浓度升高虽然降低植物的气孔导度和蒸腾速率，但也增加了叶面积，因此 CO_2 浓度变化下耗水量以及水势条件的变化仍存在争议。有学者认为，CO_2 浓度的变化能够影响木质部管道结构和水力导度。例如，Kostiainen（2006）研究发现，白桦树（*Betula pendula*

Roth）在高 CO_2（2 倍外界环境）浓度下，茎木质部管胞腔直径、管胞百分数及木质部细胞壁百分数都增加了。另外，Medeiros（2013）发现，高 CO_2 浓度能够降低导管内爆强度，但同时也降低了木质部的水力导度。与此相反，一些学者认为，CO_2 浓度的变化对木质部水力结构和导度没有影响，例如，Vaz 等（2012）曾研究发现，高 CO_2 浓度并没有改变植物的茎管腔直径、导管频率以及木质部水力导度。也有一些学者认为，CO_2 浓度对木质部的影响与维管植物的其他环境状态有关，如 Eguchi（2008）研究了桦树（*Betula maximowicziana*）和蒙古栎（*Quercus mongolica*）的叶片在不同 CO_2 浓度条件下管道结构和水力导度的变化，结果表明，高 CO_2 浓度减小了阳生叶片的水力导度和导管面积，但并没有改变阴生叶片的水力特性。因此，CO_2 的变化如何影响木质部的水分传输还有待深入研究。

（三）展 望

在维管植物水分运输研究中，微观几何结构测定具有不准确性，如纹孔或具缘纹孔内部的三维拓扑的精细结构究竟如何，另外，植物内部水分运输的驱动机理是否存在除 C－T 理论外的其他原理，以及纹孔、穿孔板的几何结构是否具有“水门”的相似结构等问题尚未明确；还有随着全球气候变化的加剧，影响木质部孔道结构及水分传输变化的因素更加复杂，这些因素综合影响水分传输的机理也有待进一步研究。因此，在今后的研究中，可以从以下两个方面进行更加深入的探索。

1. 木质部 3D 网络结构探测技术的创新

传统的显微镜技术已不能满足植物内部复杂精细结构的观测，因此不断提高微观观测倍率成为一种趋势。在进行植物内部剖面观察的过程中，逐渐将扫描电镜与透射电镜相结合，特别是用于对新提出的木质部网络拓扑结构进行全面的观测，并采用国际前沿的新技术，对材料的内部结构进行无伤拍摄，更加细致地研究材料内部结构，以此来建立清晰的木质部三维网络结构。例如，考虑引入同步辐射光源，为解析生物大分子结构、亚细胞结构、研究细胞中离子分布等提供新的手段，从精细的微观世界来解释一些植物输水机理问题，目前在此方面的研究尚在起步阶段。

2. 环境因素的综合作用对不同植物及植物不同部位水分传输的影响

全球环境变化对植物木质部内部孔道结构有影响，这种影响对不同植物或者同种植物的不同部位是有差异的。由于环境因素对孔道结构及水分传输的影响规律尚不清晰，可能导致整个植物水分运输机理的不精确。因此，建议今后注重开展环境变化对不同类型的植物以及同一种植物的根、茎、叶等不同器官的影响研究，并且，随着全球气候变化的加剧，影响木质部水分传输的影响因子并不是单一的，而是由多种因子综合作用的，因此探索多因子对木质部内部水分传输的影响对植物水分运移机理的认识有重要意义。

四、长白山林线主要木本植物叶片养分的季节动态及回收效率

高山植被在面对低温时，高大的乔木首先达到生理极限，生长、存活和繁殖受到限制，形成了郁闭森林的海拔上限；在此以上，因为地形条件和土壤条件的差异，林线树木成斑块状分布于高山苔原，从而形成了高山林线的生态过渡带（Kōmer et al.，2012）。由于极端的环境条件，林线植物处在相对复杂的临界状态，是典型的气候敏感区（Li et al.，2002）。目前，各国学者根据多种环境因子单独或相互结合进行研究，对高山林线的形成机制提出了与低温有关的各种假说（宋洪涛等，2009）。近年来，人们对林线植物的生理生态学特征进行了深入的研究，发现植物养分及水分利用限制是造成林线植物不连续或者斑块状分布的重要限制因子（Li et al.，2004；Morales et al.，2004）。但是，关于林线植被养分循环及能量流动等生态过程的报道还较少。因此，对林线位置主要植物的养分特征及其季节动态和回收率（nutrient resorption）的研究，有助于更好地理解高山林线生态系统的生物地球化学过程。

养分回收率是指养分从衰老叶片中转移并被运输到植物其他组织的过程（Aerts，1996）。叶片的养分含量在淋溶、内部转移和回收等综合作用下呈现出明显的季节动态，这种动态在落叶植物的叶片中表现得尤其明显（Boerner，1984；Oliveira et al.，1996；Robert et al.，1996；Santa et al.，1997）。在落叶之前，叶片的养分回收缩短了养分循环所需的时间，使植物生长减少了对根系养分吸收的依赖，是植物适应养分贫瘠生长环境的策略之一（Aerts et al.，2000）。高山林线上由于低温及淋洗作用等影响造成了瘠薄的土壤条件，限制了木本植物，特别是树木的更新与存活，因此，对于林线植物养分回收特性的研究有助于了解林线植物在瘠薄条件下的养分利用策略，进而探究林线的形成机理，因而受到较多的关注（Von Fricks et al.，2001；Teklay，2004；Sasaki et al.，2007）。

岳桦（*Betula ermanii*）作为长白山高山林线的唯一树种，主要分布于海拔1 700～2 000m。在林线以上，岳桦树与常绿灌木牛皮杜鹃（*Rhododendron aureum*）相伴生长在土壤条件较好的地势低洼处，并形成优势群落类型；而落叶灌木笃斯越橘（*Vaccinium uliginosum*）则在其他土壤条件较差的地段形成优势群落类型。两种群落类型以镶嵌的斑块状分布于海拔 2 000～2 050m 的林线交错区内。

（一）叶片养分的季节动态

3 种林线植物叶片的养分浓度随季节变化均有很大的差异，N、P 、K、Ca、Mg 等元素在岳桦和笃斯越橘叶片中有共同的变化趋势，其中 N、P、K 的变化趋势为在生长季初期达到最大，随后其浓度在整个生长季中逐渐下降，到生长季末期最低，不同季节叶片养分含量的变化有显著差异，岳桦叶片中 N、P、K 的

变异系数分别为48.60%，60.52%，22.90%，笃斯越橘叶片中3种元素的变异系数分别为60.60%，96.98%，44.08%（图3.76）。岳桦和笃斯越橘叶片中Ca的浓度在整个生长季都是上升的，在生长季初期最低［岳桦叶片（3.68±0.18）mg/g，笃斯越橘叶片（2.69±0.12）mg/g］，随后逐渐增加，在生长季末期达最高值［岳桦叶片（7.60±0.38）mg/g］，笃斯越橘叶片［（7.03±0.08）mg/g］。Mg在叶片生长中的变化规律为先降低后升高，即在生长季初期和生长季末期浓度较高。期笃斯越橘叶片中Fe的浓度变化与岳桦和牛皮杜鹃叶片中Fe的浓度变化不同，在生长季初期Fe达到最高，为358.29μg/g，并且在整个生长季逐渐下降，整个生长季Fe浓度的变异系数为72.46%。

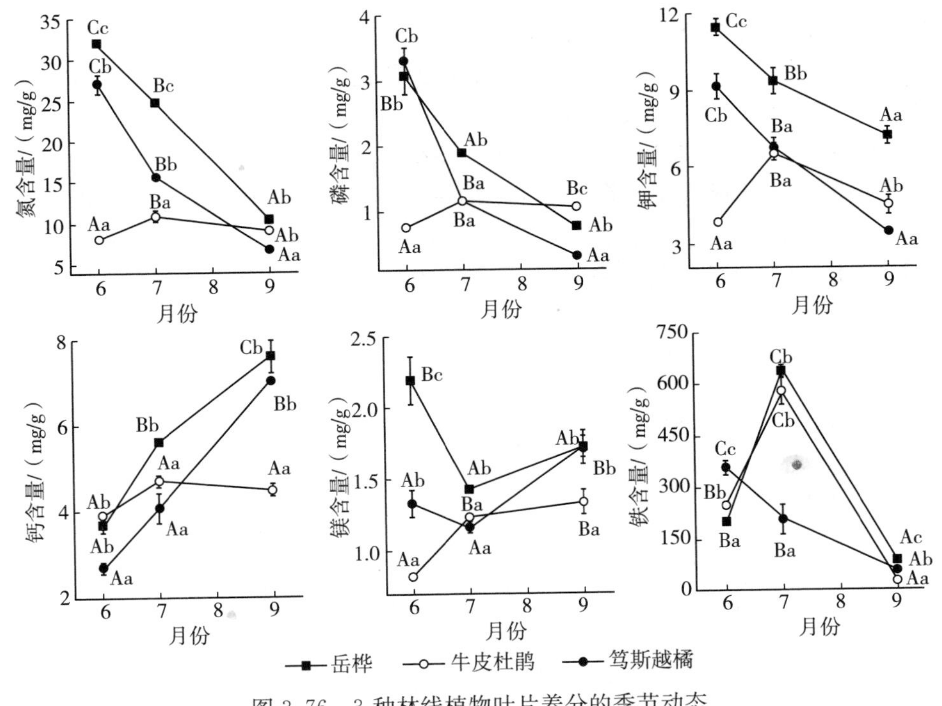

图3.76　3种林线植物叶片养分的季节动态

牛皮杜鹃叶片中元素N、P、K的含量变化趋势相似，但是与岳桦叶片养分浓度的变化趋势不同，牛皮杜鹃叶片N、P、K含量均在生长季旺盛期达到最大值，浓度分别为10.55，1.25，6.67mg/g，变异系数分别为14.95%，20.63%，27.78%，其中N和K在生长季旺盛期的含量与其他季节有显著差异（图3.76）。Ca浓度在不同海拔的季节动态有一定的波动，但是不同季节Ca的含量差异不显著，在整个生长季的整体趋势基本是逐渐上升的，生长季末期Ca的平均浓度为4.49mg/g。牛皮杜鹃叶片生长中Mg的变化规律与Ca的变化趋势相同，也是逐渐升高的，生长季末期其平均浓度为1.31mg/g。牛皮杜鹃叶片中Fe

的浓度变化与岳桦叶片中 Fe 相同，均在生长季旺盛期达到最高，到生长季末期大幅度下降，并且不同季节间 Fe 浓度有显著差异。

通过对物种间同一养分含量的方差分析显示，在生长季初期，岳桦叶片中 N、P、K 和 Mg 含量显著高于牛皮杜鹃和笃斯越橘（P 除外），在生长季旺盛期，岳桦叶片中 N、P、K、Ca 和 Mg 的含量显著高于牛皮杜鹃和笃斯越橘，但在生长季末期，物种间的养分含量也具有显著差异。

（二）两种林线植物叶片养分的回收效率

养分回收效率反映了植物的养分利用特征。由于牛皮杜鹃是常绿植物，采样时只采集了新鲜的叶片，并未采集凋落叶片，因此没有计算牛皮杜鹃叶片的养分回收率。岳桦叶片中 N、P、K、Mg 和 Fe 的回收率分别为 66.98%、74.84%、37.24%、19.90%和 57.60%，而 Ca 的回收率却为−108.12%。笃斯越橘叶片中 N、P 、K 和 Fe 的回收率分别为 73.81%、90.33%、61.81%和 83.49%，而 Mg 和 Ca 的回收率分别为−31.00%和−162.72%。

对岳桦和笃斯越橘叶片养分回收率的对比分析表明（图 3.77），岳桦叶片对 N、P、K、Mg、Fe 这 5 种元素存在养分回收，回收率的大小依次为 Fe>P>N>K>Mg，Ca 为负回收，表明 Ca 在岳桦叶片中逐渐积累。在笃斯越橘叶片中 N、P、K、Fe 这 4 种元素存在养分回收，回收率的大小依次为 P>Fe>N>K，Mg 和 Ca 则有所积累（图 3.77）。

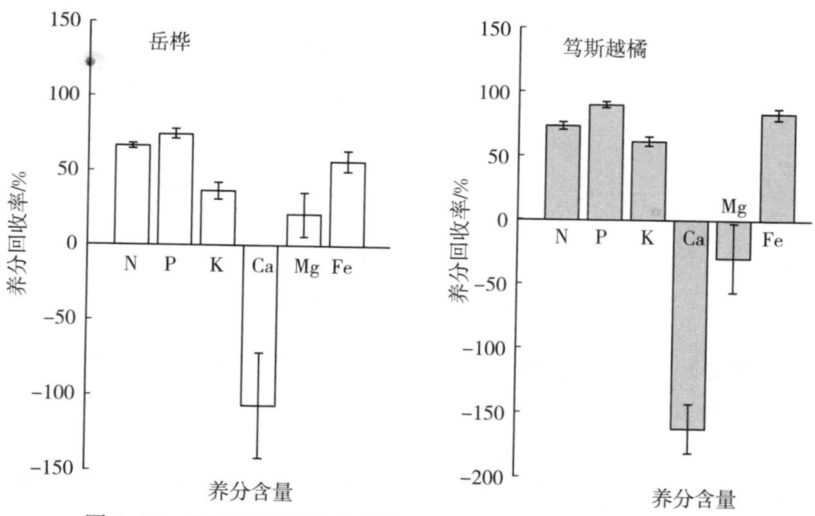

图 3.77　两种林线植物叶片养分的回收率（平均值±标准差）

（三）叶片养分与土壤养分含量的回归分析

通过对土壤养分含量与林线植物叶片养分的相关分析（图 3.78），结果显示

3 种林线植物叶片的养分含量与土壤的养分含量不存在显著的相关性。

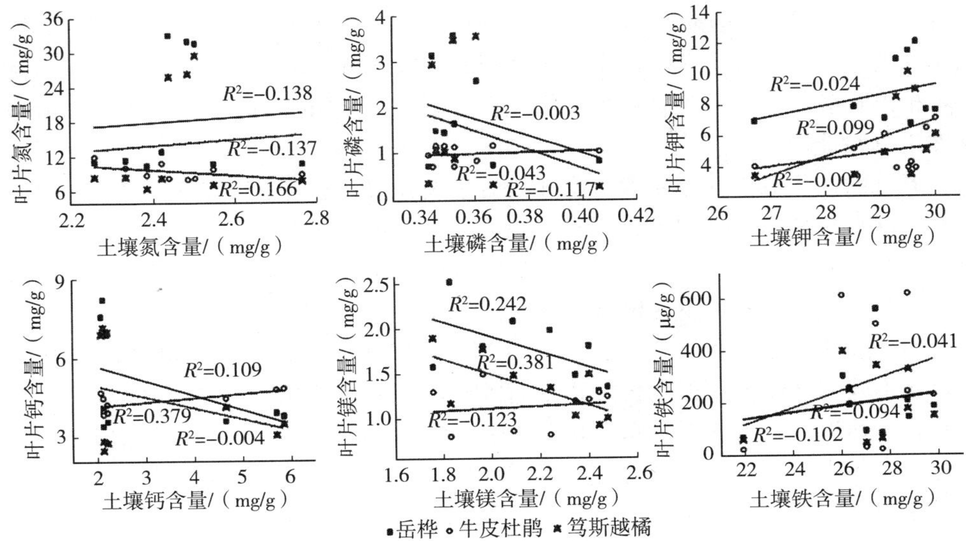

图 3.78　土壤养分含量与 3 种林线植物叶片的相关关系

叶片是植物生长过程中养分含量变化最敏感的器官，叶片养分浓度的变化由植物遗传因素、物候期以及外界环境（如降水淋溶等）共同决定。叶片在生活史不同阶段对不同元素的输入与输出的比例使得植物叶片养分含量呈现出明显的季节动态。同时，由于各种养分元素的生理机能不同，各元素的含量也会存在一定差异。3 种林线植物中，岳桦和笃斯越橘叶片中养分元素的季节动态相同，大量元素如 N、P、K 呈下降趋势，Ca 逐渐增加，其中 N、P、K 的季节动态差异显著，反映了植物在生长季对养分的需求不同，这与前期的一些研究结果较为一致，如辽东栎叶片（孙书存等，2001）和文冠果叶片（阴黎明等，2009）的养分动态。在生长季初期，叶片组织的发育需要大量的蛋白质和核酸，因此对 N、P 的选择性吸收较多，浓度较高；随后，由于光合作用使得碳水化合物增加而引起稀释效应，导致养分浓度的下降；到生长季末期，由于养分的回收使叶片中 N、P、K 的浓度降到最小值。已有很多研究发现（孙书存等，2001；阴黎明等，2009；Palma et al.，2000；曾德慧等，2005），随着生长进行，在生长季末期，其干物质含量是比较低的。因此，有人提出植物体内老叶中的 N，P 在生长末期，有可能随着植物体内的溶液被转移到其他组织部位，而 Ca 由于不具有移动性，因此其含量会一直增加。岳桦和笃斯越橘叶片中 Mg 的含量在生长季旺盛期最低，这与与孙书存等人的研究结果不同，推测可能随着叶片的生长，产生了稀释效应，导致元素含量下降（理永霞等，2009）。牛皮杜鹃作为常绿灌木，叶片养分的季节动态独特，N、P、K、Ca、Mg、Fe 这 6 种元素在生长季初期养分含量较低，可能是牛皮杜鹃开始生长比较早，或者其养分是逐渐积累的，冬季的养分可能储存在根系内，生长季初用于生长根系；也有可能是由于牛皮杜鹃作为岳桦林下的伴生灌木，光照的限制导致牛皮杜鹃生长初期热量不足，物候延迟，该结果需要进一步验证。对不同季节物种间的方差分析显示，岳桦中养分含量占优势，推测在 2 000m 高的林线处，还是有利于岳桦生长的，该结果也需增加海拔梯度进行验证。

养分的回收对于养分元素的循环具有重要意义（曾德慧等，2005），有研究表明（Del Arco et al.，1991；Lim et al.，1986；邢雪荣等，2000），在养分贫瘠的生境中，叶片中回收的养分可以维持植物继续生长，是植物对环境的一种适应。养分回收率高的植物使植物种群保持较高的生长（May et al.，1992）。长白山高山林线地区由于受到积雪、温度等环境因子的干扰，形成了独特的自然条件，使不同的林线植物在生长过程中对养分的回收产生差异。叶片中 N、P、K 的回收率均为笃斯越橘＞岳桦，笃斯越橘对养分的高回收率反映出笃斯越橘更能适应养分贫瘠的土壤，这也是笃斯越橘能分布到更高海拔的原因之一。Ca 的积累量也为笃斯越橘＞岳桦，并且笃斯越橘中 Ca 的积累高达 208.79%，这说明在笃斯越橘在生长过程中吸收了大量的 Ca 元素。叶片中 Mg 的回收率大小为岳桦＞笃斯越橘，Mg 在笃斯越橘叶片中为并没有表现出回收的作用，岳桦作为落叶乔木与灌木笃斯越橘的叶片叶面积相差过大，可能影响了对 Mg 回收率的计算，可以计算单位叶面积 Mg 含量的回收率，做进一步分析。叶片中 Fe 回收率为笃斯越橘＞岳桦，由此可见，笃斯越橘对养分的利用率相对更高。

由于养分回收能够降低植物对土壤养分库的依赖性，许多学者认为生活在养分贫瘠生境中的植物有较高的养分回收效率，但也有很多研究结果否定了这一观点（黄菊莹等，2010）。Aerts 等（Aerts et al.，2000）的研究表明，植物对养分的回收率与土壤可利用养分无关。本试验中土壤养分含量与 3 种林线植物叶片养分含量之间没有显著的相关性，这与内蒙古草原生态系统中关于优势种克氏针茅 *NRE* 与土壤养分关系（Yuan et al.，2005）及澳大利亚硬叶树种的研究（Wright et al.，2003）结果相同。有研究表明，土壤中速效养分会对植物叶片的养分回收产生影响（苏波等，2000），本项研究仅针对土壤的全量养分，因此需要进一步分析土壤中的速效养分，同时还需考虑影响养分迁移的浓度、土壤容重、动态变化、水分等其他因子，以明确土壤养分含量对植物叶片养分回收率的影响。

第四节　长白山阔叶红松林逆境生理研究

一、长白山主要树种耐旱性的研究

在研究长白山地区主要树种对预计的全球性增温发生的可能反应时，首先借用年轮宽度与海拔的相关性以及 1982—1991 年前后 5 年的对比得出了年均温增加 1℃，将使阔叶红松林的材积生长增加 0.6～3.1m³（hm²·a)，以及云冷杉成分可能减少而阔叶树比重可能增加的结论（王森等，1995)。年轮研究的另一个结果是长白山海拔 700m 以上地区，年轮宽度和降水变异无关，即降雨量不会成为树木生长的限制因子。正是由于这种原因，很少有人研究阔叶红松林组成树种的耐旱性，但是在长白山的广大低海拔地区，增温有可能导致干旱趋势发展（田有亮等，1990；李吉跃，1989)，并对森林的组成和演替产生影响。

（一）PV 曲线的制作方法

1994 年树木生长季里，在中国科学院长白山森林生态系统定位站附近林地上选择约 10 年生树木，作为试验材，均选自树冠中部向南方向、发育正常的 1～2年生小枝。采样分析时间分为 6 月 22～29 日及 8 月 2～6 日两批，目的是采到顶芽形成、刚刚发育成熟的枝条，以便在不同树种但发育程度相同的枝条间进行对比。枝条均在清晨日出前采集，以清除枝条水分状况的日变化周期的影响(郭连生等，1989；Song et al.，1995；Zepp，1994)，取约 10cm 长的枝端，将切口周围 1cm 处的皮层剥掉，立刻放入塑料袋中，带回室内用分析天平称取小枝鲜重。然后把小枝切口插入清水中放置于阴凉潮湿处，进行饱和吸水处理，时间为 24h，再次称重（饱和鲜重）后，立即装于压力室（兰州大学制造)，将小枝基部 1cm 外露，用外部封闭的 2cm 长香烟过滤嘴套在小枝上面收集挤出的水，以 0.02～0.04 MPa/min 的速度升压，直到所需平衡压。在该平衡压下保持 10min。收集压出的水分，用称重法计算收集的水量，然后重复前述步骤，依次升高平衡压 14～16 次，最后取出小枝，再测定鲜重，并于 85℃供干求得干重。然后计算出全过程样品在各平衡压处所对应的失水量、相对水分亏缺和渗透水含量，以依次测得的各次平衡压的倒数为纵坐标，以相应的枝条含水体积为横坐标绘制 PV 曲线，其中，失去膨压后的直线部分用回归方程表示，并根据绘制的 PV 曲线求出水分状况参数（郭连生等，1989；Song et al.，1995)（图 3.79)。

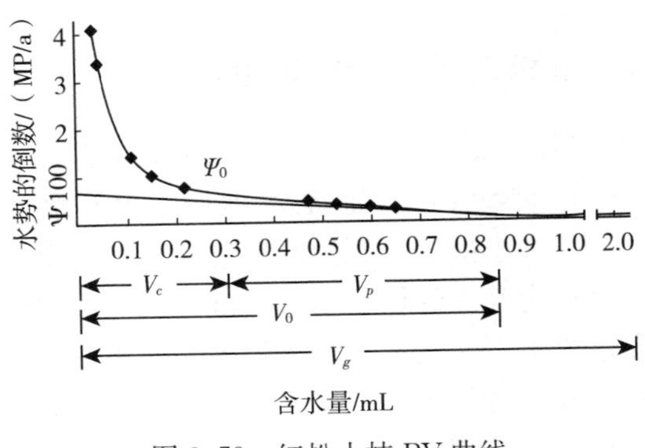

图 3.79　红松小枝 PV 曲线

（二）叶片含水率和初始致死含水率反映的树种耐旱性

将 11 种阔叶树种按所测定的各种含水率指标分别排序，表 3.21 中树种顺序是按初始致死含水率从低至高排列的，初始致死含水量愈低，表明该树种越耐旱。这与按鲜叶含水率及鲜叶水势排序基本一致，但和初始致死时失水的百分率顺序相反，即鲜叶含水量和水势愈低愈耐旱，这一顺序和这些树种天然分布立地指示的耐旱性顺序大体一致。

单位叶面积重是叶片厚度的反映，大体上是叶片愈厚愈耐旱，3 种珍贵硬阔叶树单位面积叶干重最小而春榆最大。但这里显然有较多例外，因为叶片厚度不只反映叶片的耐旱性，还同时和叶片对光的适应性有关。色木叶片最薄可能主要和该树种的耐阴特性有关，而春榆叶片最厚则与该树种喜强光有关。

表 3.21　长白山主要阔叶树种叶片与耐旱性有关的水分参数

树种	鲜叶含水率（H_2O f. w. %）n=7	鲜叶水势（−MPa）n=3	初始伤害*出现时间/h	初始致死含水率（H_2O f. w. %）	初始致死时失水/%	初始致死时失重/%	离体 2h 失水/%	单位面积叶干重/（mg/cm²）n=3
山杨	64.1±0.6	1.92±0.03	8	25.2	60.1	38.2	18.4	6.06±0.32
蒙古柞	63.7±0.7	1.25±0.18	10	29.6	53.6	33.6	15.2	6.28±0.94
白桦	63.4±0.5	1.42±0.07	6	33.2	47.9	37.8	17.0	5.99±0.30
春榆	66.4±1.6	1.47±0.09	8	33.7	48.0	31.2	13.1	7.99±0.14
色木	69.3±0.6	1.22±0.27	12	36.1	48.2	33.6	6.7	3.46±0.11
糠椴	73.3±1.2	1.32±0.06	10	36.2	51.1	37.8	7.8	5.82±0.22
紫椴	69.5±1.1	1.35±0.17	12	41.5	39.5	27.1	10.0	5.54±0.39
黑桦	72.0±0.5	1.30±0.15	8	43.6	38.9	27.7	12.1	6.58±0.14
水曲柳	76.2±0.7	1.30±0.05	12	48.4	36.4	27.7	8.2	4.33±0.12
核桃楸	76.7±0.8	1.12±0.08	8	50.6	34.9	26.3	14.1	3.15±0.23
黄菠萝	75.6±0.5	0.83±0.08	8	51.1	33.1	26.8	22.3	4.01±0.17

（三）PV 曲线特征值反映的树种耐旱性

表 3.22 中树种顺序是按零膨压时枝条的渗透势（平）从低（负值大）到高（负值小）排列的。渗透势越低，细胞越容易保持水分不致丧失，从而使原生质免于发生脱水伤害。枝条失水到零膨压时的水势具有特别重要的意义，因为细胞膨压的丧失在宏观上表现为叶片的初始萎蔫，这种较低的渗透势有助于使叶片不致发展到永久萎蔫而造成不可逆伤害，充分吸水时的渗透势和零膨压时渗透势之差标志着叶片能忍受多大程度的渗透水损失不致失去膨压而发生萎蔫，这一差值主要和细胞壁的弹性有关，差值越大表明细胞壁的弹性越大，当细胞失水时，细

胞体积减小而不失去膨胀状态。表 3.22 相当理想地反映了树种耐旱性的差别，唯有山杨例外，说明山杨耐旱生理机制的特殊性，它在充分吸水时就具有最低的渗透势（表 3.22），而且能忍耐最大程度的失水（见表 3.21）。但山杨的细胞壁弹性并不突出地大，因而它的耐旱性可能在更大程度上取决于它细胞原生质的物理和化学特性。

表 3.22　长白山树种枝条 PV 曲线主要参数

树种	Ψ_{100}/MPa	Ψ_0/MPa	$\Psi_{100}\Psi_0$/MPa	$ROWD_{pzt}$/%	RWC_{pzt}/%	$ROWC_{pzt}$/%
山杨	−1.92	−2.50	0.58	12.38	87.61	76.62
蒙古柞	−1.77	−2.80	1.03	30.87	69.14	63.14
樟子松	−1.77	−2.80	1.03	23.16	76.84	58.21
红松	−1.58	−2.50	0.92	19.57	80.43	63.38
长白松	−1.47	−2.25	0.78	19.47	80.53	65.23
臭松	−1.77	−2.25	0.48	14.79	85.21	78.46
红皮云杉	−1.39	−2.00	0.68	11.98	88.02	69.40
黑桦	−1.36	−2.00	0.64	21.55	78.45	68.04
色木	−1.48	−2.00	0.52	18.24	81.76	74.10
白桦	−1.69	−2.00	0.31	19.27	86.73	62.23
胡桃楸	−1.29	−1.50	0.21	9.37	90.63	85.91
黄菠萝	−0.94	−1.25	0.31	14.18	85.82	63.32

（四）树种耐旱性顺序的综合排定

表 3.21 和表 3.22 排出的阔叶树种抗旱性顺序大体一致。其差异主要是在表 3.21 中白桦排列过于靠前而黑桦过于靠后。在天然林中，白桦大量分布于偏水湿的立地上，而黑桦只少量散生在较干旱的立地，但白桦的耐水湿性并不排除它也有相当程度的耐旱性，即它有比黑桦更大的生态适应幅度，不但耐旱，也能耐水湿。表 3.22 中臭松按零膨压时的渗透势排在红皮云杉、黑桦和色木之前，从天然分布立地来看显然是不合适的。但如果按照充分膨压和零膨压时渗透势的差值排列，则应排在上述 3 个树种之后。综合上述考虑，可将树种按其耐旱性从高到低排成如下顺序：山杨、蒙古柞、樟子松、红松、长白松、黑桦、春榆、色木、糠椴、紫椴、红皮云杉、白桦、臭松、水曲柳、胡桃楸、黄菠萝。

我国北方主要森林分布区地形分化明显，不同树种的地形部位分化也很明显，蒙古柞和红松分布于山坡上部，紫锻、色木分布于山坡中部，而云冷杉、水曲柳等分布于谷地水湿处，充分体现了树种的耐旱特性。但在长白山自然保护区低海拔区则缺少这种明显的地形分化。此外，在天然原始林中不同树种的分布格局及分布数量除受水分条件直接影响外，还要受到树种种间竞争的影响。因而评价长白山低海拔区的不同树种，很难直接从由水分因子限制而引起的分布地形部位差异来排出不同树种耐旱性顺序。而PV曲线技术的应用，可获得不同树种的诸多种水分状况参数*RWD*、*RWC*、*ROWC*、Ψ_{100}、Ψ_0以及细胞整体弹性模数s。可以从不同角度解释树种的耐旱能力，其中Ψ_0值的大小反映树种在环境水分胁迫条件下，保持其膨压势的能力，对评价其耐旱能力起重要作用（郭连生等，1989）。但是PV曲线技术获得的树木水分参数值随季节即树木年生长发育时期而变化，嫩枝生长期的平均值（指绝对值）最小，*RWC*和*ROWC*值最高，是树木抗旱性最弱时期，完全木质化的成熟枝条直到生长季末期Ψ值最大，而*RWC*和*ROWC*值最小，是树木年生长周期中抗旱性最强时期。此时树木枝条的水分参数可以作为比较不同树种耐旱力的稳定特征（Song et al.，1995；Zepp，1994）。本项研究中阔叶树的试验时间为6月22～29日，针叶树为8月2～6日，此时正值针阔树种枝条完全木质化。试验所测得的树木枝条水分参数为针阔树枝条完全木质化时的指标，可以代表其不同树种的耐旱能力，并可加以比较。但其他水分状况参数在分析耐旱性时也不可忽视。如山杨表现出非常低的初始致死含水量和较强的耐脱水能力，是它具有较强耐旱性的主要原因。本项研究所测得的诸多水分状况参数，按不同指标排列表现出不同顺序，但这种差异只出现在耐旱能力相近的树种之间。PV曲线技术另一特点是测定时间短、方法易行，可将不同种针叶树、阔叶树同时比较评价其耐旱能力，这是树种耐旱性评价的其他方法不易做到的。

二、土壤水分状况对长白山阔叶红松林主要树种叶片生理生态特性的影响

现在水资源缺乏已成为全球性问题，对植物产生极大的影响，水分亏缺影响植物的整个生长过程，不论是外部形态还是内部结构以及各种代谢过程均受到影响。一般认为，植物的不同程度水分亏缺都对其生长不利，但也有的研究表明，适度的水分亏缺能促进植物的生长（常杰等，1999；Chazdon，1992），这主要是由于不同植物在不同程度水分亏缺条件下碳同化与水分利用机制间存在差异的结果（李吉跃等，1999；李玫等，2000；戴新宾等，2000）。

（一）不同土壤水分对树种叶片肉质性参数的影响

由表3.23可见，长白山阔叶红松林5种主要树种，红松、水曲柳、胡桃楸、椴树和蒙古柞经干旱模拟试验后，红松、水曲柳、胡桃楸、椴树幼树叶片面积、比叶面积均与土壤含水量成正比，但叶片厚度、单位面积含水量及肉质度结果正相反，与土壤含水量变化成反比，这与孙存华对藜（*Chenopodium album*）的干旱试验结果一致（孙存华，1999），而蒙古柞的叶片面积与土壤含水量成反比，

即土壤含水量高叶面积越小，但其他叶片肉质性参数与其他 4 种树种的结果相似，反应出不同树种对干旱胁迫反应的多样性。

表 3.23　不同土壤水分对树种叶片肉质性参数的影响

树种	水分处理	叶片厚度/mm	比叶干重面积/(dm^2/g)	含水量/(g/dm^2)	鲜重肉质度/dm^2	单叶叶面积/cm^2
红松	对照	38.9±0.121	1.11±0.07	1.62±0.01	2.49±0.03	27.76±1.34
	MW	34.9±0.111	0.76±0.07	1.68±0.07	3.67±0.07	24.87±1.22
	LW	30.80±0.098	0.42±0.01	3.33±0.11	4.69±0.12	23.86±1.43
水曲柳	对照	0.117±0.023	2.55±0.02	1.43±0.02	2.00±0.03	11.98±2.67
	MW	0.133±0.029	1.75±0.08	1.56±0.02	2.22±0.02	8.95±0.84
	LW	0.150±0.003	1.44±0.04	1.75±0.03	2.44±0.02	8.08±1.22
胡桃楸	对照	0.050±0.001	2.94±0.04	0.84±0.01	1.19±0.03	31.15±5.34
	MW	0.055±0.007	2.45±0.08	0.85±0.02	1.26±0.01	22.83±3.79
	LW	0.070±0.003	2.37±0.06	0.99±0.02	1.41±0.04	21.67±4.17
椴树	对照	0.108±0.038	2.60±0.06	0.71±0.02	1.11±0.01	29.04±5.39
	MW	0.125±0.041	2.55±0.04	0.73±0.03	1.13±0.02	23.78±3.77
	LW	0.131±0.035	2.50±0.04	0.79±0.02	1.19±0.03	21.03±2.37
蒙古柞	对照	0.097±0.007	3.38±0.08	0.79±0.01	1.10±0.02	19.21±3.70
	MW	0.107±0.012	2.11±0.05	0.56±0.02	1.25±0.03	27.64±5.79
	LW	0.112±0.013	1.29±0.03	0.93±0.03	1.70±0.03	30.64±5.25

注：红松针叶为一束，数值为针叶长。

（二）不同土壤水分对树种叶片水分状况

5 种树种经过模拟干旱处理后，对照组的树木叶片相对含水量较处理组高，随着干旱胁迫的加剧，叶片水势和自然饱和亏缺都随干旱胁迫的诱导而下降，但也存在不同树种对干旱胁迫的反应不同，叶片相对含水量变化最为显著的是蒙古柞，其次为胡桃楸、红松、水曲柳、椴树等。叶片含水量最高的树种是水曲柳，阔叶树含水量最低的是蒙古柞，同样叶片水势值也最低，表现出最强的抗旱特性，这与蒙古柞天然分布生态环境条件相一致。

树木的相对含水量与土壤含水量变化是一致的，在土壤含水量最高时，随土壤含水量下降，5 种树种的含水量明显地降低，但随土壤含水量进一步地降低，树木含水量变化很小，基本保持稳定，而树木叶片水势继续下降，这是由于树木在轻度水分亏缺条件下，树木可以通过调节水分在树木内的流动，来减小土壤水分降低对树木需水的影响，保持细胞的渗透调节能力，对气孔开放和光合作用具有重要意义。只有当土壤含水量降至一定程度，树木体内水分无法通过水流阻力的调节来满足蒸腾要求时，树木叶片水势才下降（李玫等，2000；Chazdon et al.，1992；McCree et al.，1989）。

树木体内的自由水和束缚水及其比值与树木的生长和耐旱性密切相关，自由水多，树木代谢活动强，生长速度快，但耐旱性弱，束缚水多时，树木生长情况相反（山仑等，1999；卢从明等，1994；Sojka et al.，1984）。由表 3.24 可见，5 个供试树种经过模拟干旱试验处理后，自由水含量明显低于对照组树木，并随土壤含水量的降低而降低，树木体内的束缚水含量变化没有一定规律，但自由水与束缚水的比值趋于对照组高于处理组，其中按自由水、束缚水比值变化明显的树种排序应分别为水曲柳、胡桃楸、红松、椴树。这与长白山阔叶红松林树种耐旱性研究结果相一致（王淼等，1998）。蒙古柞则例外，在中度水分亏缺时，蒙古柞自由水、束缚水比值略高于对照组的幼树，反映出蒙古柞对轻度土壤水分亏缺更具适应性。

表 3.24　不同土壤水分状况对树种叶片水分的影响（$n=7$）

树种	水分处理	相对含水量/%	水势/MPa	自然饱和亏缺/%	自由水/%	束缚水/%	自由水/束缚水
红松	对照	63.83±2.11	−19.7±0.1	36.17±2.22	28.90	34.93	0.83
	MW	59.80±2.13	−20.0±0.1	40.20±2.31	25.76	34.04	0.77
	LW	58.14±1.23	−20.3±0.2	41.86±1.45	25.22	32.92	0.77
水曲柳	对照	78.46±2.34	−20.0±0.1	21.54±2.21	32.36	46.10	0.70
	MW	75.38±1.76	−20.5±0.1	24.62±1.43	28.16	47.22	0.60
	LW	69.64±1.87	−20.9±0.2	30.36±2.00	25.34	44.30	0.57
胡桃楸	对照	74.53±2.76	−19.8±0.1	25.47±1.76	31.44	43.09	0.73
	MW	68.65±1.21	−20.7±0.1	31.35±1.11	27.80	39.85	0.70
	LW	67.35±0.89	−20.8±0.1	32.65±1.23	25.49	41.86	0.61
椴树	对照	68.98±1.53	−19.9±0.2	31.02±1.76	33.46	35.52	0.94
	MW	65.35±1.45	−20.2±0.1	34.65±1.23	31.75	33.60	0.94
	LW	63.87±0.32	−20.6±0.1	36.13±1.01	30.13	33.74	0.89
蒙古柞	对照	71.09±1.76	−20.1±0.1	28.91±1.87	35.16	35.93	0.98
	MW	64.40±2.54	−20.5±0.1	35.60±2.11	32.28	32.12	1.00
	LW	54.40±1.32	−20.7±0.1	45.6±1.66	26.51	28.00	0.95

（三）不同土壤水分对树种叶片叶绿素含量的影响

叶绿素是树木光合作用中重要的光能吸收色素，树木的光合作用与叶绿素含量有密切的关系。由图 3.80 可见，5 个供试树种经过不同水平的土壤含水量处理后，树种叶片叶绿素含量变化存在很大差异，5 种树种的叶绿素总量均随土壤含水量的降低而减少，其中蒙古柞的叶绿素总量下降最快，其次是椴树、水曲柳、胡桃楸，红松树种基本保持稳定。叶绿素 a/b 的变化较为复杂，红松树种的叶绿素 a/b 值随土壤含水量的下降而下降，椴树、蒙古柞情况正相反，而水曲柳、胡桃楸的变化不明显。反映出不同树种适应干旱能力的差异，其中，值得注意的是椴树树种叶绿素 a 和叶绿素 a/b 值高于对照组，表明椴树幼树对土壤干旱具有一定的适应能力。

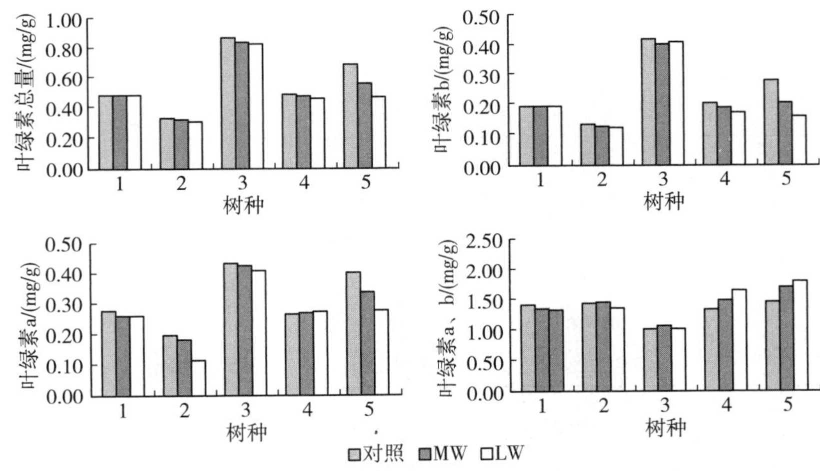

图 3.80　不同土壤水分对树种叶片叶绿素含量的影响

1. 红松　2. 水曲柳　3. 胡桃楸　4. 椴树　5. 蒙古柞

（四）不同土壤水分对树种叶片光合作用的影响

1. 不同土壤水分对树种叶片净光合数率的影响

对 5 个供试幼树不同土壤水分处理的叶片净光合作用的测定结果显示，不同树种对土壤水分变化反映不同，除水曲柳树种外，红松、胡桃楸、椴树、蒙古柞 4 个树种净光合速率随土壤水分含量变化成正比，但不同树种之间存在很大差异（表 3.25），在供水正常的条件下，对照组的树净光合速率变化于 1.096～5.181μmol/（m^2·s）之间，按叶片净光合速率强弱顺序排列为胡桃楸＞红松＞蒙古柞＞水曲柳＞椴树。在土壤水分中度亏缺条件下生长的 5 个树种的净光合速率变化于 0.216～3.315μmol/（m^2·s）之间，光合速率最强的是水曲柳，最弱的是蒙古柞，与对照组相比平均降低 49.94%。在土壤水分重度亏缺条件下，生长的5个树种光合速率均表现出明显下降，变化于0.229～1.4345μmol/(m²·s)之间，平均降低72.79%。

表3.25　不同土壤水分对树种叶片蒸腾强度、净光合速率和水分利用率的影响

树种	干旱处理	净光合速率/[μmol/(m²·s)]	平均蒸腾速率/[mmol/(m²·s)]	水分利用率/[μmol/mmol²]	相对/%
红松	对照	2.077±0.607	1.336±0.024	1.554±0.342	100.00
	MW	1.243±0.402	0.996±0.236	1.247±0.327	80.24
	LW	0.229±0.156	1.635±0.092	0.141±0.097	9.07
水曲柳	对照	1.551±0.405	1.492±0.086	1.039±0.365	100.00
	MW	3.315±1.146	2.592±0.308	1.279±0.956	123.10
	LW	1.434±0.426	1.176±0.091	1.219±0.315	117.32
胡桃楸	对照	5.181±0.458	2.175±0.240	2.382±0.376	100.00
	MW	0.637±0.004	0.682±0.069	0.934±0.03	39.21
	LW	0.353±0.104	0.299±0.006	1.177±0.121	49.41
椴树	对照	1.096±0.139	0.924±0.018	1.186±0.143	100.00
	MW	0.514±0.340	0.265±0.001	1.939±0.265	163.49
	LW	0.885±0.167	1.036±0.009	0.854±0.099	44.04
蒙古柞	对照	1.931±0.651	1.865±0.030	1.035±0.453	100.00
	MW	0.216±0.080	0.478±0.058	0.452±0.002	43.67
	LW	0.323±0.345	1.031±0.457	0.313±0.310	30.24

2. 不同土壤水分对树种叶片水分利用率的影响

以平均净光合速率除以平均蒸腾速率表示水分利用效率（表3.25）。5种供试树种在模拟干旱条件下生长与对照水分条件下生长的幼树相比，叶片蒸腾速率对不同土壤水分条件反映不同。红松、椴树、蒙古柞3树种均表现出一致的变化规律，即在土壤水分中度亏缺条件下，树木叶片蒸腾速率较对照组明显降低，分别降低25.45%，71.32%和74.37%，但在土壤水分重度亏缺时树木叶片蒸腾速率反而明显高于对照组。水曲柳和胡桃楸则不同，水曲柳幼树在土壤水分中度亏缺条件下蒸腾速率明显提高，在重度条件下比对照略有下降，胡桃楸幼树叶片蒸腾速率与土壤水分变化呈正相关。

进一步分析供试树种不同土壤水分条件下的光合速率，发现不同树种不同水分条件下光合速率间具有明显差异。红松、胡桃楸、蒙古柞树种在土壤重度水分亏缺下生长叶片光合速率很低，光合作用受到抑制，苗木光合作用只能维持生命，生长困难，在土壤中度水分亏缺条件下，除水曲柳叶片光合速率提高外，其他树种均有不同程度的降低，按降低顺序排列胡桃楸>蒙古柞>椴树>红松，不同树种幼树水分利用率与其对照组相比较，没有表现出一定的变化规律，这主要

是由于不同树种对不同土壤水分条件反映不同，另外，苗木的光合速率与蒸腾速率在干旱条件下也显示出二者无关（王淼等，1998；McCree et al.，1989），说明树木光合作用对水分的响应不完全与蒸腾作用变化一致，也就是说，树木光合作用既受气孔因素的影响，也受非气孔因素的制约（李吉跃等，1999；李玫等，2000；张宪政等，1980；戴新宾等，2000；Chazdon et al.，1992）。

第五节 植被冠层尺度生理生态模型研究

在绿色植物的生命活动过程中，以生理过程为主的光合作用、呼吸作用，以及以物理过程为主的蒸腾作用是维持整个生态系统进行正常的物质循环与能量流动的重要过程。正是由于这些过程的发生与不断进行才使得生命系统循环往复地进行着新陈代谢并蓬勃的发展（Singsaas et al.，2000；Geiger et al.，1994）。

近几十年来，科学家开始利用数学建模与计算机模拟的方法在不同尺度上对植物的生理生态过程进行描述。首先是对植物单叶尺度上单个过程进行的模拟。Jarvis（1976）在1976年提出了一个阶乘型的气孔导度经验模型，之后Ball等（1987）又提出了气孔导度的半经验模型对Jarvis的模型进行了修正，此后Leuning（1990）等人又对Ball的模型进行了不断的改进（Aphalo et al.，1991；Dewar，1995；Leuning，1995；Mott et al.，1991；Sheriff et al.，1984）。然后，Farquhar等（1980）在20世纪80年代提出了光合作用生化模型，此后的几十年中，科学家又不断地对这个模型进行改进（Collatz et al.，1991；Leuning，1995）。随着对单叶尺度上的单个生理物理过程模拟研究的成熟，科学家发现气孔导度模型、光合作用模型、蒸腾作用模型之间的相互关系是不可分割的，因此便将这些模型进行耦合来模拟叶片水平的生理生态过程（于强等，1998；Leuning，1990；Yu et al.，1998）。这无疑加强了对植物生命活动的完整理解与描述，至此对叶片水平基本过程的研究日渐成熟。之后各国学者开始用尺度扩展（scaling up）的方法对植被冠层的生理生态过程进行模拟研究，从而探究环境因子与植被冠层各个过程之间的相互关系，为更大尺度的生态系统生产力模拟、陆地生态系统过程与气候相互作用模拟以及对生态环境变化的预测提供有效的方法和途径（于强等，1999）。

以往的文献已经对植被的单叶尺度生理生态过程的模拟进行了较全面的介绍（于强等，1998；Leuning，1990；Yu et al.，1998），也有一些文章对植被光合生产力和冠层蒸散的模拟研究进展（于强等，1999；Ryan，1991）、陆地生态系统净第一性生产力过程模型的发展进行过介绍（冯险峰等，2004）。

一、植被冠层尺度的生理生态学模型

植被冠层的生理过程主要包括光合作用、呼吸作用；物理过程主要包括能量

传输、辐射传输、蒸腾作用等。通过尺度扩展的方法可以将叶片尺度上的生理生态模型扩展到冠层尺度上去（Yu et al.，1998）。

（一）大叶模型

Amthor（1994）提出了一个完整的大叶模型。该模型是将冠层看作为一个拓展的叶片，并将单叶上的各种生理生态学过程拓展到整个冠层。基于这样的假设，单叶尺度上的模型可以直接应用到冠层水平。大叶模型将基于物理过程的物质传输模型与基于生物化学过程的光合作用模型相结合，并寻求到了模型简化与机理完整性之间的平衡，从而定量地模拟了植被冠层与大气之间的物质与能量的交换过程，同时可以预计植被边界层环境因子的变化对冠层尺度各个过程的影响（Amothor，1994）。

大叶模型包括呼吸作用、光合作用与光呼吸、传输导度、能量平衡以及 CO_2 通量 5 部分。

1. 呼吸作用

在这个模型中呼吸释放的 CO_2 [R_d，mol/（m^2 • s）] 包括 3 部分：维持呼吸 [R_m，mol/（m^2 • s）]、置换呼吸 [R_t，mol/（m^2 • s）]、生长呼吸 [R_g，mol/（m^2 • s）]。R_m 是植被冠层叶片氮元素的含量（N_{leaf}，mol/m^2）及几个环境因子的函数（Amothor，1994；Ryan，1991）：

$$R_m = r_c r_l r_t m_r N_{leaf} \tag{3-44}$$

式中，r_c 是 CO_2 对 R_d 的影响系数，r_l 是入射的光合有效光量子通量密度 [mol/（m^2 • s）] 对 R_d 的影响系数，r_t 是 R_m 对温度的响应系数，m_r 是在冠层的参考温度下（T_{acclim},℃）的维持呼吸系数 [mol/（mol • s）]，N_{leaf}是在单位面积上所有叶子氮含量的总和。

R_t 是韧皮部运移物质速率 [L_{leaf}，mol/（m^2 • s）] 的函数：

$$R_t = l_r L_{leaf} \tag{3-45}$$

式中，l_r 是韧皮部进行物质运移所消耗的呼吸量（mol/（mol），L_{leaf}是模型的输入量。

生长呼吸 R_g 作为输入量，直接输入模型中。

2. 光合作用与光呼吸

在这个模型中，叶绿体中二磷酸核酮糖（RuP_2）的光合羧化作用速率 P_S [mol/（m^2 • s）] 与线粒体中氨基乙酸光呼吸脱羧作用速率受到二磷酸核酮糖羧化氧化酶（Rubisco）羧化作用 A_c [mol/（m^2 • s）]、光合电子传递速率 A_j [mol/（m^2 • s）]、磷酸丙糖的利用 A_t [mol/（m^2 • s）] 等因素的限制（Collatz et al.，1991；Farquhar et al.，1980；Farquhar，1989；Sage，1990；Sharkey，1985）。净光合作用速率 A_n [mol/（m^2 • s）] 为：

$$A_n = \min\{A_c，A_j，A_t\}(1-\Gamma^*/c_i)-R_d \tag{3-46}$$

式中，min $\{A_c, A_j, A_t\}$ 即为 P_s，为 P_s 取 A_c、A_j、A_t 中的最小值，Γ^* 是 $R_d=0$时的 CO_2 补偿点（P_a），c_i 是叶绿体基质中平衡的 CO_2 分压力（P_a）。那么 $P_s\Gamma^*/c_i$ 就是光呼吸作用中 CO_2 的释放速率。R_d 为日呼吸量。

其中 Rubisco 羧化作用速率 A_c 为：

$$A_c=V_{cmax}(c_i-\Gamma^*)/[c_i+K_c(1+O_i/K_o)] \quad (3-47)$$

式中，V_{cmax} 为 CO_2 以及 RuP_2 达到饱和水平时 Rubisco 的最大羧化反应速率，K_c、K_o 为 CO_2 和 O_2 的 Michaelis-Menten 系数，O_i 为细胞间隙的 O_2 分压力（P_a）。

受电子传递限制的光合作用速率 A_j 为：

$$A_j=J(c_i-\Gamma^*)/4(c_i+2\Gamma^*) \quad (3-48)$$

$$\theta J^2-(\alpha Q+J_{max})J+\alpha QJ_{max}=0 \quad (3-49)$$

式中，J 为在一定光强照射下的电子传递速率［mol/（m^2 · s)］，α 为初始量子效率，Q 为光量子通量密度［mol/（m · s)］，J_{max} 为潜在的最大电子传递速率［mol/（m^2 · s)］，θ 为非直角双曲线凸度。

受磷酸丙糖利用限制的光合作用速率 A_t 为：

$$A_t=3T/(1-\Gamma^*/c_i) \quad (3-50)$$

式中，T 是对磷酸丙糖利用的能力［mol/（m^2 · s)］，这个方程中 $c_i>\Gamma^*$，否则方程无意义。

3. 传输导度

大叶模型中的传输导度分为大气导度、叶片边界层导度、冠层导度 3 个部分。

这里大气对 H_2O 的导度 g_{aw}［mol/（m^2 · s)］可以表达为：

$$g_{aw}=P_{gaH}/[R(273.15+T_a)] \quad (3-51)$$

式中，P 是大气压力（P_a），g_{aH}是参考高度以下大气对热的导度（m/s），R 为气体常数［8.314m^3/（mol · k)］，T_a 是空气温度（℃）。

叶片边界层导度 g_{bw}［mol/（m^2 · s)］：

$$g_{bw}=(1+S_r)^2PD_{wv}/[\delta(1+S_r^2)R(273.15+T_a)] \quad (3-52)$$

式中，S_r 为叶片两面气孔对水汽导度的比值（Welles，1986），D_{wv}是水汽在空气当中的扩散率。δ 为叶片边界层的厚度（m）。

冠层导度 g_{sw}［mol/（m^2 · s)］：

$$g_{sw}=g_{s,root}(g_{s,min}LAI+k_{stoma}P_s\Omega_g/C_i) \quad (3-53)$$

式中，$g_{s,root}$是土壤含水量对 g_{sw}影响的经验因子［mol/（m^2 · s)］，$g_{s,min}$是单个叶片上的最小气孔导度［mol/（m^2 · s))］，LAI 是叶面积指数（m^2/m^2），k_{stoma}是经验参数，P_s 是总光合速率，Ω_g 是叶片水势对 g_s 的影响，C_i 是叶片细胞间隙的 CO_2 分压力（P_a）（Lee et al.，1992；Mott，1988；Tardien et al.，1993）。

从气孔到冠层内大气对水汽的总导度 g_w [mol/ (m^2 • s)] 为：

$$g_w=1/\ [1/\ (g_c LAI+g_{sw})\ +1/\ g_{bw}] \quad (3-54)$$

式中，g_c 为单个叶片表面的导度 [mol/ (m^2 • s)]，该值为模型的输入量。以上各个过程描述了水汽从气孔到冠层内大气的整个传输过程。

4. 能量平衡

由于冠层导度与叶面温度都与能量平衡有着密切的关系，因此能量平衡对于整个模型来说是十分重要的。能量平衡方程中冠层吸收的净辐射用于冠层的显热和潜热的交换。冠层的能量平衡方程为：

$$S_a+L_a-L_e=H+\lambda E \quad (3-55)$$

式中，S_a 为冠层吸收的总短波辐射（W/m^2），L_a 为冠层吸收的来自天空与土壤的长波辐射（W/m^2），L_e 为冠层向外释放的长波辐射（W/m^2），H 为显热交换（W/m^2），λE 为潜热交换（W/m^2）。

5. CO_2 通量

稳态的冠层 CO_2 浓度可以用下面的表达式来描述：

$$R_{soil}+R_{stem}-A_n+\ g_{ac}\ [C_a\ (Z)\ -C_a\ (c)]\ /\ P=0 \quad (3-56)$$

式中，R_{soil} 为土壤呼吸释放的 CO_2 量 [mol/ (m^2 • s)]，R_{stem} 为树干呼吸速率 [mol/ (m^2 • s)]，包括树干的维持呼吸、生长呼吸与置换呼吸，这两个量在大叶模型当中作为输入量，A_n 为净光合速率 [mol/ (m^2 • s)]，g_{ac} 为大气对 CO_2 的导度 [mol/ (m^2 • s)]，C_a (Z) 为在参考高度处的 CO_2 分压力（P_a），C_a (c) 为在冠层空气中的 CO_2 分压力（P_a），P 为大气压力（P_a）。

可以看出，g_{ac} [C_a (Z) $-C_a$ (c)] /P_{atm} 表示冠层向大气释放的 CO_2 量，它等于冠层的净光合速率减去土壤与树干向冠层大气中释放的 CO_2 量。

综上所述，大叶模型将环境因子作为模型的输入变量较为成功的模拟了植被冠层的光合作用、呼吸作用、蒸腾作用等过程。但是由于大叶模型是将冠层作为叶片的拓展，并且没有对冠层进行受光照叶片与被遮荫叶片的区分，而在冠层中受光照叶片与被遮荫叶片的表面及周围的环境因子是不同的，因此大叶模型这样的平均考虑会造成对冠层光合作用速率的高估（于强等，1999）。此外，大叶模型采用了经验性很强的参数化方案，生理因子往往是几个控制因子的连乘函数，这样会导致模拟与实际情况产生偏差（于强等，1999）。另外，模型中处理植物光合作用时附加了叶内控制（Monteith et al.，1990），当模型将 Farquhar 方程扩展至冠层时会发现，用冠层导度来代替气孔导度后，由于叶内控制，引起了光合作用对气孔导度的非线性反应（Chen et al.，1999），这样便导致了模拟结果和实际情况有较大的差异（冯险峰等，2003）。

（二）多层模型

植被的物质与能量传输必须通过冠层，而植被冠层内的环境是具有垂直结构的，不同垂直高度上植物的生理生态学特性有所不同，因此在冠层模拟中层次的意义显得特别重要。Leuning 等（1995）提出的多层模型所关注的正是植被与环境的垂直结构。该模型当中，植被冠层中的叶片与空气被划分为水平的若干层次（Baldocchi，1993；Caldwell et al.，1986；Norman，1978），通过逐层计算通量，最后累加成冠层水平的量；此外，Leuning 还提出了冠层光合作用的时空积分模型，并且在光合作用模型当中将冠层中受光照的叶片和被遮荫的叶片分开考虑，因为它们所接受的太阳辐射是不同的，而且能量平衡和光合作用中的某些特征参数在不同光照条件下的叶片上表现也是不同的；在这个多层模型当中还使用了耦合的光合作用—气孔导度模型；并引入了冠层氮含量以及光合能力的指数衰减廓线；还使用了简便而有效的冠层 5 点 Gaussion 积分方法来计算冠层通量（Leuning et al.，1995）。

Leuning 提出的多层模型包括 5 部分：冠层的辐射吸收、耦合的光合作用—气孔导度模型、叶片的能量平衡、生理参数的空间分布以及用冠层 5 点 Gaussion 积分方法来计算冠层通量。

1. 冠层的辐射吸收

由于光合作用对光的响应是非线性的，所以被遮荫与受光照的叶片所吸收的辐射必须分开计算，从而避免对冠层同化作用的过高估计（Spitters，1986），同时它们所吸收的太阳辐射也是不同的，受光照的叶片既吸收太阳光的直接辐射也吸收漫射辐射，而被遮荫的叶片只吸收漫射辐射，而且不同特性的辐射在冠层内的衰减规律是不同的，这与入射辐射的角度以及叶片的角度有关（Ross，1981）。

冠层中某一层被遮荫叶片吸收的光合有效辐射 Q_{sh} 可以表示为（Spitters，1986）：

$$Q_{sh}(\xi) = Q_{ld}'(\xi) + Q_{lbs}(\xi) \tag{3-57}$$

式中，ξ 为由冠层顶部向下累积的叶面积指数（m^2/m^2），Q_{ld}' 为被遮荫叶片吸收的漫射辐射［$mol/(m^2 \cdot s)$］，Q_{lbs} 为被遮荫叶片吸收的散射辐射［$mol/(m^2 \cdot s)$］。

冠层中某一层受光照的叶片吸收的辐射 Q_{sl} 可以表示为：

$$Q_{sl}(\xi) = k_b Q_{b0}(1-\sigma_1) + Q_{sh}(\xi) \tag{3-58}$$

式中，Q_{b0} 为入射的直接辐射［$mol/(m^2 \cdot s)$］，k_b 为将冠层视为理想黑体时的消光系数（m^2/m^2），σ_1 为散射系数。

2. 耦合的光合作用—气孔导度模型

对于叶片吸收 CO_2 的完整描述需要 CO_2 生物化学反应的光合作用子模型、CO_2 从外界大气向细胞间隙扩散的子模型以及气孔对生理和环境因子响应的子模型。这些耦合模型的模拟结果产生了模型当中所需的 3 个量，即气孔对 CO_2 的导度 g_{sc}［$mol/(m^2 \cdot s)$］、细胞间隙 CO_2 浓度 c_i（mol/mol）以及净同化作用

速率 An [mol/ (m^2 · s)] (Leuning, 1990; Leuning, 1995; Tenhunen et al., 1990)。CO_2 生物化学反应的光合作用模型可以写为 (Collatz et al., 1991):

$$A_n = \min\{A_c, A_j\} - R_d \quad (3-59)$$

式中, $\min\{A_c, A_j\}$ 表示取 A_c、A_j 两者之间的最小值, A_c、A_j 都是细胞间隙 CO_2 浓度 c_i 和叶温的函数, 其含义与大叶模型当中的相同, 其求解公式分别与式 (4)、式 (5) 相同, 但是输入模型的光合有效辐射 Q 随着受光照叶片和被遮荫叶片接受的太阳光照的不同而不同, 应当分别计算冠层中某一层受光照叶片与被遮荫叶片的净光合作用速率。R_d 为呼吸速率 [mol/ (m^2 · s)]。

CO_2 从气孔到叶片边界层的扩散如下表示:

$$A_n = g_{sc}(c_s - c_i) = g_{bc}(c_a - c_s) \quad (3-60)$$

式中, g_{sc} 为气孔对 CO_2 的导度 [mol/ (m^2 · s)], g_{bc} 为叶面边界层对 CO_2 的导度 [mol/ (m^2 · s)], c_a 为自由大气中的 CO_2 浓度 (mol/mol), c_s 为叶表面的 CO_2 浓度 (mol/mol)。

气孔导度模型是采用 Leuning (1995) 修订的 Ball 的半经验模型, 这个模型将气孔导度与同化作用速率、叶面饱和水汽压差、叶面 CO_2 浓度相联系。公式表达如下:

$$g_{sc} = g_{c0} + a_1 A_n / [(c_s - \Gamma^*)(1 + D_s / D_{s0})] \quad (3-61)$$

式中, g_{c0} 为在光补偿点的气孔导度 [mol/ (m^2 · s)], Γ^* 为 CO_2 补偿点, D_s 为叶表面的饱和水汽压差 (P_a), D_{s0} 为反映气孔对 D_s 反应灵敏性的经验系数 (P_a), 在光饱和点, 参数 a_1 与细胞间隙 CO_2 浓度有关, $1/a_1 = 1 - c_i/c_s$。

3. 生理参数的空间分布

生理参数的空间分布是构建多层模型的关键所在。耦合的光合作用—气孔导度模型的一个显著的优点就在于: 光合能力的垂直变化体现了气孔导度垂直变化的特点。此外, 叶片内 N 元素含量的大部分是光合作用有关的酶的组成成分 (Stocking et al., 1962), 并且叶片的 N 元素含量与光合作用速率是线性的关系 (Farquhar1989; Harley; 1992; Leuning et al., 1991)。冠层内不同位置上的叶片其氮元素的含量是不同的, 通常从冠层的顶部到底部呈负指数下降, 这样光合能力也随之下降:

$$V_{cmax}(\xi) = V_{cmax}(0)\exp(-k_N \xi) \quad (3-62)$$

式中, $V_{cmax}(\xi)$ 为冠层内某一层的最大 Rubisco 羧化反应速率; $V_{cmax}(0)$ 为冠层顶部 V_{cmax} 的值; $V_{cmax}(0) = a_N(c_{No} - c_{Nt})$, 这里 a_N 为系数, c_{No} 为冠层顶部叶片 N 含量 (mol/m^2), c_{Nt} 为冠层中叶片 N 含量的极值 (mol/m^2), k_n 为冠层内叶片氮的分配系数 (m^2/m^2)。由此可以看出, 冠层中不同部位的叶片光合作用中, 最大 Rubisco 羧化反应速率随着 N 含量的下降成指数下降。

4. 叶片能量平衡

上面叙述的辐射吸收模型、光合作用—气孔导度模型必须与能量平衡模型结合，因为能量平衡决定着热的吸收与叶面温度，而温度又决定着大多数生物化学反应的速率。叶片的能量平衡方程为：

$$R_n^* = \lambda E + H/Y \tag{3-63}$$

$$Y = 1/(1 + g_{rN}/g_{bH}) \tag{3-64}$$

$$R_n^* = S_a + (L_a - L_e)\ k_d \exp(-k_d \xi) \tag{3-65}$$

式中，R_n^* 为叶片吸收的净等温辐射（W/m^2），E 为蒸腾速率［$kg/(m^2 \cdot s)$］，λ 为水汽蒸发潜热（J/kg），H 为叶片与周围环境的显热交换（W/m^2），g_{rN} 为辐射导度（m/s），g_{bH} 为边界层对热的导度（m/s）。S_a 为冠层中某一层吸收的太阳辐射（W/m^2），它随受光照叶片和被遮荫叶片接受不同的太阳辐射，L_a 为冠层接受的长波辐射（W/m^2），L_e 为冠层向外释放的长波辐射，k_d 为将冠层视为理想黑体时对散射辐射的消光系数。由此可以看出，冠层不同部位的能量平衡方程是不同的，随着冠层叶面积指数的变化而变化。

5. 空间与时间的积分

Gaussian 积分提供了一个准确而又快捷的方法来计算冠层瞬时和日间的光合作用量（Goudriaan，1986；Spitters，1986）。在多层模型中采用 Gaussian5 点积分的方法，使用标准化的 Gaussian 距离 $G_x(n)$ ＝0.046 91、0.230 75、0.500 0、0.769 25、0.953 09，其相应的权重 $G_w(n)$ ＝0.118 46、0.239 31、0.284 44、0.239 31、0.118 46。Gaussian 距离在白天被用于选择时间［$t = t_{dl} G_x(n) + t_{sunrise}$，$t_{sunrise}$ 是日出的时间，t_{dl} 是昼长，单位为 h］，并在这个时间点上估算冠层通量。为了得到在这些时间里的总的冠层同化作用量，要估算冠层 $\xi = \Lambda G_w(n)$ 处的辐射吸收，这里的 Λ 是总的叶面积指数 $\Lambda = \int d\xi$（m^2/m^2）。并且在冠层的 ξ 处分别求得受光照叶片和被遮荫叶片的通量、导度、浓度。在时间 t 处的冠层同化作用可以通过下式来计算：

$$A_c(t) = \Lambda \sum_{n=1}^{s} [A_{sl} f_{sl} + A_{sh} f_{sh}] G_w n \tag{3-66}$$

式中，A_{sl}［$mol/m^2 \cdot d$］、f_{sl} 分别为冠层某一层中受光照叶片上的光合作用与这一层中能够接受到太阳直射辐射的部分，A_{sh}［$mol/(m^2 \cdot d)$］、f_{sh} 则分别为这一层中遮荫叶片上的光合作用和不能接受太阳直接照射的部分。（$A_{sl} f_{sl} + A_{sh} f_{sh}$）为冠层某一层的净光合作用速率，$A_c(t)$ 为整个冠层在某一时刻的净光合作用速率。

多层模型将环境因子作为模型的输入变量，成功模拟了植被冠层导度、CO_2 通量、净辐射、显热以及潜热交换的日变化，并且研究了冠层内叶片氮含量分布的变化对光合作用和气孔导度的影响，同时用灵敏性分析检验模型当中相对重要的参数，从而真实地反映出植被冠层的生理生态学过程。但是多层模型也存在着不足之处，首先，该模型使用梯度扩散的方法来近似计算物质的传输与廓线，这并不适用于冠层内部及其上方，问题在于它不能解释物质逆梯度传输的现象

(Amothor，1994)，曾经有人用 Lagrangian 的方法试图解决这个问题（Raupach，1989）。其次，在模型检验方面，用实测资料检验多层模型在理论上是可行的，但在实际操作上较困难，虽然能够得到整个冠层或是群落水平上的通量数据，但要得到每一层的数据是非常困难的（Amothor，1994）。同时，当模拟值与测量值比较时，不能忽视层与层之间的误差。但是，该模型机理明确，在研究冠层生理生态学过程中有明显的进步（冯险峰等，2004）。

（三）二叶模型

二叶模型是在多层模型的基础上由 Wang 等（1998）发展起来的，它将冠层分为受光照的叶片与被遮荫的叶片两大部分。二叶模型对多层模型进行了如下改进：①允许叶角的分布可以为非球形的；②对土壤、植被和大气之间的太阳辐射与热辐射交换理论进行了改进；③修正了 Leuning 的气孔导度模型，从而解释了土壤含水量的差异对气孔导度与光合作用的影响（Wang et al.，1998）。这些改进使得二叶模型可以应用到更为广泛的植被类型区域和气候区域，而且使其在计算机中的模拟速度比多层模型快了 10 倍，这些改进也使得二叶模型更适合嵌套入 SCAM（soil canopy atmosphere model）以及区域和全球气候模型中（Raupach et al.，1997）。

二叶模型包括辐射子模型耦合的气孔导度—光合作用—蒸腾作用子模型以及被冠层吸收的用于显热与潜热交换的净辐射模型（Leuning et al.，1995）。同时该模型还提出了以下假设：①冠层是水平均质的，这样所有结构、物理及生理参数仅在垂直方向上变化；②叶片的日间呼吸量 R_d 与最大羧化作用速率 V_{cmax} 成比例（Collatz et al.，1991）；③在冠层内，最大羧化作用速率 V_{cmax}、最大潜在电子传递速率 J_{max} 以及在光饱和点的气孔导度 g_{c0} 都随叶片氮元素含量的减少而成比例下降。

1. 耦合的气孔导度—光合作用—蒸腾作用子模型

对受光照叶片与被遮荫叶片的耦合的气孔导度—光合作用—蒸腾作用子模型进行区分，下角标 $i=1$ 表示受光照叶片部分，$i=2$ 表示被遮荫叶片部分（下同）。

能量平衡：

$$R_{n,i}^{*}=\lambda E_{c,i}+H_{c,I} \qquad (3-67)$$

式中，$R_{n,i}^{*}$ 为净的可利用的能量（W/m^2），被分别用于显热交换 $H_{c,i}$（W/m^2），潜热交换 $\lambda E_{c,i}$（W/m^2），λ 为水的蒸发潜热（J/mol）。

光合作用一气体扩散方程：

$$A_{n,i}=b_{x}g_{s,i}\ (c_{s,i}-c_i)\ =g_{c,i}\ (c_a-c_i) \qquad (3-68)$$

式中，$A_{n,i}$ 为净光合作用速率［μmol/（m^2·s）］，b_x 为从气孔扩散的 CO_2 与水汽的比率，$g_{s,i}$ 为气孔对于水蒸汽的气孔导度［mol/（m^2·s）］，$g_{c,i}$ 为从细

胞间隙到冠层上方参考高度处对 CO_2 的总导度（mol/m·s），$c_{s,i}$ 为叶表面的 CO_2 浓度（μmol/mol），c_a 为大气中 CO_2 浓度（μmol/mol），c_i 为细胞间隙的 CO_2 浓度（μmol/mol）。

气孔对 CO_2 的导度模型：

$$g_{x,i}=g_{0,i}+a_1 f_w A_{n,i}/[(c_{s,i}-\Gamma^*)(1+D_{s,i}/D_0)] \quad (3-69)$$

式中，$g_{x,i}$ 为气孔对 CO_2 的导度 [mol/(m²·s)]，$g_{0,i}$ 为在光补偿点的气孔导度 [mol/(m²·s)]，在光饱和点参数 a_1 与细胞间隙 CO_2 浓度有关，$1/a_1=1-c_i/c_s$。参数 f_w 为可被植物利用的土壤水，$A_{n,i}$ 为净光合作用速率，$c_{s,i}$ 为叶表面的 CO_2 浓度，Γ^* 为 CO_2 的补偿点（μmol/mol），$D_{s,i}$ 为叶表面的饱和水汽压差（P_a），D_0 为经验系数（P_a）。这个模型的主要改进就是引入了 f_w，这一点可以显示出土壤含水量的变化对气孔导度的影响（Gollan et al.，1986）。土壤水对于气孔导度的影响 f_w 可以用一个经验函数来模拟：

$$f_w=\min[1.0,\ 10(\theta_s-\theta_{min})/3(\theta_{max}-\theta_{min})] \quad (3-70)$$

式中，θ_s 为土壤上层 25cm 处的含水量（此土壤深度是对作物进行模拟时的参考深度），θ_{min} 为植物萎蔫时土壤上层 25cm 处的含水量，θ_{max} 为田间持水量。

光合作用的生物化学模型：

$$A_{n,i}=\min\{A_{c,i},\ A_{j,i}\}-R_{d,i} \quad (3-71)$$

式中，$A_{n,i}$ 为净光合作用速率，$\min\{A_{c,i},\ A_{j,i}\}$ 的含义及其求解与多层模型相同，并随着冠层不同部位的叶片接受不同辐射而不同，$R_{d,i}$ 为白天的呼吸速率 [μmol/(m²·s)]。

2. 辐射吸收

大叶 i 在波段 j（j=1，2，3 分别为 PAR、NIR 和热辐射）处吸收到的可利用能量 $R^*_{n,i}$（W/m²）可以通过下式计算：

$$R^*_{n,i}=\sum_{j=1}^{3}R_{i,j} \quad (3-72)$$

为了计算大叶 i 吸收的长波辐射（$R_{i,3}$），需要知道叶片温度，因为叶片温度是解决耦合模型的一个关键变量，而叶温与气温往往存在差异。利用等温净辐射（$R_{n,i}$）可以避免这个问题，$R_{n,i}$ 可以表示为（W/m²）：

$$R_{n,i}=R^*_{n,i}+c_p G_{r,i}\Delta T_i \quad (3-73)$$

式中，$c_p G_{r,i}\Delta T_i$ 解释了在非等温条件下的额外热交换。在非等温条件下，大叶释放到空气中的热辐射 $G_{r,i}$ 可以表示为 $G_{r,i}=4\varepsilon_f\sigma T_a^3/c_p$（Jones，1993），$\varepsilon_f$ 为叶片向外发射长波辐射的发射率，σ 为 Steffan-Boltzman 常数，T_a 为空气温度（K），c_p 为空气的定压比热 [J/(mol·k)]。当参考高度处的叶片温度与周围空气温度的差值 ΔT_i 相对较小时（<5℃），释放的热辐射与这个温度差成比例。这里的 $R^*_{n,i}$ 与多层模型相似，同样是随着冠层中不同部位所接受到的太阳辐射不同而不同，并随冠层中叶面积指数的变化而成指数衰减。

大叶吸收的 *PAR*、*NIR* 可以用 Goudriaan 等（1997；1994）改进的理论来计算。

二叶模型的改进使其可以在更广泛的土壤含水量及气象条件下较为准确的模拟植被冠层的净光合作用、显热通量以及潜热通量。但是在将二叶模型的模拟结果与多层模型的模拟结果进行比较时发现，二者的模拟结果存在一定的差异，这里的二叶模型高估了冠层每小时的光合作用、导度和潜热交换，而低估了显热交换，两种模型估计结果的差异不大于 5%，之后 Wang（1998）又对二叶模型的光合作用部分进行了改进，从而使得两种模型的模拟结果之间的差异不大于 3%，但计算耗时有所增加。

二、模型的比较

以上 3 个模型都是依据发生在植被冠层的物质交换、能量传输与生理调节这 3 个过程建立起来的，将环境因子作为输入变量，代入到耦合的气孔导度—光合作用—蒸腾作用模型中模拟植被冠层的光合作用、蒸腾作用等过程。然而 3 个模型又具有自己的特点。

大叶模型将整个冠层看作是一片拓展的大叶，并未对冠层的受光照叶片、被遮荫叶片进行区分，因此这样的平均考虑会过高估计冠层的光合速率。在冠层对水汽的导度求解方面，方程中增加了土壤含水量、叶片水势两个因子，这两个因子的添加体现了水分对气孔导度的影响，但由于这些因子是连乘的关系这会使水分对气孔导度影响的模拟与实际状况产生偏差（冯险峰等，2004）。

多层模型根据环境因子及生理因子在冠层内的垂直变化规律，将冠层划分为水平的若干个层次，将每层的受光照与被遮荫的叶片进行了区分，逐层对光合作用进行模拟，最后累加成为冠层水平，这样的改进使得模拟结果更接近实际状况，然而这样的改进会增加要求解的参数，使模拟过程变得复杂。

二叶模型对多层模型的辐射部分、能量平衡、以及气孔对 CO_2 的导度方程进行了进一步的改进，辐射部分根据冠层叶片几何分布的特点对太阳不同波段的辐射进行了更细致的划分，能量平衡公式当中考虑了叶温与气温的差异，在气孔对 CO_2 的导度公式中增加了土壤含水量的变化对气孔导度的影响，这样增强了模型的功能，使模型可以在更多环境条件下进行模拟。

三、模型的应用

由于植被冠层尺度的模型成功地模拟了植被与环境之间相互作用的机理与过程，所以该尺度的模型在各领域得到广泛应用。

在农业研究方面，植被冠层尺度的模型被嵌套入 SVAT（soil vegetation atmosphere transfer model）或 SPAC（soil-plant-atmosphere continuum model）系统中研究农田生态系统中水、热、CO_2 通量和光合作用的特征，分析作物与

环境之间的相互关系（罗毅等，2001；莫兴国等，2002）。同时，冠层尺度的模型也应用到作物生长模型中（Dayan et al.，1981；Rinaldi，2004），从而增进对作物生长与环境之间相互作用机理的认识，模拟不同环境条件下农作物的生长变化，为农作物栽培及有效的田间管理提供理论依据。

在林业研究方面，由于森林生态系统在地圈、生物圈的生物地球化学循环过程中起着重要的"缓冲器"和"阀"的功能（周广胜等，2003），因此，对森林生态系统与环境之间相互作用的研究具有重要意义。科学家利用这些模型模拟了森林与环境之间的物质与能量交换及森林的光合生产力，同时模拟了在大气 CO_2 浓度改变的条件下，森林生态系统与环境之间的物质与能量交换发生的变化（Amothor，1994；Leuning et al.，1995；Thorgeirsson et al.，1999；Wang et al.，1998）。如多层模型已被用于模拟环境因子中 CO_2 升高、温度改变对植被冠层生理生态过程的影响，并与叶片表面的水分平衡相耦合来模拟在有降水的天气条件下冠层与大气之间的 CO_2 与水汽交换（Kellomäki et al.，1997；Tanaka，2001；Wang，1996）。另外，冠层尺度模型还应用到 ECOPHYS（an ecophysiological growth process model）、GOTILWA（growth of trees is limited by water）等树木生长模型当中，来模拟树木的生长，同时也模拟了水分等环境因子变化时树木的生长变化，从而使人们掌握树木的生长规律以及与环境之间的相互作用，为森林保护及其功能研究提供较好的方法（Gracia et al.，1997；Gracia et al.，1999；Holden，2004；Host et al.，2004；Rauscher et al.，1990）。

此外，植被冠层模型还被嵌套入区域或全球尺度的模型中，如 SBM（simple biosphere model）、BATS 以及 GCM（general circulation model）等，为这些模型提供植被的水、热通量、CO_2 通量以及某些生理参数（Sellers et al.，1992；Sellers et al.，1996）。例如，大叶模型被嵌套入陆表气候模型中（land surface climate modeling）（Dickinson et al.，1998），二叶模型嵌套入 CLM（common land model）中（Dai et al.，2003），从而模拟较大尺度的陆面过程与气候的相互作用，并预测生态环境的变化。

四、植被冠层尺度模型的发展

目前，植被冠层尺度的模型已较为成功地模拟植被冠层的生理及物理过程，但仍然存在着一些问题：①现在使用的模型通常是在植被没有水分胁迫，土壤肥力良好的理想条件下建立的，如大叶模型当中的气孔导度模型就是在没有水分胁迫的条件下提出的。但是在现实当中，这种理想条件非常少，尤其是在对森林及草原生态系统进行模拟时，这就增加了模型模拟的局限性。科学家正着手解决这一问题，如 Tuzet 等（2003）的研究已经在气孔导度模型当中加入了叶片水势对气孔导度的影响。②模型应当把握简洁性与机理完整性之间的平衡，而目前的模型所做的还不够。例如，如果模型的机理性增强，模型当中的参数势必会增加，这就为模型的求解增加了难度。如果模型过于简化，则不能充分表达出现实中存在的真实情况（于强等，1999）。③虽然模型能够模拟出不同环境条件下植被冠层生理生态过程的变化，但是从生理的角度对这些变化作出的解释有待进一步提高。如，光合作用的两个重要参数 V_{cmax}、J_{max} 是如何对环境因子变化作出响应，不同环境条件下二者的关系如何，又是如何对光合作用过程产生影响的。目前已有关于这两个参数随环境因子变化所作出的响应的研究，如氮元素含量的变化对这两个重要参数影响，以及这两个参数在不同环境条件下的相关关系及对光合作用的影响，进而从生理的角度对冠层尺度的模型进行完善，并更好地解释冠层生理生态过程对环境因子变化所作出的响应（Kellomäet al.，1997；Warren et al.，2003；Yu et al.，1998）。④冠层尺度的模型侧重模拟植物对环境的响应，然而却忽略了植物生理生态过程对环境适应的模拟。因此，模型就无法预测植物在逆境当中是如何通过调整自身的状态来适应环境的。如在干旱地区，植物通过调整根冠比，从而增强根的吸水、吸肥能力，保证植物的光合、呼吸、蒸腾等生理物理作用的进行（于强等，1999）。⑤目前的植被冠层尺度模型很多是针对某一种生态系统类型提出的，因此普适性不强。而我国处在一个生态系统类型和气候类型非常丰富的区域，因此发展一个适用于多种生态系统类型的普适模型，对于我们更好地模拟植物生产力以及环境与生态系统的相互作用具有极其重要的意义（于强等，1999）。

参考文献

艾绍水，李秧秧，陈佳村，等，2015. 陕北沙地 3 种典型灌木根系解剖结构及水力性状研究［J］. 应用生态学报，26（11）：3277-3284.

常杰，刘珂，葛滢，等，1999. 杭州石荠的光合特性及其对土壤水分的响应［J］. 植物生态学报，23（1）：62-70.

常杰，潘晓东，葛滢，1999. 青冈常绿阔叶林内的小气候特征［J］. 生态学报，19（1）：68-75.

陈大珂，冯宗炜，1985. 长白山系高山及亚高山植被//中国科学院长白山生态森林生态系统定位站. 森林生态系统研究［M］. 北京：中国林业出版社，49-56.

陈高，代力民，周莉，2004. 长白山红松阔叶林干扰群落林分结构及冠层特征［J］. 生态学杂志，23（5）：116-120.

陈华，徐振邦，1991. 粗木质残体生态研究历史、现状和趋势［J］. 生态学杂志，10（1）：45-50.

成俊卿，1985. 木材学. 北京：中国林业出版社.

程伯容，丁桂芳，许广山，等，1992. 长白山阔叶红松林生物养分循环研究［J］. 森林生态系统研究，6：200-203.

程建峰，陈根云，沈允钢，2012. 植物叶片特征与光合性能的关系［J］. 中国生态农业学报，

20 (4)：466-473.

迟振文，张凤山，李晓晏，1981. 长白山北坡森林生态系统水热条件的初步研究 [J]. 森林生态系统研究，2：167-177.

崔启武，朱劲伟，1981. 林冠的结构和光的分布 [J]. 地理学报，36 (2)：196-208.

崔西甜，袁凤辉，王安志，等，2017. 蒙古栎叶片光合作用随叶龄的变化及其与叶片功能性状的关系 [J]. 生态学杂志，36 (11)：3160-3167.

代力民，徐振邦，陈华，2000. 阔叶红松林倒木贮量的变化规律 [J]. 生态学报，20 (3)：412-416.

代力民，徐振邦，杨丽韫，1999. 红松阔叶林倒木贮量动态的研究 [J]. 应用生态学报，10 (5)：513-517.

戴新宾，翟虎渠，张红生，等，2000. 土壤干旱对水稻叶片光合速率和碳酸酐酶活性的影响 [J]. 植物生理学报，26 (2)：133-135.

董星光，2015. 中国 3 个主要梨砧木资源木质部导管分子结构及分布比较 [J]. 植物学报，50 (2)：227-233.

窦军霞，张一平，刘玉洪，等，2005. 西双版纳热带次生林林隙辐射特征的先验研究 [J]. 热带气象学报，21 (3)：293-300.

窦军霞，张一平，赵双菊，等，2006. 西双版纳温带季节雨林冠层不同高度辐射特征 [J]. 北京林业大学学报，28 (2)：15-21.

范晶，2002. 东北东部主要成林树种光合生理生态研究 [D]. 哈尔滨：东北林业大学.

冯险峰，刘高焕，陈述彭，等，2004. 陆地生态系统净第一性生产力过程模型研究综述 [J]. 自然资源学报，19 (3)：369-378.

冯玉龙，王丽华，敖红，等，1998. 落叶松生理生态特性的 CO_2 响应及其意义 [J]. 植物研究，19 (1)：53-59.

高甲荣，王敏，毕利东，等，2003. 贡嘎山不同年龄结构峨眉冷杉林粗木质残体的贮存量及其特征 [J]. 中国水土保持科学，1 (2)：47-51.

高西宁，陶向新，关德新，2002. 长白山阔叶红松林热量平衡和蒸散的研究 [J]. 沈阳农业大学学报，33 (5)：331-334.

高照全，邹养军，王小伟，等，2004. 植物水分运转影响因子的研究进展 [J]. 干旱地区农业研究，22 (2)：200-204.

高志涛，吴晓春，2005. 蒙古栎地理分布规律的探讨 [J]. 防护林科技，2：83-84.

谷岩，胡文河，徐百军，等，2013. 氮素对地膜下滴灌玉米光合特性及氮素代谢酶活性的影响 [J]. 生态学报，33 (23)：7399-7407.

关德新，金明淑，徐浩，2002. 长白山阔叶红松林生长季节的反射率 [J]. 应用生态学报，13 (12)：1544-1546.

关德新，金明淑，徐浩，2004. 长白山阔叶红松林冠层透射率的定点观测研究 [J]. 林业科学，40 (1)：31-35.

关德新，吴家兵，金昌杰，等，2006. 长白山红松针阔混交林 CO_2 通量的日变化与季节变化 [J]. 林业科学，42 (10)：123-128.

关德新，吴家兵，王安志，等，2007. 长白山红松针阔叶混交林林冠层叶面积指数模拟分析

［J］．应用生态学报，18（3）：499－503.

关德新，吴家兵，于贵瑞，等，2004. 气象条件对长白山阔叶红松林 CO_2 通量的影响［J］．中国科学：D辑 地球科学，34（增刊2）：103－108.

郭宝妮，张建军，王震，等，2012. 晋西黄土区刺槐和油松树干液流比较［J］．中国水土保持科学，10（4）：73－79.

郭建平，高素华，刘玲，等，2005. 气候变化对蒙古栎生长和气候生产力的影响［J］．资源科学，27（5）：168－172.

郭连生，等，1989. 对几种针阔树种耐旱性生理指标的研究［J］．林业科学，(5)：389－394.

郭淑青，李文金，张仁懿，等，2014. 氮磷添加对果树叶片计量学和光合特性的影响［J］．广西植物，34（5）：629－634.

郭伟，耿珍珍，陈朝，等，2018. 模拟氮沉降对红松林菌根真菌群落结构及多样性的影响［J］. 生态环境学报，27（1）：10－17.

贺庆棠，刘祚昌，1980. 森林的热量平衡［J］．林业科学，16（1）：24－33.

洪启发，王仪洲，吴淑贞，1963. 马尾松幼林小气候［J］．林业科学，8（4）：275－289.

侯平，潘存德，2001. 森林生态系统中的粗死木质残体及其功能［J］．应用生态学报，12（2）：309－314.

胡昊，2006. 泡桐叶形态特征与元素含量季节变化研究［M］．北京：北京林业大学.

胡兴波，韩磊，张东，等，2010. 黄土半干旱区白榆和侧柏夜间液流动态分析［J］．中国水土保持科学，8（4）：51－56.

胡艳玲，韩士杰，李雪峰，等，2009. 长白山原始林和次生林土壤有效氮含量对模拟氮沉降的响应［J］．东北林业大学学报，37（5）：36－38.

黄菊莹，余海龙，张硕新，等，2010. 多年生植物养分回收特性及其衡量参数研究［J］．西北林学院学报，25（4）：62－66.

霍常富，2007. 光和氮对水曲柳生长、光合作用、碳氮代谢的影响［M］．哈尔滨：东北林业大学.

吉晶，2007. 干旱对苹果树叶水势变化的影响［J］．山西农业科学，35（1）：48－50.

冀瑞萍，1994. 水分在植物中的作用［J］．晋中学院学报，(2)：33－34.

蒋高明，渠春梅，2000. 北京山区辽东栎林6种木本植物光合反应研究［J］．植物生态学报，24（2）：204－208.

金昌杰，关德新，朱廷曜，2000. 长白山阔叶林太阳辐射光谱特征［J］．应用生态学报，11（1）：19－21.

康博文，刘建军，徐学选，等，2005. 黄土高原常见树种比叶重及其与光合能力的关系［J］．西南林学院学报，25（2）：1－11.

康绍忠，刘晓明，高新科，等，1992. 土壤—植物—大气连续体水分传输的计算机模拟［J］．水利学报，(3)：1－12.

柯世省，金则新，林恒琴，等，2004. 天台山东南石栎光合生理生态特性［J］．生态学杂志，23（3）：1－5.

黎劼，2013. 病原菌对植物及其环境因素的影响［J］．河南科技，(12)：223－235.

李保会，张芹，史宝胜，等，2007. 不同叶龄七叶树叶片面积叶色及主要物质含量变化研究

［J］．河北农业大学学报，30（5）：32－35.

李波，史文璐，2016. NPK 比值对玉米干物质积累、产量和品质的影响［J］．江苏农业科学，44（2）：85－89.

李国秀，2014. 茶藨子属导管分子形态特征比较研究［D］．哈尔滨：东北林业大学．

李海涛，陈灵芝，1998. 应用热脉冲技术对棘皮桦和五角枫树干液流的研究［J］．北京林业大学学报，20（1）：1－6.

李合生，2001. 现代植物生理学［M］．北京：高等教育出版社．

李吉跃，1989. PV 技术在油松侧柏苗木抗旱特性研究中的应用［J］．北京林业大学学报，11（1）：3－11.

李吉跃，Terence JB，1999. 多重复干旱循环对苗木气体交换和水分利用率的影响［J］．北京林业大学学报，21（3）：1－8.

李吉跃，翟洪波，刘晓燕，2002. 树木水力结构特征的昼夜变化规律［J］．北京林业大学学报，24（4）：39－44.

李俊辉，李秧秧，赵丽敏，等，2012. 立地条件和树龄对刺槐和杨树叶片水力性状及抗旱性的影响［J］．应用生态学报，23（9）：2397－2403.

李俊清，柴一新，张东力，1990. 人工阔叶红松林的结构与生产力［J］．林业科学，26（1）：1－8.

李开丽，蒋建军，茅荣正，等，2005. 利用遥感技术对植被进行叶面积指数监测［J］．生态学报，25（6）：1491－1496.

李克志，1958. 柞树萌芽林的研究［J］．林业科学，（3）：231－247.

李凌浩，党高弟，汪铁军，等，1998. 秦岭冷杉林粗死木质残体研究［J］．植物生态学报，22（5）：434－440.

李玫，陈桂珠，2000. 含油废水对秋茄幼苗的几个生理生态指标的影响［J］．生态学报，20（3）：528－532.

李廷亮，谢英荷，洪坚平，等，2013. 晋南旱作冬小麦施氮量对其光合特性、产量及氮素利用的影响［J］．中国生态农业学报，39（4）：704－711.

李文华，邓坤枚，李飞，1981. 长白山主要生态系统生物量及初级生产力研究［J］．森林生态系统研究，2：34－50.

理永霞，茶正早，罗微，等，2009. 3 种桉树幼苗叶片养分变化及其转移特性［J］．林业科学，45（1）：152－157.

梁春，林植芳，孔国辉，1997. 不同光强下生长的亚热带树苗的光合-光响应特性的比较［J］.应用生态学报，8（1）：7－11.

林金科，赖明志，2000. 茶树叶片净光合速率对生态因子的响应［J］．生态学报，20（3）：404－408.

林植芳，Janes R. Ehleringer，1982. 光、温度、水气压和 CO_2 对番木瓜光合作用的影响［J］.植物生理学报，8（4）：363－372.

刘昌明，1997. 土壤—植物—大气系统水分运行的界面过程研究［J］．地理学报，52（4）：366－373.

刘奉觉，Edwards WRN，郑世锴，等，1993. 杨树树干液流时空动态研究［J］．林业科学研究，6（4）：368－372.

刘桂林，梁海永，刘兴菊，2003. 国槐光合特性研究［J］. 河北农业大学学报，26（4）：68－70.

刘佳庆，王晓雨，郭焱，等，2015. 长白山林线主要木本植物叶片养分的季节动态及回收效率［J］. 生态学报，35（1）：165－171.

刘家冈，邵海荣，宋从和，1995. 植被介质透射与散射关系的实验研究［J］. 北京林业大学学报，17（2）：40－43.

刘建栋，于强，金之庆，等，2003. 黄淮海地区冬小麦叶片光合作用模拟的农业气象模型研究［J］. 中国农业气象，24（1）：22－25.

刘琪璟，徐倩倩，张国春，2009. 高山带雪斑对牛皮杜鹃群落生产力的影响［J］. 生态学报，29（8）：4035－4044.

刘世荣，郭泉水，王兵，1998. 大气 CO_2 浓度升高对不同时空水平的植物和生态系统的可能影响［J］. 世界林业研究，1（1）：27－36.

刘允芬，周允华，2000. 西藏高原田间冬小麦的表观光合量子效率［J］. 生态学报，20（1）：35－38.

刘贞琦，刘振业，马达鹏，等，1984. 水稻叶绿素含量及其与光合速率关系的研究［J］. 作物学报，10（1）：57－62.

卢从明，张其德，匡廷云，1994. 水分胁迫对水稻光合机制的研究［J］. 作物学报，20（5）：601－606.

鲁如坤，2000. 土壤农业化学分析方法［M］. 北京：中国农业科学出版社，308－322.

陆佩玲，于强，罗毅，等，2001. 冬小麦光合作用光响应曲线拟合［J］. 中国农业气象，22（2）：12－14.

陆钊华，徐建民，陈儒香，等，2003. 桉树无性系苗期光合作用特性研究［J］. 林业科学研究，16（5）：575－580.

罗毅，于强，欧阳竹，等，2001. SPAC 系统中的水热 CO_2 通量与光合作用的综合模型（Ⅰ）模型的建立［J］. 水利学报，2：90－97.

吕建林，陈如凯，张木清，等，1998. 甘蔗净光合速率、叶绿素和比叶重的季节变化及其关系［J］. 福建农业大学学报，27（3）：30－35.

马履一，王华田，2002. 油松边材液流时空变化及其影响因子研究［J］. 北京林业大学学报，24（3）：23－27.

马钦彦，蔺琛，韩海荣，等，2003. 山西太岳山核桃楸光合特性的研究［J］. 北京林业大学学报，25（1）：14－18.

马钦彦，刘志刚，潘向丽，2000. 华北落叶松生长季内的林冠结构和光分布［J］. 北京林业大学学报，22（4）：18－21.

马钦彦，马剑芳，康峰峰，等，2005. 山西太岳山油松林木边材心材导水功能研究［J］. 北京林业大学学报，（增刊 2）：156－159.

马志波，马钦彦，韩海荣，等，2004. 北京地区 6 种落叶阔叶树光合特性的研究［J］. 北京林业大学学报，26（3）：13－18.

毛晋花，邢亚娟，马宏宇，等，2017. 氮沉降对植物生长影响的研究进展［J］. 中国农学通报，33（29）：42－48.

孟平，张劲松，高峻，2005. 山茱萸幼树光合及水分生理生态特性［J］. 林业科学研究，18（1）：47－51.

莫兴国，刘苏峡，林忠辉，等，2002. 基于SVAT模型的冬小麦光合作用和蒸散过程研究［J］. 应用生态学报，13（11）：1394－1398.

聂立水，李吉跃，翟洪波，2002. 油松、栓皮栎树干液流速率比较［J］. 生态学报，38（5）：31－37.

潘庆民，白永飞，韩兴国，等，2004. N添加对羊草根茎中碳水化合物储备的影响［J］. 植物生态学报，28（1）：53－58.

潘庆民，白永飞，韩兴国，等，2005. 加氮对内蒙古典型草原羊草种群的影响［J］. 植物生态学报，29（2）：311－317.

潘瑞炽，2001. 植物生理［M］第四版，北京：高考教育出版社，55－57，91－95.

潘向东，1997. 青冈常绿阔叶林太阳辐射分布特征［J］. 浙江农业大学学报，23（1）：19－22.

彭扬，2017. 加拿大叶柳桃的生长发育特性与增氮条件的比较［D］. 成都：成都技术大学.

任传友，于贵瑞，王秋凤，等，2004. 冠层尺度的生态系统光合-蒸腾耦合模型研究［J］. 中国科学D辑 地球科学，34（增刊Ⅱ）：141－151.

任海，彭少麟，1997. 鼎湖山森林叶面积指数预测方法的比较［J］. 生态学报，17（2）：220－223.

任海，彭少麟，张祝平，等，1996. 鼎湖山季风常绿阔叶林林冠结构与冠层辐射研究［J］. 生态学报，16（2）：174－179.

山仑，徐萌，1991. 节水农业及其生理生态基础［J］. 应用生态学报，2（1）：70－76.

邵明安，杨文治，李玉山，1986. 土壤-植物-大气连统体中的水流阻力及相对重要性［J］. 水利学报，（9）：8－14.

石福臣，杨国亭，1993. 蒙古栎群落蒸腾特性的研究［J］. 植物研究，13（3）：302－306.

宋洪涛，程颂，孙守琴，2009. 高山林线形成机制及假说的探讨［J］. 生态学杂志，28（11）：2393－2402.

宋沼鹏，梁冬，侯继华，2017. 氮添加对油松幼苗生物质量及其分布的影响［J］. 北京林业大学学报，39（8）：50－59.

苏波，韩兴国，黄建辉，等，2000. 植物的养分利用效率（NUE）及植物对养分胁迫环境的适应策略［J］. 生态学报，20（2）：335－343.

孙存华，1999. 模拟干旱诱导对藜抗旱力的影响［J］. 应用生态学报，10（1）：16－18.

孙迪，关德新，袁凤辉，等，2010. 辽西农林复合系统中杨树水分耗散规律［J］. 北京林业大学学报，32（4）：114－120.

孙海龙，2005. 氮磷营养对水曲柳幼苗光合作用和氮素同化的影响［D］. 哈尔滨：东北林业大学.

孙慧珍，孙龙，王传宽，等，2005. 东北东部山区主要树种树干液流研究［J］. 林业科学，41（3）：36－42.

孙龙，王传宽，杨国亭，等，2007. 应用热扩散技术对红松人工林树干液流通量的研究［J］. 林业科学，43（11）：8－14.

孙宁，边少锋，孟祥盟，等，2011. 氮肥对超高产玉米光合特性及产量的影响［J］. 玉米科学，19（2）：67－69.

孙书存，陈灵芝，2001. 东灵山地区辽东栎叶养分的季节动态与回收效率［J］. 植物生态学报，25（1）：76－82.

孙雪峰，陈灵芝，1995. 暖温带落叶阔叶林辐射能环境的初步研究［J］. 生态学报，15（3）：278－286.

汤章城，1983. 植物对水分胁迫的反应和适应性-植物对干旱的反应和适应性［J］. 植物生理学通讯，（4）：1－7.

唐旭利，周国逸，周霞，等，2003. 鼎湖山季风常绿阔叶林粗死木质残体的研究［J］. 植物生态学报，27（4）：484－489.

田有亮，等，1990. 应用 PV 技术对 7 种针阔幼树抗旱性的研究［J］. 应用生态学报，1（2）：114－119.

万宏伟，杨阳，白世勤，等，2008. 内蒙古莱姆森六种植物叶片功能性状沿氮素梯度的变化［J］. 植物生态学报，32（3）：611－621.

王超，2012. 气候变暖与氮沉降对羊草群落地下生物量的影响［D］. 长春：东北师范大学.

王琛瑞，韩士杰，1999. CO_2 浓度升高对长白山树木光合速率的影响［J］. 森林研究，10（4）：211－213.

王琛瑞，韩士杰，罗兴波，2000. 樟子松对高浓度二氧化碳的光合响应及其影响因素分析［J］. 森林研究，11（3）：167－172.

王琛瑞，黄国宏，周玉梅，等，2002. CO_2 浓度升高条件下长白赤松幼苗种植密度对净光合速率的影响［J］. 应用生态学报，13（9）：1195－1197.

王丁，2011. 干旱胁迫条件下 6 种喀斯特主要造林树种苗木叶片水势及吸水潜能变化［J］. 生态学报，31（8）：2216－2226.

王国杰，蔺菲，胡家瑞，等，2019. 氮和土壤微生物对水曲柳幼苗生长和光合作用的影响［J］. 应用生态学报，30（5）：1－9.

王华田，马履一，孙鹏森，2002. 油松、侧柏深秋边材木质部液流变化规律的研究［J］. 林业科学，38（5）：31－37.

王淼，代力民，韩士杰，等，2000. 高浓度 CO_2 对长白山松阔叶林优势树种生长的影响［J］. 应用生态学报，11（5）：675－679.

王淼，代力民，姬兰柱，2002. 土壤水分状况对长白山阔叶红松林主要树种叶片生理生态特性的影响［J］. 生态学杂志，21（1）：1－5.

王淼，代力民，姬兰柱，等，2002. 干旱胁迫对蒙古栎表观资源利用率的影响［J］. 应用生态学报，13（3）：275－280.

王淼，韩士杰，王跃思，2004. 控制森林土壤 CO_2 排放率的重要因素［J］. 生态学杂志，23（5）：24－29.

王淼，姬兰柱，李秋荣，等，2003. 土壤温度和水分对长白山不同森林类型土壤呼吸的影响［J］. 应用生态学报，14（8）：1 234－1 238.

王淼，姬兰柱，李秋荣，等，2005. 长白山地区红松树干呼吸的研究［J］. 应用生态学报，16（1）：7－13.

王淼，李秋荣，郝占庆，等，2004. 土壤水分变化对长白山主要树种蒙古栎幼树生长的影响[J]. 应用生态学报，15 (10)：1765 - 1770.

王淼，刘亚琴，郝占庆，等，2006. 长白山阔叶红松林生态系统的呼吸速率 [J]. 应用生态学报，17 (10)：1789 - 1795.

王淼，陶大立，1998. 长白山主要树种耐旱性的研究 [J]. 应用生态学报，(1)：7 - 10.

王淼，武耀祥，武静莲，2008. 长白山红松针阔叶混交林主要树种树干呼吸速率 [J]. 应用生态学报，19 (5)：956 - 960.

王秋凤，牛栋，于贵瑞，等，2004. 长白山森林生态系统 CO_2 和水热通量的模拟研究 [J]. 中国科学，D辑，34 (增刊Ⅱ)：131 - 140.

王森，白淑菊，陶大立，等，1995. 大气增温对长白山林木直径生长的影响 [J]. 应用生态学报，(2)：128 - 132.

王文杰，孙伟，丘岭，等，2012. 不同时间尺度下兴安落叶松树干液流密度与环境因子的关系 [J]. 林业科学，48 (1)：77 - 85.

王文杰，王慧梅，祖元刚，等，2005. 森林生态系统根、茎和土壤呼吸 Q_{10} 温度系数的特征 [J]. 植物生态学报，29 (4)：680 - 691.

王文娜，王燕，王韶仲，等，2016. 氮有效性增加对细根解剖、形态特征和菌根侵染的影响 [J]. 应用生态学报，27 (4)：1294 - 1302.

王希群，马履一，贾忠奎，等，2005. 叶面积指数 (LAI) 的研究与应用进展 [J]. 生态学杂志，24 (5)：537 - 541.

王战，徐振邦，李昕，等，1980. 长白山北坡主要森林类型及其群落结构特征 [J]. 森林生态系统研究，1：25 - 42.

王正非，朱廷曜，朱劲伟，1985. 森林气象学 [M]. 北京：中国林业出版社.

王祝华，沈允钢，邱国雄，等，1994. 芦苇的生物生产力及其对大气 CO_2 浓度升高的响应 [J]. 生态学报，14 (4)：398 - 401.

韦彩妙，林植芳，孔国辉，1996. CO_2 浓度升高对两种亚热带树木幼苗光合作用的影响 [J]. 植物学报，38 (2)：123 - 130.

文诗韵，杨思河，林继惠，1991. 三种橡木苗木期气体交换特性的研究 [J]. 林业科学，27 (5)：498 - 502.

翁笃鸣，周自江，1995. 中国大气有效辐射的气候学研究 [J]. 气象科学，15 (2)：1 - 9.

吴楚，范志强，王政权，2004. 磷胁迫对水曲柳幼苗叶绿素合成、光合作用及生物量分配模式的影响 [J]. 应用生态学报，15 (6)：935 - 940.

吴芳，陈云明，于占辉，2010. 黄土高原半干旱去刺槐生长盛期树干液流动态 [J]. 植物生态学报，34 (4)：469 - 476.

吴刚，1997. 长白山红松阔叶林林隙特征 [J]. 应用生态学报，8 (4)：360 - 364.

吴家兵，关德新，韩士杰，等，2008. 长白山地区红松和紫椴倒木呼吸研究 [J]. 北京林业大学学报，30 (2)：14 - 19.

吴家兵，关德新，张弥，等，2006. 长白山地区蒙古栎光合特性 [J]. 中国科学院研究生院学报，23 (4)：548 - 554.

吴家兵，关德新，张弥，等，2006. 长白山阔叶红松林主要树种及群落冠层光合特征 [J].

中国科学D辑地球科学，36（增刊Ⅰ）：83-90.

武维华，2012. 植物生理学［M］. 北京：科学出版社.

武文明，陈洪俭，李金才，等，2012. 氮肥对冬小麦孕穗期旗叶绿素荧光参数及籽粒灌浆的影响［J］. 作物学报，38（6）：1088-1096.

肖胜生，董云社，齐玉春，等，2010. 添加矿肥对温带草本和内蒙古羊草叶片功能性状及pH合成特性的影响［J］. 环境科学学报，30（12）：2535-2543.

谢会成，姜志林，李际红，2004. 栓皮栎林光合特性的研究［J］. 南京林业大学学报（自然科学版），28（5）：83-85.

邢雪荣，韩兴国，陈灵芝，2000. 植物养分利用效率研究综述［J］. 应用生态学报，11（5）：785-790.

徐程扬，张晶，刘强，等，2001. 紫椴幼树叶片的光合作用特征［J］. 东北林业大学学报，29（2）：38-43.

徐国伟，陆大克，王贺正，等，2017. 湿润干旱交替灌溉与氮肥施用量对水稻叶片光合特性的耦合效应［J］. 植物营养与肥料学报，23（5）：1225-1237.

徐玲玲，张宪洲，石培礼，等，2004. 青藏高原高寒草甸生态系统表观量子产量和最大生态系统同化的建立［J］. 中国科学D辑，34：125-130.

徐星凯，2012. 模拟氮沉降对温带阔叶红松林地氮素净矿化量的影响［J］. 气候与环境研究，17（5）：628-638.

徐振邦，李欣，代洪才，等，1985. 长白山阔叶红松林生物量研究［J］. 森林生态系统研究，5：33-47.

许大全，1997. 光合作用的气孔阻力的一些问题［J］. 植物生理学通讯，33（4）：241-244.

许红梅，高琼，黄永梅，等，2004. 黄土高原森林草原区6种植物光合特性研究［J］. 植物生态学报，28（2）：157-163.

薛立，曹鹤，2010. 逆境下植物叶性状变化的研究进展［J］. 生态环境学报，19（8）：2004-2009.

严玉平，沙丽清，曹敏，2006. 西双版纳三种热带树种树干呼吸的日变化［J］. 山地学报，24（3）：268-276.

颜文洪，胡玉佳，2004. 海南岛石梅湾Vatica森林LAI的间接成像数字冠层测量［J］. 中山大学学报自然科学版，43（3）：71-74.

杨安中，吴文革，李泽福，等，2016. 氮肥对超级杂交稻源库关系、干物质积累和产量的影响［J］. 土壤，48（2）：254-258.

杨弘，李忠，裴铁璠，等，2007. 长白山北坡阔叶红松林和暗针叶林的土壤水分物理性质［J］，应用生态学报，18（2）：267-271.

杨亮，赵宏伟，刘锦宏，2007. 不同施氮量对不同品质春玉米品种GS活性和产量的影响［J］. 东北农业大学学报，38（3）：320-324.

杨文斌，杨茂仁，1996. 蒸腾速率、阻力与叶内外水势和光强关系的研究［J］. 内蒙古林业科技，27（3）：53-57.

阴黎明，王力华，刘波，2009. 文冠果叶片养分元素含量的动态变化及再吸收特性［J］. 植物研究，29（6）：685-691.

殷笑寒，郝广友，2018. 长白山阔叶树种木质部环孔和散孔结构特征的分化导致其水力学性状的显著差异［J］. 应用生态学报，29（2）：352-360.

尹丽，胡庭兴，刘永安，等，2011. 施氮量对麻疯树幼苗生长及叶片光合特性的影响［J］. 生态学报，31（17）：4977-4984.

于贵瑞，2001. 不同冠层类型的陆地植被蒸发散模型研究进展［J］. 资源科学，23（6）：72-84.

于贵瑞，牛栋，王秋凤，2001.《联合国气候变化框架公约》谈判中的焦点问题［J］. 资源科学，23（6）：10-16.

于贵瑞，孙晓敏，2006. 陆地生态系统通量测量原理［M］. 北京：高等教育出版社.

于贵瑞，张雷明，孙晓敏，等，2004. 亚洲区域陆地生态系统碳通量观测研究进展［J］. 中国科学：D辑地球科学，34（增刊2）：15-29.

于国华，满辉民，张国树，等，1997. CO_2 浓度对黄瓜叶片光合速率、Rubisco 活性和呼吸速率的影响［J］. 华北农学报，12（4）：101-106.

于萌萌，张新建，袁凤辉，等，2014. 长白山阔叶红松林三种树种树干液流特征及其与环境因子的关系［J］. 生态学杂志，33（7）：1707-1714.

于强，任葆华，王天铎，等，1998. C3 植物光合作用日变化的模拟［J］. 大气科学，22（6）：867-880.

于强，谢贤群，孙菽芬，等，1999. 植物光合生产力与冠层蒸散模拟研究进展［J］. 生态学报，19（5）：744-753.

于顺利，马克平，陈灵芝，等，2000. 蒙古栎及蒙古栎林的研究概况［J］. 见：中国科学院生物多样性委员会编，第三届全国生物多样性保护与持续利用研讨会论文集［M］，北京：中国林业出版社.

于占辉，陈云明，杜盛，2009. 黄土高原半干旱区人工林刺槐展叶期树干液流动态分析［J］. 林业科学，45（4）：53-59.

余海云，2013. 茶树不同冠层叶片光合作用特性及其季节变化特性的研究［D］. 杭州：中国农业科学院.

余新晓，陈丽华，牛健植，等，2004. 长江上游暗针叶林生态系统 CWD 水文效应研究［J］. 中国水土保持科学，2（4）：117-122.

袁凤辉，关德新，吴家兵，等，2008. 长白山红松针阔叶混交林林下光合有效辐射的基本特征［J］. 应用生态学报，19（2）：231-237.

曾德慧，陈广生，陈伏生，等，2005. 不同林龄樟子松叶片养分含量及其再吸收效率［J］. 林业科学，41（5）：21-27.

曾建敏，彭少兵，崔克辉，等，2006. 热带水稻光合特性及氮素光合效率的差异研究［J］. 作物学报，32（12）：1817-1822.

展小云，于贵瑞，盛文萍，等，2012. 中国东部南北样带森林优势植物叶片的水分利用效率和氮素利用效率［J］. 应用生态学报，23（3）：587-594.

战伟，2012. 温控海拔条件下降水和氮素变化对长白山落叶松幼苗生理生态指标的影响［D］. 齐齐哈尔：齐齐哈尔大学.

张大维，邢怡，党安志，2007. 黑龙江槭树属植物导管分子解剖学研究［J］. 植物研究，27

(4): 408-411.

张红霞，袁凤辉，关德新，等，2017. 维管植物木质部水分传输过程的影响因素及研究进展[J]. 生态学杂志，36 (11): 3281-3288.

张杰，邹学忠，杨传平，等，2005. 不同蒙古栎种源的叶绿素荧光特性[J]. 东北林业大学学报，33 (3): 20-21.

张劲松，孟平，孙惠民，等，2006. 毛乌素沙地樟子松蒸腾变化规律及其与微气象因子的关系[J]. 林业科学研究，19 (1): 45-50.

张林，罗天祥，2004. 植物叶寿命及其相关叶性状的生态学研究进展[J]. 植物生态学报，28 (6): 844-852.

张弥，关德新，吴家兵，等，2006. 植被冠层尺度生理生态模型的研究进展[J]. 生态学杂志，25 (5): 563-571.

张弥，吴家兵，关德新，等，2006. 长白山阔叶红松林主要树种光合作用的光响应曲线[J]. 应用生态学报，17 (9): 1575-1578.

张世缘，2017. 土壤微生物在促进植物生长中的作用[J]. 生物化工，(1): 54-56.

张硕新，申卫军，张远迎，2000. 六种木本植物木质部栓塞化生理生态效应的研究[J]. 生态学报，20 (5): 788-794.

张喜英，裴冬，由懋正，2000. 几种作物的生理指标对土壤水分变动的阈值反应[J]. 植物生态学报，24 (3): 280-283.

张宪政，陈凤玉，王荣富，1980. 植物生理学实验技术[M]. 沈阳：辽宁科学技术出版社，5-60.

张小全，徐德应，2000. 18 龄杉木枝条光合特性的季节变化及日变化与树冠年龄和部位的关系[J]. 林业科学，36 (3): 19-26.

张小全，徐德应，2001. 18 年生杉木不同部位和叶龄针叶光响应研究[J]. 生态学报，21 (3): 409-414.

张小全，徐德应，赵茂盛，1999. 林冠结构、辐射转移与林冠光合作用研究进展[J]. 林业科学研究，12 (4): 411-421.

张小全，徐德应，赵茂盛，等，2000. 17 龄杉木枝条对 CO_2 升高的响应[J]. 生态学报，20 (3): 390-396.

张小由，龚家栋，周茂先，等，2003. 应用热脉冲技术对胡杨和柽柳树干液流的研究[J]. 冰川冻土，25 (5): 585-590.

张彦东，卢伯松，1993. 阔叶红松人工林能量环境与太阳辐射利用效率研究[J]. 东北林业大学学报，21 (1): 35-42.

张一平，窦军霞，于贵瑞，等，2005. 西双版纳热带季雨冠层以上太阳辐射特征及其分布[J]. 北京林业大学学报，27 (5): 17-25.

张一平，王进欣，1999. 西双版纳边缘不同方位角垂直面的太阳辐射特性[J]. 东北林业大学学报，27 (6): 9-13.

张运林，秦伯强，2002. 太湖地区光合有效辐射的基本特征及气候学计算[J]. 太阳能学报，23 (1): 118-123.

赵晓松，关德新，吴家兵，2004. 长白山阔叶松与红松混交林的零平面位移和粗糙度长度

[J]. 生态学杂志，23 (5)：84－88.

郑睿，康绍忠，胡笑涛，等，2013. 干旱绿洲地区水、氮条件对葡萄光合特性和产量日变化的影响 [J]. 农业工程学报，29 (4)：133－141.

郑循华，王明星，1997. 温度对 N_2O 生成和排放的影响 [J]. 环境科学，18 (5)：1－5.

郑志明，严力蛟，陈进红，等，1998. 浙江省 CO_2 浓度及相关温度升高及水稻产量的实证研究 [J]. 应用生态学报，9 (1)：79－83.

周广胜，王玉辉，2003. 全球生态学 [M]. 北京：中国气象出版社.

周永斌，殷有，王庆礼，等，2003. 白桦林冠上落叶松幼苗的动态生长及形态可塑性 [J]. 沈阳农业大学学报，34 (3)：196－198.

周玉梅，韩士杰，张军辉，等，2002. 不同 CO_2 浓度下长白山三种树种幼苗的光合特性 [J]. 应用生态学报，13 (1)：41－44.

朱春全，雷静品，刘晓东，等，2001. 不同管理方式杨树人工林叶面积分布及季节变化 [J]. 林业科学，37 (1)：46－51.

朱美云，田有亮，郭连生，1996. 在不同气候湿度下樟子松耐旱特性的变化研究 [J]. 应用生态学报，7 (3)：250－254.

Aerts R，1996. Nutrient resorption from senescing leaves of perennials：are there general patterns [J]? Journal of Ecology，84 (4)：597－608.

Aerts R，Chapin FS，2000. The mineral nutrition of wild plants revisited：a reevaluation of processes and patterns [J]. Advance in Ecological Research，30：1－67.

Alameda D，Villar R，2012. Linking root traits to plant physiology and growth in Fraxinus angustifolia Vahl. seedlings under soil compaction conditions [J]. Environmental and Experimental Botany，79：49－57.

Alvaro AI，Park SN，1994. Activities of carboxylating enzymes in the CAM species *Opuntia ficusindica* grown under current and elevated CO_2 concentrations [J]. Photosynth Res，40：223－229.

Améglio T，Bodet C，Lacointe A，et al.，2002. Winter embolism，mechanisms of xylem hydraulic conductivity recovery and springtime growth patterns in walnut and peach trees [J]. Tree Physiology，22：1211－1220.

Amothor JS，1994. Plant respiration responses to the environment and their effects on the carbon balance. In：Wilkinson RE. ed. Plant Environment Interaction [M]. New York：Marcel Dekker，501－554.

Amothor JS，1994. Scaling CO_2－photosynthesis relationships from the leaf to canopy [J]. Photosynthesis Res.，39：321－350.

Amthor JS，1984. The role of maintenance respiration in plant growth [J]. Plant Cell Environ，7：561－569.

Amthor JS，1989. Respiration and Crop Productivity [M]. New York：Springer-Verlag. 215.

Amthor JS，1994. Plant respiratory responses to the environment and their effects on the carbon balance. In：Wilkinsoned RE. Plant-Environment Interactions [M]. New York：Marcel Dekker，Inc. 501－555.

Amthor JS，2000. The McCree-de Wit-Penning de Vries-Thornley respiration paradigms：30 years later [J] . Ann Bot，86：1 - 20.

Amy K，Veronica C，Neal B，2006. Ecophysiological responses of Schizachyrium scoparium to water and nitrogen manipulation [J] . Great Plains Research，16：29 - 36.

Anderson MC，1966. Stand structure and light penetration. II. A theoretical analysis [J] . J Appl Ecol，3，41 - 54.

Anderson MC，Norman JM，Meyers TP，et al.，2000. An analytical model for estimating canopy transpiration and carbon assimilation fluxes based on canopy light-use efficiency [J]. Agricultural and Forest Meteorology，101：265 - 289.

Angeles G，Bond B，Boyer J，et al.，2004. The cohesion-tension theory [J] . New Phytologist，163：451 - 452.

Anisimov O，Fukshansky L，1997. Optics of vegetation：Implications for the radiation balance and photosynthetic performance [J] . Agricultural and Forest Meteorology，85：33 - 49.

Anthoni PM，Law BE，Unsworth MH，1999. Carbon and watervapor exchange of anopen-canopied ponderosapine ecosystem [J] . Agricultural and Forest Meteorology，95：151 - 170.

Antoninka A，Wolf JE，Bowker M，et al.，2009. Linking above and belowground responses to global change at community and ecosystem scales [J] . Global Change Biology，15：914 - 929.

Aphalo PJ，Jarvis PG，1991. Do stomata respond to relative humidity [J]? Plant Cell Environ.，14：127 - 132.

Ashby M，1999. Modeling the water and energy balances of Amazonian rainforest and pasture using Anglo-Brazilian Amazonian climate observation study data [J] . Agricultural and Forest Meteorology，94：79 - 101.

Atkin OA，Holly C，Ball MC，2000. Acclimation of snowgum (*Eucalyptus pauciflora*) leaf respiration to seasonal and diurnal variations in temperature：The importance of changes in the capacity and temperature sensitivity of respiration [J] . Plant Cell and Environment，23：15 - 26.

Avolio ML，Koerner SE，Pierre KJ，et al.，2014. Changes in plant community composition，not diversity，During adecade of nitrogen and phosphorus additions drive above ground Productivity in a tallgrass prairie [J] . Journal of Ecology，102：1649 - 1660.

Azcón-Bieto J，1992. Relationships between photosynthesis and respiration in the dark in plants. In：Barber J，Guerrero MG and Medrano H，eds. Trends in Photosynthesis Research [M] . Hampshire，U. K：Intercept Ltd. Anover. 241 - 253.

Azcon-Bieto J，1983. Inhibition of photosynthesis by carbohydrates in wheat leaves [J] . Plant Physiol，73：681 - 686.

Baldocchi DD，1993. Scaling watervapor and carbon dioxide exchange from leaves to a canopy：Rules and tools. In：Ehleringer JR，eds. Scaling Physiological Processes：Leaf to Global [M] . San Diego：Academic Press，77 - 144.

Baldocchi DD，1994. An analytical solution for coupled leaf photosynthesis and stomatal conductance models [J] . Tree physiology, 14: 1069 - 1079.

Baldocchi DD, Vogel CA, Hall B, 1997. Seasonal variation of carbon dioxide exchange rates above and below a boreal jack pine forest [J] . Agric For Meteorol, 83: 147 - 170.

Baldocchi D, Hutchisomn BA, Matt DR, 1986. Seasonal variation in the statistics of photosynthetically active radiation penetration in an oak-hickory forest [J] . Agric For Meteorol, 36, 343 - 361.

Balling A, Zimmermann U, 1990. Comparative measurements of the xylem pressure of Nicotiana plants by means of the pressure bomb and pressure probe [J] . Planta, 182: 325 - 338.

Ball JT, Woodrow IE, Berry JA, 1987. A model predicting stomatal conductance and its contribution to the control of photosynthesis under different environmental conditions. In: Biggins M, ed. Progress in Photosyn thesis Research [M] . Netherlands: Nijhoff Publishers, 221 - 224.

Barij N, Cermak J, Stokes A; 2011. Azimuthal variations in xylem structure and water relations in cork oak (Quercus suber) [J] . Iawa Journal, 32: 25 - 40.

Barker DH, Vanier C, Naumburg E, et al., 2006. Enhanced monsoon precipitation and nitrogen deposition affect leaf traits and photosynthesis differently in spring and summer in the desert shrub Larrea tridentate [J] . New Phytologist, 169: 799 - 808.

Barnes A, Hole CC, 1978. A theoretical basis of growth and maintenance respiration [J]. Annals of Botany, 42: 1217 - 1221.

Bartelink HH, 1998. Radiation interception by forest trees: A simulation study on effects of stand density and foliage clustering on absorption and transmission [J] . Ecological Modelling, 105: 213 - 225.

BassiriRad H, 2015. Consequences of atmosphereic nitrogen deposition in terrestrial ecosystems, old questions, new perspectives [J] . Oecologia, 177: 1 - 3.

Bassman JB, Zwier JC, 1991. Gas exchange characteristics of Populus trichocarpa, Populus deltoides and Populus trichocarpa×P. deltoides clone [J] . Tree Physiol, 8: 145 - 149.

Beeck MOD, Gielen B, Jonckheere I, et al., 2010. Needle age-related and seasonal photosynthetic capacity variation is negligible for modelling yearly gas exchange of a sparse temperate Scots pine forest [J] . Biogeosciences, 7: 199 - 215.

Bekku Y, Koizumi H, Oikawa T, et al., 1997. Examination of four methods for measuring soil respiration [J] . Applied Soil Ecology, 5: 247 - 254.

Bever JD, 2003. Soil community feedback and the coexistence of competitors: conceptual frameworks and empiricaltests [J] . New Phytologist, 157: 465 - 473.

Birgit G, Scarascia-Mugozza G and Ceulemans R, 2003. Stem respiration of populus species in the third year of free-air CO_2 enrichment [J] . Physiol Plantarum, 117: 500 - 507.

Black TA, Den HG, Neumann HH, et al., 1996. Annual cycles of watervapor and carbon dioxide fluxes in and above a boreal aspen forest [J] . Glob Change Biol, 2: 219 - 229.

Boerner REJ, 1984. Foliar nutrient dynamics and nutrient use efficiency of four deciduous tree species in relation to site fertility [J] . Journal of Applied Ecology, 21 (3): 1029 - 1040.

Bolstad PV, Davis KJ, Martin J, et al., 2004. Component and whole-system respiration fluxes in northern deciduous forests [J]. Tree Physiol, 24: 493 - 504.

Bond-Lamberty B, Wang C, Gower ST, 2003. Annual carbon flux from woody debris for a boreal black spruce fire chronosequence [J]. Journal of Geophysical Research, 108 (D23): 8 220.

Broadhead JS, Muxworthy AR, Ong CK, et al., 2003. Comparison of methods for determining leaf area in tree rows [J]. Agricultural and Forest Meteorology, 115: 151 - 161.

Brodribb TJ, Holbrook NM, Zwieniecki MA, et al., 2005. Leaf hydraulic capacity in ferns, conifers and angiosperms: Impacts on photosynthetic maxima [J]. New Phytologist, 165: 839 - 846.

Brooks A, Farquar GD, 1985. Effect of temperature on the CO_2/O_2 specificity of ribulose-1, 5-biophosphate carboxylase/oxygenase and the rate of respiration in the light [J]. Planta, 165: 397 - 406.

Bunce JA, 1992. Stomatal conductance, photosynthesis and respiration of temperate deciduous tree seedlings grow outdoors at an elevated concentration of carbon dioxide [J]. Plant Cell Environ, 13: 541 - 549.

Caldwell MM, Meister HP, Tenhunen JD, et al., 1986. Canopy structure light microclimate and leaf gas exchanges of *Quercus Cocciiera* L. in a Portuguese macchia: measurements in different canopy layers and simulations with a canopy model [J]. Trees, 1: 25 - 41.

Caldwell MM, Pearcy RW, 1994. Exploitation of Environmental Heterogeneity by Plants: Ecophysiological Processes Above and Below Ground [M]. SanDiego: Academic Press.

Campbell GS, Norman JM, 1998. An Introduction to Environment Biophysics. New York: Springer Science Business Media, Inc. Cermak J, Kucera J, Nadezhdina N. 2004. Sap flow measurements with some thermodynamic methods, flow integration within trees and scaling up from sample trees to entire forest tands [J]. Trees, 18: 529 - 546.

Canny MJ, 1995. A new theory for the ascent of sap-cohesion supported by tissue pressure [J]. Annals of Botany, 75: 343 - 357.

Catesson AM, 1980. The vascular cambium. In: Little CHA ed. Control of Shoots Growth in Trees [M]. IUFRO Workshop Proc. Mariti, For. Res. Centre, Fredericton NB Canada. 12 - 40.

Chamers J, Schimel JP, 2001. Respiration from coarse wood litter in central Amazon forests [J]. Biogeochemistry, 52: 115 - 131.

Chamorro V, Fernández JE, Sebastiani L, et al., 2010. Influence of the water treatment on the xylem anatomy and functionality of current year shoots of olive trees. In XXVIII International Horticultural Congress on Science and Horticulture for People [M]. Lisbon, Portugal: International Symposium: 203 - 208.

Chazdon RL, 1992. Photosynthetic plasticity of two rain forest shrubs across natural gap transects [J]. Oecologia, 92: 586 - 595.

Chen JM, Blanken PD, Black TA, et al., 1997. Radiation regime and canopy architecture in a boreal aspen forest [J]. Agricultural and Forest Meteorology, 86: 107 - 125.

Chen JM, Liu J, 1999. Dailing canopy photosynthesis model through temporal and spatial scaling for remote sensing applications [J]. Ecol. Model., 124: 99-119.

Chen JM, Rich PM, Gower ST, et al., Leaf area index of boreal forests: Theory, techniques and measurements [J]. J Geophys Res, 1987, 102: 429-443.

Choat B, Ball MC, Luly JG, et al., 2005. Hydraulic architecture of deciduous and evergreen dry rainforest tree species from north-eastern Australia [J]. Trees, 19: 305-311.

Choat B, Brodie TW, Cobb AR, et al., 2010. Direct measurements of intervessel pit membrane hydraulic resistance in two angiosperm tree species [J]. American Journal of Botany, 93: 993-1000.

Choat B, Cobb AR, Jansen S, 2008. Structure and function of bordered pits: New discoveries and impacts on whole-plant hydraulic function [J]. New Phytologist, 177: 608-626.

Choat B, Medek DE, Stuart SA, et al., 2011. Xylem traits mediate a trade-off between resistance to freeze-thaw-induced embolism and photosynthetic capacity in over-wintering evergreens [J]. New Phytologist, 191: 996-1005.

Choudhury BJ, 2000. A sensitivity analysis of the radiation use efficiency for gross photosynthesis and net carbon accumulation by wheat [J]. Agricultural and Forest Meteorology, 101: 217-234.

Chris AM, 2001. Stem growth and respiration in loblolly pine plantations differing in soil resource availability [J]. Tree Physiol, 21: 1183-1193.

Christman MA, Sperry JS, Adler FR, 2009. Testing the 'rare pit' hypothesis for xylem cavitation resistance in three species of Acer [J]. New Phytologist, 182: 664-674.

Christman MA, Sperry JS, Smith DD, 2012. Rare pits, large vessels and extreme vulnerability to cavitation in a ring-porous tree species [J]. New Phytologist, 193: 713-720.

Chung HH, Barnes RL, 1977. Photosynthate allocation in Pinus taeda I. Substrate resquirements for synthesis of shoot biomass [J]. Can J For Res, 7: 106-111.

Ciais P, Tans PP, Trolier M, et al., 1995. A large northern hemisphere terrestrial CO_2 sink indicated by $^{13}C/^{12}C$ of atmospheric CO_2 [J]. Science, 269: 1098-1102.

Cobb ARR, Choat B, Holbrook NM, 2007. Dynamics of freeze-thaw embolism in *Smilax rotundifolia* (*Smilacaceae*) [J]. American Journal of Botany, 94: 640-649.

Cochard H, Cruiziat P, Tyree MT, 1992. Use of positive pressures to establish vulnerability curves: Further support for the air-seeding hypothesis and implications for pressure-volume analysis [J]. Plant Physiology, 100: 205-209.

Cochard H, Tyree MT, 1990. Xylem dysfunction in Quercus: Vessel sizes, tyloses, cavitation and seasonal changes in embolism [J]. Tree Physiology, 6: 393-407.

Cohen S, Bennink J, Tyree MT, 2003. Air method measurements of apple vessel length distributions with improved apparatus and theory [J]. Journal of Experimental Botany, 54: 1889-1897.

Cohen S, Mosoni P, MeronM, 1995. Canopy clumpiness and radiation penetration in a young hedgerow apple orchard [J]. Agricultural and Forest Meteorology, 76: 185-200.

Collatz GJ, Ball JT, Grivet TC, et al., 1991. Physiological and environmental regulation of stomatal conductance, photosynthesis and transpiration: a model that includes a laminar boundary layer [J]. Agricultural and Forest Meteorology, 54: 107-136.

Collatz GJ, Ribas-Carbo M, Berry JA, 1992. Coupled photosynthesis stomatal conductance model for leaves of C_4 plants [J]. Australia Journal of Plant Physiology, 19: 519-538.

Collatz GT, Ball JT, Grivet C, 1991. Physiological and Environmental regulation of stomatal conductance, photosynthesis and transpiration: a model that includes a laminar boundary layer [J]. Agric. For. Meteor., 54: 107-136.

Comeau PG, Gendron F, Letchford T, 1998. A comparison of several methods forest imating light under apaperbirch mixed woodstand [J]. Canadian Journal of Forest Research, 28 (12): 1843-1850.

Conway TJ, Tans PP, Waterman LS, et al., 1994. Evidence for interannual variability of the carbon cycle from the national oceanic and atmospheric administration climate monitoring and diagnostics laboratory global air sampling network [J]. Journal of Geophysical Research-Atmospheres, 99 (D 11): 22831-22855.

Coombs J, Hall DO, Long SP, et al., 1986. Techniques in Bioproductivity and Photosynthesis [M]. 2nd ed. Oxford: Pergamon Press, 90-91.

Corkidi L, Rowland DL, Johnson NC, et al., 2002. Nitrogen fertilization alters the functioning of arbuscular mycorrhizas at two semiarid grasslands [J]. Plant and Soil, 240: 299-310.

Costa AC, Rezende-Silva SL, Megguer CA, et al., 2015. The effect of irradiance and water restriction on photosynthesis in young *jatobadocerrado* (*Hymenaeastigonocarpa*) plants [J]. Photosynthetica, 53: 118-127.

Cowan I, Milthorpe F, 1968. Plant factors influencing the water status of plant tissues [J]. Water Deficits and Plant Growth, 1: 137-193.

Cox PM, Huntingford C, Harding RJ, 1998. A canopy conductance and photosynthesis model foruse in a GCM land surface scheme [J]. J Hydrol, 212-213 (1-4): 79-94.

Criddle RS, Hopkin ED, Hansen L D, 1994. Plant distribution and the temperature coefficient of metabolism [J]. Plant Cell Environ, 17: 233-243.

Cui M, Miller PM, Nobel PS, 1993. CO_2 exchange and growth of the crassulacean acid metabolism plant Opuntia ficusindica under elevated CO_2 in open-top chambers [J]. Plant Physiol, 103: 519-524.

Dai Y, Zeng X, Dickinson RE, et al., 2003. The common land model (CLM) [J]. Bull. Am. Meteorol. Soc., 810: 1013-1023.

Daley MJ, Phillips NG, 2006. Interspecific variation in night-time transpiration and stomatal conductance in a mixed New England deciduous forest [J]. Tree Physiology, 26: 411-419.

Davidson EA, Belk E, Boone RD, 1998. Soil water content and temperature as independent or confounded factors controlling soil respiration in a temperate mixed hardwood forest [J]. Glob Change Biol, 4: 217-227.

Davidson EA, SavageK, Verchot LV, et al., 2002. Minimizing artifacts and biases in chamber-based measurements of soil respiration [J]. Agric For Meteorol, 113: 21-37.

David W, Stith TG, 2001. Photosynthesis and light-use efficiency by plants in a Canadian boreal forest ecosystem [J]. Tree Physiology, 21: 925-929.

Davis SD, Sperry JS, Hacke UG, 1999. The relationship between xylem conduit diameter and cavitation caused by freezing [J]. American Journal of Botany, 86: 1367-1372.

Dayan E, van Keulen H, Dovrat A, 1981. Experimental evaluation of a crop growth simulation model a case study with Rhodes grass [J]. Agro-Ecosystems, 7: 113-126.

Dean SL, Farrer EC, Taylor DL, et al., 2014. Nitrogen deposition alters fungal relationships: Linking below Ground dynamics to aboveground vegetation change [J]. Molecular Ecology, 23: 1364-1378.

Del Arco JM, Escudero A, Garrido MV, 1991. Effects of site characteristics on nitrogen retranslocation from senescing leaves [J]. Ecology, 72 (2): 701-708.

Denning AS, Randall DA, Collatz GJ, et al., 1996. Simulations of terrestrial carbon metabolism and atmospheric CO_2 in a general circulation model. Part2. Simulated CO_2 concentration [J]. Tellus, 48 (B): 543-567.

Dewar RC, 1995. Interpretation of an empirical model for stomatal conductance in terms of guard cell function [J]. Plant Cell Environ., 18: 365-372.

Dickinson RE, Shaikh M, Bryant R, et al., 1998. Interactive canopies for a climate model [J]. J. Climate, 11: 2823-2836.

Dixon HH, Joly J, 1894. On the ascent of sap [J]. Annals of Botany, 8: 468-470.

Do F, ocheteau A, 2002. Influence of natural temperature gradients on measurements of xylem sap flow with thermal dissipation probes. 1. Field observations and possible remedies [J]. Tree Physiology, 22: 641-648.

Domec JC, Meinzer FC, Lachenbruch B, et al., 2007. Dynamic variation in sapwood specific conductivity in six woody species [J]. Tree Physiology, 27: 1389-1400.

Domec JC, Palmroth S, Ward E, et al., 2009. Acclimation of leaf hydraulic conductance and stomatal conductance of Pinus taeda (loblolly pine) to long-term growth in elevated CO_2 (free-air CO_2 enrichment) and N-fertilization [J]. Plant, Cell and Environment, 32: 1500-1512.

Edwards NT, Shugart HH Jr, McLaughlin SB, et al., 1981. Carbon metabolism in terrestrial ecosystems//Reichle DE, ed. Dynamic Properties of Forest Ecosystems [M]. London, UK: Cambridge University Press.

Egerton Warburton LM, Allen EB, 2014. Shifts in arbuscular mycorrhizal communities along an anthropogenic nitrogen deposition gradient [J]. Ecological Applications, 10: 484-496.

Eguchi N, Morii N, Ueda T, et al., 2008. Changes in petiole hydraulic properties and leaf water flow in birch and oak saplings in a CO_2-enriched atmosphere [J]. Tree Physiology, 28: 287-295.

Epron D, Farque L, Lucot E, 1999. Soil CO_2 efflux in a beech forest: The contribution of root respiration [J]. Ann For Sci, 56: 289-295.

ErikssonH, Eklundh L, HallK, et al., 2005. Estimating LAI in deciduous forest stands [J]. Agricultural and Forest Meteorology, 129: 27 - 37.

Escudero A, 2003a. Relative growth rate of leaf biomass and leaf nitrogen content in several mediteranean woody species [J] . Plant Ecology, 168: 321 - 332.

Evans JR, 1989. Photosynthesis and nitrogen relationship in leaves of C_3 plants [J] . Oecologia, 78: 9 - 19.

Famiglietti JS, Wood EF, 1995. Effects of spatial variability and scale on areally averaged vapotranspiration [J] . Water Resources Research, 31 (3): 699 - 712.

Fang C, Moncrieff JB, 2001. The dependence of soil CO_2 efflux on temperature [J] . Soil Biology Biochemistry, 33 (2): 155 - 165.

Fang C, Moncrieff JB, Gholz HL, 1998. Soil CO_2 efflux and its spatial variation in a Florida slash pine plantation [J] . Plant Soil, 205: 135 - 146.

Farquhar GD, 1989. Model of integrated photosynthesis of cells and leaves [M]. Phil. Trans. R. Soc. London. Ser. B, 323: 357 - 367.

Farquhar GD, Von Caemmerer, Berry JA, 1980. A biochemical model of Photosynthetic CO_2 assimilation in leaves of C_3 species [J] . Planta, 149: 78 - 90.

Farrer EC, Suding KN, Knops J, 2016. Teasingapart plant community responses to N enrichment: The Roles of resource limitation, Competition and soil microbe [J] . Ecology Letters, 19: 1287 - 1296.

Fidji Gendron, Christian Messier and Philip G. Comeau, 2001. Temporal variations in the understorey photosynthetic photon flux density of a deciduous stand: the effects of canopy development, solar elevation, and sky conditions [J] . Agric For Meteorol, 106, 23 - 40.

Field C, 1983. Allocating leaf nitrogen for the maximization of carbon gain leaf age as a control on the allocation program [J] . Oecologia, 56: 341 - 347.

Fitter A, 1977. Influence of mycorrhizal infection on competition for phosphorus and potassium by two grasses [J] . New Phytologist, 79: 119 - 125.

Fons J, Klinka K, 1998. Temporal variations of forest floor properties in the Coastal Western Hemlock zone of southern British Columbia [J] . Canadian Journal of Forest Research, 28 (4): 582 - 590.

Fredrik L, Anders L, 2002. Transpiration response to soil moisture in pine and spruce trees in Sweden [J] . Agricultural and Forest Meteorology, 12: 67 - 85.

Galloway JN, Cowloing EB, 2002. Reactive nitrogen and the world: 200 years of change [J]. Ambio, 31: 64 - 71.

Garbutt K, Williaams WE and Bazzaz FA, 1990. Analysis of annuals to elevated CO_2 during growth [J] . Ecology, 71 (3): 1185 - 1194

Gardiner ES, Krauss KW, 2001. Photosynthetic light response of flooded cherry bark oak (*Quercus pagoda*) seedlings grown in two light regimes [J] . Tree Physiol, 21 (15): 1103 - 1111.

Gary AF, William AB, 1982. Effect of atmospheric CO_2 enrichment on growth, nonstructural carbohydrate content, and root nodule activity in soybean [J] . Plant Physiol, 69: 327 - 331.

Gebauer T，Bassiri Rad H，2011. Effects of high atmospheric CO_2 concentration on root hydraulic conductivity of conifers depend on species identity and inorganic nitrogen source [J]. Environmental Pollution，159：3455－3461.

Geiger DR，Servaites JC，1994. Diurnal regulation of photosynthetic carbon metabolism in C_3 plants. Ann. Rev. Plant Physiol [J]．Plant Molecular Biol.，45：235－256.

Gendron F，Messier C，Comeau PG，2001. Temporal variations in the under story photosynthetic photonflux density of a deciduous stand：The effects of canopy development，solarelevation，and skyconditions [J]．Agricultural and Forest Meteorology，106（1）：23－40.

Genthon C，Barnola JM，Raynaud D，et al.，1987. Vostok ice core：climatic response to CO_2 and orbital forcing changes over the last climatic cycle [J]．Nature，329：414－418.

Gimeno TE，Crous KY，Cooke J，et al.，2016. Conserved stomatal behaviour under elevated CO_2 and varying water availability in a mature woodland [J]．Functional Ecology，30：700－709.

Gollan T，Passioura JB，Schulze ED，1986. Soil water status affects the stomatal conductance of fully turgid wheat and sunflower leaves [J]．Aust. J. Plant. Physiol.，13：459－464.

Gong XY，Chen Q，Lin S，et al.，2011. Tradeoffs between nitrogen-and water-use efficiency in dominant species of the semiarid stepper of Inner Mongolia [J]．Plant and Soil，340：227－238.

Gonzalez-Salvatierra C，Andrade JL，Orellana R，et al.，2013. Microenvionment light output and leaf morphology and physiology of Bromelia karatas（*Bromeliaceae*）in a deciduous forest Yucatan，Mexico [J]．Botanical Sciences，91：75－84.

Goudriaan J，1977. Crop Micrometeorology：A Simulation Study [M]．Wageningen，The Netherland：Centre for Agriculture Publishing and Documentation.

Goudriaan J，1986. A sample and fast numerical method for the computation of daily totals of crop photosynthesis [J]．Agric. For. Meteor.，38：249－254.

Goudriaan J，van Laar HH，1994. Modeling Crop Growth Processes [M]．The Netherlands：Kluwer，Amsterdam.

Goudrian J，Bijlsma RJ，1987. Effects of CO_2 enrichment on growth of fababeans at two levels of water supply [J]．Neth J Agric Sci，35：189－191.

Goulden ML，Daube BC，Fan SM，et al.，1997. Physiological responses of a black spruce forest to weather [J]．J. Geophys. Res.，102：28987－28996.

GouldenML，Munger JW，Fan SM，et al.，1996. Exchange of carbon dioxide by a deciduous forest：Response to inter annual climate variability [J]．Science，271：1576－1578.

Gracia CA，SabatéS，Tello E，1997. Modelling the responses to climate change of a Mediterranean forest managed at different thinning intensities：Effects on growth and water fluxes. In：Mohren GMJ，eds. Impacts of Global Change on Tree Physiology and Forest Ecosystems [M]．Forestry Sciences. The Netherlands：Kluwer Publishers，52：243－252.

Gracia CA，Tello E，SabatéS，et al.，1999. GOTILWA：An Integrated model of water dynamics and forest growth. In：Rodà F，eds. Ecology of Mediterranean Evergreen Oak Forests. Ecological Studies [M] . Berlin Heidelberg: Springer Verlag, 137: 163 - 179.

Granier A, 1985. A new method for measure sap flow [J] . Annals of Forest Science, 42: 193 - 200.

Granier A, 1987. Evaluation of transpiration in a Douglas-fir stand by means of sap flow measurement [J] . Tree Physiology, 3: 309 - 320.

Granier A, Anfodillo T, Sabatti M, et al., 1994. Axial and radial water flow in the trunks of oak trees: A quantitative and qualitative analysis [J] . Tree Physiology, 14: 1383 - 1396.

GranierA, Biron P, Lemoine D, 2000. Water balance, transpiration and canopy conductance in two beech stands [J] . Agricultural and Forest Meteorology, 100: 291 - 308.

Granier A, Huc R, Barigah ST, 1996. Transpiration of natural forest and its dependence on climatic factors [J] . Agricultural and Forest Meteorology, 78: 18 - 29.

Greenidge KNH, 1952. An approach to the study of vessel length in hardwood species [J]. American Journal of Botany, 39: 570 - 574.

Hacke UG, 2014. Irradiance-induced changes in hydraulic architecture [J] . Botany, 92: 437 - 442.

Hacke UG, Jacobsen AL, Pratt RB, 2009. Xylem function of arid-land shrubs from California, USA: An ecological and evolutionary analysis [J] . Plant, Cell and Environment, 32: 1324 - 1333.

Hacke UG, Sperry JS, 2001. Functional and ecological xylem anatomy [J] . Perspectives in Plant Ecology, Evolution & Systematics, 4: 97 - 115.

Hacke UG, Sperry JS, Pittermann J, 2004. Analysis of circular bordered pit function. II. Gymnosperm tracheids with torusmargo pit membranes [J] . American Journal of Botany, 91: 386 - 400.

Hacke UG, Sperry JS, Wheeler JK, et al., 2006. Scaling of angiosperm xylem structure with safety and efficience [J] . Tree Physiology, 26: 689 - 701.

Hacke UG, Uwe G, John S, et al., 2000. Drought experience and cavitation resistance in six shrubs from the Great Basin, Utah [J] . Basic and Applied Ecology, 1: 31 - 41.

Hacke U, Sauter JJ, 1996. Drought-induced xylem dysfunction in petioles, branches, and roots of *Populus balsamifera* L. and *Alnus glutinosa* (L.) Gaertn [J] . Plant Physiology, 111: 413 - 417.

Hammel HT, 1967. Freezing of xylem sap without cavitation [J] . Plant Physiology, 42: 55 - 66.

Han Q, Kawasaki T, Nakano T, et al., 2008. Leaf-age effects on seasonal variability in photosynthetic parameters and its relationships with leaf mass per area and leaf nitrogen concentration within a Pinus densiflora crown [J] . Trees, 28: 551 - 558.

Harley PC, Thomas RB, Reynolds JF, et al., 1992. Modeling photosynthesis of cotton grown in elevated CO_2 [J] . Plant Cell Environ, 15: 271 - 282.

Harmonm E, Franklin JF, Swanson J, et al., 1999. Ecology of coarse woody debris in temperate ecosystems [J] . Advances in Ecological Research, 15: 133 - 302.

Harvey HP, van R, 1999. Nitrogen and potassium effects on xylem cavitation and water-use efficiency in poplars [J] . Tree Physiology, 19: 943 - 950.

Hasselquist NJ, Hogberg P, 2014. Dosage and duration effects of nitrogen additions on ectomycorrhizal sporocarp production and functioning, an example from two N-limited boreal forests [J] . Ecology and Evolution, 4: 3015 - 3026.

Hatton TJ, Walker J, Dawes WR, et al., 1992. Simulation of hydro-ecological responses to elevated CO_2 at the catchment scale [J] . Australia Journal of Botany, 40: 679 - 696.

Healy RW, Striegl RG, Russell TF, et al., 1996. Numerical evaluation of static-chamber measurements of soil-atmosphere gas exchange: identification of physical processes [J] . Soil Sci Soc Am J, 60: 740 - 747.

Herrick JD, Thomas RB, 1999. Effects of CO_2 enrichment on the photosynthetic light response of sun and shade leaves of canopy sweetgum trees (*Liquidambar styraciflua*) in a forest ecosystem [J] . Tree Physiol, 19: 779 - 786.

Holden C, 2004. A parallel-processing implementation of ECOPHYS, a functional structural tree growth metabolism model. Mathematics technical report TR2004-5 [M] . University of Minnesota Duluth.

Host G, Lenz K, Stech H, 2004. Mechanistically-based Functional-structural tree models for simulating forest patch response to interacting environmental stresses. In: Godin C. eds. Proceedings of the 4th International Workshop on Functional-Structural Plant Models [M]. France: Montpellier.

Houghton RA, Hackler JL, Lawrence KT, 1999. The U. S. carbonbudget: Contributions from land-use change [J] . Science, 285: 574 - 578.

Hugo Hr, Brett RG and Sagar VK, 1994. Plant responses to atmospheric CO_2 enrichment with emphasis on roots and the rhizosphere [J] . Envmt Poll, 83: 155 - 189.

Hultine KR, 2008. Wood anatomy constrains stomatal responses to atmospheric vapor pressure deficit in irrigated, urban trees [J] . Oecologia, 156: 13 - 20.

Hyer EJ, Goetz SJ, 2004. Comparison and sensitivity analysis of instruments and radiometric methods for LAI estimation: Assessments from aboreal forest site [J] . Agricultural and Forest Meteorology, 122 (3 - 4): 157 - 174.

Jansen S, Choat B, Pletsers A, 2009. Morphological variation of intervessel pit membranes and implications to xylem function in angiosperms [J] . American Journal of Botany, 96: 409 - 419.

Jarvis PG, 1989. Atmospheric carbon dioxide and forests [J] . Phil Trans R Soc Lond B Biol Sci, 324: 369 - 392.

Jarvis PJ, 1976. The interpretation of the variations in water potential and stomatal conductance found in canopies in the field [J] . Phil. Tran. R. Soc. London. Ser. B, 273: 593 - 610.

Jiménez-Castillo M, Lusk CH, 2013. Vascular performance of woody plants in a temperate rain forest: Lianas suffer higher levels of freeze-thaw embolism than associated trees [J]. Functional Ecology, 27: 403 - 412.

Johnson B, 2013. The ascent of sap in tall trees: A possible role for electrical forces [J]. Water, 5: 84 - 106.

Johnson DM, Smith WK, 2006. Lowclouds and cloud immersion enhance photosynthesis in under storys pecies of a southern Appalachian spruce-fir forest (USA) [J] . American Journal of Botany, 93 (11): 1625 - 1632.

Jonckheere I, Fleck S, NackaertsK, et al., 2004. Review of methods for in situ leaf area index determination. Ⅰ. Theories, sensors and hemispherical photography [J] . Agricultural and Forest Meteorology, 121: 19 - 35.

Jones HG, 1992. Plants and Microclimate [M], 2nd eds. New York: Cambridge University Press, 163 - 214.

Jones HG, 1983. Plants and Microclimate: A Quantitative Approach to Environmental Plant Physiology [M] . Cambridge UK: Cambridge University Press.

Jupa R, Plavcova L, Flamikova B, et al., 2016. Effects of limited water availability on xylem transport in *liana Humulus lupulus* L. Environmental and Experimental Botany, 130: 22 - 32.

Kajimoto T, 1990. Photosynthesis and respiration of Pinus pumila needles in relation to needle age and season [J] . Ecol Res, 5: 333 - 340.

Kalthoff N, Fiedler F, Kohler M, et al., 1999. Analysis of energy balance components as a function of orography and landuse and comparison of results with the distribution of variables influencing local climate [J] . Theoretical and Applied Climatology, 62 (1/2): 65 - 84.

Kang S, Doh S, Lee D, et al., 2003. Topographic and climatic controls on soil respiration in six temperate mixed-hardwood forest slopes, Korea [J] . Glob Change Biol, 9: 1427 - 1437.

Keeling CD, Whorf TP, 1990. Atmospheric CO_2 concentrations, Mauna Loa. In: Boden TA, Kanciruk P and Farrel MP eds. Trends90: A Compendium of Data on Global Change [M]. pp 8 - 9. Oak Ridge National Laboratory, Oak Ridge, TN.

Keeling CD, Whorf TP, 1995. Decadal oscillations in global temperature and atmospheric carbon dioxide. In: Martinson DG. Bryan K, Hall MM, eds. Natural Climate Variability on Decade-to-Century Time Scales [M] . Washington: National Academy Press. 97 - 109.

Kellomäki S, Wang KY, 1997. Effect of long-term CO_2 and temperature elevation on crown nitrogen distribution and daily photosynthetic performance of Scots pine [J]. For. Ecol. Manage., 99: 309 - 326.

Kelly VR, Canham CD, 1992. Resource heterogeneity in old fields [J] . Journal of Vegetation Science, 3 (4): 545 - 552.

Kendall AC, Turer JC, Thomas SM, et al., 1985. Effects of CO_2 enrichment at different irradiances on growth and yield of wheat [J] . J Exper Bot, 36 (163): 261 - 273.

Kikuzawa K, Lechowicz MJ, 2011. Ecology of Leaf Longevity [M] . Tokyo: Springer Verlag. Mediavilla S.

King AW, Emanuel WR, Post WM, 1992. Projecting future concentrations of atmospheric CO_2 with global carbon cycle models: the importance of simulating historical changes [J]. Environ Man, 16: 91 - 108.

Kitin P, Funada R, 2016. Early wood vessels in ring-porous trees become functional for water transport after bud burst and before the maturation of the current-year leaves [J]. Iawa Journal, 37: 315 - 331.

Kjøller R, Nilsson LO, Hansen K, et al., 2012. Dramatic changes in ectomycorrhizal community composition, Root tip abundance and mycelial production along a stand scale nitrogen deposition gradient [J]. New Phytologist, 194: 278 - 286.

Kōmer C, Riedl S, 2012. Alpine Treelines: Functional Ecology of the Global High Elevation Tree Limits [J]. Berlin: Springer, 24 - 28.

Knoblauch M, Knoblauch J, Mullendore DL, et al., 2016. Testing the Münch hypothesis of long distance phloem transport in plants [J]. Elife, 5: e15341.

Knohl A, Kolle O, Minayeva T, et al., 2002. Carbon dioxide exchange of a Russian boreal forest after disturbance by wind throw [J]. Global Change Biology, 8: 231 - 246.

Knyazikhin Y, Mieszen G, Panfyorov O, et al., 1997. Small-scale study of three-dimensional distribution of photosynthetically active radiation in a forest [J]. Agricultural and Forest Meteorology, 88: 215 - 239.

Koch GW, Sillett SC, Jennings GM, et al., 2004. The limits to tree height [J]. Nature, 428: 851 - 854.

Koike T, Lei TT, Maximov TC, et al., 1996. Comparison of the photosynthetic capacity of Siberian and Japanese birch seedlings grown in elevated CO_2 and temperature [J]. Tree Physiol, 16 (3): 381 - 385.

Kossmann M, Sturman AP, Zawar-Reza P, et al., 2002. Analysis of the windfield and heat budget in an alpine lake basin during summer time fair weather conditions [J]. Meteorology and Atmospheric Physics, 81 (1/2): 27 - 52.

Kostiainen K, Jalkanen H, Kaakinen S, et al., 2006. Wood properties of two silver birch clones exposed to elevated CO_2 and O_3 [J]. Global Change Biology, 12: 1230 - 1240.

Krasowski MJ, Owens JN, 1999. Tracheids in white spruce seedling's long lateral roots in response to nitrogen availability [J]. Plant and Soil, 217: 215 - 228.

Kraus HT, Warren SL, Anderson CE, 2002. Nitrogen form affects growth, mineral nutrient content, and root anatomy of Cotoneaster and Rudbeckia [J]. Hortscience, 37: 126 - 129.

Kstner B, Biron P, Siegwolf R, et al., 1996. Estimates of watervapour flux and canopy conductance of Scots pine at the tree level utilizing different xylem sap flow method [J]. Theoretical and Applied Climatology, 53: 105 - 113.

Ladwig LM, Collins SL, Swann AL, et al., 2012. Above and belowground responses to nitrogen addition in a Chihuahuan Desert grassland [J]. Oecologia, 169: 177 - 185.

Lancashire JR, Ennos AR, 2002. Modelling the hydrodynamic resistance of bordered pits [J]. Journal of Experimental Botany, 53: 1485 - 1493.

Larocque GR, 2002. Coupling a detailed photosynthetic model with foliage distribution and light attenuation functions to compute daily gross photosynthesis in sugar maple (*Acer saccharum*

Marsh.）stands [J]. Ecol Model，148（3）：213－232.

Lavigne MB，1987. Differences in stem respiration responses to temperature between balsam fir trees in thinned and unthinned stands [J]. Tree Physiology，3：225－233.

Lavigne MB，Ryan MG，1997. Growth and maintenance erespiration rated of aspen，black spruce and jack pinestem at northern and southern BOREAS sites [J]. Tree Physiology，17：543－551.

Law BE，Baldocchi DD，Anthoni PM，1999. Below-canopy and soil CO_2 fluxes in aponderosa pine forest [J]. Agricultural and Forest Meteorology，94：171－188.

Law BE，Kelliher FM，Baldocchi DD，et al.，2001. Spatial and temporal variation in respiration in a young ponderosa pine forest during a summerdrought [J]. Agric For Meteorol，110：27－43.

Law BE，Ryan MG，Anthoni PM，1999. Seasonal and annual respiration of a ponderosa pine ecosystem [J]. Global Change Biol，5：169－182.

Lawlor DW，Mitchell RAC，1991. The effects of increasing CO_2 on crop photosynthesis and productivity：A review of field studies [J]. Plant Cell Environ，14：807－818.

Lawrence D，2013. The response of tropical tree seedlings to nutrient supply：Meta-analysis for understanding a changing tropical landscape [J]. Journal of Tropical Ecology，19：239－250.

Le Bauer DS，Treseder KK，2008. Nitrogen limitation of net primary productivity in terrestrial ecosystems is globally distributed [J]. Ecology，89：371－379.

Lee J，Bowling DJF，1992. Effect of the mesophyll on stomatal opening in Commelina communis [J]. J. Exp. Bot.，43：951－957.

Lens F，Sperry JS，Christman MA，et al.，2011. Testing hypotheses that link wood anatomy to cavitation resistance and hydraulic conductivity in the genus Acer [J]. New Phytologist，190：709－723.

Leuning R，1990. Modeling stomatal behavior and photosynthesis of Eucalyptus grandis [J]. Australia Journal of Plant Physiology，17：159－175.

Leuning R，1995. A critical appraisal of a combined stomatal-photosynthesis model for C_3 plants [J]. Plant Cell Environment，18：339－355.

Leuning R，Cromer RN，Rance S，1991. Spatial distributions of foliar nitrogen and phosphorous in crowns of Eucalyptus grandis [J]. Oecologia，88：504－510.

Leuning R，Kelliher FM，de Pury DGG，et al.，1995. Leaf nitrogen，photosynthesis conductance and transpiration：Scaling from leaves to canopies [J]. Plant Cell Environ，18（10）：1183－1200.

Lewis AM，Boose ER，1995. Estimating volume flow-rates through xylem conduits [J]. American Journal of Botany，82：1112－1116.

Lewis JD，Mckane RB，TingeyDT，et al.，2000. Vertical gradients in photosynthetic light responsewithin an old-growth Douglasfir and western hemlock canopy [J]. Tree Physiol，20（7）：447－456.

Lewis JD，Olszyk D，Tingey DT，1999. Seasonal patterns of photosynthetic light response in

Douglasfir seedlings subjected to elevated atmospheric CO_2 and temperature [J]. Tree Physiol, 19 (4-5): 243-252.

Li CY, Liu SR, Berninger F, 2004. Picea seedlings show apparent acclimation to drought with increasing altitude in the eastern Himalaya [J]. Trees, 18 (3): 277-283.

Lieffers VJ, Messier C, Stadt KJ, et al., 1999. Predicting and managing light in the under story of boreal forests [J]. Canadian Journal of Forest Research, 29 (6): 796-811.

Li MH, Hoch G, Kōmer C, 2002. Source/sink removal affects mobile carbohydrates in Pinus cembra at the Swiss treeline [J]. Trees, 16 (4/5): 331-337.

Lim MT, Cousens JE, 1986. The internal transfer of nutrients in a Scots pine stand 2. The pattern of transfer and the effects of nitrogen availability [J]. Forestry, 59 (1): 17-27.

Lipp C, Nilsen E, 1997. The impact of subcanopy light environment on the hydraulic vulnerability of Rhododendron maximum to freeze-thaw cycles and drought [J]. Plant, Cell & Environment, 20: 1264-1272.

Li S, Lens F, Espino S, et al., 2016. Intervessel pit membrane thickness as a key determinant of embolism resistance in angiosperm xylem [J]. Iawa Journal, 37: 152-171.

LiuY, Han SJ, Zhou YM, et al., 2005. Contribution of rootrespiration to total soil respiration in a Betula ermanii-dark coniferous forest acetone of the Changbai Mountains, China [J]. Pedosphere, 15: 448-455.

Lloyd J, Taylor J A, 1994. On the temperature dependence of soil respiration [J]. Functional Ecology, 8: 315-323.

Loepfe L, Martinez-Vilalta J, Piol J, et al., 2007. The relevance of xylem network structure for plant hydraulic efficiency and safety [J]. Journal of Theoretical Biology, 247: 788-803.

Lo Gullo MA, Trifilo P, Raimondo F, 2000. Hydraulic architecture and water relations of Spartium junceum branches affected by a mycoplasm disease [J]. Plant, Cell and Environment, 23: 1079-1088.

Loiseau P, Soussana JF, 1999. Elevated CO_2, Temperature increase and N effects on the turnover of below-ground carbon in a temperate grassland ecosystem [J]. Plant and Soil, 212: 233-247.

Long SP, Humphries S, Falkowski PG, 1994. Photo inhibition of photosynthesis in nature [J]. Annu Rev Plant Physiol Mol Biol, 45: 633-662.

Luo YQ, Hui DF, Cheng WX, et al., 2000. Canopy quantum yield in amesocosm study [J]. Agric For Meteorol, 100: 35-48.

Lusk CH, Jimenez-Castillo M, Salazar-Ortega N, 2007. Evidence that branches of evergreen angiosperm and coniferous trees differ in hydraulic conductance but not in Huber values [J]. Canadian Journal of Botany, 85: 141-147.

Mackay D S, Ahl D E, Ewers B E, et al., 2003. Physiological tradeoffs in the parameterization of a model of canopy transpiration [J]. Advances in Water Resources, 26: 179-194.

Maherali H, Klironomos JN, 2007. Influence of phylogeny on fungal community assembly and Ecosystem functioning [J]. Science, 316: 1746-1748.

Maier CA, Kress LW, 2000. Soil CO_2 evolution and root respiration in 11 year-old loblolly pine (*Pinus taeda* L.) plantation as affected by moisture and nutrient availability [J]. Can J For Res, 30: 347 - 359.

Maier CA, Zarnoch SJ, Dougherty PM, 1998. Effects of temperature and tissue nitrogen on dormant season stem and branch maintenance respiration in a young loblolly pine (*Pinus taeda*) plantation [J]. Tree Physiol, 14: 481 - 495.

Makino A, 2011. Photosynthesis, grain yield, and nitrogen utilization in rice and wheat [J]. Plant Physiology, 155: 125 - 129.

Mariscal MJ, Orgaz F, Villalobos FJ, 2000. Modelling and measurement of radiation interception by olive canopies [J]. Agric ForMeteorol, 100, 183 - 197.

Marra JL, Edmonds RL, 1996. Coarse woody debris and soil respiration in a clearcut on the Olympic Peninsula, Washington, USA [J]. Canadian Journal of Forest Research, 26: 1337 - 1345.

Martínezvilalta J, Poyatos R, Aguadé D, et al., 2014. A new look at water transport regulation in plants [J]. New Phytologist, 204: 105 - 115.

Matson PA, Mc Dowell WH, Townssedar, et al., 1999. The globalization of N deposition, ecosystem consequences in tropical environments [J]. Biogeochemistry, 46: 67 - 83.

May JD, Killingbeck KT, 1992. Effects of preventing nutrient resorption on plant fitness and foliar nutrient dynamics [J]. Ecology, 73 (5): 1868 - 1878.

McCree KJ, 1970. An equation for the rate of respiration of white clover plants grown under controlled conditions. In: Setlik I ed. Prediction and Measurement of Photosynthetic Productivity [M]. Wageningen, Netherlands: PUDOC. 221 - 229.

McCree KJ, Fernandez CJ, 1989. Simulation model for studying physiological water stress responses of whole plant [J]. Crop Sci., 29: 353 - 360.

Mc Murtrie RE, Leuning R, Thompson WA, et al., 1992. A model of canopy photosynthesis and water use incorporating a mechanistic formulation of leaf CO_2 exchange [J]. Forest Ecological Management, 52: 261 - 278.

McNaughton KG, Jarvis PG, 1991. Effects of spatial scale on stomatal control of transpiration [J]. Agricultural and Forest Meteorology, 54: 269 - 301.

Medeiros JS, Ward JK, 2013. Increasing atmospheric CO_2 from glacial to future concentrations affects drought tolerance via impacts on leaves, xylem and their integrated function [J]. New Phytologist, 199: 738 - 748.

Mediavilla S, Escudero A, 2003b. Leaf life span differs from retention time of biomass and nutrients in the crowns of evergreen species [J]. Functional Ecology, 17: 541 - 548.

Min QL, 2005. Impacts of aerosols and clouds on forest-atmosphere carbon exchange [J]. Journal of Geophysical Research, 110: D 06203 doi: 10. 1029/2004JD 004858.

Monteith, JL, 1976. Vegetation and the Atmosphere [M]. London: Academic Press.

Monteith JL, Unsworth MH, 1990. Principles of environmental physics [M]. 2nd ed. London: Edward Arnold, 291 (press).

Monteith JL, Unsworth MH, 1990. Principles of Environment Physics [M]. London: Edward, Arnold.

Morales MS, Villalba R, Grau HR, et al., 2004. Rainfall-controlled tree growth in high-elevation subtropical treelines [J]. Ecology, 85 (11): 3080-3089.

Mott KA, 1988. Do stomata respond to CO_2 concentrations other than intercellular [J]. Plant Physiol., 86: 200-203.

Mott KA, Michaelson O, 1991. Amphistomy as an adaptation to high light intensity in *Ambrosia cordifolia* (Compositae) [J]. American Journal of Botany, 78: 76-79.

Mott KA, Parkhurst DF, 1991. Stomatal responses to humidity in air and helox [J]. Plant Cell Environ., 14: 509-515.

Negisi K, 1981. Diurnal and seasonal fluctuations in the stem bark respiration of astanding Quercusmyrsenefolia tree [J]. Journal of Japanese Forest Society, 63: 235-241.

Nelson TE, Hanson PJ, 1996. Stem respiration in a closed-canopy upland oak forest [J]. Tree Physiology, 16: 433-439.

Newsham KK, Fitter AH, Watkinson AR, 1995. Arbuscular mycorrhiza protect an annual grass from root Pathogenic fungi in the field [J]. Journal of Ecology, 83: 991-1000.

Nicotra AB, Chazdon RL, Iriarte SVB, 1999. Spatial heterogeneity of light and woody seedling regeneration in tropical wet forests [J]. Ecology, 80 (6): 1908-1926.

Niinemets, Bilger W, Kull O, et al., 1998. Acclimation to high irradiance in temperate deciduous trees in the field: Changes in xanthophyll cycle pool size and in photosynthetic capacity along a canopy light gradient [J]. Plant, Cell & Environment, 21: 1205-1218.

Niinemets, Tenhunen JD, Beyschlag W, 2004. Spatial and age dependent modifications of photosynthetic capacity in four Mediterranean oak species [J]. Functional Plant Biology, 31: 1179-1193.

Niu CY, Meinzer FC, Hao GY, 2017. Divergence in strategies for coping with winter embolism among co-occurring temperate tree species: The role of positive xylem pressure, wood type and tree stature [J]. Functional Ecology, 31: 1550-1560.

Norman J, 1993. Scaling processes between leaf and canopy level. In: Ehleringer JR, eds. Scaling Physiological Process: Leaf to Globe [J]. San Diego: Academic Press, 41-74.

Norman JM, 1978. Modeling the complete crop canopy. In: Barfild BJ, eds. Modification of the Aerial Environment of Plants [M]. St Joseph: American Society of Agriculture Engineers, 249-277.

Norman JM, Garcia R, Verma SB, 1992. Soil surface CO_2 fluxes and carbon budget of a grassland [J]. J Geophys Res, 97 (D17): 18845-18853.

Ogren E, Sunding U, 1996. Photosynthetic response to variable light: a comparison of species from contrasting habitats [J]. Oecologia, 106: 18-27.

Ohtsuka T, Akiyama T, HashimotoY, et al., 2005. Biometric based estimates of net primary production (NPP) in a cool-temperate deciduous forest stand beneath a flux tower [J]. Agricultural and Forest Meteorology，134：27－38.

Oliveira G，Martins-Loucao MA，Correia O，et al.，1996. Nutrient dynamics in crown tissues of cork-oak（*Quercus suber* L.）[J]. Trees，10（4）：247－254.

Onoda Y，Hikosaka K，Hirose T，2004. Allocation of nitrogen to cell walls decreases photosynthetic nitrogen-use efficiency [J]. Functional Ecology，18：419－425.

Palma RM，Defrieri RL，Tortarolo M F，et al.，2000. Seasonal changes of bioelements in the litter and their potential return to green leaves in four species of the argentine subtropical forest [J]. Annals of Botany，85（2）：181－186.

Panshin AJ，dezeeuw CH，1980. Textbook of Wood Technology [M]. New York：McGraw HillBook Company.

Park J，Kim HK，Ryu J，et al.，2014. Functional water flow pathways and hydraulic regulation in the xylem network of Arabidopsis [J]. Plant & Cell Physiology，56：520－531.

Penning de vries FWT，1975. The cost of maintenance processes in plant cells [J]. Ann Bot，39：77－92.

Peri PL，Arena M，Pastur GM，et al.，2011. Photosynthetic response to different light intensities，water status and leafage of two Berberis species（*Berberidaceae*）of Patagonian-steppe，Argentina [J]. Journal of Arid Environments，75：1218－1222.

Pittermann J，Limm E，Rico C，et al.，2011. Structure-function constraints of tracheid-based xylem：A comparison of conifers and ferns [J]. New Phytologist，192：449－461.

Pivovaroff AL，Santiago LS，Vourlitis GL，et al.，2016. Plant hydraulic responses to long-term dry season nitrogen deposition alter drought tolerance in a Mediterranean-type ecosystem [J]. Oecologia，181：721－731.

Preston RD，Freywyssling A，1952. Movement of water in higher plants//Frey Wyssling A，ed. Deformation and Flow in Biological Systems [M]. Amsterdam，Netherlands：North Holland Publishing Co：257－321.

Progar RA，Schowalter TD，Freitag CM，et al.，2000. Respiration from coarse woody debris as affected by moisture and saprotroph functional diversity in western Oregon [J]. Oecologia，124：426－431.

Radin JW，Kimball BA，Hendrix DL，et al.，1987. Photosynthesis of cotton plants exposed to elevated levels of carbon dioxide in the field [J]. Photosynth Res，12：191－203.

Raich JW，1998. Aboveground productivity and soil respiration in three Hawaiian rain forests [J]. For Ecol Manage，107：309－318.

Raich JW，Potter CS，Bhagawati D，2002. Interannual variability in global soil respiration，1980－1994 [J]. Glob Change Biol，8：800－812.

Ranathunge K，Schreiber L，Bi YM，et al.，2016. Ammoniuminduced architectural and anatomical changes with altered suberin and lignin levels significantly change water and solute permeabilities of rice（*Oryza sativa* L.）roots [J]. Planta，243：231－249.

Raupach MR，1989. Stand overstory processes [M]. Phil Trans R. Soc. London. Ser. B，324：175－190.

Raupach MR, Finkele F, Zhang L, 1997. SCAM: Description and Comparison with Field data [M]. Technical Paper NO. 132. CSIRO: Centre for Environmental Mechanics, 81.

Rauscher HM, Isebrands JG, Host GE, et al., 1990. Ecophys: An ecophysiological growth process model for juvenile poplar [J]. Tree Physio, 7: 255 - 281.

Richard BT, Kevin LG, 1994. Direct and indirect effects of atmospheric carbon dioxide enrichment on leaf respiration of *Glycinemax* (L.) *Merr* [J]. Plant Physiol, 104: 355 - 361.

Rinaldi M, 2004. Water availability at sowing and nitrogen management of durum wheat: A seasonal analysis with the CERES-wheat model [J]. Field Crops Res., 89: 27 - 37.

Robert B, Caritat A, Bertoni G, et al., 1996. Nutrient content and seasonal fluctuations in the leaf component of coark-oak (*Quercus suber* L.) litter fall [J]. Vegetatio, 122 (1): 29 - 35.

Rodriguez RJ, Henson J, Van Volkenburgh E, et al., 2008. Stress tolerance in plants via habitat adapted symbiosis [J]. ISME Journal, 2: 404 - 416.

Rogers HH, Cure D, Themas JF, et al., 1984. Influence of elevated CO_2 on growth of soybean plants [J]. Crop Sci, 24 (34): 361 - 366.

Rosner S, Karlsson B, 2011. Hydraulic efficiency compromises compression strength perpendicular to the grain in Norway spruce trunkwood [J]. Trees: Structure and Function, 25: 289 - 299.

Ross J, 1981. The Radiation Rregime and Aarchitecture of Plant Stands [M]. London: W Junk.

Ryan MG, 1990. Growth and maintenance respiration in stems of *Pinus contorta* and *Picea engelmannii* [J]. Can J For Res, 20: 48 - 57.

Ryan MG, 1990. Growth and maintenance respiration in stems of *Pinus contorta* and *Picea engelmannii*. [J] Can J For Res, 20: 48 - 57.

Ryan MG, 1991. Effect of climate changes on plant respiration [J]. Ecol. Appl., 1: 157 - 167.

Ryan MG, Gower ST, Hubbard RM, et al., 1995. Woody-tissue maintenance respiration of four conifers in contrasting climates [J]. Oecologia, 101: 133 - 140.

Ryan MG, Hubbard RM, Pongracic S, et al., 1996. Foliage, fineroot, woody-tissue and stand respiration in Pinus radiata in relation to nitrogen status [J]. Tree Physiol, 16: 333 - 343.

Sage RF, 1990. A model describing the regulation of ribulose-1, 5-biosphosphate carboxylase, electron transport, and triose phosphate use in response to light intensity and CO_2 in C_3 plants [J]. Plant Physiol., 94: 1728 - 1734.

Saigusa N, Yamamoto S, Murayama S, et al., 2005. Inter-annual variability of carbon budget components in an Asia Flux forest site estimated by long-term flux measurements [J]. Agricultural and Forest Meteorology, 134: 4 - 16.

Santa RI, Rico M, Rapp M, et al., 1997. Seasonal variation in nutrient concentration in leaves and branches of Quercus pyrenaica [J]. Journal of Vegetation Science, 8 (5): 651 - 654.

Sasaki A, Nakatsubo T, 2007. Nitrogen and phosphorus economy of the riparian shrub Salix gracilistyla in western Japan [J]. Wetlands Ecology and Management, 15 (3): 165-174.

Savide RA, Wareing PF, 1981. Plant growth regulators and differentiation of vascular elements. In: Barnett TK ed. Xylem Cell Development [M]. Tunbrides Weds, England: Caastlehouse Publications. 192-235.

Schlesinger W, 1982. Carbon storage in the caliche of arid soils: A case study from Arizona [J]. Soil Sci, 133: 247-255.

Schmid HP, Grimmond CSB, Cropley F, et al., 2000. Measurements of CO_2 and energy fluxes over a mixed hardwood forest in the midwestern United States [J]. Agricultural and Forest Meteorology, 103: 357-374.

Scholz A, Rabaey D, Stein A, et al., 2013. The evolution and function of vessel and pit characters with respect to cavitation resistance across 10 Prunus species [J]. Tree Physiology, 33: 684-694.

Schulte PJ, Castle AL, 1993. Water flow through vessel perforation plates-The effects of plate angle and thickness for *Liriodendron tulipifera* [J]. Journal of Experimental Botany, 44: 1143-1148.

Schulte PJ, Gibson AC, Nobel PS, 1989. Water flow in vessels with simple or compound perforation plates [J]. Annals of Botany, 64: 171-178.

Schultz HR, Matthews MA, 1993. Xylem development and hydraulic conductance in sun and shade shoots of grapevine (*Vitis vinifera* L.): Envidence that low-light uncouples water transport capacity from leaf-light uncouples water transport capacity from leaf-area [J]. Planta, 190: 393-406.

Sedjo RA, 1993. The carbon cycle and global forest ecosystem [J]. Water Air SoilPoll, 70: 297-307.

Sellers PJ, Berry JA, Collatz GJ, et al., 1992. Canopy reflectance, Photosynthesis and transpirationⅢ: A reanalysis using improved leaf models and a new canopy integration scheme [J]. Remote Sens. Environ., 42: 187-216.

Sellers PJ, Berry JA, Collatz GJ, et al., 1992. Canopy reflectance, photosynthesis and transpiration. Part Ⅲ. A reanalysis using enzyme kinetics-electron transport models of leaf physiology [J]. Remote Sensing Environment, 42: 187-216.

Sellers PJ, Bounoua L, Collatz GJ, et al., 1996. Comparison of radiative and physiological effects of doubled atmosphere CO_2 on climate [J]. Science, 271: 1402-1406.

Sellers PJ, Dickinson RE, Randall DA, et al., 1997. Modeling the exchange of energy, water, and carbon between continents and the atmosphere [J]. Science, 275 (5299): 502-509.

Sellers PJ, Randall DA, Collatz GJ, et al., 1996. A revised land surface parameterization (SSiB-2) for atmospheric GCMs. Part Ⅰ. Model formulation [J]. Journal of Climate, 9: 676-705.

Sharkey TD, 1985. Photosynthesis in intact leaves of C_3 plant physics physiology and rate limitations [J]. Bot. Rev., 51: 53-105.

Sheriff DW, 1984. Epidermal transpiration and stomatal response to humidity: some hypotheses expolored [J] . Plant Cell Environ. , 7: 669 - 677.

Shi TT, Guan DX, Wu JB, et al. , 2008. Comparison of methods for estimating evapotranspiration rate of dry forest canopy: Eddy covariance, Bowen ratio energy balance, and Penman-Monteith equation [J] . Journal of Geophysical Research, 113: D19116.

Silberstein RP, Sivapalan M, Viney NR, et al. , 2003. Modelling the energy balance of a natural jarrah (*Eucalyptus marginata*) forest [J] . Agricultural and Forest Meteorology, 115: 201 - 230.

Singsaas EL, Ort DR, Delucia E, 2000. Diurnal regulation of photosynthesis in understory saplings [J] . Res. New Phytol. , 145: 39 - 49.

Sojka RE. et al. , 1984. Measurement variability in soybean water status and soil nutrient extraction in a row spacing study in the U. S. southeastern Coastal Plain Commun [J] . Soil Sci. Plant Anal. , 15 (9): 1111 - 1134.

Song J, Yang D, Niu CY, et al. , 2017. Correlation between leaf size and hydraulic architecture in five compound-leaved tree species of a temperate forest in NE China [J] . Forest Ecology and Management, 2017, doi: org / 10. 1016 / j. foreco. 08. 005.

Song Yukuan, Chenlonsun, 1995. Numerical simulation for the impact of deforestation in China on climate of Asia [J] . Collection of Abstracts, XVlll Pacific Seience Congress Population, Resources and Enviornment: Prospects and Initiatives, 59.

Sperry JS, 1992. Xylem embolism in response to freeze-thaw cycles and water stress in ring-porous, diffuse-porous, and conifer species [J] . Plant Physiology, 100: 605 - 613.

Sperry JS, 2003. Evolution of water transport and xylem structure [J] . International Journal of Plant Sciences, 164: S115 - S127.

Sperry JS, Hacke UG, 2004. Analysis of circular bordered pit function. I. Angiosperm vessels with homogenous pit membranes [J] . American Journal of Botany, 91: 369 - 385.

Sperry JS, Nichols KL, Eastlack SE, 1994. Xylem embolism in ring-porous, diffuse-porous, and coniferous trees of northern Utah and interior Alaska [J] . Ecology, 75: 1736 - 1752.

Sperry JS, Tyree MT, 1988. Mechanism of water stress-induced xylem embolism [J] . Plant Physiology, 88: 581 - 587.

Spitters CJJ, 1986. Separating the diffuse and direct component of global radiation and its implications for modeling canopy photosynthesis part Ⅱ: Calculation of canopy photosynthesis [J]. Agric. For. Meteor. , 38: 231 - 242.

Steppe K, Lemeur R, 2007. Effects of ring-porous and diffuseporous stem wood anatomy on the hydraulic parameters used in a water flow and storage model [J] . Tree Physiology, 27: 43 - 52.

Steve G, Brent C, Bryan J, 2003. Theory and practical application of heat pulse to measure sap flow [J] . Agronomy Journal, 95: 1371 - 1379.

Stiller V, 2009. Soil salinity and drought alter wood density and vulnerability to xylem cavitation of baldcypress (*Taxodium distichum* (L.) Rich.) seedlings [J] . Environmental and Experimental Botany，67：164－171.

Stockfors J，Linder S，1998. The effect of nutrition on the seasonal course of needle respiration in Norway spruce stands [J]．Trees，12：130－138.

Stocking CR，Ongun A，1962. The intercellular distribution of some metallic elements in leaves [J]．Amer. J. Bot.，49：284－289.

Tanaka K，2001. Multi-layer model of CO_2 exchange in a plant community coupled with the water buget of leaf surfaces [J]．Ecol. Model.，147：85－104.

Taneda H，Sperry JS，2008. A case-study of water transport in co-occurring ring-vs. diffuse-porous trees：Contrasts in water-status，conducting capacity，cavitation and vessel refilling [J]．Tree Physiology，28：1641－1651.

Tardien F，Davies WJ，1993. Integration of hydraulic and chemical signaling in the control of stomatal conductance and water status of droughted plant [J]．Plant Cell Environ.，16：341－349.

Tegart MJ，Sheldon GW and Grifiths DC，1990. Climate Change，the IPCC Impacts Assessment [J]．Sydney：Australian Government Publishing Service Press，21.

Teklay T，2004. Seasonal dynamics in the concentrations of macronutrients and organic constituents in green and senesced leaves of three agro forestry species in southern Ethiopia [J]. Plant and Soil，267 (1/2)：297－307.

Tenhunen JD，Sala S A，Harley PC，et al.，1990. Factors influencing carbon fixation and water use by Mediterranean sclerophyll shubs during summer drought [J]．Oecologia，82：381－393.

Thomas SC，2010. Photosynthetic capacity peaks at intermediate size in temperate deciduous trees [J]．Tree Physiology，30：555－573.

Thomas V，Finch DA，McCaughey JH，et al.，2006. Spatial modelling of the fraction of photosynthetically active radiation absorbed by a boreal mixed wood forest using a lidar-hyperspectral approach [J]．Agricultural and Forest Meteorology，140 (1－4)：287－307.

Thorgeirsson H，Soegaard H，1999. Simulated carbon dioxide exchange of leaves of barley scaled to the canopy and compare to measured flux [J]．Agric. For. Meteor.，98：479－489.

Tibbetts TJ，Ewers W，2000. Root pressure and specific conductivity in temperate lianas：Exotic Celastrus orbiculatus (*Celastraceae*) vs. native Vitis riparia (*Vitaceae*) [J]．American Journal of Botany，87：1272－1278.

Tjoelker MG，Oleksyn J，Reich PB，2001. Modelling respiration of vegetation，evidence for ageneral temperature dependent Q_{10} [J]．Global Change Biology，7：223－230.

Tomomichi K，Reiji K，Makio K，2004. Estimation of evapotransipiration，transpiration ratio and water-use efficiency from a sparse canopy using a compartment model [J]．Agricultural Water Management，65：173－191.

Treseder KK，2010. A meta-analysis of mycorrhizal responses to nitrogen，phosphorus，and atmospheric CO_2 in field studies [J]．New Phytologist，164：347－355.

Tuzet A，PerierA，Leuning R，2003. A coupled model of stomatal conductance photosynthesis and transpiration [J] . Plant Cell Environ. , 6: 1097 - 1116.

Tyree MT, 1997. The cohesion-tension theory of sap ascent: Current controversies [J]. Journal of Experimental Botany, 48: 1753 - 1765.

Tyree MT, Davis SD, Cochard H, 1994. Biophysical perspectives of xylem evolution: Is there a tradeoff of hydraulic efficiency for vulnerability to dysfunction? [J] . Iawa Journal, 15: 335 - 360.

Tyree MT, Sinclair B, Lu P, et al. , 1993. Whole shoot hydraulic resistance in Quercus species measured with a new high-pressure flowmeter [J] . Annals of Forest Science, 50: 417 - 423.

Valentini R, Matteucci G, Dolman AJ, et al. , 2000. Respiration as the main determinant of carbon balance in European forests [J] . Nature, 404: 861 - 865.

Vaz M, Cochard H, Gazarini L, et al. , 2012. Cork oak (*Quercus suber*) seedlings acclimate to elevated CO_2 and water stress: Photosynthesis, growth, wood anatomy and hydraulic conductivity [J] . Trees: Structure and Function, 26: 1145 - 1157.

Vesala T, Markkanen T, PalvaL, et al. , 2000. Effect of variations of PAR on CO_2 exchange estimation for Scotspine [J] . Agricultural and Forest Meteorology, 100 (4): 337 - 347.

VierlingL A, Wessman CA, 2000. Photosynthetically active eradiation heterogeneity within a monodominant Congolese rainforest canopy [J] . Agricultural and Forest Meteorology, 103 (3): 265 - 278.

Vitale M, Scimone M, Feoli E, et al. , 2003. Modelling leaf gas exchanges to predict functional trends in Mediterranean Quercus Ilex forest under climatic changes in temperature [J]. Ecol. Model. , 166: 123 - 134

Vitousek PM, Howarth RW, 1991. Nitrogen limitation on land and in the sea: How can it occur [J]? Biogeochemistry, 13: 87 - 115.

Von Fricks Y, Ericsson T, Sennerby-Forsse L, 2001. Seasonal variation of macronutrients in leaves, stems and roots of *Salixdasyclados Wimm.* grown at two nutrient levels [J]. Biomass and Bioenergy, 21 (5): 321 - 334.

Walcroft AS, Brown KJ, Schuster WSF, et al. , 2005. Radiative transfer and carbon assimilation in relation to canopy architecture, foliage area distribution and clumping in a mature temperate rainforest canopy in New Zealand [J] . Agricultural and Forest Meteorology, 135: 326 - 339.

Wang AY, Wang M, Yang D, et al. , 2016. Responses of hydraulics at the whole-plant level to simulated nitrogen deposition of different levels in *Fraxinus mandshurica* [J] . Tree Physiology, 36: 1045 - 1055.

Wang C, Bond-Lamberty, Gower ST, 2002. Environmental controls on carbon dioxide flux from black spruce coarse woody debris [J] . Oecologia, 132: 374 - 381.

Wang GL, 2014. Carbon allocation of Chinese pine seedlings along a nitrogen Addition gradient [J] . Forest Ecology and Management, 334: 114 - 121.

Wang KY, 1996. Canopy CO_2 exchanged of Scots pine and its seasonal variation after four-year exposure to elevated CO_2 and temperature [J] . Agric. For. Meteor. , 82: 1 - 27.

Wang WJ, Yang FJ, Zu YG, et al., 2003. Stem respiration of a larch (*Larix gmelini*) plantation in Northeast China [J]. Acta Bot Sin, 45: 1387-1397.

Wang YP, 2000. A refinement to the two leaf model for calculating canopy photosynthesis [J]. Agric. For. Meteor., 101: 143-150.

Wang YP, Leuning R, 1998. A two-leaf model for canopy conductance photosynthesis and partitioning of available energy Ⅰ: model description and comparison with a multilayered model [J]. Agric. For. Meteor., 91: 89-111.

Wang YS, Wang YH, 2003. Quick measurement of CH_4, CO_2 and N_2O emissions from a short-plant ecosystem [J]. Adv Atmos Sci, 20: 842-844.

Wareing PF, 1958. The physiology of cambal activity [J]. J Inst Wood Sci, 1: 34-42.

Waring RH, Running SW, 1998. Forest ecosystems: Analysis at multiple scales [J]. San Diego: Academic Press. 1-10.

Warren CR, Adams MA, 2001. Distribution of N, Rubisco and photosynthesis in Pinus pinaster and acclimation to light [J]. Plant, Cell & Environment, 24: 597-609.

Warren CR, Dreyer E, Adams MA, 2006. Photosynthesis Rubisco relationships in foliage of *Pinus sylvestris* in response to nitrogen supply and the proposed role of Rubisco and amino acids as Warren CR. Why does photosynthesis decrease with needle age in Pinus pinaster [J]? Trees, 20: 157-164.

Wegner LH, Zimmermann U, 1998. Simultaneous recording of xylem pressure and trans-root potential in roots of intact glycophytes using a novel xylem pressure probe technique [J]. Plant, Cell & Environment, 21: 849-865.

Wei C, Tyree MT, Steudle E, 1999. Direct measurement of xylem pressure in leaves of intact maize plants: A test of the cohesion-tension theory taking hydraulic architecture into consideration [J]. Plant Physiology, 121: 1191.

Welles J, 1986. A portable photosynthesis system. In: Gensler WG, ed. Advanced Agricultural Instrumentation [J]. Dordrecht: Martinus Nijhoff, 21-38.

Wheeler JK, Sperry JS, Hacke UG, et al., 2005. Intervessel pitting and cavitation in woody Rosaceae and other vesselled plants: A basis for a safety versus efficiency trade-off in xylem transport [J]. Plant, Cell & Environment, 28: 800-812.

Whitford KR, Colquhoun IJ, Lang ARG, et al., 1995. Measuring leaf area index in a sparse eucalypt forest: A comparison of estimates from direct measurement, hemispherical photography, sunlight transmittance and allometric regression [J]. Agricultural and Forest Meteorology, 74: 237-249.

Wiedermann MM, Gunnarsson UEL, Nordin A, 2010. Ecophysiological adjustment of two Sphagnum species in response to anthropogenic nitrogen deposition [J]. New Phytologist, 181: 208-216.

Williams ML, Jones DG, Baxter R, et al., 1992. The effect of enhanced concentrations of atmospheric CO_2 on leaf respiration. In: Lambers H, van der Plas LHW, eds. Molecular, Biochemical and Physiological Aspects of Plant Respiration [J]. The Hague: SPB Academic

Publishing. 547 - 551.

Wofsy SC, Goulden ML, Munger JW, et al., 1993. Net exchange of CO_2 in a midlatitude forest [J]. Science, 260: 1314 - 1317.

Wohlfahrt G, Bahn M, Cernusca A, 1999. The use of the ratio between the photosynthesis parameter P_{ml} and V_{cmax} for scaling up photosynthesis of C_3 Plants from leaves to canopies: a critical examination of different modeling approaches [J]. J. theor. Biol., 200: 163 - 181.

Wo Ife DW, Henderson DW, 王长宏, 1989a. 水分和氮素的互作对玉米衰老的影响-绿叶持续期、氮素分配和产量 [J]. 园艺与种苗, (5): 15 - 20.

Wolfe DW, Henderson DW, 廖嘉玲, 1989b. 水分和氮素的互作对玉米衰老的影响-单个叶片光合作用衰减及其寿命 [J]. 园艺与种苗, (5): 21 - 25.

Woodward FI, 1993. Plant responses to past concentrations of CO_2 [J]. Vegetatio, 104/105: 145 - 155.

Woodward FI, Smith TM, 1994. Global photosynthesis and stomatal conductance: Modelling the controls by soil and climate [J]. Advanced Botany research, 23: 1 - 41.

Wooliver RC, Senior JK, Potts BM, et al., 2018. Soil fungi underlie a phylogenetic pattern in plant growth responses to nitrogen enrichment [J]. Journal of Ecology, 106: 2161 - 2175.

Wright I J, Westoby M, 2003. Nutrient concentration, resorption and lifespan: leaf traits of Australian sclerophyll species [J]. Functional Ecology, 17 (1): 10 - 19.

Wu JB, Guan DX, Hab SJ, et al., 2005. Ecological functions of coarse woody debris in forest ecosystem [J]. Journal of Forestry Research, 16 (3): 247 - 252.

Wullschleger SD, Tschaplinski TJ, Norby RJ, 2002. Plant water relations at elevated CO_2: Implications for water-limited environments [J]. Plant, Cell & Environment, 25: 319 - 331.

Xu M, De Biase TA, Qi Y, 2000. A simple technique to measures temrespiration using a horizontally oriented soil chamber [J]. Canadian Journal of Forest Research, 30: 1555 - 1560.

Xu M, Terry AD, Qi Y, et al., 2001. Ecosystem respiration in a young ponderosa pine plantation in the Sierra Nevada Mountains, California [J]. Tree Physiol, 21: 309 - 318.

Yang S, Tyree MT, 1994. Hydraulic architecture of Acer saccharum and A. rubrum: Comparison of branches to whole trees and the contribution of leaves to hydraulic resistance [J]. Journal of Experimental Botany, 45: 179 - 186.

Yuan ZY, Li LH, Han XG, et al., 2005. Soil characteristics and nitrogen resorption in Stipa krylovii native to northern China [J]. Plant and Soil, 273 (1/2): 257 - 268.

Yu GR, Kobayashi T, Zhuang J, et al., 2003. A coupled model of photosynthesis transpiration based on the stomatal behavior for maize (*Zeamays* L.) grown in the field [J]. Plant and Soil, 249: 401 - 416.

Yu GR, Zhuang J, Yu ZL, 2001. An attempt to establish a synthetic model of photosynthesis transpiration based on stomatal behavior for maize and soybean plants grown in field [J]. Journal of Plant Physiology, 158: 861 - 874.

Yu Q, Wang TD, 1998. Simulation of the physiological responses of C_3 plant leaves to environmental factors by a model which combines stomatal conductance photosynthesis and transpiration [J]. Acta Bot. Sinica, 40 (8): 740－754.

Zampieri E, Giordano L, Lione G, et al., 2017. A nonnative and a native fungal plant pathogen similarly stimulate ectomycorrhizal development but are perceived differently by a fungal symbiont [J]. New Phytologist, 213: 1836－1849.

Zepp, R.G, 1994. Climate Biosphere Interaction: Biogenic Emiissons and Environmental Effects of Climate Change [J]. John Wily and Sons, P1－7.

Zhan XW, Xue YK, Collatz GJ, 2003. An analytical approach for estimating CO_2 and heat fluxes over the Amazonian region [J]. Ecological Modelling, 162: 97－117.

Zha TS, Kellomäki S, Wang KY, et al., 2004. Seasonal and annual stem respiration of Scotspine trees under boreal conditions [J]. Annals of Botany, 94: 889－896.

Zhou YB, Yin Y, Liu XS, et al., 2004. Photosynthetic and action response of *Pinus koraiensis* seedling grown in different light environments [J]. J For Res, 15 (3): 246－248.

Zimmermann U, Schneider H, Wegner LH, et al., 2004. Water ascent in tall trees: Does evolution of land plants rely on a highly metastable state? [J]. New Phytologist, 162: 575－615.

Ziska LH, Hogan KP, Smith AP, et al., 1991. Growth and photosynthetic response of nine tropical species with long-term exposure to elevated carbon dioxide [J]. Oecologia, 86: 383－389.

Zwieniecki MA, Peter J, Melcher N, et al., 2001. Hydraulic properties of individual xylem vessels of *Fraxinus Americana* [J]. Journal of Experimental Botany, 52: 257－264.

图书在版编目（CIP）数据

长白山阔叶红松林生态气候、水文过程与模拟及生理生态研究 / 郑兴波，王安志，袁凤辉编著．—北京：中国农业出版社，2020.3
ISBN 978-7-109-26618-6

Ⅰ.①长…　Ⅱ.①郑…②王…③袁…　Ⅲ.①长白山—红松—阔叶林—森林生态系统—生态气候—研究②长白山—红松—阔叶林—森林水文学—研究③长白山—红松—阔叶林—生理生态学—研究　Ⅳ.①S791.247

中国版本图书馆CIP数据核字（2020）第032110号

中国农业出版社出版
地址：北京市朝阳区麦子店街18号楼
邮编：100125
策划编辑：刁乾超　　责任编辑：陈　亭
版式设计：王　怡　　责任校对：吴丽婷
印刷：北京中兴印刷有限公司
版次：2020年3月第1版
印次：2020年3月北京第1次印刷
发行：新华书店北京发行所
开本：700mm×1000mm　1/16
印张：35
字数：600千字
定价：98.00元
